Schimmelpilze und andere Innenraumbelastungen

W0295741

Frank Frössel

Schimmelpilze

und andere Innenraumbelastungen

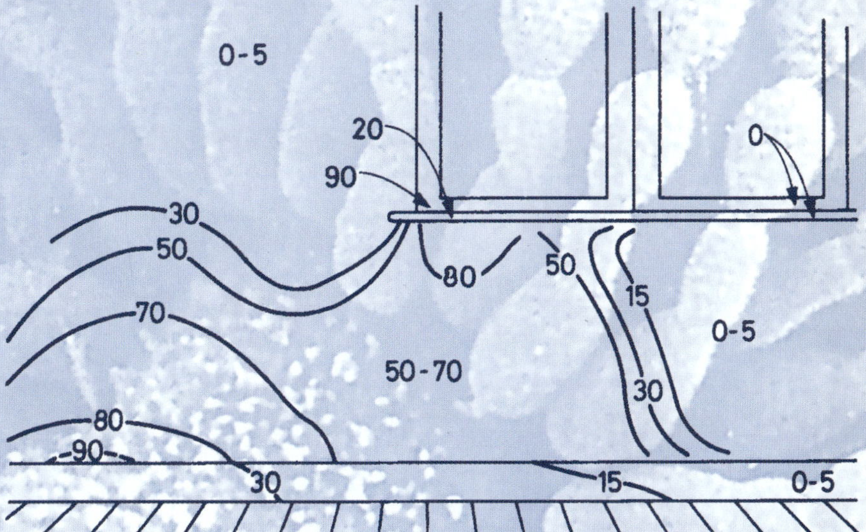

Fraunhofer IRB Verlag

Die Deutsche Bibliothek verzeichnet diese Publikation in der Deutschen Nationalbibliografie; detaillierte bibliografische Daten sind im Internet über <http://dnb.ddb.de> abrufbar.
ISBN 3-8167-6149-6

Gestaltung, Satz und Umschlag: Grafikbüro Holzwarth, Ostfildern
Lektorat: Thomas Altmann
Lektoratsassistenz: Manuela Wallißer
Druck: Ludwig Auer GmbH, Donauwörth
Für den Druck des Buches wurde chlor- und säurefreies Papier verwendet.

© Fraunhofer IRB Verlag, 2003
Fraunhofer-Informationszentrum Raum und Bau IRB
Postfach 80 04 69, 70504 Stuttgart
Telefon (0711) 970-2500, Telefax (0711) 970-2599
E-Mail: irb@irb.fraunhofer.de
URL: www.irbbuch.fhg.de

Alle Rechte vorbehalten
Dieses Werk ist einschließlich aller seiner Teile urheberrechtlich geschützt. Jede Verwertung, die über die engen Grenzen des Urheberrechtsgesetzes hinausgeht, ist ohne schriftliche Zustimmung des Fraunhofer IRB Verlages unzulässig und strafbar. Dies gilt insbesondere für Vervielfältigungen, Übersetzungen, Mikroverfilmungen sowie die Speicherung in elektronischen Systemen.
Die Wiedergabe von Warenbezeichnungen und Handelsnamen in diesem Buch berechtigt nicht zu der Annahme, dass solche Bezeichnungen im Sinne der Warenzeichen- und Markenschutz-Gesetzgebung als frei zu betrachten wären und deshalb von jedermann benutzt werden dürften.
Sollte in diesem Werk direkt oder indirekt auf Gesetze, Vorschriften oder Richtlinien (z.B. DIN, VDI, VDE) Bezug genommen oder aus ihnen zitiert werden, kann der Verlag keine Gewähr für Richtigkeit, Vollständigkeit oder Aktualität übernehmen. Es empfiehlt sich, gegebenenfalls für die eigenen Arbeiten die vollständigen Vorschriften oder Richtlinien in der jeweils gültigen Fassung hinzuzuziehen.

Vorwort

In den letzten zwei Jahrzehnten tritt in Innenräumen vermehrt Schimmelpilzbefall auf. Betroffen hiervon sind nicht nur Altbauten, sondern zunehmend auch Neubauten. In der Fachpresse herrscht seit Jahren Uneinigkeit darüber, wie diese Entwicklung aus gesundheitlicher Sicht zu bewerten ist.

Unter dem Begriff »Schimmelpilze« wird in der Allergologie eine Vielzahl von sehr heterogenen Mikroorganismen zusammengefasst, die alle gemeinsam haben, dass sie ihre Reproduktion mittels mikroskopisch kleiner Sporen sicherstellen, die passiv durch die Luft verbreitet werden. Bei der Darstellung von Schimmelpilzallergenen werden die einzelnen Arten in ihrer möglichen Häufung katalogisiert, ohne allerdings auf ihre tatsächliche Verbreitung in der Umwelt einzugehen. Im Vergleich mit den Pollen stellen die Pilzsporen den weitaus größten Teil des so genannten Aeroplanktons dar. Übereinstimmend werden die höchsten Sporenkonzentrationen im Frühjahr und Herbst beschrieben. So gibt es Pilze, die, grundsätzlich mehr in Abhängigkeit von der Lufttemperatur als der Luftfeuchte, bis zu 20 Mio. Sporen pro Minute in die Luft schleudern können. Daher finden sich in der freien Luft die meisten Sporen beim Auftrocknen nach Niederschlägen bei sommerlichen Temperaturen. Dabei ist im Sommer nicht unbedingt Regen für die Durchweichung des Substrates erforderlich, auch der morgendliche Tau reicht meistens schon für das Pilzwachstum aus. Allergologisch bedeutsam sind aber nicht nur die »saisonalen« Pilze, sondern eine Vielzahl von Schimmelpilzen, die beispielsweise an Oberflächen im Innenraum, auf Lebensmitteln oder Pflanzen gedeihen.

Die Verfügbarkeit von Feuchtigkeit bildet also die grundlegende Voraussetzung für den mikrobiellen Befall von Baustoffen, wobei die Mikroorganismen auf das unterschiedliche Angebot an Nährstoffen selbst sehr flexibel zu reagieren wissen. Infolge der Umsetzung neuer Wärmeschutzverordnungen, bauphysikalischer Planungs- und Baufehler sowie des verstärkten Einsatzes schadstoffreduzierter und damit häufig mikrobiell anfälliger Baustoffe und Dämmmaterialien rückt die Problematik der mikrobiellen Belastung von Baustoffen und ihre Bewertung aus bausubstanzerhaltenden wie auch gesundheitlichen Gründen wie Hygiene, Toxikologie bzw. Allergien immer stärker in den Blickpunkt bei der Sanierung und Vermeidung von Bauschäden. Die Bedeutung mikrobieller Einflüsse bei der Schädigung mineralischer, metallischer und synthetisch-organischer Baustoffe hat in den letzten Jahren zunehmende Beachtung gefunden, nicht zuletzt da der ökonomische Anteil mikrobieller Schadensprozesse an der Bausubstanz in Deutschland mit ca. 2 bis 4 Mrd. € pro Jahr beziffert wird.

Die mikrobielle Kontamination und die Intensität ihrer nachfolgenden Schadensprozesse ist, aufgrund der nährstoff- und feuchtespezifischen Wachstumsanforderungen, eng mit den jeweiligen Baustoffeigenschaften verbunden. Damit sind, neben den physikalischen und chemischen Einflüssen der Umwelt, die strukturellen Baustoffeigenschaften und insbesondere die Porosität grundlegende Determinanten für die ersten Infektionswege und weitere Entwicklung der Mikroflora an und in Bauwerken. Die Problematik der mikrobiellen Belastung an mineralischen und organischen Baustoffen ist vielschichtig und umfasst neben den makroskopisch sichtbaren, unterschiedlich gefärbten Algen- und Flechten, dem Schimmelpilzbefall sowie dem allgemein bekannten holzzerstörenden Hausschwamm eine Vielzahl weiterer Mikroorganismen, die mindestens die gleiche Bedeutung für die Materialzerstörung und für die Gefährdung der menschlichen und tierischen Gesundheit haben – allerdings beim derzeitigen Stand der Forschung noch schwer einzugrenzen sind. Sie reicht von der möglichen Freisetzung pathogener Keime (u.a. Auslösung von Pilzmykosen), über die allergisierende Wirkung von Schimmelpilzsporen (u.a. Asthma bronchiale) bis hin zur Anreicherung von mikrobiellen Toxinen (z.B. Mycotoxine der Pilze und Endotoxine der gram-negativen Bakterien) sowie stoffwechselbedingten Ausgasungen der Mikroorganismen (microbial volatile organic compounds MVOC) in der Raumluft. Auf diese Zusammenhänge versucht dieses Buch einzugehen und die komplexen Abhängigkeiten aufzuzeigen.

Die Problematik der Schimmelpilzschäden in Wohnungen beschäftigt seit nunmehr zwei Jahrzehnten in großem Umfang Hauseigentümer und -bewohner, Hausverwaltungen, Architekten und Planer, ausführende Handwerksbetriebe, Sachverständige und Gerichte, wobei gerade in jüngster Zeit wieder eine Zunahme festzustellen ist. Dem Schimmelpilzwachstum im Bauwesen begegnet man bei neu errichteten Bauten vornehmlich an Hölzern und Holzwerkstoffen der Dachkonstruktion und an den Innenseiten von Holzfenstern; für diesen Sachverhalt haben ausführende Unternehmer bzw. die Bauleitung einzustehen. Außerdem gibt es Schimmelpilzprobleme mit Beginn der Nutzung von Neubauten bzw. der Nutzung von Altbauten, nachdem die Heizung umgestellt und neue Fenster eingebaut wurden. Der Schadensschwerpunkt verlagerte sich allerdings in den letzten Jahren von Neubauten auf sanierte Altbauten. Dies ist eigentlich unverständlich, da mit der Sanierung in der Regel auch eine Verbesserung des Wärmeschutzes der Gebäudehülle erreicht wird. Die verbesserte Wärmedämmung von Wand und Fenster kann auch ein verbessertes Raumklima zur Folge haben und führt zu einer Senkung des Energieverbrauches. Dass dennoch oder gerade deshalb nach derartigen Sanierungsmaßnahmen eine verstärkte Schimmelpilzbildung einsetzt, liegt nicht an der Absenkung des k-Wertes von Wand und Fenster, sondern daran, dass das neue Fenster in der Regel auch einen niedrigeren Fugendurchlasskoeffizienten aufweist. Derartige Fenster schließen relativ dicht und gestatten im geschlossenen Zustand nicht mehr jenen Luftaustausch über die Fensterfugen, der beim alten Fenster vorhanden war. Die in Wohnungen vorhandene Feuchtigkeit schlägt sich dann raumseitig an den so genannten Wärmebrückenstellen nieder und führt zur Schimmelpilzbildung. Des Weiteren fällt auf, dass gerade bei Sanierungen in den 80er Jahren im Wesentlichen die Fenster thermisch verbessert, im Wandbereich dagegen nur geringe Maßnahmen durchgeführt wurden. Bei derartigen Sanierungen ist nur selten auf ein durchgängiges Wärmeschutzkonzept geachtet worden. Das Auftreten von Schimmelpilzen nach dem Einbau neuer Fenster oder der nachträglichen Wärmedämmung thematisieren mittlerweile nach Einschätzung der Baubiologen und Innenraumexperten über 10% aller Sachverständigengutachten. Die Belastung der Gerichte mit anhängigen Miet- und Sachminderungsklagen hat erheblich an Umfang zugenommen. Hierbei kommt es immer wieder zu gegensätzlichen Rechtsprechungen, was einerseits durch das sehr komplexe Thema selbst, zum anderen aber auch durch den stark unterschiedlichen fachlichen Kenntnisstand der Gutachter und dem vorhandenen Wissensdefizit einiger Sachverständigen bedingt ist. Mit Blick auf den baukonstruktiven und heizungstechnischen Zustand der noch nicht modernisierten Plattenbauten in den neuen Bundesländer sowie allgemein der Altbauten im gesamten Bundesgebiet wird diese Problematik auch in Zukunft eine gewichtige Rolle einnehmen und an Aktualität vorerst nicht verlieren.

In den 80er Jahren wurde über das Thema Schimmelpilze bereits schon einmal sehr heftig diskutiert. Aufgrund anderer Themen und der weiterhin gegensätzlichen Standpunkte zu dieser Problematik wurde die Diskussion in den 90er Jahren etwas vernachlässigt oder zumindest in einer anderen Qualität geführt. Mit Beginn des neuen Jahrtausends wurde die Diskussion über Schimmelpilze in Innenräumen wieder belebt – allerdings brachten dieses Mal nicht die Bauexperten das Thema auf die Tagesordnung. Während sich in der Vergangenheit insbesondere die

Bauphysiker und Bausachverständigen mit der Problematik der Kondensation und einer möglichen Schimmelpilzbildung auseinander gesetzt haben und heftig über k-Werte und Wärmebrücken diskutierten, sind es heute große Teile der Bevölkerung, die sich mit der Thematik auseinander setzen. Ein Wandel im Bewusstsein des Verbraucherschutzes, bessere Informationsquellen und eine gewachsene Sensibilität für die Ökologie in Innenräumen hat dazu geführt, dass immer mehr Menschen möglichen Gesundheitsbelastungen in Wohn- und Arbeitsräumen auf den Grund gehen. So sind Beratungen durch Verbraucherschutzzentralen und den Deutschen Mieterbund vor allem in den kälteren Monaten besonders gefragt. Denn gerade im Winter bieten nasse Fenster und feuchte Wände sowie kalte und wenig gelüftete Räume ideale Bedingungen für das Entstehen von Schimmelpilzen, die sich dann als schwarze Flecken zeigen. Schimmelpilze in Innenräumen sind aber nicht nur ein Schönheitsmakel, sie schädigen die Bausubstanz und haben gesundheitliche Folgen. Besonders für Risikogruppen wie Allergiker, chronisch Kranke, Kinder und Schwangere können Schimmelpilze gefährliche Auswirkungen haben. Nach einer Studie des Bundesgesundheitsministeriums sowie weiterer toxikologischer Institute und Krankenkassen sind nicht mehr Formaldehyd und Holzschutzmittel die gefährlichsten Krankheitsauslöser in Innenräumen, sondern Schimmelpilze und deren Mykotoxine. Die Fachgruppe Mykologie am Robert-Koch-Institut warnt regelmäßig, dass die Bedeutung von Pilzinfektionen nicht zu unterschätzen ist. Wissenschaftler aus dem In- und Ausland bezeichnen die Mykologie als Stiefkind des Gesundheitswesens. Betont werden die häufig gravierenden Wissenslücken hinsichtlich Bedeutung, Diagnostik und Therapie von Pilzerkrankungen in Praxis und Klinik. Die hier erwähnten Versäumnisse in Forschung und Lehre der Mykologie und insbesondere der Mykotoxikologie haben bis heute für viele Patienten fatale Folgen. So belegen die Ergebnisse dieser Studien, dass bei ca. 15% der Betroffenen eine Mischexposition vorliegt, bereits ca. 30% sind neben Bioziden auch durch Schimmelpilze belastet. Die Belastung durch Lösemittel und Formaldehyd ist damit bereits auf eine zu vernachlässigende Größe unter 10% gesunken. Schimmelpilze sind längst als Haupt- oder zumindest wesentlicher Faktor für die Entstehung von Allergien erkannt. Manche Spezies können darüber hinaus immunschädigende, neurotoxische bis krebserregende Wirkungen entfalten. Erst langsam wird die Bedeutung der mit Sporen abgegebenen Mykotoxine erkannt. Es besteht noch erheblicher Forschungsbedarf, um genaue Risikoabschätzungen für die menschliche Gesundheit vornehmen zu können.

Die Bausachverständigen müssen zunehmend erkennen, dass die Problematik der Schimmelpilze nicht allein durch bauphysikalische Aspekte erklärt und gelöst werden kann. Die große Schadenshäufigkeit zeigt eindeutig, dass die Schimmelpilzproblematik nicht das Ergebnis zufälliger Fehlleistungen der am Bau Beteiligten oder des zufälligen Fehlverhaltens der Nutzer ist. Vielmehr sind die tieferen Ursachen in der allgemeinen Veränderung der Rahmenbedingungen für das Bauen und Wohnen zu suchen – Veränderungen, die man immer öfter als Fehlentwicklungen bezeichnet. Vielfach aus Unkenntnis treffen nach wie vor viele Sachverständige in ihren Gutachten pauschale Aussagen, indem für kondensationsbedingte Feuchtigkeit und daraus resultierende mikrobielle Probleme der Nutzer durch mangelnde oder unzureichende Lüftung verantwortlich gemacht wird. In dem vorliegenden Fachbuch sollen die Ursachen und Abhängigkeiten aufgezeigt werden und erklärt werden, weshalb diese Pauschalisierung in der Regel nicht zutreffend ist.

Die Komplexität und teilweise Widersprüchlichkeit der Thematik erfordert eine interdisziplinäre Auseinandersetzung mit Experten aus anderen Fachbereichen. So müssen sich Baubiologen und Bauwerksdiagnostiker, Umweltmediziner und Allergologen, Juristen sowie Sachverständige und Bauphysiker zu einem fachübergreifenden Netzwerk zum Thema Schimmelpilze konstituieren. Nur dann wird es möglich sein, auf einer objektiven Grundlage Ursachenforschung zu betreiben und einen effektiven Verbraucherschutz zu betreiben. Architekten und Planer, Maler- und Stuckateurbetriebe, Bauunternehmer, Haus- und Wohnungsverwaltungen sowie Wohnbaugesellschaften sind mittlerweile völlig verunsichert, wie sie sich gegenüber Mietern richtig verhalten sollen, wenn Schimmelpilzbefall in Innenräumen festgestellt und nach Ursachen gesucht wird. Dem Argument, falsch oder unzureichend gelüftet zu haben, wird häufig bereits bei der ersten Vor-Ort-Begehung vehement widersprochen. Ratlosigkeit und Emotionalität machen sich dann sehr schnell breit und lassen die Standpunkte beider Parteien oft sehr schnell verhärten.

Kaum ein anderes Thema wird von Medizinern, Biologen, Bausachverständigen und Gutachtern, Bauphysikern, Architekten und Planern, Bauunternehmungen und Bautenschützern, Juristen und Gerichten und nicht zuletzt von den betroffenen Bewohnern, Eigentümern oder Mietern und Hausverwaltungen so heftig und gegensätzlich diskutiert wie die Frage nach der Ursächlichkeit und der Verantwortlichkeit von Schimmelpilzwachstum in Wohnräumen. Die Verbissenheit, mit der im Einzelfall über die Ursache und damit über den Verursacher gestritten wird, hat viele – vor allem menschliche – Gründe: Die Nutzer schimmelbefallener Wohnungen fühlen sich beim Vorwurf falscher Lüftungs- und Heizgewohnheiten in ihrer Ehre getroffen und als »Schmuddelbewohner« deklassiert. Einem Mieter unzureichendes Lüften und Heizen direkt nachzuweisen, gelingt praktisch nicht. Werden Messgeräte in der Wohnung aufgestellt, wird in dieser Zeit das Wohnverhalten des Mieters besonders korrekt sein. Weiterhin sind Nutzer aufgrund steigender Mieten und Baupreise immer weniger gewillt, selbst geringe Mängel an ihren eigenen vier Wänden oder der Mietwohnung in Kauf zu nehmen. Wohnungsgesellschaften sehen sich besonders beim miet-

Abb. 1.1-1.5 ■ Ein auf den ersten Blick »behagliches« Wohnzimmer zeigt auf den »zweiten Blick« das Schimmelpilzproblem.

preisgebundenen Sozialen Wohnungsbau nicht in der Lage, die umfangreiche Sanierung zu finanzieren, die erforderlich ist, um im Verschuldensfall die wärmeschutz- und lüftungstechnischen Eigenschaften ihres Gebäudebestandes den veränderten Heizungsgewohnheiten und Lüftungsbedingungen anzupassen. Für Eigentümer und Vermieter, Architekten und Bauunternehmer ist es schwer einzusehen, dass jahrzehntelang ohne sichtbare Schadensfolgen realisierte und genutzte Bauweisen plötzlich als mangelhaft gelten sollen. Sachverständige und Gerichte stehen häufig in ihrer Schadensbeurteilung vor dem Dilemma, wenn bei Schäden einerseits das Wohn- und

Nutzungsverhalten als durchaus üblich eingestuft wird, andererseits das Gebäude nicht als mangelhaft bezeichnet werden kann, wenn man Bezug auf das Baualter des Gebäudes nimmt. Das Buch endet deshalb mit einer juristischen Betrachtung des Sachverhaltes, soweit dies anhand der derzeitigen Rechtsprechung und dem Umfang des Buches überhaupt möglich ist.

So hat sich in den letzten Jahren deutlich gezeigt, dass neben den chemischen Einflusskomponenten die biologischen Einflussfaktoren eine wesentliche Bedeutung besitzen können. Folgerichtig nimmt in der umweltmedizinischen Praxis die Beratung und Betreuung von Patienten, deren Beschwerden in Zusammenhang mit einer Schimmelpilzexposition in Innenräumen gebracht werden, einen breiten Raum ein. Häufig sind bei einem Schimmelpilzbefall in Innenräumen die Ursache, das Ausmaß einer Gesundheitsgefährdung und der notwendige Sanierungsumfang zu klären. Vor diesem Hintergrund werden in vorliegendem Fachbuch gezielt die möglichen gesundheitlichen Risiken von Schimmelpilzen und deren Stoffwechselprodukten für den Menschen dargestellt. Die derzeit allgemein anerkannten Methoden, einen Schimmelpilzbefall in Innenräumen zu erkennen, zu bewerten und zu sanieren werden aufgeführt. Eine Darstellung der diagnostischen und therapeutischen Maßnahmen ergänzt die praxisbezogene Darstellung.

Dabei können Schimmelpilzschäden vermieden und sinnvoll bekämpft werden, wenn man die Lebensbedingungen der Pilze und die für diese relevanten bauphysikalischen Zusammenhänge kennt. Bedauerlicherweise werden aber Untersuchungen und Diagnosen sowie anschließende Sanierungen von schimmelpilzbelasteten Oberflächen auch von Firmen und Sachverständigen angeboten, denen die fachliche und interdisziplinäre Kompetenz fehlt. So bleibt es nicht aus, dass sich auf diesem Gebiet auch Scharlatane bewegen, die mit entsprechender Polemik und der Angst von Betroffenen schnelles Geld verdienen wollen. Unterstützt wird diese Situation dadurch, dass keine rechtliche und fachlich übergreifende Qualifikation für diese Thematik besteht (oder zumindest in der Vergangenheit bestand). Symptomatisch ist, dass in Deutschland kein Lehrstuhl für medizinische Pilzkunde existiert, und auch sonst kommt die medizinische Mykologie in der Ausbildung der Ärzte nur wenig vor. Auch deshalb wird jetzt von einer fachlich kompetenten und pluralistisch zusammengesetzten Expertengruppe ein Qualitätsmanagement für den Innenraum erarbeitet, mit dem dann eine fundierte Grundlage und qualifizierte Basis geschaffen wird.

Das Ziel des vorliegenden Fachbuches ist es, für die Thematik der »Schimmelpilze und anderer Innenraumbelastungen« einen Beitrag zur Versachlichung und Vereinheitlichung bei der Vorgehensweise bezüglich der Objektuntersuchung, des Nachweises, der Beurteilung und Bewertung sowie der Vermeidung und Sanierung von Schimmelpilzschäden in Innenräumen zu leisten. Das Fachbuch bezieht sich schwerpunktmäßig auf die Erfassung von Schimmelpilzen in Innenräumen (dies bedeutet in Wohnräumen, Büros, Schulen, Kindergärten oder vergleichbaren Objekten). Es gilt ausdrücklich nicht für die durch die Biostoffverordnung geregelten Tätigkeiten mit biologischen Arbeitsstoffen, bei denen oft hohe Konzentrationen biologischer Arbeitsstoffe vorliegen, wie beispielsweise in Kompostierungsanlagen, Wertstoffsortieranlagen und landwirtschaftlichen Gebäuden etc.

Waldshut-Tiengen, Dezember 2002

Zur Systematik des Buches

Es ist sicherlich spannend und interessant einerseits, aber auch schwierig und komplex andererseits, ein Fachbuch über Schimmelpilze zu schreiben und dabei den Anspruch zu haben, sich auf das Wesentliche zu konzentrieren, gleichzeitig aber einen ganzheitlichen Ansatz zu verfolgen. So müssen einerseits die natürliche Bedeutung und Notwendigkeit im Biokreislauf, gleichzeitig aber auch die gesundheitlichen Auswirkungen und Risiken beachtet werden. Werden Schimmelpilze in Wohnungen beschrieben, so ergeben sich natürliche Ursachen für das Auftreten im direkten Umfeld des Menschen selbst, wie beispielsweise seine Wohn- und Lüftungsgewohnheiten sowie Pflanzen, Tiere und Nahrung. Daneben gibt es Ursachen, die durch Baustoffe und Bauweisen verursacht und teilweise erst durch Bauschäden sichtbar werden. Der Nachweis, welche Ursache letztendlich zum Schimmelpilzwachstum geführt hat, ist fließend und nicht immer eindeutig. Hinzu kommt, dass es bis heute keine einheitlichen Standards bei der Probeentnahme und -untersuchung gibt und deshalb (fast) jedes Ergebnis und dessen Bewertung in Frage gestellt werden kann. Ein großes Problem besteht darin, dass die (Umwelt-)Medizin bisher nur die Mykosen ausschließlich von der medizinischen Seite betrachtet und Abhängigkeiten mit Bauschäden und dgl. Anderen überlässt.

Dies führt dazu, dass sich mit der Thematik der Schimmelpilzbildung viele selbst ernannte Experten und Sachverständige beschäftigen und mit der Unwissenheit der Betroffenen Geschäfte gemacht werden. Unterstützt wird diese Tatsache dadurch, dass bis heute selbst die echten Experten unsicher und unterschiedlicher Meinung sind, welche gesundheitlichen Auswirkungen Schimmelpilzbefall in Wohnungen hat. So werden selbst vom Bundesgesundheitsamt unterschiedliche Meinungen interpretiert, die von einer massiven Zunahme von Allergien infolge der Schimmelpilzbildung und bis hin zu ernsthaften gesundheitlichen Problemen auf der einen Seite und Ungefährlichkeit aufgrund der zu geringen Konzentration in Innenräumen auf der anderen Seite reichen. Hinzu kommt, dass nur sehr wenige Umweltmediziner und Baubiologen sich diesem Thema bisher sehr fachkompetent angenommen haben, und in der Regel die Begutachtung und deren Interpretation durch ausführende Handwerker, Sachverständige oder Wohnungsverwalter erfolgt. Dem entsprechend sieht die rechtliche Situation aus. Zur Thematik der Schimmelpilzbildung und anderer Innenraumbelastungen ist die Rechtssprechung derart widersprüchlich, dass es zu fast jedem Urteil ein Urteil mit entgegen gesetzter Begründung gibt.

Dieses Spannungsfeld im Visier, möchte das nachfolgende Fachbuch ein sehr komplexes und emotional geladenes Problem versachlichen. Es bringt genauso wenig, die Gesundheitsgefahren herunterzuspielen, wie deren Auswirkungen zu übertreiben. Entscheidend ist, die Zusammenhänge zu erkennen und somit die natürlichen und »unnatürlichen« Ursachen zu unterscheiden. Zu oft wird noch vernachlässigt, dass eine entsprechende Exposition auch durch Lebensmittel, Pflanzen und Wohngewohnheiten mit verursacht wird, so dass evtl. auftretende Bauschäden oftmals als alleinige Ursache für Schimmelpilzbildung gesehen werden, obwohl sie evtl. nur das berühmte »Fass zum Überlaufen« gebracht haben. Eine exakte Ursachenbestimmung, so schwer sie auch sein mag und deren Folgen für Bausubstanz und Gesundheit, sind die großen Herausforderungen für die nächsten Jahre. Auch die notwendigen Schutzmaßnahmen während der Sanierung werden häufig vernachlässigt. Dabei geht es nicht nur um den Gesundheitsschutz für die ausführenden Handwerker, sondern auch die Freisetzung von Millionen von Sporen, die dann oftmals den ursprünglichen Innenraumzustand um ein Vielfaches verschlechtern, d.h. mikrobiologisch belasten sowie über die Kleidung und dgl. auch in bisher nicht belastete Bereiche übertragen werden. Hierzu müssen dringend in den nächsten

Jahren Maßnahmen und Richtlinien verabschiedet werden.

Die einzelnen Kapitel sind so aufeinander aufgebaut, dass sie separat gelesen werden können. Jedes Kapitel beinhaltet Basiswissen und substanzielle Grundlagen, aber auch vertiefende Informationen und spezielle Kenntnisse. Der Leser kann, je nach beruflicher Vorbildung und/oder Interesse, damit einzelne Kapitel überspringen oder auch systematisch von vorne nach hinten durcharbeiten. Da gerade im ersten Teil sehr viele biologische und mykologische Fachbegriffe verwendet werden, gibt es im Anhang eine Übersicht über verwendete und weiterführende Sach- und Fachbegriffe. Diese werden durch Fachbegriffe der Bautechnik, -physik und -chemie ergänzt. Die Orthographie der Fachbegriffe ist problematisch. In der deutschsprachigen Literatur zeichnet sich einerseits eine auf den Duden gerichtete Eindeutschung und andererseits eine Angleichung an die englische Schreibweise ab. Dies führt zu beträchtlichen Unterschieden wie z.B. Kleistotezium – Cleistothecium; Mykozönose – Mycocoenose; Askomyzeten – Ascomycetes usw. Dabei können die Konsequenzen aus dem Ursprung der griechischen oder lateinischen Sprache ignoriert werden, da auch Wörter griechischen Ursprungs lateinisiert wurden. Dieses Problem kann auch durch das Fachbuch und das Glossar nicht endgültig gelöst werden.

In den Texten wurde darauf verzichtet, zu einzelnen Stichwörtern oder Aussagen Literaturhinweise zu geben, um den Lesefluss nicht zu behindern. Im Anhang des Fachbuches befindet sich eine Zusammenstellung wichtiger, verwendeter und weiterführender Literatur – alphabetisch geordnet nach den Namen der Autoren.

Des Weiteren wurde Bildmaterial auch über Dritte bereitgestellt, so dass hierdurch unter Umständen die Bildrechte nicht eindeutig wiedergegeben werden können. Sollten Bildrechte zu Abbildungen und Graphiken fehlerhaft zugeordnet worden sein, so handelt es sich hierbei um ein Missverständnis, das bei einer Neuauflage selbstverständlich korrigiert wird. Verlag und/oder Autor sind für diese, wie alle anderen konstruktiven Hinweise und Ergänzungen, dankbar.

Die wichtigste Herausforderung des Fachbuches besteht darin, dass Umweltmediziner und Baubiologen genauso in bautechnische, -physikalische und -chemische Grundlagen eingewiesen werden sollen, wie Bausachverständige und -techniker die relevanten Zusammenhänge der Baubiologie und Umweltmedizin erkennen sollen. Die Innenraumdiagnostik wurde sowohl von der bauphysikalischen wie auch von der medizinischen und baubiologischen Seite betrachtet und steht vor der großen Herausforderung, die theoretischen Erkenntnisse mit der praktischen Relevanz und Anwendung in Einklang zu bringen. Dann wird es sicherlich gelingen, das an Bedeutung zunehmende Thema der Schimmelpilze und anderer Innenraumbelastungen und deren Bewertung zu versachlichen. Ein wesentlicher Schritt dahin besteht in der Kooperation aller Beteiligten: vom Mieter und Eigentümer, vom Verwalter und Sachverständigen, vom Handwerker und Baustofflieferant, vom Architekt und Bauphysiker, vom Umweltmediziner und Baubiologen, vom Mikrobiologen bis hin zu Krankenkassen und Behörden.

Abschließend soll noch darauf hingewiesen werden, dass auch dieses Fachbuch die derzeit ungelösten Probleme und unterschiedlichen Standpunkte zwischen den Wissensgebieten nicht lösen kann. Es kann und möchte aber mithelfen, die Diskussion zu versachlichen.

1 Einleitung

Geschichtlicher Überblick	Geschichte der Mikrobiologie	Die Welt der Mikroorganismen	Das Reich der Pilze

2 Erscheinungsbild von Schimmelpilzen

Wachstumsbedingungen für Schimmelpilze	Schimmelpilze an und in Holzkonstruktionen und -bauteilen	Schimmelpilze in Feuchträumen	Schimmelpilze in Lebensmittelbetrieben	Fogging - oder das Phänomen schwarzer Wohnungen

3 Ursachen für das Schimmelpilzwachstum

Bauphysikalische Grundlagen	Kondensation und Tauwasserbildung	Wärmebrücken	Nachträgliche Wärmedämmung	Feuchtigkeitsbelastung von außen
Feuchtigkeitsbelastung durch kapillar aufsteigende Feuchtigkeit	Hygroskopische Feuchtigkeitsbelastung durch Salze	Feuchtigkeitsbelastung durch sporadische Wasserschäden	Feuchtigkeitsbelastung von innen	

4 Holzverfärbende und -zerstörende Pilze

Holzverfärbende Pilze	Holzzerstörende Pilze	Gesundheitsgefährdung durch Hausschwamm etc.	Probeentnahme	Erfassung und Bewertung von Hausschwammbefällen
Holzzerstörende Insekten und Lästlinge im Haus	Einsatz von und Umgang mit Holzschutzmitteln	Gesundheitliche Belastung durch Sanierungen mit Holzschutzmitteln	Verarbeitung und Belastungskontrolle	

5 Gesundheitliche Auswirkungen

Einflussfaktoren in Innenräumen	Umweltmedizin	Mikrobielle Luftverunreinigungen	Gesundheitsgefahren durch Schimmelpilze	Sonstige Innenraumbelastungen und Umweltkrankheiten

6 Messung und Bewertung von Innenraumbelastungen und Schimmelpilzbefall

Untersuchungskonzept	Bauphysikalische Messungen	Untersuchung chemischer und mikrobieller (biogener) Belastungen	Beurteilung von Schimmelpilzen im Innenraum aus hygienischer Sicht	Qualitätssicherung im Bereich biogener Innenraumbelastungen

7 Sanierung von und Vorbeugung vor Schimmelpilzbefall

Durchführung der Sanierungsmaßnahme	Gesundheitliche Aspekte der Raumlufttechnik	Allergensanierung – Allergenkarenz	Vorbeugung von Schimmelpilzbefall

8 Innenraumbelastungen und deren gesundheitlichen Folgen – eine rechtliche Betrachtung

Rechtliche Einstufung von Innenraumbelastungen	Produkthaftung für Innenraumbelastungen	Gesetze bei der Schädlingsbekämpfung Holz- und Bautenschutz	Juristische Aspekte beim Fogging-Effekt	Juristische Aspekte bei der Schimmelpilzbildung

Inhaltsverzeichnis

Danksagung

An dieser Stelle möchte ich mich ganz herzlich bei dem Architekten und Baubiologen Herrn Karl Lassl vom gleichnamigen Büro aus Meerbusch und dem Bauingenieur und Sachverständigen Herrn Michael Obeloer von der Fa. Biomess in Korschenbroich für ihre Unterstützung beim Lektorat sowie für die Bereitstellung von umfangreichem Bild- und Textmaterial bedanken.

Des Weiteren gilt meine große Anerkennung dem Verband der Bausachverständigen Norddeutschlands (VBN) und seiner Publikation »Topthema Schimmelpilz«, mit der die Diskussion um Schimmelpilze und andere Innenraumbelastungen wieder auf eine sachliche Ebene gehoben wurde. Ferner danke ich dem Verband für die Genehmigung von Bild- und Textmaterial. Gleiches gilt für die Publikation des Institutes für Fenstertechnik sowie den Fachverband für Energie-Marketing und seinen Wärmebrückenkatalog.

Speziell zum Thema Fogging gilt mein besonderer Dank Herrn Moriske, sowie zum Thema der gesundheitlichen und medizinischen Betrachtung der Schimmelpilze dem Landesgesundheitsamt Baden-Württemberg, die mit dem Leitfaden eine zukunftsweisende Basis für die Diagnostik geschaffen haben.

Außerdem danke ich der Deutschen Gesellschaft für Mykologie, Herrn Dr. Franz in Paderborn, dem Sachverständigen Herrn Schmalfuß in Potsdam, den Firmen Munters in Hamburg, Viessmann, Hagos in Stuttgart, Sto in Stühlingen, Blower Door in Springe-Eldagsen, Merkel-Messtechnik, Form und Test in Riedlingen, der Umweltanalytik Holbach in Wadern, dem Pegasus-Labor sowie dem Berufsverband der Baubiologen und dem Institut für Fenstertechnik Rosenheim für Bild- und Informationsmaterial.

Abschließend möchte ich Herrn Thomas Altmann vom Fraunhofer IRB Verlag für sein Engagement und sorgfältiges Lektorat danken, ohne das auch dieses Buchprojekt nicht hätte in der vorliegenden Qualität erstellt werden können.

1 Einleitung

Früher wurden Bauwerke allgemein bzw. Wohngebäude ausschließlich nach den Kriterien der Standsicherheit gebaut. Bereits Ende des 18. Jahrhunderts trat Pettenkofer für hygienische Wohnverhältnisse ein, um Krankheiten zu vermeiden, die durch ein feuchtes Wohnmilieu entstanden. Hauptzweck der ersten Ausgabe einer Wärmeschutznorm im Jahre 1952 war deshalb auch, für hygienische Wohnverhältnisse zu sorgen. Die Mindestwerte für den damaligen Wärmeschutz richteten sich dabei nach den damals gebräuchlichen Wanddicken aus Vollziegeln mit Putz. Die Folgenormen der DIN 4108 von 1960 und 1969 erschienen ohne wesentliche Änderungen der Anforderungen an den Wärmeschutz. Erst nach der Ölkrise von 1973 rückten Fragen der Wärmedämmung und der Energieeinsparung mehr in den Vordergrund und damit in das Bewusstsein. Im Jahre 1974 wurden erste ergänzende Bestimmungen zur DIN 4108 und 1981 eine vollständig überarbeitete Neufassung der Wärmeschutznorm mit erhöhten Mindestanforderungen an den Wärmeschutz herausgegeben. Parallel dazu schuf man 1977 die Wärmeschutzverordnung mit dem primären Ziel der Energieeinsparung. Das wurde auch mit der zweiten Wärmeschutzverordnung von 1982 und der dritten im Jahre 1995 mit erhöhten Anforderungen an den Wärmeschutz bei Neubauten fortgesetzt. Erstmalig seit der zweiten Wärmeschutzverordnung von 1982 sind auch Anforderungen an den Wärmeschutz an bestehenden Gebäuden zu beachten, wenn an diesen bestimmte bauliche Maßnahmen ergriffen werden. Damit war der Grundstein für die energetische Sanierung im Rahmen der Bauwerkserhaltung gelegt.

Der Trend der immer weiter steigenden Anforderungen an den Wärmeschutz zum Zwecke der Energieeinsparung setzt sich mit der neuen Energieeinsparverordnung fort. Erstmalig werden hier auch Nachrüstverpflichtungen für Heizungsanlagen und ungedämmte Geschossdecken bestehender Gebäude vorgeschrieben. Die Anforderungen an den Wärmeschutz bei Neubauten entsprechen bereits seit der dritten Wärmeschutzverordnung etwa dem Niedrigenergiehausstandard. Sie sind deshalb mehr oder weniger ausgereizt.

Ein großes Energieeinsparpotenzial besteht weiterhin bei den Gebäuden im Bestand. Hier treten allerdings nicht nur positive Effekte auf. Vielmehr kommt es bei den bis etwa 1980 erstellten Gebäuden nach energieeinsparenden Maßnahmen (z.B. neue Fenster) zu Feuchtigkeitsschäden und Schimmelpilzwachstum. Dichtschließende Isolierverglasungen scheinen ursächlich für die zunehmenden Schadensfälle durch Schimmelpilze zu sein. Es sieht so aus, als ob das bauphysikalische Gleichgewicht der älteren Bausubstanz durch Energieeinsparmaßnahmen gestört wird. Andererseits werden verbesserter Wärmeschutz und zugdichte Fenster von den Bewohnern gewünscht, um die Wohnbehaglichkeit zu erhöhen. Darin scheint offensichtlich ein schwerwiegendes oder unlösbares Problem zu liegen.

Feuchtigkeit in Gebäuden ist das zentrale Innenraumproblem, denn mit der zunehmenden Sanierung des Altbaubestandes ziehen häufig Feuchtigkeits- und damit Schimmelpilzprobleme mit ein. Eine ungewöhnlich hohe Anzahl von Schadensfällen mit zunehmenden juristischen Auseinandersetzungen sind die Folge, da den Bewohnern der Zusammenhang von wohnraumbedingter Feuchte, mikrobiellem Befall und Einwirkungen auf die Gesundheit offensichtlich nicht bekannt ist. Wenn man sich insgesamt mit der Feuchtigkeit in Gebäuden auseinander setzen muss, stößt man deshalb zwangsläufig neben den Feuchtigkeitsmechanismen der kapillar aufsteigenden und hygroskopischen Feuchtigkeit auch auf die gesamte Thematik und Problematik der Kondensation und der daraus häufig zu beobachtenden Schimmelpilzbildung in Innenräumen. Gerade durch die heute zumeist gute Wärmedämmung und dichten Fenster machen sich Wärmebrücken, Ausstattungs-, Beheizungs- und Belüftungsfehler oft stärker bemerkbar als früher. Infolgedessen ist es in den letzten Jahren zu einer sechsfach stärkeren Schimmelpilzbildung in unseren Wohnungen gekommen. Sachschäden,

Wertminderungen und Gesundheitsschäden bis hin zu Mietstreitigkeiten sind die Folge.

Bei unsanierten Altbauten wird die unzureichende Wärmedämmung und die mangelhafte Isolierung gegen Durchfeuchtung der erdberührten Bauteile vielfach für Schimmelpilzbildung verantwortlich gemacht. Bei rekonstruierten und neuen Bauten hingegen wird das Gegenteil als Ursache gesehen - die luftdichten Fenster und die wärmegedämmte, luftdichte Gebäudehülle. Neben baulichen Mängeln kann auch

Abb. 1.6-1.9 ▪ Die Problematik der Schimmelpilzbelastung in Innenräumen hat in den letzten Jahren stark zugenommen. Fehlende Richtwerte, Normen und die Unkenntnis der Betroffenen führt aber häufig auch zu einer überzogenen Darstellung gesundheitlicher Auswirkungen.

ungenügendes Lüften eine Ursache für Schimmelpilzbefall sein. Denn kommt zu einer erhöhten Luftfeuchtigkeit (z.B. durch Baden, Duschen, Kochen, Waschen, Wäschetrocknen, Aquarien etc.) eine niedrige Raumtemperatur hinzu und wird zu wenig und nicht richtig gelüftet, dann schlägt sich der Wasserdampf auf den kälteren Flächen (z.B. Fliesen, Spiegeln, Wänden, Fensterscheiben etc.) nieder.

Hauptursache für das Wachstum von Schimmelpilzen ist eine überhöhte Feuchtigkeit in der Wohnung, die folgende Ursachen haben kann:

- Baukonstruktive Mängel und bauseitig verursachte Wasserschäden wie z.B. defekte Dachrinnen und Regenfallrohre, fehlender Spritzwasserschutz oder eine defekte Drainage
- Fehlende oder nicht mehr funktionstüchtige Bauwerksabdichtung der erdberührten Bauteile
- Falsch dimensionierte Wärmedämmung von Außenbauteilen
- Wärmebrücken z.B. an Fensterstürzen, Balkonplatten aus Beton, ungedämmten Fallrohren
- Hohe Luftfeuchtigkeit in Innenräumen durch ein verändertes Nutzungsverhalten wie z.B. Duschen, Kochen, Waschen bei gleichzeitig unveränderten Lüftungsgewohnheiten
- Diffusionsdichte Beschichtung der Innenwände
- Mangelhafte Bauaustrocknung in der Neubauphase

Die Auflistung lässt sich beliebig fortführen und wird Im Folgenden detailliert beschrieben und dargestellt. Bei derartigen Feuchtigkeitsverhältnissen und im Zusammenhang mit Wärme wird das Wachstum von Mikroorganismen stark gefördert. Dabei werden chemische Substanzen produziert und freigesetzt, die einen charakteristischen moderigen Geruch verursachen. Weitere Symptome und Nachwirkungen können sich als Fäule, sichtbarer oder unsichtbarer mikrobieller Bewuchs, chemische Reaktionen mit oder durch Baustoffe, Verfärbungen und optische Mängel sowie mechanische Schäden darstellen.

Abb. 1.10 ■ Rasterelektronenmikroskopische Aufnahme eines Schimmelpilzes

Aus Unkenntnis wird die Gefahr durch Klimaanlagen noch unterschätzt, in denen sich oftmals ideale Wachstumsbedingungen für viele Arten der Schimmelpilze finden. Infolgedessen kann die Raumluft stark belastet sein und die Auswirkungen auf den Menschen können zunehmen.

Mikrobielle Schäden in Wohn- und Arbeitsräumen können auf verschiedene Weise für den Menschen gesundheitsschädlich sein:

- Pilzsporen und luftgetragene Keime können Erreger von Pilzerkrankungen (Mykosen) sein, die bisher allerdings nur bei immungeschwächten Personen beobachtet wurden.
- Schimmelpilzbestandteile in Form bestimmter Eiweißkomplexe können allergische Reaktionen auslösen.
- Mykotoxine sind wahrscheinlich Verursacher von unspezifischen gesundheitlichen Problemen wie Kopf- und Gliederschmerzen, Schleimhautreizungen und -entzündungen sowie Infektanfälligkeiten.
- Mikrobiologisch produzierte organische Verbindungen verursachen aufgrund ihres mode-

rigen Geruchs ein schlechtes Raumklima. Ihre Wirkung auf den menschlichen Organismus ist noch nicht eindeutig erwiesen. Sie stehen aber im Verdacht, in geringerem Ausmaß unspezifische Störungen wie Schleimhautreizungen und Kopfschmerzen bis hin zu langwierigen und jahrelang anhaltenden Gesundheitsproblemen hervorrufen zu können. Das akute Gefährdungspotenzial eines mikrobiellen Befalls hängt auch stark von den vorhandenen Pilz- und Bakterienarten ab.

Damit wird eines deutlich: Wird die Problematik der Schimmelpilze in Innenräumen beschrieben, muss zugleich auf die Mykotoxine und Allergene eingegangen werden, wobei dann sehr schnell die Fragen der Innenraumbelastung aufgeworfen werden. Bei der Beseitigung von und Vorbeugung gegen Schimmelpilze spielen die Bauphysik und das Heiz- und Lüftungsverhalten der Bewohner eine entscheidende Rolle.

Die gesundheitsschädigende Rolle der Schimmelpilze in der Raumluft wird zunehmend erkannt durch:

- die allergieauslösende Wirkung der Schimmelpilzsporen
- Pilzerkrankungen (Mykosen) der Haut und inneren Organe bei geschwächtem Immunsystem
- Unangenehme Gerüche durch so genannte mikrobiologisch produzierte organische Verbindungen (MVOC)
- Giftige Ausscheidungen (Mykotoxine)

Die Biologie und die schädigende Wirkung der Schimmelpilze sind allerdings in Baukreisen wenig bekannt. Über die Ursachen und Möglichkeiten der Vermeidung des Pilzbefalls bestehen deshalb bei Hauseigentümern und -verwaltungen sowie Mietern einerseits und Bausachverständigen, Gutachtern, ausführenden Handwerksbetrieben sowie Planern und Architekten andererseits häufig sehr unterschiedliche Auffassungen.

1.1 Geschichtlicher Überblick

Wer sich mit der geschichtlichen Auseinandersetzung mit Schimmelpilzen beschäftigt, stößt automatisch auf die Erforschung der Bakterien und Mikroorganismen und die Entwicklung der Mikrobiologie und Allergieforschung. Im Folgenden sollen einige wichtige Meilensteine in der Geschichte der Mikrobiologie und der Allergie- und Schimmelpilzforschung zusammengefasst werden.

Die ältesten bekannten Lebensspuren sind ca. 3 Mrd. Jahre alte, bakterienartige Strukturen in südafrikanischen und australischen Sedimenten. Die ersten Lebewesen waren die Bakterien und die Cyanobakterien, die so genannten Moneren (griech. Moneres = vereinzelt, einsam), die bereits vor ca. 2 Mrd. Jahren lebten. Danach entwickelten sich die Einzeller, Algen und pilzähnlichen Lebewesen, die so genannten Protisten (griech. Protos = erster, Älterer). Ihnen folgten vor ca. 500 Mio. Jahren die echten Pilze, Pflanzen und Tiere. Die echten Pilze, die so genannten Fungi (lat. Fungus = Pilz), stammen voraussichtlich von Wasser bewohnenden, pilzähnlichen Protisten ab.

Erkrankungen durch Pilze, deren Stoffwechselprodukte oder Giftstoffe entstehen nur dann, wenn das Gleichgewicht der Natur gestört wird. Dies betrifft nicht nur den Menschen, sondern auch die Natur selbst. Es handelt sich deshalb bei der Thematik der Schimmelpilze keineswegs um eine Erfindung oder ein Phänomen der letzten Jahre oder einer bestimmten Zeitepoche, sondern um Erkenntnisse, die teilweise schon über Jahrtausende zurückverfolgt werden können, wie der folgende Rückblick zeigt. Nur eines hat sich geändert: Während unsere Vorfahren die Grundsätze der Natur achteten und mit ihren

Mitteln versuchten, das Gleichgewicht innerhalb der Natur zu unterstützen, hat sich diese Einstellung offensichtlich im Laufe der Zeit verändert.

Schon der Naturphilosoph Hippokrates (um 400 v. Chr.) versuchte, alle Dinge auf einen Ursprung oder -stoff zurückzuführen. Auf Empedokles (490 – 430 v. Chr.) schließlich ging die Lehre über die vier Elemente Feuer, Wasser, Luft und Erde zurück. Diese Lehre gilt als der direkte Vorläufer der Humoraltherapie des Hippokrates. Polybos, der Schwiegersohn des Hippokrates (um 460 – 375 v. Chr.), entwickelte daraus dann die Lehre von den vier Säften wie Gelbe Galle, Schleim, schwarze Galle und Blut als den vier Kardinalhumores des menschlichen Körpers. Auf diese »Vier-Säfte-Lehre« begründete sich auch für die kommenden eineinhalbtausend Jahre die Betrachtung von pathologischen Phänomenen. Daraus entstand später der Name Idiosynkrasie, die von Galen (129 – 199 v. Chr.) beschrieb.

Unter Eukrasie verstand man die richtige Mischung der Gesundheit, die Dyskrasie als krankhaftes Überwiegen des einen über die anderen Humores (Körperflüssigkeit, Körpersaft). So entstand der Begriff Idiosynkrasie als eine Mischung der gesunden Säfte mit den krankmachenden Säften. Daraus resultierte noch keineswegs eine feststellbare Erkrankung, aber bereits Abweichungen von der Normalität. Hieraus kann man auch den später geprägten Begriff Konstitution ableiten. Der Begriff der Idiosynkrasie beinhaltete aber nicht nur negative körperliche und seelische Reaktionen eines Organismus, sondern war sozusagen der namentliche Vorläufer des Begriffes Immunität. Schon der römische Dichter Titus Lucretius Carus (109 – 55 v. Chr.) beschrieb in seinem Epos »De natura rerum«: »*...dass des einen Nahrung des anderen Gift sein könne...*«

Bereits im Alten Testament sind Anhaltspunkte dafür zu finden, die darauf hinweisen, dass der Mensch schon vor über 2000 Jahren von den gesundheitsgefährdenden Wirkungen der Schimmelpilze gewusst oder zumindest geahnt hat. Die dort beschriebenen, an der Wand festgestellten »grünlichen Grüblein« könnten, so vermuten Mikrobiologen, Penicillium-Arten und »rötliche Grüblein« könnten Fusarium-Arten gewesen sein, weil sie dort farbige Flecken verursachen. Andere Literaturquellen vermuten dagegen in der Beschreibung die Darstellung vom Echten Hausschwamm.

In den bemerkenswerten Passagen in der Heiligen Schrift wurde dem Pilz- und Hausfäuleerreger mit Drei- bis Sechszeilern bereits eine negative und vernichtende Eigenschaft zugeschrieben. Dort wurde dazu aufgefordert, die grünlichen und roten Grüblein – seine Fruchtkörper – von der Wand zu schaben und die gesamte Wand oder bei umfangreichem Befall (›fressendem Aussatz‹) das ganze Haus (Steine, Lehm, Holz) abzubrechen und weit vor der Stadt auf einen unreinen Ort zu schütten. Man hatte sich also Gedanken darüber gemacht, wie dieses Übel beseitigt werden kann und ein detailliert formuliertes Gesetz erlassen. Konkret heißt es im 3. Buch Mose, Kapitel 14 in einer älteren Übersetzung:

34 *Wenn ihr ins Land Kanaan kommt, das ich euch zum Besitz gebe, und ich lasse an irgend einem Hause eures Landes eine aussätzige Stelle entstehen,*

35 *so soll der kommen, dem das Haus gehört, es dem Priester ansagen und sprechen: »Es sieht mir aus, als sei Aussatz an meinem Hause.«*

36 *Da soll der Priester gebieten, dass sie das Haus ausräumen, ehe der Priester hineingeht, die Stelle zu besehen, damit nicht alles unrein werde, was im Hause ist. Danach soll der Priester hinein gehen, das Haus zu besehen.*

37 *Wenn er nun den Ausschlag besieht und findet, dass an der Wand des Hauses grünliche oder rötliche Stellen sind, die tiefer aussehen, als sonst die Wand,*

38 *so soll er aus dem Hause herausgehen, an die Tür treten und das Haus für sieben Tage verschließen*

39 *Und wenn er am siebenten Tage wiederkommt und sieht, dass der Ausschlag weitergefressen hat an der Wand des Hauses*

40 *so soll er die Steine ausbrechen lassen, an denen*

der Ausschlag ist und hinaus vor die Stadt an einen unreinen Ort werfen.

41 *Und das Haus soll man innen ringsherum abschaben und den abgeschabten Lehm hinaus vor die Stadt an einen unreinen Ort schütten*

42 *und andere Steine nehmen und statt jener einsetzen und anderen Lehm nehmen und das Haus neu bewerfen.*

43 *Wenn dann der Ausschlag wiederkommt und ausbricht am Hause, nachdem man die Steine ausgebrochen und das Haus neu beworfen hat,*

44 *so soll der Priester hineingehen. Und wenn er sieht, dass der Ausschlag weitergefressen hat am Hause, so ist es gewiss ein fressender Aussatz am Hause, und es ist unrein.*

45 *Darum soll man das Haus abbrechen, Steine und Holz und allen Lehm am Hause, und soll es hinausbringen vor die Stadt an einen unreinen Ort...«*

Über Gifte von Pilzen, als Verursacher von Erkrankungen bei Mensch und Tier, wurde damit bereits in der Bibel berichtet. Allein aus dem Mittelalter sind etwa 300 dramatische Berichte über Mykotoxinvergiftungen überliefert, bei denen die Bevölkerung ganzer Dörfer ausgerottet wurde. So starben im Jahre 857 in Xanten tausende Menschen an einer Pilzepidemie, und 943 wurden in der Gegend von Limoges (Frankreich) über 40.000 Menschen Opfer dieser schrecklichen Vergiftung. Und immer wieder gingen wahre Seuchenzüge des »heiligen Feuers« (als St. Antonius-Feuer oder auch »Kribbelkrankheit« bezeichnet), wie es damals in Unkenntnis der medizinisch-wissenschaftlichen Zusammenhänge genannt wurde, durch ganz Europa.

Der Schimmel war schon den Germanen zur Zeit der Völkerwanderung bekannt (Scimbalon = schimmlig werden). Die gleiche Bedeutung für ein weißes Pferd hat sich als eine neuhochdeutsche Schöpfung entpuppt. Im 14. Jahrhundert wurde ein weißes Pferd als »scymelighe perd« oder »schemeliges perd« bezeichnet und im Laufe der sprachlichen Entwicklung entstand das Wort »Schimmel«. Es kann demzufolge als erwiesen angesehen werden, dass das Wort Schimmel ursprünglich nicht für ein stolzes weißes Ross, sondern für den unbeliebten pelzigen Belag aus Pilzen verwendet wurde.

In einem der ersten medizinischen Lexika, dem »Definitionum medicarum libri vigintiquatuor« des Jean de Gorris aus dem Jahre 1564 wurde der Begriff der Idiosynkrasie umschrieben.

Der bedeutende Freiburger Stadtarzt Johannes Schenk von Grafenberg erwähnte um 1550 auch unter anderem die Überempfindlichkeit bestimmter Personen gegen Nahrungsmittel, verschiedene exogene (äußerliche) Reizstoffe usw. Es dauerte viele Jahre, bis man sich ganz allmählich auch für die äußeren Ursachen zu interessieren begann, die die Unverträglichkeiten bei Mensch und Tier hervorriefen, obwohl es sich bei der Mehrzahl der verdächtigten Substanzen um eigentlich harmlose Lebens- oder Genussmittel handelte.

Seit dem Altertum, vor allem aber im späten Mittelalter, traten regelmäßige Epidemien oft tödlich verlaufender Vergiftungen nach dem Genuss von Roggenbrot auf, das mit mutterkornhaltigem Mehl hergestellt war. Die damals als »St. Antonius-Feuer« bezeichnete Erkrankung, durch Ergotalkaloide des Mutterkornpilzes *Clavicepes purpurea* hervorgerufen, äußerte sich in Übelkeit, Kopfschmerzen, Krämpfen, Kribbeln der Haut, Gefühllosigkeit von Armen und Beinen, Gebärmutterkontraktionen, Fruchtabgängen und Gebärmutterzysten, Ohrensausen, Bewussteinseintrübung und dem schmerzhaften Absterben von Fingern und Zehen.

Die meisten haben sicher schon von Samuel Hahnemann gehört, dem Begründer der Homöopathie (1755-1843), der sich mit seltenen, auffallenden Symptomen bei Allergien beschäftigte. So fand er heraus, dass vielfach Hautausschläge nach dem Genuss von Flusskrebsen auftraten. Auch Goethe benutzte in seinen dichterischen Werken den Begriff der Idiosynkrasie und deutelte an merkwürdigen Symptomen herum, die ihn quälten. Er litt unter Hals- und Schlingbeschwerden, die kein Arzt zu diagnostizieren wusste. Sobald er mit der Arbeit von Ätzen und Radieren von Kupferplatten aufhörte, verschwanden diese Beschwerden schlagartig.

Der Arzt John Bostock litt seit seiner Kindheit an Augenbrennen, laufender Nase, Husten und Luftnot. Er beobachtete sich ganz genau und führte über Jahre Tagebuch seiner Krankheit. Im Jahr 1819, im Alter von 48 Jahren, berichtete er vor der berühmten Royal Medical Society of London über seine Erkrankung: die periodisch auftretende Affektion von Augen und Lunge. Er selbst nannte sein Leiden Catarrhus aestivus oder Sommerkatarrh. In seiner anschaulichen Darstellung bewies er für sich und einige seiner Patienten, dass er durch die Ausdünstungen des frischen Heus immer wieder aufs Neue erkrankte. Jahre später präsentierte er in einer Studie von leider nur 28 weiteren Fällen von in ganz England am Catarrhus aestivus leidenden Patienten. Da hatte sich aber der Name »Heuschnupfen« schon lange durchgesetzt, denn seine Erkenntnisse hatten, wenn auch langsam, gefruchtet.

Im Jahre 1873, also über 50 Jahre später, ist es der britische Allergiepionier Charles Blackley aus Manchester, der eindeutig nachweisen konnte, dass der Heuschnupfen durch Pollen verursacht wird. Er konnte das deshalb so selbstbewusst behaupten, weil er seit seiner Jugend an dieser Krankheit litt. Er rieb sich sogar Pollen in Kratzwunden in den Unterarm und konnte damit als erster Forscher Hautreaktionen hervorrufen, ebenso durch bestimmte Pollen eine Bindehautentzündung, die Rhinitis oder/und ein Asthma bronchiale. Außerdem entdeckte Dr. Blackley etwas ganz Sensationelles: Mit Hilfe klebrig bestrichener Objektträger gelang es ihm, die Pollen, die in der Luft herumschwirrten, sichtbar zu machen und unter dem Mikroskop auszuzählen. Er stellte sogar eine Korrelation zwischen der Pollenzahl und der Ausprägung seiner Symptome auf. Er war es auch, der den Pollenflug über eine große Distanz nachwies. Mit Hilfe eines Ballons konnte er aufzeigen, dass die in einer Höhe von 500 Metern mitgeführten Objektträger Pollen aufnahmen – für den Forscher der Beweis, dass die Pollen auch in der Stadt für seine Heuschnupfen-Symptome verantwortlich waren.

Nach der Veröffentlichung seines Buches – »Experimental Researches on the causes and Nature of Catarrhus Aestivus« – erhielt Blackley einen Brief von Charles Darwin. Er, Darwin, habe das Buch zwar nur bis zur Hälfte mit großem Interesse studiert, hatte aber für damalige Kenntnisse einen hochinteressanten Vorschlag: *»Untersuchen Sie doch einmal, lieber Freund, die möglichen Unterschiede zwischen den durch Wind und den durch Insekten übertragenen Pollenwirkungen.«* Blackley selbst schrieb in seinem o.g. Buch im Jahre 1873: *»Das Einatmen des Geruches eines der mikroskopisch kleinen Pilze (Chaetomium) führte auch zu ziemlich unangenehmen Symptomen bei mir. Aber diese waren überhaupt nicht denjenigen des Heuschnupfens ähnlich. Ich habe Grund zu der Annahme, dass die Sporen eines anderen mikroskopischen Pilzes (Penicillium glaucum) bei Kontakt mit den Atemschleimhäuten Symptome hervorrufen, die in einigen Aspekten denen des Heuschnupfens entsprechen, in anderen Aspekten sich aber auch deutlich davon unterscheiden – sie ähneln denen einer gewöhnlichen Grippe.«*

Der französische Chemiker Louis Pasteur (1822 bis 1895) begründete die moderne Mikrobiologie. Er entdeckte, dass Mikroorganismen aus der Luft scheinbar wahllos jeden empfänglichen Stoff befallen und ihn zur Verwesung oder Gärung bringen können. Bis dahin hatte man diese Vorgänge für rein chemische Prozesse gehalten. Noch heute benennt man nach ihm die Hitzebehandlung flüssiger Lebensmittel zum Abtöten der Mikroorganismen mit »Pasteurisieren«.

In der zweiten Hälfte des 19. Jahrhunderts erkannte Schönling, dass die Ursache der Seidenraupen-Krankheit auf eine Pilzerkrankung zurückzuführen ist. Die nun einsetzenden Forschungen auf diesem Gebiet führten zu dem Nachweis, dass Pilze Erreger mancher Krankheiten der Haut, Nägel und Schleimhäute sind. Virchow führte die Krankheitsbezeichnung »Mykose« ein. Dieser Begriff dient heute als Sammelbezeichnung für Pilzinfektionen, welche bei Mensch, Tier und Pflanze auftreten.

Ende des 19. Jahrhunderts traten in Russland tödliche Vergiftungsfälle bei Menschen auf, die in ursächlichem Zusammenhang mit Brotgetreide standen, das erst nach dem Winter geerntet wurde und in hohem Maße mit Pilzen der Gattung *Fusarium* und deren Toxinen kontaminiert war. Vergiftungen durch Schimmelpilztoxine sind also seit langem bekannt und in großem Ausmaß über die letzten Jahrhunderte aufgetreten. Unklar blieben allerdings die kausalen Zusammenhänge zwischen den Krankheiten bzw. Symptomen und den Auslösern bzw. Ursachen.

Die beiden französischen Wissenschaftler Richet, der 1913 den Nobelpreis für Medizin erhielt, und Portier gehen 1901 mit dem Prinzen Albert von Monaco auf eine wissenschaftliche Mittelmeerfahrt. Früher waren es die Regenten, die die Wissenschaft förderten. Die finanziell schlecht gestellten Wissenschaftler mussten sich sehr oft um Projekte kümmern, die eigentlich nicht ihr Interesse fanden, sondern um die, die den Vorstellungen des Gebieters entsprachen. So war es auch auf der Kreuzfahrt im Mittelmeer: Man solle doch, so schlug der Prinz vor, sich um das Gift der Quallenart *Physalia physalis,* auch portugiesische Galeere genannt, kümmern. Das Gift rief bei Kontakt extrem schmerzhafte Verbrennungen hervor. Nach Paris zurückgekehrt, versuchte Richet gleich das prinzliche Anliegen umzusetzen. Seine Idee war, Hunde gegen das Gift zu immunisieren. Vorbild und Ideen holte er sich aus der Griechischen Mythologie.

Der König Mithridates nahm wiederholt kleine Dosen Gift zu sich, um sich gegen eventuelles Gift, das man ihm in das Essen gemischt hatte, zu immunisieren – sich also dagegen resistent zu machen. Der Tierversuch mit einem »schönen, großen Hund mit Namen Neptunus« begann. Der Hund erhielt die Einstiegsdosis, die das Tier gut vertrug. Nach 22 Tagen bekam der Hund die zweite Injektion. Diesmal ein Zehntel der eigentlichen tödlichen Dosis. Zur Verblüffung und zum Entsetzen der Forscher geriet das Tier akut in einen Schockzustand und verstarb nach wenigen Minuten. Richet überdachte die Versuchsanordnung und die Folgen. Das Tier sollte eine Prophylaxe erhalten, aber das Gegenteil war eingetreten! Seine Erklärung lautete, dass die natürliche Resistenz gegen das Gift zusammengebrochen war. Nach unserer Kenntnis war die Erklärung falsch! Dieser Vorgang trat als Gegenteil der Prophylaxe, nämlich als Anaphylaxie auf! Dieses Konzept der Anaphylaxie-Theorie blieb für die folgende Allergieforschung äußerst hilfreich. 1906 nahm Wolff-Eisner an, dass der Heuschnupfen, und 1910 Melzner, dass Asthma bronchiale die so genannte »menschliche« Form der Anaphylaxie seien. Der Name »Überempfindlichkeit« entspringt eigentlich der Immunitätslehre.

Emil von Behring (1854-1917), der 1893 diesem Begriff medizinische Bedeutung verlieh, verstand darunter das außergewöhnliche Verhalten einiger Versuchstiere, die während der Immunisierungsphase mit Diphterie- oder Tetanustoxin (Erregern) ihre Reaktionen plötzlich veränderten. Anstatt höhere Dosen der Erreger zu vertragen, trat das Gegenteil ein – eine »paradoxe Reaktion«, wie sein Schüler Alexander Wladimiroff (1862-1942) meinte. Nach vorheriger Einstandsdosis, die die Tiere gut vertragen hatten, reagierten sie plötzlich nach der niedrigeren Zweitdosis sehr heftig. 1902, also ein Jahr nach der Entdeckung Richets, zeigt Arthus, dass anaphylaktische Reaktionen durch nicht toxische Substanzen ausgelöst werden können. Arthus injizierte Kaninchen Pferdeserum. Nach der ersten Reaktion kam es zu keinen Nebenwirkungen. Erst als er die Injektion nach einer Woche wiederholte, beobachtete er eine starke lokale Reaktion. Das Gewebe war entzündet, zum Teil nekrotisch (abgestorben) verändert. Diese Reaktion kennt die Medizin heute unter dem Begriff Arthus-Reaktion. Dabei unterscheidet man heute die allgemeine Schockreaktion als auch die lokale Anaphylaxie, wie oben bereits beschrieben. Etwas später – 1906 – vermeldete Richard Otto (1872-1952) noch eine aufregende Entdeckung. Diese Schockreaktionen konnten auch auf Tiere übertragen werden, die vorher nicht behandelt worden waren! Damit wurde der Begriff der »passiven Anaphylaxie« geprägt.

Der Österreicher Clemens von Pirquet (1874-1924) und der Ungar Bela Shick (1877-1967) publizierten in der Münchner Medizinischen Wochenzeitschrift ihre Beobachtung. Bei einigen Kindern, denen wiederholt von Pferden stammendes Streptokokken-Antitoxin-Serum injiziert wurde, reagierten mit Fieber, geschwollenen Drüsen und Hautauschlag. Man sprach von der Serumkrankheit. Die beiden Autoren schlugen für diese Reaktion den Begriff ›Allergie‹ vor. Ein neuer Begriff war entstanden, der erst heute seine große Bedeutung gewonnen hat. Es ist eine Zusammensetzung der griechischen Worte »allos« (anders oder verändert) und »ergos« (Arbeit oder Aktion).

Von einem kuriosen Fall berichteten Maximilian Ramirez aus New York in einem Beitrag im »Journal of the American Medical Association« im Jahr 1919. Ein Patient erleidet zum ersten Mal in seinem Leben einen Asthmaanfall – bei einer Kutschfahrt im Central Park. Aus seiner Anamnese – der Krankengeschichte – eruiert Ramirez, dass der Patient vor zwei Wochen eine Bluttransfusion erhalten hatte. Aus Interesse an diesem Fall erkundigt er sich auch nach dem Blutspender und findet heraus, dass dieser ein Asthmatiker ist und auf Pferdeschuppen heftig reagiert. Dies war die erste Beobachtung, die einen Zusammenhang zwischen Asthma bronchiale und der Auslösung eines Anfalles durch Serumfaktoren aufzeigte.

Die beiden amerikanischen Forscher Arthur Fernandez Coca (1875-1959) und Robert A. Cooke (1880-1960) prägten 1923 den Begriff Atopie für den besonderen Zustand der Allergie, bei dem die Patienten sowohl unter Heuschnupfen und Asthma bronchiale leiden, als auch eine Überempfindlichkeit gegenüber Proteinen entwickelt haben. Dazu gehört auch das Arzneimittelexanthem, also ein Ausschlag bei Einnahme eines bestimmten Medikamentes. Atopie bedeutet in etwa »Ungewöhnliches« oder »Seltsames«. Der Name sollte all diejenigen Reaktionen von Personen erfassen, die keinen direkten und nachweisbaren Kontakt mit einem Allergen gehabt hatten, aber trotzdem erkrankten. Coca glaubte infolgedessen, dass diese Reaktionen hereditär, also angeboren, sein konnten. Diese Vermutung konnte allerdings nicht bestätigt werden, denn wir wissen heute, dass der erste Kontakt mit dem Agens diaplazentar (durch die Plazenta (Mutterkuchen) hindurch) oder ansonsten unbemerkt abläuft, indem er z.B. mit der Nahrung aufgenommen wird. Heute weiß man, dass die Prädisposition (Anfälligkeit eines Organismus für Krankheiten), Sensibilisierung und Überempfindlichkeit, der Nachweis des Reagins und ein positiver Hauttest als Voraussetzungen der Atopie gegeben sein müssen.

Carl Prausnitz (1876-1963) und Heinz Küstner (1897-1963) führten 1921 einen sensationellen Selbstversuch durch. Sie konnten zeigen, dass Allergien durch Serumfaktoren übertragen werden. Prausnitz injizierte sich Serum seines an einer Fischallergie leidenden Patienten Küstner in den Unterarm. Am nächsten Tag erhielt Prausnitz eine Injektion aus Fischextrakt an dieselbe Hautstelle. Er zeigte daraufhin zum ersten Mal eine positive Hautreaktion auf Fisch. Der Serumfaktor, der für diese Prausnitz-Küstner-Reaktion verantwortlich gemacht wurde, und der durch Erhitzen auf 60 Grad Celsius inaktiviert werden konnte, wurde von Coca und Cook Reagin genannt. Weitere Untersuchungen zeigten, das Reagin mit einem Antikörper assoziiert war. Verglichen mit einem Antikörper gegen Mikroorganismen, wies er andere Eigenschaften auf. Mit den üblichen Präzipitationsmethoden (Ausflockung oder Ausfällung (z.B. von Eiweißkörpern) bei Koagulationsvorgängen) konnte er nicht nachgewiesen werden. Er hatte die Fähigkeit, sich lange an die Haut zu heften und dort Ödeme und Erytheme hervorzurufen, also Schwellungen und entzündliche Rötungen der Haut. Als später die verschiedenen Immunglobulinklassen identifiziert wurden, konnte man den Reagin-Antikörper keinem der bekannten Immunglobuline, wie IgG, IgM, IgA oder IgD zuordnen. Immunglobuline sind Glykoproteine mit gemeinsamer Grundstruktur, die nach Kontakt des Organismus mit einem Antigen (Erreger) von B-Lymphozyten bzw. Plasmazellen gebildet werden und als Antikörper in Serum, Gewebeflüssigkeiten und Körpersekreten für die humorale (die Körperflüssigkeiten betreffend) Immunität wichtig sind.

1908 wurde z. B. der Begriff einer »Mixed Anaphylaxis« von Gay und Elmer Ernest Southard (1876-1920) beschrieben, der besagen sollte, dass es möglich war, durch Verabreichung von Milch auch eine Ei-Allergie und umgekehrt auszulösen! Denselben Effekt konnte ein Kollege erzielen, indem er mit Kuhmilch vorbehandelte Tiere auch mit Ziegenmilch zu sensibilisieren vermochte. Harry Gideon Wells (1875-1943) und Thomas Burr Osborne (1859-1929) variierten ihre gemeinsamen Versuche mit verschiedenen Getreideproteinen, mit denen sie Meerschweinchen sensibilisierten und konnten damit eine Kreuzsensibilität erzeugen. Sie schlussfolgerten daraufhin, dass nicht das ganze Eiweißmolekül allergieauslösend sein müsse, sondern lediglich bestimmte Gruppen, die in verschiedenen Proteinen gemeinsam enthalten seien. Diese Ergebnisse wurden 1916 bei Versuchen mit Serumfraktionen bestätigt. Damit ergab sich auch eine Erklärung für gewisse unspezifische Reaktionen.

Als 1924 der Holländer Storm van Leeuwen annahm, dass inhalierte Pilzsporen Asthma verursachen können, sollte die Vermutung an der Allergie-Abteilung des St. Mary's Hospital in London überprüft werden. Unter den fünf zu testenden Arten war der Schimmelpilz *Penicillium*. Direkt über dem Allergielabor befand sich jene berühmte Petrischale, in der zufällig *Staphylococci* mit *Penicillium* in Berührung kamen: es war das Labor des englischen Bakteriologen Fleming. Der Penicillin-Entdecker entdeckte 1928, dass ein bestimmter Schimmelpilz *(Penicillium)* eine giftige Substanz absondert, die alle Bakterien ringsum unschädlich macht. Dieser Bestandteil Penicillin wurde zum »Wundermedikament« des 20. Jahrhunderts und rettete vielen Menschen das Leben.

Zusammenhänge zwischen dem Verzehr verschimmelter Lebensmittel und dem Auftauchen gewisser Krankheitssymptome wurden in Russland zuerst erforscht. Während und kurze Zeit nach dem zweiten Weltkrieg hatte man Blutkrankheiten bei Menschen festgestellt, die schimmelbefallendes Getreide gegessen hatten. Durch das Kriegsgeschehen wurde das Getreide im Herbst nicht abgeerntet und blieb, von Schnee bedeckt, auf den Halmen stehen. Erst im darauf folgenden Frühjahr wurde das Getreide geerntet und verbraucht. Infolgedessen konnten sich Fusarienpilze massiv vermehren und Gifte bilden. So fielen in dieser Zeit der als »Alimentäre toxische Aleukie« bezeichneten Erkrankung Tausende von Menschen zum Opfer. Hier wurde durch Nahrungsgifte das Knochenmark gestört bzw. sogar zerstört. Das Ergebnis war eine Beeinträchtigung der Blutbildung mit daraus resultierender Blutarmut.

Zwei sehr interessante Fälle sollen hier noch geschildert werden, die 1954 beobachtet wurden: Im ersten Fall erkrankte ein Allergiker an einem Penisödem, das er sich einige Stunden nach dem Geschlechtsverkehr mit seiner Frau zuzog. Sie hatte Stunden vor dem intimen Kontakt mit ihrem Mann wahrscheinlich aus Abtreibungsgründen Chinin eingenommen. Im zweiten Fall erlitt eine Krankenschwester, die penicillinempfindlich war, allergische Reaktionen, obwohl sie bei der Pflege mit den Patienten nicht mit dem Medikament in Berührung gekommen war. Wie sich herausstellte, schieden bestimmte Patienten, die Penicillin erhalten hatten, die wirksamen Stoffe über die Haut mit dem Schweiß aus, die die Krankenschwester mit den Händen wiederum aufnahm.

Jetzt war dem so genannten »Allergenvermittler« eine bedeutende Überträgerrolle zugekommen und eine neue Erkrankungsmöglichkeit aufgedeckt, nämlich die der Kontaktallergie! 1935 postulierte Coca eine besondere Form der Überempfindlichkeit, die er zunächst als »familial non reaginic food allergie« bezeichnete: Nach Nahrungsaufnahme bei einem Allergiker erlitt dieser eine paroxymale Tachycardie mit Angina pectoris – Anfällen (vorübergehender Bluthochdruck mit Herzrasen und Herzklopfen und Schmerzen hinter dem Brustbein und Engegefühl im Brustbereich) ohne sonstige allergische Erscheinungen. Durch Ausschalten des allergieauslösenden Nahrungsmittels blieben die Anfälle aus.

Die Situation änderte sich 1967 entscheidend. Zu dieser Zeit arbeitet in Denver, Colorado, das Ehepaar Ishuzaka. Den beiden gelingt es, bei einem Patienten mit starker Ragweed-Pollenallergie eine reaginreiche Serumfraktion zu isolieren (Reagin = vom Organismus gegen eingedrungene Infektionserreger gebildete Antikörper). Ein hochinteressantes und für die Allergieforschung bedeutendes Experiment begann. An seinem Ende war eine kleine Revolution entstanden. Mit Hilfe der »Prausnitz-Küstner-Reaktion« wurde als Erstes der Reagingehalt im Serum nachgewiesen. Dieser wurde dazu benutzt, den Antikörpertiter (Antikörperkonzentration) von Kaninchen zu erhöhen. Um entsprechende Anti-Ig-Antikörper zu päzipitieren, wurde diesem Serum menschliches IgG, IgM, IgA und IgD hinzugefügt. Dies wurde mit der Überlegung durchgeführt, dass im Überstand nun nach der gängigen Lehrmeinung keine der bekannten Immunglobulinklassen mehr vorhanden sein dürften. Zur großen Überraschung der beiden Forscher kam es aber trotzdem noch zu einer positiven »Prausnitz Küstner-Reaktion«. Sie fügten nun das reaginreiche Serum dem leeren Überstand hinzu und erzeugten eine schmale Präzipitationslinie. Der aus dieser Addition gewonnene Überstand rief bei Patienten keine Hautreaktion hervor. Eine weitere Besonderheit kam hinzu: Das Präzipitat (Produkt einer Ausfällung oder Ausflockung (Koagulation) vor allem von Eiweißkörpern aus dem Blutserum) ging eine Bindung mit isotopenmarkiertem Ragweedallergen ein, was für eine deutliche Antikörperaktivität sprach. Das Ehepaar Ishusaka lieferte so den Beweis, dass die reaginen Antikörper zu einer bis dahin nicht bekannten Immunglobulinklasse gehörten. Sie nannten es Gamma-E-Globulin.

Zur gleichen Zeit wie die Ishuzakas entdecken in Uppsala/Schweden die beiden Biochemiker S. Gunnar O. Johannsson und Hans Bennich bei einem Myelompatienten (vom Knochenmark ausgehende Geschwulst) ein Protein, das sich von den bisher bekannten Immunglobulinen unterschied. Sie nannten es nach den Patienteninitialen IgND. Unter Verwendung des Radioimmuno-Assay (RIA; empfindliche und spezifische Methode zum Nachweis und zur quantitativen Bestimmung antigener Substanzen) konnten sie dieses IgND auch bei gesunden Freiwilligen im Serum in geringer Menge nachweisen. Erstaunlicherweise aber fanden Sie bei Allergikern erhöhte Werte. Diese Beobachtung ließ auch bei den beiden die Schlussfolgerung zu, dass Reagin zu der neuen Immunglobulinklasse gehört. Beide Forscher trafen im Jahre 1968 mit den Ishuzakas zusammen. Es wurde beiden sofort klar, dass sie dieselbe Immunglobulinklasse untersucht hatten. Man einigte sich, die neue Klasse Immunglobulin E zu nennen. Ein neues Kapitel der Allergologie war geschrieben.

In neuerer Zeit sind auch bei Tieren Massenvergiftungen aufgetreten, da die Massentierhaltung in Westeuropa ohne den Import von Eiweißfuttermitteln aus anderen Klimazonen nicht auskommt. So forschte man erst Mitte der 60er Jahre systematisch weiter, nachdem beunruhigende Berichte über ein rätselhaftes Massensterben in englischen Geflügelfarmen veröffentlicht wurden. Die in damaliger Unkenntnis der Zusammenhänge als »Turkey X« bezeichnete mysteriöse Krankheit führte zum Tod von 100.000 Truthähnen, wobei als auffälligste pathologische Veränderung Leberkarzinome diagnostiziert wurden. In der Folge erkrankten auch Entenküken, Fasane und Forellen in außerordentlich hoher Anzahl sowie viele andere Nutztiere. Damals wurde importiertes Erdnussmehl bzw. -schrot aus Brasilien verfüttert, das von dem Schimmelpilz *Aspergillus flavus* befallen war, der das hochgiftige Sekundär-Stoffwechselprodukt Aflatoxin produzieren kann. Danach begann auch die Humanmedizin, sich mit diesen Krankheitsquellen auseinander zu setzen. Aus heutiger Sicht kann man sicherlich festhalten, dass dieses Ereignis der Auslöser für die dann eingesetzte Intensivierung der Mykotoxinforschung gewesen ist. So wurde im Jahre 1965 das stabile Mykotoxin »Ochratoxin A« entdeckt. Dieses Gift wurde in Dänemark für Nierenveränderungen bei Schlachtschweinen verantwortlich gemacht. Da Ochratoxin A für den Menschen hochgefährlich ist, hat man sich in Dänemark entschlossen, einen Schwellenwert festzulegen, bei denen die Nieren bzw. der ganze Schlachtkörper vernichtet wird.

Aspergillus flavus war auch das Geheimnis um den abergläubischen »Fluch des Pharao«. Die Grabpyramide des ägyptischen Königs Tut-Ench-Amun wurde mit dem Bannspruch »*Der Tod soll den mit seinen Schwingen erschlagen, der die Ruhe des Pharao stört*« versehen. Bei der Entdeckung und Öffnung seines Grabes im Jahr 1922 starben 27 Menschen an einer geheimnisvollen Lungenkrankheit. Als Erstes erlag ihr der Ägyptenforscher Lord Carnavon. Nachforschungen widerlegten natürlich den Aberglauben. Heute weiß man, dass sich der Forscher beim Betreten der Grabkammer nach ca. 3000 Jahren mit immensen Sporenmengen eines Schimmelpilzes infiziert haben muss, die beim Öffnen des Grabdeckels aufgewirbelt wurden. Diese nisteten sich in seinen Lungen ein und zerstörten diese dann: Es war das Gift Aflatoxin des Pilzes *Aspergillus flavus.*

Ähnliches wiederholte sich 1973 in der polnischen Stadt Krakau bei der Eröffnung der Gräber des Jagellionen-Königs Kazimierz (1492) und seiner Ehefrau Elzbieta. Damals kamen zwölf Forscher und Wissenschaftler unter rätselhaften Umständen ums Leben. Auch in diesem Fall wurden neben einer Reihe von bekannten und unbekannten Pilzen und Bakterien größere Mengen des Schimmelpilzes *Aspergillus flavus* gefunden.

Das Aflatoxin greift jeweils die schwächsten oder für Krankheiten anfälligsten Organe des menschlichen Körpers an. So konnte auch erklärt werden, dass bei den vielen Opfern der Gräberuntersuchungen in Ägypten oder in Krakau von den Medizinern stets verschiedene Todesursachen (z.B. Nierenbluten, Herzversagen oder Krebs) diagnostiziert worden waren.

Ganz so zufällig scheinen die Todesfälle jedoch nicht zu sein. Forschungen weisen daraufhin, dass die alten Ägypter Schimmelpilze ganz bewusst als biologische Waffen eingesetzt haben. So fanden Wissenschaftler Gefäße, auf denen die Schimmelpilze wahrscheinlich gezielt angezüchtet wurden, um den Ersten zu töten, der die Grabkammer unbefugt betritt. Namhafte Mikrobiologen halten es auch für möglich, dass die Ägypter deshalb Nahrung in den Grabkammern hinterlassen haben, damit die Schimmelpilze einen guten Nährboden fanden. In Veröffentlichungen aus dieser Zeit kann über diese »Opfer für das Jenseits« nachgelesen werden.

Archäologen sind sich heute der Gefahr bewusst, die in alten Grabstätten lauert. Es ist deshalb notwendig, eine Ganzkörper-Schutzkleidung oder zumindest einen Mundschutz zu tragen. Touristen sind weniger gefährdet. Wenn Grabfelder oder Pyramiden für Besucher freigegeben werden, dann sind keine Schimmelpilze zu befürchten.

Insgesamt ist das Infektionsrisiko sicherlich als gering einzustufen, da zum einen über 90% der Schimmelpilze während der langen Zeit in ihren unterirdischen Lebensräumen schon abgestorben sind, wie eine Untersuchung der Aachener Hautklinik ergab. Außerdem liegt das Infektionsrisiko bei *Aspergillus*-Arten ohnehin nur bei ca. 15%. Zudem ist jedes gesunde Immunsystem in der Lage, eine Pilzinfektion abzuwehren.

Vergiftungen durch Schimmelpilztoxine sind also seit langem bekannt und in großem Ausmaß über die letzten Jahrhunderte aufgetreten. Im Dunkeln blieben allerdings die kausalen Zusammenhänge zwischen den Krankheiten bzw. Symptomen und den Auslösern. Letztlich war es die moderne Massentierhaltung, die verdeutlichte, welche großen gesundheitlichen Schäden und ökonomischen Verluste durch Pilzgifte hervorgerufen werden können. Schritt für Schritt wurde es klar, dass mit Schimmelpilzen infizierte Futtermittel für eine Reihe von Erkrankungen bei Nutztieren verantwortlich waren. Dass dieselben Verbindungen auch in Lebensmitteln für den Menschen vorhanden sein können und dann möglicherweise Ursache von Krankheiten sind, zeigte sich erst, nachdem die Untersuchungsmethoden genauer wurden und man in der Lage war, eine Vielzahl von Lebensmitteln und Lebensmittelbestandteilen zu untersuchen.

Die Mykotoxinkontamination von Lebens- und Futtermitteln ist dabei ein weltweites Problem. Die UN Food & Agriculture Organization (FAO) schätzt, dass bis zu 25% der Weltproduktion von Nahrungsmitteln mit Mykotoxinen kontaminiert sind. Etwa 20% der Getreideernte der EU enthalten messbare Mengen von Mykotoxinen. Wegen des hohen Standards der Nahrungsmittelproduktion in Mitteleuropa und anderen entwickelten Staaten wird dort eine akute Gefährdung durch Mykotoxine als gering eingeschätzt. Über die Wirkung geringer Mengen oder einer Mischung von Mykotoxinen – vor allem bei lebenslanger Aufnahme – liegen dagegen kaum Erkenntnisse vor. In subtropischen und tropischen Gebieten bestehen nach den Ergebnissen epidemiologischer Untersuchungen zum Teil erhebliche Risiken, die u.a. durch Klima, besondere Essgewohnheiten, mangelhafte Lagerung und Ausbildungsmangel verursacht werden.

In Deutschland kann die Schimmelpilz- und Mykotoxinforschung bereits auf eine 30-jährige, sehr erfolgreiche Geschichte zurückblicken, die von den Forschungseinrichtungen des Bundeslandwirtschaftsministeriums bedeutend mit geprägt wurde. Seit 1979 wird einmal jährlich ein »Mykotoxin-Workshop« durchgeführt, der als wissenschaftlicher Kongress mit interdisziplinärer Ausrichtung und grenzenüberschreitender Akzeptanz mittlerweile die jährlich weltweit größte Fachtagung im Bereich der Schimmelpilz- und Mykotoxinforschung darstellt.

1.2 Geschichte der Mikrobiologie

Wer einen historischen Rückblick der Schimmelpilze durchführt, kommt an der geschichtlichen Entwicklung und Bedeutung der Mikrobiologie nicht vorbei. Mikrobielle Aktivitäten sind eng mit der Menschheitsgeschichte verflochten. Das betrifft sowohl ihre Rolle als Krankheitserreger als auch die zunächst unbewusste Nutzung bei der Herstellung von alkoholischen Getränken und Nahrungsmitteln sowie deren Konservierung. Die intensive Erforschung der Mikroorganismen setzte erst in historisch jüngerer Zeit ein. Die Entwicklung der Mikrobiologie und ihre Auswirkungen auf die gesamte Wissenschaftsgeschichte lassen sich in fünf Phasen einteilen.

1. Phase: die frühe Phase – Entdeckung der Mikroorganismen (1680-1860)

Die Entdeckung der Mikroorganismen geht auf den Niederländer Antonie van Leeuwenhoek zurück. Obwohl die ersten Versuche mit selbstgebauten einfachen Mikroskopen nur eine dreihundertfache Vergrößerung ermöglichten, erkannte und beschrieb der Kaufmann und Amateurforscher um 1684 verschiedene einzellige Mikroorganismen, Protozoen, Hefen und Bakterien. Dabei untersuchte er zunächst einen einfachen Wassertropfen und anschließend weitere Materialien bis hin zum Zahnbelag. Infolge seiner außerordentlich sorgfältigen Beobachtungen schlussfolgerte er, dass es im Zahnbelag mehr Mikroorganismen gibt, als Menschen in einem Königreich. Ob nun Annahme oder Beweis – er lag bereits vor weit über 300 Jahren mit dieser Behauptung richtig. Über seine Forschungsarbeiten führte er intensiven Briefwechsel mit der Royal Society in London, der heute noch erhalten ist.

Vor Leeuwenhoek hatte Robert Hooke bereits 1664 die Fruchtkörper von Schimmelpilzen mikroskopisch untersucht. Aber erst van Leeuwenhoek gelang es, mit seinem Mikroskop auch Prokaryoten zu erkennen. Er drang mit seinen Beobachtungen damit in die Dimension der Mikrobenwelt ein. Wesen und Herkunft dieser Organismen blieben über ein Jahrhundert unklar. Die Hypothese, dass sie durch Urzeugung aus toter Materie entstehen, war die vorherrschende Auffassung der damaligen Zeit, obwohl Versuche u.a. von Spallanzani um 1785 dagegen sprachen. Auch die Rolle und Bedeutung der Mikroorganismen für die grassierenden Infektionskrankheiten wurde trotz einiger Hinweise darauf nicht erkannt. Zur Durchsetzung dieser Erkenntnisse bedurfte es dann schon der überzeugenden und aufwendigen Experimente großer Persönlichkeiten und namhafter Naturwissenschaftler.

2. Phase: die klassische Periode – Gärungsprozesse und Medizinische Mikrobiologie (1860-1910)

Fast zwei Jahrhunderte später, in den Jahren 1854-1861, entdeckte der französische Chemiker Louis Pasteur bei den Untersuchungen verschiedener Gärungen, dass sie von Mikroorganismen hervorgerufen wurden. In dieser Periode wurden die entscheidenden Methoden der Mikrobiologie entwickelt und Mikroorganismen als Verursacher der Gärungen und Erreger von Infektionskrankheiten erkannt. Diese Zeit wird durch zwei Persönlichkeiten geprägt – neben dem bereits erwähnten Louis Pasteur noch durch Robert Koch. Von den Leistungen des Chemikers Louis Pasteur sollen an dieser Stelle drei hervorgehoben werden. Ihm gelang im Jahre 1861 die Widerlegung der bereits erwähnten Urzeugungshypothese durch Experimente, mit denen er zeigte, dass die Gärungen und Fäulnis verursachenden Mikroorganismen aus der Luft in die Versuchsgefäße gelangen. Als zweite herausragende Leistung sollen die Grundlagen der Gärungen erwähnt werden: Die Milchsäuregärung und die alkoholische Gärung werden durch Mikroorganismen verursacht. Gärungen ermöglichen Leben ohne Sauerstoff. Damit geht die Erkenntnis, dass die Entstehung von Essig aus Wein auf das Wachstum bestimmter Bakterien zurückzuführen ist, auf ihn zurück. Dabei entwickelten er und andere Wissenschaftler seiner Zeit Methoden der Sterilisation und Desinfektion. Die Feststellung, dass ein Erhitzen der Lösungen die Gär- oder Fäulnisprozesse verhinderte, führte zur Entwicklung der Sterilisationstechnik, die für die nachfolgenden mikrobiologischen Forschungsarbeiten unerlässlich war. Die dritte Leistung beinhaltet Beiträge zur medizinischen Mikrobiologie, vor allem zur Bekämpfung von Infektionskrankheiten durch Impfung. Aufbauend auf den Erkenntnissen von Jenning wies Pasteur nach, dass Stämme von Krankheitserregern, die ihre Virulenz verloren haben, als Impfstoffe Immunität gegen virulente Stämme bewirken.

Der Bakteriologe Robert Koch zeigte 1876 fast zeitgleich, dass bestimmte Bakterienarten (Milzbrandsporen) Infektionskrankheiten (Anthrax) verursachen bzw. auslösen. Später gelang ihm auch die Identifizierung der Erreger von Tuberkulose und Cholera sowie die Aufklärung der Entstehung von Wundinfektionen. Auf der Basis seiner Experimente und zur Beweisführung stellte er die vier »Koch´schen Postulate« auf, nach denen Bakterien im erkrankten Organismus nachweisbar sein und diese isoliert und in Reinkultur gebracht werden müssen. Des Weiteren muss die Krankheit bei gesunden Wirtsorganismen durch die Infektion mit einer Mikroorganismenart der Reinkultur hervorgerufen werden und der gleiche Erreger erneut aus dem infizierten Wirtsorganismus isolierbar sein. Koch entwickelte mikrobielle Nährmedien, die eine Isolierung von Einzelkolonien ermöglichten. Weiterhin führte er Färbemethoden für Bakterien auf Objektträgern ein. Pasteur und Koch schufen damit Institutionen, die das Zeitalter der medizinischen Mikrobiologie und Hygiene einleiteten. Robert Koch gilt als Begründer der Bakteriologie und erhielt für seine Forschungsarbeiten im Jahre 1905 den Nobelpreis.

Parallel zur Bakteriologie entwickelte sich im Rahmen der Botanik die Mykologie. Das erste Lehrbuch der Mykologie wurde 1866 durch Anton de Bary vorgelegt, in dem grundlegende Erkenntnisse über parasitäre Pilzerkrankungen enthalten waren.

3. Phase: Entwicklung der Allgemeinen und Ökologischen Mikrobiologie (1885-1930)

In dieser Periode wurden die Leistungen der Mikroorganismen in den Stoffkreisläufen der Natur sowie die Einheit und Komplexität des mikrobiellen Stoffwechsels erkannt. Die Aufklärung der Rolle der Mikroorganismen im Kohlenstoff-, Stickstoff- und Schwefelkreislauf sowie die Entwicklung der dazu notwendigen Kultur sind mit den Namen Winogradsky und Beijerinck eng verwurzelt. Winogradsky zeigte, dass Bakterien befähigt sind, reduzierte Schwefelverbindungen zu oxidieren und mit der dabei gewonnenen Energie Kohlendioxid der Luft zum Aufbau der Zellsubstanz zu assimilieren. Als Ergebnis seiner Forschung stellte er 1887 das Konzept der Chemoautotrophie (selbstständige Ernährung von Organismen) auf.

Beijerinck hingegen beschäftigte sich zunächst mit den Luftstickstoff bindenden Bakterien und isolierte 1888 die Knöllchenbakterien, die in Symbiose mit Leguminosen Stickstoff binden (und freilebende *Azotobacter*-Arten). Mit Hilfe der Anreicherungskultur gelang es ihm, die Sulfat zu Schwefelwasserstoff reduzierenden Bakterien aus anaeroben Gewässersedimenten zu isolieren. Damit wurden grundlegende mikrobielle Stoffwechselreaktionen erkannt, die entscheidende Reaktionen in den bio-geo-chemischen (Aufzählung aus biologischen, geologischen und chemischen) Zyklen der Elemente katalysieren.

Sein Nachfolger war A.J. Kluyver, der mit seinen Mitarbeitern ein breites Spektrum aerober, anaerober und chemoautotropher mikrobieller Stoffwechselprozesse untersuchte. Das von ihm 1926 abgeleitete Konzept der Einheit der Biochemie besagt, dass Grundphänomene des Stoffwechsels bei allen Organismen gleich sind. Mit C.B. van Niel untersuchte ein Schüler von Kluyver den Stoffwechsel phototropher Bakterien, die H_2S zu Schwefel oxidieren. Durch eine vergleichende Betrachtungsweise gelangte er zu dem Schluss, dass hierbei H_2S die gleiche Rolle wie H_2O bei der Photosynthese der Pflanzen spielt. Mit der Erkenntnis, dass der bei der Photosynthese gebildete Sauerstoff aus dem Wasser und nicht aus dem CO_2 stammt, trug die Mikrobiologie maßgeblich zur Aufklärung dieses grundlegenden biologischen Prozesses bei.

4. Phase: die Antibiotikaphase - Beginn der Biotechnologie (ab 1928)

Antibiotika sind niedermolekulare mikrobielle Stoffwechselprodukte, die in geringer Konzentration die Vermehrung anderer Mikroorganismen hemmen. Ihre Entdeckung und Gewinnung löste zwei neue, grundlegende Entwicklungen aus: eine neue Ära der Therapie von Infektionskrankheiten und das Entstehen einer biotechnologischen Industrie. Am Anfang (1928) stand die Beobachtung des Arztes A. Flemming, dass der Schimmelpilz *Penicillium* einen Wirkstoff ausscheidet, der das Wachstum eines pathogenen Bakteriums hemmt. Flemming erkannte sofort die Bedeutung dieser Beobachtung, da er sich bereits intensiv mit der Suche nach Mitteln zur Bekämpfung von Infektionskrankheiten beschäftigt hatte. Auf einem langen Weg wurde aus dem in äußerst geringer Menge gebildeten Antibiotikum die Penicillinproduktion entwickelt, die 1940 zur Anwendung der ersten Präparate führte. Die begrenzte Wirkung des Penicillins auf einige spezifische Bakterien löste die Suche nach weiteren Antibiotika mit breiterem Wirkungsspektrum aus. Waksman wies 1944 nach, dass die im Boden verbreiteten *Streptomyceten* zahlreiche Antibiotika bilden. Streptomycin wurde dann als zweites Antibiotikum produziert. Zur Gewinnung dieser Wirkstoffe wurde die Fermentationstechnik entwickelt. Sie ermöglichte die Kultivierung großer Volumina von Mikroben und damit den Durchbruch der industriellen Mikrobiologie.

5. Phase: Herausbildung der molekularen Mikrobiologie – Grundlage der Gentechnik (ab 1960)

Das Adaptionsvermögen der Mikroorganismen, vor allem die Fähigkeit einer Art, auf verschiedenen Nährstoffen zu wachsen, hatte schon in den 30er Jahren für Aufmerksamkeit gesorgt. Es wurde festgestellt, dass diese Flexibilität mit einer unterschiedlichen Enzymausstattung der Zellen verbunden ist. Die Aufklärung der Adaption begann mit Wachstumsuntersuchungen von J. Monod, der 1942 feststellte, dass eine bestimmte Kultur zunächst Glucose und nach einer Zwischenphase Lactose zum Wachstum nutzt, wenn diese auf einem Mischsubstrat wächst (»Diauxie-Phänomen«). J. Monod und F. Jacob leiteten durch tief greifende genetische und biochemische Untersuchungen 1961 daraus die Grundprinzipien der Stoffwechselregulation und die Regulation der Enzymsynthese und der Enzymaktivität ab. Parallel zu den Untersuchungen durch Monod Mitte der 40er Jahre entwickelten G.W. Breadle und E.L. Tatum das »ein-Gen-ein-Enzym-Konzept«.

Die gute Handhabbarkeit mikrobieller Systeme und ihre schnelle Vermehrung und einfache Struktur trugen maßgeblich zu den Erkenntnissen der Molekularbiologie und -genetik bei. Sie stellt die Grundlage für die Gentechnik dar. Die gegenwärtige Entwicklung der Mikrobiologie wird durch die molekulare Systematik und die Biotechnologie geprägt. Die molekulare Systematik hat mit der evolutionären Perspektive die Grundlagen für das natürliche System der Mikroorganismen geschaffen. Diese Entwicklung ist mit der Isolierung neuer Mikroorganismen vor allem aus anaeroben und extremen Biotopen verbunden. Das Spektrum mikrobieller Leistungen erweitert sich sehr schnell, neue Stoffwechselwege werden erkannt. Die Mikrobiologie hat sich bisher vorwiegend mit Reinkulturen befasst. Sie geht jetzt zur Erforschung der Interaktion von Mikroorganismen mit Pflanzen und Tieren über. Neue Dimensionen liegen in der Erforschung von Mischkulturen und Mikrobengesellschaften. Ein tiefes Verständnis mikrobieller Aktivitäten in globalen Stoffkreisläufen ist erforderlich, um der Umweltproblematik zu begegnen.

1.3 Die Welt der Mikroorganismen

Als Mikroorganismen werden eine Reihe sehr unterschiedlicher Organismen bezeichnet, deren charakteristische Eigenschaft ihre geringe Größe ist. Zu den Mikroorganismen gehören Protozoen, Hefen, kleine Hyphenpilze, Algen, Bakterien und Viren. Aufgrund ihrer großen Anpassungsfähigkeit sind diese mikroskopisch kleinen Organismen in der Lage, sich in allen Bereichen unserer Umwelt erfolgreich anzusiedeln und damit nahezu jede ökologische Nische zu besiedeln. Sie produzieren etwa drei Viertel der gesamten Biomasse und sind von entscheidender Bedeutung für die biologischen Stoff- und Energiekreisläufe.

Als Verursacher von Krankheiten bei Menschen, Tieren oder Pflanzen stellen Mikroorganismen trotz aller medizinischen Fortschritte auch heute noch ein großes Problem dar. Ein Drittel der weltweit auftretenden Todesfälle ist die Folge von Infektionskrankheiten und allein an Malaria leiden über 300 Mio. Menschen. Seu-

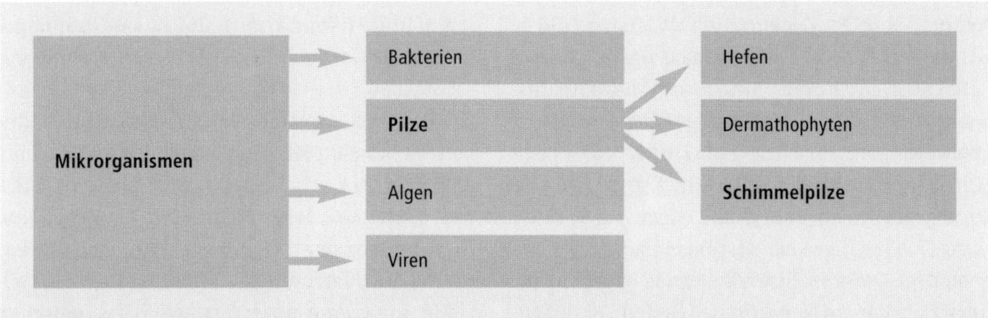

Abb. 1.11 ■ Stellung der Schimmelpilze im System der Mikroorganismen

Abb. 1.12 ■ Beispiel für einen von Schimmelpilzen befallenen Pilz. Der abgebildete Fruchtkörper dieses Helmlings wurde von einem Schimmelpilz (*Spinellus fusiger*) befallen. Aus dem Fruchtkörper wachsen feine, hyaline Sporangienträger mit braunen bis schwarzen Sporangien (Köpfchen, in denen sich Sporen bilden).

chen haben die Geschichte der Menschheit entscheidend beeinflusst und in der jüngsten Vergangenheit nimmt ihre Bedeutung wieder zu. Klassische Infektionskrankheiten wie Tuberkulose und Diphterie, die bereits als besiegt galten, treten in den letzten Jahren auch in den hoch entwickelten Industrieländern wieder häufiger auf. Gleichzeitig wird die Menschheit durch neue Krankheiten wie HIV oder dem Ebola-Virus bedroht.

Als Teilgebiet der Biologie befasst sich die Mikrobiologie mit einer großen, heterogenen Gruppe von meist einzelligen Organismen, deren gemeinsames Merkmal ihre geringe Größe ist. Sie werden deshalb als Mikroorganismen bezeichnet und sind mit dem bloßen Auge nicht zu erkennen. Ihre Entdeckung wurde erst möglich, als das erste noch sehr einfache und primitive Mikroskop entwickelt worden war. Mikroorganismen werden anhand bestimmter Eigenschaften in mehrere Gruppen unterteilt. Zu den eukaryotischen Mikroorganismen gehören Einzeller wie Protozoen, Hefen und kleine Algen sowie auch einige mehrzellige kleine Hyphenpilze (z.B. Schimmelpilze). Die einzelligen Bakterien dagegen entsprechen dem prokaryotischen Zelltyp. Als eigenständige Gruppe werden auch die Viren zu den Mikroorganismen gezählt – sie sind allerdings keine echte Lebewesen, da ihnen ein vollständiger Stoffwechsel fehlt.

Die Größe der meisten Mikroorganismen liegt unter einem Millimeter, wobei der Größenbereich eine relativ große Spanne umfasst. Manche Amöben können eine Größe von bis zu 1 mm erreichen, während die kleinsten Viren nur einen Durchmesser von weniger als 0,02 µm haben.

Die einzelne Bakterienzelle stellt einen selbstständigen Organismus dar, der sich durch eine einfache Zweiteilung vermehrt, dabei entstehen aus einer Zelle in der Regel zwei identische Tochterzellen. Im Vergleich zu größeren Organismen ist die Oberfläche einer mikrobiellen Einzelzelle im Verhältnis zu ihrem Volumen sehr groß und der Stoffaustausch – also sowohl die Aufnahme von Nährstoffen als auch die Ausscheidung von Abfallprodukten – ist sichergestellt. Bei ausreichender Nährstoffversorgung teilt sich eine Bakterienzelle (z.B. *Escherichia coli*) alle 20 Minuten, so dass in kürzester Zeit eine riesige Population heranwächst und eine außerordentlich schnelle Vermehrung ihrer Biomasse erfolgt.

Die häufigen Replikationszyklen der Bakterien erhöhen die Wahrscheinlichkeit, dass durch Mutationen Bakterien entstehen, die an einen Standort besser angepasst sind als die ursprünglichen Bakterien oder neue Lebensräume besiedeln können. Es ist daher nicht verwunderlich, dass Bakterien überall in unserer Umwelt vorkommen – in der Erde, in der Luft, im Wasser, auf Pflanzen und selbst in den Körpern von Menschen und Tieren. So enthält z.B. ein Gramm gewöhnliche Gartenerde 10^7 bis 10^8 Bakterien sowie ca. 500.000 Pilze, 50.000 Algen und 30.000 Protozoen. Unsere Atmosphäre ist bis zu einem Kilometer über dem Meeresspiegel reich an Pilz- und Bakteriensporen. Viele Mikroorganismen existieren in scheinbar lebensfeindlichen Umgebungen. Diese außerordentlich unterschiedlichen Lebensräume erfordern von den Mikroorganismen spezielle Anpassungsmechanismen auf genetischer und physiologischer Ebene.

Während Menschen und Tiere zur Erhaltung ihrer Lebensfunktionen essentiell auf Sauerstoff angewiesen sind, findet man unter den Mikroorganismen sowohl aerobe als auch anaerobe, also Formen, die mit oder ohne Sauerstoff existieren. Einzelne Bakterienarten können sich sogar an veränderte Sauerstoffkonzentrationen und ihren Stoffwechsel von aerob auf anaerob anpassen; sie sind fakultativ. Als Energiequelle können phototrophe Mikroorganismen das Sonnenlicht nutzen wie die Pflanzen, chemotrophe verwenden chemische Energiesubstrate. Als Kohlenstoffquelle kann bei den Mikroorganismen sowohl CO_2 dienen, als auch eine Vielzahl von organischen Substanzen. Durch die Entwicklung neuer molekularbiologischer Methoden konnten in den letzten Jahren zahlreiche neue und teilweise unerwartete Erkenntnisse zur Phylogenie von Mikroorganismen gewonnen werden.

1.3.1 Einfluss von Mikroorganismen auf Natur und Mensch

1.3.1.1 Der Biomasse-Kreislauf

Mikroorganismen beeinflussen in hohem Maße den Kreislauf der Biomasse in der Natur. Dabei sind drei unterschiedliche Gruppen von Organismen beteiligt, zu denen jeweils auch Mikroorganismen gehören. Von den Primärproduzenten werden mit Hilfe von Sonnenenergie aus CO_2 organische Verbindungen gebildet, die dann den Konsumenten als Nährstoffe dienen. Der Abbau der so entstandenen Biomasse zu CO_2, H_2O und anorganischen Salzen wird als Mineralisierung bezeichnet. Sie schließt den Biomasse-Kreislauf durch die erneute Bereitstellung der Ausgangssubstrate für die Primärproduzenten. Am Anfang der Abbauprozesse steht die Depolymerisierung von Polysacchariden, Lignin, Proteinen und Nucleinsäuren sowie der Fettabbau. Spezielle Kreisläufe, in denen anorganische und organische Verbindungen von verschiedenen Organismen ineinander umgewandelt werden und die zum Teil verknüpft sind, existieren für die Elemente Kohlenstoff, Sauerstoff, Stickstoff, Schwefel und Phosphor.

Die Elemente Kohlenstoff, Stickstoff, Schwefel und Phosphor unterliegen in der Natur Kreisläufen, die sowohl auf geochemischen Prozessen, in besonderem Maße aber auf der Aktivität der Lebewesen beruhen. Neben Wasserstoff und Sauerstoff bilden die genannten vier Elemente die Hauptbestandteile der Biomasse, d.h. des von Lebewesen synthetisierten organischen Materials. Primärproduzenten der Biomasse sind diejenigen Organismen, die eine oxygene Photosynthese betreiben, aber auch Algen und die prokaryotischen Cyanobakterien. Diese Organismen bilden mit Hilfe der Sonnenenergie organische Kohlenstoffverbindungen aus Kohlendioxid und können so alle funktionellen und strukturellen Bestandteile ihrer Zellen aufbauen.

Die von den Primärproduzenten gebildete Biomasse, die auf der Landoberfläche ca. 90% der Gesamtbiomasse ausmacht, dient allen chemoheterotrophen (in der Ernährung auf Körpersubstanz oder Stoffwechselprodukte anderer Organismen angewiesene) Organismen als Nahrung. Diese Organismen, zu denen alle Tiere und der Mensch sowie ein Großteil der Mikroorganismen gehören, werden als Konsumenten bezeichnet. Der Abbau der von Pflanzen, Tieren und Mikroorganismen gebildeten Biomasse zu Kohlendioxid, Wasser und den anorganischen Salzen, Nitrat, Sulfat und Phosphat wird von chemoheterotrophen Mikroorganismen (Bakterien, Pilzen, Protozoen) durchgeführt. Bei diesem Prozess spricht man von der Mineralisation organischen Materials, die daran beteiligten Organismen werden als Destruenten bezeichnet.

Der Vollständigkeit wegen und um die Abhängigkeit zu erklären soll noch erwähnt werden, dass zu dem abgebildeten Biomasse-Kreislauf noch zivilisatorische und industrielle Prozesse hinzukommen, die zwar im Vergleich zur natürlichen Biomasseumsetzung mengenmäßig relativ klein sind, jedoch das Gleichgewicht empfindlich stören können. So werden z.B. aus

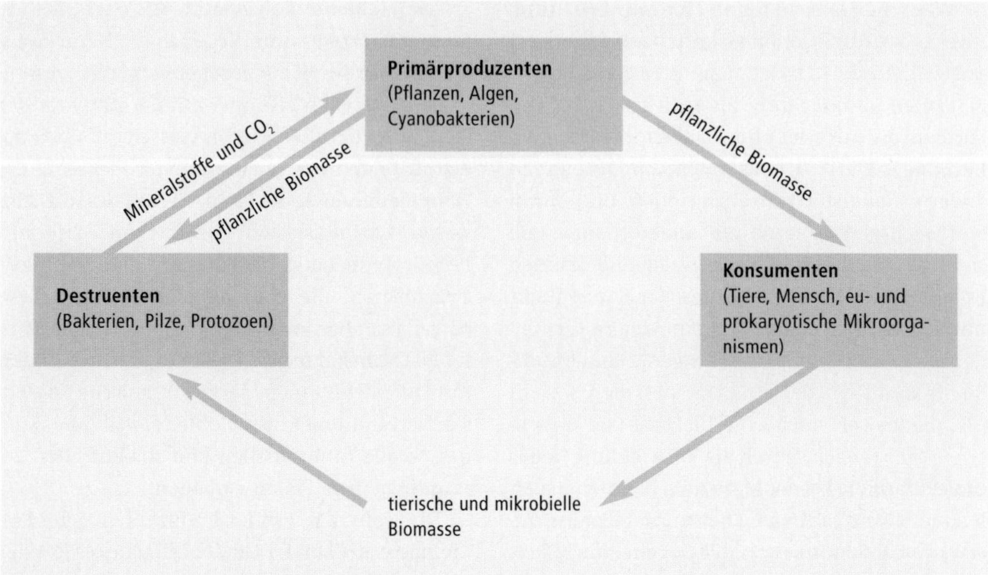

Abb. 1.13 ■ Biomasse-Kreislauf. Die Primärproduzenten bilden mit Hilfe der Sonnenenergie organische Kohlenstoffverbindungen, die pflanzliche Biomasse. Die Konsumenten ernähren sich von dieser Biomasse und bilden tierische und mikrobielle Biomasse. Die Destruenten mineralisieren einen Teil der von den Primärproduzenten gebildeten Biomasse sowie die von den Konsumenten gebildete Biomasse und stellen somit die Ausgangsverbindungen für die Primärproduktion wieder zur Verfügung.

einem zwar großen, aber begrenzten Vorrat fossile Energie- und Rohstoffe (Erdöl, Erdgas, Kohle) für die Energieversorgung von Haushalten, Industrie und Verkehr und für die Produktion organischer Chemikalien (Kunststoffe, Lösungsmitteln und dgl.) entnommen. Die Verbrennung fossiler Energieträger führt zu einer zusätzlichen Freisetzung von Kohlendioxid und Stickoxiden, die im natürlichen Kohlenstoff- und Stickstoffkreislauf nicht durch eine erhöhte Rückführung dieser Verbindungen in organisches Material kompensiert wird. Infolgedessen kommt es zu einer Anhäufung der gasförmigen Verbindungen in der Atmosphäre. Der zivilisationsbedingte Anstieg der CO_2-Konzentration in der Atmosphäre wird u.a. für den sog. Treibhaus-Effekt verantwortlich gemacht. Bei der Produktion organischer Verbindungen durch die chemische Industrie fallen zum Teil schwer- oder nicht-abbaubare Produkte an, die sich in der Natur ansammeln und so aus dem biologischen Stoffkreislauf herausfallen. Auch durch die Produktion und den Einsatz von Düngemitteln und den damit verstärkten Eintrag von gebundenem Stickstoff in den Boden und in die Gewässer greift der Mensch in die Stoffkreisläufe der Natur ein.

Die von den Primärproduzenten und Konsumenten gebildete Biomasse besteht in erster Linie aus hochpolymerem organischen Material und nur in sehr geringem Maße aus niedermolekularen organischen Verbindungen. Während die Zellsubstanz höherer Pflanzen zum größten Teil aus Cellulose, Lignin und Hemicellulosen, besteht überwiegend in der tierischen Zellsubstanz Proteine, also Polymere, die aus Aminosäuren zusammengesetzt sind. Die großen Polymere der Biomasse können von den Destruenten nicht verstoffwechselt werden. Für die Mineralisation

Abb. 1.14 ■ Zusammensetzung der pflanzlichen Biomasse (ca.-Werte)

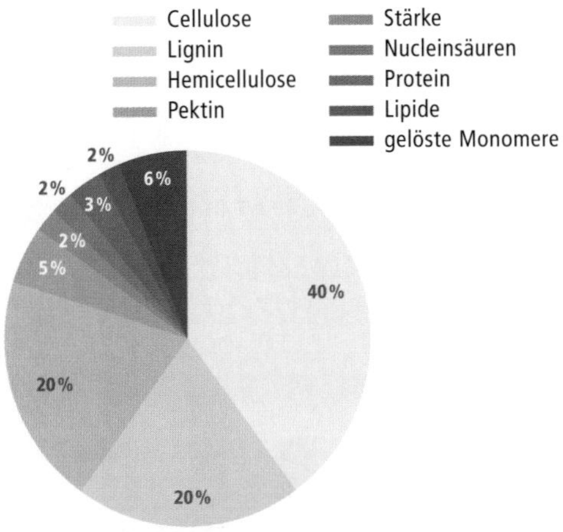

der Biomasse müssen die Organismen im ersten Schritt die Polymere in kleinere Einheiten (Mono- und Oligomere) zerlegen. Dabei bestehen deutliche Unterschiede in der Geschwindigkeit, mit der die Mikroorganismen die unterschiedlichen Polymere zerlegen können. Während z.B. einige Proteine innerhalb weniger Stunden vollständig abgebaut werden, können Lignin oder tierisches Haar je nach vorliegenden Bedingungen (pH-Wert, Sauerstoffkonzentration) sogar einige Jahrhunderte überdauern.

Im Laufe der Zeit hat der Mensch sich für zahlreiche landwirtschaftliche und industrielle Prozesse die Fähigkeiten der Mikroorganismen zu Nutze gemacht. Dabei werden entweder ganze Zellen verwendet oder nur bestimmte Biosyntheseleistungen eingesetzt, die von speziellen Mikroorganismen durchgeführt werden. Voraussetzung für die Entwicklung der Biotechnologie waren ständig wachsende Erkenntnisse über Eigenschaften, Wachstumsbedürfnisse und Stoffwechselprozesse verschiedener Mikroorganismen und die technischen Fortschritte, die bei der Züchtung und Handhabung großer Mengen von Mikroorganismen unter sterilen Bedingungen sowie bei der anschließenden Reinigung des gewünschten Endproduktes erzielt wurden. Der biotechnologische Bereich mit der längsten Tradition ist die Herstellung von Lebensmitteln mit Hilfe von Mikroorganismen. Die für die Herstellung der jeweils gewünschten Produkte benötigten Mikroorganismen sind speziell für diesen Einsatzzweck optimierte Stämme. Die ältesten und bekanntesten medizinischen Produkte, die von Mikroorganismen produziert werden, sind sicherlich Antibiotika, die von Schimmelpilzen (z.B. *Penicillium chrysogenum*) und verschiedenen Bakterienarten (z.B. *Bacillus*- oder *Streptomyces-Stämme*) ausgeschieden werden.

■ 1.3.1.2 Wachstum und Vermehrung der Mikroorganismen

Mikroorganismen benötigen bestimmte Umweltbedingungen, um sich ausreichend zu vermehren und so beispielsweise eine Gefährdung für produzierte Speisen darzustellen. Die notwendigen Maßnahmen müssen darauf abziehen, die Lebensbedingungen so schlecht wie möglich zu gestalten, damit die Mikroorganismen an der Vermehrung gehindert und/oder abgetötet werden. Bei optimalen Umweltbedingungen teilen sich die Mikroorganismen ca. alle 20 Minuten. Nach fast fünf Stunden wäre die Population der Mikroorganismen von beispielsweise 100 zu Beginn auf über 12 Millionen gestiegen. Auch bei wesentlich schlechteren Bedingungen und einer damit verbundenen niedrigeren Teilungsrate ist das Wachstum beträchtlich.

Das Wachstum von Mikroorganismen ist im Wesentlichen von den folgenden Faktoren abhängig:

- ausreichend vorhandenes und geeignetes Substrat
- Temperatur
- Wasseraktivität (aw-Wert)
- pH-Wert.

Prinzipiell stellt jedes Lebensmittel und jede Verunreinigung auf Gebrauchsgegenständen ein gutes Substrat für spezielle Mikroorganismen dar. Mikroorganismen, die sich in und auf Lebensmitteln vermehren, benötigen ständig mehr

Abb. 1.15 ▪ Vermehrung von Mikroorganismen bei optimalen Umweltbedingungen

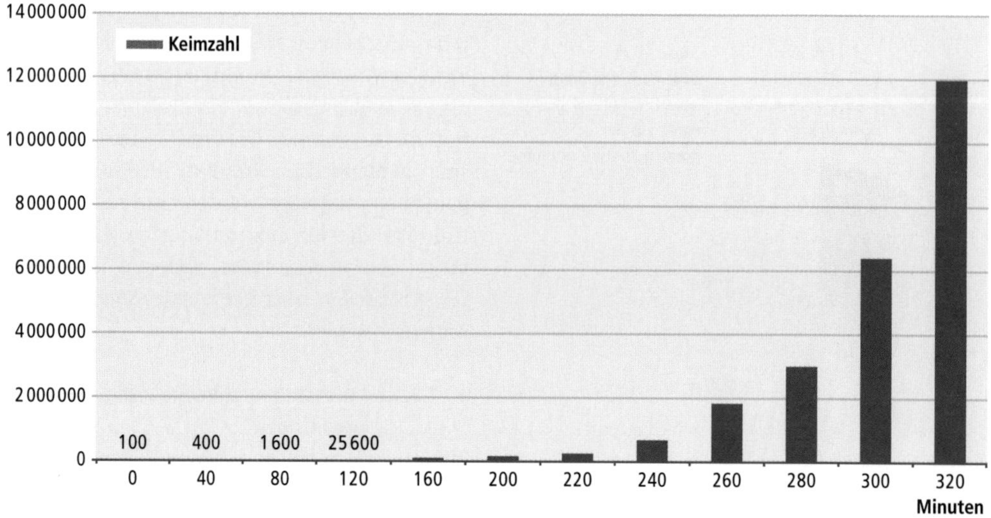

Tab. 1.1 ▪ Wachstum von Mikroorganismen mit unterschiedlichem Temperaturoptimum

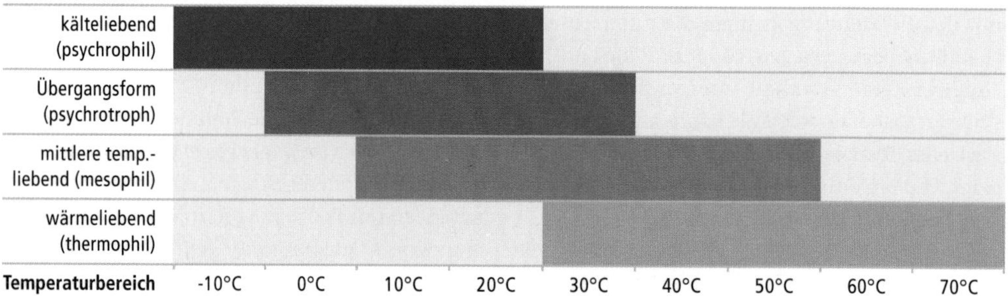

Raum und Nährstoffe. Das Wachstum kommt erst zum Stillstand, wenn die zur Verfügung stehenden Nährstoffe aufgebraucht sind und wenn sich bestimmte Stoffwechselprodukte der Mikroflora wie Säuren, Kohlendioxid und Antibiotika so angereichert haben, dass ein bakterielles Wachstum nicht mehr möglich ist.

Ein für die Hygiene beispielsweise der Lebensmittel wichtiger und leicht zu überprüfender limitierender Faktor für das Wachstum der Mikroorganismen ist die Temperatur. Ein Wachstum von Mikroorganismen in Lebensmitteln ist in Bereichen von -15 °C bis annähernd 80 °C möglich. Allerdings vermehrt sich keine Spezies über diesen gesamten Bereich hinweg, sondern nur innerhalb eines mehr oder weniger eng begrenzten Temperaturbereiches. Optimal ist diejenige Wachstumstemperatur, welche die maximale Biomasse liefert. Nach den Bereichen optimaler Wachstumstemperaturen teilt man die Mikroorganismen in psychrophil, psychrotroph (Übergangsform), mesophil und thermophil ein.

Bei einer Lagerung unterhalb der Wachstumstemperaturen werden die Mikroorganismen nicht abgetötet - sie stellen lediglich ihr Wachstum ein. Dies gilt im Übrigen auch für das (Tief-) Gefrieren von Lebensmitteln. **Nach dem Auftauen oder der Erwärmung der Lebensmittel beginnen die Mikroorganismen wieder, sich zu vermehren.** Ähnliches gilt für die Lagerung von Speisen oberhalb der Wachstumstemperaturen. So können sich nur thermophile Mikroorganismen bei Temperaturen von ca. 65 °C vermehren. Eine Abtötung der meisten pathogen Mikroorganismen erfolgt bei einer Temperatureinwirkung von 75 °C, die allerdings im gesamten Lebensmittel (Kerntemperatur) erreicht werden muss. Da die meisten Erreger im psychrotrophen und mesophilen Bereich angesiedelt sind, liegt die größte Gefahr bei Temperaturbereichen zwischen 10 und 50 °C. Dies bedeutet wiederum, dass das Abkühlen von für den Folgetag vorbereiteten Lebensmitteln und Speisen so schnell wie möglich unter diesen Temperaturbereich erfolgen muss.

1.3.1.3 Mikrobielle Besiedlung des Menschen

Mikroorganismen kommen nicht nur überall auf der Erde vor, sondern leben auch auf und in anderen Lebewesen. Die Besiedelung des gesunden Menschen wird als Normalflora bezeichnet. Sie besteht in der Regel aus apathogenen Mikroorganismen, die als Symbionten, Kommensalen oder Parasiten im Wirtsorganismus leben. Die Normalflora führt nur unter besonderen Bedingungen, die das Gleichgewicht zwischen Mikroorganismen und Makroorganismen stören, zu endogenen Infektionen.

In Abhängigkeit von Alter, Geschlecht, Ernährungs- und Gesundheitszustand eines Menschen sind die verschiedenen Bereiche des gesunden Körpers mikrobiell besiedelt. Wie bereits oben erwähnt, wird diese Besiedelung als physiologische Mikroflora oder auch als Normalflora bezeichnet und setzt sich aus Bakterien, Pilzen und Protozoen zusammen. Dabei unterscheidet man anhand der Beziehung zwischen Wirt und Mikroorganismen zwischen Symbiose, Kommensalismus und Parasitismus. Bei einer Symbiose haben beide Partner Vorteile, beim Kommensalismus nur der Mikroorganismus, der den Wirt aber nicht schädigt. Beim Parasitismus hingegen lebt der Mikroorganismus auf Kosten des Wirtes. Die Anwesenheit der physiologischen Mikroflora schützt den Wirtsorganismus vor der Besiedelung durch Krankheitserreger. Ursache dieser Schutzwirkung ist der Konkurrenzkampf um Nahrung zwischen der vorhandenen Normalflora und den von außen eindringenden Mikroorganismen. Die Besiedelungsdichte und -art der jeweils vorhandenen Mikroorganismen ist in den verschiedenen Körperregionen sehr unterschiedlich.

Auf der Haut leben vorwiegend Bakterien mit Haftvermögen, die den Säureschutzmantel bilden. Diese Bakterien gehören vor allem den Gattungen *Staphylococcus, Propionibacterium, Micrococcus* und *Corynebacterium* an – ihre Anzahl kann bis zu 1000 pro cm^2 betragen. Auch Hefen gehören zur permanenten Hautflora, während viele andere Mikroorganismen auf der Haut nur als transiente Hautflora (so genannte Anflugkeime) zu finden sind und leicht durch Waschen entfernt werden können. Die Dichte der Besiedelung ist sehr unterschiedlich, wobei trockene Hautpartien schwächer besiedelt sind als feuchte.

Die Mundhöhle zeigt eine sehr dichte, artenreiche Besiedelung, die mehrheitlich aus Anaerobiern besteht und Keimzahlen bis zu 10^9 pro ml Speichel erreicht. Unter den aeroben Bakterien in der Mundhöhle sind *Actinomyceten* und Neisserien (*Neisseria* [lat. nach dem deutschen Dermatologen Albert Neisser] Gattung gramnegativer, meist pathogener Diplokokken = paarweise zusammenhängende kugelförmige Bakterien) besonders häufig, in geringer Menge kommen auch *Moraxellen* und *Spirochaeten* vor. Unter den anaeroben, jedoch sauerstofftoleranten Bakterien finden sich in großer Zahl vergrünende *Streptokokken*, aber auch *Lactobacillus-*, *Staphylococcus-* und *Peptostreptococcus*-Arten sowie verschiedene *Enterokokken* sind vorhanden. Zur mikrobiellen Besiedelung der Mundhöhle gehören

Tab. 1.2 ■ Physiologische Mikroflora des Menschen

Körperregion	*Keimzahl*	*Mikroorganismen*	*Wirkung*
Haut	10^3-10^6 pro cm^2	*Staphylococcus, Micrococcus, Brevibacterium, Acinetobacter, Corynebacterium, Propionibacterium acnes,* Hefen	Säureschutzmantel
Mundhöhle	bis zu 10^9 pro ml	*Streptokokken, Neisseria, Moraxella, Haemophilus, Lactobacillen, Enterokokken, Pseudomonaden,* Hefen, auch *Streptococcus pneumoniae* und *neisseria meningitis* möglich, viele anaerobe Arten wie z.B. *Fusobacterium, Bacteroides, Porphyromonas, Bifidobacterium* u.a.	Förderung der Kariesentstehung bei zuckerhaltiger Ernährung, insbesondere durch *Streptococcus mutans, Streptococcus sanguis, Streptococcus mitis, Actinomyces viscosus*
Speiseröhre und Magen	<10 bis 10^3 pro ml	Vor allem transiente Keime der Mundhöhlenflora und speziell angepasste Bakterien wie *Heliocobacter pylori*	*Heliocobacter pylori* kann Gastritis und Magengeschwüre auslösen
Dünndarm	10^3-10^9 pro ml	*Lactobacillen, Streptokokken, Clostridien Fusobacterium, Enterokokken, Bifidobacterium, Prevotella, Enterobacteriaceae, Candida*-Hefen, Protozoen	Vitaminsynthese, Entgiftung von Toxinen, Senkung des pH-Wertes und des Redoxpotentials, Cholesterinabbau, Aktivierung bzw. Inaktivierung von Arzneistoffen, Förderung der Darmperistaltik, Immunstimulation
Dickdarm	bis zu 10^{12} pro g	*Bacteroides, Prevotella, Porphyromonas, Fusobakterium, Eubakterien, Bifidobakterien, Streptokokken, Peptostreptokokken, E. coli* und andere *Enterobacteriaceae, Enterokokken, Lactobaciellen, Clostridien, Staphylokokken, Pseudomonaden,* Hefen, Protozoen	Vitaminsynthese, Entgiftung von Toxinen, Senkung des pH-Wertes und des Redoxpotentials, Cholesterinabbau, Aktivierung bzw. Inaktivierung von Arzneistoffen, Förderung der Darmperistaltik, Immunstimulation
Harnröhre	10^2-10^4 pro ml	Hautflora aus der Umgebung, außerdem *Streptokokken, Enterokokken, Mycoplasmen, Ureoplasmen*	Aufsteigen der Keime kann Harnwegsinfektionen verursachen
Vagina	10^5-10^9 pro ml	*Lactobacillen, Streptokokken,* verschiedene Anaerobier, vor der Pubertät und nach der Menopause Mikroorganismen der Haut- und Dickdarmflora	Säureschutz, Haut- und Dickdarmkeime können zu Infektionen führen (z.B. Hefen)

neben zahlreichen Bakterienarten auch Hefen und einige Protozoen. Obwohl Mitglieder der Mundhöhlenflora mit der Nahrung in die Speiseröhre und in den Magen gelangen, leben dort nur sehr wenige Mikroorganismen, da die Magensäure eine dauerhafte Ansiedelung verhindert. Eine Ausnahme ist das Bakterium *Helicobacter pylori*, das als Krankheitsverursacher zu betrachten ist.

Auch im oberen Dünndarmbereich sind die Keimzahlen aufgrund der Einwirkung der Gallensäure, proteolytischer Verdauungsenzyme und der Immunabwehr durch das Dünndarmassoziierte Lymphgewebe mit ca. 10^3 pro ml Darminhalt eher gering. Im unteren Dünndarmbereich steigt die Keimzahl allmählich bis auf 10^9 pro ml an (*Fusobakterien, Bifidobakterien* und *Lactobacillen*). Die größte Dichte an Mikroorganismen findet man im Dickdarm, dort beträgt die Keimzahl bis zu 1012 pro g Darminhalt. Insgesamt leben im Darmtrakt des Menschen etwa 400-500 verschiedene Arten, von denen 90% strikte Anaerobier sind. Der Rest entfällt auf fakultativ anaerobe Bakterien, Hefen (vorwiegend *Candida*-Arten) und verschiedene Protozoen. Etwa $^3/_4$ der anaeroben Bakterien im Dickdarm bestehen aus den Gattungen *Bacteroides, Bifidobacterium* und *Eubacterium*. Der Rest der Dickdarmflora setzt sich aus *Enterokokken, Lactokokken, Lactobacillen, Staphylokokken, Streptokokken* und *Clostridien* zusammen. Vertreter der Enterobacteriaceae (vor allem *E. coli*) werden praktisch immer nachgewiesen – sie machen jedoch in aller Regel weniger als 1% der Dickdarmflora aus.

Die Stoffwechselaktivitäten der Mikroorganismen im Darm des Menschen haben unterschiedliche Auswirkungen. Durch Abbau können mit der Nahrung aufgenommene Schadstoffe entgiftet und medizinische Wirkstoffe in ihre aktive Form überführt werden. Andererseits kommt es durch die Einwirkung bakterieller Enzyme auch zur Bildung von krebserregenden Verbindungen (Kanzerogenen) und toxischen Substanzen aus Bestandteilen der menschlichen Ernährung. Der Urogenitaltrakt ist bei Gesunden nur relativ dünn besiedelt, Harnleiter, Blase und Nierenbecken sind steril. Im unteren Teil der Harnröhre ist eine Keimzahl von 10^{12} bis 10^4 pro ml Urin vorhanden, die hauptsächlich aus *Enterokokken, Streptokokken, Staphylokokken, Lactobacillen* und *Enterobakterien* besteht.

Die körpereigene Normalflora kann unter bestimmten Bedingungen (z.B. bei einer Antibiotikatherapie) einer Schwächung der Immunabwehr durch Krankheit oder durch immunsuppressive Medikamente, zu endogenen (von innen kommenden) Infektionen führen. Man unterscheidet die opportunistischen oder fakultativen Mikroorganismen, die nur in Ausnahmefällen zu einer Erkrankung führen, von den obligat pathogenen, die stets spezielle krankheitsauslösende Eigenschaften besitzen.

1.3.1.4 Mikroorganismen als Krankheitserreger

Gegenüber der Normalflora besitzen pathogene Mikroorganismen, die in der Regel von außen kommen, stets bestimmte Pathogenitätsfaktoren, die beim Wirt Störungen der normalen Lebensfunktionen und exogene Infektionen auslösen können. Die speziellen Eigenschaften, die ihnen die krankheitsverursachende Wirkung verleihen, bezeichnet man als Pathogenitätsfaktoren oder auch als Virulenzfaktoren. Zu diesen Faktoren gehören Mechanismen, die es den Mikroorganismen ermöglichen, sich an ihre Zielzellen anzuheften und diese zu besiedeln. Auch der Besitz einer Kapsel aus Polysacchariden stellt bei Bakterien einen Pathogenitätsfaktor dar, sie schützt die Zellen vor der sofortigen Phagocytose durch die Immunabwehr des Wirtes, da die Kapsel die auf der Zellwand befindlichen Antigene maskiert und so die Erkennung der Bakterien durch die Abwehrzellen erschwert. Erst nachdem von der Immunabwehr Antikörper gegen Kapselbestandteile gebildet worden sind, die sich an die Kapsel binden und diese so für die Phagozyten erkennbar machen, werden die bekapselten Bakterien phagozytiert (Fremdstoffe, Mikroorganismen, Gewebetrümmer und dgl. aufnehmen und durch Enzyme auflösen) und abgetötet. Durch die Zeitverzögerung kann jedoch bereits eine starke Vermehrung stattfinden und eine Schädigung des Wirtsorganismus eintreten. Die Fähigkeit, sich im Wirt zu vermehren, ist ebenfalls eine unverzichtbare Eigenschaft pathogener Mikroorganismen. Ob das Wachstum dabei extra- oder intrazellulär stattfindet, ist charakteristisch für den jeweiligen Mikroorganismus.

Zellparasiten, die sich intrazellulär vermehren, werden zunächst von der Wirtszelle durch Endocytose aufgenommen. Anschließend können sie sich auf verschiedene Weise innerhalb der

Tab. 1.3 ■ Wachstumstypen pathogener Mikroorganismen

Gruppe	*Wachstum im Wirt*	*Besonderheit*	*Beispiel*
Eitererreger	extrazellulär	lokale oder systemische eitrige Infektion	*Streptococcus pyogenes, Staphylococcus aureus, Escherichia coli, Neisseria gonorrhoeae, N. meningitidis, Haemophilus influenzae*
Toxinbildner	extrazellulär	Organschäden d. Toxinwirkung	*Vibrio cholerae, Clostridium tetani, Clostridium tetani, Clostridium botulinum, Clostridium perfringens, Corynebacterium diphtheriae, Bordetella pertussis, Pseudomonas aeruginosa*
intrazelluläre Mikroorganismen	obligat oder fakultativ intrazellulär	werden nur durch zelluläre Immunabwehr bekämpft	*Mycobacterium tuberculosis, Mycobacterium leprae, Listeria monocytogenes, Legionella pneumophila, Salmonella typhi, Salmonella paratyphi, Yersinia spp., Chlamydia ssp., Rickettsia spp., Toxoplasma gondii,* alle Viren

Wirtszelle vermehren und dabei sogar Abwehrmechanismen des Wirtes ausnutzen. Unter den pathogenen Bakterien gibt es sowohl extrazellulär als auch intrazellulär wachsende Arten, die Vermehrung von Viren findet dagegen stets intrazellulär statt. Viele pathogene Bakterien sind außerdem in der Lage, Enzyme zu produzieren, die für die Besiedelung und Schädigung von Wirtszellen verantwortlich sind. Beispielsweise ermöglichen Proteasen einigen pathogenen Bakterien das Eindringen in bestimmte Gewebe, wie das Bindegewebe oder die Plazenta, und nachfolgend die proteolytische Ernährung auf Kosten des Wirtes. Neben Enzymen bilden viele pathogene Bakterien Toxine. Dabei handelt es sich um Giftstoffe, die in bestimmte Zellen oder Gewebe des Wirtes eindringen und deren Funktion mehr oder weniger stark beeinträchtigen. Als Exotoxine werden Toxine bezeichnet, die von den Bakterien sezerniert (absondern, ausscheiden) werden und anschließend selbstständig zu ihrem Ziel gelangen können. Auf diese Weise können sie Gewebe erreichen, die vom Vermehrungsort der Bakterien weit entfernt sind. In vielen Fällen sind es vorwiegend diese Exotoxine, die den schwer wiegenden Verlauf einer Krankheit bestimmen. Im Unterschied dazu sind die Lipopolysaccharide (Mehrfachzucker) der äußeren Membran grammnegativer Bakterien (nach dem dänischen Bakteriologen Gram: bei der Gram-Färbung sich rot färbend) Endotoxine, die als Antigene wirken und so eine starke Reaktion der Immunabwehr des Wirtes hervorrufen.

Humanpathogene Arten gibt es in allen Gruppen der Mikroorganismen, sowohl unter den Pilzen und Protozoen als auch bei den Bakterien und Viren. Dabei scheint die Virulenz eines Erregers, d.h. seine Gefährlichkeit, sowohl vom Übertragungsweg als auch von der Umweltresistenz beeinflusst zu werden. Neuere Untersuchungen haben gezeigt, dass Krankheitskeime, die auf eine rasche direkte Weitergabe von Mensch zu Mensch angewiesen sind, ihren Wirt meist nur geringfügig beeinträchtigen ohne ihn völlig zu immobilisieren. Dagegen lösen viele indirekt verbreitete Erreger häufiger schwere Krankheitsverläufe aus, die teilweise sogar zum Tod führen können. Infektionskrankheiten, die von besonders umweltresistenten Keimen verursacht werden, die eine längere Zeit außerhalb eines Wirtes überleben können, verlaufen ebenfalls eher schwer wiegend. Diese Erreger sind für ihr Überleben nicht in dem Maße von einer schnellen Weitergabe und damit von der Mobilität ihres Wirtes abhängig wie ein empfindlicher Mikroorganismus. Da der Mensch durch seine Verhaltensweise auf die Übertragungswege und -geschwindigkeit eines Keimes Einfluss nimmt, trägt er möglicherweise zur Selektion einer stark oder schwach virulenten Variante aus der Gesamtheit einer Erregerpopulation bei.

1.3.2 Infektionskrankheiten des Menschen

Als Mitglieder der so genannten Normalflora leben zahlreiche Mikroorganismen im Körper von Menschen und Tieren und erfüllen teilweise wichtige Funktionen im Stoffwechsel. Während diese Mikroorganismen in der Regel für ihren Wirt unschädlich oder sogar nützlich sind, verursachen andere bei ihrem Wirt funktionelle Störungen, die zu ernsthaften Krankheiten führen können. Weil diese Krankheiten in den meisten Fällen übertragbar sind, werden sie als Infektionskrankheiten bezeichnet.

Solange es menschliches Leben gibt, waren und sind Menschen dem Einfluss von Krankheiten, Verletzungen und Unfällen ausgesetzt. Krankheiten, vor allem Infektionskrankheiten wie Malaria, Pest, Cholera oder die Syphilis, haben dabei oft auch großes soziales Unglück verursacht. Die große Pestepidemie in Europa etwa führte 1348 zur Entvölkerung ganzer Landstriche und damit zu riesigen ökonomischen, politischen und sozialen Problemen. Teilweise wurde sogar die Weltgeschichte von den Krankheitserregern mitgeschrieben. Einer der größten Feldherren aller Zeiten, Alexander der Große, starb nicht in einer Schlacht, sondern im Jahre 323 v.Chr. in Babylon wahrscheinlich an der Malaria. An derselben Krankheit verstarb im Jahre 410 der Westgote Alarich mit vielen Getreuen, was zum Ende der Herrschaft der Westgoten in Rom führte.

Schon in frühen Jahrhunderten trug vor allem die Schifffahrt zur Verbreitung von Seuchen bei. Pocken und Masern wurden von den Truppen der spanischen Eroberer in fremde Länder eingeschleppt. Die bis dahin in Europa unbekannte Syphilis brachten die Entdecker Amerikas bei ihrer Rückkehr nach Spanien mit. Eine der größten Pestepidemien fand im 14. Jahrhundert statt, dabei erfolgte die Ausbreitung der Pest von Zentralasien aus über die Seidenstraße – einen damals bedeutenden Handelsweg. Von Caffa (dem heutigen Feodosia) am Schwarzen Meer aus erreichte die Krankheit bereits 1347 Konstantinopel und Inseln und Küstenstädte im Mittelmeer. Weitere Küstenstädte und das Umland rund um das Mittelmeer wurden in den folgenden Jahren betroffen. Über Italien und Südfrankreich erfolgte die weitere Verbreitung in den Jahren 1348 bis 1350 landeinwärts bis zur Atlantik- und Nordseeküste. Von dort gelang dem Pesterreger per Schiff der Sprung nach Großbritannien und Skandinavien. Bevor die Epidemie im Jahre 1352 zu Ende ging, breitete sie sich weit ins Landesinnere Russlands aus und näherte sich damit wieder dem Gebiet, von dem aus sie fünf Jahre zuvor ihren Ausgang genommen hatte. Allein in Europa forderte diese wohl schwerste Pestepidemie über 20 Mio. Tote, etwa ein Viertel der damaligen Bevölkerung. Obwohl die Pest heute ihre Schrecken verloren hat, gibt es weltweit noch immer zahlreiche Gebiete, in denen sich Pestherde halten, von denen immer wieder kleinere lokale Epidemien ausgehen. Die ursprünglich in Indien heimische Cholera wurde mit dem Beginn der Dampfschifffahrt im frühen 19. Jahrhundert über die ganze Welt verbreitet.

Im Gegensatz zur Erwartung vieler Mediziner, die nach den Erfolgen von Impfaktionen und neuen Therapiemöglichkeiten in den Jahrzehnten nach dem Zweiten Weltkrieg die Infektionskrankheiten bereits für besiegt hielten, hat die Bedrohung durch alte und neue Seuchen in jüngster Zeit wieder deutlich zugenommen. Im Jahre 1996 starben weltweit etwa 52 Millionen Menschen, davon über 17 Millionen an den Folgen von Infektionskrankheiten. Dabei waren Krankheiten wie Tuberkulose, Malaria, Hepatitis B und AIDS, aber auch Durchfallerkrankungen und akute Atemwegsinfekte über 90% dieser Todesfälle ursächlich. Auch wenn der Großteil dieser Infektionskrankheiten in den so genannten Entwicklungsländern auftritt, ist in den letzten

Jahren trotz guter medizinischer Betreuung auch in den hoch entwickelten Industrieländern wieder eine Zunahme festzustellen. Damit kündigt sich eine Rückkehr der schon fast vergessenen Krankheiten wie Tuberkulose oder Diphtherie an. Zusätzlich wird die Ausbreitung früher unbekannter Erreger durch die veränderten Lebensbedingungen der Menschen gefördert.

Heute eröffnen Flugreisen den Infektionskrankheiten die Möglichkeit, in kürzester Zeit ganze Kontinente zu überspringen. Auch der weltweite Handel mit Lebensmitteln und anderen Waren kann zur Brücke für die Einschleppung von Seuchen werden. Auf diese Weise gelangten 1985 Tigermoskitos, die Träger von Dengueviren waren, von Asien in die USA. Infolgedessen hat sich das Denguefieber inzwischen in über 17 Bundesstaaten ausgebreitet. Bewässerungs- und Staudammprojekte können ebenfalls für die Verbreitung eines Krankheitserregers sorgen. In Ägypten beispielsweise hat der Bau des Assuan-Staudammes den Lebensraum von Süßwasserschnecken erweitert, die wiederum Zwischenwirte für den parasitischen Wurm Schistosoma sind. Dadurch wurde die Ausbreitung der Bilharziose gefördert.

Das weitere Vordringen in bisher unbesiedelte Gebiete kann den Menschen mit bisher unbekannten Erregern in Kontakt bringen. Die mehrfachen Ausbrüche von hämorrhagischen Fiebererkrankungen in Afrika durch das Ebola-Virus und andere Viren haben deutlich gemacht, wie gefährlich derartige neue Erreger sein können.

Mangelnde Sorgfalt im Umgang mit Lebensmitteln hat in letzter Zeit wiederholt zu schweren Darmerkrankungen durch Salmonellen oder pathogene *Escherichia-coli*-Stämme geführt. Zu ihnen gehören u.a. die enterotoxischen *Escherichia-coli*-Stämme (ETEC), die sehr wirksame Enterotoxine (auf den Verdauungstrakt wirkende Gifte) produzieren. Treten im Verlauf der Krankheit blutige Durchfälle auf, spricht man von enterohämorrhagischen *Escherichia-coli*-Stämmen (EHEC). Innerhalb der letzten zwei Jahre gab es mehrere lokale Ausbrüche von schweren Durchfällen mit massiver Kreislaufbeteiligung, die auf solche pathogenen *Escherichia-coli*-Stämme zurück zu führen waren. Dabei gab es in Bayern bei der Erkrankung unter Kindern sogar mehrere Todesfälle.

Selbst Impfstoffe und Antibiotika sind nicht ohne Risiko. Direkt aus menschlichem oder tierischem Material gewonnene Impfseren oder andere Blutprodukte sind gelegentlich mit unbekannten Viren kontaminiert, die beim Empfänger eine Erkrankung auslösen können. Besonders problematisch für die erfolgreiche Bekämpfung von bakteriellen Infektionskrankheiten mit Antibiotika ist die zunehmende Entstehung von Resistenzen auf Seiten der Erreger.

Aus der Gesamtheit dieser Problematik ergibt sich für die nationale und internationale Gesundheitspolitik die Notwendigkeit, sich der Verhütung und Bekämpfung der Infektionskrankheiten wieder verstärkt zuzuwenden. Eine entscheidende Rolle kommt dabei der Versorgung mit sauberem Trinkwasser zu. Jährlich sterben etwa 4 Millionen Menschen weltweit an Krankheiten, die nur durch unsauberes Wasser verbreitet werden. Trinkwasser- und Abwasserprojekte im Rahmen der Entwicklungshilfe sollen dazu beitragen, diese Situation langfristig zu verbessern. In der Bundesrepublik Deutschland löst das Infektionsschutzgesetz das bisherige Bundesseuchengesetz ab, das diesen neuen Erkenntnissen entsprechend Rechnung trägt. Mit der Erforschung von übertragbaren Krankheiten, der Identifizierung des auslösenden Erregers, seiner Bekämpfung und möglichen prophylaktischen Maßnahmen befasst sich als spezielles Fachgebiet die medizinische Mikrobiologie. Von großem Interesse sind auch Erkenntnisse über die Ausbreitungsmechanismen der Erreger sowie ihre speziellen Anpassungen an die Lebensbedingungen ihrer Wirtsorganismen und Überträger.

Auch die regionale Ausbreitung von Infektionskrankheiten kann unterschiedlich verlaufen. Manche Krankheiten sind in bestimmten Gebieten ständig vorhanden, die Zahl der Neuerkrankungen bleibt dabei auf einem annähernd konstanten Niveau. Man spricht bei einem solchen

Ausbreitungsmuster von einer Endemie. Im Gegensatz dazu bezeichnet der Begriff Epidemie den plötzlichen Ausbruch einer Seuche in einem lokal begrenzten Gebiet mit starkem Anstieg der Erkrankungszahlen und allmählichem Rückgang. Setzt eine Epidemie sich wellenartig in weitere Gebiete fort und durchquert dabei zahlreiche Länder, spricht man von einer Pandemie (Beispiele hierfür sind die Ausbreitung der Pest im Mittelalter oder die Ausbreitung einer schweren Influenza in den Jahren 1918/1919 mit 20 bis 40 Millionen Toten). Die Anzahl der an einer Krankheit Verstorbenen im Verhältnis zu der Anzahl der Erkrankten wird als Letalität bezeichnet, sie stellt ein Maß für die Gefährlichkeit eines Erregers dar.

Die Ausbreitung der Infektionskrankheiten kann auf verschiedene Weise verhindert werden. Neben der Wasser- und Lebensmittelhygiene sowie Quarantänemaßnahmen müssen diesbezüglich Schutzimpfungen genannt werden. Für die Therapie von vielen Infektionskrankheiten stehen Medikamente zur Verfügung, die auf den jeweiligen Erregertyp abgestimmt sind, z.B. Antibiotika gegen Bakterien oder Pilze. Das Entstehen von Resistenzen auf Seiten der Krankheitserreger stellt hierbei allerdings inzwischen ein beträchtliches Problem dar.

Durch Aufnahme pathogener Mikroorganismen kann es beim Wirt zu einer Infektion kommen. Gelingt dem Mikroorganismus eine ausreichende Vermehrung und das Vordringen in weitere Körperregionen, kann es beim Wirtsorganismus zu Beeinträchtigungen kommen, die von ihm in Form von Krankheitssymptomen wahrgenommen werden. Den Zeitraum zwischen der Erregeraufnahme und dem Auftreten der ersten Symptome bezeichnet man als Inkubationszeit. Eine Ansteckung kann allerdings schon einige Tage vor den ersten Krankheitszeichen stattfinden. Entwickelt sich bei dem Infizierten ein sichtbarer Krankheitszustand, spricht man von einem manifesten Krankheitsverlauf. Einige Infektionen verlaufen dagegen häufig inapparent, d.h. völlig symptomlos. Allerdings sind auch bei solchen Verläufen Antikörper gegen den Erreger nachweisbar, die anzeigen, dass ein Abwehrkampf stattgefunden hat. Eine Infektionskrankheit kann lokal begrenzt sein oder generalisiert, d.h. die Erreger verbreiten sich über das Blut- und Lymphsystem im gesamten Organismus.

1.3.2.1 Viren

An dieser Stelle sollen kurz die wesentlichen Fakten über Viren erläutert werden. Viren sind kleine, infektiöse Partikel, die aus Nucleinsäuren, Proteinen und ggf. aus Lipiden bestehen. Sie vermehren sich nur in lebenden Wirtszellen. Viren bilden auf Grund ihrer besonderen Morphologie und Eigenschaften eine eigenständige Gruppe im Bereich der Mikroorganismen. Die Form der Viren wird durch die Proteinhülle (das Capsid) bestimmt. Innerhalb des Capsids befindet sich das virale Genom, das entweder aus RNA oder DNA besteht. Aufgrund ihres Genoms werden vier Virusgruppen unterschieden: einzel- und doppelsträngige DNA-Viren (beispielsweise Bakteriophagen) sowie einzel- und doppelsträngige RNA-Viren (beispielsweise Influenzaviren). Zu den so genannten Retroviren gehören das Humane Immundefizienz-Virus (HIV) als Verursacher der Krankheit AIDS. Die einzelnen Virustypen besitzen unterschiedliche Mechanismen zur Replikation der viralen Nucleinsäuren in den Wirtszellen, und auch im Hinblick auf die Art des Eindringens in die Wirtszellen gibt es große Unterschiede.

Viren unterscheiden sich von allen anderen zellulären Organismen. Sie besitzen keinen eigenen Stoffwechsel und können sich erst in einer passenden Wirtszelle mit Hilfe des enzymatischen Apparates der infizierten Zelle vermehren. Viren sind demnach obligate intrazelluläre (innerhalb einer Zelle unentbehrlich) Parasiten. Die Inanspruchnahme der Zelle für die eigene Produktion führt zu den Symptomen der Infektion und häufig zum Zelltod. Außerhalb der Wirtszelle besitzen Viren meist eine sehr stabile Struktur, bei der die virale Nucleinsäure von einer schützenden Proteinhülle umgeben ist. Dadurch behalten sie, in diesem extrazellulären Zustand auch als Viruspartikel oder Virion bezeichnet, in feuchten Medien ihre Infektiosität bei. Viren können in Bezug auf ihre Morphologie und Bauweise unterschieden werden. Das größte Virus ist das Pockenvirus mit einem Ausmaß von 400 x 240 x 200 nm, wohingegen das kleinste komplette Virus mit einem Durchmesser von gerade 24 nm das so genannte Parvovirus ist. Zur Gruppe der komplexen Viren zählen die Pockenviren und Bakteriophagen (Viren, die ausschließlich Bakterien infizieren).

Die Kinetik der Virusvermehrung (Lehre der Virusvermehrung) unterscheidet sich von dem charakteristischen exponentiellen Wachstum der Bakterien. Der Grund hierfür liegt darin, dass sich Viren nicht wie Bakterien durch Teilung vermehren, sondern durch die Zusammensetzung verschiedener Komponenten entstehen. Die Bildung von Viren in der Wirtszelle verläuft linear mit der Zeit. Den Zeitraum vom Beginn der Infektion bis zum Ende der so genannten Synthesephase bezeichnet man als Eklipsephase, in der keine intrazellulären Viren nachweisbar sind. Nach dem Zusammenbau findet intrazellulär eine Anhäufung der reifen Phagenpartikel statt, extrazellulär sind noch keine Viruspartikel nachweisbar. Diese so genannte Latenzphase ist dadurch charakterisiert, dass keine Freisetzung von Phagenpartikeln aus den Zellen ins Medium stattfindet. Mit der Freisetzung der reifen Phagen beginnt die so genannte Anstiegsphase. Die Anzahl der extrazellulären Viren nimmt kontinuierlich zu, bis alle reifen Phagen komplett freigesetzt sind. Danach ist ein Plateau erreicht.

Virusinfektionen können unterschieden werden in asymptomatische Infektionen, die unerkannt bleiben, und in syptomatische Infektionen, die Krankheitssymptome unterschiedlicher Stärke zeigen. Es gibt im Allgemeinen zwei Möglichkeiten, auf eine Virusinfektion zu reagieren. Zum einen kann das Virus auf ein bestimmtes System innerhalb des Organismus lokalisiert bleiben bzw. sich nur in unmittelbarer Umgebung der Eintrittsstelle im Wirtsorganismus vermehren. Alternativ kann es sich auch auf den ganzen Körper ausbreiten und zu einer generalisierten bzw. systemischen Infektion führen. Für lokalisierte Infektionen ist das Auftreten des so genannten Papillomavirus typisch. Es kommt zur Bildung von Warzen oder Papillomen in der Epidermis der Haut in unmittelbarer Nähe der Eintrittsstelle. Bei Influenzaviren ist die Infektion auf einen bestimmten Bereich des Organismus beschränkt. Bei der generalisierten Infektion von Menschen und Tieren findet der Transport der Viren über den Blutweg oder das lymphatische System statt. Ein Beispiel hierfür ist das Pockenvirus, ein für den Menschen hochpathogenes Virus. Eintrittspforte für das Pockenvirus ist der Nasen- und Rachenraum. Das Virus wandert in das umliegende lymphatische Gewebe. Viruspartikel breiten sich auf Leber, Milz und Lunge aus und vermehren sich dort. Es folgt eine zweite Ausbreitung über die Blutbahn, eine Lokalisation in den Schleimhäuten und schließlich in der Haut. Dort kommt es dann schließlich zur Bildung der typischen »Pocken«.

Im Zusammenhang mit Viren werden häufig zwei nicht virale, infektiöse Agenzien diskutiert: Viroide, die zu Erkrankungen bei Pflanzen führen, und Prionen, die spongiforme Encephalopathien (organische Hirnerkrankungen) hervorrufen. Der Nachweis von Viren erfolgt u.a. mit elektronenmikroskopischen Methoden, dem Hämagglutinationstest, dem Infektiositätstest, der Polymerasekettenreaktion sowie immunologischen Nachweismethoden.

1.3.2.2 Pilzinfektionen

Bei Pilzinfektionen ist im Allgemeinen eine Schwächung der Immunabwehr des Wirtes Voraussetzung für eine Manifestierung der Krankheit. Als Erreger menschlicher Pilzerkrankungen treten vor allem Dermatophyten, Hefen und Schimmelpilze in Erscheinung.

Dermatophyten verursachen oberflächliche Mykosen an Haut, Nägeln und Haaren. Um diese Bereiche besiedeln zu können, besitzen diese Pilze die Fähigkeit zur Keratinzersetzung. Andere Pilz-

Tab. 1.4 ■ Typische durch Pilze verursachte Krankheiten

Erkrankung	*Befallene Organe*	*Pilz*
Favus (Grind)	Kopfhaare, Kopfhaut	*Trichophyton schoenleinii*
Mikrosporie	Haare, Kopfhaut, Haut	*Microsporum*-Arten
Aspergillose	Lunge, Ohr	*Aspergillus*-Arten
Soor	Schleimhäute	*Candida*-Arten
Organmykosen (bei Abwehrschwäche)	Innere Organe	*Candida*-Arten, und andere Pilze

arten können in tiefere Hautschichten eindringen, wenn eine Verletzung vorliegt. Die gefährlichsten Pilzinfektionen für entsprechend disponierte Patienten sind aber die Systemmykosen, die meistens durch Hefen wie *Candida albicans* verursacht werden. Während für die meisten Menschen eine *Candida*-Mykose (Soor) eine zwar unangenehme aber in der Regel harmlose Erkrankung darstellt, kann sie für Patienten, die durch eine Therapie mit Immunsuppressiva oder eine schwere Grunderkrankung in ihrer Immunabwehr geschwächt sind, lebensbedrohlich sein. Auch Mykosen, die durch Schimmelpilze (z.B. *Aspergillus fumigatus*) verursacht werden, sind insbesondere für abwehrgeschwächte Personen gefährlich. Für gesunde Menschen stellen diese Schimmelpilze, die normalerweise totes organisches Material besiedeln, keine Krankheitserreger dar. Allerdings reagieren manche Menschen allergisch auf Schimmelpilzsporen.

■ 1.4 Das Reich der Pilze

1.4.1 Allgemeine Ökologie

1.4.1.1 Einleitung

Pilze zählen zu den am weitesten verbreiteten Organismen auf der Erde und besiedeln unterschiedlichste Habitate, in denen sie auf Grund ihrer stoffwechselphysiologischen Vielseitigkeit maßgeblich an der Stoffumsetzung beteiligt sind. Sie bilden in unserer Region mit ca. 96% den zahlenmäßig bedeutendsten Anteil biologischer Partikel in der Luft. Sie sind u.a. durch das Fehlen einer Photosynthese gekennzeichnet, die zu einer heterotrophen, d.h. saprophytischen oder parasitischen Lebensweise zwingt. Durch ihre Ausstattung mit zahlreichen Enzymen bewirken Pilze, zusammen mit anderen Organismen, den Abbau von Material pflanzlicher oder auch tierischer Herkunft. Sie sind überall verbreitet, im Erdboden, in Wasserreservoiren, auf Pflanzen, in Häusern etc. (Schimmel)Pilze sind Mikroorganismen des »täglichen Lebens« und besitzen Schlüsselpositionen im Haushalt der Natur und sind auf vielfältige Weise mit unserem Leben verbunden – im positiven wie im negativen Sinne. Die umgangssprachliche Bezeichnung »Schimmelpilze« bezieht sich auf den weißen bis kräftig gefärbten, pelzigen Belag, mit dem manche Pilze ihre Substrate überziehen. »Schimmelpilze« ist somit kein systematischer Begriff, sondern eine Sammelbezeichnung für oberflächlich wachsende Pilzmyzelien und Sporenträger.

Positiv erscheinen dem Menschen die Schimmelpilze, die durch Abfallbeseitigung in der Natur dafür sorgen, dass die Erde bewohnbar bleibt oder die Bodenfruchtbarkeit erhalten, in dem sie abgestorbene Pflanzenteile, Tierleichen und Verdauungsrückstände zu Humus verarbeiten und Mineralstoffe wieder freisetzen. Darüber hinaus entwickeln Schimmelpilze ihre positiven Eigenschaften, die in Produktionsverfahren hilfreich eingesetzt werden oder mit denen Vitamine, Enzyme und Antibiotika produziert werden können. Rund $^1/_4$ der medizinisch wertvollen Antibiotika stammen aus Pilzen. Auch zahlreiche andere Medikamente oder deren Zusätze werden aus Pilzen gewonnen. Diesem Nutzen stehen allerdings erhebliche Gefährdungen gegenüber. So richten Pilze alljährlich Milliardenschäden an, weil sie Holz,

Leder, Textilien und Papier sowie natürlich Lebens- und Futtermittel zersetzen. Darüber hinaus sind sie Urheber der meisten Pflanzenkrankheiten und mindern dadurch überall auf der Erde drastisch die Ernten. Für Menschen und Tiere sind Schimmelpilze als Erreger von Infektionskrankheiten und Allergien, aber auch durch Giftstoffe, die teilweise für Krebs verantwortlich gemacht werden, gefährlich. Neben dieser langen Tradition der Pilze und der Bedeutung in der Natur haben diese Organismen vor einigen Jahrzehnten Einzug in die Forschungslabore gehalten.

Pilze sind Organismen, die unterschiedlichste Standorte besiedeln, eine Zellwand ausbildende Eukaryonten (Zellkerne) besitzen und sich sexuell oder asexuell fortpflanzen. Die Gesamtzahl der Pilzarten wird auf 100.000 bis 250.000 geschätzt. Es stehen lediglich ca. 180 Arten mit der Erkrankung von Mensch oder Tier im Zusammenhang. Manche Pilze gehören zur physiologischen Mikroflora des Menschen. Im Gegensatz zu den Bakterien besitzen Pilze einen echten Zellkern mit Membran um das Erbmaterial (DNA) herum. Pilze sind als Einzeller aufzufassen, bei manchen Spezies gibt es die Sprossung als strukturelle Differenzierung.

Pilze sind außerordentlich artenreiche, eukaryotische Mikroorganismen, von denen bisher ca. 150.000 erfasst und fast 70.000 Arten beschrieben wurden und jährlich ca. 1.000 Arten hinzukommen. Die morphologische Vielseitigkeit der Pilze reicht von der mikroskopisch kleinen Bäckerhefe bis zu den mehrere Zentimeter großen Fruchtkörpern der uns bekannten Speise- oder Giftpilze. Von diesen weltweit bekannten Pilzarten lassen sich vier Gruppen einteilen:

- Ständerpilze — Basidiomycota
- Schlauchpilze — Ascomycota
- Jochpilze — Zygomycota
- Imperfekte Pilze — Deuteromycota (Fungi imperfecti).

Die Ständerpilze bilden ihre Sporen nach außen an speziellen Sporenständern, den Basidien. Die Unterabteilung der Ständerpilze umfasst etwa 30.000 Arten, unter denen sich die meisten unserer Speisepilze (Basidiomycetes) und die Brandpilze (Ustomycetes) befinden.

Die Schlauchpilze bilden ihre sexuellen Sporen in speziellen Schläuchen, die Asci (Einzahl Ascus) genannt werden. Die Verbreitung erfolgt überwiegend durch ungeschlechtliche Sporen. Die Hyphen der Ascomycota weisen Querwände (Septen) auf. Zu den knapp 50.000 bekannten Arten gehören auch die Hefen (Endomycetes) und die meisten Flechtenpilze.

Bei der sexuellen Vermehrung der Jochpilze wachsen zwei spezialisierte Hyphen aufeinander zu und verschmelzen an den Spitzen zu einer jochähnlichen Struktur. An der Verschmelzungsstelle entsteht die Zygospore, die viele tausend Kerne enthalten kann. Auch hier erfolgt die Verbreitung meist durch ungeschlechtliche Sporen. Das Myzel weist keine Querwände auf, dass heißt der Pilzthallus besteht aus einer sehr großen und vielfach verzweigten Zelle. Von den Zygomycota gibt es weltweit nur etwa 650 Arten. Bekannte Arten sind die Köpfchenschimmel *Mucor, Rhizopus* und *Absidia*.

Von den imperfekten Pilzen kennt man keine geschlechtlichen Stadien. Man fasst sie deshalb nach morphologischen Merkmalen in einer gesonderten Gruppe zusammen. Die Deuteromycota haben ein septiertes Myzel und umfassen etwa 30.000 Arten. Die meisten Schimmelpilze (*Aspergillus, Penicillium, Fusarium, Cladosporium*) und fast alle human- und tierpathogenen Pilze fallen in diese Gruppe. Das Auffinden zahlreicher

Abb. 1.16 ■ Ascomyceten und Basidiomyceten werden auch als höhere Pilze zusammengefasst und den anderen Unterabteilungen (niedrige Pilze) gegenüber gestellt. Eine Zuordnung der Pilze nach einer derartigen Systematik ist nicht immer ganz einfach, u.a. da Pilze sowohl »perfekte« als auch »imperfekte« Sporen bilden und infolgedessen sogar unterschiedliche Namen tragen können, wie z.B. bei *Eurotium* (Sexualform), deren asexuelle Form als *Aspergillus* aus medizinischer Sicht wesentlich bedeutsamer ist.

Abb. 1.16 ■

	Subdivision	Klasse	Gattung z.B.
Eumycotina (echte Pilze mit Zellwand)	**Mastigomycotina** (Planosporen)	Chytridiomyceten	*Rhinosporidium seeberi*
		Oomyceten	*Saprolegnia* *Phytophtora infestans* *Phythium*
	Zygomycotina (Jochpilze)	Zygomyceten	*Mucor, Rhizopus, Absidia* *Basidiobolus* *Conidiobolus coronatus*
		Trichomyceten	
	Ascomycotina (Schlauchpilze)	Hemiascomyceten	*Saccharomyces cerevisiae*
		Loculoascomyceten	*Leptosphaeria senegalensis*
		Plectomyceten	*Artheroderma,* *Nannizzia spec.* *Eurotium spec.*
		Pyrenomyceten	*Claviceps purpurea* *Erisiphe gramminis*
		Discomyceten	*Sclerotinia fructigena*
	Basidiomycotina (Ständerpilze)	Teleomyceten	*Puccinia-, Ustilago-Arten* *Filobasidiella neoformans*
		Hymenomyceten	*Fomes annosus* *Agaricus bisporus*
		Gasteromyceten	
	Deuteromycotina	Blastomyceten	*Candida-Arten*
		Hyphomyceten	*Dermatophyten* *Aspergillus- und* *Penicillium* *Scopulariopsis*
		Coelomyceten	

Abb. 1.17 ■ Pilzmyzel mit Hyphen, Sporangien und Sporen von Penicillium (ca. 1500x vergrößert)

Abb. 1.18 ■ Pilzmyzel mit Sporen (ca. 2500x vergrößert)

Abb. 1.19 ■ Pilzmyzel mit Sporen (ca. 2500x vergrößert)

Abb. 1.20 ■ Sporen von Schimmelpilz Rhizopus spp. auf Brot (ca. 3000x vergrößert)

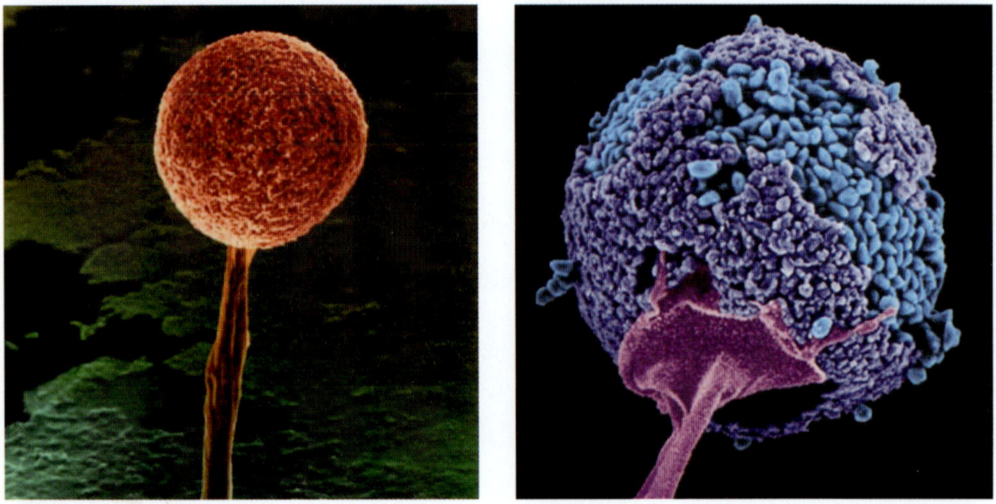

Abb. 1.21-1.22 ■ Fruchtstand eines Schleimpilzes

perfekter Formen in neuerer Zeit dünnt diese systematische Einheit zunehmend aus. Ursprünglich in der Abteilung Deuteromycota geführte Pilze wandern in die Abteilung Ascomycota ab. Dies führt dazu, dass eine Art (Spezies) zwei verschiedenen Namen haben kann. So finden sich beispielsweise perfekte Formen von *Aspergillus* bei *Eurotium, Emericella, Sartoria* und perfekte Formen von *Penicillium* bei *Eupenicillium, Talaromyces, Penicilliopsis, Trichocoma.* Die systematische Einteilung der Fungi imperfecti ist schwierig. Hauptfruchtformen finden sich (soweit bekannt) bei den Ascomyceten.

Die Gliederung in **Tab. 1.5** konzentriert sich nur auf die wichtigsten Schimmelpilze im System der Pilze.

Tab. 1.5 ■ Stellung wichtiger Schimmelpilze im System der Pilze

Abteilung	*Ordnung*	*Familie*	*Gattung*
Zygomyceten	Mucorales	Mucoraceae	*Absidia*
			Mucor
			Rhizopus
Ascomyceten	Sphaeriales	Sordariaceae	*Neurospora*
		Melanosporaceae	*Chaetomium*
		Hypocreaceae	*Netria*
	Eurotiales	Eurotiaceae	*Byssochlamys*
			Neosartoria
			Eupenicillium
			Talaromyces
	Clavicipitales	Clavicipitaceae	*Claciceps*
Deuteromyceten	Moniliales (Hyphomyceten)	Moniliaceae	*Aspergillus*
			Monilia
			Paecilomyces
			Penicillium
		Dematiaceae	*Alternaria*
			Aureobasidium
			Cladosporium
			Epicoccum
		Tuberculariaceae	*Fusarium*

Tab. 1.6 ■ Metabolitbildende Schimmelpilzspezies

Schimmelpilzspezies	Genaue Gattung
Alternaria spp.	*alternata, tenuissima*
Aspergillus spp.	*ochradeus, flavus, fumigatus, niger, nidulans, terreus, versicolor, ustus*
Chaetomium spp.	*globosum*
Cladosporium	*herbarum*
Eurotium spp.	*amstelodami, chevalieri, herbariorum*
Fusarium spp.	*ulmorum, verticillioides, solani*
Paceilomyces spp.	*variotii*
Penicillium spp.	*aurantiogriseum, brevicompactum, chrysogenum, citrinum, commune, crustosum, expansum, glabrum, roqueforti, rugulosum, variabile, viridicatum*
Trichoderma spp.	*harzianum, viride*
Wallemia spp.	*sebi*
Stachybotrys spp.	*chartarum (atra)*

Da es keine wissenschaftliche Systematik gab, hat Delitzsch 1943 versucht, die Gruppe der Schimmelpilze zu definieren. Demnach können Pilze zu den Schimmelpilzen gezählt werden, wenn sie folgende gemeinsame Merkmale besitzen:

- »Ihr Lebensraum ist der Boden oder allenfalls konzentrierte Nährlösungen (es sind keine ausgesprochenen Wasserpilze).
- Sie können saprophytisch leben, gewinnen also ihre Nährstoffe aus abgestorbenen organischen Substanzen, die sie dadurch zersetzen.
- Sie bilden ein typisches Myzel. Hierin unterscheiden sie sich von den Hefen, die durch Sprossung lockere Zellwände, jedoch kein echtes Myzel bilden.
- Sie vermehren sich überwiegend ungeschlechtlich durch Sporen (Sporangiosporen oder Konidien).
- Wenn sie überhaupt sexuelle Fortpflanzungsorgane bilden, dann sind sie sehr klein«.

Nach dieser Definition gehören zu den Schimmelpilzen fast alle imperfekten Pilze und viele Schlauch- und Jochpilze. Aus der Abteilung der Ständerpilze werden gelegentlich der Echte Hausschwamm (*Serpula* oder auch *Merulis lacrymans*) und einige Brandpilze hinzugerechnet. Manche Vertreter der Schimmelpilze können zwischen saprophytischer und parasitischer Lebensweise wechseln, das heißt sie leben sowohl von abgestorbenen wie auch von lebenden Organismen. Eine klare und eindeutige Zuordnung nach oben genannten Kriterien ist deshalb in vielen Fällen nicht möglich. Hefen und parasitische Pilze (beispielsweise Hautpilze/Dermatophyten) gehören nach dieser Definition nicht zu den Schimmelpilzen.

Den am häufigsten anzutreffenden Hausschimmelpilzen werden die *Ascomyceten* (Schlauchpilze), die *Zygomyceten* (Jochpilze) und *Deuteromyzeten* (*Fungi imperfecti*) bzw. die Gattung *Penicillium* (der meist grüne Schimmelpilz), *Aspergillus* (der schwarze Schimmelpilz), *Pyronema domestica* (der gewöhnliche Schimmelpilz) und *Cladosporium* zugerechnet. Der *Aspergillus niger* und *Aspergillus flavus* hat beispielsweise eine intensive Gelbfärbung, der *Aspergillus versicolor* bildet verschiedene Farben aus (was ihm letztlich seinen Namen gab) und der *Aspergillus fumigatus* hat ein grünliches Aussehen.

Die Art oder Spezies (lat. Species = Art) ist die Grundeinheit der Klassifizierung im System. Sie bezeichnet eine Gruppe von eng miteinander verwandten Individuen, die sich in gewissen vererbten Eigenschaften ähnlich sind. Die Art wird mit einem aus dem Gattungsnamen und dem spezifischen Beiwort bestehenden Binom bezeichnet, z.B. *Pyronema domesticum* (Gattung groß und Beiwort klein geschrieben). Innerhalb der Art gibt es zur feineren Aufteilung noch die Unterart, Varietät und Form. Die Nebenfruchtformen der Hausschimmelpilze bilden ihre Sporen meist als außen liegende Konidiosporen, kurz Konidien genannt (griech. Konis = Staub,

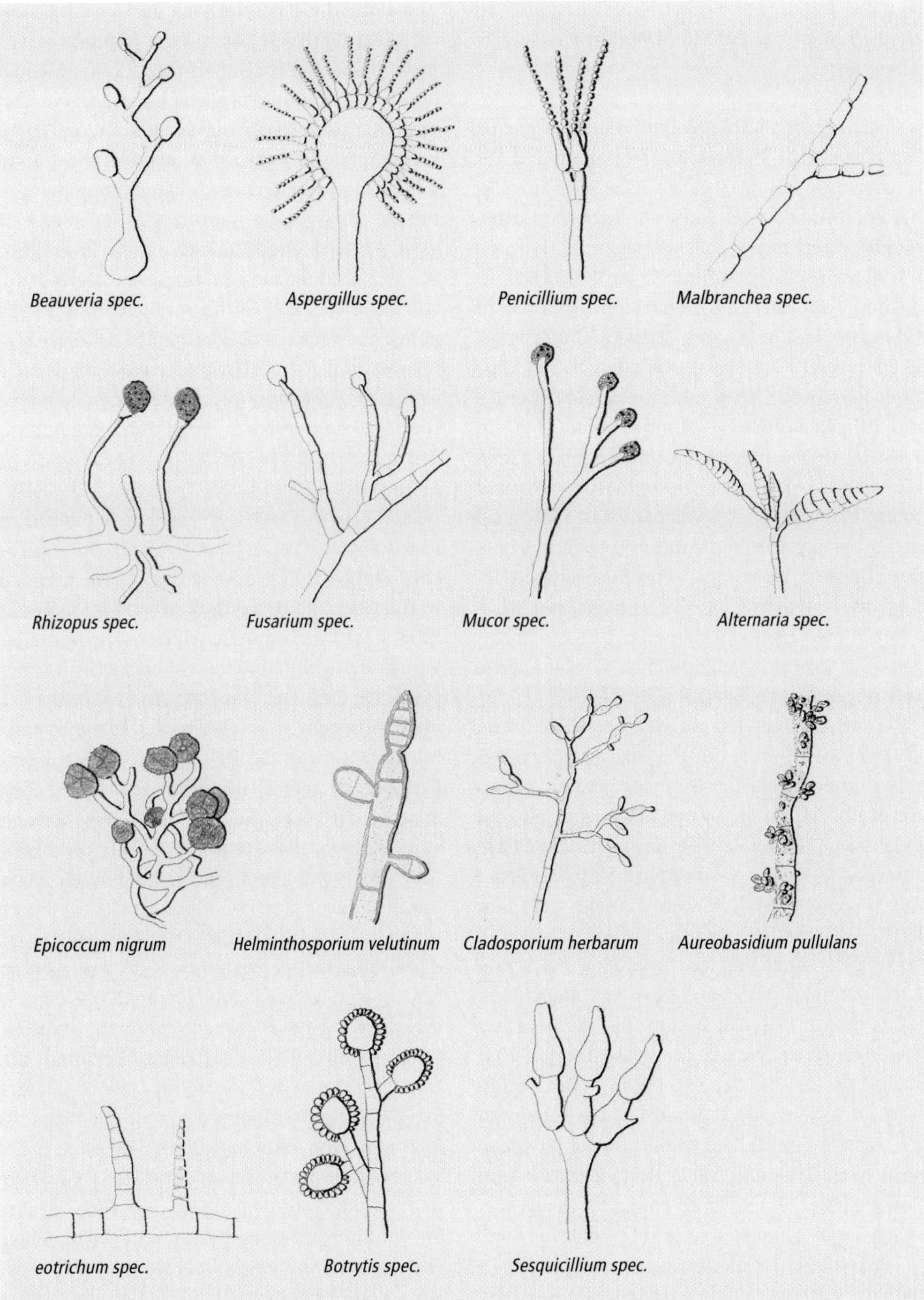

Abb. 1.23 ■ Konidienträger und -formen einiger ausgewählter Schimmelpilzspezies

weil die Sporen fein wie Staub sind) an typischen Hyphen (den sog. Konidienträgern) aus spezifischen Zellen.

1.4.1.2 Taxonomische Merkmale und Systematik

Auf Grund morphologischer Merkmale und der sessilen Lebensweise wurden Pilze sehr lange in der Botanik behandelt, da sie biologisch gesehen den Pflanzen zugeordnet wurden. Pilze wurden wie Algen den so genannten Lagerpflanzen zugeordnet, weil sie im Unterschied zu anderen Pflanzen nicht in Wurzel, Spross und Blätter gegliedert sind. Gemeinsam ist allen Pilzen, dass ihre Zellwände Chitin enthalten, das bei anderen Pflanzen nicht vorkommt, wohl aber im Außenskelett von Insekten und anderen Nichtwirbeltieren. Sie leben saprophytisch, also auf totem Material, aber auch parasitär, indem sie ihre Nahrung von bestimmten Geweben lebender Pflanzen, Tiere oder Menschen nehmen. Infolgedessen wurden die Pilze seit 1969 von Whittaker in eine eigene Systematik – die Eukarya – gebracht. Die Biologen sprechen seitdem gerne vom abgeschlossenen »Reich der Pilze«.

Innerhalb der Eukarya werden so die Tiere, die Pilze, die Pflanzen und die eukaryotischen Einzeller unterschieden. Nach modernen molekularen Methoden und neuesten Erkenntnissen sind die Pilze näher mit den Tieren als mit den Pflanzen verwandt. Pilze vermehren sich in der Regel durch Sporen oder Konidien, die sehr klein und leicht sind. Deshalb werden sie von Wind und Wasser, in winzigen Nebeltröpfchen bei hoher Luftfeuchtigkeit oder von Tieren, vor allem Insekten verbreitet. Für Wachstum und Vermehrung benötigen Pilze Sauerstoff. Viele Pilzarten sind aber in der Lage, bei Sauerstoffmangel ihren Stoffwechsel von der Atmung auf Gärung umzustellen (Pasteur-Effekt). Die Produktion der Biomasse wird eingestellt und die Zellen gewinnen ihre Energie über einen anderen Stoffwechselweg, wobei Ethanol und Kohlendioxid gebildet werden.

Mykologische Experten unterscheiden innerhalb der Pilze vier große Gruppen, die an dieser Stelle nur kurz beschrieben werden sollen: die Chytridio-, die Zygo-, die Asco- und die Basidiomycota. Bei den Chytridiomycota handelt es sich meist um einzellige Organismen, die sich sexuell durch die Bildung beweglicher Gameten fortpflanzen und Zoosporen für die asexuelle Verbreitung produzieren. Sie leben oft in aquatischen Ökosystemen oder in feuchten Böden und führen meist eine saprotrophe Lebensweise. Viele Arten zeichnen sich durch die Produktion von Exoenzymen aus und tragen zur Verwertung von Cellulose oder Chitin im Boden bei. Die Zygomycota wachsen überwiegend als fädige Organismen, wobei die Pilzhyphen größtenteils nicht septiert (nicht keimfrei, mit Keimen behaftet) sind. Sie können sich asexuell durch die Bildung von unbeweglichen Sporen in Sporangien und sexuell durch die Ausbildung einer Zygospore vermehren. Die Zygospore wird nach der Fusion von zwei speziellen Hyphen gebildet. Die Ascomycota sind einzellige oder fädige Organismen, die in flüssigen Habitaten (Nektar) und im Boden in großer Zahl vorkommen. Während der sexuellen Vermehrung bilden sie in schlauchartigen Zellen (Ascus) Sporen aus. Daneben sind asexuelle Vermehrungsformen weit verbreitet. In vielen Lehrbüchern werden die Deuteromycota als eigene Gruppe behandelt. Hierunter werden alle Pilze zusammengefasst, die keine sexuellen Vermehrungsformen ausbilden und deshalb mit klassischen Methoden nicht in die bestehende Systematik eingruppiert werden können. Heute ermöglichen es die molekularen Methoden, auch diese Pilze richtig zuzuordnen, so dass sich gezeigt hat, dass viele von ihnen z.B. zu den Ascomyceten gezählt werden können. In diese Gruppe gehören so wichtige und bekannte Vertreter wie Arten der Gattung *Penicillium* oder *Aspergillus*. Die Basidiomycota wachsen meist als Pilzfäden und erhielten ihren Namen von der sexuellen Vermehrungsstruktur der Basidie, einem Ständer, auf dem vier meiotische (Reduktionsteilung – ein aus zwei Kernteilungen bestehender Vorgang) Sporen gebildet werden. Neben der sexuellen Vermehrung sind einige dieser Pilze auch zu einer asexuellen Reproduktion befähigt.

Allgemein werden Pilze aber in der Literatur oft nur in zwei Hauptgruppen eingeteilt – entweder in die Myxomycota (Schleimpilze) und Eumycota. Die erstgenannten bestehen aus Plasmodien oder Pseudoplasmodien, d.h. zellwandlosen vielkernigen Organismen. Die Eumycota bilden zumeist zellwandhaltige Myzelien aus zahlreichen Hyphen (Pilzfäden). Zu dieser Gruppe gehören die meisten Pilze, u.a. Schimmelpilze sowie die Speise- und Giftpilze. Keineswegs alle »Schimmel« sind Pilze. Abzugrenzen sind die Strahlenpilze, die zu den Bakterien zählen und durch z.B. Organismen der Gattung *Streptomyces* verkörpert werden. Hefepilze unterscheiden sich von Schimmelpilzen dadurch, dass diese keinen Rasen aus Luftmyzel bilden. Sie vermehren sich durch Sprosszellbildung (was auch bei den echten Schimmelpilzen vorkommen kann). Weiter abzugrenzen sind Hutpilze, Becherpilze, Trüffel und Boviste – jeweils erkennbar an der Bildung der Fruchtkörper. Andere Unterscheidungen definieren Pilze als solche mit Fruchtkörper, die so genannten Makromyzeten, die man zum Beispiel mit dem Erscheinungsbild eines Wiesenchampions oder Waldpilz assoziiert, sowie die Schimmelpilze und Hefen, die so genannten Mikromyzeten, die samtige bis flockige Überzüge auf Lebensmitteln oder anderen Nährböden bilden.

Pilze sind hinsichtlich ihrer physiologischen und biochemischen Struktur sehr vielseitig. Sie leben aerob, besitzen kein Chlorophyll und sind somit nicht zur Photosynthese fähig. Zur Deckung ihres Kohlenstoff- und Energiebedarfs benötigen sie organische Verbindungen (heterotrophe Lebensweise) und unterscheiden sich somit von den autotrophen Pflanzen, Algen und Zyanobakterien. Die so genannten saprobischen oder saprophytären Pilze beziehen ihre Kohlenstoffverbindungen aus organischen Rückständen der Umwelt. Die so genannten biotrophen Pilze benötigen andere Organismen als Wirte, weshalb sie als Symbionten oder Parasiten leben. Da sie feste Zellwände und einen echten Zellkern haben, werden die Pilze meist den Pflanzen zugeordnet und bilden hier die Abteilung Fungi (Echte Pilze). Vereinfacht ausgedrückt, sind die Pilze als Lebewesen ohne Blattgrün nicht befähigt, die zu ihrer Ernährung notwendigen organischen Substanzen wie die grünen Pflanzen aus Kohlendioxid und Wasser unter Verwendung von Lichtenergie durch Photosynthese aufzubauen.

Die Pilze sind von einer organischen Kohlenstoffquelle abhängig, d.h. kohlenstoffheterotroph. Die Schimmelpilze absorbieren ihre Nahrung infolgedessen in gelöster Form hauptsächlich aus den lebenden, toten oder synthetischen organischen Nährstoffen der Umgebung. Diese dienen ihnen als Kohlenstoff- und Energiequelle. Wenn die umgesetzten organischen Stoffe von totem Material stammen, werden die entsprechenden Pilze als Saprophyten bezeichnet. Was sie von anderen Pilzen unterscheidet und hervorhebt ist ihre Fähigkeit, Zellulose zu verwerten. Ist ausreichend totes pflanzliches Material vorhanden, so wächst das Pilzmyzel etwa von *Cladosporium* oder *Alternaria* bei genügend Wärme und Feuchtigkeit durch dieses Substrat hindurch, verdaut es und bildet unzählige Sporen, die beim Auftrocknen mit der Thermik oder mit dem Wind in die Atemluft gelangen. Gemeinsam mit anderen biologischen Partikeln wie Milben, Hautschuppen, Pollen und Bakterien sind Pilzsporen einer der Hauptbestandteile des sog. Aeroplanktons. Dies ist die Gesamtheit all jener Partikel biologischen Ursprungs, die sich in der Luft befinden und wird auch als Bioaerosol bezeichnet.

Parasiten dagegen befallen lebendige Organismen und ernähren sich auf Kosten dieser Wirte. Wenn die Pilze mit anderen Lebewesen zu beiderseitigem Nutzen in einer engen Gemeinschaft leben und dadurch mit organischen Molekülen versorgt werden, bezeichnet man sie als Symbionten. Die meisten Pilze sind aerobe Organismen, die auf das Vorhandensein von molekularem Sauerstoff angewiesen sind. Als Energiequelle können Kohlenhydrate, Fette oder Aminosäuren dienen, deren Umsetzungen in der Glykolyse, dem oxidativen Pentosephosphatweg, dem Citratzyklus und der Atmungskette erfolgen. Als Reservestoffe werden das »tierische« Glykogen, Lipide und Trehalose gebildet. Die Trehalose, ein Disaccharid, das ansonsten in Insekten vorkommt, wird vor allem in den Sporen gespeichert und dient als Energievorrat bei der Sporenkeimung. Viele Pilze zeichnen sich durch die Fähigkeit aus, auch auf komplexen Stoffen wachsen zu können. Die wachsenden Pilzfäden sekretieren dann Enzyme nach außen, die dort polymere Verbindungen spalten und für die Aufnahme vorbereiten. So sind Pilze maßgeblich an der Umsetzung von Cellulose oder Lignin im Boden beteiligt. Pilze, die vornehmlich Cellulose abbauen, werden als Braunfäulepilze bezeichnet, weil verrottetes Holz durch das zurückbleibende Lignin rötlich erscheint. Umgekehrt werden Pilze, die Lignin eines Baumes abbauen, als Weißfäulepilze bezeichnet, weil das bewachsene Holz stark aufgehellt erscheint.

Die Nutzung polymerer Substrate wie Lignin oder Cellulose verdeutlicht die Fähigkeit vieler Pilze, große Mengen an lytischen (allmählich sinkend, abfallend) Enzymen zu sekretieren. Neben dem aeroben Stoffwechsel sind einige Pilze auch in der Lage, Gärungen durchzuführen. Die bekannteste Form der Gärung ist die alkoholische Gärung der Bäckerhefe. Neben den Stoffwechselwegen, die zur Energiegewinnung und zur Bildung neuer Zellmasse benötigt werden (Primärstoffwechsel), zeichnen sich viele Pilze durch ein großes Spektrum an metabolischen Kapazitäten aus, deren physiologische und ökologische Bedeutung noch weitgehend unverstanden ist. Diese biochemischen Leistungen werden als Sekundärstoffwechsel bezeichnet. Viele der chemischen Verbindungen, die so gebildet werden, haben für den Menschen große Bedeutung. Die Antibiotika Penicillin oder Cephalosporin sind typische Endprodukte derartiger Stoffwechselwege. Dazu gehören aber auch die von vielen Schimmelpilzen gebildeten Aflatoxine, die kanzerogene Eigenschaften besitzen. Andere Pilzgifte sind vor allem durch ihr Vorkommen in höheren Pilzen bekannt.

1.4.1.3 Wachstum und Fortpflanzung

An ihren natürlichen Standorten können Pilze vollkommen unauffällig wachsen und ihre Biomasse vermehren. In der Phase der vegetativen Entwicklung (Trophophase) haben die Pilzhyphen vollständigen Kontakt mit dem Substrat und jede Vegetationseinheit ernährt sich selbst. Aufnahme und Ausnutzung der Nährstoffe stehen im Gleichgewicht und die Pilzmasse nimmt gleichmäßig zu. Die stattfindenden metabolischen Reaktionen der Trophophase bezeichnet man als Primärstoffwechsel. Später, mit der Verarmung des Mediums und weiteren Änderungen der Lebensbedingungen beginnt die Umstellung auf den Sekundärstoffwechsel (Idiophase). Morphologisch werden Luftmyzel und Vermehrungsorgane (fruktifikative Phase) gebildet. Bei vielen Schimmelpilzen kann die verborgene, vegetative Phase schon nach Stunden beendet sein und die häufig lebhaft gefärbten vegetativen Sporenträger werden erkennbar: das Substrat ist »verschimmelt«.

Morphologische Grundelemente der Pilze sind die Hyphe und die Sprosszelle (Hefezelle). Hyphen sind verzweigte, schlauchförmige (tubuläre) Strukturen mit einem Durchmesser von 2-10 µm. Beim Wachstum eines Pilzkörpers bilden die Hyphen ein Geflecht, das in seiner Gesamtheit als Myzel bezeichnet wird. Das vegetative Myzel dringt in das Substrat ein und dient der Ernährung des Zellverbandes, das Luftmyzel trägt die Fruchtkörper. Bei den meisten Spezies sind die Hyphen durch Querwände (Septen) getrennt, die aber durch feine Poren miteinander in Verbindung stehen. Die Zytoplasmamembran der Pilze enthält Ergosterin, die Zellwand enthält Chitin oder Zellulose.

Die Verbreitung der Pilze erfolgt durch Sporen – vom Pilz freigesetzte Partikel, die sexuell (»perfekte« Pilze) oder asexuell (»imperfekte« Pilze) gebildet werden. Die Art der Fortpflanzung eines Pilzes kann je nach Lebensbedingungen variieren. Der Begriff »Sporen« umfasst Partikel sehr unterschiedlicher Größe (2-150 µm [$^{1}/_{1000}$ mm] im Durchmesser) und Herkunft. Nach bisherigen Erkenntnissen geht man von etwas über 100 Sporen pro m^3 Luft aus. Unterschieden werden nach ihrer Herkunft und Morphologie Planosporen, Sporangiosporen (in einem Sporenbehälter = Sporangium enthalten), Ascosporen (in einem Ascus = Sporenschlauch enthalten), Basidiosporen (extern auf einem Basidium vorkommend), Zygo-, Chlamydo- und Konidiosporen. Nach der Art der Sporen werden die Eumycota in mehrere Unterabteilungen eingeteilt

Die Vermehrung der Schimmelpilze erfolgt durch Sporulation, das heißt der Pilz gibt eine Unmenge von Sporen an die Luft ab. Diese Fortpflanzung über Sporen (griech. Sporos = Samen, Keim, Saat) erfolgt sowohl geschlechtlich (sexuell) als auch ungeschlechtlich (vegetativ). Die geschlechtliche Fortpflanzung hat die Aufgabe, auch unter ungünstigen Umweltbedingungen das Überleben der Art zu sichern. Je nach Entwicklungsstellung bezeichnet man die Einrichtung der Pilze zur Sporenbildung bei der ungeschlechtlichen Fortpflanzung als Nebenfruchtformen oder Anamorphe (griech. Ana = auf, hinauf und morphe = Form) und bei der geschlechtlichen Fortpflanzung als Hauptfruchtformen oder Telemorphe (griech. Telos = Ende).

Die freigesetzten Sporen befinden sich wie Staubteilchen in der Atemluft und sind wie Bakterien und Viren ein fester Bestandteil unserer Umwelt. Konzentrationen dieser Sporen ergeben sich immer dort, wo ein bereits vorhandener Pilz die Sporen produziert. Da diese Sporen etwas schwerer als Luft sind, fallen sie mit der Zeit auf den Boden und können sich dort ansiedeln, wenn geeignete Nährstoffe und Lebensbedingungen vorhanden sind. Fehlende Feuchtigkeit hemmt das Wachstum, aber manche Sporenarten können auch in Trockenheit über Jahre hinweg überleben. Beim Auskeimen der Sporen entstehen zunächst farblose Zellfäden, die als Hyphen bezeichnet werden (griech. Hyphe = Gewebe, Pilzfaden). Diese Hyphen wachsen dann immer wieder verzweigt zu einem Pilzgeflecht weiter und bilden das so genannte Myzel (griech. Mykes = Pilz oder myzeln = saugen), das sich mit der Zeit dunkel färbt und erst dann sichtbar wird. Das wuchernde Myzel zeigt sich als dunkle, schwarzgraue, auch gelbliche, rötliche oder bräunliche Fleckenbildung (Stockflecken), die sich normalen Reinigungen widersetzt. Auch muffiger Geruch kann als Erkennungsmerkmal gelten. Die Fruchtkörper bestehen aus Hyphengeflechten (Plektenchym) und nicht aus echten Gewebeverbänden wie Pflanzen und Tiere. Die vegetativen Fruchtformen werden als Anamorphe oder Nebenfruchtformen bezeichnet, die sexuellen als Teleomorphe oder Hauptfruchtformen. Die jeweils gebildeten Sporen heißen Mitosporen bzw. Meiosporen. Die sexuellen Fruchtformen sind mit dem Kernphasenwechsel verbunden, der beispielsweise von haploiden Zellen über eine Kernverschmelzung zu diploiden Zellen und durch Meiose wieder zu haploiden Zellen führt. Die asexuelle Vermehrungsformen sind dem gegenüber nicht mit dem Kernphasenwechsel verbunden. Ausschlaggebend für eine systematische Einordnung ist immer die sexuelle Fruchtform. Im asexuellen Zyklus wachsen aus dem Myzel Sporenträger heraus, an deren Spitze sich die Konidien abschnüren. Im sexuellen Zyklus entwickelt das Myzel Geschlechtsorgane: ein »männliches« Antheridium und ein »weibliches« Ascogon. Die morphologischen Vorgänge, die zu Kernverschmelzung und Reduktionsteilung – und damit zur Neukombination von Erbanlagen – führen, sind bei den taxononischen Gruppen sehr unterschiedlich. Im folgenden Beispiel entstehen in einem Behälter (Ascus) durch drei Teilungen acht Ascosporen. Geschlechtsorgane und Ascosporen werden von Pilzfäden umwuchert und bilden einen Fruchtkörper (Ascokarp), aus dem die Ascosporen freigesetzt werden.

Da Pilze unbewegliche, heterotrophe Organismen sind, haben sie Strategien entwickelt, um nach Verbrauch einer Nahrungsquelle neue Habitate zu besiedeln oder nahrungslose Zeiten zu überdauern. Beide Überlebensstrategien sind bei den Pilzen durch die Bildung von Sporen verwirklicht. Die Sporen können mitotisch (asexuell) oder meiotisch (sexuell) gebildet werden. Oft

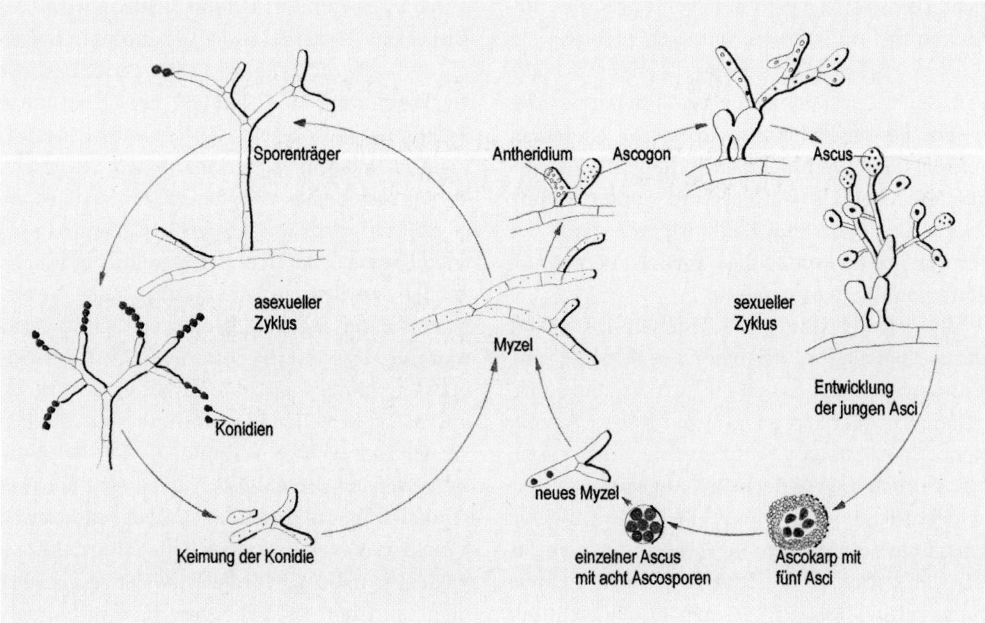

Abb. 1.24 ■ Sexuelle und asexuelle Vermehrung bei Ascomyceten

ist ein Pilz sogar in der Lage, beide Sporenarten zu bilden. Ein anschauliches Beispiel stellt der Schimmelpilz *Aspergillus nidulans* dar. Das Myzel dieses Pilzes wächst saprotroph im Boden und setzt organisches Material um. Durch das Hyphenwachstum kann sich der Pilz im Boden verbreiten. Gelangt das Myzel aber an die Bodenoberfläche entwickeln sich als Endprodukt asexuelle Sporen an speziellen morphologischen Strukturen, den Konidiophoren. Im Labor dauert diese Entwicklung etwa 20 Stunden und kann leicht verfolgt werden. Zunächst wächst aus einem Hyphenkompartiment ein Stielchen aus, das sich senkrecht zum Substrat in den Luftraum erhebt, am Ende anschwillt und an der Vesikeloberfläche eine Lage von Zellen (Metulae) bildet. Diese produzieren die Phialiden, die die eigentlichen Sporen bildenden Zellen darstellen. Es werden schließlich lange Ketten von Sporen, die Konidien genannt werden, produziert, wobei die älteste Spore jeweils an der Spitze einer Kette zu finden ist. Die Konidien sind teilweise grün pigmentiert und verleihen den Schimmelpilzen das typische grüne Aussehen, wenn diese z.B. auf Lebensmitteln wachsen.

Die Entwicklung beginnt mit Licht und durch Exposition an einer Wasser-Luft-Grenzfläche. Das garantiert, dass die Sporen dem Wind ausgesetzt sind und leicht verbreitet werden können. Der oben genannte *Aspergillus nidulans* kann neben dieser asexuellen Entwicklung auch einen sexuellen Entwicklungszyklus durchlaufen. Das kann nach einer erfolgten Kreuzung verschiedener Stämme durch Hyphenfusion oder auch durch Selbstbefruchtung in einem Stamm geschehen. Es werden spezielle morphologische Strukturen (Kleistothecien) gebildet, in denen die Zellkerne zur diploiden Phase verschmelzen und anschließend meitotische Ascosporen entstehen. Dieser Entwicklungszyklus wird eingeleitet, wenn die Nahrungsquellen versiegen. Die widerstandsfähigen Ascosporen können jahrzehntelang im Boden überdauern, bis sich eine neue Nahrungsquelle anbietet. Aufgrund der sexuellen Fruchtform wird die Pilzgattung mit *Emericella* bezeichnet. Gebräuchlicher sind aber heute sowohl für die ase-

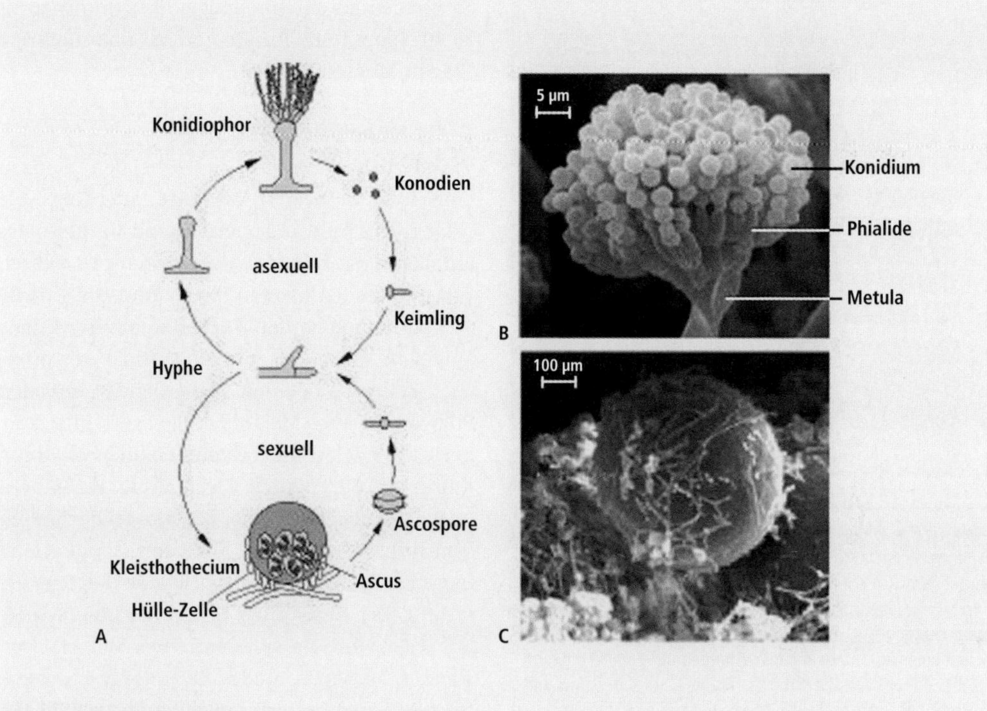

Abb. 1.25 ■ Sporenbildung:
(A) schematische Darstellung der Sporenbildung in *Aspergillus nidulans*. Bei der asexuellen Bildung der Sporen wächst aus einem Hyphenkompartiment ein Stielchen aus, an dessen Vesikeloberfläche die Metulae entstehen. Sie produzieren die Sporen bildenden Phialiden, die lange Ketten von Sporen, die Konidien, abschnüren. Bei dem sexuellen Entwicklungszyklus von *Aspergillus nidulans*, der nach einer erfolgten Kreuzung durch Hyphenfusion oder Selbstbefruchtung eingeleitet wird, werden die Kleistothecien gebildet, in denen die Zellkerne verschmelzen und meiotische Ascosporen entstehen. Die Kleistothecien sind von dickwandigen Hülle-Zellen umgeben.
(B) rasterelektronenmikroskopische Aufnahme eines Konidiophors und
(C) eines Kleistotheciums.

xuelle als auch für die sexuelle Form der Name *Aspergillus*. Anders als beim *Aspergilus nidulans*, in dem es nach der Hyphenverschmelzung zur Heterokaryobildung (unterschiedliche Zellkernbildung) und in den Fruchtkörpern zur Diploidisierung kommt, gibt es in *Neurospora crassa* ein »weibliches« Organ (Ascogon), das mittels einer Trichogyne durch »männliche« Sporen befruchtet wird. Ausgehend von der befruchteten Zelle wird der Fruchtkörper differenziert.

Die Bildung der Ascosporen in den Asci zeichnet alle *Ascomyceten* aus. Allerdings können die Fruchtkörper der mehr als 30.000 bekannten Arten sehr verschieden ausgeprägt sein. Während sie in *Aspergillus nidulans* geschlossen sind und Kleistothecien genannt werden, haben sie beim orangeroten Becherling *Aleuria aurantia* ein scheibenförmiges Aussehen und werden als Apothecien bezeichnet. Einige weitere Vertreter der *Ascomyceten* sind die Hefen, aber auch die Herbstlorchel und die Trüffel. Während bei den *Ascomyceten* die Sporen in einem Schlauch (Ascus) gebildet werden, entstehen die Sporen bei den *Basidiomyceten* als Ausstülpung einer Zelle (Basidie). Diese Struktur hat der Klasse der *Basidiomyceten*, zu der mehr als 13.000 Arten gezählt werden, den Namen gegeben.

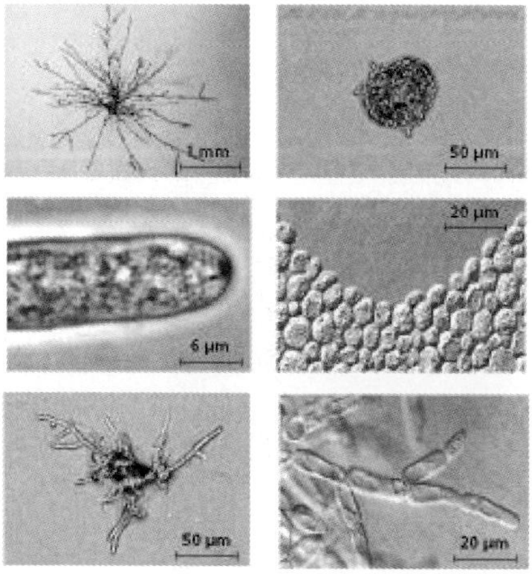

Abb. 1.26 ■ Mikrokolonie von *Aspergillus nidulans* auf einer Agarplatte nach 16 Stunden Wachstum. Die Hyphenspitzen verlängern sich kontinuierlich mit einer Rate von etwa 1 µm pro Minute. Der Spitzenkörper ist in dieser Zelle von *Neurospora crassa* gut zu erkennen. Im Vergleich bildet eine Hefezelle auf einer Agarplatte nach 16 Stunden nur eine wenige µm große Minikolonie. Der Rand der Kolonie ist relativ glatt und besteht aus aneinander stoßenden Hefezellen. Unter bestimmten Bedingungen sind die Hefezellen in der Lage, Pseudohyphen zu bilden. Dadurch erscheint der Kolonierand hyphenartig. Bei entsprechender Vergrößerung ist zu erkennen, dass sich die Hefezellen nach der Knospung nicht voneinander getrennt haben. Dadurch entsteht ein hyphenartiges Aussehen.

Die Basidie ist eine spezielle Zelle, in welcher der diploide Zellkern eine Meiose durchführt. An der Spitze der Basidie kommt es dann zu vier Ausstülpungen, auf denen schließlich je eine Basidiospore gebildet wird, in die jeweils ein haploider Zellkern einwandert. Die Basidien sind meistens zu vielen Tausenden in einer Fruchtschicht (Hymenium) angeordnet. Das Hymenium ist bei verschiedenen Pilzen unterschiedlich angeordnet und ein wichtiges Bestimmungsmerkmal. Bei den Lamellenpilzen ist die Fruchtschicht auf den Lamellen aufgelagert. Bei den Röhrenpilzen kleiden die Sporen tragenden Basidien die Wände der Röhren aus. Die Zahl der Sporen, die von den großen *Basidiomyceten* gebildet werden, ist enorm. So können an einem einzigen Fruchtkörper bis zu 10^6 Sporen pro Stunde und das über mehrere Tage produziert werden.

1.4.1.4 Aufbau und Struktur

Viele Pilze besitzen ähnlich wie bei den Pflanzen eine feste Zellwand. Während allerdings die pflanzliche Zellwand überwiegend aus Cellulose aufgebaut ist, bildet das ansonsten in Insekten vorkommende Chitin in Pilzen eine wesentliche Strukturkomponente. Daneben sind verschiedene Polymere sowie Proteine am Aufbau der pilzlichen Zellwand beteiligt. Außerdem ist in vielen Pilzwänden auch Melanin eingelagert. Pilze können als Einzelzellen vorkommen, die sich durch Knospung oder durch Zweiteilung vermehren oder lange Fäden bilden, die nur an der äußersten Spitze wachsen. Die Pilzfäden (Hyphen) sind in vielen Pilzen durch Querwände (Septen) unterteilt. Der Aufbau der Septen ist unterschiedlich und wird als systematisches Material verwendet. Die Septen sind nicht völlig geschlossen, sondern lassen einen zentralen Porus frei, der durch einen Pfropfen zumindest zeitweilig geschlossen werden kann. Doch trotz dieses Verschlusses sind die Poren relativ durchlässig. In vielen Pilzen können sogar Organzellen wie die Zellkerne die Barriere der Septen überwinden. Die Septen sind also nicht mit echten Zellwänden vergleichbar. Deshalb werden die Zellen, die in einer Hyphe durch die Septen abgegrenzt werden, als Hyphenkompartimente bezeichnet.

Die DNA liegt in mehrere Chromosomen organisiert in Zellkernen vor. Die Größe der Chromosomen ist im Vergleich zu höheren Eukaryoten relativ klein und die Zahl variiert beträchtlich. Die Verdopplung der DNA und die anschließende Mitose verlaufen ähnlich wie bei höheren Eukaryoten. Allerdings bleibt die Zellmembran während der Mitose weitgehend intakt, d.h. die Mitose findet intranucleär statt. Dem gegenüber wird die Zellkernmembran in höheren Eukaryoten vollständig aufgelöst und die Chromosomen ordnen sich nach der Kondensation in der Metaphaseplatte ein. Die »geschlossene« Mitose er-

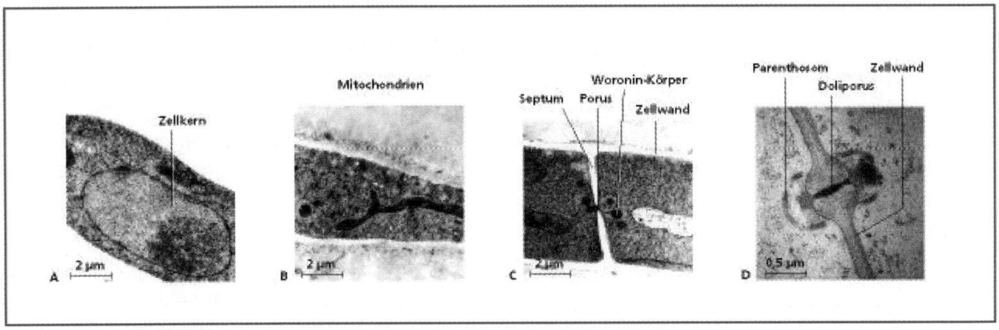

Abb. 1.27 ■ Der Aufbau der pilzlichen Zelle:
(A) die Chromosomen sind, wie bei anderen Eukaryoten, in Zellkernen organisiert.
(B) Die Mitochondrien bilden ein dynamisches, tubuläres Netzwerk. Je nachdem wie die Mitochondrien angeschnitten wurden, erscheinen sie eher rundlich, elliptisch oder als tubuläres Organell.
(C,D) Septen unterteilen die Pilzhyphen in Kompartimente.
(C) In Ascomyceten sind die Septen durch einen einfachen Porus unterbrochen. In der Nähe des Porus finden sich mehrere stark kontrastierte Organellen, die als Woroninkörper bezeichnet werden.
(D) In vielen Basidiomyceten sind die Septen relativ komplex aufgebaut und durch eine membranöse Kappe (das Parenthosom) gekennzeichnet.

schwert, die genaue Anzahl der Chromosomen zu bestimmen.

Die Mehrzahl der Pilze besitzt Zellen, die mehrere Zellkerne beinhalten, also ein Syncytium darstellen. Die Zellkerne eines Myzels können einen einfachen (haploiden) oder einen doppelten (diploiden) Chromosomensatz besitzen. Neben Myzelien und definierten Kernphasen zeichnen sich viele Pilze noch durch weitere Besonderheiten aus. Hyphen unterschiedlicher Individuen, die also genetisch verschieden sind, fusionieren sehr häufig miteinander, ohne dass die Zellkerne verschmelzen, und die Hyphenkompartimente enthalten dann Zellkerne verschiedener Herkunft. Dieser Zustand wird als Heterokaryon bezeichnet und kann sehr stabil sein, so dass sich ein heterokaryotisches Mycel bildet. Neben den Zellkernen sind in der Pilzzelle weitere Organzellen von großer Bedeutung. Die Funktion dieser Strukturen entspricht im Wesentlichen den Funktionen in anderen Eukaryoten. Die Organisation der Pilzzelle wird durch ein ausgeprägtes Cytoskelett gesichert. Es besteht aus Tubulin- und Actinfilamenten. Intermediäre Filamente (in der Mitte liegende, dazwischen befindliche, fadenförmige Gebilde), die in anderen Eukaryoten gefunden werden, wurden in Pilzen bisher noch nicht zweifelsfrei nachgewiesen.

■ 1.4.1.5 Zusammenfassung

Schimmelpilzbefall auf Decken- und Wandflächen ist ein Bewuchs besonderer Art. Diese Mikroorganismen nehmen organische Nahrung direkt in gelöster Form durch die Zellwand auf, weil ihnen der sonst bei anderen Pflanzen übliche grüne Farbstoff (Chlorophyll) zur Umwandlung (Assimilation) durch die Photosynthese fehlt. Als chlorophyllfreie Organismen sind sie unfähig, auf photosynthetischem Wege aus der in der Luft enthaltenen Kohlensäure und Wasser energiereiche organische Nährstoffe (z.B. Traubenzucker und Stärke) zu produzieren. Die Schimmelpilze bleiben also auf die Zufuhr organisch gebundenen Kohlenstoffs angewiesen. Das Kohlendioxid der Luft reicht dafür nicht aus. Um organische Nährstoffe nutzen zu können, scheiden die Schimmelpilze besondere Fermente (Enzyme) aus, die den chemischen Abbau (Hydrolyse) in kleine verwertbare Moleküle bewirken. Mit mineralischen bzw. anorganischen Untergründen können Schimmelpilze nichts anfangen.

Hefe- und Schimmelpilze gehören darüber hinaus zur natürlichen Umgebung des Menschen und haben hier ihre Aufgaben. Zu den Hefepilzen gehören z.B. der *Candida albicans* mit seinen zahlreichen Untergruppen oder die gefürchteten *Kryptokokken*. Zu den Schimmelpilzen gehören z.B. *Aspergillus* mit seinen Untergruppen, *Cladosporium, Alternaria, Penicillium, Fusarium, Botrytis* oder *Mucor*. Dennoch kann es durch ein entstandenes Ungleichgewicht im Körper zu schweren Erkrankungen kommen, wenn Nahrungsmittel mit einem hohen Anteil schimmelpilzhaltiger Substanzen aufgenommen werden oder Arzneimittel mit Inhaltsstoffen aus dem Bereich der Schimmelpilze (z.B. Antibiotika, Makrolide, Magen-Darm-Präparate) konsumiert werden. Darüber hinaus kann es bei der Anwendung von Chemikalien und Schwermetallen als Insektizid mit gleichzeitig pilzabtötender Wirkung (z.B. Fungizide, Biozide, Desinfektionsmittel) oder auch beim Einatmen von Schimmelpilzsubstanzen als Krankheitserreger zu einer Störung des natürlichen Gleichgewichtes kommen.

Im Folgenden sollen die wichtigsten Schimmelpilze und ihre Spezies zusammengefasst werden, die als Mykotoxinproduzenten, als Allergene oder als Auslöser von Infektionen immer wieder genannt werden. Die Reihenfolge stellt dabei keine Gewichtung oder Bedeutung dar.

- ***Aspergillus spp.*** (Gießkannenschimmel, Kolbenschimmel) ist einer der häufigsten und wichtigsten Schimmelpilze. Die etwa 150 bekannten Arten weisen eine ubiquitäre Verbreitung in der Erde, im Wasser und der Luft auf (mit Schwerpunkt in warmen und tropischen Zonen). Gerne halten sie sich auf Pflanzen sowie in Topferde, in feuchten Wohnungen, Klimaanlagen und Lebensmitteln (Fruchtsäfte, Nüsse, Gewürze) auf. *Aspergillen* sind auch häufig auf Substraten anzutreffen, die eine »Selbsterhitzung« entstehen lassen können, wie beispielsweise Heu, Kompost, Torf, Blumenerde und Müll. *Aspergillus*-Arten sind sehr thermotolerant. Dies bedeutet, dass sie auch noch bei höheren Temperaturen von bis zu 60 °C wachsen können. In Innenräumen findet häufig ein Bewuchs von Matratzen und Polstermöbeln statt.

  Die vegetative Vermehrung der *Aspergillen* erfolgt äußert reichlich durch blau-grün bis schwarz gefärbte Konidien, die sich an dicht stehenden Trägern (Konidiophoren) bilden. Die Konidiophoren haben im (meist farblosen) Myzel eine vergrößerte Fußzelle und enden in einem Bläschen (Vesikel), auf dem kurze allseitig ausstrahlende Zellen (Phialiden) sitzen, die fortlaufend Konidien abschnüren. Bei manchen Arten sitzen die Phialiden auf Trägern (Metulae).

  Aspergillus-Arten sind wirtschaftlich von großer Bedeutung, sowohl in positiver wie negativer Sicht. Viele Arten produzieren Mykotoxine, können Infektionen hervorrufen und Allergien auslösen. Beim Menschen besiedelt diese Gattung vor allem das bronchopulmonale Organsystem, sie überwindet dort die Schleimhautbarrieren mit ihren Enzymen und findet vor allem bei Menschen mit geschwächtem Immunsystem im feucht-warmen Milieu des Organismus ideale »Lebensbedingungen«. In der Lunge können klumpenförmige Pilzkolonien entstehen, die Myzelansammlungen mit einem Durchmesser bis zu 5 cm bilden, so genannte Aspergillome. Diese können sogar Bluthusten verursachen. Daneben können auch Innenohr und äußerer Gehörgang, Arterien, Nasennebenhöhlen und von dort selbst Augen befallen werden.

  Aspergillus fumigatus ist als Leitkeim in Bio- und Restmüll, Silofutter, Kompost und Vogelkäfigen anzusehen und ist **der Schimmelpilz mit der stärksten pathogenen Potenz!** Der *Aspergillus fumigatus* ist weltweit verbreitet und besonders thermotolerant, weshalb er sich auch noch bei höheren Temperaturen vermehren kann. Er ist deshalb besonders häufig in/auf Substraten zu finden, in denen es zur Erwärmung kommen kann. Besonders die Erde in Blumentöpfen, die sich über Heizkörpern befindet und infolgedessen ständig über eine hohe Eigentemperatur verfügt, enthält einen hohen Anteil vermehrungsfähiger Elemente dieser Spezies, aber auch Heu, Kompost und/oder Müll.

Bei saprophytärer Lebensweise bildet er ein typisches Myzel mit blaugrünen Konidienträgern, bei parasitärer Lebensweise kurze, dicke Myzelfäden oder Hyphen mit Bläschen. Immer wieder muss darauf hingewiesen werden, dass Patienten mit einer gestörten/geschwächten Immunität »Pilzkontaminanten« gegenüber stark gefährdet sind. Ist die Abwehrkraft eines Menschen gestört, kann der *Aspergillus* so genannte Gliotoxine produzieren, die eine weitere Hemmung der körpereigenen Immunmechanismen (wie Hemmung der Phagozytose durch Makrophagen) bewirken. *Aspergillus fumigatus* wäre damit in der Lage, ein Toxin zu bilden, das ihm sein Überleben im »Wirtsorganismus Mensch« sichert! Gliotoxin wirkt stark immunsuppressiv und wird von Experten mit dem klinischen Ausbruch von AIDS in Verbindung gebracht. *Aspergillus fumigatus* ist auch in der Lage, antibiotisch aktive Substanzen zu produzieren (Fumigacin), sowie Emodin (hämorrhagisch) und verschiedene Clavin-Alkaloide.

Aspergillus flavus und *Aspergillus parasiticus* sind sehr wärmeliebend und kommen überall in Böden und auf Getreide vor. In warmen Gebieten kann der Anteil toxinogener Isolate vom *Aspergillus flavus* mehr als 90% betragen. Jedes Lebensmittel kann durch diese Arten kontaminiert werden. Wenn die Umweltbedingungen für sie günstig sind, bilden sie neben den Aflatoxinen auch Sterigmatocystin und andere Toxine. Allerdings können sie sich nicht nur bei Wärme vermehren, sondern auch an ca. 10 °C gewöhnen. Deshalb ist auch in kühlen Regionen kein pflanzliches Produkt absolut frei von Schimmelpilzen der *Aspergillus flavus/parasiticus*-Gruppe. *Aspergillus orysae* kommt auf allen Böden und auf landwirtschaftlichen Produkten vor. Das Myzel ist meistens farblos; gelegentlich Lufthyphen. Die Konidienfarben sind schwarz, braun oder grün, in jungen Stadien auch gelb.

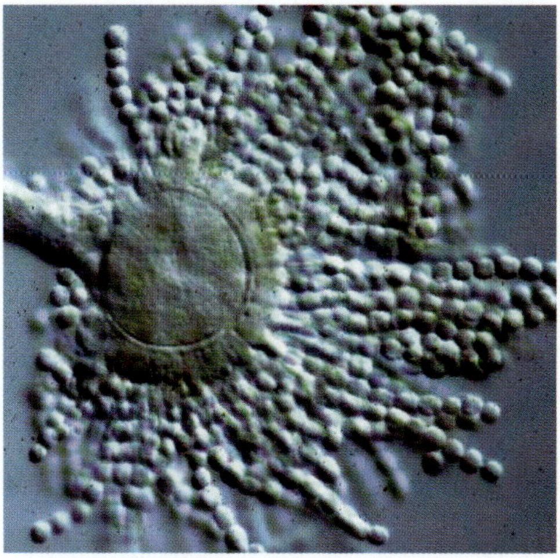

Abb. 1.28 ■ *Aspergillus flavus*

Der *Aspergillus oryzae* ist dem *Aspergillus flavus* sehr ähnlich, bildet aber keine Aflatoxine – manche Stämme produzieren Kojisäure. *Aspergillus oryzae* wird bei der traditionsgemäßen Herstellung vieler ostasiatischer Spezialitäten verwendet.

Aspergillus glaucus und seine zugehörigen Arten (*A. amstelodami, A. chevalieri, A. mangani, A. repens, A. ruber*) sind besonders widerstandsfähig gegen Trockenheit (xerotolerant) und können daher Lebensmittel mit geringem Wassergehalt wie beispielsweise Trockenfrüchte, Haferflocken und dgl. besiedeln. Sie kommen auch auf stark zuckerhaltigen Substraten wie beispielsweise Säfte und Saftkonzentrate, Marmeladen und Konfitüren, Pralinen, Marzipan und dgl. vor. Seine optimale Wachstumstemperatur liegt bei 30-40 °C. Er ist in der Lage, als Mykotoxine Kojisäure und Ochratoxin (stark nierengiftig) zu bilden.

Aspergillus niger kommt überall im Erdboden vor und ist ein wichtiger Besiedler und Verderber von Lebensmitteln und Materialien. Der *Aspergillus niger* ist in der Lage, Farben, Leder, Kunststoff und unter tropischen Bedingungen sogar optische Gläser, Papier und

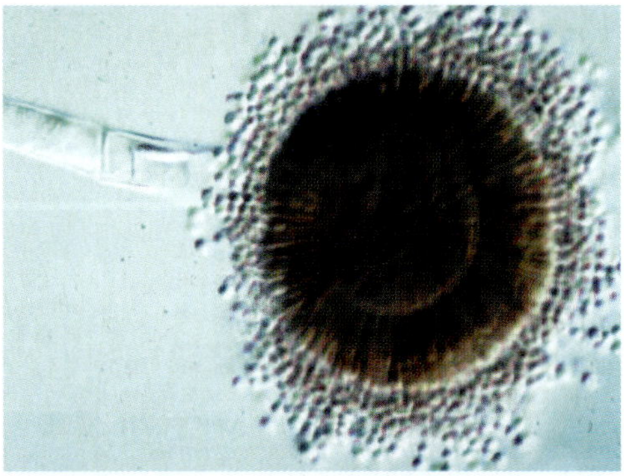

Abb. 1.29 ■ *Aspergillus niger*

Packstoffe zu zerstören. Er ist der Hauptvertreter einer Gruppe *Aspergillen* mit schwarzgefärbten Konidien, besitzt stark pathogene Eigenschaften und kann Oxalsäure und Kojisäure produzieren. Ausgewählte Stämme dieser Art werden biotechnologisch zur Produktion von organischen Säuren und Enzymen eingesetzt (beispielsweise Zitronensäure, Gluconsäure, verschiedene Amylasen, Proteasen, Pektinasen, Zellulasen, Invertase, Lipasen, Glucoseoxidase, Laktase, Katalase, Naringinase und Gluconase).

Aspergillus restrictus findet sich bevorzugt nach der Austrocknung von Feuchtigkeit im Hausstaub.

- ***Botrytis spp.*** sind weltweit zu finden. Der bedeutendste Vertreter ist der *Botrytis cinerea* (der Grauschimmel). Er wächst vor allem auf Obst, Salat und in Saunen.
- ***Penicillium spp.***, der so genannte »Pinselschimmel«, ist besonders in kühlen und gemäßigten Gebieten weit verbreitet und ein wesentlicher Bestandteil der Bodenflora. Die etwa 670 bekannten Arten gedeihen auf absterbenden Pflanzen (Früchte, Gemüse), Brot, Käse und Fleisch, aber auch gerne auf Papier, Gummidichtungen und Polstermöbeln und sind in unseren Breiten die wichtigsten Verderbspilze. Sie treten weniger als Parasiten auf, sondern meistens als Lagerschädlinge und sind »Normalbesiedler« von Kühlschränken und allen Speisen. Als Materialzerstörer sind sie durch Säureausscheidung in der Lage, sogar Steine zu zerstören.

Wie bei den *Aspergillen* erfolgt die Vermehrung durch abgeschnürte Konidien, die bei den *Penicillien* aber auf mehr oder weniger verzweigten Trägern sitzen. Das Myzel ist septiert und meist farblos (gelegentlich Lufthyphen). Die Hyphen sind nicht oder kaum pigmentiert, die Konidien sind in Ketten und fast immer dunkelgrün. Nach dem Bau des *Penicillium* werden vier Sektionen unterschieden: die Konidien, Phialiden, Metulae und Traghyphe des Konidienträgers. Etwa 30% scheiden auf nitrathaltigen Substraten Nitrit aus.

Viele *Penicillium*-Arten bilden Antibiotika und Mykotoxine wie beispielsweise Citreoviridin (Nervengift, kardiale Beriberi), Citrinin (Nierengift, krebserregend), Cyclopiazonsäure (Nervengift, schädigt Milz und Bauchspeicheldrüse), Emodin (Erbrechen, Durchfall), Luteoskyrin (krebserregend), Ochratoxin A (krebserregend, nierenschädigend), Patulin (Zellgift), Penicillinsäure (Krebsgift), Penitrem A (Nervengift, Gift, welches Zittern auslöst), Rubratoxin A, B (krebserregend).

Der Käseschimmel *Penicillium caseicolum* (*Penicillium camemberti, Penicillium candidum*) bildet den weißen Belag auf Camembert und Brie-Käse und als Kontamination auch auf anderen Käsesorten. Auf Käse wird Cyclopiazonsäure in so geringen Mengen gebildet, dass eine gesundheitliche Beeinträchtigung ausgeschlossen werden kann. Der Blaukäseschimmel *Penicillium roqueforti* ist ein »Normalbesiedler« von Haushaltskühlschränken und kann auf Brot, Fett, Fruchtsäften etc. wachsen. Als Toxine können Roquefortin A und B, Mycophenolsäure, Cyclopiazonsäure und gelegentlich Patulin nachgewiesen werden. Sie werden, wenn überhaupt, in gesundheitlich unbedenklichen Mengen gebildet. Die Käseschimmel scheiden Proteasen und Lipasen aus.

Penicillium chrysogenum oder *Penicillium notatum* liefert die Kulturstämme für die Penicillin-Produktion. Daneben können die Mykotoxine Ochratoxin A, Patulin und Penicillinsäure gebildet werden. Die Konidien wirken auf sensibilisierte Personen als Allergene.

Penicillium expansum kommt ubiquitär auf Lebensmitteln vor, verursacht die Braunfäule auf beschädigtem Obst und Gemüse, zerstört Leder, Farben und ähnliche Materialien. *Penicillium expansum* scheidet Proteasen, Zellulasen, Lipasen und Amylasen aus und ist durch die Ausscheidung von Säuren auch an der Verwitterung von Mineralien beteiligt.

Penicillium verrucosum (viridicatum) ist ein häufiger Feld- oder Lagerpilz auf Getreide. Dieser Schimmelpilz produziert die Nephrotoxine Ochratoxin A und Citrinin und ist in unserem Klimabereich für das verbreitete Vorkommen dieser Stoffwechselprodukte in Getreideprodukten und Futtermitteln verantwortlich.

- ***Fusarium spp.*** bewachsen alle Getreidesorten und Gräser und stellen weltweit verbreitete Bodenbewohner dar. Sie sind am Abbau zellulosehaltiger Pflanzenreste maßgeblich beteiligt. Viele der ca. 250 bekannten Arten sind Erreger von Welkekrankheiten höherer Pflanzen. Als so genannte Ährenpilze besiedeln sie Getreide schon auf dem Feld. In Deutschland sind auf etwa der Hälfte des Erntegutes *Fusarien* nachweisbar.

  Die Konidien überwintern im Boden und können im Frühjahr die neuen Pflanzen wieder infizieren. *Fusarien* haben sichelförmige mehrzellige Makrokonidien auf kurzen, unregelmäßig verzweigten Konidiophoren oder einzellige Mikrokonidien. Das Myzel ist oft hellgelb bis rosa gefärbt und bildet derbwandige Dauerorgane (Clamydosporen) aus.

  Auf Rohstoffen, Lebens- und Futtermitteln werden während des Wachstums oft *Fusarium*-Toxine gebildet, die den unterschiedlichsten chemischen Gruppen angehören. Fusarientoxine sind Zeralenon (bewirkt Fruchtbarkeitsstörungen), Trichothecene (Unterdrückung des Immunsystems, giftig für Haut- und Nervenzellen, kann Missbildungen verursachen), Moniliformin (Gewebszerstörung), Fusarin C (krebserregend, genverändernd), Fumonisin (krebserregend).

Abb. 1.30 ■ *Fusarium solani*

- ***Stachybotrys spp.*** Vor allem *Stachybotrys chartarum (atra)* ist ein typischer Feuchtepilz. Er findet sich bevorzugt an massiv durchfeuchteten Materialien, wie sie nach sporadischen Wasserschäden oder permanenter Durchfeuchtung durch kapillar aufsteigende Feuchtigkeit oder auch in Feuchträumen auftreten können.
- ***Mucor spp.***: die *Mucorales* (Köpfchenschimmel) gehören zu den Zygomycota und beinhalten die medizinisch wichtigen Gattungen *Absidia, Mucor, Rhizopus* und *Rhizomucor*. Als Zygomycota haben diese Schimmelpilze ein unseptiertes Myzel. Die Sporen werden in runden Sporangien gebildet und durch Platzen des »Köpfchens« frei. Die meisten *Mucorales* leben saprophil. Fakultativ pathogene Arten der aufgeführten Gattungen können bei prädisponierten Personen zu Mykosen führen (beispielsweise *Absidia corymbifera, Rhizomucor pusillus, Rhizopus oryzae*). Einige Arten lösen Allergien aus. Die Bildung von Mykotoxinen ist nicht bekannt.

  Absidia-Arten kommen im Boden, auf Getreide, Gemüse, Kompost vor und überziehen das Substrat mit Lufthyphen, an deren Enden Rhizoiden entstehen. Die birnenförmigen

Sporangiophoren entstehen in Büscheln zwischen Beginn und Spitze der Lufthyphen. Vertreter der Gattung *Mucor (M. hiemalis, M. plumbeus, M. racemosus)* gedeihen auf Mist und Kot (koprophil) und sind als wichtige Lebensmittelverderber häufig auf Getreide, faulenden Früchten etc. zu finden. Die Zellwände bestehen vor allem aus Chitin, das enzymatisch von Tieren nicht abgebaut werden kann. Die Sporangiophoren überleben daher die Magen-Darm-Passage.
Rhizopus stolonifer (nigricans) kommt weltweit im Boden vor, bewirkt Fäule auf Beeren- und Steinobst nach der Ernte, Schwarzfleckigkeit auf Frischfleisch bei zu hohen Temperaturen, auf Brot und Backwaren. Der *Rhizipus* hat unseptierte durchsichtige Hyphen, die auf oder im Substrat wurzelartige Fortsätze bilden (Stolonen). Die Sporangienträger sind bis zu 2 cm hoch (die bei Laborkulturen unter dem Deckel der Petrischale herauswachsen und den Brutschrank kontaminieren können). Seine Sporen können allergen wirken. *Rhizopus*-Arten werden biotechnologisch genutzt.
- ***Chaetomium spp.*** wachsen bevorzugt bei hoher Feuchte auf Holz und sind deshalb häufig in Altbauten anzutreffen.

Die so genannten Ährenpilze besiedeln Getreideähren und Körner und kommen noch während des Wachstums auf dem Feld zur Entwicklung. Zu den Ährenpilzen gehören viele Brandpilze (z.B. *Ustilago maydis*), die bereits erwähnten Schimmelpilze *Alternaria spp.* und *Fusarium spp.* sowie *Clavizeps purpurea*, der Mutterkornpilz aus der Familie *Hypocreaceae (Ascomycota)*.

- ***Clavizeps purpurea*** – Mutterkornpilz – Grano cornuto: kommt in Europa, Asien und Nordafrika vor und ist ein so genannter fakultativer Parasit (kann sich sowohl von lebenden Organismen als auch von totem Material ernähren) auf Gräsern, Roggen, Gerste, Mais und seit einigen Jahren auch auf Weizen und Hafer. Die Sklerotien sind spindelförmig, außen violettschwarz und innen weiß mit einer Länge von 2-3 cm und ragen aus den Getreidespelzen hervor. Sie fallen zu Boden, überwintern, und aus den abgefallenen Sklerotien entwickeln sich im Frühjahr winzige gestielte Fruchtkörper mit fädrigen Ascosporen (sexuell entstandene Sporen). Im Frühjahr gelangen die Ascosporen mit dem Wind auf die Narben der Wirtspflanzen. Hyphen wachsen durch den Griffel in den Fruchtknoten ein und bilden dort ein dichtes Myzel, das Konidien und eine süßliche Flüssigkeit (Honigtau) entwickelt. Angelockte Insekten verschleppen die Konidien auf gesunde Pflanzen. Das Myzel entwickelt sich zu den hornartigen Sklerotien. Wenn das Feld rechtzeitig mit Fungiziden (Pilzbekämpfungsmittel) behandelt wird, entsteht kaum Befall. Deshalb muss an dieser Stelle erwähnt werden, dass bei biologisch angebautem Getreide die Kontaminationsgefahr größer ist.
  Mykotoxine: Mutterkorn enthält als Wirkstoffe 0,1-0,8 % Lysergsäurederivate von Indolalkaloiden wie Ergonovin – Ergocristin – Ergocryptin – Ergometrin – Ergotaminin – Ergotamin – Ergostin. Der Pilzexperte der Forschungslabors der Schweizer Firma Sandoz AG – Albert Hofmann – synthetisierte bereits im Jahr 1938 das Gift des Mutterkorns, Psilocybin – und fand LSD. Noch völlig in Unkenntnis über die immense Toxizität des LSD hat er unabsichtlich die Substanz fünf Jahre später in einem Selbstversuch getestet. In seinem Protokoll schrieb er: »*Alle Anstrengungen meines Willens, den Zerfall der äußeren Welt und die Auflösung meines ICHs aufzuhalten, schienen vergeblich! Ein Dämon war in mich eingedrungen und hatte von meinem Körper, von meinen Sinnen und meiner Seele Besitz ergriffen!*« Nach den Arzneivorschriften vieler Länder ist *Clavizeps purpurea* offiziell zugelassen.

Die so genannten Schwärzepilze sind imperfekte Pilze der Familie *Dematiaceae*. Das Myzel und/oder die Konidien sind durch eingelagertes Melanin dunkel gefärbt und gaben dieser Formgattung den Namen. Zu den Schwärzepilzen gehören viele parasitische pflanzenpathogene Pilze (Ährenpilze). Im Sommer geben diese Pilze häufig große Sporenmengen ab und lösen saisonale Allergien aus. Zu den Schwärzepilzen gehören u.a. die Gattungen *Alternaria, Acremonium, Aurebasidium, Cladosporium, Epicoccum, Helminthosporium* und *Stemphylium*.

- ***Alternaria spp.***: Die etwa 40 verschiedenen Arten sind verbreitete Materialzerstörer und Lebensmittelverderber. Sie benötigen zum Wachstum relativ viel Feuchtigkeit. Die meist schwarzen Konidien sind mehrzellig mit Quer- und Längswänden.
  Der häufigste Vertreter dieser Gattung ist der *Alternaria alternata. Alternaria spp. (Alternaria alternata/ Torula alternata und Alternaria tenuissima/ Helminthosporium tenuissimum)* bilden schwarze Faulstellen und leben als Schwärzepilze auf Wand- und Deckenflächen sowie auf Fensterrahmen, als Lebensmittelschimmel im Saatgetreide (Mehl) Getreide oder auf Gemüse (schwarz-grüne Flecken) sowie auf Textilien und auf Boden und Gartenerde. Diese Spezies wächst auch gerne auf verrottetem Pflanzenmaterial und bildet schwarze Überzüge auf Getreideähren, besonders in nassen Perioden, und schwarze Flecken auf Obst und Wurzelgemüse, die weich und matschig werden. *Alternaria citri* besiedelt Zitrusfrüchte auf dem Baum und kommt während des Transports bzw. im Lager zur Entwicklung, *Alternaria solani* befällt Kartoffelblätter und infiziert bei der Ernte die Knollen (Hartfäule). *Alternaria* spp. können alle Materialien abbauen und bilden die Toxine wie Tenuazonsäure (insektizid), Tentoxin (pflanzenpathogen), Altenuen, Alternariol u.a. *Alternaria alternata* löst häufig Allergen aus.
- ***Aureobasidium pullulans*** (Pullularia) kommt auf vielen Standorten vor und ist ein wichtiger Materialzerstörer (Wandpilz). *Aureobasidium* hat dunkel gefärbte Hyphen, kann aber auch hefeartige Sprosszellen bilden, die bei der Austrocknung leicht verbreitet werden. Die Konidien und die »schwarzen Hefen« sind häufig Allergene.

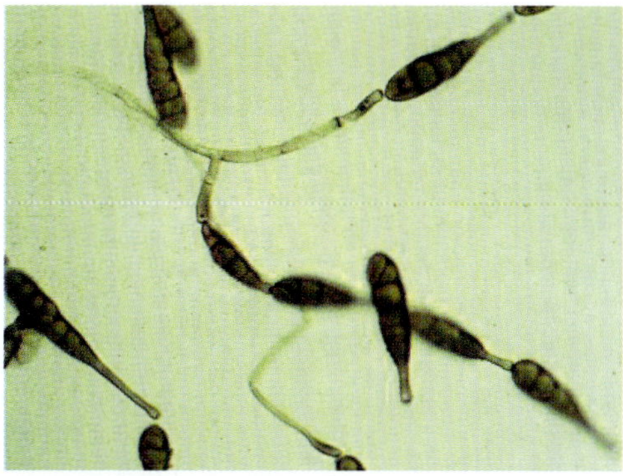

Abb. 1.31 ▪ *Alternaria alternata*

- ***Cladosporium spp.*** sind sowohl in der Außen- als auch in der Innenluft häufig anzutreffen und besitzen mit 60 bis 70% den höchsten Anteil der europäischen Luftsporenflora. Gerne halten sie sich in absterbenden Pflanzen, feuchten Wohnungen (Fensterrahmen, Fugenmassen), Textilien, Gemälden, Klimaanlagen und Lebensmitteln (Kühlschrank) auf.
  Cladosporium herbarum (perfekte Form: *Mycophosphaerella tassiana*) ist die weltweit häufigste Pilzart auf abgestorbenen pflanzlichen Materialien. Das Myzel ist durch eingelagerte Melanine dunkel gefärbt. Er bildet auf langsam wachsenden dunkel-samtigen (meist olivbraun bis schwarzgrünen) Kolonien massenhaft Konidien, die mit dem Wind sehr leicht verbreitet und durch Luftströmungen über weite Entfernungen transportiert werden können. Bei steigender Temperatur, Licht und Trockenheit werden die Konidien von der Mutterpflanze bevorzugt freigesetzt.
  Durch *Cladosporium* wird das Mykotoxin Gibberelline gebildet (Wuchsstoff für höhere Pflanzen). Myzelextrakte sind für manche Warmblüter toxisch. Das allergene Potenzial von *Cladosporium* ist deutlich niedriger, als das von *Alternaria*, allerdings wird dies durch die große Menge an Konidien ausgeglichen.
- ***Epicoccum purpurascens*** *(Epicoccum nigrum)* kommt auf absterbendem oder abgestorbenem

Tab. 1.7 ■ **Übersicht über einige Deuteromyceten und ihre Bedeutung**

Bedeutung	*Anwendung*	*Beispiel*
Lebensmittelherstellung	Camembert-Käse Brie-Käse Rohwurst (Salami)	*Penicillium camemberti* *Penicillium roqueforti* *Penicillium nalgiovensis*
Mykotoxinbildner	Aflatoxine Ochratoxine	*Aspergillus flavus* *Penicillium viridicatum*
Antibiotika-Produzenten	Penicilline Cephalosporine Griseofulvin	*Penicillium chrysogenum* *Cremonium acremonium* *Penicillium griseofulvum*
Produzenten von org. Säuren	Zitronensäure Gluconsäure	*Aspergillus niger* *Aspergillus niger*
Enzym-Produzenten	Amylasen Proteasen Cellulasen	*Aspergillus oryzae* *Aspergillus oryzae* *Trichoderma viridae*
Phytopatogene Vertreter	Grauschimmel (Erdbeere, Wein) Blattnekrosen Tomatenwelke	*Botrytis cinerea* *Alternaria tenuis* *Fusarium oxysporum*
Humanpathogene Vertreter	Fußmykosen Schleimhautinfektionen	*Trichophyton mentagrophytes* *Candida albicans*

pflanzlichen Material, auf altem Papier, Textilien, Insekten, auf der menschlichen Haut und häufig in der Luft vor. *Epicoccum* besitzt langsam wachsende Kolonien, die wollig oder filzig erscheinen und anfangs gelblich, später braun aussehen. Die Konidien sind rund bis birnenförmig, goldbraun bis dunkelbraun und werden von den Konidienträgern oft in großer Zahl aktiv abgetrennt, oft in großer Zahl gleichzeitig und durch den Wind verbreitet. Auf absterbenden Pflanzenteilen erscheinen die Kolonien oft als kleine schwarze Pusteln. Kurzwelliges UV-Licht fördert die Konidienbildung stark.
Epicoccum purpurascens bilden die Toxine Ergosterol und das antimykotische, phototoxische Flavipin. Die Konidien können inhalative Allergien hervorrufen.

- ***Acremonium spp.*** finden sich bei hoher Feuchte im Innenraum, bevorzugt in Feuchträumen.

Der echte Hausschwamm *(Serpula lacrymans)* ist ein Basidiomyzet und deshalb nicht zu den Schimmelpilzen zu zählen. Eine ausführliche Beschreibung der holzverfärbenden und -zerstörenden Pilze befindet sich im Kapitel 4 dieses Buches.

Abschließend sollen noch kurz die Hefepilze beschrieben werden. Es sind ca. 1.000 Arten bekannt, darunter *Candida albicans, Candida krusei, Candida tropicalis, Cryptococcus neoformans, Turolopsis glabrata.* Hefen können weltweit eiweißspaltende Enzyme produzieren und damit die Schleimhaut des Wirtes durchdringen. An Candidose erkrankte Individuen bilden Antikörper gegen diese Enzyme, die im infizierten Gewebe nachzuweisen sind. Der *Candida albicans* ist ein dimorpher (= zweigestaltiger) Pilz, der in der Regel bei Warmblütern und in ihrer Umwelt vorkommt und auf Früchten, in Milchprodukten, Obstsäften, an Getreideprodukten sowie in Hygieneartikeln wie Zahnbürsten, Waschlappen, Schwämmen, Handtüchern und dgl. nachgewiesen wird. Japanische Forscher wiesen das immununterdrückende Canditoxin nach und berichteten von verschiedenen *Candida*-Stämmen, die die Anzahl der B- und T-Lymphozyten im Blut mindern und deren Funktion beeinträchtigen. Derartige Toxine steigern außerdem die Gefäßdurchlässigkeit, begünstigen die Freisetzung von Histamin und können anaphylaktische Reaktionen induzieren. Bei massivem *Candida*-Befall werden durch Gärungsprozesse im Magen-Darm-Trakt Alkohole bzw. Fuselalkohole oder -öle gebildet, die leber- und genschädigend wirken.

Der *Cryptococcus neoformans* kommt in der Erde, in Früchten und Milch vor und ist weit verbreitet in Vogel- und Geflügelkot. Eine von einer schleimigen Kapsel umgebene Hefe, Erreger der Cryptococcose – einer Mykose – kann die Haut, Knochen, Lunge und Gehirn des Menschen befallen. Abschließend soll noch erwähnt werden, dass Ethanol, Äthylalkohol, Weingeist und Alkohol unter anaeroben und mikroaeroben Bedingungen von sehr vielen Hefearten und auch von vielen Bakterien und höheren Pflanzen gebildet werden kann. Über 90% des oral aufgenommenen Alkohols werden in der Leber durch Alkohol-Dehydrogenase zu Acetaldehyd oxidiert, das eindeutig gentoxisch wirkt und spezifische Krebserkrankungen erklärt.

1.4.2 Grundlagen für das Schimmelpilzwachstum

Alle Mikroorganismen können sich nur in einem geeigneten Milieu entwickeln. Neben einem entsprechendem Nährboden und fördernden Temperaturen ist in erster Linie eine Mindestmenge an Feuchtigkeit unbedingte Voraussetzung für die Entwicklung. Geeignete Nährböden sind alle organischen Materialien, die Zucker, Zellulose, Hemicellulose oder Lignin enthalten. Des Weiteren sind Mikroorganismen auf freies und ungebundenes Wasser in einem Nährsubstrat bzw. Baumaterial angewiesen. Nur dann ist es für das eigene Wachstum verfügbar. Experimentell wurde mehrfach bewiesen, dass Schimmelpilze schon innerhalb von 48 Stunden auf ausreichend feuchten Oberflächen anwachsen können, wenn Sporen in der Luft vorhanden sind. Zu diesem frühen Zeitpunkt ist jedoch noch kein sichtbares Myzel vorhanden.

Vor den Ausführungen über die generellen Wachstumsparameter für Mikroorganismen auf Werkstoffen muss betont werden, dass die Widerstandsfähigkeit einer baustoffbesiedelnden Mikroflora insbesondere durch die Fähigkeit zur Ausbildung eines materialaufliegenden bzw. durchdringenden, schleimigen Biofilms gefördert und unterstützt wird. Oder anders ausgedrückt: Das Wachstum der Schimmelpilze kann begünstigt werden, wenn der Baustoff mit einem mikrobiellen Film überzogen ist oder durchdrungen wird. Neben Wasser und Mikroorganismen beinhalten diese Biofilme extrazelluläre, polymere Substanzen (wie beispielsweise Polysaccharide, Zuckersäuren, Lipopolysaccharide, Glyko-Proteine, Lipoproteine und Gelbildner). Dieser gelartige Biofilm fördert das Wachstum von Schimmelpilzen und schützt die Besiedelung vor Temperatur- und Feuchtigkeitsschwankungen, gleicht evtl. pH-Wert-Schwankungen aus und verhindert Salzausblühungen. Darüber hinaus wird durch diesen Biofilm die Nährstoffzufuhr sichergestellt.

Biozide Ausstattungen oder biozid eingestellte Beschichtungen können relevant an Wirksamkeit verlieren. In diesem Fall können der Bautenschutz und die Allergenprävention nur an der Feuchtigkeitsmenge der Bausubstanz ansetzen. Für die Anhaftung von luftgetragenen Mikroorganismen auf Baustoffen sowie die nachfolgende Ausbildung eines schützenden Biofilms bedarf es neben der Feuchtigkeit auch einer adhäsiven Oberflächenstruktur sowie einer ausreichend bemessenen Ansiedlungs- und Wachstumsfläche für die betreffenden Mikroorganismen. Diese Parameter werden einerseits durch die Wasseraufnahmefähigkeit (hydrophob/hydrophil) bzw. durch die Porenstruktur der jeweiligen Baustoffe und ihrer Oberflächen beschrieben. Darüber hinaus entscheidet die Fähigkeit der mineralischen Substanz zur Pufferung mikrobieller, häufig acidischer (acidus = sauer) Stoffwechselprodukte (beispielsweise durch carbonatische Anteile) über die Zusammensetzung der aufwachsenden Mikroflora. Dabei bevorzugen Pilze eher ein saures Milieu in der Porenlösung, während Algen und Bakterien mehr neutrale bis schwach alkalische Bedingungen vorziehen.

Die materialbesiedelnde Mikroflora stellt aufgrund einer häufig gemischten Zusammensetzung der bereits erwähnten interspezifisch voneinander abhängigen Mikroorganismen sehr geringe Ansprüche an die Art und Menge der verfügbaren Nährstoffe im Kontaminationsbereich. Dabei bedarf es häufig nur geringer Nährstoffkonzentrationen, um ein so genanntes »oligotrophes« (= nährstoffreduziertes) Wachstum bei den Mikroorganismen zu ermöglichen. Ist eine mikrobielle Kontamination einmal an einer Baustoffoberfläche ausgebildet, sorgt die adhäsive Oberflächenstruktur ihres Biofilms für die verstärkte Anlagerung weiterer nährstoffreicher Partikel und Aerosole und damit für die Entwicklung einer komplexen, stabilen Mikroflora. Die Nährstoffe für das Wachstum der Mikroorganismen auf Baustoffen und Beschichtungen können zunächst auf natürlichem Wege über aufwachsende Algenbeläge sowie die Mineralien der Baustoffe angeboten werden.

Die Nährstoffansprüche der Baustoffmikroflora sind darüber hinaus sehr flexibel und reichen von leicht verwertbaren organischen Baustoffen über Ablagerungen (an-)organischer Aerosole auf exponierten Gesteinsoberflächen bis hin zu polymeren Gesteinsschutzstoffen und Beschichtungen, sofern keine ausreichende Filmkonservierung durch Biozide vorhanden ist. Es gibt zwar bis heute keinen schlüssigen Beweis, dass polymere Gesteinsschutzstoffe unmittelbar einen Nährstoffbeitrag für die baustoffspezifische Mikroflora bieten. Jedoch ist aus der Praxis bekannt, dass spezifische Mikroorganismen in der Lage sind, derartig behandelte Oberflächen zu besiedeln, durch die Ausbildung eines hydrophilen Biofilms deren Hydrophobizität zu reduzieren und die Tendenz zu verstärkter Feuchtigkeitsaufnahme und Schmutzanreicherung zu erhöhen.

Wird eine Bauteiloberfläche bewachsen, so können die Folgen für den Baustoff bzw. für die Materialien in zwei Kategorien bzw. nach ihren Schädigungsweisen nach biochemischen und biophysikalischen Mechanismen unterteilt werden, die fachlich als Biokorrosion und als Biofouling bezeichnet werden. Die Biokorrosion ist chemisch geprägt und verursacht u.a. Änderungen an Struktur und Stabilität des Baustoffes durch ästhetisch beeinträchtigende Verfärbungen biogener (von lebenden Stoffen herrührend oder erzeugt) Pigmente. Dabei sind die Ausscheidungen oder der Stoffwechselprozess der Mikroorganismen direkt korrosiv wirkend durch organische und anorganische Säuren, durch die biogene Oxidation strukturbildender Kationen bis hin zum enzymatischen Abbau der betreffenden Materialien.

Die biogene Zerstörung mineralischer Werkstoffe, wie beispielsweise Naturstein, Beton oder Glas, geht überwiegend auf die Bildung von Säuren und den daraus resultierenden chemischen Angriff auf Kristallstruktur und Bindemittel der Baustoffe zurück. Das Wirken der Biokorrosion ist an Beton- und Natursteinbauten verbreitet nachgewiesen worden. Die biogene Schädigung von Gläsern konnte sowohl an historischen Glasmalereien wie auch an feuchteexponierten optischen Geräten gezeigt werden. Organische Bau- und Dämmstoffe, wie Holz, Papier oder Kork, aber auch polymere Kunststoffe und Schäume unterliegen überwiegend einem direkten enzymatischen Angriff. Dabei kommt es im Wesentlichen durch Pilze zu nachhaltigen Strukturveränderungen, die auch an speziellen Werkstoffen wie Verbundmaterialien, Dichtungs- und Isoliermassen, Korrosionsinhibitoren und Beschichtungen beobachtet wurden.

Das Biofouling hingegen wirkt vielmehr physikalisch-chemisch und ist auf den bereits erwähnten, gelartigen bis schleimigen Biofilm

Abb. 1.32-1.35 ■ Am häufigsten werden Schimmelpilze in Innenräumen auf Tapeten vorgefunden, da sie hier die idealen Wachstumsbedingungen vorfinden.

zurückzuführen, der maßgeblich die Materialeigenschaften beeinflussen kann. Infolge von Temperatur- und Feuchteschwankungen übt der kolloidale Biofilm mechanische Belastungen im porösen Werkstoffgefüge aus und erhöht die Rauigkeit und Absorptionsfähigkeit von Materialoberflächen. Aufgrund der wasserbindenden Eigenschaften der biogenen Gel-Matrix verhalten sich ursprünglich hydrophobe Oberflächen vermehrt hydrophil, und die Klebrigkeit des gelartigen Filmes führt zu Partikeladsorptionen aus der Luft. Mit dichter werdendem Belag ändern sich die Diffusionseigenschaften des Baustoffes und somit der Feuchtehaushalt und die thermischen Eigenschaften der Bausubstanz.

Die Folgen der Biofilmbildung an exponierten Baustoffen sind durch eine erhöhte Adsorption von Schadstoffen und Partikeln, die verstärkte Ausbildung von Gradienten anorganischer Korrosionsfaktoren sowie durch die messbare Veränderung im Feuchtehaushalt und thermischen Verhalten des betreffenden Baustoffes gekennzeichnet. Kohlenwasserstoffe werden häufig als anthropogene Einträge auf Gebäudeoberflächen nachgewiesen und werden dort von chemoorganotrophen Mikroorganismen abgebaut. Im Rahmen dieser biogenen Zersetzung kann es zusätzlich zu einer Veränderung der Oberflächenspannung auf dem Naturstein bzw. den Anstrichen kommen, da die Mikroorganismen so genannte Emulgatoren bilden müssen, um die hydrophoben Nährstoffe aufnehmen zu können. Durch diese biogenen Tenside verändern Mikroorganismen auch das physikochemische Verhalten der Baustoffoberfläche und erschweren unter Umständen Oberflächenbehandlungen und -sanierungen. Damit bildet die mikrobielle Schadenswirkung die Grundlage für die häufig an Naturstein- und Betonoberflächen zu beobachtende Krustenbildung.

Der Einfluss und die Bedeutung von Bakterien bei der Baustoffzerstörung und möglichen Gesundheitsbelastungen in Innenräumen ist in der Vergangenheit häufig unbeachtet geblieben und damit in seiner Wirkung unterschätzt worden. Während Algen und Pilze bereits mit dem bloßen Auge als verschiedenfarbige Biofilme auf Baustoffen erkannt werden, können Bakterien selbst auf vermeintlich sauberen Oberflächen in deutlicher Zahl vertreten sein und spezifische Schadensprozesse und Gesundheitsbelastungen auslösen. Für die Schadensanalyse bedeutend ist die Tatsache, dass Bakterien entgegen der klassischen Besiedlungsfolge auch unabhängig von der Anreicherung natürlicher organischer Biomasse als Erstbesiedler auf mineralischen Baustoffen aufwachsen können, wenn geeignete anorganische bzw. organische Nährstoffe aus den Baustoffen (u.a. Metalle, Spurenelemente) bzw. aus der Atmosphäre (u.a. Stickstoffverbindungen, Kohlenwasserstoffe) angeboten werden. Mit ihrem Aufwuchs erleichtern sie anspruchsvolleren Mikroorganismen die Ansiedlung und den Aufbau einer komplexen Mikroflora.

Die mikrobielle Korrosion von Baustoffen geht häufig auf die Einwirkung von so genannten Thiobacillen und Nitrifikanten zurück, die anorganische Schwefel- und Stickstoffverbindungen zu Schwefelsäure bzw. Salpetersäure umwandeln können. Doch auch chemoorganotrophe Bakterien, vornehmlich so genannte coryneforme Bakterien (u.a. *Arthrobacter spec., Brevibacterium spec., Aureobacterium spec.*) sind als baustoffzerstörende Mikroorganismen beschrieben worden, wobei sich ihre genaue taxonomische (Einordnung der Lebewesen in ein biologisches System) Zuordnung weitaus schwieriger gestaltet und viele neue Bakterienarten in naher Verwandtschaft zu den Actinomyceten (u.a. *Rhodococcus spec.*) festgestellt wurden. Eine besondere Eigenschaft dieser Bakterien ist ihre nährphysiologische Flexibilität, sind sie doch in der Lage, neben natürlichen organischen Substraten auch eine Vielzahl organische Luftverunreinigungen und polymere Bautenschutzstoffe anzugreifen. Sie scheiden vornehmlich organische Säuren aus, greifen gesteinsbildende Minerale oxidativ an und bilden ausgeprägte Biofilmschichten mit den bereits erwähnten Folgen des Biofoulings.

1.4.3 Wachstumsphasen der Schimmelpilze

Die Entwicklung der Schimmelpilze und die Entstehung der Sporen ist je nach Art unterschiedlich und verläuft für viele wichtige Schimmelpilze, z.B. für die Formgattungen *Aspergillus* und *Penicillium*, in zwei Phasen. In der ersten Entwicklungsphase – der Wachstums- oder vegetativen Phase, keimt die Konidie am geeigneten Ort und bildet eine Keimhyphe, die sich schnell kreisförmig verzweigt und mit anderen Hyphen zusammen ein dichtes Hyphengeflecht (das Substratmyzel) bildet. Der Pilz bildet also unmittelbar nach der Keimung der Sporen ein der Ernährung dienendes Myzel, das mehr oder weniger lange Zeit im Substrat verborgen wächst.

In der zweiten Entwicklungsphase – der Vermehrungsphase – bildet der Schimmelpilz oft innerhalb von wenigen Stunden ein gut sichtbares rasenartiges Myzel, das der Vermehrung dient. Hierbei wachsen senkrechte Lufthyphen mit stielartigen Auswüchsen aus dem Hyphengeflecht, die Konidienträger. An der offenen Spitze von flaschenförmigen Mutterzellen werden perlschnurartig Konidien abgeschnürt. Das rasenartige Hy-

Abb. 1.36 ■ (A) rasterelekronenmikroskopische Darstellung der Konidiophorentwicklung von *Aspergillus nidulans*. Zunächst wächst eine Hyphe als Stielchen in den Luftraum und schwillt terminal zu einem Vesikel an. In einem knospungsähnlichen Vorgang werden anschließend Metulae gebildet, die bis zu drei Phialiden produzieren. Diese schnüren kontinuierlich einkernige Konidiosporen ab.
(B) In der bristle-Mutante werden nur Stielchen gebildet, während die abacus-Mutante sich bis zu den Phialiden weiterentwickelt. Die Phialiden differenzieren sich aber nicht und produzieren keine Sporen.
(C) Vereinfachtes Schema der Regulation der Konidiophorbildung. Eine zentrale Kaskade von Transkriptionsfaktoren steuert Strukturgene, die für die Ausbildung des Konidiophors notwendig sind.

phengeflecht mit den Konidienträgern bildet das Oberflächen- oder Luftmyzel. Der Freisetzungsmechanismus ist überwiegend auf den Lufttransport der Konidien ausgerichtet. Die sehr dünnen, stielartigen Verbindungsbrücken oder kleinen Zwischenzellen wirken als Sollbruchstelle, so dass die kleinste Erschütterung oder Luftbewegung ausreicht, um die Konidien abzutrennen. Mit Konvektionsströmen werden sie dann als Aeroplankton über kleinere Entfernungen innerhalb der Bauwerke oder mit dem Wind über hunderte Kilometer verfrachtet.

Schimmelpilzsporen bilden den zahlenmäßig bedeutendsten Anteil biologischer Partikel in der Luft. In unseren Regionen stellen sie 95-96% der Jahressumme biologischer Partikel des Aeroplanktons, während Pollen zum Beispiel nur 2% ausmachen. So ist sicherlich nicht verwunderlich, dass sie zu den häufigsten Auslösern infektiöser oder allergisch-immunologischer Erkrankungen gehören, wenngleich diese Tatsache auch weniger bekannt sein dürfte, als dies von anderen Infektionserregern (Viren und Bakterien) bzw. Allergenen (Pollen, Staubmilben etc.), der Fall ist.

Die Abmessungen der Mikropilze sind sehr gering, deshalb ist die Maßeinheit der Mikrobiologie ein Mikrometer (1 µm= 0,001 mm). Wird zur Veranschaulichung der geringen Abmessungen ein mittlerer Sporen- und Hyphendurchmesser von 5 µm angesetzt, dann passen in einen Würfel von 1 cm Kantenlänge ca. 8 Mio. Sporen. Die Gesamtlänge der Hyphen in dem Würfel von 1 cm^3 würden aneinander gereiht dann 4.000.000 cm = 40 km betragen.

Schimmelsporen und Bakterien sind auf jeder Oberfläche vorhanden und benötigen eigentlich nur Feuchtigkeit, um zu wachsen, Nahrung ist in der Regel vorhanden. Beim Wachstum bilden sich zunächst ein Myzel und Hyphen aus, die einen typisch muffigen Geruch auslösen können, bevor dann später auch Sporen gebildet werden. Organisches Material und Materialien mit organischen Verunreinigungen müssen nach Feuchtigkeitseinwirkung schnell und effektiv getrocknet werden, da sonst das Material von Schimmelpilzen und Bakterien besiedelt wird. Die Wachstumskurve **(Abb. 1.37)** beschreibt vor allem das Wachstum der Bakterien, die allerdings in ähnlicher Weise auch für das Pilzwachstum geeignet ist.

Auch bei einem Wasserschaden mit einer für das Wachstum von Schimmelpilzen und Bakterien ausreichenden Feuchtigkeit (mehr als 70% rel. Luftfeuchte) ist am Anfang nicht gleich ein Wachstum zu beobachten. Zunächst müssen die Wachstumsvoraussetzungen über einen längeren Zeitraum von ca. 24-48 Stunden vorliegen. Die anschließende Phase mit Zuwachs ohne sichtbares Wachstum nennt man Anlaufphase. Die nächste Phase mit sehr viel stärkerem Wachstum nennt man logarithmische Phase. Dies bedeutet für die Praxis, dass die Austrocknung eines Durchfeuchtungsschadens abgeschlossen werden muss, bevor das Wachstum der Schimmelpilze und Bakterien die logarithmische Phase erreicht hat.

Diese Kenntnisse müssen Architekten und Planern sowie Baufirmen bekannt sein. Auch wenn schnelles Bauen (oder Sanieren) heute aus ökonomischen Gründen zwingend geworden ist, können Bauschäden durch Schimmelbefall nur vermieden werden, wenn in der Bauzeit entsprechende Trocknungszeiten eingeplant werden.

Abb. 1.38 ■ Durch immer kürzere Bauzeiten und die damit verbundene ungenügende Austrocknung der Baustoffe kommt es bereits in Neubauten zu einer Anhäufung von Feuchtigkeitsschäden bis hin zu Schimmelpilzbefall.

Abb. 1.37 ■ **Wachstumsphasen von Schimmelpilzen (in 30 Tagen)**

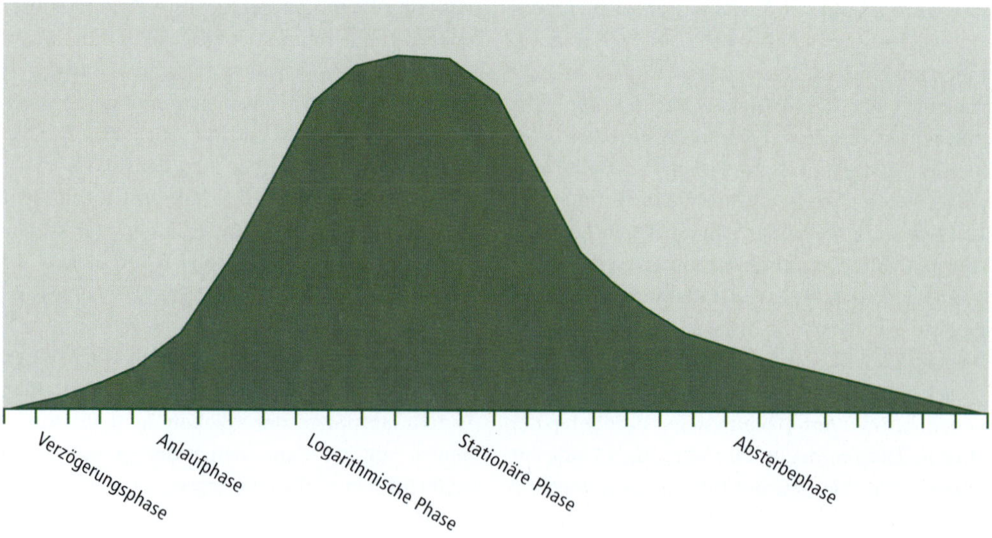

2 Erscheinungsbild von Schimmelpilzen

2.1 Wachstumsbedingungen für Schimmelpilze

2.1.1 Einleitung

Schimmelpilze sind sehr anpassungsfähige und wandelbare Organismen. In jeder ökologischen Nische lebt sehr wahrscheinlich eine bestimmte Schimmelpilz-Art. Einige Arten brauchen zum Überleben und zur Sporenbildung bestimmte Temperatur-, Feuchtigkeits- und Lichtverhältnisse. Andere wiederum sind sehr widerstandsfähig, auch ohne diese Bedingungen. Allgemein kann man behaupten, dass die meisten Schimmelpilze Wärme und Feuchtigkeit lieben. Feuchtwarme Standorte wie Tierstallungen und allgemein landwirtschaftlich genutzte Betriebe, teilweise Heizungskeller, Schwimmbäder, Saunen, Klimaanlagen und Luftbefeuchter, Frisörsalons, Gewächshäuser, Badezimmer, Waschküchen und andere Feuchträume sowie Küchen und Bäder fördern ihr Wachstum. Schimmelpilze vermehren sich auch, wenn Nährstoffe leicht zugänglich sind. Sie entwickeln sich deshalb sehr gut in Komposthaufen und Abfalleimern, in Futtermitteln und Getreidelagern, in faulem Laub, Humus, in morschem Holz, in Heu und Stroh, in moosigen dunklen Ecken sowie auf Getreide, Nüssen und Kernen.

Andere Pilze befallen die Oberfläche von Obst und Gemüse, aber auch Brotscheiben, angebrochene Marmelade oder Lebensmittel in Konservendosen, die gerade erst geöffnet wurden. Nicht zu unterschätzen ist die Schimmelpilzbelastung in Stofftieren, alten Polstermöbeln, alten Fußböden und Holzverkleidungen, Staubsaugern, Heizlüftern, Fönen, Kunststoffen, dauerelastischen Fugen sowie natürlich in und auf Pflanzen bzw. der Topferde. Des Weiteren findet man sie häufig in Seifen, Kosmetika, Enthaarungsmitteln, Zahnpasta, Mundwasser, Baumwolle oder Flachs.

Medikamente wie Cortison, Antiallergika, Antihistaminika, Magen-Darm-Therapeutika oder Lokalanästhetika und Antibiotika enthalten ebenfalls Schimmelpilzsubstanzen oder führen zu Kreuzreaktionen. Auch bei der Synthetisierung von Vitaminen (z.B. Vitamin B 12) verwendet man Schimmelpilze. Da Schimmelpilze damit praktisch überall vorkommen, unterliegt der Mensch einer ständigen Exposition durch Schimmelpilze.

Im Haus haften sie an feuchten Flächen in Badezimmern und Duschen, wo sie sich von winzigen Seifenresten oder Hautschuppen ernähren können. In der Küche oder auf anderen feuchten Wänden leben sie von Farbe, Kleister oder Tapeten und natürlich vom Staub. Diese Pilze können auch in alten Gemäuern, in feuchten Kellern, auf staubigen Bildern, auf alten Büchern, feuchten Zeitungen, an Aktenordnern, in Zierleisten und verschnörkelten Kunstgegenständen wachsen. Sie können in feucht-muffigen Schränken gedeihen, in Wasch- und Spülmaschinen, an und in feuchten Schuhen sowie an feuchter oder zum Trocknen aufgehängter Wäsche und sogar in benutzten Tee- oder Kaffeetassen nachgewiesen werden.

Schimmelpilze werden aus Abwasserrohren herausgespült, sie lauern unter dem Toilettenrand, in Fugen und Ritzen und sogar in Kondenswassertropfen. Sie sitzen in Blumentopferde und Hydrokulturen und gedeihen optimal in der feuchten Dunkelheit der Kopfkissen, Daunendecken, Polstermöbel und sonstigen Kissen. Schimmelpilze lieben demnach ein feuchtes, schlecht belüftetes und warmes Milieu, doch halten sie auch Kälte aus; selbst in Kühlschränken und Gefriertruhen. Eine häufige Verbreitungsquelle für Schimmelpilze sind darüber hinaus Klimaanlagen, vor allem in Verbindung mit Luftbefeuchtung. Hier treten auch in Bezug auf bakterielle Infektionen immer wieder Probleme auf. Bei mangelhafter Wartung und Hygienekontrolle wachsen die Pilze durch die Filtermaterialien und gelangen in die Raumluft.

Pilze sind keine Feinschmecker und absolut nicht wählerisch, was ihre Nahrung betrifft. Deshalb kommen sie auch so gut wie überall vor. Im Boden tummeln sie sich genauso wie in der Luft,

Tab. 2.1 ■ Durchschnittliche Wachstumsbedingungen der wichtigsten Pilzgattungen

Pilzgattung	Temperatur	Optimal	Luftfeuchtigkeit	Optimal
Alternaria	-5 bis 35°C	20 bis 30°C	85 bis 99%	98%
Aspergillus versicolor	<0 bis 55°C	25 bis 30°C	65 bis 98%	90 bis 98%
Aspergillus fumigatus	10 bis 57°C	37 bis 43°C		
Cladosporium herbarium	<0 bis 30°C	25°C	85 bis 99 %	96%
Penicillium aurantiogriseum	<0 bis 33°C	25°C	82 bis 99 %	95 bis 98%
Penicillium brevicompactum	<0 bis 35°C	25°C		
Penicillium chrysogenum	<0 bis 35°C	23°C		
Stachybotrys chartarum	>0 bis 40°C	23 bis 27°C		
Wallemia	-5 bis 30°C	25°C	75 bis 90%	75%
Fusarium	-5 bis 37°C	25 bis 30°C		
Eurotium herbariorum	>0 bis 35°C	25°C		
Serpula lacrymans (Hausschwamm)	5 bis 26°C	18 bis 23°C		

im Wasser, in Lebensmitteln, in Wohnungen und sogar in uns Lebewesen. Als schädlich werden Pilze eingestuft, wenn sie ›schmarotzen‹, das heißt wenn sie ihrem Wirt schaden können. Um die Übersicht über krank machende Pilze zu erleichtern, teilen Mikrobiologen die Pilze in drei verschiedene Gruppen ein: in die Hefen, die Dermatophyten und in die Schimmelpilze.

Die optimalen Wachstums- und Vermehrungsbedingungen der Schimmelpilze unterscheiden sich in Bezug auf Feuchtigkeit, Temperatur und Substrat. Einige Arten sind überwiegend im Freien, etwa auf Pflanzen und im Erdboden, zu finden. Diese Pilze finden günstige Wachstumsbedingungen häufig bei gemäßigten bis wärmeren Temperaturen bis 60 °C (meso- bzw. thermophil). Das Vorkommen derartiger Pilze unterliegt dementsprechend einem ausgeprägten saisonalen Rhythmus mit einem Maximum an Sporen im Aeroplankton in den Monaten Juli und August, wenn besonders reichliches Substrat verfügbar

Abb. 2.1 ■ Das Erscheinungsbild und die Ursachen von Schimmelpilzwachstum sowie deren Beseitigung können sehr komplex sein.

Abb. 2.2-2.5 ▪ Das Erscheinungsbild und die Ursachen von Schimmelpilzwachstum sowie deren Beseitigung können sehr komplex sein.

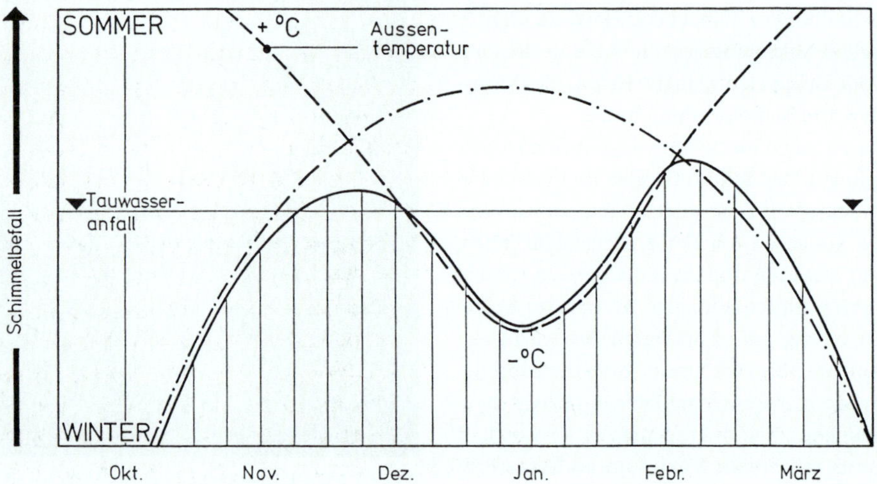

Abb. 2.6 ▪ Wachstumsrate des Schimmelpilzbefalls in der Winterperiode

Tab. 2.2 ■ Human-pathogene Schimmelpilze und ihre Hauptsaison

Abb. 2.7 ■ Häufigkeit des Auftretens vom Schimmelpilzen in Räumen von sanierten Wohngebäuden (Durchschnittswerte mehrerer Gutachten und Veröffentlichungen)

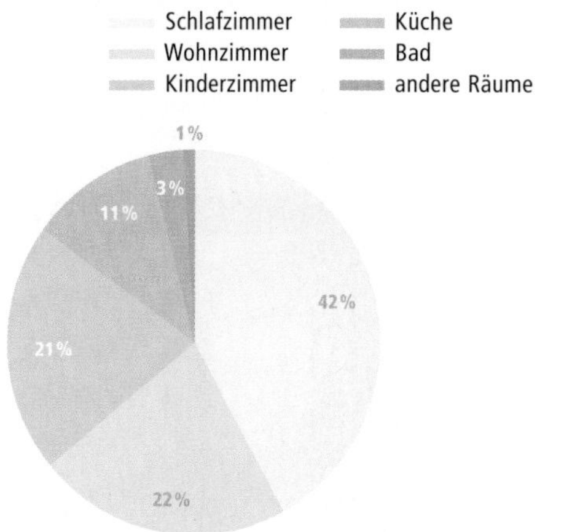

ist. Andere Pilze kommen u.a. in Wohnungen (an Wänden oder auf Lebensmitteln) vor und weisen einen ganzjährig etwa gleich bleibenden Anteil des Aeroplanktons auf. Die meisten dieser Schimmelpilzarten gedeihen am besten bei einer relativen Luftfeuchtigkeit von 80% und einer Temperatur von über 20°C. Deshalb kann man sie bevorzugt in dauerfeuchten Ecken, im Bad und an anderen feuchten Wänden, auf und neben Fenstern und Fensterlaibungen, hinter Schränken und Fußleisten beobachten. Ursache ist dann in der Regel eine hohe relative Luftfeuchtigkeit, die zur Innenkondensation an (relativ zur Raumluft) kälteren Stellen führt.

Es bleibt festzuhalten, dass es in Gebäuden auf jedem geeigneten Nährsubstrat bei entsprechender Materialfeuchte und Temperatur sofort zu Schimmelwachstum kommen kann.
Man unterscheidet:

- **Schimmelbildung an Bauteilen**, an denen Wasser oder Feuchtigkeit durch Bauteile, Risse oder Fugen eindringt **(Abb. 2.8)**.
- **Schimmelpilzbildung im Bauteilquerschnitt** (Luftspalten und Lufträume) wird gewöhnlich durch Tauwasser (Kernkondensation) im Bauteil verursacht. Diese Erscheinungsform der Schimmelbildung ist charakteristisch für bestimmte Wand-Bausysteme und den Zeitraum des Winterklimas **(Abb. 2.9)**.

Abb. 2.8

Abb. 2.9

Abb. 2.10-2.12

Abb. 2.13

- **Schimmelbildung auf den Oberflächen von Innenwänden und Decken** wird gewöhnlich durch sichtbares oder von der Oberfläche absorbiertes Tauwasser (Kondensat) verursacht. Es ist die am häufigsten auftretende Erscheinungsform. Die Lebensgewohnheiten der Bewohner sind eine der Einflussgrößen, jedoch steht das Auftreten der Schimmelbildungen nicht allein in Zusammenhang mit den hygienischen Verhältnissen und der Sauberkeit des Gebäudes oder seiner Bewohner (**Abb. 2.10-2.12**).
- **Schimmelbildung auf Möbeln**, Bettwäsche, Lederkleidern, Schuhen, Handschuhen wird durch eine hohe Luftfeuchtigkeit verursacht. Dieser Fall tritt allerdings selten, gewöhnlich als Folge einer unglücklichen Kombination schlecht bemessener Gebäudeumhüllung, falscher Lebensgewohnheiten und allgemein schlechter sozialwirtschaftlicher Lage, ein. Hierfür Lösungen auszuarbeiten oder anzubieten kann sicherlich nicht Aufgabe der Bauphysik sein (**Abb. 2.13**).

Schimmelpilze wachsen bei Temperaturen um 20°C deutlich schneller als bei Temperaturen knapp über dem Gefrierpunkt. Dies erklärt, warum ein verstärktes Schimmelpilzwachstum während der Übergangsjahreszeiten und weniger im Winter beobachtet wird. Entscheidende Wachstumsvoraussetzung ist ein Feuchtigkeitsangebot an der Bauteiloberfläche. Dabei ist nicht unbedingt flüssiges Wasser erforderlich – es reicht eine relative Luftfeuchtigkeit an der Bauteiloberfläche deutlich über 80% bereits aus.

Im Ergebnis aller bisherigen Untersuchungen stellt man fest, dass der Befall hauptsächlich in der Jahreszeit von Anfang Oktober bis Mitte März erfolgt. Die Entwicklung beginnt mit Eintritt kälterer Außenluft Anfang Oktober bis November. Bei Tiefsttemperaturen im Januar und Februar ist die Wachstumsrate für Schimmelpilzbefall relativ gering und nimmt dann Mitte Februar bis März wieder zu. Ab April kann man über die Sommermonate eine starke Abnahme in den Innenräumen beobachten.

Die Wachstumsbedingungen der Schimmelpilze sind demnach immer an Feuchtigkeit und genauso an Temperaturen gebunden, wobei sie in einem weiten Temperaturbereich gedeihen können. Das Minimum liegt bei etwa 0°C und das Maximum bei ca. 50°C. Der Schimmelpilz *Cladosporium* kann unter bestimmten Voraussetzungen sogar unter 0°C wachsen, während der *Aspergillus fumigatus* sein Maximum bei 55°C besitzt. Die Optimaltemperatur für die mesophilen Schimmelpilze, zu denen die meisten Schimmelpilze im Innenraum gehören, liegt oberhalb von mindestens 16°C, bei einigen Spezies ab mindestens 18°C und etwa 25 bis 32°C. Im Innenraum werden auch thermotolerante Schimmelpilze angetroffen, deren Wachstumsoptimum bei 30 bis 40°C liegt. Diese sind von besonderer gesundheitlicher Bedeutung, weil sie auch bei 37°C (und darüber) wachsen und sich damit auch im menschlichen Organismus vermehren können.

Tab. 2.3 ■ Jahreszeitliches Vorkommen der wichtigsten allergieauslösenden Schimmelpilze

Name	Vorkommen	jahreszeitliches Vorkommen (Sporenflug)
Alternaria	Mehl, Obst*, Gemüse*, Leinenstoffe, Sumpfgebiete, Wald und Garten sowie feuchtes Laub	Juli bis September
Aspergillus	Baumwollstoffe, Hanf, Jute, Kapok, Schaumstoffmatratzen, Polstermöbel, Heu- und Silagefutter, Tierkot (Vogelhaltung), Holz, Papier und Tapeten, Badezimmer und Keller, Früchte, Gemüse und Mehl	Juli bis September
Cladosporium	Gewächshäuser und schlecht gereinigte Kühlschränke, Sumpfgebiete, Wald und Gärten sowie feuchtes Laub	Juli bis Oktober
Mucor	faulende, organische Materialien, Ledermöbel und Lederkleidung, Obst (Zitrusfrüchte, Äpfel und Pfirsiche), Brot, Käse, Mehl, Marmelade und Fruchtsäfte	ganzjährig
Penicillium	Feuchte, dunkle (Wein)Keller, Gartenerde und Laub, Badezimmer und Wasserrohrleitungen, Gummidichtungen, Fensterbretter, Tapeten, Matratzen und Polstermöbel sowie Obst (Zitrusfrüchte, Äpfel und Pfirsiche), Brot, Käse, Mehl, Marmelade und Fruchtsäfte	Juli bis September

* Schimmelpilze, die in dieser Tabelle den verschiedenen Obst- und Gemüsesorten zugeordnet sind, kommen praktisch immer auf diesen Früchten und Gemüse vor. Diese sind deshalb aber nicht zwangsläufig verdorben.

Abb. 2.14-2.15

2.1.2 Wassergehalt, Feuchtigkeit und Nährstoffe

Myzelwachstum, Sporenbildung und Sporenkeimung hängen sehr stark und in unterschiedlichem Maße von der Feuchtigkeit des Substrates ab. Entscheidend für ein Wachstum der Schimmelpilze ist der Wassergehalt in den Poren der Bauteiloberflächen. Für die Schimmelpilze und die anderen Mikroorganismen steht nicht der gesamte Wasseranteil an der Oberfläche zur Verfügung. Nur der Teil des Gesamtwasseranteils, der

Tab. 2.4 Wasseraktivität einer Schlafzimmerwand in einem Altbau im Verhältnis zur Wandtemperatur

Lufttemperatur	*Wandtemperatur*	*rel. Feuchte*	*Wasseraktivität*
18	10	35	0,58
18	10	36	**0,60**
18	10	38	0,63
18	10	40	0,67
18	10	42	**0,70**
18	10	44	0,73
18	10	46	0,77
18	10	48	**0,80**
18	10	50	0,83
18	10	52	0,87
18	10	54	**0,90**
18	10	56	0,93
18	10	58	0,97
18	10	60	**1,00**

nicht durch lösliche Substanzen (Salze, Kohlenhydrate, Eiweißstoffe) an der Oberfläche gebunden ist, kann von den Schimmelpilzen genutzt werden. Für den frei verfügbaren Anteil des Wassers wurde die Kenngröße der Wasseraktivität, den so genannten aw-Wert, eingeführt. Es handelt sich dabei um die Wassermenge, die bei längerem Aufenthalt des Substrates mit der umgebenden relativen Luftfeuchtigkeit im Gleichgewicht steht (Gleichgewichtsfeuchte). Diese wird durch das Verhältnis zwischen dem Wasserdampfpartialdruck über dem Substrat und dem Wasserdampfpartialdruck des reinen Wassers bei derselben Temperatur beschrieben. Oder anders ausgedrückt: Die Wasseraktivität kann im Gleichgewichtszustand auch als relative Luftfeuchtigkeit (in %) an der Bauteiloberfläche ausgedrückt werden (z.B. entspricht ein aw-Wert von 0,8 einer Ausgleichsfeuchte von 80%). Alle hygroskopischen und sorptionsfähigen Materialien nehmen diese Feuchte auf und entwickeln eine so genannte Ausgleichsfeuchte.

Die Wasseraktivität ist bei einem angenommenen Feuchte-Gleichgewicht in einem Innenraum um so höher, je kälter die Oberflächentemperatur im Verhältnis zur Raumtemperatur ist. Die Wasseraktivität einer Wandoberfläche lässt sich über Langzeitmessungen der Raumluft und Wandoberflächen gut errechnen und darstellen. Die Wichtigkeit des Zusammenhangs zwischen den genannten Größen soll stellvertretend an einem typischen Beispiel »Schlafzimmerwand im Altbau« verdeutlicht werden. Als Beispiel dient eine häufig anzutreffende Oberflächentemperatur bei Frost von 10 °C, wobei hier von einer ausreichenden Beheizung des Schlafzimmers ausgegangen wird. Tabelle 2.4 verdeutlicht die Veränderung der Wasseraktivität, wenn die Temperatur der Luft mit 18 °C und der Wandoberfläche mit 10 °C gleich bleibt und nur die relative Luftfeuchtigkeit erhöht wird. Die daraus resultierende Wasseraktivität der Wandoberfläche liegt demnach zwischen 0,58 und 1,00.

Ab einer Dauer der Verfügbarkeit der Feuchtigkeit von über 12 Stunden täglich muss bei einer Wasseraktivität von $a_w > 0,75$ mit der Gefahr der Schimmelbildung gerechnet werden. Xerophile Schimmelpilze sind sogar in der Lage, auf noch trockeneren Substraten zu wachsen (beispielsweise der *Wallemia sebi* $a_w > 0,65$), wenn sich bereits ein feuchte-konservierender Biofilm gebildet hat, auf dem die Sporen haften können. Für Altbauwohnungen kann deshalb als Orientierung für die Bewohner an dem oben aufgeführten Beispiel eine zulässige Raumluftfeuchte für die Heizperiode von lediglich 45% relative Feuchte abgeleitet werden. Bei 60% relative Feuchte wird im Altbau häufig schon der Taupunkt an der Wand unterschritten, d.h. die Wandoberflächen können nass werden. Dies hängt natürlich auch von der Porosität und Kapillarität der oberflächennahen Baustoffe ab. Tabelle 2.5

Tab. 2.5 ■ Mikroorganismen und ihre Wasseraktivität

Mikroorganismus	Optimum	Minimum
Bakterien	$a_w > 0{,}99$	$a_w > 0{,}95$
Stapphylococcen	$a_w > 0{,}93$	$a_w > 0{,}87$
Hefepilze	$a_w > 0{,}92$	$a_w > 0{,}88$-$0{,}92$
Aspergillus fumigatus, Trichoderma, Stachybotrys, Mucor, Fusarium, Actinomyceten, Chaetomium, Ulocladium	$a_w > 0{,}95$	$a_w > 0{,}99$
Aspergillus versicolor	$a_w > 0{,}90$	$a_w > 0{,}85$
Eurotium, Aspergillus chrysogenum	$a_w > 0{,}85$	
Penicillium	$a_w > 0{,}80$	
Wallemia	$a_w > 0{,}65$	

zeigt einen Überblick über einige Mikroorganismen und die zum Wachstum erforderliche Wasseraktivität.

Schimmelpilze vermögen sich in einem Bereich von 65 bis zu 100% relativer Luftfeuchte an der Bauteiloberfläche zu entwickeln. Die meisten Schimmelpilze haben ihr a_w-Minimum bei 0,80-0,85. Auf Materialproben mit hoher Wasseraktivität > 0,9 bis 0,95 wachsen bevorzugt die hydrophilen Schimmelpilze *Aspergillus fumigatus, Stachybotrys, Trichoderma, Ulocladium* u.a., mit mittlerer Wasseraktivität zwischen 0,9 bis 0,85 die mesophilen Schimmelpilze *Aspergillus versicolor* u.a. und auf Proben mit geringer Wasseraktivität die xerophilen Schimmelpilze *Wallemia, Penicillium chrysogenum*, etc. Nur die Trockenheit liebenden Pilze der *Aspergillus glaucus* und *Aspergillus restrictus*-Gruppe kommen noch bei relativ trockenen Bedingungen (a_w-Wert 0,65 - 0,75 und einem Wassergehalt von 13-14%) zur Entwicklung. Die Konidien von *Aspergillus*- und *Penicillium*-Arten können im trockenen Zustand jahrelang keimfähig bleiben, während die Sporen der *Mucor*-Arten wesentlich empfindlicher sind. Damit kann das vermehrte Vorkommen spezieller Schimmelpilzarten zur Charakterisierung der Feuchtesituation herangezogen werden. In der Regel reichen bei mesophilen Schimmelpilzen drei bis vier Tage Kondenswasseranfall zur Auskeimung und Bildung von Substratmyzel unter optimalen Umgebungsbedingungen aus. Die Bildung der oftmals eingefärbten Fruktifikationsorgane kann in wenigen Stunden erfolgen. Mindestens drei Stunden pro Tag müssen für eine Schimmelpilzentwicklung die entsprechende Luftfeuchte und Temperatur vorhanden sein (wenn auch ein feuchtehaltender Biofilm vorliegt).

Für Wachstum und einzelne Stoffwechselleistungen sind unterschiedliche a_w-Werte erforderlich. Die Sporenbildung (vegetativ oder sexuell) erfordert höhere Minimum-a_w-Werte als Myzelwachstum und Sporenkeimung. Bei toxinogenen Schimmelpilzen setzt auch die Toxinproduktion in der Regel erst bei höheren aw-Werten ein. Wie alle Pilze sind auch Schimmelpilze heterotroph und daher auf die Aufnahme organischer Verbindungen angewiesen. Da sie nur kleine und wasserlösliche Moleküle durch die Zellwand aufnehmen können, wachsen sie besonders gut in Gegenwart von Glucose, Maltose, Saccharose und ähnlichen Verbindungen. Lipide und Proteine werden durch ausgeschiedene Enzyme (Exoenzyme) extrazellulär abgebaut und in Form von Fettsäuren oder Aminosäuren resorbiert. Von einigen Schimmelpilzen können auch Stärke und Pektin abgebaut werden, Zellulose und Lignin dagegen nur selten.

2.1.3 Jahreszeitliche Einflüsse

Bei Unterbrechungen der Wachstumsperiode durch Trockenheit (ab April und im Sommer) muss eine Mindestmenge des im Baustoff gebildeten Wassers in die nächste günstige Keimperiode hinübergerettet werden. Diese Voraussetzung ist praktisch nur in hoch kapillaraktiven Baustoffen gegeben. Die Annahme, dass erst das Wasserrückhaltevermögen der Wandbaustoffe und Beschichtungsstoffe in vielen Fällen das extensive Schimmelwachstum begünstigt, deckt sich zumindest mit der Beobachtung, dass unter gleichen Bedingungen die Schimmelbildung eher auf Putz, Anstrichen, Raufaser- und Papiertapeten und -klebern, Faserstoffen etc. anzutreffen ist, als auf Hart-PVC-Verkleidungen oder offenliegenden Dampfsperren.

Zumal gerade die Dampfsperren, wenn sie außerhalb des Taupunktes liegen, die Tauwasserbildung naturgemäß fördern. Auch die Tatsache, dass Schimmelwachstum bevorzugt im Frühjahr und im Herbst zu beobachten ist, steht zumindest im Einklang mit der Annahme einer Phasenverschiebung zwischen Befall und Wachstum und damit einer besonderen Rolle der Feuchtigkeitsspeicherfähigkeit der die raumseitige Schicht des befallenen Bauteils ausmachenden Baustoffe.

2.1.4 Temperaturansprüche und sonstige physikalische Wachstumsfaktoren

Schimmelpilze wachsen in einem sehr weiten Temperaturbereich. Man bezeichnet diese Eigenschaft als Mesophilie. Für das Myzelwachstum liegt die Mineraltemperatur meist um 0 °C, die Optimaltemperatur bei 25 bis 35 °C und die Maximaltemperatur zwischen 30 und 40 °C. Thermotolerante Schimmelpilze haben mit einer Maximaltemperatur von 50 °C einen noch größeren Temperaturbereich zur Verfügung. Die seltenen thermophilen Schimmelpilze mit einer Maximaltemperatur von 60 °C wachsen dagegen erst bei Temperaturen über 20 °C.

Tab. 2.6 Temperaturbereiche für das Wachstum von Schimmelpilzen

Bezeichnung	*Minimum (°C)*	*Optimum (°C)*	*Maximum (°C)*
Mesophilie	0	25 bis 35	~ 40
Thermotoleranz	0	30 bis 40	~ 50
Thermophilie	20 bis 25	35 bis 55	~ 60

Die Vertreter der wichtigen Gattung *Penicillium* bevorzugen niedrigere Temperaturen (etwa 20-25 °C), während *Aspergillus*-Arten wärmeliebend sind (etwa 25 bis 35 °C). Die Dauerorgane von Schimmelpilzen (Sporen und Sklerotien) überstehen in inaktivem Zustand sehr hohe Temperaturen. Die Temperaturansprüche der Schimmelpilze können sich mit der Änderung der übrigen Belastungen (beispielsweise Ernährung, Anwesenheit von Wuchs- und Hemmstoffen, osmotische Verhältnisse usw.) verschieben.

Schimmelpilze bevorzugen im Allgemeinen leicht saure Medien mit pH-Werten zwischen 4,5 und 6,5. Die Maximalwerte liegen bei pH-Werten von 8; einige Schimmelpilze (beispielsweise der *Aspergillus niger*) können jedoch auch bei einem pH-Wert von unter 2 wachsen. Durch Ausscheidung von Stoffwechselprodukten können viele Schimmelpilze den pH-Wert ihrer unmittelbaren Umgebung manipulieren. Die Bildung sekundärer Stoffwechselprodukte – wie die Mykotoxine – findet häufig in einem engeren oder anderen pH-Bereich statt, als das vegetative Wachstum.

Licht hat im Allgemeinen wenig Einfluss auf das Wachstum von Schimmelpilzen. Bei einigen Arten (beispielsweise der *Aspergillus glaucus* und *Alternaria*-Arten) regt Licht die Konidienbildung an, bei anderen Arten (beispielsweise der *Aspergillus ochraceus*) fördert Dunkelheit die Produktion der geschlechtlichen Ascosporen.

Schimmelpilze sind aerob, genauer mikroaerophil, da sie auch noch bei sehr niedrigen Sauer-

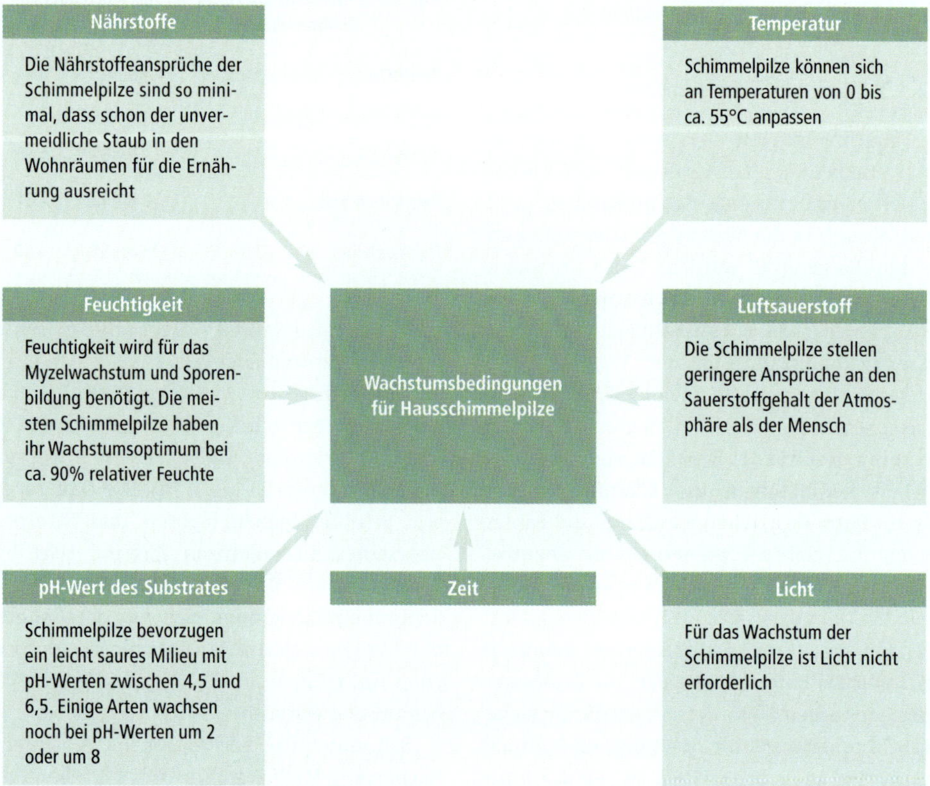

Abb. 2.16 ▪ Wachstumsbedingungen für Hausschimmelpilze

stoffpartialdrücken wachsen können. Die Sporen von beispielsweise *Rhizopus stolonifer* und einiger *Mucor*-Arten können sogar in reinem Stickstoff bei völliger Abwesenheit von Sauerstoff auskeimen, während andere (beispielsweise der *Alternaria alternata* und *Cladosporium herbarum*) zur Bildung von Keimhyphen wenigstens 0,25% Sauerstoff in der Atmosphäre benötigen. Viele Arten stellen bei Sauerstoffmangel ihren Stoffwechsel von Atmung auf Gärung um. Ein steigender Kohlendioxidgehalt hemmt das Wachstum vieler Schimmelpilze. Wird dabei gleichzeitig der Sauerstoffgehalt gesenkt, können beispielsweise Lagerpilze bei Obst dann völlig unterdrückt werden.

2.1.5 Nährboden

Am Beispiel der Raufasertapete kann erklärt werden, weshalb ein idealer Nährboden für Schimmelpilze vorliegt. Ihr Gehalt an Zucker, Eiweiß und Lignin ist relativ hoch. Hält eine trockene Raufasertapete diese Nährstoffe noch zurück, wird bei einer durchfeuchteten Tapete eine Nährlösung aus Wasser einerseits und dem Zucker, Eiweiß und Lignin auf der anderen Seite gebildet. Zusätzlich bieten Dispersionsfarben, mit denen die Raufasertapeten gestrichen werden oder auch Leimfarben ausreichend Nahrungsgrundlage, die in der Regel in den eingesetzten/zugesetzten Verdickungsmitteln ihre Ursachen hat.

Tab. 2.7 ■ Einflussfaktoren auf das Wachstum von Mikroorganismen mit Angabe des normalen und optimalen Wachstumsbereiches

Einflussgröße	Parameter	Einheit	Wachstumsbreich Normal	Optimal	Bemerkung
Temperatur	Temperatur der Bauteiloberfläche	°C	0 bis 50	18 bis 40	abhängig vom Feuchtegehalt
Feuchte	relative Luftfeuchte der Bauteiloberfläche	%	65 bis 100	90 bis 96	
Nährboden	organische Kohlenwasserstoffverbindungen				durch Staubablagerungen praktisch überall vorhanden
Milieu	pH-Wert der Oberfläche		2 bis 8	4,5 bis 6,5	sehr stark von der relativen Feuchte und Temperatur abhängig
Zeit	Stunden pro Tag	h/d	ab 3		
Licht	Intensität und Art				wirkt anregend, beeinflusst das Wachstum nicht, im Gegensatz zu intensiver UV C-Strahlung, mit der man das Wachstum hemmt
Atmosphäre	Sauerstoffgehalt	%	mind. 0,25		immer vorhanden

Kunstharzputze oder organisch vergütete Mineralputze, die zur Verbesserung der Untergrundhaftung und/oder zur Geschmeidigkeit einen Zusatz von Polyvinylacetat enthalten, werden schneller und verstärkt von Schimmelpilzen besiedelt. Das Polyvinylacetat wird im alkalischen Putz in Polyvinylalkohol und Acetat gespalten. Das Acetat dient den Pilzen dann als Kohlenstoffquelle. Durch den Anteil an Polyvinylacetat wird des Weiteren der pH-Wert schneller in den für Schimmelpilze geeigneten Bereich abgesenkt. Neben diesen beiden Beschichtungen müssen weitere organische Materialien wie Holz (Decken, Dachkonstruktionen, Möbel, Böden usw.), Teppiche, Stroh, Stoffe, Baumwolle, Gipskartonplatten, Farben, Dichtstoffe u.a. als Nährboden genannt werden. Ein pH-Wert im sauren Bereich begünstigt das Schimmelpilzwachstum, ein pH-Wert von 4,5 bis 6,5 ist optimal. Viele Pilze können durch Ausscheidung von Stoffwechselprodukten den pH-Wert des Substrates zu ihren Gunsten verändern bzw. den pH-Wert der Oberfläche puffern. Einige Arten wachsen noch bei pH-Werten schon um 2 bzw. noch bis 8.

Es kann als gesichert angesehen werden, dass – sind einmal günstige Umstände vorhanden, d.h. sind wenigstens temporär geeigneter Nährboden sowie für die Keimung und ein gewisses Minimalwachstum des Schimmels geeignete Temperaturen und Feuchtigkeiten gegeben – auf diesem Nährboden Schimmelkolonien und Stockflecken (Verspakungen) entstehen. Im Zuge des nachfolgenden Koloniewachstums zeigen zumindest einige der auftretenden Schimmelpilzarten innerhalb verhältnismäßig kurzer Zeit bzw. über nur wenige Generationen eine ausgeprägte Adaptionsfähigkeit, sodass späteres Weiterwachsen oder Neubesiedeln auch auf extrem unergiebigem Nährboden und auch am äußersten Rand der Toleranzbereiche für Temperatur und Feuchtigkeit vorkommt.

Abb. 2.17 ■ Durchschnittliche Schimmelpilzhäufigkeit in Wohnungen (Querschnitt durch mehrere Gutachten/Veröffentlichungen)

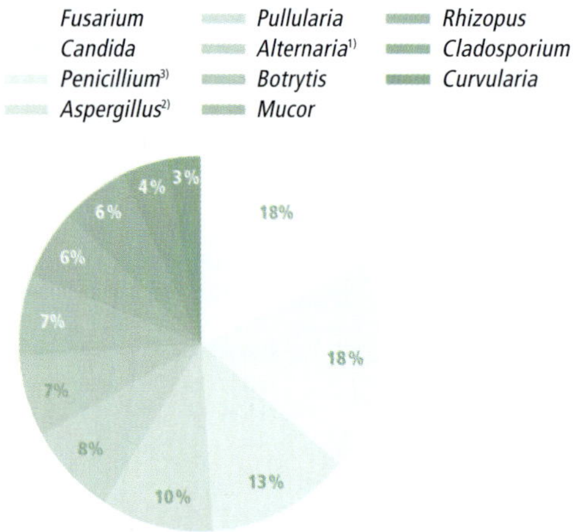

1) *Alternaria* ist auf absterbenden und totem Pflanzenmaterial, in der Erde und im Hausstaub zu finden
2) *Aspergillus*-Arten siedeln vorwiegend auf verwesenden organischen Stoffen und ernähren sich dort saprophytisch; ihre nur 5µm großen Sporen sind besonders „flugfähig".
3) *Penicillium*-Arten siedeln auf zahlreichen verschiedenen Substraten, insbesondere auch bestimmten Lebensmitteln (Käse); für ihre Sporengröße gilt das selbe wie beim *Aspergillus*

Damit sich Schimmelpilze in Innenräumen ansiedeln können, müssen verschiedene Bedingungen gegeben sein: Eine ausreichende Materialfeuchte der betroffenen Flächen und genügend organische Nährstoffe mit Kohlenstoff- und Stickstoffquellen (z.B. Lignine, Zellulose, Weichmacher, Zucker und dgl.).

Pilze leben sowohl außerhalb als auch innerhalb des Hauses. Zu den Pilzen, die außerhalb leben und deren Sporen in der Außenluft zu finden sind, gehören *Alternaria tenuis, Botrytis cinerea* und *Cladosporium herbarum*. Diese Pilze kommen vor allem im Herbst und bei feuchter Witterung in großer Zahl vor, in der Außenluft sind sie abhängig von der Jahreszeit mit einem Maximum im Spätsommer bzw. Frühherbst. Sie benötigen zum Wachstum eine relative Luftfeuchte von 60 bis 85% und eine Substratfeuchte von 15 bis 18%.

In Innenräumen am häufigsten vorkommende Arten sind *Aspergillus, Chaetomium, Cladosporium,* *Penicillium* und *Stachybotrys*. Ein Teil dieser Pilze findet im Staub ihren Lebensraum. *Aspergillus*-Arten wie *Aspergillus glaucus, Aspergillus amstelodami, Aspergillus ruber, Aspergillus candidus, Aspergillus versicolor* und *Aspergillus repens* werden dazu gezählt. Pilzarten wie *Penicillium brevicompactum, Penicillium chrysogenum* und *Wallemia sebi* gehören auch in diese Gruppe. Sie haben sich trockenen Bedingungen angepasst und können hier bei 70% Luftfeuchtigkeit wachsen und sich vermehren. *Penicillium brevicompactum* ist ein Hausstaub-Allergen, welches im Boden und auf Pflanzenmaterial verbreitet ist. Nicht so häufig werden in Wohnräumen *Aspergillus niger* und *Aspergillus flavus* gefunden.

Experimentell wurde nachgewiesen, dass Schimmelpilze schon innerhalb von 48 Stunden auf feuchten Flächen anwachsen, jedoch ist die-

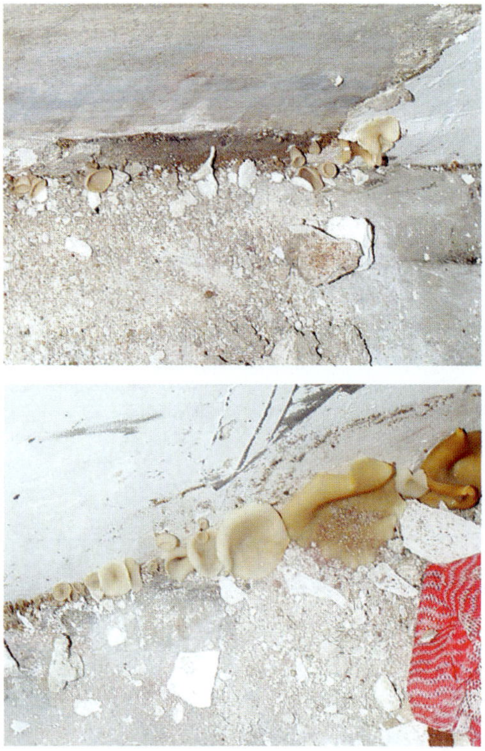

Abb. 2.18-2.19 ■ Der Wachsbecherling dient als Feuchtigkeitsindikator und wächst auf nassen Wänden, Decken und/oder auf mineralischen Fußböden.

ses Wachstum zu diesem frühen Zeitpunkt noch nicht zu sehen. Zusammengefasst kann also festgehalten werden, dass Schimmelpilze eine Vielzahl potenter Enzyme besitzen und u.a. feuchte Wände, Tapeten und Holz als Nährstoffquelle verwenden können. Da sie zudem in einem sehr weiten Temperaturbereich wachsen können, finden die meisten Schimmelpilze in feuchten Innenräumen meist geeignete Lebensbedingungen vor. Besonders gefährlich wird es, wenn sie zu sehen sind: Es entstehen größere Pilzgeflechte, die sich lebhaft weiter vermehren. Sie hinterlassen an Wänden große und oft sehr farbenfrohe Flecken.

Es sei hier noch eine weitere, allerdings sehr kleine Gruppe von Pilzen erwähnt, welche an nassen Wänden, Decken oder auf mineralischen Fußböden wächst und darum als Indikator für stark durchnässte Bereiche dienen kann. Die häufigsten Vertreter dieser Gruppe sind ein recht ansehnlich werdender Becherling, der Wachsbecherling (*Peziza cerea*) und ein kleiner Tintling (*Coprinus domesticus*).

2.1.6 Schleimpilze

Abschließend sollen noch kurz die Schleimpilze erwähnt werden, wissenschaftlich auch als Myxomycetes bezeichnet. Diese fallen in Gebäuden durch ihre skurrile Form und durch ihre Farbenpracht auf. Man schätzt, dass von den Schleimpilzen etwa 500 Arten existieren. Neben ihrem Erscheinungsbild stellt sich auch die Entwicklung als sehr interessant dar. Anfangs bilden sich aus Sporen Myxoflagellaten (so genannte Schwärmer mit zwei Geißeln am Vorderende) oder Myxoamoeben (frei bewegliche Zellen ohne Geißel und Zellwände). Anschließend verschmelzen sie zu Zygoten (befruchtete Zellen) und wachsen zu einem Plasmodium heran. Dieses Plasmodium besteht aus einer vielkernigen, nicht-zelligen Plasmamasse (ähnelt dem Schleim), die sich langsam kriechend auf der Suche nach Nahrung fortbewegt. In diesem vegetativen Stadium erscheinen die Schleimpilze als strang- oder netzartige, zum Teil farbenprächtige Gebilde. Sie ernähren sich von Mikroorganismen (Bakterien), Hyphen und Sporen höherer Pilze. Durch verschiedene Umwelteinflüsse wechseln die Schleimpilze von der vegetativen (plasmoiden) zur generativen (d.h. Bildung von Fruchtkörpern und Sporen) Phase. Die wesentlichen Schleimpilze sind:

- ***Fuligo septica:*** ein sehr auffälliger Schleimpilz, der durch seine kräftig gelbe Plasmoidenfarbe kaum zu übersehen ist. Im generativen Stadium bildet er gelbliche bis weißliche, Sporen tragende Kissen, so genannte Aethalien **(Abb. 2.20)**.
- ***Reticularia lycoperdon:*** der Sporen tragende Fruchtkörper ist nicht zu übersehen. Er kann bis zu 10 cm lang werden und erinnert an einen Wassertropfen auf hydrophobiertem Untergrund. Durch die silbrig glänzende Hülle schimmern bereits in Form von dunklen Flecken die braunen Sporen durch. Nachdem

Abb. 2.20

Abb. 2.21

Abb. 2.22

die Hülle aufgerissen ist, werden die Sporen verteilt. Der absterbende Schleimpilz dient dann diversen Schimmelpilzen wiederum als Nahrung (**Abb. 2.21**).

- ***Trichia decipiens:*** diese Art der Schleimpilze bildet aus einer unförmigen, hellbraunen, feucht glänzenden Plasmamasse rote kugelförmige Fruchtkörper. Jede Kugel befindet sich auf einem etwa 1 mm langen Stiel. Im Alter werden sie dunkelrot und können eine ockergelbe Färbung annehmen (**Abb. 2.22**).

Tab. 2.8 ▪ Klassifikation der Schleimpilze

Spezies	*Gattung*
▪ Arcyodes	incarnata
▪ Arcyria	affinis, cinerea, denudata, ferruginea, helvetica, incarnata, margino-undulata, obvelata, oerstedtii, pomiformis, spec., stipata, versicolor
▪ Badhamia	foliicola, gracilis, macrocarpa, n. nitens, panicea, populina, utricularis, versicolor
▪ Brefeldia	maxima
▪ Calomyxa	metallica
▪ Ceratiomyxa	f. fruticulosa, f. porioides
▪ Clastoderma	debaryanum
▪ Colloderma	oculatum
▪ Comatricha	alpina, alta, anomala, elegans, ellae, fragilis, laxa, nigra, p. fusca, p. pulchella, rutilipedata, tenerrima
▪ Craterium	aureonucleatum, brunneum, conncinnum, l. leucocephalum, l. scyphoides, minutum
▪ Cribraria	argillacea, atrofusca, aurantiaca, cancellata, macrocarpa, microcarpa, mirabilis, montana, personii, piriformis, rufa, splendens, stellifera, tenella, violacea, vulgaris
▪ Diachea	leucopodia, subsessilis
▪ Dianema	corticatum
▪ Diderma	alpinum, crustaceum, deplanatum, d. donkii, glob. europaeum, cf. g. globosum, effusum, hemisphaericum, microcarpum, n. ferrugineum, n. viveum, peyerimhoffii, subviridifuscum, testaceum, trevelyani, umbilicatum
▪ Didymium	anellus, bahiense, clavus, comatum, crustaceum
▪ Echinostelium	apitectum, arboreum, brooksii, coelocephalum, colliculosum, corynophorum, elachiston, fragile, minutum, paucifilum

Spezies	*Gattung*
Enerthenema	papillatum, melanospermum
Enteridium	lycoperdon, lobatum, splendens juranum
Fuligo	cinerea, intermedia, leviderma, luteonitens, septica candida, septica flava, septica septica
Hemitrichia	clavata, leiotricha, minor minor, minor pardina, serpula
Lamproderma	arcyriodes leucophilum, arcyrionema, atrosporum, carestiae, columbinum, cristatum, echinosporum, ovoideum, pulchellum, pulveratum, sauteri, scintillans, splendens
Leocarpus	fragilis
Lepidoderma	aggregatum, carestianum
Licea	belmontiana, biforis, castanea, cristallifera, kleistobolus, minima, parasitica, perexigua, pumila, pusilla, pygmaea, testudinacea, variabilis
Lindbladia	tubulina
Lycogala	conicum, epidendrum, flavofuscum
Macbrideola	cornea, reticulospora, oblanga
Metatrichia	floriformis, vesparium
Mucilago	c. crustacea, c. solida
Paradichaeopsis	cibrata, fimbriata, rigida, solitaria
Perichaena	chrysosperma, corticalis, depressa, pedata, quadrata, spec., vermicularis
Physarum	albescens, alpestre, bethelii, bivalve, cinereum, citrinum, compressum, contextum, daamsil, didermoides, lakhanpalii, leucophaeum, murinum, nudum, n. nutans, p. pezizoideum, psittacinum, pusillum, robustum, spec., straminipes, vernum, virescens, v. aurantianum, v. viride
Protophysarum	phloiogenum
Prototrichia	metallica
Stemonitis	axifera, flavogenita, fusca, smithii, virginiensis
Stemonitopsis	amoena, hyperopta, typhina
Symphytocarpus	amaurochaetoides, cristatus, flaccidus, impexus
Trichia	affinis, alpina, botrytis, c. contorta, c. engadinensis, d. decipiens, d. olivacea, erecta, favoginea, flavicoma, munda, persimilis, scabra, subfusca, varia, verrucosa
Tubifera	ferruginosa
Willkommlangea	reticulata

Abb. 2.23-2.27 ■ Darstellung des *Trichia alpina, Metatrichia vesparium, Diaderma donkii, Cribraria mirabilis, Cribraria macrocarpa*

Schleimpilze befinden sich sehr häufig in unmittelbarer Nähe von holzzerstörenden Pilzen. Schon allein aus diesem Grund sollten sie nicht unterschätzt werden, denn sie sind nicht nur ein Indikator für sehr hohe Holzfeuchte, sondern können auch die Anwesenheit höherer Pilze anzeigen. Schleimpilze wurden bisher an vermodertem, sehr feuchtem Holz, vornehmlich hinter Paneelverkleidungen, an Holzfußböden im nicht unterkellerten Erdgeschoss, in feuchten Kellerräumen oder an lange Zeit undichten Stellen im Dachgeschoss nachgewiesen.

2.2 Schimmelpilze an und in Holzkonstruktionen und -bauteilen

2.2.1 Einleitung

Der natürlich wachsende Werkstoff Holz verlangt mehr als viele andere Baustoffe die Einhaltung von Regeln und Qualitätsstandards. Der Einsatz von trockenem Bauholz soll in den nächsten Jahren Pflicht werden. Mit trockenem Holz könn(t)en zumindest viele der bekannten Mängel in der Konstruktion vermieden werden – und damit ein sicheres Tragverhalten, eine bessere Optik, Maßgenauigkeit und Maßhaltigkeit, kleinere Querschnitte, eine gleichbleibende standardisierte Qualität und letztlich eine Verringerung oder sogar Vermeidung der Gefahr durch mikrobiellen Befall (Schimmelpilze und/oder Bakterien) sowie Insektenbefall. Damit wäre eine deutliche Reduzierung bis hin zum kompletten Wegfall der Imprägnierung (chemischer Holzschutz) möglich. Durch die Herabsetzung der Feuchtigkeit wird die Gefahr von (Schimmel)Pilz- und Insektenbefall deutlich reduziert, da die Rissbildung von feuchtem Holz während der Trocknung herabgesetzt wird und damit die für die Eiablage nötigen Risse und feinen Spalten im Holz nicht mehr vorhanden sind.

Trockenes Holz mit einer maximalen Feuchte von 20% oder noch besser Konstruktionsvollholz mit einer Holzfeuchtigkeit von 15% (± 3%) bringt in einigen Aspekten wesentliche Produktverbesserungen und sollte bei der Ausschreibung ausdrücklich gefordert werden. Trockenes Holz kann im Allgemeinen nur »trocken« geliefert werden, wenn es lange gelagert oder technisch getrocknet wurde. Die normale Lufttrocknung bis auf 20% Holzfeuchte dauert in der Regel mehrere Monate und kommt aus Termingründen deshalb meistens nicht in Betracht. Bedauerlicherweise ist es zum Normalzustand geworden, dass Bauhölzer zu feucht eingebaut werden und dann im Bau nachtrocknen bzw. austrocknen sollen. Bei ausreichender Belüftung und Regendichtigkeit ist dies in der Regel auch sichergestellt, stellt aber immer häufiger ein Risiko dar.

Abb. 2.28 ▪ Holz und holzartige Bauteile sind besonders prädestiniert für Schimmelpilzbefall.

Aufgrund des Bauablaufes und dem damit verbundenen Termindruck nachfolgender Gewerke wie Putzarbeiten, Estrichlegerarbeiten usw., die zusätzlich Feuchtigkeit in den Baukörper einbringen, wird das feuchte Holz in der Regel am Austrocknen gehindert. Hinzu kommt noch, dass die Bauten heute sehr viel früher verschlossen werden (Fenster- und Türeinbau, Wärmedämmung und Abdichtungen) und dadurch auch kein Luftwechsel mehr stattfindet, der für eine Austrocknung notwendig ist.

2.2.2 Vorkommen von Schimmelpilzen in Holz

Insbesondere in den letzten Jahren haben sich in einigen Dachkonstruktionen noch während der

Abb. 2.29 ■ Der Einbau von nassem Holz kann zur so genannten Blaufäule und/oder Schimmelpilzbefall führen.

Neubauphase oder kurz nach der Fertigstellung der Gebäude an den hölzernen Dachkonstruktionen bzw. aufliegenden Holzwerkstoffplatten Schimmelpilzbildungen in zum Teil großem Umfang gezeigt. Dann liegt der Verdacht zunächst sehr häufig bei dem gelieferten Material, sei es Vollholz oder ein Holzwerkstoff, und mangelhafte Qualität bereits bei der Lieferung wird angenommen. In der Regel zeigt sich dann allerdings, dass bauliche Randbedingungen (Detailausbildung), mangelnde oder mangelhafte Planung und/oder Bauleitung für die Schimmelpilzbildung ursächlich sind.

Von diesem Schimmelpilzbefall sind unterschiedliche Materialien wie normales, halbtrockenes bis feuchtes Bauholz der Holzarten Fichte und Kiefer, imprägniertes Bauholz mit vorbeugendem Holzschutz nach DIN 68 800 (in der Regel durch Tauch- oder Trogtränkung eingebracht) betroffen, gelegentlich auch Konstruktionsvollholz, unbehandelte Holzweichfaserplatten, bituminierte Holzweichfaserplatten und kesseldruckimprägniertes Gartenholz aus Kiefer bei der Lagerung, paraffinbehandelte, mitteldichte Faserplatten sowie Furnierschichtholz. An dieser Aufzählung, die noch nicht den Anspruch der Vollständigkeit erhebt, ist allerdings schon zu erkennen, dass alle üblicherweise bei normalen Dachkonstruktionen oder in Dachüberständen eingesetzten Hölzer und Holzwerkstoffe (insbesondere aus den Holzarten Fichte und Kiefer) durch Schimmelpilze gefährdet sind.

Das sich entwickelnde Pilzgeflecht (Myzel) kann weiß, gelblich, bläulich, grünlich, rötlich bis schwärzlich sein und samtiges oder wolle- bis watteähnliches Aussehen besitzen. Auf Holz ernährt sich der Schimmel von den Inhaltsstoffen der angeschnittenen Zellen oder von organischen Ablagerungen auf der Holzoberfläche, nicht aber von den Zellwänden. Deshalb verursachen Schimmelpilze keine Minderung der Festigkeitseigenschaften des befallenen Holzes! Die möglichen grünlichen, bläulichen oder schwärzlichen Verfärbungen reichen nur ca. 0,5 bis 1 mm tief in das Holz hinein. Eine bläuliche bzw. blauschwarze Verfärbung am Holz kann auch durch Bläuepilze verursacht worden sein (vornehmlich am frischen Splintholz der Kiefer, weniger an Fichte, Tanne, Lärche oder Buche). Diese Pilze leben ebenfalls von den Zellinhaltsstoffen und verursachen keine Festigkeitsverluste am Holz. Infolgedessen muss bei vielen dunklen Verfärbungen am Holz unterschieden werden, ob es sich überhaupt um Schimmel oder um Bläue handelt.

Jeder Pilz benötigt ein hohes Maß an Feuchtigkeit für die Auskeimung der Sporen bzw. Ausbreitung seines Myzels. Ohne Feuchtigkeit ist keine Herausbildung von Schimmelpilz möglich bzw. nach Entzug der Feuchtigkeit und Herstellung trockener Verhältnisse stirbt der Pilz ab, das Myzel wird steril. Schimmelbildung ist deshalb immer ein Indikator für zu hohe Feuchtigkeit (in der Regel über 20%), unabhängig von der Ursache. Im Folgenden werden einige Ursachen aufgeführt, wobei sich einige zum Teil überlagern und sich deshalb auch eine eindeutige Schadensursache oft schwer zuzuordnen lässt.

2.2.3 Ursachen für Holzfeuchte

Generell ist festzustellen, dass die wesentlichen Ursachen für die auftretenden Schäden unzulässige, bereits in den Materialien vorhandene Feuchtigkeit oder ein unzulässiger Feuchtigkeitsanstieg aufgrund der baulichen bzw. objektspezifischen Randbedingungen sind. Diese hohe Feuchte resultiert im Wesentlichen aus unzulässig hohen Feuchtigkeiten beim Einbau des Bauholzes der Arten Kiefer und Fichte. Es stellt sich natürlich die Frage, was nach den Regelwerken zulässig bzw. unzulässig ist. Der Bauunternehmer hat nach BGB § 633 ein Werk (z.B. eine Dachkonstruktion) so herzustellen, dass es die zugesicherten Eigenschaften hat und nicht mit Fehlern behaftet ist, die den Wert oder die Tauglichkeit zu dem gewöhnlichen oder nach dem Vertrage vorausgesetzten Gebrauch aufheben oder mindern. Darüber hinaus müssen die Leistungen nach den Allgemein anerkannten Regeln der Baukunst (§ 13 VOB/B) erbracht werden. Dabei wird oft verwechselt, dass der Unternehmer nicht die Einhaltung eines Regelwerkes schuldet, sondern ausschließlich die Mangelfreiheit seines Werkes. Entsprechende DIN-Normen enthalten Empfehlungen für zulässige Holzfeuchte, bei deren Beachtung aus Erfahrung im Regelfall keine Schäden zu erwarten sind.

Allerdings soll auch an dieser Stelle noch einmal darauf hingewiesen werden, dass DIN-Normen nur Empfehlungen darstellen und keinen rechtsverbindlichen Charakter besitzen. Denn eines wird in der Diskussion um DIN-Normen immer wieder (bewusst oder unbewusst) vernachlässigt: DIN-Normen gehören nicht automatisch durch ihr Erscheinen zu den Allgemein anerkannten Regeln der (Bau)Technik. Sie sind Beweisregeln für technisch ordnungsgemäßes Handeln und unterliegen grundsätzlich der richterlichen Nachprüfung, weil sie keine Rechtsvorschriften sind. Darüber hinaus veröffentlichte die Neue Juristische Wochenzeitschrift (Jahrgang 1987, Heft 45 auf Seite 2888) ein Urteil des Bundesverwaltungsgerichtes, aus dem kurz zitiert werden soll: *»Abgesehen davon darf der Erkenntniswert von DIN-Normen nicht überbewertet werden.... Die Normenausschüsse des Deutschen Institutes für Normung sind so zusammengesetzt, dass ihnen der für ihre Aufgabe benötigte Sachverstand zu Gebote steht. Daneben gehören ihnen aber auch Vertreter bestimmter Branchen und Unternehmen an, die deren Interessen und Standpunkte einbringen.... Zwar kann den DIN-Normen einerseits Sachverstand und Verantwortlichkeit für das allgemeine Wohl nicht abgesprochen werden. Andererseits darf aber nicht verkannt werden, dass es sich dabei zumindest auch um Vereinbarungen interessierter Kreise handelt, die eine bestimmte Einflussnahme auf das Marktgeschehen bezwecken.«* Deshalb gilt auch für die Zukunft: Mit Sachverstand planen und ausführen sowie ständig weiterbilden und informieren!

In dem Zusammenhang soll kurz die neue VOB 2000 erwähnt werden, die wichtige Änderungen aus den Allgemeinen Technischen Vertragsbedingungen für Bauleistungen (ATV) für Zimmerer- und Holzbauarbeiten nach DIN 18 334 enthält. So ist beispielsweise erstmals der Bereich des Holzausbaus als eigener Teil aufgeführt. Demnach ist für Tafelelemente nur Bauschnittholz nach DIN 4074 Teil 1 mindestens Sortierklasse S 10 mit einer maximalen Holzfeuchte von 18% zu verwenden. Eine Maßhaltigkeit des Querschnittes von ± 1 mm muss gewährleistet werden.

Sowohl Planer (für die Ausschreibung und Bauüberwachung) als auch Bauunternehmer (für die Bestellung, Kontrolle bei Warenannahme und Überprüfung der bauseitigen Situation) müssen die Objektverhältnisse und -bedingungen kennen, annehmen und beachten. Werden evtl. vom Auftraggeber aus terminlichen oder finanziellen Gründen Forderungen aufgestellt, die erfahrungsgemäß zu Schäden führen müssen, dann sind nach § 4 der VOB/B Bedenken anzumelden. Des Weiteren muss sichergestellt werden, dass das Bauholz keine physischen Schäden durch beispielsweise holzzerstörende Pilze und Insekten, keine Wertminderungen oder optische Beeinträchtigungen durch Bläue und Schimmel erfährt.

Tab. 2.9 ■ Holzfeuchtegleichgewicht in Abhängigkeit von Temperatur und Luftfeuchtigkeit

Holzfeuchtegleichgewicht					
relative Luftfeuchte	*Lufttemperatur in °C*				
	10°C	*15°C*	*20°C*	*25°C*	*30°C*
	Holzfeuchtigkeit				
20%	4,70%	4,70%	4,60%	4,40%	4,30%
30%	6,30%	6,20%	6,10%	6,00%	5,90%
40%	7,90%	7,80%	7,70%	7,50%	7,50%
50%	9,40%	9,30%	9,20%	9,00%	9,00%
60%	11,10%	11,00%	10,80%	10,60%	10,50%
70%	13,30%	13,20%	13,00%	12,80%	12,60%
80%	16,20%	16,30%	16,00%	15,80%	15,60%
90%	21,20%	20,80%	20,60%	20,30%	20,10%

In der DIN 68 800 und im WTA-Merkblatt »Baulicher Holzschutz« werden hierzu Empfehlungen gegeben, die hier nicht separat aufgeführt werden sollen. So wird in diesen Regelwerken u.a. gefordert, dass Holz und Holzwerkstoffe nur mit dem Feuchtegehalt eingebaut werden dürfen, der während der Nutzung im Durchschnitt zu erwarten ist. So wird definiert, dass beispielsweise Bauschnittholz nur mit einer Holzfeuchte von höchstens 20% eingebaut werden darf, außer es wird in Konstruktionen eingesetzt, bei denen es ungehindert nachtrocknen kann und deren Bauteile nicht empfindlich gegenüber den hier auftretenden Verformungen sind. In diesem Fall darf es auch in halbtrockenem Zustand eingebaut werden.

In der DIN 4074 »Bauholz für Holzbauteile – Gütebedingungen für Bauschnittholz (Nadelholz)« und in der VOB DIN 18 334 »Zimmerer- und Holzbauarbeiten« sind diesbezüglich sinngemäße Bestimmungen enthalten: **Als »trocken« wird Bauholz demnach dann bezeichnet, wenn es eine mittlere Feuchte von höchstens 20% hat.**

Einmal abgesehen von den industriemäßigen Fertighäusern ist beim Neubau traditioneller Bauten der Eintrag von Niederschlägen sowie unzulässig hohen Feuchtigkeiten auch aus Mauerwerk, Estrich, Putz, Beton oder anderen feucht eingebauten Baustoffen sowie Malerarbeiten unvermeidlich. Je nach Menge der vorher genannten Materialien, der Spezifik des Bauwerkes, Art und Weise der Möblierung, Heizung und Lüftung etc. dauert es erfahrungsgemäß zwei bis vier Jahre, bevor ein derartiger Neubau vollständig ausgetrocknet ist und sich bei allen Baustoffen die Ausgleichsfeuchte eingestellt hat.

Erhalten die Außenwände ein Wärmedämmverbundsystem, kann die vorhandene Feuchtigkeit der Außenwandkonstruktion, je nach eingesetztem Wärmedämmstoff, Beschichtungssystem etc., einzig und allein nach innen entweichen und infolgedessen kommt es in diesen Räumen zu einer erhöhten Feuchtigkeitsbelastung. Durch diese hohe Raumluftfeuchtigkeit wird einerseits die Trocknung (Abgabe der Feuchtigkeit aus den Baumaterialien an die Raumluft) grundsätzlich

Abb. 2.30-2.31 ■ Besonders bei Holzkonstruktionen ist die Reduzierung der Neubaufeuchte eine wichtige Präventivmaßnahme zur Vorbeugung vor Schimmelpilzbefall ...

Abb. 2.32-2.33 ■ ... sonst kommt es innerhalb der Konstruktion zu (Schimmel)Pilzbefall.

erschwert bzw. wird diese Feuchtigkeit an benachbarte und trocken eingebaute, aber hygroskopische Materialien übertragen, sodass die ehemals nach Regelwerken ausreichend trockenen Hölzer unter den Einbaubedingungen in unzulässiger Weise befeuchtet werden und damit der möglichen Besiedelung durch Schimmelpilze ausgesetzt sind, wenn keine ausreichende Lüftung erfolgt.

In besonderer Weise sind davon auch die neuen Holzfenster betroffen, an denen das Kondenswasser herabläuft und wo innenseitig Holzfeuchten von weit über 20% gemessen werden, obwohl die Fenster mit einem Feuchtesatz um ca. 10% eingebaut werden. Nach VOB/B § 4 hat der Auftragnehmer schon vor Beginn seiner Arbeiten die Leistungen anderer Unternehmer zu prüfen und die Objektbedingungen daraufhin zu überprüfen, ob er Mangelfreiheit liefern kann. Hierzu gehört u.a. auch die Überprüfung der Temperatur, Luftfeuchtigkeit, vollendete Dacheindeckung, abgeschlossene Nassprozesse etc. Eine analoge Pflicht ergibt sich für den Unternehmer auch aus der VOB/C ATV Zimmerer-Holzbauarbeiten, wonach Bedenken bei zu hoher Baufeuchte bzw. fehlendem konstruktiven Holzschutz anzumelden sind. Deshalb sollte der Auftragnehmer seine erbrachte Werkleistung ausdrücklich protokollarisch vom Auftraggeber abnehmen lassen, einschließlich der Feststellungen über die Mangelfreiheit hinsichtlich Holzfeuchtesatz, Rissfreiheit, Schimmelfreiheit usw.

Abb. 2.34-2.35 ■ Besonders abgehängte Decken mit Gipskartonplatten sind für sichtbaren und verdeckten (!) Schimmelpilzbefall problematisch.

Wird während der kühlen Jahreszeit nicht sofort nach ausgeführter Dachdeckung einschließlich der Unterspannbahn die Wärmedämmung mit allseitig dicht angeschlossener Dampfsperre ausgeführt, trifft infolgedessen die aufsteigende feucht-warme Innenluft gegen die kühle Unterspannbahn und es kommt zur Kondensation. Ein weiteres Problem besteht beim Bau von Einfamilienhäusern, wo es sehr häufig dem Bauherrn vertragsgemäß überlassen wird, den Ausbau des Dachraumes (Wärmedämmung, Dampfbremse, Gipskartonplatten usw.) nach eigenem finanziellem und terminlichem Ermessen vorzunehmen. Hier treten in der Regel die gleichen Probleme der Kondensation auf und es gehört zu den Pflichten eines Baufachmannes (Planer oder Unternehmer), den Baulaien über die bauphysikalischen Zusammenhänge, Folgeerscheinungen und Probleme nachvollziehbar aufzuklären (vgl. § 242 BGB Leistungen nach Treu und Glauben: Informationspflicht bzw. § 276 Haftung für eigenes Verschulden: positive Vertragsverletzung).

2.2.4 Innenausbau mit Gipskartonplatten

Besonders erwähnt werden soll noch die Problematik von Holzunterkonstruktionen für abgehängte Decken, speziell bei Gipskartonplattenbeplankung. Hier werden in der Regel sehr feuchte Latten eingebaut, welche dann durch das Schließen der Decke bei darüber liegender Dampfsperre eingekapselt sind und nur sehr langsam trocknen können. Infolgedessen sind die besten Voraussetzungen für einen versteckten (!) mikrobiellen Befall gegeben, der oft gar nicht oder zumindest erst sehr spät gefunden bzw. entdeckt wird. Und dies, obwohl es dadurch zu erheblichen Gesundheitsbelastungen kommen kann, wenn sich im Zuge der Austrocknung des Baukörpers und der Baustoffe feine Ritzen und Haarrisse bilden (können). Aufgrund der gleichen Hintergründe erfolgt auch an Parkett, Holzverkleidungen, hinter Einbauschränken usw. ein mikrobieller Befall.

Um diesen versteckten mikrobiellen Befall zu vermeiden, müssen während der Anlieferung, Lagerung und Verarbeitung der Baustoffe einige Punkte beachtet werden. Bei der Anlieferung der Baustoffe ist dafür zu sorgen, dass diese zur Vermeidung von möglichen Bauschäden gerade und flach auf einer ebenen Unterlage gelagert werden und für eine gute Belüftung zwischen den Platten gesorgt wird. Die angelieferten Baustoffe (Mineralfaserplatten, Gipskartonplatten, Latten und dgl.) sollen auf Mängel und Feuchtigkeitsbelastungen überprüft werden. Besonders bei der Anlieferung während Regen ist darauf zu achten, dass die Materialien nicht bei der Verladung, beim Transport oder beim Entladen so durchfeuchtet werden, dass sich für mikrobiellen Befall günstige Bedingungen einstellen. Die Holzfeuchte kann mit einem relativ einfachen, aber genauen Messgerät überprüft werden.

Abb. 2.36-2.39 ▪ Beim Öffnen von Dach- und Deckenkonstruktionen werden häufig versteckte Schimmelpilzbelastungen entdeckt, die bei einer Gesamtsanierung berücksichtigt werden müssen.

Bei der Verarbeitung von Gipskartonplatten ist in erster Linie darauf zu achten, dass die relative Luftfeuchtigkeit im Raum nicht zu hoch ist. Liegt diese höher als ca. 80%, sollten Arbeiten mit Gipskartonplatten nicht mehr durchgeführt werden. Darüber hinaus ist natürlich wichtig, dass die Unterkonstruktion, vor allem wenn diese aus Holz besteht, trocken ist. Wird dies nicht beachtet und das Holz trocknet nach der Beplankung, sind Verformungen der Platten und Rissbildungen die Folge. Außerdem besteht die Gefahr von Schimmelpilzbefall im Bereich der Unterkonstruktion. (Das Gleiche gilt im Übrigen für den Ausbau von Dachgeschossen, da Dachstühle in aller Regel ebenfalls Holzkonstruktionen sind).

Sollen Gipskartonplatten auf Beton- oder Mauerwerk als Trockenputz eingesetzt werden, muss der Untergrund ebenfalls entsprechend trocken sein. Es wird in der Praxis immer wieder festgestellt, dass zum Einsatz von Gipskartonplatten und Gipsputzen offensichtlich falsche Vorstellungen über deren Einsatzgebiete existieren. So wird mit den feuchtigkeitsregulierenden Eigenschaften gipshaltiger Bauprodukte oftmals der Eindruck erweckt, diese auch auf feuchten Untergründen applizieren zu können und dass die hohe bis überdurchschnittliche Feuchtigkeit damit ausgeglichen werden kann. Entsprechende Bauschäden und mikrobieller Befall dokumentieren nun schon seit Jahren das Gegenteil.

Wird im Winter gebaut, sollte der Ausbau nur bei Raumtemperaturen von mehr als + 5° C vorgenommen werden. Schnelles und starkes Aufheizen der Räume sollte vermieden werden, da

Abb. 2.40-2.43 ▪ Besonders Gipskartonplatten sind für den Innenausbau problematisch, wenn Feuchtigkeitsprobleme durch Kondensat- und/oder aufsteigende Feuchtigkeit vorliegen. Beim Öffnen derartiger Konstruktionen zeigen sich fast immer Schimmelpilz- und andere Innenraumbelastungen.

es sonst infolge der zu erwartenden Längenänderungen zu Spannungsrissen kommen kann. Aus dem gleichen Grund ist ein direktes Anblasen der Gipskartonflächen mit Heiß- oder Warmluft zu vermeiden. Auch für den Winterbau gilt, dass in jedem Fall für ausreichende Be- und Entlüftung zu sorgen ist.

2.2.5 Planung und Ausschreibung

Abschließend soll noch kurz auf die Planung und Ausschreibung eingegangen werden. Nach den einschlägigen Regelwerken wie beispielsweise der VOB/A ist die Leistung eindeutig und erschöpfend zu beschreiben bzw. nach VOB/B sind dem Auftraggeber die für die Ausführung benötigten Unterlagen rechtzeitig zu übergeben. Der Auftragnehmer hat zwar die Pflicht, die ihm zur Verfügung gestellten Unterlagen auf technische Richtigkeit hin zu kontrollieren, ist aber in diesem Zusammenhang nicht verpflichtet, Planungsleistungen (wie z.B. bauphysikalische Berechnungen oder deren Überprüfung) ergänzend selbst zu erbringen. Aber gerade die den bauphysikalischen Anforderungen adäquate Dampfsperre wird hinsichtlich Materialauswahl, Lage des Einbaus innerhalb der Konstruktion, Sicherung dauerhaft dichter Anschlüsse, regelwidrig geplant und bildet in der Regel die Ursache für

Tab. 2.10 ■ Ursache und Verantwortlichkeit für unzulässig hohe Feuchtigkeit und Schimmelbildung

	Auftraggeber/ Unternehmer	*Auftraggeber/ Bauherr*	*Planer/ Architekt*	*Bauleitung*
Holzfeuchte	X			
Lagerung/Stapelung	(X)			
Neubaufeuchte		(X)		X
Kondensat Bauphase	(X)			X
Bautrocknung/Lüftung	(X)			X
Planung/ Ausschreibung	(X)		X	
Bauausführung/ Bauleitung	(X)		(X)	(X)

x - verantwortlich
(x) - bedingt verantwortlich, es kommt auf den Einzelfall an (z.B. Vertrag, Wahrnehmung Prüfpflicht, Anmelden von Bedenken, Entscheidung Bauherr etc.)

die Folgeschäden aus Feuchtigkeit und Schimmelpilzbildung.

Das nachträgliche Wachstum von Schimmelpilzen an ursprünglich sauberen Hölzern der Dachkonstruktion kann vielfältige Ursachen haben: angefangen von der unqualifiziert eingebauten Dampfsperre (keine dampfdichte Verklebung der Stöße und Anschlüsse an Wänden und Durchdringungen), über die nachträgliche Ablösung von Dampfsperren, weil beispielsweise auf staubige Betonflächen geklebt und auf eine zusätzliche mechanische Befestigung verzichtet wurde, oder die Zugangstüren zum kalten Dachraum oder die Einstiegsluke zum Spitzboden, die nicht ausreichend abschließen, sodass feucht-warme Luft entweichen und am Holz der Dachkonstruktion kondensieren kann.

Wie allgemein bei Bauschäden üblich, kommt es in vielen Fällen zu einer Überlagerung mehrerer Ursachen bzw. sind mehrere Einflussfaktoren zu berücksichtigen. In dem Zusammenhang stellt sich dann sehr häufig die Frage nach der Verantwortlichkeit. **Tab. 2.10** soll einen Überblick geben.

Bei Austrocknung der Konstruktion ist ein Weiterwachsen der Pilze nicht möglich. Das nach der Bau- und Holztrocknung abgestorbene (sterile) Myzel (Schimmelrasen) muss nicht zwingend entfernt werden, kann aber über Jahre zu allergischen Reaktionen führen. Sollte dennoch die Beseitigung des trockenen Pilzmyzels gewünscht werden, können die trockenen Pilzkulturen abgebürstet werden, wobei unbedingt der Atemschutz beachtet werden muss. Zugängliche, befallene Flächen können mit einem Gemisch zu gleichen Teilen aus 10-prozentiger Ammoniaklösung und 10-prozentigem Wasserstoffperoxid oder bei geringerem Befall auch mit Essigwasser behandelt werden. Eine partielle Verfärbung der Holzoberfläche wird in den meisten Fällen bleiben und muss hingenommen werden.

Es soll noch auf einen weiteren Punkt eingegangen werden, der sehr häufig bei der Ursachenfindung vergessen wird. Während der gesamten Bauzeit bleiben die Fenster überwiegend geschlossen und sind zusätzlich allseitig mit Folie abgeklebt, um sie vor Verschmutzungen zu schützen. Eine Querlüftung kann also gar nicht durchgeführt werden, so dass die feucht-warme Luft im Bauwerk verbleibt und nach physikalischen Gesetzmäßigkeiten nach oben steigt. Das

Tab. 2.11 ■ Charakteristische Werte für die Holzfeuchte von Holzbeuteilen

Darrgewicht des Holzes, absolut trockenes Holz, Zellen und Hohlräume sind wasserfrei*	0%
Gleichgewichtsfeuchte bei allseitig geschlossenen Bauwerken mit Heizung	9% (± 3%)
Gleichgewichtsfeuchte bei allseitig geschlossenen Bauwerken ohne Heizung	12% (± 3%)
Gleichgewichtsfeuchte im Normalklima (20° C, 65% rel. Luftfeuchte)	ca. 12%
Gleichgewichtsfeuchte bei überdeckten, offenen Bauwerken	15% (± 3%)
Gleichgewichtsfeuchte des im Freien gelagerten bzw. verarbeiteten (= lufttrockenes) Holz	14 bis 20%
Gleichgewichtsfeuchte bei allseitig der Witterung ausgesetzten Bauteilen	18% (± 6%)
Grenzwert für Pilzwachstum, d.h. unterhalb dieses Wertes besteht keine Gefahr für Pilzbefall	20%
Oberer Bereich für die Bezeichnung ›trocken‹ nach DIN 4074	20%
Fasersättigungspunkt (d.h. Gleichgewichtsfeuchte bei 100% rel. Luftfeuchte)	28 bis 30%
Oberer Grenzwert für die Bezeichnung ›halbtrocken‹ für Querschnitte bis 200 cm^2	30%
Oberer Grenzwert für die Bezeichnung ›halbtrocken‹ für Querschnitte über 200 cm^2	35%

*(kommt im Baubereich praktisch nicht vor)

Dach ist entweder ausgebaut und mit dichter Dampfsperre versehen, sodass diese Luft nicht entweichen kann, oder der First ist mit diffusionsdichter Unterspannbahn durchgedeckt und eine ungehinderte Ableitung der angestauten feuchten Luft ist nicht möglich. Die benachbarten hygroskopischen Bauteile werden durch diese bauzeitbedingte Feuchtigkeit stark befeuchtet. Auch in diesem Fall ist die Bildung von Schimmel und Bläue nicht auszuschließen. Die einschlägigen Regelwerke gehen in ihren Anforderungen bezüglich der Diffusionsoffenheit von Unterspannbahnen bzw. freier Querschnitte für Be- und Entlüftung von normalen Bedingungen und nicht von Bauzeitverhältnissen aus.

Die wichtigste Grundregel, um derartige Schäden durch Schimmelpilze zu vermeiden bzw. vorzubeugen, besteht darin, trockene Baumaterialien zu verwenden und die Materialien trocken zu halten bzw. ihnen die Möglichkeit der Austrocknung zu geben. Wichtig wäre deshalb, die Feuchtigkeit der verwendeten Baustoffe vor und wenn möglich während der Einbauphase durch Messungen zu prüfen.

2.3 Schimmelpilze in Feuchträumen

2.3.1 Einleitung

Durch die menschlichen Sinnesorgane kann nur ein verschwindend geringer Anteil der umweltspezifischen Einflüsse wahrgenommen werden. Die vegetativen Stadien oder Dauerformen von Pilzen können infolgedessen nur marginal, d.h. beispielsweise durch das Bemerken eines moderigen Geruchs oder das Sehen von durch Schimmelpilzsporen gefärbten Oberflächen im Nassräumen, bemerkt oder wahrgenommen werden. Mit Nassräumen sollen im Folgenden alle Räume bezeichnet werden, in denen durch Duschen oder Baden eine deutliche Feuchtezufuhr der Raumatmosphäre erfolgt und die einer regelmäßigen Nutzung unterliegen.

Der Mensch unterliegt in diesen Räumen einer starken Wechselbeziehung zum Pilzspektrum. Zunächst einmal muss die Gesamtbelastung erwähnt werden, die einerseits stark durch das von außerhalb eindringende Pilzspektrum und andererseits durch das vom Menschen selbst stammende Pilzspektrum (anthropogene Belastung) geprägt wird. Während es sich beim aus dem extramuralen (außerhalb der Wände eines Hohlraumes befindlichen) Raum stammenden Pilzspektrum überwiegend um Schimmelpilze handelt, die hier nicht nur an den feuchtstehenden Fliesenfugen und Dichtungsmaterialien, sondern auch auf den verschiedensten, der Körperpflege dienenden Armaturen eine Vielzahl für sie günstiger ökologischer Nischen finden, sind es vor allem auch vom Menschen selbst abgegebene, auf seiner Körperfläche oder Hohlräumen des Körpers unter Umständen massenhaft vermehrte Hefepilze und Dermatophyten.

Prinzipiell muss zwischen dem innerhalb einer Familie benutzten Nassraum (Badezimmer)

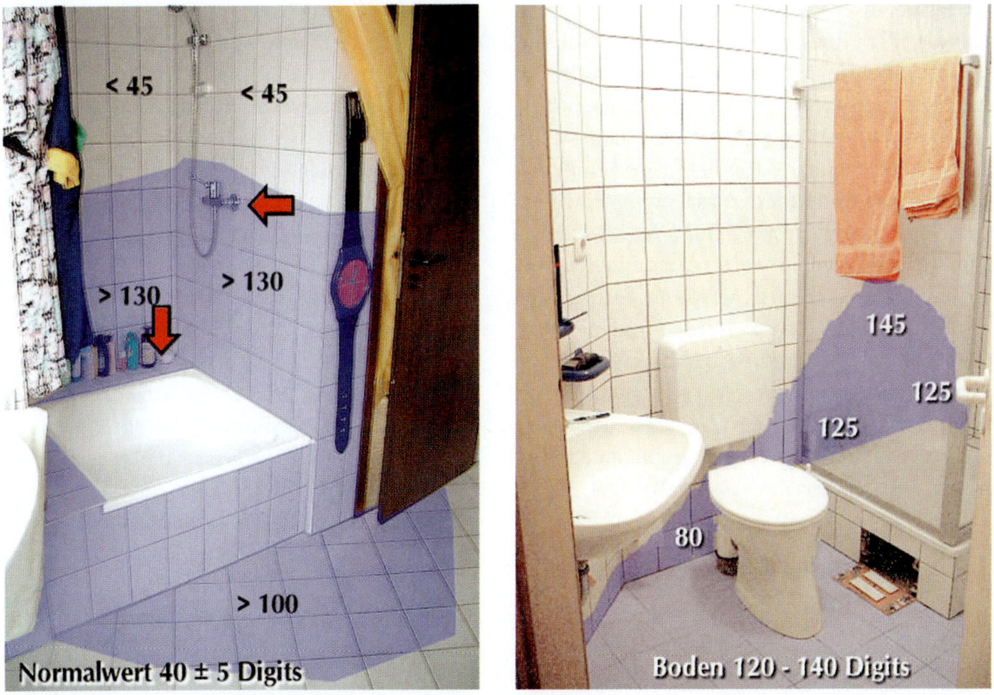

Abb. 2.44-2.45 ■ Feuchtigkeitsbelastungen in privat genutzten Feuchträumen

Abb. 2.46

und gemeinschaftlich benutzten Nassräumen (Sauna- oder Fitnessbereich) in großen Wohngemeinschaften und kommunalen Einrichtungen unterschieden werden. In mehreren Untersuchungen hat sich bestätigt, dass immer dann, wenn keine akuten Baumängel vorliegen, bei Benutzung von Duschen und Bädern durch eine geringe Anzahl von Personen und regelmäßiger Scheuerreinigung kein nennenswertes Gesundheitsrisiko für den Menschen entstehen kann. Ausnahmen bilden natürlich auch hier die ungeeignete Verwendung von Materialien in Nassräumen (z.B. Teppichböden, Holzroste etc.) oder nicht durchgeführte Sanierungs- oder Wartungsarbeiten wie z.B. die rechtzeitige Erneuerung von dauerelastischem Fugenmaterial.

2.3.2 Öffentliche Nassräume

Im Gegensatz zu diesen Untersuchungsergebnissen aus dem privaten Bereich stehen die Ergebnisse langjähriger mikrobiologischer, vor allem auch mykologischer, Untersuchungen von gewerblich, öffentlich oder innerhalb großer Hausgemeinschaften genutzten Nassräumen. Die innerhalb eines mehrjährigen Untersuchungszeitraumes gewonnene Erfahrung zeigt, dass optische Sauberkeit hier keinesfalls korreliert mit dem epidemiologisch relevanten Gefährdungspotenzial durch pathogene Mikroorganismen.

Von den verschiedenen Baustoffen können besonders aus dem Nassbereich viele verschiedene Mikroorganismen isoliert werden. In der folgenden Tabelle (**Tab. 2.12**) sind exemplarisch Bauschäden und die Schäden verursachenden Gattungen zusammengefasst, wobei der Schwerpunkt auf das Auftreten von Schimmelpilzen gelegt wurde.

Schimmelpilze verfärben die Oberflächen meist grau und schwarz, aber auch ein grüner, roter oder gelber Bewuchs wurde schon festgestellt. Hefepilze der Gattung *Rhodotorula* verursachen z.B. auf Putzen schleimig-rote Flecken. Seltener treten Verfärbungen durch Grünalgen auf, jedoch muss mit einem Biofilm dieser Algen überall dort gerechnet werden, wo ausreichend Licht und Feuchtigkeit vorhanden ist. Der Abbau

Tab. 2.12 ■ **Mikroorganismen in Feuchträumen**

Bauschäden	Schäden verursachende Mikroorganismen	Farbe
Verfärbungen durch Schimmelpilze	*Alternaria, Aspergillus, Penicillium*	grau, schwarz, grün
Verfärbungen durch Bläuepilze	*Aureobasidium*	grau-blau
Verfärbungen durch Hefepilze	*Rhodotorula*	orange-rot
Verfärbungen durch Grünalgen	*Chlamydomonas*	grün
Abbau durch Schimmelpilze	*Alternaria, Aspergillus, Penicillium, Trichoderma, Chaetomium*	grau, schwarz, grün
Abbau durch Holzzerstörer	*Serpula* (Echter Hausschwamm), *Arimillaria* (Hallimasch)	braun, weiß

Abb. 2.47 ■ **Prozentuale Verteilung von Schimmelpilzen in Nassräumen**

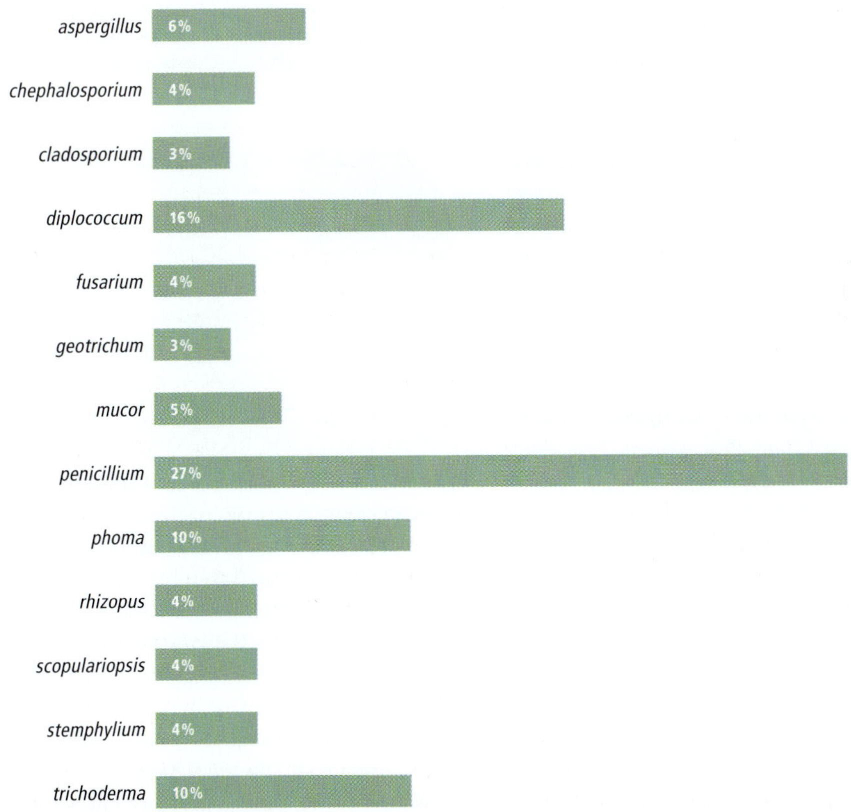

Abb. 2.49 ■ Quantitative Verbreitung der Schimmelpilzspezies in unterschiedlichen Saunabereichen

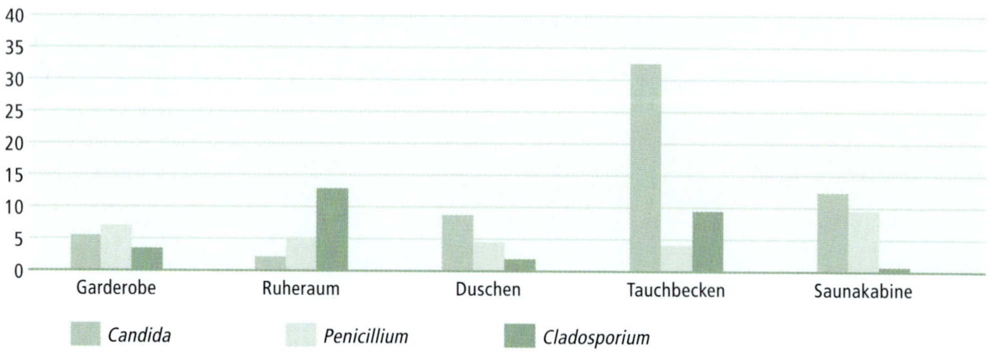

von tragenden Bauteilen, vor allem aus Holz, erfolgt praktisch nicht durch Schimmelpilze, sondern fast ausschließlich durch Weißfäule- und Braunfäulepilze.

Das Diagramm **(Abb. 2.47)** zeigt das durchschnittliche Pilzspektrum von einer zentralen Bodenstelle einer öffentlichen Sauna am Ende eines gut besuchten Tages.

Bei diesen Untersuchungen zeigte sich, dass *Penicillium* in diesen Nassräumen als häufigster Vertreter nachgewiesen werden konnte, gefolgt von *Fusarium, Trichoderma Phoma* und *Cladosporium*. Auffallend weiterhin ist die relativ geringe Nachweisbarkeit von *Aspergillus*. Die Graphik **(Abb. 2.48)** zeigt die prozentuale Gliederung der isolierten Spezies von *Penicillium*.

Es fällt eine wesentlich häufigere Nachweisbarkeit von *Penicillium chrysogenum, Penicillium brevi-compactum* und *Penicillium cyclopium* gegenüber *Penicillium expansum* und *Penicillium frequentans* auf. Die übrigen, nicht näher identifizierten *Penicillium* sp. haben zusammen genommen einen vergleichbar kleinen Prozentanteil.

Darüber hinaus erscheint der Nachweis der unterschiedlichen Schimmelpilzspezies in den unterschiedlichen Bereichen der Sauna als sehr interessant. Betrachtet man die im Diagramm in **Abb. 2.49** dargestellte quantitative Verbreitung von *Penicillium* und *Cladosporium*, so fällt auf, dass *Penicillium* in allen fünf untersuchten Bereichen

Abb. 2.48 ■ Prozentuale Gliederung der isolierten Spezies von Penicillium

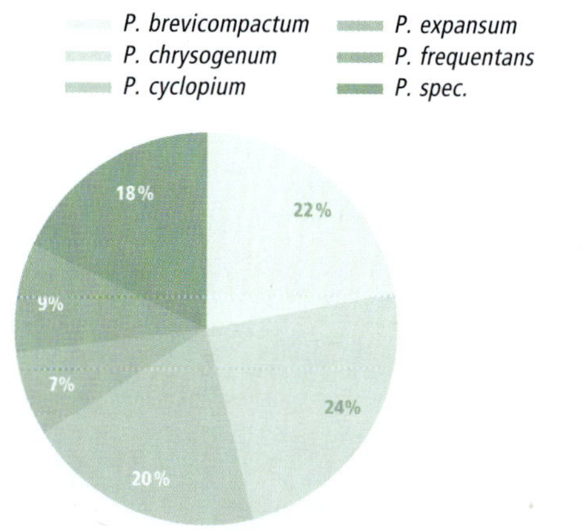

in nicht allzu wesentlichen Konzentrationsunterschieden gefunden bzw. nachgewiesen wurde, während *Cladosporium* trotz seiner insgesamt geringeren Nachweishäufigkeit in einzelnen Bereichen Anreicherungstendenzen zeigt.

Betrachtet man das Hefepilzspektrum isoliert, so zeigen hier die Spezies *Candida* und *Rhodotorula* mit 35 und 30% eine herausragende, mengenmäßige Verbreitung. *Torulopsis* und *Trichosporon* zeigen ebenfalls noch Anteile von 10 und 8%, während alle übrigen und nicht näher identifizierten Hefen über 15% aller isolierten Hefe-

Abb. 2.50-2.52 ▪ Besonders der Fugenbereich in öffentlich und/oder privat genutzten Feuchträumen ist für das Wachstum von Schimmelpilzen geeignet.

pilzkolonien darstellten. Betrachtet man in **Abb. 2.49** die Verteilung der häufigsten Hefepilzgattung (*Candida*), so zeigt sich hier eine ganz klare Kulmination der Isolierungshäufigkeit in den dauerfeuchten Bereichen, mit einer besonders starken Korrelation zur Abschwemmung von der menschlichen Körperoberfläche.

Nach diesen Erkenntnissen über die qualitative bzw. quantitative Verbreitung einzelner Spezies in den verschiedenen Bereichen derart stark besuchter Nassräume ist beim Betrieb dieser Anlagen die bereits oben beschriebene Speziesverteilung so lange normal, als bis zum Beginn des nächsten Saunatages sichergestellt werden kann, dass Reinigungs- und Desinfektionsmaßnahmen eine Anreicherung verhindern. Besonders wichtig in diesem Zusammenhang ist die Tatsache, dass sowohl durch die Anwendung bestimmter Desinfektionsmittel als auch durch unsachgemäße Verwendung, d.h. nicht richtige Durchführung der Desinfektion, eine selektive Anreicherung einzelner Spezies erfolgen kann.

2.3.3 Privat genutzte Nassräume

Die Untersuchungen in öffentlichen Saunaanlagen können und müssen noch durch die Ursachen in privat genutzten Bädern und Duschen ergänzt werden. Neben den bereits erwähnten Quellen müssen vor allem schadhafte Fliesenfugen und dauerelastische Fugendichtmassen im Duschbereich sowie im Anschluss zwischen Wand und Badewanne erwähnt werden.

Neben den überdurchschnittlich hohen und langen Feuchtigkeitsbelastungen kommt hinzu, dass durch Hautschuppen, Haare und Waschmittel- und Duschzusätze die idealen Nährstoffe und Nahrungsgrundlage für das Schimmelpilzwachstum gegeben ist. Deshalb sollten auch Abflüsse in Wannen, Duschen und Waschbecken regelmäßig gereinigt und desinfiziert werden. Hohe Schimmelpilzkonzentrationen lassen sich auch in Fönen oder in Haargittern über Abflüssen nachweisen **(Abb. 2.53)**. Diese sollten deshalb nicht nur zum Auffangen der Haare genutzt, sondern auch regelmäßig gereinigt werden.

Aber auch alltägliche Gewohnheiten führen zu besseren Wachstumsbedingungen wie bei-

Abb. 2.53-2.56

spielsweise das Zustellen von Ecken mit Dusch- und Haarwaschmitteln oder das Aufhängen/Trocknen von Putz- oder Waschlappen, nassen Handtüchern und feuchten Bademänteln und dgl. Wenn dann noch bauliche oder konstruktive Mängeln hinzu kommen, die eine starke Durchfeuchtung fördern oder ein Abtrocknen verhindern bzw. verzögern, ist ebenfalls die Grundlage für Schimmelpilzbefall gegeben. Hierzu zählen in erster Linie innenliegende Bäder ohne direkte Fensterlüftung, Hohlräume unter Wannen und Duschen (Probleme bei Undichtigkeiten), **(Abb. 2.54)** undichte Zu- und Abwasserleitungen, Rohrdurchführungen durch Fliesen (mögliche Gefahr der Hinterfeuchtung), feine Haarrisse in Fliesen **(Abb. 2.55)**, Geruchsverschlüsse und Nebenluftöffnungen (besonders gefährdet, wenn Wannen und Duschen lange nicht genutzt wurden), Kondensatgefährdung von Entlüftungsrohren und -schächten, Hohlräume in Armaturen **(Abb. 2.56)**, Duschköpfen und Handtuchhaltern und dgl. sowie fehlende oder unzureichende Abdichtungen.

Zusammenfassend kann man festhalten, dass Pilze im Gegensatz zu Bakterien dem Menschen in ihrer natürlichen Verbreitung stärker bewusst werden. In den Badezimmern genügen beispielsweise die regelmäßigen Reinigungsmaßnahmen, um ein Gleichgewicht zwischen Pilzzuwachs und -abtrag auf keramischen, emaillierten oder kunststoffbeschichteten Oberflächen einzustellen und Emissionen von Sporen gering zu halten. Dem gegenüber ist in Gemeinschaftssaunen ohne regelmäßig durchgeführte Scheuerdesinfektionen eine massive Zunahme der Schimmelpilze festzustellen.

2.4 Schimmelpilze in Lebensmittelbetrieben

Schimmelpilze in industriellen und handwerklichen Betrieben, in denen Lebensmittel hergestellt, verarbeitet und gelagert werden, sind eine nicht zu unterschätzende Infektionsquelle. Die Gefahr des vorzeitigen Verderbens von Nahrungsmitteln – mit wirtschaftlichen und gesundheitlichen Folgeschäden – erfordert neben der Personalhygiene auch eine Raumhygiene. Einige Schimmelpilzarten können sich sehr niedrigen Temperaturen anpassen. Erst bei Temperaturen unter -15 °C wachsen lebensmittelverderbende Schimmelpilze nicht mehr weiter. Das Myzelwachstum hört zumeist um 0 °C auf.

Die Ansiedlung bestimmter kältetoleranter Schimmelpilze ist auch in Kühlräumen möglich. Dabei muss aber keineswegs der typische Schimmelpilzrasen sichtbar werden. Das mit bloßem Auge nicht erkennbare Mycel kann dennoch gelagerte Lebensmittel gefährden. Zur Lagerung von Lebensmitteln in Kühlräumen sollte man wissen, dass sich eine ganze Reihe von Schimmelpilzen auf Lebensmitteln auch noch bei Kühlschranktemperatur ausbreiten kann. Auf Fleisch können sich beispielsweise Schimmelpilze der Gruppe *Aspergillus glaucus* noch bei -8 °C bilden. Allerdings verlangsamen die Zellen der Schimmelpilze mit sinkenden Temperaturen ihre Stoffwechselprozesse, sterben aber (im Gegensatz zur Hitzebehandlung) nicht so leicht ab. Deshalb darf übrigens auch die Kühlkette vom Lebensmittelhersteller bis zum Konsumenten nicht unterbrochen werden.

Abb. 2.57-2.58 ▪ Starke Schimmelpilzbelastungen in einer Großküche

Auch die Bildung von Giftstoffen (Mykotoxinen) wird mit sinkenden Temperaturen reduziert und letztendlich eingestellt. Es gibt jedoch Mykotoxine, die bevorzugt bei sehr tiefen Temperaturen von gewissen Schimmelpilzen gebildet und abgegeben werden. Dies ist beispielsweise auch bei der Kühllagerung von Obst und Gemüse möglich.

In Kühlräumen ist bei Renovierungsarbeiten eine Untergrundreinigung mit Dampf- oder Wasserhochdruckstrahlern zumeist praktisch nicht durchführbar, weil die relative Luftfeuchtigkeit konstant gehalten werden muss. Lebensmittelbetriebe, in denen ungünstige bautechnische Voraussetzungen und/oder unzureichende Ablüftungsinstallationen vorliegen, bleiben nicht nur aus betriebshygienischer, sondern auch aus rechtlicher Sicht bedenklich.

2.5 Fogging – oder das Phänomen schwarzer Wohnungen

Abschließend soll auf das so genannte Fogging eingegangen werden, bzw. auf das Phänomen schwarzer Wohnungen, das in letzter Zeit vermehrt durch die Fachpresse aufgegriffen wird und zwischen wissenschaftlicher Abhandlung und polemischer Panik angesiedelt ist. Aber was hat dieses Thema mit Schimmelpilzen und anderen Innenraumbelastungen gemeinsam? Erwähnenswert ist dieses Thema nur deshalb, da Laien und bedauerlicherweise auch Sachverständige diese Erscheinungen immer öfter in Verbindung mit Schimmelpilzen und anderen mikrobiologischen Organismen wie Viren und Bakterien bringen.

Schimmelpilzwachstum beschränkt sich aber meist auf feuchte Wandoberflächen an Wärmebrücken (Zimmerecken, Fensterleibungen, vor allem auch hinter Schränken und Bildern!), unabhängig vom Verlauf elektrischer Leitungen, und tritt nicht an den Einrichtungsgegenständen, z.B. Vorhängen, auf. In einigen Fällen trat neben dem Fogging-Phänomen zusätzlich Schimmel auf. Gegebenenfalls muss der Schimmelpilzbefall durch eine Abklatschprobe an der Verdachtsfläche nachgewiesen oder ausgeschlossen werden.

Berichte über plötzlich auftretende Ruß- und Staubablagerungen in Wohnungen, bei denen teilweise großflächige Verfärbungen und Beläge auf Wand-, Fenster- und Möbelflächen auftreten, gab es bereits in den 70er Jahren und sie nehmen in der Literatur wieder zu. Von einzelnen Wohnungsunternehmen wird berichtet, dass dieses Problem in Innenräumen zunehmen würde. Die Verrußung führt neben der Minderung der Wohnqualität vor allem zu einer massiven Beunruhigung der Benutzer. So wie es auch in der Vergangenheit nicht an Erklärungsversuchen gefehlt hat, werden heute über die Ursachen – oder genauer gesagt möglichen Ursachen – in Fachkreisen wieder leidenschaftliche Diskussionen geführt, da es bis heute nachgewiesene und wissenschaftlich anerkannte Theorien nicht gibt.

Die Ausbreitung der so genannten Rußpartikel durch vertikale Konvektion und horizontale Thermodiffusion stellt durchaus einen möglichen Transport dar, aber die Herkunft und der Bildungsmechanismus der rußartigen Beläge konnte bisher nicht befriedigend (auf)geklärt werden. Erklärungsmodelle wie Tabakrauch, Kerzen- oder Öllampenruß, Rauchgasniederschläge aus Industrieemissionen, Abrieb der Kohleelektroden von Staubsaugern, sublimierende Ammoniumsalze aus versotteten Schornsteinen, Zersetzung von Staubpartikeln an heißen Oberflächen wie beispielsweise Elektrospeicherheizgeräten waren grundsätzlich spekulativer Natur und in allen (veröffentlichten) Fällen nicht durch chemisch-analytische Untersuchungen abgesichert.

Bei Verrußungen, die durch undichte Kamine bedingt sind, findet sich meist eine gleichmäßige Ablagerung, die vor allem auf horizontalen Oberflächen zu finden ist. In den betroffenen Räumen ist meist erkennbar, dass die stärksten Ablagerungen dort auftreten, wo Oberflächen direkt von der Raumluft angeströmt werden. So sind die Verfärbungen über Heizkörpern und Lampen, oberhalb von Teppichleisten (hier sammeln sich oft erhöhte Feinstaubmengen) oder an kleinen erwärmten Lücken wie z.B. Heizungsrohrdurchbrüchen, am stärksten. An Stellen, an denen keine starke Konvektion stattfindet, ist in der Regel keine Schwarzfärbung sichtbar **(Abb. 2.59-2.62)**.

Die schwarzen Ablagerungen in Wohnungen waren innerhalb weniger Wochen, in Extremfällen auch innerhalb weniger Tage entstanden und traten zum Teil massiv und in mehreren Räumen der Wohnung gleichzeitig auf. Vom Aussehen ähneln diese Erscheinungen rußähnlichen Stäuben, weshalb in vielen Fällen die beunruhigten Bewohner zunächst an undichte Schornsteine oder defekte Heizungsanlagen bzw. schlimmstenfalls an rußende Verbrennungsvorgänge in der Wohnung als mögliche Ursache gedacht haben und deshalb den Schornsteinfeger oder auch Mitarbeiter der Gesundheitsämter hinzugezogen haben.

Abb. 2.59-2.62

Die Bewohner werden durch diese Staubablagerungen in ihrer Wohnqualität stark beeinträchtigt, in manchen Fällen sind die betroffenen Wohnungen nicht mehr benutzbar. Mieter und Vermieter bzw. bauausführende Firmen geraten im Streit um den Verursacher häufig aneinander. Nicht selten werden Entscheidungen getroffen, die dem Problem nicht gerecht werden. Typisch ist auch, dass von mehreren gleichartig errichteten und ausgestatteten Wohnungen oft nur eine oder eine kleine Anzahl betroffen ist. Dadurch irritiert, kommt es schnell zu der Annahme, dass nur das Nutzungsverhalten des Mieters als Ursache infrage kommt.

Die zur Beurteilung beauftragten Bausachverständigen, Wohnungsverwalter, Schornsteinfeger oder womöglich auch Sanitärfachleute stehen in der Regel vor riesigen Problemen, da dieses Phänomen nicht einfach erklärt werden kann, und in den allermeisten Fällen gebäudetechnische Mängel als Ursache ausgeschlossen werden können. Dabei handelt es sich – abgesehen von Ausnahmeeffekten, die durch das Abbrennen stark rußender Kerzen oder von Petroleumduftölen hervorgerufen werden können – bei den Wohnungen in aller Regel um kleinere Wohneinheiten. Eine Verrußung der Wohnung beispielsweise durch das unvollständige Abbrennen von Kerzen oder Öllampen ergibt Rußflecken an der Decke und kann durch den Nachweis von PAK (polycylische aromatische Kohlenwasserstoffe) über die Gaschromatographie der extrahierten Wischprobe definitiv belegt oder ausgeschlossen werden.

Der Begriff »Fogging«, der gerne für das plötzliche Auftreten der schwarzen Ablagerungen in bestimmten Bereichen der Wohnung verwendet wird, ist von der Automobilbranche geprägt, mit dem das Bilden eines klebrigen Films in Neufahrzeugen als Folge von Ausgasungen schwer flüchtiger Kunststoffbestandteile bezeichnet wurde. Seit der Einführung geschlossener Fahrgastzellen wird bei Kraftfahrzeugen eine mehr oder weniger stark ausgeprägte Filmbildung vor allem an der Windschutzscheibe beobachtet. Dort wird das Fogging oder »Light scattering film« (lichtstreuender Filmbelag) durch die innenseitige Trübung der Verglasungen als Sicherheitsproblem durch Sichtminderung dargestellt.

Als mögliche Quelle wurde die Innenausstattung der Kfz in Betracht gezogen. So wurde bereits 1980 von der Volkswagen AG mit der Ausarbeitung einer Prüfmethode begonnen, die in einer DIN-Norm normiert wurde und erlaubt, Werkstoffe bereits in der Entwicklungsphase auf ihr Foggingverhalten zu prüfen. Durch Veränderung von Rezepturen bei den eingesetzten Kunststoffen (z.B. Austausch leichter flüchtiger Additive durch hochmolekulare Zusätze, Verringerung des Flammschutzmittelanteils im PU-Schaum sowie der eingesetzten Weichmacher) konnte das Foggingpotenzial nach Angaben der Volkswagen AG um ca. 50% gesenkt werden. Diese Aussage lässt den Schluss zu, dass die (bei hypothetisch gleich bleibender Partikelbelastung der Luft) Freisetzung schwerer flüchtiger organischer Verbindungen (SVOC) einen maßgeblichen Einfluss auf das Foggingverhalten haben muss.

Ähnliche Probleme wie in der Automobilindustrie treten in konventionellen Innenräumen auf und führen hier zu einer spontan auftretenden Oberflächenbeaufschlagung und -schwärzung. Umfassende Untersuchungen fehlen bislang. Nach bisherigem Kenntnisstand handelt es sich hierbei um ein multifaktorielles Problem, bei dem unter anderem die Freisetzung schwerflüchtiger organischer Verbindungen eine maßgebliche Rolle spielt. Dabei werden vor allem in der kalten Jahreszeit gehäuft meist spontan auftretende, rußähnliche Beaufschlagungen beobachtet, die sich an den kälteren Oberflächen zeigen, aber auch in Kühlschränken an Geschirr, an bzw. unter Schubladen etc. auftreten.

Seit einigen Jahren wird von Seiten des Institutes für Wasser-, Boden- und Lufthygiene des Umweltbundesamtes versucht, anhand einer Fallsammlung und eigenen Untersuchungen die Ursachen für dieses Phänomen zu klären, um sinnvolle Maßnahmen für die Beseitigung und Vorbeugung von Schwarzstaubablagerungen vorzuschlagen.

Nach einer statistischen Auswertung des Umweltbundesamtes aus dem Jahre 1996 korreliert das Auftreten von Fogging zeitlich mit dem Austausch von Inneneinrichtungsgegenständen, dem Einbau anderer Fenster oder der Anschaffung neuer Elektro- und Heizgeräte und tritt fast ausschließlich während der Heizperiode in Wohnungen auf, die vorher renoviert oder neu bezogen wurden. In über der Hälfte aller Fälle wurden Malerarbeiten und in einem Drittel wurden Fußbodenarbeiten inklusive Teppichbodenverlegung ausgeführt. Die Ablagerungen waren meistens nur schwer, und unter Zusatz von Tensiden oder mit intensiven Reinigungsmitteln, zu entfernen **(Abb. 2.63-2.67)**.

Eine Hypothese war infolgedessen, dass bei diesen Renovierungen verschiedene Lösemittel verstärkt eingesetzt worden sind, die in der Folgezeit in die Raumluft freigesetzt wurden. Bei den schwerflüchtigen organischen Verbindungen (SVOC), die aus Wohnungsausrüstungen bzw. Bauprodukten emittiert werden, handelt es sich in erster Linie um Ausgasungen aus Innenraumfarben (häufig Latexfarben), Lacken, geschäumten Strukturtapeten, Vinyltapeten, Kasettendecken aus Styropor, Laminatfußböden, PVC-Platten, Isolierschäumen und getufter Teppichauslegeware, die in der Rückenlage Polypropylengewebe mit aufgeschäumtem Styrol-Butadien-Kautschuk enthält, geklebten Glasfasertapeten und auch Paneelen. Der Schwärzungseffekt beruht nach dieser Hypothese darauf, dass die ausgasenden chemischen Verbindungen im Bereich so genannter Kältebrücken kondensieren, dort infolgedessen einen klebrigen Film bilden, an

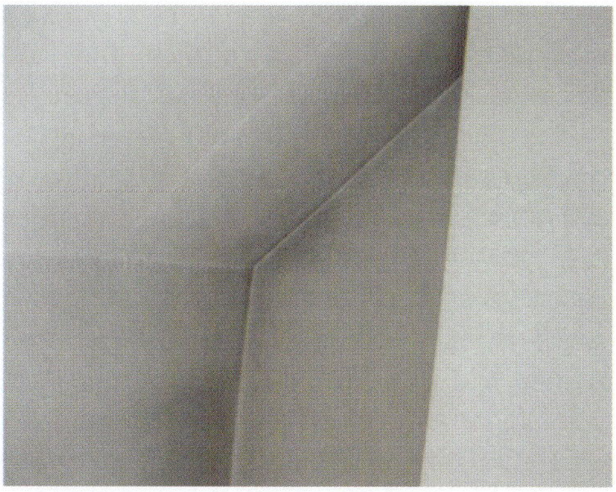

Abb. 2.63-2.67

den Hausfeinstaubpartikel durch die Konvektionsströmung in die beheizten Räume herantransportiert werden und dabei einen grauschwarzen, schmierigen Belag bilden, wobei auch andere bauphysikalische Gegebenheiten wie beispielsweise Wärmedurchgangswerte und Luftwechselraten noch eine Rollen spielen können. Allerdings tritt dies auch bei neu gebauten Einheiten auf, die in der ersten, ggf. auch der zweiten Heizperiode nach Bezug oder Ausstattungsänderung Fogging-Phänomene zeigen.

Die stets in der Raumluft vorkommenden Feinstpartikel erhalten durch Kondensation der SVOC eine chemisch modifizierte Oberflächeneigenschaft, die zu einer Zusammenlagerung (Aggregation) unter Bildung größerer Partikel führt. Diese werden dann an den Raumoberflächen verstärkt auftreffen und dort, wo sich Temperaturunterschiede zeigen, zu einer unterschiedlichen Schichtausbildung führen.

Mit Beginn der Heizperiode bzw. dem forcierten Heizen während einer Kälteperiode ändern sich die raumphysikalischen Bedingungen. Es verändern sich die Zirkulationsbedingungen, die Luftströmung kehrt um: am Fenster steigt die Luft nun aufwärts, in der Tiefe des Raumes fällt sie ab. Zusätzliche Feinstaubeinträge aus ruhendem Reservoir sind möglich. Die Luftfeuchtigkeit sinkt teilweise stark ab, besonders bei niedrigen Außentemperaturen, was eine Verringerung des Feuchtegehaltes im zirkulierenden Feinstaub nach sich zieht. Die nun leichteren Partikel und die größere Konvektionsgeschwindigkeit verstärken die elektrostatische Aufladung durch erhöhte Reibungseffekte an den Oberflächen und zwischen den Partikeln (physikalische Konditionierung). Ein Ladungsausgleich wird zusätzlich erschwert, da die elektrische Leitfähigkeit der trockenen Luft ebenfalls geringer ist. Allein dadurch kann es zu Adhäsionseffekten zwischen den Partikeln untereinander und an Oberflächen kommen.

Die Ablagerungen sind meist an Stellen mit erhöhter Luftbewegung, z.B. entlang der Heizkörperluftaustritte, entlang der Wände (meist Außenwände), Fensterrahmen, Fensterglas und Gardinen die über den Heizkörpern angebracht sind sowie an Kältebrücken wie z.B. Rolladenkästen, feuchte Stellen und Ecken an Außenwänden. Oft sind auch kunststoffhaltige Oberflächen (Steckdosen, Lichtschalter, Kunststofffenster, Bad- und Küchenmöbel, sogar Kühlschränke) betroffen. Verdeckte Stellen, die z.B. durch Möbel oder Bilder verdeckt waren, sind in der Regel nicht betroffen. Turbulente Strömungen der Luftzirkulation im Raum (z.B. an Bilderrahmen, Wandleuchten, Deckendosen u.ä.) können durch Aufpralleffekte sichtbare Muster einer erhöhten Oberflächenbelegung erzeugen.

Beim Fogging-Effekt ist des Weiteren auf eine Besonderheit hinzuweisen. Häufig kommt es in Wohnblöcken, die durchgängig von einem Bauträger in gleicher Weise mit Farben, Tapeten, Teppichen und dgl. ausgestattet sind, nur in einem Falle zum Auftreten dieses Effektes. Hierbei ist zu beachten, dass die einzige, aber entscheidende Variable dieses Vorgangs der Mikrofeinstaub innerhalb der Wohnung selbst ist. Jede Wohnung enthält nach Art und Menge ein unterschiedliches Staubpotenzial, das abhängig von der individuellen Einrichtung und Nutzung der Wohnung ist. Durch die Aufheizung während der Heizperiode wird auch der Hausfeinstaub in einer gewissen Weise vorkonditioniert, sodass es dann zu staubart-spezifischen Anlagerungen an den von Farben, Teppichen, Schaumtapeten und dgl. ausgehenden Kondensationsfilm kommen kann.

Dabei findet der Fogging-Effekt nur dann statt, wenn alle Voraussetzungen hinsichtlich Art und Menge für die Bindung des Staubes gegeben sind, also ein so genanntes »worst-case«-Szenario vorliegt. Dies bedeutet, dass nur in wenigen Fällen die gleiche Farbe, der gleiche Teppich oder Schaumstoff trotz ihres Ausgasungspotenzials grundsätzlich zu einer Schwarzfärbung führt.

Es sei in diesem Zusammenhang nochmals klargestellt: Bei dem Staub handelt es sich nicht um groben Wohnungsschmutz, sondern um einen wohnungsspezifischen Mikrofeinstaub im µm-Bereich. Ausgehend von den vorhandenen Einrichtungs- und Nutzungsbedingungen (Materialien, Beanspruchung, Zirkulation, Luftfeuchtigkeit, Temperatur...) entsteht jeweils ein wohnungsspezifischer Feinstaub, der sich durch seine Größenverteilung, Form, Oberfläche, Feuchtegehalt, chemische Zusammensetzung und ggf. Ladung charakterisieren lässt. Dieser Hausfeinstaub ist zunächst nicht sichtbar. Der eigentliche Vorgang des »Schwärzens« entsteht durch die Ablagerung des luftgetragenen Feinstaubs auf dem sich bildenden »klebrigen, öligen Film« von schwerflüchtigen Verbindungen. Der Vorgang ist allgemein bekannt: feiner Hausstaub ist eigentlich weiß bis hellgrau. Wird er mit einem weißen Tuch feucht weggewischt, ist dieses schwarz. Damit dürfte klar sein, dass es sich nicht um die Ablagerung von schwarzen Partikeln handelt.

Untersuchungen mehrerer Labors belegen, dass die Schwebstaubkonzentration in diesen Innenräumen nicht signifikant erhöht ist. Spezifische Staubquellen, z.B. Verkehr, Industrie, scheiden damit als Ursache aus. In den Ablagerungen wurden häufiger langkettige Alkane und höherwertige Alkohole, Phthalsäureester (»Phthalate«) und andere schwerflüchtige Carbonsäuren bzw. Carbonsäureester als typische Komponenten gefunden. Diese Stoffe sind überwiegend mittel- bis schwerflüchtige kondensierbare organische Verbindungen. Das bedeutet erstens, dass sie nicht wie die meisten Lösemittel nach Tagen bis Wochen aus den Materialien verdampft sind, sondern wesentlich langsamer, oft über einige Jahre, in die Raumluft abgegeben werden. Zweitens besitzen sie die Eigenschaft, sich an Materialien, Oberflächen und Partikeln erneut anzulagern, also auch am Feinstaub zu »kondensieren«. Die erwähnten Stoffgruppen werden in verschiedenen Produkten eingesetzt, um deren Eigenschaften zu verbessern oder Lösemittel zu ersetzen. Aus dem Abbrennen von Öllampen und Kerzen stammende längerkettige Kohlenwasserstoffe wurden ebenfalls nachgewiesen. Andere mittel- und schwerflüchtige Stoffe werden beim Vorhandensein von Quellen darüber hinaus in den Staubablagerungen gefunden, z.B. PAK oder Ruß, sind aber für das Phänomen der Ablagerung eher nicht entscheidend.

Die insgesamt höhere Raumlufttemperatur, besonders auch die Erwärmung vorher kühlerer Oberflächen führt bei eher rückläufigem Luftwechsel zu einer vermehrten Abgabe der mittel- und schwerflüchtigen organischen Stoffe aus den Primär- und Sekundärquellen und zu deren Anreicherung in der Raumluft. Durch ihre Tendenz zur Kondensation lagern sie sich verstärkt an die vorhandenen Feinstaubpartikel an. Die chemische Veränderung des Mikrofeinstaubes (chemische Konditionierung) geht mit physikalischen Oberflächenveränderungen einher, die sich in der beobachteten Konsistenz der Ablagerungen (ölig-schmierig) widerspiegeln können. Der eigentliche Fogging-Effekt, also die Staubablagerung an den Oberflächen, wird sowohl durch thermische als auch durch elektrostatische Wechselwirkungen mit den Oberflächen erklärt. Das »Sichtbarwerden« des Feinstaubes als schwarze Ablagerung kann durch die nachgewiesenen organischen Stoffe nicht hinreichend erklärt werden. Dem Effekt liegt vermutlich ein physikalisches Phänomen zugrunde: Licht wird aufgrund der Abmessungen der Feinstaubpartikel nicht mehr reflektiert, also »geschluckt« – daher auch der eingangs erwähnte Begriff »Light scattering film« (lichtstreuender Filmbelag).

Als Erklärungen für das Fogging-Phänomen werden verschiedene Faktoren diskutiert:

- Vorausgegangene Renovierungsarbeiten bzw. Neubau: In ca. 86% der beobachteten »Fogging«-Fälle handelte es sich um renovierte Wohnungen bzw. um einen Neubau. Die Art der durchgeführten Arbeiten steht dabei hingegen in einem weniger deutlichen Zusammenhang: In 52% der Fälle wurden Malerarbeiten vorgenommen, in 34% Fußbodenarbeiten.
- Kalte Außenwände mit Wärmebrücken begünstigen den Feinstaubniederschlag und die SVOC-Kondensation, daher Vergrauungs-Effekt vorwiegend in den Wintermonaten
- Dachschrägen als Prallwand für den mit der warmen Luft aufsteigenden Staub
- Rußquellen in der Wohnung wie Zigarettenrauch oder Kerzen, oder Rußeintrag durch die Außenluft
- Teppichböden mit Faserfreisetzung
- Eintrag von Außenluftstaub
- Abrieb der Kohleelektroden von Staubsaugern
- chemische Teppichreinigung mit der Ausbringung von Tensiden
- Fußbodenwachse, Fußbodenöle
- Innenraumausstattung (Materialien, die zusätzlich Weichmacher abgeben, wie Laminat, PVC, Teppichboden, Paneele)
- Raumnutzung (Verwendung zusätzlicher Emissionsquellen für SVOC wie Öllämpchen und Kerzen, Lüftungsverhalten)
- Sonstige raumklimatische und Witterungseinflüsse wie Luftfeuchtigkeit und Elektrostatik der Luft.

Es wird geschätzt, dass das Auftreten des Fogging-Phänomens von der physikalischen und chemischen Konditionierung des wohnungsspezifischen Mikrofeinstaubes und den raumphysikalischen Bedingungen in der Heizperiode in jedem Einzelfall abhängt. Einzelbeispiele haben gezeigt, dass unter denselben oder ähnlichen Bedingungen nach Beseitigung der Ablagerungen das Phänomen auch wiederholt auftreten kann. Aus Erfahrung können folgende Maßnahmen dem Wiederholungsfall vorbeugen:

- Da die Art und Menge der kunststoffhaltigen, insbesondere der Weichmacher enthaltenen Materialien, eine entscheidende Grundlage für das Phänomen bildet, sollte der Verzicht oder der Wechsel bestimmter Einrichtungsgegenstände erwogen werden.
- Ebenso kann die Anhebung zu niedriger Raumluftfeuchtigkeit oft das wiederholte Auftreten verhindern. Erhöhte gesundheitliche Risiken lassen sich aus dem Auftreten des Fogging-Phänomens nicht ableiten. Gesundheitliche Risiken können nur aus der Schadstoffbelastung der Raumluft abgeleitet werden. Deshalb ist es aus gesundheitlicher Sicht nicht notwendig, die Ablagerungen chemisch untersuchen zu lassen oder das Fogging-Verhalten bestimmter Einrichtungsgegenstände zu bestimmen.

Gezielte und vor allem wirksame Maßnahmen zur Verringerung der plötzlichen Staubablagerungen wurden bisher nur in wenigen Fällen dokumentiert. Danach waren in zwei Fällen ein kräftiges Lüften und Heizen der betroffenen Räume und eine rigorose Entfernung aller möglichen Quellen erfolgreich. Allerdings soll abschließend nicht verheimlicht werden, dass obiges Erklärungsmodell in der Fachwelt teilweise kontrovers diskutiert wird. Emissionen von Kunststoffen, die sich am Hausstaub niederschlagen, können in der Regel auftretende Schwarzfärbung nicht erklären. Untersuchungen des Feinstaubes ergaben in vielen Fällen von foggingfreien Wohnungen nicht abweichende Zusammensetzungen bezüglich mehrerer leicht- und schwerflüchtiger Bestandteile.

Da die eigentliche Ursache nach jetzigem Kenntnisstand nicht benannt werden kann, ist auch eine Aussage zur sicheren Vermeidung des Fogging noch nicht möglich. So lässt sich auch in der Regel keine Klärung der Schuldfrage erbringen, da neben den gebäudebezogenen potenziellen Faktoren wie beispielsweise Materialien, Wärmebrücken, Luftkonvektion auch wohnrelevante Faktoren wie beispielsweise Einrichtungsgegenstände, Zigarettenrauch, Lüftung, Kerzen gegeben sind. Die wichtigste Information zum Schluss: Die im Zusammenhang mit Fogging in Wohnungen in die Raumluft abgegebenen Phthalsäureester, die als Weichmacher in Kunststoffen, als höhersiedende Lösemittel in Farben, Lacken, Klebstoffen etc. eingesetzt werden, sind aus hygienischer Sicht bei den in den Wohnungen gemessenen Konzentrationen nicht gesundheitsschädlich. Die Verbindungen kommen in niedrigen Konzentrationen überall in der Außen- und Innenraumluft vor. Bei erhöhten Expositionen an Arbeitsplätzen wird eine Gesundheitsgefährdung durch einzelne Phthalate diskutiert.

Bereits aus der Zusammenstellung der Einflussfaktoren und Begleiterscheinungen, die zum Phänomen der »schwarzen Wohnungen« beitragen, ergibt sich, dass die Emissionen aus Bauprodukten bzw. der bei Renovierungsarbeiten eingesetzten Produkte offenbar einen erheblichen Beitrag zum Entstehen der plötzlichen schwarzen Ablagerungen liefern. Da in den Ablagerungen, sofern Analysen durchgeführt wurden, vielfach schwerflüchtige organische Verbindungen gefunden wurden, könnte eine Praxisempfehlung lauten: die Verwendung weichmacheremittierender Bau- und Renovierungsprodukte muss weitestgehend eingeschränkt oder ausgeschlossen werden. Die Bezeichnung »lösemittelfrei« bei Farben, Lacken und Klebstoffen sagt in diesem Zusammenhang nicht viel aus, da auch lösemittelfreie Produkte Weichmacherverbindungen enthalten können (Lösemittel werden per Definition nur bis zu einem Siedepunkt von etwa 200 °C als Lösemittel bezeichnet – Weichmacher sieden aber erst um die 300 bis 400 °C).

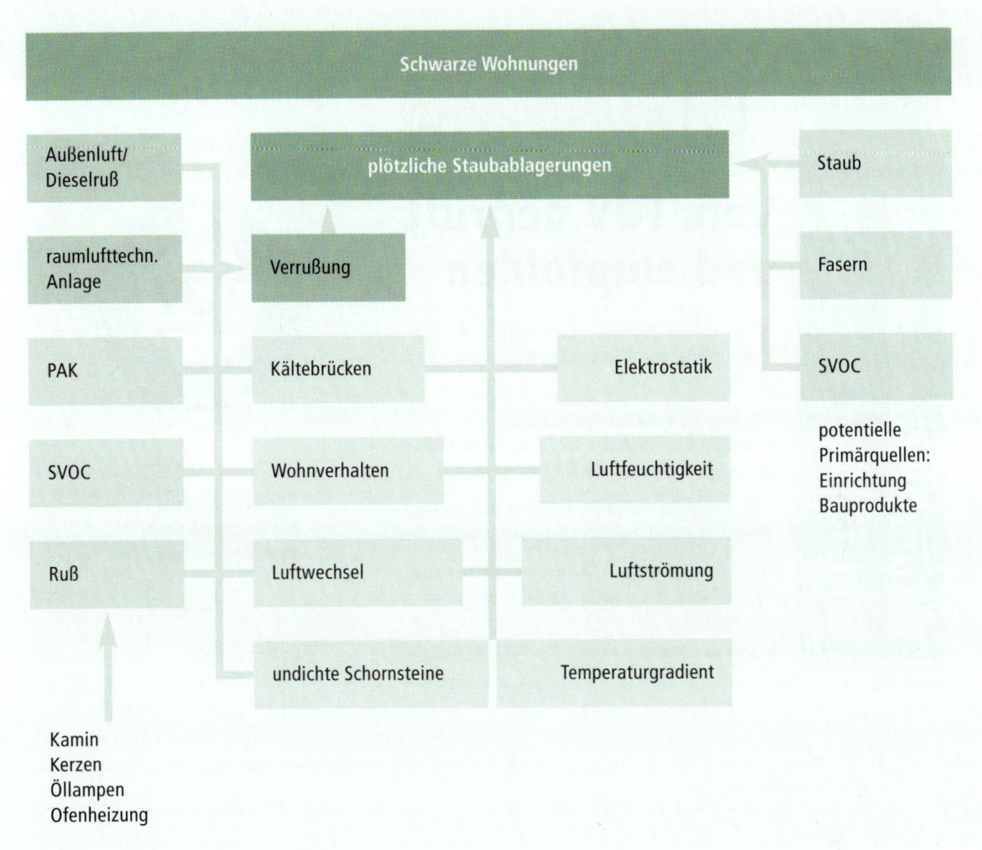

Abb. 2.68 ■ Mögliche Ursachen und Einflussfaktoren, die nach dem aktuellen Kenntnisstand zum Auftreten des Phänomens der »schwarzen Wohnungen« beitragen können

Bauliche Mängel, die in den meisten Fällen zwar nicht unmittelbar zum Entstehen des Phänomens beitragen, das Erscheinungsbild aber erheblich verstärken können, sollten unbedingt beseitigt werden. Dies sollte allerdings aus umwelthygienischen Gründen im Übrigen auch, ohne dass schwarze Ablagerungen aufgetreten sind, geschehen. Darüber hinaus empfiehlt das Bundesumweltamt neben reichlichem Lüften und Heizen das Entfernen aller möglichen Quellen, an erster Stelle Kunststoff- und Schaumstofftapeten, Synthetikteppiche und sonstige -oberflächen sowie mögliche Öllampen und Kerzen.

Da auch Wand- und Deckenanstriche für Fogging ursächlich sein können, muss der Austausch dieser Beschichtungsstoffe geprüft werden. Abschließend soll aber noch einmal deutlich betont werden, dass in Einzelfällen diese Staub- oder Schwarzablagerungen erneut wieder aufgetreten sind, nachdem diese nach einer Renovierung ursprünglich verschwunden waren und das Phänomen gelöst schien. Nicht umsonst wird mit dem Begriff Phänomen eine »auffällige Erscheinungsform« definiert, »die ungewöhnlich und teilweise unerklärlich ist«. So wird das Phänomen der »schwarzen Wohnungen« sicherlich auch in den nächsten Jahren noch für die

Abb. 2.69 ■ Mit lösemittel- und weichmacherfreien sowie emissionsarmen Produkten kann eine mögliche Ursache für den Fogging-Effekt ausgeschlossen werden.

eine oder andere Veröffentlichung, Aufregung bis hin zu zweifelhaften Erklärungsversuchen und infolgedessen rechtliche Auseinandersetzungen sorgen.

3 Ursachen für das Schimmelpilzwachstum

3.1 Einleitung

Die Ursachen für neue Feuchtigkeitsprobleme beispielsweise in alten Gebäuden sind vielfältig. Eine Teilsanierung des Gebäudes verändert die teilweise komplexen bauphysikalischen Eigenschaften. Die Beseitigung von Kaminen und Einzelöfen in Kombination mit neuen Fenstern reduziert den natürlichen Luftwechsel. Neue Isolierverglasungen mit höheren Oberflächentemperaturen führen zu lokalen Feuchtigkeitsanstiegen auf einzelnen Wandoberflächen, da der Feuchtigkeitsausfall nicht mehr an den kalten Fensterflächen stattfindet. Eine veränderte Lebensweise führt zum deutlichen Anstieg von nutzungsbedingten Feuchtigkeitseinträgen. Einzelne, aber massive Luftundichtigkeiten in der sanierten Gebäudehülle führen zu Feuchteschäden in der Konstruktion, während zuvor eine Vielzahl von Undichtigkeiten für einen schadensfreien Abtransport der Feuchtigkeit gesorgt hat. Nutzungsänderungen in einem bestimmten Gebäudesystem (Keller- und/oder Dachbodenausbau) oder architektonische Grundrissoptimierungen wie offene Treppenhäuser vom Keller bis zum Dachboden verändern darüber hinaus den Feuchtehaushalt eines Bauwerkes nachhaltig.

Immer häufiger wuchern Schimmelpilze in Häusern mit modernen Doppelglasfenstern. Mit der Abdichtung der Fenster und der Einführung von Zentralheizungssystemen in den Wohngebäuden tritt an Wand- und Eckbereichen immer häufiger das Phänomen auf, das allgemein mit Schimmelbildung bezeichnet wird. Diese beiden Sanierungs- oder Modernisierungsmaßnahmen führen zu einer Verringerung des Luftaustausches in den Räumen. Wird dann, vor allem in den Wintermonaten, nicht genügend gelüftet und geheizt, steigt infolgedessen die Raumluftfeuchte an. An Kältebrücken wie Fensterlaibungen und Raumecken kommt es zu einer erhöhten Kondensation. Hierbei schlägt sich die Feuchtigkeit aus der Luft auf der Rauminnenseite nieder. Dieser Vorgang ist in der Regel reversibel, also umkehrbar, wenn die Raumtemperatur steigt und ein Luftaustausch erfolgt.

Tritt dennoch Schimmelbildung ein, so ist das auf einen erhöhten Tauwasseranfall zurückzuführen. Begünstigend für die mikrobiologische Besiedlung der Wandoberflächen ist das Vorhandensein von organischen Materialien sowie geringe Luftbewegung. Biozide Anstriche oder auch Sprays können das Problem nicht dauerhaft lösen. Das Problem der Schimmelbildung kann nur gelöst werden, wenn die Ursache beseitigt werden kann. Diese kann in einer erhöhten Wanddurchfeuchtung liegen. Eine erhöhte Mauerwerksfeuchte (z.B. durch kapillar aufsteigende Feuchte) muss aber nicht generell vorliegen, wenn Schimmelbefall auftritt. Auch eine Durchfeuchtung der oberflächennahen Bereiche infolge der oben genannten Kondensation oder auch infolge der so genannten hygroskopischen Feuchtigkeit kann die Ursache sein. Weiterhin kann auch kein absoluter Wert für die Oberflächenfeuchte genannt werden, mit der einer Besiedlung Vorschub geleistet wird. Erfahrungen haben gezeigt, dass unter Umständen bereits bei einer Durchfeuchtung der Oberflächen von 10% Schimmelbildung auftreten kann. Eine eindeutige Aussage kann deshalb nur eine individuelle Betrachtung und Objektanalyse geben.

Im Außenwandbereich ist alles, was in konstruktiver oder materialtechnischer Hinsicht zur dauernden oder wiederholten Durchfeuchtung der Wandoberfläche führt oder beiträgt, als Mitursache für Schimmelbildungen anzusehen – unabhängig von der Frage, ob eine mangelhafte Leistung eines an der Planung und Errichtung eines Gebäudes Beteiligten vorliegt. In diese Kategorie gehören also eine unzureichende Wärmedämmung und Wärmebrücken, fehlende Dampfsperren bzw. ein insgesamt falscher Wand- oder Dachaufbau ebenso wie schlecht gedämmte Rahmenprofile, undichte Fugen, defekte Wasserleitungen oder einfach, z.B. durch Risse, herbeigeführte Undichtigkeiten von Fassade, Dach oder

Keller. In Altbauten wird vielfach ein Zusammenspiel von im Außenmauerwerk aufsteigender Feuchtigkeit und – evtl. aufgrund mangelnder Regendichtigkeit und der damit verbundenen Reduzierung des Wärmedämmvermögens – verstärkter Tauwasserbildung am und im inneren Außenwandbereich beobachtet, Letzteres hauptsächlich im Wohnungsbau der Nachkriegszeit mit Minimalkonstruktion der Umfassungswände.

Abb. 3.1-3.3 ▪ Die Ursachen für Bauschäden durch Feuchtigkeit können sehr vielfältig und komplex sein.

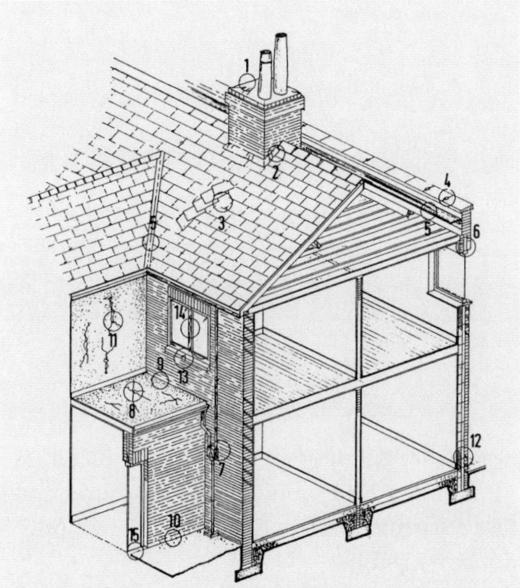

Abb. 3.1 ▪ Eindringendes Regenwasser

1 Mangelhaft abgedichteter Schornstein
2 Mangelhafter Anschluss zwischen Dach und Schornstein
3 Lockere, undichte Dachziegel
4 Mangelhafte Attikaabdeckung ohne Abdichtung
5 Schadhafte Kehlen und Rinnen
6 Fehlendes Traufblech am Fenstersturz
7 Schadhaftes Regenfallrohr und Fallrohrstutzen
8 Schadhafte Eindeckung des Flachdaches und ungenügendes Dachgefälle
9 Fehlende Isolierung oder zu niedrige Wandanschlüsse an aufgehendem Mauerwerk
10 Fehlender Spritzwassersockel
11 Schadhafter Putz
12 Feuchtigkeitsbrücken in zweischaligen Wänden
13 Schadhafte Wasserschenkel an den Fenstern
14 Schlecht verkittete oder gestrichene Fenster
15 Fehlende Türschwelle

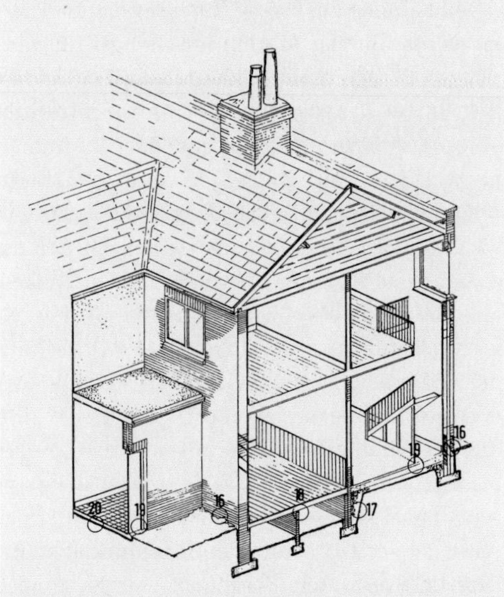

Abb. 3.2 ▪ Ursachen für aufsteigende Feuchtigkeit

16 Erdanschüttungen oder Gehwege ohne entsprechende Isolierung an der äußeren Wandfläche
17 Fehlende Vertikalabdichtung zwischen Erdboden und Kellerwänden
18 Fehlende waagerechte Abdichtung unter dem Deckenauflager
19 Fehlende waagerechte Abdichtung unter und über dem Kellerfußboden
20 Wenn ein massiver Fußboden permanent feucht ist, kann dies auf eine schadhafte oder fehlende waagerechte Abdichtung zurückzuführen sein.

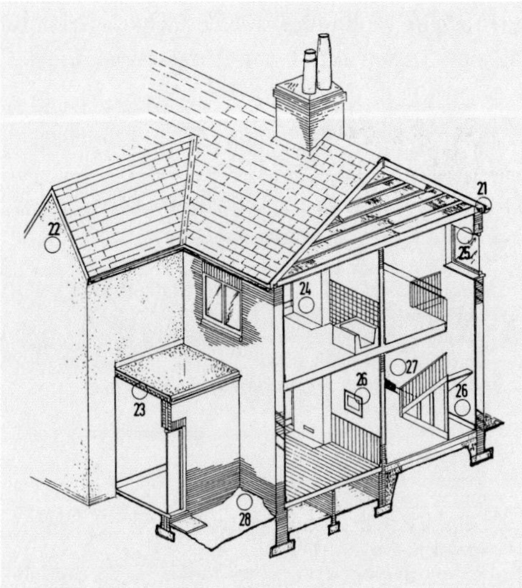

Abb. 3.3 ■ Ursachen für Kondensationsfeuchte
21 Verstopfte Lüftungsschlitze bzw. -siebe an der Traufe
22 Fehlende Querbelüftung im Dachboden
23 Kondensationsfeuchte im Flachdach wegen fehlender Dampfsperre
24 Fehlende Lüftungsklappe für stillgelegte Schornsteine
25 Tauwasserbildung durch Kältebrücke an einem massiven Betonfenstersturz
26 Tauwasserbildung hinter Bildern und Schränken aufgrund mangelnder Hinterlüftung
27 Kondensation am Fuß einer Außenwand (nicht zu verwechseln mit aufsteigender Feuchtigkeit)

Darüber hinaus können mangelhafte Grundrisskonzeptionen mit ungenügenden Lüftungsmöglichkeiten (z.B. in Bädern) Ursache für Schimmelpilzbefall sein. Diese typischen Baumängel können natürlich durch typische Nutzungsmängel (z.B. zu wenig oder falsch gelüftet und/oder geheizt) ergänzt werden.

Schlagregenundichtigkeiten und starke Witterungseinflüsse, Abdichtungsmängel oder nicht vorhandener bzw. nicht mehr funktionsfähiger Feuchtigkeitsschutz gegen kapillar aufsteigende Feuchtigkeit oder Oberflächen- und Sickerwasser, auch Installationsleckagen und defekte Dachentwässerung infolge fehlender Bauunterhaltung sind als mögliche Feuchtigkeitsquellen relativ einfach identifizierbar.

Die Problematik von Feuchteschäden mit Schimmelpilzbildung, die grundsätzlich auch schon früher in Gebäuden bestand, hat in den letzten Jahren erheblich an Bedeutung gewonnen. So wurden diese Schäden sogar im Bauschadensbericht der Bundesregierung separat aufgeführt. Allerdings wurde keine quantitative und qualitative Bauzustandsanalyse auf Schimmelpilzbefall durchgeführt.

Im Rahmen des von der Internationalen Energieagentur durchgeführten Forschungsvorhabens »*Energy & Condensation*« wurde vom Fraunhofer Institut für Bauphysik eine Schimmelpilzuntersuchungsanlage gebaut, mit der Schimmelpilzwachstum auf Baustoffen unter baupraktischen und realistischen Bedingungen analysiert werden kann. Des Weiteren stellte sich heraus, dass bereits ab einer relativen Luftfeuchtigkeit an der Bauteiloberfläche von 80% Schimmelpilzwachstum auftritt. Müsste der Wärmeschutz der Außenwände so dimensioniert werden, dass diese Bedingungen verhindert würden, so würde dies zu erhöhten Anforderungen führen. Andererseits ist bekannt, dass in vielen Räumen Feuchtigkeitsbelastungen von über 80% auftreten, ohne dass es zur Schimmelpilzbildung kommt. Dies ließ vermuten, dass auch eine hohe aber kurze Feuchtigkeitsbelastung oberhalb des Durchschnitts hinsichtlich einer Schimmelpilzbildung

Abb. 3.4-3.5 ■ Schimmelpilzbefall auf Raufasertapeten und/oder Gipskartonplatten.

als unkritisch zu sehen ist. Infolgedessen wurde untersucht, wie häufig und mit welcher Intensität Feuchtigkeitsbelastungen auftreten dürfen, ohne dass dies zu Problemen führt. Daraus können dann wiederum die Mindestanforderungen an die Hüllflächenbauteile und den Mindestluftwechsel festgelegt werden. Inwieweit der Baustoff oder die Oberflächenbeschichtung selbst einen Einfluss auf das Schimmelpilzwachstum nimmt, wurde im Rahmen der oben genannten Untersuchung ebenfalls mit abgeklärt.

Die Versuchsanlage ermöglicht die Parameter Luftfeuchtigkeit, -temperatur und -geschwindigkeit sowie Oberflächenfeuchte und -temperatur für verschiedene Oberflächenmaterialien einzustellen. Für die Versuchsdurchführung wurden auf die Baustoffoberflächen unterschiedliche Sporensuspensionen aufgesprüht, die sich jeweils aus den wesentlichen Schimmelpilzspezies (*Aspergillus, Penicillium, Cladosporium* und *Alternaria*) zusammengesetzt hat. Dabei sollten die Fragen geklärt werden, ob die unterschiedlichen Beschichtungsstoffe (Putz, Farbe, Tapete) und deren Oberflächenverschmutzung Einfluss auf die Schimmelpilzbildung nehmen und inwieweit der Untergrund und seine Beschaffenheit für diese Frage relevant ist. Darüber hinaus wurden bauphysikalische und raumklimatische Aspekte in die Untersuchung mit einbezogen.

Zwischen den heute eingesetzten Putzmörteln und Beschichtungsstoffen wie organisch oder anorganisch gebundenen Putzen gibt es hinsichtlich der Schimmelpilzbildung zwar einen Unterschied, der aber zu vernachlässigen ist. Anstriche und Tapeten können das Schimmelpilzwachstum fördern. Der Untergrund unter den oben genannten Beschichtungsstoffen hat auf das Schimmelpilzwachstum keinen Einfluss. Entscheidend ist der Anstrich bzw. die Oberflächenbeschaffenheit.

Bei gleich bleibend hoher relativer Luftfeuchtigkeit an der Oberfläche erhöht sich das Schimmelpilzwachstum mit zunehmender Oberflächentemperatur erheblich. Organische Ablagerungen und Verschmutzungen auf Baustoffoberflächen verstärken das Schimmelpilzwachstum in besonderer Weise. Bei starker Verschmutzung geht der Einfluss des Untergrundes komplett verloren – die Verschmutzung bestimmt das Wachstum allein. Die Zeitdauer einer hohen Feuchtigkeitsbelastung auf der Baustoffoberfläche ist von großem Einfluss. Bei verschmutzten Bauteiloberflächen reichen bereits kurze tägliche Feuchteperioden für das Schimmelpilzwachstum aus.

Die Versuche haben eindeutig nachgewiesen, dass sowohl die relative Feuchte an der Oberfläche als auch die Materialbeschaffenheit und die Verschmutzung an der Oberfläche einen Einfluss auf das Schimmelpilzwachstum haben. Es wurde deutlich, dass die Feuchtegrenze für Schimmelpilzbildung nicht, wie häufig angenommen, im Taupunktbereich liegt, sondern eine Schimmelpilzbildung materialabhängig ab 80% relativer Feuchte an der Oberfläche auftreten kann. Weiterhin zeigten die Messergebnisse, dass kleine Temperaturdifferenzen von ca. 3°C bereits darüber entscheiden können, ob die Feuchtigkeit auf der Oberfläche im unkritischen Bereich liegt oder bereits Schimmelpilzbildung auftreten kann. Auf diese Erkenntnisse aufbauend können die Mindestanforderungen an den Wärmeschutz der Hüllflächenbauteile zur Verhinderung von Schimmelpilzbildung künftig präziser festgelegt werden, als dies bisher möglich gewesen ist.

Zusammenfassend wurde bestätigt, dass Schimmelpilzbildung bei relativer Luftfeuchte zwischen 80 und bis zu 100 Prozent zu beobachten war. Ein Wachstum war auf Oberflächen zu verzeichnen, deren pH-Wert zwischen 2 und 8 (sauer bis schwach alkalisch) lag. Im Allgemeinen bevorzugen Schimmelpilze leicht saure Medien mit pH-Werten zwischen 4,5 und 6,5. Durch Ausscheidung von Stoffwechselprodukten können viele Schimmelpilze den pH-Wert ihrer unmittelbaren Umgebung modulieren. Die Bildung sekundärer Stoffwechselprodukte wie die Mykotoxine findet häufig in einem engeren oder anderen pH-Wert statt, als das meditative Wachstum.

Bei Oberflächentemperaturen zwischen 0 und 45°C konnte Wachstum nachgewiesen werden. Als Nährstoffgrundlage reichen die in der Luft vorhandenen Stäube, Fette und Aerosole aus, wenn sie seit mindestens drei bis fünf Jahren an der Baustoffoberfläche abgelagert waren. Bei ausreichender Anlagerung ist sogar die Beschaffenheit der Baustoffoberfläche nahezu untergeordnet. Da sich demnach alle Einflussfaktoren in bauüblichen bzw. praxisgerechten Bedingungen bewegen, ist eine praktische Eingrenzung der Schimmelpilzausbreitung nur durch eine Begrenzung der relativen Feuchte unmittelbar vor der Bauteiloberfläche auf mindestens < 80%, besser nicht größer als 50%, möglich.

Schimmelpilze sind darüber hinaus die häufigste Ursache der biologischen Schädigung von Kunststoffen und Elastomeren. Die heute im Wohnungsbau oder bei der Modernisierung und Sanierung verwendeten Kunststoffe sind keinesfalls hygienisch keimfrei oder befallsneutral. Die vom Schimmel erzeugten Farbstoffe führen häufig zu einer Verfärbung der Polymere, wobei nach Beseitigen des Schimmels auf dem Material Flecken verschiedener Farbe zurückbleiben, die praktisch nicht mehr zu entfernen sind. Stark entwickelte Schimmelpilzkolonien begünstigen die Kondensation von Wasserdampf, sodass sich an der Oberfläche noch mehr Feuchtigkeit ansammelt. Die infolgedessen erhöhte Wasseraufnahme führt wiederum zu Veränderungen der mechanischen und vor allem der elektrischen Eigenschaften.

Aufgrund seiner eigenen elektrischen Leitfähigkeit erhöht der Schimmelpilz die Leitfähigkeit der Kunststoffoberfläche und verringert damit die Kriechstromfestigkeit des Materials. Des Weiteren erleichtert Schimmelpilz die Anlagerung von Verunreinigungen aus der Atmosphäre, die dann wiederum den Nährboden für die Entwicklung weiterer Schimmelpilzkolonien bilden. In manchen Fällen kann der Schimmelpilz sogar durch den Kunststoff hindurch wachsen und damit dessen Porosität erhöhen.

Diese theoretisch ermittelten Untersuchungsergebnisse wurden über einen zweiten Versuch untermauert, der sich diesmal auf die Untersuchung von betroffenen Wohnungen konzentrierte. Die Ergebnisse überstiegen allerdings alle Erwartungen in Bezug auf das Schadensausmaß. Von den 400 untersuchten Wohnungen wiesen ca. 40% Schäden mit Schimmelpilzbefall auf. Dabei konnte kein eindeutiges Schadensbild dokumentiert werden: Es war sowohl punktueller Pilzbefall als auch vollflächiger Myzelrasen festzustellen.

Tab. 3.1 ■ Ergebnis der Mieterbefragung über das Heiz- und Lüftungsverhalten

Frage		Bewohnerverhalten		Anzahl in %
Welche Temperaturen herrschen im Durchschnitt in Ihrer Wohnung?	<19°C	Heizbereitschaft	gering	22
	19-21°C		normal	66
	>21°C		stark	1
	keine Angaben			11
Wie lange öffnen Sie im Durchschnitt täglich Ihre Fenster?	<15 min.	Lüftungsverhalten	gering	31
	15-45 min.		normal	16
	>45 min.		stark	22
	keine Angaben			31

Eine Analyse der Schadensursachen ergab folgende kausale Zusammenhänge zwischen Raumklima, Wärmebrücken und aufgebrachten Beschichtungssystemen:

- Die untersuchten Wohnungen wurden zum größten Teil in den Jahren 1940 bis 1970 errichtet. Zu dieser Zeit wurden noch keine hohen wärmetechnischen Anforderungen an Außenwände gestellt. Alle Außenwände wiesen demzufolge nur das geforderte Mindestniveau in Bezug auf Wärmedämmung auf.
- Die ursprünglichen Fenster wurden in fast allen Objekten in den Jahren 1978 bis 1986 durch neue Konstruktionen mit verbessertem Wärmeschutz und meist auch größerer Luftdichtigkeit ersetzt.
- Ein bis zwei Jahre nach dem Fenstereinbau begann in den meisten Wohnungen der Schimmelpilzbefall. Im Wesentlichen wurden Verbundfenster mit Aluminium- oder Kunststoffrahmenprofilen vorgefunden.
- Daneben waren jedoch auch 17% der untersuchten Wohnungen mit einfachverglasten Fenstern versehen. Die in der Diskussion häufig vorgebrachten Argumente, erst mit dem Einbau eines besseren Wärmeschutzes im Glasbereich wäre es zu diesem Schadensbild gekommen, da die Einfachverglasung Feuchte regulierend wirken würde, sind mit diesem Ergebnis zum Teil entkräftet.
- Die an Verglasungen ausscheidbare Tauwassermenge erreicht bei weitem nicht die Größenordnung der Feuchteproduktion in Wohnungen. Eine gezielte Feuchteabfuhr muss über die Lüftung erfolgen, erhöhte Wärmeverluste durch einen schlechten Wärmeschutz im Fensterbereich sind dagegen zu vermeiden.
- Die Schimmelpilzschäden der untersuchten Wohnungen waren nicht gleichmäßig in den Räumen verteilt. Am häufigsten wurden Schadensbilder in den Schlafräumen festgestellt. Nur jeder Zehnte befallene Raum war eine Küche und nur zwei Prozent der Schimmelpilze traten in Bädern auf. Es handelte sich hierbei ausschließlich um fenstergelüftete Küchen und Bäder.
- Weiterhin wurde bei der Wohnungsbesichtigung häufig beobachtet, dass zwischen Wohn- und Schlafraum eine offene Verbindung bestand, das Schlafzimmer also quasi über das Wohnzimmer mit beheizt wurde. Die in der Regel niedrigeren Schlafzimmertemperaturen bei gleichmäßigen Feuchteverhältnissen för-

dern natürlich eine deutlich höhere Tauwassergefährdung. Es gilt deshalb grundsätzlich zu prüfen, welchen Raumkonditionen die für die Beurteilung der Tauwasserfreiheit von Bauteiloberflächen zugrunde zu legenden Randbedingungen zuzuordnen sind.

In der anschließenden Mieterbefragung wurde das Heiz- und Lüftungsverhalten analysiert. **Tabelle 3.1** zeigt, dass die Bewohner nach eigener Einschätzung ihre Wohnungen im Wesentlichen normal beheizen, einige jedoch auch bewusst niedrige Temperaturen wünschen. Das Spektrum beim Lüftungsverhalten dagegen ist wesentlich größer.

So öffnen etwa ein Drittel der Befragten nach eigenen Angaben ihre Fenster im Durchschnitt täglich weniger als 15 Minuten, obwohl Empfehlungen einer mindestens dreimaligen Stoßlüftung von 5 bis 10 Minuten über die Wohnungsverwaltung bekannt waren.

In der durchgeführten Bestandsaufnahme wurden die Einflussfaktoren analysiert, die zu der Schimmelpilzbildung geführt haben könnten. Hierbei wurden sowohl bauliche als auch nutzungsbedingte Einflüsse untersucht. Bei den baulichen Mängeln dominierte der unzureichende Fassadenschutz; in der Regel wies der Außenputz erhebliche Risse auf. Des Weiteren stellten Wärmebrücken bauliche Einflussgrößen dar. Einbindende Bauteile und Dachabschlüsse sowie die Einbaufugen der Fenster wurden hierbei als Schwachstellen analysiert. Darüber hinaus wurde an einigen Häusern zusätzlich kapillar aufsteigende Feuchtigkeit festgestellt, wobei diese Ursache von untergeordneter Bedeutung war. Oft sind es mehrere Einflussfaktoren, die als Schadensursache wirken können oder sich als Ursache ergänzen können. Eine Schadensbegutachtung und -analyse sollte deshalb stets alle möglichen Einflüsse beinhalten und sowohl die bauliche Substanz und deren Ausführung als auch die Nutzungsgepflogenheiten der Bewohner berücksichtigen.

Fragenkatalog zur Ursachenbestimmung:

- Ist der bauliche Wärmeschutz des Regelquerschnitts oder der Detailpunkte konstruktiv oder ausführungsbedingt zu gering oder wird er durch andere Durchfeuchtungsquellen zu stark vermindert?
- Wird die Oberfläche unzureichend beheizt, weil die Nutzer ungenügend heizen oder weil eine ausreichende Beheizung der betroffenen Raumbereiche gar nicht möglich ist?
- Wird die Erwärmung der Oberflächen durch Möblierung behindert? Ist dabei die Platzierung der Gegenstände vor Außenbauteilen vom Bewohner frei wählbar oder planungsbedingt unumgänglich?

Ursachenalternative der zu hohen Luftfeuchtigkeit:

- Ist die durch den/die Nutzer verursachte Feuchtigkeit im Raum im Verhältnis zum vorhandenen Raumvolumen zu groß? Handelt es sich dabei um eine vom Nutzer beeinflussbare Feuchtigkeitsproduktion (z.B. Trocknen von Wäsche, größere Mengen an Pflanzen)?
- Oder tragen etwa bauliche Feuchtigkeitsquellen (z.B. die Neubaufeuchte) bzw. mangelhafte Bauteile (fehlende oder nicht mehr funktionsfähige Horizontal- und/oder Vertikalabdichtung) entscheidend zur Erhöhung der Raumluftfeuchtigkeit bei?
- Wird die feuchtigkeitsangereicherte Luft häufig genug gegen trockenere Außenluft ausgetauscht? Kann der schadstoffbetroffene Bereich überhaupt belüftet werden?
- Wie dicht sind die Außenbauteile, insbesondere die Fenster?
- Wie sind die Belüftungsgewohnheiten der Nutzer?

Die Vielzahl dieser Faktoren und die Schwierigkeit ihrer Einschätzung im Einzelfall machen die Meinungsunterschiede bei Schadensfällen, nicht aber die deutliche Zunahme der Schäden, verständlich. Bis etwa zur Mitte der 70er Jahre blieben Gebäude trotz schlechten Wärmeschutzes der Außenbauteile und trotz geringer planerischer und handwerklicher Sorgfalt bei der Vermeidung von Wärmebrücken meist schadensfrei, da sorgloses Heizverhalten bei niedrigen Energiepreisen und erhebliche Luftwechselraten durch konzeptionsbedingt undichte Einfachfenster sowie Einzelofenheizungen zwar zu hohen Energieverlusten, aber auch zu so niedrigen Luftfeuchten im Raum führten, dass sichtbare Schäden ausblieben.

Mit der Verknappung und Verteuerung der fossilen Brennstoffe und zur Verminderung der Kohlendioxidemissionen haben sich zwei Faktoren in diesem Regelsystem entscheidend verändert. Meilensteine auf dem Weg dieser Entwicklung waren folgende Verordnungen: die zu Beginn 1975 in Kraft getretenen ergänzenden Bestimmungen zur DIN 4108 (Wärmeschutz im Hochbau) erforderten per Erlass erstmals die bis heute bestehenden Anforderungen an die Begrenzung der Fugendurchlässigkeit von Fenstern (und die Isolierverglasung). Dies löste eine Fugendichtungseuphorie bei den Fensterherstellern aus und beseitigte mit den unangenehmen Zugerscheinungen undichter Fenster auch die automatische Durchlüftung der Wohnräume. Weitere Meilensteine sind die Heizanlagenverordnung des Jahres 1977, die u.a. die thermostatische Einzelraumregelung forderte, und die Verordnung über die verbrauchsabhängige Heizkostenabrechnung des Jahres 1981, die den finanziellen Anreiz zur Heizungsdrosselung festschrieb. Damit wurden vor allem die Bevölkerungsgruppen zu rigorosen Heizkosteneinsparungen motiviert, deren finanzieller Spielraum gering ist und die aus dem gleichen Grund in den baulich schlechteren und überbelegten Wohnungen leben.

Die verordneten Veränderungen der Belüftung und Beheizung begünstigen zwangsläufig bei wärmeschutztechnisch nicht verbesserten Altbauten der letzten sieben Jahrzehnte das massenhafte Auftreten von Schimmelpilzschäden. Aufgrund der bauphysikalischen Zusammenhänge kann nachvollzogen werden, dass die gesetzliche Veränderung der Heiz- und Lüftungsbedingungen ihre Ergänzung in deutlich erhöhten Anforderungen an den Mindestwärmeschutz haben muss. Dieser Schritt wurde aber im Hinblick auf die für das Schimmelpilzwachstum wesentlichen Wärmebrückenbereiche der Außenwände bei der Neufassung der DIN 4108 nicht getan. Die Anforderungen an den Mindestwärmeschutz von Außenwänden einschließlich der in ihnen befindlichen Wärmebrücken liegen heute weiterhin im Wesentlichen auf dem Niveau des Jahres 1952.

3.2 Bauphysikalische Grundlagen

Materialien mit Poren und innenliegenden ausgeprägten Hohlräumen wie beispielsweise Ziegelsteine, Betone aller Art und Holz nehmen einen Feuchtigkeitsgehalt an, der von der relativen Feuchte der umgebenden Luft abhängt: Bei hoher relativer Luftfeuchte stellt sich ein größerer Feuchtigkeitsgehalt ein, als bei niedriger relativer Feuchte. Ändert sich die Luftfeuchte, dann ändert sich zeitversetzt auch die Materialfeuchtigkeit. Diese Feuchtigkeitsaufnahme des Materials aus der Luft ist abhängig von der relativen Luftfeuchte der Umgebung (nicht vom tatsächlichen Wassergehalt) und praktisch unabhängig von der Temperatur. Damit besteht also ein wesentlicher Unterschied in der Wasseraufnahme der Luft, die von der Temperatur stark abhängig ist und der Wasseraufnahme von porösen Materialien. Die Feuchtigkeitsaufnahme von

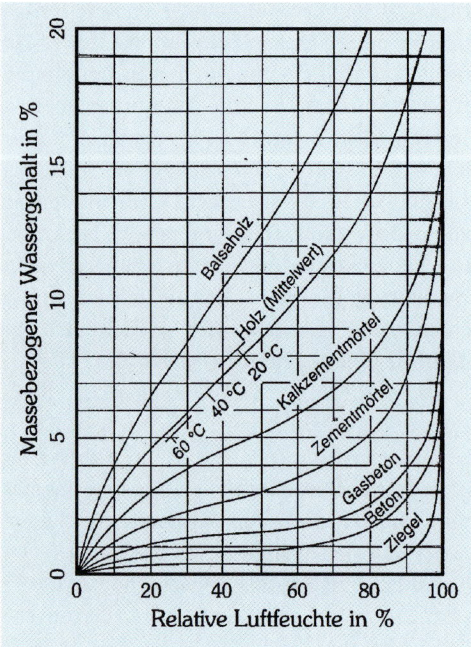

Abb. 3.6 ■ Feuchtigkeitsaufnahme verschiedener Baustoffe

porösen Materialien ist durch eine Oberflächenbindung (hydrophil) des Wassers an den äußeren und inneren Oberflächen (in den Poren) der Materialien zu erklären. Bei den meisten Materialien ist die Feuchtigkeitsaufnahme (Absorption) und -abgabe (Desorption) mit kleineren Formänderungen verbunden. Bei Feuchtigkeitsaufnahme quellen die Materialien und schwinden bei der Feuchtigkeitsabgabe bzw. Trocknung.

Des Weiteren ist allgemein unbekannt, dass die Materialien in der Regel mehr Feuchtigkeit aufnehmen und speichern können als Luft. So können Wand-, Boden- und Deckenflächen bis zu $2\,^{1}/_{2}$ mal mehr Feuchtigkeit besitzen, als dies über die relative Luftfeuchtigkeit ausgedrückt werden kann – eine Tatsache, die beim Lüften bekannt sein muss! Durch kurzes Stoßlüften beispielsweise wird nur die Luft erneuert. Die von den Oberflächenmaterialien aufgenommene Feuchtigkeit wird dem gegenüber nur langsam wieder an die Raumluft zurück gegeben. Infolgedessen ist mehrmaliges Stoßlüften oder ein zeitlich begrenztes mäßiges Lüften erforderlich, um die von den Baustoffen aufgenommene Feuchtigkeit wieder abzuführen.

Die Erwärmung eines Raumes erfolgt durch Abstrahlung von einem Heizkörper oder von einer Heizfläche (z.B. Fußbodenheizung) und durch Luftumwälzung. Bei den früher üblichen Kohleöfen, bei Kachelöfen und offenen Kaminen ist der Strahlungsanteil groß; bei Konvektoren erfolgt die Erwärmung hingegen hauptsächlich durch Luftumwälzung (Konvektion). Die am Heizkörper hoch steigende warme Luft erwärmt dabei Wände und Decken, wobei die sich infolgedessen einstellenden Oberflächentemperaturen von der Wärmedämmung dieser Bauteile abhängig sind. Selbstverständlich muss auch eine ungehinderte Luftumwälzung möglich sein. Je größer die Wärmedämmung ist, desto kleiner ist der Wärmedurchgang (Wärmeverlust) durch das Bauteil und desto höher die Oberflächentemperatur.

Die Kenngröße für den Wärmedurchgang ist der so genannte U-Wert (auch Wärmedurchgangskoeffizient genannt). Hohe Wärmedämmung ist gleichbedeutend mit einem kleinen U-Wert, der nicht nur aus Gründen der Energieeinsparung anzustreben ist, sondern auch im Hinblick auf ein behagliches Raumklima. Trotz hoher Wärmedämmung wird sich aber eine niedrige Oberflächentemperatur einstellen, wenn die vom Heizkörper hervorgerufene Luftumwälzung oder Wärmezustrahlung behindert wird. Dies kann durch die Raumgeometrie in Verbindung mit der Anordnung der Heizkörper oder der Inneneinrichtung und -ausstattung beeinflusst werden. Generell tritt eine Behinderung der Luftumwälzung im Bereich von Ecken zwischen Außenwänden oder Außenwand und Decke auf. Ähnlich wie Ecken wirken beispielsweise Fensterlaibungen und nicht ausreichend gedämmte Fenster und Türstürze. Man nennt diese Stellen allgemein Wärmebrücken, weil durch sie wegen der verminderten Wärmedämmung mehr Wärme durchdringen kann und damit verloren geht als durch eine gleich große, ausreichend wärmegedämmte Fläche.

Natürlich sind die Temperaturverhältnisse nicht nur vom U-Wert, sondern auch von der Art der Beheizung abhängig. Bei der Konvektion ist der Wand- und Deckenbereich über dem Heizkörper am wärmsten, da die aufsteigende Warmluft unmittelbar vorbeiströmt. Die weiter entfernten Wandflächen und Ecken werden demzufolge weniger erwärmt. Besonders ungünstig wirkt es sich dann noch aus, wenn Außenwandflächen durch Möbel und dgl. verstellt sind. Die richtige, der Nutzung entsprechende Beheizung eines Raumes ist deshalb eine wichtige Voraussetzung für behagliches Wohnen und zur Vermeidung von Tauwasserbildung. Wenn ein ausgekühlter, nicht ständig benutzter Raum beheizt wird, dann dauert es längere Zeit, bis die Raumoberflächen aufgeheizt sind. Diese Zeitdauer hängt von der Wärmespeicherfähigkeit der Wände und Decken ab. Während dieser Zeit, in der die Raumoberflächen noch nicht ihre endgültige Temperatur erreicht haben, kann verstärkt Tauwasser auftreten.

Die Feuchtezustände lassen sich aus der Feuchtebilanz eines Raumes bestimmen. Die Raumluftfeuchte ergibt sich im stationären Zustand aus folgenden Parametern:

- Temperatur der Außenluft
- Relative Feuchte der Außenluft
- Temperatur der Raumluft
- Feuchteanfall und -produktion im Raum
- Außenluftwechsel.

Zu der in der Außenluft befindlichen Feuchtigkeit wird der im Raum durch Menschen und Pflanzen sowie offene Wasserflächen produzierte Wasserdampf hinzugefügt. Die gesamte Feuchtigkeit wird, solange nirgends Tauwasser ausgeschieden wird, mit der Abluft wieder an die Außenluft transportiert. Der Massenstrom infolge Dampfdiffusion durch Bauteile kann aufgrund der kleinen Menge vernachlässigt werden und wird nicht weiter berücksichtigt. Die Feuchtebilanz ergibt sich dann aus:

1.

$$m_{Ab} = m_{Zu} + m_{Raum} \ (g/h)$$

Hierbei bedeuten:

m_{Ab} = mit der Abluft abgeführter Wasserdampf in Gramm pro Stunde

m_{Zu} = mit der Außenluft zugeführter Wasserdampf in Gramm pro Stunde

m_{Raum} = im Raum produzierter Wasserdampf in Gramm pro Stunde

Der Wasserdampfstrom in der Luft lässt sich auch wie folgt über das ausgetauschte Luftvolumen und die Feuchtekonzentration ausdrücken:

2.

$$m = V \cdot n_L \cdot c \ (g/h)$$

mit:

V = Raumvolumen in m^3

n_L = Luftwechsel in h^{-1}

c = Feuchtekonzentration der Luft in Gramm pro m^3

Die Feuchtekonzentration wiederum kann annähernd genau über die ideale Gasgleichung wie folgt ermittelt werden:

3.

$$c = \frac{p}{R \cdot T} = \frac{\varphi \cdot p_s}{R \cdot T} (g/m_3)$$

Hierbei bedeuten:

p = Partialdruck des Wasserdampfes in der Luft in Pa

R = Wasserdampfkonstante (0,4615 kJ/kg · K)

T = absolute Temperatur der Luft in K

φ = relative Feuchtigkeit

p_s = Sättigungsdampfdruck des Wasserdampfes in der Luft in Pascal

Berücksichtigt man, dass sich das Luftvolumen bei Erwärmung wie die absoluten Temperaturen ändert und setzt die Gleichung 3 in Gleichung 2 und diese wiederum in Gleichung 1 ein, so erhält man nach einigen Umformungen die relative Raumluftfeuchtigkeit zu:

4.

$$\varphi_{Li} = \left(\frac{R \cdot T}{p_s}\right) = \left[\frac{(\varphi \cdot p_s)_{La}}{R \cdot T_{Li}}\right] + \Delta c$$

mit der bezogenen Feuchteproduktion

5.

$$\Delta c = \frac{m_{Raum}}{V \cdot n_L}$$

Der Index $_{Li}$ bedeutet innen (Raumluft), der Index $_{La}$ außen (Außenluft). Die relative Feuchte der Raumluft ist also abhängig von der Außen- und der Raumlufttemperatur, der relativen Feuchte der Außenluft und der bezogenen Feuchteproduktion. Die jeweilige Taupunkttemperatur ist allerdings aussagekräftiger als die relative Feuchte. Diese gibt an, bei welcher Temperatur die Luft Wasser ausscheiden würde. Um eine repräsentative Vergleichbarkeit zu erzielen, wird anstelle der Taupunkttemperatur die normierte Taupunkttemperatur verwendet. Sie ergibt sich, indem die Taupunkttemperatur wie folgt auf die jeweilige Außen- und Raumlufttemperatur bezogen wird:

6.

$$\Theta_s = \frac{\vartheta_s - \vartheta_{La}}{\vartheta_{Li} - \vartheta_{La}}$$

Hierbei bedeuten:

Θ = normierte Taupunkttemperatur in °C
ϑ_s = Taupunkttemperatur in °C
ϑ_{La} = Außenlufttemperatur in °C
ϑ_{Li} = Raumlufttemperatur in °C

Bei Kenntnis der Taupunkttemperatur lässt sich ein Bauteil hinsichtlich der Tauwassergefahr bewerten. Solange die Innenoberflächentemperatur über der Taupunkttemperatur liegt, bleibt das Bauteil trocken. Wird sie unterschritten, fällt Tauwasser an.

Während die Tauwasserbildung bei niedrigen Außenlufttemperaturen durch das Anheben des Wärmedämmniveaus (Anstieg der normierten Innenoberflächentemperatur) verhindert werden kann, besteht die Tauwassergefahr in der Übergangsjahreszeit selbst bei sehr gut wärmegedämmten Bauteilen. Da das Nutzerverhalten und die damit verbundene Feuchteproduktion kaum beeinflusst und natürlich auch nicht reglementiert werden kann, müssen zumindest Anforderungen an den Luftwechsel gestellt werden. Neben dem Mindestwärmeschutz ist auch ein Mindestluftaustausch sicherzustellen. Obwohl darauf noch näher eingegangen wird, sollen grundsätzliche Aspekte kurz erwähnt werden.

Bei normalem Nutzerverhalten reicht im Durchschnitt ein Luftwechsel von 0,5 h^{-1} zur schadensfreien Feuchteabfuhr aus. Da die Feuchteproduktion in der Regel instationär auftritt, kommt es praktisch zu Feuchtespitzen. In diesen Zeiträumen herrschen dann hohe Luftfeuchtigkeiten bis zu 100% an den Oberflächen. Je nach Sorptionseigenschaften der Oberflächenmaterialien werden in diesen Zeiten unterschiedliche Mengen Feuchtigkeit in der obersten Bauteilschicht absorbiert. Diese Feuchtigkeit muss in den Zeiten, in denen keine oder nur geringere Feuchtigkeitsbelastungen in den Räumen vorherrschen, wieder durch Desorption in die Raumluft zurücktransportiert werden. Der Feuchtetransport durch Diffusion und Kapillarität in den Oberflächenmaterialien ist in der Regel zu vernachlässigen. Während der Desorptionsphase stellt sich im oberflächennahen Bereich eine Ausgleichsfeuchte ein, die durch die Materialfeuchte (die sich beim Absorptionsvorgang eingestellt hat) bestimmt wird. Je mehr Feuchtigkeit bei der Absorption aufgenommen wird, um so länger dauert die Desorptionsphase. Dadurch kann es vorkommen, dass lange, nachdem die Feuchteproduktion bereits beendet ist, durch den Desorptionsprozess eine hohe Ausgleichsfeuchte vor der Bauteiloberfläche auftritt.

Nach dem Beiblatt zur DIN 4108 kann Schimmelpilzbildung bereits bei Luftfeuchtigkeiten erfolgen, die noch keine Tauwasserbildung zur Folge haben. Je nach Oberflächenmaterial kann danach bei relativen Luftfeuchtigkeiten über etwa 80% die Bauteiloberfläche auf dem Weg der

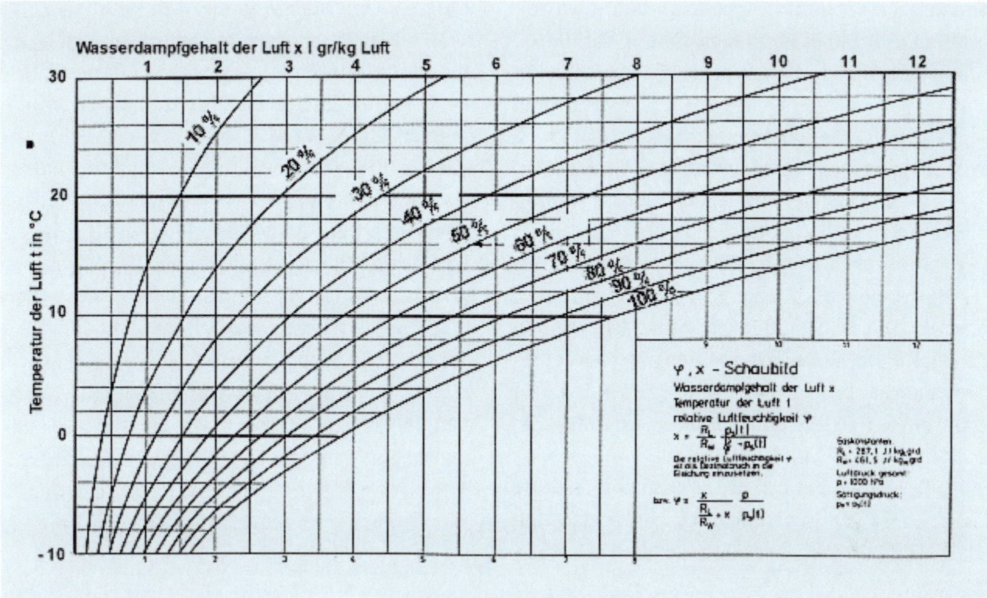

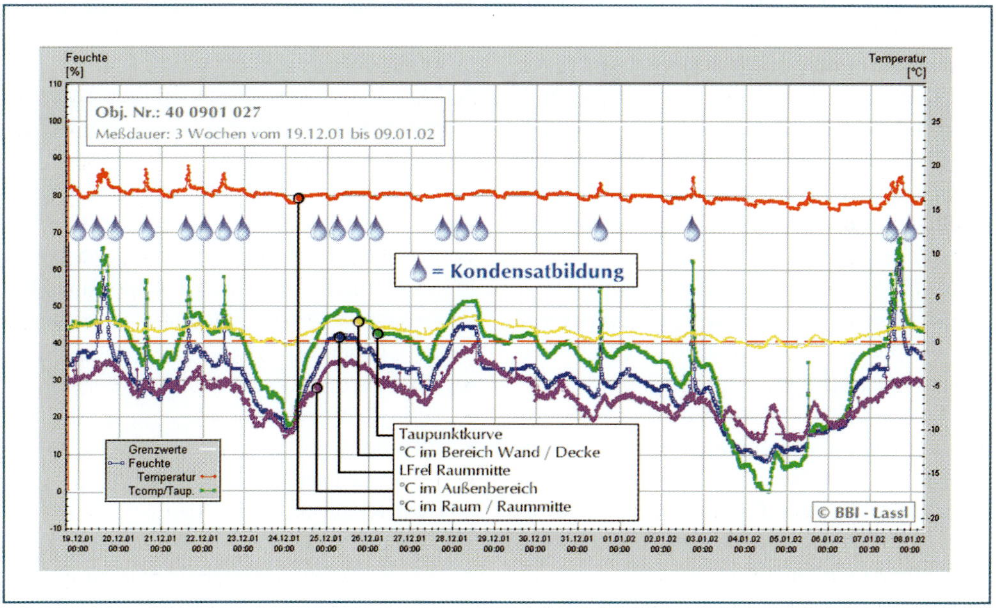

Abb. 3.7-3.8 ■ Tauwasserausfall lt. Diagramm und Datenlogger

Kapillarkondensation Feuchte aufnehmen, was bei entsprechender Dauer zur Schimmelpilzbildung führt. Kapillarkondensation findet besonders im Mikroporenbereich statt. Nach Kelvin wird der Sättigungsdampfdruck in feinen Kapillaren abgemindert, sodass in diesen eine Kondensation unterhalb des Sättigungsdampfdruckes der umgebenden Atmosphäre auftreten kann. An den Wandoberflächen tritt erst beim Unterschreiten der von der relativen Luftfeuchtigkeit abhängigen Taupunkttemperatur die Tauwasserbildung auf. Dabei kann sich in den Kapillaren schon bei niedrigeren Werten der Luftfeuchte Tauwasser einstellen. Diese Tauwasserbildung innerhalb des Kapillarsystems wird auch als Kapillarkondensation bezeichnet und wird durch den Porenradius der Baustoffe beeinflusst. Je kleiner die Poren eines Baustoffes sind, desto größer ist der Anteil der durch Kapillarkondensation ausfallenden Feuchtigkeitsmenge. Dies bedeutet, dass die Kapillarkondensation in sehr feinen Kapillaren bereits schon vor dem Erreichen des Sättigungsdampfdruckes erfolgt und für die so genannte Ausgleichs- oder Gleichgewichtsfeuchte von Baustoffen verantwortlich ist.

Dies hat erhebliche Konsequenzen für die zulässige Raumluftfeuchtigkeit in bewohnten Räumen. Unter der Vorgabe, dass bereits ab 80% relativer Luftfeuchtigkeit bei anpassungsfähigen Pilzarten Schimmelpilze wachsen können, sollte die Raumluftfeuchte im Durchschnitt 50% nicht überschreiten. Fraglich nun, woher die erhöhte Luftfeuchtigkeit kommt? Ist es Wohnfeuchtigkeit, Restbaufeuchte der verwendeten Baustoffe, Baufeuchtigkeit aus Bauwerksmängeln, eindringendes Niederschlagswasser oder liegen noch andere Ursachen vor? Es gibt eine Reihe möglicher Ursachen für Oberflächenfeuchtigkeit und daraus resultierendem Schimmelpilzwachstum, die einzeln oder in Kombination auftreten können. Im Folgenden sollen einige dieser möglichen Ursachen etwas näher beschrieben werden.

3.3 Kondensation und Tauwasserbildung

Der Mechanismus der Kondensation als Wasseraufnahme in unseren Baustoffen sollte seit Jahrzehnten bekannt sein und wird seit vielen Jahren im Rahmen des Architektur- oder Bauingenieurstudiums sowie der Techniker- und Meisterausbildung angesprochen. Umso erstaunlicher ist es deshalb, wenn die bauliche Praxis sowohl in der Planung als auch in der Ausführung diesen Sachverhalt mit dem dann zwangsläufigen Schadensmechanismus vernachlässigt oder zumindest unterschätzt.

Ein Gebäude ist immer dann durch Kondensation gefährdet, wenn feuchte Luft auf zu kalte Oberflächen trifft. Beim Altbau können zu dünne Wandkonstruktionen, Fachwerkausmauerungen oder auch stark wärmeleitende Natursteinwände eine niedrige Temperatur der Innenseite des Außenmauerwerkes verursachen (Winterkondensation). Im Gegensatz dazu führen große Wanddicken (Kirchen-, Kloster- oder Burgenmauern, Kellermauern) dazu, dass tiefe Temperaturen noch weit in wärmere Witterungsperioden hinein gespeichert werden können (Sommerkondensation).

Infolgedessen wird sicherlich deutlich, weshalb Kondensation noch durch weitere Ursachen (Nordseite, Hauptwindrichtung, Durchfeuchtung oder Temperaturdivergenz in Außenecken) begünstigt wird, welche die Temperatur einer Außenwand herabsetzen können. Zwar wird sowohl die Kondensationsneigung als auch -menge im Wesentlichen durch Luftfeuchte und Oberflächentemperatur bestimmt; doch gibt es eine Reihe weiterer Faktoren:

- Heizung
- Außentemperatur
- Lüftung
- Wärmedämmung
- Dampfdiffusion
- Nutzung
- Absorption der Raumschale und der Ausstattung,

welche die Auswirkungen dieser Abhängigkeit bestimmen. Die Raumluft enthält Feuchtigkeit, die unbedenklich ist, solange ein ausreichender Luftaustausch möglich ist und auch durchgeführt wird. In vielen Wohn- und Kellerräumen wird Feuchtigkeit allerdings heute zum Problem.

Abb. 3.9 ■ An ungedämmten Fassaden zeigen sich besonders nach Regenfällen häufig starke Hell-Dunkel-Kontraste, Durchfeuchtungen und farbliche Unterschiede. Diese zeichnen sich besonders im Bereich der Fenster, Rollladenkästen, Heizkörpernischen und ungedämmter Deckenauflager ab.

Neue Bauweisen, eine veränderte Lebensweise und ein gestiegener Nutzungsanspruch führen oft zu Feuchtigkeitsproblemen, Bauschäden und Schimmelbildung. Früher war es üblich, neue Häuser vor dem Bezug einige Monate austrocknen zu lassen. Die vorhandene Feuchtigkeit konnte aus den Wänden entweichen. Moderne Gebäude werden schneller errichtet, da das Bauen in Mitteleuropa sehr teuer geworden ist. Die Zeit zum Austrocknen bleibt den Gebäuden in der Regel nicht, zumal diese dann auch noch mit modernen Baustoffen beschichtet werden, die weniger feuchtigkeitsdurchlässig sind. Weiterhin gehörte früher tägliches Duschen nicht zum Alltag, sodass diese Erscheinung heutigen Wohlstandes zusätzlich den Feuchtigkeitshaushalt in Gebäuden beeinflusst.

Das Erkennen und Verstehen der Kondensation als Wasseraufnahme erfordert eine klare Begriffsdefinition und das Auseinanderhalten diverser bauphysikalischer Vorgänge. Wenn ein Baustoff dampfdurchlässig ist und Kondensation bei unterschiedlichen Temperaturen möglich wird, wird die Thematik der Kondensation etwas komplexer, als in der Regel dargestellt. Hierzu ist es erforderlich, dass bauphysikalische Kenngrößen wie relative und absolute Luftfeuchtigkeit, Oberflächen- und Taupunkttemperatur, Dampfdiffusionswiderstand und Sorption bekannt sind. Zur Beschreibung der Luftfeuchtigkeit und Tauwasserbildung werden in der Bauphysik drei Größen verwendet:

- die absolute Luftfeuchtigkeit in Gramm pro Kubikmeter
- der Wasserdampfpartialdruck in Pascal und
- die relative Luftfeuchtigkeit in Prozent.

Unter der absoluten Luftfeuchtigkeit versteht man den Feuchtegehalt in g/m^3, der bei gegebenen Bedingungen herrscht. Die absolute Luftfeuchtigkeit ist im Gegensatz zur relativen Luft-

Tab. 3.2 ■ Zusammenhang zwischen Taupunkttemperatur, Luftfeuchtigkeit und relativer Luftfeuchte nach DIN 4108

Luft-temperatur in °C	Taupunkttemperatur in °C bei einer relativen Luftfeuchtigkeit von…						
	30%	*40%*	*50%*	*60%*	*70%*	*80%*	*90%*
30	10,5	14,9	18,4	21,4	23,9	26,2	28,2
28	8,8	13,1	16,6	19,5	22,0	24,2	26,2
26	7,1	11,4	14,8	17,6	20,1	22,3	24,2
24	5,4	9,6	12,9	15,8	18,2	20,3	22,3
22	3,6	7,8	11,1	13,9	16,3	18,4	20,3
20	1,9	6,0	9,3	12,0	14,4	16,4	18,3
18	0,2	4,2	7,4	10,1	12,5	14,5	16,3
16	-1,4	2,4	5,6	8,2	10,5	12,6	14,4
14	-2,9	0,6	3,7	6,4	8,6	10,6	12,4
12	-4,5	-1,0	1,9	4,5	6,7	8,7	10,4
10	-6,0	-2,6	0,1	2,6	4,8	6,7	8,4

feuchtigkeit temperaturunabhängig, wobei für das Mauerwerk von Bedeutung ist, dass der sich jeweilig einstellende Feuchtegehalt im Mauerwerk von der herrschenden Luftfeuchtigkeit abhängt. Außerdem beeinflusst natürlich der Gehalt an Wasserdampf in der Luft, also die absolute Luftfeuchtigkeit, auch die Trocknungsbedingungen, die für ein Mauerwerk herrschen.

Die Sättigungsfeuchte stellt die maximale Feuchtigkeitsmenge dar, welche die Luft bei einer bestimmten Temperatur in Form von Wasserdampf aufnehmen kann. Der zu diesem Zustand gehörende Wasserdampfpartialdruck ist der Sättigungsdampfdruck.

Die relative Luftfeuchtigkeit beschreibt den Wasserdampfgehalt der Luft bezogen auf den Sättigungszustand. Unter der relativen Luftfeuchtigkeit versteht man das Verhältnis des bestehenden Feuchtegehaltes in der Luft zur möglichen Sättigungsfeuchte. Da die Sättigungsfeuchte der Luft in Abhängigkeit zur Temperatur steht, ist auch die relative Luftfeuchtigkeit temperaturabhängig. Die relative Luftfeuchtigkeit ist für die Bewertung der Mauerfeuchtigkeit besonders wichtig, da alle Sorptionsvorgänge und hygroskopischen Feuchtigkeitsaufnahmemechanismen direkt von der herrschenden relativen Luftfeuchtigkeit abhängig sind.

Zur Tau- oder Kondenswasserbildung kommt es, wenn Luft mit einem durch Klima und Nutzung vorhandenen Feuchtigkeitsgehalt abkühlt. Bei einer Abkühlung bleibt der Feuchtigkeitsgehalt der Luft zunächst konstant; das maximale Wasserdampf-Aufnahmevermögen reduziert sich allerdings. Infolgedessen erhöht sich die relative Luftfeuchtigkeit. Wenn die Abkühlung so groß wird, dass die vorhandene Luftfeuchtigkeit den Sättigungswert erreicht, kommt es zur Tauwasserbildung. Die relative Luftfeuchtigkeit beträgt dann 100%. Die Temperatur, bei der dieser Zustand eintritt, wird als Taupunkttemperatur bezeichnet. Sie hängt sowohl vom Feuchtigkeitsgehalt als auch von der Temperatur der Luft ab.

Wenn die Temperaturen auf Wänden, Decken, Fußböden, Fensterflächen und in den Raumecken bekannt sind, kann mit Hilfe der **Tabelle 3.2** geklärt werden, ob es auf bestimmten Bauteiloberflächen zur Kondensatbildung kommt.

Die Temperatur des Raumes und sein Feuchtigkeitsgehalt sind ebenso wie die Oberflächentemperaturen keine konstanten Größen. Sie hängen von der Nutzung, Beheizung und Lüftung ab. Deshalb ist es häufig besser zu prüfen, bei welcher Luftfeuchtigkeit bei vorgefundenen Temperaturen eine Kondenswasserbildung eintreten kann.

Des Weiteren kann es durch dampfbremsende oder -sperrende Schichten innerhalb einer Außenwand zu einem bauschädigenden Tauwasserausfall kommen. Mögliche Folgeerscheinungen sind die bereits erwähnte Verminderung der Wärmedämmung, die Bildung von Oberflächenfeuchtigkeit und damit die Bildung von Schimmelpilzen. Bei üblichen ein- oder zweischaligen Wandkonstruktionen aus Mauerwerk liegt im Regelfall kein schädigender Tauwasserausfall vor. Die DIN 4108 nennt dazu Wandkonstruktionen, bei denen kein Tauwassernachweis erforderlich ist. Bei anderen Konstruktionen muss gegebenenfalls ein rechnerischer Nachweis der Tauwasserfreiheit nach dem Glaser-Verfahren entsprechend der DIN 4108 geführt werden. Im Rahmen einer Begutachtung muss geklärt werden, ob ein Wandquerschnitt den diffusionstechnischen Anforderungen entspricht und deshalb schädigender Tauwasserausfall ausgeschlossen oder als mögliche Schadensursache für Schimmelpilzbefall in Betracht gezogen werden kann.

Grundsätzlich kann Kondensatbildung auf der raumseitigen Oberfläche von Isolierglasfenstern bzw. von -rahmen auftreten. Man spricht dann umgangssprachlich von Schwitz- oder auch Tauwasser(-bildung). Diese Erscheinung darf allerdings nicht mit der Kondensation im Zwischenraum von Isolierglasscheiben verwechselt werden. Die Ursachen der Kondenswasserbildung auf der inneren Oberfläche von Bauteilen sollen nachfolgend kurz erläutert werden, obwohl auf die

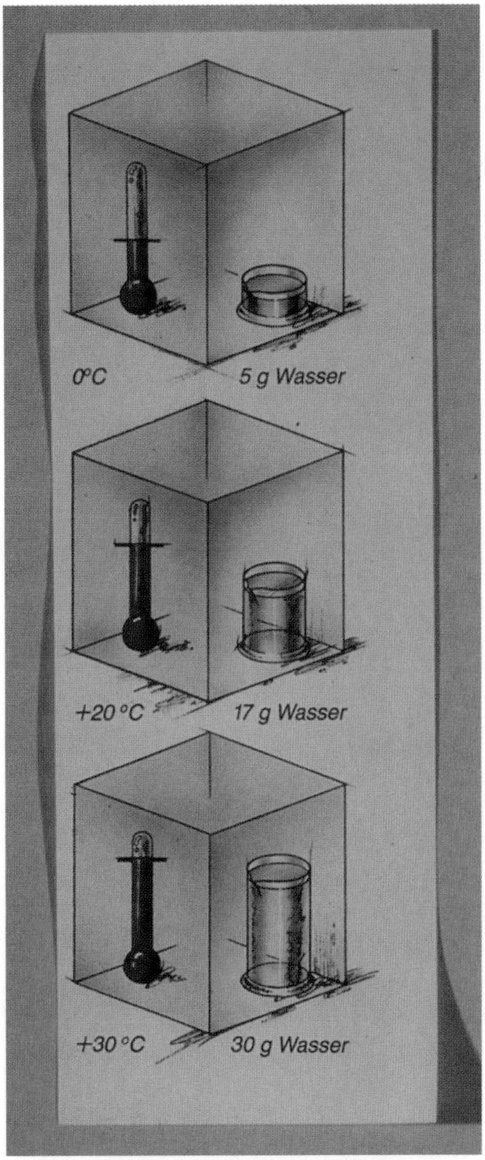

Abb. 3.10 ■ Darstellung der unterschiedlichen absoluten Feuchtigkeitsmenge in Abhängigkeit zur relativen Luftfeuchtigkeit

Feuchtigkeitsbelastung von innen noch einmal separat eingegangen wird.

Durch die normale Nutzung von Wohn- und Innenräumen wird permanent Wasserdampf erzeugt. Ob durch die Atemluft des Menschen, nutzungsbedingt durch Kochen, Waschen, Duschen und dgl. oder durch die Einrichtung bedingt in Form von Pflanzen und offenen Wasserflächen (beispielsweise Aquarien, Zimmerbrunnen etc.) – diese Wassermengen befinden sich als Wasserdampf in der Luft. So kann beispielsweise 1 m^3 Luft von 0 °C eine Höchstmenge an Wasserdampf von nur 5 g (= 5 cm^3) enthalten. Ist die Raumtemperatur höher, kann die Luft mehr Wasser aufnehmen. Infolgedessen steigert sich der Wasseranteil bei 20 °C bereits auf 17 g und bei 30 °C schon auf 30 g pro m^3. Ist jedoch die Höchstmenge an Wasserdampf in der Luft enthalten, dann nimmt sie weiter keine Feuchtigkeit in Form von Wasserdampf mehr auf. Man spricht dann von gesättigter Luft, sodass eine relative Luftfeuchtigkeit von 100 % herrscht. Bei 50 % relativer Luftfeuchtigkeit ist in einem m^3 Luft demnach erst die Hälfte der möglichen Höchstmenge an Wasserdampf enthalten.

Ein ganz einfaches Beispiel aus dem Alltag soll diesen, auf den ersten Blick evtl. etwas komplizierten, physikalischen Vorgang vereinfachen. Jeder kennt das Phänomen: Man nehme eine Bierflasche aus dem Kühlschrank, und innerhalb einer mehr oder weniger großen Zeitspanne beschlägt deren Außenfläche, so dass Schwitzwasser an der Flasche herunterläuft. Im Sommer bemerkt man diesen Vorgang wesentlich schneller und deutlicher als im Winter. Dieses Wasser stammt aus der Umgebungsluft der Flasche, die aufgrund deren Kälte ebenfalls abkühlt, ihre Feuchte nicht mehr halten kann und diese an die Oberfläche der Flasche abgibt.*

**(der geneigte Leser kann hier erkennen, dass der Konsum von Bier durchaus geeignet ist, physikalische Prinzipien zu entdecken und zu erforschen sowie komplexe Vorgänge zu verstehen. Es empfiehlt sich an dieser Stelle, den Konsum von mehreren Flaschen bei unterschiedlichen Temperaturen und verschiedenen Luftfeuchtigkeiten durchzuführen und die Theorie durch die Praxis zu bestätigen. Die konsumierte Biersorte hat bisher keinen Einfluss auf das Ergebnis ausgeübt.)*

Auf den Innenraum übertragen soll ein Raum mit knapp 40 m^3 Raumvolumen angenommen werden, in dem sich bei einer Temperatur von 23 °C bei 100 % relativer Luftfeuchtigkeit fast 1 Liter Wasser in Form von unsichtbarem Wasserdampf befindet. Trifft diese »wassergeladene Luft« beispielsweise im Winter an eine kalte Fensterscheibe, dann kondensiert der Wasserdampf und schlägt sich als sichtbares Wasser an der Scheibe nieder. Die Kondensatbildung tritt also dann auf, wenn die Raumluftfeuchtigkeit verhältnismäßig hoch und die Oberflächentemperatur an der Innenseite der Scheibe niedrig ist.

Die auftretende Kondensation beginnt aufgrund des wärmetechnisch ungünstigeren Randverbundes am Scheibenrand. Außerdem kann

Abb. 3.11-3.12 ■ Schimmelpilzwachstum infolge der Kondensatbildung auf Fenstern

durch weit ausladende Fensterbänke und durch den Einfluss des Flügelrahmens die Luftströmung verhindert werden, sodass am unteren Scheibenbereich früher als in der Scheibenmitte Schwitzwasser auftreten kann. Besonders in ungeheizten Räumen wie beispielsweise Schlafzimmern kann Kondensat an kalten Tagen auch an Isolierglasfenstern auftreten. Dies liegt daran, dass der betroffene Raum während der Nacht ständig auskühlt und die Luft durch die Atmung bei relativ niedriger Temperatur mit Wasserdampf gesättigt ist.

3.4 Wärmebrücken

Hat sich an einer Oberfläche ein Schimmelpilz gebildet, so kann dies mehrere Ursachen haben. Zum einen kann die Unterschreitung der Taupunkttemperatur daher kommen, dass die Oberflächentemperaturen aufgrund eines ungenügenden Wärmeschutzes zu niedrig sind. Als zu niedrige Oberflächentemperaturen bezeichnet man bei üblichen Wohnräumen eine Oberflächentemperatur unter 9,3 °C (Taupunkttemperatur von Luft der Temperatur bei 20 °C und einer relativen Luftfeuchte von 50 %). Dies ist im Bereich der Wärmebrücken der Fall. Wärmebrücken sind Bauteilbereiche, in denen material- oder konstruktionsbedingt ein höherer Wärmefluss stattfindet, als in den angrenzenden Bereichen. Bei beheizten Räumen verursacht der

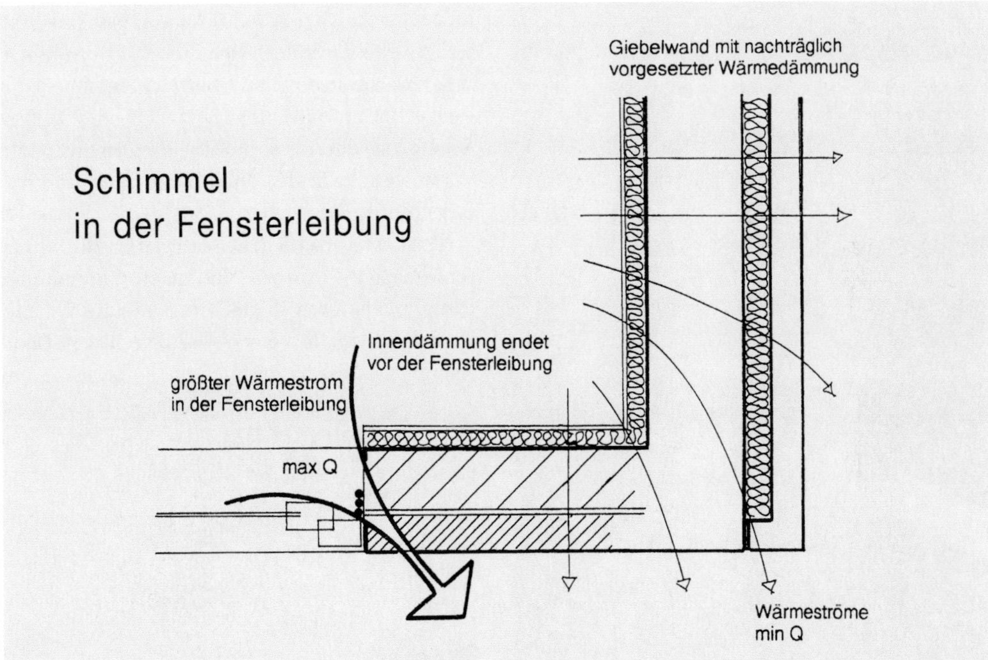

Abb. 3.13 ■ Beispiel einer durchgeführten Sanierung: Die vorgesetzte Verblendschale mit Kerndämmung verbesserte zwar den Schlagregenschutz und Wärmeschutz der Außenwandkonstruktion, aber in den Außenecken waren die Wärmeströme noch größer als vor der Sanierung. Die Differenz zwischen der Oberflächentemperatur auf der Wandfläche und derjenigen im Eckbereich hatte sich durch die Sanierung vergrößert und infolgedessen trat weiterhin Schimmelpilzbefall auf. Anschließend wurde eine Innendämmung auf der Giebelwand und den angrenzenden Außenwänden angebracht, allerdings die Dämmung der Fenslaibung vergessen, so dass weiterhin Schimmelpilzbefall auftritt.

höhere Wärmestrom im Wärmebrückenbereich ein Absinken der Temperatur auf der raumseitigen Bauteiloberfläche. Da die Aufnahmefähigkeit der Luft für Wasserdampf bei kalter Luft geringer ist als bei warmer Luft, erhöht sich zwangsläufig die Wasserdampfkonzentration in der Luft vor Wärmebrücken. Der Wärmebrückeneffekt führt insofern zu einer Erhöhung der relativen Feuchtigkeit der Luft, die unmittelbar an den kühlen Bauteiloberflächen vorbeiführt.

Schimmelpilzbildung ist besonders häufig im Bereich von Wärmebrücken anzutreffen. Ursächlich dafür ist die verringerte Oberflächentemperatur mit der damit verbundenen Erhöhung der relativen Luftfeuchte und der erhöhten Oberflächenfeuchte. Typische Wärmebrücken sind zwei- und dreidimensionale Außenecken ebenso wie Fensterlaibungen und -stürze. Man unterscheidet insgesamt zwischen stoffbedingten, geometrischen und konvektiven Wärmebrücken, wobei diese auch in Kombination auftreten können.

Geometrische Wärmebrücken entstehen in homogenen Bauteilen durch Änderung der Bauteilgeometrie. Diese sind insbesondere Ecken und Vorsprünge, die aus dem gleichen Material bestehen wie die flächigen Bauteilbereiche. Der typische Fall hierfür ist die zweidimensionale Außenwandecke. Der Wärmebrückeneffekt kommt dadurch zustande, dass im Kantenbereich eines Gebäudes der kleinen wärmeaufnehmenden Innenwandoberfläche eine vergrößerte, Wärme abgebende Außenwandoberfläche gegenüber steht. Dies verursacht so genannte laterale (d.h. seitlich abfließende) Wärmeströme, die das Temperaturniveau auf der Innenoberfläche zur Ecke hin absenken. Bei Außenwandecken, die meist aus gleicher Wanddicke und gleichem Material bestehen, bildet sich ein exakt symmetrischer Wärmestrom- und Oberflächentemperaturverlauf. Noch extremer stellt sich eine Außenwanddecke dar, die sogar eine dreidimensionale Wärmebrücke bildet. Diese wirkt praktisch wie eine Kühlrippe.

Dort, wo verschiedene Materialien mit unterschiedlicher Wärmeleitfähigkeit aufeinander treffen, existieren so genannte laterale Wärmeströme, die nicht mehr nur senkrecht von Oberfläche zu Oberfläche fließen. Es entsteht ein

Abb. 3.14 ■ Schimmelpilzbildung im Bereich der Fensterlaibung und ...

Abb. 3.15 ■ ... im Eckbereich.

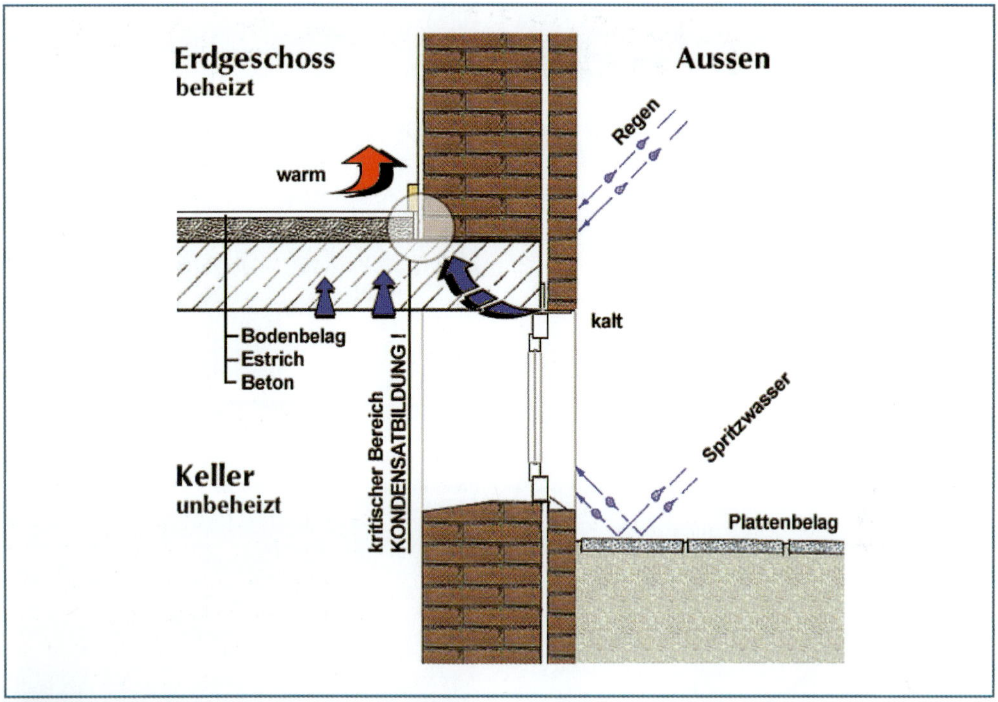

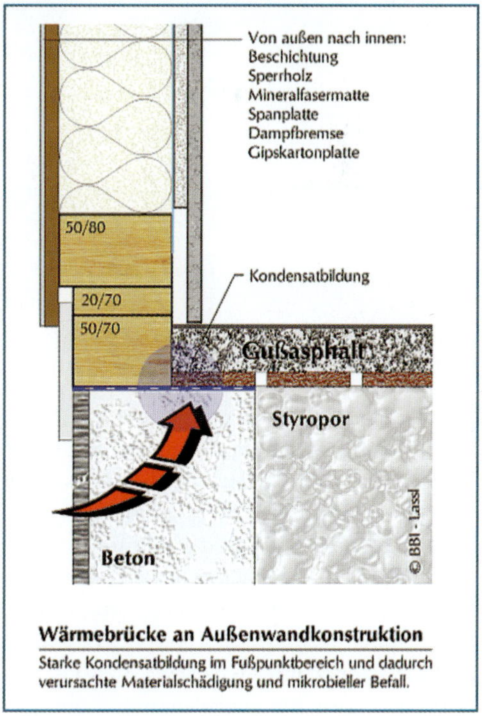

Abb. 3.16-3.18 ■ Typische Außenwandkonstruktionen, die aufgrund von unterschiedlichen/überlagernden Wärmebrücken zur Schimmelpilzbildung führen können.

Wärmestromverlauf, der seine Richtung in Abhängigkeit von den verschiedenen Materialstärken und -leitfähigkeiten ändert. Die Berechnung dieser Temperatur- und Wärmestromverläufe erfordert einen enormen rechnerischen Aufwand. Diese Art der Wärmebrücken tritt an fast allen Bauteilverbindungen des Hochbaus auf, da die

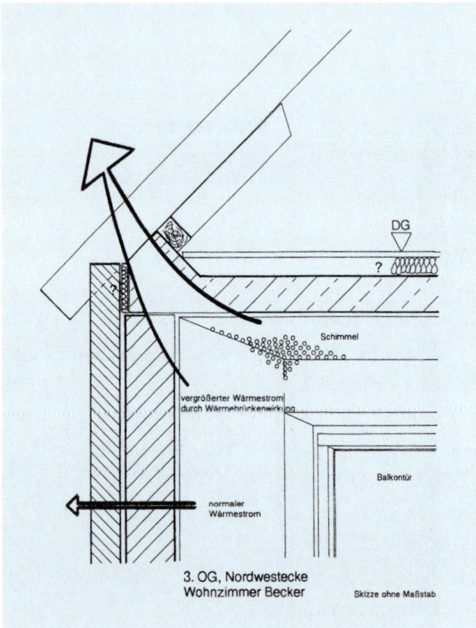

Abb. 3.19-3.23 ■ Schimmelpilzbildung im Bereich einer geometrisch- und stoffbedingten Wärmebrücke

zu verbindenden Bauteile so gut wie immer aus verschiedenen Materialien bestehen. Sie liegen zum Beispiel in Bauteilen vor, die sich aus Gefach- und Rippenbereichen zusammensetzen. Im Bereich der Rippen ist der Wärmeschutz im Allgemeinen niedriger als in den angrenzenden Gefachbereichen, die in der Regel mit Wärmedämmstoffen verfüllt sind. Besonders extrem sind die Temperaturunterschiede, wenn es sich bei den Rippen um ungedämmte Stahlträger handelt. Konvektive Wärmebrücken entstehen dann, wenn aufgrund von Undichtigkeiten in der Außenhülle von Gebäuden Luft vom Innenraum nach Außen strömen kann.

In der Praxis liegt meistens eine Überlagerung geometrischer und stoffbedingter Wärmebrücken vor. Ein Ziegelmauerwerk mit einer aus-

Tab. 3.3 ■ **Zustände für eine Tauwasserbildung für eine Außenwand (Wärmedurchgangswiderstand von 0,52 m² • K/W**

Außentemperatur	*Oberflächen-temperatur der Flächen*	*Luftfeuchtigkeit, bei der Tauwasser auftritt*	*Oberflächen-temperatur im Kantenbereich (horizontale Kante)*	*Luftfeuchtigkeit bei der Tauwasser auftritt*
10°C	17,5°C	86%	14°C	68%
0°C	15,0°C	73%	8°C	46%
-10°C	12,5°C	62%	2°C	30%

kragenden Betondecke bildet eine stoffbedingte Wärmebrücke. Wegen der Auskragung der Betondecke handelt es sich außerdem um eine geometrische Wärmebrücke, sodass die Zuordnung fließend sein kann.

Auch beim Fenster liegen mehrere Arten von Wärmebrücken vor. Der Fensterrahmen ist im Allgemeinen wärmetechnisch betrachtet schlechter als das angrenzende Mauerwerk, was eine stoffbedingte Wärmebrücke darstellt. Aufgrund verschiedener Undichtigkeiten handelt es sich aber zusätzlich um eine konvektive Wärmebrücke. Genauso verhält es sich bei einem Dach, das aufgrund von Sparren und Gefach eine stoffbedingte Wärmebrücke hat und aufgrund eventuell mangelnder Winddichtigkeit auch eine konvektive Wärmebrücke darstellt.

Um aufzuzeigen, welche Auswirkungen die Wärmebrückenwirkung auf die Bildung von Kondensatwasser besitzt, soll folgendes Beispiel dienen: Es wird ein Raum angenommen, der von einer Außenwand mit einem Wärmedurchgangswiderstand von 0,52 m² (K/W umgeben ist. In **Tabelle 3.3** sind für verschiedene Außentemperaturen die Oberflächentemperaturen und Luftfeuchtigkeiten angegeben, die auf den Flächen und in den Kanten zu einer Tauwasserbildung führen würden.

Vergleicht man die für die Wandflächen erhaltenen Werte mit denen, die für die Kantenbereiche gelten, so wird die erhöhte Tauwassergefahr in den Raumecken und -kanten deutlich. Eine innere Luftfeuchtigkeit von 68% würde auf der Wandfläche erst bei Annäherung an Temperaturen von -10 °C zur Tauwasserbildung führen, in der horizontalen Raumkante allerdings schon bei +10 °C. Die Frage nach der Tauwasserbildung ist demnach gleichermaßen eine Frage nach Temperatur und Luftfeuchtigkeit. Für Untersuchungen zur Oberflächenkondensation ist deshalb unerlässlich, nicht nur mit den gemessenen Werten für die Luftfeuchtigkeit zu arbeiten, sondern auch die möglicherweise auftretenden Luftfeuchtigkeiten zu berechnen.

Bei der Frage nach der genügenden Wärmedämmung der Gebäudehülle sind zwei Fälle zu unterscheiden: die Wärmebrückensituation und die Normalsituation eines Bauteils. Nach der DIN 4108 dürfen Wärmebrücken in Bauteilen des Hochbaus nicht vorliegen. Es muss an jeder Stelle der Mindestwert des Wärmedurchlasswiderstandes vorhanden sein. Sind Wärmebrücken in dem Sinne vorhanden, dass der Mindestwärmedurchlasswiderstand nach DIN 4108 lokal nicht gegeben ist, ist dies als Mangel des Bauwerks anzusehen. Als einzige Ausnahmen gelten Außenecken mit gleichem Aufbau wie die Wände, die nicht als Wärmebrücke zu behandeln sind, obwohl sie geometrische Wärmebrücken darstellen. Allerdings gibt es für dieses Problem keine bautechnisch sinnvolle Lösung.

Es gibt natürlich auch viele Bauwerke, die älter als die DIN 4108 sind. Da die DIN 4108 außerdem nur eine untere Grenze des Wärmedurchlasswiderstandes festlegt, ist die tatsächliche Wärmedämmwirkung der Außenbauteile von

Wohngebäuden recht unterschiedlich. Infolgedessen ist es nicht objektiv, von allen Bauwerken das gleiche Schadenspotenzial für Schimmelpilzbefall zu erwarten. Man darf aber die Wärmedämmwirkung von Bauteilen als Maßnahme gegen Tauwasseranfall nicht überbewerten. Genauso wichtig für das Auftreten von Tauwasser ist die relative Luftfeuchte der Raumluft, die entsprechend von der Raumdurchlüftung bestimmt wird: Selbst wenn man einen Raum mit hoch wärmedämmenden Umschließungswänden versehen, aber die Entfeuchtung der Luft verhindern würde, wäre die relative Luftfeuchte bei einer üblichen Raumnutzung nach wenigen Stunden schon bei 100 % angelangt und die raumseitigen Oberflächen wären mit Tauwasser belegt. Dies bedeutet, dass gut gedämmte Wohnungen nur in geringerem Maße weniger gelüftet werden dürfen als schlecht gedämmte, und dass eine Lüftung immer notwenig ist. Dem entsprechend versteht sich sicherlich, dass dicht belegte Wohnungen stärker und öfter gelüftet werden müssen, als dies bei weniger dicht belegten Wohnungen der Fall ist.

Abschließend sollen noch beispielhaft einige Schwachstellen in Wandkonstruktionen aufgezeigt werden, die Schimmelpilzbildung mit verursacht haben und die mit Hilfe der Thermographie aufgedeckt wurden.

Abb. 3.24-3.25 ▪ Wärmebrücke: Geschossdecken und Ringanker

Abb. 3.26-3.27 ■ Wärmebrücke: Fenstersturz und Geschossdecken

Abb. 3.28-3.30 ■ Wärmebrücke: Verankerung der Vorhangfassade

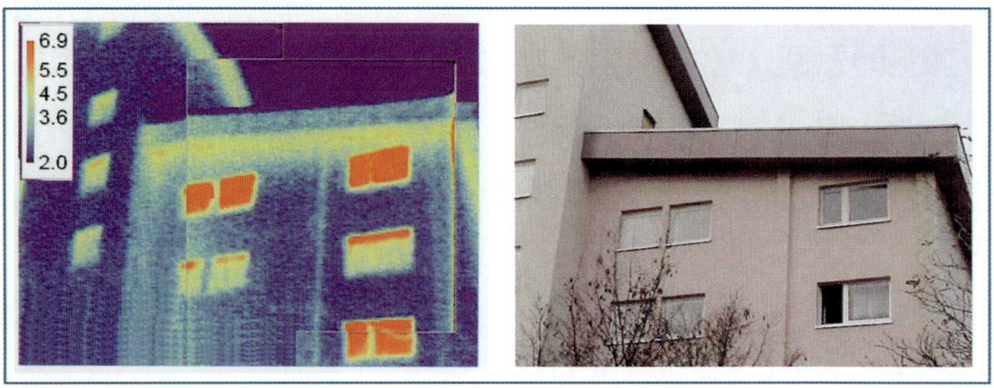

Abb. 3.31 ■ Wärmebrücke: Ringanker

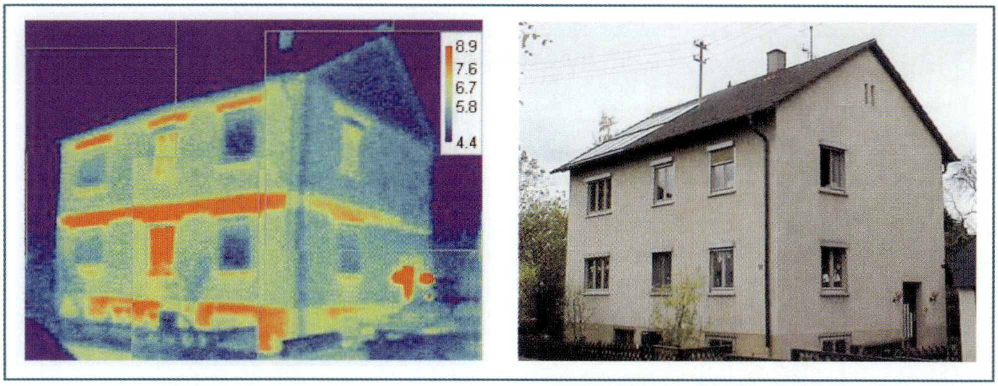

Abb. 3.32 ■ Schwachstelle: Kelleraußenwand

■ 3.5 Nachträgliche Wärmedämmung

Bei Gebäuden im Bestand lässt sich der Wärmeschutz durch nachträgliche Dämmmaßnahmen von innen oder von außen verbessern. Seit 1984 schreibt die 2. Wärmeschutzverordnung ebenso wie die 1995 herausgegebene 3. Wärmeschutzverordnung Anforderungen zur Begrenzung des Wärmedurchgangs bei erstmaligem Einbau, Ersatz oder Erneuerung von Außenbauteilen bestehender Gebäude vor. Danach darf der Wärmedurchgangskoeffizient (U-Wert) nach der Erneuerungsmaßnahme bei Außenwänden mit Außendämmung nicht größer als 0,40 W/m²K sein. Bei der Ausführung der Wärmedämmung auf der Innenseite von Außenwänden ist dagegen ein U-Wert von maximal 0,50 W/m²K zulässig.

Zu typischen Schäden bei Maßnahmen zur nachträglichen Wärmedämmung von Gebäuden im Bestand kommt es in der Regel dann, wenn die Dämmschicht nur auf Teilbereichen der Fassade aufgebracht und insbesondere die Wärmebrückenwirkung von Gebäudeecken und Fensterlaibungen nicht beachtet wird. Nach den Grundregeln der Bauphysik gehört die Wärmedämmschicht auf die kalte (Außen-)Seite, weil dadurch Tauwasserbildung im Regelfall verhindert wird. Eine Wärmedämmung von innen ist jedoch ebenso möglich und wird besonders bei Bauten im Bestand ausgeführt, wenn konstruktive oder gestalterische Vorgaben oder auch der Denkmalschutz eine nachträgliche Wärmedämmung von außen nicht zulassen.

Die Innendämmung ist kostengünstiger als die Außendämmung und lässt sich raumseitig anbringen. Eine Innendämmung ist vor allem für unregelmäßig beheizte Räume wie z.B. Versammlungsräume geeignet, da beim Beheizen dieser Räume nur die Raumluft und nicht die Baukonstruktion aufgeheizt wird. Bei denkmalgeschützten Bauwerken und Gebäuden mit erhaltenswerten Fassaden wie beispielsweise Naturstein- oder Klinkerfassaden, historischen Putz- und Freskentechniken, Malereien etc. ist die Innendämmung häufig die einzige Möglichkeit zur nachträglichen Verbesserung des Wärmeschutzes. Durch den fehlenden Wärmenachschub von innen ist eine innengedämmte Wand einer erheblich höheren Temperaturschwankung ausgesetzt als eine ungedämmte oder außengedämmte Wand. Dies führt zu erhöhten thermischen Spannungen in der Konstruktion. Durch die nachträgliche Dämmung der Innenseite wird die Außenwand insgesamt kälter. Eine Berechnung des Wasserdampf-Diffusionsverhaltens ist empfehlenswert, um durch die zweckmäßige

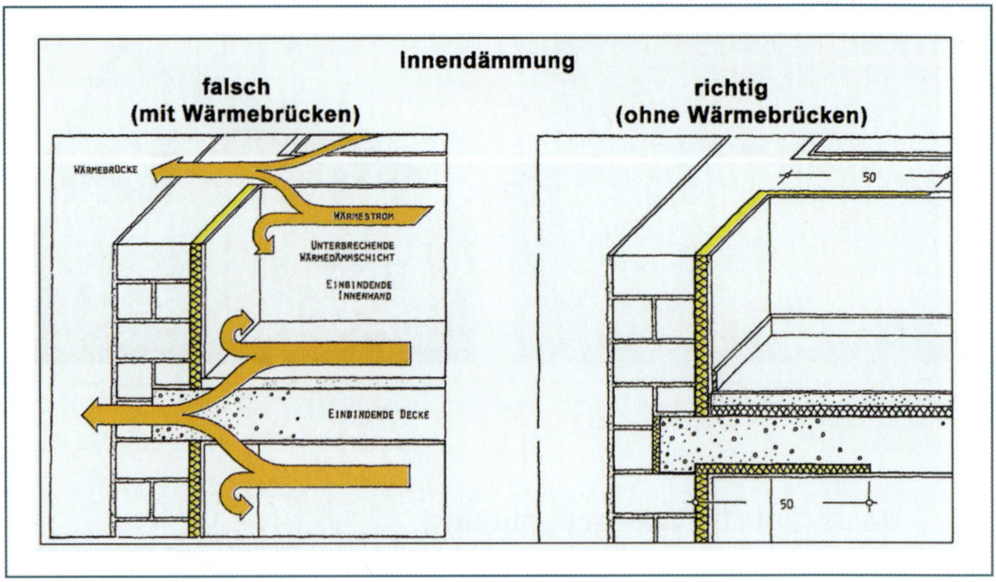

Abb. 3.33 ■ Die linke Skizze zeigt schematisch, dass bei einer Innenwand, die auf eine Außenwand mit einer Innendämmung stößt, Wärme über die Einbindung abfließt (Wärmebrücke). Die von innen aufgebrachte Wärmedämmung muss deshalb fachgerecht auch um die Innenbauteile herumgeführt werden (rechte Skizze). Dies gilt allerdings nicht nur für Wände, sondern auch für die Decke und den Boden.

Anordnung und Bemessung einer Dampfsperre einen Tauwasserausfall in der Konstruktion zu verhindern.

Die Behauptung, dass eine Innendämmung nicht funktioniert, ein unbehagliches Wohnklima schafft oder dass es zwangsläufig zu bauschädigendem Tauwasserausfall kommt, lässt sich fachlich nicht begründen. Es ist allerdings richtig, dass eine raumseitige Wärmedämmung das Temperaturgefälle im Wandquerschnitt verändert und die Taupunkttemperatur nach innen rückt. Es müssen deshalb auf der Innenseite dampfbremsende Baustoffe eingebaut werden. Die DIN 4108 schreibt bei der Außenwand aus Mauerwerk nach DIN 1053 aus künstlichen Steinen mit raumseitig aufgebrachter Wärmedämmschicht eine wasserdampfdiffusionsäquivalente Luftschichtdicke von mindestens 0,5m vor. In anderen Fällen ist im Sinne der Wärmeschutznorm ein rechnerischer Nachweis des Tauwasserausfalls infolge Dampfdiffusion nach DIN 4108 zu führen.

Zu typischen Schimmelpilzschäden nach wärmedämmenden Maßnahmen von innen kommt es vor allem dann, wenn die Wärmedämmschicht Fensterlaibungen oder einbindende Bauteile (beispielsweise Geschossdecken oder Wandeinbindungen) nicht berücksichtigt. Geschieht dies nicht, besteht die Gefahr eines Tauwasserausfalls und einer Schimmelpilzbildung.

■ 3.6 Feuchtigkeitsbelastung von außen

Wenn die Außenwände der Fassade nicht schlagregensicher und/oder die erdberührten Bauteile nicht wasserdicht sind, kann relativ viel Wasser aufgenommen werden und sich kapillar über den gesamten Mauerwerksquerschnitt verteilen. Bei einer verputzten Fassade kann durch Risse Niederschlagswasser eindringen **(Abb. 3.34)**. Bei Sichtmauerwerk aus Ziegeln oder Kalksandstein kann es durch feine Fugenabrisse, Fehlstellen oder ungeeigneten Mörtel ebenfalls zu einer erhöhten Wasseraufnahme kommen. Mangelhafte Sperrschichten bei Vormauerschalen sind weitere mögliche Ursachen. Der Sachverständige oder Fachplaner muss eine Aussage zum Fassadenschutz treffen, um die mögliche Ursache des Wassereindringens von außen beurteilen zu können. Mögliche Untersuchungsmethoden sind neben der visuellen Begutachtung das Carsten'sche Prüfröhrchen. Die Wassereindringprüfung nach Carsten hat sich als praktikables Messverfahren bewährt und ist als eine unterstützende Abschätzung der Schlagregensicherheit von Fassaden geeignet. Darüber hinaus können Baustoffproben entnommen werden, um laboranalytische Untersuchungen in Bezug auf Zusammensetzung und Wasseraufnahme bestimmen zu können.

Erdberührte Bauteile unterliegen einer ständigen Feuchtigkeitsbelastung. Fehlende, defekte oder mangelhafte Abdichtungen, veränderte Wasserbelastungen oder der Zahn der Zeit führen zur Durchfeuchtung des Mauerwerkes bzw. Wasserinfiltration ins Gebäudeinnere. Untersuchungen, die vom Aachener Institut für Bauschadensforschung und angewandte Bauphysik im Auftrag des Bundesministeriums für Raumordnung, Bauwesen und Städtebau im Jahr 1989 abgeschlossen wurden, haben gezeigt, dass die Bauteilgruppe Keller mit 16% an der Gesamtzahl der Bauschäden beteiligt war.

Aus früheren Untersuchungen wurde deutlich, dass die häufigste Ursache für die zum Teil starken Durchfeuchtungen und daraus resultierende Schäden im Kellerbereich mit meist erheblichen Nutzungseinschränkungen der Räume in der Fehleinschätzung der tatsächlichen Wasserbeanspruchung (Lastfall) von Kellerwänden und -boden und der daraus abgeleiteten Fehleinschätzung der Schutzmassnahmen und der Wahl des Abdichtungssystems lag. Die Mehrzahl der Schäden war bei bindigen Böden und in Hanglagen entstanden, wenn das in den verfüll-

Abb. 3.34

Abb. 3.35 ■ Risse im Putz/in der Fassade führen zu einer höheren Feuchtigkeitsbelastung und damit langfristig zur Durchfeuchtung des Mauerwerkes.

ten Arbeitsraum eingedrungene Wasser aufgrund des fehlenden bzw. behinderten Abflusses zumindest zeitweise die Kelleraußenbauteile als Stauwasser beanspruchte und die geplanten Abdichtungsmaßnahmen dieser Beanspruchung nicht gewachsen waren.

Abb. 3.36 ■ Anteile einzelner Gebäudeelemente an den Bauschäden (Quelle: AIBau)

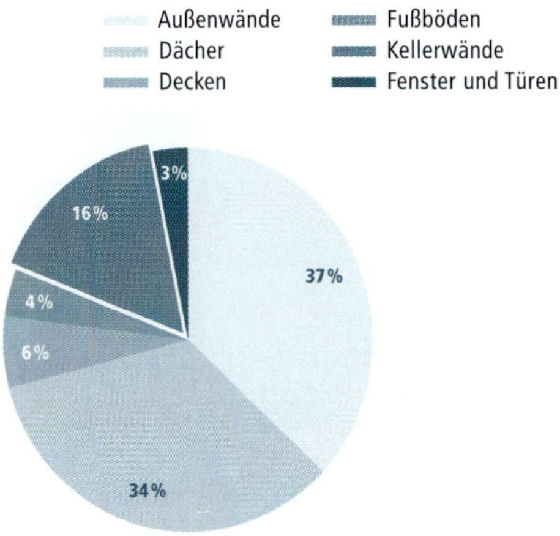

Schäden infolge der Beanspruchung durch Bodenfeuchtigkeit traten in der Vergangenheit nur in geringem Maß auf. Hierbei handelt es sich dann in der Regel um Schäden, die durch mangelhafte Abstimmung des Wärme- und Feuchtigkeitsschutzes auf die erhöhte Anforderung der Kellernutzung entstanden sind. Schäden infolge einer falsch geplanten oder fehlerhaft ausgeführten Abdichtungsmaßnahme sind nicht nur schwierig in ihrer Beseitigung, sondern hinterlassen in der Regel auch eine Wertminderung des Gebäudes. Nachbesserungsarbeiten sind immer sehr aufwendig und die Kosten deutlich höher als die ursprünglichen. Abdichtungsmaßnahmen sind daher sorgfältig und auf einen hohen Sicherheitsgrad und Dauerhaftigkeit ausgerichtet zu planen und auszuführen.

Bodenfeuchtigkeit ist im Erdreich vorhandenes, kapillar gebundenes und durch Kapillarkräfte auch entgegen der Schwerkraft geführtes Wasser

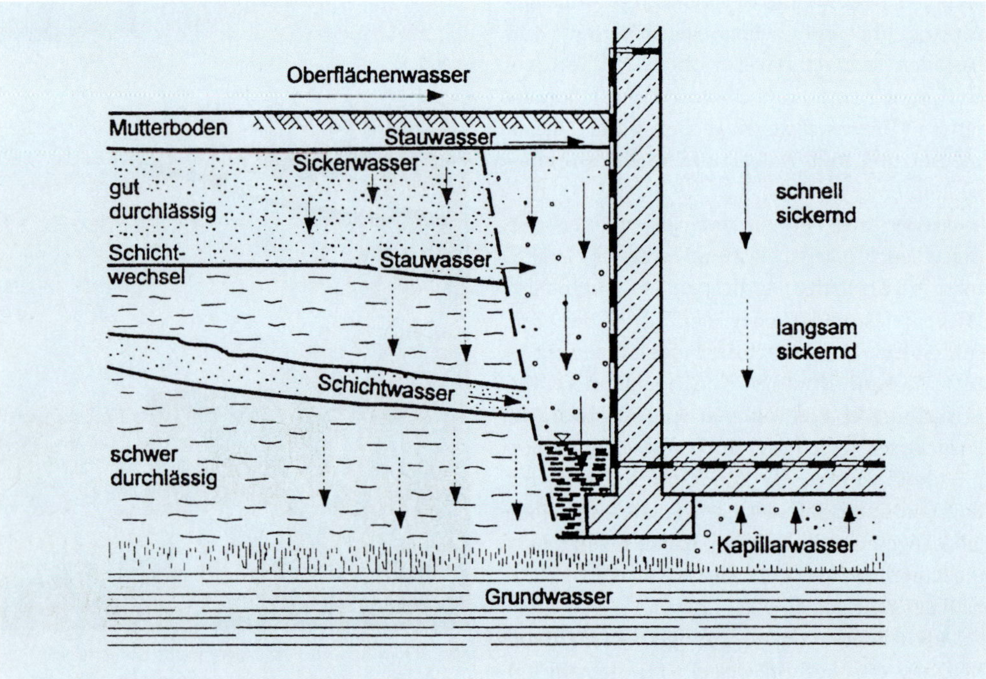

Abb. 3.37 ■ Übersicht über die unterschiedlichen Bodenverhältnisse und Wasserangriff (Lastfall)

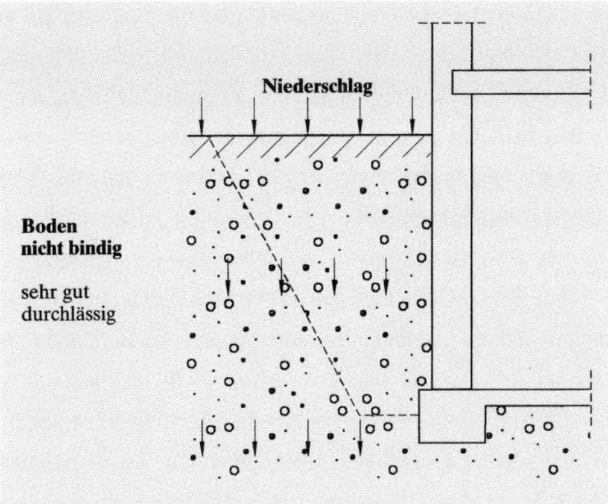

Abb. 3.38 ■ Lastfall Bodenfeuchtigkeit

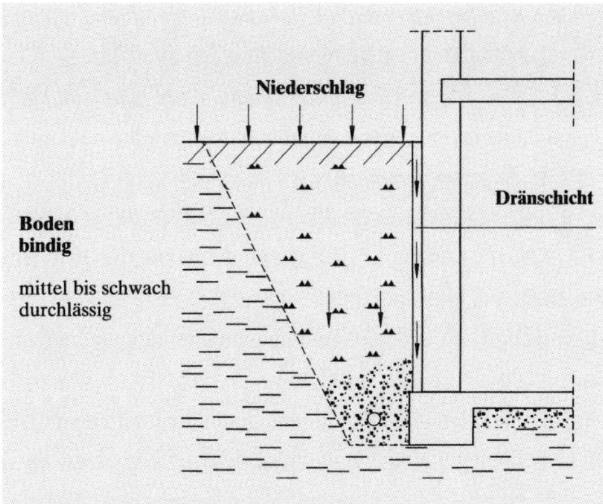

Abb. 3.39 ■ Lastfall nichtdrückendes Wasser mit funktionsfähiger Drainage nach DIN 4095

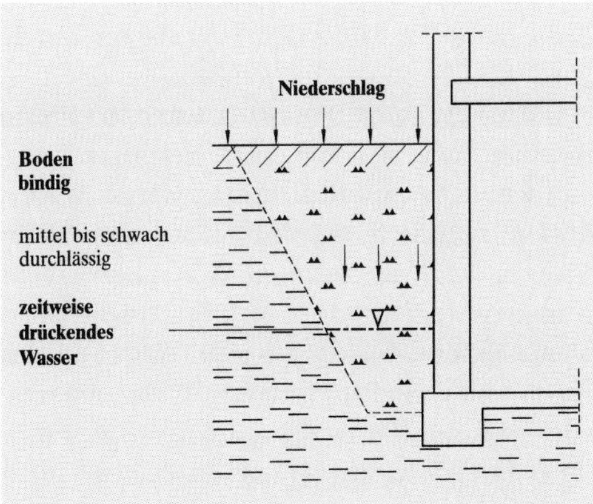

Abb. 3.40 ■ Lastfall drückendes Wasser ohne anstehendes Grundwasser (bei bindigem Boden), ohne funktionstüchtige Dränung

(z.B. Saugwasser, Haftwasser, Kapillarwasser). Eine Belastung durch Bodenfeuchtigkeit ist grundsätzlich vorhanden, genauso wie das von Niederschlägen verursachte und nicht stauende Wasser (Sickerwasser). Die Bodenfeuchtigkeit wird deshalb immer öfter nicht mehr als Lastfall definiert. Mit dem Lastfall der Bodenfeuchtigkeit darf nur gerechnet werden, wenn das Baugelände bis zu einer ausreichenden Tiefe unter der Fundamentsohle und auch das Verfüllmaterial aus nicht bindigen Böden, z.B. Sand oder Kies, bestehen. Voraussetzung ist, dass die nicht bindigen Böden für tropfbar-flüssiges Wasser so durchlässig sind, dass es ständig von der Geländeoberkante bis zum Grundwasserstand absickern kann. Wichtig ist, dass sich dieses Wasser auch nicht vorübergehend bei starken Niederschlägen aufstauen kann. Dies erfordert einen Durchlässigkeitsbeiwert (k) des Bodens von mind. 0,01 cm/sec.

Nichtdrückendes Wasser ist Oberflächen-, Sicker- oder Schichtenwasser in tropfbar-flüssiger Form, welches auf waagerechte oder senkrechte Flächen keinen hydrostatischen Druck aufbaut bzw. ausübt. Bei bindigen Böden und/oder Hanglagen ist in der Regel immer nichtdrückendes Wasser anzunehmen und die Abdichtung gemäß diesem Lastfall auszuführen. Zusätzlich ist der Lastfall nichtdrückendes Wasser durch geeignete Dränmaßnahmen nach DIN 4095 sicherzustellen.

Drückendes Wasser liegt vor, wenn sich Stau-, Schichten- oder Oberflächenwasser aufstaut und von außen oder innen einen hydrostatischen Druck ausübt, oder wenn das Bauwerk im Grundwasser steht. Der Druck ist abhängig von der Höhe der anstehenden Wassersäule. Der Lastfall drückendes Wasser von außen wird wie folgt unterteilt:

- drückendes Wasser als Stau- oder Schichtenwasser, das nicht dauernd ansteht oder bei bindigen Böden und/oder Hanglagen, bei denen geeignete Dränmaßnahmen nicht möglich sind
- drückendes Wasser als Schichten- und Grund-

wasser bis zu einer Eintauchtiefe von 3 m bis Oberkante Fundament bzw. Bodenplatte

- drückendes Wasser als Schichten- und Grundwasser bis zu einer Eintauchtiefe von > 3 m bis Oberkante Fundament bzw. Bodenplatte, sodass Sonderkonstruktionen notwendig werden.

Die Abdichtung erdberührter Bauteile stellt bei Neubauten eine Selbstverständlichkeit dar. Allein durch die DIN 18 195 werden Abdichtungsmaßnahmen beim Neubau auf eine rechtliche Basis gestellt. Für die nachträgliche Vertikalabdichtung erdberührter Bauteile gibt es nur bedingt Normen und Merkblätter. Dies ist deshalb besonders erwähnenswert, da gerade bei älteren Gebäuden eine vollständige Abdichtung nur selten ausgeführt worden oder mittlerweile verrottet ist. In beiden Fällen gibt es keinen funktionsfähigen Feuchteschutz, sodass über die erdberührten Wände Feuchtigkeit aufgenommen und kapillar transportiert wird (dieser Schadensmechanismus wird im Kapitel »Feuchtigkeitsbelastung durch kapillar aufsteigende Feuchtigkeit« ausführlich beschrieben).

Im Einzelfall können Feuchtigkeitsprobleme auch trotz funktionstüchtiger Abdichtungen auftreten, wenn die von oben offenen Bauteile wie beispielsweise außenliegende Kellertreppen, nicht entwässernde Lichtschächte oder offene Parkdecks der Obergeschosse durch extreme Niederschläge belastet werden. Auf diese Belastung soll allerdings nicht weiter eingegangen werden, da sie nur in Ausnahmefällen zur starken Durchfeuchtung der Innenräume führt.

Neben der Durchfeuchtung der erdberührten Bauteile, auf deren Problem in bisherigen Veröffentlichungen ausführlich hingewiesen wurde, dürfen natürlich die Durchfeuchtungen im Bereich der Flachdächer und Terrassen nicht vergessen werden. Sofern sich Feuchtigkeitsprobleme innenseitig zeigen oder Wasser in das Rauminnere eindringt und zu Pfützenbildung oder sogar zu flächig stehendem Wasser führt, muss die Leckage geortet werden. Zu den häufigsten Ursachen derartiger Feuchtigkeitsprobleme gehören u.a. örtlich begrenzte Beschädigungen und Risse oder auch nicht fachgerecht ausge-

Abb. 3.41

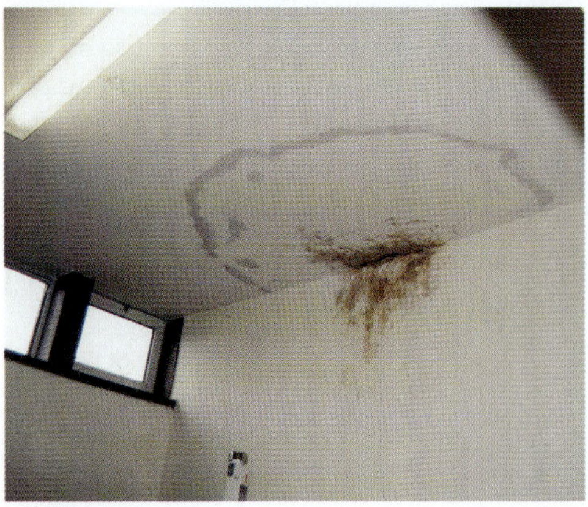

Abb. 3.42

Abb. 3.43

bildete Durchdringungen und Öffnungen der Abdichtung.

Eine Dachabdichtung kann entweder infolge unterlassener Instandhaltungs- und Wartungsarbeiten stark verwittert oder infolge mechanischer Einwirkung an der Oberfläche beschädigt sein. In dem Fall muss durch einen Fachmann geprüft werden, ob nur die oberste Abdichtungsschicht beschädigt und durchfeuchtet ist, sodass ggf. die Abdichtungsfunktion durch eine neue Abdichtungslage wieder hergestellt und regeneriert werden kann.

Nicht mehr funktionsfähige Dachabdichtungen müssen in jedem Fall erneuert werden. In den meisten Fällen können die vorhandenen Schichten des Dachaufbaus belassen werden, sofern dem nicht gravierende, bauseitig gegebene Umstände entgegenstehen (beispielsweise nicht mehr ausreichende Belastbarkeit der Tragkonstruktion oder nicht mehr ausreichende Höhen zur fachgerechten Ausbildung von An- und Abschlüssen).

Sollte der vorhandene Dachaufbau belassen werden, sind für die nachfolgende Sanierung folgende Hinweise zu beachten: Vorhandene Wellen, Blasen oder Falten sind aufzuschneiden oder abzustoßen, vorhandene Risse mit Schleppstreifen zu überdecken. Schmutzablagerungen sind sorgfältig zu entfernen, bevor eine neue Dachabdichtung aufzubringen ist. Bei Oberlagen mit Bestreuung oder bei Dachabdichtungen mit starker Blasenbildung bzw. aus Bahnen mit Rohfilzträgereinlage sind Feuchtigkeitseinschlüsse nicht auszuschließen. Deshalb ist zwischen dem alten Dachbelag und der neu aufzubringenden Dachabdichtung eine Dampfdruckausgleichsschicht anzuordnen. Die Funktion der Dampfdruckausgleichsschicht kann auch von einer Zusatzdämmung übernommen werden. Bei Dachsanierung ist die Energieeinsparverordnung zu beachten. Es ist zu prüfen, ob eine zusätzliche Wärmedämmung aufgebracht werden muss. Für Dachflächen unter 2% Neigung empfiehlt es sich, die zusätzliche Wärmedämmung als Gefälledämmschicht zur Herstellung eines geregelten

Abb. 3.44

Abb. 3.45 ▪ Durchfeuchtungen im Bereich der Flachdächer ...

Abb. 3.46 ▪ ... können zu starken Feuchtigkeitsproblemen im Außenbereich ...

Abb. 3.47-3.48 ▪ ...und zu Schimmelpilzbildungen im Innenbereich führen.

Wasserablaufs auszubilden. Bei gefällelosen Dachflächen mit erheblicher Pfützenbildung sollte die Möglichkeit geprüft werden, zusätzliche Dachabläufe in den Tiefpunkten der Dachfläche anzuordnen.

▪ 3.7 Feuchtigkeitsbelastung durch kapillar aufsteigende Feuchtigkeit

Feuchtigkeit kann generell nur in Baustoffe eindringen, wenn Fehlstellen vorhanden sind. In Baustoffen sind das die Poren und größere Hohlräume. Mauerwerksrelevante Baustoffe können bis zu 80 Vol.-% an Poren enthalten. Die offenen, das heißt von außen zugänglichen Poren werden bei entsprechender Feuchteeinwirkung mit Wasser gefüllt. Je größer dabei die Poren sind, um so leichter kann Wasser eindringen und den Baustoff, der Schwerkraft folgend, durchsickern. Wirkt von außen ein Druck auf die Flüssigkeit, kann das Wasser in den Kapillarporen nach besonderen Gesetzmäßigkeiten transportiert werden, wobei auch die normale Schwerkraft überwunden wird. Daher kann Feuchtigkeit in Mauerwerken aus porösen Baustoffen aufsteigen.

Infolge der kapillaren Wasseraufnahme werden bereits innerhalb kurzer Zeit erhebliche Mengen an Feuchtigkeit in den Baustoff transportiert. In mineralischen Baustoffen wie Mauerwerk, Putz oder Mörtel ist die kapillare Saugfähigkeit bzw. Wasseraufnahme der Haupttransportmechanismus von Feuchtigkeit. Sie wird durch den Wasseraufnahmekoeffizienten w ($kg/m^2 \cdot h^{0,5}$) ausgedrückt und im Wesentlichen bestimmt durch den Kapillarradius der Poren. Ist der Kapillarradius relativ klein und liegt er unter 10^{-7} m, spricht man von Mikroporen oder Gelporen, in denen ein kapillarer Wassertransport nicht mehr stattfinden kann. Diese Poren füllen sich mit Wasser nur noch durch den Wasseraufnahmemechanismus der Kapillarkondensation. Im Porengrößenbereich über 10^{-4} m findet ebenfalls ein kapillarer Wassertransport nicht mehr statt. Diese Poren besitzen kapillarbrechende Wirkung und werden häufig auch als Luftporen bezeichnet. Sie werden in einige Baustoffmischungen gezielt eingebracht. Die Luftporen können nur noch unter Druck, z.B. durch Sickerwassereinfluss, gefüllt werden. Im Porengrößenbereich zwischen 10^{-4} m und 10^{-7} m ist die Kapillarität am besten ausgeprägt. Die Poren werden deshalb auch als Kapillarporen bezeichnet.

Abb. 3.49 ■ Im Sockelbereich älterer Gebäude sind häufig starke Durchfeuchtungen (in Verbindung mit Salzausblühungen) zu beobachten. An dem Bauwerk ist besonders gut zu erkennen, wie die Kapillarität durch die Kellerfenster unterbrochen wird.

Wird die oben beschriebene Benetzung der hydrophilen oder die Wasserabweisung der hydrophoben Oberfläche auf eine Baustoffkapillare übertragen, ergibt sich bei der Benetzung eine konkav gewölbte Flüssigkeitsoberfläche und damit das Aufsteigen der Flüssigkeit in den Kapillaren. Der Kapillarkraft wirken beim Eindringen in den Baustoff im Wesentlichen Reibungskräfte und beim Aufsteigen die Schwerkraft entgegen. Eine vereinfachte Darstellung führt zu folgender Gleichung: Kapillarkraft = Reibungskraft + Schwerkraft. Die kapillare Wasseraufnahme von mineralischen Baustoffen folgt in der Regel dem so genannten »Wurzel-Zeit-Gesetz«. Trägt man die Wasseraufnahme W gegen die Wurzel aus der Zeit t auf, so erhält man – zumindest in der Anfangsphase des kapillaren Saugvorganges – eine Gerade. Die Steigung dieser Geraden wird auch als Wasseraufnahmekoeffizient w oder häufig auch nur als w-Wert bezeichnet:

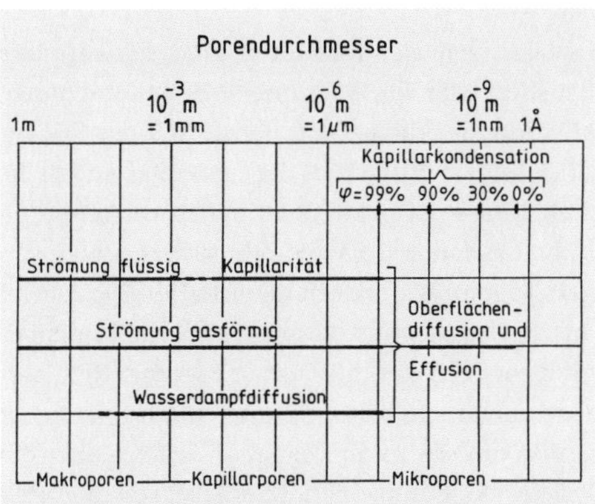

Abb. 3.50 ■ Mögliche Wassertransportmechanismen in Abhängigkeit von der Porengröße

$W = w \cdot \sqrt{t}$

mit:

W – Wasseraufnahme (kg/m^2)

w – Wasseraufnahmekoeffizienten ($kg/m^2 \cdot h^{0,5}$)

t – Saugzeit (h)

Der Wasseraufnahmekoeffizient beschreibt im eigentlichen Sinn die kapillare Sauggeschwindigkeit eines Baustoffes, wird häufig aber gene-

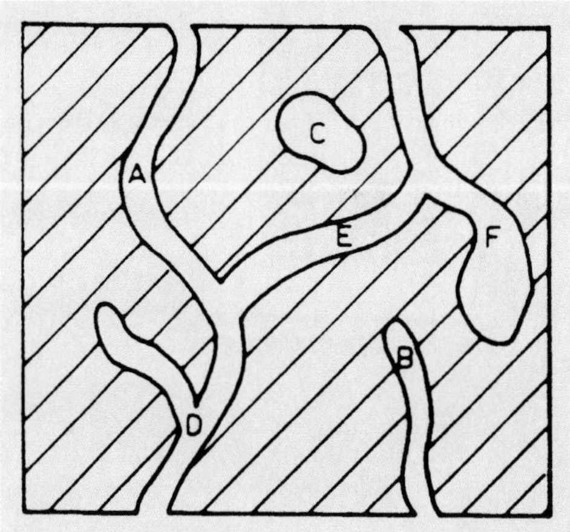

Abb. 3.51 ■ Vereinfachte Darstellung der Porengeometrie:
A durchgehende Pore,
B Sackpore,
C geschlossene Pore,
D Sackpore von der durchgehenden Pore abzweigend,
E Verbindung zwischen einer durchgehenden Pore und einer Sackpore,
F Flaschenhals einer Sackpore.

rell für das Maß für die kapillare Saugfähigkeit von Baustoffen verwendet. Die Bestimmung dieses w-Wertes erfolgt nach der DIN 52617. Die Höhe, bis zu der das Wasser aufsteigen kann, hängt vom Porenradius ab. Vereinfachend kann man für Wasser in einem benetzbaren Material folgende Gleichung angeben:

$$h_{max} = \frac{2\,\sigma \cdot \cos\delta}{\rho \cdot g \cdot r}$$

mit:

h_{max} – max. Steighöhe in m
δ – Randwinkel zwischen Flüssigkeit und Feststoff
r – Kapillarradius in m
ρ – Dichte der Flüssigkeit in kg/m^3
g – Erdbeschleunigung (9,81 m/sec^2)

Entsprechend dieser Gleichung ist die maximale Steighöhe in einer Kapillare umgekehrt proportional zum Halbmesser der Kapillare. Dies bedeutet, dass das Wasser umso höher steigen kann, desto kleiner der Kapillardurchmesser ist. Werden die entsprechenden Materialkenndaten für Wasser eingesetzt so ergibt sich für die Steighöhe

$$h_{max} = \frac{1{,}49\ mm}{r}$$

h_{max} – max. Steighöhe in mm
r – Kapillarradius in mm

Werden die Gleichungen der kapillaren Sauggeschwindigkeit und die maximale Steighöhe in den Kapillaren verglichen, stellt sich eine umgekehrte Abhängigkeit vom Radius ein. Dies bedeutet, je feiner die Kapillaren werden, desto geringer wird die Sauggeschwindigkeit und umso höher ist die theoretisch mögliche maximale Steighöhe. Wird demnach die Sauggeschwindigkeit sehr klein, ist es aufgrund der Verdunstung der aufgenommenen Feuchtigkeit an der Wandoberfläche sehr unwahrscheinlich, dass die mögliche maximale Steighöhe überhaupt erreicht wird. Es kann weiterhin angenommen werden, dass es für die kapillare Leitfähigkeit einen Grenzwertbereich gibt. Bei einem sehr kleinen Kapillarradius entwickelt sich die Sauggeschwindigkeit gegen Null. Demgegenüber entwickelt sich die maximal mögliche Steighöhe gegen Null, wenn der Kapillarradius sehr groß ist. Vereinfacht dargestellt:

Kapillarradius < 0,1 µm → Sauggeschwindigkeit ~ Null
Kapillarradius > 100 µm → max. mögliche Steighöhe ~ Null

Es lässt sich also festhalten, dass feinkapillare Baustoffe sehr viel langsamer Wasser aufnehmen, als dies bei grobporigen Baustoffen der Fall ist. Allerdings wird dann die maximal mögliche Steighöhe von Feuchtigkeit im Baustoffgefüge erhöht. Bei den in der Praxis eingesetzten oder vorgefundenen Baumaterialien ist allerdings davon auszugehen, dass es kaum zylindrische Kapillaren gibt, sondern dass der poröse Baustoff von einer Vielzahl unregelmäßiger Poren unterschiedlicher Größe und Form durchzogen wird. Da aber die Kräfte jeder einzelnen Kapillare genau durch diese Porengröße und -form (also die Porengeometrie) bestimmt und beeinflusst werden, kann

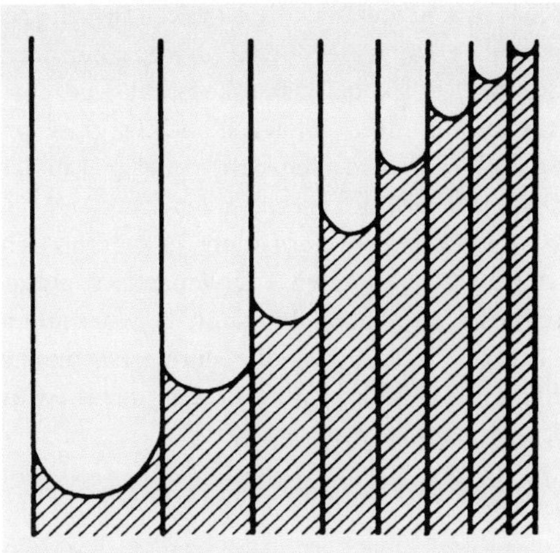

Abb. 3.52 ■ Modellvorstellung der kapillar aufsteigenden Feuchtigkeit in unterschiedlichen Kapillardurchmessern

dieses Kapillarkraftmodell nicht einfach auf ein Bauwerk übertragen werden. Da die Geometrie eines porösen Baustoffes bis heute nicht vollständig untersucht und aufgeklärt ist, dient der Modellversuch zum Veranschaulichen der Kapillarität.

Nach der oben genannten Gleichung kann demnach ein Mauerwerk bis ca. 1,50 m Höhe ausschließlich kapillar durchfeuchtet werden. Auch wenn diese Durchfeuchtungshöhen an untersuchten Bauwerken gefunden wurden, deutet alles darauf hin, dass neben der Kapillarität weitere Durchfeuchtungsursachen vorhanden sind. In einem Baustoff selbst sind naturgemäß durchgehende Kapillaren von 150 cm nicht vorhanden, sodass die für oben genannte Gleichung idealen Bedingungen in einem Bauwerk nicht anzutreffen sind. Hierbei sind die ungleichmäßige Verteilung der Grob- und Feinkapillaren zu berücksichtigen. Dies bedeutet, dass sich jedes Mauerwerk in einer Art Gleichgewicht befindet. Die maximal mögliche Steighöhe kapillarer Mauerfeuchtigkeit wird durch die vorhandene Porengröße im Baustoff sowie die mögliche Verdunstung an der Mauerwerksoberfläche beeinflusst.

Wird die Mauerwerksfeuchtigkeit über die innenseitigen Kellerflächen bereits wieder abgegeben, werden im Sockelbereich kaum Schäden sichtbar sein. Die Verdunstung über die innenliegenden Kellerflächen führt demzufolge auch

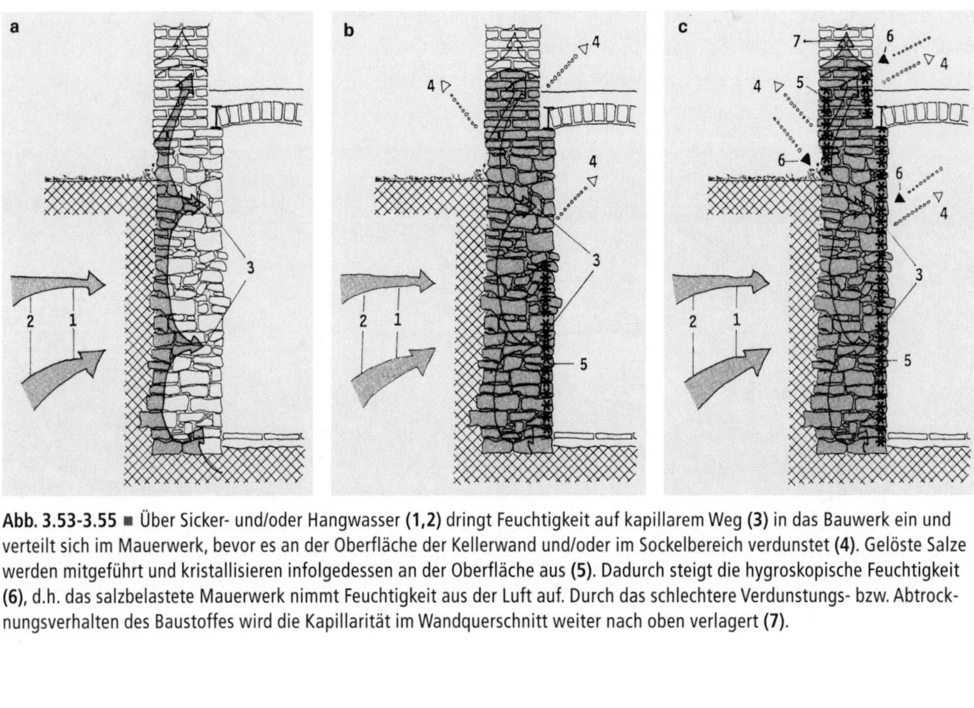

Abb. 3.53-3.55 ■ Über Sicker- und/oder Hangwasser **(1,2)** dringt Feuchtigkeit auf kapillarem Weg **(3)** in das Bauwerk ein und verteilt sich im Mauerwerk, bevor es an der Oberfläche der Kellerwand und/oder im Sockelbereich verdunstet **(4)**. Gelöste Salze werden mitgeführt und kristallisieren infolgedessen an der Oberfläche aus **(5)**. Dadurch steigt die hygroskopische Feuchtigkeit **(6)**, d.h. das salzbelastete Mauerwerk nimmt Feuchtigkeit aus der Luft auf. Durch das schlechtere Verdunstungs- bzw. Abtrocknungsverhalten des Baustoffes wird die Kapillarität im Wandquerschnitt weiter nach oben verlagert **(7)**.

auf der Kellerwand zu Durchfeuchtungen, Putz- und Anstrichschäden sowie zu Salzausblühungen. Ist diese Verdunstung über die Kellerflächen nicht möglich, da die Innenwände mit einem Zementputz oder einer hoch abgebundenen Dispersionsfarbe beschichtet ist, evtl. der Kellerbereich mit Fliesen oder mit diffusionsdichten Platten oder Folien versehen wurde, steigt die Feuchtigkeit auf kapillarem Weg im Mauerwerk nach oben. Hier kommt es dann entweder außen im Sockelbereich oder an der Fußleiste im Wohnbereich zur Verdunstung. Daran wird einerseits deutlich, dass bereits der Ort der Feuchtigkeitsschäden sehr viel über die mögliche Ursache beschreiben kann. Des Weiteren wird aber auch deutlich, weshalb Feuchtigkeitsprobleme oder Salzausblühungen immer im Keller- oder im Sockelbereich auftreten. Selten schlägt kapillar aufsteigende Feuchtigkeit in den Wohnbereich. Dazu müsste eine Verdunstung im Kellerbereich und auch im unteren Fassadenbereich ausgeschlossen werden. Selbst dann besteht immer noch die Gefahr, dass die Feuchtigkeit in die Deckenkonstruktion wandert und damit meist zu spät sichtbar wird.

3.8 Hygroskopische Feuchtigkeitsbelastung durch Salze

Schadstoffe in der Luft, im Wasser und im Erdreich beeinflussen die in Bauteilen vorhandenen Stoffe zu chemischen Reaktionen, bei oder mit denen bauschädigende Salze gebildet werden. Diese bewirken, dass die im Mörtel oder im Stein vorhandenen Bindemittel in lösliche Verbindungen überführt werden, die dann durch Wasser herausgelöst werden oder beim Auskristallisieren ihr Volumen vergrößern. Umgangssprachlich wird unter dem Begriff Salz nur das Kochsalz verstanden. Dieses spielt zwar in der Natur eine dominierende Rolle, ist an und in Bauwerken allerdings untergeordnet anzutreffen. Viel häufiger sind Sulfate, Nitrate und Carbonate anzutreffen. Chloride, wie das Natriumchlorid, sind relativ selten. Durch Salze können Schäden unterschiedlicher Art an Bauwerken entstehen. Diese können sich einerseits nur auf die Oberfläche beschränken und dort zu flächenhaften Salzbelegungen und Korrosion der Oberflächen führen oder aber das Mauerwerk in seiner gesamten Räumlichkeit erfassen und ggf. tiefgreifend schädigen bzw. seine Zerstörung einleiten.

Abb. 3.56 ■ Starke Salzausblühungen auf der Oberfläche eines Ziegelmauerwerkes

Bildung von Salzausblühungen und Salzkrusten auf der Oberfläche des Bauwerkes

Oft wird dieses Auftreten von Salzen als oberflächlich und harmlos, in der Regel nur als ästhetische oder optische Beeinträchtigung gesehen. Die Bedeutung dieser Vorankündigung wird vielfach unterschätzt. Oberflächliche Salzansammlungen sind der Ausdruck von Salzwanderungen innerhalb des Mauerwerkes und erste Indikatoren für tiefgreifende Veränderungen. Anfangs zeigen sich diese nur als schwache, im weiteren Verlauf als immer stärker werdende Korrosion der Oberfläche, die in tiefer gehende Erosion übergehen kann. Die Phänomene des »Absandens« oder der »Schwarzkrusten« sind Anzeichen derartiger Salzaktivitäten.

Zerstörung der Bausteine

Bei der Zerstörung von Natur-, Ziegel-, Kalksand- und Hochblocksteinen stellt die Salzsprengung eine der häufigsten Ursachen dar. Voraussetzung ist allerdings das Vorhandensein von Permeabilität und Porosität in einer bestimmten Größenordnung. Gesteine mit sehr dichtem Gefüge (z.B. Basaltlava) oder sehr poröse Baustoffe (z.B. Travertin oder Quelltuff) werden sehr selten durch Salze zerstört. Sandsteine, Grauwacken, Schiefer, Konglomerate und Kalksteine, unter Umständen auch Marmor, sind dagegen genauso gefährdet wie die meisten Ziegelsteine. Wenn auch das Risiko als geringer einzustufen ist, sind Granite und andere magmatische Gesteine ebenfalls gefährdet. Salzschäden können ebenso von mit Salzlösung gefüllten Porenräumen ausgehen, die durch kristallisierende Salze gesprengt werden, wie vom Angriff auf Bindemittel der einzelnen Mineralkomponenten in den Gesteinen.

Zerstörung des Mörtels

Mörtel sind dem schädigenden Zugriff der Salze in gleicher Weise ausgesetzt. Auch hier kann – von Poren ausgehend – die Salzsprengung nachhaltig als Schadensursache auftreten, aber auch die Bindemittel können betroffen sein. Sowohl die wasserhaltigen Kristalle, die sich beim Abbinden von hydraulischen Bindemitteln bilden (Zement, hydraulischer Kalk, Trasskalk) als auch die Carbonate aus dem Abbindeprozess von Kalkmörtel können durch Salzlösungen angegriffen

Abb. 3.57-3.58 ▪ Salze im Putz erhöhen die hygroskopische Feuchtigkeitsbelastung.

und zerstört werden. Infolgedessen können auch die Zuschlagsstoffe durch den Einfluss von Salzen geschädigt werden.

Feuchtigkeitsbindung im Mauerwerk

Das Auftreten von Feuchtigkeit im Mauerwerk ist ein reversibler Vorgang, reguliert durch Kondensation und Verdampfung einerseits und Aufnahme andererseits. Die Geschwindigkeit der Verdampfung ist eine Funktion des Dampfdruckes: Je höher der Dampfdruck, umso schneller die Trocknung. Durch Lösung von Salzen wird der Dampfdruck unter Umständen beträchtlich verringert. Der Betrag dieser Dampfdruckverringerung ist abhängig von der Konzentration des gelösten Stoffes. Bei einer gesättigten Natriumchloridlösung beträgt sie etwa 10 %. Die Trocknung durch Verdampfen verzögert sich dementsprechend. Salze halten somit die Feuchtigkeit länger im Mauerwerk, als dies bei reinem Wasser zu erwarten wäre.

Durch eingelagerte wasserlösliche Salze kann also die Ausgleichsfeuchte sehr stark erhöht werden. Die Erhöhung hängt von der hygroskopischen, sprich der Wasser bindenden Eigenschaft der Salze ab. Die größte Hygroskopizität besitzen die besonders leicht wasserlöslichen Nitratverbindungen. Ihnen folgen von den üblichen bauschädigenden Salze die Chloridverbindungen. Die geringsten hygroskopischen Eigenschaften zeigen die Sulfatverbindungen. Starke Versalzungen und damit entsprechende hygroskopische Feuchtebelastungen können an einem Mauerwerk so genannte kapillar aufsteigende Feuchtigkeit vortäuschen. Deshalb ist durch eine Feuchtebilanz im Sinne der Bauzustandsanalyse die hygroskopische Durchfeuchtung und der hygroskopische Durchfeuchtungsgrad zu bestimmen, um die entsprechenden Instandsetzungsschritte planen zu können.

3.9 Feuchtigkeitsbelastung durch sporadische Wasserschäden

Gegen Naturgewalten wie Sturm und Hochwasser ist man in der Regel machtlos. Zunehmend sind auch sintflutartige Regenfälle die Ursache dafür, dass Keller überschwemmt und innerhalb kürzester Zeit große Schäden angerichtet werden. Heftigste Niederschläge waren die Vorläufer der zerstörerischen Flutwelle quer durch Europa im Jahr 2002. Nach Expertenmeinungen waren dies nachweislich die stärksten Regenfälle seit 500 Jahren. Der bisherige Niederschlagsrekord aus dem Jahr 1954 lag bisher innerhalb von 24 Stunden bei 260 Liter pro Quadratmeter im bayerischen Rosenheim. Am 12. August 2002 wurden in der gleichen Zeitspanne im Erzgebirge 312 Liter pro Quadratmeter gemessen. Während das Hochwasser an der Donau und an der Elbe vorhersehbar war, hätten die großen Schäden an den Oberläufen der Flüsse im Bayerischen Wald oder der sächsischen Mulde überrascht. Ursache für die Flutkatastrophe war eine so genannte 5b-Wetterlage. Dabei saugt sich ein Tief über dem Mittelmeer wie ein Schwamm voll Wasser und regnet sich in Mitteleuropa ab. Das Pfingsthochwasser von 1999 und das Oder-Hochwasser von 1997 waren ebenfalls aus 5b-Wetterlagen entstanden.

Neben diesen »natürlichen« Ursachen für Wasserschäden müssen die Schäden durch defekte Zu- und Abwasserleitungen im Haus selbst bzw. zu oder von elektrischen Geräten und dgl. sowie auch verstopfte und verschmutzte Abläufe beispielsweise in Feuchträumen genannt werden. Hierbei dringen in kurzer Zeit große Mengen an Wasser in das Mauerwerk ein und durchfeuchten die Bausubstanz über den gesamten Wandquerschnitt. Für die spätere Sanierung muss unterschieden werden, ob es sich bei der Feuchtigkeitsbelastung um sauberes oder belastetes Wasser handelt. Sind Abwasserleitungen betroffen, handelt es sich um schmutziges und zum Teil salz-, öl- oder chemikalienbelastetes Wasser, das in die Wandoberflächen eindringt und entsprechende Reaktionen mit den Baustoffen eingeht. Das Aus-

Abb. 3.59 ▪ Starke Überschwemmungen führten zu einer massiven Durchfeuchtung der Bausubstanz bis zum Mauerwerksquerschnitt.

Abb. 3.60 ▪ Gut zu erkennen sind noch die ursprünglichen Pegelstände an den Außenwänden der Gebäude.

Abb. 3.61 ▪ Gipsputze und Gipskartonplatten wurden völlig durchfeuchtet und aufgeweicht und müssen, soweit überhaupt noch vorhanden, für die nachfolgende Sanierung restlos entfernt werden.

Abb. 3.62

trocknungs- und Reaktionsverhalten dieser Baustoffe muss für nachfolgende Sanierungen bekannt sein, damit keine Restfeuchtigkeit verbleibt und zum versteckten Schimmelpilzbefall führt. Eines der Hauptprobleme der oben genannten hochwassergeschädigten Innenräume besteht neben der extremen Durchfeuchtung in der Belastung durch Öl und Diesel, die sehr unangenehme Geruchsbelästigungen zur Folge hatte.

▪ 3.10 Feuchtigkeitsbelastung von innen

Im Allgemeinen geht man davon aus, dass flüssiges Wasser nur von außen durch Bewitterung zu einer Be- oder Durchfeuchtung der Außenbauteile führen kann. Es treten jedoch auch Schadensfälle auf, bei denen das Wasser nicht von außen, sondern von innen zu Feuchtigkeitsschäden und Schimmelpilzen führen kann. Beispielsweise können undichte Rohrleitungen oder auch fehlende Abdichtungsmaßnahmen oder Leckagen in Feucht- oder Nassräumen dazu führen, dass es zu Bauteildurchfeuchtungen, Oberflächenfeuchtigkeit und Schimmelpilzwachstum kommt.

Als eine der Hauptursachen für Schimmelpilzwachstum in Wohnräumen wird immer wieder das nicht ausreichende Heizen und Lüften angeführt und den Bewohnern ein falsches Wohn-

Abb. 3.63 ■ Eine fehlende oder defekte Horizontalabdichtung in Feuchträumen führt zwangsläufig zu starken Durchfeuchtungen und infolgedessen zu Schimmelpilzbefall.

verhalten bescheinigt oder vorgeworfen. Für den Bausachverständigen ist es dann besonders schwierig, einen Nachweis zu führen. Einem Mieter unzureichendes Lüften und Heizen direkt nachzuweisen, gelingt praktisch nicht. Werden Messgeräte in der Wohnung aufgestellt, wird in dieser Zeit das Wohnverhalten des Mieters besonders korrekt sein. Darüber hinaus geben Messungen der Temperatur und relativen Luftfeuchtigkeit vor Ort nur Kurzzeitwerte an, die keinen gesicherten Rückschluss auf einen längeren Zeitraum zulassen. Thermohygrographische Dauermessungen lassen bereits differenzierte Aussagen über das Heiz- und Lüftungsverhalten der Bewohner zu.

Lüften und Heizen ist erforderlich, um verbrauchte, mit Feuchtigkeit angereicherte Luft auszutauschen und kühle Außenluft zu erwärmen, damit die Aufnahmefähigkeit der Luft für Wasserdampf steigt. Eine geeignete Empfehlung zur Vermeidung von Schimmelpilzen in Wohnungen ist sehr schwierig, da die Ursachen für Schimmelpilzwachstum sehr individuell und wohnungsspezifisch zu sehen sind. Eckwerte für das richtige Wohnen sind nicht genormt. Die in der DIN 4108 genannten Klimabedingungen gelten primär für den rechnerischen Nachweis der Wärmedämmung und des Diffusionsverhaltens der Außenbauteile. Das größte Problem besteht darin, dass bei Nutzern die Zusammenhänge zwischen Luftfeuchtigkeit, Temperatur und Kondensation nicht bekannt sind.

Da häufig völlig falsche Vorstellungen über den Wasser- oder Feuchtigkeitsanfall in Wohnungen besteht, soll dies ein Beispiel verdeutlichen:

In einer Wohnung mit einer Grundfläche von 100 m², die von einem Drei-Personen-Haushalt bewohnt

Abb. 3.64 ■ **Wasserverbrauch in Haushalten pro Jahr und Person in m³**

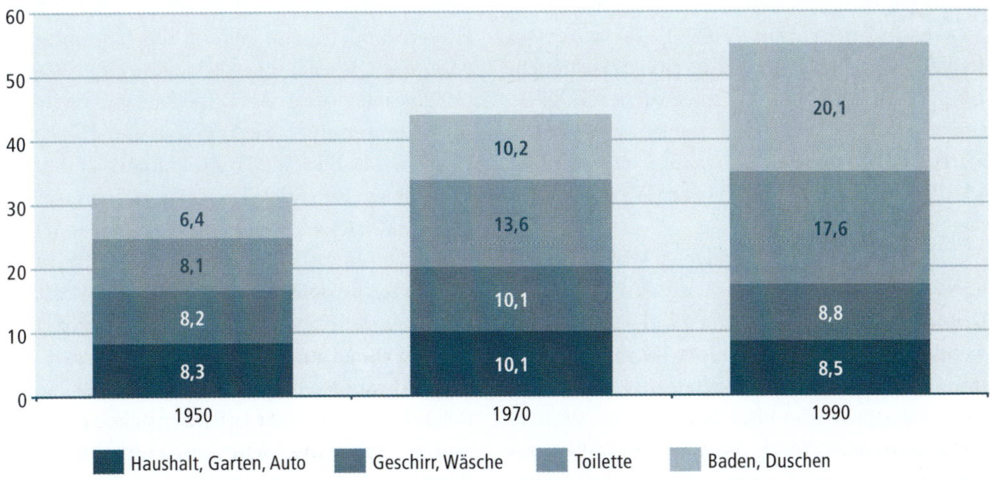

wird, befinden sich bei 20 °C und 65% rel. Luftfeuchte etwa 2,8 ltr Wasser in der Raumluft. Dazu fallen im Jahresdurchschnitt ca. 12 Liter Wasser pro Tag an, die an die Raumluft abgegeben werden. Hierbei gliedert sich die Menge auf ca. 2 bis 3 ltr durch Atmung, ca. 4 ltr durch Duschen oder Waschen, ca. 4 ltr durch Kochen und ca. 2 bis 3 ltr durch Pflanzen und dgl. Nicht berücksichtigt sind zusätzliche Feuchtigkeitsbelastungen durch Wäschetrocknen in der Wohnung und dgl., die den täglichen Wasseranfall noch entsprechend erhöhen.

Hochgerechnet bedeutet dies, dass in jedem Haushalt pro Monat durchschnittlich 300 bis maximal 600 Liter Wasser in Wasserdampf umgewandelt werden. Nur ein Teil dieses Wassers wird über die Lüftung direkt abtransportiert. Der Rest wird zunächst in der Umfassungskonstruktion und in den Einrichtungsgegenständen gespeichert, um später ebenfalls (indirekt) abgeführt zu werden. Auch diese Menge kann rechnerisch ermittelt werden und liegt bei fast unglaublichen 100.000 Liter Wasser. Für den direkten und indirekten Abtransport muss genügend Raumluft gegen nachströmende Außenluft ausgetauscht werden. Die zugeführten Feuchtigkeitsmengen für typische Haushaltsprozesse können der **Tabelle 3.4** entnommen werden.

Allein aus diesem Grund wäre es also mindestens vier- bis fünfmal am Tag notwendig, die Wohnung zu lüften und einen kompletten Luftaustausch durchzuführen. Evtl. höhere Heizkosten erklären sich dann aus der hohen Luftfeuchtigkeit, der höheren Wärmespeicherfähigkeit und der hohen Wärmeleitfähigkeit des Mauerwerkes. Als Faustregel kann angesetzt werden: 1% Feuchtigkeit reduziert den Wärmedämmwert um ca. 5%.

Eine hohe Luftfeuchtigkeit in Wohnräumen kann bauliche und/oder nutzungsbedingte Gründe haben. Im Gegensatz zu den früher verwendeten Baumaterialien (Ton, Lehm, Kalkputz und dgl.) besitzen moderne Baustoffe wie Beton oder Polystyrol nur eine beschränkte Wasserdampfaufnahme und Wasserdampfdiffusion. Farbanstriche und Tapeten haben oftmals hohe Kunststoffgehalte und daher im Vergleich zu Kalk-, Kreide- oder Lehmfarben auch kaum feuchtigkeitsregulierende Eigenschaften. Zimmerhohe Fliesenwände in den Bädern, die Aluminiumtapete, der Ölsockel, die Verkleidung der Wände mit Styropor, Latex- oder Dispersionsfarben stellen nicht immer eine zweckmäßige Wandbeschichtung dar. Alle diese Materialien können kurzfristig keine hohen Feuchtigkeitsspitzen aufnehmen, wie sie beim Duschen, Kochen und dgl. entstehen.

Tab. 3.4 ■ Abgegebene Wasserdampfmengen im Haushalt (pro Person)

Feuchtigkeitsquelle	*Wasserdampfmenge*
Mensch, leichte bis mittlere Aktivität	1 bis 1,5 ltr. / Tag
Mensch während der Schlafphase	1 ltr. / Tag
Duschen	1 bis 1,5 ltr. / Tag
Baden	0,5 bis 1 ltr. / Tag
Kochen	0,5 bis 1 ltr. / Tag
Spülmaschine (ein Spülgang)	0,2 ltr. / Tag
Waschmaschine (ein Waschgang)	0,2 bis 0,3 ltr. / Tag
geschleuderte Wäsche trocknen (4,5kg)	1 bis 1,5 ltr. / Tag
nasse Wäsche trocknen (4,5kg)	2 bis 3,5 ltr. / Tag
Zimmerblumen	0,5 bis 1 ltr. / Tag
Topfpflanzen	1 bis 1,5 ltr. / Tag
freie Wasseroberfläche (z.B. Wanne, Aquarium)	0,8 bis 1,3 ltr. / Tag

Ein Luftaustausch, wie er bei alten, einfach verglasten Fenstern selbst in geschlossenem Zustand noch gegeben war, ist bei Isolierverglasungen weitestgehend unterbunden. Ohne gezielte Lüftung führt die deutlich verbesserte Isolation von Gebäuden zu erhöhter Luftfeuchtigkeit im Raum und zur Kondenswasserbildung an kalten Oberflächen. Mangelhafte, fehlende oder unzureichende Wärmedämmung der Außenbauteile eines Baukörpers führt zu kalten Innenwänden und Niederschlag von Kondenswasser. Außenwände und Decken zu nicht geheizten Stockwerken sollten deshalb gedämmt sein. Bei Altbauten ist eine Außendämmung als nachträgliche Maßnahme der Innendämmung vorzuziehen.

3.11 Zusammenfassung

Die Kondenswasserproblematik spielt häufig in Verbindung mit dem Auftreten von Schimmelpilzen eine Rolle. Zur Schimmelpilzbildung kann es bereits kommen, wenn höhere Luftfeuchtigkeiten auftreten. Eine genaue Grenze kann dabei allerdings nicht gezogen werden, weil auch die Häufigkeit der erhöhten Feuchte und andere Faktoren des Raumklimas (z.B. Staubanteil) wichtige Kenngrößen darstellen. Aus den Erfahrungen und bisherigen Veröffentlichungen können aber folgende Aussagen abgeleitet werden:

- Ursache des zunehmenden Schimmelpilzbefalls ist immer erhöhte Luft- und/oder Materialfeuchte, die in der Regel durch falsches Lüftungsverhalten, durch sporadische Wasserschäden oder Bauschäden, durch fehlende Gebäudeunterhaltung und -instandsetzung, durch Neubaufeuchte oder durch Beschichtungen mit fehlender oder unzureichender Wasserdampfdiffusionsfähigkeit.
- Schimmelpilz tritt bereits auf, wenn sich die Temperatur von Bauteilen der Taupunkttemperatur nähert und diese Annäherung eine Temperaturdifferenz von 3 Kelvin unterschreitet.
- Biologische Untersuchungen haben ergeben, dass Schimmelpilze bereits bei einer relativen Luftfeuchtigkeit von über 65% existieren können, wenn häufig die Luftfeuchte von über 85% überschritten wird. An der Innenseite einer Außenwand herrscht eine relative Luftfeuchtigkeit von 70% bereits bei einer relativen Luftfeuchtigkeit der Innenluft von 50%.
- Das kritische Niveau für das Wachstum von Milben als eine mögliche Voraussetzung für Schimmelpilzbildung ist bereits bei einer relativen Luftfeuchtigkeit von 50% erreicht, wobei das größte Wachstum bei einer Temperatur von 20 bis 25°C und einer relativen Luftfeuchtigkeit von 75% auftritt. Darüber hinaus stellen so genannte Silberfische einen ersten Indikator für zu feuchte Räume mit zu geringer Lüftung dar, noch bevor Schimmelpilze entstehen können.

Für das verstärkte Auftreten von Schimmelpilzbefall in Wohnbauten werden vielfach die seit Beginn der Energiekrise Anfang 1970 erheblich gesteigerten Isolierungsmaßnahmen bei Wohnhäusern verantwortlich gemacht. Isolierfenster sind so dicht, dass kaum noch ein Austausch von Luft stattfinden kann. Die relative Luftfeuchtigkeit steigt entsprechend, wenn nicht Gegenmaßnahmen getroffen werden. Konstruktive Mängel begünstigen dann die Entstehung von Schimmelpilz. Dies können Wärmebrücken sein, an denen die Wand die vorhandene Wärme schnell nach draußen leitet, dadurch kühler wird und demzufolge der Taupunkt erreicht wird. Deshalb sollte schon bei der Planung eines Gebäudes auf die spezifischen Anforderungen hinsichtlich der Wärmeleitzahl der Außenwände geachtet werden.

Neben der Innenkondensation kann Schimmelpilzbefall aber seine Ursache auch in anderen Feuchtigkeitsarten haben. Dies kann zum Beispiel Baufeuchte bei einem ungenügend getrockneten Neubau sein oder besonders in Kellern kapillar aufsteigende Feuchtigkeit im Wandquerschnitt, über die vertikalen erdberührten Wandflächen eindringendes drückendes bzw. nichtdrückendes Wasser, durch bauschädigende Salze verursachte hygroskopische Feuchtigkeit und zuletzt eindringendes Wasser infolge von sporadischen Wasserschäden.

Stellt man Vergleiche von Oberflächenfeuchte und relativer Luftfeuchte an, so ergibt sich, dass

Abb. 3.65 ■ Eine häufige Erscheinung von Schimmelpilzbefall kann auf durchfeuchteten Kellerwänden beobachtet werden. Diese kann mehrere Ursachen haben: kapillar oder seitlich eindringende und/oder hygroskopische Feuchtigkeit.

die Erhöhung der relativen Luftfeuchte erst dann nennenswerten Einfluss auf den Feuchtigkeitsgehalt der Bauteiloberfläche hat, wenn Tauwasser gebildet wird. Durch den Anstieg der Baustofffeuchte steht ab diesem Zeitpunkt den Pilzsporen eine begrenzte Feuchtigkeit zur Verfügung, die Keimung kann einsetzen ohne Unterbrechung durch Feuchtigkeitsabfall. Die Senkung der relativen Luftfeuchte führt dann noch nicht zu einer Reduzierung des Feuchtegehaltes in der Wand. Eine deutliche Unterschreitung des Taupunktes muss somit als wesentliche Voraussetzung für ein ungehemmtes Pilzwachstum angesehen werden, obwohl Schimmelpilzbefall ab einer dauerhaft hohen Luftfeuchtigkeit von über 80% bereits möglich ist.

Tab. 3.5 ■ **Tauwassergefahr an Bauteilen (Punkt 1 bis 7: nutzungsabhängig, Punkt 8 bis 15: baulich bedingt)**

Einflüsse, die zur Verstärkung der Tauwassergefahr führen	*Auswirkung dieser Einflüsse*	*Maßnahmen zur Verbesserung der Situation*
Nachträgliches Abdichten von Fenstern	Die relative Luftfeuchtigkeit in der Wohnung steigt an, während die Temperaturverhältnisse nahezu gleich bleiben	Ausreichende Lüftung, evtl. mehrmals am Tag ca. 10 Minuten Stoßlüftung: Raumlufttemperatur korrigieren, evtl. anheben
Reduziertes, falsches Lüften	Die rel. Luftfeuchtigkeit steigt an, der Luftaustausch ist nicht mehr ausreichend	Ausreichende Lüftung, evtl. mehrmals am Tag ca. 10 Minuten Stoßlüftung, Raumlufttemperatur korrigieren, evtl. anheben
Absenken der Raumlufttemperatur	Die Oberflächentemperaturen sinken, die rel. Luftfeuchtigkeit steigt an, wenn die »Feuchteproduktion« gleicht bleibt	Entsprechend heizen, damit Raumlufttemperatur wieder ansteigt
Großflächige Möbel an Außenwänden	Die Oberflächentemperaturen der Wand sinken wegen der geringeren Konvektion der Luft an der Wandoberfläche und wegen der »raumseitigen Dämmwirkung« des Möbelstücks	Möbel möglichst nicht an Außenwände stellen oder Dämmung der Wand verbessern

Tab. 3.5 ▪ Fortsetzung

Einflüsse, die zur Verstärkung der Tauwassergefahr führen	*Auswirkung dieser Einflüsse*	*Maßnahmen zur Verbesserung der Situation*
Feuchteproduktion durch Waschen, Kochen, Blumengießen u.a.	Zeitweilig starkes Ansteigen der relativen Luftfeuchtigkeit	Durch Öffnen der Fenster für sofortiges Abführen der Feuchtigkeit sorgen. Dafür sorgen, dass die Feuchtigkeit nicht in andere Räume gelangt
Beheizung der Wohnung über die Küche bei geöffneten Türen (gilt auch für offene Grundrissgestaltung)	Anstieg der rel. Luftfeuchtigkeit, besonders in Räumen mit niedriger Lufttemperatur (z.B. Schlafzimmer)	Türen zu anderen Räumen schließen und die Räume selbst beheizen
Dichte Vorhänge vor dem Fenster	Oberflächentemperaturen sinken ab wegen Dämmwirkung der Luftschicht	z.B. Schlitze für Warmluft vom Heizkörper in Fensterbank schneiden, damit Oberflächentemperaturen ansteigen
Nahezu diffusionsdichte Wandoberflächen (z.B. Folientapete)	Die Wand als Puffer zur Feuchtigkeitsaufnahme und -abgabe entfällt. Deshalb größere Schwankungen der rel. Luftfeuchtigkeit	Feuchtigkeitsspeichernde Materialien wie Gips, Mauerwerk, Putz, Holz einsetzen
Zu geringe Wärmedämmung der Außenwand	Raumseitige Oberflächentemperatur sinkt ab	Dämmung der Wand verbessern
Wärmebrücken	Absinken der raumseitigen Oberflächentemperatur im Bereich der Wärmebrücken	Nachträgliches Dämmen der Wärmebrücken; besser: durch richtige Konstruktion und Bauausführung Wärmebrücken vermeiden
Baufeuchtigkeit im Neubau	Ständige Abgabe von Feuchtigkeit und dadurch Anstieg der relativen Luftfeuchtigkeit	Für ausreichende und sachgemäße Bauaustrocknung sorgen: verstärkte Lüftung und Heizung im ersten Winter
Einbau neuer, dichterer Fenster	Die relative Luftfeuchtigkeit in der Wohnung steigt an, während die Temperaturverhältnisse nahezu gleich bleiben	Ausreichende Lüftung, evtl. mehrmals am Tag ca. 10 Minuten Stoßlüftung; Raumlufttemperatur korrigieren, evtl. anheben
Fensterbank überdeckt Heizkörper, sodass warme Luft nicht direkt in den Fensterbereich gelangt	Absinken der Oberflächentemperatur	z.B. Schlitze für Warmluft vom Heizkörper in Fensterbank schneiden, damit Oberflächentemperaturen ansteigen
Große Einbautiefe von Fenstern bei dickem Mauerwerk	Konvektion im Rahmenbereich verringert, damit sinken die Oberflächentemperaturen	Dämmung der Bauteile verbessern
Heizkörper nicht unter dem Fenster angeordnet	Oberflächentemperaturen sinken, da der Fensterbereich nicht erwärmt wird	Dämmung der Bauteile verbessern

4 Holzverfärbende und -zerstörende Pilze

4.1 Einleitung

Zukünftig sind nicht nur herkömmliche Bauschäden und Nutzungseinschränkungen bei der Gebäude- und Immobilienbewertung zu berücksichtigen. Zunehmende Bedeutung hat auch die biologische Schädigung von Gebäuden, da biologische Prozesse Bestandteil der natürlichen Stoffkreisläufe sind und deshalb auch vor Gebäuden und deren Ausstattung nicht halt machen. Es geht also um Schadensprozesse, die von Mikroorganismen wie beispielsweise Insekten, Pilzen, Algen und den gegen sie angewendeten Bekämpfungsmitteln verursacht werden. Diese können zu einer erheblichen Einschränkung der Gebäudenutzung führen, ohne dass dies gleich erkennbar ist. Hierbei ist wichtig, dass biologische Schäden immer neben der spezifischen Nahrungsquelle höhere Feuchtigkeit benötigen. Hinzu kommt ein bestimmter Temperatur- und pH-Wert-Bereich sowie in der Regel wachstumsfördernde Faktoren. Konstruktive Fehler, falsche Materialauswahl, fehlende Langzeiterfahrung bei neuen Baumethoden und das Nutzungsverhalten sind die wesentlichen Ursachen für die biologische Schädigung. Im Gegensatz zu den anderen Bauschäden sowie physikalischen und chemischen Schadensprozessen sind diese jahreszeitlich bedingt.

Ein großes Problem bei biologischen Schäden ist die Abschätzung über den Schadensumfang und die Schadensart. Es gibt kaum ein Schadensfall, der sich mit einem anderen vollständig deckt. Jede Bestimmung eines biologischen Schadens bedarf einer genauen Untersuchung des jeweiligen Standortes und daraus abgeleitet Unterschieden im Umfang und der Art der Sanierungsmaßnahme. Diese wiederum haben direkten Einfluss auf die Sanierungskosten, die in vielen Fällen erst nach Freilegen des Schadensbereiches genau bestimmt werden können. Bei Sanierungsarbeiten im Altbaubereich wird häufig vergessen, dass Deckenbalken tragende Bauteile sind, an denen auch ohne sichtbare Schädigung bereits eine Abminderung der Tragfähigkeit zu berücksichtigen ist. Dies muss gerade bei einer Umnutzung beachtet werden wie beispielsweise beim Dachausbau.

Abb. 4.1 ■ Erste Anzeichen biologischer Schäden sollten immer mit der notwendigen Bedeutung gesehen und durch einen Experten begutachtet werden.

Abb. 4.2 ■ Das wahre Ausmaß eines Pilzbefalls zeigt sich häufig erst, wenn Verkleidungen oder Wandverschalungen entfernt werden und das Mauerwerk komplett freigelegt ist. Das Myzel des Echten Hausschwamm überwächst flächendeckend die dahinterliegende Wand.

Die Bedeutung biologischer Schäden wird im Bautenschutz und in der Bausanierung noch unterschätzt, in der Regel mit schwarzen, grünen oder andersfarbigen Ablagerungen gleichgesetzt und damit zu oberflächlichen Erscheinungen abqualifiziert. Dabei liegen mittlerweile Erkenntnisse über die allgemeine Gefährdung durch Mikroorganismen vor. Dies sollen nur einige Beispiele verdeutlichen: So werden Dispersionsfarben durch *Cladosporium resinae* angegriffen, biogene Erosionsprozesse durch *Aspergillus niger*, azidophile *Thiobaccillus*-Arten vermögen durch ihre starke Säurebildung Betonteile, Metalle und andere säureempfindliche Materialien zu zerstören, Gummi wird durch die Gattung *Pseudomonas, Micrococcus, Bacillus, Nocardia* und *Micromonspora* abgebaut, ebenso werden Kunststoffe durch Masse- sowie Festigkeitsverluste oder Versprödung verändert. Hier werden Weichmacher, Füllstoffe, Stabilisatoren und/oder Emulgatoren biologisch abgebaut bzw. verändert. Selbst Bitumina werden durch Mikroorganismen angegriffen. Hinzu kommen zahlreiche Schimmelpilze und andere Mikroorganismen sowie Insekten, die im Zusammenhang mit dem Aufenthalt der Menschen und Haustiere ihren Lebensraum in den Gebäuden finden. Eine der bewusst wahrgenommenen Gebäudeschädlinge sind die holzzerstörenden Pilze.

Bevor die Bauschäden durch holzverfärbende und -zerstörende Pilze und deren Schadenskreislauf beschrieben werden, soll zunächst eine Klassifizierung und Unterscheidung der holzbewohnenden Pilze erfolgen:

Nicht jeder Pilzbefall ist sofort erkennbar. So zerstören beispielsweise die Blättlinge in der Regel anfänglich die Holzoberfläche nicht, obwohl das Innere des Holzes schon weitgehend zerstört ist. Dies ist sehr gut an älteren Toreinfahrten zu erkennen, die mit dichten farblosen Lacken oder lasierenden Dispersionsfarben beschichtet wurden. Bei einigen Pilzen stirbt das Myzel bei der Abtrocknung des Holzes sowie der Umgebung ab.

Bei Unterschreiten der für das Wachstum erforderlichen Mindest(holz)feuchtigkeit verfallen

Abb. 4.3 ■ Frische Fruchtkörper einer Hausfäule/Holzfäule auf dem Dachboden eines Fachwerkhauses

zahlreiche Pilze in eine mehr oder weniger lange Trockenstarre, ohne abzusterben. Bei günstigen (Umfeld- oder Wachstums-)Bedingungen und in erster Linie bei erneuter Feuchtezufuhr können sie ihr Myzelwachstum wieder aufnehmen und weiterwachsen. Zu den Pilzarten, die über viele Jahre im Zustand der Trockenstarre verharren können und dann weiterwachsen, gehören insbesondere der Weiße Porenschwamm und die Blättlinge. Auch dem Echten Hausschwamm wird oft eine lange, vieljährige Überlebenszeit im Zustand der Trockenstarre zugesprochen. Verschiedene Untersuchungen haben allerdings gezeigt, dass der Hausschwamm nur bei langsamem Feuchteentzug in der Lage ist, in den Zustand der Trockenstarre überzugehen. Darüber hinaus konnte in der Praxis nur ein Zeitraum von ca. einem Jahr beobachtet werden, in dem der Hausschwamm in die Trockenstarre verfällt. In der Regel stirbt der Hausschwamm bei Feuchteentzug relativ schnell ab. Lediglich im Bereich von 7 bis 8 °C muss mit einem mehrjährigen Überleben des Myzels gerechnet werden, ansonsten kommt es zu einem Absterben innerhalb von wenigen Monaten bis etwa einem Jahr.

Tab. 4.1 ▪ Klassifizierung und Unterscheidung holzbewohnender Pilze

Fundort und Milieu	Fäuletypen	Pilze
holzverfärbende Pilze (Wegbereiter für holzzerstörende Pilze) an lagerndem und verbautem Holz	**Bläuepilze** mit Verfärbung des Splintholzes - Stammholzbläue - Schnittholzbläue - Anstrichbläue	> 100 Arten *Ceratocystis minor* *Cladosporium spp.* *Aureobasidum pullulans*
am Sand lagerndes Holz	**Sandbräune** mit Braunfärbung Splint und Kern	seltene Pilzart aus Russland
holzzerstörende Pilze meist an verbautem und lagerndem Holz	**Braunfäule** durch Abbau der Zellulose wird die Holzstruktur zerstört, Destruktion (mehlig), Längs- und Querrisse, Würfelbruch	Echter Hausschwamm, Brauner Hausschwamm, Weißer Porenschwamm, (schmalsporiger, weißer Porenschwamm) Muschelkrempling Sägeblättling (schuppiger Zähling)
meist im Freien		Eichenwirrling, Zaunblättling, Tannenblättling, Wilder Hausschwamm, Sklerotien-Hausschwamm Fichtenporling
am Stamm		Schwefelporling
holzzerstörende Pilze, meist an verbautem Holz	**Weißfäule**, durch Abbau des Lignins wird…	Ausgebreiteter Hausporling (Eichenporling, Porenschwamm), Großer/Riesen- oder Rindenpilz, Zimtbrauner Porenschwamm
meist im Freien	…die Holzstruktur zerstört, Korrosion (faserig)	Fleischfarbener Porenschwamm, Schmetterlingsporling, gemeiner Spaltblättling, Echter Zunderschwamm
meist nach Windbruch	**Rotstreifigkeit** ist nur eine Form der Weißfäule	*Stereum sanguinolentum* *Amylostereum areolatum*
holzzerstörende Pilze, meist an verbautem Holz	**Moderfäule** mit Abbau der Zellulose (nass, schmierig oder trocken, kleiner Würfelbruch)	*Ascomyceten, Chaetomium*-Arten, *Fungi imperfecti, Trichoderma*-Arten
holzzerstörende Pilze, meist am Stamm	**Weißlochfäule** (Lochfäule, Simultanfäule) durch mengengleichen Abbau von Lignin und Zellulose - Frühholzabbau)	Wurzelschwamm, Kiefernbaumschwamm
Schimmelpilze, am lagernden Holz	**Oberflächenbewuchs**	*Ascomyceten und Fungi imperfecti*

Tab. 4.2 ■ Lebensbedingungen der wichtigsten holzverfärbenden und -zerstörenden Pilze und Schimmelpilze hinsichtlich Temperatur und Feuchtigkeit

deutscher Name/ wissenschaftlicher Name	Temperatur in °C	Holzfeuchte in %	Trockenstarre (Wachstum pro Tag)
Echter Hausschwamm/ *Serpula lacrymans*	3-25 (18-22)	10-60[1] (15-35)[1]	6-8 mm
Brauner Kellerschwamm (Warzenschwamm)/ *Coniophora puteana*	3-35 (20-24)	45-65 (50-60)	8-13,5 mm
Weißer Porenschwamm/ *Poria vaillantii*	3-36 (27)	30-50	12 mm
Ausgebreiteter Hausporling (Porenschwamm)/ *Donkioporia expansa*	27	30-40	
Zaun-Blättling/ *Gloeophyllum sepiarium*	5-44 (32-35)	40-60	Bis zu 10 Jahre
Tannen-Blättling/ *Gloeophyllum abietinum*	5-36 (26-35)	40-150 (40-60)	5-7 Jahre (15 mm)
Eichenwirrling/ *Daedalea quercina*	23 (29)	Sehr hoch	6 mm
(verschiedene Arten der) Bläuepilze	20-35	30-150	Trocken
(verschiedene Arten der) Schimmelpilze	24-28[2]	30-150[2]	Trocken

[1] befällt auch trockenes Holz <20%, Feuchtigkeitstransport über Myzel aus Feuchtquellen (z.B. Mauerwerk) möglich
[2] Besonderheit: nur bei ständig hoher Luftfeuchte und geringer Luftbewegung

Viele Pilzarten meiden – wegen der Gefahr einer Austrocknung – das Sonnenlicht. Es gibt Pilzarten, die Sonderformen von Fruchtkörpern entwickeln, wenn kein Tageslicht einwirken kann. Außerdem stellen ehemalige befallene Stellen ein erhebliches Gefahrenpotenzial innerhalb der Sanierung oder im Rahmen von Umbauten dar. Dies kann ganz einfach erklärt werden. In Gebäuden mit älteren Befallsherden kann das Vorhandensein solcher Holzteile nicht ausgeschlossen werden, die gerade noch so viel Feuchte aufweisen, die dem feuchtegenügsamen Hausschwamm ein latentes Wachstum und damit ein längeres Überleben ermöglichen, als dies im Zustand der Trockenstarre der Fall ist.

Eine sehr viel größere Gefahr für einen Wiederbefall als altes, vieljähriges Myzel stellen die Sporen dar, die über viele Jahre keimfähig bleiben. Unter Laborbedingungen können noch 20 Jahre alte Sporen auskeimen! Bei einem Wiederbefall wird fälschlicherweise zumeist altes, wieder ausgesprossenes Myzel als Ursache angenommen. In der Regel handelt es sich jedoch um das Auskeimen von aus dem alten Befall herrührenden Sporen. Aus diesen Überlegungen heraus wird die Gefahr deutlich, wenn mit dem Überschreiten der Trockenstarre angenommen wird, dass der Pilzbefall bzw. die Hausfäule besiegt wurde. Vielmehr ist im Hinblick auf die große Gefahr der Sporenkeimung in jedem Einzelfall unter Berücksichtigung der vorhandenen Bausubstanz, geplanten baulichen Veränderungen und vorgesehenen Nutzungszwecken eingehend zu prüfen, welche Bekämpfungsmaßnahmen durchzuführen sind, wenn man auf alte Befallsquellen und -herde stößt.

Demgegenüber gibt es eine Kälte- und Wärmestarre, wobei beim Über- oder Unterschreiten einer bestimmten Temperaturtoleranz alle Pilze absterben. Zu der Dauer dieses Starreprozesses gibt es zahlreiche, im Labor geprüfte wissenschaftliche Untersuchungen und Aussagen, die in der Regel durch die Praxis bereits mehrfach bestätigt wurden. Alle Pilze erzeugen bei der Atmung Wasser. Zellulose und Sauerstoff werden in Wasser und Kohlendioxid zerlegt. Sie schaffen sich somit einen Teil der benötigten Feuchtigkeit selbst. Bei einer guten Lüftung kann diese Feuchtigkeit abgeführt werden. Auch der Echte Hausschwamm, der selbst trockenes Holz befällt, muss an einer anderen Stelle die notwendige Feuchtigkeit erhalten – und wenn es die mehrere Meter entfernte defekte Dachentwässerung oder dgl. ist. Der Transport der notwendigen Feuchtigkeit erfolgt dann durch das Strangmyzel. Daher sind bei einer entsprechenden Bekämpfung grundsätzlich die Ursachen der Durchfeuchtung sowie alle weiteren, evtl. in Frage kommenden Feuchtequellen zu beseitigen.

Unter den pflanzlichen Holzschädlingen gibt es eine große Vielfalt mit unterschiedlichsten Eigenschaften. Allerdings wird nur Holz mit einer Feuchtigkeit von mehr 20% befallen. Wassergesättigtes Holz und trockenes Holz mit einer Feuchtigkeit unter 20% werden nicht befallen. Eine Ausnahme bildet der Echte Hausschwamm, der auch auf trockenem Holz weiterwachsen kann. Zur Ausbildung bzw. zum Wachstum benötigt aber auch diese Hausfäule Feuchtigkeit. Ausgehend von feuchtem Holz verzweigt sich der Hausschwamm über die Myzelstränge in die Poren des Mauerwerkes, zerstört den Putz, bildet an der Holzoberfläche unansehnliche Fruchtkörper und betreibt ein Werk der totalen Zerstörung. Vielfach wird zwischen holzzerstörenden und holzverfärbenden Pilzen unterschieden. Die erste Art führt zur Zerstörung des Holzes, letztere verursachen eine Holzschädigung.

■ 4.2 Holzverfärbende Pilze

Ascomyceten und *Deuteromyceten* (Schimmelpilze) sowie *Basidiomyceten* (Ständerpilze) greifen Holz durch den Zelluloseabbau an. Bereits geringe Masseverluste mindern die mechanische Festigkeit entscheidend. Schimmelpilze aus den Gruppen *Ascomyceten* und *Deuteromyceten* bauen Cellulose über Cellobiose zu Glucose und Hemicellulose zu Pentosen, Hexosen und Uronsäuren ab. Durch abgegebene Stoffwechselprodukte kommt es zu den Verfärbungen. Der am häufigsten anzutreffende holzverfärbende Pilz ist die Blaufäule, die allerdings keine Auswirkung auf die Festigkeit des Holzes besitzt, denn die Zellwände werden nicht abgebaut. Genau genommen liegt auch keine Fäulnis, sondern nur eine Verfärbung vor, sodass der Name Blaufäule etwas irreführend und unzutreffend ist. In Fachkreisen wird deshalb zunehmend die Bezeichnung Bläuepilz (franz. = champignons du bleuissement) verwendet. Als Entwicklungs- oder Wachstumsbedingungen können ca. 15 bis 40°C und eine Holzfeuchtigkeit von > 30% angesetzt werden.

Man unterscheidet Stammholz- und Schnittholzbläue. Die Stammholzbläue, auch als primäre Bläue bezeichnet, tritt bereits am stehenden Stamm auf. Das Kernholz bleibt dabei ursprünglich, das Splintholz wird blau gefärbt. Dagegen wird die Schnittholzbläue, auch sekundäre Bläue genannt, durch nachlässige Lagerung von nicht ausgetrockneter, aufgeschnittener Holzware verursacht. Darüber hinaus muss noch die Anstrichbläue genannt werden, die auch als tertiäre Bläue bezeichnet wird. Vor allem bei Türen, Fenstern und dgl. kann nach dem Anstrich durch erneute Feuchtigkeitsaufnahme hinter dem deckenden Anstrich der Bläuepilz tätig werden. Bläuepilze befallen das Splintholz und bewirken eine Verfärbung, die allerdings nachträglich nicht mehr beseitigt werden kann. Es ist praktisch unmöglich, eine bereits vorhandene Bläue vor allem im fortgeschrittenen Stadium auszubleichen. Hierbei wird das Pilzmyzel zerstört, was mit einer erheblichen Beeinträchtigung des Holzes verbunden ist.

Es gibt einige holzbewohnende Schimmelpilze, die eine wirtschaftliche Bedeutung erlangen können. Zu diesen zählt beispielsweise der Grüne Holzschimmel. Im Gegensatz zum Bläuepilz beschränken sich die holzbewohnenden Schimmelpilze auf die Holzoberfläche. Sie sind mehr oder weniger als Übergangsform zur gewöhnlichen Bläue am Holz zu verstehen und leben von der Verunreinigung durch Sägemehl. Die Holzwandung wird zwar nicht zerstört, allerdings treten ebenfalls blaugrüne, punktförmige Verfärbungen ein. Diese können einfach durch das Abhobeln bis in die Tiefe des unbefallenen Holzes beseitigt werden. Die störende blaugrüne Verfärbung, die durch die Schimmelpilze als Sekundärbläue hervorgerufen wird, kann vermieden werden, wenn das Holz nach dem Sägeeinschnitt und dem Abbund sach- und fachgerecht gelagert wird. Wird über gelagertes Holz eine diffusionsdichte Abdeckfolie gelegt, kann warme, wassergesättigte, aufsteigende Luft nicht entweichen, sodass der Austrocknungsprozess gehemmt oder verhindert wird. Das Wachstum der Bläue- oder Schimmelpilze wird infolgedessen stark gefördert. Durch vorbeugendes Grundieren der Holzoberfläche mit gegen Bläuepilze wirkendem farblosen Holzschutzmittel kann der Sekundärbläue entgegengewirkt werden.

Holzverfärbende Pilze stellen selbst kaum eine Gefährdung für die Festigkeit des Holzes dar, weil sie in der Regel nicht tiefer als 1 mm in das Holz hineinwachsen. Sie bilden jedoch eine gute Grundlage für den möglichen Befall durch holzzerstörende Pilze.

4.3 Holzzerstörende Pilze

Fast alle holzzerstörenden Pilze gehören zur Gruppe der *Basidiomyceten*. Sie besitzen ein vielfach verzweigtes System von Zellfäden (Hyphen), die in ihrer Gesamtheit als Myzel bezeichnet werden. Wenn sich mehrere Hyphen aneinanderlagern, entstehen Stränge. Zum Aufschluss des Holzes scheiden die Hyphenspitzen Fermente und Enzyme ab.

Holz besteht aus den drei wesentlichen Bestandteilen Zellulose, Hemizellulose und Lignin sowie darüber hinaus noch aus Mineralsalzen, Wasser, Harzen, Gerbstoffen und anderen Stoffen wie Eiweiß, Fett usw. Es gibt nun Pilze, die die Zellulose angreifen und mit der Zeit abbauen und Pilze, die nur das Lignin zerstören. Beim Abbau der Zellulose wird praktisch die Wand oder das tragende Gerüst des Holzes zerstört. Das Holz bricht abgehackt, würfelförmig und zerbröselt bei der Hammerschlagprobe mit dem Spitzhammer. Holzzerstörende Pilze (oft auch nur als Schwämme bezeichnet) treten in verschiedenen Unterarten auf. Sie werden nach der Verteilung des Myzels im Holz in Substrat- und Oberflächenpilze unterschieden.

Die wichtigsten Holz- oder Hausfäulen werden durch Oberflächenpilze verursacht. Die Substratpilze sind normalerweise äußerlich erst bei Fruchtkörperbildung zu erkennen. Im fortgeschrittenen Stadium entwickeln sich auf der Holzoberfläche Fruchtkörper. Die Fruchtkörper sind sehr unterschiedlich in Farbe und Aufbau (watteartiger Überzug bis geweihförmige Gebilde). Es gibt mehrjährige Fruchtkörper, die sich ähnlich den Jahresringen ausbreiten. In vielen Fällen gestattet der Fruchtkörper zwar die Bestimmung der Pilzart, jedoch sind die Fruchtkörper einer Pilzart je nach Wuchsbedingungen und Alter so unterschiedlich, dass zur Bestimmung der Pilzart anhand von Fruchtkörpern sehr viel Erfahrung und Fachkompetenz gehört.

Nach dem Schadensbild werden die Pilze in Weiß- und Braunfäule unterschieden. Beide Arten haben aber nicht nur ein unterschiedliches Aussehen, sondern sie greifen das Holz auch unterschiedlich an. Die Braunfäule (Destruktionsfäule) zerstört zunächst die Zellulose aus der Holzsubstanz. Die Hauptbestandteile des Holzes sind helle und dunkle Substanzen. Da Zellulose zu den hellen zählt, bleiben die bräunlichen Substanzen zurück. Entsprechend verfärbt sich das befallene Holz dunkel bis braun und es werden Risse sichtbar, die längs, radial und tangential verlaufen (wie im verkohlten Holz). Korrosionsfäule wird durch Pilze verursacht, die vorzugsweise das Lignin angreifen bzw. abbauen (Weißfäule). Das Zellgerüst des Holzes bleibt erhalten und es kann trotz Festigkeitsabfalls unter Umständen noch für bestimmte Zwecke eingesetzt werden. Einige Pilze greifen aber auch beide Holzbestandteile gleichzeitig an und werden als so genannte Simultanfäule bezeichnet.

Braunfäule (Destruktionsfäule) und Weißfäule (Korrosionsfäule) sind überwiegend in alten Holzbalkendecken anzutreffen, wobei die Tragbalken unter den Nassräumen wie Bädern,

Abb. 4.4 ■ Üppiges Myzel und Stränge des Echten Hausschwamms unter neuer Fußbodendielung mit ersten Destruktionserscheinungen an den Deckenbalken

Küchen und Waschräumen besonders gefährdet sind. Einhergehend mit der über Jahre oder Jahrzehnte dauernden Fäulnis ist in der Regel eine erhöhte Holzfeuchtigkeit an der betroffenen Stelle festzustellen. Da es in diesem Bereich zu einer verstärkten Durchbiegung der Balken infolge der Verrottung kommen kann, werden dann Aufdoppelungen notwendig. Werden derartige Aufdoppelungen bei der Aufnahme eines Holzfußbodens festgestellt, ist immer Vorsicht geboten.

Neben diesen Feuchtequellen in Form von Nasszellen bilden auch Holzbalkenköpfe oder Holzbalkone an der Wetterseite, jahrelang tropfende Heizkörperventile, das nachträgliche Aufbringen von diffusionsdichten Fußbodenbelägen und die Störung des ursprünglichen Feuchtegleichgewichtes durch den nachträglichen Einbau einer Fußbodenheizung eine ernst zu nehmende Quelle für das Auftreten von Fäulnis. Der nachträgliche Einbau von Heizungen verändert die Holzfeuchtigkeit unter Umständen bis zu 10%, sodass ein extremes Schwinden die Folge ist. Bei durch Fäulnis leicht angegriffenen Holzbalkenköpfen kann dann am Auflager zum Mauerwerk ein Zerfallen des Holzes durch Trockenfäule beobachtet werden. In der Mitte einer Holzbalkendecke sind Holzbalken in der Regel nur dadurch gefährdet, dass die für Holzbalkendecken unvermeidliche Durchbiegung das Putzwasser in der Mitte der Decke zusammen laufen und durch den Dielenfußboden in die Balken sickern lässt. Der Fäulnisprozess wird dadurch permanent aufrecht erhalten.

Nach dem Vorkommen oder Befallsort werden die Pilze auch noch in Stamm-, Lager- und Hausfäulen unterschieden. Da unter den Pilzen die Hausfäulen die bedeutendste Rolle spielen, wird auf die anderen beiden Pilze nicht näher eingegangen.

In die Kategorie der Braunfäule sind die Blättlinge einzustufen, auch *Gloeophyllum*-Arten (franz. = lencite) genannt. Dieser holzzerstörende Pilz bildet als Substratpilz in der Regel kein sichtbares Oberflächenmyzel. Ein Myzel kann aber beispielsweise zwischen eng anliegenden

Brettern oder in Holzspalten beobachtet werden. Die Fruchtkörper besitzen diverse, eher kleine Formen. Sie werden vorwiegend in Trockenrissen und an den Stirnseiten des befallenen Holzes gebildet. Als Entwicklungs- oder Wachstumsbedingungen können bereits 5 und maximal 35 °C (optimales Wachstum bei ca. 30 °C) sowie eine Holzfeuchtigkeit von unter 40 % angesetzt werden.

Eine andere Kategorie der Braunfäule ist der Weiße Porenschwamm, der auch als *Poria vaillanti* (franz. = poria) bezeichnet wird. Das Myzel besteht aus weißen, zum Teil kräftigen Strängen mit eisblumenartigem Aussehen. Im Gegensatz zum Echten Hausschwamm bleiben diese weiß und werden im trockenen Zustand nicht spröde. Dieser Typ der Braunfäule bildet eher kleine, dünnhäutige Fruchtkörper mit gut erkennbaren Poren. Die Entwicklungsbedingungen liegen bei einer Temperatur von 3 bis 36 °C, wobei das Optimum bei 26 bis 27 °C liegt. Die Holzfeuchtigkeit für das Wachstum des weißen Porenschwamms liegt bei 35 bis 45 %. Diese Pilze befallen vorwiegend Nadelholz, das dabei in kubische Stücke zerfällt. Der Weiße Porenschwamm ist zwar der gefährlichste Holzzerstörer, wird aber in Gebäuden seltener angetroffen als der Echte Hausschwamm oder der Kellerschwamm.

Des Weiteren soll noch der Kellerschwamm erwähnt werden, der auch als *Coniophora puteana* (franz. = coniophore des caves) oder als Brauner Warzenschwamm bezeichnet wird. Im Gegensatz zum Hausschwamm besitzt diese Braunfäule ein nur schwach entwickeltes Myzel, das zum Beginn weiß und mit zunehmenden Alter graubraun bis dunkelbraun wird. Die Fruchtkörper besitzen eine dünne, gelbbraune, krustenartige Haut, die im trockenen Zustand sehr brüchig ist. Als Wachstumsbedingung muss eine Temperatur von 5 bis 35 °C (Optimum bei 22 bis 26 °C) und eine Holzfeuchtigkeit von 50 bis 60 % vorliegen. Der Kellerschwamm kann beispielsweise in unsachgemäß verlegten Fußböden innerhalb kurzer Zeit größere Schäden verursachen. Als Ursache für dessen Befall kann in der Regel in feuchtem Zustand verbautes Holz angesehen werden. Nach

Abb. 4.5 ■ Der braune Kellerschwamm

dem Echten Hausschwamm ist der Kellerschwamm der bedeutendste holzzerstörende Pilz in Gebäuden, der sowohl im Keller als auch im Dachstuhl (Konstruktion und Holzböden) häufig anzutreffen ist. Die Zerstörungskraft ist groß und steht im Zusammenhang mit dem raschen Wachstum.

Die Kategorie der Braunfäule wird durch den Echten Hausschwamm komplettiert, der auch als *Serpula lacrimans* (franz. = mérule pleureuse) bezeichnet wird. Erkennen kann man den Hausschwamm an den weißen, watteartigen Myzelrasen. Die Stränge können bis zu mehreren Metern lang werden und silbrig-graues Aussehen annehmen. Im trockenen Zustand werden die Stränge spröde. Die Fruchtkörper sind fleischig und zäh, von ein bis zwei Zentimeter dicker, rotbrauner Masse mit runder bis elliptischer Form mit weißem Rand. Die Entwicklungsbedingungen liegen bei einer Temperatur von 5 bis 26 °C, wobei das Optimum bei ca. 18 bis 22 °C liegt. Die Holzfeuchtigkeit für das Wachstum des Echten Hausschwammes liegt bei 30 bis 50 %. Vereinfacht kann der Entwicklungszyklus des Echten Hausschwammes wie folgt beschrieben werden.

Wie bei fast allen Hausfäulepilzen entsteht beim Holzabbau eine intensive Braunfäule. Durch den Abbau der Zellulose im Holz wird die Grundstruktur des Holzes zerstört, wodurch Risse und kleine Spalten gebildet werden. Dabei zerfällt das Holz in meist kleine, würfelförmige Stücke, was man deshalb auch als Würfelbruch

Tab. 4.3 ■ Entwicklungszykus des Echten Hausschwammes

Sporenbildung ↓	Gebildet werden die Sporen fast aller holzzerstörenden Pilze an den Basidien der Fruchtkörper – dort wachsen und reifen sie.
Sporenverbreitung ↓	Sporen werden von Wind, Regen, Tieren oder Menschen übertragen und transportiert.
Sporenkeimung und Besiedlung ↓	Die Sporen können am Holz nur auswachsen, wenn es feucht genug ist (mindestens 30-40% Holzfeuchte), dann beginnt die Besiedlung. In dieser Phase sind die Pilzfäden (Hyphen) besonders empfindlich, da noch keine Dauerstadien gebildet werden können.
Etablierung und Holzabbau ↓	Nur wenn die Holzfeuchte längere Zeit zwischen 20 und ca. 120% bleibt, kann sich ein Befall etablieren. Dann können auch längere Trockenphasen überdauert werden.
Expansion ↓	Sind die Bedingungen anhaltend und großräumig günstig, kann der Befall expandieren, sonst bleibt er lokal.
Erschöpfung und Nachkommen ↓	Wird dem Pilz das durchfeuchtete Holz knapp, werden Nachkommen in Form von Sporen gebildet. Die Sporen bilden sich in den Fruchtkörpern, und damit schließt sich der Entwicklungskreis.

Abb. 4.6 ■ Myzel des Echten Hausschwamms, der als Inbegriff für alle Hausfäulen gilt

Abb. 4.7 ■ Fruchtkörper des Echten Hausschwamms, die frischen Zuwachs zeigen (weißer Pfeil) und besonders stark ausgeprägt sind (schwarzer Pfeil)

bezeichnet. Infolgedessen verliert das Holz bei anhaltendem Befall zunehmend an Festigkeit (Masseverluste über 50% sind dann möglich!) und in seltenen Fällen können selbst Gebäudeteile einstürzen, wenn tragende Hölzer der Konstruktion verpilzt sind.

Bei der so genannten Korrosionsfäule wird das Lignin zerstört. Die Folge ist ein faseriges, wabenartiges Zellgerüst, das seine Tragfähigkeit weitestgehend verloren hat. Die Zerfallsform des Holzes bei der Korrosionsfäule unterscheidet sich deutlich von der Destruktionsfäule.

Als holzzerstörender Pilz der Weißfäule wird der Schmetterlingsporling klassifiziert. Seine Bezeichnung lautet auch *Coriolus versicolor* (franz. = Trametes versicolor). Das Myzel ist meist verborgen im Inneren des Holzes. Die Fruchtkörper sind auffallend schön von brauner, gelbbrauner oder rotbrauner, gestreifter Farbe. Die Form kann entweder dachziegel- oder rosettenartige Erscheinung annehmen. Der Rand ist in der Regel weiß. Die Wachstumsbedingungen sind beim Schmetterlingsporling nicht so stark eingeschränkt wie bei anderen holzzerstören-

Abb. 4.8 ■ Bei der so genannten Braunfäule zerfällt das Holz beim Trocknen in meist kleine, würfelförmige Stücke, weshalb auch vom Würfelbruch gesprochen wird. Dieser ist im feuchten Zustand nicht immer zu sehen. Häufig ist es mit Insektengängen durchzogen (weißer Pfeil). Das stark abgebaute Holz lässt sich leicht zwischen den Fingern zu einem feinen Pulver zerreiben und hat jede konstruktive Funktion verloren.

den Pilzen. Ihm reicht feucht-warmes Sommerwetter zum Wachstum.

Darüber hinaus muss der äußerst selten vorkommende Zunderschwamm, Wurzelschwamm oder auch Schichtpilz der Weißfäule zugeordnet werden. Die Mehrzahl der Weißfäulepilze befallen Laubhölzer. In der Literatur werden darüber hinaus noch der Wilde oder Lilarandige Hausschwamm, der Balkenbewohnende Hausschwamm und der Gelbrandige Hausschwamm erwähnt. Ihre Identität ist allerdings bis heute umstritten, da sie sich teilweise nur hinsichtlich ihrer Temperatur- und Feuchteansprüche, nicht aber im Aussehen und ihrem Charakter unterscheiden. Entsprechend stößt ihre Unterscheidung selbst unter Fachleuten auf erhebliche Schwierigkeiten. Evtl. handelt es sich bei den oben genannten Schwammarten auch nur um eine Unterart oder Varianten des Echten Hausschwamms. Weiterhin kann der Literatur entnommen werden, dass diese Schwammarten eine geringere Zerstörungskraft und Verbreitung besitzen sollen. Eine Klassifizierung und Beschreibung ist deshalb gefährlich und fahrlässig, da nicht einmal ihre Identität eindeutig nachgewiesen ist und selbst Fachleute bei den Unterscheidungsmerkmalen unsicher sind. Daraus resultiert die Gefahr, dass diese Schwammarten mit anderen verwechselt werden, für die entsprechende Bekämpfungsmaßnahmen notwendig wären. Außerdem kann ein leichter Schwammbefall damit unterschätzt werden, sodass es erneut zum Wachstum oder zum Wiederbeleben kommt. In Dänemark wird noch der so genannte Marmorierte Kellerschwamm regelmäßig nachgewiesen, der in Deutschland praktisch keine Bedeutung besitzt.

Neben der Korrosions- und Destruktionsfäule als Hauptvertreter der holzzerstörenden Pilze gibt es noch eine Reihe weiterer Fäulnisprozesse bzw. Unterteilungen:

- **Simultanfäule**: Entspricht in etwa der Weißfäule mit Variationen
- **Weißlochfäule**: Die Zerstörung des Holzes erfolgt lochartig mit Kennzeichen der Weißfäule.
- **Trockenfäule**: Ist eine andere Bezeichnung für Braunfäule.
- **Moderfäule**: Dem Fäulnisprozess geht ein Erweichen der Holzoberfläche voraus. Diese wird feucht und schmierig.

Alle diese Fäulniserscheinungen haben eine Zerstörung des Holzes gemeinsam. Diese erfolgt in der Regel am Auflager eines Balkenkopfes zum Mauerwerk. In einem derartigen Fall kann die Fäulnis örtlich abgeschlagen oder auch abgesägt werden. Im Vergleich zum Echten Hausschwamm ist damit der Sanierungsaufwand für alle anderen holzzerstörenden Pilze etwas geringer. Aber auch hier gilt, dass grundsätzlich immer die Ursache beseitigt werden muss, da auch der Kleine Hausschwamm, der Weiße Porenschwamm, der Braune Kellerschwamm Bauschäden an Holzbauteilen verursachen, die zum Teil erheblich sind.

Liegt der Anfangsverdacht eines Pilzbefalls vor, muss zunächst erst einmal genau analysiert und festgestellt werden, ob es sich um den Echten Hausschwamm, den braunen Keller- oder Warzenschwamm oder um den Weißen Porenschwamm bzw. um andere holzzerstörende Pilze handelt. Davon hängt ab, welche Maßnahmen in welchem Zeitraum eingeleitet werden müssen.

Tab. 4.4 ■ Wichtige in Gebäuden auftretende holzzerstörende Pilze

Erkennungsmerkmal			
Pilz	**Vorkommen**	**Pilzgeflecht**	**Fruchtkörper**
Echter Hausschwamm	Wächst und gedeiht bereits bei 20% Holzfeuchtigkeit. Befällt Nadel- und Laubholz, jedoch auch holzhaltige Baustoffe	Oberflächenmyzel weiß, watteartig, gegen Luftzug empfindlich. Stränge bis bleistiftdick, grau bis graubraun, verzweigt mit lappigem Zwischenmyzel	Rostbraun mit weißem Rand, fleischig weich, aber zäh; leicht von der Unterlage ablösbar; leicht faulend
Warzen- oder Kellerschwamm	An feuchtem Holz, befällt Nadel- und Laubholz	Kein Oberflächenmyzel; Oberfläche des befallenen Holzes bleibt ziemlich intakt, sodass der Schaden erst spät augenscheinlich wird. Stränge, mit denen weite Strecken überwunden werden können, sind dünne, schwarzbraune Fäden; selten auftretend.	Braun, anfangs mit weiß-gelblichem Rand. Flache, dem Holz aufliegende, filzig-lederige Krusten; besonders im Alter brüchig und schwer von der Unterlage ablösbar; selten auftretend.
Porenschwamm	An feuchtem Holz, bevorzugt Nadelholz	Luftmyzel weiß, watte- oder eisblumenartig. Stränge, mit denen auch Mauern durchwachsen werden, bis bindfadendick, ziemlich glatt, auch im trockenen Zustand biegsam bleibend	Weiß, später gelblich. Polsterförmig, nicht faulend.

Checkliste Echter Hausschwamm

- Anschrift (Ort und Postleitzahl)
- Art des Objektes (Wohnhaus, Kirche, Massivbau, Holz- und Fachwerkhaus etc.)
- Bauzustand (Neubau, Altbau, Denkmal, Verfallsgebäude)
- Vorkommen im Objekt (Keller-, Erd-, Ober- oder Dachgeschoss)
- Nutzungsart des Befallobjektes/-raumes
- Befallene/geschädigte Holzart und Kontaktstoffe (Mauerwerk, Werkstoffe, Teppiche, Beläge, Inventar)
- Befallene/geschädigte Bauteile (Dielen, Deckenbalken, Einschub, Mauerlatten, Grundschwellen, Mauerschwellen, Fußpfetten, Sparren etc.)
- Fensterart im Befallsraum und seit wann (Einfach-, Doppel-, Verbund-, Kasten-, Thermofenster oder dgl.)
- Vorkommen im genutzten, geräumten, langzeitig ungenutzten Gebäude/Raum
- Beheizungsart im Befallsgebäude (Ofen, Zentralheizung, ohne?)
- Fruchtkörpervorkommen (wo / Geschoss, Holz, Mauerwerk / Abstand zum Myzel)
- Befallsursache (Feuchtequelle)
- Luftzutritt zum Vorkommensort (um-, hinter-, unterlüftet; ohne Luftbewegung / Ursache?)
- Andere Hausschwammart (welche?)
- Übertritt auf Nachbargebäude
- Aufgezeigte Sofortmaßnahmen (Evakuierung, Sperrung, Absteifung etc.)
- Wer stellte Erstdiagnose (Bewohner, Besitzer, Auftraggeber, Untersuchender, Fachmann oder Laie?)
- Bestehender Denkmalschutz und evtl. Auflagen
- Untersuchungsveranlassung (erkannter Befall, Instandsetzung, Umbau, Hauskauf, Vorsorge etc.)

Abb. 4.9-4.12 ■ Unterschiedliches Aussehen und Ausmaß für das Wachstum und den Befallsort des Echten Hausschwammes

Als Erkennungsmerkmale dienen insbesondere das Myzel und die Fruchtkörper. Das befallene Holz allein ist hingegen weniger aussagekräftig, da die vom Hausschwamm verursachte Braunfäule auch auf andere Hausfäulen übertragen werden kann. Typisches Beispiel ist der Kellerschwamm oder auch der Porenschwamm. Ein Befall durch den Echten Hausschwamm lässt sich oft relativ leicht bestimmen, da er in der Regel reichlich Myzel ausbildet und abgestorbenes Myzel über lange Zeit erhalten bleibt. Außerdem neigt der Hausschwamm sehr viel stärker als andere Gebäudepilze zur Ausbildung von Fruchtkörpern. Der Echte Hausschwamm kann pro Tag mehrere Zentimeter in alle Richtungen wachsen.

Noch etwas anderes macht ihn so gefährlich und so unberechenbar: Die bereits erwähnten 1 bis 5 mm starken Myzelstränge wachsen nicht nur durch Kohle- und Briketthaufen, zwischen Fugen und Ritzen von Brettern und Balken, sie wachsen auch durch feine Risse im Mörtel, im Putz und im Mauerwerk. Selbst qualitativ schlechten Beton kann der Echte Hausschwamm durchdringen. Er kann sich somit von einem Raum in den anderen, von Stockwerk zu Stockwerk und letztendlich im Einzelfall sogar vom Keller bis in das Dach ausbreiten. Sehr häufig findet man diese Myzele auch hinter dem Putz im gesamten Mauerwerk, sodass der Laie auch vom Mauerschwamm spricht. Hat das Wachstum des Hausschwamms ein bestimmtes Ausmaß erreicht und tritt durch Feuchtigkeitsmangel oder andere für die Entwicklung ungünstige Umstände ein Wachstumsstillstand ein, kommt es zur Bildung von Frucht- oder Vermehrungskörpern. Sind diese Fruchtkörper gewachsen, kann der Echte Hausschwamm in gewissem Umfang selbst zur Aufrechterhaltung seiner Lebensbedingungen sorgen. Bei der Zersetzung der Zellulose durch das Substratmyzel entsteht Wasser. Es erscheint häufig in Tropfen auf dem Oberflächenmyzel und ist für die umgangssprachliche Be-

Abb. 4.13 ■ Die austretenden Wassertropfen auf dem Oberflächenmyzel führten zur Bezeichnung »Tränenschwamm« – und der lateinischen Ableitung »lacrymans«.

zeichnung »Tränenschwamm« verantwortlich. Der wissenschaftliche Artname des Hausschwamms *lacrimans* (der Tränende) wurde daraus abgeleitet.

Bei Streitfällen und Prozessen im Zusammenhang mit Hauskäufen, Vermietungen und Versicherungsfällen spielt in der Regel die Frage des Befallsalters eine entscheidende Rolle. Zur Altersbestimmung werden dann aus der Literatur bekannte Wachstumsraten herangezogen, die allerdings über mehr oder weniger große Toleranzen verfügen.

Werden für das mittlere tägliche Myzelwachstum ca. 6 mm herangezogen, errechnet sich daraus ein Mindestdurchmesser des Befallsherdes von 36 cm im Monat oder über 4 Metern im Jahr (bzw. die Hälfte des Durchmessers bei einseitigem Wachstum von einer Wand). Bei der Interpretation derartiger Werte und Berechnungen muss immer berücksichtigt werden, dass diese unter Laborbedingungen entstanden sind und kaum in die Praxis übertragen werden können. So wächst der Hausschwamm in Gebäuden selbst bei günstigen Temperatur- und Feuchteverhältnissen nicht kontinuierlich und in täglich konstanten Werten, sondern vielmehr in Intervallen. Dies bedeutet, dass sich Perioden mit starkem Wachstum mit Perioden mit Stillstand oder zumindest geringem Wachstum abwechseln. Außerdem liegen in der Regel die wechselnden Temperatur- und Feuchtigkeitswerte der Vergangenheit nicht vor, wenn im Rahmen der Voruntersuchung und Bauwerksdiagnostik klimatische Messungen durchgeführt werden. Dazu lässt sich der Wachstumsweg des Myzels vom Ausgangspunkt des Befalls bis zum Entdecken nicht immer eindeutig nachvollziehen und nachstellen. Somit ist eine einwandfreie Altersbestimmung anhand der Ausdehnung des Myzels nicht möglich. Diese Methode ist deshalb zur Altersbestimmung zu ungenau. Sie kann mit anderen Hinweisen gemeinsam nur helfen, Anhaltspunkte zu liefern.

Tab. 4.5 ■ **Wachstumsgeschwindigkeit des Myzels in mm/Tag**

mittleres tägliches radiales Längenwachstum bei Optimaltemperatur (18 bis 22/23°C)

6,0 mm	nach Falck (1907), nach Wünsche (1952) und nach Liese (1954)
4,0 mm	nach Harmsen (1960)
7,9 mm	nach Bavendamm (1969)
5,5 mm	nach Wälchli (1977)
2,7 bis 5,5 mm	nach Seehann und Riebesell (1988)

mittleres tägliches radiales Längenwachstum bei einer Temperatur von

4°C	5°C	10°C	14°C	15°C	16°C	**18°C**	**20°C**	**21°C**	**22°C**	25°C	26°C	30°C
1 mm	1,3 mm	2,0 -2,7 mm	4 mm	5 mm	3,9 mm	**5,5 mm**	**6 mm**	**5,5 mm**	**6 mm**	5 mm	3,2 mm	0 mm

Am befallenen Holz zeigt sich eine so genannte Destruktionsfäule, erkennbar durch eine Braunverfärbung und quader- oder würfelartige Brüche. Infolgedessen werden diese Erscheinungen auch als »Würfelbruch des Holzes« bezeichnet. Im fortgeschrittenen Stadium kann das Holz mühelos zwischen den Fingern zerrieben werden. Dabei ist der Würfelbruch beim Echten Hausschwamm durchschnittlich gröber als beim Keller- und Porenschwamm. Allerdings darf nicht der Eindruck entstehen, dass ausschließlich aus dem Fäulnis- bzw. Bruchbild des Holzes auf die jeweilige Schwammart geschlossen werden kann. Dagegen spricht, dass die Größe der Bruchfelder unter anderem von den Abmessungen des Holzes und seinem Feuchtegehalt abhängt und dementsprechend variiert. Eine zuverlässige und sachgerechte Bestimmung ist deshalb nur möglich, wenn zugleich Myzel und/ oder Fruchtkörper vorliegen.

Deckend gestrichene Holzteile (beispielsweise Türrahmen, Fußleisten, Wandbekleidungen und dgl.) weisen zunächst Blasenbildungen und feine Kreuz- und Querrisse sowie später eine wellige Oberfläche auf, die bei trockenem Holz zudem charakteristisch aufgewölbt ist. Mit einem spitzen Gegenstand lässt sich derartiges Holz leicht in seiner ganzen Stärke durchstoßen.

Häufig entstehen zunächst als Luftmyzel entweder ein schneeweißer watteartiger Myzelrasen, der bereits von den für den Hausschwamm typischen Myzelsträngen durchzogen ist, oder bei hoher Luftfeuchtigkeit in Kellerräumen dicke polsterförmige Myzelmassen. Nicht selten kommen auch zitronengelbe bis burgunderrote Verfärbungen vor. Die frischen Myzelwatten sind recht empfindlich und sinken bei Zutritt von trockener Luft, Zugluft oder Berührung schnell ein. Mit der Zeit fällt das Luftmyzel zu leicht abziehbaren Häuten bzw. Überzügen von silber- bis schmutziggrauer Farbe zusammen. Diese Verfärbungen können auch olivgrüne, tonfarbige bis violette Farbtöne annehmen. Bei niedriger Luftfeuchtigkeit unterbleibt in der Regel die Ausbildung eines typischen Luftmyzels und es bilden sich papierdünne, oft altrosa bis violett getönte Häute aus. Im Endstadium dieser Entwicklung liegt schließlich ein kräftiges, verzweigtes Strangmyzel und lappiges Oberflächenmyzel vor. Optisch zeichnen sich diese Stränge durch eine streichholz- bis teilweise bleistiftdicke, grau bis graubraun gefärbte und faserige aufgeraute Oberfläche aus. Im trockenen Zustand sind die Myzelstränge starr und brüchig. Sie zerbrechen unter einem deutlich hörbaren Knacken, das als wichtiges Erkennungs- und Unterscheidungsmerkmal vom weißen Porenschwamm dient, deren Stränge schneeweiß und beweglich bleiben.

Ist das Wachstum des Myzels bereits fortgeschritten, werden Fruchtkörper gebildet. Die Fruchtkörper sind fleischig, weich, aber zäh und von meist fladenartiger, kreisförmiger bis elliptischer Gestalt. Sie liegen am Holz oder Mauerwerk flach an und lassen sich in der Regel leicht ablösen. Ältere Fruchtkörper werden oft dunkelbraun bis schwarz. Sehr oft hängen sie im Bereich der Keller von den Decken wie alte Lumpen an den Oberflächen. In der Praxis können unter (un)günstigen Wachstumsbedingungen Durchmesser von über einem Meter beobachtet werden. Vielfach wachsen bei starker Fruchtkörperbildung benachbarte Fruchtkörper auch zu extrem großen Gebilden zusammen, sodass Durchmesser von 1 bis 3 Meter durchaus möglich sind. An der Oberseite zeigen die Fruchtkörper eine in Abhängigkeit von Alter und Umweltbedingungen von orangerot über gelb- oder rotbraun bis rostbraun gefärbte Fruchtschicht. Als besonders typisches Merkmal besitzt sie eine gewunden-faltige oder gekräuselte Struktur. Umgeben sind die Fruchtkörper von einem weißen, zuweilen auch leicht rosa gefärbten, oft wulstigen und scharf begrenzten Zuwachsrand.

Als weitere mögliche Formen treten aus Spalten oder Mauerritzen oft polsterförmige und konsolenartige Fruchtkörper auf. Des Weiteren können derartige Formen an senkrechten Flächen vorkommen. Bei großflächigem Überzug vertikaler Flächen und konsolenförmiger Gestalt geht die übliche faltige Struktur der Fruchtschicht des Öfteren in eine stalaktische Form über. Häufig treten vor allem am Randwulst auf den Fruchtkörpern wie auch auf dem Myzel Flüssigkeitstropfen auf.

Frische Fruchtkörper haben einen angenehmen Pilzgeruch. Allerdings faulen sie relativ schnell und nehmen dann einen widerlichen, üblen Geruch an. Alte, vertrocknete Fruchtkörper sind dunkel bis schwarzbraun gefärbt und die typische Faltenstruktur der Fruchtschicht ist kaum mehr wahrzunehmen oder nur noch andeutungsweise erkennbar. Die in großen Mengen anfallenden Sporen bilden einen zimt- bis rotbraunen Staub, der bei starker Fruktifikation des Pilzes nicht selten Kellerräume oder andere stark schwammverseuchte Räume bzw. die darin vorhandenen Gegenstände gänzlich pulverartig überdeckt. Die Sporen sind dünnwandig, von länglicher, ovaler, elliptischer bis typisch bohnenförmiger Gestalt mit Längen von 9 bis 12 µm und Breiten von 4 bis 6 µm sowie von gelbbrauner Färbung. Am Ende der Längsachse befindet sich ein so genannter Apiculus, ein spitzenartiger Fortsatz.

Alle Gegenstände aus Holz und cellulosehaltigen Materialien können vom Myzel des Echten Hausschwammes und anderer holzzerstörender Pilze bewachsen werden. Dies bedeutet, dass die Myzelien in den Gegenstand eindringen und versteckt innerhalb des Holzes wachsen. Von außen sind derartige Befallsanfänge nur selten zu erkennen, weshalb sie lange Zeit unbemerkt bleiben und sich ausbreiten können. Gegenstände mit Celluloseanteil wie Möbel, Bücher, Matratzen und anderes können nur dann befallen werden, wenn eine »Holzfeuchtigkeit« von mehr als 20% vorliegt. Eine derartige Holzfeuchtigkeit stellt sich in Räumen mit einer permanenten Luftfeuchtigkeit von über 90% ein. Eine solch hohe Luftfeuchtigkeit sollte in Innenräumen nur sehr kurzzeitig, beim Duschen oder Kochen auftreten. Somit dürften frei stehende Möbel nur äußerst selten, unter extremen Bedingungen befallen werden.

Häufiger werden Möbel befallen, wenn sie eingelagert sind, dies aber auch nur, wenn das Lagergut feucht und gleichmäßig kühl steht und nicht belüftet wird. Werden so befallene Möbel in normale Wohnräume mit normalem Wohnklima (durchschnittlich 40-70% relative Luftfeuchte und 18 bis 22 °C) gestellt, geht von ihnen eine sehr geringe Gefahr der Ansteckung für das Gebäude oder andere Möbel aus, wenn es sich um freistehende oder gut hinterlüftete Möbel handelt. Allerdings sollten Möbelstücke untersucht werden, auf denen sich bereits Fruchtkörper gezeigt haben, denn die Fruchtkörper sind ein sicheres Zeichen dafür, dass eine massive Holzzerstörung schon eingetreten, möglicherweise aber noch nicht direkt sichtbar geworden ist. Zumindest muss bei derartigen Objekten eine Stabilitätsprüfung erfolgen. Sollen die Möbel weiter eingelagert bleiben oder besitzen sie einen besonderen Wert, so ist zu überlegen, ob eine Hitze- oder Gasbehandlung sinnvoll und nötig ist. Dies lohnt sich naturgemäß nur bei besonderen Objekten und wird von einigen spezialisierten Fachfirmen angeboten.

Anders ist die Situation bei Einbaumöbeln, insbesondere bei Küchen. Sie werden oft so eingebaut, dass eine Hinterlüftung nicht möglich ist. Wird ein derartig befallenes Möbelstück (z.B. bei einem Umzug) aus- und anschließend unter gleichen Bedingungen wieder eingebaut, wächst der Holzzerstörer nach dem Erreichen der nötigen Holzfeuchtigkeit weiter. Allerdings stellt sich dann die Frage, ob es sich bei dem »Weiterwachsen« immer noch um den gleichen Befall handelt. Es ist durchaus möglich, dass der ursprüngliche Befall durch das massive Lüften beim Ausbau und Transport abstirbt und sich nach dem Wiederherstellen der feuchten Bedingungen ein neuer Befall bildet. Derartige »Neubefälle« lassen sich vermeiden, wenn bei der Montage der Einbaumöbel auf die nötige Luftzirkulation (dauerhafte, offene Hinterlüftung zum Wohnraum) geachtet wird.

Interessant sind Befälle, bei denen Möbelstücke nur die Grundlage für die sich bildenden Fruchtkörper sind. Fruchtkörper des Echten Hausschwammes müssen nicht direkt an der Stelle erscheinen, an denen die Myzelien das

Holz abgebaut haben. Die Stränge einiger holzzerstörender Pilze können Mauerwerk meterweit durchdringen und Fruchtkörper auf Mauern, Putz oder den Rändern von Kunststoffböden, oft weit entfernt vom zerstörten Holz, bilden. Im Falle der Möbel kann deren Holz dann zum einen als Träger der Fruchtkörper, zum anderen aber auch als Nährstoffquelle dienen.

4.4 Gesundheitsgefährdung durch den Echten Hausschwamm und andere holzzerstörende Pilze

Bei der Frage der gesundheitlichen Auswirkungen beim Auftreten von Echtem Hausschwamm oder anderen Pilzen müssen drei Gefährdungskategorien unterschieden werden: erstens die Gefährdung durch die Beeinträchtigung der statischen Konstruktion, zweitens die Gefährdung, die durch das Myzel der holzzerstörenden Pilze und mögliche Allergien ausgeht sowie drittens die Gefährdung durch sekundär entstehende Schimmelpilze. Die mögliche Gefahr, die durch einstürzende Wände und Decken hervorgerufen werden kann, ist sicherlich nachvollziehbar und muss nicht separat beschrieben werden.

Die Myzelien und Fruchtkörper des Hausschwammes sind nach derzeitigem Kenntnisstand als harmlos zu bezeichnen. Die frischen Fruchtkörper und Myzelien riechen angenehm nach frischen Champignons und sollen laut einigen Veröffentlichungen sogar essbar sein, was an dieser Stelle ausdrücklich nicht empfohlen wird. Nur von den zum Teil sehr reichlich auftretenden Sporen könnte eine gesundheitliche Beeinträchtigung ausgehen. Möglicherweise reagieren einige Personen auf die Sporen allergisch. Ein Nachweis für eine Allergie gegen Hausschwammsporen, wie dies in der Speisepilz-Zucht beispielsweise für die Sporen des Austern-Seitlings (*Pleurotus ostreatus*) nachgewiesen worden ist, ist auch für den Hausschwamm Anfang der 90-er Jahre erbracht worden. Dabei wurden im Blut von Patienten spezifische IgE (Imumglobulin E) and IgG (Imumglobulin G) nachgewiesen. Hierzu ist allerdings zu bemerken: Wenn die Sporen fingerdick im Gebäude liegen, geht die Gefährdung nicht von Sporen aus, sondern von einstürzenden Decken- oder Bodenteilen. Denn finden sich Fruchtkörper, die die Sporen bilden, ist dies ein sicheres Zeichen dafür, dass eine massive Holzzerstörung schon stattgefunden hat.

Die Fruchtkörper holzzerstörender Pilze sind protein- und wasserreich – ein idealer Nährboden für Schimmelpilze. Auf alten Fruchtkörpern des Hausschwammes wurden unter anderem folgende Schimmelpilzgattungen festgestellt: *Absidia, Alternaria, Aspergillus, Botrytis, Citromyces, Cladosporium, Fusarium, Gliocladium, Mucor, Penicillium, Rhizopus, Scopulariopsis, Verticillium.* Das heißt, alte und absterbende Fruchtkörper und Myzelteile werden ähnlich wie verschimmelndes Gemüse von verschiedensten Schimmelpilzen befallen. Die verschiedenen farbigen Rasen der Schimmelpilze sind die Bildungsstätten der Sporen und somit Ausgangspunkt für neuen Schimmelpilzbefall. Von Schimmelpilzen befallene Myzelien holzzerstörender Pilze riechen unangenehm. Von deren Sporen gehen bekannte Gesundheitsgefährdungen aus: Allergien, im schlimmsten Fall können sich Mykosen bilden. Allgemein lässt sich noch Folgendes sagen: In Gebäuden, in denen holzzerstörende Pilze wachsen können, ist davon auszugehen, dass auch Schimmelpilze wachsen werden. Dies bedeutet, dass an einigen Stellen des Gebäudes die Feuchtigkeit zu groß ist. Die Ursachen hierfür können vielfältig sein: verschiedenste Defekte an Installationen, am Dach oder an der Kellerabdichtung, aber auch Baufehler, ungenügende Informationsangebote an Mieter nach Modernisierungen u.a. oder mangelndes Lüften der Bewohner können Ursachen sein.

Allerdings ist der Umkehrschluss nicht möglich: nicht überall dort, wo Schimmelpilze wachsen und sich Holzkonstruktionen befinden, wachsen zwingend auch holzzerstörende Pilze. Wird feuchtes Holz in ungelüfteten Kellerräumen eingelagert, kann von ihm eine erhöhte Gefahr ausgehen, wenn es mit holzzerstörenden Gebäudepilzen befallen ist. Von einer derartigen Nährstoffbasis aus kann sich dann z.B. der Hausschwamm ausbreiten. Gleiches gilt analog für feuchte, stickige »Wohnräume«.

4.5 Probeentnahme

Abb. 4.14 ▪ Typischer Ort für eine Probeentnahme: alte und morsche Balken am Dachstuhl. Die Eimer zeigen auf die Ursache des Pilzbefalles – ein undichtes Dach!

Werden Pilzproben zwecks Bestimmung der Schwammart entnommen, sollten möglichst lufttrockene Materialproben eingeschickt werden. Sind der Pilz oder die pilzbefallenen Proben bei der Entnahme noch feucht, sollten sie vor dem Versand getrocknet werden. Im anderen Fall müssen die frischen Fruchtkörper und/oder Myzelien in feuchtedurchlässiger Verpackung eingeschickt werden. Geeignet hierfür sind Kartons, die mit Zeitungs- oder Packpapier ausgefüllt werden. Völlig ungeeignet sind luftdichte Verpackungen wie Gläser, Büchsen, Blechdosen oder auch Plastikbeutel, da frische Pilzproben dann sehr schnell in Fäulnis übergehen.

Bei der Probeentnahme ist darauf zu achten, dass die Proben möglichst viele Merkmale aufweisen und repräsentativ für den vorgefundenen Befall sind. Dabei sollten die Proben um so umfangreicher sein, je weniger stark der Pilzbewuchs ist. Myzel bzw. Myzelstränge sind möglichst gemeinsam mit der bewachsenen bzw. befallenen Unterlage zu entnehmen. Holzteile ohne Bewuchs auf der Oberfläche oder in Spalten sind für die Bestimmung nicht ausreichend, da an diesen lediglich der Fäuletyp, nicht aber die Schwammart bestimmt werden kann. Dem Probematerial sind für die nachfolgende Untersuchung eine kurze Beschreibung des befallenen Objektes und Erläuterungen zu den Befallsumständen beizufügen.

4.6 Erfassung und Bewertung von Hausschwammbefällen

Liegt der Verdacht eines Befalls durch holzzerstörende Pilze vor, muss zunächst überprüft und festgestellt werden, ob der Echte Hausschwamm, der Braune Kellerschwamm, der Weiße Porenschwamm oder auch Blättlinge vorliegen, da sich aus dieser Erkenntnis unterschiedliche Bekämpfungsmaßnahmen in Bezug auf den Umfang sowie baurechtliche Auflagen ergeben.

Vor einer Bekämpfung bzw. Sanierungsmaßnahme sollte eine fundierte, fachkompetente und sachgerechte Voruntersuchung am Bauwerk und ergänzend im Labor durchgeführt werden. Pilzbestimmungen werden durch Holzforschungsinstitute, staatliche Materialprüfanstalten sowie durch Holzschutzmittelhersteller angeboten. Auf die besondere Vorgehensweise bei der Probeentnahme wurde bereits hingewiesen. Ergänzend muss darauf hingewiesen werden, dass an einem Schwammbefall und daraus abgeleiteten Schäden an der Bausubstanz auch mehrere Pilzarten beteiligt sein können, sodass die Probeentnahme sachgerecht und mit der gebotenen Fachkompetenz durchgeführt werden muss.

Wird Hausschwammbefall festgestellt, können Voruntersuchungen hinsichtlich der Feststellung des Befallsumfanges bzw. des erforderlichen oder notwendigen Sanierungsaufwandes und der damit verbundenen Kosten häufig nur Teilbefunde bzw. eine grobe Schätzung liefern. Aufgrund der versteckten Lebensweise des Pilzes kann das gesamte Ausmaß des Schwammbefalls oft erst nach dem Entfernen des Putzes, der Fliesen, des Bodenbelages, der befallenen Wand- und Deckenbekleidungen und -konstruktionen, der Fußbodenbretter und Fußleisten, der Türstöcke und ggf. weiterer notwendiger Teilentkernungsarbeiten beurteilt werden. Diese Maßnahmen sind jedoch aus Kostengründen und/oder nutzungstechnischen sowie verschiedenen anderen Gründen im dazu notwendigen Umfang im Rahmen einer Holzschwammdiagnostik in der Regel nicht möglich.

Als weitgehend zerstörungsarme Untersuchungsmethode bietet sich zwar der Einsatz eines Endoskops oder auch eine Bohrkernentnahme an. Allerdings ist eine umfangreiche Aussage über den Umfang des Schwammbefalls und des erforderlichen oder notwendigen Sanierungsaufwandes auch mit diesen Methoden nicht möglich, da nur punktuelle Voruntersuchungen durchgeführt werden können und eine Pauschalisierung auf den gesamten Bauzustand nicht möglich ist. Endoskopie und Bohrkernentnahme sind vielmehr als flankierende Methoden zu verstehen, die Freilegungen begleiten können, um weniger schwammbefallene oder schwammverdächtige und gleichzeitig bausubstanziell wertvolle Bereiche (beispielsweise hochwertige und/oder denkmalgeschützte Fresken, Stuckdecken oder Originalmalereien und dgl.) zerstörungsarm zu kontrollieren. Außerdem wird häufig unterschätzt, dass auch die Interpretation endoskopisch erkennbarer Befallsbilder eine umfassende Erfahrung und Fachkompetenz voraussetzt.

Hausschwammbefall ist in der Mehrzahl der Bundesländer meldepflichtig, sodass beim Bauordnungsamt Anzeige erstattet werden muss. In einigen Bundesländern wurde gefordert, dass nicht nur der Befall gemeldet, sondern auch die Begutachtung durch einen Sachverständigen und die Bekämpfung durch einen autorisierten Fachbetrieb vorgenommen wird. Die Notwendigkeit einer Anzeigenpflicht wird damit begründet, dass sich dieser Pilz durch millionenhafte Sporenausbildung verbreitet und unter für ihn günstigen Wachstums- und Lebensbedingungen innerhalb von nur 1 bis 3 Jahren Holzbauteile, so auch statisch beanspruchte Konstruktionselemente, bis zur völligen Destruktion abbauen kann. Infolgedessen kommt es innerhalb dieses Zeitraumes in der Regel zu Bauteilbrüchen, die an Dielen und Deckenbalken besonders auffallend sind. Insofern sollte durch die Informationen an die Bauordnungsämter sichergestellt werden, dass der Pilz unmittelbar bekämpft und die Standsicherheit wieder hergestellt wird.

Die Merkmale eines Befalls durch den Echten Hausschwamm, dessen Zerstörungswirkung und Regenerationsvermögen kennen kaum die in der Sanierung tätigen Architekten und Planer, Bauunternehmer und Bautenschützer oder Sachverständige und Gutachter. Erst Recht sind ungelernte und unqualifizierte Bauherren oder Besitzer nicht in der Lage, einen Hausschwammbefall qualifiziert und fachkompetent zu begutachten. Deshalb müssen derartige Maßnahmen ausschließlich durch qualifizierte Fachfirmen durchgeführt werden und alle mit Hausschwamm befassten Ingenieurbüros, Institute und ausführenden Fachbetriebe sollten jeden Hausschwammbefall dokumentieren. Sonst ist zukünftig jede Möglichkeit auszuschließen, dass eine Bestandsanalyse in Bezug auf Schwammbefall durchgeführt werden kann. Ein weiterer, ganz wichtiger Aspekt muss mit diesem Punkt angesprochen werden. Ohne Anzeige und fachgerechte Dokumentation ist auch eine gezielte Forschung zur weiteren Eindämmung oder weitgehenden Unterbindung der Pilzseuche bzw. der Hausfäule behindert bis unmöglich, da entsprechendes Datenmaterial zentral von kompetenter Stelle nicht mehr erfasst, ausgewertet und zur Verfügung gestellt werden kann. Dabei ist auch heute noch eine fundierte und umfangreiche Grundlagenforschung notwendig, da eine Reihe von Fragen unbeantwortet und grundlegende Zusammenhänge noch nicht geklärt sind. Wenn sich also die Rahmenbedingungen nicht verbessern, wird sich das Ausmaß an Schäden durch den Echten Hausschwamm unweigerlich erhöhen.

Maßgebend für die Durchführung von Bekämpfungsmaßnahmen gegen holzzerstörende Pilze sind die DIN 68 800, DIN 52 175, das WTA-Merkblatt »Der Echte Hausschwamm«, Verdingungsordnung für Bauleistungen (VOB – Teil B) und die Vorschriften der Bauordnungen der Bundesländer. Für den Einsatz der chemischen Holzschutzmittel sind

- die einschlägigen Vorschriften des Chemikaliengesetzes und der Gefahrstoffverordnung
- die Warn- und Sicherheitshinweise auf den Gebinden der Holzschutzmittel
- die technischen Merkblätter und Systembeschreibungen der Holzschutzmittelanbieter
- das Merkblatt der Deutschen Bauchemie über den Umgang mit Holzschutzmitteln

zu beachten.

Darüber hinaus sind mögliche Anwendungsbeschränkungen des Holzschutzmittels in den Besonderen Bestimmungen des Prüfbescheides amtlich durch das Institut für Bautechnik zugelassener Holzschutzmittel, oder im Beiblatt zur Verleihungsurkunde RAL-geprüfter Holzschutzmittel nachzulesen oder ggf. beim Hersteller zu hinterfragen. Hinsichtlich der Verträglichkeit des Holzschutzmittels mit anderen Baustoffen bzw. der Anwendbarkeit in Aufenthaltsräumen oder Lebensmittel- und Futtermittellagern sollte eine schriftliche Aussage durch den Hersteller vorliegen, so weit diese Punkte nicht durch ein entsprechendes Prüfzeugnis dokumentiert wird.

Die Bekämpfung des Echten Hausschwamms sowie damit verbundene Sanierungsmaßnahmen erfordern grundlegende und fachübergreifende Kenntnisse, Fachkompetenz und die notwendige Erfahrung und Qualifikation. Infolgedessen sind nach DIN 68 800 Teil 4 nur fachkompetente und autorisierte Fachbetriebe für dieses Spezialgebiet zulässig. Der Auftraggeber sollte sich deshalb vor der Auftragsvergabe die Qualifikation und den Nachweis der Fachkompetenz vorlegen lassen. Im Zweifelsfall können autorisierte und qualifizierte Fachbetriebe beim Deutschen Holz- und Bautenschutzverband oder bei den Herstellern oder Anbietern von Holzschutzmitteln erfragt werden.

4.7 Holzzerstörende Insekten und Lästlinge im Haus

Das Holz wird nicht nur von pflanzlichen, sondern auch von tierischen Schädlingen angegriffen und zerstört. Holzzerstörende Insekten sind Holzzerstörer, die sowohl den stehenden Stamm als auch das gefällte oder eingebaute Holz befallen können. Es gibt Schädlinge, die nur Laubbäume oder nur Nadelbäume angreifen und solche, die beide Holzarten willkürlich befallen. Im Gegensatz zu den Pilzen sind Insekten eine Gefahr für das trockene Holz. Die Termiten sind in den Tropenzonen gefährliche Holzzerstörer, in unseren Breiten spielen sie keine Rolle. In unserer Region treten der Hausbockkäfer, der gemeine bzw. gewöhnliche Klopf- oder Nagekäfer (Holzwurm), der bunte Nagekäfer, Holzameisen und der braune Splintholzkäfer auf.

Daneben gibt es noch die so genannten Frischholzschädlinge, die ausschließlich frisches Holz mit einer Holzfeuchtigkeit von mehr als 30 % befallen. Beispielhaft zu nennen sind der gestreifte und der schwarze Nutzholzborkenkäfer, der große Buchdrucker, der Kupferstecher, die Holzwespe, diverse rindenbrütende Borkenkäfer, der Schusterbock, der veränderliche Scheibenbock, der Eichenwidderbock, der sägehörnige Werftkäfer und der Fichtenbock. Trocknet das

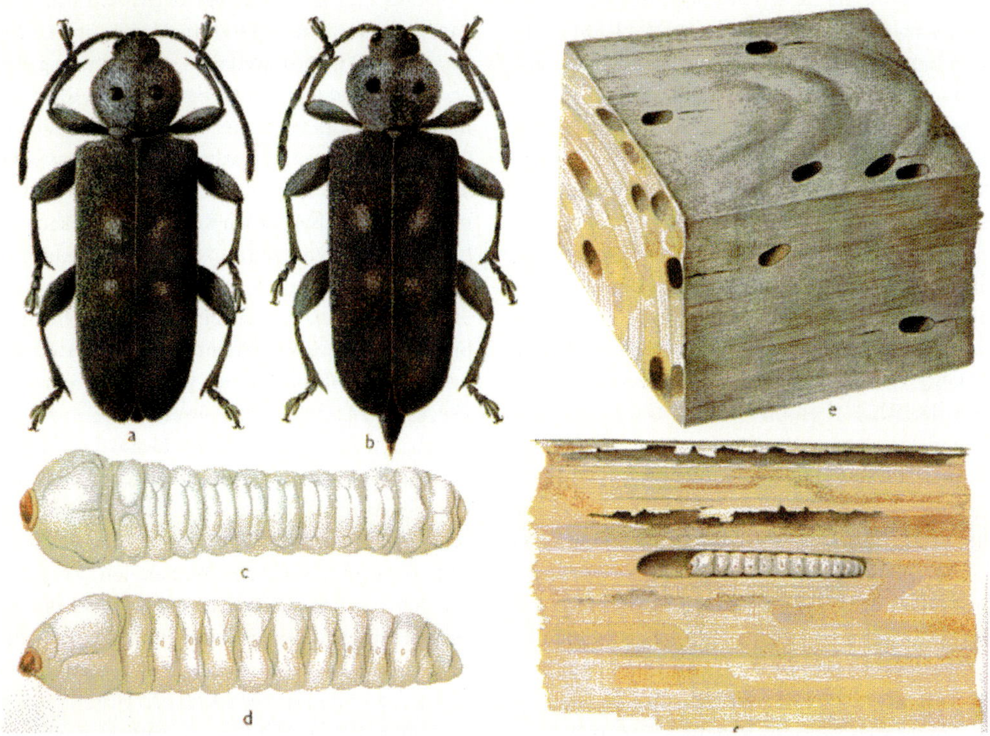

Abb. 4.15 ■ Als Vertreter der holzzerstörenden Insekten soll das Entwicklungsstadium des Hausbockkäfers gezeigt werden: a - Männchen, b - Weibchen, c - Larve von oben, d - Larve seitliche Ansicht, e - ovale Ausflugslöcher, f - Fraßgänge im Splint

Holz aus, haben diese Schädlinge, wie z.B. die Holzwespen (*Sirex spez.*), keine ausreichenden Lebensbedingungen mehr. Einmal abgetrocknetes Holz wird von ihnen auch nicht mehr befallen. Da diese Holzwespen aber kreisförmige Bohrlöcher von ca. 3 bis 5 mm Größe hinterlassen, ist eine Verwechslung mit einem Befall durch den Hausbock möglich. Gerade die Larve des so genannten Fichtenbockes (*Tetropium spez.*) führt häufig zur Verwechslung.

Ein Unterscheidungsmerkmal, ob der Fichtenbock vorliegt oder ob ein Hausbock die Fluglöcher erzeugt hat, ist aus dem Bohrmehl zu entnehmen. Der Fichtenbock stopft das faserige Bohrmehl fest in die Bohrgänge, das Bohrmehl des Hausbockes dagegen ist pulverig, locker und rieselt beim Hammerschlag aus dem Bohrgang heraus. Man unterscheidet holzfressende und holzbrütende Insekten. Die holzfressenden Insekten benutzen das Holz als Nahrung, während die holzbrütenden Insekten das Holz zur Ablage von Brutplätzen zernagen und damit zerstören, obwohl sie von der Holzsubstanz selbst nicht leben. Während ihrer Entwicklung machen fast alle holzzerstörenden Insekten einen vollkommenden Formenwandel durch. Man unterscheidet die vier Entwicklungsstadien: Ei – Larve – Puppe – Vollinsekt.

Ohne den Umfang dieser Thematik sprengen zu wollen, sollen im Rahmen dieses Kapitels weitere Schädlinge und Lästlinge genannt werden: Messingkäfer (lat. *Niptus hololeucus*), Gemeiner Speckkäfer (*Dermestes lardarius L.*), Mehlkäfer (*Tenebrio molitor L.*), Keller- und Mauerassel, Verwilderte Haustaube oder Stadttaube, Deutsche Wespe und Gemeine Wespe sowie Flöhe, verschiedene Ameisen, Nager und dgl.

Während die Larven des Messingkäfers ziemlich verborgen an pflanzlichen Abfallstoffen leben, sind die oft massenhaft in Wohnungen herumwandernden Käfer sehr auffallend und für viele Menschen Ekel erregend. Wenn auch die Käfer nicht so schädlich sind, wie man in den ersten Jahren ihres Massenauftretens geglaubt hat, so können sie doch unter günstigen Umständen an vielen Vorräten und Textilien recht unangenehm werden. Vor allem in alten und feuchten Häusern, besonders wenn Fußböden und Wände mit organischen Dämmstoffen (Heu, Stroh, Häcksel) gefüllt sind, und in Lagern von Produkten tierischer Herkunft (Häute, Felle, Knochen, Leder), Brauereien usw. ist der Messingkäfer beheimatet. Die Bedeutung als Vorratsschädling ist gering, aber als Zerstörer von Materialien wie Textilien, Leder, Papier und Verpackung ist er nicht zu unterschätzen. Die Käfer zernagen außerdem auf ihren Wanderungen durch die Wohnungen auch noch alle möglichen anderen Stoffe wie Textilien aller Art, Leder, Bürsten, Federn, Bücher, Papier usw.; aus Textilien ziehen sie mit ihren Mundwerkzeugen Fäden heraus, um sie dann durchzunagen. Es entstehen so in dünnen Stoffen rundliche Löcher mit ausgefransten Rändern.

Der Gemeine Speckkäfer, Messingkäfer, Mehlkäfer u.a. treten vor allem in älteren Gebäuden auf, wo sie bisher kaum bemerkt wurden. Durch Nahrungsrückstände in den Fußbodendielen, Ritzen und Fugen ist es bei den herkömmlichen Heizungen kaum zu einer Massenvermehrung gekommen. Durch eingetragene Baufeuchte und die Zentralheizung sind die Lebensbedingungen wesentlich verbessert worden und es kann lokal zu lästigem Massenauftreten kommen, wobei die Tiere gelegentlich Holz und/oder Textilien schädigen. Oft bemerkt man dieses Auftreten erst, wenn bei einer Umnutzung Räume wie beispielsweise alte Speicher, Lagerräume, Scheunen oder Ähnliches zu Wohnräumen umgebaut werden. Eine nachträgliche Bekämpfung ist, wie beim dem Vorkommen von Taubenzecken, oft mit einem kostspieligen Rückbau verbunden.

Diese Taubenzecken (lat. *Argus reflexus*) sind Parasiten von (verwilderten) Haustauben. Der Zeckenbefall ist grundsätzlich von einer längeren Anwesenheit der Haustauben abhängig, die noch unter Umständen mehrere Jahre ohne ihren Wirt anhalten kann. Taubenzecken halten sich vorwiegend in Fugen, Mauerritzen und Schüttungen auf, wobei sie den Kontakt mit mehreren Insekten bevorzugen. Die menschliche Reaktion auf Taubenzecken, die in der Regel ca. 8 Jahre überdauern, reicht von ohne jegliche Wirkung bis hin zu lebensbedrohenden Schockzuständen und Blutvergiftung. Für den Hausbewohner stellt die Anwesenheit von Taubenzecken ein unberechenbares und unzumutbares Risiko dar.

Von den Asseln, die zu den Krebstieren gehören, sind weltweit etwa 1.300 Arten bekannt. Sie leben an feuchten Orten unter Pflanzenresten, loser Rinde und unter Steinen. Zu den bekanntesten Arten zählen die Kellerassel (lat.= *Porcellio scaber*) und die Mauerassel (lat.= *Oniscus asellus*), die nahezu weltweit verbreitet sind. Asseln sind Allesfresser und ernähren sich fast ausschließlich von pflanzlichen Materialien, wobei angefaulte Substanzen bevorzugt werden. Da die Sauerstoffaufnahme über Kiemen erfolgt und die Exokutikula nicht vor der Austrocknung geschützt ist, sind Asseln auf einen feuchten Lebensraum und nächtliche Aktivitäten angewiesen. Die Tiere richten in der Regel keine Schäden an und können im Wohn- oder Kellerbereich höchstens als Lästlinge angesehen werden. Gelegentlich werden Asseln in feuchten Kellern an gelagerten Kartoffeln, Mohrrüben, Äpfeln und anderen pflanzlichen Vorratsgütern schädlich. Waschküchen werden aufgrund der hohen Luftfeuchtigkeit gern von Asseln besiedelt. Treten gehäuft Asseln im Wohnbereich auf, müssen ihre feuchten Lebensräume beseitigt werden. Ritzen und Spalten, in die Wasser eindringen kann, müssen mit geeigneten Materialien verschlossen werden. Lose Terrassenplatten und undichte Wasserrohre können ebenfalls die Ursache für ein gehäuftes Auftreten von Asseln sein. Blumenkübel und -töpfe müssen so aufgestellt werden, dass sich unter dem Boden keine Feuchtigkeit ansammeln kann.

Die anfangs genannten Wespenarten sind sehr ähnlich. Die deutsche Wespe hat ein weniger spitzes Hinterteil und einen helleren, leuchtenden Gelb-Farbton. Sie leben vom Frühjahr bis zum Oktober. Nur die Königinnen überwintern und bilden im Frühjahr den Grundstock für eine neue Population, die im Spätsommer/Herbst mit mehreren 10.000 Exemplaren ihren Höhepunkt erreicht. Mit ihren starken Mundwerkzeugen können sie mühelos Holz zerbeißen. Dies geschieht allerdings nicht in großem Umfang, weshalb beide Wespen den Lästlingen und nicht den Schädlingen zugeordnet werden müssen. Besondere Vorsicht ist geboten, wenn Nester zerstört werden. Dann reagieren diese Insekten sehr aggressiv und können mit ihrem Gift schmerzhafte Stiche hinterlassen, die unter Umständen bei allergischen Menschen Atemlähmungen auslösen können, welche im Ausnahmefall auch bis zur Erstickung führen können. Die Gemeine Holzwespe (*Sirex juvencus*) nimmt als Holzschädling für verbautes Holz eine Sonderstellung ein. Im Gegensatz etwa zu den ›Holzwürmern‹ legt sie ihre Eier nicht in trockenes verbautes, sondern in noch saftfrisches Holz von gefällten oder kranken Bäumen. Abgetrocknetes Holz bietet den Ei-Larven keine Entwicklungsmöglichkeiten. Bevor Wespen bekämpft werden, sollten erst einmal vorbeugende Maßnahmen ergriffen werden. Durch das Wegräumen von Speisen und -resten, vor allem von Fleisch- und Süßspeisen sowie Obst werden diese Insekten bereits weniger angelockt. Ungenutzte Dachstühle sollten regelmäßig in größeren Abständen besichtigt bzw. kontrolliert werden. Ggf. sind Ritzen, Spalten und sonstige Öffnungen und Fluglöcher zu verschließen.

■ 4.8 Einsatz von und Umgang mit Holzschutzmitteln

Auf den vorbeugenden und konstruktiven Holzschutz im Rahmen von Neubaumaßnahmen kann aufgrund der speziellen Thematik und des Umfanges nicht ausführlich eingegangen werden. Es soll nur kurz erwähnt werden, dass es zum Teil Jahrhunderte alte Methoden gibt, die sich im Einzelfall bewährt haben. So gibt es im oberösterreichischen Brixental über 600 Jahre alte Holzhäuser ohne jegliche Fäulnisbildung, die als einzige Holzbehandlung nur regelmäßig mit Soda- bzw. Pottaschelauge abgelaugt werden. Der Nutzeffekt soll darin liegen, dass dem Holz Inhaltsstoffe entzogen werden, die Pilzen als Nahrung dienen könnten. Des Weiteren setzt ein Befall durch den Echten Hausschwamm im Bereich der Fasersättigung Holzfeuchten von ca. 30% und eine relative Luftfeuchtigkeit von über 90% voraus. Dementsprechend werden Bauschäden durch Schwammbefall vor allem durch das Ausschalten von Feuchtequellen bzw. deren Ursachen vermieden. Wichtige Ursachen für einen Hausschwammbefall sind:

1. Allgemeine Baufehler

- Mangelhafter oder fehlender Schutz gegen kapillar aufsteigende Feuchtigkeit im Mauerwerk
- Fehlende oder falsch angeordnete Wasserabläufe, Sickerleitungen und andere Fehler, die das Einsickern von Sicker- oder Schichtenwasser ermöglichen
- Lüftungsfehler
- Einbau von zu feuchtem Holz, ohne entsprechende Austrocknungsmöglichkeit
- Allseitig ummantelte Balkenköpfe (auch die allseitige Umhüllung mit Teerpappe oder Ölpapier schützt nicht vor Feuchtigkeitsaufnahme)
- Mangelhafte oder unzureichende Bauaustrocknung

2. Spezielle Baufehler bei der Altbausanierung

In Altbauten können zunehmend Hausschwammbefall und -schäden beobachtet werden, die durch eine Erhöhung der Holzfeuchte und nach unsachgemäß und unqualifiziert durchgeführten Sanierungs- und Umbaumaßnahmen oder selbst nach kleineren baulichen Veränderungen im Rahmen von Renovierungen verursacht sind. Neben den oben genannten Baufehlern ist die Erhöhung der Feuchtigkeit vor allem zurückzuführen auf:

- Fehlende oder falsch angeordnete Wärmedämmung und Dampfsperren, die zur Bildung von Tauwasser führen, das nicht verdunsten kann und in Verbindung mit Wärme ein günstiges Klima für die Entwicklung holzzerstörender Pilze schafft
- Ein- und Anbringen feuchteundurchlässiger Sperrschichten aus PVC-Belägen, Linoleum, rückseitig beschichteten Teppichböden, anderer Unterlagsböden und dgl.
- Fehlende oder nicht funktionsfähige Horizontal- und/oder Vertikalabdichtung
- Mangelhafte oder fehlende Abdichtung nicht unterkellerter Gebäudeteile sowie falscher Fußbodenaufbau
- Wiederverwendung von altem, belasteten Bauschutt
- Einbau undichter Nasszellen (ungenügend abgedichtete WCs, Dusch- und Baderäume)
- Einbringen zusätzlicher Feuchtigkeit durch nicht ausreichend trockene Bau- und Füllstoffe sowie unüberlegtes Umgehen mit Anmachwasser usw.
- Nicht fachgerechtes Einbauen von feuchtem Holz, das an der Austrocknung gehindert wird.

Zusätzlich geht eine große Gefährdung von alten Befallsstellen aus, wenn pilzbefallenes Holz im Gebäude verbleibt.

3. Mangelhafter (unterlassener) Bauunterhalt

Zu den häufigsten Ursachen eines Schwammbefalls gehören Schäden an der Bausubstanz, die nicht rechtzeitig behoben werden:

- Undichte Dächer und fehlende, defekte oder verstopfte Regenfallrohre und Entwässerungsanlagen
- Zersprungene oder fehlende Fensterscheiben
- Undichte oder schwitzende Wasserleitungen und Heizungsanlagen.

Auch Fensterbankanschlüsse und vorspringende Sockel, Anstriche und Abdeckungen sollten in Augenschein genommen werden.

4. Wasserschäden

Ebenso führen nicht selten Wasserschäden zu einem Hausschwammbefall, wenn nicht schnell für eine umfassende Trockenlegung und Beseitigung des Wasserschadens gesorgt wird, z.B. nach

- Rohrbrüchen
- übergelaufenen Toiletten, Duschen, Wannen, Geschirrspülmaschinen oder Waschmaschinen
- Überschwemmungen von Kellern
- Belastung durch Löschwasser bei Bränden.

Darüber hinaus besteht eine große Gefahr für den Hausschwammbefall, wenn infiziertes Alt- und Abbruchholz eingeschleppt wird, das als Brennholz in Kellern und sonstigen Räumen gelagert wird. Auch Holzkisten, Fässer, Säcke und sonstige Lagerverpackungen können befallen sein und so Myzelteile oder Sporen in feuchter Umgebung abgestellt und damit aktiviert werden.

Die nachfolgenden Ausführungen sollen sich aufgrund der Gesundheitsbelastung und der Marktbedeutung mit dem Einsatz von Holzschutzmitteln im Rahmen der Bekämpfung des Echten Hausschwammes und anderer Holzfäulen und dgl. beschäftigen. Holzschutzmittel enthalten Biozide, die Pilze bzw. Insekten abtöten oder am Wachstum hindern. Bei nicht fach- und sachgerechtem Umgang können gesundheitliche und umweltbezogene Gefährdungen entstehen. Es sollten deshalb nur Holzschutzmittel mit dem amtlichen Prüfzeichen des DIBt- oder RAL-Gütezeichen für den jeweiligen Anwendungsbereich eingesetzt werden. Nach dem heutigen Kenntnisstand stellen die Holzschutzmittel mit dem Wirkstoff auf Borbasis die geringste Gefährdung dar. Bei dem Wirkungsgrad der verschiedenen Holzschutzmittel auf die einzelnen Pilzarten gibt es erhebliche Unterschiede, die von der Abtötung bis hin zur Nichtschädigung reichen. Ebenso können hochwirksame Pilzgifte in zu geringen Konzentrationen wachstumsstimulierend sein.

Generell gilt die Devise, dass »so wenig chemischer Holzschutz wie möglich, aber so viel wie notwendig« zum Einsatz kommt. Holzschutzmittel dürfen nicht eingesetzt werden, um Planungs- und Baumängel zu überdecken und/oder Schäden über die Gewährleistung hinaus zu verzögern. Das Produkt muss aber auf den notwendigen Schutz abgestimmt sein und nicht generell gegen alle Organismen Wirkstoffe enthalten. Beim chemischen Holzschutz übernehmen Wirkstoffe die Aufgabe, Hölzer und Holzwerkstoffe vor Holzschädlingen zu schützen oder diese zu bekämpfen.

Mittlerweile gibt es eine anerkannte Definition, die schon seit längerer Zeit auch europaweit abgestimmt und inzwischen offiziell in der Europäischen Gemeinschaft eingeführt ist. Danach sind Holzschutzmittel »Wirkstoffe oder wirkstoffhaltige Zubereitungen, die dazu bestimmt sind, einen Befall von Holz oder Holzwerkstoffen durch holzzerstörende oder holzverfärbende Organismen zu verhindern oder einen solchen Befall zu bekämpfen«. Nach dieser Definition ist es also unerklärlich, welche Mittel, Präparate und Produkte zum Teil im Markt als Holzschutzmittel angeboten oder auch als diese interpretiert werden. Das Holzschutzmittel soll möglichst tief eindringen (> 1cm: Tiefschutz), eine hohe Gift- und Dauerschutzwirkung haben sowie gegenüber anderen Baustoffen verträglich sein.

Wie bereits erwähnt, unterliegen alle Baustoffe einem ständigen Abbau. Während aber bei den meisten synthetischen, vorwiegend anorganischen Baumaterialien und Werkstoffen allein physikalische Kräfte den Abbau und Verschleiß verursachen, bildet beim natürlichen Baustoff Holz der biologische bzw. biogene Angriff durch Pilze die Hauptursache für dessen Verfall. Die Frage nach der Notwendigkeit von chemischen Maßnahmen und dem Einsatz von Holzschutzmitteln kann und muss also mit einer eindeutigen Befürwortung beantwortet werden. Im Unterschied zu vielen tropischen Holzarten, die während ihres Wachstums bestimmte Inhaltsstoffe bilden und dadurch eine größere Widerstandsfähigkeit gegenüber biologischen Angriffen erlangen, kommen heimische Holzarten ohne zusätzliche Pflege oder Schutzmaßnahmen in der Regel nicht aus.

Tab. 4.6 ■ Dauerhaftigkeit einheimischer Bauhölzer gegen holzzerstörende Pilze

Holzart	Pilze[a]
Tanne	wenig dauerhaft
Lärche	mäßig bis wenig dauerhaft
Fichte	wenig dauerhaft
Kiefer	mäßig bis wenig dauerhaft
Douglasie	mäßig bis wenig dauerhaft
Eiche	dauerhaft
Robinie	sehr dauerhaft bis dauerhaft

[a] Dauerhaftigkeit gegen Pilzbefall bezieht sich nur auf das Kernholz (Das Splintholz ist nicht dauerhaft)

Holzschutzmittel werden entweder nach ihrer Zusammensetzung, nach ihren Einsatz- oder Anwendungsbereichen oder auch nach ihrer Wirksamkeit unterschieden. Nach der chemischen Zusammensetzung werden

- wässrige Mittel (z.B. als Salze und Grundierungen)
- lösemittelhaltige Mittel (z.B. als Grundierungen, Lasuren und Imprägnierungen)
- Emulsionen (vor allem in Form von Konzentraten)

unterschieden.

Wässrige Holzschutzmittel werden im Allgemeinen als Konzentrate angeliefert und durch Auflösen in Wasser gebrauchsfertig angerührt oder auch gebrauchsfertig angeboten. Besonders gut eignen sie sich zur Behandlung von halbtrockenem Holz mit 20 bis 30% Holzfeuchte bis feuchtem Holz mit einer Holzfeuchte >30%, in besonderen Verfahren auch für saftfrisches Holz.

Bei lösemittelhaltigen Holzschutzmitteln sind die Wirkstoffe in organischen Lösemitteln gelöst. Die Wirkstoffe sind ebenfalls auf organischer Basis. Lösemittelhaltige Holzschutzmittel wie beispielsweise Grundierungen, Lasuren und Imprägnierungen werden grundsätzlich gebrauchsfertig geliefert und können deshalb unverändert verarbeitet werden. Sie eignen sich besonders gut zur Behandlung von trockenem (<20% Holzfeuchte) bis halbtrockenem Holz. Eine Besonderheit liegt bei den Steinkohleteerölen vor, deren Verwendung auf ganz spezifische industrielle Verfahren beschränkt ist. Um den Eintrag organischer Lösemittel in die Umwelt weiter zu reduzieren, werden insbesondere zur Verarbeitung in handwerklichen Verfahren zunehmend Emulsionen (vor allem in Form von Konzentraten) angeboten. Dabei sind die in Wasser schwer löslichen organischen Wirkstoffe als feine Mikroemulsionen in der wässrigen Zubereitung verteilt.

Die Vielzahl der auf dem Markt angebotenen Holzschutzmittel enthält verschiedene und verschiedenartige Wirkstoffe und Wirkstoffgemische und wird in den unterschiedlichsten Bereichen unter Beachtung unterschiedlicher Zielsetzung und spezieller umweltbezogener Hinweise eingesetzt. Unter dem Dach werden hierfür beispielsweise Fluorosilikate, Hydrogenfluoride und anorganische Borverbindungen angewendet. Im Freien und unter Dach werden Chromate und Fluoride insbesondere der Alkalimetalle und Kupfersalze verwendet. Diese Verbindungen reagieren mit dem Lignin oder der Zellulose zu schwer löslichen Verbindungen und sind deshalb schwer auswaschbar. Vorsicht bei Arsenaten! Die sehr hohe Giftgefahr für Mensch und Tier hat zur Vermeidung ihrer Anwendung geführt. Sie ist in geschlossenen Räumen seit Jahren verboten.

Holz zu schützen heißt, dem Befall wirkungsvoll vorzubeugen und Befall erfolgreich zu bekämpfen. Befall wiederum vorzubeugen bedeutet, den Schädlingen keine Lebensbedingungen zu bieten. Damit müssen Schädlinge vernichtet/getötet werden. Wenn also die Entwicklung und das Wachstum von Organismen unterbunden werden soll, müssen giftige Wirkstoffe eingesetzt werden. Ein Holzschutzmittel mit hohem Wirkungsgrad einerseits und einem ökologischen Profil auf der anderen Seite zu fordern, ist also nicht nur ein Widerspruch in sich, sondern auch eine unerfüllbare Produkteigenschaft. Bei dem Einsatz- oder Anwendungsbereich wird –entsprechend der Definition – grundsätzlich zwischen Mitteln zum vorbeugenden Schutz des Holzes einerseits und Mitteln zur Bekämpfung eines bestehenden Befalls andererseits unterschieden. Diese Trennung wird auch von der einschlägigen Holzschutznorm DIN 68 800 nachvollzogen, in dem die Teile 3 und 4 zwischen vorbeugendem chemischen Holzschutz und Bekämpfungsmaßnahmen gegen holzzerstörende Pilze und Insekten unterscheiden. Beim Einsatz vorbeugender Mittel ist es wichtig zu wissen, ob die Mittel auslaugbar sind. So dürfen bei Hölzern im Freien nur Mittel eingesetzt werden, die durch Niederschläge nicht ausgewaschen werden können, also deren Wirkstoffe im behandelten Holz fixiert werden. Diese Eigenschaft ist u.a. in der Zulassung verankert.

Ein vorbeugender Holzschutz wird entsprechend den Länderbauordnungen für tragende und aussteifende Bauteile (beispielsweise Außenverkleidungen, Klappläden, Rollläden, Fenster und Außentüren, Dachgebälk, Stützbalken, Pergolen, aber auch Treppen, Treppen- und Balkongeländer und dgl.) grundsätzlich vorgeschrieben. Die zu treffenden Schutzmaßnahmen sind im Detail in der DIN 68 800 Teil 3 für den vorbeugenden Holzschutz und in der DIN 68 800 Teil 4 für den bekämpfenden Holzschutz geregelt. Die Ausführung der Bekämpfung gegen den Echten Hausschwamm wird darüber hinaus noch im WTA-Merkblatt »Der Echte Hausschwamm« beschrieben.

Die DIN 68 800, Teil 3 legt gestaffelt nach Gefährdungsklassen die Anforderungen fest, die an vorbeugende Wirksamkeit und Witterungsbeständigkeit der Holzschutzmittel zu stellen sind.

Nach der DIN 68 800, Teil 3 muss die Wahl des Einbringverfahrens in Abhängigkeit von der Ge-

Tab. 4.7 ▪ Gefährdungsklassen der Holzschutzmittel (nach DIN 68 800)

Gefährdungsklasse	*Anwendungsbereiche*	*Anforderungen an Holzschutzmittel*
0	Räume mit üblichem Wohnklima: Holzbauteile durch Bekleidung abgedeckt oder zum Raum hin kontrollierbar	Keine
1	Innenbauteile (Dachkonstruktionen, Geschossdecken, Innenwände) und gleichartig beanspruchte Bauteile, relative Luftfeuchtigkeit < 70 %	Insektenvorbeugend
2	Innenbauteile, mittlere relative Luftfeuchtigkeit > 70 %, Innenbauteile (im Bereich der Duschen), Wasser abweisend abgedeckt, Außenbauteile ohne unmittelbare Wasserbeanspruchung	Insektenvorbeugend, pilzwidrig
3	Außenbauteile ohne Erd- und/oder Wasserkontakt, Innenbauteile in Nassräumen	Insektenvorbeugend, pilzwidrig, witterungsbeständig
4	Holzbauteile mit ständigem Erd- und/oder Wasserkontakt	Insektenvorbeugend, pilzwidrig, witterungsbeständig und moderfäulewidrig

fährdungsklasse, der Holzfeuchtigkeit und dem vorgesehenen Holzschutzmittel erfolgen. Ziel ist, dass das Holzschutzmittel gut in das Holz eindringen, sich gleichmäßig in der getränkten Zone und dem Querschnitt verteilen und die eingebrachte Menge gemessen werden kann. Bei gleichen technischen Eigenschaften ist dem Verfahren mit der geringsten Umweltbelastung der Vorzug zu geben. So ist bei vorbeugenden Holzschutzmaßnahmen bauaufsichtlich vorgeschrieben, dass bei der Auswahl der Einbringung einem geeigneten Verfahren mit geringer Umweltbelastung der Vorzug zu geben ist. Bei Bekämpfungsmaßnahmen fordert Teil 4 der DIN 68 800 sogar ausdrücklich eine besondere Rücksichtnahme auf schützenswerte Tiere. Bei Holzbauteilen, Dachstühlen usw. mit schützenswerten Tieren (z.B. Fledermäusen, Eulen, Turmfalken und dgl.) sind nur solche Bekämpfungsmittel anzuwenden, die von einer autorisierten Prüfstelle als hierfür verträglich und geeignet befunden wurden. Die Bekämpfungsmaßnahmen sind erst dann durchzuführen, wenn jahreszeitlich bedingt kein Besatz besteht. In gewisser Weise widerspricht hier allerdings die Forderung der Praxis, da bei der Neuentwicklung von Produkten die Verträglichkeit gegenüber schützenswerten Tieren aus Artenschutzgründen nicht mehr geprüft werden kann.

▪ 4.9 Gesundheitliche Belastung durch Sanierungen mit Holzschutzmitteln

▪ 4.9.1 Einleitung

Abschließend soll noch auf die Belastung von Innenräumen infolge von Schädlingsbekämpfungsmaßnahmen eingegangen werden, bei denen als biozide Wirkstoffe neben den Phosphor- und Chlorpestiziden sowie den Carbamaten vor allem die Pyrethroide zur Anwendung kommen. Bezüglich der zeitlichen Stabilität der Wirkstoffe in ausgebrachtem Zustand lassen sich die Mittel in so genannte Kurzzeitmittel, die ihre Wirksamkeit im Verlauf weniger Stunden bis Tage verlieren, und so genannte Langzeitmittel einteilen, deren Wirksamkeit mehrere Wochen bis Monate andauern kann.

Die Entwicklung von Schädlingsbekämpfungsmitteln erfordert nicht nur die Prüfung der Wirksamkeit gegenüber holzzerstörenden Pilzen und Insekten. Darüber hinaus sind eine Reihe von Untersuchungen notwendig, die eine Abschätzung des umweltgefährdenden Potenzials (sowohl der verwendeten Wirkstoffe des Mittels als auch des behandelten Holzes) ermöglichen. Denn von den Wirkstoffen können auch Gefährdungen für andere Lebewesen und Beeinträchtigungen für die Umwelt ausgehen. Infolgedessen ist heute die Prüfung und Bewertung von Holzschutzmitteln im Hinblick auf umweltschonende Gesichtspunkte ein wesentlicher Bestandteil bei der Produktentwicklung geworden.

Mit dem Nachweis der biologischen Wirksamkeit von Holzschutzmitteln werden amtliche Materialprüfanstalten beauftragt. Den Prüfungen liegen Prüfnormen zugrunde, die zwischenzeitlich als DIN EN auf europäischer Ebene anerkannt sind. Erfüllen die Holzschutzmittel die in der Norm festgelegten Anforderungen, wird ihnen in so genannten Prüfzeugnissen von unabhängiger Stelle die biologische Wirksamkeit bescheinigt. Eine allgemeine bauaufsichtliche Zulassung wird vom DIBt (Deutschen Institut für Bautechnik) für Holzschutzmittel zwingend vorgeschrieben, die zur vorbeugenden Behandlung tragender und aussteifender Hölzer bestimmt sind. Das sind alle Hölzer und Holzbauteile, für die ein statischer Nachweis zu erbringen ist. Für alle anderen Holzschutzmittel (Bekämpfung und Vorbeugung), die zur Behandlung statisch nicht beanspruchter Hölzer eingesetzt werden, kann freiwillig ein RAL-Gütezeichen erworben werden. Eine Auflistung der Holzschutzmittel mit Prüfzeichen sowie eine Auflistung der Holzschutzmittel mit RAL-Gütezeichen werden vom DIBt im amtlichen Holzschutzmittelverzeichnis veröffentlicht, das jährlich aktualisiert wird.

Seit einiger Zeit sind auch die Holzschutzmittel zur Bekämpfung eines Befalls tragender und aussteifender Hölzer durch Insekten und zur Bekämpfung von Hausschwamm wieder zulassungspflichtig. Für die gesundheitliche Bewertung von Holzschutzmitteln sind für das BgVV (Bundesinstitut für gesundheitlichen Verbraucherschutz und Veterinärmedizin) neben den akut toxischen Kenndaten, Dosierungen ohne erkennbare Effekte usw. alle Angaben wichtig, die die Dosis-Zeit-Wirkungsbeziehungen erkennen lassen. Deshalb müssen alle Prüfprotokolle vorgelegt werden, in denen die Prüfmethoden und alle erhobenen Einzelbefunde und Beobachtungen an Versuchstieren (Todesfälle, Symptome, Organwirkungen und dgl.) im Zeitablauf des Versuchs dokumentiert sind.

Gegebenenfalls ist zu begründen, weshalb eine Untersuchung nicht notwendig ist. Abgefragt werden Daten zur akuten Toxizität, zur kumulativ-toxischen Wirkung, zur subchronischen und zur chronischen Toxizität des Wirkstoffes bzw. der Wirkstoffe, über die unterschiedlichen Aufnahmewege (oral, dermal, inhalativ), Daten aus Stoffwechselversuchen, Daten zur Kanzerogenität, zur Mutagenität, zur Reproduktionstoxizität, zur Embryotoxizität bis hin zur Neurotoxizität. Auch für das Holzschutzmittel selbst werden Daten zur akuten Toxizität für die Bewertung verlangt. Ergänzt werden diese Daten um Angaben über bisher beobachtete Wirkungen des Mittels und der Wirkstoffe insbesondere auf den Menschen, auf Haus- und Nutztiere, auf Zier- und Nutzpflanzen sowie praktische Erfahrungen aus dem Einsatz behandelter Hölzer.

Man weiß heute, dass Gesundheitsbelastungen und Beschwerden nicht allein durch die Holzschutzmittel ausgelöst werden, sondern dass in der Regel eine kombinierte Giftwirkung vorliegt - meistens von Holzschutzmitteln und Lösemitteln. Holzschutzmittel sind ursprünglich nur für den Außenbereich entwickelt worden. Seit den 70-er Jahren wurden derartige Substanzen aber zunehmend auch in Innenräumen eingesetzt – mit teilweise dramatischen Konsequenzen für alle Lebewesen in Wohnräumen, für die Gesundheit und Umwelt. Gesundheitsbelastungen entstehen in geschlossenen Räumen nach der Imprägnierung mit lösemittelhaltigen Mitteln. In Holzschutzmitteln vorkommende Giftstoffe sind:

gegen Insekten

- Borverbindungen (anorganisch)
- Deltamethrin
- Endosulfan
- Ethylparathion
- Fluorverbindungen (anorganisch)
- Lindan
- Permethrin
- Phoxim

gegen Pilze

- Borverbindungen (anorganisch)
- Carbendazim
- Chlorthalonil
- Dichlofluanid
- Ethylparathion
- Furmecyclox
- Fluorverbindungen (anorganisch)
- PCP (Pentachlorphenyl)
- Phenylquecksilberoleat
- Tributylzinn
- Xyligen

Während ein großer Teil der Chemikalien in den ersten Monaten abgegeben wird, dauert es Jahre bis Jahrzehnte, bis der Rest in die Räume abgegeben wird. Die Belastung für die Bewohner kann sich durch Müdigkeit, Konzentrationsschwäche usw. zeigen. Am häufigsten klagen die Betroffenen über Kopfschmerzen, Mattigkeit, Übelkeit, Gleichgewichtsstörungen und Reizungen der Schleimhäute wie brennende Augen, Husten, Heiserkeit sowie Atemwegsentzündungen. Wenn die Betroffenen dann für einige Zeit solche belasteten Wohnräume meiden, verschwinden diese Symptome. Bei schweren Vergiftungsfällen sollen auch Krankheitszeichen wie Lähmungserscheinungen in Armen und Beinen sowie Leber- und Nierenstörungen beobachtet worden sein, die bleibende Schäden zurückließen. Abschließend sollen noch die gesetzlichen Grundlagen kurz erläutert werden, die für die Schädlingsbekämpfung bzw. den Holzschutz herangezogen werden.

Das Chemikaliengesetz und die Gefahrstoffverordnung tragen durch strikte Vorschriften dem Umgang mit Bekämpfungsmitteln dahingehend Rechnung, um von nicht fachgerechter und unsachgemäßer Schädlingsbekämpfung ausgehenden potenziellen Gefährdung entgegenzuwirken. Alle Maßnahmen sind so durchzuführen, dass Mensch und Umwelt nicht gefährdet werden. Im Folgenden werden die wichtigsten Fakten aus der Gefahrstoffverordnung (§ 15e und Anhang V, Nr. 6) zusammengefasst. In dieser Regelung sind alle als gesundheitsschädlich, giftig und sehr giftig eingestuften Stoffe und Lösungen bzw. Zubereitungen erfasst, die dazu bestimmt sind, Schadorganismen oder lästige Organismen unschädlich zu machen oder zu vernichten, und zwar unabhängig von der Konzentration. Dazu gehören u.a. auch solche Mittel, die zur Bekämpfung im Holzschutz (Insekten, Schwamm) oder auch im Bautenschutz (Algen, Schimmelpilz an Mauern) verwendet werden.

Die Gefahrstoffverordnung verlangt ausdrücklich, dass vor Ort nur IHK-geprüfte Schädlingsbekämpfer (oder Fachleute mit gleichwertiger behördlich anerkannter Qualifikation) als Techniker eingesetzt werden. Hilfskräfte ohne diese Sachkunde dürfen ausschließlich unter der ständigen unmittelbaren Aufsicht von Sachkundigen arbeiten (Sichtkontakt). Im Übrigen muss jeder Betrieb, der derartige Maßnahmen ausführen will, die zuständige Behörde vor Aufnahme der Tätigkeit informieren. In dieser Meldung haben die Betriebe die ausreichende personelle, räumliche und sicherheitstechnische Ausstattung nachzuweisen und auch die Mittelverwendung und Dokumentation darzulegen.

Jede Schädlingsbekämpfungsmaßnahme ist zu dokumentieren. Die Dokumentation ist so aufzubauen, dass die zu bekämpfenden Organismen, die Mittelverwendung hinsichtlich der Art, Menge, Konzentration, Anwendungsverfahren, gegebenenfalls Dekontamination und Vorsichtsmaßnahmen sowie Ort und Zeit der Anwendung festgehalten wird. Diese Dokumentationen sind mindestens zwei Jahre aufzubewahren und auf Verlangen der zuständigen Behörde vorzulegen. Die Anwendung von Schädlingsbekämpfungsmitteln in Gemeinschaftseinrichtungen, insbesondere Schulen, Kindertagesstätten und Krankenhäusern ist der zuständigen Behörde schriftlich vor der Ausführung dieser Tätigkeit unter Angabe des Umfanges, der Anwendung, des Mitteleinsatzes und der Schutzmaßnahmen mitzuteilen.

Zum Verständnis der Problematik soll der zeitliche Ablauf einer Schädlingsbekämpfungsmaßnahme sowie die gewünschte, im Vergleich zur tatsächlich in der Praxis auftretende Wirkstoffkonzentration kurz betrachtet werden. Die Maßnahme lässt sich in die Diagnose- und Vorbereitungsphase, in die Ausbringung, in Wirk- und Nachbereitungsphase gliedern.

Nach den diagnostischen Maßnahmen zur sicheren Identifizierung von Art und Umfang des Befalls sind vor Beginn der Bekämpfung die Maßnahme zu planen sowie vorbereitende Maßnahmen (beispielsweise Abdeckarbeiten) durchzuführen. Danach erfolgt die Ausbringung, bei der auf gezielten Wirkstoffeinsatz zu achten ist. An die Ausbringung schließt sich die Wirkphase an, während derer die Tötung der Schädlinge erfolgt. Nach der Wirkphase müssen sowohl die getöteten Tiere als auch eventuelle Mittelreste entfernt werden. Erst danach gilt die Schädlingsbekämpfungsmaßnahme als abgeschlossen.

Die biozide Wirkung des Wirkstoffes muss während der Maßnahme sichergestellt und in dieser Zeit ausreichend hoch sein, um die Zielorganismen sicher abzutöten. Nach Beendigung der Wirkphase stellt allerdings die Anwesenheit von Wirkstoffresten eine unerwünschte Nebenwirkung dar. Bei Kurzzeitmitteln ist aufgrund der Zersetzung oder Verflüchtigung der Wirkstoffe die Wirkphase in der Regel nach einigen Stunden abgeschlossen. Beim sachgerechten Einsatz von Langzeitmitteln hingegen ist zur Erzielung einer Barrierewirkung eine zum Teil viele Monate lange Wirkphase erwünscht. Zum Teil ist dies bereits dadurch bedingt, dass bei einigen Schädlingen auch die Folgegeneration mit erfasst werden muss.

Problematisch sind derartige Fälle in der Regel dann, wenn die Nutzung der Räumlichkeiten nicht für die gesamte Wirkphase der Bekämpfungsmaßnahme ausgesetzt werden kann. In diesem Fall sind die Nutzer der Räumlichkeiten der vollen Wirksamkeit des Mittels bis zur Beendigung der Wirkphase ausgesetzt. Infolgedessen können unerwünschte Nebenwirkungen des Schädlingsbekämpfungsmittels auf die Nutzer auftreten. Des Weiteren ist es in einigen Fällen zu Gesundheitsbeeinträchtigungen von Nutzern von Räumen gekommen, in denen durch unzureichende Reinigungs- bzw. Dekontaminationsmaßnahmen nach Beendigung der Wirkphase noch hohe Wirkstoffkonzentrationen vorlagen.

In den westlichen Bundesländern waren 1992 im nicht-agrarischen Bereich etwa 650 verschiedene Schädlingsbekämpfungsmittel erhältlich. Dabei unterscheiden sich die Zusammensetzungen der Mittel häufig nur geringfügig voneinander. In diesen Präparaten waren 58 unterschiedliche Wirkstoffe enthalten, die meisten stammen aus den Stoffgruppen der Pyrethroide und Organophosphate. Gerade im Bereich der privaten Haushalte, in Großküchen und in lebensmittelverarbeitenden Betrieben kam den Pyrethroiden die größte Bedeutung zu.

Pyrethroide werden als Schädlingsbekämpfungsmittel (Insektizide) eingesetzt. Sie galten in der Fachwelt zunächst als relativ ungefährlich und sollten insbesondere die gesundheitsschädlichen Stoffe Lindan, PCP und DDT ersetzen. Dann aber stellte sich heraus, dass lediglich das natürliche, aus Chrysanthemen gewonnene Pyrethrum vergleichsweise unschädlich ist, nicht aber die synthetischen Verbindungen von Pyrethroiden. Am häufigsten werden folgende Pyrethroide eingesetzt: Permethrin, Cyfulthrin, Cypermethrin, Deltamethrin und d-Phenothrin.

Pyrethroide werden in Wohnungen beispielsweise in Naturteppichen als Mottenschutz und in Insektensprays eingesetzt. Außerhalb von Wohnungen sind auch Schwimmbäder, Hotels oder Kliniken betroffen, wenn gewerbsmäßige Kammerjäger beispielsweise Kakerlaken oder Silberfischen mit diesem Giftgemisch zu Leibe rücken. Der Einsatz von Pyrethroiden ist besonders in geschlossenen Räumen gefährlich. Primär wirken Pyrethroide als Nervengift, wobei die Hinweise auf den Verpackungen keine tatsächliche Sicherheit vor Gesundheitsgefahren geben. Bisher veröffentlicht sind Krämpfe, Lähmungen oder eine Übererregbarkeit. Da die Aufnahme hauptsächlich über den Staub erfolgt, können nach kurzer Zeit Hautallergien sowie Reizungen der Augen und der oberen Atemwege auftreten. Als Symptome einer Langzeitwirkung werden Parästhesien wie Kribbeln, Taubheitsgefühl und Schwindelgefühl genannt.

In bisherigen Untersuchungen wurde für die Belastung von Räumen mit Wirkstoffrückständen nach Schädlingsbekämpfungsmaßnahmen mit Permethrin ein Zeitraum von einem Jahr und für Deltamethrin ein halbes Jahr – in der Regel – nachgewiesen. In der Praxis werden allerdings immer wieder auch nach längeren Zeiträumen Pyrethroide in Innenräumen nachgewiesen. Unter ungünstigen Bedingungen sollen somit Schädlingsbekämpfungsmittel mit den Langzeitpyrethroiden Permethrin, Deltamethrin, Cypermethrin und Cyfluthrin noch nach mehreren Jahren zu Belastungen der behandelten Materialien bzw. Räume mit Gesundheitsbeschwerden der Nutzer führen, obwohl der wissenschaftliche Nachweis bisher noch nicht erbracht wurde. In der Literatur wird des Weiteren von einer Schädlingsbekämpfungsmaßnahme mit dem als extrem persistent, also anhaltend, geltenden und infolgedessen in Deutschland seit Jahren verbotenen Wirkstoff DDT berichtet, bei der noch 35 Jahre nach der Ausbringung relativ hohe Konzentrationen des Organochlorpestizids nachgewiesen wurden. Aufgrund der Bedeutung für die Innenraumbelastung sollen diese Stoffe kurz charakterisiert werden.

4.9.2 Permethrin

Permethrin gehört zur Gruppe der Pyrethroide. Diese haben, beginnend etwa Anfang der 80er Jahre, das Lindan aus fast allen angestammten Bereichen verdrängt, d.h. im Pflanzen-, Holz- und Textilschutz sowie bei der Schädlingsbekämpfung im Innenraumbereich. Permethrin zählt zu den Kontaktgiften mit Langzeitwirkung. Je nach Anwendung sowie Material und Raumbedingungen kann Permethrin zu Belastungen der behandelten Materialien und Räume über einen Zeitraum von einem halben bis einem Jahr (unter Umständen auch länger) führen.

Permethrin wird meist als mindergiftig für Warmblüter angesehen. Diese Einschätzung leitet sich vor allem von Fütterungsversuchen und Versuchen zur Aufnahme über die Haut an Tieren ab. Von der gesunden Haut werden Pyrethroide nur schlecht aufgenommen. Hier kann jedoch eine etwaige Vorschädigung der Haut (Verletzungen, bestehende Allergien) zur veränderten Aufnahme führen. Für Pyrethroide liegen keine MAK-Werte vor. Neben den Hinweisen auf die Schädlichkeit der Pyrethroide gibt es leider auch die Berichte Betroffener, die über Gesundheitsschäden vor allem nach Schädlingsbekämpfungsmaßnahmen mit Pyrethroiden klagen. Akute Pyrethroidvergiftungen beim Menschen werden dabei als recht typisch beschrieben. In erster Linie werden Missempfindungen (Parästhesien) im Bereich der Haut, insbesondere auf der Gesichtshaut und an den Schleimhäuten genannt (Stechen, Jucken oder Brennen bis hin zur Taubheit sowie Augenreizungen, Tränen- und Nasenfluss, ohne dass jedoch klinische Symptome einer Verbrennung wie Ödeme oder Bläschenbildung festzustellen sind). Im Allgemeinen verschwinden diese Symptome innerhalb kurzer Zeit (max. einige Tage). Neben diesen Hautreizungen kann es zu Übelkeit, Erbrechen, Kopfschmerzen, Schwindel und Müdigkeit kommen. In schweren Fällen treten Krampfanfälle und Faszirkulieren (ungeregelte und blitzartig auftretende Zuckungen) der Muskulatur sowie Bewusstseinsstörungen bis hin zum Koma auf.

Das Krankheitsbild einer chronischen Vergiftung durch geringe Schadstoffmengen weist allerdings nur unspezifische Symptome auf, sodass es oft nicht zu einer richtigen Diagnose kommt. Als Symptome werden hier vor allem Störungen des Nervensystems im Sinne eines neurotoxischen Syndroms beschrieben. Im Vordergrund stehen Beeinträchtigungen der intellektuellen Leistungsfähigkeit mit Konzentrations- und Gedächtnisstörungen, mangelndem Durchhaltevermögen bei konzentrativer Arbeit und Minderung sprachlich-kommunikativer Kompetenz durch Wortfindungsstörungen, häufige sprachliche Ungeschicklichkeiten wie Silbenverdrehung und Benutzung unscharfer Termini. Weiterhin finden sich Beeinträchtigungen der Affektivität (Einheit des Gefühlslebens) mit Verlust von Lebensfreude, Antrieb und Motivation und einer depressiven Verstimmung, was einen ausgeprägten sozialen Rückzug zur Folge haben kann.

Entstehung und Fortleitung einer Erregung in einer Nervenfaser beruhen auf Prozessen, die sich an der Zellmembran abspielen. Diese 6-10 nm dicke Lipid-Protein-Schicht trennt das Innere der Faser vom extrazellulären Raum. Aufgrund der unterschiedlichen Natrium-/Kalium-Ionenverteilung zwischen Innen- und Außenraum der Zelle entsteht eine Ladungsdifferenz. Der Grundprozess der Erregung einer Nervenzelle besteht in einer kurzzeitigen Veränderung des Membranpotenzials, indem nach einem Depolarisationsvorgang das Membranpotenzial in einem Repolarisationsvorgang wieder auf den Ruhewert zurückkehrt. Unter Normalbedingungen werden während des Repolarisationsvorganges die Natriumkanäle geöffnet und, sobald das Membranpotenzial wieder auf den Ruhewert zurückgekehrt ist, wieder geschlossen. Die Hauptwirkung des Permethrins liegt darin, das Schließen der Natriumkanäle zu verzögern. Daraus resultiert ein verlängerter Natriumeinstrom, der zu einer Blockierung der Informationsübertragung im Nerv führen kann. Permethrin gehört zu den Pyrethroiden des Typs I (ohne a-cyano Gruppe). Diese Pyrethroide rufen Symptome ähnlich wie DDT hervor, wie zum Beispiel Tremor (Zittern), Übererregbarkeit, Ataxie (Störung der Bewegungskoordination) und Konvulsion (Krämpfe). Diese Symptome werden auch zusammengefasst als T-Syndrom (nach dem deutlichen Tremor) bezeichnet.

4.9.3 Pentachlorphenol

Pentachlorphenol [PCP] gehört zur Gruppe der chlorierten Kohlenwasserstoffe und wird im Holzschutz eingesetzt, um Hölzer gegen Pilzbefall zu schützen. Bis 1977 enthielten etwa 93% der verwendeten Holzschutzmittel zu ca. 5-6% PCP und ca. 0,5-1,5% Lindan. Als Holzschutzmittelzusatz war PCP seit 1977 stark rückläufig, seit mehreren Jahren ist PCP vom Heimwerkermarkt gänzlich verschwunden. Aufgrund seiner Langlebigkeit ist dieser Stoff vielfach anzutreffen. So ist diese Umweltchemikalie oft im Blut und Urin beim Menschen nachzuweisen.

Pentachlorphenol lagert sich über die Raumluft auch an andere Materialien in entsprechend kontaminierten Räumen an. Je größer die spezifische Oberfläche eines Materials ist, desto stärker ist in der Regel die Anreicherung. Baumwolltextilien haben z.B. eine besonders große Oberfläche, daher reichern sie stärker PCP an als andere Stoffe. Außerdem kann auch die chemische Beschaffenheit der Oberfläche die Anlagerung beeinflussen. Problematisch ist dies insbesondere bei Textilien, da PCP gut über die Haut aufgenommen wird und daher kontaminierte Kleidungsstücke zu einer wesentlichen Aufnahmequelle werden können. Im Falle von Holzschutzmittelbelastungen sollte auch das Problem von Kontaminationen von Baustoffen oder Einrichtungsgegenständen im Auge behalten und gegebenenfalls bei einer Sanierung berücksichtigt werden.

Die Aufnahme von PCP erfolgt in der Regel über die Atemwege, daneben kann es wie gesagt durch belastete Textilien (Anreicherung von PCP über kontaminierte Luft) leicht über die Haut aufgenommen werden. Bei Verzehr (auch belasteter Staub) wird PCP durch den Magen-Darm-Trakt aufgenommen. PCP besitzt als chlororganische Verbindung ein hohes lebertoxisches Potenzial und führt zu einer Aktivierung der Leberenzyme. In höheren Konzentrationen kommt es zu einer Entkopplung der Energiegewinnung in den Zellen, dadurch zu einem Anstieg der Körpertemperatur und des Blutzuckerspiegels. Die Beschwerden, die sich unter der Belastung von PCP einstellen können, sind häufig unspezifisch und deuten nicht auf ein bestimmtes Gift hin. Das Beschwerdebild stellt sich oft vorwiegend als chronisches Erschöpfungs- und Ermüdungssyndrom dar.

Beispiele für häufig genannte Beschwerden sind: Haut- und/oder Schleimhautreizung, Kopfschmerzen, Konzentrationsschwäche, Zerschlagenheit und/oder Ermüdbarkeit, Leberfunktionsstörungen, Schwitzen, Tonsillenrötung (Mandelrötung), Gewichtsabnahme, Glieder- und/oder Muskelschmerzen, Stoffwechselstörungen, Kreislaufstörungen, Herzrhythmusstörungen, Durstgefühl, Krämpfe, Übelkeit, Erbrechen und Diarrhö. Bei einigen dieser Symptome ist noch unklar, ob sie nicht eher auf die Gehalte der als Verunreinigungen enthaltenen Dioxine und Furane als auf das PCP an sich zurückzuführen sind.

Seit 1990 ist PCP von der MAK-Kommission (Maximale Arbeitsplatz-Konzentration) als Krebs erzeugend eingestuft, und zwar in die Liste der Stoffe, die sich bislang im Tierversuch als eindeutig Krebs erregend erwiesen haben. Bei Pentachlorphenol werden mäßige bis deutliche Belastungen im Holz auf eine direkte Behandlung mit wirkstoffhaltigen Mitteln zurückgeführt. Gering belastete Hölzer sind im Allgemeinen nicht direkt mit PCP behandelt worden. Hier kommen Sekundärkontaminationen in stark belasteten Räumen oder Behandlungen mit vom Anwender verdünnten Substanzgemischen in Frage. Über die Bindung von Holzschutzmittel im Staub ergibt sich die Möglichkeit, die Größenordnung der Belastung ohne direkte Untersuchung der Raumluft abzuschätzen.

4.9.4 Lindan

Lindan, chemisch gamma-Hexachlorcyclohexan, ist ein 6-fach chlorierter Kohlenwasserstoff. Seit Anfang der 50er Jahre fand Lindan breite Anwendung auch in Haushaltsartikeln. Bis 1985 enthielten ca. 45% der amtlich zugelassenen Holzschutzmittel diesen Wirkstoff in Konzentrationen zwischen 0,4 und 15%. Produktionsbedingt kann auch Lindan Dioxine enthalten, jedoch in geringeren Konzentrationen als PCP.

Inzwischen ist Lindan weitgehend durch Pyrethroide ersetzt worden, obwohl es heute noch keine Anwendungsbeschränkung für Lindan als Holzschutzmittelzusatz gibt. Bei Lindan wurde im Gegensatz zu den meisten Holzschutzmitteln die stärkste Anlagerung auf Schurwolle festgestellt. Dies erklärt sich durch das besondere Anreicherungsvermögen von Lindan in fetthaltigen Substanzen.

Lindan ist gut fett-, aber nur minimal wasserlöslich. Es wird sowohl über den Verdauungstrakt als auch über die Haut rasch und komplett aufgenommen und über das Blut vor allem in fettreiche Körperpartien befördert: Fettgewebe, Knochenmark und Nervensystem/Gehirn. Lindan wurde weiterhin in der Muttermilch nachgewiesen. Ein Teil wird abgebaut und über Kot und Urin wieder ausgeschieden. Durch die Anreicherung im Körper ist es schwierig, für Lindan genaue Verweilzeiten zu ermitteln, es werden Wochen diskutiert. Lindan ist ein Nervengift. Es erzeugt an den Nervenmembranen in geringen Konzentrationen Übererregbarkeit, wobei vor allem die motorischen, in geringerem Maße auch die sensorischen Nerven betroffen sind. Dabei entstehen Tremor (Zittern) und Muskelkrämpfe. Als Spätfolgen können motorische und sensible Störungen zurück bleiben.

Mögliche Symptome einer Lindanvergiftung: Übelkeit, Erbrechen, Unruhe, Krämpfe, Schwindel, Überempfindlichkeit, Gleichgewichtsstörungen, Lähmungserscheinungen, Schweißausbrüche, Pupillenerweiterung, Abgeschlagenheit, Muskelschmerzen, zentralnervöse Effekte, sensorische und motorische Ausfälle, Tremor, Zuckungen, Empfindungsstörungen, Schwächung der Immunabwehr (Lymphozytenzahl verringert), Tumorpromovierung, Einfluss auf das Knochenmark bzw. die Blutbildung, Auftauchen von Symptomen wie bei Parkinsonismus und Multiple Sklerose, Schädigung von Leber und

Milz, Degeneration der Herz und Skelettmuskulatur, vereinzelt auch Auslösung allergischer Reaktionen.

4.9.5 Dichlofluanid

Dichlofluanid ist der am meisten verwendete Wirkstoff gegen Bläuepilze. Er wird auch häufig als Konservierungsmittel in Dispersionsfarben und wasserlöslichen Lacken und Lasuren eingesetzt. Die Anwendungskonzentrationen im chemischen Holzschutz liegen bei ca. 0,5%.

Zur Toxizität von Dichlofluanid liegen nur wenig Erkenntnisse vor. In Tierversuchen traten Augenreizungen und Sensibilisierungen auf, bei hohen Dosen unspezifische Symptome. Beim Menschen wurden ebenfalls Sensibilisierungen beobachtet. Auffallend ist eine im Tierversuch hohe inhalative Toxizität gegenüber einer eher geringen oralen Toxizität. In der Gefahrstoffverordnung ist Dichlofluanid als reizend und umweltgefährlich eingestuft, obwohl es nach der inhalativen Toxizität als sehr giftig gelten müsste. Neueren Untersuchungen zufolge gibt es einige Hinweise auf ein mutagenes und Krebs erzeugendes Potenzial von Dichlofluanid. Chronische Schäden bei Einwirkungen von kleinsten Dosen sind bislang nicht untersucht worden. Zu befürchten sind jedoch sensibilisierende Wirkungen und ein Einfluss auf die Fruchtbarkeit.

Mögliche Auswirkungen einer Dichlofluanidaufnahme: Übelkeit, Atemstörungen, Kopfschmerzen, Erregung, Blutverfärbung, Mangel an roten Blutkörperchen, Leber- und Nierenfunktionsstörungen, sensibilisierende Wirkungen, Einfluss auf die Fruchtbarkeit.

4.9.6 Chlorthalonil

Chlorthalonil wurde bereits 1969 im ersten Holzschutzmittelverzeichnis als wirksames Fungizid genannt, jedoch zu keiner Zeit im Holzschutz in größerem Umfang eingesetzt. Das Bundesgesundheitsamt führt Chlorthalonil nicht auf der Liste der für Holzschutzmittel empfohlenen Wirkstoffe auf. Die Wirkstoffkonzentrationen in den Produkten liegen um 0,5%.

Obwohl es bereits 1987 in den USA als Stoff mit besonderem Krebs erzeugenden Risiko eingestuft wurde, gab es in Deutschland bis 1991 weder einen MAK-Wert, noch Giftklasseneinstufung oder Höchstmengenbegrenzungen für Lebensmittel. 1992 wurde Chlorthalonil erstmals in die MAK-Liste Gruppe III B aufgenommen, d.h. bei den Stoffen mit besonderem Verdacht auf Krebs erzeugendes Potenzial. Außerdem wurde Chlothalonil mit einem »S« für sensibilisierend (allergen) gekennzeichnet. Die orale Toxizität war bei Tierversuchen gering, bei Aufnahme über die Atemwege erwies sich Chlorthalonil jedoch als giftiger. Darüber hinaus finden sich wenige Angaben zur Toxikologie von Chlorthalonil. Der technische Wirkstoff gilt als hautreizend und ist biologisch schwer abbaubar.

Mögliche Auswirkungen einer Chlorthalonilaufnahme: Hautreizungen, Augenreizungen, Durchfall, Krebs erzeugendes Potenzial, Sensibilisierung, hohe inhalative Toxizität, Atembeschwerden, Blutharn.

4.9.7 Endosulfan

Endosulfan hat als Insektengift im Holzschutz seine Bedeutung. Die Konzentration im Schutzmittel liegt üblicherweise um 0,1%, selten auch um 0,5-1%. Endosulfan zählt zu den organischen Schwefelverbindungen und wird bei der Herstellung in 90-95-prozentiger Reinheit erhalten, die Art der meisten Begleitsubstanzen ist unbekannt. Das schweizerische Bundesamt für Gesundheitswesen hat in praxisnahen Versuchsräumen festgestellt, dass durch die Raumluftbelastung, nach Anwendung von endosulfanhaltigen Holzschutzmitteln, über lange Zeit mehr als das dreifache der vertretbaren täglichen Menge des Giftes inhaliert werden kann, da die Substanz langsam aus dem Holz ausgast. In den ersten Wochen nach dem Imprägnieren ist die Belastung noch wesentlich größer.

Toxikologie von Endosulfan: Die Literaturangaben über die tödliche Dosis beim Verschlucken reichen von 18 bis 80 Milligramm pro Kilogramm Körpergewicht. In jedem Fall ist die Substanz aber stark toxisch, was noch durch die Tatsache unterstrichen wird, dass die Giftigkeit bei Inhalation gegenüber der bei oraler Aufnahme 30-70 mal größer ist. Endosulfan ist als stark Wasser gefährdender Stoff eingestuft, darüber hinaus ein starkes Bienengift und äußerst Fischtoxisch. Das Umweltverhalten ist höchst kritisch, was in der Schweiz bereits dazu geführt hat, dass keine neuen Holzschutzmittel mit Endosulfan mehr zugelassen werden. Langfristige Auswirkungen einer chronischen Belastung mit Kleinstmengen sind noch nicht bekannt.

Mögliche Auswirkungen einer Endosulfanaufnahme: Kopfschmerzen, Benommenheit, Desorientierung, Störung der Bewegungskoordination sowie Schäden an Haut, Augen, Atemwegen und Schleimhäuten, Krämpfe, Erbrechen und Durchfall.

4.9.8 Tebuconazol

Dieses Fungizid kann zukünftig für den chemischen Holzschutz wichtig werden. Seine Bedeutung nimmt derzeit stark zu, weil es als Ersatzstoff für das Xyligen B (Furmecyclox) verwendet wird. Die Einsatzmenge in Holzschutzmitteln beträgt rund 0,8-2%. Da die Eindringtiefe und damit der Tiefenschutz dieser Mittel jedoch gering ist, genügen sie bisher nicht den Kriterien des Instituts für Bautechnik, d.h. sie werden nicht in IfBt-geprüften Mitteln für tragende Bauteile eingesetzt, sondern nur in ungeprüften und solchen mit RAL-Gütesiegel.

Tebuconazol gehört zur Gruppe der Triazole. Es ist ein farb- und geruchloser, fester kristalliner Stoff. Reinheitsgrad und Verunreinigungen sind nicht bekannt. Der Dampfdruck deutet auf eine relativ langsame Verdunstung und mäßige Ausgasungsraten hin. Gleichwohl existieren noch keine Messungen der Verdampfung aus imprägniertem Holz und konkrete Raumluftkonzentrationen. Messungen von Abgaberaten aus imprägnierten Hölzern und Raumluftkonzentrationen existieren bisher nicht, vom Dampfdruck hergeleitet, müsste z.B. Propiconazol in höheren Konzentrationen als Tebuconazol abgegeben werden.

4.9.9 Cypermethrin

Cypermethrin wird vorwiegend als Langzeitinsektizid im Holzschutz eingesetzt. Cypermethrin zählt zum Pyrethroidtyp II (mit alpha-cyano-Gruppe) und ruft Symptome wie Muskelzuckungen und Überschussbewegungen (CS-Syndrom) hervor. Die Symptome ähneln einer Lindan-Vergiftung.

4.9.10 Dichlordiphenyltrichlorethan

Dichlordiphenyltrichlorethan ist der Hauptvertreter der chlorierten cyclischen Kohlenwasserstoffen. Zu den weiteren wichtigsten chlorierten cyclischen Kohlenwasserstoffen gehört neben DDT auch Methoxychlor, Aldrin, Dieldrin, Endosulfan und Lindan. DDT, welches ein chlororganisches Insektizid ist, ist gut fett-, aber nur minimal wasserlöslich. Ist das DDT in einem gelösten Zustand, so wird es sehr schnell und komplett entweder enteral (über den Darm) oder dermal (über die Haut) aufgenommen und lagert sich im Fettgewebe ab. Der Abbau aus diesen Fettdepots geschieht nur sehr langsam. Es hat eine sehr lange Halbwertzeit von ca. einem Jahr und kann durch die Verabreichung von Paraffinöl wesentlich verringert werden. In Tierversuchen an Mäusen ist beobachtet worden, dass DDT eine Krebs erzeugende Wirkung besitzt.

DDT ist ein Nervengift. In geringen Konzentrationen erzeugt es Übererregbarkeit. Liegen höhere Konzentrationen vor, so kann es zu Lähmungen kommen. Eine Akute Vergiftung liegt vor, wenn ca. eine halbe bis eine Stunde nach der Einnahme von größeren DDT-Mengen eine Zungentaubheit auftritt. Weiterhin folgen Parästhesien an Extremitäten und Rumpf, Reizbarkeit, Unruhe, Schwindel. Manchmal kommt noch

Übelkeit hinzu. Erbrechen kommt nur selten vor. Anfangend mit Tremor (=Muskelzittern, rhythmische Zuckungen einzelner Körperteile) setzen Krämpfe ein, die auf einer schnellen Folge ungeordneter Muskelkontraktionen und Muskelerschlaffungen beruhen und durch eine lang anhaltende und schmerzhafte Muskelkontraktion gekennzeichnet sind. Motorische und sensible Lähmungen können unter Umständen als Spätfolgen zurückbleiben. Ebenfalls bekannt sind dermale Veränderungen durch DDT.

4.9.11 Diazinon

Diazinon gehört zu der Gruppe der organischen Phosphorsäureester und besitzt eine hohe Toxizität für Mensch und Tier. Diazinon wird als Schädlingsbekämpfungsmittel eingesetzt. Die Giftwirkung beruht vereinfacht dargestellt darauf, dass lebenswichtige Fermente des Nervensystems blockiert werden und dadurch ihre Wirkung unterbunden wird. Leichte Vergiftungen äußern sich durch Kopfschmerzen, Sehstörungen, Schwächegefühl, Schwitzen, leichte Brustschmerzen, Übelkeit und Erbrechen.

4.10 Verarbeitung und Belastungskontrolle

Bei der Ausbringung mittels Nebel- oder Sprühverfahren werden die Wirkstoffe meist in Form fester oder flüssiger Aerosole in die zu behandelnden Räume bzw. auf die betroffenen Oberflächen aufgebracht. Je nach Formulierung des Mittels und Art der Oberfläche können die Wirkstoffe unterschiedlich tief penetrieren. Ein Teil der Wirkstoffe kann daher an den sedimentierten oder luftgetragenen Hausstaub adsorbiert werden. Je nach Dampfdruck der Biozide kann ein Teil der Wirkstoffe gasförmig in der Luft vorliegen. Mit zunehmender Dauer nach der Wirkstoffausbringung können die eingetragenen Wirksubstanzen durch mechanische Vorgänge wie Abwischen oder physikalische Vorgänge wie Diffusion, Verdunstung und Kondensation oder ggf. Wasserdampfflüchtigkeit weiter im Raum verteilt werden.

Auf Grundlage dieser Kenntnisse lassen sich die Wirkstoffe somit im sedimentierten Hausstaub, im direkt beaufschlagten Material oder auch im lediglich kontaminierten Material nachweisen. Glatte Flächen wie beispielsweise unlackierte oder emaillierte Metallflächen, Glas-, glasierte Keramikoberflächen, bestimmte glatte Kunststoffoberflächen oder lackierte Metall- und Holzflächen lassen sich mittels der Wischprobe untersuchen. Die Ergebnisse von Wischproben werden flächenbezogen meist in mg/m^2 bzw. $\mu g/m^2$ oder $\mu g/cm^2$ oder auch mg/cm^2 angegeben (zur Verdeutlichung: $1\ mg/m^2 = 1000\ \mu g/m^2 = 0{,}1\ \mu g/cm^2 = 0{,}0001\ mg/cm^2$). Auch die Ergebnisse von Materialproben lassen sich bei Miterfassung der beprobten Fläche flächenbezogen angeben. Dies kann besonders bei flächigen Materialien sinnvoll sein. Die flächenbezogene Angabe bietet den Vorteil, unabhängig von der Dicke des beprobten Materials einen Vergleich zu den nach Herstellerangaben vorgeschriebenen Ausbringmengen zu geben. Eine mögliche Überdosierung lässt sich auf diese Weise direkt erfassen. In bisherigen Veröffentlichungen wurden verschiedene Bewertungsschemata zugrunde gelegt.

Bewertung von Bodenstaubproben:
- bis 3 mg/kg = geringe Belastung
- 3-30 mg/kg = deutliche Belastung
- 30-100 mg/kg = hohe Belastung
- über 100 mg/kg = sehr hohe Belastung

Bewertung von Wischproben:
- unter 10 $\mu g/m^2$ = in Spuren vorhanden
- 10-100 $\mu g/m^2$ = geringe Belastung
- 100-1.000 $\mu g/m^2$ = deutliche Belastung
- 1.000-10.000 $\mu g/m^2$ = hohe Belastung
- über 10.000 $\mu g/m^2$ = sehr hohe Belastung

Luftuntersuchungen erfolgen je nach Dampfdruck des Wirkstoffes entweder durch Erfassung des gasförmigen Anteils oder durch Erfassung des an feinsten luftgetragenen Schwebstaub adsorbierten Anteils. Hierbei ist zu beachten, dass bei Luftuntersuchungen auf Wirkstoffe, die im Schwebstoffanteil der Luft erfasst werden sollen, in nicht genutzten Räumen vor der Probeentnahme eine so genannte Nutzungssimulation durchgeführt werden muss. Ohne eine derartige Maßnahme könn(t)en Minderbefunde auftreten, weil die Schwebstäube aufgrund der geringen Luftbewegung im Raum auf Oberflächen sedimentiert sind. Dieses Problem ist aus dem Bereich der Faserstaubmessungen (beispielsweise Asbest) bekannt. Die Nutzungssimulation kann analog den entsprechenden VDI-Richtlinien erfolgen.

Seit über 10 Jahren weist das Bundesgesundheitsamt jährlich und regelmäßig darauf hin, dass von Rückständen von Schädlingsbekämpfungsmitteln in Innenräumen ein Vergiftungsrisiko ausgeht. Im Zusammenhang damit wurden Verfahren zur Vermeidung derartiger Rückstände aufgezeigt. Diese Verfahren bestehen im Wesentlichen auf gezielter Ausbringung geringer Wirkstoffmengen anstelle von großflächiger Ausbringung, dem Schutz von nicht zu behandelnden Oberflächen und Gegenständen durch Entfernung oder Abdeckung mit geeigneten Folien sowie letztendlich der Auswahl von Mitteln mit Kurzzeitwirkstoffen für Bekämpfungsmaßnahmen in Wohnräumen, so weit dies natürlich möglich ist.

Zusammenfassend lässt sich festhalten, dass die im Hausstaub aus Innenräumen und auf verschiedenen Oberflächen und Gegenständen in der Wohnung nachweisbaren Rückstände durch Wahl eines Kurzzeitmittels in gezielter Ausbringung mit vorheriger Entfernung oder Abdeckung nicht zu behandelnder Gegenstände vermieden werden könn(t)en. Zur Vermeidung von Rückständen der zur Schädlingsbekämpfung verwendeten Biozide sollten solche Verfahren angewendet werden, die mit möglichst geringer Wirkstoffausbringung arbeiten. Außerdem sollten zur Vermeidung von Rückständen der Schädlingsbekämpfungsmittel Abdeckungen nicht zu behandelnder Räume und Gegenstände mit geeigneten Folien sowie Dekontaminationsmaßnahmen nach der Schädlingsbekämpfungsmaßnahme erfolgen. Zu den Verfahren, bei denen es immer wieder zu hohen Wirkstoffrückständen kommt, gehören Sprüh- und Nebelverfahren.

Dem auf das nötigste beschränkten Wirkstoffeinsatz bzw. der Entfernung und Abdeckung von Gegenständen ist gegenüber der Dekontamination der Vorzug zu geben, da aus Versuchen bekannt ist, dass die Dekontamination belasteter Materialien sowohl mit tensidhaltigen Präparaten, als auch mit alkalischen Dekontaminationsmitteln nur in unzureichendem Maße möglich ist. Nennenswerter Abbau findet nach eingehenden Untersuchungen jedoch unter UV-Bestrahlung statt, wobei dieses Verfahren aufgrund technischer Nebenwirkungen (beispielsweise Ozonemission und Materialverformungen und -ausbleichungen) nicht zum praktischen Einsatz geeignet ist.

Aufgrund unzureichender Daten zur toxischen Wirkung, insbesondere zur chronischen Langzeitexposition mit Deltamethrin über den Luftpfad, ist derzeit lediglich eine vorläufige toxikologische Bewertung möglich. Die orale und dermale Aufnahme der Pyrethroide nach Schädlingsbekämpfungsmaßnahmen in Innenräumen haben gegenüber der inhalativen Exposition eine geringere gesundheitliche Bedeutung. Für eine Risikoabschätzung sollten deshalb in erster Präferenz Daten herangezogen werden, die erstens aus Inhalationsstudien stammen oder zweitens aufgrund von Gesundheitsstörungen beim Menschen durch gewerbliche oder private Anwendung vorliegen. Zwar werden Risiken bei konservativer Abschätzung möglicherweise überschätzt, aber diese Vorgehensweise unterstützt das Prinzip, dass Unsicherheiten bei Schutzgesetzen nicht zu Lasten, sondern zu Gunsten des zu Schützenden auszulegen sind.

5 Gesundheitliche Auswirkungen

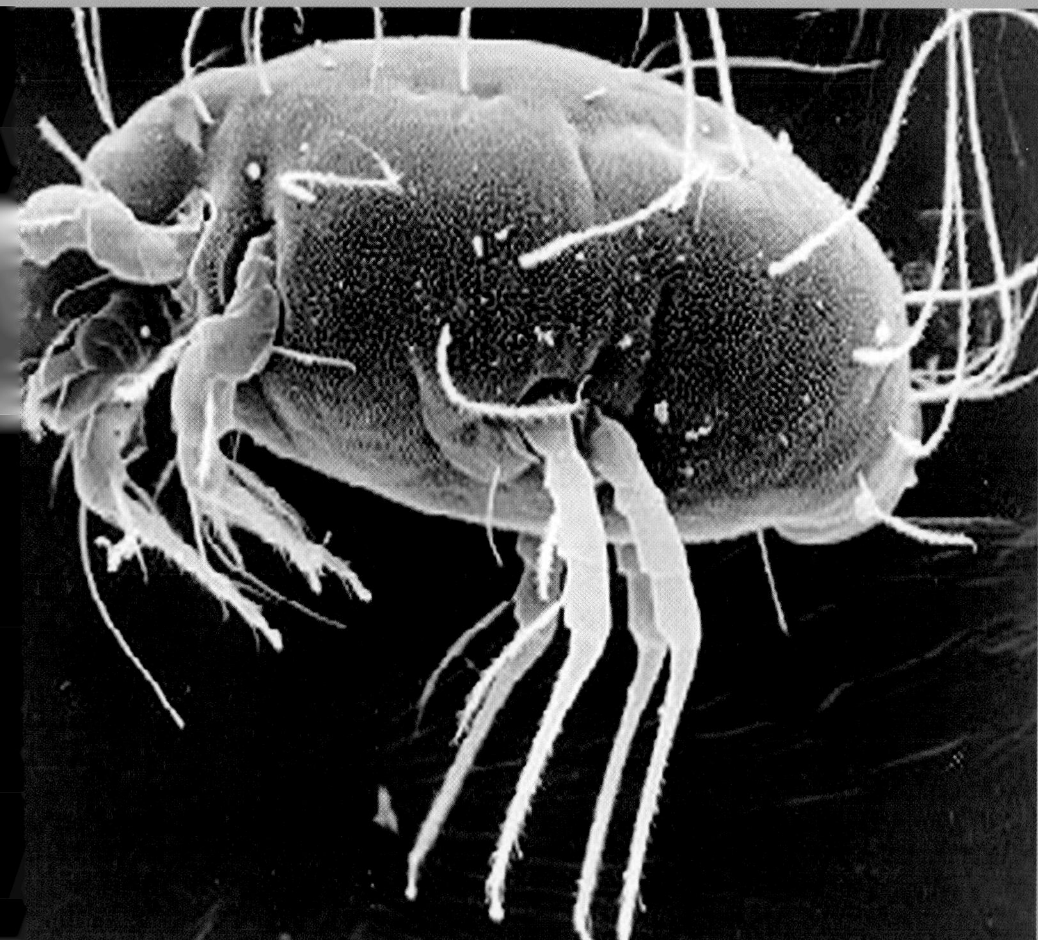

5.1 Einflussfaktoren in Innenräumen

5.1.1 Einleitung

Werden gesundheitliche Auswirkungen mikrobieller Belastungen in Innenräumen beschrieben, kommt man an einer generellen Einleitung zu diesem Thema nicht vorbei, um einmal die Komplexität der verschiedenen Einflussfaktoren und deren Bewertung zu beschreiben. Das größte Problem besteht darin, dass sich die unterschiedlichen Einflüsse in der Regel überlagern und somit nicht eindeutig als Ursache für gesundheitliche Belastungen ausgemacht werden können. Zumal es für den privat genutzten Innenraum bis heute keine allgemein gültigen Richtwerte gibt, an denen Gesundheitsbelastungen objektiv gemessen werden können. Das nachfolgende Kapitel beginnt deshalb zunächst einmal mit einer generellen Betrachtung der Innenraumeinflüsse, bevor dann im Wesentlichen die mikrobiellen Belastungen und deren Folgen beschrieben werden.

Der Mensch hat sich im Laufe von vielen Jahrtausenden daran angepasst, in frischer sauerstoffreicher Außenluft zu leben. Im Laufe der letzten hundert Jahre haben sich durch den veränderten Anspruch an die Nutzung und den Komfort das Wohnumfeld und die bauphysikalischen Wohnverhältnisse für den Menschen gravierend geändert, ebenso durch die Anforderungen an den Feuchte-, Schall-, Brand- und Wärmeschutz oder durch die Verwendung dekorativer Innenbeschichtungen und sonstiger Produktentwicklungen. Immer mehr Menschen fühlen sich unwohl, leiden unter Atemwegsproblemen, Kopfschmerzen oder Allergien und schlafen schlecht. In einer ständig wachsenden Zahl von Gebäuden klagen die Raumnutzer über eine Vielzahl gesundheitlicher Störungen, die mit den verwendeten Baumaterialien oder der Bauwerkskonstruktion in Zusammenhang gebracht werden. Häufig wird über Reizungen der Augen, der Schleimhäute in Nase und Hals, ständig wiederkehrende Erkältungen, Atemnot, Hautprobleme, Kopfschmerzen, Übelkeit durch Geruchsbeeinträchtigungen und untypisch schnelle Ermüdung oder Reizbarkeit geklagt. Noch viele andere Störungen konnten inzwischen in diesem Zusammenhang beobachtet werden.

Innerhalb der europäischen Union liegt ein deutlicher Schwerpunkt rechtlicher Bestrebungen auf der Verbesserung der (Außen- und Innen-) Luftqualität, wobei der Verringerung der Emissionen von Schwefel- und Stickoxiden, Ammoniak und flüchtigen organischen Verbindungen (VOC) besondere Aufmerksamkeit geschenkt wird. Die europäische Kommission und ihre Mitgliedsstaaten haben erkannt, dass sie weitere Schritte unternehmen müssen, um die Luftqualität in Europa zum Schutz ihrer Bürger zu verbessern. Deshalb sind zurzeit zwei neue Richtlinien in Vorbereitung: die zukünftige Ozon-Richtlinie wird von den Mitgliedsstaaten verlangen, die Konzentration von Ozon in der Luft auf einen Höchstwert von 120 $\mu g/m^3$ zu begrenzen. Die geplante Richtlinie über nationale Emissionsobergrenzen wird von den Mitgliedsstaaten verlangen, die Emissionen verschiedener Luftschadstoffe – darunter auch VOC – bis zum Jahr 2010 zu senken.

Den weitaus größten Teil unseres Lebens verbringen wir in geschlossenen Räumen. Schätzungen gehen davon aus, dass wir 70 bis 90 % unserer Zeit in Innenräumen und davon über 50 % in Wohnräumen leben. In den USA wird dieser Trend »Cocooning« genannt. Der Mensch baut sich Nester, die ihn wie geschlossene Kokons umgeben und immer seltener verlassen werden. Die Einführung digitaler und multimedialer Kommunikation hat diese Entwicklung äußerst negativ beschleunigt. Wie sicher sind diese Kokons, diese Wohnhüllen? Können sie der Gesundheit schaden? Können Baumaterialien und Einrichtungsgegenstände den Menschen wirklich krank machen? Sind unsere Häuser am Ende selbst krank?

Tatsächlich gibt es bereits den Ausdruck für »kranke Häuser«. Das gemeinsame Auftreten von derartigen Beschwerden, meist in unterschiedli-

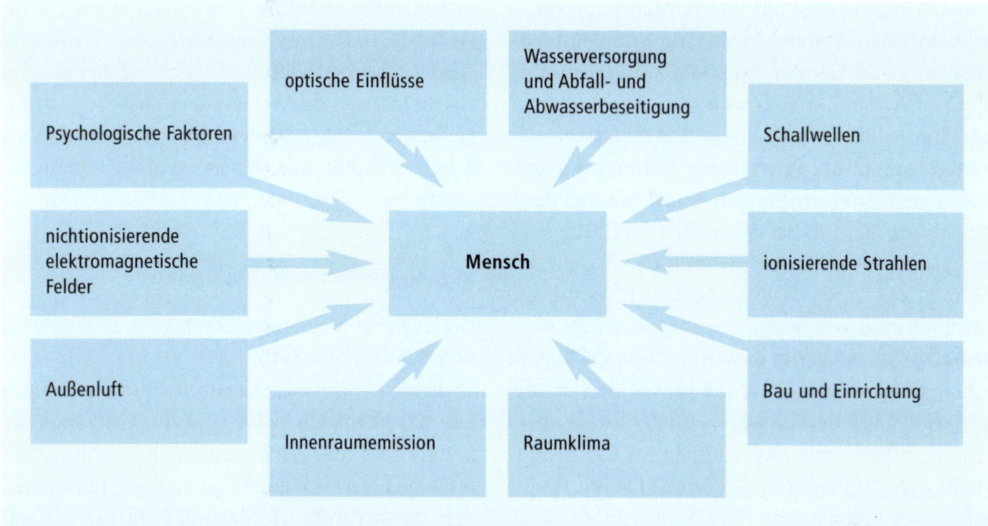

Abb. 5.1 ■ Einflussfaktoren auf Wohnzufriedenheit und Gesundheit

cher Ausprägung bei einer größeren Anzahl von Nutzern wird heute von Fachleuten als »Krankes-Gebäude-Syndrom« bezeichnet oder nach der englischsprachigen Bezeichnung als »Sick-Building-Syndrom« – ein Begriff, der aus den USA stammt. Natürlich ist im strengen Sinne nicht das Gebäude erkrankt. Der Begriff bezeichnet aber sehr treffend, dass in solchen Fällen die Ursachen für Krankheiten nicht bei den Menschen, sondern in dem gemeinsamen Umfeld – dem Gebäude – zu suchen sind. Umso wichtiger ist deshalb zu wissen, wie die Wohnungen und Gebäude gebaut oder saniert bzw. ausgestattet werden müssen, damit wir keinen vermeidbaren Risiken ausgesetzt sind und gesundheitlichen Schaden nehmen. Darüber hinaus soll die Wohnung das psychische, physische und soziale Wohlbefinden des Menschen fördern. Die Wohnzufriedenheit und Gesundheit der Menschen in Wohnräumen hängt von einer Vielzahl von Einflussfaktoren ab. Im Einzelnen sind dies

- psychologische Faktoren: Sicherheit, Kommunikation, Intimsphäre und dgl.
- optische Einflüsse: Licht, Beleuchtung, Farbe und dgl.
- Wasserversorgung, Abfall- und Abwasserbeseitigung: chemische Inhaltsstoffe, Mikroorganismen u.a.
- Schallwellen: Schwingungen und Lärm
- nichtionisierende elektromagnetische Felder: hochfrequente elektromagnetische Felder, niederfrequente magnetische oder elektrische Wechselfelder, magnetische Gleichfelder, Luftionen, elektrostatische Gleichfelder
- ionisierende Strahlen: Radon
- Außenluft: verschiedene Emissionen
- Raumklima: Luftfeuchtigkeit, Luftgeschwindigkeit, Temperatur
- Bau und Einrichtung: Größe und Funktionalität
- **Innenraumemission: organischer, anorganischer und/oder biogener Schwebstaub**, Allergene (Schimmelpilze, Milben, Pollen etc.), Haushalts- und Hobbygeräte und -produkte, Bau-, Ausstattungsmaterialien und Einrichtungsgegenstände, Energieproduktion, Rauchen, der Mensch selbst.

Von den Einflüssen für das Wohlbefinden wird die Reinheit und Qualität der Luft mittlerweile besonders sensibel betrachtet. Neben den Lebens- und Konsumgewohnheiten der Bewohner beeinflussen vor allem die Baustoffe und großflächige

Ausstattungsmaterialien und Einrichtungsgegenstände die Qualität der Innenraumluft. Bei unzureichender Lüftung können sich Luftverunreinigungen in der Innenraumluft anreichern und im Raum eine deutlich höhere Luftbelastung als in der Außenluft verursachen. Deshalb müssen in Innenräumen eingesetzte Baustoffe und Ausstattungsgegenstände besonders sorgfältig auf mögliche Emissionen geprüft werden. Dies gilt für Farben und Lacke, Klebstoffe, Dichtungsmittel, Spachtel- und Vergussmassen sowie sonstige Bautenschutzmittel genauso wie für Tapeten, Teppiche und Teppichböden, Vorhänge und Möbel. Die eingesetzten Produkte werden aufgrund der von ihnen ausgehenden Belastungen als vorübergehende oder andauernde Emissionsquellen eingestuft. Vorübergehende Emissionsquellen sind hierbei beispielsweise das Rauchen, das Kochen oder auch das Arbeiten mit Kleb- und Anstrichstoffen, welche so genannte leicht flüchtige Lösemittel enthalten. Andauernde Emissionsquellen sind Baustoffe und Produkte, die so genannte schwer flüchtige Verbindungen wie Wirkstoffe in Holzschutzmitteln, Weichmacher und hochsiedende Lösemittel enthalten oder Leimharze von Holzwerkstoffen mit Formaldehydabgabe. Hierbei muss beachtet werden, dass sich Luftbelastungen infolge dauerhafter Emissionsquellen durch Lüftung nur vorübergehend verringern lassen.

5.1.2 Innenraumemissionen

Die Innenraumemissionen lassen sich wie in **Abb. 5.2** untergliedern.

In den folgenden Kapiteln sollen allerdings nur die chemischen Innenraumemissionen angeschnitten und die biologischen Innenraumbelastungen etwas ausführlicher beschrieben werden, da sie direkt oder indirekt Einfluss auf das Thema nehmen. Die physikalischen Emissionen sowie die gesamte Thematik der Tierepithelien- und Pollenallergien sowie das noch relativ junge Gebiet der Innenraumbelastung durch Fasern und faserhaltige Stoffe soll nicht behandelt werden, da dies ein eigenes Fachbuch füllen könnte.

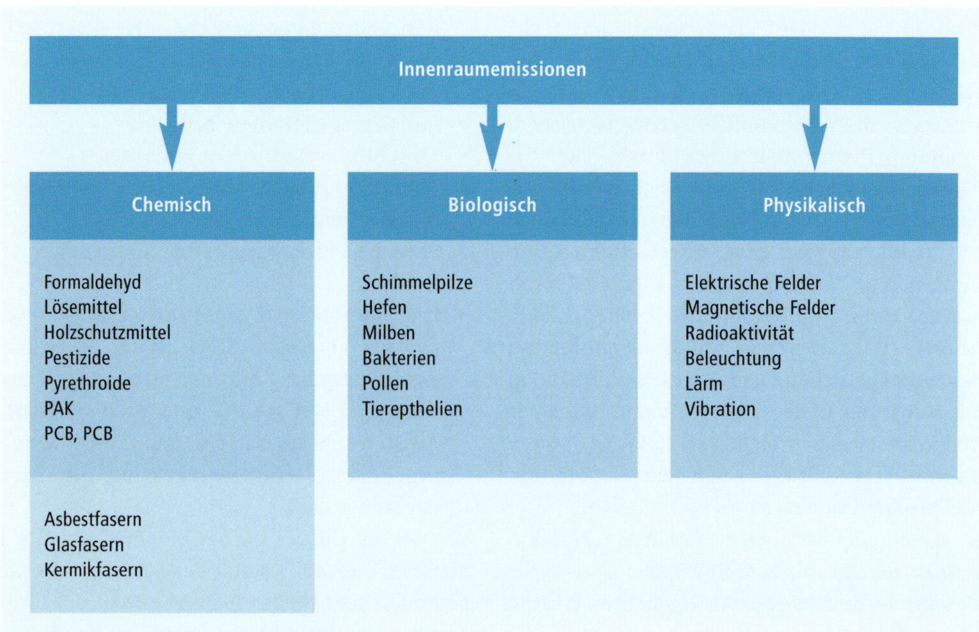

Abb. 5.2 ■ Gliederung der Innenraumemissionen

Aus den Anforderungen des energiesparenden Bauens und den Ansprüchen an die Raumluftqualität ergibt sich ein klassischer Zielkonflikt: Je höher die Luftwechselrate von Wohn- und Innenräumen, desto geringer ist der Schadstoffanteil in der Raumluft, aber umso höher sind die Energieverluste. Als nutzungstypischen Leitwert geben der CO_2 – und der Feuchtegehalt den minimal möglichen Luftwechsel vor. Darauf beziehen sich Lüftungskonzepte von energetisch optimierten Gebäuden. Somit muss energiesparendes Bauen auch immer schadstoffarmes Bauen sein: für Baumaterialien, Einrichtungsgegenstände und die Art der Gebäudenutzung sollten hinsichtlich der Bewertung von Gesundheits- und Umwelteinwirkungen verbindliche Grenz- und Richtwerte eingeführt und Qualitätssicherungen durchgeführt werden.

Allerdings existiert für die Innenraumluft im Unterschied zu den klassischen Bereichen der Umwelthygiene wie der Außenluft, dem Trinkwasser und den Lebensmitteln, die umfangreiche gesetzliche Grundlagen mit definierten zulässigen Höchstmengen für bestimmte Substanzen zum Schutz der Gesundheit des Menschen aufweisen, bisher kein Regelwerk zur Begrenzung bzw. zur Verminderung einer Exposition gegenüber Verunreinigungen. Als ein wesentlicher Grund hierfür ist anzusehen, dass erst in den 70er- und verstärkt in den 80er Jahren in zunehmendem Maße Verunreinigungen der Innenraumluft identifiziert und quantifiziert wurden. Hierbei wurde bald deutlich, dass die Konzentrationen bestimmter Stoffe in der Innenraumluft oftmals über den üblicherweise in der Außenluft anzutreffenden Konzentrationen lagen.

Chemische Schadstoffe im Innenraum können allergene, pathogene und toxische Wirkungen haben. Die Angabe eines gesundheitsbezogenen Richtwertes für differenzierte Wirkungen setzt die genaue Kenntnis des so genannten Pathogenitätsmechanismus, die individuelle Empfindlichkeit sowie Art und Dauer der Exposition voraus. Im Einzelnen können zahlreiche chemische und biologische Kontaminanten, die aus einer

Tab. 5.1 ▪ Chemische und biologische Innenraumkontaminanten

Schadstoffe	Emissionsquellen
SO_2	Ofenheizungen
NO, NO_2	Gasherde, Gasthermen, Ofenheizungen
CO	Tabakrauch, Gasherde, Gasthermen, Ofenheizungen
O_3	Solarien, Kopierer
VOC	Farben, Lacke, Baustoffe, Tabakrauch
PAK	Tabakrauch, Möbel, Spanplatten, Parkettkleber
Schwermetalle	Hausbrand, Farben, Lacke, Baustoffe, Reinigungsmittel
Schwebstaub (<10µm)	Hausbrand, Baustoffe, Außenluft, Verkehr

Reihe von Emissionsquellen stammen können, für ein gesundheitliches Risikopotenzial im Innenraum verantwortlich gemacht werden.

Die Konzentration eines Stoffes in der Innenraumluft ist letztlich von Einflussgrößen wie der Quellenstärke im Innenraum, der Konzentration des Stoffes in der Außenluft, vom Luftwechsel und von so genannten Senkeneigenschaften des Innenraumes (z.B. von der Adsorption an die Wandausstattung, an Einrichtungsgegenstände, Gardinen, Bodenbelag etc.) abhängig.

5.1.3 Regelungen, Grenz- und Richtwerte

In den oben genannten Gebäuden wird meist eine große Anzahl von Untersuchungen durchgeführt, die nahezu alle erdenklichen Faktoren umfassen: Raumklima, Feuchtigkeit, Mikroorganismen, chemische Emissionen, Lüftung, Heiz- und Klimatechnik, Geräuschquellen, luftgetragene Partikel und weitere Parameter. In der Mehrzahl der Fälle fehlt es heute jedoch noch an gesicherten medizinischen Zusammenhängen zwischen den seitens der Nutzer beklagten Beschwerden und den im Gebäude erhobenen Befunden, sodass in vielen Bereichen bis heute keine Grenzwertfestlegungen für gesundheitlich annehmbare Verhältnisse formuliert werden können. Darüber hinaus ist es im Allgemeinen äußerst schwierig, bestimmte Gesundheitsstörungen speziellen Emissionen im Innenraum zuzuordnen. Dies hängt mit der ungenügenden Erforschung der gesundheitlichen Bedeutung der Vielzahl der Innenraumluftkontaminanten ab, die oft längere Zeit in sehr niedrigen Konzentrationen vorkommen (chronische Toxizität). Sind schon Aussagen zur Bedeutung von Einzelverbindungen schwierig, so gibt es so gut wie keine wissenschaftlichen Erkenntnisse über Summations- und Kumulationswirkungen. Erschwerend kommt hinzu, dass die im Bereich des Arbeitsschutzes und der industriellen Luftreinhaltung gefundenen Erkenntnisse bei Innenraumproblemen nur unzureichend die höhere Empfindlichkeit der Durchschnittsbevölkerung (mit Kindern, Alten, Allergikern, Kranken etc.) gegenüber einem gesunden Industriearbeiter berücksichtigen. Darüber hinaus ist die Aufenthaltsdauer in wohnraumähnlich genutzten Gebäuden in unseren Klimazonen nahezu doppelt so hoch wie die Arbeitszeit an industriell belasteten Arbeitsplätzen. Weiterhin ist eine berufliche Belastung in der Regel auf wenige, gut bekannte Arbeitsstoffe begrenzt, in Wohn- und Büroräumen wird jedoch eine nahezu unüberschaubare Vielzahl zum Teil nicht miteinander verträglicher Baumaterialien eingesetzt.

Die Bevölkerung geht allgemein davon aus, dass der Staat aufgrund seiner Fürsorgepflicht die Gesundheit seiner Bürger schützt. Dem Verbraucher und Bürger ist wahrscheinlich weder bewusst, dass es für die meisten Schadstoffe keinen Grenzwert gibt, noch dass Grenzwerte im Spannungsfeld zwischen Wissenschaft und Toxikologie, Wirtschaft und Politik generiert werden und dass bei der Grenzwertfestlegung nicht unbedingt seine Gesundheit im Vordergrund steht. Die Frage, ab welcher Konzentration ein Stoff für den Menschen zu gesundheitlichen Beschwerden führt, ist sowohl für Ärzte und Toxikologen, aber auch für gesundheitspolitisch Verantwortliche und nicht zuletzt für den Verbraucher von großem Interesse. Abgesehen davon, dass beispielsweise aufgrund unterschiedlicher Empfindlichkeiten eine definierte Konzentration nicht festgelegt werden kann, wäre eine sichere Einordnung nur bei genauer Kenntnis sämtlicher toxikologischer Eigenschaften möglich. Zurzeit liegen für die meisten Einzelstoffe keine ausreichenden Erkenntnisse vor. Wissen über die Wirkung von Schadstoffen und insbesondere von Schadstoffgemischen ist nur rudimentär vorhanden.

Das derzeit praktizierte pragmatische Verfahren für die Festlegung von Richtlinien und -werten besteht darin, dass Substanzen solange eingesetzt werden und als unbedenklich gelten, bis Probleme auftreten. Dann wird mit mehr oder weniger strengen Auflagen gegengesteuert. Bei toxischen Verbindungen führt dies in der Regel zur Empfehlung von Anwendungsbeschränkungen (beispielsweise Flammschutzmittel), zu Richtwerten (beispielsweise Quecksilber in Lebensmitteln), Grenzwerten (beispielsweise Blei oder auch Tetrachlorethen) und in eher seltenen Fällen zu Anwendungsverboten (beispielsweise PCB, DDT). Ein weiteres Problem besteht darin, dass die allgemeine Grenzwertgläubigkeit dazu führt, dass die Beschwerden von Betroffenen weder medizinisch noch gesellschaftlich anerkannt werden oder dass sie ihre Belange juristisch durchsetzen könn(t)en.

Für die Raumluftqualität in Innenräumen gibt es, einmal abgesehen von den oben genannten Arbeitsräumen bzw. Arbeitsplätzen, an denen mit Gefahrstoffen umgegangen wird und die im Hinblick auf Luftschadstoffe arbeitsschutzrechtlichen Kontrollen unterliegen, also keine verbindliche Regelung. Wesentlicher gesetzlicher Rahmen für Richtwerte für Innenschadstoffe bilden zum einen das Baurecht und die jeweiligen Landesbauordnungen, zum anderen das Bundesimmissionsschutzgesetz für den Fall, dass Schadstoffemissionen die Innenraumluftqualität beeinflussen. Bislang wurde im Spannungsfeld zwischen Gesetzgebung, Toxikologie, Verbraucherschutz und der täglich neue Chemikalien freisetzenden Chemie- und Pharmaindustrie kein Regelwerk aufgestellt, das die Gesundheit der Menschen in ihren Privaträumen schützt.

Wer sich mit Umweltbelastungen allgemein bzw. Innenraumökologie speziell und deren Bewertung beschäftigt, wird deshalb immer wieder bzw. noch mit Begriffen konfrontiert, mit deren Hilfe die Schadstoffbelastung von Wasser, Boden, Luft, Lebensmitteln und Menschen in die Kategorie »schlimm« oder »nicht schlimm« eingeordnet werden. Natürlich gibt es darüber hinaus eine ganze Reihe weiterer Einstufungen, angefangen von der »Höchstmenge« oder den »Grenzwert« über den etwas abgeschwächten Begriff »Richtwert«, der »Richtkonzentration« oder dem bereits schon etwas Unsicherheit ahnen lassenden »Orientierungswert« bis hin zu dem »Zielwert« oder den »Qualitätszielen Innenraumluft«. Hinter all diesen Begriffen sowie darüber hinaus nicht definierten Bezeichnungen (z.B. Hintergrundkonzentrationen, Referenz-, Eingreif-, Vorsorge- oder auch Sanierungsleitwert) stehen unterschiedliche Ansichten, Standpunkte, Interessen, Interpretationen und Bewertungen. Einen Grenzwert, so zum Beispiel die Auffassung der für die Chemikalienbewertung zuständigen Behörden, dürfe ausschließlich der Gesetzgeber und die von ihm beauftragten Organe aufstellen, da er dem Schutz der Gesundheit und der Umwelt dient. Nur so ist die wissenschaftliche Basis garantiert, denn infolgedessen würde die Überschreitung eines derartigen Grenzwertes im Wiederholungsfall strafrechtliche Verfolgungen des Verursachers auslösen. In der Praxis kann dies oftmals nicht umgesetzt werden, da man sich nicht einmal bei den Grenzwerten sicher ist. Hinzu kommt, dass für die Festlegung entsprechender Grenz- oder Vergleichswerte auch noch unterschiedliche Konzepte zugrunde liegen. Als wesentliche Konzepte zur Begrenzung von Schadstoffwirkungen auf den Menschen existieren:

- der toxikologische Ansatz
- der Minimierungsansatz (technische Machbarkeit)
- der prinzipielle Ansatz (Reinheitsgebot).

Beim **toxikologischen Ansatz** wird die Dosis eines Einzelstoffes auf den Organismus bestimmt, der unter bestimmten Bedingungen gerade keine beobachtbaren (schädigenden) Effekte auslöst. Dieser so genannte »no observable (adverse) effect level« abgekürzt als NO(A)EL wird direkt oder mit bestimmten Sicherheitsfaktoren versehen als Grenzwert angesetzt. Dieser Ansatz orientiert sich an der beobachtbaren (Schad)Wirkung auf den Organismus. Derzeit zur Grenzwertableitung herangezogene toxikologische Verfahren weisen eine Reihe von Kritikpunkten auf. Kombinationswirkung von Vielstoffgemischen, Übertragbarkeit von Tierversuchen auf den Menschen sowie die Definition adverser Effekte sollen nur beispielhaft aufgeführt werden.

Für solche Stoffe, die beim Menschen mit Sicherheit Krebs erzeugen, kann kein Schwellenwert genannt werden, bei dessen Unterschreitung keine Wirkung mehr auftritt, es können lediglich Risiken genannt werden, die bei gegebener Konzentration für eine Krebsentstehung existieren. Um das Risiko so gering wie möglich zu halten, wird diejenige Konzentration als Grenzwert bezeichnet, die technisch erreichbar ist (**Minimierungsansatz**). Dieser Ansatz orientiert sich an der praktischen Durchführbarkeit bzw. technischen Machbarkeit.

Beim so genannten Reinheitsgebot werden bestimmte Substanzen für bestimmte Stoffe für prinzipiell unerwünscht erklärt, sie sollen in dem Stoff überhaupt nicht enthalten sein. Die Grenzwertsetzung erfolgt in diesem Fall aus praktischen Gesichtspunkten bei der aktuellen Nachweisgrenze der verfügbaren Nachweisverfahren. Sie orientiert sich am prinzipiellen Ansatz.

Während der **prinzipielle Ansatz** feststellt, ob ein Schadstoff überhaupt in einer Umweltmatrix vorhanden sein soll oder nicht, setzt der toxikologische Ansatz bereits dessen Anwesenheit voraus und versucht, in der Regel auf der Basis von Tierversuchen anzugeben, wie hoch die Belastung sein darf und wann gegebenenfalls Abhilfemaßnahmen getroffen werden müssen.

Die verschiedenen Ansätze werden am Beispiel existierender Richt- und Grenzwerte beschrieben. Hierzu kurz die Definition aus dem Lexikon: *»..... Grenzwerte sind als Höchstwerte zu verstehende Stoff- oder Energiemengen, die in Luft, Wasser, Boden emittiert werden dürfen, ohne dass, unter Berücksichtigung aller Emittenten, entsprechende Immissionen zu einer Gefahr für die Allgemeinheit werden können. Bezogen auf Arbeitsschutzregelungen (z.B. Chemikaliengesetz oder Gefahrstoffverordnung etc.) drücken Grenzwerte Höchstmengen aus, die der Arbeitnehmer am Arbeitsplatz (.....) ohne gesundheitliche Gefährdung (.....) akuter wie chronischer Art in seinem Körper aufnehmen darf.«* Als Beispiele für Grenzwerte werden dort genannt: die maximalen Arbeitsplatzkonzentrationen (MAK-Werte), die Technischen Richtkonzentrationen (TRK-Werte) und der Biologische Arbeitsstofftoleranzwert (BAT-Wert).

Die so genannten MAK- und BAT-Werte sind ausschließlich wissenschaftlich begründete Grenzwerte. Der MAK-Wert (maximale Arbeitsplatzkonzentration) ist die höchstzulässige Konzentration eines Arbeitsstoffes als Gas, Dampf oder Schwebstoff in der Luft am Arbeitsplatz, die nach dem gegenwärtigen Stand der Kenntnis auch bei wiederholter und langfristiger, in der Regel täglich achtstündiger Exposition, jedoch bei Einhaltung einer durchschnittlichen Wochenarbeitszeit von 40 Stunden, im Allgemeinen die Gesundheit der Beschäftigten nicht beeinträchtigt und diese nicht unangemessen belästigt. Der biologische Arbeitsstofftoleranzwert (BAT-Wert) ist die beim Menschen höchstzulässige Quantität eines Arbeitsstoffes bzw. Arbeitsstoffmetaboliten, oder die dadurch ausgelöste Abweichung eines biologischen Indikators von seiner Norm, die nach dem gegenwärtigen Stand der wissenschaftlichen Kenntnis im Allgemeinen die Gesundheit der Beschäftigten nicht beeinträchtigt, wenn sie durch Einflüsse des Arbeitsplatzes regelhaft erzielt wird. Für krebserzeugende Arbeitsstoffe gibt es die so genannten TRK-Werte (Technische Richtkonzentration). Der TRK-Wert ist ein rechtsverbindlicher Grenzwert. Da es für krebserzeugende Gefahrstoffe keine unbedenklichen Konzentrationen geben kann, richtet sich dieser Grenzwert an dem Wert aus, der nach der Ausschöpfung aller dem Stand der Technik einsetzbaren Schutzmaßnahmen erreicht werden kann. Für Stoffe mit TRK-Wert besteht deshalb ein Minimierungsgebot. Weitere Grenzwerte sind die Immissionswerte TA-Luft für genehmigungspflichtige Anlagen sowie die Grenzwerte nach dem Bundesimmissionsschutzgesetz.

Als Grundlage für eine Bewertung und Festlegung verbindlicher Richt- und Grenzwerte dient eine Bestandsaufnahme der in der Innenräumen anzutreffenden Chemikalien und ihrer Häufigkeiten und Konzentrationen. Auch wenn bereits toxikologische Erkenntnisse zu den Schadstoffen vorliegen, müssen die üblicherweise in Innenräumen anzutreffenden Konzentrationsbereiche in die Bewertung mit einfließen. Beim Grenzwert gibt es beispielsweise keinerlei Zweifel: Grenzwerte markieren die Grenze zwischen zwei feststehenden Parametern und sind infolgedessen so etwas wie Naturkonstanten. Diese werden nun wiederum nicht von Kommissionen erarbeitet, in denen Vertreter unterschiedlicher Interessen sitzen, sondern werden mit naturwissenschaftlichen Methoden eindeutig gemessen. Deshalb müssen Stoffkonstanten auch nur äußerst selten korrigiert werden, beispielsweise aufgrund verbesserter Messverfahren.

Um einen Grenzwert verstehen und beurteilen zu können, muss man wissen, wie er entstanden ist. Das in der folgenden Graphik **Abb. 5.3** dargestellte Verfahren der Grenzwertfindung wird für Stoffe angewandt, die in geringer Konzentration keine Wirkung zeigen und mit zunehmender Dosis stärker werden (den so genannten Konzentrationsgiften). Dagegen sind ein Teil der krebsauslösenden Stoffe anders zu bewerten.

Bei den MAK-Werten verhält es sich anders: jedes Jahr gibt die Senatskommission zur Prüfung gesundheitsschädlicher Arbeitsstoffe (kurz: MAK-Kommission) eine neue MAK- und BAT-Werteliste

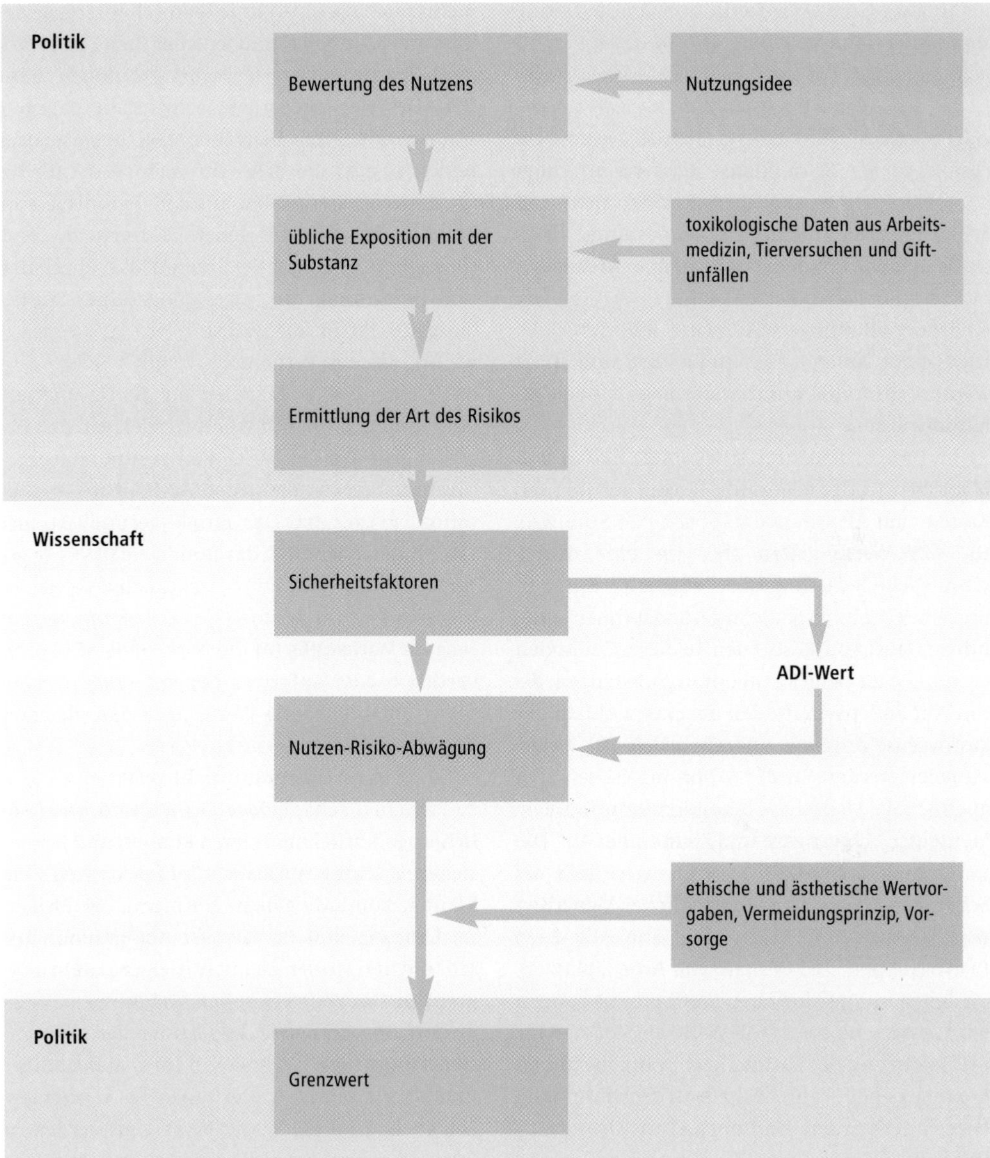

Abb. 5.3 ■ Verfahren der Grenzwertfindung

heraus. Darin sind die Stoffe aufgeführt, für die MAK-Werte existieren, es werden zu den einzelnen Substanzen die Grenzwerte, eventuelle Einstufungen als erbgutverändernder oder krebserzeugender Stoff genannt. Diese Werte werden jedes Jahr neu festgelegt und so kommt es häufig vor, dass Stoffe oder Werte innerhalb eines Jahres neu aufgeführt bzw. nach oben korrigiert werden (müssen). Die Verantwortlichen dieser Listen wissen dies natürlich und sichern sich demzufolge an der entscheidenden Stelle mit einem Hinweis auf den gegenwärtigen Stand der Kenntnis in ihrer Grenzwert-Definition ab. Die Definition lautet dann wie folgt: »*Der MAK-Wert ist die höchstzulässige Konzentration eines Arbeitsstoffes (.....) in der Luft am Arbeitsplatz, die nach dem gegenwärtigen Stand des Wissens (.....) im Allgemeinen die Gesundheit der Beschäftigten nicht beeinträchtigt (.....)*«. Nun geht es aber im Folgenden nicht um Schadstoffe am Arbeitsplatz, sondern um Schadstoffe in Innenräumen. Nach der überwiegenden Meinung der Fachexperten und Sachverständigen sind dort allerdings MAK-Werte fehl am Platz. Die Gründe sollen noch einmal kurz aufgeführt werden, wobei sie ansatzweise bereits oben genannt wurden.

Im Unterschied zum Arbeitsplatz halten sich Menschen in der Wohnung länger auf (Kinder, Kranke und Alte manchmal bis zu 24 Stunden). Die MAK-Werte gelten aber für eine durchschnittliche Belastung über lediglich 8 Stunden und eine Erholungsphase in gesunder Innenraumluft zu Hause von 16 Stunden. In dieser Zeit sollen eventuelle toxische Metaboliten (Substanzen, deren Vorhandensein für den normalen Ablauf der Stoffwechselprozesse unentbehrlich ist) ausgeschieden werden. In der Wohnung halten sich auch kranke Menschen, besonders empfindliche Menschen, Schwangere und Kleinkinder auf. Die Einhaltung des MAK-Wertes allein schließt die Schädigung besonders empfindlicher Menschen oder schwangerer Frauen nicht aus. Alle diese Risikogruppen sind deshalb von Arbeitsplätzen, an denen mit gefährlichen Stoffen umgegangen wird, ausgeschlossen. MAK-Werte als Maßstab für die Bewertung der Luftqualität in Innenräumen heranzuziehen, kann deshalb als grob fahrlässig bezeichnet werden. Und noch etwas Grundsätzliches zu Grenzwerten: Da Grenzwerte immer nur auf dem gegenwärtigen Stand des toxikologischen Wissens beruhen können und dieses Wissen deshalb nie vollständig sein kann, beinhaltet jeder Grenzwert ein Restrisiko unbekannter Größe.

Auf ähnlicher Basis wie die Grenzwerte werden die Richtwerte erarbeitet. Meist dienen sie als Anhaltswerte für Verwaltungen und vermehrt auch für umweltmedizinisch Interessierte. Richtwerte können, müssen aber nicht, toxikologisch begründet sowie rechtsverbindlich sein. Die ADI-Werte (Acceptable Daily Intake) dagegen sind toxikologisch begründete Richtwerte und bilden häufig die Basis für rechtsverbindliche Grenzwerte. Sie werden auf der Grundlage von Ergebnissen umfangreicher Tierversuche und sonstiger toxikologischer Erkenntnisse abgeleitet und bezeichnen diejenige Menge eines Stoffes (ausgedrückt in mg Wirkstoff pro kg Körpergewicht), die der Verbraucher täglich lebenslang ohne erkennbaren Schaden für die Gesundheit aufnehmen kann. ADI-Werte werden von den Expertengruppen der WHO (Weltgesundheitsorganisation) und der FAO (Food Agriculture Organisation) festgesetzt. Das Bundesgesundheitsamt und in der Nachfolge das Bundesinstitut für gesundheitlichen Verbraucherschutz und Veterinärmedizin legt im Rahmen des Zulassungsverfahrens für Wirkstoffe, für die noch keine ADI-Werte vorliegen oder aufgrund neuerer Erkenntnisse, selbst entsprechende Werte nach den gleichen Prinzipien fest.

Auch wenn Innenraumrichtwerte keine Grenze zwischen schädlich/gefährlich und unschädlich/ungefährlich markieren können und keinen sicheren Schutz vor Risiken bieten können – sie können zumindest dazu beitragen, die Risiken im Umgang und im Kontakt mit gesundheitsschädlichen Stoffen zu quantifizieren und zu begrenzen. Des Weiteren sollen und müssen Innenraumrichtwerte helfen, Folgekosten der Sozialversicherungsträger und/oder in Form aufwendiger und damit teurer Sanierungen zu vermeiden. Um auch nur dieser Funktion gerecht werden zu können, müsste über die Giftwirkung einzelner Stoffe und vor allem der Stoffgemische viel mehr bekannt sein. Das Problem hierbei besteht darin, dass die Erfassung der Giftwirkung eines einzelnen Stoffes auf den Menschen langwierig und relativ kompliziert und für sich genommen ziemlich nutzlos ist, denn jeder Mensch unterliegt gleichzeitig ständig einer Vielzahl von Chemikalien unterschiedlicher Wirkung. Die Gesamtbelastung eines chemischen Stoffgemisches lässt sich aber kaum vorhersagen und schon gar nicht exakt bestimmen, selbst dann wenn die Wirkung der einzelnen Stoffbestandteile bekannt ist.

In der Regel wird bei der Abschätzung des Gefährdungspotenzials immer nur die Frage geklärt, ob ein Grenzwert überschritten wurde oder nicht. Dabei wäre die Klärung der Frage, wer einen Grenzwert festgelegt hat und vor allem welche Grenzwertphilosophie herangezogen wurde, eine grundlegende Aufgabe. Eine Ad-hoc-Kommission aus Mitgliedern der Innenraumlufthygienekommission des Umweltbundesamtes (IRK) und des Ausschusses für Umwelthygiene (AUH) der Arbeitsgemeinschaft Leitender Medizinalbeamtinnen und -beamter der Länder (AGLMB) hat 1996 eine Basis für die Ableitung von Innenraum-Richtwerten erarbeitet, die es ermöglichen soll, das Vorgehen der regulatorischen Toxikologie nachvollziehbar und transparent zu gestalten. Ausgehend von der vorhandenen toxikologischen und epidemiologischen Datenbasis wird ein wirkungsbezogener Richtwert (RW II) begründet, der die Konzentration eines Stoffes angibt, die insbesondere für empfindliche Personen bei Daueraufenthalt in den Räumen eine gesundheitliche Gefährdung darstellt, d.h. bei deren Erreichen bzw. Überschreiten zunächst Prüfbedarf und dann unverzüglich Handlungsbedarf besteht. Der Richtwert (RW I) ist hingegen die Raumluftkonzentration, bei der im Rahmen der Einzelstoffbetrachtung nach gegenwärtigem Erkenntnisstand auch bei lebenslanger Exposition keine gesundheitliche Beeinträchtigung zu erwarten ist. Es wurde weiterhin vereinbart, dass der Richtwert I aus dem Richtwert II abgeleitet wird, in dem Letzterer durch 10 dividiert wird. Um die Einzelschritte der Richtwertfestsetzung selbst möglichst transparent zu machen, wurde ein Basisschema zur Ableitung von Richtwerten für die Innenraumluft erstellt. Es enthält die Definitionen der Richtwerte für die beiden Schutzniveaus Abwehr von Gesundheitsgefahren und Vorsorge und beschreibt außerdem die Kriterien, die für die Ableitung von Richtwerten für die Innenraumluft maßgebend sind.

Definition von Richtwerten für die Innenraumluft

Richtwert II (RW II)

- ist je nach Wirkungsweise als Kurzzeitwert oder als Langzeitwert definiert
- stellt die Konzentration eines Stoffes dar, bei dessen Erreichen bzw. Überschreiten unverzüglicher Handlungsbedarf besteht, da diese geeignet ist, insbesondere für empfindliche Personen bei Daueraufenthalt in den Räumen eine gesundheitliche Gefährdung darzustellen.
- Handlungsbedarf ist als unverzüglicher Prüfbedarf zu verstehen, beispielsweise im Hinblick auf Sanierungsentscheidungen zur Verringerung der Exposition. Eine Schließung der Räume kann notwendig sein/werden.
- Überschreitung des Richtwertes II sollte umgehend mit einer Kontrollmessung unter üblichen Nutzungsbedingungen und – soweit möglich und sinnvoll – einer Bestimmung der internen Belastung der Raumnutzer verbunden werden.

Richtwert I (RW I)

- Konzentration eines Stoffes in der Innenraumluft, bei der im Rahmen einer Einzelstoffbetrachtung nach gegenwärtigem Kenntnisstand auch bei lebenslanger Exposition keine gesundheitlichen Beeinträchtigungen zu erwarten sind. Eine Überschreitung ist mit einer über das übliche Maß hinausgehenden, hygienisch unerwünschten Belastung verbunden. Aus Vorsorgegründen besteht auch im Konzentrationsbereich zwischen RW I und RW II Handlungsbedarf.
- RW I wird vom RW II durch Einführen eines zusätzlichen Faktors 10 abgeleitet. Dieser Faktor ist eine Konvention.

- Bei geruchsintensiven Stoffen muss der RW I abweichend von dieser schematischen Ableitung auf der Grundlage der Geruchswahrnehmung (Detektionsschwelle) festgelegt werden, wenn sich dadurch ein kleinerer Zahlenwert für RW I ergibt.
- RW I kann als Sanierungszielwert dienen. Er soll nicht ausgeschöpft, sondern nach Möglichkeit unterschritten werden.

Ein erster Grund für die Notwendigkeit von Richtwerten ergibt sich aus dem Gleichheitsgrundsatz. Üblicherweise werden bei Rechtsstreitigkeiten von Gerichten Entscheidungen situationsbedingt und spontan auf der Basis von Gutachten getroffen. Auf die unterschiedliche Qualität und Fachkompetenz von Gutachtern soll an dieser Stelle nicht weiter eingegangen werden. Es überrascht aber dann nicht, dass dieses Verfahren bzw. diese Vorgehensweise je nach Eignung und Kenntnisstand der Gutachter unter Umständen zu unterschiedlichen Ergebnissen mit divergierenden Konzentrationsniveaus führt. Unterschiedliche Werte für den gleichen Sachverhalt führen aber automatisch zu unterschiedlichen Analysen und Interpretationen, erhöhen dadurch die Unsicherheit über den zu erwartenden Prozessausgang und vermindern damit die Rechtssicherheit sowohl für Vermieter als auch Mieter. Darüber hinaus können Richtwerte für die Innenraumluft auch zur Begrenzung von Emissionen aus Bauprodukten und anderen Materialien nützliche Hinweise geben. Mit Hilfe von Modellbetrachtungen kann eine Beziehung zwischen der von einem Material abgegebenen Emissionsrate und der daraus zu erwartenden Raumluftkonzentration erstellt werden, sodass umgekehrt abgeschätzt werden kann, welche Emission maximal zulässig wäre, um einen gegebenen Richtwert nicht zu überschreiten.

Einen wichtigen gesetzlichen Rahmen für die Festsetzung von Grenz- und Richtwerten für Substanzen in der Innenraumluft bietet das Baurecht in Form der jeweiligen Landesbauordnung. Danach sind »*bauliche Anlagen (.....) so anzuordnen, zu errichten, zu ändern und instand zu halten, dass die öffentliche Sicherheit und Ordnung, insbesondere Leben, Gesundheit sowie die natürlichen Lebensgrundlagen, nicht gefährdet werden (.....).*« Aus dieser Formulierung wird deutlich, dass das Baurecht vor allem auf die Gefahrenabwehr abzielt, allerdings ist eine Gefahrenvorsorge unterhalb der Gefahrenschwelle sowie ein weitergehender, den Vorsorgegedanken aufgreifender rechtlicher Rahmen explizit nicht vorgesehen. Hinsichtlich Gefahrenabwehr und -vorsorge unterscheidet sich das Baurecht deutlich von einem anderen Rechtsrahmen, der ebenfalls die Innenraumluftqualität berührt. Das Bundesimmissionsschutzgesetz trennt klar Anforderungen zur Gefahrenabwehr von weitergehenden Anforderungen zur Vorsorge. Insgesamt lässt sich damit festhalten, dass sich aus dem Bundesimmissionsschutzgesetz eine Zweigliedrigkeit von Richtwerten ableiten lässt.

Den aus dem Baurecht und anderen Rechtsrahmen resultierenden Anforderungen an die Qualität von Richtwerten für die Innenraumluft kann von Seiten der regulatorischen Toxikologie in folgender Weise entsprochen werden: Dem rechtlichen Begriff der Gesundheitsgefahr, die mit einer gewissen Wahrscheinlichkeit zu einem Gesundheitsschaden führt, kann als toxikologisches Äquivalent der Begriff der Adversität gegenübergestellt werden. Eine gängige Definition ist von der WHO gegeben worden.

Ein adverser Effekt stellt eine Veränderung in der Morphologie, Physiologie, in Wachstum und Entwicklung oder der Lebenserwartung eines Organismus dar, die zu einer Beeinträchtigung der funktionellen Kapazität oder einer Beeinträchtigung der Fähigkeit, einer zusätzlichen Belastung standzuhalten, oder einer gesteigerten Empfindlichkeit gegenüber schädlichen

Wirkungen oder anderen Umwelteinwirkungen führt. Die Entscheidung darüber, ob eine Wirkung als advers oder nicht anzusehen ist, erfordert eine Einschätzung und Beurteilung durch Experten und Fachleute.

Wie bereits weiter oben beim toxikologischen Ansatz beschrieben, bildet den Ausgangspunkt einer Regulation in der Regel die Konzentration, bei der keine oder zumindest keine nachteilige Wirkung mehr gesehen wird (no observed [adverse] effect level). Die tatsächliche Wirkungsschwelle kann aufgrund meist kleiner Fallzahlen in experimentellen, klinischen oder epidemiologischen Untersuchungen nicht genau bestimmt werden. Zusätzlich wird im umweltbezogenen Gesundheitsschutz die interindividuelle Variabilität der Toxikodynamik und Toxikokinetik durch einen Faktor berücksichtigt, da die zugrunde liegenden Studien im Allgemeinen nicht an besonders empfindlichen Personen, sondern meist an einer ausgewählten, eher als durchschnittlich empfindlich anzusehenden Personengruppe vorgenommen wurden. Umgekehrt kann dieser Faktor reduziert werden oder entfallen, wenn Untersuchungen an Neugeborenen oder an anderen empfindlichen Personengruppen vorgenommen wurden. In dem Zusammenhang sollen kurz die Begriffe Toxikodynamik und Toxikokinetik erläutert werden. Hierbei stehen zwei Betrachtungen im Mittelpunkt:

- Was macht der Organismus mit den Giftstoffen? ....wird in der Toxikokinetik und
- Was machen die Giftstoffe mit dem Organismus? ....wird in der Toxikodynamik beantwortet.

Die Faktoren, welche die Aufnahme, Verteilung, Biotransformation und Ausscheidung von Giftstoffen beeinflussen, sind grundsätzlich identisch mit jenen, die in der Pharmakologie und Toxikologie für Arzneimittel bekannt sind. Der Unterschied in den Reaktionen ist in der Tatsche begründet, dass bei Vergiftungen meist höhere Konzentrationen erreicht werden als in der therapeutischen Konzentration von Arzneimitteln, sodass die Mechanismen der Absorption, der Distribution, der Biotransformation sowie der Elimination gesättigt werden. Bei den meisten klinisch relevanten Giftstoffen ist der molekulare Wirkmechanismus unklar oder so genannt unspezifisch, d.h. er resultiert aus verschiedenen gleichzeitig ablaufenden Reaktionen mit Biomolekülen. In diesen Fällen ist es schwierig, eine ätiotrope (auf die Ursache gerichtete) Therapie durchzuführen. Nur in relativ seltenen Fällen kann man Vergiftungen durch Antidote (Gegengifte) gezielt therapieren. Ein weiteres Merkmal der Klinik von Vergiftungsfällen ist, dass meist nicht hochpotente Gifte beteiligt sind, sondern Gifte mit schwacher bis mittlerer Potenz. Die po-

Tab. 5.2 ▪ Übersicht einiger hochpotenter bakterieller Toxine

Gift	*Minimal tödliche Dosis (µg/kg)*	*Relevante Molekülmasse*
Botulinustoxin A	0,00003	900.000
Tetanustoxin	0,0001	150.000
2,3,7,8-Tetrachlorodibenzo-p-dioxin	1	320
Aflatoxin B_1	10	312
Strychnin	500	334
Natriumcyanid	10.000	49

tentesten Gifte sind nicht, wie weit verbreitet ist, synthetische organische Chemikalien, sondern die natürlichen Toxine von Bakterien, welche in der Evolution erstaunliche Strategien zur Ausschaltung spezifischer Zellfunktionen entwickelt haben. Der folgende Vergleich der akuten Toxizität und der relevanten Molekülmasse verschiedener organischen Giftstoffe belegt eindeutig: **Die potentesten Gifte sind nicht Syntheseprodukte, sondern Bakterientoxine mit einer komplexen modularen Proteinstruktur, welche sehr spezifisch auf den Wirtsorganismus einwirken können.** Botulimustoxin A beispielsweise ist bezüglich letaler Wirkung über 300 Mio. Mal potenter als Natriumcyanid!

Die hochpotenten bakteriellen Toxine bestehen aus modular aufgebauten Proteinen, welche wegen ihrer Größe die Zellmembran nicht durchdringen können. Spezialisierte Aminosäuren sind für die Andockung an spezifische Membranrezeptoren verantwortlich und bewirken die Aufnahme des Toxins oder seiner aktiven Gruppe in die Zelle. Im Zellinnern wird der katalytisch aktive Enzymteil aktiviert, welcher spezifische Zielstrukturen modifiziert.

5.1.4 Flüchtige organische Stoffe

Die wichtigsten Emissionsquellen für organische Stoffe sind Bauteile, Dämm- und Schaumstoffe, Fußboden-, Wand- und Deckenbeläge sowie sonstige Beschichtungsstoffe, Dichtungsmassen, Klebstoffe, Textilien und Leder, Möbel und Einrichtungsgegenstände. **Tabelle 5.3** zeigt die wichtigsten in Innenräumen eingesetzten Bauprodukte und typische flüchtige organische Inhaltsstoffe.

Ein großer Teil der Produkte aus Weichholz besteht aus Holz oder Holzwerkstoffen. Bereits das naturbelassene Holz kann eine signifikante Emissionsquelle in Innenräumen darstellen. Die im Holzbau häufig verwendeten Nadelhölzer (Kiefer, Fichte, Tanne) enthalten von Natur aus flüchtige und geruchsintensive Verbindungen, die so genannten Monoterpene. Frisch verarbeitet können sie bei großflächiger Verwendung deutlich zur Belastung der Raumluft beitragen. Gleiches gilt für Möbel aus massivem Nadelholz. Auch Holzwerkstoffe sind im Zusammenhang mit Luftverunreinigungen durch ihre nachträgliche Formaldehydabgabe bekannt geworden. Das Emissionspotenzial von Holzwerkstoffen hängt stark vom Bindemitteltyp ab. Alle Holzwerkstoffe müssen die Anforderungen der Chemikalienverbots-Verordnung einhalten, gehören dann zur Emissionsklasse E1 und sind entsprechend gekennzeichnet. Plattenwerkstoffe mit niedrigeren Emissionswerten dürfen das Umweltzeichen »Blauer Engel« tragen. Durch die Entwicklung formaldehydarmer bzw. -freier Holzwerkstoffe ist die Formaldehydbelastung in Innenräumen in den letzten Jahren deutlich zurückgegangen.

Geruchsbelastungen bei Teppichböden mit bestimmten Schaumrücken werden durch Vulkanisationsprodukte und Restmonomere verursacht, die in einer chemischen Reaktion geruchsintensive Verbindungen bilden. Auch Teppichbodenklebstoffe können zur Luftbelastung beitragen. Wollteppichböden enthalten in der Regel präventiv biozide Wirkstoffe und PVC-Fußbodenbeläge die Weichmacher, die teilweise geruchsintensive Stoffe freisetzen. Als umweltfreundliche Alternative zu Kunststofffußböden gilt Linoleum, das oft irrtümlich als reines Naturprodukt angesehen wird. Die Herstellung erfolgt aus Leinöl, allerdings unter Verwendung verschiedener organischer Lösemittel. Ein besonderes Problem des Linoleums ist der unangenehme Geruchseindruck bei geringeren Qualitäten. Auch Fußbodenbeläge auf Korkbasis enthalten Bindemittel, die Formaldehyd und andere flüchtige organische Stoffe abgeben können.

Laminatfußböden sind in der Regel sehr emissionsarm. Für Fußböden aus Massivholz gilt das zuvor für alle Holzprodukte genannte Emissionsverhalten. Bauseitig versiegelte Holzfußböden verursachen häufig Emissionen von Lösemitteln und Monomeren. Fertigparkette haben hingegen nur geringe Restemissionen.

Tapeten führen nur zu einer mäßigen Belastung der Innenraumluft. Die meisten Tapeten

Tab. 5.3 ■ In Innenräumen eingesetzte Bauprodukte und typische flüchtige organische Inhaltsstoffe

Produkt	*Flüchtige Inhaltsstoffe*
Weichholz	α-Pinen, β-Pinen, Δ^3-Caren, Limonen, Formaldehyd, Hexanal
Holzwerkstoffe	Formaldehyd, Phenol, Essigsäure, α-Pinen, β-Pinen, Δ^3-Caren, Limonen
Kork	Formaldehyd, Phenol, Furfural, Hexanal, Toluol
Linoleum	Pentanal, Hexanal, Nonanal, Carbonsäuren, Toluol
PVC-Beläge	Phthalsäureester, 2-Ethylhexanol
Teppichböden	Styrol, Butadien, Amine, Toluol, Schwefelkohlenstoff, trimere Isobutene, 4-Vinylcyclohexen, 4-Phenylcyclohexen, C2-Benzole
Tapeten	2-Butanon, n-Butylacetat, 4-Methyl-2-pentanon, Toluol, (iso)aliphatische Kohlenwasserstoffe
Wasserlacke	Butylglykol, Butyldiglykol, Ethyldiglykol, N-Methyl-2-purrolidon, Triethylamin, Benzophenon, Benzaldehyd, Acrylate
Lösemittellacke	n-/iso-Butylacetat, 1-Butanol-3-methoxyacetat, Ethylacetat, 2(1)-Methoxy-1(2)-propanol, 2-Butanon, Toluol, Ethylbenzol, o-,m-,p-Xylol, n-Butanol, Styrol
Naturlacke	α-Pinen, β-Pinen, Δ^3-Caren, Limonen, (iso)aliphatische Kohlenwasserstoffe, Hexanal, Nonanal
Dispersionsfarben	1,2-Propandiol, 2-Ethyl-1-hexanol, 2-Phenoxyethanol, Texanol, 2-(2-Butoxyethoxy)-ethanol

tragen inzwischen ein RAL-Gütezeichen, welches emissionsrelevante Eigenschaften ausweist. Bei Anstrich der Wände und Decken mit Dispersionsfarben sind Geruchs- und Lösemittelemissionen möglich.

Möbel und sonstige Einrichtungsgegenstände können durch ihre großen Oberflächen eine signifikante Emissionsquelle für flüchtige Verbindungen darstellen. Viele Lacke beispielsweise geben nachträglich Lösemittelreste, Monomere von Kunststoffen sowie Geruchsstoffe ab. Bei den wässrigen Beschichtungssystemen sind Lösemittelanteile < 10% die Regel. Sie enthalten zwar nur wenige Komponenten, die allerdings ebenfalls zu Emissionen führen können. Auch so genannte Natur- und/oder Biolacke können nicht generell als emissionsarm angesehen werden, da die natürlich gewonnenen Öle teilweise mit synthetisch hergestellten terpenoiden Verbindungen und Testbenzinen verschnitten werden. Viele Naturstoffe enthalten darüber hinaus ungesättigte Fettsäuren, die zur unerwünschten oxidativen Bildung von geruchsintensiven Aldehyden neigen.

Neben diesen bereits kurz beschriebenen Materialien gibt es noch einige andere in Innenräumen verwendete Produktgruppen, die flüchtige organische Verbindungen emittieren (können). Genannt werden sollen beispielsweise Haushalts-Chemikalien, Dämmstoffe, Dichtungsmassen und Wandfarben. Auch offene Verbrennungsvorgänge in Innenräumen wie Gasherde, gasbeheizte Thermen und Kerzen können Luftverunreinigungen verursachen, wie im Zusammenhang mit dem so genannten Fogging bereits einige Male nachgewiesen wurde. Bei anschließenden Sanierungen sind deshalb die so genannten Sekundärquellen zu beachten und diesbezüglich vor allem großflächig verarbeitete Materialien

Tab. 5.4 ■ Bewertung der Luftqualität in Innenräumen (1)

Stoff	*Konzentration*	*Bemerkung*
Formaldehyd*	0,1 ppm (0,12 mg/m³)	Bundesgesundheitsamt-Empfehlung 1977
Tetrachlorethen (Per)*	0,1 mg/m³ (7-Tage-Mittelwert)	2. Verordnung zur Durchführung des Bundes-Immissionsschutzgesetzes 1987
PCB*	< 300 ng/m³ (unbedenklich) > 3.000 ng/m³ (Sanierung!)	BGA-Empfehlung PCB-Richtlinie ARGEBAU 1994
PCP*	> 1 µg/m³ (Sanierung!)	BGA-Empfehlung
Radon*	250 Bq/m³	Empfehlung der Strahlenschutzkommission
Toluol**	3 mg/m³	Ad-hoc-Arbeitsgruppe IRK/AGLMB 1996

* Bundesgesundheitsblatt 3/1993
** Bundesgesundheitsblatt 11/1996
Für eine Reihe von Stoffen gibt es Beurteilungsmaßstäbe, die jedoch in der Vergangenheit nicht systematisch entwickelt wurden. Für die Praxis sind sie nach wie vor bedeutsam.

Tab. 5.5 ■ Bewertung der Luftqualität in Innenräumen (2)

Stoff	*Konzentration*	*Bemerkung*
Schwefeldioxid	1000 µg/m3 (30 min.-Wert) 300 µg/m3 (24-Stunden-Wert)	MIK-Werte (VDI-Richtlinie 1984)
Stickstoffdioxid	200 µg/m3 (30 min.-Mittelwert) 100 µg/m3 (24-Stunden-Mittelwert)	
Ozon	120 µg/m3 (30 min.-Mittelwert)	
Kohlendioxid	0,15 Vol.-%	DIN-Norm 1946 Air Quality Guidelines for Europe 1987
FOV (VOC)	div.	BGA-Empfehlung 1993

mit offenen Oberflächenstrukturen wie Putze, Gipskartonplatten, Tapeten und Teppichböden, die flüchtige organische Stoffe und Geruchsstoffe aufgrund ihrer porösen Struktur absorbiert (gespeichert) haben und diese auch nach der Entfernung der Primärquelle über einen längeren Zeitraum abgeben können.

Die **Tabellen 5.4** und **5.5** geben eine Übersicht über die Bewertung der Luftqualität in Innenräumen in Bezug auf entsprechende Innenraumemissionen. Lediglich für sieben Kontaminanten liegen Richtwertempfehlungen unterschiedlicher Herkunft und Bedeutung vor: Formaldehyd, Tetrachlorethen, PCB, PCP, Lindan, Toluol und Radon.

Darüber hinaus gibt es weitere Orientierungshilfen, beispielsweise die MIK-Werte und »Air Quality Guidelines for Europe«.

Die MAK-Werte sind definitionsgemäß und wie bereits ausführlich beschrieben nicht für die Bewertung der Luftqualität in Innenräumen geeignet, weil sie die höchstzulässige Konzentration

Tab. 5.6 ■ **Beispiele für die Abhängigkeit ausgewählter Richtwerte für die Innenraumluft von den Größen LOAEL, interindividuelle Variabilität und Expositionsbedingungen**

Substanz	LOAEL (mg/m^3)	Interindividuelle Variabilität	Expositionsfaktor	RW II (Eingriffswert)	RW I (Richtwert)
Toluol	281	20	5	3 mg/m^3	0,3 mg/m^3
Dichlormethan	690	20	16	2 mg/m^3	0,2 mg/m^3
PCP	1000	10	HBM*	1 µg/ m^3	0,1 µg/ m^3
CO	15	1	1	60 mg/m^3 (0,5 Std.) 15 mg/m^3 (8 Std.)	6,0 mg/m^3 (0,5 Std.) 1,5 mg/m^3 (8 Std.)
NO2	0,35	1	1	0,35 mg/m^3 (0,5 Std.) 0,06 mg/m^3 (Woche)	nicht abgeleitet
Styrol	34	20	5	0,3 mg/m^3	0,03 mg/m^3

* Extrapolation über Humanbiomonitoring

eines Arbeitsstoffes in der Luft am Arbeitsplatz angeben. **Tabelle 5.6** gibt Beispiele für die Abhängigkeit ausgewählter Richtwerte für die Innenraumluft von den Größen »lowest observed adverse effect level« (LOAEL), interindividuelle Variabilität und Expositionsbedingungen.

In Spalte 2 ist der »lowest observed adverse effect level« aufgeführt, der die Schwelle einer nachteiligen Wirkung beschreibt; Spalte 3 enthält den Gesamtfaktor der interindividuellen Variabilität; Spalte 4 den Expositionsfaktor, der ggf. eine unterschiedliche Expositionsdauer berücksichtigt. Die Spalte 5 und 6 geben den Richtwert II und I nach dem Basisschema an. Des Weiteren soll noch darauf hingewiesen werden, dass die Ableitung von Innenraumluftrichtwerten nach dem Basisschema nur für Einzelstoffe gilt. Auch für Innenraum-Allergene (Milben, Katzen, Pilze, Pollen) wurden Grenzwertvorschläge gemacht.

Der Gesetzgeber ist bisher nur in Einzelfällen aktiv geworden. Die Beschränkung der Formaldehydemission von Holzwerkstoffen durch die Gefahrstoffverordnung oder auch das PCP-Verbot sollen beispielhaft genannt werden. Diese zeigen aber auch, dass ein jahrelanger (und jahrzehntelanger) langer Kampf der durch giftige Chemikalien Geschädigten notwendig sein kann, um Gesetzgeber zu Konsequenzen zu zwingen. Immerhin hat die Bundesregierung in ihrer »Konzeption zur Verbesserung der Luftqualität in Innenräumen« akuten Handlungsbedarf anerkannt und die wesentlichen Problemfelder definiert. Als wichtigstes Handlungsinstrument werden in dieser Konzeption auch Richtwerte für ausgewählte Innenraum-Luftschadstoffe genannt, mit deren Erarbeitung ein pluralistisch zusammengesetztes Gremium beauftragt werden sollte, das die Gewähr für eine breite, bundesweite Akzeptanz seiner Arbeitsergebnisse bietet. Es wird damit offensichtlich sehr großer Wert auf eine große Akzeptanz in der Bevölkerung gelegt, die nicht mehr so einfach nur mit dem Hinweis auf die Wissenschaftlichkeit erreicht wird. Schließlich sitzen in der MAK-Kommission zum Vergleich neben Vertretern der Hochschulen und Forschungsinstitute auch die großen Chemie- und Pharmakonzerne, obwohl die MAK-Kommission nach eigener Auskunft ausschließlich Naturwissenschaftler und fachkundige Experten beruft und die Berücksichtigung sozialpolitischer, ökonomischer, technologischer und nichtwissenschaftlicher Aspekte ausdrücklich ablehnt.

Die Bundesregierung hat also im Unterschied und in Abgrenzung von der MAK-Kommission gefordert, dass ein pluralistisch besetztes Gremium über Innenraumrichtwerte befinden soll. Pluralität in der Richtwertfindung ist auch deshalb unerlässlich, weil damit die Möglichkeit geschaffen wird, diejenigen an den Entscheidungen zu beteiligen, die später mit den Risiken leben müssen. Abgesehen davon, dass gerade im Niedrigdosisbereich bei den meisten Chemikalien gravierende Wissenslücken bestehen, stellen Krebs erzeugende oder Allergien auslösende Substanzen, wie sie in Innenräumen allgegenwärtig sind, Risiken dar, die durch Grenz-, Richt- oder Orientierungswerte lediglich eingeschränkt, aber nicht vollständig vermieden werden können. Die Festlegung derartiger Werte ist demzufolge eine Entscheidung über das Risiko, dem Betroffene ausgesetzt werden.

Einerseits ist diese Vorgehensweise zu begrüßen, da sie nachvollziehbare Beurteilungskriterien für die toxikologische Beurteilung von Innenraumschadstoffen schaffen will, andererseits entspricht die Vorgehensweise der Bewertung einzelner Stoffe nicht den Gegebenheiten im Innenraum und kann daher irreführend sein. Weiterhin ist zu befürchten, dass derartige Grenzwertsysteme bei konsequenter Anwendung durch Juristen – die in diesem Sinne als Laien zu bezeichnen sind – nicht zum Schutz der Innenraumluft führen.

Hier stellt sich abschließend natürlich die Frage der Beurteilung von Schadstoffen mittels Grenzwerten: Führt die konsequente Anwendung des vorgeschlagenen Grenzwertes zu einer Verringerung der vorhandenen Belastung – also einem Schutz von Mensch und Umwelt (limitierende Rechtssetzung) oder führt die Anwendung zur Fortsetzung der Produktion der entsprechenden Gefahrstoffe (freisetzende Rechtsetzung)? Die bisherige Praxis hat gezeigt, dass Letzteres bei weitem überwiegt.

5.2 Umweltmedizin

Die umweltmedizinische Zielstellung ist auf Ursache, Früherkennung, Differenzialdiagnose, Therapie und Prophylaxe innenraumbezogener Gesundheitsstörungen ausgerichtet. Zunächst muss vorausgeschickt werden, dass unter Experten unterschiedliche Auffassungen darüber vorhanden sind, ob akute und schwere Erkrankungen durch Innenraumeinflüsse entstehen können, oder ob es sich vielmehr (nur) um Störungen bzw. Beeinträchtigungen des Wohlbefindens, um Reizerscheinungen oder auch ggf. um Verschlechterungen bestehender Krankheiten handelt.

> Umweltmedizin umfasst die medizinische Betreuung von Einzelpersonen mit gesundheitlichen Beschwerden oder auffälligen Untersuchungsbefunden, die mit Umweltfaktoren in Verbindung gebracht werden. Als zentraler Fachgegenstand gelten anthropogene (von Menschen verursachte) Umweltbelastungen und deren gesundheitliche Folgen.
> Umweltmedizinische Erkrankungen sind überwiegend umweltbedingte Gesundheitsstörungen, die sich durch Maßnahmen im Sinne der Expositionsvermeidung bzw. -verminderung dauerhaft verbessern lassen.

Für die Entwicklung innenraumbezogener Gesundheitsstörungen/Erkrankungen ist das Zusammenwirken von Exposition und Disposition von Bedeutung. Die nach bisherigen Erkenntnissen gesicherten Zusammenhänge zwischen Expositionsfaktoren und innenraumbezogenen Gesundheitsstörungen/Krankheiten sind in der folgenden Tabelle zusammengefasst.

Innenraumbezogene Gesundheitsstörungen/Erkrankungen können nach der zu Grunde lie-

Tab. 5.7 ■ Innenraumbezogene Gesundheitsstörungen/Erkrankungen

Gesundheits-störung/Krankheit	SO^2	NO^2	CO	Formaldehyd	Biozide	VOC	Asbest	Allergene	Mikroorganismen	Radon
Irritation: Haut/Schleimhaut	+	+		+	+	+			+	
chron. obstr. Bronchitis	+	+								
Asthma bronchiale								+		
Lungenfunktion bei Asthma bronchiale	+	+				+				
exogen-allerg. Alveolitis									+	
Legionellosen, Mykosen									+	
Asbestose							+			
Lungenkrebs							+		+	
Neurotoxizität			+		+	+				
Mortalität										+

genden Ätiologie (Lehre von den Krankheitsursachen) in zwei Kategorien eingeteilt werden:

- Building-Related Illnesses (ätiologisch definierte Krankheiten)
- Sick Building Syndrom (ätiologisch unscharfes bzw. heterogenes Krankheitsbild).

In die Kategorie **Building Related Illnesses** (BRI) gehören gebäudebezogene Erkrankungen mit, nach dem gegenwärtigen Erkenntnisstand, ätiologisch-pathogenetisch eindeutiger Zuordnungsmöglichkeit. Als Pathogenese-Prinzipien kommen in Frage: Allergie, Infektion, infekt-allergisches Geschehen, Irritationen und maligne (bösartige, gefährliche) Prozesse.

Die Kategorie **Sick Building Syndrom** beschreibt einen seit etwa 1970 bekannten Komplex unspezifischer und ätiologisch vieldeutiger Symptome mit zumeist nachweisbarem Karenz- und Re-Expositionseffekt bei einer Gruppe von Menschen in bestimmten Gebäuden mit raumlufttechnischem (RLT-)Anlagen (dies bedeutet, dass diese Krankheiten immer nur dann auftreten, wenn der Betroffene der Exposition – also Belastung – ausgesetzt ist und sich die Symptome wieder bessern, sobald Karenz – also Entzug – einsetzt, d.h. der Betroffene beispielsweise das Gebäude verlässt und dadurch der Belastung/Exposition nicht mehr ausgesetzt ist). Auf dieses Thema wird im Verlauf dieses Buches noch ausführlich eingegangen.

Die vielschichtige Problematik der **Multiplen Chemikalienüberempfindlichkeit** (MCS) soll hier kurz erwähnt werden, weil unter anderem auch chemische Innenraumeinflüsse ursächlich verantwortlich gemacht werden. In jedem Fall bedarf dieses Krankheitsbild mit seinen wenigen gesicherten Fakten bezüglich Ätiologie, Pathogenese, Diagnostik, Therapie und vielen Fiktionen einer ernsthaften ärztlichen und wissenschaftlichen Zuwendung. Auch auf diese Thematik wird in dem Kapitel noch separat eingegangen.

Des Weiteren sollen noch kurz die gesundheitlichen Folgen durch Tabakrauch erwähnt werden. Hierbei handelt es sich um die vom umweltmedizinischen Standpunkt aus bedeutendste Innenraum-Noxe, die zu einer Reihe gravierender Gesundheitsbeeinträchtigungen führen kann. Nachgewiesen ist, dass sich im so genannten Nebenstromrauch, der für die passiven Mit-Raucher besonders bedeutungsvoll ist, zum Teil die 10 bis 100fach höhere Konzentration an kanzerogenen Schadstoffen (z.B. Benzol etc.) befinden. Es ist geradezu typisch, dass diese offensichtliche Gesundheitsbelastung sehr häufig übersehen oder bagatellisiert wird. Dabei handelt es sich in der Regel doch nur bedingt um die Inkaufnahme eines eigenen Risikos.

Unbestritten ist die Luft das wichtigste Lebensmittel für den Menschen, von dem er täglich mit 15 bis 25 m^3 große Mengen benötigt. Fehlt die Atemluft, kann der Mensch nur wenige Minuten überleben. Ist die Atemluft mit Schadstoffen belastet, können Krankheiten bis hin zum Tod die Folge sein. Wie für jedes andere Lebensmittel gilt deshalb, dass Atemluft hygienisch einwandfrei sein muss. An die Atemluft müssen mindestens die gleichen Qualitätsanforderungen gestellt werden, wie beispielsweise an Trinkwasser. Im Folgenden sollen einige grundsätzliche Qualitätsanforderungen an den Innenraum formuliert werden, deren Erfüllung Voraussetzung für Richtwerte ist, die breite Akzeptanz verdienen:

- Die Schadstoffbelastung der Luft in Innenräumen ist zu hoch. Diese Behauptung ist nicht einfach aufgestellt, sondern vielfach belegt und wird auch von der Bundesregierung in ihrer bereits oben erwähnten Konzeption zur Verbesserung der Luftqualität in Innenräumen geteilt. Eine wichtige Aufgabe von Richtwerten muss es deshalb sein, die Luftbelastung in Innenräumen zu reduzieren. Um diese Aufgabe zu erfüllen, dürfen Richtwerte nicht über dem sowieso bereits vorhandenen durchschnittlichen Belastungsniveau liegen. Sonst besteht die berechtigte Gefahr, dass die Differenz zwischen allgemein bereits vorhandener Belastung und dem Richtwert als Grauzone angesehen wird, der aufgefüllt werden kann. Der Verweis bzw. allein das Vorhandensein dieser Grauzone wird jede Maßnahme zur Reduzierung dieser Schadstoffbelastung unmöglich machen oder erschweren.
- Die Basis für die Festlegung von Grenzwerten darf nicht allein der in der Regel aufgrund von Tierversuchen ermittelte Messwert (in Fachkreisen als »no-observed-adverse-effect-Level« bezeichnet) sein. Das ist die Schadstoffbelastung, die beim Versuchstier gerade noch nicht zu erkennbaren Gesundheitsschäden führt. Hierbei muss allerdings berücksichtigt werden, dass die Versuchstiere sich nicht über Kopfschmerzen, Müdigkeit, Schleimhautreizungen oder andere oft unter dem Begriff der Befindlichkeitsstörung oder unspezifischen subjektiven Reaktionen verharmloste Folgen einer Schadstoffbelastung beklagen können. Das Problem liegt aber darin, dass dies genau die Symptome sind, die viele Innenraumschadstoffe auch schon in den geringsten Konzentrationen hervorrufen (können). Sie müssen auf der Basis gezielt durchgeführter Untersuchungen gleichberechtigt bei der Grenzwertfestlegung berücksichtigt werden.
- Richtwerte für die Innenraumbelastung sollen und müssen zukünftige aufwendige und teure Sanierungen vermeiden helfen. Es geht in erster Linie darum, jetzt und für die Zukunft die wichtigste Lebensgrundlage frei von jeglicher Belastung mit Schadstoffen zu halten bzw. bereits vorhandene Belastungen abzubauen. Infolgedessen dürfen Richtwerte für die Innenraumluft keinen Spielraum für zunehmende Schadstoffbelastung bieten. Sie müssen im Gegenteil ein deutliches Signal in die Verringerung der Belastung setzen.
- Abschließend soll noch erwähnt werden, dass durch oder mit Richtwerten für den Innenraum keine Gesundheitsrisiken vollständig vermieden werden können; sie stellen lediglich Hilfsmittel und Möglichkeiten zur Risikoverminderung dar. Wie bereits oben erwähnt, beinhaltet jeder Richtwert automa-

tisch auch ein Restrisiko für die Betroffenen, über das nicht irgendeine Arbeitsgruppe allein entscheiden darf, sondern dessen Abwägung Aufgabe einer pluralistisch zusammengesetzten Expertengruppe sein muss.

In der bereits erwähnten richtunggebenden Konzeption der Bundesregierung zur Verbesserung der Luftqualität in Innenräumen vom September 1992 werden im speziellen Teil die wesentlichen Emissionsquellen und Emissionen hinsichtlich Sachstand, Zielen und Maßnahmenvorschlägen systematisch behandelt. Inzwischen sind zahlreiche Einzelmaßnahmen und Maßnahmenpakete realisiert worden, die in verschiedenen Bereichen zu einer Reduktion der Belastung der Innenraumluft beitragen. Beispielhaft sollen nur folgende Aspekte erwähnt werden:

- Begrenzung von Radon (Information, Begrenzung der Belastung, Abhilfemaßnahmen, Forschung zur Verbesserung der Gefahrenabschätzung und -bewertung)
- Reduzierung der Außenluftbelastung durch gesetzliche Regelungen vor allem bezüglich des für die Innenraumbelastung u.U. bedeutsamen Schadstoffausstoßes von Kfz
- Verbesserung der Prüfanforderung für Stoffe und Zubereitungen sowie bevorstehende Umsetzung der EG-Regelung (betr. Einschränkung der Abgabe – sofern Krebs erregendes, erbgutschädigendes, reproduktionstoxisches Potenzial vorliegt)
- Erarbeitung von Informationsmaterialien zum Verbraucherschutz
- Initiierung von Forschungsvorhaben zur Thematik
- Empfehlungen der Arbeitsgruppe Schadstoffe der ARGEBAU sowie der Ad-hoc-Arbeitsgruppe der Innenraumlufthygienekommission und des Ausschusses für Umwelthygiene der Arbeitsgemeinschaft Leitender Medizinalbeamtinnen und -beamter der Länder, auf die im Einzelnen bereits eingegangen wurde.

Ohne Zweifel sind weitere Aktivitäten auf verschiedenen Aufgabenfeldern und Sachgebieten notwendig. So müssen beispielsweise weiterhin der Nichtraucherschutz in öffentlich zugänglichen Innenräumen verbessert, die Vorgehensweise für die Überwachung der RLT-Anlagen erarbeitet, die Beratungen zur EU-Biozidrichtlinie beendet werden, damit eine Regelung für die Biozidanwendung in Innenräumen umgesetzt werden kann. Dazu müssen der gesundheitliche Verbraucherschutz bei Bauprodukten (Informationen über Inhaltsstoffe) verbessert, die Kennzeichnungspflicht für Stoffe und Zubereitungen weiter ausgebaut und die Konsequenzen der Wärmeschutzverordnung für die Innenraumluftqualität abgeschätzt werden. Weiterhin müssen wissenschaftliche Untersuchungen zur Verbesserung der Erkenntnisse über die Raumluftbelastung und die Wirkung von Luftverunreinigungen in Innenräumen gefördert und die Arbeitsbereiche in den Behörden und staatlichen Institutionen gefördert und weiter ausgebaut werden, die sich mit der Luftbelastung in Innenräumen befassen.

5.3 Mikrobielle Luftverunreinigungen

5.3.1 Einleitung

Die fortschreitenden Erkenntnisse über die Bedeutung der Luftqualität an Arbeitsplätzen in Büros, in Schulen und Kindertagesstätten und im privaten Wohnbereich haben in den letzten Jahren das Augenmerk wieder verstärkt auf mikrobiologische Probleme gerichtet. Bisher standen allerdings meist die gut sichtbaren Bauschäden durch Fäulnis und Schimmelbefall bei Durchfeuchtungen im Vordergrund. Gebäudeuntersuchungen in den USA zeigen eine Verlagerung des Untersuchungsschwerpunktes von flüchtigen Raumluftbelastungen aus verwendeten chemischen Baustoffen zu einer vermehrten Beachtung mikrobieller und biologischer Einflüsse.

Die Weltgesundheitsorganisation stellt fest, dass 90% aller Erkrankungen mehr oder weniger durch veränderte Umweltbedingungen verursacht sind. Der Internationale Kongress über Bio-Aerosole, Schimmelpilze und Mykotoxine in USA informiert: »*Wissenschaftlicher Konsens besteht darüber, dass eine intensive Exposition gegenüber Schimmelpilzen, vor allem gegenüber Toxin bildenden Arten des Stachybotrys chartarum, mit ernsten Gesundheitsgefahren verbunden sein kann*«, weshalb in den USA bereits Richtlinien zur Beurteilung und Entfernung dieser Schimmelart im Innenbereich erstellt wurden.

»*Die Belastung der Innenraumluft in Wohnungen ist oft bis zu 50-mal höher, als an viel befahrenen Straßenkreuzungen. Dies ist eine Tatsache, die oft nicht berücksichtigt wird*« – so das Institut für Wasser-, Boden- und Lufthygiene beim Bundesgesundheitsamt. Das Bundesgesundheitsministerium und die Krankenkassen informieren: »*Jeder dritte Bundesbürger ist umweltkrank*«. Viele Menschen sind teils unbewusst biologischen, chemischen oder physikalischen Belastungsfaktoren in ihrer Wohnung oder im Haus ausgesetzt. Infolgedessen können vielfältige gesundheitliche Beeinträchtigungen und Befindlichkeitsstörungen ausgelöst werden.

Der Befall mit Schimmelpilzen verursacht hohe Kosten, denn Sanierungen sollten mit ähnlichen Sicherheitsvorkehrungen ähnlich einer Asbestsanierung durchgeführt werden, um eine Aufnahme der giftigen Stäube auf jeden Fall zu vermeiden. Werden Untersuchungen durch Krankenkassen, kassenärztliche Vereinigungen oder das Bundesgesundheitsministerium in Auftrag gegeben, lauten die Gutachten, Stellungnahmen und Abschlussberichte immer gleich: »*Gesundheitliche Probleme durch Bakterien und Schimmelpilze in Wohnungen werden von offiziellen Institutionen und Behörden immer noch unterschätzt und in ihrer Tragweite nicht erkannt.*« Im Auftrag mehrerer Krankenkassen wurden bereits mehrere Untersuchungen durchgeführt und Diagnosebögen ausgewertet, bei denen der Verdacht auf eine mikrobielle Kontamination durch Schimmelpilze und/oder Bakterien von Innenräumen geäußert wurde. In die Auswertungen wurden die geschilderten Krankheitssymptome, der Einsatz von Schimmelpilzspürhunden, die Untersuchung von Materialproben auf mikrobielles Wachstum sowie Messungen von MVOC's einbezogen. Atemwegserkrankungen (fast 80%), Infektanfälligkeit (über 50%), allergische Erkrankungen (über 40%) und Müdigkeit (über 40%) wurden im Durchschnitt der untersuchten Personen mit nachgewiesener Schimmelpilzbelastung am häufigsten als Krankheitssymptome geschildert. Kinder sind diesbezüglich als Risikozielgruppe anzusehen, da sie vermutlich besonders empfindlich auf eine Schimmelpilzkontamination von Innenräumen reagieren. Die Toxikologen und Baubiologen ermitteln die verstärkt zu verzeichnenden Zusammenhänge zwischen intensiver Reizung von Augen und Atemwegen, Anfälligkeiten für Infekte, Allergien und Ermüdungserscheinungen auf der einen Seite und dem offenen oder versteckten Vorkommen von Bakterien und Schimmelpilzen.

Bei einer Auswertung von 2.500 Analysen aus so genannten »Problem-Gebäuden« mit erhöhten Vorkommen von Mikroorganismen dominierten zumeist aber starke bakterielle Belastungen in 75% der Fälle. Jede vierte Probe war mit der Bakterie *Streptomyces* belastet, die (neben zahlreichen anderen Stoffen) das charakteristisch nach Kartoffelkeller riechende Geosmin erzeugt. Bei einer weiteren Untersuchung an fast 1.000 Probanden mit der Aufforderung, den Geruch von Geosmin zu beschreiben, äußerten 90% der Befragten: »typischer Schimmelgeruch«! Diese Fehleinstufung einer bakteriellen Belastung als vermutetes Wachstum von Pilzen erklärt, warum sich bisher die gesundheitlichen Beeinträchtigungen der Raumnutzer nicht mit den angeforderten Untersuchungen auf Schimmelpilze in Labors in Übereinstimmung bringen ließen: die krankmachenden Mikroorganismen waren Bakterien, die mit Nachweismethoden für Pilze nicht zu finden sind! Deshalb soll an dieser Stelle darauf kurz hingewiesen werden, dass Bakterien die größte Herausforderung bei der Innenraumbelastung für die nächsten Jahre darstellen und bisher in ihrer Bedeutung noch unterschätzt werden.

Im Einzelfall kann man sich beispielsweise an den Berufsverband der Deutschen Baubiologen wenden, der regionale Ansprechpartner benennt. Fachkundige und kompetente Baubiologen sind spezialisiert auf das Erkennen und Bewerten von Hauskrankheiten wie Wohngifte, Schimmelpilze und dgl. Das Erkennen und Vermeiden dieser veränderten Umweltbedingungen, der Krankheitsquellen in den eigenen vier Wänden, ist die Aufgabe und Tätigkeit einer baubiologischen Beratung und Dienstleistung. Diese sollte reproduzierbar, transparent und immer am praktischen Alltag orientiert sein. Erfahrungen aus der Praxis und die aktuellen Erkenntnisse aus Naturwissenschaft, Biologie, Biophysik und Medizin sind Bestandteil und Grundlage dieses Spezialgebietes. Allerdings muss man an dieser Stelle bemerken, dass auch die Baubiologen keine staatlich anerkannte Berufsaus- und -weiterbildung haben, sodass der Nachweis der Qualifikation ein großes Problem darstellt.

Obwohl Sporen und giftige Stoffwechselprodukte mancher Schimmelpilzarten als Krankheitserreger für Menschen längst erkannt sind, liegen nur spärliche Informationen vor. Hinzu kommt, dass sich die harmlosen von den schädlichen Arten mit bloßem Auge nicht unterscheiden lassen. Überhaupt muss man wissen, dass Schimmelpilze vollkommen unauffällig wachsen können. Ohne Hilfsmittel lässt sich nicht feststellen, ob eine betrachtete Tapeten- oder Putzprobe Pilzelemente enthält oder nicht. Zunächst unsichtbar erscheinen auch viele Pilzinfektionen von Pflanzen, Tieren und Menschen. Als Anzeichen (endo-)parasitischen Pilzwachstums werden je nach Umständen gewisse Krankheitsäußerungen bemerkt.

In der Praxis finden sich in der Regel keine Reinstoffexpositionen, sondern vielmehr Mixturen aus verschiedenen Schimmelpilzarten und -konzentrationen. Zudem kommen andere Noxen, also Schadstoffe, die auf den Organismus schädlich einwirken (beispielsweise die Luftverschmutzung) und unter Umständen Bakterien (vor allem Tiere in Innenräumen) vor, was in der Expositionsanalyse und Epidemiologie zu berücksichtigen ist. Möglicherweise müssen additive, synergistische und reduzierende Wirkungen in Betracht gezogen werden. Laboruntersuchungen, -ergebnisse und -auswertungen mit Reinstoffen müssen infolgedessen in der Regel relativiert werden. Neben den natürlichen Giftstoffen (Mykotoxinen etc.) der Schimmelpilze, deren Produktion von bestimmten Umwelteinflüssen und Bedingungen abhängt (Wassergehalt, Substrat, Temperatur, andere Schimmelpilzarten und Mykotoxine etc.) können Zellelemente der Schimmelpilze (und Bakterien) eine unabhängige, direkte oder synergistische, kumulative Wirkung haben (beispielsweise Endotoxine, Allergene und dgl.). Manchmal lassen sich Erkrankungen, die nach Schimmelpilzexposition festgestellt werden, nicht eindeutig zwischen Allergien und toxisch-entzündlichen Erkrankungen abgrenzen. Die folgenden Krankheitsbilder stellen möglicherweise eine Kombination dar:

- Organic dust toxic syndrome
- Mucous membrane irritatuion (Reactive Airway Disease, cough)
- Chronische Bronchitis
- Extrinsic-Allergic alveolitis (Hypersensitivity pneumonitis (Farmerlunge)).

Daran wird deutlich, dass Schimmelpilzbefall mit seinen Auswirkungen nicht nur als optisch-ästhetischer Mangel gesehen werden darf und ein wichtiger Bestandteil der Innenraumbewertung und -ökologie geworden ist. Die epidemiologische Zusammenhänge zwischen Feuchtigkeit in Gebäuden, Schimmelpilzbefall und vielfältigen gesundheitlichen Auswirkungen sind in vielen Untersuchungen nachgewiesen worden. Schimmelpilze stören durch ihre Gerüche, verursachen Reizungen von Schleimhäuten, Allergien, Infektionen und Intoxikationen. Vereinfacht kann man also festhalten, dass Schimmelpilze folgende Gesundheitsstörungen hervorrufen können:

- Allergien
- Toxische Wirkungen
- Infektionen.

Stellt man die Schimmelpilzspezies den wichtigsten auf Pilzsporeneinwirkung zurückzuführenden Krankheitsbildern beim Menschen gegenüber, so wird einerseits ersichtlich, dass die beiden offenkundig am meisten zu fürchtenden Spezies beim Schimmelpilzbefall in Wohnräumen (bislang) kaum anzutreffen sind. Andererseits wird aber auch deutlich, dass die pathogene Wirkung bzw. im Falle von *Penicillium* die unmittelbare toxische Wirkung der in unseren Wohnungen siedelnden Pilze Anlass genug zur Sorge geben. Deshalb ist es wichtig, Ursache und Wirkung eindeutig zu definieren und zu differenzieren. Schimmelpilze in Innenräumen haben sehr komplexe und sich überlagernde Ursachen, sodass eine Trennung nicht immer möglich und/oder einfach ist. So müssen die Atemwegserkrankungen und Mykosen durch luftgetragene Schimmelpilzsporen in verschiedenen Bereichen – in der Außenluft, im Innenraum sowie im unmittelbaren Umfeld – differenziert werden. Auch beim gefährdeten Personenkreis gibt es wesentliche Unterschiede zwischen Menschen mit allergischer Veranlagung, immunschwachen Personen und Menschen mit beruflicher Exposition. Dies muss bekannt sein, wenn Gesundheitsbelastungen und -risiken beschrieben werden.

5.3.2 Allergien

5.3.2.1 Einleitung

Seit Anfang der 80er Jahre werden die gesundheitlichen Auswirkungen aus Innenraumbelastungen in der Öffentlichkeit verstärkt diskutiert. Während sich dabei der Diskussionsschwerpunkt zunächst auf chemische Schadstoffe erstreckte, gewannen die biologischen Einflussfaktoren zu Beginn der 90er Jahre zunehmende Bedeutung. Insbesondere die Ursachenforschung für das verstärkte Auftreten von Allergien hat die Bedeutung der im Innenraum vorherrschenden Allergenquellen erkennen lassen. Die allergischen Erkrankungen stellen mittlerweile in den Industriestaaten eine Volkskrankheit dar, was durch diverse Studien belegt werden kann. Amerikanische Wissenschaftler beobachteten vom Ende der 60er bis Anfang der 80er Jahre einen Anstieg der Allergien im Kindesalter um 70%. Über einen Zeitraum von 15 Jahren erhöhte sich die Zahl der Asthmafälle bei Zwölfjährigen in einer englischen Studie bis 1988 um 100%. Im gleichen Zeitraum nahmen Ekzeme um 150% und Heuschnupfen um 70% zu. Über einen Zeitraum von 60 Jahren (von 1926 bis 1988) beobachteten Schweizer Wissenschaftler und Ärzte die Häufigkeit von Heuschnupfen. Die Allergie stieg in diesem Zeitraum um das 12-fache. Die Bedeutung von Schimmelpilz-Allergien geht u.a. aus einer finnischen Studie hervor: von 1.300 atopischen asthmatischen Kindern hatten 13,4% einen positiven Hauttest mit irgendeinem Schimmelpilz-Allergenextrakt, 7,1% hatten einen positiven Test mit *Cladosporium*, 6,7% mit *Alternaria, Aureobasidium* war in 5,8%, *Aspergillus* in 4,6% und *Penicillium* in 3,4% positiv, um nur die wichtigsten Schimmelpilze zu nennen.

Entsprechende Veröffentlichungen zeigen, dass die Entwicklung der Allergien in Deutschland ähnlich zunimmt. Zwischen 10 und 12% der Schulkinder in der Unter- und Mittelstufe haben Asthma, über 40% weisen eine allergische Disposition auf. Knapp ein Viertel der bundesdeutschen Bevölkerung klagt über eine Allergie, beinahe bei jedem Fünften (18%) ist eine krankhafte Überempfindlichkeit durch einen klinischen Test festgestellt worden. Von Heuschnupfen sind zwischen 15 und maximal 20% der deutschen Bevölkerung betroffen. Asthma bronchiale ist gegenwärtig eine der häufigsten chronischen Krankheiten im Kindesalter. Das Robert-Koch-Institut veröffentlichte, dass fast 10 Millionen Bundesbürger im Alter von 18 bis 80 Jahren schon einmal einen allergischen Schnupfen (Heuschnupfen) hatten. Von Bronchialasthma sind rund 6% (ca. 3,5 Millionen) aller erwachsenen Männer und Frauen betroffen. Die Häufigkeit von Nahrungsmittelallergien beträgt ebenfalls rd. 6% und an Neurodermitis waren oder sind etwa 3% aller 18- bis 80-jährigen erkrankt.

Die genannten allergischen Krankheiten sind in den alten Bundesländern weiter verbreitet als in den neuen Bundesländern. Einen allergischen Schnupfen haben oder hatten z.B. rd. 17% der westdeutschen, aber nur 11% der ostdeutschen Bevölkerung. Dies ergaben die Auswertungen des Bundes-Gesundheitssurveys 1998, einer vom Robert-Koch-Institut durchgeführten repräsentativen Befragung und Untersuchung von fast 10.000 erwachsenen Bundesbürgern. Des Weiteren kommt die Studie, mit der die Häufigkeit von Allergien in den alten und neuen Bundesländern verglichen wurde, zu einem überraschendem Ergebnis: Allergien kamen und kommen bei Vorschulkindern in Ostdeutschland wesentlich seltener vor als in Westdeutschland. Eigentlich hatten die Wissenschaftler das Gegenteil erwartet, denn in der ehemaligen DDR war und ist die Schadstoffbelastung der Luft deutlich höher als im Westen. Dieses Ergebnis führt zu neuen Theorien in der Ursachenforschung von Allergien. Möglicherweise spielt die Schadstoffzusammensetzung der Luft bei der Allergieentwicklung eine Rolle. Während in den alten Bundesländern vor allem Schwefeldioxid und Rußpartikel die Luft belasten, sind es in den neuen Bundesländern vor allem die Stickstoffoxide und Ozon. Eine andere Hypothese geht davon aus, dass westliche Wohngegebenheiten der Entstehung allergischer Erkrankungen Vorschub leistet. Gut isolierte Räume gehen mit höherer Luftfeuchtigkeit einher und schaffen damit ein ideales Klima für Hausstaubmilben und Schimmelpilze.

Die Auswertungen zeigen weiterhin, dass viele Menschen im Laufe ihres Lebens auch ein allergisches Kontaktekzem entwickeln. Frauen sind hiervon deutlich häufiger betroffen als Männer (21% der Frauen und 8% der Männer). Eine Zusammenfassung aller in der Studie erfragten Allergien lässt erkennen, dass jeder zweite bis dritte Bundesbürger irgendwann schon einmal eine allergische Erkrankung hatte. Epidemiologische Betrachtungen zeigen, dass Allergien auch weiter zunehmen, obwohl viele Untersuchungen durchgeführt und Verhaltensänderungen der Bevölkerung umgesetzt werden konnten. Die angestrebten Ziele (weniger Rauchen, weniger Haustierhaltung, weniger Ozon aus Kopierern, bessere Belüftungsanlagen) wurden in den letzten zehn Jahren erreicht, ohne eine Zunahme von Allergien messbar aufhalten zu können.

Der Begriff »Allergie« ist von den Wiener Kinderärzten Clemens von Pirquet und Bela Shick bereits 1906 geschaffen worden. Sie schlugen in der »Münchener Medizinischen Wochenschrift« vor, diesen Begriff zu verwenden. Sie wollten unter diesem vorgeschlagenen Fremdwort nicht mehr als die Änderung der Reaktionsfähigkeit des Organismus in zeitlicher, quantitativer oder qualitativer Beziehung verstanden wissen. Diese Begriffe trafen am besten auf einen Mechanismus zu, der verhindert, dass Menschen unter bestimmten Bedingungen keine Immunität entwickeln, sondern eine ständige Zunahme der Reaktivität aufweisen. In den vergangenen Jahr(zehnt)en haben sich die Vorstellungen über den Mechanismus der allergischen Reaktion wiederholt geändert und damit den entsprechenden Fortschritt in der immunologischen Forschung wiedergespiegelt.

Das Wort »Allergie« leitet sich vom griechischen allos (= anders, fremd) und von ergon (= Werk, Verrichtung, Arbeit) ab. Man bezeichnet damit die Eigenschaft des Körpers, auf bestimmte Substanzen bei wiederholtem Kontakt anders zu reagieren als beim ersten Mal. Das »anders« bezieht sich auf einen qualitativen Unterschied in der Reaktion.
Der menschliche Organismus bildet unter bestimmten Bedingungen vorwiegend gegen natürliche Stoffe, die als Allergene bezeichnet werden, so genannte Antikörper (Sensibilisierungsphase). Diese Antikörper gehören zu einer Gruppe von Substanzen im menschlichen Blut, die u.a. für die Im-

munität verantwortlich sind. Kommt es nach erfolgter Sensibilisierung zu erneutem Allergenkontakt, so verbindet sich das Allergen mit dem speziell gegen ihn gerichteten Antikörper – auch als »spez. IgE« bezeichnet. Diese Allergen-Antikörper-Reaktion verursacht eine Ausschüttung von verschiedenen Stoffen (Mediatoren), welche an den Schleimhäuten eine allergische Entzündung auslösen. Man sieht dieser Entzündung zunächst nicht an, ob sie die Folge einer Allergie oder einer Infektion ist.

Nun darf man sich unter einer Entzündung nicht nur eine starke Schmerzempfindung oder eine akute Gewebereaktion vorstellen. Die allergische Krankheit ist in ihrer Intensität abhängig von der Empfindlichkeit des Individuums (dem oben bereits erwähnten Sensibilisierungsgrad) und von der Menge des oder der Allergene. Wenn also ein geringer Sensibilisierungsgrad und eine mäßige Allergenexposition bei einem Menschen zusammentreffen, so müssen die ausgelösten allergischen Krankheitserscheinungen nicht unbedingt den Zustand einer Befindlichkeitsstörung überschreiten. Diese Menschen klagen also mehr oder weniger in bestimmten Situationen darüber, dass sie sich nicht wohl fühlen, müde oder abgeschlagen sind, ohne einen objektiven Zusammenhang zwischen ihren Beschwerden und irgendwelchen Änderungen ihres Lebensraumes erkennen zu können.

Natürlich gibt es klassische Zusammenhänge zwischen bestimmten Krankheitsbildern und den sie auslösenden Allergenen. In der Regel lösen Allergene, die inhaliert werden, Reaktionen an Augen, Nase oder Bronchien aus. Allergene, die mit der Nahrung aufgenommen werden, verursachen hingegen in der Regel Magen-Darm-Erkrankungen oder Hautkrankheiten. In Ausnahmen werden Allergene auch eingeatmet und verursachen Hauterkrankungen oder werden durch Essen oder Trinken aufgenommen und verursachen Schnupfen oder Atembeschwerden.

Warum gibt es überhaupt Allergien? Auf diese interessante und wichtige Frage haben Immunologen mit der so genannten Wurmtheorie nur eine klägliche Antwort parat. Die übliche Antwort lautet: Allergien sind Überempfindlichkeiten mancher Menschen gegenüber an sich harmlosen Stoffen. Die wesentlichen Komponenten einer allergischen Reaktion sind Mastzellen und spezielle Antikörper mit Namen IgE (Immunglobulin Typ E). Wenn allergische Reaktionen tatsächlich die einzige Aufgabe der Mastzellen und speziellen IgE-Antikörper wären, widerspräche dies der Überzeugung der Evolutionsbiologen, wonach jedes biologische System, das im Laufe der Evolution erhalten geblieben ist, auch eine nützliche Funktion hat. Was aber ist dann der Nutzen des IgE-Systems? Die meisten Mediziner und Biologen vertreten die Auffassung, dass Mastzellen und spezielle Antikörper mit Namen IgE der Abwehr parasitischer Würmer dienen würden. Als Beleg dafür führen sie an, dass beide Komponenten im Immunsystem im Falle einer Wurmabwehr aktiv werden. Manche Wissenschaftler bezweifeln aber, dass dies die einzige Funktion des IgE-Systems ist. In einigen Veröffentlichungen wird darauf verwiesen, dass dieses System eine Rolle bei der Abwehr von Hautparasiten spielen könnte oder ein Reservemechanismus gegen die gefährlichen bakteriellen Giftstoffe darstellt. Überzeugen konnten diese Alternativmodelle die Fachleute und Experten bisher nicht. Einig sind sich die Wissenschaftler allerdings, dass der Mechanismus, der den Allergien zugrunde liegt, die Menschen normalerweise vor etwas schützt – nur wovor ist weiterhin eine nicht eindeutig beantwortete Frage.

Um es einfach auszudrücken: eine Allergie ist eine Überreaktion des Körpers, die durch bestimmte Stoffe (Allergene) ausgelöst wird. Es muss jedoch zwischen einer allergischen Reaktion und einer Unverträglichkeit auf bestimmte Stoffe differenziert werden, die durch eine reizende oder irritative Wirkung dieser Stoffe hervorgerufen wird. Im menschlichen Körper gibt es bestimmte Abwehrmechanismen (Antikörper), die ihn vor Fremdeinwirkungen schützen sollen. Wenn das Allergen in den menschlichen Organismus eintritt, wird es von bestimmten Körperzellen als fremd erkannt und sogleich wird die Produktion von Abwehrstoffen in Gang gesetzt. Diese Stoffe setzen sich an den oben genannten Mastzellen fest, um dort für einen Neubefall durch das Allergen parat zu sein. Diese Phase wird als Sensibilisierungsphase bezeichnet, ohne die eine allergische Reaktion nicht möglich wäre. Den Folgemechanismus nennt man Reaktionsphase, da die gebildeten Antikörper auf das Allergen als Fremdkörper reagieren, indem sie bestimmte Botenstoffe (Histamin) freisetzen, welche bei einem Kontakt mit Rezeptoren des Körpergewebes (z.B. Schleimhäute) eine allergische Reaktion auslösen. Um den Prozess der Allergieentstehung zu verstehen, muss man den biologischen Aspekt zunächst einmal etwas näher beleuchten.

5.3.2.2 Allergien – pathogene Reaktionen des Immunsstems

Das Immunsystem ist von entscheidender Bedeutung für die Erhaltung der Abwehrkraft und damit die Gesundheit hochentwickelter Organismen. Seine wesentliche Funktion und Aufgabe besteht darin, an der Erhaltung der biologischen Integrität des Individuums mitzuwirken und sein Überleben zu gewährleisten. Das Immunsystem ist demzufolge in der Lage, sowohl eine Unterscheidung zwischen »Selbst« und »Fremd« als auch zwischen »normalem Selbst« und »verändertem Selbst« durchzuführen. Das »Fremde« und ein »verändertes Selbst« wird in der Immunologie generell als Antigen bezeichnet, wenn es im Organismus gerichtete Reaktionen (Immunreaktionen) auslöst, deren Ziel das Unschädlichmachen und die Eliminierung des Antigens ist. Man unterscheidet zwischen den unspezifischen Abwehrreaktionen und spezifischen Immunreaktionen.

An den unspezifischen Abwehrvorgängen sind physikalische, biochemische und chemische Reaktionen sowie bestimmte Leistungen von Fresszellen beteiligt. Die spezifische Immunabwehr wird von den so genannten B- und T-Lymphocyten bzw. von ihnen abgeleiteten Effektormolekülen und -zellen durchgeführt. Der Zelltyp der B-Lymphocyten übernimmt dabei die Antikörperbildung/humorale Immunantwort und die T-Lymphocyten die zelluläre Immunantwort. Die Effektormoleküle sind die von den B-Zellen sezernierten Antikörper, die das Antigen spezifisch binden. Die Effektorzellen sind so genannte cytotoxische T-Zellen, die die fremden bzw. entarteten Zellen über einen direkten Zell-Zell-Kontakt und unter Mithilfe löslicher Zelltoxine spezifisch abtöten. So unterscheidet man zwischen der humoralen (löslichen) Immunantwort, an der sezernierte Antikörper beteiligt sind, und der zellulären Immunantwort. Während Antikörper als lösliche Moleküle bevorzugt lösliche Substanzen (Proteine, Allergene, bakterielle Toxine sowie Medikamente), aber auch Viren und Bakterien binden, vernichten die cytotoxischen T-Zellen ausschließlich Zellen.

Antigene sind lösliche oder partikuläre Substanzen, die vom Immunsystem als Fremdkörper identifiziert und von ihm gezielt bekämpft werden. Beispiele hierfür sind Bakterien, Viren, Pilze, Parasiten, virusinfizierte Zellen, Bruchstücke von Mikroorganismen, deren lösliche Membrankomponenten und Metabolite (z.B. Toxine), Allergene usw. Chemisch gesehen sind Antigene Proteine, Kohlenhydrate, Glykoproteine, Glykolipide, Lipoproteine und Lipide - reine DNA oder RNA haben offenbar keine antigenen Eigenschaften. Niedermolekulare Substanzen mit einem Molekulargewicht von kleiner als 1.000 wirken normalerweise nicht antigen. Sie werden als Haptene bezeichnet und können erst nach Kopplung an einen hochmolekularen Träger eine spezifische Immunantwort induzieren. Freie Haptenmoleküle binden jedoch an die zu ihnen passenden Antikörper. So genannte Autoantigene sind körpereigene Komponenten, die normalerweise keine Immunantwort induzieren, die jedoch unter pathologischen Bedingungen antigen wirken und autoaggressive Reaktionen hervorrufen. Die Alloantigene induzieren in Individuen der gleichen Spezies eine Immunantwort und die so genannten Xenoantigene in Individuen verschiedener Spezies.

Die folgenden Mechanismen tragen dazu bei, körperfremde Substanzen und krankheitsauslösende Organismen wie Viren, Bakterien, Pilze oder parasitische Würmer vom Körper fernzuhalten, zu zerstören oder aus dem Körper zu entfernen. Dies bedeutet, dass diese Mechanismen in die gleiche Richtung wie die spezifischen Immunreaktionen wirken. Physikalische Mechanismen sind beispielsweise das Herauswaschen von Erregern durch Speichel, Nasen- und Lungensekret, Tränenflüssigkeit, Schweiß und Urin oder auch das aktive Herausbefördern von Bakterien durch Husten oder Niesen. Die physikalisch-biologischen Abwehrmechanismen beinhalten die Besiedlung mit harmlosen symbiotischen Bakterien und Pilzen, die eine Zunahme pathogener Keime räumlich und durch Konkurrenz um Nährstoffe erschweren. Zu den biochemischen Abwehrmechanismen gehören u.a. die Zerstörung von Keimen durch die Tränenflüssigkeit. Abschließend sollen noch die chemischen Mechanismen erwähnt werden, die beispielsweise durch die bakterizide und fungizide Wirkung von Schleim der Atemwege und des Genitaltraktes, von Milchsäure im Schweiß, von Fettsäuren im Talgdrüsensekret, von Wachs im Gehörgang und die Verringerung des pH-Wertes im Magen beschrieben werden.

5.3.2.3 Allergene in Innenräumen

Die in den letzten Jahren veröffentlichten Untersuchungen zur Identifizierung von Allergenen in Innenräumen berücksichtigten entweder ausschließlich oder schwerpunktmäßig die Allergenträger. Allergene sind jedoch molekulare Stoffe, die sich vom Allergenträger lösen können, um im menschlichen Organismus die allergischen Entzündungsreaktionen an den Schleimhäuten auszulösen. In den meisten Fällen ist der Allergenträger nicht nachweisbar, gleichwohl kann eine zur Auslösung der allergischen Entzündungsreaktion ausreichende Menge »freier Allergene« in der Raumluft vorhanden sein. Im Folgenden soll kurz auf die Ökologie der Allergene eingegangen werden.

Unter den mehr als 3.000 bekannten anthropogenen Kontaminanten in Innenräumen sind die allergenen Substanzen solange von untergeordneter Bedeutung, wie keine der in den einzelnen Räumen befindlichen Personen eine spezifische Sensibilisierung aufweist. Während für toxische Stoffe Konzentrationsbegrenzungen angegeben werden können, ist dies für potenzielle Allergene nicht möglich, da diese auch in niedrigsten Konzentrationen allergische Symptome auslösen (können). Kommt es nach einem Orts-, Wohnungs- oder Arbeitsplatzwechsel zu einer Änderung des Krankheitsbildes, so wird dies oft mit einer Verbesserung oder Verschlechterung der klimatischen Bedingungen begründet. Aus Sicht der Allergologen ist dies immer mit einer unbewussten Allergenausschaltung oder -exposition in Zusammenhang zu bringen. Das Problem besteht darin, dass die Mehrzahl der Innenraumallergene auch zum Aeroplankton der Außenluft gehört. Infolgedessen ist eine strenge systematische Trennung der Allergengruppen unmöglich.

Diese Tatsache hat bereits 1927 durch Storm van Leeuwen zu der Überlegung geführt, durch allergenfreie Kammern eine Verbesserung des Krankheitszustandes herbeizuführen. Fast zeitgleich begannen durch van Bronswijk Untersuchungen, um die Identität der Allergene im Hausstaub aufzuklären. Nach wie vor werden unter dem schlecht bzw. nicht definierten Begriff »Hausstauballergen« die nicht identifizierten bzw. nicht identifizierbaren biologischen Materialien zusammengefasst, welche allergenen Charakter haben können. In seiner ersten Beschreibung »einer Hausstauballergie« teilte Cooke bereits 1927 mit, dass der asthmatische Patient nach einem Wohnungswechsel völlig beschwerdefrei wurde, obwohl es mit Sicherheit auch in der neuen Wohnung Hausstaub gegeben hat. Dieses offensichtlich verwirrende Reaktionsmuster macht es nicht immer einfach, Ursache und Wirkung in

Zusammenhang zu bringen. Laboruntersuchungen und Einzeltests genügen oft nicht, um eine allergische Krankheit bzw. das krankmachende Allergen erkennen zu können. Aus dem Auftreten der Krankheit unter bestimmten Bedingungen lassen sich Rückschlüsse auf das oder die möglichen Allergene ziehen. Wird beispielsweise ein Arbeitsplatzwechsel analysiert, so stellt man häufig fest, dass dieser fast immer eine Positionsänderung im Sinne einer beruflichen Verbesserung oder Verschlechterung bedeutet. Infolgedessen wird das Auftreten von noch so diskreten Befindensstörungen bis hin zu heftigen Krankheitserscheinungen oft nicht auf einen möglichen Wechsel des allergenen Milieus im Rahmen des Arbeitsplatzwechsels, sondern auf irgendwelche psychischen Reaktionen zurückgeführt.

Natürlich muss nicht immer eine Allergie die Ursache von Befindensstörungen sein, allerdings gibt es einige typische Zusammenhänge: Schimmelpilze kommen bevorzugt bei feuchter Witterung und damit im Frühjahr und Herbst, in muffigen und schlecht belüfteten Kellern und Wohnungen, zwangsbelüfteten Räumen, aber auch in vielen Speisen und Getränken vor. Wie bereits erwähnt, ist die Zahl der Schimmelpilzarten sehr groß und ihr Vorkommen wechselt von Standort zu Standort. Sie lassen sich nicht so leicht systematisieren wie beispielsweise Blütenpflanzen. Des Weiteren ist ein typisches Merkmal, dass Schimmelpilze in unterschiedlichen Regionen bei ganz unterschiedlichen klimatischen Bedingungen wachsen. Von Bedeutung sind auch die Vegetationsbedingungen des jeweiligen Wirtes. Entsprechend den Veränderungen unserer Umwelt und unseres Lebensraumes können Schimmelpilze und andere Allergene an Aktualität zu- oder abnehmen. Die energiesparende und lärmschützende Bauweise der letzten Jahre hat eine erhöhte Luftfeuchtigkeit in den Bauwerken zur Folge, was das Schimmelpilzwachstum und die Milbenverbreitung insbesondere in Bereichen mit Kältebrücken begünstigt.

Es ist schwierig, einen Katalog der wichtigsten allergieauslösenden Schimmelpilze in Innenräumen aufzustellen, da der regionale Schimmelpilzbefall an mikroklimatische Bedingungen geknüpft ist und sich das aktuelle Schimmelpilzspektrum in Großstädten von dem in ländlichen Regionen, in Norddeutschland sich mit großer Sicherheit von dem in Süd-, Ost- oder Westdeutschland unterscheidet. Da außerdem nicht alle Schimmelpilzallergiker, die beispielsweise in einem Gebäude leben oder arbeiten, gegen den gleichen Schimmelpilz sensibilisiert sein müssen, unabhängig davon, ob es sich um Wohnräume, um nicht klimatisierte oder klimatisierte Arbeitsplätze handelt, ist die Aufstellung eines verbindlichen Kataloges irgendwelcher Schimmelpilzarten wenig zweckmäßig.

5.3.2.4 Klassifizierung der Allergietypen

Aufgrund der in Deutschland eher geringen Beachtung der Immunologie als Teildisziplin der Medizin standen bisher gesundheitliche Beeinträchtigungen in Form von Allergien nicht im Mittelpunkt der Diagnostik. Allergien als gesteigerte Reaktion des Abwehrsystems auf bestimmte Allergene werden in vielen Fällen durch fremde Eiweißstrukturen, wie sie auch Schimmelpilzsporen darstellen, hervorgerufen. Die möglichen Gesundheitsgefahren durch Schimmelpilze lassen sich immunologisch in Typ I bis IV klassifizieren, wobei Schimmelpilze Allergien vom Typ I, III und IV auslösen können:

Die **Typ-I-Reaktion** (Sofortreaktion) ist eine durch die bereits erwähnten IgE-Antikörper vermittelte, sofort eintretende allergische Reaktion. Dies bedeutet, dass die allergieauslösenden Substanzen innerhalb weniger Sekunden (Insektenstich) oder Minuten (Hausstaub, Schimmel) oder auch einer halben Stunde (Nahrungsmittel) zu Beschwerden führen. Einfach ausgedrückt ist diese Allergieform dadurch gekennzeichnet, dass im Serum der Betroffenen Antikörper gebildet werden. Durch Allergenkontakt werden spezifische IgE-Antikörper gebildet, die sich an bestimmte Zellen des Immunsystems, die so genannten Mastzellen, binden und die Freisetzung von Entzündungsmediatoren, wie z.B. Histamin, bewirken. Entzündungsmediatoren sind Stoffe, die für die Ausbildung von Entzündungen verantwortlich sind. Die Folge sind akute Entzündungsreaktionen wie z.B. beim Heuschnupfen. Es existieren verschiedene Bezeichnungen für die Typ-I-Reaktion, so beispielsweise der Begriff der Überempfindlichkeitsreaktion vom Soforttyp, der auf das unverzügliche Auftreten der Symptome zurückgeht. Die Symptome ihrerseits haben bereits 1923 zu der Bezeichnung Atopie geführt. Man bezeichnet die Patienten dementsprechend auch als Atopiker. Der Begriff der Anaphylaxie für diese Form allergischer Reaktionen wurde bereits Anfang des 20. Jahrhunderts geprägt.

Heute geht man davon aus, dass 10 bis 20% aller Menschen die genetisch verankerte Fähigkeit haben, durch Allergene aus der natürlichen Umwelt sensibilisiert zu werden und IgE-Antikörper zu bilden. Bei einem neuerlichen Kontakt mit dem spezifischen Antigen (Allergen) kann es dann zur manifesten allergischen Reaktion vom Soforttyp I kommen. Allen Reaktionstypen von Allergien liegt eine Fehlregulation und überschießende Abwehrreaktion des Immunsystems zugrunde. Die Ursache der Typ-I-Reaktion besteht in einer überschießenden Bildung von IgE, also spezifischen Antikörpern, und deren Wirkung auf bestimmte Zellen des Immunsystems. Es werden fünf Klassen von Antikörpern bzw. Immunglobulinen (Ig) unterschieden: IgA, IgD, IgE, IgG, IgM. Jede dieser Klassen hat ihre Aufgabe und wird den Erfordernissen entsprechend verstärkt gebildet.

Mit der Bildung von IgE reagiert der menschliche Körper im Allgemeinen auf einen Befall mit Wurmparasiten. Da immerhin ca. ein Drittel der Weltbevölkerung unter parasitären Wurminfektionen leidet, wäre es durchaus denkbar, dass die Entwicklung der Typ-I-Reaktion der Allergie ein »unglückliches« Nebenprodukt in der Evolution der IgE-Klasse ist. Bei der Typ-I-Reaktion wird durch bestimmte Allergene eine IgE-Bildung hervorgerufen. Allergene können dabei sein: Pflanzenpollen, Nahrungsmittelbestandteile, Insektengifte, Kosmetika oder Medikamente. In diese Liste ließe sich noch eine sehr große Zahl weiterer Substanzen aufnehmen. Dabei verläuft der erste Kontakt des Patienten mit »seinem« Allergen für ihn unbemerkt. Sein Immunsystem reagiert mit der Bildung einer geringen Menge von IgE, es wird sensibilisiert. Bei einem erneuten Kontakt mit dem selben Allergen »erinnert« sich das Immunsystem an den ersten Kontakt und produziert sofort IgE in unverhältnismäßig großen Mengen.

Die Symptome dieser allergischen Reaktion werden durch die Wechselwirkung des IgE mit bestimmten Zellen des Immunsystems, den Mastzellen, ausgelöst. Mastzellen sind dadurch charakterisiert, dass sie große Mengen Histamin enthalten. Wenn das IgE an eine Mastzelle bindet, setzt diese Zelle so genannte Entzündungsmediatoren frei. Dabei handelt es sich um Stoffe, die zur Ausbildung von Entzündungen im Gewebe führen. Bei der Typ-I-Reaktion kommt dem Entzündungsmediator Histamin eine besondere Bedeutung zu. Histamin bewirkt eine Erweiterung der Gefäße, eine erhöhte Durchlässigkeit der Kapillaren, eine Verengung der Bronchien und »lockt« weitere Abwehrzellen in das Entzündungsgebiet. Bei dem Patienten führen diese histaminvermittelten Wirkungen zu einer Schwellung, Rötung und verstärkten Sekretion der entsprechenden Schleimhäute sowie zu Atemnot. Mit dem Blut kann sowohl das Allergen, als auch das Histamin im Körper verteilt werden und so auch an anderen Orten als der Eintrittspforte des Allergens zu entzündlichen Reaktionen führen.

Die Entwicklung einer Typ-I-Reaktion der Allergie unterliegt einer genetischen Steuerung. Bereits zu Beginn diesen Jahrhunderts bemerkte man, dass allergische Kinder häufig allergische Eltern haben. Später durchgeführte Studien zeigten, dass die Wahrscheinlichkeit, eine Allergie zu entwickeln, für Kinder, bei denen beide

Elternteile Allergiker sind, 50% beträgt. Ist nur ein Elternteil Allergiker, beträgt die Wahrscheinlichkeit immerhin noch 30%. Außerdem wurde festgestellt, dass die Neigung zu Über- bzw. Fehlreaktionen des Immunsystems, wie z.B. Allergien oder Autoimmunerkrankungen, an bestimmte Haupthistokompatibilitätskomplexe gebunden ist. Diese sind Eiweißstrukturen, die auf der Oberfläche aller Zellen des Organismus vorkommen und für die Steuerung der Immunabwehr ausschlaggebend sind. Sie müssen z.B. vor jeder Organtransplantation getestet werden.

Derzeit sind mehrere Umweltfaktoren bekannt, die die Ausbildung einer Allergie begünstigen. Dabei spielen zwei Wirkmechanismen eine Rolle. Zum einen können Stickoxide, Rußpartikel oder Zigarettenrauch zu einer erhöhten Durchlässigkeit der Schleimhaut der Atemwege für Allergene führen. Zum anderen beeinflussen Abgase, insbesondere Dieselabgase, sowie Zigarettenrauch direkt die IgE-Bildung. Es ist von großem Interesse, dass, sofern bei klinischen Tests Abgaspartikel zum Allergen hinzugefügt werden, eine deutliche Steigerung der IgE-Bildung gegenüber der alleinigen Gabe des Allergens zu sehen ist. Einige Umweltmediziner sind daher der Meinung, dass die Zunahme von Heuschnupfen und Asthma in den letzten 30 Jahren der steigenden Luftverschmutzung mit Dieselabgasen entspricht.

Die Typ-I-Reaktion der Allergie ist innerhalb der allergischen Reaktionen am häufigsten anzutreffen und stellt ein so genanntes »Outdoor«-Problem dar. Dies bedeutet, dass es in Zeiten besonders starker Außenluftbelastung mit potenziell allergenen Pilzen (wie *Alternaria* – dieser Pilz verursacht 20 bis 25% der Schimmelpilzallergien bei Kindern und zwischen 8 und 10% bei Erwachsenen) sehr schnell und bei geringsten Dosierungen zu einer allergischen Reaktion kommen kann. Diese Allergieform entwickelt sich wie bereits erwähnt am häufigsten bei Personen, die familiär durch Erkrankungen aus dem allergischen Formenkreis vorbelastet sind. Man nimmt heute an, dass bis zu 15% der Bevölkerung unter dieser Allergieform leidet, meist in Form von Heuschnupfen.

Die Symptome treten bei der Typ-I-Reaktion sofort bis ca. eine Stunde nach einem Allergenkontakt auf und halten nur so lange an, wie das Allergen im Organismus vorhanden ist. Für die auftretenden Symptome ist unwesentlich, welches Allergen vorliegt. Entscheidend für die Symptomatik ist der zugrunde liegende Reaktionstyp, also die Typ-I-Reaktion. Die Symptome werden durch die Wechselwirkung der IgE-Antikörper mit den Mastzellen und der darauf folgenden Histaminfreisetzung bestimmt. Überall dort, wo Histamin freigesetzt wird, kommt es zu einer Erweiterung sowie einer verstärkten Durchlässigkeit der Gefäße, zu einer Rötung und Schwellung des Gebietes, zu einer vermehrten Sekretion der Schleimhäute sowie zu Juckreiz.

Im Folgenden sollen einige häufige Beispiele für diesen Typ allergischer Reaktionen genannt werden. Ein typisches Beispiel ist der Heuschnupfen mit einer geschwollenen Nasenschleimhaut, vermehrter Produktion von Nasensekret und Tränenflüssigkeit, Niesen und Juckreiz an den Augen sowie einer Schwellung der Augenlider. Das atopische Ekzem bewirkt die Ausbildung von Symptomen an der Haut mit Quaddelbildung, Rötung, Bläschenbildung, Nässen und Juckreiz. Bei einer Nahrungsmittelallergie äußert sich die durch Histamin ausgelöste Entzündung der Schleimhaut des Magen-Darm-Traktes mit Juckreiz und Brennen im Mund, Übelkeit, Erbrechen, Durchfall und Bauchschmerzen. Häufig tritt zusätzlich ein atopisches Ekzem auf. Findet die Typ-I-Reaktion in der Lunge statt, entsteht das Bild des Asthma bronchiale mit Atemnot durch Verengung der Bronchien, durch eine Schwellung der Schleimhaut sowie durch eine übermäßige Produktion von Bronchialsekret.

Bei Allergenen, die stark sensibilisierend wirken, kann durch eine massive Histaminfreisetzung ein anaphylaktischer Schock ausgelöst werden. Er kann innerhalb von wenigen Sekunden bis zu einer Stunde nach Allergenkontakt auftreten und betrifft mehrere Organsysteme gleichzeitig, wobei am häufigsten das Herz-Kreislauf-System, die Atemorgane, der Magen-Darm-Trakt sowie die Haut betroffen sind. Erste Zeichen sind meist ein Hitzegefühl bei gleichzeitigem Ausbruch von kaltem Schweiß, Juckreiz, Übelkeit und Erbrechen. Patienten können innerhalb weniger Minuten sterben, sie müssen sofort intensiv-medizinisch behandelt werden.

Die Diagnose der Allergie ist infolge der Vielfalt der möglichen Allergene häufig erschwert. Am Anfang der Diagnostik steht immer die genaue Befragung des Patienten, also die Anamnese, insbesondere hinsichtlich Zeitpunkt und Ort des Auftretens der Allergie sowie der Symptome. Dadurch gelingt die Bestimmung des Reaktionstyps sowie eine Eingrenzung der möglichen Allergene. Anschließend werden Laboruntersuchungen sowie Testverfahren am Patienten eingesetzt.

Im Gegensatz zu den Testverfahren am Patienten sind Laboruntersuchungen für den Patienten ungefährlich, da hier zu diagnostischen Zwecken kein Allergenkontakt durch den Arzt herbeigeführt wird. Für Laboruntersuchungen eignen sich Blut sowie Gewebeproben wie z.B. von der Haut oder den Schleimhäuten der Atemwege bzw. des Magen-Darm-Traktes. Im Blut kann IgE nachgewiesen werden, was allerdings nur anzeigt, dass eine Typ-I-Reaktion vorliegt, ohne einen Hinweis auf das auslösende Allergen zu geben. Funktionelle Untersuchungen an Gewebeproben können hier weiterhelfen. So ist es z.B. möglich, bei Nahrungsmittelallergien an Schleimhautproben des Magen-Darm-Traktes nach der Zugabe von verschiedenen Allergenen die Freisetzung von Entzündungsmediatoren zu bestimmen.

Die Anwendung von Testverfahren am Patienten birgt für den Patienten gewisse Risiken. Bei den Testverfahren wird der Patient bewusst bestimmten verdächtigen Allergenen ausgesetzt. Dadurch wird die Erkrankung im Idealfall in abgeschwächter Form kontrolliert imitiert. Es besteht allerdings die Gefahr, dass sich die Sensibilisierungslage des Patienten ändert, also z.B. beim nächsten Allergenkontakt nicht nur Heuschnupfen sondern zusätzlich noch Asthma auftritt. Außerdem besteht bei der Testung mit mehreren Allergenen die Gefahr einer Sensibilisierung für eines der zu diagnostischen Zwecken eingesetzten Allergene. Bisher sind Testverfahren am Patienten aber unverzichtbar in der Diagnostik der Allergie. Es werden verschiedene Testverfahren eingesetzt.

Beim klassischen Allergietest wird das Allergen in die Haut verabreicht. Die Haut als Testorgan hat den Vorteil, dass mehrere Allergene gleichzeitig nebeneinander getestet werden können. Diese Testverfahren sind auch bei allergischen Reaktionen an den Atemwegen oder dem Magen-Darm-Trakt geeignet und werden als Erstes angewendet. Beim Prick-Test wird das Allergen mit einer sehr dünnen Nadel in die Haut gespritzt. Beim Patch-Test wird die oberste Hautschicht (die Hornschicht) vorsichtig abgeschliffen und das Allergen unter einem gut abschließendem Verband (Okklusionsverband) auf die vorbehandelte Stelle aufgetragen. Die allergische Typ-I-Reaktion erkennt man an einer Quaddelbildung, einer Schwellung und Rötung der Haut sowie am Juckreiz wenige Minuten nach Allergenkontakt. Durch der Verwendung verschiedener Verdünnungsstufen des Allergens ist eine Abschätzung der Empfindlichkeit auf das Allergen möglich, z.B. anhand der Größe der Quaddeln oder des Ausmaßes der Rötung.

Der nächste Schritt könnte im Einsatz von organbezogenen Provokationstests bestehen. Dabei wird das Allergen auf natürlichem Wege angeboten, also beim Heuschnupfen als Nasenspray, beim Asthma durch Inhalieren, bei Nahrungsmittelallergien durch Essen oder Trinken. Hier ist zu beachten, dass jeweils nur ein Allergen untersucht werden kann. Stehen mehrere Allergene unter Verdacht, bedeutet dies eine Untersuchungsdauer von Tagen bis Wochen. Provokationstests sollten nur unter strenger ärztlicher Kontrolle erfolgen, da die ausgelösten Reaktionen durchaus so heftig sein können, dass eine sofortige Therapie notwendig wird. Theoretisch ist sogar die Auslösung eines anaphylaktischen Schocks möglich!

Von besonderer Bedeutung bei der Therapie aller allergischen Reaktionen sind vorbeugende Maßnahmen wie die Vermeidung des Allergenkontaktes, also die Expositionsprophylaxe. In Abhängigkeit von dem jeweiligen Allergen kann dies allerdings schwierig sein, z.B. bei Pollen oder Hausstaub. Bei Medikamentenallergien ist die Expositionsprophylaxe umso wichtiger, da je nach Einnahmemechanismus ein anaphylaktischer Schock ausgelöst werden kann. Diese Patienten sollten unbedingt einen Allergiepass erhalten, in dem alle bekannten allergen wirkenden Substanzen eingetragen sind. Heute ist eine Vielzahl von Medikamenten vorhanden, die einerseits den Ausbruch einer allergischen Reaktion verhindern bzw. in seiner Stärke abschwächen, indem das Immunsystem gehemmt wird. Diese Hemmung des Immunsystems kann im Einzelfall spezifisch für ein bestimmtes Allergen oder in der überwiegenden Mehrzahl der Fälle ganz allgemein erfolgen.

Eine spezifische Beeinflussung des Immunsystems bei der Typ-I-Reaktion ist durch die Hyposensibilisierung bzw. Desensibilisierung möglich. Dabei wird dem Patienten über einen Zeitraum von mindestens sechs Monaten das entsprechende Allergen in ansteigenden Dosen injiziert. Auf diese Weise soll das Immunsystem dazu angeregt werden, nicht die die Allergie auslösenden IgE-Antikörper, sondern Antikörper einer anderen Klasse, und zwar das IgG zu bilden. Diese IgG-Antikörper würden dann nach erneutem Kontakt mit dem Allergen sofort an das Allergen binden und es beseitigen, bevor noch die IgE-Bildung in Gang gesetzt wird. Die Hyposensibilisierung scheint erfolgreich zu sein, solange die Sensibilisierung erst für kurze Zeit besteht, es sich um schwach sensibilisierende Allergene handelt und die Anzahl der Allergene klein ist. Bei Pollen- und Insektengiftallergien hat eine Hyposensibilisierung häufig Erfolg, bei einem atopischen Ekzem nur sehr selten. Für die Hyposensibilisierung gelten im Übrigen die selben Risiken, wie bei den Testverfahren am Patienten, wie beispielsweise die Auslösung einer allergischen Reaktion bis hin zum oben genannten anaphylaktischen Schock.

Die medikamentöse Therapie der Typ-I-Reaktion besteht in der Gabe von Medikamenten, die die Freisetzung von Histamin verhindern, z.B. Cromoglycin-Säure oder Ketotifen, bzw. die Wirkung des Histamins blockieren, z.B. Antihistaminika wie Clemastin oder Cetirizin. Eine Hemmung aller entzündlichen Reaktionen im Rahmen der Typ-I-Reaktion ist durch die Gabe von Glukokortikoiden möglich. Glukokortikoide sind hochwirksame Medikamente, die jedoch wegen ihrer Nebenwirkungen bei Langzeitanwendung, wie z.B. Osteoporose, Diabetes mellitus, Ödemen, wohl überlegt eingesetzt werden sollten. Die Therapie des anaphylaktischen Schocks erfolgt mit Adrenalin. Zusätzlich können Antihistaminika, Glucocorticoide sowie Theophyllin gegeben werden.

Neben der medikamentösen Therapie haben bei einigen Typ-I-Reaktionen, wie z.B. Heuschnupfen oder atopischem Ekzem, auch Akupunktur und Homöopathie Erfolg. Insbesondere bei der Behandlung von Kindern können gute Ergebnisse erzielt werden. Menschen, die unter Typ-I-Reaktionen leiden, sollten grundsätzlich nicht rauchen, und zwar weder aktiv noch passiv, und auf zusatzstofffreie Nahrungsmittel achten. Säuglinge, deren Eltern an diesem Typ der Allergie erkrankt sind, sollten mindestens bis zum sechsten Monat ausschließlich gestillt werden, um die Entwicklung einer Allergie möglichst hinauszuschieben. Die am meisten gefürchtete Komplikation im Rahmen allergischer Typ-I-Reaktionen ist die Ausbildung eines anaphylaktischen Schocks. Daneben kann es während eines mehrjährigen Krankheitsverlaufes zu chronischen Entzündungen an den betroffenen Organen kommen, wie z.B. chronischen Mittelohrentzündungen, Nasennebenhöhlenentzündungen, oder Asthma bronchiale, die unabhängig von der Anwesenheit eines Allergens ablaufen.

Die Typ-I-Reaktionen können sogar tödlich verlaufen, wenn es zu einer massiven Schwellung der Atemwege, insbesondere im Kehlkopf, kommt oder sich ein anaphylaktischer Schock entwickelt. Verlässliche Zahlenangaben existieren nicht. Hier kann nur durch sofortige gezielte Therapie das Leben des Patienten gerettet werden. Maßnahmen der Expositionsprophylaxe sind bereits weiter oben beschrieben. Für Pollenallergiker bestehen vielfältige Möglichkeiten, sich über aktuelle Belastungen der Luft zu informieren. Telefonische Informationsdienste, Funk und Fernsehen, das Internet sowie viele Tageszeitungen bringen täglich aktualisierte Informationen zum Pollenflug verschiedener Pflanzen. Darüber hinaus haben mehrere der im Abschnitt zur Therapie erläuterten Maßnahmen vorbeugenden Charakter, wie die Hyposensibilisierung, die Gabe von Medikamenten, die die Histaminfreisetzung hemmen, das Rauchverbot sowie die Empfehlung, Säuglinge mindestens sechs Monate zu stillen. Akupunktur und Homöopathie werden ebenfalls auch prophylaktisch eingesetzt. Sowohl die Art der allergischen Reaktion als auch deren Ausmaß unterliegen im Laufe des Lebens gewissen Schwankungen. So wird bei einer Vielzahl von Patienten eine Abschwächung der allergischen Reaktionen mit zunehmendem Alter beobachtet. Andererseits ist ein Wandel des auslösenden Allergens möglich, das heißt, dass ein Patient, der gegen Pollen allergisch ist, später durchaus eine Allergie gegen Konservierungsstoffe entwickeln kann.

Die **Typ-II-Reaktion** gehört zu den antikörpervermittelten allergischen Reaktionen. Im Gegensatz zur Typ-I-Reaktion sind hier jedoch IgG- bzw. IgM-Antikörper beteiligt. Beide Antikörpergruppen werden bei einer normalen Immunreaktion gegen Krankheitserreger wie z.B. Bakterien gebildet. Bei der Typ-II-Reaktion bildet der Körper diese Antikörper gegen Antigene auf der Oberfläche von körpereigenen Zellen oder Geweben. Antigene sind Stoffe, die bei parenteraler Zufuhr, also unter Umgehung des Magen-Darm-Traktes, den menschlichen Organismus zur Bildung von Antikörpern anregen. Man kann Allergene ebenfalls als Antigene bezeichnen. Die Folgen der Typ-II-Reaktion treten innerhalb von Minuten bis wenige Stunden ein und betreffen nur die Zellen bzw. Gewebe, die die entsprechenden Antigene auf ihrer Oberfläche tragen. Ein Beispiel für eine Typ-II-Reaktion ist die Zerstörung der Erythrozyten, also der roten Blutkörperchen nach einer Bluttransfusion mit einer falschen Blutgruppe. Typ-II-Reaktionen liegen auch einigen Autoimmunerkankungen wie z.B. der Glomerulonephritis, einer bestimmten Nierenerkrankung, sowie der Abstoßung von Organtransplantaten zugrunde.

Allen Reaktionstypen von Allergien liegt eine Fehlregulation und überschießende Abwehrreaktion des Immunsystems zugrunde. Die Ursache der Typ-II-Reaktion besteht in einer Aktivierung der antikörperabhängigen Zytotoxizität. Darunter versteht man die Zerstörung von Zellen, die auf ihrer Oberfläche bestimmte Antigene tragen, durch Prozesse, die durch Antikörper ausgelöst werden. Auf diese Prozesse soll im Folgenden näher eingegangen werden. Sie umfassen zum einen die Phagozytose durch Aktivierung von Abwehrzellen, wie z.B. Makrophagen (=Fresszellen) und zum anderen die Aktivierung des so genannten Komplementsystems.

Die Phagozytose gehört zu den wichtigsten Abwehrmechanismen des Organismus gegen eindringende Fremdstoffe, wie z.B. Bakterien, und kann nur von bestimmten Abwehrzellen ausgeübt werden. Bei der Phagozytose werden die Fremdstoffe von diesen Abwehrzellen aufgenommen und dann im Zellinneren durch Enzyme zerstört und abgebaut. Die Aufnahme dieser Fremdstoffe durch die Abwehrzellen erfolgt durch die Vermittlung von IgG- und IgM-Antikörpern. Sind die Fremdstoffe so groß, dass sie nicht in das Zellinnere aufgenommen werden können, setzen die Abwehrzellen ihre Enzyme nach außen frei, was nicht nur zu einer Schädigung des Fremdstoffes, sondern auch der Umgebung führt. Bei der Typ-II-Reaktion treten an die Stelle des Fremdstoffes körpereigene Zellen und Gewebe, die durch die Vermittlung von Antikörpern durch Prozesse der Phagozytose geschädigt werden.

Das Komplementsystem gehört ebenfalls zu den Abwehrmechanismen des Organismus. Es besteht aus mehreren biologisch aktiven Eiweißen, deren Aktivität vorwiegend gegen Zellmembranen gerichtet ist. Durch Wechselwirkungen zwischen dem Komplementsystem und den Zellmembranen kommt es zur Zellauflösung bzw. Zellzerstörung. Die Aktivierung des Komplementsystems bedarf wiederum der Vermittlung von Antikörpern. Sind diese Antikörper gegen Antigene auf körpereigenen Zellen oder Geweben gerichtet, wie bei der Typ-II-Reaktion, resultiert daraus eine Schädigung dieser Zellen.

Typ-II-Reaktionen der Allergie sind selten. Transfusionszwischenfällen sowie Abstoßungsreaktionen von Organtransplantaten kann heute mit gutem Erfolg entgegengewirkt werden. Die Symptome der Typ-II-Reaktion richten sich nach dem jeweils betroffenen Zell- bzw. Gewebetyp. Im Folgenden soll kurz auf ein bekanntes Beispiel für Typ-II-Reaktionen eingegangen werden.

Bei Bluttransfusionen muss unbedingt auf eine Übereinstimmung der Blutgruppen des AB0-Systems zwischen Spender und Empfänger geachtet werden. Die Blutgruppen-Antigene, also z.B. A, B, AB und 0, befinden sich auf der Oberfläche der Erythrozyten. Im Blut eines jeden Menschen befinden sich aber auch Antikörper gegen die jeweils fremde Blutgruppe. Wird einem Empfänger mit der Blutgruppe A Blut von einem Spender mit der Blutgruppe B übertragen, so enthält das Spenderblut Antikörper gegen die Blutgruppe A. Diese Antikörper binden an die Erythrozyten des Empfängers und zerstören diese. Unbehandelt verläuft eine Transfusion einer falschen Blutgruppe tödlich.

Die **Typ-III-Reaktion** gehört wie die Typ-II-Reaktion zu den antikörpervermittelten allergischen Reaktionen (Immunkomplexe schädigen die Organe). Im Gegensatz zur Typ-I-Reaktion sind bei diesen beiden antikörpervermittelten allergischen Reaktionen jedoch IgG- bzw. IgM-Antikörper und nicht IgE-Antikörper beteiligt. IgG- bzw. IgM-Antikörper werden bei einer normalen Immunreaktion gegen Krankheitserreger wie z.B. Bakterien gebildet. Bei der Typ-II-Reaktion bildet der Körper diese Antikörper gegen Antigene auf der Oberfläche von körpereigenen Zellen oder Geweben. Charakteristisch für die Typ-III-Reaktion ist die Bildung von Immunkomplexen. Das sind Verbindungen aus frei löslichen Antigenen, die sich also nicht fest auf einer Zelloberfläche befinden, sowie aus Antikörpern. Solche Immunkomplexe werden normalerweise durch die Zellen der Immunabwehr beseitigt. Ist dies nicht der Fall und bleiben die Immunkomplexe erhalten, entstehen durch die Ablagerung dieser Immunkomplexe Krankheiten, die zu den Typ-III-Reaktionen der Allergie gezählt werden. Es können drei große Gruppen innerhalb dieser Typ-III-Reaktionen unterschieden werden, die im Folgenden näher erläutert werden sollen:

- Chronische Infektionen, z.B. mit Streptokkoken
- Immunkomplexerkrankungen als Komplikation bei Autoimmunerkrankungen
- Exogen allergische Alveolitits, d.h. eine Entzündung des Lungengewebes nach Einatmen von Allergenen.

Allen Reaktionstypen von Allergien liegt eine Fehlregulation und überschießende Abwehrreaktion des Immunsystems zugrunde. Die Ursache der Typ-III-Reaktion besteht in einer Persistenz von Immunkomplexen. Darunter versteht man das Bestehenbleiben von Komplexen aus Antigenen und Antikörpern. Normalerweise reagiert der Körper auf das Eindringen eines Antigens, z.B. eines Krankheitserregers, mit der Bildung von Antikörpern. Die Antikörper binden an das Antigen, es entsteht also ein Immunkomplex, der dann von den Zellen des Immunsystems erkannt und beseitigt wird, z.B. durch die oben beschriebene Phagozytose. Die Aufnahme der Immunkomplexe durch die Abwehrzellen erfolgt durch die Vermittlung der Antikörper. Die oben erwähnten drei Erkrankungsgruppen der Typ-III-Reaktion unterscheiden sich bezüglich der Herkunft des Antigens:

- **Chronische Infektionen:** Bei chronischen Infektionen bildet der Krankheitserreger das Antigen. Dies können sowohl Bakterien sein, wie z.B. hämolysierende Streptokokken, als auch Parasiten, wie z.B. Plasmodium vivax, oder Viren, wie z.B. Hepatitis-Viren. Können diese Krankheitserreger durch das Immunsystem nicht beseitigt werden, kann es zur chronischen Bildung von Immunkomplexen kommen, die dann im Gewebe abgelagert werden und ihrerseits Krankheiten hervorrufen wie z.B. eine Endokarditis, also eine Entzündung der Herzinnenhaut, oder eine rheumatoide Arthritis, also eine Gelenkentzündung.

- **Immunkomplexerkrankungen als Komplikation bei Autoimmunerkrankungen:** Bei Autoimmunerkrankungen bildet der Körper gegen körpereigene Strukturen Antikörper, die man als Autoantikörper bezeichnet. Da die »Selbst«-Antigene nicht aus dem Körper beseitigt werden können und demnach ständig vorhanden sind, wird das Phagozytosesystem überlastet und die überschüssigen Immunkomplexe im Gewebe abgelagert. Ein Beispiel für diese Erkrankungsgruppe ist der systemische Lupus erythematodes (SLE), bei dem es durch Ablagerung von Immunkomplexen zur Vaskulitis (Gefäßentzündung), Nephritis (Nierenentzündung) oder Arthritis (Gelenkentzündung) kommen kann.
- **Exogen allergische Alveolitis:** Als selten auftretende Erkrankung ist die exogen-allergische Alveolitis (EAA) zu nennen. Sie gehört zu den IgG- und IgM-vermittelten Typ III-Reaktionen, die vor allem durch thermophile Actinomyceten, Schimmelpilze, Vogelfedern und Proteine von Insekten und Schalentieren hervorgerufen wird. Die inhalative Typ III-Allergie tritt bei der »Vogelhalterlunge« (z.B. Ziervögel in der Wohnung), der »Befeuchterlunge« (z.B. durch Luftbefeuchter in Wohnungen und Klimaanlagen in Großraumbüros) und bei der »Farmerlunge« (z.B. thermophile Actinomycetenbelastung in der Landwirtschaft, ständige Belastung mit Pilzen aus schimmeligem Heu) oder der »Taubenzüchterlunge« (nach ständiger Belastung mit Taubenantigenen) auf. Nach Allergenexposition kommt es zu Husten, Schüttelfrost, Fieber, zunehmender Atemnot. Bei chronischem Verlauf kann sie in eine Lungenfibrose übergehen, einem bindegewebig narbigen Umbau des Lungengerüsts, der zu einer restriktiven Ventilationsstörung führt.

Nach neueren Erkenntnissen kann eine exogen-allergische Alveolitis aber auch durch eine unauffällige konstante Exposition im häuslichen Bereich ausgelöst werden. So wird vermutet, dass ein Teil der idiopatischen Lungenfibrosen durch nicht erkannte exogen-allergische Schimmelpilzalveolitiden bedingt sein könnte.

Die Bildung der Immunkomplexe ist zwar eine unerlässliche Bedingung für die Typ-III-Reaktion, die Symptome der Erkrankung beruhen aber auf der Ablagerung der Immunkomplexe im Gewebe und den dort ausgelösten Entzündungsreaktionen. Die Ablagerung der Immunkomplexe im Gewebe ist von mehreren Faktoren abhängig. Zum einen spielt die Größe der Immunkomplexe eine Rolle, die sowohl vom Antigen als auch vom Antikörper abhängt. Allgemein lässt sich sagen, dass kleinere Immunkomplexe Membranen, z.B. in der Niere, durchdringen können und damit in tiefere Gewebeschichten eindringen können als größere Immunkomplexe, die bereits vorher zurückgehalten werden und ihrerseits z.B. kleinste Blutgefäße verstopfen können. Die Ablagerung im Gewebe wird zusätzlich durch die Freisetzung bestimmter vasoaktiver, also gefäßwirksamer, Substanzen begünstigt, die eine Erweiterung von Blutgefäßen sowie eine erhöhte Durchlässigkeit der Gefäßwände bewirken. Immunkomplexe lagern sich bevorzugt dort ab, wo ein hoher Blutdruck sowie eine turbulente Strömung herrschen, z.B. an Gefäßverzweigungen von Arterien oder in den Glomeruli, also den Filterstrukturen, in der Niere.

Haben sich die Immunkomplexe im Gewebe abgelagert, werden Entzündungsreaktionen in Gang gesetzt, die eigentlich zum Ziel haben, die Immunkomplexe zu beseitigen. Am Anfang steht die Aktivierung biologisch wirksamer Eiweiße aus dem Blut, die eine vermehrte Durchblutung des Gewebes bewirken und insbesondere Abwehrzellen anlocken. Eine weitere Funktion dieser Eiweiße besteht in einer Verbesserung der Durchlässigkeit der Gefäßwände für die Abwehrzellen. Anschließend versuchen die Abwehrzellen die Immunkomplexe durch Phagozytose zu beseitigen. Da dies zum einen aufgrund der Größe der Immunkomplexe und zum anderen aufgrund der Bindung an das Gewebe nicht gelingt, setzen die Abwehrzellen ihre Enzyme nach außen frei und bewirken damit eine zusätzliche Schädigung des Gewebes, ähnlich wie bei den Typ-II-Reaktionen der Allergie. Es werden aber nicht nur Abwehrzellen angelockt. Durch die gesteigerte Blutzufuhr gelangen auch vermehrt Thrombozyten, also Blutplättchen, in das Entzündungsgebiet. Sie können sich ebenfalls an die Immunkomplexe anlagern und auf diese Weise Mikrothromben, also kleinste Blutgerinnsel, bilden, was zu einer Verstopfung der kleinen Blutgefäße führt. Die Folge davon ist ein Absterben der nicht mehr durchbluteten Gewebe, was über Funktionsstörungen bis zum Verlust des Organs führen kann.

Eine Angabe zur Häufigkeit von Typ-III-Reaktionen ist nicht möglich, da es sich um eine Vielzahl von Erkrankungen handelt, bei denen jede Erkrankung für sich unterschiedliche Häufigkeiten aufweist. Die Folgen der Typ-III-Reaktion können bereits innerhalb von Stunden aber auch erst nach Monaten auftreten. Sie richten sich nach dem Ablagerungsort der Immunkomplexe. Die Symptome entstehen durch die Entzündungsreaktionen, die infolge der Ablagerung der Immunkomplexe ausgelöst werden. Im Allgemeinen entwickeln sich mehr oder minder schmerzhafte Funktionseinschränkungen der jeweils betroffenen Organe und Gewebe. Besonders häufig sind Gelenke in Rahmen einer Arthritis betroffen. Die Patienten haben dann Schmerzen in Ruhe und bei Bewegung, das Gelenk ist geschwollen und im Bewegungsumfang eingeschränkt. Eine Entzündung der Nieren kann ebenfalls mit Schmerzen einhergehen und zu einer Funktionsminderung des Organs führen.

Bei der Taubenzüchterlunge ist ausschließlich die Lunge betroffen. Die Patienten leiden unter Husten und Atemnot. Nach Allergenkontakt kommt es anfänglich innerhalb von 6 bis 8 Stunden zu einer allergischen Reaktion, die durch grippeartige, unspezifische Symptome und Atemnot gekennzeichnet ist. Daraus kann sich langfristig Asthma entwickeln, in späten Stadien führt diese Erkrankung zu einer Lungenfibrose. Typische Beschwerden bei einer solchen Allergie sind, wenn sie durch Schimmel ausgelöst wird, Husten, Atemnot, Fieber, Abgeschlagenheit und Muskelschmerzen. Selbst Gefäßstörungen und Thrombosen lassen sich auf eine langanhaltende Kontamination der Atemluft mit Allergenen wie z.B. Schimmelpilzsporen zurückführen. Von dieser Allergie durch Schimmel sind insbesondere bestimmte Berufsgruppen betroffen. Bekannt sind u.a. die Farmerlunge, Bäckerlunge, Winzerlunge, Mälzerlunge, Fischmehllunge und Vogelzüchterlunge. Durch eine Schimmelpilzbelastung über die Klimaanlagen kann z.B. die ›Befeuchterlunge‹ hervorgerufen werden. Der Nachweis erfolgt über Bluttests.

Hinweise auf Typ-III-Reaktionen ergeben sich aus dem klinischen Bild. Die Sicherung der Diagnose erfolgt durch Nachweis spezifischer Antikörper bzw. der Immunkomplexe. So trivial es auch klingen mag: die beste Therapie der Typ-III-Reaktion ist ihre Vermeidung. Patienten mit einer exogen allergischen Alveolitis müssen jeden Kontakt mit dem entsprechenden Allergen meiden. Das kann bei entsprechenden Berufen bis zu einer Berufsunfähigkeit reichen. Die Behandlung von Typ-III-Reaktionen im Rahmen von Autoimmunerkrankungen beschränkt sich auf eine medikamentöse Therapie mit Glukokortikoiden und Immunsuppressiva, also Medikamenten, die das Immunsystem unterdrücken. Die Komplikationen sind vom betroffenen Zell- bzw. Gewebetyp abhängig und können über eine dauernde Funktionsminderung bis hin zum völligen Funktionsverlust des entsprechenden Organs führen. Typ-III-Reaktionen können in bestimmten Fällen tödlich verlaufen. Die Prognose bei Typ-III-

Reaktionen hängt vom betroffenen Zell- bzw. Gewebetyp, sowie dem Ausmaß der Reaktion ab und muss damit individuell abgewogen werden.

Die **Typ-IV-Reaktion** (die verzögerte Reaktion) nimmt unter den Reaktionstypen der Allergien eine Sonderstellung ein. Im Gegensatz zu den anderen drei Formen der allergischen Reaktionen spielen Antikörper hier keine wesentliche Rolle. Die Typ-IV-Reaktion ist eine zellvermittelte und keine antikörpervermittelte Reaktion auf den Kontakt mit einem Allergen. Sie wird durch T-Lymphozyten, also einer Untergruppe der weißen Blutkörperchen, bestimmt. Über die Aktivierung dieser T-Lymphozyten werden weitere Abwehrzellen angelockt und aktiviert. Als Folge davon entstehen die für die Typ-IV-Reaktion charakteristischen Veränderungen, die sich in erster Linie an der Haut abspielen. Das wohl bekannteste Beispiel für eine Typ-IV-Reaktion ist eine Kontaktallergie der Haut, z.B. mit Chrom- oder Nickelverbindungen. Ein weiterer Unterschied zu den anderen Reaktionstypen der Allergie besteht darin, dass die Typ-IV-Reaktion verzögert abläuft und daher auch als Überempfindlichkeitsreaktion vom verzögerten Typ bezeichnet wird. Verzögert bedeutet in diesem Fall, dass die allergische Reaktion frühestens nach 12 Stunden auftritt. Es können aber auch Tage vergehen, bis eine Reaktion sichtbar wird. Innerhalb der Typ-IV-Reaktion unterscheidet man vier Reaktionsformen:

1. Jones-Mote-Reaktion
2. Kontaktallergie
3. Tuberkulinreaktion
4. Granulomatöse Reaktion.

Die ersten drei Reaktionsformen treten etwa innerhalb von 72 Stunden nach einem Allergenkontakt auf. Im Gegensatz dazu entwickelt sich die granulomatöse Reaktion (mit der Bildung einer krankhaften Gewebsveränderung mit Geschwulstbildung) erst nach Wochen. Diese Unterteilung ist allerdings eher wissenschaftlich von Interesse, da durch einen Kontakt mit dem selben Allergen diese Reaktionsformen sowohl nebeneinander als auch nacheinander ablaufen können und eine Trennung im Einzelnen selten möglich ist. Einige Einzelheiten zu diesen Reaktionsformen werden im Folgenden näher beschrieben. Allen Reaktionstypen von Allergien liegt eine Fehlregulation und überschießende Abwehrreaktion des Immunsystems zugrunde. Die Ursache der Typ-IV-Reaktion besteht in einer zellvermittelten Abwehrreaktion gegenüber persistierenden, über einen langen Zeitraum im Körper vorhandenen Allergenen.

Es gibt verschiedene Krankheitserreger und Fremdstoffe, die nach ihrem Eindringen in den menschlichen Körper nicht zu einer Antikörperbildung führen, sondern eine Aktivierung von Abwehrzellen zu ihrer Beseitigung bewirken. Unter den Abwehrzellen gibt es eine Untergruppe, die T-Lymphozyten, die in der Lage sind, bestimmte Allergene zu erkennen. Kommt es zu einem Kontakt zwischen einem Allergen und den T-Lymphozyten, so produzieren die T-Lymphozyten Substanzen, so genannte Lymphokine, die andere Abwehrzellen, z.B. Makrophagen, so genannte Fresszellen, anlocken. In Abhängigkeit vom Ort des Allergenkontaktes, z.B. der Hautoberfläche oder tieferen Hautschichten, sowie den anderen angelockten Abwehrzellen werden dann die bereits erwähnten Reaktionsformen ausgelöst. Voraussetzung ist aber, dass die Allergene persistieren, also über einen langen Zeitraum im Körper vorhanden sind. Dies geschieht immer dann, wenn das Abwehrsystem des Körpers nicht in der Lage ist, die Allergene schnell genug zu beseitigen. Auch hier spielt die Phagozytose eine wichtige Rolle.

Bei der Phagozytose werden die Allergene von Abwehrzellen aufgenommen. Im Zellinneren dieser Abwehrzellen sollen dann Enzyme die Allergene zerstören und abbauen. Wenn dies nicht gelingt, verbleiben die Allergene in den Zellen, sie persistieren also, und die Folge ist eine der Reaktionsformen der Typ-IV-Reaktion. Diese unterscheiden sich hinsichtlich der auslösenden Allergene, dem Ort der Reaktion, dem Zeitpunkt der maximalen Reaktion und dem klinischen Bild, also z.B. der Hautreaktion.

Eine Angabe zur Häufigkeit von Typ-IV-Reaktionen ist nicht möglich. Typ-IV-Reaktionen in Form der Kontaktallergie sind jedoch für einen Großteil von Berufsunfähigkeiten verantwortlich. Die Folgen der Typ-IV-Reaktion können, wie erwähnt, in Abhängigkeit von der Reaktionsform bereits innerhalb von Stunden, aber auch erst nach Monaten auftreten. Typ-IV-Reaktionen treten bevorzugt an der Haut auf, können prinzipiell aber jedes Organ und jeden Gewebetyp betreffen. Wenn Patienten eine Allergie gegen Substanzen wie z.B. Chrom, Nickel, Latex, Gummi oder Talkum haben, ist besonders häufig die Haut betroffen. An der Haut reichen die Symptome von einer einfachen Schwellung über die Ausbildung von Ekzemen mit Bläschenbildung, Juckreiz und Rötung der Haut, bis zur Ausbildung von derben Knoten. Neben den bereits erwähnten anorganischen Substanzen sind auch einige Krankheitserreger, und hier besonders die Mycobakterien, wie z.B. Mycobacterium *tuberculosis* und *Mycobacterium leprae*, in der Lage, aufgrund ihrer Persistenz in den Abwehrzellen Typ-IV-Reaktionen auszulösen. Zu den chronischen Erkrankungen, die mit Typ-IV-Reaktionen einhergehen, gehören z.B. Tuberkulose, Lepra, Wurminfektionen und Leishmaniose.

Hinweise auf Typ-IV-Reaktionen ergeben sich vor allem aus dem klinischen Bild. Bei dem Verdacht auf eine Kontaktallergie muss die allergieauslösende Substanz im Rahmen eines Expositionstests individuell identifiziert werden. Beim Prick-Test wird das Allergen mit einer sehr dünnen Nadel in die Haut gespritzt. Beim Patch-Test wird die oberste Hautschicht, die Hornschicht, vorsichtig abgeschliffen und das Allergen unter einem Okklusionsverband, also einem gut abschließendem Verband, auf die vorbehandelte Stelle aufgetragen. Die allergische Typ-IV-Reaktion erkennt man ähnlich wie eine Typ-I-Reaktion an einer Quaddelbildung, einer Schwellung und Rötung der Haut sowie am Juckreiz. Im Gegensatz zur Typ-I-Reaktion, bei der es wenige Minuten nach Allergenkontakt zu diesen Symptomen kommt, vergehen bei einer Typ-IV-Reaktion mindestens 12 Stunden, im Allgemeinen jedoch 48 bis 72 Stunden, bis sich die beschriebenen Veränderungen einstellen.

Kommt es zu einer Knötchenbildung der Haut, ist dies ein Hinweis darauf, dass sich der Organismus bereits mit dem Tuberkuloseerreger auseinandergesetzt hat, entweder im Rahmen einer Impfung oder durch eine Infektion. Eine weitere Möglichkeit der Diagnosestellung besteht in der histologischen, also feingeweblichen, Untersuchung einer Gewebeprobe und dem Nachweis charakteristischer Zellen wie z.B. Lymphozyten. Die Aktivierung von Lymphozyten kann durch den Lymphozyten-Transformations-Test nachgewiesen werden. Man geht dabei von der Tatsache aus, dass eine Aktivierung der Lymphozyten mit einer gesteigerten DNA-Synthese einhergeht. Man setzt einer Lösung mit Lymphozyten einen radioaktiv markierten DNA-Baustein, z.B. Thymidin, zu und gibt dann das vermutete Allergen zu der Lösung dazu. Wenn eine Aktivierung der Lymphozyten erfolgt, wird der radioaktive DNA-Baustein in die DNA des Lymphozyten eingebaut und kann dann nachgewiesen werden.

Die beste Therapie der Typ-IV-Reaktion ist, wie bei allen anderen allergischen Reaktionen, ihre Vermeidung. Kontaktallergene sollten, wenn irgend möglich, konsequent gemieden werden. Das kann bei entsprechenden Berufen bis zu einer Berufsunfähigkeit führen. Sind Krankheitserreger für Typ-IV-Reaktionen verantwortlich, muss eine spezifische Therapie mit Antibiotika erfolgen, bei der Tuberkulose z.B. durch eine Kombination aus drei verschiedenen Substanzen, und das über mehrere Monate. Die Komplikationen sind vom betroffenen Zell- bzw. Gewebetyp abhängig und können über eine dauernde Funktionsminderung bis hin zum völligen Funktionsverlust des entsprechenden Organs führen. Hier sind insbesondere die Veränderungen bei Lepra zu nennen. Typ-IV-Reaktionen verlaufen im Allgemeinen nicht tödlich.

Unter Allergenen versteht man also alle Substanzen, die in der Lage sind, eine allergische Reaktion auszulösen. Die meisten Allergene sind nicht, wie oft angenommen, Produkte der modernen Chemie, sondern echte Naturprodukte wie die Pollen der Blütenpflanzen oder Milch und Getreide. Dabei ist das Allergen nicht das gesamte Pollenkorn oder ein vollständiges Tierhaar, sondern nur ein Molekül von einer ganz bestimmten Größenordnung: groß und kompliziert genug aufgebaut, um eine Reaktion des Immunsystems zu bewirken, aber klein genug, um Haut und Schleimhäute zu durchdringen. Ansonsten weiß man noch recht wenig über den Bauplan der Allergene: Sie gehören nicht einer einheitlichen chemischen Gruppe an, sondern können aus ganz verschiedenen Bausteinen (Eiweiße, Kohlenhydrate) und deren Bruchstücken bestehen. Noch suchen die Wissenschaftler nach den Gemeinsamkeiten zwischen verschiedenen allergieauslösenden Molekülen.

5.3.2.5 Carry-over-effect

Als so genannten Carry-over-effect bezeichnet man das Phänomen, wenn ein (unverträglicher) Stoff oder eine Substanz nicht direkt, sondern über einen »Überbringer«, aufgenommen wird. Für den schimmelpilzsensibilisierten Menschen gibt es mehrere Möglichkeiten, mit »seinem Pilzallergen« in Berührung zu kommen und daraufhin mit Allergien und/oder Krankheitserscheinungen zu reagieren. Pilzempfindliche Menschen erfahren den Carry-over-effect u.a. über Lebensmittel, die während des Wachstums oder der Lagerung pilzkontaminiert werden und Pilzstoffelwechselprodukte enthalten oder über alkoholische Getränke (Wein, Bier, Sekt) oder auch Essig, Käse, andere Milchprodukte und Sauerkraut, an deren Entstehungsprozess Pilze unmittelbar beteiligt sind (Gärung und Fermentation). In diesen Produkten befinden sich die Stoffwechselprodukte (Allergene oder Toxine) und nicht die Pilze oder Sporen. Ein weiteres Beispiel für den Carry-over-effect ist die enzymatische Aufbereitung von Nahrungsmittelrohstoffen im Rahmen der großindustriellen Nahrungsmittelproduktion und der Gewinnung dieser Enzyme aus Schimmelpilzen. Nahrungsmittel- und Arzneimittelhersteller gestalten die Suche nach den Krankheitsursachen noch schwieriger, wenn sie Zwischenprodukte verarbeiten (Fermentgemische), über deren Entstehungsprozess sie selbst nur wenig oder gar nichts wissen.

Weitere Beispiele sind der Einsatz von Schimmelpilzprodukten wie Enzymen, Aromen, Duftstoffen usw. in Waschmitteln, Kosmetika, Leder und Textilien oder über Nutztiere, die toxinhaltige Futtermittel aufgenommen haben. Sie können einzelne Mykotoxine in unveränderter oder in metabolisierter Form in ihren Organen ablagern und/oder ausscheiden. Infolgedessen können in Lebensmittel tierischer Herkunft Pilztoxine gelangen, ohne dass das Produkt selbst oder die ursprünglichen Rohstoffe verschimmelt wären. Eine solche Kontamination ist äußerlich nicht erkennbar.

Bei Pollenallergien sollte bedacht werden, dass die viel größeren Pollen mit ihren meist leicht klebrigen Oberflächen von den Pilzsporen gern als Träger benutzt werden. In der Pollenflughochsaison sind auch besonders viele Pilzsporen in der Luft. Diese Art des Carry-over-effects wird sicherlich in Gebieten mit intensiver Tierhaltung und Ackerbau eine nicht unwesentliche Rolle spielen, weil dort viel mehr Pilzsporen in der Luft sind. So manche Pollenallergie kann mit einer Schimmelpilzallergie gekoppelt sein.

Die häufigsten Allergene werden über die Atemluft aufgenommen. In Innenräumen sind es vor allem Tierhaare, Hausstaubmilben und Schimmelpilze. Bei allergisch reagierenden Personen können Sporen und Myzelteile der Schimmelpilze zu Allergien an den Schleimhäuten der Augen und des Atemtraktes wie Rhinitis, Sinusitis, Konjunktivitis, hyperreagibles Bronchialsystem und Asthma bronchiale führen. Asthma ist das Leitsymptom von Schimmelpilzallergien, da Pilzsporen mit einem Durchmesser $< 10\ \mu m$ direkt in den Bereich der Bronchiolen gelangen. Allergien gegen Pilze in Innenräumen lösen typischerweise ganzjährige Symptome aus. Etwa 10% der Personen mit Atemwegserkrankungen haben eine Allergie auf Schimmelpilze. Nach Schätzungen er-

Abb. 5.4 ■ Allergienhäufigkeit, nach Ursachen gegliedert

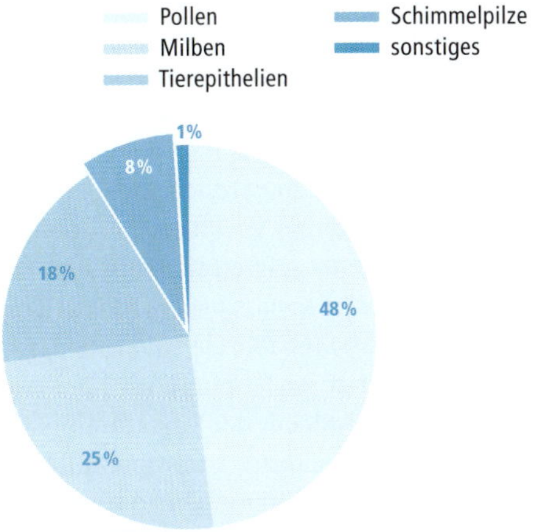

kranken jährlich fast 50.000 Menschen in Deutschland an einem bedrohlichen Pilzbefall der inneren Organe – knapp 10.000 sterben daran. Das sind Jahr für Jahr mehr Tote als im Straßenverkehr – Tendenz steigend!

Allergien können sehr vielfältige Ursachen haben. Neben den Schimmelpilzen müssen des Weiteren Nahrungsmittel, Insektengifte, Haustiere, Pollen und Milben genannt werden.

Für Menschen, die mit allergotoxischen Reaktionen auf Schimmelpilze reagieren, gibt es einen weiteren Carry-over-effect, der in vielen Fällen nicht bedacht wird. Schimmelpilze gedeihen in Gebäuden in enger Nachbarschaft mit Milben. Dies gilt für Lagermilben in Vorratslagern und bei der Tierhaltung genauso wie bei den Hausstaubmilben. Sie »weiden« in dem Schimmelrasen, wobei sie auch beim Verzehr von stark mykotoxinhaltigen Schimmelpilzarten offensichtlich keinen Schaden nehmen. Die Ausscheidungsprodukte der Milben enthalten wieder alle Pilztoxine. Diese Exkrete sind bereits von vielen Wissenschaftlern als die Milbenallergene identifiziert worden. Bei den so genannten Hausstaub- und Milbenallergien sollte deshalb die Möglichkeit einer verdeckten Schimmelpilzallergie durch den Carry-over-effect über die Milben mit in die Innenraumdiagnostik einbezogen werden. Aufgrund der wachsenden Bedeutung sollen die Milben im Folgenden näher beschrieben werden.

5.3.3 Milben

5.3.3.1 Allgemeines

Milben in Innenräumen sind eine der Hauptbelastungsquellen, da sie zu allergischen Reaktionen führen können. Milben und Schimmelpilze stellen die Hauptgruppe der Organismen im Hausstaub dar und sind der zweithäufigste Auslöser von Sensibilisierungen und Allergien nach den Pollen. Dabei ist nicht die Milbe selbst der Übeltäter, sondern der von ihr produzierte Kot, der allergisierende Stoffe enthält. Der Kot ist das wichtigste Allergen des Hausstaubes, der aber natürlich auch noch viele andere allergisierende Substanzen (Schimmelpilzsporen, Tierhaare und -schuppen, Speisereste, Bakterien, Überreste und Ausscheidungen anderer Insekten) enthält.

Die Ordnung der Milben (Acari) gehört zu den Spinnentieren (Arachnida) und stellt mit etwa 20.000 beschriebenen Arten eine der artenreichsten Gruppe innerhalb der Arachniden dar. Dabei gehören circa 80% der Familie *Pyroglyphidae* an. In unseren Breiten sind Hausstaubmilbe (*Dermatophagoides pteronyssinus*), die Modermilbe (*Tyrophagus putrescentiae*) und Mehlmilbe (*Dermatophagoides farinae*) von entscheidender Bedeutung. Der bevorzugte Aufenthaltsort der Hausstaubmilben ist das Bett und dessen Umgebung, da dort die idealen Lebensbedingungen herrschen. Bei besonders (un-)günstigen Bedingungen können bis zu 1.000 Milben in einem Gramm Staub vorkommen. Im Gegensatz zu allen anderen Spinnenarten, die sich ausschließlich räuberisch ernähren und in ihrer Körpergestalt sehr konstant bleiben, findet man bei den Milben neben Räubern auch Pflanzen- und Abfallfresser sowie viele Parasiten. Die verschiedenen Typen der Nahrungsaufnahme bedingen eine enorme Vielfalt der Gestalt und Lebensweise. Deshalb ist es schwer, Merkmale zu nennen, die allen Milben gemeinsam sind. Bis auf wenige Ausnahmen ha-

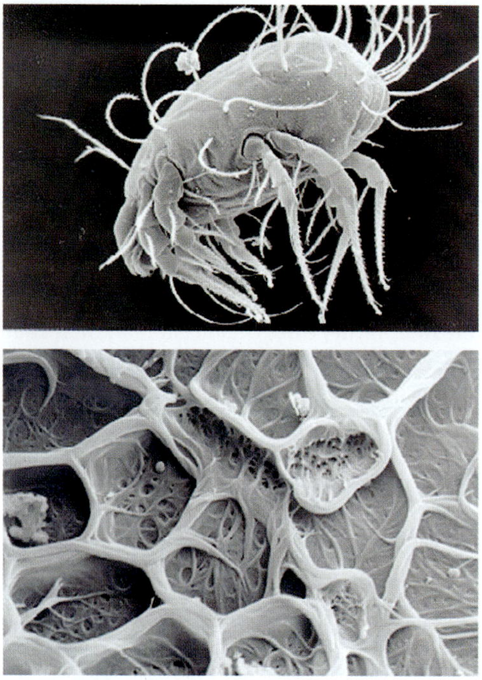

Abb. 5.5-5.6 ■ Darstellung und Detailaufnahme (Oberflächenstruktur) einer Milbe im ausgewachsenen Stadium

ben alle Milben im erwachsenen Zustand vier Beinpaare. Die winzigen Spinnentierchen mit einer Größe von 0,1 bis 0,5 mm sind so klein, dass auf dem Kopf eines einzigen Streichholzes Hunderte von Hausstaubmilben Platz finden können/würden.

Unsere Kenntnisse von der Bedeutung der einzelnen Milbenarten sind noch sehr unvollständig, was einerseits an vielen Fehlbestimmungen liegt und andererseits an dem Fehlen von genauen Analysen des Schadauftretens wenigstens in Mitteleuropa. Zu den wichtigsten Arten gehören:

- Hausstaubmilben (Pyroglyphoidea)
  - *Dermatophagoides pteronissimae (pteronyssinus)*
  - *Dermatophagoides farinae*
  - *Dermatophagoides microceras*
  - *Dermatophagoides evansi*
  - *Euroglyphus maynei*
  - *Euroglyphus longior*
  - *Blomia spp.*
- Vorratsmilben (Acaridae, Glycyphagidae, Chortoglyphidae)
- Raubmilben (Cheyletidae)
- Krätzemilben (Sarcoptidae).

Hausstaub ist als allergieauslösendes Substrat schon lange bekannt. Im Jahre 1928 wurde erstmals ein Zusammenhang mit Milben vermutet, wobei zu dieser Zeit damit Milben aus der Gruppe der heute so genannten Vorratsmilben gemeint waren. Im Jahre 1964 zeigten *Voorhorst* u.a., dass die Milbe *Dermatophagoides pteronyssinus* Hauptauslöser der Hausstauballergie ist. Dementsprechend werden diese und weitere im Hausstaub vorkommende Mitglieder der Superfamilie *Pyroglyphoidea* als so genannte Hausstaubmilbe bezeichnet. Diese Hausstaubmilben kommen überall in Europa vor und werden oft in großen Mengen in untersuchten Häusern nachgewiesen. Neben diesen vorherrschenden Arten sind auch noch die *Dermatophagoides microceras* und *Dermatophagoides evansi, Euroglyphus maynei* und *Euroglyphus longior* in wechselnder Menge je nach Raumklima und sonstigen Bedingungen im Hausstaub zu finden. Weitere relevante allergieauslösende Milben, die oben genannten Vorratsmilben, können auch in zum Teil nicht irrelevanten Mengen im menschlichen Wohnmilieu vorkommen.

Insgesamt wurden bislang weltweit etwa 150 verschiedene Milbenarten in Häusern nachgewiesen, neben den *Astigmata* (Hausstaub- und Vorratsmilben) auch Vertreter der Milbenordnungen *Prostigmata, Mesostigmata, Cryptostigmatat* und *Metastigmata*. Neuere Untersuchungen zum Vorkommen von Milben und zur Sensibilisierungsfähigkeit durch diese führten zur Einführung des neuen Terminus »*Domestic Mites*«, der alle Milben (insbesondere Hausstaub- und Vorratsmilben) beinhaltet, die im menschlichen Umfeld vorkommen und zur Bildung von spezifischen IgE führen können.

5.3.3.2 Vorkommen

Im menschlichen Umfeld kommen Milben gewöhnlich nicht in direkten Kontakt mit den Menschen, aber sie überleben, entwickeln und ernähren sich im Hausstaub. Hausstaub ist ein heterogenes Substrat, dass sich aus synthetischen und natürlichen Fasern, Haaren, Mineralien, Salzen, Asche, Pollen, Pilzsporen und Pilzmyzel sowie Insektenfragmenten zusammensetzt. Menschliche Hautschuppen sind die Hauptnahrung der Hausstaubmilben. Die Modermilbe hingegen ist in der Lage, sich ausschließlich von Pilzen zu ernähren. Diese Pilze können innerhalb von Gebäuden sowohl Schimmelpilze als auch holzzerstörende Pilze (Kellerschwamm, Echter Hausschwamm, Weißer Porling) sein. Das Auftreten dieser Pilze ist dabei immer auf eine erhöhte Feuchtigkeit in Teilen des Gebäudes zurückzuführen. Somit kann die Modermilbe an zahlreichen, völlig unterschiedlichen Materialien auftreten, wenn die Voraussetzungen für ein Wachstum von Pilzen (stark erhöhte Feuchtigkeit, organisches Nahrungssubstrat und entsprechende Temperaturen) gegeben sind. Andererseits ist die Modermilbe aber auch in der Lage, sich völlig ohne Pilze an vielen Stoffen massenhaft zu vermehren, insbesondere wenn diese eiweiß- und fettreich sind.

Das Mikroklima des Hauses nimmt also entscheidenden Einfluss auf die Vermehrung und Entwicklung von Hausstaub- und Vorratsmilben. Da sie aufgrund ihrer geringen Größe keine separaten Atemöffnungen (Astigmata) zur ausreichenden Sauerstoffaufnahme mehr benötigen, sie also direkt über die so genannte Kutikula (Haut) atmen und diese entsprechend sehr dünn ist, benötigen sie eine hohe relative Luftfeuchtigkeit, um den eigenen Wasserverlust (Transpiration) durch die Kutikula zu kompensieren. Eine Raumfeuchtigkeit von ca. 75% relative Feuchte bei 15°C (= ca. 7 g/kg Luft) ist für ihre Entwicklung optimal. Normalerweise wird eine derart hohe Luftfeuchtigkeit nur bei hoher Außenluftfeuchte erreicht oder in mikroklimatischen Nischen des Hauses.

Hausstaubmilben gedeihen infolgedessen im Bettzeug und den Matratzen, aber auch in Teppichböden, Polstermöbeln, Stofftieren und auf Zimmerpflanzen. In umfangreichen Untersuchungen wurden etwa zwei Drittel aller im Haus lebenden Milben im Bett festgestellt. Die Hälfte davon entfällt auf die Matratzen und der Rest auf Oberbetten, Matratzenabdeckungen und Decken. An zweiter Stelle stehen die Polstermöbel, in denen immerhin noch etwa 20% nachgewiesen werden konnten. In den Teppichböden konnten im Schlafzimmer etwa 4% und im Wohnzimmer etwa 10% isoliert werden. Die Milben im Teppichboden sind zum Großteil vermutlich Tiere, die aus Matratzen und Polstermöbeln ausgewandert sind und hier häufig verenden. Ein Kontaminationsrisiko geht also in erster Linie in Wohnungen von den Matratzen und Polstermöbeln, und nicht von den Bodenbelägen aus. Naturfasern (Wolle) können einen Wasseranteil von bis zu 33% aufnehmen, Kunstfasern (Polyamid) jedoch nur 3%. Das hat zu der Vermutung geführt, Naturfasern könnten leichter von Milben besiedelt werden und seien deswegen für den Allergiker nicht geeignet. Auch seien Oberbetten, die mit Federn gefüllt sind, zu meiden, da sie ebenfalls als mögliche natürliche Nahrungsquelle für Milben zur Verfügung stehen.

In den oben genannten Untersuchungen wurden daher alle Bodenbeläge, Bettmaterialien und Polstermöbel auf ihren Milbengehalt untersucht. Die Objekte wurden in Naturfasern und Kunstfasern unterteilt. Eine Abhängigkeit der Milbenbesiedlung vom Material konnte weder bei den Teppichböden noch bei Matratzen festgestellt werden. Bei Polstergarnituren konnten nur in Ledergarnituren deutlich weniger Milben gefunden werden. Die Oberbetten waren in der Hauptsache mit Federn oder mit Wolle gefertigt. Bei einem Drittel der Oberbetten konnte kein Staub und somit keine Milben isoliert werden. Empfehlungen, nur noch Matratzen, Oberbetten und andere Bettmaterialien aus Chemiefasern oder Kunststoffen zu verwenden, sind daher nicht begründbar. Die Milben leben vom Staub, der sich allmählich in den Matratzen ansammelt.

Das Biotop für die Milben ist also hauptsächlich das Bett. Aber warum? Während der Schlafzeit steigt die Temperatur in den Matratzen auf ca. 25-30 °C und die relative Luftfeuchte nimmt durch die Körpertranspiration des Schlafenden um 5-8 % zu, so dass während dieser Zeit und zwischen den Nächten für die Milben zumeist förderliche Entwicklungsbedingungen vorliegen. In Teppichen und Teppichböden findet sich eine mit den Jahreszeiten fluktuierende Milbenpopulation, zunehmend in den Sommermonaten, wenn die Raumfeuchtigkeit bei abgeschalteten Zentralheizungen am höchsten ist. Zu Beginn des Sommers, im Anschluss an die Heizperiode, ist die Milbenpopulation klein, im Spätsommer wird ein Maximum erreicht und im Spätherbst und im Winter sinkt die Milbenpopulation wieder auf ein Minimum.

5.3.3.3 Taxonomie und Morphologie

Milben gehören innerhalb der Wirbellosen zu den Spinnentieren und werden in eine Vielzahl von Ordnungen eingeteilt. Die im Wesentlichen für allergische Erkrankungen verantwortlichen Milben gehören zu den astigmatischen Superfamilien *Pyroglyphoidea* (Hausstaubmilbe) und *Acaroidea* (Vorratsmilbe).

Die Hausstaubmilben sind augenlose, achtbeinige Spinnentiere mit wenig entwickeltem Atemtrakt. Ihre Größe liegt bei 100 bis maximal 500µm, wobei die Vorratsmilben bis zu 600 µm groß werden können und die Männchen etwas kleiner sind als die Weibchen. Mit bloßem Auge sind Milben damit nicht sichtbar. Außer ihrer geringen Größe ist ein auffallendes Merkmal die Reduktion der Segmentierung, die für typische Arthropoden (z.B. Insekten) charakteristisch ist. Sie haben eine weißliche Färbung und sind nur auf dunklem Hintergrund sichtbar.

Körper, Beine und Mundapparat tragen zahlreiche Haare (Setae). Sie enthalten einen chitinösen Kern und sind an der Basis geschlossen. So genannte Solenidien sind spezialisierte haarförmige Chemosensoren mit hohlem Kern und offener Basis. Sie liegen an den körperfernen Segmenten der Beine. Länge, Lage und Zahl der Haare und Solenidien an Körper und Beinen sind wichtige Bestimmungsmerkmale zur Artdiagnostik.

Die Milbenkutikula (Haut) ist aufgeteilt in eine Endo-, Exo- und Epikutikula mit einer äußeren Wachsschicht. Die primären inneren Organe sind der Verdauungstrakt, das Nervensystem (Milbengehirn) und die Geschlechtsorgane, die sich ventral (*ventris* = Bauch, Leib) zum Verdauungstrakt in der hinteren Körperregion befinden.

Die primäre Geschlechtsöffnung (Ovipore) der Weibchen liegt ventral in Höhe des hinteren Beinpaares. Ihre Form gleicht einem nach hinten sich öffnenden Ypsilon, das vorne von zwei seitlichen Lippen und hinten von einer medianen Lippe gebildet wird. Eine zweite Genitalöffnung befindet sich am Körperende (Bursa copulatrix = sekundäre Geschlechtsöffnung, Begattungstasche), die als Kopulationsorgan dient.

Die Männchen haben einen sklerotisierten (verhärteten) Penis (Aedeagus), der ventral in Höhe des dritten Beinpaares gelegen ist. Die Spermien werden durch die gezielte Bewegung des Penis über die o.g. sekundäre Geschlechtsöffnung in das Weibchen eingeführt.

Bei den Hausstaub- und Vorratsmilben gibt es nur eine sexuelle Vermehrung. Die Männchen verpaaren sich mit den adulten (erwachsenen) Weibchen. Nach der Paarung (Begattung) legen die Weibchen die langovalen Eier einzeln auf den Boden, aus denen die sechsbeinigen Larven schlüpfen. Diese Larven ähneln bereits in groben Zügen den erwachsenen Tieren, wobei ihnen noch das vierte Beinpaar fehlt. Täglich werden bis zu vier Eier produziert, insgesamt können somit während der Lebensdauer der Weibchen zwischen 80 und 300 Eier abgelegt werden. Die Entwicklung beansprucht je nach Temperatur etwa vier Wochen und beinhaltet insgesamt sechs Entwicklungsstadien, die jeweils durch eine Häutung getrennt sind: Ei, Larve, Protonymphe, Tritonymphe und Adultstadium. Die Larven häuten sich zu den achtbeinigen Protonymphen und diese zu den Deutonymphen, woraus nach einer weiteren Häutung die erwachsenen Milben hervorgehen. Vor jeder Häutung wird eine kurze Ruhepause eingeschoben. Die Lebensdauer der Weibchen beträgt je nach Umweltbedingungen

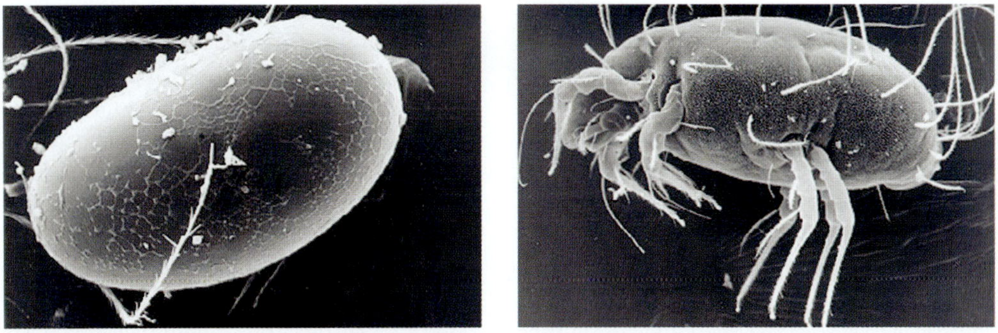

Abb. 5.7-5.8 ▪ Entwicklungsstadium einer Milbe (hier die Larve und die achtbeinige Proto- und Tritonymphe)

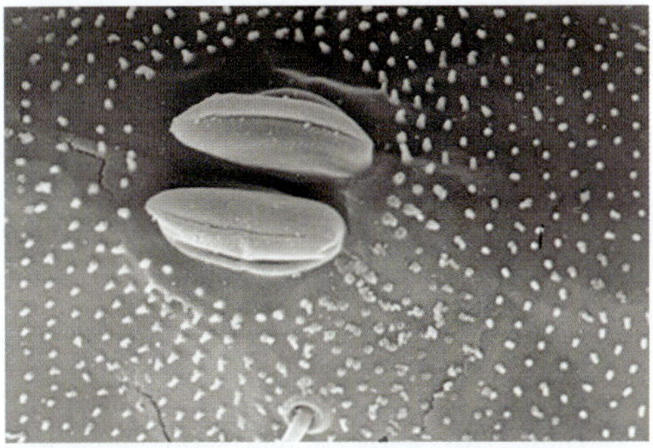

Abb. 5.9 ▪ Im äußeren Erscheinungsbild gleichen sich die Entwicklungsstadien weit gehend. Eine morphologische Identifizierung ist nur durch den Entwicklungszustand (Ausprägung) des Genitalapparates (Genitalpapillen, Genitalhaare) möglich, wobei die Larve keine Genitalanlage aufweist.

Abb. 5.10 ▪ Sekundäre Geschlechtsöffnung (Begattungstasche) des Weibchens, die durch eine verlängerte Kopulationsröhre markant in Erscheinung tritt.

zwischen 40 und 60 Tagen, die der Männchen zwischen 85 und 120 Tagen.

Die Temperatur hat einen wesentlichen Einfluss auf die Vitalität der Milben. Für Milben an-

Abb. 5.11 ▪ Eine Bestimmung des Geschlechts ist erst ab dem Anfangsstadium möglich, da erst in diesem Stadium die Geschlechtsreife erreicht wird (Ovipore, Penis).

genehme Klimabedingungen entsprechen weitgehend denjenigen für Menschen. Temperaturen zwischen 20 und knapp unter 30 °C sowie eine relative Luftfeuchtigkeit von 75-80 % werden bevorzugt. Die relative Luftfeuchte ist der kritische Faktor für die Entwicklung und das Überleben der Milben im Hausmilieu. So können beispielsweise geographische Verbreitung und jahreszeitliche Häufigkeit der Milben mit der relativen Luftfeuchtigkeit in Beziehung gesetzt werden. Die erwachsenen Tiere sind bei Null Grad vollständig inaktiv und sterben bei weiter sinkenden Temperaturen. Allerdings kopulieren sie bereits wieder bei einer Temperatur von 2 °C und legen Eier ab, die sich jedoch noch nicht weiterentwickeln. Die Entwicklung von Eiern und von Proto- und Deutonymphen ist erst möglich, wenn eine Mindesttemperatur von ca. 8 °C und eine relative Luftfeuchtigkeit von 90 % vorhanden ist.

Der Mundapparat besteht aus den Schneidewerkzeugen, den Tastwerkzeugen und der Oberlippe, einer unpaaren Chitinfalte, die die Mundöffnung von oben/vorn bedeckt. Während die Tastwerkzeuge sensorische Funktionen ausüben, brechen und schneiden die Schneidewerkzeuge die Nahrung klein (beispielsweise die Hautschuppen) und befördern die Bruchstücke in den Mundvorraum. Die intrazelluläre Verdauung erfolgt im vorderen Mitteldarm. Im hinteren Mitteldarm wird Wasser resorbiert und die Nahrung mit einer so genannten peritrophen Membran umgeben und extrazellulär verdaut. Unverdaute Restsubstanzen werden mit der peritrophen Membran als Kotballen ausgeschieden, die eine Größe von etwa 10-40 µm besitzen.

Durch die Bewegungen beispielsweise eines schlafendenden Menschen werden die von den Milben ausgeschiedenen Kotballen in kleinere Fraktionen zerrieben und können nach dem Austrocknen als Feinstaub in die Luft gelangen. Somit erfolgt eine partikelgebundene Allergenverteilung in den ganzen Schlafbereich. Zur Größenverteilung des allergenen Staubes liegen nur wenige, aber uneinheitliche Untersuchungsergebnisse vor. Man geht davon aus, dass im wesentlichen Partikel vorliegen, die eine Größe von mehr als 1µm aufweisen. Als »Sensibilisierungsschwelle« werden 2 µg Milbenallergen pro Gramm Staub angesehen, bei mehr als 10 µg/g Staub steigt bei Asthmatikern das Risiko einer akuten Atemnot an. Hausstaubmilben erzeugen während ihres Lebens etwa das 200fache ihres Körpergewichtes an Exkrementen. Nach ihrem Volumen beurteilt sind sie ein »gehender Magen- und Atemtrakt«. Sie können fetthaltige Epithelien nicht direkt verdauen. Bei der Ernährung sind sie deshalb auf die Symbiose mit bestimmten Arten von Schimmelpilzen angewiesen. Diese bewerkstelligen eine Vorverdauung der fetthaltigen und keratinösen Hautschuppen. Erst dann können die Milben die angedaute Hautschuppe verwerten.

Milben enthalten bis zu 80% Wasser. Hausstaub und die Nahrungspartikel hingegen sind fast frei von Wasser, trotzdem überleben Milben im Hausstaub. Um eine positive Wasserbilanz zu halten, sind Milben auf die Wasseraufnahme aus der Atmosphäre angewiesen. Das so genannte kritische Feuchtigkeitsgleichgewicht (CEH = critical equilibrium humidity) liegt bei knapp über 70% relative Luftfeuchtigkeit bei Hausstaubmilben und etwas höher bei den Vorratsmilben. Bei relativen Luftfeuchten oberhalb des CEH-Wertes ist die Balance zwischen Wasserverlust und Wasseraufnahme gewährleistet, aber unterhalb dieses kritischen Feuchtigkeitsgleichgewichtes verlieren die Milben Wasser.

Der normale Wasseraufnahmemechanismus funktioniert wie folgt: Die paarigen Supracoxaldrüsen haben externe Hautöffnungen am ersten Beinpaar, deren Sekrete in den Mundvorraum fließen. Diese Sekrete enthalten Salze und sind somit hygroskopisch. Atmosphärisches Wasser wird durch eine gesättigte Lösung von Natriumchlorid/Kaliumchlorid absorbiert, welche in den Supracoxaldrüsen produziert wird. Die damit vor dem Mundraum erzeugte wasserdampfgesättigte Luft wird in den Verdauungstrakt übernommen und das enthaltene Wasser im Mitteldarm resorbiert. Bei zu niedriger Luftfeuchte kann somit kein atmosphärisches Wasser mehr absorbiert werden, die Milbe gibt über die Hauttranspiration nur noch Wasser ab. Dadurch dehydriert die Milbe und stirbt.

Die *Lepidoglyphus destructor* (Glycyphagidae) ist eine der allergologisch wichtigsten und in Deutschland eine der dominierenden Vorratsmilben. Über die Entwicklung der Vorratsmilben ist weitaus weniger bekannt als über die der Hausstaubmilben. Die Entwicklung verläuft über das Eistadium, die sechsbeinige Larve und die achtbeinige Proto- und Tritonymphe bis zum Adultstadium. Im äußeren Erscheinungsbild gleichen sich diese Entwicklungsstadien weitgehend. Alle obligatorischen Entwicklungsstadien von *Lepidoglyphus destructor* sind sehr empfindlich gegenüber einer relativen Luftfeuchte unterhalb von 70%. Des Weiteren braucht diese Vorratsmilbe zu ihrer optimalen Entwicklung Schimmelpilze als Nahrung.

5.3.3.4 Gesundheitliche Gefährdungen

Milben müssen, ähnlich den Zecken und Insekten, während des Wachstums ihr Chitinskelett mehrfach häuten. Auf die abgestreiften Nymphenhäute als Allergene können besonders sensible Personen mit zum Teil heftigen allergischen Reaktionen antworten. Milben erregen weiterhin Hautkrankheiten und bei oraler Aufnahme Magen- und Darmstörungen. Die Hausstaubmilbe kann allein durch ihren Kot heftige Allergien auslösen.

Etwa 4% der Bevölkerung (vorwiegend Jugendliche) sind klinisch manifeste Hausstauballergiker. Dies bedeutet, dass sie eine hyperergische (= überschießende) Sofortreaktion auf Hausstaub bzw. Hausstaubmilben sowohl im Hauttest als auch am so genannten Schockorgan (=befallenes Organ) aufweisen, was sich als Rhinitis (Entzündung der Nase), Konjunktivitis (Entzündung der Augen) oder Asthma (Entzündung der Bronchien) äußert. Bei 60-70% dieser Patienten lassen sich spezifische Antikörper gegen Hausstaubmilben nachweisen. Hausstaubmilben spielen möglicherweise auch als Atopene (=Allergieauslöser) beim chronisch-konstitutionellem Ekzem bzw. der atopischen Dermatitis eine Rolle. Die Hausstaubmilben wurden ursächlich auch mit einigen anderen Hauterkrankungen und, glaubt man bisherigen Veröffentlichungen, sogar mit dem plötzlichen Kindstod in Zusammenhang gebracht.

Hausstaub bzw. Hausstaubmilben rufen beim entsprechend Disponierten (Atopiker) vorwiegend Inhalationsallergien hervor. Zu nennen sind einerseits die durch anfallweise auftretende starke Schleimbildung in der Nase, durch Attacken von Niesreiz und roten, tränenden Augen charakterisierte Rhinoconjunctivitis allergica (=Heuschnupfen) und andererseits das rasch auftretende und sich meist spontan wieder zurückbildende Asthma bronchiale (mit Luftnot, Husten und dgl.). Dieses wird durch das so genannte Bronchospasmus verursacht (= zusammenziehen der Bronchien), unter Produktion von zähem Schleim und Anschwellen der Bronchialschleimhaut. Die Hausstauballergiker leiden unter ihren Beschwerden im Allgemeinen während des ganzen Jahres und etwas vermehrt in den Monaten mit hoher Luftfeuchtigkeit und großer Milbenvermehrung. Symptome treten besonders während der Nacht oder am frühen Morgen auf. Symptomfreiheit wird bei Aufenthalt in trockenen oder hochgelegten Gebieten mit einer Höhe von mindestens 1.600 Meter über Meeresspiegel erreicht

5.3.4 Haustiere als Allergiequelle

Der Vollständigkeit wegen sollen noch kurz die Allergien und Innenraumbelastungen erwähnt werden, die durch Tierepithelien verursacht werden. Schätzungen gehen davon aus, dass jeder fünfte Allergiker auf Tiere reagiert. Die vorliegenden Zahlen zeigen einen deutlichen Anstieg in den letzten Jahren. Die Zunahme ist wahrscheinlich durch eine gesteigerte Haustierhaltung bedingt. Die Allergie wird dabei nicht durch die Tierhaare ausgelöst, sondern durch Hautschuppen, Absonderungen der Talgdrüsen und durch Substanzen im Speichel und Kot der Tiere. Die bedeutendsten Allergiequellen bei den Tieren sind Katzen, Kaninchen, Meerschweinchen und Goldhamster.

Hunde scheinen dagegen ein geringeres allergenes Potenzial zu besitzen. Aber auch Vögel können Allergien auslösen; hier sind Federn und Kot die Hauptallergenträger. Gegen »nackte« Tiere wie Reptilien und Fische bestehen dahingegen kaum Allergien. Bei Vogelallergien kommt es weniger zu Sofortreaktionen der Atemwege, dafür aber zu auftretenden Spätreaktionen, die bis hin zu einer Lungenentzündung führen können. Bei wiederholtem Kontakt kann es neben grippeähnlichen Symptomen auch zu Beschwerden wie Kreuzschmerzen, Schwitzen und Gewichtsverlust kommen. Diese Krankheit ist ebenfalls eine Allergie und wird als »Wellensittichhalter-Lunge« bezeichnet.

Die wirkungsvollste Allergenbekämpfung ist dabei die Expositionskarenz und – damit verbunden – die Weggabe des Tieres. Ein erhöhtes Maß an Pflegeaufwand ist zur Bekämpfung der

Allergenquelle ungeeignet, da auch bei regelmäßigem Waschen noch signifikante Allergenmengen freigesetzt werden können. Bei Katzenallergenen ist eine kurzfristige Allergenkarenz ohnehin nicht durchführbar. Das Hauptallergen ist im Speichel enthalten und wird durch das Lecken des Fells als dünne Schicht auf die Tierhaare aufgebracht. Die durch Bewegung aus dem Fell abfallenden Speichelreste sind in von Katzen bewohnten Wohnungen noch lange nach Abschaffung des Tieres nachzuweisen und diese Belastung trägt sich nur sehr langsam aus.

5.4 Gesundheitsgefahren durch Schimmelpilze

5.4.1 Einleitung

Während für Pollen, Tierepithelien und andere Allergengruppen relativ ausführliche und exakte Beschreibungen über ihre Biologie, Verbreitung, mikro- und makroklimatische Lebensbedingungen und Expositionsmöglichkeiten für den Menschen vorliegen, trifft dieses für Schimmelpilze nicht zu. Andererseits ist seit den sehr exakten Beschreibungen von *Blackley* im Jahre 1873 über Sensibilisierungen gegen *Penicillium*- und *Cladosporium*-Arten die Bedeutung dieser Allergengruppe bekannt. Nicht zuletzt ist schon im Handbuch der Kinderheilkunde Ende der 50er Jahre nachzulesen gewesen: *»Ätiologisch sind für Asthma bronchiale an erster Stelle die bereits besprochenen exogenen Inhalationsantigene verantwortlich. Von besonderer Wichtigkeit sind hier die Schimmelpilzsporen.... Die intramurale Schimmelpilzflora kann sehr verschieden sein, je nach den Wohnverhältnissen und der Wohnungspflege. Der Gehalt der Luft an diesen Allergenen schwankt örtlich sowie in Abhängigkeit von der Jahreszeit.«*

Je nach Wachstumsbedingungen bzw. Vorkommen führen Schimmelpilze zu unterschiedlichen Krankheiten. Außerdem sind weitere, im Einzelnen nicht exakt erfasste, Faktoren von Bedeutung für Auftreten und Art der Erkrankungen, insbesondere die Partikelgröße. Es wird geschätzt, dass maximal 100 Schimmelpilzarten von klinischer Bedeutung sind. Zu unterscheiden sind:

- (häufige) Erkrankungen durch allergisch-immunologische Abwehrmaßnahmen des Organismus gegen Schimmelpilze
- (seltene) Erkrankungen durch lokales oder invasives Wachstum von Schimmelpilzen auf dem bzw. im Organismus
- Des Weiteren kann es durch Stoffwechselprodukte (Mykotoxine) von Schimmelpilzen zu Intoxikationen durch Lebensmitteln kommen.

Die häufigen pilzbedingten infektiösen Erkrankungen der Haut (Dermatophytien) werden im Folgenden ebenso wenig berücksichtigt, wie ähnlich häufige Erkrankungen der Genitalorgane bzw. des Magen-Darm-Trakts durch Hefen. Allergische Erkrankungen des Magen-Darm-Traktes durch Schimmelpilze sind immer wieder Gegenstand heftiger Kontroversen. Da sie nach der überwiegenden Mehrheit der Experten nur von untergeordneter Bedeutung sind, wird im Folgenden auf sie nicht weiter eingegangen.

Bislang nahm man weitgehend an, dass intensiver Schimmelpilzkontakt entweder zu primär infektiösen oder allergischen Erkrankungen bei prädisponierten Personen führen kann. Unter den Humanmedizinern ist bislang allerdings wenig bekannt, dass bestimmte Schimmelpilze sehr potente Giftstoffe (Mykotoxine) produzieren können. Diese sind meist in den Sporen enthalten und können unter bestimmten Umweltbedingungen leicht luftgängig werden und zu einer signifikanten Luftkontaminierung beitragen. Allerdings liegen bislang keine abgesicherten Erkenntnisse vor, die den Verdacht einer unmittelbaren Wirkung dieser carcinogenen (krebserzeugenden) bzw. leber- oder nierenschädigenden Substanzen in Innenräumen auf die Bewohner erhärten ließen. Allerdings mahnen zunehmende Beobachtungen aus den USA und den skandinavischen Ländern zur Vorsicht, die von Atemwegs-

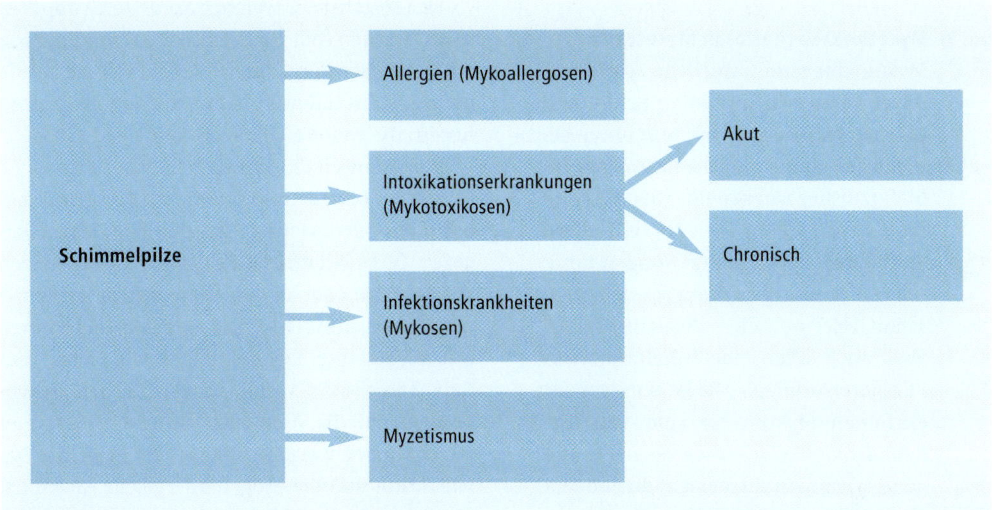

Abb. 5.12 ▪ Pathomechanismus von Schimmelpilzerkrankungen

erkrankungen und Nervenschäden durch die Freisetzung von Trichothecenen aus feuchtegeschädigten, zellulosehaltigen Baustoffen berichten.

Die von Schimmelpilzen verursachten Gesundheitsgefahren für den Menschen lassen sich generell in Infektionskrankheiten (Mykosen), Allergien (Mykoallergosen) und Intoxikationserkrankungen (Mykotoxikosen) einteilen. Akute oder chronische Mykotoxikosen können aus der Aufnahme von Mykotoxinen über die Nahrungskette, durch Kontakt und durch die Inhalation mykotoxin-kontaminierter Pilzsporen und Stäube resultieren. Bislang wurde angenommen, dass intensiver Kontakt mit Schimmelpilzen entweder zu primär infektiösen oder allergischen Erkrankungen bei prädestinierten (dafür besonders in Frage kommenden) Personen führen kann. Dagegen war (und ist) weniger bekannt, dass unter den genannten Bedingungen auch Giftstoffe von Schimmelpilzen über die Inhalation von toxinhaltigen, luftgängigen Schimmelpilzsporen oder Stäuben aufgenommen werden und zu Erkrankungen führen können.

Pathomechanismen von Schimmelpilzerkrankungen

1) **Infektion/systemische Mykose (Auslöser: Pilz)**
Die lokale Infektion oder sogar systemische Mykose ist die vom Laien wohl am meisten gefürchtete Auswirkung einer Schimmelpilzbelastung, wobei dies objektiv die unwahrscheinlichste Möglichkeit darstellt. Nur bei Patienten mit defizitärer Immunabwehr bzw. angeborenen Immundefekten besteht das Risiko einer systemischen Pilzinfektion.
2) **Immunopathie/Immunsuppression/Immunmodulation (Auslöser: MVOC's, Mykotoxine)**
MVOC sind leicht flüchtige organische Verbindungen, die von Schimmelpilzen abgegeben werden. Die biologische Bedeutung und die klinischen Auswirkungen einer chronischen Exposition mit MVOC´s in der Raumluft sind derzeit nicht abschließend geklärt, diskutiert wird u.a. auch eine immunsuppressive Wirkung.

3) **Mykotoxikose (Auslöser: Mykotoxine)**
Mykotoxine sind natürliche Stoffwechselprodukte von speziellen Schimmelpilzen, werden aber oft nur unter bestimmten Umgebungsbedingungen gebildet. Bisher wurden über 300 Mykotoxine beschrieben. Primär sind diese Stoffe über die Aufnahme von kontaminierten Nahrungsmitteln für den Menschen relevant, eine Belastung kann aber auch über eine Inhalation von Pilzsporen erfolgen. Die Wirkungen der einzelnen Mykotoxine sind verschieden, für viele sind cancerogene, mutagene, nieren- und leberschädigende Effekte bekannt. Aber auch Neurotoxizität, Immuntoxizität und hormonähnliche Eigenschaften wurden bisher nachgewiesen.
4) **Allergie (Auslöser: Pilz/Sporen)**
Dies ist wohl die häufigste Auswirkung einer chronischen Schimmelpilzbelastung, wobei hier die verschiedenen Mechanismen der Allergietypen mit entsprechend abweichender Symptomatik unterschieden werden müssen.

Im Zusammenhang mit Schimmelpilzen wird auch die Bezeichnung »opportunistisch bzw. fakultativ pathogen« geprägt. Sie besagt, dass den krankmachenden Eigenschaften dieser Mikroorganismen immer prädisponierende Faktoren vorangehen müssen. Demzufolge können Schimmelpilze ihre pathogenen Fähigkeiten nur bei einer gestörten Immunreaktion ausspielen. Diese Tatsache wird durch die Erkenntnis untermauert, dass Schimmelpilze häufig beim Menschen nachgewiesen werden, ohne dass sie in einen Krankheitsprozess einbezogen sind. Sie dringen nicht aktiv in das Gewebe ein, sondern sind so genannte »Trittbrettfahrer«. Die Krankheiten, die durch Schimmelpilze hervorgerufen werden, kann man allgemein in vier Gruppen einteilen.

Der **Myzetismus**, welcher als erste Gruppe genannt werden soll, wird durch die Einnahme von giftigen Pilzen ausgelöst. Diese Erkrankung wurde nur der Vollständigkeit halber mit aufgeführt und hat für die weitere Thematik keine Bedeutung.

Vom Mensch eingeatmete Pilzsporen, welche sich in der Luft (dem so genannten Aeroplankton) befinden, verursachen Allergien bzw. **Mykoallergosen**. Diese allergische Reaktionen können sich auf der Haut oder an den Atemwegen manifestieren. Hautreaktionen (so genannte Mykide) können mit allgemeinen Erscheinungen wie Fieber und Gelenkbeschwerden einhergehen. Bei den Auswirkungen auf die Atemwege unterscheidet man zwei Gruppen von Reaktionen: zum einen die Typ I-Reaktion und die exogen allergische Alveolitis, eine Überempfindlichkeitsreaktion vom Typ III.

Die dritte Gruppe sind die **Mykosen**. Diese Bezeichnung umfasst die Erkrankungen, welche durch parasitäre Pilze hervorgerufen werden. Voraussetzungen für die Entstehung sind zum einen der Kontakt mit dem Pilz, zum anderen das Eindringen in den Organismus und als letztes das Vorliegen eines günstigen Terrains für die Ausbreitung im Gewebe. Eine Mykose wird als Interferenz zwischen zwei biologischen Systemen von Mikro- und Makroorganismen verstanden. Dabei geht der Pilz eine Wechselwirkung mit der Membranstruktur des Makroorganismus ein. Wenn von Erkrankungen durch Pilze gesprochen wird, sollte unbedingt zwischen den oberflächlichen Schleimhautmykosen (die häufig im Atemtrakt, Verdauungstrakt oder Genitalbereich anzutreffen sind) und den so genannten Endomykosen (Pilzerkrankungen jenseits der Schleimhautbarriere) unterschieden werden, die auch als systemische Mykosen bezeichnet werden. Während bei einer Pilzbesiedelung auf den Schleimhäuten nicht von einer Erkrankung gesprochen werden sollte (auch die Keimzahl ist hier unerheblich), sondern von anderen Faktoren auszugehen ist, handelt es sich bei den so genannten Endomykosen um ernst zu nehmende Erkrankungen, unter denen sich auch schwerste und lebensbedrohliche Pilzerkrankungen befinden.

Die schwersten Krankheitsbilder sind bei den invasiven Mykosen zu finden. Der vielfach auch übliche Ausdruck »Blut-Mykose« ist irreführend und sollte gar nicht oder nur bei vorübergehender Pilzbelastung im Blut aufgrund viraler Erkrankungen gebraucht werden. Es handelt sich in diesen Fällen nicht um eine Pilzerkrankung, sondern um einen vorübergehenden Abwehrmechanismus des Immunsystems für das Gleichgewicht innerhalb des Körpers. Zwei Formen werden unterschieden: **Atopiker** (Normalflora) – bei viralen Infektionen vorübergehend verstärkte Pilzbelastung im Blut als Zeichen der erhöhten Infektabwehr und **Sepsis** (Blutvergiftung) – bei der geringe Überlebenschancen bestehen. Ferner sollte bei den invasiven Formen zwischen der primären Aspergillose (Betroffener war vorher gesund) und der sekundären Aspergillose (Betroffener besaß bereits eine schwere Grunderkrankung) unterschieden werden. In beiden Fällen kann es zur Aspergillombildung kommen und/oder hämatogene (aus dem Blut stammende, z.B. von Bakterien, die auf dem Blutwege verschleppt wurden) Streuungen in weitere Organe nach sich ziehen. Pilze können auch einzelne Organe befallen und lediglich lokale Auswirkungen haben.

Dann ist zu überlegen, ob es sich um Abkapselungsprozesse handelt, die aufgrund der Kapselbeschaffenheit (z.B. Polysaccharide) durch bestimmte Verhaltensmuster aufgelöst und einem Abbauprozess zugeführt werden können oder um Tumore, die aufgrund längerer Verweildauer diesen Mechanismen nicht mehr zugänglich sind. Immer häufiger kommt es vor, dass die so genannte bronchopulmonale (Atemwege und Lunge zugleich betreffende) Aspergillose nicht erkannt und demzufolge falsch therapiert wird. Die Ähnlichkeit mit einem allergischen Asthma oder einer chronischen Bronchitis sollte nicht dazu verleiten, voreilig eine allergische Reaktion zu vermuten. Es handelt sich hier um eine »Pseudo-Allergie«, bei der immunologische Fakten im Vordergrund stehen. Vielfach wird sie auch mit einer Mykotoxikose verwechselt.

Zum Schluss folgen noch einige Informationen zu den **Mykotoxikosen**. Sie entstehen, wenn Lebensmittel mit Schimmelpilzen (die Mykotoxine bilden) befallen sind oder waren. Dabei unterscheidet man diese Krankheit in zwei Verlaufsformen. Vom akuten Verlauf spricht man, wenn eine größere Menge Mykotoxine innerhalb einer kurzen Zeit aufgenommen wird. Es treten meistens deutlich erkennbare Symptome auf und in schweren Fällen verläuft die Krankheit tödlich. Im Gegensatz dazu bemerkt man beim chronischen Verlauf in den meisten Fällen nur allgemeine Krankheitsanzeichen. Die chronische Mykotoxikose ist eine schleichende Erkrankung, welche durch regelmäßige Aufnahme geringer Mykotoxinmengen über einen längeren Zeitraum ausgelöst wird.

Des Weiteren hat man Erkenntnisse darüber gewonnen, dass eine Reihe von Mykotoxinen in der Lage sind, die angeborenen und erworbenen Widerstandskräfte gegen Infektionskrankheiten herabzusetzen. Das kann schon in solchen Konzentrationen erfolgen, wie sie in Lebensmitteln auftreten können und die unter den Werten, die klinische Symptome von Mykotoxikosen hervorrufen, liegen. Aufgrund der Tatsache, dass die Zahl der Toxinbildner und ihre Mykotoxine noch ansteigen, kann man die Bedeutung und die Gefahr für die Gesundheit von Mensch, Tier und Pflanze in vollem Maß noch nicht übersehen.

Erkrankungen durch die Giftstoffe der Schimmelpilze (Mykotoxine) nennt man Mykotoxikosen. Mykotoxine werden immer häufiger für schwerste Gesundheitsstörungen verantwortlich gemacht, deren Ursache oft zu spät oder gar nicht erkannt wurde. Die typischen und wichtigsten Befindlichkeitsstörungen und Krankheitszeichen, die allein oder in Kombination auftreten können, sind in der Regel sehr unspezifisch und müssen gegenüber anderen Erkrankungen abgegrenzt werden. Eine Abgrenzung sollte auch von einem

Facharzt für Arbeits- und Umweltmedizin erfolgen.

- Magen-Darm-Störungen (Übelkeit, Brechreiz, Durchfall, Erbrechen, Magenschmerzen, Verdauungsstörungen, Bauchschmerzen)
- allergischer Schnupfen, Nasenbluten, erkältungsähnliche Halsschmerzen, Reizhusten, Dyspnoe (Atemnot) und Kurzatmigkeit, zunehmende Luftnot bei leichter Belastung, Brenn- und Engegefühl in der Brust und atmungsabhängige Brustschmerzen, Asthma-Giemen (Pfeifendes Atmen)
- Erkrankungen der oberen und unteren Atemwege (Nase, Nebenhöhlen, Rachen, Lunge)
- Brennen im Mund- und Rachenraum
- Uteruskontraktionen, Muskeleigenreflexe
- Atem- und Herzlähmung
- Augenreizungen mit Errötung, Lichtempfindlichkeit und Herabsetzung des Sehvermögens
- verbrennungsähnliche Hautreizungen mit Errötung, Gliederschmerzen, Kribbeln und Brennen oder Taubheitsgefühl an den Gliedmaßen bis hin am ganzen Körper, evtl. Haarverlust (diffuse Alopezie)
- Pulsschwäche
- Grippeähnliche Beschwerden wie Untertemperatur, Zittern, Frösteln, Fieber, Gelenk- und Muskelschmerzen, Mattigkeit
- Übermäßig starke körperliche und geistige Erschöpfung (Chronic Fatigue Syndrome)
- Probleme des zentralen Nervensystems: Depressive Verstimmungen, Kopfschmerzen, Konzentrations- und Gedächtnisstörungen, Kognitivstörungen besonders im Sprachbereich, gesteigerte Nervosität und Reizbarkeit, Schwindel- und Gleichgewichtsstörungen
- Parästhesien (Befindlichkeitsstörungen)
- Epileptische Anfälle (Aura-Stadien)
- Bewusstseinsverlust, Koma
- Toxische Amnesie (bei teilweisem Bewusstsein)
- Rheumatoide Arthristis
- Myasthenia gravis- und Pickwick-Syndrom
- Guillain-Barré-Syndrom
- Parkinson-Syndrom
- Multiple Sklerose

Es kommt zu Fehlsteuerungen im Glukosehaushalt über Biotransformation von Mykotoxinen, Fehlsteuerungen im Hormonhaushalt durch eine gestörte Dünndarmflora, Potenzierung einer mykotoxischen Belastung durch den zusätzlichen Einfluss Toxin bildender Darmbakterien, chronische Müdigkeit, Intoxikationen u.a.

Bei diesen Erkrankungen durch die Giftstoffe von Schimmelpilzen sollten unbedingt die endogen ausgelösten Mykotoxikosen von den exogen ausgelösten Mykotoxikosen unterschieden werden, da es sich um ganz unterschiedliche Krankheitsbilder handelt, die auch unterschiedliche Verläufe haben und einer differenzierten Behandlung bedürfen. Exogen können Mykotoxikosen z.B. ausgelöst werden durch Schimmelpilzwachstum, Chemikalien und Schwermetalle zur Schädlingsbekämpfung und in Nahrungsmitteln, »Bio«-Kost, Naturprodukte und dgl., da gerade in der ökologisch orientierten Landwirtschaft keinerlei Fungizide, Bakterizide, Pestizide oder sonstige Biozide benutzt werden, um einem Befall vorzubeugen. Dadurch sind diese Produkte stärker mit Pilzen befallen bzw. verderben schneller, da man ihnen auch keine Konservierungsstoffe zugibt. (Gleiches gilt für natürliche Wärmedämmstoffe (Hanf, Strohlehm, Schafswolle und dgl. sowie

Kleidungsstücke aus Naturwolle. Dessen macht man sich zu wenig bewusst, da »öko« und »bio« in unserer Gesellschaft sehr positiv gesehen wird. Durch eine Zunahme der ökologischen Landwirtschaft und den weiteren Verzicht von Bioziden kommt es auch zu einer vermehrten Pilz- und Algenbildung an Fassaden, da sich immer mehr Schimmelpilzsporen in der Luft befinden und gleichzeitig hochgedämmte Mauerwerke feuchte und kalte Oberflächen bilden.)

Endogen können Mykotoxikosen z.B. ausgelöst werden über mykotoxinhaltige Medikamente, Antimykotika und Nahrungsmittel, die über Schimmelpilze synthetisiert werden. Während die exogen erworbenen Mykotoxikosen erheblich leichter zu beheben sind, gibt es bei den endogen ausgelösten Mykotoxikosen erhebliche und oft jahrelange Behandlungsprobleme. Bei den exogenen Mykotoxikosen handelt es sich im Allgemeinen um Primärinfektionen, während es sich bei den endogen ausgelösten Mykotoxikosen im eigentlichen Sinn um Sekundärinfektionen handelt, obwohl eine »Erstinfektion« vorliegt. Durch spektralanalytische Untersuchungsverfahren ist es möglich, beide Formen voneinander zu unterscheiden.

Aufgrund des niedrigen Molekulargewichtes ist unser Immunsystem nicht in der Lage, derartige Stoffe zu erkennen. Ein aktiver Schutz in Form von Antikörperbildung bleibt demzufolge also aus. Eine besondere Bedeutung im Zusammenhang mit dem Gesundheitsrisiko in Innenräumen mit hohen Feuchtigkeiten scheint von dem schwarz gefärbten Pilz *Stachybotrys chartarum* auszugehen, der besonders auf zellulosereichem Material wachsen kann. Einen optimalen Nährboden für *Stachybotrys* bilden deshalb zellulosehaltige Baustoffe, speziell Gipskartonplatten und Tapeten. So konnten in klinisch-epidemologischen Untersuchungen an Testpersonen, die im Innenbereich ungewöhnlich hohen Konzentrationen an *Stachobotrys chartarum* ausgesetzt waren, ein statistisch gesicherter Zusammenhang zwischen Exposition und Störungen der unteren Atemwege (Bronchitis, Asthma, chronischer Reizhusten), Hautreizungen, Augenbeschwerden, konstitutionelle Beschwerden (Grippegefühl, Muskelschmerzen, allgemeines Unwohlsein) und chronische Erschöpfungszustände festgestellt werden. Darüber hinaus traten bei diesen Personen laborchemische Veränderungen insbesondere des weißen Blutbildes und des Immunsystems auf.

Akute Lungenblutungen bzw. Lungenhämosiderosen bei Kleinkindern, die in mehreren Fällen zum Tode führten, wurden in den Jahren 1993/94 nach einer Untersuchung aus Cleveland/Ohio diagnostiziert und auf eine Belastung der Atemluft zurückgeführt, nachdem bei den erkrankten Kindern um ein Vielfaches mehr luftgetragene Keime gefunden wurden. So wurden bei 30 Säuglingen, die in schimmelpilzbelasteten Sozialwohnungen aufwuchsen, mehrere Fälle von Lungenblutungen (Hemosiderosis/pulmonary hemorrhage) festgestellt. Eine detaillierte Untersuchung des Center for Disease Controll in Atlanta und des National Institute for Occupational Safety and Health in Morgantown ergab, dass die betroffenen Kleinkinder in ungewöhnlichem Maße Schimmelpilz und *Stachybotrys atra/chartarum* exponiert waren, da es wegen baulicher Mängel und Überflutung zu Wasserschäden kam. Die durchschnittliche Schimmelpilzbelastung in den betroffenen Kinderzimmern lag bei 30.000 KBE/m^3 (Koloniebildende Einheiten) gegenüber den Kontrollwohnungen mit deutlich unter 1.000 KBE/m^3 und für *Stachybotrys atra* mit Werten leicht über null und unter 50 KBE/m^3. In einer Fall-Kontrollstudie mit 30 nicht betroffenen Kindern aus demselben geographischen Gebiet wurden signifikant häufiger massive Feuchtigkeitsschäden in den Häusern der Kinder mit der akuten Lungensymptomatik nachgewiesen. Die Häufigkeit von Schimmelpilzen in den betroffenen Häusern, insbesondere von *Stachybotrys atra/chartarum*, war ebenfalls signifikant höher in den Häusern der Kinder mit einer Lungenblutung. Einschränkend zu bemerken ist, dass die Diagnose in diesem Fall ausschließlich epidemiologisch (nach der Lehre von der Entstehung, Verbreitung und Bekämpfung der Infektionskrankheiten) gestellt wurde.

Finnische Forscher haben in Tierversuchen mit Mäusen nach intranasaler Applikation von *Stachybotrys atra/chartarum* Sporen, die sehr hohe Satratoxinkonzentrationen enthielten, ähnliche Effekte erzielt. Die Schimmelpilzsporen verursachten in den Mäusen starke Entzündungserscheinungen in den Alveolaren (Lungenbläschen) und Bronchien und führten zu Blutungen. Bei Erwachsenen sind ähnliche Fälle noch nicht berichtet worden. Allerdings können durch Schimmelpilze verursachte oder verschlimmerte schwere entzündlich-allergische Lungenerkrankungen durch Asthma auch unter Umständen durch medizinische Komplikationen indirekt zum Tode führen; Einzelfälle sind bekannt.

Die korrekte Erfassung einer *Stachybotrys*-Kontamination ist sehr schwierig, denn Sporen dieses Schimmelpilzes können in großen Mengen luftgetragen vorliegen, ohne dass diese auf normalen Nährmedien als koloniebildende Einheiten (KBE) nachzuweisen wären. Eine mögliche Ursache ist, dass verschiedene *Penicillium*- und *Aspergillus*-Arten das gleichzeitige Wachstum von *Stachybotrys* verhindern. Der Totalgehalt an Sporen in der Atemluft liegt oft mehr als hundertfach über der als koloniebildende Einheiten anzüchtbaren Zahl. Die mögliche Exposition gegenüber Mykotoxinen wird daher oft stark unterschätzt.

Die meist nur 2 bis 10 µm großen Sporen der Schimmelpilze gehören zu den wichtigsten Innenraumallergenen. Sie verbreiten sich im Innenraum (Bioaerosol) und binden sich an Feinstteile, die als Schwebstaub in der Innenraumluft vorhanden sind. So werden sie von den sich dort aufhaltenden Menschen eingeatmet und gelangen durch Inhalation über die Atemwege in den menschlichen Organismus. Für gesunde Menschen ist die Inhalation luftgetragener Schimmelpilze normalerweise nicht gefährlich. Als eine der wichtigsten Eintrittspforten für potenziell schädliche Organismen besitzen die Atemwege wirkungsvolle Selbstreinigungsmechanismen. Bei Überbelastung oder Vorschädigung des Systems (z.B. durch Rauchen) können diese Mechanismen jedoch beeinträchtigt werden oder komplett versagen. Ist das menschliche Immunsystem durch Krankheit geschwächt, können die Sporen als Krankheitserreger wirksam werden.

Bei Patienten mit stark eingeschränktem Immunsystem (Leukämien, Transplantationen) sowie Asthma- oder Bronchitis-Patienten können allergische Reaktionen und asthmatische Beschwerden (z.B. Niesanfälle, Schupfen, Durchfall oder Erbrechen) sowie schwere Lungeninfektionen die Folge sein. Pilzsporen über 10 µm Durchmesser, z.B. die Konidien von *Alternaria alternata*, werden in der Schleimhaut von Nase und Rachen zurückgehalten. Das *Aspergillus*-Myzetom der Lunge ist durch eine Verschattung gekennzeichnet, in der man röntgenologisch eine kugelförmige Pilzmasse erkennen kann. Tödliche Aspergillusinfektionen der Lunge (Lungenaspergillose) wurden in den letzten Jahren gehäuft festgestellt, nicht selten nach antibiotischer Therapie und Kortisongaben, ferner auch bei Alkoholikern.

Die Aspergillose im eigentlichen Sinne des Wortes ist eine Mykose mit entsprechenden Gewebsreaktionen als Folge einer Infektion mit einer *Aspergillus*-Art. Die Aspergillose ist demzufolge eine Infektion, durch Schimmelpilze der Gattung *Aspergillus* hervorgerufen. Am häufigsten entwickelt sich beim Menschen durch wiederholte Einatmung von Pilzsporen auch an sich harmloser Arten eine Überempfindlichkeit gegen die chemischen Bausteine dieser Sporen mit nachfolgenden allergischen Erscheinungen in den Atemwegen. Da viele der hierfür verantwortlichen Pilze durch Antigengemeinschaften untereinander verwandt sind, ist eine Diagnostik derartiger allergischer Pilzerkrankungen nur bedingt möglich (Stauballergene).

Zu den häufig nachweisbaren Arten zählen insbesondere die Schwarzschimmel-Arten *Cladosporium, Ulocladium, Stemphyllium, Alternaria* und *Stachybotrys atra*, die ein ausgeprägtes allergenes Potenzial besitzen. *Aspergillus, Acremonium strictum, Trichoderma viride* und *Penicillium* werden

Tab. 5.8 ■ Auswirkungen der in Wohnräumen nachgewiesenen Schimmelpilze

Art	Pathogene bzw. toxische Wirkung	Auftreten
Actinomyces israeli	Mycetomeerreger	in Europa auftretender Schimmelpilz, weniger in Wohnungen
Alternaria sp.	Asthmatische Beschwerden als allergische Reaktion	regelmäßig in feuchten Wohnungen; stets – und zwar vermehrt im Hochsommer und Frühherbst – im Aeroplankton enthalten.
Aspergillus sp.	Asthmatische Beschwerden als allergische Reaktion	
Aspergillus niger	1. Bronchialasthma als allergische Reaktion 2. Bronchiale und peribronchiale Destruktion (broncho-pulmonale Aspergillose) 3. Örtliche Besiedlung vorhandener/gebildeter Höhlungen (Aspergillom, z.B. bei tuberkulösen oder tumorösen Kavernen 4. Invasive Aspergillose mit Organbefall und (bei unterdrückter und verloren gegangener Immunabwehr) evtl. nachfolgender Sepsis 5. Zersetzung der Bläschenstruktur der Lunge als allergische Reaktion (Malzarbeiterlunge)	relativ selten in Wohnräumen, häufig im Aeroplankton
Aspergillus fumigatus		in den Lungen von Vögeln (z.B. Tauben) parasitierend und dort Tbc-ähnliche Symptome erzeugend; von dort auf Wohnungen und auf den Menschen übergreifend des Weiteren direkter Befall des Menschen - Befall der Lunge, auch Herz, Leber, Niere, Verdauungstrakt und zentrales Nervensystem
Aspergillus nidulans		in Wohnungen, ähnlich wie bei *Aspergillus fumigatus*
Aspergillus flavus	Aspergillose-Erkrankungen des Atmungstraktes bis hin zu bösartigen Veränderungen mit Todesfolge bei höherer Konzentration	sehr selten in Wohnungen, in geringster Kolonie
Aspergillus Terreus	1. Bronchialasthma 2. Allergie	sehr selten in Wohnungen, in geringster Kolonie
Absida corymbifera	Phycomykoseerreger	Haut
Absida italiana	Phycomykoseerreger	
Absida ramosa	Phycomykoseerreger	
Basidiobolus meristosporus	Phycomykoseerreger	
Basidiobolus ranarum	Phycomykoseerreger	Befallene Körperteile: Haut nach Verletzungen
Cephalosporium acremonium	Cephalosporioseerreger	Befallene Körperteile: Augen, Haut, Nägel, Gehörgang
Cephalosporium falciforme	Cephalosporioseerreger	

Tab. 5.8 ■ Fortsetzung

Art	Pathogene bzw. toxische Wirkung	Auftreten
Cephalosporium recifei	Cephalosporioseerreger	Befallene Körperteile: Augen, Haut, Nägel, Gehörgang
Cladosporium mansinii	Tinea nigra	Befallene Körperteile: Haut
Cladosporium werneckii	Tinea nigra	
Cladosporium sp.	Asthmatische Beschwerden als allergische Reaktionen, Chromomykoseerreger	in Wohnungen. Befallene Körperteile: Haut und innere Organe
Cladosporium trichoides	Cladosporiose, Chromomykoseerreger	
Cunninghamella elegans	Phycomykoseerreger	Befallene Körperteile: Haut
Curvularia geniculata	Keratitis mykotica	Befallene Körperteile: Augen
Delacroixia coronata	Phycomykoseerreger, siehe Phycomyceten	
Fusarium	Fusarioseerreger	Befallene Körperteile: Haut
Mortierella niveoluteum	Mortierella-Mykoseerreger	Befallene Körperteile: Atmungsorgane
Mucor cinelloides	Phycomykoseereger	Befallene Körperteile: Atmungsorgane, zentrales Nervensystem, Augen, Haut
Mucor javanicus	Phycomykoseereger	
Mucor spinosus	Phycomykoseereger	
Neurospora sitophila	Keratitis mykotica	Befallene Körperteile: Augen
Paecilomyces	Paecilomycoseereger	Befallene Körperteile: Atmungsorgane
Penicillium sp.	Penicillose, toxische, insbesondere Nieren zerstörende Wirkung des antibiotischen Stoffwechselproduktes Citrinin	sehr häufig in feuchten Wohnungen; befallene Körperteile: Atmungsorgane, zentrales Nervensystem, Augen, Haut, Ohr
Philaphgora verrucosum	Chromo(blasto)mykose	Befallene Körperteile: Haut nach Verletzungen
Rhinocladiella pedrosi	Chromomykoseerreger	in Wohnungen bisher selten angetroffen
Rhinocladiella compacta	Chromomykoseerreger	
Rhizomucor pusillius	Phycomykoseereger	anspruchsloser Pilz in Wohnungen
Rhizopus nigricans	Phycomykoseereger	Befallene Körperteile: Haut
Sarcinomyces crustaceus	Chromomykoseerreger	in Wohnungen bisher selten angetroffen

Tab. 5.8 ▪ **Fortsetzung**

Art	Pathogene bzw. toxische Wirkung	Auftreten
Scopulariopsis fusca, brevicaulis	Scopulariopsidose	Befallene Körperteile: Augen, Haut, Nägel
Verticillium cinnabarium	Verticillioseereger	Befallene Körperteile: Haut nach Verletzungen, Augen
Nocardia asteroides	Mycetomereger	nicht in Wohnungen oder Gebäuden
Piedraia hortai (Ascomycetes)	–	

ebenfalls häufig nachgewiesen. Thermotolerante bzw. thermophile Pilze (Wachstumsoptimum >37 °C) sind seltener die Ursache von Innenraumbefall, sie haben nicht nur eine allergisierende Wirkung, sie sind auch für immunsupprimierte Patienten als Erreger von Endomykosen relevant. Von diesen Pilzen sollen folgende genannt werden: *Aspergillus fumigatus, Aspergillus niger, Aspergillus flavus* sowie die *Mucoraceen*. Diese Aufzählung erhebt keinen Anspruch auf Vollständigkeit.

Die ganzjährigen Schimmelpilze können die Ursache für das ganze Jahr über auftretende Beschwerden sein, wobei folgende Symptome zu nennen sind: Es wird ununterbrochen Schleim abgesondert, Kopfschmerzen treten auf, die von der Nebenhöhlen ausgehen, des Weiteren Schnupfen, Augenbrennen, trockener, anhaltender Husten, eine ungewöhnlich lang anhaltende Grippe, Mittelohrerguss oder Verstopfung des Innenohrs. Diese Beschwerden können von Zeit zu Zeit stärker werden, wenn die Konzentration der Sporen zunimmt.

Schimmelpilze können aber auch die Ursache für verzögerte allergische und Überempfindlichkeitsreaktionen und viel breiter gestreute Symptome der oben genannten Atemwegsbeschwerden sein. Eine Schimmelpilzallergie kann auch Hautreaktionen, Verdauungsprobleme, Übelkeit, Wasseransammlungen im Körper (Ödeme), Arthritis und Muskelschmerzen hervorrufen. Nach Aussagen von Betroffenen sind die Reaktionen zudem häufig mit Stimmungsschwankungen und psychischen Zuständen wie Depressionen, Abgespanntheit, Lethargie, Reiz- und Erregbarkeit verknüpft. Das Auslösen von Allergien über die Pilzsporen oder Myzelpartikel und die Infektion des Menschen sind dabei abhängig von

- der Anzahl der Sporen
- der sporenproduzierenden Schimmelpilzart
- der individuellen Disposition des Menschen.

Aber auch Bakterien (z.B. Actinomyceten) stehen im Verdacht, das gesundheitliche Befinden des Menschen zu beeinträchtigen. Die Schimmelpilzsporen fungieren als Allergenträger, die Allergien hervorrufen können. Auch nicht mehr vermehrungsfähige Sporen oder Myzelpartikel können Allergene sein.

Nicht alle Pilzkulturen sind schädlich. So wurde z.B. durch ein österreichisches Forschungsinstitut die Anwendung diverser Pilze für den Fassadenschutz und für die Farbgestaltung untersucht. Die Kultur *Epicoccum nigrum* zeigte im Labor viel versprechende Ergebnisse in Bezug auf den Fassadenschutz. Die Anwendung der nächsten Jahre wird zeigen, ob sich diese Ergebnisse in die Praxis übertragen lassen.

5.4.2 Mykotoxine

Mykotoxine wurden bereits mehrfach erwähnt und teilweise ausführlich beschrieben. Aufgrund der Bedeutung soll aber auf die Mykotoxine auch noch einmal separat und näher eingegangen werden. Einige Schimmelpilze können Gifte (so genannte Mykotoxine) bilden, die entweder im Nährsubstrat oder auf der Spore zu finden sind. Es sind natürliche, so genannte sekundäre Stoffwechselprodukte von Schimmelpilzen, die bei Menschen und Tieren eine toxische Wirkung zeigen bzw. eine Mykotoxikose verursachen. Diese Toxine haben sehr unterschiedliche chemische Eigenschaften und sind mehr oder weniger biologisch aktiv. Es gibt bisher nur wenige Studien bezüglich der gesundheitlichen Risiken durch Inhalationsbelastungen beim Menschen, insbesondere in Wohnhäusern, Innenräumen und Büros. In einigen wissenschaftlichen Untersuchungen konnte nachgewiesen werden, dass Bewohner und Büroangestellte nach intensivem und langem Schimmelpilzkontakt, verursacht durch Wasser- und Feuchtigkeitsschäden, ein nachweislich höheres Risiko haben. Als typische Erkrankungen sind obere und untere Atemwegserkrankungen, Rhinitis, Sinusitis, Laryngitis, Bronchitis und Alveolitis sowie Reizerscheinungen in den Augen und auf der Haut, erhöhte Infektanfälligkeit, chronischer Erschöpfungszustand und Allergien zu nennen.

Seltene Krankheitsbilder sind die allergische bronchopulmonale Aspergillose und die exogenallergische Alveolitis. In einigen Fällen von chronischem Asthma bronchiale werden die inhalierten Sporen nicht aus den Atemwegen eliminiert, sondern bleiben als Saprophyten in den Bronchien. Die ständige Belastung durch Antigene und die damit verbundene Immunreaktion führt zum Krankheitsbild der allergischen bronchopulmonalen Aspergillose. Die exogen-allergische Alveolitis, eine Entzündung der Lungenbläschen, setzt eine längerfristige und massive Allergenexposition voraus und ist deshalb meistens beruflich bedingt. Gelegentlich kann aber auch eine unauffällige, konstante Exposition im häuslichen Bereich eine exogen-allergische Alveolitis auslösen.

Mykotoxine stellen neben den Antibiotika die zweite große von Mikroorganismen synthetisierte Wirkstoffgruppe dar. Voraussetzung für die Mykotoxinsynthese ist das abgeschlossene Wachstum des Pilzes. Wo keine Pilze gewachsen sind, gibt es deshalb auch keine Mykotoxine. So werden z.B. am natürlichen Standort der Schimmelpilze (im Erdboden) von Natur aus keine Mykotoxine gebildet. Das Nährstoffangebot reicht nur für die Zellvermehrung. Anders verhält es sich bei Lebensmitteln bzw. in Wohnräumen. Hier bekommen die Pilze sämtliche Nährstoffe und Wachstumsbedingungen und können sich einen umfangreichen Stoffwechsel leisten. Dabei werden die energetisch aufwendigen Toxine synthetisiert und ausgeschieden. Wachstum und Toxinproduktion funktionieren nur dann, wenn gleichzeitig ausreichend Feuchtigkeit zur Verfügung steht. Selbst wenn der eigentliche Schimmelpilz aufgrund eines nicht mehr geeigneten Milieus nicht mehr lebt bzw. aktiv abgetötet wurde, sind die gesundheitlich relevanten Sporen und Mykotoxine noch vorhanden. Sie können über viele Jahre hinweg noch für gesundheitliche Auswirkungen sorgen.

Für die Bildung von Mykotoxinen ist der Sekundärstoffwechsel der Schimmelpilze verantwortlich. Er wird nicht benötigt für die Aufrechterhaltung des Lebens – dafür ist der Grund- bzw. Primärstoffwechsel verantwortlich –, sondern er steuert den Abbau und die Bildung von Nukleinsäuren, Eiweißen, Kohlenhydraten und Lipiden. Sekundärmetabolite (z.B. Antibiotika, Farbstoffe, Wachstumsregulatoren, Mykotoxine) sind deshalb nicht unmittelbar am Energie- bzw. Baustoffwechsel beteiligt und demzufolge für die Aufrechterhaltung der Lebensfunktion der Zelle nicht notwendig. Diese Metabolite sind Naturstoffe, die im Zuge spezifischer Syntheseleistungen in spezialisierten Zellen gebildet werden. Beide Stoffwechselwege – der primäre und der sekundäre Weg – sind eng miteinander verbunden. Die mannigfaltigen Sekundärmetaboliten werden aus wenigen Schlüsselbausteinen des Grundstoffwechsels über zahlreiche Zwischenstufen gebildet. Für die Umwandlungsprozesse werden spezielle Enzyme benötigt, wobei aber die Enzyme des Primärstoffwechsels keine Rolle spielen. Nachfolgend sind einige Schlüsselbausteine und die davon abgeleiteten Pilzmetabolite aufgeführt.

1. Zahlreiche Pilzinhaltsstoffe entstammen der chemischen Reaktion organischer Säuren. So finden sich beispielsweise Polyketone vornehmlich bei den *Ascomyceten* und *Fungi imperfecti*. Bekannte Verbindungen sind Griseofulvin, 6-Methylsalicylsäure und zahlreiche Mykotoxine, u.a. die Aflatoxine.
2. Glucose ist der direkte Vorläufer der Kojisäure, die in zahlreichen *Aspergillus*-Arten vorkommt.
3. Biogenetische Vorstufen für eine Reihe von Pilzinhaltsstoffen sind Intermediate des Citratzyklusses, häufig verbunden mit Fettsäuren. Die Rubratoxine sowie Glaucansäure gehören in diese Gruppe.
4. Einige kompliziert aufgebaute Pilzmetabolite werden biosynthetisch aus unterschiedlichen Bausteinen aufgebaut, z.B. an der Biosynthese der Peptid-Mutterkornalkaloide sind die aromatischen Aminosäuren Tryptophan und Isopentenylpyrophosphat sowie weitere Aminosäuren beteiligt.

Die Bildung der sekundärstoffspezifischen Enzyme wird bei den meisten Organismen während der Wachstumsphase beeinflusst. Demzufolge hat die spezifische Wachstumsrate einen Einfluss auf den Sekundärstoffwechsel. Für die Synthese der Metabolite dieses Stoffwechselweges haben eine Reihe von Faktoren einen großen Einfluss, z.B. Substratzusammensetzung, Temperatur, pH-Wert, Wasseraktivität und Zusammensetzung der Atmosphäre. Die Wachstumsphase des Pilzes wird durch den Gehalt an verfügbarem Wasser stark beeinflusst. Besonders bei Patulin, Penicillinsäure und Ochratoxin A wird für eine gute Mykotoxinsynthese eine höhere Wasseraktivität benötigt als für das Pilzwachstum. Ein Einflussfaktor auf die Aflatoxinsynthese sind Zinkionen, ferner spielen auch die Vitamine der B-Gruppe für die Entwicklung der entsprechenden Schimmelpilze eine förderliche Rolle. Andere Toxine können bei tiefen Temperaturen gebildet werden. Hier sind die Sekundärmetabolite Patulin und Trichothecene als Vertreter zu nennen.

Dieser kleine Exkurs in den Stoffwechsel des Pilzes soll die Komplexität der Verknüpfung beider Wege verdeutlichen. Auch eine eindeutige Trennung zwischen den einzelnen Stoffwechselwegen ist nicht möglich, da über einen Reaktionsweg durch Umsteuerungen entweder Sekundär- oder Primärmetabolite entstehen können. Es gilt als eindeutig, dass die Synthese der Sekundärprodukte von den Primärmetaboliten ausgeht. Während der Primärstoffwechsel bei allen Pilzen auf etwa die gleiche Weise abläuft – die Produkte sind im Stoffwechsel essentiell – umfasst der Sekundärstoffwechsel die Umsetzungen, mit der ein Pilz seine »individuellen« Besonderheiten entfaltet. Sie sind für den produzierenden Stamm, die Art und Gattung charakteristisch.

In Abhängigkeit von der Dosis teilt man die Wirkungen der Mykotoxine in akut und chronisch ein. Beim letzteren handelt es sich meistens um Kanzerogenität, Mutagenität und Teratogenität (zu Missbildungen der Leibesfrucht führend). Des Weiteren unterscheidet man sie nach dem Wirkungsort in Hepato-, Nephro-, Dermato-, Neuro- und Immuntoxine. In erster Linie werden die DNA-Funktionen, der Zellaufbau und die Zelldifferenzierung beeinflusst. Weitere Folgen sind Störungen der Hormonaktivität sowie der Energiebereitstellung und der Biosynthese. Diese Erkenntnisse wurden überwiegend mit Hilfe von Tierversuchen gewonnen – mit Ausnahme u.a. der Aflatoxine und Ochratoxin. Deren Einflüsse auf den Menschen wurden im Rahmen von wissenschaftlichen Untersuchungen tiefgreifend erforscht. Viele Mykotoxine erwiesen sich in Tierversuchen als hochgradig toxisch, sodass man davon ausgeht, dass ein negativer Einfluss auf den Menschen vorliegt. Um die Schadwirkungen weitestgehend zu minimieren, müssen für die einzelnen Toxine Grenzwerte festgelegt werden. Es darf dabei nicht vergessen werden, dass sich die Laboranalytik und Bauwerksdiagnostik zum Nachweis dieser Stoffwechselprodukte von Schimmelpilzen noch im Anfangsstadium befindet. Aus diesem Grund ist das gesamte toxische Potenzial noch nicht überschaubar.

Wie bereits erwähnt werden Mykotoxine während des Wachstums von Schimmelpilzen

Tab. 5.9 ■ Die wichtigsten Mykotoxine

Aspergillus-Toxine	*Aflatoxin B1, G1, M1, Ochratoxin A, Sterigmatocystin, Cyclopiazonsäure, Patulin, Kojisäure, Penicillinsäure*
Penicillium-Toxine	*Ochratoxin A, Citrinin, Patulin, Cycllopiazonsäure, Penitrem A*
Fusarium-Toxine	*Trichothecene (Deoxynivalenol, Nivalenol, T-2-Toxin, HAT-2-Toxin, Diacetoxyscirpenol), Zearalenon, Fumonisine, Moniliformin*
Alternaria-Toxine	*Tenuazonsäure, Alternariol, Alternariolmethylether*
Claviceps-Toxine	*Ergotalkaloide*

gebildet. Ein üppiges Pilzwachstum muss aber nicht gleichzeitig mit einer starken Toxinbildung verbunden sein, umgekehrt kann auch ein schwaches Pilzwachstum eine starke Toxinbildung zur Folge haben. Nicht alle Schimmelpilze bilden Mykotoxine. Meist sind es nur bestimmte Arten, wobei sich das Toxinbildungsvermögen bei einer Art wiederum von Stamm zu Stamm stark unterscheiden kann. Bisher wurden weit über 300 Mykotoxine beschrieben und von mehr als 250 Schimmelpilzarten ist bekannt, dass sie diese Stoffe bilden können. Während einige Mykotoxine nur von einer begrenzten Zahl von Arten synthetisiert werden, werden andere wiederum von vielen Arten aus unterschiedlichen Pilzgattungen gebildet. Von etwa 20 Mykotoxinen ist bekannt, dass sie in Nahrungsmitteln und in Innenräumen häufig mit höheren Konzentrationen auftreten können und daher aus Sicht der Innenraumökologie Bedeutung besitzen. Diese Toxine werden hauptsächlich von fünf Pilzgattungen gebildet: *Aspergillus, Penicillium, Fusarium, Alternaria* und *Claviceps*. Die **Tabelle 5.9** enthält die wichtigsten Giftstoffe, die von diesen Pilzen gebildet werden.

Kennzeichnend für die Mykotoxine sind der niedermolekulare Charakter und die vielfältigen toxischen Eigenschaften: Sie können

- Krebs erzeugen (Aflatoxine, Ochratoxin A und Fumonisine)
- mutagen wirken (Aflatoxine und Sterigmatocystin)
- Missbildungen auslösen (Ochratoxin A)
- das Hormonsystem beeinflussen (Zearalenon)
- Blutungen hervorrufen (Trichothecene)
- das Immunsystem beeinträchtigen (Aflatoxine und Ochratoxin A)
- Nierenschäden verursachen (Ochratoxin A, Citrinin)
- die Haut schädigen (Trichothecene)
- Zellen schädigen (Trichothecene)
- und das Nervensystem angreifen (Penitrem, Ergotoxine).

Aber auch andere Mykotoxine können schwere Erkrankungen hervorrufen. Sie wirken nicht nur toxisch auf den Organismus, sondern auch mutagen (verändernd), karzinogen (Krebs fördernd) und teratogen (fehlbildend). Auf drei Pilzspezies soll besonders hingewiesen werden: *Aspergillus flavus*, *Aspergillus fumigatus* und *Aspergillus niger*. Sie sind hoch toxisch und bilden u.a. die in der Tabelle aufgeführten Mykotoxine. Sie wirken blutdrucksenkend, mutagen, teratogen, carcinogen und nephrotoxisch und können darüber hinaus epilepsieartige Symptome und Sytemmykosen der Lunge verursachen. Des Weiteren können sie in Blutgefäße einbrechen oder in andere Organe disseminieren (ausstreuen). Sie stellen generelle Zellgifte dar.

Die Funktion der Mykotoxinbildung im Stoffwechsel der Pilze ist bisher nicht bekannt. Diskutiert werden metabolische Kontrollfunktionen sowie eine ökologische Rolle bei Interaktionen mit anderen Organismen. Im Gegensatz zu den Produkten des Primärstoffwechsels sind diese sekundären Stoffwechselprodukte nicht bei allen Organismen zu finden, sondern sind charakteristisch für ihre Produzenten. Dazu werden sie oft nur unter bestimmten Temperatur- und Feuchtigkeitsbedingungen, bei reichlichem Nährstoffangebot oder in bestimmten Entwicklungsphasen gebildet. Oft entsteht nicht nur eine Substanz, sondern eine ganze Familie chemisch verwandter Verbindungen.

Die wesentliche Voraussetzung für ein mögliches Vorkommen von Mykotoxinen in Bioaerosolen ist die Zahl der Verbreitungseinheiten (Konidien, Sporen, Myzelfragmente) relevanter Pilzarten. Eine Kontamination von organischen Stäuben durch in das jeweilige Substrat abgeschiedene Mykotoxine kann zum gegenwärtigen Zeitpunkt jedoch nicht ganz ausgeschlossen werden. Da die Bildung von Mykotoxinen durch relevante Pilze artspezifisch ist, liefert bereits die exakte Differenzierung der Schimmelpilze Informationen über das möglicherweise vorhandene Spektrum der Mykotoxine und damit über zu erwartende Expositionsverhältnisse. Für lufthygienisch-toxikologische Fragestellungen im Innenraum sind in erster Linie Fadenpilzarten der Gattungen *Aspergillus* und *Penicillium* sowie *Stachybotrys chartarum* von Bedeutung. Das Vorkommen von Mykotoxinen scheint jedoch auf solche Bioaerosole beschränkt zu sein, die große Mengen von Schimmelpilzsporen enthalten (>104 KBE/m^3). Die Menge der Mykotoxine in luftgetragenen Sporen hängt jedoch nicht nur von der Art, sondern bei einzelnen Arten möglicherweise auch vom Stamm ab. Infolgedessen sind weitere Untersuchungen zum Vorkommen von Mykotoxinen in Sporen notwendig.

Über die Spore können sie in den Atemtrakt aufgenommen werden. Mykotoxine befinden sich aber auch in den Sporen und Hyphen und können lokal zu Reizungen an den Schleimhäuten der Atemwege führen. Daneben besteht die Möglichkeit, dass inhalierte Mykotoxine nach Übergang in den Blutkreislauf auch toxische Effekte auf verschiedene Organe entfalten können. Einer Gesundheitsgefährdung durch inhalativ aufgenommene Toxine wird in der letzten Zeit eine größere Bedeutung beigemessen, wobei über die Wirkung bisher noch unterschiedliche Erkenntnisse vorliegen. Die Mykotoxine können im Organismus Mykotoxikosen verursachen. Beispiele für innenraumrelevante Mykotoxine sind Trichothecene mit Wirkungen u. a. auf das Immunsystem und Fumigatoxin (von *Aspergillus fumigatus*) mit toxischen Effekten auf den Atemtrakt.

Trichothecene werden in makrozyklische und nicht-makrozyklische sekundäre chemische Metabolite unterteilt. Diese Stoffe können auch in anderen Pilzarten gefunden werden: *Myrothecium, Trichoderma, Trichothecium, Cephalosporium* und *Gibberella*. In älteren Veröffentlichungen wurde die Wirkung oft mit der »Strahlenkrankheit« verglichen:

- Hemmung der DNA-, RNA- und Proteinsynthese
- Hemmung der Zellmitose und Zellzerstörung
- Störung und Suppression der Immunabwehr (zelluläres und humorales Immunsystem, weißes Blutbild: Lymphozyten, Makrophagen, Immunglobuline, Antikörperbildung, Komplement- und Interferonaktivität)
- Störung der mukoziliaren Funktion (Ansammlung von Schleim in einem Hohlraum) in den Atemwegen
- Entzündliche und blutende Lungenkrankheiten.

Als wichtigste Vertreter der Trichothecene sind Deoxynivalenol, Nivalenol, Scirpenol und T2-Toxin zu nennen. Das Deoxynivalenol, das sehr häufig in relevanter Konzentration gefunden wird, führt beispielsweise im Tierbereich zu Futterverweigerung, Erbrechen, Durchfall, Schleimhautentzündungen, zum Absterben von Embryonen und zu Totgeburten. Dabei tolerieren Wiederkäuer und Geflügel wesentlich höhere Konzentrationen als Schweine. Hinsichtlich der Gefährdung der Menschen konnten Nierenschäden bis hin zum Nierenversagen bei langfristiger Aufnahme von belasteten Nahrungsmitteln ermittelt werden. Zearalenon wird durch eine Reihe verschiedener *Fusarien* (Mehrzahl von *Fusarium* – einer Schimmelpilzart) gebildet und besitzt zwar eine relativ schwache Toxizität, aber schon bei geringer Konzentration ist eine ausgeprägte östrogene Wirkung festzustellen. Diese resultiert aus der räumlichen chemischen Struktur und wirkt anabolisch. Ausgeschieden werden Zearalenone und seine Metaboliten nur langsam. Freigesetzt wird es durch Darmbakterien im oberen Verdauungstrakt. Das dabei entstehende Zearalenol ist als Umwandlungsprodukt noch giftiger als die ursprüngliche Substanz.

Gefährdet wiederum sind vor allem Schweine (und möglicherweise auch der Mensch), bei denen es zu Schäden der Fortpflanzungsorgane kommen kann. Oftmals sind Gesäugeschwellungen, Gewichts- und Größenzunahme der Gebärmutter, Zystenbildung an den Eierstöcken, Frühgeburten und unterentwickelte Nachkommen die Folge. Aufgrund der im Freiland geringen Produktion von Zearalenonen sind diese Giftstoffe eher den Lagertoxinen zuzuordnen.

Die Trichothecene sind starke Hemmstoffe der Proteinsynthese und wirken daher allgemein als zellschädigend. Sie sind nicht erbschädigend und die häufigsten Substanzen wie Nivalenol, Deoxynivalenol sind nach internationalen Richtlinien als nicht Krebs erzeugend eingestuft. Trichothecene sind hauttoxisch und greifen zunächst den Verdauungstrakt an, aber auch das Nervensystem und die Blutbildung werden beeinträchtigt. Außerdem stören sie das Immunsystem und führen dadurch zu erhöhter Anfälligkeit gegenüber Infektionskrankheiten. Beim Menschen sind Erbrechen, Durchfall und Hautreaktionen die häufigsten Beschwerden bei der Aufnahme der Trichothecenen. Das Mykotoxin Patulin wird von einigen *Penicillium*-, *Aspergillus*- und *Byssochlamis*-Arten (vor allem von *Penicillium expansum*) gebildet. Es ist die Hauptursache der Fäulnis von Obst und Gemüse und wird hauptsächlich in besonders braunfäulen Äpfeln nachgewiesen. Patulin ist gegenüber Hitze relativ beständig und im pH-Bereich von 3-6,5 stabil, bei höheren pH-Werten geht die toxische Wirkung verloren. Dem Patulin werden neben antibiotischen Eigenschaften vor allem auch mutagene, d.h. erbgutschädigende, zugeschrieben.

Abhängig von Dosis, Häufigkeit und Zeitpunkt der Trichothecene-Exposition kann das Immunsystem entweder stimuliert oder können wichtige Immunitätsregler gestört und gehemmt werden. Die Mykotoxine können direkte oder indirekte Wirkung auf Teile des Immunsystems haben. Trichothecene-Toxine haben einen direkt zelltötenden Effekt, bewirken eine Hemmung der Makromolekularsynthese (Hemmung der Proteinbildung, DNA-Synthese) und haben einen negativen Einfluss auf das hormonal geregelte Abwehrsystem. Der Entzündungsprozess, der durch Trichothecene provoziert wird, führt zu einer Freisetzung von Prostaglandinen und Histaminen, die wiederum auch zu einer Hemmung der Lymphozytenfunktion (Abwehr) führt. All dies kann bei exponierten Personen nach entsprechender Dauer zu einer Schwächung der körpereigenen immunologischen Abwehr führen und infolgedessen zu Infektionen mit Viren, Bakterien und Würmern/Parasiten.

Die Wirkung der Mykotoxine kann, abhängig von der Toxinart, akut und/oder chronisch toxisch sein. Bei Massenauftreten des Toxinbildners *Stachybotrys chartarum* wurden z.B. Einwirkungen auf die Lunge und auf das Zentralnervensystem beschrieben. Wichtige Toxinbildner im Innenraum sind *Stachybotrys chartarum, Aspergillus versicolor, Aspergillus niger, Aspergillus fumigatus, Aspergillus flavus, Chaetonium, Paecilomyces* und *Wallemia*. Besonderes Gefährdungspotenzial unter den Bakterien geht von den Streptomyces aus. Die Symptome der akuten Vergiftung bei Tieren sind Leber- und Nierenschäden, Angriffe auf das zentrale Nervensystem, Haut- und Schleimhautschäden, Beeinträchtigungen des Immunsystems oder hormonähnliche Effekte. Nerventoxine können ohne sichtbare Ursache Zittern, Krämpfe und Tod zur Folge haben. Toxinmengen, die keine akuten Krankheitssymptome auslösen, können unter gewissen Umständen Erbschäden bewirken oder zu Missbildungen beim Embryo führen.

Die Erforschung der Trichothecene-Mykotoxine ist noch nicht so weitreichend abgeschlossen, um eine definitive und verlässliche Aussage hinsichtlich der Krebs verursachenden bzw. fördernden Wirkung treffen zu können. Die IARC in Lyon, eine internationale Krebsforschungsorganisation, hat einige *Stachybotrys*-Toxine mit der Bezeichnung »limited evidence« und »inadequate data« eingestuft. Nur Aflatoxine, produziert von einigen Aspergillusarten (beispielsweise *Aspergillus flavus*) wurde als natürlicher, hochwirksamer Karzinogen eingestuft. Die Krebs verursachende Wirkung ist stärker als die der meisten der bekannten industriellen Krebs verursachenden Stoffe. Einige epidemiologische Forschungsarbeiten und Untersuchungen deuten darauf hin, dass eine langjährige Schimmelpilzinhalation in bestimmten Berufen zu einer erhöhten Krebsrate der Atemwege, Lunge und des oberen Magen-Darmtraktes führen kann.

5.4.3 MVOC (Mikrobially Volatile Organic Compounds)

Die Schimmelpilze, aber auch einige Bakterien, produzieren so genannte leicht flüchtige organische Substanzen (MVOC = Microbially Volatile Organic Compounds), von denen einige für den typischen erdigen bis muffigen Schimmelpilzgeruch verantwortlich sind. Von diesen sind viele für Schimmelpilze spezifisch. Sie gleichen in Struktur und Molgewicht zum Teil den flüchtigen organischen Verbindungen (engl. VOC = Volatile Organic Compounds) aus Baumaterialien und Einrichtungsgegenständen. Hierbei handelt es sich um komplexe Mischungen aus Alkoholen, Ketonen, Kohlenwasserstoffen (Terpenen) und aromatischen Verbindungen, die auch als eine der möglichen Ursachen für unspezifische Beschwerden wie Kopfschmerzen und Schleimhautreizungen diskutiert werden. Allerdings scheint dazu eine relativ hohe Konzentration an MVOC notwendig zu sein. MVOC kommen in Innenräumen in der Regel in deutlich geringeren Konzentrationen vor, als die flüchtigen organischen Verbindungen. Dennoch lassen sich diese Verbindungen aufgrund ihrer geringen Geruchsschwelle oft wahrnehmen. Substanzen wie Geosmin oder 3-Methylfuran u.a. sind auch für den typischen Schimmelgeruch in der Raumluft verantwortlich.

Aufgrund zurückliegender Untersuchungen können MVOC-Verbindungen als Indikator für einen bestehenden, aber möglicherweise nicht sichtbaren Mikrobenbefall bzw. versteckten Schimmelpilzbefall herangezogen werden. Wichtige MVOC-Bildner finden sich bei den *Aspergillus*- und den *Penicillium*-Arten. Eingehende Untersuchungen zur Emission der MVOC in Abhängigkeit von den Wachstumsphasen haben für diese beiden Schimmelpilzarten ergeben, dass in der so genannten Verzögerungsphase, der exponentiellen und stationären Wachstumsphase überwiegend Alkohole, Aldehyde und Ketone produziert werden, deren Konzentrationen in der Absterbephase abnehmen. Mit Beginn der Absterbephase wurden hauptsächlich Methylisopentylether sowie Dimethyldisulfid und Dimethylsulfid produziert. Nach den vorliegenden Erkenntnissen scheinen diese Substanzen auch dazu geeignet, eine Grobabschätzung des Befallstadiums vorzunehmen. Trotz der niedrigen Konzentrationen dieser genannten Stoffe in der Raumluft können diese Konzentrationen durchaus als Indikatoren zur Beurteilung für ein potenzielles Vorliegen eines Schimmelpilzwachstums dienen. Sie müssen aber unbedingt auf diese Beurteilungsgrundlage beschränkt bleiben. In den bisherigen Veröffentlichungen zur MVOC-Messung werden auch Fälle beschrieben, dass selbst bei einem offen sichtbaren Schimmelpilzbefall Raumluftkonzentrationen von MVOC nicht ermittelt werden konnten. Ebenso wurden Fälle dokumentiert, in denen bei Vorliegen von MVOC ein Befall nicht lokalisiert werden konnte.

Allerdings sind nicht alle flüchtigen Stoffwechselprodukte von Mikroorganismen (ohne besondere Markierung) eindeutig einer mikrobiellen Quelle zuzuordnen. So werden beispielsweise lineare aliphatische Alkohole (Ethanol, Propanol, Butanol etc.) häufig auch als technische Lösemittel eingesetzt. Dies bedeutet aber gleichzeitig, dass viele flüchtige Substanzen von Mikroorganismen abgegeben werden, die wegen mangelnder Spezifikation nicht sicher als MVOC definiert werden können. Die tatsächliche Abgabe der flüchtigen organischen Stoffe von Mikroorganismen wird deshalb deutlich unterschätzt. Andererseits liegen inzwischen umfangreiche Erfahrungen vor, die das Auftreten charakteristischer MVOC (z.B. 2-Methyl-Furan) speziellen

Lebens- und Wachstumsbedingungen zuordnen lassen.

Häufig klagen mit MVOC-belastete Personen über Müdigkeit, angeschwollene Schleimhäute, Kopfschmerzen, Juckreiz und Hautausschläge. Auch andere schwer zu deutende Symptome wie Aggressivität oder offensichtlich unangemessene Stimmungsschwankungen werden häufig berichtet. Auch der Umfang immunologischer Störungen mit anhaltender Empfänglichkeit für sich ständig wiederholende, banale Atemwegsinfekte sind noch nicht abgrenzbar. Die häufig anzutreffenden, chronisch entzündlichen Veränderungen der Nasen- und Stirnhöhlen sprechen für einen langanhaltenden proinflammatorischen (vorentzündlichen) Effekt. Auch Gelenk- und Muskelschmerzen ähnlich einem Fibromyalgiesyndrom werden häufig berichtet. Dabei reagieren nicht alle Menschen sofort auf diese Stoffe. Eine Schleimhautreizung kann z.B. zuerst harmlos wirken, aber dann nach mehrmaligen Expositionen über längere Zeit oder bei gewissen Arbeitsvorgängen verstärkt zum Vorschein kommen. Neuere Quellen vermuten als Ursache dafür den Einfluss von den Schimmelpilzen in die Raumluft abgegebener und auch den Pilzsporen anhaftender Mykotoxine.

Dennoch kann die oft geäußerte Vermutung, dass die mikrobiell produzierten, flüchtigen organischen Verbindungen eine besondere Toxizität aufweisen sollen und in den bereits genannten Konzentrationsbereichen bereits Befindlichkeitsstörungen hervorrufen sollen, nach Vergleich mit vorliegenden Literaturwerten sowie im Vergleich zu vorliegenden Bewertungskriterien von flüchtigen organischen Substanzen aus Baustoffen (VOC), nicht abgeleitet werden. Es gibt keinen Grund, dass die vorgenannten Stoffe ein toxikologisch wesentlich effektiveres Wirkungspotenzial als VOC aus Baustoffen aufweisen sollten. Auch der derzeitige Kenntnisstand über Synergien von flüchtigen organischen Verbindungen und MVOC reicht nicht aus, um daraus ein potenziell toxisches Wirkungspotenzial herleiten zu können. Da aber die als Indikatoren eines Schimmelpilzwachstums genannten MVOC-Substanzen in der Mehrzahl sehr geruchsintensiv selbst im unteren Nanogramm-pro-m^3-Bereich sind, können sie oft organoleptisch (in dünnen, kleinen Organen oder Organteilen) gut wahrgenommen werden. Der Effekt ist darauf zurückzuführen, dass die Mehrzahl der Doppelbindungen in MVOC-Substanzen konjungierte Carbonylverbindungen und/oder OH-Gruppen aufweist, von denen bekannt ist, dass die menschliche Nase sehr empfindlich darauf reagiert. Daraus entstehende psychische Reaktionen sind nicht auszuschließen und werden bei vorliegenden geruchlichen Auffälligkeiten in Wohn-, Aufenthalts- und Unterrichtsräumen häufig beobachtet. Der Konzentrationsbereich von MVOC (bis zu einigen Mikrogramm) lässt allerdings toxische Wirkungen nicht erwarten.

5.4.4 Weitere schimmelpilzbedingte Krankheitsbilder

Epidemiologisch wird eine Assoziation zwischen feuchten Wohnungen, Milben und/oder Schimmelpilzen und Atemwegserkrankungen der Bewohner beobachtet. Genaue Aussagen über das Gesundheitsrisiko, das von Schimmelpilzen in Innenräumen ausgeht, sind derzeit nicht möglich, da zahlreiche weitere Faktoren ebenfalls eine Rolle spielen: die individuelle Empfindlichkeit, weitere biologische Verunreinigungen, chemische Schadstoffe, Tabakrauch etc. Daneben sind Schimmelpilze immer auch ein Indikator für das Vorkommen von Milben und Bakterien sowie generell für ungesundes Raumklima.

Die Häufigkeit von Allergien gegen Schimmelpilze wird sehr unterschiedlich ein- und bedauerlicherweise häufig noch unterschätzt. Allergische Erkrankungen gegen Schimmelpilze können bei jedem Menschen auftreten und nicht nur bei Allergikern mit anderen allergischen Vorerkrankungen. Ubiquitär vorkommende Schimmelpilze sind für die Krankheitsentstehung von größerer Bedeutung als häusliche Schimmelpilze.

Interne Symptome(komplexe), die bei Patienten mit Schimmelpilzbelastungen auftreten können:

- Schleimhaut-Toxizität
  - chronisch rezidive (in bestimmten Zeitabschnitten periodisch wiederkehrende) Störungen im Bereich der Mucosen
  - Sinusitiden, die länger als 4 Wochen andauern
  - Bronchitiden
  - Allergische Bronchialerkrankungen durch Hausstaub und Tierepithelien. Allergien entwickeln sich oft nach allergischer Sensibilisierung durch Schimmelpilze
  - Langzeit-Verdauungsstörungen, häufig mit Candida-Befall als Epiphänomen einer chronischen Schleimhautbelastung im Verdauungstrakt
- Immuntoxizität
  - Allergien: Typ I, Pseudoallergien, III, IV auf Schimmelpilze und/oder Schimmelprodukte
  - Häufige Befunde bei schimmelpilzbelasteten Patienten: Autoantikörperbildung wie z.B. gegen Ganglioside, Phospholipide, Serotonin oder Fibromyalgie-Syndrom
- Neurotoxizität
  - Psychische Auffälligkeiten ohne fachpsychologisch/neurologisches Korrelat: zahlreiche Mykotoxine sind zum Teil hochgradig neurotoxisch, von Pilzen abgegebene Fuselstoffe (Alkohole, Aldehyde etc.) und pheromonähnliche Substanzen können neurotoxisches Potenzial haben

An Krankheitsbildern zu unterscheiden sind als häufigste schimmelpilzbedingte Erkrankung der Atmungsorgane das Asthma bronchiale, eine Erkrankung, bei der es zu Atemnot durch Verkrampfung der Bronchialmuskulatur und Belegung der Atemwege durch einen zähen Schleim kommt, und die allergische bronchopulmonale Mykose (verbunden mit Asthma), bei der es durch massivere Entzündungsvorgänge als beim Asthma nicht nur zur reversiblen Atemwegsverengung, sondern auch zur Schleimverstopfung der Atemwege mit nachhaltiger Schädigung und Bildung von Bronchialaussackungen (Bronchiektasen) kommt, sowie die allergische Alveolitis, eine allergische Lungenentzündung, die in einer Lungenfibrose (Lungenverhärtung) enden kann, sofern nicht rechtzeitig erkannt.

Für das Asthma bronchiale sind als häufigste Ursache saisonale Schimmelpilze zu nennen: *Alternaria spp., Cladosporium spp.*; für das ganzjährige Asthma *Aspergillus spp.* und *Penicillium spp.*; auch *Candida albicans* und *Trichophyton spp.* können bei Haut- oder Schleimhautbesiedlung möglicherweise über den Blutweg als Asthmaauslösende Allergene wirken. Bei allergischer bronchopulmonaler Mykose sind neben *Aspergillus* auch weitere Schimmelpilze (z.B. *Drechslera spp.*) in Einzelfällen als Ursache nachgewiesen worden. Die allergische Alveolitis durch Schimmelpilzantigene ist dagegen vorwiegend eine Berufskrankheit. Außer Strahlenpilzen (thermophile Aktinomyceten) führen auch eine Reihe von Schimmelpilzen (z.B. *Aspergillus spp., Penicillium spp., Botrytis spp.*) zur Alveolitis.

Die invasiven (infektiösen) Erkrankungen sind wesentlich seltener als die oben genannten allergischen Erkrankungen. Bei immunsupprimierten Patienten oder bei andersartiger Belastung kann es zu einem invasiven Befall des Organismus durch Schimmelpilze kommen. Hier sind als pathogene Schimmelpilze vor allem Hefen (*Candida albicans*) und *Aspergillus fumigatus* zu nennen. Als Erkrankung treten auf: das Aspergillom, ein umschriebenes Wachstum von *Aspergillus fumigatus* in einer präformierten Höhle der Lunge (z.B. einer tuberkulösen Kaverne) und bei Immunsuppression bzw. schlechter Abwehrlage infolge Karzinoms eine invasive Aspergillose im Sinne einer durch *Aspergillus fumigatus* verursachten, meist tödlich verlaufenden Lungenentzündung, evtl. verbunden mit einer Aussaat von Pilzmaterial über den Blutweg (*Aspergillus-Sepsis*).

Neben den in unseren Regionen relativ häufigen *Aspergillus*-Infektionen bei immunsupprimierten Patienten kommen weltweit zahlreiche weitere Erkrankungen vor, die im Folgenden nur kurz zusammengefasst werden sollen: Infektionen durch Aktinomyceten (auch als Bakterien eingestuft) wie Aktinomykose und Nocardiose, Infektionen durch Hefen und Hefe-ähnliche Pilze wie Candidiasis (Soor) oder Kryptokokkose (Torulose), Infektionen durch Sprosspilze wie Aspergillose und Mykormykose und Infektionen durch dimorphe Pilze wie Coccidioidomykose, Histoplasmose, nord- und südamerikanische Blastomykose und Sporotrichose.

Obwohl in unseren Regionen neben invasiven Aspergillosen im Wesentlichen nur Candidiasis und seltener Mukormykosen, Aktinomykosen und Kryptokokkosen auftreten, sind heute infolge des weltweiten Tourismus bzw. beruflich bedingter Globalisierung das Auftreten der übrigen Krankheiten in Einzelfällen nicht mehr auszuschließen. Außer Candidiasis (durch *Candida albicans*) und Aktinomykose (durch *Actinomyces israeli* oder *Nocardia asteroides*) werden die Erkrankungen durch Inhalation von Pilzen aus dem Erdboden erworben. *Actinomyces* und *Candida*-Hefen werden von Mensch zu Mensch übertragen. Hefen kommen ubiquitär auf menschlicher Schleimhaut vor und können so bei reduzierter Abwehr zu invasivem Wachstum führen. *Candida* kann, ähnlich wie *Aspergillus*, invasiv wachsen, sofern die Immunabwehr geschwächt ist. Die übrigen Erkrankungen sind selten und bieten eine Reihe unterschiedlicher Lungenveränderungen, die durch die Krankheitsvorgeschichte, Röntgenveränderungen und den direkten Pilznachweis aus der Lunge bzw. den Nachweis von Antikörpern gegen diese Erreger eingeordnet werden können.

5.5 Sonstige Innenraumbelastungen und Umweltkrankheiten

5.5.1 Vorwort

In Abhängigkeit von der Art und Intensität von Innenraumbelastungen können verschiedene Gesundheitsstörungen bzw. Symptome auftreten, die der Vollständigkeit wegen nur erwähnt werden sollen. Zunehmend mehr Personen beklagen bei Ärzten funktionelle Multiorganbeschwerden und vor allem chronische Beschwerden aller Art (u.a. Atemwege, Haut, Augen, Verdauungsapparat, Nerven-, Immun-, Hormon- und Herz-Kreislaufsystem, Harn- und Geschlechtsorgane etc.), neurologische Beschwerden, Konzentrationsstörungen, Gedächtnisstörungen, Depressionen, Kopfschmerzen und Migräne, Erbrechen, Durchfälle, Augenreizung, Muskel- und/oder Gliederschmerzen, Mattigkeit, Schwächung bis hin zur Schädigung des Immunsystems, erhöhte Infektanfälligkeit, Pilzerkrankungen usw. Dabei kann die Empfindlichkeit gegen schädliche Umwelt- und Arbeitseinflüsse bei den Menschen sehr unterschiedlich sein. In der Frühphase werden oft Geruchsempfindlichkeit und Übelkeit beobachtet, die in ausgeprägter Form schwere Erschöpfungszustände, Leistungsschwäche bis hin zum kompletten Zusammenbruch des Immunsystems nach sich ziehen (können).

Seit etwa 20 Jahren taucht in der Literatur diese neue Gruppe von Krankheiten auf, über die heftig diskutiert und leidenschaftlich und emotional gestritten wird. Diese Krankheitsgruppe wird als »Umwelterkrankung« bzw. »Umweltkrankheit« bezeichnet, weil die Betroffenen selbst und auch einige Ärzte vermuten, dass diese Krankheitsbilder auf die physikalischen und chemischen Belastungen der modernen Industrienationen zurück zu führen sind. Objektiv lassen sich diese Schadstoffe allerdings im Körper nicht nachweisen, sodass mit anerkannten wissenschaftlichen Methoden der Nachweis bislang nicht gelungen ist. Ärzte vermuten infolgedessen bei diesen Patienten »Umweltpsychosomatosen«, weshalb es für die Betroffenen besonders schwierig ist, auf ihr Problem aufmerksam zu machen bzw. Hilfe und Unterstützung zu bekommen. In einigen Veröffentlichungen werden diese Erkrankungen deshalb auch als »psychogene Massenerkrankung«, »totale Allergie« oder auch als »Ökosyndrom« bezeichnet.

Von höherer Relevanz ist jedoch die Tatsache, dass viele angeblich funktionelle, psychische, psychosomatische oder psychiatrische Störungen tatsächlich durch Umwelt- und/oder Arbeitsnoxen bedingt sind und nicht diagnostiziert werden können. Für die Diagnosestellung wurden von *Prof. Cullen*, dem Pionier und Vorreiter auf diesem Fachgebiet, bereits 1987 eine Reihe von Kriterien vorgeschlagen. Wichtig ist, dass es sich bei Vergabe dieser umweltbedingten Erkrankungen zurzeit noch um eine Ausschlussdiagnose handelt, d.h. wenn differentialdiagnostisch andere relevante Krankheitsbilder ausgeschlossen werden können.

Nach der Definition von Prof. Cullen handelt es sich um ein Beschwerdebild, das durch folgende Punkte charakterisiert werden kann:

- Es handelt sich um eine erworbene Erkrankung, welche im Zusammenhang mit umweltbedingten Belastungen zu toxischen Substanzen entstanden ist.
- Die Symptome beschränken sich nicht auf ein Organsystem, sondern erfassen mehrere Organsysteme.
- Die Symptome sind in ihrer Ausprägung schwankend und können durch bestimmte Umweltreize verursacht werden.
- Die Symptome können durch Chemikalien-Expositionen hervorgerufen werden, welche nachweisbar, jedoch sehr niedrig sind. Allerdings sind die Manifestationen der MCS (Multiple Chemical Sensitivity) subjektiv. Es gibt bisher keinen allgemein anerkannten Test oder eine wissenschaftlich bewiesene Organdysfunktion bzw. einen objektiven Nachweis einer Organfehlfunktion.

Es handelt sich also nicht um eine Intoxikation oder eine Allergie, auch um keine Infektion oder Entzündung, um keine Degeneration und um keinen genetischen Defekt. Vermutlich handelt es sich um krankmachende Reaktionen durch Umweltschadstoffe auf den menschlichen Körper.

Die Beschreibung von *Prof. Cullen* hat sich im klinischen Alltag als tragfähiger Ansatz bewährt, sollte allerdings in erweiterter Form Anwendung finden. Hypersensitivität beschränkt sich häufig nicht auf Chemikalien, sondern bezieht sich auch auf flüchtige biologische Agenzien, Nahrungsmittel und elektrische, magnetische und elektromagnetische Felder sowie ggf. auch noch auf weitere physikalische Faktoren.

Die wissenschaftliche Aufmerksamkeit und die Anzahl der Forschungsprojekte für die Umweltkrankheiten haben in den letzten fünf Jahren sehr stark zugenommen. Ziel dieser Forschungen ist, die Diskussionen um diese Krankheiten und ihre Ursachen zu versachlichen. Die genaue Eingrenzung bzw. Abschätzung über Patientenzahlen erweist sich als besonders schwierig, da die vorhandenen Wissensdefizite noch zu groß sind und viele Ärzte sich dem Thema bewusst oder unbewusst verschließen. Darüber hinaus überlagern sich unterschiedliche Symptome und Ursachen, sodass auch eine klare Zuordnung oft nicht möglich ist oder erschwert wird. So gehen einige Krankenkassen von nur 5 bis 10 Erkrankungen pro 100.000 Einwohner aus, wohingegen Baubiologen und Umweltmediziner mit Angaben von 10 bis 20% der Gesamtbevölkerung mittlerweile Alarm schlagen.

Unabhängig davon, ob sich nun die Zahl der Betroffenen im fünf-, sechs- oder doch schon im sieben-stelligen Bereich bewegt: Alle Fachleute und Experten sind sich einig, dass die Zahl der so genannten Umwelterkrankungen pro Jahr deutlich zunimmt. Da es für die Anamnese und anschließende Diagnose sowie der notwendigen Therapien keine gesicherten Standards und darüber hinaus auch noch unterschiedliche Auffassungen selbst unter Fachleuten und Experten gibt, kann sich dieses Thema in den nächsten Jahren zu einem echten Gesellschaftsproblem entwickeln, da Erfahrungsberichte von Betroffenen oftmals von unvorstellbaren Zuständen im Umgang mit Behörden, Arbeitgebern, Ärzten bis hin zum eigenen familiären Umfeld zu berichten wissen.

Die Krankheitsbilder dieser Gruppe von Umweltkrankheiten sind noch nicht in den gängigen medizinischen Klassifikationen erfasst. Dies liegt daran, dass sie teilweise erst seit einigen Jahren intensiver beschrieben werden oder auch zum Teil daran, dass ihre Existenz bestritten wird bis hin zu den Aussagen, dass es sich um gar keine neuen und speziellen Krankheiten und Symptome handelt, sondern um bestehende mit anderen Ausprägungen. Unabhängig davon haben sich in den letzten Jahren folgende Begriffe etabliert: das chronische Müdigkeitssyndrom (»Chronic Fatigue Syndrome«, CFS), das bereits beschriebene »Sick Building Syndrome« und das Vielfach-Chemikalien-Überempfindlichkeitssyndrom, auch als Multiple Chemikalien-Sensibilität (»Multiple Chemical Sensitivity«, MCS) genannt. Es existieren sehr verschiedene Versuche zur Definition dieses MCS-Syndroms, ebenso wie weitere Namensgebungen wie »Universal Allergy«, »Total Allergy Syndrome«, »20th Century Illness«, »Cerebral Allergy«, »Environmental Maladaption Syndrome«, »Multi-Organ-Dysthesie-Syndrom« und viele mehr. Selbst der Begriff einer idiopathischen, umweltbezogenen Unverträglichkeit (Idiopathic Environmental Intolerances, IEC) wurde in Fachkreisen zunächst diskutiert, dann aber als inakzeptabel zurückgewiesen.

5.5.2 Chronisches Müdigkeitssyndrom (Chronic Fatigue Syndrom, CFS)

Beim chronischen Müdigkeitssyndrom handelt es sich um eine mehr als sechs Monate anhaltende Beeinträchtigung der körperlichen und geistigen Leistungsfähigkeit um mehr als 50%, die nicht auf eine bekannte körperliche oder psychische Erkrankung zurückgeführt werden kann. Typische Symptome sind:

- Gedächtnis- oder Konzentrationsstörungen
- Halsschmerzen
- Empfindliche oder vergrößerte Lymphknoten
- Gelenk- und Kopfschmerzen
- Überlange Schlafdauer, die nicht zur Erholung führt
- Verstärkung der Beschwerden durch körperliche und geistige Belastung.

Die Häufigkeit der Erkrankungen wird auch bei diesem chronischen Müdigkeitssyndrom sehr unterschiedlich angegeben: Krankenkassen sprechen von etwa zwei bis sieben Fällen auf 100.000 Einwohner, hingegen Baubiologen und Umweltmediziner bereits von knapp 1 Million Betroffener in Deutschland ausgehen. Frauen erkranken angeblich zwei- bis dreimal häufiger mit einem durchschnittlichen Erkrankungsalter von 35 bis maximal 40 Jahren.

Die Ursache ist völlig unklar. Die Vermutungen gehen von Umweltgiften einschließlich Quecksilber aus Zahnfüllungen, Virusinfektionen, Störungen des Immunsystems oder der Hormonregulation aus. Nichts davon konnte bisher bewiesen werden. Eine psychische Komponente muss in jedem Fall genauestens überprüft werden, kann diese doch in Einzelfällen an der Entstehung sehr maßgeblich beteiligt sein. Bisher sind keine Therapien mit kurzfristigem Behandlungserfolg bekannt. In den meisten Fällen verläuft das chronische Müdigkeitssyndrom über mehrere Jahre mit einer leichten Besserungstendenz im Verlauf. Alle Behandlungsmaßnahmen haben nur einen unterstützenden Effekt. Daraus folgt, dass aufwendige und langwierige Entgiftungen von Patienten manchmal als gleichsam lebensrettende

Maßnahme gefordert, wenig zur Besserung beitragen. Insbesondere die von den Patienten geforderten Amalgamsanierungen haben keine nachgewiesene und gesicherte Wirkung und werden dennoch in manchen Fällen in geradezu selbstzerstörerischer Weise auf Zahnextraktionen und Kiefernknochenentfernungen ausgedehnt, nur weil dort noch Quecksilberdepots vermutet werden.

5.5.3 Multiple Chemikalien-Sensibilität (Multiple Chemical Sensitivity, MCS)

In der Bundesrepublik Deutschland sind rund 65.000 chemische Stoffe im Handel, davon sind rund 50.000 analytisch fassbar, etwa 15.000 als gesundheitsgefährlich eingestuft, aber nur etwa 2.000 näher untersucht, und Grenzwerte existieren nur im Hinblick auf 400 Einzelstoffe. Für die USA wird geschätzt, dass bereits bis zu 15% der Bevölkerung eine zunehmende Empfindlichkeit gegenüber einer Vielzahl von Chemikalien verspüren. In Kanada und den USA ist diese neue Gesundheitsstörung von vielen Bundesbehörden mittlerweile anerkannt. Erste massenhaft auftretende Fälle dieser Krankheit wurden in den USA bereits in den 50er Jahren beschrieben und zunächst als Massenhysterie gedeutet. Seit 20 Jahren beschäftigt sich die Wissenschaft nun mit diesem Problem, und in den letzten Jahren wächst zunehmend auch das Interesse in der Öffentlichkeit und teilweise in der Gesundheitspolitik. Die so genannte Chemikalienunverträglichkeit oder auch Chemikalienmehrfachempfindlichkeit wird mittlerweile als das Krankheitssyndrom des 20. Jahrhunderts definiert und unter dem Begriff »Multiple Chemical Sensitivity« oder auch MCS zusammengefasst. Man versteht darunter eine mit hoher Wahrscheinlichkeit erworbene Störung des Organismus, wobei schon durch geringste Konzentrationen verschiedener Umweltschadstoffe verschiedene Symptome unterschiedlichen Ausmaßes hervorgerufen werden können.

Während sich Wissenschaftler und Ärzte immer noch über die Ursachen und das Vorhandensein der chemischen Sensibilität streiten, ist man sich über die Existenz von umweltbedingten Erkrankungen im Wesentlichen einig. Nach Einschätzungen mehrerer Institute leiden zwischen 10 und bis zu 20 Millionen Bundesbürger an chronisch umweltbedingten Krankheiten. Unter einer umweltbedingten Erkrankung (= Environmental Illness [EI]) versteht man im Kern zunächst eine immunologische Gesundheitsschädigung durch unterschiedliche Umwelteinflüsse wie z.B. durch Lärm, Autoabgase, Rauchen, Holzschutzmittel, Kosmetika, Schwermetalle oder Lebensmittelzusatzstoffe und Ausgasungen aus Baustoffen usw. Begleitet wird eine derartige Erkrankung auch beispielsweise von Nahrungsmittelunverträglichkeiten. Dabei wird bei den in Europa berichteten MCS-Patienten ein Zusammenhang mit der Verwendung der bereits erwähnten Holzschutzmittel sowie organischen Lösemitteln, Pentachlorphenol, Pestiziden, Amalgam, Formaldehyd, Lacken und Farben, Chemikalien zur Haarpflege und zu Produkten aus der Druckindustrie gesehen. Aber auch Stress und psychosoziale Faktoren werden als potenzielle Auslöser der Erkrankung gesehen. Die Krankheitssymptome können temporär, also nicht chronisch auftreten. Theoretische Modelle zum Verständnis des MCS-Syndroms wurden insbesondere durch *Prof. Rea* in Dallas/USA entwickelt. Dabei spielt das so genannte Fassmodell eine entscheidende Rolle, bei dem jeder zusätzliche Tropfen bei vollem Fass eine Kaskade von Gesundheitsstörungen bis hin zum MCS auslösen kann.

Unter der chemischen Sensibilität (= Multiple Chemical Sensitivity MCS) versteht man also einen toxisch induzierten Toleranzverlust auf Chemikalien. Es wird dabei angenommen, dass es sich entweder um eine neurogene Entzündung handelt oder beispielsweise um eine durch chemische Belastung verursachte »Umprogrammierung« des Gehirns oder anderer Organteile. Dieser Toleranzverlust kann durch einmalig hohe oder niedrige Langzeitbelastung ausgelöst worden sein und damit seinen Ursprung in umweltbedingten

Erkrankungen haben. Auf gasförmige Expositionen reagieren Betroffene besonders schnell. Diese Modelle und Ursachen des MCS werden jedoch noch sehr kontrovers diskutiert. Vertreter anderer Meinungen weisen daraufhin, dass auch eine Vielzahl von anderen Ursachen für gleichartige oder ähnliche Symptome in Frage kommen kann. Die Hauptkontroverse besteht im Wesentlichen darin, ob MCS nun primär eine körperliche oder eine psychische Krankheit ist.

Allgemein gilt, dass Patienten mit der chemischen Sensibilität (= Multiple Chemical Sensitivity [MCS]) eine nicht erklärbare Überempfindlichkeit für geringste Konzentrationen unterschiedlichster Chemikalien aufweisen, die in Nahrungsmitteln, Konservierungsmitteln, Insektiziden und Pestiziden, Lösungsmitteln, Farben, Reinigungsmitteln, Duftstoffen bis hin zu Kosmetika und Kleidung enthalten sein können. Über die Häufigkeit dieser Erkrankungen gibt es unterschiedliche Aussagen, auch hier sollen Frauen zwei- bis dreimal häufiger erkranken als Männer.

Oft werden die beiden Begriffe der umweltbedingten Erkrankungen und chemischen Sensibilität sowohl von Betroffenen, als auch von Therapeuten verwechselt. Dies ist vor allem auf unzureichende diagnostische Methoden zurückzuführen, die nicht genau genug zu differenzieren vermögen. Ratlosigkeit von Therapeuten führt oft zu der Behauptung, auslösend für MCS seien wahrscheinlich psychische Faktoren wie beispielsweise Ängstlichkeit. Neuere biochemische Studien zeigen allerdings auf, dass die Intoleranz gegenüber bestimmten Stoffen wie z.B. dem Lösemittel Toluol, das aus Teppichböden, Wandbeschichtungen, Bürochemikalien heraus diffundieren kann, einhergeht mit Veränderungen der chemischen Signalübertragung im Gehirn. Dabei können offenbar genetisch erworbene Vorbelastungen eine Rolle spielen. Auch andere Lösemittel, Aldehyde und Pestizide rufen ähnliche Effekte hervor. Eine verbesserte Diagnosestellung durch immunologische und biochemische Methoden sowie durch Sichtbarmachung von metabolischem Fehlverhalten im Gehirn (ähnlich wie bei der Depression) kann wohl bald erwartet werden. Eine umweltmedizinische Diagnostik muss zusätzlich neben dem Biomonitoring der vermuteten Schadstoffe auch ggf. eine Umweltanalytik im Wohnbereich oder an anderen Orten aufweisen. Bei negativen Befunden ist eine psychiatrische Verdachtsdiagnose sicherlich gerechtfertigt bzw. sollte nicht mehr ausgeschlossen werden.

Die von den Betroffenen beklagten Symptome können sehr vielfältig sein – von allgemeinem Unwohlsein, Verdauungsbeschwerden, Atem- und Herzbeschwerden, Augenbrennen, Benommenheit bis zu Denk- und Konzentrationsstörungen, Gedächtnisstörungen, Schwindelgefühl, Kopf-, Muskel- und Gelenkschmerzen, Depressionen, Erschöpfungen, Reizbarkeit usw. Wie diese Auflistung bereits verdeutlicht, gibt es einige Überschneidungen zum bereits beschriebenen chronischen Müdigkeitssyndrom. Patienten mit multipler Chemikalien-Sensibilität können als Hauptsymptom chronische Müdigkeit entwickeln – zahlreiche Patienten mit dem chronischen Müdigkeitssyndrom entwickeln im Krankheitsverlauf auch eine Überempfindlichkeit gegen Chemikalien. Viele Betroffene vermuten einen Zusammenhang mit einer anfänglichen schweren Vergiftung beispielsweise mit einem Holzschutzmittel, andere beschreiben einen schleichenden Beginn, den sie auf langwierige Gifteinwirkungen zurückführen. Auch bei dieser Erkrankung gilt, dass die Zusammenhänge zwischen Chemikalien und Beschwerden vollkommen ungeklärt sind und sich wissenschaftlich überhaupt nicht erfassen und nachweisen lassen.

Objektiv betrachtet kann die Toxikologie beim komplexen Krankheitsbild der MCS bisher nur einen relativ kleinen Teil an wissenschaftlicher Erkenntnis beitragen, da das Krankheitsbild bzw. der Komplex an Symptomen weit über dieses Fachgebiet hinausreichen und auch die biologisch-medizinische Forschung auf diesem Gebiet bisher wenig geleistet hat. Die betroffenen Menschen zeigen unterschiedliche Symptome, in der Regel aber mehrere und an mehr als nur einem Organsystem, die allerdings am häufigsten das Zentralnervensystem betreffen. Auch wenn die Konstellation der Symptome durchaus einem »Chronic Fatigue Syndrome« ähnelt, werden Induktion und Sensibilisierung bei MCS den unterschiedlichsten Chemikalien, chemischen Stoffen und Stoffgemischen bzw. Verbindungen (wie beispielsweise den bereits beschriebenen Pestiziden, Lösemitteln, Zahnmetallen, Verbrennungsprodukten, Formaldehyd, Alkohol oder auch Drogen u.a.) zugeschrieben. Nach Induktion einer MCS kann sie durch weitaus geringere Konzentrationen der Schadstoffgemische oder in Folge auch von chemisch völlig andersartigen Substanzen ausgelöst werden, wobei ein beträchtlicher Teil der MCS-Patienten gleichzeitig auch eine Nahrungsmittel-, Alkohol- und/oder Arzneimittelunverträglichkeit aufweist.

Die Tatsache, dass auch Stress und Depression ähnliche psychische Symptome auslösen können, wie sie MCS-Patienten zeigen, das Fehlen einer allgemein akzeptierten Definition des Krankheitsbildes, zusammen mit dem Fehlen plausibler Vorstellungen über MCS-auslösende biologische Mechanismen haben bisher die MCS-Forschung entscheidend behindert. Möglicherweise fördern neuere Vorstellungen über die zentrale Rolle des limbischen Systems im Gehirn bei einer Vielzahl psychischer und physischer Funktionen und seine hohe Empfindlichkeit gegenüber chemischen Stoffen auch bei MCS die wissenschaftliche Erkenntnisfähigkeit.

Es ist lange bekannt, dass Geruchsreize eine starke Wirkung auf verschiedenste vegetative Funktionen ausüben können. Die Nervenendungen und ihre Rezeptoren im Riechepithel der Nase stehen mit dem limbischen System in direkter Verbindung. Dieser entwicklungsgeschichtlich ältere Gehirnteil mit wichtigen, untereinander vielfach verbundenen Teilbereichen, wie Thalamus, Hypothalamus (u.a. die Vernetzungszentrale von Nerven-, Immun- und Hormonsystem), Hippocampus u.a. bestimmt praktisch alle Körperfunktionen und, über seine komplexen neuronalen Vernetzungen mit der Großhirnrinde, letztlich indirekt auch die psychischen Empfindungen bzw. Reaktionen und intellektuellen Leistungen des Gehirns. Bei empfindlichen Personen können geruchsintensive Gemische wie Parfüm, Jauche, Benzin etc. zum Teil extreme vegetative und zentralnervöse Reaktionen auslösen.

Eine kausale Therapie bei MCS-Kranken ist bisher nicht bekannt. Ein große Rolle wird der Verbesserung der Immunabwehr zugeschrieben. Eine wirksame Form der »Entgiftung« gibt es bisher nicht. Notwendig erscheint, mehr über die Auslösungsmechanismen des MCS zu erfahren und aus den Fakten Strategien einer kausalen Behandlung zu entwickeln. Die Erfahrung der letzten Jahre hat belegt, dass die Vermeidungsstrategie einer Umfeldbelastung für den Umwelterkrankten zu 80% die Therapie ist.

Expositionsmeidung und -minderung auf unterschiedlichen Ebenen sind für die Stabilisierung und Rehabilitierung von MCS-Patienten Voraussetzung. Dies klingt im ersten Moment einfach, stellt aber erhebliche praktische, soziale, ökonomische und intrapsychische Probleme dar. Betroffene sollten belastete Innenräume nicht selbst renovieren und die Beratung von Fachexperten suchen. Es gibt verschiedenste Provokationsquellen in Innenräumen (Biozide, Teppichböden, Holzschutzmittel, Heizungsbrenner, Spanplattenmöbel, MVOC, Druckerzeugnisse, Textilien, Hausstaub u.a.). Häufig werden verschiedene volatile (schnell verdunstend, flüchtig) Chemikalien im Haushalt durch Kosmetika und Reinigungsmittel ausgebracht (parfümierte Körperpflegemittel, Waschmittel, Weichspüler, Desinfektionsmittel, Backofenreiniger, Lederspray, Schuhcreme u.a.). In der Konsequenz bedeutet dies für die Betroffenen in aller Regel einen radikalen Schutz vor allen schädigenden Substanzen. Hieraus resultieren sehr schnell Rückzüge aus der sozialen Gemeinschaft inklusive Arbeitsunfähigkeit, dann oft sehr aufwendige und selbstfinanzierte Sanierungsmaßnahmen in den eigenen Wohnungen.

Die Betroffenen beschreiben eine deutliche Erleichterung und Entlastung dadurch, dass sie alle möglichen chemischen Ausgasungen aus ihrem Umfeld entfernen und Kontakte mit chemischen Stoffen bzw. chemischen Ausdünstungen meiden, Nahrungsmittel mit chemischen Zusatzstoffen, bzw. die mit Pestizideinsatz hergestellt worden sind, vermeiden und damit die chemische Kontrolle über ihre eigenen Lebensbedingungen schaffen. Selbstverständlich müssen diese Maßnahmen mit der Verbesserung der Luftqualität in Innenräumen gekoppelt sein. Mit Arbeits- und Erwerbsfähigkeit ist dieses Verhalten und sind diese Maßnahmen in der Regel nicht vereinbar, sodass es bei den Betroffenen nicht selten zu Arbeitsunfähigkeit, Arbeitslosigkeit und zur Invalidisierungsforderung kommt. Hilfe in dem oben genannten restlichen 20% – Bereich kann der Umwelterkrankte von praktischer Umweltmedizin, klinischer Ökologie, der Naturheil- und Erfahrungsheilkunde und der Komplementärmedizin bekommen.

5.5.4 Zusammenfassung

Der Begriff der Multiple-Chemical-Sensitivity (MCS) ist im medizinischen Sinne noch nicht hinreichend wissenschaftlich erörtert und bezeichnet alle relativ selten auftretenden Krankheitsfälle, die mit umweltbedingten Symptomen im Zusammenhang stehen. Nach derzeitigem medizinischem Verständnis ist MCS eine mögliche gemeinsame Endstrecke unterschiedlicher, durch Vergiftungen von Außen angestoßener Krankheitsprozesse, wie Immun-Provokationen, neurogener Entzündungen und psychosozialer Belastungen. Das medizinisch problematische an diesem Krankheitsbild ist, dass es nach derzeitigem Stand der wissenschaftlichen Erkenntnis nicht hundertprozentig diagnostizierbar ist, sondern lediglich die gesundheitlichen Sekundärfolgen, mithin die eingetretenen Erkrankungen, hinreichend diagnostiziert werden können, allerdings nicht die konkrete Grundursache der Chemikalienunverträglichkeit. Auch ist der genaue Bezug zwischen den Einflüssen der verwendeten Chemikalien einerseits und der psychosozialen Belastungen andererseits, ungeklärt. Soweit es sich nicht um einen allergischen Krankheitszustand handelt, ist beim hypersensiblen Zustand der Chemikalienunverträglichkeit vermutlich davon auszugehen, dass er durch eine einmalige oder mehrmalige hohe Dosis oder eine langandauernd einwirkende Niedrigdosis der Initialisierungssubstanzen ausgelöst wird.

Die herkömmliche Argumentation der Toxikologie geht von einem Uniformitätsmythos aus, der relativ gleichförmig die Reaktionen auf Schadstoffe bei allen Menschen unterstellt, zumindest bei allen Personen, die durchschnittlich gesund sind und dem gleichen Altersbereich angehören. Diese Reaktionen ließen sich in medizinischer Hinsicht auch mit dem Mittelwert der Einzelreaktionen abbilden, ohne dass eine Berücksichtigung von einzelnen Varianten notwendig wäre. Die derzeitige medizinische Erkenntnis geht davon aus, dass diese Argumentation als überholt anzusehen ist, allerdings besteht die Problematik, dass die auslösende Symptomatik der Chemikalienunverträglichkeit allein mit den Methoden der derzeitigen Toxikologie nicht erklärbar ist.

Die Chemikalienunverträglichkeit im medizinischen Sinne wird nach neuerer wissenschaftlicher Erkenntnis dahingehend präzisiert, dass sie bei bestimmten Personen, regelmäßig einer sehr geringen prozentualen Quote der Bevölkerung, nach einer Sensibilisierungsphase mehr oder weniger eindeutig zu diagnostizierenden Gesundheitsstörungen führt, die durch kleine Mengen toxischer Substanzen ausgelöst werden. In erster Linie kommen hierbei die herkömmlich verwendeten Desinfektionsmittel, aber auch Putzmittel in Betracht. Hinsichtlich weiterer Mittel, die möglicherweise im privaten Bereich verwendet werden, wirken sich insofern Lösungsmittel, Holzschutzmittel, Pestizide und dergleichen Substanzen negativ aus. Die Symptome können in mehreren körperlichen Organen auftreten und unterschiedlich schwer sein, die mildere Form sind Befindlichkeitsstörungen, die ein Weiterarbeiten noch erlauben, die schlimmsten Folgen sind irreparable gesundheitliche Störungen und Beeinträchtigungen. Das in gesundheitlicher Hinsicht Problematische an der Entwicklung der Chemikalienunverträglichkeit ist, dass sich aus einer zunächst leichten Störung eine schwere entwickeln kann, wenn der Prozess nicht rechtzeitig abgebremst wird. Mit dem Schweregrad nimmt auch die Irreversibilität zu.

Die Daten- und Faktenlage zum MCS-Syndrom ist noch sehr unbefriedigend. Da es bisher kaum MCS-Forschung gibt, liegen zwar sehr viele Einzelergebnisse, Veröffentlichungen und Fallbeispiele vor, die sich aber in der Regel nicht systematisch aufeinander beziehen. Die theoretischen Erklärungen zum MCS-Syndrom stammen noch weitgehend aus der Human- und Tierforschung mit anderer Thematik und Zielsetzung, die eine Übertragung nur teilweise erlaubt. Epidemiologische MCS-Forschung über Art, Schweregrad, Mechanismen, Verlauf, Prognose und Verbreitung dieser Erkrankung existiert praktisch noch nicht. Das Fehlen von epidemiologischem Wissen beruht auf dem Versagen des wissenschaftlichen und politischen Systems und ist kein Beleg für die Nicht-Existenz oder Irrelevanz von MCS.

Die politische, wissenschaftliche und umweltmedizinische Diskussion um diese umweltbedingten Erkrankungen sind in den USA deutlich weiter. Ein US-Gesetz (Occupational Safety and Health Act) fordert zwar, dass niemand durch Einwirkungen am Arbeitsplatz geschädigt werden darf. Mit dem Hintergrund des MCS-Syndrom könnte diese Forderung den Arbeitsschutz revolutionieren. Angesichts dieser Tatsache propagiert *Prof. Cullen* die Schaffung von »sicheren Umwelten« und Schonarbeitsplätzen für MCS-Kranke, analog den Einrichtungen für Körperbehinderte. Nur wo dies nicht möglich ist, sollten die Standards für Arbeits-, Umwelt- und Verbraucherschutz allgemein angehoben werden. Prinzipiell lehnt aber auch *Prof. Cullen* ab, das allgemeine Niveau an dieser kleinen Gruppe der Bevölkerung auszurichten.

Auch in Deutschland beschäftigen sich mittlerweile einige Ärzte, Forscher, Arbeits- und Umweltschützer, Krankenkassen, Juristen und Journalisten mit diesem Thema. Zwar ist die Krankheit in der Öffentlichkeit noch weitgehend unbekannt, aber wenn das Informationsdefizit abgebaut wird, ist sicherlich auch in Deutschland mit einer schnellen Zunahme von Meldungen zu rechnen. Die medizinische und politische Anerkennung von MCS in Deutschland ist damit eingeleitet. Aber es muss mit einem langen Prozess gerechnet werden (ähnlich wie bei der Anerkennung der Asbest-Erkrankung), da keine geeigneten Regelungsstrukturen vorhanden sind, Deregulierung politisch auf dem Programm steht, die Zahl der Betroffenen als sehr gering angesehen wird, sinnvolle Kompensation und Prävention teuer wäre, die Krankenkassen leer sind, die Krankenversicherungen nicht aus der Defensive herauskommen, die Regierungspolitik die Industrie finanziell und moralisch entlastet und die EG-Integration als zusätzliche Bremse wirkt. Politisch funktionalisiert werden insbesondere Psychologie, Psychosomatik und Psychiatrie, die diese umweltbedingte Erkrankung in Toxikopie umbenennen und in die psychosomatischen Störungen eingemeinden möchte. Damit wurde/wird eine chemische Verursachung/Auslösung der Krankheit wieder weit in den Hintergrund gerückt und den Versicherungen und Krankenkassen signalisiert, dass bei MCS-Verdacht auf aufwendige Diagnostik verzichtet werden könnte – bei dem bisherigen Kenntnisstand mit Sicherheit der falsche Weg!

6 Messung und Bewertung von Innenraumbelastungen und Schimmelpilzbefall

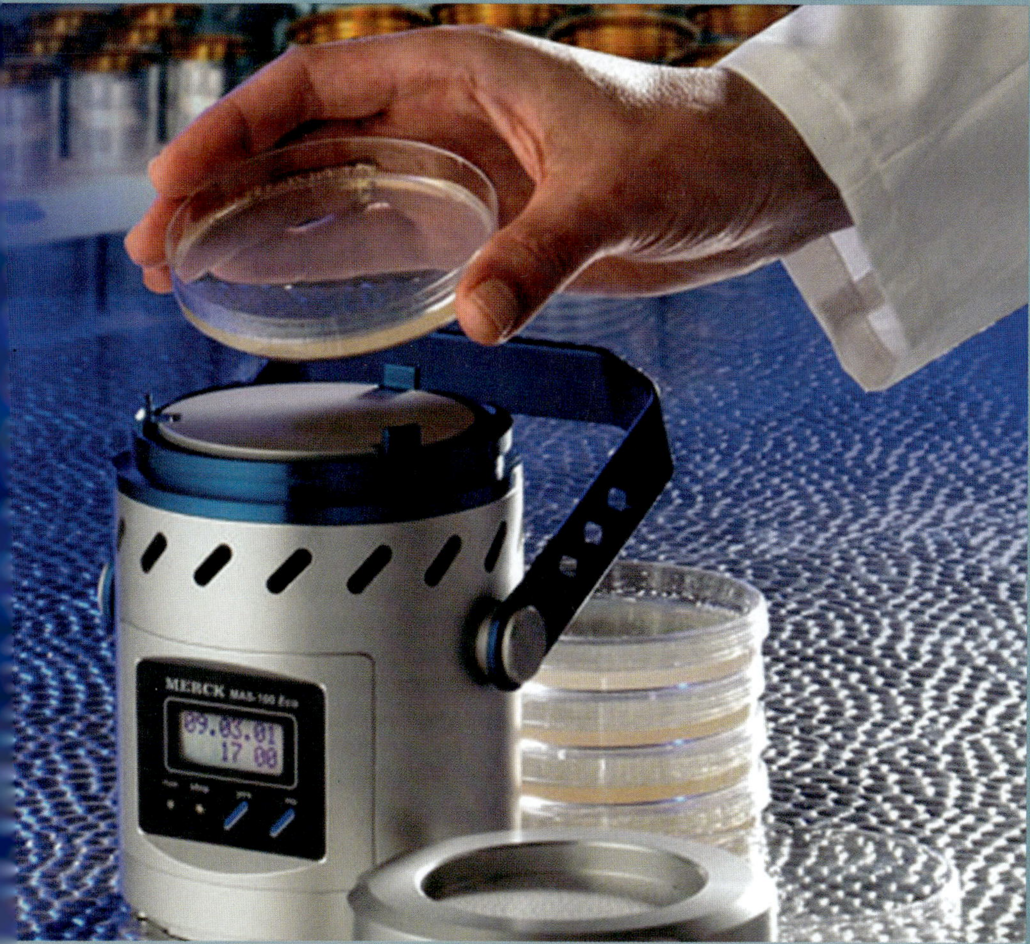

6.1 Vorwort

Früher hat man nur das Vorkommen von lebenden Schimmelpilzen untersucht und dann vorbehaltlos Aussagen über die Luftqualität getroffen. Es zeigte sich aber, dass der Nachweis von lebenden Schimmelpilzen in diesem Zusammenhang oft nur ein Tausendstel der Gesamtbelastung der Raumluft ausmacht und daher keine zuverlässigen Aussagen über die tatsächlichen Risiken der Raumluft erlaubt.

Baubiologisch problematisch ist die häufig nicht ohne weiteres mögliche Erkennung eines aktiven oder auch inaktiven Schimmelpilzbefalls. Erste Hinweise für einen verdeckten Schimmelpilzbefall bieten dabei zunächst nur medizinische Diagnosen, sofern keine Bauwerksdiagnostik im Zusammenhang mit Feuchteschäden (beispielsweise feuchte- und salzbelastetes Mauerwerk) durchgeführt wurde. Bei einem entsprechenden Verdacht sollte eine mikrobielle Haus- oder Innenraumuntersuchung mit adäquaten Methoden durchgeführt werden. Treten Schimmelpilzbildungen (oder der Verdacht derselben) auf, sollte unbedingt ein Schimmelpilzexperte unter den Sachverständigen hinzugezogen werden. Dieser wird durch weitere Untersuchungen feststellen, ob der Schimmelpilzbefall durch falsches Nutzerverhalten, Fehler in der Bausubstanz oder eine Kombination aus beidem verursacht worden ist.

Bei der Wahl des Sachverständigen sollte man Sorgfalt üben und nicht jedem vertrauen, der mit Begriffen wie »Umwelt«, »Ökologie«, »Baubiologe«, »Pilzexperte«, »Schimmelpilzsanierung« oder »Innenraumdiagnostik« firmiert. Denn auf dem Gebiet der Schimmelpilze betätigen sich auch viele Scharlatane und selbst ernannte Spezialisten, die mit der Angst und Unwissenheit der Betroffenen vor Erkrankung durch Schimmelpilze Geld machen wollen. Auch deshalb werden derzeit Anforderungen an eine Qualitätssicherung in Innenräumen für Labore und Prüfanstalten definiert, sodass in Zukunft nur noch unabhängig geprüfte und entsprechend qualifizierte Institutionen derartige Prüfungen und Untersuchungen durchführen dürfen.

Ein Entscheidungskriterium könnte beispielsweise sein, dass es sich um ein anerkanntes und akkreditiertes Labor handelt und die Laborleiter des Weiteren vereidigte Sachverständige für die

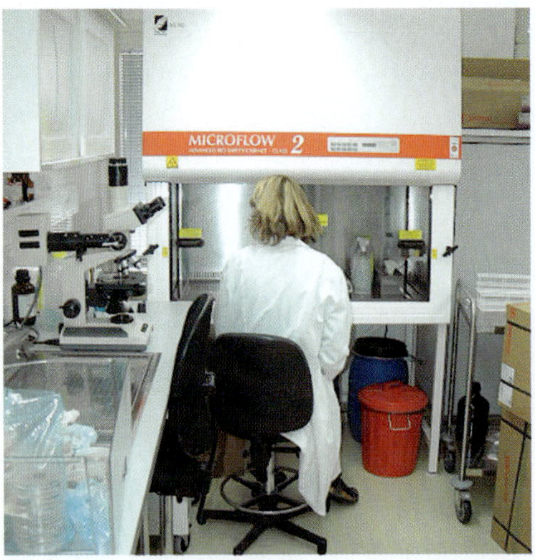

Abb. 6.1-6.2 ■ Bei der Auswahl einer baubiologischen Innenraumdiagnostik sollte man sich den Nachweis der Fachkompetenz und Qualifikation sowie die Methodik bei den Untersuchungen vorlegen lassen. Einige Labore und Institute nehmen mittlerweile an Ringversuchen und einer freiwilligen Qualitätssicherung teil.

Tab. 6.1 ▪ Bestandteile der Innenraumdiagnostik

Innenraumdiagnostik		
Bauphysikalische Messungen	*Messung/Bewertung von chem. Innenraumschadstoffen*	*Messung/Bewertung von mikrobiellen Belastungen*
▪ Feuchtemessungen in der Raumluft ▪ Feuchtemessungen an Baukörpern/in Baustoffen ▪ Temperaturmessungen/ Thermographie ▪ Messung der Luftdichtigkeit/Blower Door-Messung ▪ Quantitative und qualitative Bestimmung der bauschädigenden Salze	▪ Raumluftanalysen (VOC) ▪ Hausstaub (SVOC) ▪ Materialproben (z.B. Holzschutzmittel)	▪ Raumluftanalysen auf Keime ▪ Raumluftanalysen MVOC ▪ Materialproben (Baustoffe, Tapeten, Holz, usw.) ▪ Hausstaubproben ▪ Einsatz Schimmelhund

Bewertung von mikrobiellen Belastungen oder chemischen Schadstoffen sind oder andere anerkannte Befähigungsnachweise vorweisen können. Vom Labor sollte eine Auflistung der nachweisbaren bzw. identifizierbaren Mikroorganismen (Schimmelpilze und Bakterien) vorliegen. Die Methodik (Probenaufbereitung, Auszählung usw.) kann in jedem Protokoll eingesetzt oder dem Kunden auf Nachfrage zur Verfügung gestellt werden.

Aufgrund der bisherigen Ausführungen wurde deutlich, dass die Untersuchungen und die Bewertung von Feuchtigkeitsschäden und Schimmelpilzbefall nicht nur auf die Messung und Analyse von mikrobiellem Befall beschränkt werden darf. Die Innenraumdiagnostik umfasst hierbei deutlich mehr Messungen, als bislang angenommen und in bisherigen Veröffentlichungen dargestellt wurde. Deshalb sollen im Folgenden die relevanten Messverfahren und -methoden zur Bestimmung des Feuchtigkeitsgehaltes, des mikrobiellen Befalls sowie allgemein zur Innenraumbelastung vorgestellt werden. Überschneidungen der chemischen und mikrobiellen Belastungen sind dabei nicht zu vermeiden, zumal sie auch der praktischen Bauwerksdiagnostik entsprechen.

6.2 Einleitung

Es gibt zurzeit in Deutschland noch keine verbindlichen Bewertungskriterien für eine Schimmelpilzbelastung im Innenraum. Einige Labors bzw. Institutionen haben in den letzten Jahren ihre eigene Vorgehensweise der Beurteilung bzw. ihre Erfahrungswerte und Vorschläge veröffentlicht. Der Nachweis einer Schimmelpilzbelastung dient unterschiedlichen Zielen, beispielsweise dem Nachweis einer Außen- oder einer Innenraumquelle bzw. einer gesundheitlichen Bewertung der Schimmelpilzbelastung. Schimmelpilze können sich, wie im vorangegangenen Kapitel ausführlich beschrieben wurde, auf verschiedene Weise gesundheitlich auswirken:

- **allergene Wirkung:** Ein Dosis-Wirkungszusammenhang ist nicht erkennbar. Etwa 5% der Bevölkerung in Deutschland sind bereits gegen Schimmelpilze sensibilisiert, dieser Anteil wächst ständig. Bei diesen Personen richtet sich das Auftreten allergischer Reaktionen nach dem Grad der Sensibilisierung, der Membranfunktion von Haut und Schleimhäuten und der Allergendosis pro Fläche.
- **toxische Wirkung:** Insbesondere die Stoffwech-

selprodukte von Schimmelpilzen sowie die Zellwandbestandteile wirken toxisch. Als immuntoxische Wirkung ist bei der Schimmelpilzeinwirkung auch die Freisetzung von Entzündungsmediatoren in der Haut und in Schleimhäuten zu sehen.

- **infektiöse Wirkung:** Diese kann vor allem bei immungeschwächten Menschen eine Rolle spielen.
- **Geruchsbelästigung:** Sie kann die Lebensqualität beträchtlich beeinflussen, kann aber auch von Bakterien ausgehen.

Die Ausprägung der allgemein toxischen und allergenen Wirkungen, unter anderem durch Mykotoxine, ist sehr stark von der Art der Schimmelpilze (Spezies) und von der aufgenommenen Gesamtmenge abhängig. Außerdem liegt beim verstärkten Auftreten von Schimmelpilzen ein allgemein hygienisches Problem vor. Die Vermutung, dass eine Schimmelpilzbelastung in einem Gebäude vorliegt, basiert meist auf einer der folgenden Indizien: muffig-modriger Geruch, Feuchteflecken, farbige und/oder dunkle Flecken sowie ungeklärte Ursachen für Krankheiten wie Allergien oder Atemwegserkrankungen.

Wenn in Innenräumen Feuchtigkeitsprobleme bzw. -schäden auftreten, muss man außer mit dem Wachstum von Schimmelpilzen und Hefen grundsätzlich auch mit dem Auftreten von Bakterien rechnen. Zahlreiche Untersuchungen zeigen, dass dies die Regel und nicht mehr von nur untergeordneter Bedeutung ist. So kann es vorkommen, dass in sehr feuchten Materialien keine auffälligen Mengen oder Arten an Pilzen nachweisbar sind, wohl aber hohe Mengen an Bakterien. Bakterien besitzen sehr unterschiedliche Fähigkeiten und können unterschiedliche Materialien besiedeln. Ein großer Teil dieser Organismen beansprucht hohe Feuchtigkeiten, leicht alkalische pH-Werte und im Gegensatz zu Pilzen eher proteinreiche komplexe Nährstoffe. Unter ihnen sind jedoch auch Arten zu finden, die unter sehr extremen Lebensbedingungen vorkommen. So können einige Bakterien auch sehr niedrige pH-Werte, hohe Salzgehalte oder hohe Temperaturen tolerieren oder sogar benötigen.

Die Fähigkeit einzelner Bakterien (insbesondere *Actinomyceten*), bei verminderter Feuchtigkeit zu wachsen, wird Gegenstand aktueller und zukünftiger Untersuchungen sein. Insbesondere Arten der Gattung *Nocardia* besitzen die Fähigkeit, auf Nährmedien mit erhöhtem Salzgehalt zu wachsen. Im Gegensatz dazu wird von einigen Experten angegeben, dass Schimmelpilze unter diesen Bedingungen nicht gut wachsen. Die Lebensbedingungen für Bakterien in Baustoffen verbessern sich entscheidend durch die Ausbildung von so genannten Biofilmen. Dieser aus organischem Material bestehende feine Überzug, in denen Bakterien und Pilze leben, hat insbesondere sehr gute Quelleigenschaften und verbessert neben anderen Faktoren auch die Wasserverfügbarkeit für Mikroorganismen.

Die Laboranalyse von Bakterien ist hauptsächlich durch die Taxonomie und die richtige Kultivierung problematisch. Es ist möglich, die kultivierten Bakterien mikroskopisch grob zuzuordnen. Bakterien der Gattung *Bacillus* und der Ordnung *Actinomycetales* können von den übrigen Bakterien unterschieden werden, aber eine sichere detaillierte Differenzierung ist schwierig und nur mit hohem Aufwand wie z.B. der Analyse von Fettsäuremuster und DNA möglich. Systematische Untersuchungen, ob für den Nachweis bestimmter Bakterien die Anzuchtbedingungen, wie sie bei Pilzen angewendet werden, auch geeignet sind, fehlen noch. Nach neueren Erkenntnissen muss davon ausgegangen werden, dass auch das verstärkte Vorkommen bestimmter Bakterien zu gesundheitlichen Beschwerden führen kann. Die gesundheitliche Gefährdung kann u.a. durch die von gramnegativen (gramnegativ/grampositiv gemäß einer Färbemethode zur Unterscheidung von Bakterien nach Gram) Bakterien stammenden Endotoxine, durch antibiotische Stoffe (vermutlich in der Hauptsache produziert von *Actinomyceten*) sowie vermutlich auch durch pathogene Bakterien verursacht sein.

Erste Untersuchungen auf diesem Gebiet zeigen, dass in Baumaterialien, die unter Einwirkung von Feuchtigkeit stehen oder standen, deutlich erhöhte Mengen an Endotoxinen nachweisbar sind und auch im Hausstaub hohe Mengen an Endotoxinen vorkommen. Ob die Endotoxinanalyse zukünftig eine praktikable Routinemethode darstellt, muss noch durch weitere Untersuchungen geklärt werden. Zur Häufigkeit und zum Ausmaß derartiger Expositionen und zur Frage, ob auch andere Antibiotika in Innenräumen vorkommen können, ist noch keine Aussage möglich. Es ist deshalb geplant, auch für Bakterien in Innenräumen Nachweismethoden und Bewertungsrichtlinien zu erarbeiten.

Das Hauptproblem für eine gesundheitliche Bewertung des Schimmelpilzbefalls liegt darin, dass bisher noch keine verbindlichen Richtwerte existieren. Nach der Raumluftmessung ist deshalb nur eine Abschätzung der gesundheitlichen Gefährdung durch einen Vergleich der im Innenraum ermittelten Kolonien mit denen der Außenluft möglich. Der bisher eingesetzte (Erfahrungs-) Richtwert für eine Schimmelpilzbelastung im Innenraum liegt bei 100 KBE/m^3 (Koloniebildende Einheiten) über der Außenluftkonzentration. Dieser Richtwert darf aber nicht isoliert betrachtet und bewertet werden. In einem EU-Report aus dem Jahre 1993 zu diesem Thema finden sich Richtwerte, ab wann eine Sporenkonzentration als hoch oder gering zu betrachten ist. Die fünf Jahre jüngere WHO-Richtlinie spezifiziert die Werte noch weiter und geht u.a. auf bestimmte Schimmelpilzarten ein. Sie weist allerdings darauf hin, dass pathogene und toxigene Schimmelpilze in der Innenraumluft nicht akzeptabel sind.

Wurden keine aufwendigen und damit kostenintensiven Laboruntersuchungen durchgeführt, dann wurde das Ausmaß an Schimmelpilzbefall in Innenräumen in der Vergangenheit häufig nur nach Einstufungskriterien bestimmt und klassifiziert:

- **A** = trockene Wohnung
- **B** = Wohnung mit oberflächlich saniertem Schimmelpilzschaden
- C = vermuteter, nicht sichtbarer Befall
- D = sichtbarer, geringer Schimmelbefall
- E = sichtbarer, ausgedehnter Schimmelbefall

- 1 = kein Schimmelgeruch
- 2 = schwacher bis mäßiger Schimmelgeruch
- 3 = sehr starker Schimmelgeruch

Diese Kategorisierung ist jedoch unbefriedigend, denn sie erlaubt keine Aussage über das jeweils vorliegende gesundheitliche Risiko, wenn eine Wohnung nach diesem Schema eingestuft wird. Außerdem erlaubt diese Einstufung keine Aussage darüber, wie stark die Bewohner einer befallenen Wohnung tatsächlich Schimmelpilzen und ihren Bestandteilen ausgesetzt sind. Mögliche gesundheitliche Auswirkungen mikrobieller Luftverunreinigungen werden deshalb nicht nur aus infektiöser Sicht, sondern auch von allergologischer und toxikologischer Seite kontrovers diskutiert. Will man die Gesundheitsgefährdung durch luftgetragene Fadenpilze bestimmen, so müssen neben differenzierten Erhebungen artspezifischer Keimzahlen auch Untersuchungen zum Vorkommen von Mykotoxinen in den Stäuben und Aerosolen durchgeführt werden.

Es gibt eine ganze Reihe von Verfahren, mit denen entweder Pilzsporen, Pilzbestandteile oder auch Pilzausscheidungsprodukte in der Raumluft bzw. im Hausstaub bestimmt werden können. Vordringlich sind jedoch Messungen der Giftwirkung und des allergenen Potenzials von Schimmelpilzen notwendig. In den letzten Jahren sind hierzu in den USA, den Niederlanden, Kanada und Schweden eine Reihe von Verfahren entwickelt worden. Ein neues Verfahren, das auch in Deutschland bereits eingesetzt wird, bestimmt leichtflüchtige Stoffwechselprodukte der Pilze in der Raumluft. Zur Erfassung der gesamten Schimmelpilzbelastung in einem Innenraum gehört jedoch auch die Erfassung der nicht-lebensfähigen Keime.

Einige Schimmelpilze wie z.B. der *Stachybotrys atra* lassen sich nicht ohne weiteres über Kultivierung nachweisen. Ebenso wenig sind die z.B. nach dem Einsatz von Fungiziden in der Raumluft vorhandenen Sporenbruchstücke auf diese Art nachweisbar sowie gesundheitlich relevante Allergene. Alle Maßnahmen der Allergiediagnostik verfolgen das Ziel, die für Sensibilisierung und Erkrankung ursächlich verantwortlichen Allergene zu identifizieren. Leider ist die Identifizierung der Schimmelpilzallergene gegenwärtig noch mit zahlreichen Problemen behaftet, so dass zum Teil gravierende Widersprüche zwischen dem aktuellen Krankheitsbild und den Laborergebnissen auftreten. Als Hauptursache für die individuellen Unterschiede wird die Variabilität der verwendeten Allergenpräparate gesehen.

Die bei den Untersuchungen zu prüfende Raumluftkonzentration ist abhängig von einer Vielzahl unterschiedlicher Einflussgrößen, die auch untereinander in Wechselwirkung stehen:

- **Eigenschaften der Quellen:** Quellstärke, Quelloberfläche im Verhältnis zum Raumluftvolumen (sog. Raumbeladung), zeitliches Verhalten der Emissionen, bei Holzschutzmittelwirkstoffen im Besonderen Holzart und -feuchte, Alter und Art der Behandlung sowie Menge des Auftrages
- **raumklimatische Bedingungen:** Temperatur, relative Luftfeuchte, Luftwechselrate (Frischluftzufuhr, Querluft, Umluft), Luftgeschwindigkeit an der Quelloberfläche
- **Witterungsbedingungen:** Sonneneinstrahlung und dadurch bedingte Oberflächenerwärmung, Druckunterschiede, Temperatur- und Feuchtegefälle, erhöhter Luftwechsel durch starken Außenwind
- vorhandene **Senken** bzw. **reduzierende Einflüsse** wie UV-Licht, Ozon etc.
- **Kontamination** in der Luft
- **Partikelgehalt** in der Luft

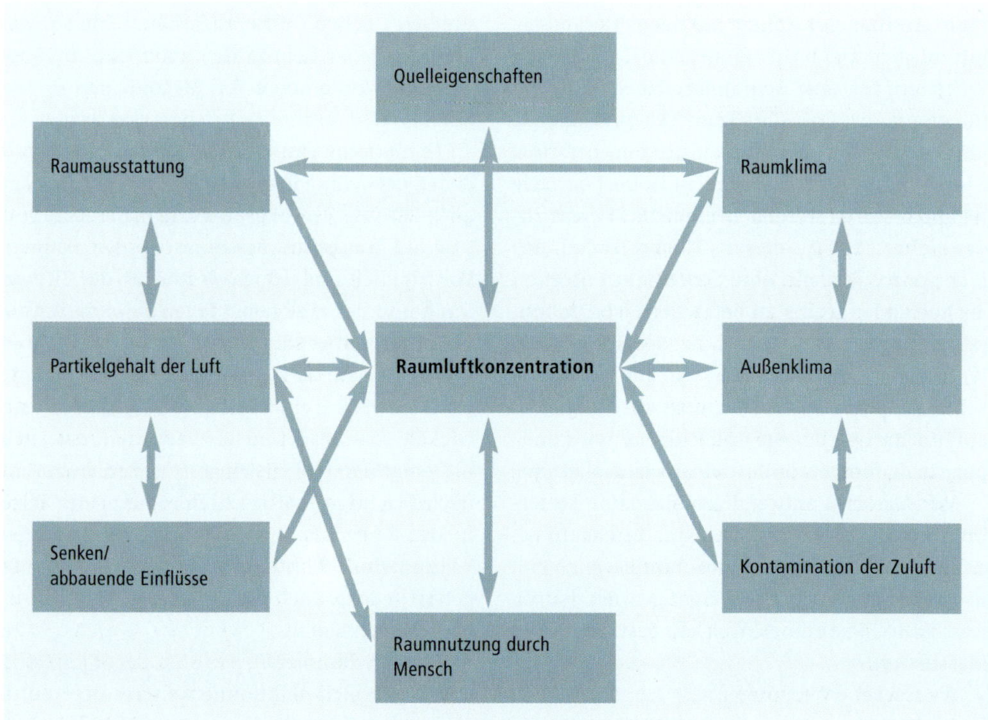

Abb. 6.3 ■ Einflussgrößen und Wechselwirkungen bei der Raumluftkonzentration

6.3 Untersuchungskonzept

6.3.1 Einleitung

Eine konzeptionelle Messplanung bildet die Grundlage für eine erfolgreiche und kompetente Untersuchung des Innenraumes. Basis sollte zunächst eine sorgfältige Erhebung des vorliegenden Sachverhaltes sein. Die folgenden Grundinformationen erheben nicht den Anspruch der Vollständigkeit, können aber bereits einen ersten und wesentlichen Beitrag zur Problemerkennung liefern:

- Warum soll untersucht werden? Treten Beschwerden oder Beeinträchtigungen auf? Seit wann, wo und wie häufig?
- Wie können diese Symptome oder geruchlichen Beeinträchtigungen am besten beschrieben werden?
- Wie viele Personen sind davon betroffen, d.h. wie viele Raumnutzer und bei welcher Nutzungsdauer und Nutzungsintensität?
- Zählen zu den betroffenen Personen auch Angehörige besonders empfindlicher Personengruppen wie beispielsweise Säuglinge und Kleinkinder, Schwangere, Allergiker oder alte Menschen?
- Wird in den betroffenen Räumen geraucht?
- Befindet sich in dem fraglichen Raum eine raumlufttechnische Anlage (RLT-Anlage)?
- Wurde in der Vergangenheit eine Schädlingsbekämpfungsmaßnahme und/oder Desinfektion durchgeführt?
- Gibt es einen zeitlichen Rhythmus (Tages- oder Wochenablauf, jahreszeitliche Unterschiede) und nehmen die Beschwerden in Abhängigkeit dessen tendenziell zu oder ab?
- Welche konkreten Unterlagen zur Raumausstattung und zur Bausubstanz liegen vor oder lassen sich noch beschaffen?
- Kann eine örtliche Eingrenzung vorgenommen werden? Wie sieht die unmittelbare Umgebung des Gebäudes aus (chemischer Reinigungsbetrieb, metallverarbeitende Betriebe, Tankstellen, Lackierereien etc.)?
- Wurden problemorientierte, evtl. umweltmedizinische Untersuchungen bereits durchgeführt und mit welchem Ergebnis?

Darüber hinaus können die Betroffenen nach einem Verdacht befragt werden und ob ein unmittelbarer Zusammenhang mit bestimmten Einflüssen gesehen wird, wobei dieser Punkt unter Umweltmedizinern und Sachverständigen sehr umstritten ist, da derartige Aussagen fast ausschließlich subjektiv geprägt sind. Zumal geruchsintensive Verbindungen sehr schnell vom Vorhandensein toxischer Substanzen ablenken können, wenn für diese eine sensorische Erkennbarkeit fehlt. Denn für einige vor allem geruchsrelevante Verbindungen fehlt eine validierte Analytik.

Vor Beginn der eigentlichen Untersuchung und anschließenden Diagnostik muss in einem Untersuchungskonzept geklärt werden:

- was das genaue Ziel der Untersuchungen ist (z.B. Überprüfung der Einhaltung bestimmter Grenz- und Richtwerte oder Erfassung geruchlicher Auffälligkeiten etc.)
- ob eine Kurzzeitmessung zur Erfassung von Spitzenkonzentrationen oder eine Langzeitmessung vorzunehmen ist.

  (Denkbar sind Probenahmezeiträume zwischen ca. einer Minute und einigen Wochen oder Monaten bis hin zu einem Jahr. In die Entscheidung für oder gegen eine bestimmte Vorgehensweise gehen neben bestimmten Vorgaben aus Normen zur Probenahme unter anderem die Kenntnis über den Wirkmechanismus und das zeitliche Auftreten der Belastung ein. Bei reizenden Stoffen oder Substanzen mit bestimmten Wirkschwellen werden häufiger Kurzzeitmessungen unter ungünstigen Bedingungen [Probenahmedauer bis ca. eine Stunde] vorgenommen, während irreversibel wirkende Verbindungen häufiger anhand von Langzeitprobenahmen beurteilt werden. Passive Untersuchungen und vor allem Hausstaubuntersuchungen stellen Varianten von Langzeitprobenahmen dar.)

- ob nutzungstypische Untersuchungen oder Nutzungssimulationen, »Worst-Case-Untersuchungen« oder Untersuchungen unter Extrembedingungen durchzuführen sind. Bei den genannten und auch üblicherweise durchgeführten Worst-Case-Messungen wird der Ausgleichszustand an bestimmten Verbindungen in der Raumluft bei sonst üblichen raumklimatischen Bedingungen (ca. 20 bis 25°C Raumtemperatur nach längerem Verschluss der Außenfenster und -türen bei üblichen Luftfeuchten) bestimmt.
- welche Parameter wie untersucht werden sollen (z.B. Materialuntersuchungen, Luft- oder Staubuntersuchungen beispielsweise bei Verdacht auf Holzschutzmittelbelastung)
- ob geruchliche Auffälligkeiten geklärt werden sollen oder müssen
- wie viele und welche Messpunkte gewählt werden sollen bzw. wie umfangreich Probenahmen vorgenommen werden sollen
- ob begleitende Außenluftuntersuchungen oder Probenahmen in unbelasteten Referenzräumen bei unklarer Belastungssituation das Ergebnis ergänzen sollen. Derartige Untersuchungen sind bei PCB, Formaldehyd- oder Holzschutzmitteluntersuchungen hinfällig, während sie in einigen Fällen bei flüchtigen organischen Verbindungen oder Schimmelpilzuntersuchungen durchaus sinnvoll sein können.
- ob bzw. wie ungewollte externe Einflüsse (zum Beispiel Außenwitterung, Tabakrauch, untypische Kurzzeiteffekte wie die Anwendung von Sprays etc.) ausgeschlossen werden können.

In den VDI-Richtlinien (4300 ff.) sind allgemein gültige Empfehlungen und Vorgaben zur Durchführung von Innenraumuntersuchungen genannt, die einen ersten Überblick auch für Laien und Nichtfachleute geben können. Hier wird versucht, die Vorgehensweise bei der Raumluftuntersuchung und deren Bewertung zu vereinheitlichen, um für den Auftraggeber reproduzierbare Ergebnisse zu erhalten. Formalisierte Empfehlungen können jedoch mit Sicherheit nicht alle in der Praxis auftretenden Fälle abdecken. Die in den Richtlinien genannten Bewertungsmaßstäbe stellen ebenfalls nur eine Art der möglichen Bewertung von Untersuchungsergebnissen dar.

Ergebnisse von Innenraumuntersuchungen führen häufig zu sehr weitreichenden Maßnahmen in finanzieller wie auch persönlicher Hinsicht. Zu Recht wird deshalb ein Höchstmaß an analytischer Qualität an das mit der Untersuchung der Proben beauftragte, meist chemisch-analytische oder mykologisch-mikrobiologische Labor gestellt, während die Qualitätsanforderungen bei der Erstellung des Untersuchungskonzeptes, bei der Auswahl der zu untersuchenden Zielparameter und der Durchführung der Probenentnahmen wie auch bei der Dokumentation häufig zu wünschen übrig lassen und vielfach unbeachtet bleiben. Fehler bei der Messplanung und mangelhafte, unzureichende oder sogar fehlende Kenntnisse des Probenehmers über Art und Vorkommen bestimmter Luftverunreinigungen in Innenräumen führen dann bereits bei der Probeentnahme zu nicht wieder korrigierbaren Fehlern. Fehlbeprobungen und damit verbundene Fehlerquellen können dann selbst durch ein kompetentes und umfangreich ausgestattetes Labor nicht mehr ausgeglichen werden und führen damit zwangsläufig zu Fehlentscheidungen – unter Umständen mit gravierenden Auswirkungen für die Betroffenen!

Vor allem bei der Durchführung von Mehrkomponentenuntersuchungen, wie sie beispielsweise bei der Untersuchung der Raumluftbelastung an flüchtigen organischen Verbindungen üblich sind, können je nach verwendetem Probenahmemedium in Abhängigkeit vom Desorptionsverhalten Fehlbefunde auftreten bei unzureichender Kenntnis des gewählten Probenahme- und Analyseverfahrens. Erst eine vollständige Überprüfung der gesamten Kette von der Messplanung, der Messvorbereitung mit den dazugehörigen Randbedingungen über die Auswahl der geeigneten Prüfmedien bis hin zur Wartung der Probenahmegeräte und der Durchführung von Blindwertkontrollen ermöglichen einem leistungsfähigen und fachkompetenten analytischen Labor die Ermittlung der korrekten Ergebnisse, die als Grundlage für eine sachgerechte Beurteilung von Innenraumbelastungen dienen.

Die Ziele mikrobiologischer Analyse von mikrobiell bedingten Bauschäden müssen unter Berücksichtigung der klimatischen, atmosphärischen und konstruktiven Situation des Gebäudes sowie der Art der geplanten Sanierungsmaßnahmen praxisgerecht formuliert und ökonomisch vertretbar eingegrenzt werden. Für den Laien und Nicht-Fachmann vor Ort lassen sich bereits anhand auffälliger Verfärbungen, eines muffigerdigen Geruchs oder der watteartigen bzw. schleimigen Konsistenz eines Oberflächenbelages Anzeichen für eine mikrobiologische Kontamination erkennen.

In der Praxis werden auch so genannte Schimmel(spür)hunde eingesetzt, immer dann, wenn es Hinweise auf versteckte Feuchteschäden gibt, aber Feuchtigkeitsmessungen und bauphysikalische Überlegungen keinen Hinweis auf eine Quelle geben. Bei Verdacht und der Suche nach versteckten Schimmelpilzquellen, beispielsweise im unteren Raumbereich (Estriche, Verkleidungen usw.) kann der Schimmel(spür)hund dann wertvolle Dienste leisten. Gerade bei größeren Objekten ist dies sehr hilfreich, da die markierten Stellen dann gezielt geöffnet, überprüft und ggf. Proben entnommen werden können. Damit ist die Probenahme viel effizienter möglich, als dies nach dem Zufallsprinzip der Fall wäre, womit sich auch wieder die Gesamtkosten minimieren. Dies setzt allerdings ein gutes Training und eine erfahrene Führung des Hundes voraus. Der Schimmel(spür)hund zeigt an, wo mikrobielle Geruchsstoffe auftreten. Er zeigt allerdings nicht an, warum diese auftreten und nur bedingt, ob es sich um einen relativ großen oder kleinen Schaden handelt. Infolgedessen können die Ergebnisse der Begehung mit einem Schimmel(spür)hund nicht immer unmittelbar bewertet, sondern höchstens interpretiert werden. Der Schimmel(spür)hund markiert in den Bereichen, in denen er einen Geruch wahrnehmen kann. Dies muss dann aber nicht immer genau die Schadensquelle sein. So zeigt ein Schimmel(spür)hund beispielsweise bei einem dichten Bodenbelag, unter dem der Estrich oder der Dämmstoff feucht ist, vielmehr den Randbereich des Fußbodenbelags an, wo der Geruch deutlicher an die Raumluft gelangen kann. Ist der vom Schimmel(spür)hund markierte Bereich visuell und/oder geruchlich nicht als klar mikrobiell belastet einzustufen, muss das Material mikrobiologisch analysiert werden.

In einigen Veröffentlichungen wird allerdings berichtet, dass gelegentlich Fehlbefunde auftreten, wenn dem Hund Luftströmungen durch Konvektion oder Zugerscheinungen zugetragen werden und er dann infolgedessen falsche Stellen markiert. Außerdem ist der Einsatz eines Schimmelhundes auf eine Höhe von maximal etwa 40 bis 80 cm oberhalb der Nase begrenzt, sodass er Befallstellen an den oberen Raumteilen nicht genau bzw. gar nicht ermitteln kann. Gerade dort sind aber häufig so genannte Wärmebrücken (auch Kältebrücken genannt) zu finden, die zu Schimmelpilzbefall führen. Ein Ersatz für eine materialmikrobiologische und bauphysikalische Begutachtung der Schadenssituation ist diese Methode deshalb nicht. Weiterhin kann das Tier kein umweltmedizinisch beurteilbares Messergebnis oder eine für die ärztliche Beurteilung der Gesundheitsgefährdung wichtige Keimdifferenzierung liefern. Der Schimmelpilzhund ist allerdings hervorragend geeignet, um gerade versteckten Schimmelpilzbefall aufzuspüren und damit aufwendige und zeitintensive Voruntersuchungen zu vermeiden oder zumindest deutlich zu reduzieren. Die Kosten von ca. 200 bis 250 Euro pro Einsatz (für Flächen bis ca. 100 m^2) sind deshalb angemessen, da sie sich damit in der Größenordnung einer MVOC-Analyse bewegen.

6.3.2 Untersuchungsplanung

In der Praxis werden folgende Situationen vorgefunden, die eine Untersuchung auf Schimmelpilzbefall notwendig werden lassen:

- sichtbarer Befall
- Geruch ohne sichtbaren Befall
- Feuchtigkeit ohne sichtbaren Befall
- bauliche Problemkonstruktionen ohne sichtbaren Befall
- gesundheitliche Beschwerden ohne Hinweise auf Feuchtigkeit oder Befall (versteckter Schaden).

Die anschließende Vorgehensweise richtet sich nach dem Anlass der Untersuchung:

Tab. 6.2 ■ Untersuchungen und Feststellungen

Fragestellung	Materialprobe	Luftkeimmessung	Gesamtzellzahl/Partikelsammlung	MVOC	Staub	Quellensuche mit Materialprobe (Schimmelpilzspürhund, Feuchtigkeitsmessungen)
*sichtbarer Befall**	3 a, b 2 c	2 a, b 1c	2 a, b 1c	1 a, b, c	2a, b** 1 c	1 a, b, c
Geruch ohne sichtbaren Befall	nach aufwendiger Quellensuche	2 a, b 1c	2 a, b, 1c	2 a, auch VOC 1 b, c	1a, b, c	3 a, b, c, dann Materialproben
Materialfeuchte ohne sichtbaren Befall	3 a, b, c	1a, b, c	1a, b, c	2 a, b, c wenn Materialprobe negativ	1 a, b, c	1 a, b, c
Problemkonstruktion bauphysikalische Auffälligkeiten	1 a, b, c (erst nach Identifizierung einer Quelle)	2 a, b, c	1 a, b, c	3 a, b, c	3 a, b, c	wenn im ersten Schritt positive Ergebnisse
Gesundheitliche Beschwerden ohne Hinweise auf Feuchtigkeit oder Befall	1 a, b, c	3 b, c	3 b, c	3 b, c	3 b, c	im zweiten Schritt wenn Luftuntersuchungen positiv sind
Sanierungskontrolle	1	wenn zur Quellensuche gleiche Methode eingesetzt wurde 2 a, b, c	wenn zur Quellensuche gleiche Methode eingesetzt wurde 2 a, b, c	wenn zur Quellensuche gleiche Methode eingesetzt wurde 2 a, b, c	wenn zur Quellensuche gleiche Methode eingesetzt wurde 2 a, b, c	1 wenn zur Quellensuche gleiche Methode eingesetzt wurde 2 a, b, c

1. meist nicht erforderlich
2. empfohlen
3. obligatorisch

a. im Rechtsstreit
b. aus medizinischen Gründen
c. Privatauftrag

* Bei der Strategie ist zu berücksichtigen, dass bei einem sichtbaren Befall auch noch die Möglichkeit besteht, dass noch andere Schimmelpilzschäden vorkommen können. Deshalb ist die Sanierungskontrolle sehr wichtig!!!

** bei Untersuchung der Ausbreitung der Pilzsporen in andere Bereiche

- Fragestellung in einem Rechtsstreit
- Fragestellung aufgrund einer medizinischen Diagnose
- Fragestellung von privatem Auftraggeber.

Es sollte jedoch nicht vergessen werden, dass sich die Feststellungen eines Gutachtens zu einem späteren Zeitpunkt möglicherweise nicht mehr wiederholen lassen und sich der ursprüngliche Untersuchungsanlass ändern kann. Deshalb ist besondere Sorgfalt darauf zu verwenden, die künftige Entwicklung abzuschätzen und mit dem Auftraggeber die möglichen Konsequenzen zu besprechen. Bei einem beschränkten Auftrag sollte der Auftraggeber ausdrücklich auf die damit verbundenen Risiken hingewiesen und dies im Gutachten wiederholt werden.

6.3.3 Gebäudeanamnese

Bei einer angenommenen bzw. vermuteten Innenraumbelastung chemischer und/oder mikrobiologischer Art ist zuerst eine ausführliche Gebäudeanamnese durchzuführen, die zunächst einmal mit der Außenbegehung beginnt. Dies wird im Zusammenhang mit Innenraumbelastungen oft vergessen bzw. in der Bedeutung unterschätzt. Wurden Angaben zum Gebäudetyp mit Baujahr und Bauweise, Informationen zur Lage und zu Besonderheiten der Objektumgebung sowie anschließend von Gebäudeauffälligkeiten wie beispielsweise Bauschäden an Dach und Dachentwässerung, Fassade, Keller, Kellerfenstern, Kellerabgängen sowie an Anbauten festgestellt, kann eine visuelle Inspektion der Wohnräume, Feuchtemessungen sowie Probenahmen mit anschließenden Analysen beginnen.

Bei der ausführlichen Gebäudeanamnese werden anhand einer umfangreichen Dokumentation alle relevanten Parameter zur Wohnsituation erfasst und möglichst viele Auffälligkeiten festgestellt. Wenn möglich, sollte eine mindestens ein- bis zweiwöchige Langzeitmessung der relativen Luftfeuchte und der Temperatur vorgenommen werden. Alle Daten sind in einem Begehungsprotokoll festzuhalten, in dem mindestens folgende Angaben über die Wohnung bzw. deren Umgebung zu erfassen sind:

- Allgemeine Angaben (Alter, Lage und Größe der Wohnung/des Gebäudes, bauliche Besonderheiten, verwendete Baumaterialien, Art und Alter des Heizungssystems, evtl. Unterkellerung, Art und Dicke der vorhandenen Wärmedämmung, Art der Fenster, Bebauungsdichte, Umgebung des Hauses (Kompost/Mist, emittierende Betriebe wie Kompostwerke, landwirtschaftliche Betriebe o.ä.)
- Allgemeine Angaben über Bewohner und ggf. Haustiere
- Bauschäden (undichtes Dach, Risse, insbesondere Fugen und Kacheln im Bad und der Küche, mangelhafte oder fehlende Bauwerksabdichtungen etc.)
- Zeitpunkt der zuletzt durchgeführten Sanierung und Renovierung
- Einrichtungsgegenstände, Fußbodenbeläge, verkleidete Wände und Decken, Fußbodenbelag, Raumlufttechnische Anlagen, Luftbefeuchter usw.
- Lüftungsmöglichkeiten, Heizungs- und Lüftungsverhalten der Bewohner
- Anzahl und Art der Pflanzen und der Haustiere, Kompostlagerung, Reinigungsgewohnheiten, Müllentsorgung, Sammeln von Biomüll oder »Gelbem Sack-Müll« in der Wohnung
- Neuer oder alter Wasserschaden (Wasserrohrbruch, undichtes Dach, übergelaufene Waschmaschine oder Toilette, regelmäßig auftretende Feuchtigkeit)
- Angaben zu früherem/aktuellem Auftreten von Feuchte- bzw. Schimmelpilzproblemen und bisher erfolgten Maßnahmen
- sichtbare Schimmelpilz- und Feuchteflecken bzw. Feuchteschäden.

Die anschließende visuelle Inspektion umfasst die Inaugenscheinnahme speziell der Innenräume und Außenwände. Dabei wird besondere Aufmerksamkeit auf das Finden von möglichen Wasserflecken und Feuchtigkeitsschäden verursachenden Mängeln gelegt, beispielsweise:

- bauliche Schwachstellen der Ränder von Wänden und Decken, Wänden und Fußböden
- undichte Fensterrahmen
- Einrichtungsfehler (z.B. Schränke, Betten oder Kastenmöbel stehen direkt an der Außenwand)
- unter Zimmerpflanzen
- unter Teppichen
- hinter Geschirrspülmaschinen und Waschbecken
- Dekorationsfehler (z.B. bis unter die Decke reichende dichte Vorhänge an Wärmebrücken in Fenster- und Eckbereichen)
- Nutzungsmängel durch zu hohe Raumluftfeuchte und/oder niedrige -temperatur.

Auch einfache Beobachtungen wie Staubablagerungen oder mit Blumentöpfen vollgestellte Fensterbänke sind ein Indiz dafür, dass entweder lange nicht oder nur mit Kippstellung gelüftet wurde. Je nach Problemstellung können auch noch andere Untersuchungen durchgeführt werden, z.B. zur Feststellung des Gefährdungspotenzials. Die weiterführende, mikrobiologisch fachgerechte Untersuchung und Bewertung der Infektionsquellen, Befallssituation und biogenen Schadenswirkung in und an betreffenden Baustoffen setzt allerdings den Einsatz spezieller Verfahren

- zur Bestimmung der Luftkeimbelastung über Impaktionssammler oder Filtrationssyteme nach normierten Vorgaben, beispielsweise TRBA 430 (Technische Regeln für Biologische Arbeitsstoffe)
- zur mikroskopischen Darstellung der Verbreitung mikrobieller Kontamination im Tiefenprofil der Baustoffe (beispielsweise Licht-, Fluoreszenz- und Elektronenmikroskopie)
- zur speziellen kulturtechnischen Anreicherung, zu molekular-biologischen Nachweisen und zur taxonomischen Einordnung von materialschädigenden und gesundheitlich relevanten Mikroorganismen
- zur biochemischen Charakterisierung ihres aktuellen Schädigungspotenzials (beispielsweise Stoffwechselaktivität, Proteinanreicherung, Säureausscheidung, Metalloxidation etc.) sowie
- zur normgerechten Prüfung und Auswahl mikrobiell resistenter Baustoffe und Schutzmittel

voraus, die in der mikrobiologischen Materialforschung entwickelt wurden. Diese Methoden,

Abb. 6.4-6.6 ■ Zunächst einmal wird eine visuelle Begutachtung vorgenommen und Auffälligkeiten in einem Begehungsprotokoll dokumentiert.

die zu einem großen Anteil zerstörungsfrei bzw. zerstörungsarm ausgelegt sind, werden in besonderer Weise den standortspezifischen Ansiedlungs- und Überlebensmechanismen der in diesem Buch beschriebenen Mikroflora auf Bau- und Werkstoffen gerecht.

Zur Diagnose der Ursache von Feuchtigkeits- und den damit verbundenen Schimmelpilzproblemen ist eine zielorientierte Analytik notwendig, welche sowohl die Eigenheiten des Gebäudes als auch das Nutzerverhalten der Bewohner erfasst. Raumklimaaufzeichnungen bieten dazu das geeignete baubiologische Analysewerkzeug. Je nach Frage- und Aufgabenstellung können Aufzeichnungen über Feuchte- und Temperaturverlauf zielorientiert eingesetzt werden. Die Kombination aus Messungen der Raumluft- und Wandoberfläche mit anschließender Computerauswertung ergibt eine entscheidende Datengrundlage für eine problemorientierte Bewertung der Situation. Aufzeichnungen über mehrere Wochen könnten die individuellen Wohngewohnheiten tatsächlich wiedergeben.

Allerdings wäre es vermessen anzunehmen, dass Mieter ihr Lüftungsverhalten beibehalten, wenn derartige Klimamessungen durchgeführt werden. Wenn Mieter wissen, dass Datenlogger in den Räumen sind, ändern sie schlagartig ihr Lüftungsverhalten bis hin zur Veränderung ganzer Wohngewohnheiten, speziell dann, wenn es um die Frage einer Mitschuld und -verantwortung bei Miet- und Rechtsstreitigkeiten geht. Die Mieter sind nicht so dumm, auch noch ihr Fehlverhalten dokumentieren zu lassen. Die meisten Betroffenen wissen aus den Diskussionen und im Vorfeld getroffenen (berechtigten oder unberechtigten) Schuldzuweisungen, dass die Parameter Luftfeuchtigkeit, Temperatur, Lüftungsverhalten usw. maßgeblich zum mikrobiellen Befall beitragen können und wie man laut Mietverordnung, Anweisung des Vermieters oder nach Aussagen des Sachverständigen normalerweise lüften sollte. Deshalb sind derartige Raumklimamessungen wichtig und elementar, aber immer auch entsprechend einzustufen und nicht überzubewerten. Folgende Informationen können mit

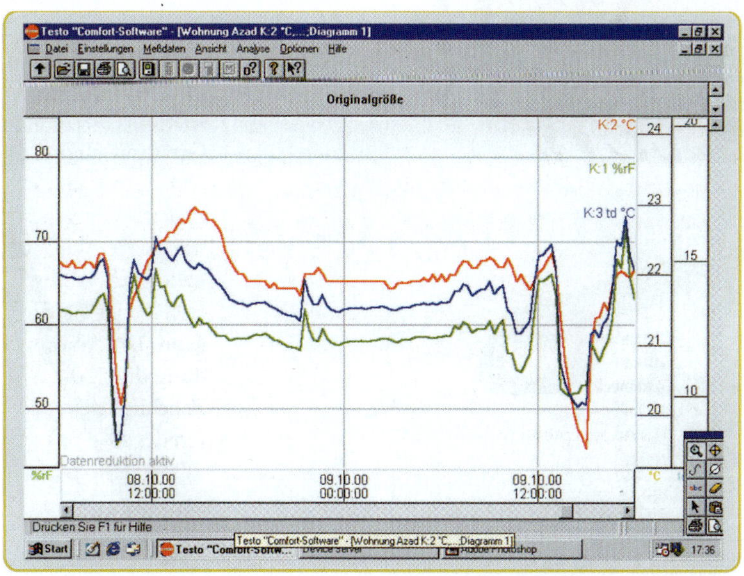

Abb. 6.7 ■ Raumklimaüberwachung mittels Datenlogger ermöglicht eine Innenraumdiagnostik über mehrere Wochen

der Durchführung von Raumklimaaufzeichnungen gewonnen werden:

- Lüftungszyklus der Bewohner
- Art der Durchführung der Lüftung, wie Querlüftung, Stoßlüftung und Kipplüftung
- Heiz- sowie allgemeine Nutzungsgewohnheiten (Nachtabschaltung, Verbrauchswerte etc.)
- Feuchteauffälligkeiten der Bausubstanz (Neubaufeuchte, Undichtigkeiten und/oder kapillar aufsteigende Feuchte)
- Visualisierung der Taupunktprobleme (Raumluft- und Wandoberflächentemperatur) durch Thermographie beispielsweise
- Nachweis der für mikrobielles Wachstum verfügbaren Feuchtigkeit (Berechnung der Wasseraktivität)
- Hinweise auf den natürlichen Luftwechsel (Infiltration)
- Berechnung des Luftwechsels über CO_2-Aufzeichnungen
- Datengrundlage für die Berechnung des notwendigen individuellen Luftwechsels, je nach Gebäudenutzung
- Wärmeeigenschaften der Gebäudehülle
- Datengrundlage zur Entscheidung über sinnvolle Sanierungsmaßnahmen (Erhöhung von Raumtemperatur, Wandtemperatur, Dämmstandard der Hülle, Luftwechsel, Fensterlüftung, Druckunterschiede oder Kombinationen einzelner Maßnahmen).

Poröse Stoffe nehmen durch Einlagerung von Wasserdampf in den Poren Feuchtigkeit auf, deren Menge von der relativen Luftfeuchte abhängt. Nimmt die Luftfeuchte zu, dann steigt auch die Stofffeuchte (man nennt dies Absorption), nimmt die Luftfeuchte ab, dann sinkt auch die Stofffeuchte (Desorption). Diese Feuchtigkeitsaufnahme und -abgabe erfolgt je nach Material relativ schnell. Damit wird der Verlauf der Luftfeuchte in einem Raum bei Feuchteänderungen durch die »Raumumgebung« im weitesten Sinn beeinflusst. In einem Raum mit absorptionsfähigen Stoffen (Tapete, Teppiche, Naturholz) stellen sich andere Feuchteverläufe ein als in einem Raum mit beispielsweise Fliesen, PVC-Boden und Stahlrohrmöbeln bei gleicher Feuchtebelastung.

Für einen ersten Hinweis ist ein normales Luftfeuchtemessgerät (Hygrometer) zu empfehlen. Da-

Abb. 6.8-6.10 ▪ Unterschiedliche Luftfeuchtemessgeräte (Hygrometer) zur kontinuierlichen Messung und gleichzeitiger Anzeige von relativer Feuchtigkeit und Temperatur

mit können die Temperaturen und die relative Feuchte innen und außen erfasst werden. Die relative Raumluftfeuchte gibt an, zu welchem Prozentsatz die Luft mit Wasserdampf gesättigt ist, wobei die maximal mögliche Sättigungsmenge proportional mit der Temperatur ansteigt. Hingegen verhält sich die relative Feuchte umgekehrt proportional zur Temperatur. Die Temperaturen und die relative Feuchtigkeit innen und außen werden erfasst. Mit einem Hygrometer kann man also schnell und einfach feststellen, wann ein Lüften erforderlich ist. Dabei darf bei üblichen Lufttemperaturen von 20 bis 23°C eine relative Luftfeuchte von 60% nie überschritten werden, gut sind 40 bis 50% und im Winter 30 bis 40% relative Luftfeuchte. Ausnahmen sind Bad und Küche, denn dort kann die relative Luftfeuchte kurzfristig auf über 70% ansteigen, worauf mit verstärktem Lüften reagiert werden muss. Wichtig in dem Zusammenhang ist, dass entgegen der Baupraxis nur die Feststellung des absoluten Feuchte- bzw. Wassergehaltes der Luft eine objektive Feuchtigkeitszufuhr und Entfeuchtung nachvollziehen lässt.

Bei verputztem Mauerwerk sind die Geräte nach dem Prinzip der elektrischen Widerstandsmessung oder dem Prinzip des kapazitiven Feldes sehr ungenau. Die einzelnen Baustoffe wie beispielsweise Tapeten, Putz, Steinmaterialien, Mörtel und Salze beeinflussen das Messergebnis, sodass der gemessene Zahlenwert keine exakte Aussage über den tatsächlichen Wassergehalt im Wandquerschnitt zulässt. Hierbei muss beachtet werden, dass elektrische Leitfähigkeitsmessungen beispielsweise immer mit und ohne Tapete durchgeführt werden. Oft liegen bei Oberflächen mit Tapete, speziell bei Kunststofftapeten oder Glasfasertapeten mit Latexanstrich etc., sehr hohe Werte vor, hingegen die gleichen Oberflächen mit entfernter Tapete durchaus niedrige Werte haben können. Ursache hierfür ist, dass anfallendes Kondensat nur als dünner Wasserfilm auf den Tapeten, Beschichtungen und Anstrichen vorliegt und es dadurch zu hohen bzw. höheren Werten kommt als beim darunter liegenden Putz, der in der Regel trocken ist.

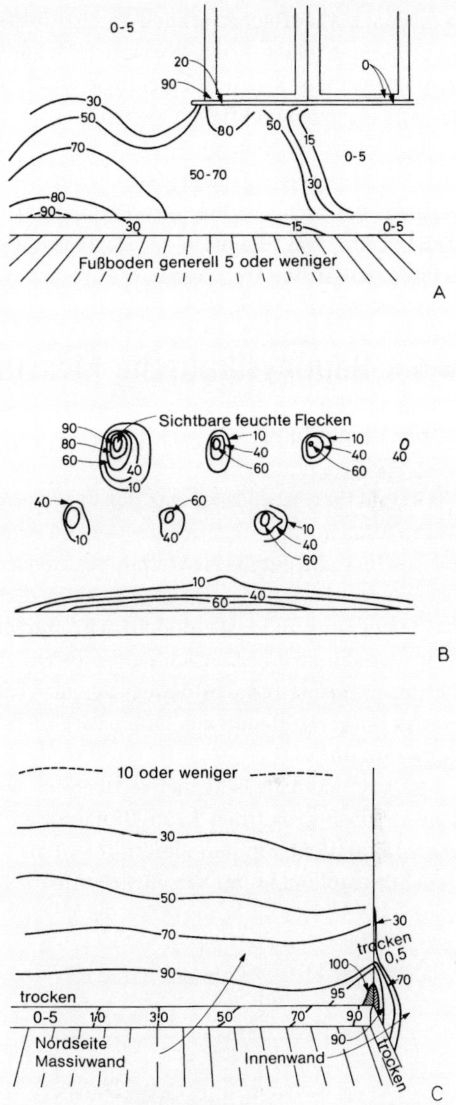

Abb. 6.11 ■ Des Weiteren hat sich bewährt, unterschiedliche Feuchtigkeitsgehalte auf der Wandoberfläche in einer Skizze festzuhalten, um einen Gesamtüberblick über den Feuchtigkeitsverlauf zu bekommen.

Die elektrischen Geräte können deshalb nur zur groben Abschätzung des Feuchtezustandes der oberflächennahen Schichten dienen. Wenn dies berücksichtigt wird, sind sie allerdings sehr gut dafür geeignet, Vergleichsmessungen verschiedener Wandflächen schnell durchzuführen und dadurch einen Feuchtebereich einzugrenzen. Ebenso lassen sich Rückschlüsse auf kapillar aufsteigende Feuchtigkeit ziehen.

Bei Holzbauteilen kann die elektrische Widerstandsmessung als allgemein gesichert angesehen werden. Bei sachgerechter Anwendung lassen sich exakte Wassergehalte in Holzbaustoffen messen. Auf diesem Weg besteht die Möglichkeit, über die Sorptionsisotherme von Holz einen Rückschluss auf die relative Luftfeuchtigkeit der Vergangenheit zu ziehen.

Durch weitergehende bauphysikalische Untersuchungen zum Feuchtehaushalt des Bauwerkes (beispielsweise Blower-Door-Verfahren, Thermographie, Berechnung des instationären, hygrothermischen Verhaltens von mehrschichtigen Bauteilen) sollte dann auch den möglichen Ursachen des Schimmelpilzbefalls nachgegangen werden.

6.4 Bauphysikalische Messungen

6.4.1 Einleitung

Als Raumklima bezeichnet man das so genannte Mikroklima in einem Raum eines Gebäudes. Das Raumklima wird durch eine Vielzahl von Faktoren beeinflusst. Zu den wesentlichen gehören die Lufttemperatur und insbesondere der Anteil der Wärmestrahlung (Oberflächentemperaturen), die Luftfeuchtigkeit und Luftbewegung, der Luftwechsel sowie Kohlendioxid, Ionen, Partikel und Schwebstaub.

Im so genannten Behaglichkeitsbereich werden die oben genannten Raumklimagrößen in ihrer Gesamtheit von den Raumnutzern als angenehm empfunden. Im Wesentlichen wird Behaglichkeit durch ein Strahlungsklima bei mittlerer Luftfeuchtigkeit und zugfreier natürlicher Belüftung beeinflusst. Gemäß der DIN 1946 Teil 2 ist eine thermische Behaglichkeit gegeben, wenn »der Mensch Lufttemperatur, Luftfeuchtigkeit und Wärmestrahlung in seiner Umgebung als optimal empfindet und weder wärmere noch kältere, weder feuchtere noch trockenere Räume wünscht«.

Mit dem erwähnten Luftwechsel bzw. der so genannten Luftwechselzahl wird der Luftvolumenstrom eines Raumes, bezogen auf sein Raumvolumen bezeichnet. Dies bedeutet, dass die Luftwechselzahl angibt, wie oft die Raumluft pro Stunde ausgetauscht wird. Die erwähnten Ionen sind elektrisch geladene Atome oder Moleküle,

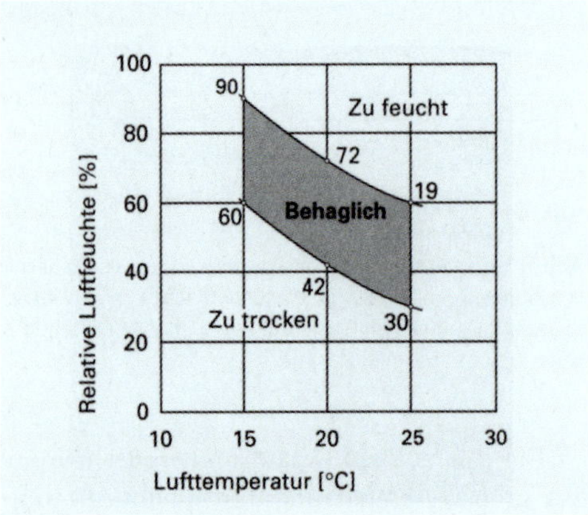

Abb. 6.12 ■ Behaglichkeitsbereich in Bezug auf Lufttemperatur und relative Luftfeuchtigkeit im Raum, ...

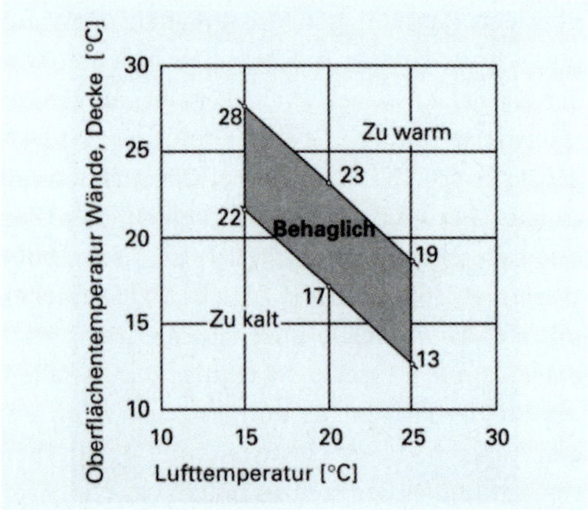

Abb. 6.13 ■ ...in Bezug auf Raumluft- und Oberflächentemperatur der raumumschließenden Flächen...

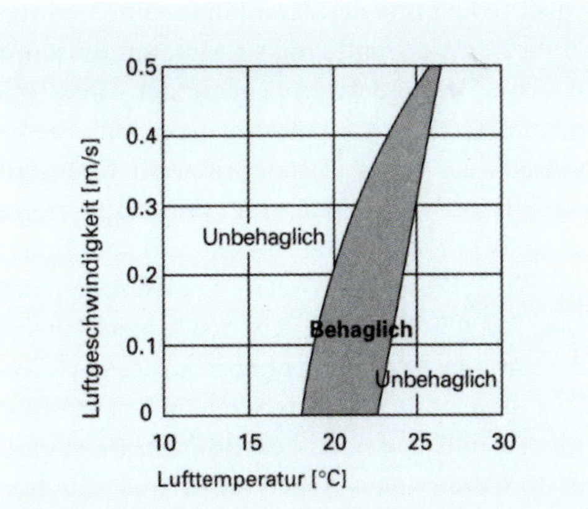

Abb. 6.14 ■ ...und in Bezug auf Lufttemperatur und -geschwindigkeit im Raum.

die aus ursprünglich elektrisch neutralen Teilchen durch Ionisierung entstehen. Luftionen entstehen durch Ionisierung von Gasmolekülen. Die Abtrennung von Elektronen führt zu Teilchen mit positiver Gesamtladung (Kationen). Die freigewordenen Elektronen können sich wiederum an neutrale Moleküle anlagern und somit Teilchen mit negativer Gesamtladung (Anionen) bilden. Aufgrund ihrer Ladung werden Ionen im elektrischen Feld beschleunigt bzw. ziehen selbst

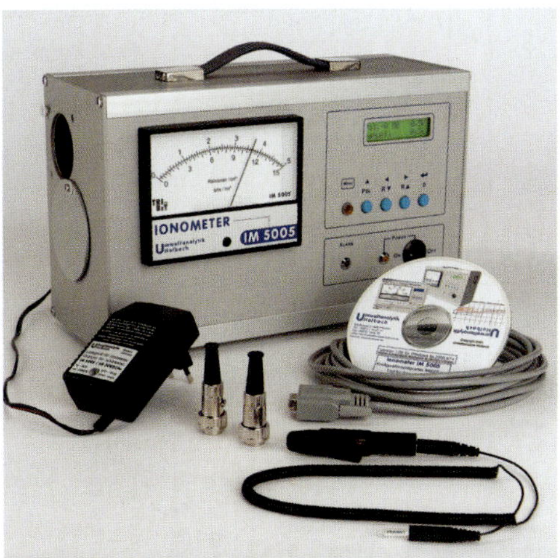

Abb. 6.15 ■ Messgerät zur kontinuierlichen Messung von positiv und negativ geladenen Kleinionen in der Luft bei Atmosphärendruck (so genannter Ionometer)

geladene Teilchen an. Abhängig von der Masse eines Ionenverbundes und der damit verbundenen Beweglichkeit im elektrischen Feld unterscheidet man zwischen Kleinionen mit einer höheren Beweglichkeit und Großionen mit einer geringeren Beweglichkeit.

So genannte Ionometer erfassen elektrisch geladene Teilchen in der Luft. Diese Kleinionen entstehen durch ionisierende Strahlung wie Radioaktivität, UV-Licht (Sonne), Blitze (Gewitter), glühende Körper (Ofen), offene Flammen (Kamin, Kerzen) und feinste Wassertröpfchen (Sprühnebel). In Wohn- und Arbeitsräumen wirken vor allem elektrostatisch aufgeladene Kunststoffoberflächen und Synthetikfasern sowie Hausstaub und Rauch stark ionenreduzierend. Ein gutes Raumklima würde sich durch eine der Natur entsprechend hohe Zahl an Luftionen auszeichnen.

Bei Partikeln und Schwebstaub handelt es sich in erster Linie um luftgetragene Feststoffteilchen (so genannte Aerosole) als Bestandteil des in Innenräumen anfallendenden Hausstaubes. Besondere Bedeutung haben in diesem Zusammenhang Faserstäube, Bioaerosole (Schimmelpilzsporen, Pollen u.a. Allergene), Rußpartikel und andere Verbrennungsrückstände und Holzstaub. Stäube und die an ihnen anhaftenden Stoffe können über den Atemtrakt, über den Magen-Darmtrakt und durch Hautkontakt aufgenommen werden.

Die relative Luftfeuchtigkeit beschreibt die prozentuale Sättigung der Luft mit Wasserdampf bei einer entsprechenden Lufttemperatur und wird in Prozent angegeben. Dem gegenüber beschreibt die absolute Luftfeuchtigkeit die Gesamtmenge von Wasserdampf in einem definierten Luftvolumen und wird in Milligramm pro Liter oder Volumenprozent angegeben. Der Taupunkt beschreibt die Temperatur, bei der die Luft mit Wasserdampf gesättigt ist und bei der an den Oberflächen Kondensat auftritt. Ab dem Erreichen der Taupunkttemperatur herrscht definitionsgemäß eine relative Luftfeuchtigkeit von 100%. Auch die so genannte Wasseraktivität spielt bei der Innenraumdiagnostik und Messung der

Abb. 6.16 ■ Partikelzählgerät zur schnellen und einfachen Zählung von Partikeln in der Luft (mit baubiologischer Gerätekalibrierung). Es gibt Geräte mit nur einem Messbereich, mit denen nur die Summe aller Partikel ab einer bestimmten Größe angezeigt werden können. Dies erscheint zwar einfach, ist aber diagnostisch unzureichend. Um Probleme klar zuordnen zu können, sind größenselektive Messungen nötig. Partikelzähler sollten deshalb mehrere Partikelmessbereiche bieten. Erfahrungsgemäß ist zwischen folgenden Partikelgrößen zu differenzieren: Partikel >0,5/ >1/ >5, >10 und >20µm.

Feuchtigkeit und des Raumklimas eine wichtige Rolle. Die Wasseraktivität eines Materials ist proportional zur relativen Feuchte der direkt mit dem Material in Kontakt stehenden Luft. Sie beschreibt die Menge des beispielsweise für Mikroorganismen zur Verfügung stehenden freien Wassers (nicht gleichbedeutend mit dem Feuchtegehalt!). Diese Größe liefert eine Aussage, ob an Oberflächen die Gefahr für Schimmelpilzbefall besteht. Diese Zusammenhänge müssen bekannt sein, bevor mit den unterschiedlichen Messmethoden und -systemen Feuchtigkeitsmessungen in Innenräumen vorgenommen und durchgeführt werden.

Folgende Faktoren haben Einfluss auf die Luft- und Materialfeuchtigkeit:

- Die Aufnahme von Wasserdampf aus der Innenraumluft bis hin zur Unterschreitung des Taupunktes (Kondensation)
- Eindringen von Wasser aus defekten Installationen (Sanitär, Wasserleitungen, Regenwasser)
- Eindringen von Niederschlagswasser
- Im Innenraum verursachte Wasserschäden

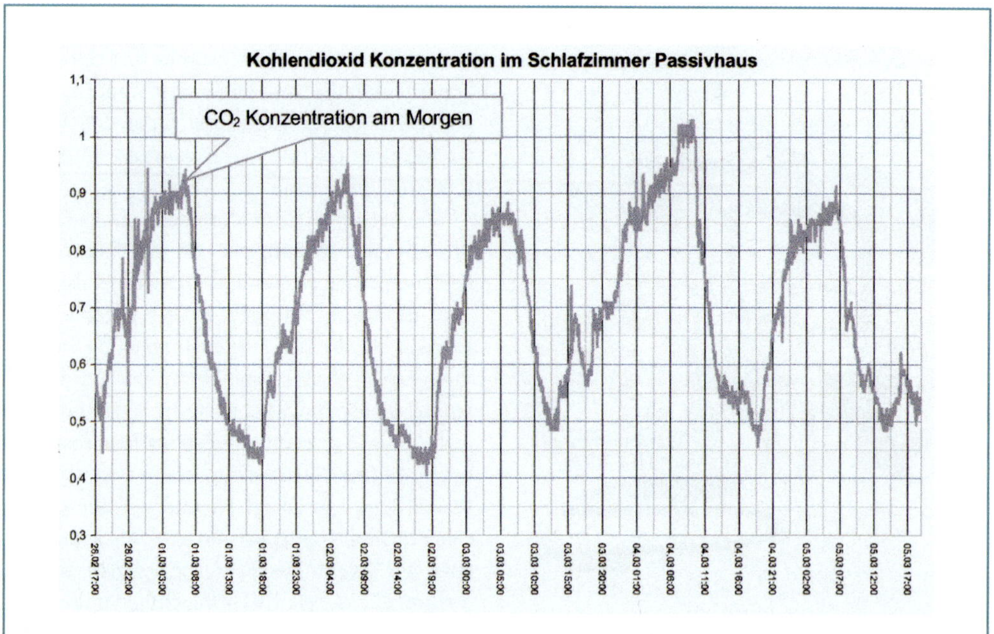

Abb. 6.17 ■ Kohlendioxidkonzentration am Beispiel eines Schlafzimmers

durch defekte Waschmaschine, Spülmaschine, Badewanne usw.

- Fehlende oder defekte Horizontal- und/oder Vertikalabdichtung
- Feuchteabsorptionsfähigkeit der Baustoffe und Möblierung
- Belastung durch hygroskopische Salze
- Einstellung eines Gleichgewichtes zwischen Raumluft- und Oberflächenfeuchtigkeit.

Raumklimafaktoren, wie beispielsweise Lufttemperatur, Strahlungswärme, Luftfeuchtigkeit oder Kohlendioxid, können starken zeitlichen Schwankungen unterliegen und sind zudem erheblich von der Art der Raumnutzung abhängig. Zur Beurteilung des Raumklimas ist somit eine längere Beobachtungszeit (Aufzeichnung), in der Regel über mehrere Tage erforderlich.

Die richtige Zuordnung eines Feuchtigkeitsschadens ist durch entsprechende Messverfahren zu klären. Beim Auftreten von Kondensationsfeuchtigkeit sollen die gebäude- und nutzungsbedingten Einflussfaktoren aufgezeigt werden.

6.4.2 Feuchtigkeitsmessungen

Die Messung der **Lufttemperatur** erfolgt über ein für den Messbereich geeignetes Thermometer. Zur Bestimmung der **Behaglichkeit** erfolgt die Messung der Strahlungstemperatur durch ein so genanntes (Globe)-Thermometer. Dabei wird die Temperatur im Inneren einer geschwärzten Hohlkugel aus einem dünnen, gut wärmeleitenden Material gemessen und stellt sich in Abhängigkeit von Lufttemperatur, Luftgeschwindigkeit, Wärmestrahlung, Durchmesser der Kugel und dem Absorptionsvermögen der Oberfläche ein. Die Messung der **relativen Luftfeuchtigkeit** erfolgt u.a. mit kapazitiven Feuchtesensoren und für die Messungen von **Luftbewegungen** im Raumklima werden thermische Hitzekugelsonden verwendet. Die Bestimmung des **Taupunktes** erfolgt über eine parallele Erfassung von Lufttemperatur und relativer Luftfeuchtigkeit (anhand von Tabellenwerten und rechnerisch). Die **Oberflächentemperatur** von Materialien wird mit so genannten Kontakt-

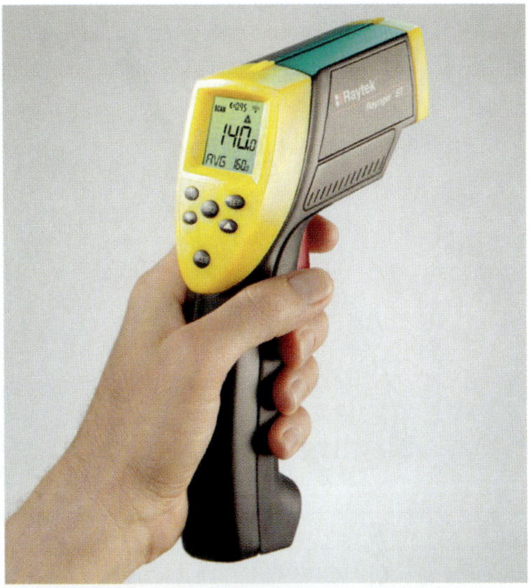

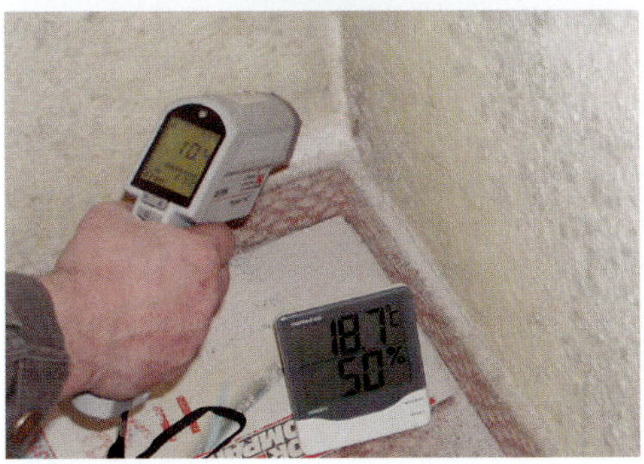

Abb. 6.18-6.20 ▪ Temperaturmessung nach dem Prinzip der Strahlungsthermometrie (berührungslose Messung der vom Messobjekt ausgehenden Infrarotstrahlung und Berechnung der Oberflächentemperatur). Ein integrierter Laser ermöglicht eine sichtbare Ausrichtung auf den Messpunkt, rote Lichtpunkte markieren die Ausdehnung des Messfleckes am Objekt.

Abb. 6.21 ■ Luftströmungs-Handgerät zur Messung von Luftströmung und Temperatur. Luftströmungsmessgeräte für die baubiologische Messtechnik sollen bereits auf geringste Luftbewegungen reagieren. Exakte Messergebnisse im unteren Geschwindigkeitsbereich zwischen 0,01 und 1 m/sec. sind empfehlenswert.

thermometern oder berührungsfrei mittels Infrarotsensor gemessen. Für die Bestimmung der **Wasseraktivität** an potenziell gefährdeten Oberflächen werden die relative Luftfeuchtigkeit, die Lufttemperatur sowie die Oberflächentemperatur gemessen. Rechnerisch oder anhand einer Umrechnungstabelle kann aus diesen Werten die Wasseraktivität ermittelt werden. Muss die **Materialfeuchtigkeit** gemessen und die Abhängigkeit der unterschiedlichen Wasseraufnahmemechanismen (Kapillarfeuchtigkeit, hygroskopische Feuchte, Kapillarkondensation etc.) dargestellt werden, stehen verschiedene Methoden und Verfahren zur Verfügung.

Werden erste Feuchtigkeitsmessungen notwendig, haben sich im deutschsprachigen Raum die so genannte **CM-(Calciumcarbid-)Messmethode** und die **Darr-(gravimetrische)Messmethode** bewährt. Darüber hinaus wird die so genannte elektrische Widerstands-Messmethode eingesetzt. Diese sollen im Folgenden kurz vorgestellt werden.

Eine ausreichend exakte Messung erlauben die so genannten chemischen Messmethoden – zum einen das **Calciumcarbid-Verfahren** und zum anderen das Karl-Fischer-Verfahren. Den größten Bekanntheitsgrad hat das seit vielen Jahrzehnten gebräuchliche CM-Gerät, das den Wassergehalt durch eine chemische Reaktion bestimmt. Die Abkürzung CM steht für Calciumcarbidmethode. Es handelt sich hierbei um ein Verfahren zur Messung des Feuchtegehaltes von Baustoffproben an der Baustelle. Die Baustoffproben werden entnommen, zerkleinert, eingewogen und in ein metallisches Druckgefäß gefüllt. Man gibt Stahlkugeln und eine Glasampulle mit Calciumcarbid dazu. Das Gefäß wird mit einem Manometer verschlossen und geschüttelt. Die Eisenkugeln zerstören die Glasampulle, sodass das Calciumcarbid mit der feuchten Baustoffprobe in Berührung kommt und in Acetylen umgesetzt wird.

$$CaC_2 + H_2O \rightarrow Ca(OH)_2 + C_2H_2$$

Das Wasser der Baustoffprobe verbindet sich mit dem Calciumcarbid und es entsteht u.a. Acetylengas. Hierbei ist die Menge des entstehenden Acetylengases ein Maß für das in der Probe enthaltene Wasser, da das Gas einen Druck verursacht, der am Manometer gemessen wird. Aus einer Eichkurve kann dann direkt der Feuchtegehalt der Baustoffprobe entnommen werden. Die gemessenen Werte liegen in der Regel etwas unter den tatsächlichen, wobei die Abweichungen relativ gering sind. Das Verfahren ist gut geeignet, um an der Baustelle eine Kontrollmessung oder vororientierende Messungen durchzuführen. Weniger gut ist es geeignet, um Reihenuntersuchungen (z.B. bei Bauzustandsanalysen) vorzunehmen.

Wie beim CM-Verfahren wird auch beim **Karl-Fischer-Verfahren** die chemische Reaktion eines Stoffes auf Wasser beobachtet und analysiert. Diese Messmethode basiert darauf, dass bei der Titration der zerkleinerten Probe mit der Karl-Fischer-Tinktur folgende Reaktion abläuft:

$$J_2 + SO_2 + H_2O \rightarrow H_2SO_2\ 2HJ$$

Jod, Schwefeldioxyd und Wasser verbinden sich zu Schwefelsäure und Jodwasserstoff, wobei

Abb. 6.22 ■ CM-Messgerät zur Messung der Baufeuchte nach der Calciumcarbid-Methode inkl. Hilfsmittel zur Probeentnahme und elektronischer Präzisionswaage

die braune Färbung des Jods verloren geht. Ist das Ende der Titration erreicht, verfärbt sich die Probe bräunlich, sodass der Zeitpunkt visuell bestimmt werden kann. Die bis zum Ende der Titration zugegebene Menge der Karl-Fischer-Lösung ist ein Maß für den Feuchtegehalt der Probe. Mit dieser Messmethode lassen sich bereits Spuren von Wasser nachweisen. Bei Anwendung auf feste Stoffe ist eine Pulverisierung der Probe unbedingt erforderlich.

Die Anwendung des CM- und Karl-Fischer-Verfahrens bedarf einiger Erfahrung, da die benötigte Probemenge vom Feuchtegehalt der Probe abhängt. Bei der Zerkleinerung der Materialprobe entweicht, insbesondere bei harten Baustoffen, sehr leicht Materialfeuchte und damit entstehen Messfehler und -ungenauigkeiten.

Die **gravimetrische Messmethode** (auch Darr-Methode genannt) ist ein klassisches, zerstörendes Verfahren zur Materialfeuchtebestimmung. Dem zu untersuchenden Bauteil wird ein Bohrkern von 30 bis 100 mm Durchmesser, in manchen Fällen auch das Bohrmehl von Bohrungen mit geringem Durchmesser, entnommen. Die Probemenge hängt von der Homogenität des Baustoffes ab, 100 Gramm sind eine typische Menge. Diese Materialprobe wird im Labor gewogen, getrocknet und wieder gewogen. Die festgestellte Gewichtsdifferenz stellt den Wassergehalt der Probe dar. Die Trocknung erfolgt meist durch Erwärmung der Bohrprobe im Trockenschrank bei einer Temperatur, bei der chemisch gebundenes Wasser nicht freigesetzt wird. Voraussetzung ist, dass bei dieser Temperatur keine chemische Veränderung des Materials auftritt. Für die meisten Baustoffe beträgt diese Trocknungstemperatur 105 °C, bei einigen Materialien ist diese niedriger (bei Gips z.B. ca. 40 °C). Durch Auftrennen des Bohrkerns in Scheiben bzw. schrittweise Entnahme von Bohrmehl beim Bohren ist eine stufenweise Feuchtebestimmung in Abhängigkeit von der Bauteiltiefe möglich.

1. feuchte Probe wiegen (G_F)
2. Probe trocknen bis zur Gewichtskonstanz
3. trockene Probe wiegen (G_{TR})

Feuchtegehalt:

$$\frac{G_F - G_{TR}}{G_{TR}} \cdot 100 = \%\text{-M}$$

1. Probe trocknen bis zur Gewichtskonstanz
2. trockene Probe wiegen (G_{TR})
3. trockene Probe bei entsprechender Luftfeuchtigkeit lagern, Probe wiegen (G_F)

Hygroskopischer Feuchtegehalt:

$$\frac{G_F - G_{TR}}{G_{TR}} \cdot 100 = \%\text{-M}$$

1. Probe bis zur Gewichtskonstanz im Wasser lagern
2. nasse Probe wiegen (G_F)
3. Probe trocknen bis zur Gewichtskonstanz und dann die trockene Probe wiegen (G_{TR})

Hygroskopischer Feuchtegehalt:

$$\frac{G_F - G_{TR}}{G_{TR}} \cdot 100 = \%\text{-M}$$

Durchfeuchtungsgrad:

$$\frac{\text{Feuchtegehalt}}{\text{Sättigungsfeuchte}} \cdot 100 = \%\text{-M}$$

Die Luftfeuchte im Trockenraum muss ausreichend niedrig gehalten werden, weshalb für ausreichend Luftaustausch gesorgt werden muss (Konvektionstrocknung). Wird zum Austausch Raumluft benutzt, kann bei niedriger Trocknungstemperatur im Sommer die hohe Luftfeuchte noch erhebliche Restfeuchten in der Probe und damit Messfehler bewirken. In dem Fall muss die Austauschluft getrocknet werden. Die gravimetrische Trocknungsmethode stellt die international standardisierte Feuchtemessmethode dar und dient für andere Messmethoden als Bezugsgröße. Fehler bei der Feuchtebestimmung können durch eine Veränderung des Feuchtegehaltes bei der Bohrkernentnahme infolge Erhitzung auftreten, wenn die Drehzahl des Bohrers zu hoch ist. Außerdem können Messfehler durch das Entweichen von Bauteilfeuchte von der Probeentnahme bis zur ersten Wägung verursacht werden. Weitere Fehlerquellen bestehen durch hygroskopische Wasseraufnahme zwischen den Wägungen. Bei sorgfältiger Vorgehensweise können allerdings Messgenauigkeiten von ± 0,2 bis 0,5 Masseprozent erreicht werden.

Eine Verkürzung der Trocknungszeiten kann durch den Einsatz der Mikrowellentrocknung erreicht werden, da praktisch die gesamte Probe in sehr kurzer Zeit auf die Trocknungstemperatur gebracht werden kann. Allerdings kann es schnell zur Überhitzung der Probe kommen, sodass einige Erfahrung für die richtige Dosierung notwendig ist. Anstelle einer Trocknung durch Temperaturerhöhung und Konvektion kann auch eine Vakuumtrocknung der Probe erfolgen. Dazu wird die Probe in einen Exsikkator gebracht, der evakuiert wird. Der Wasserdampfdruck im Exsikkator wird durch ein hygroskopisches Salz gesenkt, sodass ein beschleunigter Diffusionsprozess einsetzt und die Probe trocknet. Eine chemische Veränderung der Probe ist bei dieser Messmethode weitgehend ausgeschlossen, da praktisch mit Raumtemperatur gearbeitet werden kann. Gelegentlich kann auf der Baustelle sogar beobachtet werden, dass eine Probe gewogen und zerkleinert und anschließend mit Alkohol übergossen und angezündet wird, damit das enthaltene Wasser verdampft. Da jedoch bei dieser Methode weit über 105°C an Temperatur entsteht, kommt es mit großer Wahrscheinlichkeit auch zur Austreibung von chemisch gebundenem Wasser und damit zur Verfälschung der Messergebnisse.

Der wesentliche Nachteil der gravimetrischen Feuchtebestimmung besteht darin, dass ein nicht unerheblicher Eingriff in die Bausubstanz vorgenommen werden muss. Soll nach der Sanierungsmaßnahme der Erfolg nachgewiesen werden, stehen die gleichen Messpunkte nicht mehr zur Verfügung, sondern es sind Proben an benachbarten Stellen zu entnehmen, was ebenfalls zu Messfehlern führen kann. Ein weiterer und ganz wesentlicher Nachteil ist, dass die Messergebnisse nicht gleich zur Verfügung stehen. Der Vollständigkeit wegen sollen die thermometrischen, hygrometrischen, akustischen, kernphysikalischen und elektrischen Verfahren zur Feuchtebestimmung noch erwähnt werden.

Beim **thermometrischen Verfahren** wird die Veränderung der Wärmeleitfähigkeit von Baustoffen durch Feuchte genutzt. Das bekannteste Verfahren ist die Sondenmethode, bei der ein elektrisch beheizter Widerstandsdraht über ein Bohrloch in das Bauteil eingebracht und aus der Temperatur in unmittelbarer Umgebung unter Kenntnis der Wärmeleitfähigkeit des Baustoffes auf den Feuchtegehalt der Materialprobe geschlossen wird.

Darüber hinaus ist es mit Hilfe der **Infrarotthermographie** möglich, unterschiedliche Durchfeuchtungsgrade eines Bauteils zu erkennen. Bei dieser Messmethode werden zwei physikalische Gesetzmäßigkeiten ausgenutzt. Durch Verdunsten der Feuchtigkeit entsteht an der Oberfläche des Mauerwerks eine Temperaturabsenkung. In einem beheizten Mauerwerk entsteht zwischen den feuchten und trockenen Mauerwerksberei-

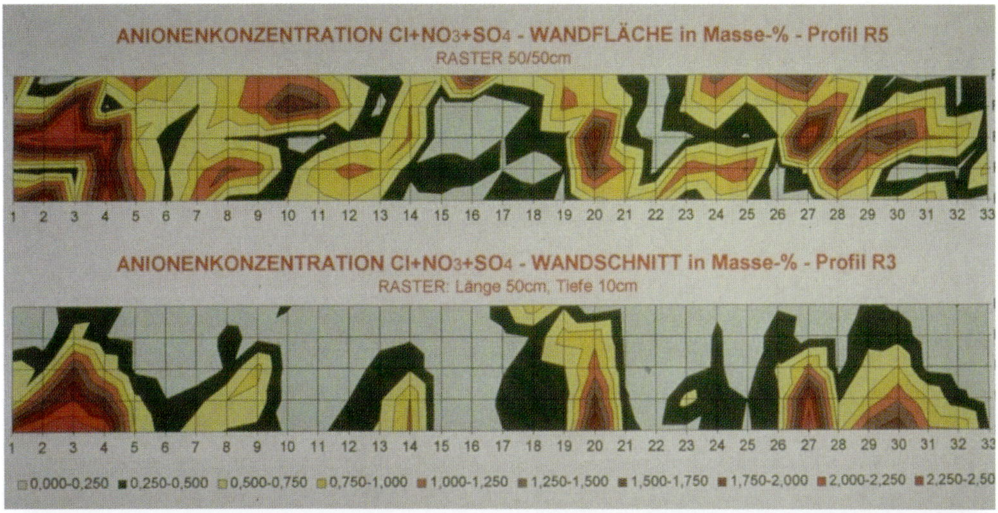

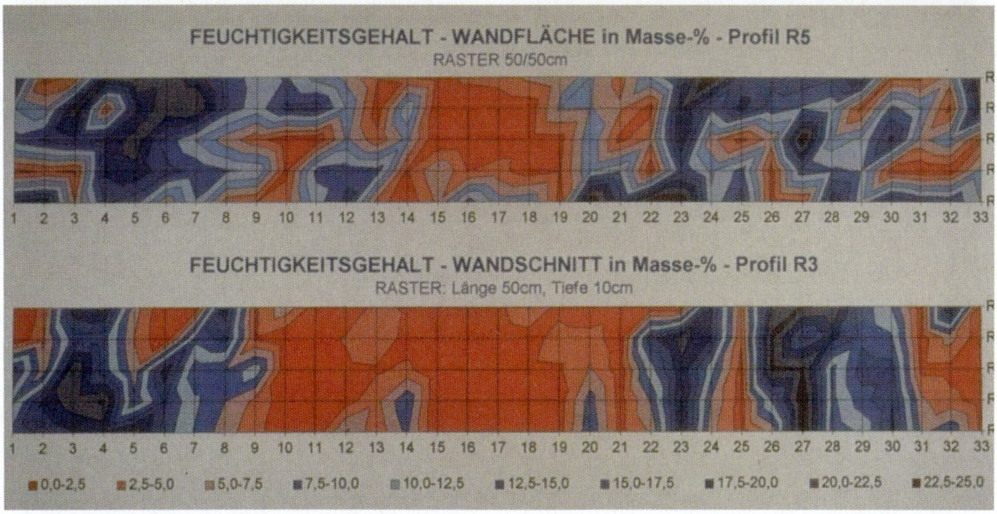

Abb. 6.23-6.24 ■ Bild 1 zeigt sehr gut die unterschiedlichen Durchfeuchtungsgrade innerhalb einer Wand. Auf Bild 2 hingegen wird die Abhängigkeit einer Durchfeuchtung infolge der hygroskopischen Feuchte, also infolge der Salzbelastung, dokumentiert. Deshalb sind bei der Feuchtigkeitsmessung immer auch die Abhängigkeiten der hygroskopischen Feuchte zu berücksichtigen.

chen ein unterschiedlicher Wärmeübergangspunkt. Werden nun mit einer speziellen Kamera die Wärmestrahlungen von der Oberfläche aufgenommen und auf einem Bildschirm aufgezeichnet bzw. auf einem Videoband gespeichert, erhält man ein Wärmebild bzw. Thermogramm. Dieses Thermogramm zeigt Flächen unterschiedlicher Temperaturen. Daraus kann auf unterschiedliche Feuchtigkeitsgehalte geschlossen werden. Allerdings hängt die Intensität der ermittelten Strahlung nicht nur von der Feuchtigkeit, sondern von zahlreichen Einflussfaktoren ab. Insbesondere sind Veränderungen im Wandaufbau, Baustoffwechsel, Wärmebrücken, Hohlräume und dgl. auf das Messergebnis Einfluss nehmend. Quantitative Aussagen über den Feuchtigkeitsgehalt werden deshalb mit dieser Methode nicht ermittelt. Um die Wirksamkeit wärmeschutz-

Abb. 6.25 ■ Am Beispiel eines verputzten Fachwerkhauses kann der Vorteil der Infrarot-Thermographie dargestellt werden.

technischer Maßnahmen zu prüfen, hat sich in der Vergangenheit die Thermographie (Infrarotverfahren) längst bewährt.

Dieser Messmethode bedient sich auch die **Infrarot-Reflektographie.** Hierbei wird die Prüffläche bzw. der zu untersuchende Körper von einem neben der Kamera postierten Infrarotstrahler angestrahlt. Von der Infrarotkamera wird dann nicht nur die körpereigene Wärmestrahlung des Prüfobjektes erfasst, sondern in erster Linie die auf dessen Oberfläche reflektierte Strahlung des Infrarotstrahlers, die je nach der Absorptionseigenschaft der Bauteiloberfläche mehr oder weniger groß ist. Wasser z.B. absorbiert Infrarotstrahlung von 3 mm Wellenlänge besonders stark. Sowohl mit der Thermographie als auch der Infrarot-Reflektographie lassen sich Durchfeuchtungen verdeckter Strukturen wie z.B. auch verputzter Fachwerkbauten sehr einfach beurteilen oder Schäden an Rohrleitungs- und Heizungssystemen orten. Die Thermographie erlaubt allerdings nur das qualitative Feststellen durchfeuchteter Zonen. Zur Überprüfung von Bauschäden, die im Wesentlichen von Durchfeuchtungen verursacht werden, ist in den letzten Jahren diese Technik ebenso angewandt worden. Wegen des relativ großen Messaufwandes und der nötigen Vorkenntnisse bei der Durchführung der Messung blieb dieses Messverfahren häufig nur Untersuchungen im denkmalpflegerischen Bereich vorbehalten. Die Ausrüstung für thermographische Untersuchungen ist sehr teuer.

Beim **hygrometrischen Verfahren** wird der Umstand genutzt, dass jeder Baustoff aus der Umgebungsluft Wasser aufnehmen kann, das in den Baustoffporen angelagert (Sorption) und wieder abgegeben (Desorption) wird. Diese Vorgänge werden durch die Sorptionsisothermen beschrieben, aus denen sich umgekehrt dann aus der Luftfeuchte in einem abgeschlossenem Volumen innerhalb des Bohrloches die Materialfeuchte des Baustoffes bestimmen lässt. Diese Art der Feuchtebestimmung ist allerdings relativ ungenau und unsicher, da die Sorptionskurven zum Teil starke Gradienten sowie eine Temperatur- und Materialabhängigkeit aufweisen und Bauteilfeuchte nur bis zur Sättigungsfeuchte im Hohlraum feststellbar ist. In der Praxis findet dieses Messverfahren wegen einer Reihe von Problemen (Temperatur-, Dichte- und Materialabhängigkeit der Sorptionsisothermen usw.) bisher nur Anwendung bei der Messung der Holzfeuchte und zur Überprüfung des Härtungs- und Abbindeprozesses bei Beton.

Bei **akustischen Verfahren** wird der Einfluss der Feuchtigkeit auf die akustische Impedanz (Hörschall) bzw. auf die Schallgeschwindigkeit (Ultraschall) genutzt. Hohlräume und Inhomogenität beeinflussen allerdings die Schallausbreitung erheblich und häufig in stärkerem Maß, als die Bauteilfeuchte. Auch bei diesem Messverfahren sind absolute Werte nicht ermittelbar.

Bei **kernphysikalischen Verfahren** werden Eigenschaften des Wasserstoffkerns zur Feuchtedetektion genutzt. Da die Art der Atombindung dabei ohne Bedeutung ist, erfassen diese Messmethoden jegliche Art und Form von Wasser. Es wird also auch das chemisch und das chemisch-physikalisch gebundene Wasser erfasst, das fester Bestandteil des Bauteiles ist und gar nicht gemessen werden soll.

Gammastrahlung ist eine sehr kurzwellige elektromagnetische Strahlung, die beim Durchgang durch kapillar poröse Baustoffe sowohl durch die trockene Materie als auch durch das enthaltene Wasser geschwächt wird, sodass umfangreiche Kalibriermessungen erforderlich werden. Überhaupt steht und fällt die Qualität dieser Messmethode mit der präzisen Justierung des Messgerätes und einer geeigneten Auswertung. Des Weiteren ist diese Messmethode aufgrund der sehr starken Strahlung für Personen derzeit für die Praxis noch ungeeignet.

Bei der **(NMR-) Nuklear-Magnetischen Resonanzmethode** wird das magnetische Moment des Wasserstoffkerns genutzt, da Wasserstoffkerne in einem konstanten magnetischen Feld bei Einstrahlung eines elektromagnetischen Impulses einer definierten Frequenz durch Niveauveränderung Energie aufnehmen, die nach Ende des Impulses wieder abgegeben wird. Diese Energieabgabe ist ein Maß für den gesamten Wassergehalt der Probe. Bisherige Untersuchungen haben gezeigt, dass dieses Messverfahren hochselektiv wasserbezogen und sehr genau arbeitet. Allerdings wird diese Messmethode wegen des hohen apparativen Aufwandes und der hohen Kosten nur im Labor bei speziellen Anforderungen eingesetzt und ist in der Praxis (bisher) völlig ungeeignet.

Seit Beginn der Entwicklung der Bauwerksdiagnostik wurde immer wieder nach Messmethoden gesucht, um den Feuchtegehalt eines Baustoffes zu bestimmen, ohne diesen zu beschädigen oder sogar zu zerstören, oder um die Materialfeuchte über einen längeren Zeitraum kontinuierlich zu beobachten. In der Praxis der Bauwerksdiagnose haben sich neben zerstörenden Verfahren (CM- oder Darr-Methode) vor allem Leitfähigkeitsmessungen und kapazitive Messverfahren etabliert. Diese wiederum bergen eine Reihe technischer Fehlerquellen in sich. So werden sie beispielsweise stark von der Verunreinigung und Belastung des Bauwerks durch Salze beeinflusst. Darüber hinaus wirken beide Verfahren zerstörungsfrei nur an der Oberfläche der Baustoffe. Für eine Tiefenmessung müssen die Elektroden mittels zu bohrenden Löchern in den Baustoff eingebracht werden. Wasser bildet zusammen mit gelösten Salzen im Bauteil einen leitfähigen Elektrolyten. Bei den elektrischen Verfahren wird diese Abhängigkeit der dielektrischen Eigenschaften der Baustoffe, insbesondere dieses Elektrolyten, von der Feuchte genutzt. Hierbei spielt die komplexe Dielektrizitätskonstante eine elementare Rolle. Während diese bei einem trockenen Baustoff niedrig und konstant bzw. gleich Null ist, zeigen sich bei Vorhandensein von Wasser deutlich höhere Werte.

Die elektrische Leitfähigkeit eines trockenen, nichtmetallisches Stoffes ist sehr niedrig. Das von üblichen Bauteilen durch Sorption aufgenommene Wasser ermöglicht jedoch den Transport von Ionen dissoziierter Moleküle, sodass die Leitfähigkeit mit zunehmender Materialfeuchte schnell ansteigt bzw. der Widerstand rasch abnimmt. Diese elektrische Leitfähigkeit des Elektrolyten, die vom Wassergehalt und erheblich von der Ionenkonzentration abhängt, wird beim Leitfähigkeitsverfahren genutzt. Da der Salzgehalt eines Bauteils starken Schwankungen unterliegen kann, ist eine sichere Aussage über den Feuchtegehalt eines Baustoffes kaum möglich. Weitere Fehler können durch Übergangswiderstände bei unebenen Oberflächen auftreten. Deshalb eignet sich diese Methode nur für orientierende Messungen und eine Aussage über den quantitativen Feuchtegehalt der Baustoffe ist nicht möglich.

Einen neuen Ansatz zur Umgehung dieser Probleme und Nachteile bietet das so genannte **Mikrowellen-Feuchtmessverfahren**, welches auch zur Kategorie der dielektrischen Messverfahren gehört. Im Bereich der Mikrowellen treten bei Wassermolekülen im Vergleich zu trockenen Baustoffen aufgrund ihres Dipolmoments starke dielektrische Verluste auf. Bei der Anwendung der Mikrowellentechnik für die Feuchtemessung in Bauteilen wird die Dämpfung von Mikrowellen beim Durchgang durch ein Mauerwerk gemessen. Erste Untersuchungen dieser Art hatten ergeben, dass die Messgenauigkeit an Ziegel- und Natursteinwänden nicht besonders hoch war. Ursächlich sind Einflussgrößen wie Temperatur oder Inhomogenitäten im Mauerwerk. Mit der Weiterentwicklung des mikrowellenbasierten Feuchtemesssystems können mittlerweile sowohl flächen- als auch tiefenaufgelöste Feuchteverteilungen an verschiedenen Bauwerken aufgenommen werden. In der Regel ergeben sich für die feuchten Bereiche typische Bilder, die für die Interpretation der Messwerte genutzt werden können. Durch die unterschiedlichen Eindringtiefen von zwischenzeitlich weiterentwickelten Aufsetzmessköpfen und Bohrloch-Applikatoren lassen sich bereits Aussagen über die Tiefenverteilung von Feuchtigkeit machen. Infolgedessen wird die Mikrowellentechnik zur Feuchtebestimmung in Baustoffen in den nächsten Jahren sicherlich an Bedeutung gewinnen.

Als fast immer zwingend erforderlich und erfolgreich hat sich bei Schadensfällen die Kombination aus mehreren der vorher genannten Messverfahren erwiesen. Hierbei obliegt es dem Bauwerksdiagnostiker oder Fachplaner, zunächst anhand des oberflächigen Schadensbildes und einer gründlichen Erfassung der Schadensgeschichte und -zyklen die Verfahrenskombination sowie ggf. den Zeitpunkt der Untersuchungen festzulegen (Messstrategie). Dabei sollten die so genannten herkömmlichen Untersuchungsmethoden nicht gleich in Frage gestellt werden, nur weil neue und exaktere Messmethoden entwickelt werden. Die klassischen Messmethoden sind zur einfachen Feuchtebestimmung vor Ort noch nicht wegzudenken und werden auch zukünftig bei komplexen Feuchtemessgeräten als Orientierung und Bezugsgröße verwendet werden.

6.4.3 Nachweismethoden der Luftdichtheit

6.4.3.1 Einleitung

Untersuchungen zeigen, dass erhebliche Mengen warmer Luft durch Leckagen in der Gebäudehülle verloren gehen. Damit ist ein Konvektionswärmeverlust verbunden, der durch den Austausch der warmen Raumluft gegen die kalte Außenluft entsteht. Eine Fuge von beispielsweise 1 mm Breite und 1 m Länge verringert bei einer Windstärke von 3 bis 5 die Wärmedämmwirkung um bis zu 65 Prozent. Neben der Tatsache, dass infolgedessen der tatsächliche Heizenergiebedarf erheblich höher als der ursprünglich berechnete sein wird, beeinflussen undichte Stellen außerdem den Feuchtehaushalt eines Gebäudes nachteilig. Beim Eintritt der warmen Raumluft in kühlere Bereiche der Konstruktion kondensiert der enthaltene Wasserdampf zu Wasser. Dieses Tauwasser begünstigt bauphysikalische Schäden und infolgedessen kann es auch zu biologischen Schadensprozessen kommen, etwa der Bildung von Schimmelpilzen.

Die Luftdichtheit von Gebäuden ist in den vergangenen Jahrzehnten von planenden und ausführenden Architekten und Ingenieuren häufig vernachlässigt worden, obwohl sie bereits vor ca. 50 Jahren in den entsprechenden Vorschriften gefordert wurde. Erst durch die Einführung der DIN-Norm 4108 Teil 7 »Luftdichtheit in Gebäuden« und den in der neuen Energieeinsparverordnung (kurz EnEV) geforderten Luftdichtheitsnachweis der Gebäudehülle wird der Problematik wieder mehr Beachtung geschenkt. Der Grund hierfür liegt in den zunehmenden Anforderungen an den Wärmeschutz von Gebäuden. Mit der Zunahme des Wärmedämmstandards wachsen die durch Undichtigkeiten in der Gebäudehülle entstehenden Lüftungswärmeverluste relativ zu den durch Bauteile entstehenden Wärmeverlusten (den so genannten Transmissionswärmeverlusten) stark an. Die Luftdichtheit ist also erforderlich, um die angestrebte Verringerung des Heizenergiebedarfs auch tatsächlich zu erreichen und Bauschäden und Einbußen im Wohnkomfort zu vermeiden. Eine höhere Luftdichtheit macht aber auch eine deutliche Verbesserung des heutigen Standards – sowohl in der Gebäudeplanung als auch in ihrer Ausführung – erforderlich.

Abgesehen davon, dass eine luftdichte Gebäudehülle ohnehin rechtlich vorgeschrieben ist, hat ein dichtes Gebäude, entgegen der Meinung einiger »Experten« noch eine Reihe weiterer Vorteile. Zunächst einmal wird der Wohnkomfort erhöht, in dem unangenehme Zuglufterscheinungen und so genannte »Kaltluftseen« im Fußbereich vermieden werden. Außerdem kann nur mit einer luftdichten Gebäudehülle der errechnete Wert des Heizenergieverbrauches eingehalten werden, denn wie bereits gesagt verringert z.B. eine Fuge von 1 mm Breite und 1 m Länge den Wärmedämmwert um 35 bis 65% – in Abhängigkeit von der Windstärke! In der kalten Jahreszeit dringt warme Luft durch die Undichtigkeiten in der Gebäudehülle nach außen und kühlt sich auf diesem Weg ab. Da warme Luft mehr Feuchtigkeit aufnehmen kann als kalte Luft, wird auf Grund dieser Abkühlung Tauwasser in der Baukonstruktion ausfallen. Infolgedessen entstehen feuchte Bereiche, die zu Schimmelpilzbildung führen und Bauschäden verursachen können. Die Wohnqualität wird darüber hinaus auch durch einen verbesserten Schallschutz vor Außenlärm und zwischen verschiedenen Wohnungen erhöht. Eine dichte Gebäudehülle führt zu einer geringeren Schall- bzw. Lärmbelastung der Bewohner, da Luft nicht durch Fugen und Ritzen strömen kann und der Schall keine Möglichkeit hat, sich auszubreiten.

Die neue Energieeinsparverordnung fordert u.a., dass für neu zu errichtende Gebäude die wärmeübertragende Umfassungsfläche einschließlich ihrer Fugen nach dem Stand der Technik dauerhaft luftundurchlässig abgedichtet werden muss. Ein geeignetes Verfahren zur Überprüfung der Luftdichtheit ist das so genannte Blower-Door-Verfahren. Wird damit der geforderte Luftdichtheitsnachweis erbracht, so kann dies in dem nach der Energieeinsparverordnung zu führenden Wärmeschutznachweis mit einem Bonus berücksichtigt werden. Für ein Gebäude mit einer nachgewiesenen Luftdichtheit kann der Lüftungswärmeverlust um 14% gegenüber einem Gebäude, in dem keine Dichtheitsprüfung durchgeführt wurde, reduziert werden. Gleichzeitig mit der Luftdichtheit fordert die neue Energieeinsparverordnung aber auch, dass der zum Zwecke der Gesundheit und Beheizung erforderliche Mindestluftwechsel sichergestellt wird.

Gemäß der Energieeinsparverordnung darf bei Gebäuden ohne Lüftungsanlagen die Luftwechselrate bei 50 Pa Druckdifferenz (der so genannte n_{50}-Wert) zwischen Gebäudeinnerem und Außenumgebung nicht größer als 3 h^{-1} sein. Bei Gebäuden mit kontrollierter Lüftung durch Zu- und Abluftanlagen sollte der n_{50}-Wert nicht mehr als 1,5 h^{-1} betragen. Der n_{50}-Wert gibt an, wie oft bei einer Druckdifferenz von 50 Pa das gesamte Raumluftvolumen pro Stunde ausgetauscht wird. Zum Beispiel bedeutet der in der DIN-Norm angegebene Maximalwert $n_{50} \leq 3\ h^{-1}$, dass das gesamte Raumluftvolumen unter den vorgegebenen Prüfbedingungen in einer Stunde höchstens dreimal durch Außenluft ausgetauscht wird. Bei einem n_{50}-Wert = 0,5 h^{-1} wird dagegen nur die Hälfte der Raumluft ausgetauscht, ein kompletter Luftaustausch würde dann zwei Stunden dauern. Je kleiner also der n_{50}-Wert ist, desto luftdichter ist das Gebäude.

6.4.3.2 Luftdichtheit und Wohnungslüftung

Oftmals wird davon ausgegangen, dass die natürliche Lüftung in der Wohnung eine gewisse Undichtigkeit der Gebäudehülle voraussetzt und dies auch wünschenswert wäre, um eine ausreichende Lüftung des Gebäudes, insbesondere zur Vermeidung von möglichem Schimmelpilzbefall, zu gewährleisten. In vielen Altbauten ist dies auch heute noch der Fall, und Probleme mit zu hoher Feuchtigkeit und dadurch bedingtem

Schimmelpilzbefall treten erst dann auf, wenn neue und dichte Fenster eingebaut werden. Allerdings ist die vielfach geäußerte Vorstellung und Annahme, dass entsprechende Undichtigkeiten in der Gebäudehülle ausreichen würden, um einen hygienisch erforderlichen Luftwechsel zu erreichen, aber nicht in jedem Fall realistisch und an mehreren Objekten und in einigen Forschungsarbeiten bereits widerlegt. Sieht man von sehr undichten Häusern ab, so ist es unerlässlich, durch einen geeigneten Umgang mit den Fenstern oder durch mechanische Lüftungseinrichtungen für den hygienisch notwendigen Luftaustausch zu sorgen. Eine kurzzeitige, wenige Minuten dauernde Stoßlüftung durch Öffnen der Fenster ist dabei die normale und beste Möglichkeit. Sollen andere Einrichtungen zur Lüftung (beispielsweise Raumlufttechnische (RLT-) Anlagen) vorgesehen werden, so haben diese ebenfalls den in der Energieeinsparverordnung genannten Anforderungen zu entsprechen.

6.4.3.3 Blower-Door-Verfahren

Wie bereits gesagt, schreibt die DIN 4108 Teil 7 die Dichtheit für Gebäude vor. Die Dichtheit muss für Wohngebäude ohne mechanische Lüftung innerhalb der Luftdurchlässigkeitsrate (volumenbezogen) $n_{50} \leq 3\ h^{-1}$ betragen und für Häuser mit mechanischen Lüftungsanlagen $n_{50} \leq 1{,}5$. Mit der Durchströmung der Luft durch die Konstruktion von innen nach außen nimmt in der kalten Jahreszeit die Temperatur ab. Die Folge ist Ausfall von Tauwasser in der Konstruktion. Soll die Dichtheit des gesamten Gebäudes überprüft werden, so ist der zu erbringende Nachweis gemäß der DIN EN 13 829 »Bestimmung der Luftdurchlässigkeit von Gebäuden – Differenzdruckverfahren« durchzuführen. Dabei darf, bei einer Druckdifferenz zwischen innen und außen von 50 Pa, der auf das beheizte Luftvolumen gemessene Volumenstrom bei Gebäuden ohne Raumlufttechnische Anlagen 3 h^{-1} nicht überschreiten. Dieser zur Untersuchung der Luftdichtheit einer Gebäudehülle durchzuführende Drucktest wird auch als Blower-Door-Verfahren bezeichnet. Dabei wird innerhalb des beheizbaren Bereiches eines Gebäudes oder einer Wohnung eine konstante Druckdifferenz zur Umgebung mit Hilfe eines Gebläses aufgebaut.

Die DIN ISO regelt das Blower-Door-Verfahren als zulässiges Überprüfungsinstrument der Gebäudedichtheit. Hierbei handelt es sich um eine Luftdurchlässigkeitsmessung der Gebäudehülle durch einen Drucktest bei stationärem Differenzdruck. Für diese Messung wird eine »Blower-Door« in eine Außentür – z.B. eine Balkontür – eingebaut oder auch in ein Fenster **(siehe Abb. 6.26)**. Dies ist ein in seiner Größe variabler Spannrahmen, der mit einer luftdichten Folie überzogen wird. In der Folie befindet sich eine Öffnung, in die ein Ventilator platziert wird, sodass die Tür oder das Fenster luftdicht verschlossen ist. Ablauf und Vorgehensweise des Blower-Door-Verfahrens sind in der oben genannten DIN 13 829 eindeutig geregelt. So muss vor der eigentlichen Messung das zu untersuchende Gebäude noch einmal besichtigt werden, um mögliche Funktionsöffnungen wie beispielsweise Dunstabzugshauben, Kamin, Lüftungsöffnungen im Bad und WC sowie evtl. auch Abflussrohre temporär abzudichten. Türen

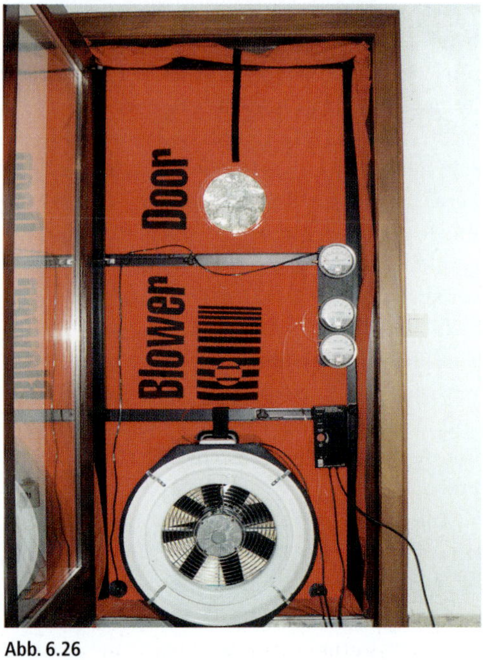

Abb. 6.26

und Fenster in der Gebäudehülle müssen verschlossen werden, während Innentüren zu öffnen sind. Damit wird das zu untersuchende Objekt ein großer Raum.

Mit dem Gebläse bzw. dem stufenlos verstellbaren Ventilator ist es nun möglich, eine Druckdifferenz zwischen dem Gebäudeinneren und der Außenluft zu erzeugen. Es kann wahlweise Unter- wie auch Überdruck hergestellt werden. Erzeugt man zunächst einen Unterdruck, in dem der Ventilator Innenluft nach außen bläst, so kann der dem Gebäude entzogene Luftvolumenstrom gemessen werden **(siehe Abb. 6.28)**. Dieser entspricht genau der Luftmenge, die jeweils dem Gebäude durch noch vorhandene Leckagen von außen zuströmt. Im Falle eines Überdruckes (der Ventilator saugt in diesem Fall Außenluft in das Innere des Gebäudes) wird durch evtl. vorhandene Leckagen eine gewisse Luftmenge wieder nach außen entweichen. Sowohl für die Unterdruck- als auch für die Überdruckmessung muss der Luftvolumenstrom gemessen und protokolliert werden. Am Gebläse wird der Volumenstrom gemessen in Abhängigkeit vom Differenzdruck. Hat sich der Messwert auf den vorgesehenen Prüfdruck von 50 Pascal eingestellt, so erhält

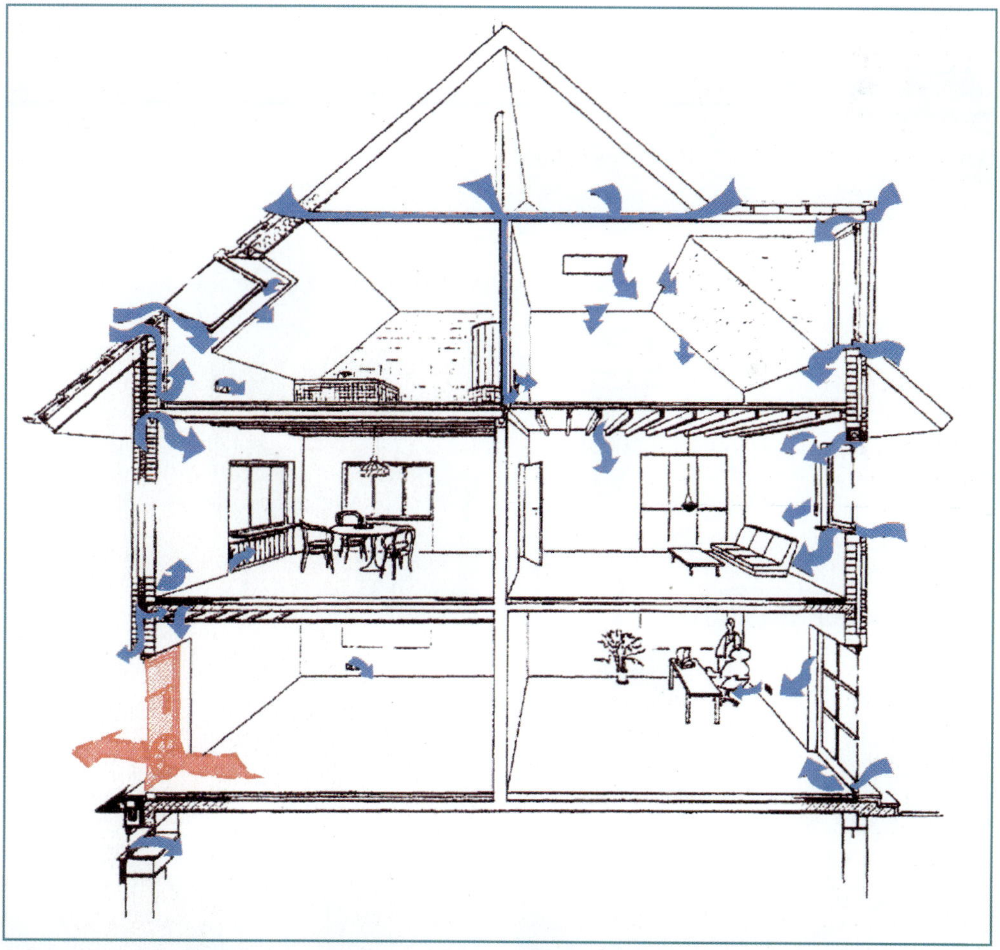

Abb. 6.27 ■ Vor der eigentlichen Messung müssen alle möglichen Funktionsöffnungen kontrolliert und entsprechend abgedichtet werden, damit Undichtigkeiten und Öffnungen in der Gebäudehülle sichtbar gemacht werden können.

Abb. 6.28

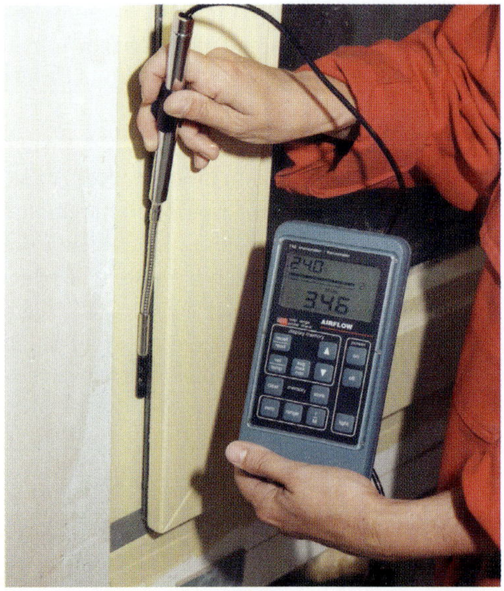

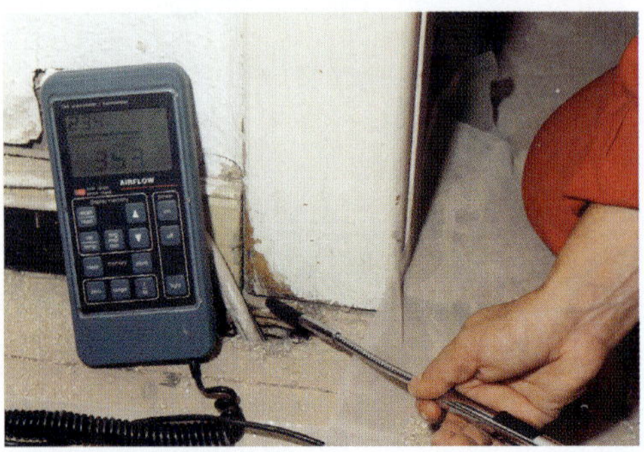

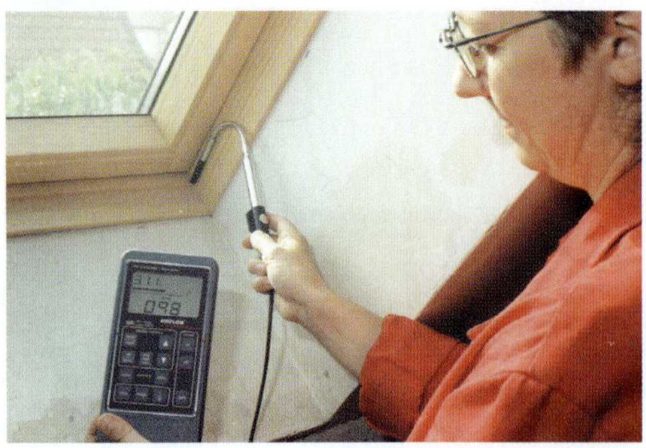

Abb. 6.29-6.33 ■ Mehrere Beispiele für mögliche Undichtigkeiten

man den Luftdurchlässigkeitswert n_{50}. Teilt man den Volumenstrom nicht durch das Volumen des Gebäudes, sondern durch Gebäudegrund- oder Wohnfläche so ergibt sich ein flächenbezogenes Ergebnis. In Abhängigkeit von Oberflächen zu Volumen- oder Flächenverhältnis wird hiermit Auskunft über die Qualität der Außenhaut des Gebäudes gegeben.

Das Lokalisieren von Leckagen kann noch während des Differenzdruckverfahrens erfolgen. Am besten eignet sich dabei die Unterdruckmessung, denn dann ist an undichten Fugen, Anschlüssen oder Durchdringungen ein sehr feiner Luftstrom sogar mit der bloßen Hand spürbar. Zum Aufspüren von Leckagen eignet sich aber auch ein so genanntes Thermo-Anemometer – auch Luftströmungsmessgerät genannt, welches bereits beschrieben wurde. Dieses zeigt an den gefährdeten Stellen die Luftgeschwindigkeit an. Findet man Lecks, an denen Luftgeschwindigkeiten von mehr als zwei Meter pro Sekunde auftreten, so müssen diese unbedingt abgedichtet werden. Dies gilt auch für größere undichte Stellen, bei denen möglicherweise geringere Geschwindigkeiten festzustellen sind.

Führt man einen Blower-Door-Test im Winter durch, so können Leckagen auch ertastet bzw. erfühlt werden, weil die in das Gebäude strömende kalte Außenluft auch die Bereiche des Lufteintritts abkühlt. Unterstützt werden kann dies noch mit einer Thermographiekamera, die den Ort des Lufteintritts und den Bereich, in dem sich die Kaltluft ausbreitet, visuell sichtbar macht. Allerdings beschränkt sich diese Methode der Leckageortung auf den Winter, wenn die Innenräume beheizt sind und die Außentemperatur niedrig ist. Eine Alternative, die sowohl im Sommer wie im Winter einsetzbar ist, bietet der Einsatz von Rauch bzw. Nebel, der als ein- bzw. ausdringende Leckluft zu erkennen ist, die undichte Stelle sichtbar macht und über einen so genannten Nebelgenerator verteilt wird (**siehe Abb. 6.34**).

Nach der oben genannten DIN-Norm kann eine Luftdichtheitsprüfung erst dann durchgeführt werden, wenn die Gebäudehülle fertig ge-

Abb. 6.34

stellt ist. Allerdings birgt dies den Nachteil, dass evtl. festgestellte Leckagen nur noch mit erheblichem Aufwand nachzubessern sind. Sinnvoller wäre es, den Test zu einem Zeitpunkt durchzuführen, zu dem sich das Gebäude in einem Zustand befindet, der weitgehend dem späteren und bewohnten Zustand entspricht und dennoch Nachbesserungen erlaubt. Vor allem müssen Bauteile, die einen wesentlichen Einfluss auf die Dichtheit haben, eingebaut sein. Darunter fallen auch alle oben bereits schon einmal erwähnten Funktionsöffnungen und Durchbrüche für Heizungs-, Sanitär- und Lüftungs- sowie Elektroinstallationen. Wichtig ist, dass aber die Luftdichtheitsebene noch zugänglich ist, damit aufgespürte Leckagen abgedichtet werden können. Dem gegenüber besteht allerdings die Gefahr, dass bei einer Messung vor der endgültigen Fertigstellung des Gebäudes beim weiteren Baufortschritt evtl. die ursprünglich funktionsfähige Luftdichtung beschädigt wird. Infolgedessen wäre es eigentlich sinnvoll, zwei Blower-Door-Messungen durchzuführen: eine zu einem Zeitpunkt, wenn Nachbesserungen noch möglich sind und eine Messung zum normgerechten und daher im evtl. Streitfall maßgebenden Zeitpunkt – dem Bauende.

Neben dem oben genannten Beispiel kann zusätzlich eine Thermographiekamera auch bei entsprechend großen Temperaturunterschieden zwischen innen und außen eingesetzt werden. Folgende Problematik muss dabei insbesondere bei Planung und Ausführung berücksichtigt werden: Je dichter eine Gebäudehülle gebaut wird, desto höher ist der Luftdurchsatz durch einzelne Fugen. Bisher haben die Häuser sehr viele Leckagen aufgewiesen, sodass sich die Leckrate über fast die gesamte Gebäudehülle verteilt hat. Werden diese Öffnungen nun reduziert auf einige wenige, so wird dies mit an Sicherheit grenzender Wahrscheinlichkeit genau an diesen Punkten zu Bauschäden führen, zumindest an der Seite, an dem die feuchte Warmluft nach außen gedrückt wird. An der windangeströmten Seite des Hauses wird Kaltluft, die im Allgemeinen trockener ist als die Innenluft, einströmen. Dies führt zu den so genannten und oben bereits schon einmal erwähnten »Kaltluftseen« am Fußboden und Zugerscheinungen im Gebäude, was sich negativ auf das Wohlbefinden der Bewohner auswirkt. Das besondere Augenmerk ist aufgrund der Fehlermöglichkeiten insbesondere auf Leichtbauteile, wie das Dachgeschoss und alle anderen Holzbauteile zu richten, sowie auf alle Anschlussfugen, z.B. bei Fenstern und Türen. Probleme gibt es jedoch auch beim Massivbau: Mauerwerke sind nicht luftdicht, sondern werden dies erst durch den Putz (innen und außen), der die Luft- bzw. Winddichtheitsschicht herstellt.

6.4.3.4 Leckagenachweis durch Infrarot-Thermographie

Vereinfacht ausgedrückt wird unter der Thermographie ein Messverfahren beschrieben, bei dem Bilder erzeugt werden, in denen bestimmte Farben für bestimmte Temperaturen stehen. Die in der Praxis eingesetzten Kameras können in der Regel Temperaturen von -20 bis ca. 1.500 °C messen, wobei Temperaturunterschiede von bis zu 0,1 °C möglich sind.

Jeder Körper emittiert elektromagnetische Wellen unterschiedlicher Länge. Die abgestrahlten Wellenlängen hängen von der jeweiligen Temperatur des Körpers ab. Sehr heiße Objekte, wie beispielsweise die Sonne, emittieren elektromagnetische Wellen vorwiegend in einem für das menschliche Auge empfindlichen Bereich (von 0,39 bis 0,77 µm). Körper, deren Temperatur auf einem typischen Umgebungstemperaturniveau von etwa 10 bis 30 °C liegt, strahlen vorwiegend in einem Wellenlängenbereich von etwa 10 bis 20 µm. Im sichtbaren Bereich kann elektromagnetische Strahlung von einer Videokamera detektiert, in Bildinformationen umgewandelt und aufgezeigt werden. Dementsprechend gibt es für den Infrarotbereich spezielle Kamerasysteme, die als Thermographiesystem, Thermo-, Wärmebild- oder Infrarotkamera bezeichnet werden.

Für Thermographieuntersuchungen von Objekten im Umgebungstemperaturbereich sind diejenigen Systeme besonders gut geeignet, die im 8 bis 12 µm-Wellenlängenbereich detektieren. In diesem Wellenlängenbereich ist bei Umgebungstemperatur eine hohe thermische Auflösung gegeben und die Reflexionseinflüsse in benachbarten warmen oder heißen Körpern sind am geringsten. Der 8 bis 12 µm-Bereich ist neben dem 3 bis 5 µm – Bereich und dem 1 µm-Bereich derjenige Infrarotbereich, in dem die Atmosphäre elektromagnetische Wellen hindurchlässt. Kann ein Infrarotkamerasystem nicht nur einen qualitativen optischen Eindruck von der Temperaturverteilung vermitteln, sondern Temperaturen quantitativ darstellen, so spricht man von einem so genannten Radiometer.

Mit Hilfe der Gebäudethermographie können Temperaturen auf Oberflächen berührungslos gemessen werden. Die gemessenen Temperaturen resultieren im Wesentlichen aus der Wärmestrahlung, die das Messobjekt emittiert, und der Reflexion der Wärmestrahlung von benachbarten Objekten. Das Verhältnis des Emissionsanteils zu der gesamten gemessenen Wärmestrahlung wird als Emissionsfaktor bezeichnet und liegt ideal bei Eins. Bei den meisten in und an Gebäuden

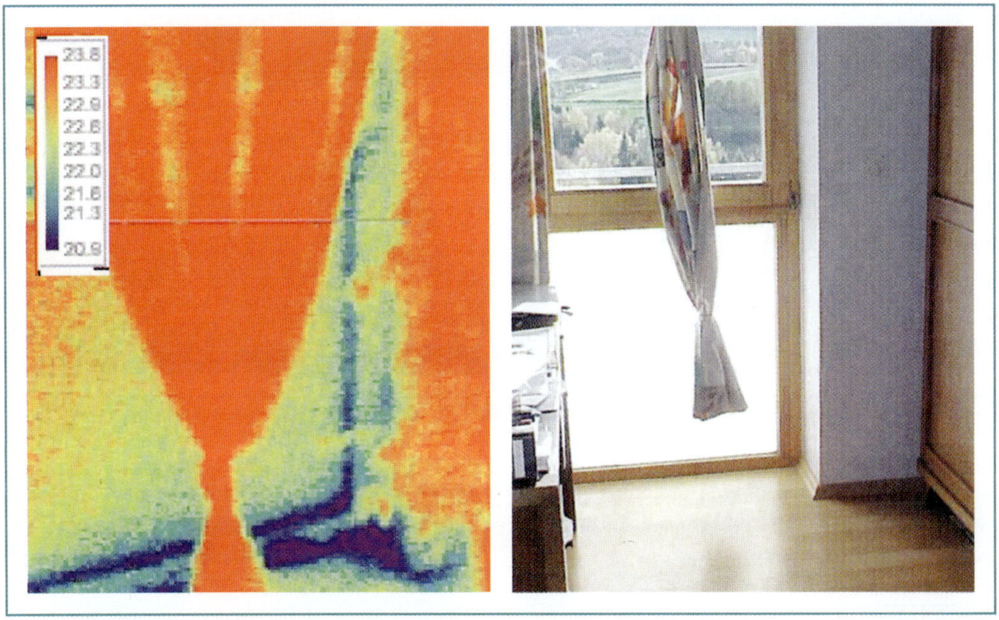

Abb. 6.35-6.36 ■ Mit Hilfe der Infrarot-Thermographie werden Schwachstellen an Türen und Fenstern sichtbar gemacht…

verwendeten Materialien sind die Reflexionseinflüsse allerdings zu vernachlässigen. Ausnahmen bilden alle Metalloberflächen, besonders diejenigen mit blanken Oberflächen.

Somit können bei der Thermographieuntersuchung von Gebäuden beispielsweise Wärmebrücken, unisolierte Heizungsrohre in Außenwänden, Fehlstellen in der Wärmeisolation und -dämmung oder undichte Fenster und Türen erkannt werden. Für die Detektion dieser Fehler in Form von Unterschieden in der Oberflächentemperatur ist eine Temperaturdifferenz zwischen Innenraum und Außenbereich zwingend erforderlich. Aus diesem Grund werden in den Wintermonaten die besten Ergebnisse erzielt. In Innenräumen können mit der Thermographie Leckagen von Kalt- und Warmwasserrohren sichtbar gemacht werden. Die eingesetzten Kameras haben den Vorteil, auch sehr langsame Strömungen noch nachweisen zu können. Messungen von Leckagen

Abb. 6.37 ▪ ... oder Wärmebrücken lokalisiert.

an ansonsten unerreichbaren Stellen (beispielsweise in sehr großer Höhe) sind mit der Kamera kein Problem. Der Dokumentationswert der IR-Bilder ist hoch. Da ein IR-Bild einem optischen Bild im Allgemeinen sehr ähnelt, lassen sich undichte Stellen gut lokalisieren.

Tab. 6.3 ▪ **Übersicht über die bauphysikalischen Messverfahren und Nachweismethoden von Feuchtigkeit in Gebäuden**

Problem	Verfahren	Methode	Aussagekraft
Luftfeuchtigkeit und Temperatur	Datenlogger für Luftfeuchtigkeit und Temperatur	elektrophysikalische Messung	Erfassung der Raumtemperatur und -feuchte (Kurzzeitmessungen sind ungeeignet, daher empfiehlt sich die Verwendung von Datenloggern)
Feuchtigkeit in Hohlräumen	Datenlogger für Luftfeuchtigkeit und Temperatur	elektrophysikalische Messung	Erfassung von versteckten Feuchtequellen
	Endoskop	optische Betrachtung von verdeckten Schäden in Hohlräumen (Fehlböden, Gipskartonverkleidungen, Installationsschächte)	Erkennung von Myzelbildung (Erfahrung in der makroskopischen Erkennung von mikrobiellem Befall ist notwendig)
Wärmebrücken	Infrarot-Thermometer	lokale optische Messung der Infrarotwärmestrahlung von Bauteilen	Erfassung von Temperaturdifferenzen; mit Hilfe von Tabellenwerten kann die Wasseraktivität von Wandoberflächen bestimmt werden (einfach einsetzbares Verfahren, eine ausreichende Messgenauigkeit ist nur bei nicht reflektierenden Oberflächen in der Heizperiode gegeben)
	Thermographie	großflächige optische Messung der Infrarot-Wärmestrahlung eines Gebäudes	Erfassung von Wärmebrücken aufgrund unterschiedlicher Abstrahlung von Wärme von einem Gebäude (Referenzverfahren, das nur von Spezialisten in der Heizperiode durchgeführt werden kann)

Tab. 6.3 ■ **Fortsetzung**

Problem	Verfahren	Methode	Aussagekraft
Luft- und Windundichtigkeiten	Blower-Door	Messung bzw. Beobachtung von Luftströmen bei vorhandenem Unter- bzw. Überdruck im Gebäude u. a. mit Hilfe von Strömungsmessgeräten bzw. Kunstnebel	Nachweis von Konvektionswegen in die Baukonstruktion (Referenzverfahren, das nur von Spezialisten durchgeführt werden kann)
Hygroskopische Feuchte	Salzbestimmung	chemische Konzentrationsbestimmung spezifischer Kationen und Anionen im Baumaterial und im Erdreich	Vergleich der Konzentrationen u. a. von Chlorid, Nitrat, Sulfat bzw. Ammonium im Erdreich mit der in Baumaterialien. Zwischen alten und neuen Schäden kann kaum unterschieden werden. Rückschlüsse über die Durchfeuchtung oder den Feuchtegehalt sind nicht möglich. Die Beurteilung setzt in der Regel die Untersuchung von Vergleichsproben aus dem selben Objekt voraus. (Wichtig für Sanierungskonzept!)
	Elektrische Baufeuchtemessgeräte	Messung des elektrischen Widerstandes bzw. der Kapazität	Erfassung von unterschiedlicher Feuchte im Material. Die Messung hat orientierenden Charakter, da die Methode von der Salzbelastung abhängig ist. Es kann nur Material gleicher Zusammensetzung miteinander verglichen werden.
Feuchtigkeit	Elektrische Baufeuchtemessgeräte	Messung des elektrischen Widerstandes bzw. der Kapazität	Erfassung von unterschiedlicher Feuchte im Material. Ist das Material trocken, so ist durch ein weiteres Nachweisverfahren das Ergebnis des Verfahrens abzusichern. Das Verfahren ist vor allem zur Messung der Holzfeuchte anwendbar.
	Gravimetrische Material-Feuchtegehaltsbestimmung	gravimetrische Trockenmassebestimmung	Ermittlung des Material-Feuchtegehaltes mittels gravimetrischer Bestimmung der Trockenmasse (Standardverfahren)
Nutzerverhalten	Datenlogger für Luftfeuchtigkeit und Temperatur	elektrophysikalische Messung	Beurteilung des Lüftungszyklusses der Nutzer, der Art der Durchführung der Lüftung (z. B. Querlüftung, Stoßlüftung und Kipplüftung), der Heiz- sowie allgemeinen Nutzungsgewohnheiten (z.B. Nachtabsenkung, Wasch- und Kochgewohnheiten).
Luftwechsel	Tracergas	Messung der Abbaurate eines Markierungsgases	Ermittlung der Luftwechselrate unter normalen Nutzungsbedingungen (Ergebnisse sind von den Witterungsverhältnissen zum Untersuchungszeitpunkt abhängig)
Undichte Gebäudehülle	Elektrische Baufeuchtemessgeräte	Messung des elektrischen Widerstandes bzw. der Kapazität	Erfassung von Unterschieden der Materialfeuchte innerhalb der geräte-spezifischen Grenzen, gute Nachweismöglichkeit

Tab. 6.3 ■ Fortsetzung

Problem	Verfahren	Methode	Aussagekraft
Leitungswasserschäden	Elektrische Baufeuchtemessgeräte	Messung des elektrischen Widerstandes bzw. der Kapazität	Erfassung von Unterschieden der Materialfeuchte; innerhalb der geräte-spezifischen Grenzen gute Nachweismöglichkeit
	Thermographie	Messung der Infrarot-Wärmestrahlung eines Gebäudes	Erfassung der Änderung der Wärmeleitfähigkeit auf Grund des Eindringens von Wasser in Baumaterialien (unterstützendes Verfahren)

6.5 Untersuchung chemischer und mikrobieller (biogener) Belastungen

6.5.1 Biomonitoring – Bedeutung und Einsatz in der Umweltmedizin

6.5.1.1 Einleitung

Systematische Messungen von Stoffkonzentrationen oder physikalischen und biologischen Faktoren in Umweltmedien, Lebensmitteln und Gegenständen des Alltags werden als Umwelt-Monitoring bezeichnet, wobei die Messungen entweder einmalig oder aber wiederholt durchgeführt werden und hauptsächlich zum Zwecke der Beobachtung und Überwachung von Belastungssituationen erfolgen. Speziell im Bereich der umweltmedizinischen Toxikologie hat das so genannte Humanbiomonitoring in Deutschland eine große Bedeutung erlangt. Es ist im Wesentlichen die Basis für die Beurteilung einer erhöhten Gefahrstoffaufnahme.

Unter Humanbiomonitoring versteht man dabei die Messung des Gefahrstoffes, seiner Stoffwechselprodukte und/oder seiner Wirkungen (biologisches Effektmonitoring) direkt im exponierten Organismus bzw. in den von ihm stammenden biologischen Materialien. Je nach Art des Gefahrstoffes und der Herkunft des biologischen Materials können die Messergebnisse als Maß für das effektive Risiko des Individuums verwendet werden. Diese Definition ist international und national anerkannt. Das Humanbiomonitoring wird in ein Belastungsmonitoring (*human biological monitoring of exposure*) und in ein Effektmonitoring (*biological effect monitoring*) unterteilt. Das gemeinsame Charakteristikum aller Humanbiomonitoringverfahren besteht in der von Probanden losgelösten Untersuchung biologischer Probenmaterialien. Damit ist eine Abgrenzung gegen andere umweltmedizinisch relevanten Monitoringverfahren gegeben.

Die Vorteile des Humanbiomonitoring sind in erster Linie in der Ermittlung der gesamten individuellen Schadstoffaufnahme zu sehen, d.h. es wird neben der inhalativen auch die gastrointestinale (Magen und Darm betreffende) und die perkutane (durch die Haut) Aufnahme von Schadstoffen berücksichtigt. Der wohl wesentlichste Vorteil des Humanbiomonitoring liegt darin, dass der Schadstoff im Organismus selbst gemessen wird. Humanbiomonitoring-Untersuchungen kommt somit eine erheblich größere gesundheitliche Relevanz zu als der Erfassung der externen Exposition (z.B. Messungen in Luft, Wasser, Oberflächen von Gegenständen, Baustoffen, Lebensmitteln und dgl.). Die Messung der biologisch wirksamen Gefahrstoffkonzentrationen oder von Effekten im Organismus (möglichst nahe am Wirkungsort) erlaubt eine bessere Abschätzung expositionsbedingter Gesundheitsrisiken. Aus wirtschaftlicher Sicht bedeutet Humanbiomonitoring einen geringeren finanziellen und personellen Aufwand als ein Monitoring von Gefahrstoffen in Umweltmedien.

Nachteilig ist sicherlich, dass das Humanbiomonitoring nicht eingesetzt werden kann für Stoffe mit extrem kurzer biologischer Halbwertszeit. Außerdem ergeben sich aus dem Befund des Humanbiomonitoring keine Hinweise auf die Emissionsquellen und Aufnahmewege. Es steht nur eine begrenzte Anzahl von Humanbiomonitoring-Grenzwerten zur Beurteilung der Befunde zur Verfügung.

6.5.1.2 Erstellung eines umweltmedizinisch-toxikologischen Befundes

Die Erstellung des toxikologischen Befundes verteilt sich im Wesentlichen auf drei Phasen, die so genannte präanalytische Phase, die analytische Bestimmung mit oder unter entsprechender Qualitätssicherung und abschließend die medizinische Beurteilung des Analysemesswertes.

Die präanalytische Phase umfasst u.a. die Auswahl der Messgröße (beispielsweise der Schadstoff selbst oder ein entsprechendes Stoffwechselprodukt), Auswahl der Matrix (beispielsweise Blut, Serum oder Urin), die Bestimmung des Zeitpunktes für die Probennahme, den Ausschluss von Kontamination und Verlusten, die Probennahme und evtl. -aufbereitung sowie Lagerung und Transport und abschließend noch die Erhebung von Einflussgrößen (wie beispielsweise Alter, Geschlecht, Lebensgewohnheiten etc.).

Die analytische Bestimmung der umweltmedizinisch relevanten Messgrößen in biologischen Materialien erfolgt mit chemisch-analytischen Verfahren. Bereits während dieser Phase sollte der Arzt eng mit dem von ihm beauftragten Labor zusammenarbeiten. Die spurenanalytischen Untersuchungen können nur in speziell ausgerüsteten Laboratorien durchgeführt werden. Der Arzt hat sich zu vergewissern, dass die analytischen Bestimmungen unter den Bedingungen der statistischen Qualitätssicherung durchgeführt werden. Hierzu stehen sowohl kommerziell erhältliche Kontrollen für eine interne Qualitätssicherung als auch die Möglichkeit einer Teilnahme an Ringversuchen für den umweltmedizinischen Konzentrationsbereich zur Verfügung.

Die medizinische Beurteilung der Ergebnisse des Biomonitorings erfolgt durch den Arzt. Beim umweltmedizinischen Biomonitoring werden an einer möglichst repräsentativen Bevölkerungsgruppe unter Zuhilfenahme eines statistischen Verfahrens Referenzwerte ermittelt, wobei meistens nur die oberen Referenzwerte (für unerwünschte Stoffe) in Betracht kommen. Für physiologischerweise vorkommende oder essentielle Stoffe sind dagegen auch untere Referenzwerte von Bedeutung. Die Kommission »Human-Biomonitoring« des Umweltbundesamtes (UBA) empfiehlt den so genannten 95. Perzentil (= Prozent) einer beruflich nicht gegenüber diesen Gefahrstoffen exponierten Personengruppe (oder auch das 5. Perzentil als unteren Referenzwert). Die von der oben genannten Kommission mitgeteilten Referenzwerte sind demnach rein statistisch abgeleitete Werte, denen selbst keine gesundheitliche Bedeutung zukommt. Sie geben lediglich die Belastungssituation einer Referenzpopulation zum Zeitpunkt der Untersuchung an.

Zur gesundheitlichen Bewertung einer durch Humanbiomonitoring erhobenen Belastung sind zusätzliche toxikologisch begründete Kriterien notwendig. Neben dem Referenzwert sind demzufolge weitere Angaben erforderlich, die aufzeigen, welche Stoffkonzentrationen in einem Körpermedium unter umweltmedizinischen Gesichtspunkten noch tolerabel bzw. ab welchen Konzentrationen gesundheitliche Beeinträchtigungen und toxische Wirkungen zu erwarten und deshalb Maßnahmen erforderlich sind. Zur Beurteilung der gesundheitlichen Relevanz von im Einzelfall erhobenen Messwerten für Stoffkonzentrationen in Körpermedien liegen für einige Stoffe die Humanbiomonitoring-Werte (so genannte HBM I und HBM II) vor. Hierbei handelt es sich um Werte, die von der Kommission Humanbiomonitoring des Umweltbundesamtes veröffentlicht werden.

Der HBM I-Wert entspricht der Konzentration eines Stoffes in einem Körpermedium, bei dessen

Unterschreitung nach dem aktuellen Stand der Bewertung durch die Kommission nicht mit einer gesundheitlichen Beeinträchtigung zu rechnen ist und sich somit kein Handlungsbedarf ergibt. Eine Überschreitung dieses Wertes sollte Anlass sein, den Befund durch weitere Messungen zu kontrollieren, bei Bestätigung der Ursache für die Erhöhung nachzugehen und ggf. verantwortliche Belastungsquellen zu mindern oder zu eliminieren. Der HBM II-Wert entspricht der Konzentration eines Stoffes in einem Körpermedium, bei deren Überschreitung eine für den Betroffenen als relevant anzusehende gesundheitliche Beeinträchtigung möglich ist. Beim Überschreiten des HBM II-Wertes sind eine umweltmedizinische Betreuung (Beratung) der Betroffenen zu veranlassen und (soweit möglich) umgehend Maßnahmen zur Minderung der Belastung zu ergreifen.

Der HBM I-Wert ist quasi als Prüf- oder Kontrollwert, und der HBM II-Wert als Interventions- oder Maßnahmewert anzusehen. Der Bereich zwischen dem HBM I und HBM II-Wert wäre somit der Prüf- und Kontrollbereich, in dem eine erhöhte Aufmerksamkeit angezeigt ist. Der Befund ist im Hinblick darauf zu prüfen, ob es sich um eine reproduzierbare dauerhafte Erhöhung oder etwa nur um einen Zufallsbefund handelt. Für diesen Bereich existieren aus wissenschaftlich anerkannten Studien keine sicheren Belege, weder für eine Gefährdung der Gesundheit noch für eine sichere gesundheitliche Unbedenklichkeit. Aus Gründen der gesundheitlichen Vorsorge sind Schritte zur Beseitigung der in Frage kommenden Quellen zu erwägen. Eine unbedingte Notwendigkeit für unverzügliche Maßnahmen ist nicht gegeben. Bei Messwerten oberhalb des HBM II-Wertes besteht Grund zur Besorgnis, da gesundheitliche Beeinträchtigungen grundsätzlich möglich sind. Es muss aber nicht zwangsläufig bei derartigen Konzentrationen zu einer gesundheitlichen Beeinträchtigung kommen.

Ohne den Anspruch auf Vollständigkeit ermöglichen diese Referenzwerte die Beschreibung des derzeitigen Ist-Zustandes bei einer Bevölkerungsgruppe mit oder ohne erkennbare spezifische Belastung (Referenzpopulation), die Feststellung einer besonderen Belastung von Einzelpersonen oder Personengruppen mit Stoffen, die Überprüfung von Qualitätszielen für die menschliche Belastung unter präventiv-medizinischen Aspekten sowie die Verwendung als Beurteilungsmaßstab bei epidemiologischen Untersuchungen von Populationen mit besonderer Umweltbelastung. Es ist allgemein davon auszugehen, dass Referenzwerte u.a. eine Abhängigkeit vom Alter und Geschlecht der untersuchten Personen aufweisen und dass sie sich im Laufe der Zeit durch die sich wandelnde Umweltbelastung ändern.

6.5.2 Raumluft- und Materialprobenahme

Raumluftmessungen werden durchgeführt, um bei begründetem Verdacht Schadstoffe in der Raumluft zu identifizieren und zu quantifizieren, die Exposition der Raumnutzer gegenüber diesen Stoffen zu ermitteln, eine Bewertung und Sanierungsempfehlungen im Sinne einer langfristigen Gesundheitsvorsorge zu ermöglichen sowie um Ergebnisse aus anderen bereits durchgeführten Untersuchungen abzusichern und/oder um den Erfolg einer Sanierung zu kontrollieren. Die dabei durchgeführte Raumluftprobenahme kann prinzipiell nach zwei Methoden durchgeführt werden: Bei der **aktiven Probenahme** werden mittels Probenahmepumpe und geeignetem Sammelmedium Proben aus der Raumluft gezogen. Bei der **passiven Probenahme** werden geeignete Sammelmedien zur Schadstoffanreicherung eine definierte Zeit in den zu untersuchenden Räumen exponiert.

Bei einer **Nutzungssimulation** wird versucht, eine typische und der gewöhnlichen Nutzungsweise des Raumes angepasste Probenahmesituation zu schaffen. Dies ist insbesondere bei der Probenahme von partikulären und partikelgebundenen Schadstoffen von Bedeutung, um realitätsnahe Messergebnisse zu erzielen. Bei der Nutzungssimulation werden sedimentierte Feinstäube zusammen mit ggf. adsorbierten Schadstoffen wieder mobilisiert und damit der Probenahme zugänglich gemacht.

Unter dem Sammelbegriff Schadstoffanreicherung werden die bereits im vorangegangenen Kapitel beschriebenen VOC, SVOC und POM, MVOC sowie Stäube und Partikel verstanden. VOC steht für *Volatile Organic Compounds* und beschreibt eine Vielzahl chemischer Verbindungen mit einem Siedebereich zwischen 50° und ca. 300°C, zu denen u.a. die Aldehyde und Ketone, Ether und Ester mehrwertiger Alkohole, aliphatische und aromatische sowie leichtflüchtige halogenierte Kohlenwasserstoffe, Terpene, Alkohole und Amine gezählt werden.

SVOC steht für *Semi Volatile Organic Compounds* und beschreibt eine Vielzahl chemischer Verbindungen mit einem Siedebereich oberhalb 260° bis etwa 380°C, die zum Teil frei und zum Teil staubgebunden vorliegen können. Ab einem Siedepunkt von ca. 380°C liegen die Substanzen größtenteils partikelgebunden vor. Diese schwerflüchtigen Substanzen werden als POM (*organic compounds associated with particulate matter or particulate organic matter*) bezeichnet. Zu diesen mittel- und schwerflüchtigen organischen Verbindungen zählen u.a. die Substanzklassen der Biozide (beispielsweise Fungizide, Insektizide, Herbizide), Weichmacher, Flammschutzmittel, polycyclische aromatische Kohlenwasserstoffe (PAK) und polychlorierte Biphenyle (PCB).

MVOC steht für *Microbial Volatile Organic Compounds* und definiert die Gruppe der flüchtigen organischen Verbindungen, die aus den Stoffwechselprodukten von Bakterien und Pilzen bestehen. Sie weisen oftmals einen charakteristischen Geruch (beispielsweise erdig, muffig, pilzartig) auf.

Organische Stäube und Partikel können selbst ein toxisches oder allergenes Potenzial aufweisen (beispielsweise Pollen, Schimmelpilzsporen, Bakterien) sowie ein ideales Aufnahme- und Transportmedium für schwerflüchtige organische Verbindungen darstellen. Abschließend sollen noch die Fasern erwähnt werden, die in natürliche (organische und anorganische) und synthetische (organische und anorganische) Fasern unterschieden werden. Als lungengängige Fasern werden nach internationalen Definitionen Strukturen bezeichnet, die länger als 5 µm sind und einen Durchmesser von kleiner 3 µm aufweisen, und damit im Wesentlichen Asbest- und künstliche Mineralfasern (KMF) beschreiben.

Bei den Raumluftmessungen sind u.a. folgende Einflussgrößen zu berücksichtigen: Luft- und Oberflächentemperaturen, Reinigung der Räume, Nutzung während der Probenahme, Feuchtigkeit, Luftdruck und Luftwechsel sowie Messpunkte der Probenahme. Alle Probenahmen und Messungen der Raumlufttemperatur und Außentemperatur, der relativen Luftfeuchtigkeit der Innen- und Außenluft, Luftdruck und Wetterverhältnisse, müssen dokumentiert werden. Wenn durch die Untersuchungsaufgabe nicht anders gefordert, werden alle aktiven Raumluftprobenahmen unter Bedingungen durchgeführt, die möglichst das Erreichen der Ausgleichskonzentrationen der zu untersuchenden Substanzen gewährleisten. Die zu untersuchenden Räume werden mindestens acht Stunden vor der Probenahme zum letzten Mal gründlich quer gelüftet und danach verschlossen gehalten. In diesem Zeitraum darf in den zu untersuchenden Räumen nicht mehr geraucht werden. Artikel wie Raumluftsprays, Nagellack, Parfüm, Deosprays oder Raumluftverbesserer dürfen nicht mehr verwendet werden. Die Raumtemperatur soll möglichst bereits acht Stunden vor der Probenahme im Bereich zwischen 20 und 24°C liegen. Je nach Aufgabenstellung kann es wichtig sein, parallel zu der Innenraummessung eine zeitgleiche Messung in der Außenluft durchzuführen. Einen Sonderfall stellt die Erfassung von Luftverunreinigungen dar, die durch diskontinuierlich emittierende Quellen verursacht werden.

Materialanalysen werden durchgeführt, um bei begründetem Verdacht Schadstoffe zu identifizieren und zu quantifizieren, um eine Bewertung und Sanierungsempfehlungen im Sinne einer langfristigen Gesundheitsvorsorge zu ermöglichen sowie um Ergebnisse aus anderen bereits durchgeführten Untersuchungen abzusichern. Generell ist zur Entnahme einer repräsentativen Probe an mindestens sechs verschiedenen Stellen des Untersuchungsgegenstandes Material zu entnehmen, wobei mindestens 1 Gramm Materialentnahme für die Analyse empfohlen wird. Materialprobenahmen können sich auf Hölzer, Teppiche, Wandbeschichtungen und -putze, Tapeten inklusive Anstrich, Parkettfußboden inklusive Kleber, Bodenbeläge, Fugendichtungsmassen, Polstermöbel und dgl. beziehen.

6.5.3 Probenahme von Hausstaub

Staub ist eigentlich nicht genau definiert. In der Praxis wird eine Partikelgröße unter 63 µm herangezogen, die nach der Richtlinie des Berufsverbandes der Deutschen Baubiologen als Feinstaub bezeichnet wird. In der VDI-Richtlinie 4300 ff. wird Hausstaub zur Abgrenzung von Schwebstaub wie folgt definiert: »*Hausstaub besteht aus Partikeln aller Art, die sich in abgelagerter (sedimentierter) Form im Innenraum antreffen lassen. Dabei kann es sich um Feststoffe aus den verschiedensten anorganischen und/oder organischen Materialien handeln, die natürlichen oder synthetischen Ursprungs sein können. Der Begriff umfasst sowohl Anteile, die im Innenraum ihren Ursprung haben, als auch solche, die von außen eingetragen werden.*«

Die feineren Bestandteile bestehen u.a. aus Hautabrieb und Haaren von Tieren und Menschen, dem Abrieb von Textilien und Einrichtungsgegenständen (beispielsweise Fasern von Kleidungsstücken und Teppichen), anorganischem Material wie Sand, Lehm und Ton, Nahrungsmittelkrümeln sowie Rußpartikeln und Stäuben aus Verbrennungsprozessen (Rauch). Ebenso sind Mikroorganismen, Pilzsporen und Pollen enthalten. Gröbere Bestandteile bestehen u.a. aus Pflanzenteilen, Haaren und Sand. Hausstaub umfasst somit gleichermaßen Partikel mit Durchmessern im Submillimeterbereich wie im Bereich mehrerer Millimeter, mit runder, eckiger oder faserförmiger Gestalt.

Von der Größe der Staubpartikel hängt es ab, wie weit Stäube in den Atemtrakt eindringen können. Partikel mit einer Teilchengröße unter 1 µm (Feinstaub) gelangen bis in die Alveolen (Lungenbläschen). Faserförmige Teilchen, die eine Dicke von 3 µm und eine Länge von ca. 100 µm nicht überschreiten, können ebenfalls bis in diesen Bereich gelangen. Partikel mit Teilchengrößen zwischen 1 und 10 µm erreichen die oberen Luftwege. Partikel mit einer Teilchengröße über 10 µm gelangen in den Nasen-Rachenraum. Stäube können abhängig von ihrer stofflichen Zusammensetzung und der Partikelgröße bzw. -gestalt mutagene, Krebs erzeugende, fibrogene, toxische oder allergisierende Wirkungen aufweisen.

Hausstaubanalysen werden durchgeführt, um eine Bestandsaufnahme in Innenräumen mit unbekannten Schadstoffquellen durchzuführen (so genanntes Unknown-Screening), um die Belastung der Raumnutzer durch Schadstoffe zu ermitteln (Expositionsabschätzung), um Ergebnisse aus anderen, bereits durchgeführten Untersuchungen abzusichern und/oder um den Erfolg einer Sanierung zu kontrollieren. Allerdings sind Hausstaubprobennahmen unter Experten umstritten. Der Vorteil liegt in der Langzeitmessung, da sich der Staub über einen längeren Zeitraum gebildet hat und damit ein Dokument eines gewissen Zeitabschnittes darstellt. Der Nachteil liegt im unterschiedlichen Wohn- und Lüftungsverhalten der Bewohner sowie u.a. in den unterschiedlichen Teppichqualitäten, sodass eine Reproduzierbarkeit und/oder Vergleichbarkeit unterschiedlicher Ergebnisse kaum möglich oder sehr schwierig ist. Des Weiteren müsste Staub gesiebt werden, was äußerst schwierig ist und nur von den allerwenigsten Labors geleistet werden kann.

Einige Faktoren können das Analyseergebnis beeinflussen und sind bei der Probenahme von Hausstaub zu berücksichtigen:

- Art der Probenahme (beispielsweise Staubsaugen, Kehren, Passivsammler)
- Zusammensetzung des Hausstaubes (Verhältnis von anorganischen zu organischen Bestandteilen)

- Größenfraktion des zur Analyse verwendeten Anteils der Probe (Gesamtstaub oder Feinstaub)
- Staubalter (Frischstaub oder Altstaub)
- stoffspezifische Eigenschaften wie beispielsweise Siedepunkt und Dampfdruck mit Beeinflussung des Absorptions- und Desorptionsverhaltens an Hausstaub (und anderen Oberflächen)
- Eigenschaften der zu beprobenden Fläche (beispielsweise Oberflächenstruktur, Fläche als primäre Emissionsquelle oder sekundär belastet)
- Möglicher Abrieb von Primärquellen bei der Probennahme.

Je nach Zielsetzung der durchzuführenden Hausstaubanalyse ist eine hierfür geeignete Staubfraktion zu untersuchen. Dabei sind folgende Überlegungen zu beachten: Die Untersuchung von Feinstaub liefert eine bessere Reproduzierbarkeit als die Untersuchung der Gesamtstaubfraktion. Die Gründe hierfür liegen zum einen in der größeren Homogenität des Untersuchungsmaterials, zum anderen in der eingeschränkten Erfassung abgeriebener Partikel aus abgesaugten Flächen und letztendlich in der Unabhängigkeit von der im Labor getroffenen willkürlichen Auswahl der zu untersuchenden Fraktion.

Die Untersuchung des Gesamtstaubes liefert mehr Informationen über die in den untersuchten Räumen vorkommenden Substanzen, da durch die Vielzahl der Matrices im Gesamtstaub eine größere Wahrscheinlichkeit besteht, Substanzen nachzuweisen, die im Feinstaub nicht gut adsorbieren.

Für die Bestandsaufnahme bei unbekannten Schadstoffquellen ist die Gesamtstaubfraktion vorzuziehen. Hierfür kann Altstaub oder der bereits im Staubsauger vorhandene Beutel genutzt werden. Allerdings muss beachtet werden, dass bei einem Staubsaugerbeutel im Nachhinein nicht mehr genau nachvollzogen werden kann, wo der Staubsauger vorher überall gewesen ist. Es dürfen auch mutmaßlich kontaminierte Flächen abgesaugt werden. Eine Bewertung der festgestellten Konzentration ist allerdings nur sehr eingeschränkt möglich.

Für die Zielsetzungen der Expositionsabschätzung, der Absicherung anderer Untersuchungen und als Sanierungskontrolle, ist die Feinstaubfraktion einer 1 bis 2 Wochen alten Staubprobe (Frischstaub) zu verwenden. Aufgrund der Reproduzierbarkeit der gewonnenen Ergebnisse ist auch eine Bewertung der Höhe der einzelnen Konzentrationen möglich.

Zur Gewinnung des Frischstaubs sind die zu untersuchenden Räume 1 bis 2 Wochen vor der Probenahme zum letzten Mal gründlich durch Nassreinigung oder Staubsaugen zu reinigen. Zur Probenahme wird der verdächtige Raum bzw. die Wohnung flüchtig abgesaugt, sodass ausschließlich Staub von den 1 bis 2 Wochen zuvor gereinigten Flächen (keine ggf. kontaminierten Flächen) gesammelt wird. Sind mehrere Räume getrennt zu untersuchen, sollten zunächst die unverdächtigen und anschließend die verdächtigen Räume gesaugt werden.

Zur Probenahme mittels Staubsauger wird ein unbenutzter Staubsaugerbeutel eingelegt. Dieser sollte zur ausreichenden Rückhaltung von Feinstaub mindestens mit zwei (besser mehr) Papiereinlagen ausgestattet sein. Um Querkontamination aus vorangegangenen Probenahmen anderer Wohnungen zu vermeiden, gibt es zwei Möglichkeiten: Entweder wird für die Probenahme der haushaltseigene Staubsauger verwendet, mit dem die Wohnung regelmäßig gereinigt wird. Hierbei ist dann aber sicherzustellen, dass der Staubsauger nicht zum Reinigen außerhalb der Wohnung oder zum Reinigen von Feuerungsstätten etc. verwendet wird. Alternativ kann die Probenahme mit einem eigenen Staubsauger erfolgen, der dann aber zuvor gründlich gereinigt werden muss. Rohre und Schläuche sollten mehrmals mit einer Flaschenbürste gereinigt und das Staubbeutelfach mehrmals feucht ausgewischt werden.

6.5.4 Probenahme von Hefen und Bakterien

Die Bedeutung der Hefen und Bakterien in Innenräumen nimmt zu. Bevor also auf die Probenahme von Schimmelpilzen eingegangen wird, sollen kurz noch die wesentlichen Punkte bei der Hefepilz- und Bakterienuntersuchungen erwähnt werden. Zu einer Hefepilzuntersuchung gehören nach gründlicher Erfassung der Verdachtsmomente (ärztliche Voruntersuchung) die Probenahme und eine zuverlässige Auswertung über Kultivierung und/oder Mikroskopie. Grundsätzlich werden die wichtigsten Raumklimaparameter erfasst und ggf. umfangreiche Feuchtigkeitsmessungen durchgeführt.

Hefepilz- und Bakterienuntersuchungen werden durchgeführt, um eine gesundheitliche Beeinträchtigungen im Wohn- und Hygienebereich zu erkennen und zu vermeiden, um eine gesundheitliche Beeinträchtigungen nach Überschwemmung (Fäkalienschaden, Hochwasser etc.) zu erkennen, um eine Bewertung und Sanierungsempfehlungen im Sinne einer langfristigen Gesundheitsvorsorge zu ermöglichen, um Ergebnisse aus anderen bereits durchgeführten Untersuchungen abzusichern und um den Erfolg einer Sanierung zu kontrollieren.

Die Keimkonzentration von Hefepilzen und Bakterien ist die auf eine Maßeinheit (Volumen, Fläche oder Masse) bezogene Anzahl keimungsfähiger Einheiten. Die Konzentration bei Probenahme zur Kultivierung wird als Anzahl koloniebildender Einheiten (KBE) pro Maßeinheit angegeben. Bei der Keimprobenahme zur Mikroskopie hingegen wird die Gesamtkeimzahl angegeben.

Für die Hefepilz- und Bakterienuntersuchung wird nach der Bestandsaufnahme eine eigene Probenahmestrategie aufgestellt, die jeweils ein oder mehrere Probenahmeverfahren beinhaltet. Grundsätzlich können Proben von Oberflächen, Flüssigkeiten und Materialien in allen Feucht- und Hygienebereichen entnommen werden. Hierzu zählen die Abflussbereiche und Oberflächen in Bad und Küche, Kühlschrank und Gefriertruhe, Spülmaschine und Waschmaschine, Vorratsbehälter für Lebensmittel, alle sonstigen Feuchtigkeits- oder Wasserbehälter wie beispielsweise Aquarien, Wasserspiele, Luftbefeuchter und auch wiederverwendbare Getränkeflaschen.

Während der Bakterienuntersuchungen sind unbedingt Handschuhe und Mundschutz zu tragen. Bei erheblichen Feuchtigkeitsauffälligkeiten werden auch Luftuntersuchungen (aktive Probenahme) durchgeführt. Im Falle etwa eines sichtbaren Schimmelpilzbefalls und großflächigen Feuchtigkeitsschäden sollte (je nach Größe) auch die Möglichkeit einer Luftbelastung durch Bakterien in Erwägung gezogen werden. Neben der Luftprobenahme sind auch Oberflächen- bzw. Materialprobenahmen sinnvoll. Bei begründetem Verdacht auf erhöhte Feuchtigkeit in der Raumluft oder in Baumaterialien sollten umfangreiche Feuchtigkeitsmessungen durchgeführt werden. Bei den Untersuchungen sind die folgenden Einflussgrößen zu beachten:

- die Belastung der Außenluft und deren mögliche Beeinflussung der Innenluft
- die Aufwirbelung sedimentierter Keime und Partikel durch Luftströmungen und Raumnutzung, Witterungseinflüsse (Feuchtigkeit, Wind)
- verdeckte Feuchtigkeitsschäden
- Verkeimung von RLT-Anlagen, Luft- und Wasserfiltern
- der hygienische Zustand der Wohnung und letztendlich
- verkeimte Nahrungs- und Lebensmittel.

Bei der Keimprobenahme zur Kultivierung wird das zu untersuchende Medium (Luft, Oberfläche, Staub, Material) direkt auf einen Nährboden gebracht und anschließend kultiviert. Diese Methode wird bei aktiver Luftprobenahme verwendet (hierbei sind Nährmedien zu beproben, die bei 20°C und ggf. bei 37°C kultiviert werden). Weiterhin wird diese Methode bei Materialuntersuchung (beispielsweise feuchter Putz, Tapete, Nahrungs- und Lebensmittel), bei der Oberflächen-Kontaktprobe (Abklatsch), der so genannten Tupferprobenahme (Abstrich mit sterilem Tupfer) und/oder Flüssigkeitsuntersuchung (beispielsweise Aquarien, Feuchtbereiche etc.) verwendet. Bei der Keimprobenahme zur Mikroskopie wird das zu untersuchende Material (beispielsweise Flüssigkeit) direkt mikroskopisch untersucht.

Für Luftuntersuchungen sollte der Raum dem Alltag der Bewohner entsprechend belebt (normale Nutzungsbedingungen), aber mindestens acht Stunden nicht gelüftet worden sein. Beprobte Feuchte- und Hygienebereiche sowie Oberflächen sollten dem Alltag entsprechend desinfiziert bzw. gereinigt worden sein.

6.5.5 Nachweismethoden für Schimmelpilze

6.5.5.1 Einleitung

Die schädliche Wirkung von Schimmelpilzbefall in Innenräumen auf die menschliche Gesundheit ist unumstritten. Trotz intensiver Forschung besteht aber nach wie vor ein großer Erkenntnisbedarf über die genauen Zusammenhänge und Wirkungsmechanismen. Selbst auf dem Gebiet der allergenen Wirkung von Schimmelpilzen, die schon seit Jahr(zehnt)en untersucht wird, sind die Kenntnisse trotz aller Forschungserfolge bis hin zur Aufklärung der DNA-Sequenz einzelner Allergene noch sehr lückenhaft. So gibt es beispielsweise keine zuverlässigen Daten über die Dosis-Wirkung-Beziehungen. Mögliche Gründe hierfür liegen in den großen individuellen Unterschieden bezüglich der Empfindlichkeit und der ungenügenden Erfassung der Belastung. Ein Grund für die mangelnden Kenntnisse liegt u.a. darin, dass die Schimmelpilzmessungen oft nur unvollständige Informationen geben und die Ergebnisse stark von der verwendeten Methode abhängig sind. Es besteht deshalb nach wie vor ein Bedarf an Detailkenntnissen darüber, welchen Pilzen der Mensch in seinem Umfeld in welchen Konzentrationen überhaupt ausgesetzt ist. Ein qualitativer und quantitativer Pilznachweis, der es ermöglicht, eine Pilzexposition möglichst vollständig zu erfassen, spielt dabei eine entscheidende Rolle.

Materialproben wie beispielsweise Tapete, Putz, Estrich und Holz werden genommen, wenn sichtbarer Schimmelpilzbefall vorhanden ist bzw. ein gezielter Verdacht für eine Belastung vorliegt. Da Schimmelpilze allgemein in der Umwelt vorkommen, ist der bloße Nachweis von Schimmelpilzsporen auf bzw. im Material nur bedingt repräsentativ. Liegt kein sichtbarer Schimmelpilzbefall vor, muss belegt werden, dass die nachgewiesene Anzahl an Schimmelpilzsporen deutlich über der durchschnittlichen Belastung auf bzw. im Material liegt bzw. Arten vorliegen, die auf einen Materialschaden hindeuten. Liegt hingegen ein sichtbarer Schimmelpilzbefall vor, kann die Bestimmung durch eine direkte Kultivierung einer Abklatschprobe, eine direkte mikroskopische Betrachtung eines Klebefilmabriss-Präparates, eine Kultivierung einer suspendierten Materialprobe und/oder eine direkte mikroskopische Betrachtung einer Materialprobe erfolgen.

Beim jetzigen Stand des Wissens und der Geräteentwicklung stellen die folgenden Ausführungen keine Standardarbeitsvorschriften dar. Es handelt sich vielmehr um abgestimmte Empfehlungen u.a. einer Arbeitsgruppe im Landesgesundheitsamt Baden-Württemberg, die sowohl die Vergleichbarkeit der Ergebnisse untereinander ermöglichen als auch auf die spezifischen Probleme hinweisen sollen, die bei der Bestimmung von biologischen Schadstoffen im Innenraum zu beachten sind. Durch diese Empfehlungen soll auch erreicht werden, dass die Bewertung der Ergebnisse künftig auf gleicher Grundlage erfolgt. Aufgrund unterschiedlicher Fragestellungen und Ausgangssituationen ist es nicht möglich, einheitliche Verfahren zu empfehlen, mit denen alle Fragestellungen nach einem Schema bearbeitet werden können. Zur Orientierung über Methoden zum Nachweis von Schimmelpilzen wird auch auf die entsprechenden TRBA-Richtlinien (Technische Regeln für Biologische Arbeitsstoffe), Verfahren der Biostoffverordnung und VDI-Richtlinien hingewiesen. Wenn Arbeitsräume betroffen sind, gelten bei Messungen die in TRBA 405 und 430 vorgeschriebenen Verfahren.

Eine Schimmelpilzuntersuchung wird durchgeführt, um Beeinträchtigungen der Raumnutzer durch eine Schimmelpilzbelastung zu erkennen und zu vermeiden, Bewertungen und Sanierungsempfehlungen im Sinne einer langfristigen Gesundheitsvorsorge zu ermöglichen, um Ergebnisse aus anderen bereits durchgeführten Untersuchungen abzusichern und letztendlich um den Erfolg einer Sanierungsmaßnahme zu kontrollieren. Zu einer Schimmelpilzuntersuchung gehört nach gründlicher Erfassung der Verdachtsmomente die Probenahme und eine zuverlässige Auswertung über Kultivierung und/oder Mikroskopie.

Zum Nachweis von Schimmelpilzbelastungen werden im Allgemeinen mehrere Verfahren miteinander kombiniert, wobei unterschieden wird in die so genannten »viable-Messungen«", dem Nachweis von keimfähigen, anzüchtbaren Pilzsporen auf unterschiedlichen Nährböden und Inkubation bei unterschiedlichen Temperaturen (engl. viable = lebensfähig) und »non-viable-Messungen«, dem Nachweis aller Luftkeime auf beschichteten Objektträgern und mykologische Auswertung unter dem Mikroskop.

Abb. 6.38 ▪ Luftkeimsammler zur mikrobiologischen Luftprobenahme von „lebenden" Keimen (viable Microbial Sampling) auf Nährmedien in Standard-Petrischalen

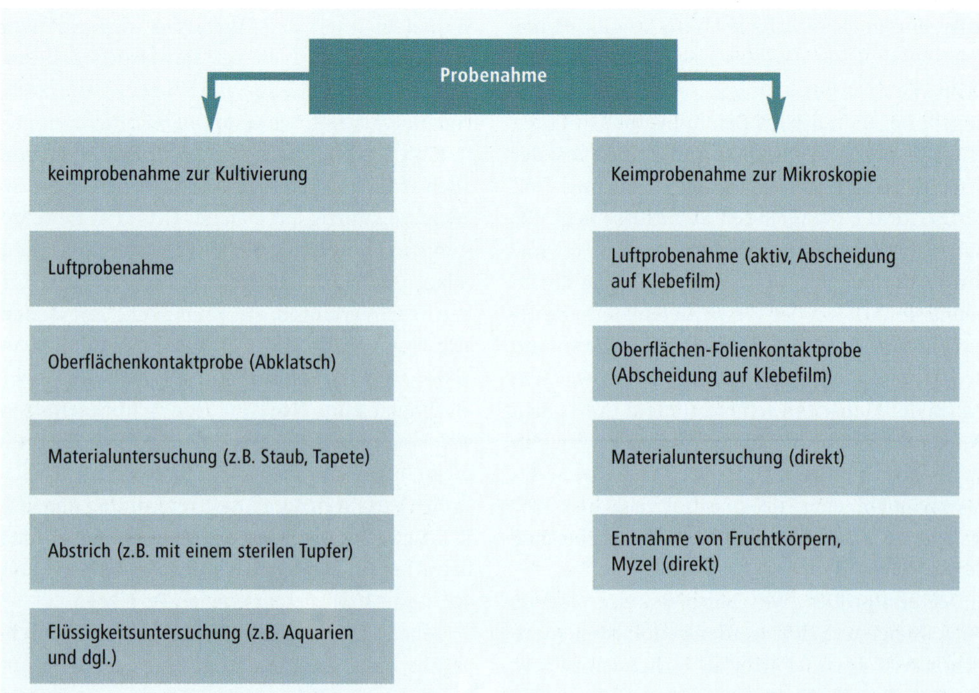

Abb. 6.39 ▪ Schemata der unterschiedlichen Probenahmeverfahren

6.5.5.2 Kultivierungsmethoden

Zum Nachweis von Schimmelpilzen sind Kultivierungsmethoden weit verbreitet. Diese sehen das Wachstum der Pilze unter Laborbedingungen auf Nährmedien vor und erfassen nur den Anteil der kultivierbaren Pilze. Dieser ist sehr variabel und hauptsächlich von der jeweiligen Pilzart und den Probenahme- und Kultivierungsbedingungen abhängig. Ein gutes Beispiel sind die Sporen typischer Außenpilze wie Ascosporen und Basidiosporen, die zu bestimmten Jahreszeiten mit mehreren tausend Sporen pro Kubikmeter Luft den Hauptanteil der Außenluftsporen ausmachen und unter den üblichen Bedingungen der Luftanalyse überwiegend nicht kultivierbar sind. Diese Pilze sind keine klassischen Schimmelpilze und normalerweise als Innenraumbesiedelung nicht relevant.

Aber auch im Innenraum treten Pilze auf, deren Kultivierbarkeit unmöglich oder fraglich ist. Ein Beispiel hierfür ist der Mykotoxinbildner *Stachybotrys chartarum*, eine celluloseabbauende Schimmelpilzart, die in der Regel auf sehr feuchten, cellulosehaltigen Materialien (beispielsweise Gipskartonplatten) vorkommt. Die schlechte Kultivierbarkeit von *Stachybotrys chartarum* ist ein bekanntes Phänomen. Bisherige Untersuchungen haben gezeigt, dass die Kultivierung von *Stachybotrys chartarum* komplett versagen kann. Folgende Gründe können die Kultivierbarkeit von (Schimmel)Pilzen einschränken:

- Temperatur und/oder Nährmedien nicht geeignet
- Hemmung durch konkurrierende Pilze
- zu dichte Belegung des Nährmediums
- Sporen abgestorben (z.B. nach einer Sanierung mit Fungizideinsatz).

Ein elementar wichtiger Faktor für die Kultivierbarkeit eines Pilzes ist die Zusammensetzung des Nährmediums. Die unterschiedlichen Ansprüche einzelner Pilzarten können nur durch die Verwendung verschiedener Nährmedien erfüllt werden. Gerade unter den Bedingungen des Innenraumes treten häufig Pilze auf, die niedrige Wasseraktivitäten für das Wachstum benötigen,

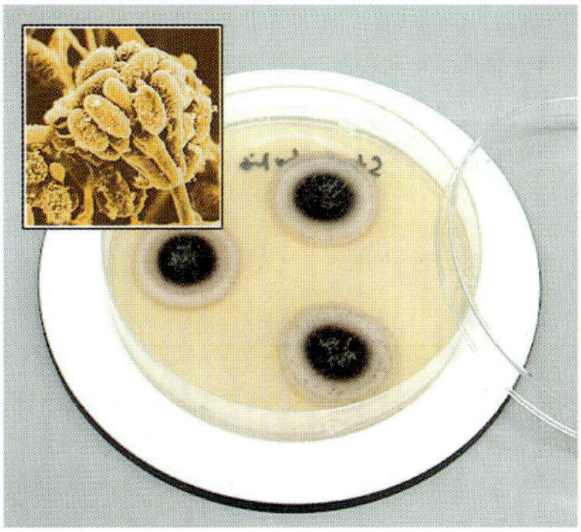

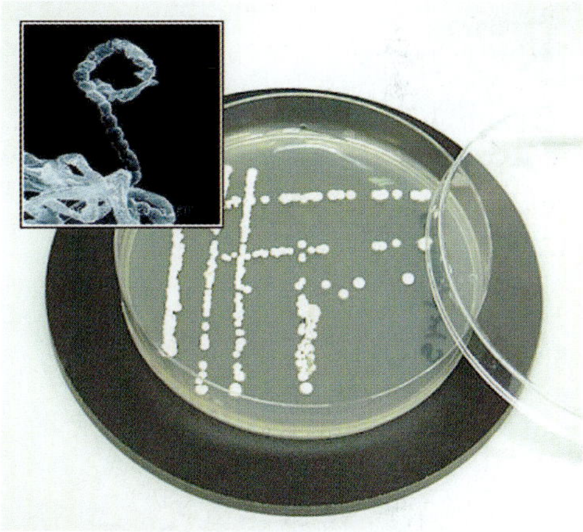

Abb. 6.40-6.42 ■ Kultivierung unterschiedlicher Mikroorganismen (hier *Stachybotrys chartarum*, *Streptomyces* und *Bacillus cereus*) (Quelle: Pegasus Labor)

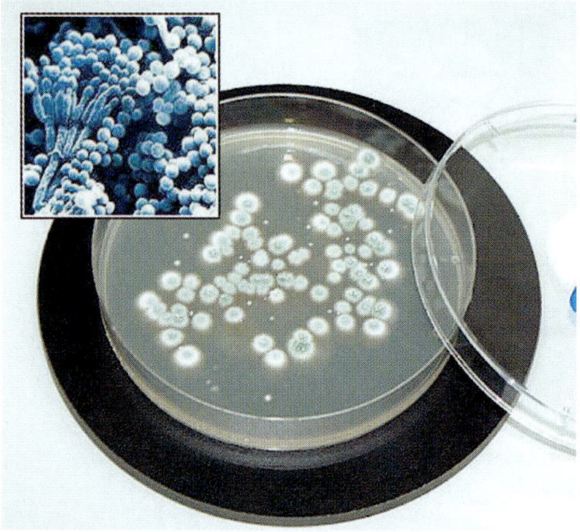

Abb. 6.43-6.44 ▪ Kultivierung unterschiedlicher Mikroorganismen (hier *Phialophora* und *Penicillium*) (Quelle: Pegasus Labor)

so genannte xerophile Pilze. Mit einem Standard-Pilznährmedium (beispielsweise Malzextrakt) wären derartige Pilze nicht nachweisbar. Der ursprünglich für die Untersuchung von Lebensmitteln mit niedriger Wasseraktivität entwickelte DG18-Agar hat sich mehr und mehr auch in der Innenraumuntersuchung durchgesetzt und wird für die Anwendung empfohlen. Anhand der Abhängigkeit des Pilzwachstums von der Wasseraktivität kann sogar von der Feuchtigkeitssituation auf das wahrscheinliche Vorhandensein bestimmter Pilzarten und umgekehrt geschlossen werden. So ist der Pilz *Stachybotrys chartarum* ein Indikator für besonders feuchte Bedingungen.

Die Wasseraktivität kann neben der Untersuchung bestimmter Nährsubstrate (Materialien) auch als Richtwert für die Wachstumsmöglichkeit bzw. -geschwindigkeit von Mikroorganismen (Bakterien und Mikroorganismen) angegeben werden. In **Tabelle 6.4** werden die Schimmelpilze nach ihren Wachstumsanforderungen unterteilt:

Die zu dichte Belegung eines Nährmediums ist ebenfalls ein grundsätzliches Problem. Sie bewirkt sowohl eine zu niedrige Konzentrationsbestimmung als auch eine Hemmung zahlenmäßig unterrepräsentierter Arten. Zur Beurteilung, ob überhaupt eine Belastung vorliegt, kann es im Einzelfall unwichtig sein, wie hoch die reale Konzentration ist. Aber wenn beispielsweise im Zusammenhang mit medizinischen Fragestellungen bestimmte Pilzarten erfasst werden sollen, müssen Hemmeffekte möglichst ausgeschlossen werden.

Die Kultivierungstemperatur ist in dem üblichen Rahmen von ca. 22 bis 25 °C für das Wachstum innenraumrelevanter Pilze normalerweise nicht entscheidend. Allerdings können Pilze mit einem höheren Wachstumsoptimum selektiv über eine höhere Bebrütungstemperatur gefördert werden (dieser Punkt muss auch bei Schimmelpilzbefall in der Nähe von Heizkörpern und/oder Fußbodenheizungen und dgl. beachtet werden). Damit gelingt es, eine Vielzahl anderer Pilze, die oft in wesentlich höherer Konzentration vorhanden sind, auszuschalten. Dies ist bei (umwelt)medizinischen Fragestellungen, wenn beispielsweise opportunistische Mykoseerreger (z.B. *Aspergillus fumigatus, Aspergillus flavus*) erfasst werden sollen, besonders relevant.

Bei der Bestimmung durch Kultivierung sind folgende Probleme zu beachten:

- Mikrobiologische Bestimmungen sind mit einer hohen Streuung behaftet.
- Durch das üblicherweise angewandte Verfahren der Bestimmung von Schimmelpilzsporen in der Luft durch Kultivierung werden nur die vermehrbaren Sporen erfasst, nicht aber die nicht ver-

Tab. 6.4 ■ Wachstumsanforderungen von Schimmelpilzen

Spezies	*rel. Feuchte*	*Substrat- oder Materialfeuchte*	*a_w-Wert (Gleichgewichtsfeuchte)*	*rel. Gesamtzahl*
xerophil (auch als osmophil oder halophil bezeichnet) beispielsweise *Wallemia sebi*	55-65%	13-15%	0,65	5%
mesophil (beispielsweise *Penicillium*)	65-85%	15-18%	0,85	85%
hydrophil (beispielsweise *Alternaria*-Arten)	80-98%	>25%	0,95	10%

mehrbaren, die meist in viel größerer Anzahl vorkommen und deren Wirkung (Allergien, immuntoxische Wirkungen) teilweise denen der vermehrbaren gleichzusetzen ist.

- Die Verteilung der Schimmelpilzsporen in der Luft ist nicht gleichmäßig bzw. ideal. Sie hängt von unterschiedlichen Parametern (z.B. Flugfähigkeit der vorliegenden Sporen, Sporulationszustand, Luftzirkulation, Bewegungen im Raum, relative Feuchtigkeit) ab.
- Die bisherigen Messverfahren basieren weitestgehend auf Kurzzeitmessungen, trotz Mehrfachmessungen ist eine verallgemeinernde Einschätzung nur bedingt möglich.
- Die allgemein anerkannte und genutzte Bezugsgröße für eine Innenraumbelastung ist die Außenluftbelastung, die sehr starken standortbedingten (z.B. Nähe von landwirtschaftlichen oder müllverarbeitenden Betrieben, Kompostierwerken) witterungsbedingten und jahreszeitlichen Einflüssen unterliegt.

Es ist außerdem zu beachten, dass die Pilzsporenkonzentration und Zusammensetzung in der Außenluft zum Zeitpunkt der Messung nicht der zum Zeitpunkt der letzten Lüftung entsprechen muss.

Es ist über die Kultivierung möglich, Schimmelpilze bis zur Art zu identifizieren. Bei anderen Nachweismethoden ist eine Diagnose der Pilzart nur bedingt möglich. Sollen weiterführende Untersuchungen durchgeführt werden, kann auf eine Kultivierung oft ebenfalls nicht verzichtet werden, beispielsweise ob es sich um einen Mykotoxin bildenden Stamm handelt. Ein weiterer Vorteil ist, dass jede vermehrungsfähige Einheit zu einer sichtbaren Kolonie anwächst und makroskopisch gezählt werden kann. Der Vorteil, über unterschiedliche Kultivierungsbedingungen selektiv bestimmte Pilze nachzuweisen, wurde am Beispiel der erhöhten Bebrütungstemperatur bereits oben beschrieben.

6.5.5.3 Mikroskopischer Nachweis

Ein Schimmelpilzbefall kann direkt untersucht werden, indem beispielsweise von einer befallenen Fläche Folien- bzw. Klebefilmkontaktproben genommen und mikroskopisch analysiert werden. Analog können im Bereich der Luftprobenahme Sporen mittels eines Schlitzsammlers auf klebrigen Oberflächen (beschichtete Glasplättchen) oder mittels eines Filtrationssammlers auf Filtern gesammelt werden. Die mikroskopische

Tab. 6.5 ■ Gegenüberstellung der Vor- und Nachteile von Kultivierung und Mikroskopie

Kultivierung	*Mikroskopie*
Bestimmung des kultivierbaren Anteils	Bestimmung der Gesamtkonzentration
auch Pilze mit uncharakteristischen Sporen sind identifizierbar	nur Pilze mit charakteristischen Sporen und/oder Sporenträger sind identifizierbar
Identifizierung auf Artebene möglich	Identifizierung selten auf Artebene möglich
quantitativer Nachweis empfindlich, da jede kultivierbare Einheit zu einer sichtbaren Kolonie auswächst	bei uncharakteristischen Sporen kann die Nachweisempfindlichkeit schlechter sein
keine zusätzlichen Informationen über, aber auch keine Störung durch andere Partikel	Milben, Milbenkot, Fasern, Haare nachweisbar, die Auswertung kann dadurch beeinträchtigt sein
über unterschiedliche Kultivierungsbedingungen können selektiv bestimmte Pilze nachgewiesen werden	alle Pilze sind sichtbar
Kultivierungsdauer und evtl. Subkulturen sind abzuwarten	Auswertung sofort möglich

Untersuchung wird nach Anfärbung lichtmikroskopisch durchgeführt. Eine andere Möglichkeit ist die Färbung unter einem Fluoreszenzmikroskop. Im Einzelfall kann dabei auch bestimmt werden, ob die Sporen leben oder abgestorben sind.

Der hauptsächliche Vorteil des mikroskopischen Nachweises liegt darin, dass alle Sporen, Sporenaggregate, Hyphen und Hyphenstücke sichtbar sind. Es können auch Sporenaggregate aus vielen Einzelsporen, die nur eine Kolonie ergeben und deshalb als koloniebildende Einheit (KBE) bezeichnet werden, nachgewiesen werden, sodass eine realistische Einschätzung der Gesamtsporenkonzentration möglich ist. Häufig werden bei Sanierungsmaßnahmen pilztötende Substanzen eingesetzt. Da auch tote Sporen als Allergene und als Mykotoxinträger relevant sein können, sollte eine Sanierungskontrolle auch einen Nachweis darüber enthalten, wie viele nicht mehr vermehrungsfähige Pilze vorhanden sind. Ein weiterer Vorteil besteht darin, dass die Proben sofort im Labor ausgewertet werden können. Dies kann bei der begleitenden Untersuchung von Schimmelpilzsanierungen besonders wichtig sein. Mittels einer mikroskopischen Untersuchung können außerdem wichtige innenraumrelevante Zusatzinformationen (beispielsweise über das Vorhandensein von Milben, Milbenkot und Fasern) erhalten werden.

Durch Direktmikroskopie können nur Pilze identifiziert werden, deren Sporen oder Myzel charakteristische morphologische Merkmale aufweisen – beispielsweise die Sporen von *Cladosporium, Alternaria, Fusarium* oder auch *Stachybotrys*. Bestimmte Pilzgattungen wie *Penicillium* und *Aspergillus* können kaum unterschieden werden, da ihre Sporen zu ähnlich sind, dies gilt insbesondere für Luftprobenahme. Bei der Untersuchung von Klebefilmkontaktproben von befallenen Oberflächen sind häufig durch Myzel und charakteristische Sporenträger weitere Informationen vorhanden, sodass auch bei *Penicillium* und *Aspergillus* zumindest eine Gattungszuordnung und in Einzelfällen wie bei *Stachybotrys chartarum* auch eine Artenbestimmung möglich sind. Kleine, morphologisch uncharakteristische Sporen sind, wenn sie über Anfärbung nicht spezifisch sichtbar gemacht werden können, erst in höherer Konzentration nachweisbar. Bei der Kultivierung hingegen wächst jede kultivierbare Einheit zu einer sichtbaren und zählbaren Kolonie an. Die mikroskopische Analyse kann durch Störfaktoren beeinträchtigt sein. Bei Proben von Oberflächen stören z.B. Putz- und Tapetenanteile und bei Luftprobenahmen hohe Konzentrationen an Staub und Hautschuppen die Auswertung. In **Tabelle 6.5** sind die hauptsächlichen Vor- und Nachteile von Kultivierung und Mikroskopie aufgelistet:

Ein sehr einfaches Nachweisverfahren ist das Aufstellen von »Sporenfallen« in Räumen. Der Ausdruck suggeriert ein technisches Gerät, aber es handelt sich lediglich um die in der Mikrobiologie gebräuchliche Petrischalen mit geeigneten Nährböden. Diese liefern den in der Raumluft vorhandenen Sporen eine geeignete Grundlage zum Wachstum. Die Schalen werden über eine oder mehrere Stunden im Raum aufgestellt und die Pilzsporen sedimentieren dort aus der Luft. Ein Rückschluss auf die wirklich vorhandene Sporenmenge ist damit aber nur sehr unzureichend möglich. Das Verfahren kann bestenfalls als semiquantitativ angesehen werden. Leichtere Sporen – vor allem die kritischen *Aspergillus*-Sporen – sedimentieren aufgrund ihres geringen Gewichtes weniger als diejenigen größerer Abmessungen. Die Aussagekraft solcher Tests ist deshalb gering und nur mit starken Einschränkungen möglich.

Analytische Verfahren wie Sporenkonzentrationsmessungen sind im Zuge einer Untersuchung von Wohninnenräumen zur Quantifizierung einer Exposition geeignet und nur dann anzuwenden, wenn offene Befallstellen nicht ermittelt werden können. Bei den Sporenkonzentrationsbestimmungen als quantifizierenden Verfahren wird die Menge der Schimmelpilzsporen in der Raumluft ermittelt, indem mit geeigneten Geräten ein definiertes Luftvolumen gesammelt wird und die in diesem Luftvolumen enthaltenen Schimmelpilzsporen auf Filtern oder Nährböden abgeschieden werden. Erfasst werden mit diesem Verfahren lebende Pilzsporen und Keime in der Raumluft, die für die Bewertung in koloniebildenden Einheiten pro Kubikmeter angegeben werden. Darüber hinaus werden Aufschlüsse über die vorhandenen Pilzarten erzielt. Für die Untersuchung in der Raumluft auf ihren Sporengehalt kommen unterschiedliche Geräte zum Einsatz. Generell unterscheiden sich diese dadurch, dass entweder Sporen auf einem Filter oder durch spezielle Apparaturen direkt auf Nährböden abgeschieden werden. Bei der Sporenkonzentrationsbestimmung mittels Filtration kommt häufig das so genannte Sartorius-Verfahren zum Einsatz, welches die Sporen auf einem Gelatinefilter von 80 mm Durchmesser sammelt, der danach direkt auf eine Petrischale aufgelegt oder in einer speziellen Flüssigkeit aufgelöst wird.

Für Innenraumbelastungen durch Pilze liegen bisher weder standardisierte noch entsprechende Messwerte bzw. Richtwerte vor und werden seit Jahren in entsprechenden Arbeitskreisen und Ausschüssen diskutiert. Diese Werte liegen, teilweise bedingt durch unterschiedliche Messverfahren, deutlich auseinander. Die in Deutschland oft angewandten Richtwerte lehnen sich an Vorgaben aus den USA und der WHO (Weltgesundheitsorganisation) an. Da die Sporenkonzentration stark von der geographischen Lage, der Jahreszeit, Witterung und den Umgebungsbedingungen abhängig ist, muss immer gleichzeitig für die Bewertung des Ergebnisses zusätzlich die Sporenkonzentration in der Innen- und Außenluft bekannt sein oder gemessen werden. Durch die Differenzierung von Innen- und Außenluftwerten ist eine von saisonalen Faktoren freie Abschätzung der Belastung möglich. In Europa kommen folgende Schimmelpilze am häufigsten in der Außenluft vor. Dabei sind allerdings teilweise jahreszeitlich bedingt große Schwankungen zu berücksichtigen.

Für die Bewertung gelten folgende Grundsätze:

- Die Keimzahl im Raum sollte deutlich unter der Keimzahl im Freien liegen.
- Die Keimart im Raum sollte sich nicht wesentlich von der im Freien unterscheiden.
- Besonders pathogene Keime, z.B. Schimmelpilze wie *Aspergillus* oder *Stachybotrys*, sollten in Innenräumen gar nicht oder nur in sehr geringen Zahlen messbar bzw. nachweisbar sein.

Tab. 6.6 ■ Vorkommen verschiedener Schimmelpilzarten in der Außenluft (Jahressummen)

Sporen	Vorkommen	Tagesdurchschnitt (Sporen/m³)
Cladosporium	40 bis 80%	600.000
Basidosporen	5 bis 30%	25.000
Ascosporen	5 bis 20%	15.000
Aspergillus/Penicillin	2 bis 20%	15.000
Botrytis	2 bis 20%	12.000
Hefen	2 bis 20%	10.000
Alternaria	1 bis 10%	7.500
Didymelis	1 bis 10%	7.500
Fusarium	1 bis 10%	7.500
Ustilago	1 bis 10%	7.500

Auch wenn dafür bislang eine statistische Grundlage fehlt, so hat sich der von *Senkpiel* und *Ohgke* im Jahre 1994 vorgeschlagene Richtwert einer mesophilen Schimmelpilzsporenkonzentration von größer 100 Keimen pro m³ (das heißt Inkubation bei 21 °C) über der Außenluft als Anzeiger einer so genannten »intramuralen« Anreicherung in der Praxis bewährt. Durch *Averdieck* wurden 1997 und durch *Schied* im Jahre 2000 die Werte für thermorelevante *Aspergillus*-Konzentrationen in der Raumluft auf 50 Keime pro m³ beschränkt bzw. konkretisiert. Diese Orientierungswerte können jedoch nicht die fachliche mikrobiologische bzw. umweltmedizinische Bewertung eines Schimmelpilzbefalls ersetzen, da bestimmte taxonomische Zusammensetzungen der nachweisbaren Mikroflora sowie das Unterschreiten dieser Werte bei versteckten Kontaminationsquellen entscheidende Bedeutung bei der Einschätzung des gesundheitlichen Wirkungspotenzials besitzen können. Um die Bedeutung der mikrobiellen Kontamination einschätzen zu können, sollten beispielsweise die witterungsbedingten Veränderungen am betreffenden Baustoff auch quantifiziert werden. Sinnvoll in diesem Zusammenhang ist dann auch die Quantifizierung der mikrobiell beeinflussten Veränderung des thermisch-hygrischen Verhaltens der Baustoffe (beispielsweise aufgrund der Anlagerung dunkel pigmentierter Beläge oder Beschichtungen oder auch der erhöhten Deposition von Luftschadstoffen aufgrund der Klebrigkeit des Biofilms bzw. abschließend evtl. auch der Veränderung des Feuchtigkeitstransportes aufgrund des porenfüllenden Biofilms auf der Baustoffoberfläche).

6.5.5.4 Raumluftprobenahme und -analyse

Die Luft ist wegen ihres geringen Feuchtigkeitshaushaltes kein natürliches Habitat für Mikroorganismen und dient ihnen lediglich als Medium zur Überdauerung und Verbreitung. Mikroorganismen können zwar als isolierte Einzelpartikel ohne zusätzliche Begleitstoffe in der Luft vorkommen, jedoch sind sie meistens an festen Partikeln wie beispielsweise an organischen und/oder anorganischen Staub- und/oder Bodenpartikeln, organischen Kleinstbestandteilen von Pflanzen und Tieren oder an bzw. in Tröpfchen gebunden. Ihr zahlenmäßiges Auftreten ist von vielen Faktoren abhängig und unterliegt starken Schwankungen. So können keine oder sehr wenige bis hin zu mehrere Millionen Zellen pro m³ Luft vorhanden sein.

Auch das Spektrum der nachgewiesenen Organismen kann sehr vielfältig sein und hängt zum einen von der natürlichen Besiedlung der Quelle, zum anderen von deren Überlebensfähigkeit in der Luft ab. Dieser qualitative Aspekt ist von großer Bedeutung, da nicht die Anzahl der Organismen allein, sondern vor allem infektiöse, allergene oder toxische Potenziale eines Bioaerosols für dessen hygienische Bewertung von entscheidender Bedeutung sind. Der qualitative Nachweis von luftgetragenen Mikroorganismen lässt aber oft keine gesicherten Aussagen über mikrobielle Schäden im Innenraum zu, denn nur ein Teil (meist weniger als 3%) der in

Tab. 6.7 ■ Anzahl der Proben in internationalen Richtlinien

Ziel der Probenahme	*Internationale Richtlinie*	*Probenahme pro Messpunkt*
Beurteilung von »worst case« Einatmungsbelastung	ACGIH (American Conference of Government Industrial Hygienists)	2 Proben an mindestens 3 gezielt ausgesuchten Hauptbelastungszeiten
Einschätzung der durchschnittlichen Einatmungsbelastung	ACGIH (American Conference of Government Industrial Hygienists)	2 Proben mindestens 3 mal am Tag und an mindestens 3 aufeinanderfolgenden Tagen
Beurteilung der Durchschnittsbelastung	ACGIH (American Conference of Government Industrial Hygienists)	Mindestens 6 Proben
Statistisches Belegen der Belastungsvariationen	ACGIH (American Conference of Government Industrial Hygienists)	Mindestens 11 Proben
Übersichtsmessung zur Abschätzung einer Konzentration	TRBA (Technische Regeln für Biologische Arbeitsstoffe)	3 Messungen in Atemhöhe

der Luft vorhandenen Mikroorganismen können als koloniebildende Einheiten erfasst werden. Mit dieser Methode können auch keine versteckten Schäden angezeigt werden.

Bei Luftprobenahmen in Innenräumen, um eine Raumluftbelastung mit Mikroorganismen oder vorhandene mikrobielle Schäden nachzuweisen, die Gesundheitsstörungen hervorrufen können, ist es wichtig für den Gutachter, sich bewusst zu sein, dass auch gezielte Probenahmestellen nur Teilbereiche in einem Innenraum wiedergeben können. Vor der Durchführung der Pilzprobenahme muss deshalb eindeutig die Zielsetzung der Probenahme definiert werden. Neben der reinen Methodik ist die Auswahl der Messpunkte und die Anzahl der Proben in internationale Richtlinien eingeflossen.

Üblicherweise werden Raumluftproben vor Ort entnommen, wobei eine Ermittlung der tatsächlich einwirkenden Schadstoffmenge auf die Raumnutzer besser durch personenbezogene Untersuchungen bestimmt werden sollte. Dementsprechend werden bei Raumluftuntersuchungen prinzipiell Aussagen über Raumluftbelastungen ermöglicht, die nicht unbedingt eine Expositionsabschätzung zulassen. In der Praxis wird häufig ein vermeintlich stärker belasteter oder intensiv genutzter Raum zur Untersuchung ausgewählt.

Bei der Probenahme sind folgende Grundsätze zu beachten:

- Zunächst muss sachkundiges Personal die Erstellung eines sach- und fachgerechten sowie qualifizierten Untersuchungskonzeptes vor Ort bis zur fachgerechten Probenahme sicherstellen.
- Zur Luftuntersuchung müssen geeignete Probenahme-Sorbentien und Filter eingesetzt werden. Die zu untersuchenden Verbindungen müssen vom Probenahmematerial vollständig und ohne Durchbruch bei dem gewählten Probenahmevolumen und -fluss adsorbiert und im Labor mit hoher Extraktionsausbeute bestimmt werden können.
- Der Einsatz geeigneter und kalibrierter Probenahmegeräte muss sicherstellen, dass ein über die Probenahmedauer zeitlich konstanter Fluss eingehalten wird und eine präzise Volumenbestimmung anhand geeichter Volumenmessgeräte möglich ist. Die Probenahme-

Abb. 6.45 ■ Der klassische Runddüsenimpaktor zur Luftprobenahme von kultivierbaren Partikeln auf Nährmedien in Standard-Petrischalen. Die Nährmedienfixierung erlaubt beliebige Probenahmen. Die geringen Abmessungen und die separat angeschlossene Pumpe mit einem Volumenstrom von 30 ltr./min. ermöglicht Probenahmen in Klimakanälen und anderen geometrisch begrenzten Umgebungen (beispielsweise in Raumlufttechnischen Anlagen).
Funktionsweise: Die Probeluft wird vertikal durch den Luftkeimsammler gezogen. Im Oberteil verteilt sich der Volumenstrom durch die aerodynamisch günstige Ausformung gleichmäßig über die 324 konzentrisch angeordneten Düsen. Die erhöhte Strömungsgeschwindigkeit im Düsenbereich beschleunigt die zu sammelnden Partikel in der Luft in Richtung Petrischale auf das Nährmedium.

Abb. 6.46 ■ Der Partikelsammler ist ein Schlitzdüsenimpaktor zur Luftprobenahme auf adhäsiv beschichtete Objektträger. Auch nicht kultivierbare Partikel können mikroskopisch nachgewiesen werden. Durch die von außen verschiebbare Schlitzdüse können bis zu drei Luftproben auf einen Objektträger gezogen werden. Die mikroskopische Auswertung kann sofort nach der Probenahme erfolgen und ist deshalb ideal für die schnelle Sanierungskontrolle.
Funktionsweise: die Probeluft wird durch eine von Außen auf drei mögliche Positionen verschiebbare Schlitzdüse gesaugt. Durch die stark erhöhte Strömungsgeschwindigkeit am Düsenausgang werden die Partikel in der Luft auf die Sammelschicht des Objektträgers beschleunigt und bleiben dort haften.

geräte dürfen selbst nicht zu einer Veränderung der Raumluftkonzentration beitragen.

- Die Material-, Staub- und/oder Luft-Probenahme muss repräsentativ für den zu untersuchenden Raum, für die zu bewertenden Stoffe und für die zu untersuchende Situation im Hinblick auf klimatische, räumliche und zeitliche Einflussgrößen sein.
- Die präzise Dokumentation der Probenahme-Randparameter, der Raumausstattung, der raumklimatischen Parameter inkl. Lufttechnischer Anlage, Art und Verwendung eingesetzter Probenahmemedien inkl. Beaufschlagung und deren Angabe im Prüfbericht sollten dem Stand der Technik entsprechen und damit externen Personen die Nachvollziehbarkeit von Untersuchungsergebnissen ermöglichen.
- Selbstverständlich sollte störungs- bzw. blindwertfreier Transport und Lagerung der Proben sein.

Viele Faktoren können einen gravierenden Einfluss auf die Anzahl der Pilzsporen in der Luft haben (z.B. Temperatur, Luftfeuchte, Windgeschwindigkeit, Vegetationsperiode, örtliche Nähe zu Emittenten wie z.B. Gartenkompost, Mülltonnen, Kompostierwerken, müllverarbeitenden Betrieben, Gärtnereien, landwirtschaftlichen Betrieben). Die Außenluftproben sollten, wenn möglich, auf der Windseite, aber nicht bei extremen Windverhältnissen oder bei Regen gesammelt

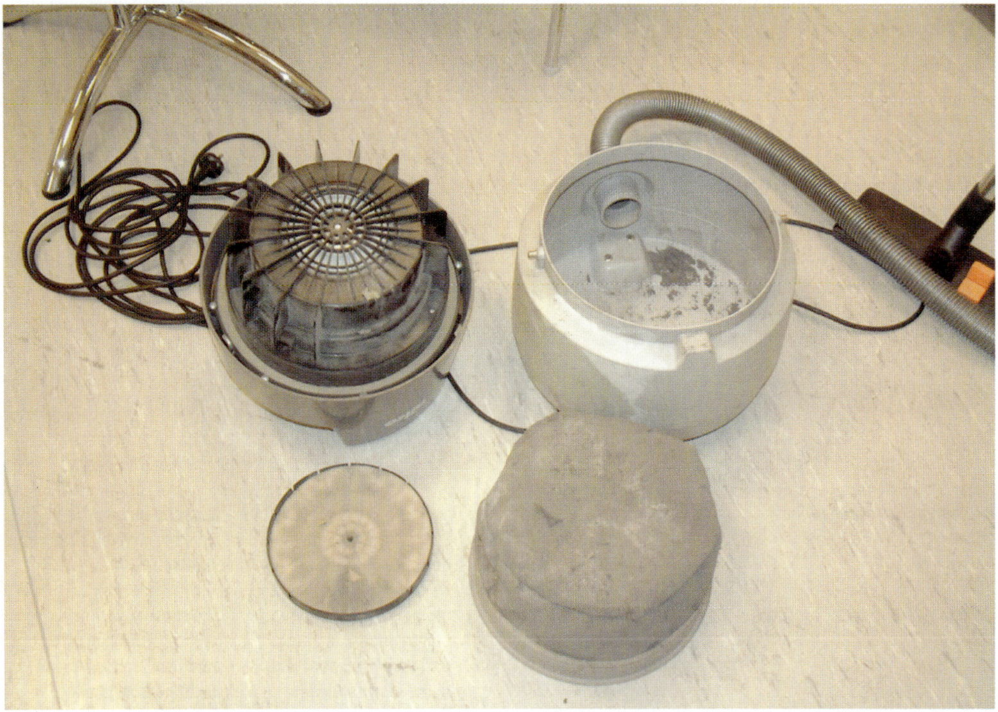

Abb. 6.47 ▪ Partikelsammler im Einsatz

werden. Im Regelfall, wenn die Fenster einer Wohnung zum Lüften verwendet werden, sollte eine Außenluftprobe vom Fenster der Wohnung aus gesammelt werden. Das Messgerät sollte mindestens einen Meter aus dem Fenster herausgehalten werden.

Drei Tage vor der Probenahme sollte keine Reinigung der zu untersuchenden Räume mehr erfolgen. Mindestens sechs bis acht Stunden vor der Probenahme sollten die Fenster geschlossen werden. Gezielte mechanische Verwirbelungen sollten vor und während der Probenahme vermieden werden. Im Winterhalbjahr wirkt sich der Einfluss der Außenluft auf den Nachweis von Schimmelpilzen in der Innenraumluft am wenigsten aus. Bei speziellen Fragestellungen kann auch eine personenbezogene Messung sinnvoll sein.

Bei den Kurzzeitbestimmungen mittels direkter Bestimmung ist eine ausreichende Anzahl von Messungen durchzuführen, um bei einer auswertbaren Anzahl von 10 bis 100 KBE pro Platte und der notwendigen Kultivierung unter verschiedenen Bedingungen (Nährmedium, Temperatur) aus statistischen Gründen über die Mindestanzahl von drei Ergebnissen zu verfügen. Bei der indirekten Langzeitmessung kann die aufgearbeitete Probe in unterschiedlichen Konzentrationsbereichen und mit verschiedenen Nährmedien aufgearbeitet werden, sodass hier eine Parallelbestimmung ausreicht.

Tab. 6.8 ■ Vor- und Nachteile der verschiedenen Verfahren zur Luftprobenahme

	Impaktion	Filtration	
		direkt	indirekt
Aufarbeitung unter verschiedenen Bebrütungsbedingungen (Nährmedium, Temperatur) möglich	nur durch mehrere Messungen möglich	nur durch mehrere Messungen möglich	mit einer Messung möglich
Aufarbeitung in verschiedene Verdünnungen n. d. Probenahme möglich	nein	nein	ja
Kurzzeitmessungen	ja (1-2) min	ja (1-2) min	nein
Langzeitmessungen	nein	nein	ja (je nach Belastung mehrere Stunden)
Repräsentativität der Probe	gering	gering	vorhanden
Sammelstress	gering	gering	größer
Probenlagerung und -transport	Bebrütung erfolgt schon während der Lagerung und dem Transport	biologische Veränderung während der Lagerung und dem Transport sind nicht auszuschließen	biologische Veränderung während der Lagerung und dem Transport sind nicht auszuschließen
Probenaufarbeitung	nicht erforderlich	einfach	aufwendiger
Materialkosten	gering	zusätzlicher Verbrauch von Filtern	zusätzlicher Verbrauch von Filtern
Probenahmesystem desinfizierbar	ja	ja	ja
Handling der Probenahme	unkompliziert, meist akkubetriebene Geräte	aufwendiger, häufig keine akkubetriebenen Geräte	aufwendiger, häufig keine akkubetriebenen Geräte
physikalische Diskriminierung der Probe	nicht auszuschließen	unwahrscheinlich	unwahrscheinlich
wie werden Konglomerate erfasst	als eine KBE	als eine KBE	möglicherweise als mehrere KBE
Messung bei hoher Luftfeuchte > 90%	möglich	nicht möglich	nicht möglich
Ausnutzung der Oberfläche des Nährmediums zur Kultivierung	je nach Gerätetyp	gut	gut

(Empfehlung des Landesgesundheitsamtes Baden-Württemberg)

6.5.5.5 Staubprobenahme und -analyse

Sieben Tage vor der Probennahme sollte keine Reinigung der zu untersuchenden Räume mehr erfolgen. Bei der Bestimmung bzw. der späteren Verdünnung ist darauf zu achten, dass mindestens 10, besser 20 KBE und höchstens 100 KBE pro Platte auszuzählen sind. Bei den Staubproben handelt es sich um ein sehr inhomogenes Material. In der Probe können sich Grobpartikel befinden, die den Gewichtsbezug stark verfälschen können. Je nach Material und Entnahmeort kann die Probe in unterschiedlichem Maße mit Fasern und anderen Bestandteilen versetzt sein. Eine Abtrennung des Feinstaubes kann im Einzelfalle je nach Fragestellung sinnvoll sein. In diesem Fall könnten durch eine Siebung Minderbefunde verursacht werden.

Der Ort der Probenahme ist so zu wählen, dass er repräsentativ für die allgemeine Belastung ist. In Wohnungen wird meist der Teppichboden be-

Tab. 6.9 ■ Vor- und Nachteile der verschiedenen Verfahren zur Staubprobenahme

	Probenahme mit speziellen Probenahmesystemen	**Staubsauger**	
		ungezielt	**gezielt**
Einflussgrößen auf die Menge des gewonnenen Staubes	Saugleistung des Staubsaugers, Art und Aufbau der Saugdüse, Saugzeit, Größe der abgesaugten Fläche, Art und Material des Teppichs, Höhe des Teppichflors, Alter des Teppichs, Reinigungs- und Nutzungsgewohnheiten		
Abscheidegrad	bekannt entsprechend der Porengröße des verwendeten Filters	mehr oder weniger unbekannt, da die Porengröße des Staubbeutelmaterials physikalisch nicht eindeutig beschrieben ist. Meist werden mehrlagige Beutel verwendet; der Abscheidegrad des Gerätes entspricht nicht dem Abscheidegrad des Beutels (Gehäuseundichtigkeiten)	
Diskriminierung der Probe	die Probe wird einschließlich Filter weiterverarbeitet	die Probe befindet sich sowohl im Inneren des Staubsaugerbeutels als auch zwischen und auf den einzelnen Beutellagen. Eine Aufarbeitung der Gesamtprobe ist nicht möglich	
eindeutige Zuordnungsmöglichkeit der Probe	vorhanden	nicht gegeben	vorhanden
Repräsentativität der Probe	möglich	unmöglich	möglich
Störeinflüsse durch die Probenahme	nein, da leicht zu reinigen und zu sterilisieren	ja, da nur unzureichend zu reinigen und nicht sterilisierbar	
Aufwand für die Probenahme	gering	die Probe liegt vor	gering
Probenmenge	0,5 - 5 g/m² in 5 min	große Probenmenge liegt vor	je nach abgesaugter Fläche 10 g und mehr
Bezug auf vorhandene standardisierte Methoden	Modifizierung der VDI 4300, Blatt 8, Entwurf, Messen von Innenraumluftverunreinigungen – Probenahme von Hausstaub		

(Empfehlung des Landesgesundheitsamtes Baden-Württemberg)

Tab. 6.10 ■ Vor- und Nachteile der verschiedenen Verfahren zur Staubprobenaufarbeitung

	Probenaufarbeitung			
	ungesiebt	**gesiebt**	**als Suspension**	**direkt**
Diskriminierung der Probe	nein	wahrscheinlich	nein	wahrscheinlich
Gewichtsbezug	nur bedingt möglich, da Grobpartikel einen großen Einfluss haben	möglich		
prozentualer Anteil der kultivierten Sporen	hoch	aufgrund der möglichen Diskriminierung nicht abzuschätzen	hoch	unkalkulierbar, abhängig von der Aufbringung, Maschenweite, Verteilung auf dem Nährmedium
Bezugsgröße	Fläche, Gewicht nur bedingt möglich	Gewicht		undefiniert
zz. noch offene Fragen		Maschenweite des Siebes		Maschenweite des Siebes
Arbeitsaufwand	gering	hoch	gering	höher

(Empfehlung des Landesgesundheitsamtes Baden-Württemberg)

probt. Zur Quellensuche sollten an auffälligen bzw. sensiblen Stellen, z.B. in der Nähe möglicher Emissionsquellen (hinter abgehängten Decken oder auf Filtern von Raumlufttechnischen Anlagen), Zusatzmessungen durchgeführt werden. Das Gesamtproblem der Probennahme in RLT-Anlagen muss in absehbarer Zeit validiert werden. Ausführungen hierzu erfolgen zu einem späteren Zeitpunkt.

Die Staubprobenahme wird mit einem definierten Saugvolumen, mindestens aber mit 15 l/min und einem speziellen Filterhalter durchgeführt. Hierfür sind Laborpumpen mit entsprechender Saugleistung bzw. Industriestaubsauger zu empfehlen. In dem Filterhalter befindet sich ein Gelatinefilter (Porengröße 3 µm) oder ein anderer geeigneter Filter wie z.B. Polykarbonatfilter mit einem Durchmesser von 5 cm. Die Saugöffnung des Filterhalters beträgt ca. 0,6 cm im Durchmesser. Er ist sterilisierbar bzw. desinfizierbar und kann eine Staubmenge von bis zu 5 g aufnehmen. Nach jeder Messung wird der Filterhalter gereinigt und sterilisiert. Die Filter werden in einer sterilen Kunststoffdose vorgewogen. Die beprobte Fläche sollte 1 m^2, die Saugzeit 5 min. betragen. Nach der Beprobung wird der Staub einschließlich des Filters in die sterile Kunststoffdose überführt und der Gesamtstaub untersucht.

6.5.5.6 Direkte Kultivierung

Liegt sichtbarer Schimmel vor, kann die Bestimmung durch eine direkte Kultivierung einer Abklatschprobe, eine direkte mikroskopische Betrachtung eines Klebefilmabriss-Präparates, eine Kultivierung einer suspendierten Materialprobe oder eine direkte mikroskopische Betrachtung einer Materialprobe erfolgen. All diese Methoden haben Vor- und Nachteile. Bei einer direkten Kultivierung eines Abklatsches kann es sein, dass die Vermehrungsbedingungen für eine Spezies besonders gut sind und andere am Wachstum gehindert werden. Die Wachstumsbedingungen können aber auch an sich unzureichend sein (ungeeignetes Nährmedium, Zustand der Sporen). Mit einem Klebefilm-Abrisspräparat wird der aktuelle Zustand besser nachgewiesen, außerdem werden die nicht mehr vermehrungsfähigen Schimmelpilze mit erfasst. Die direkte mikroskopische Differenzierung der Arten ist nur eingeschränkt möglich, weil die Identifizierung anhand der Sporen und Sporenträger, nicht aber aufgrund der Morphologie erfolgt. Sporen unterschiedlicher Arten haben aber oft ein ähnliches Aussehen.

Aussagen darüber, wie tief der Schimmelpilz in das Material eingedrungen ist, ermöglichen die Methoden nur, wenn entsprechend tiefe Materialbereiche untersucht werden. Die direkte mikroskopische Betrachtung einer Materialprobe setzt große Fachkenntnis voraus. Eine Artendifferenzierung ist nur teilweise möglich. Die Suspension des Materials bietet den Vorteil, dass eine Pilzkonzentration pro Gramm oder pro Flächeneinheit ermittelt werden kann und somit eine bessere Vergleichbarkeit zu ähnlichen Materialproben besteht. Weiterhin wirkt sich Anflugstaub nicht so stark aus wie bei Abklatschproben. Bei der Suspensionsmethode werden häufig nur wenige Arten, aber in großer Anzahl ausgewertet. Hierbei kann es sich auch um gut wachsende Anflugsporen handeln. Um beurteilen zu können, inwieweit nachgewiesene Schimmelpilze auf einen aktiven Schimmelpilzbefall zurückzuführen sind, ist zum Vergleich geeignetes Referenzmaterial zu untersuchen. Bei den Ergebnissen der Untersuchung von Materialproben handelt es sich meist um halbquantitative Aussagen. Das Schwergewicht der Aussage liegt in der Differenzierung. Abklatschproben erlauben nur eine groborientierende qualitative Bestimmung. Die Bestimmung durch eine Suspension der Probe ermöglicht hingegen eine quantitative Aussage.

- **Abklatschprobe:** Der Abklatsch wird an die Stelle gedrückt, an der Schimmel sichtbar ist oder vermutet wird. Je nach Fragestellung wird hierzu beispielsweise Malz-Extrakt- oder DG 18-Agar benutzt.
- **Klebefilm-Abrisspräparat:** Mit einem Klebefilm werden die Schimmelpilzsporen von der befallenen Oberfläche abgenommen und vor Ort auf einem Objektträger befestigt.
- **Suspendierte Materialprobe, Mikroskopie der Materialprobe:** Material, auf dem Schimmel sichtbar ist oder vermutet wird, wird in geeigneter Weise mit sterilem Handwerkszeug entfernt und in eine sterile Dose oder Tüte gegeben.
- **Befeuchterwasser:** Mit einer sterilen Flasche werden ca. 100 ml Befeuchterwasser entnommen.
- Bei allen Probenahmen sollte eine Abschätzung der mit Schimmel befallenen Fläche und der Tiefe des Befalls erfolgen.

Beim Vergleich von Messungen, die sowohl nach dem direkten als auch nach dem indirekten Verfahren durchgeführt wurden, ist zu beachten, dass bei dem direkten Verfahren unter Umständen ein Konglomerat von Schimmelpilzsporen als eine KBE nachgewiesen wird. Beim indirekten Verfahren kann ein solches Konglomerat möglicherweise aufgespaltet werden und es werden folglich mehrere KBE pro Konglomerat nachgewiesen. Der Sammelstress ist allerdings bei der mit dem indirekten Verfahren angewandten Langzeitmessung mit hoher Wahrscheinlichkeit größer. Da neben den Schimmelpilzsporen Bakterien in der Luft auftreten, muss ihr Wachstum bei der Kultivierung durch geeignete Hemmstoffe oder andere Bedingungen (z.B. pH-Wert) unterdrückt werden. Die geeigneten Medien zum Nachweis von Schimmelpilzen in der Innenraumluft sind DG18-Agar und Malzextrakt-Agar **(siehe Abb. 6.48 und 6.49)**.

- Direkte Bestimmung – Impaktionsverfahren: Bei der direkten Bestimmung nach dem Impaktionsverfahren ist keine Probenvorbereitung erforderlich. Die beprobten Platten bzw. Streifen werden sofort nach Eintreffen im Untersuchungslabor inkubiert.
- Direkte Bestimmung – Filtrationsverfahren:

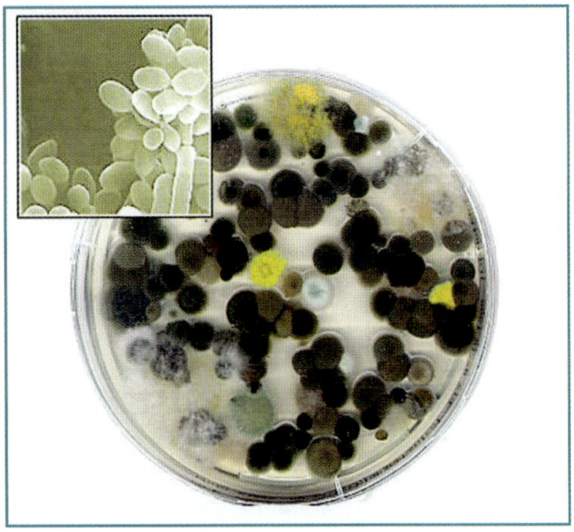

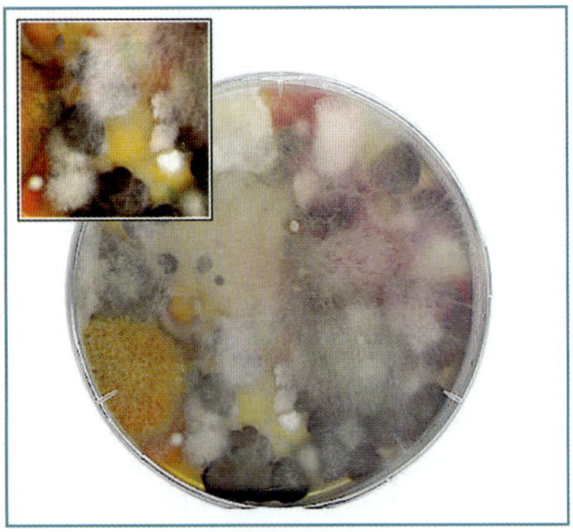

Abb. 6.48-6.49 ▪ (Quelle: Dill & Trautmann)

Bei der direkten Bestimmung nach dem Filtrationsverfahren werden die beprobten Filter direkt am Messort auf die entsprechenden Nährmedienplatten aufgelegt.

- Indirekte Bestimmung – Filtration: Bei der indirekten Bestimmung nach dem Filtrationsverfahren wird jeder beprobte Filter am Messort in ein verschließbares steriles und beschriftetes Gefäß gegeben. Die Probe ist umgehend im Untersuchungslabor abzuliefern.

Neben der Bestimmung der Gesamt-KBE ist eine Differenzierung der häufigsten und der besonders relevanten Schimmelpilzarten erforderlich (Schimmelpilze, die einen Hinweis auf eine Belastung geben, wenn sie im Vergleich zur Außenluft verstärkt im Innenraum auftreten, Schimmelpilze, die einen deutlichen Hinweis auf Feuchteschäden geben und Schimmelpilze, bei denen aus medizinischer Sicht eine besondere gesundheitliche Belastung – toxische bzw. pathogene Wirkungen – wahrscheinlich ist).

- Nicht alle Schimmelpilzarten lassen sich auf demselben Nährmedium unter den gleichen Temperaturbedingungen kultivieren. Daher ist je nach Fragestellung eine Anzucht unter verschiedenen Bedingungen erforderlich.
- Schimmelpilze können sich gegenseitig in ihrem Wachstum behindern. Daher sollten auf Platten, die ausgewertet werden sollen, nicht mehr als 100 KBE pro Platte vorhanden sein. Spezielle Gattungen, wie z. B. *Chrysonilia, Botrytis, Mucor, Rhizopus, Trichoderma* und auch die Spezies *Aspergillus niger* können die Platte sehr schnell überwuchern. In solchen Fällen sind rechtzeitig Subkulturen anzulegen.
- Auf den zur Schimmelpilzdiagnostik angewandten Nährmedien werden Hefen ebenfalls mitkultiviert. Sie sollten bei der Bestimmung der Gesamt-KBE-Zahl ausgezählt und bei der Auswertung genannt werden. Eine Differenzierung wird bei entsprechender Fragestellung empfohlen.
- Aufgrund der hohen Streuung der Bestimmung ist die Quantifizierung durch Mitteilung des Mittelwertes von mindestens drei Platten vorzunehmen.
- Die Schimmelpilzdifferenzierung setzt aufgrund der Vielzahl unterschiedlicher Spezies eine hohe Fachkenntnis voraus, die nur durch regelmäßige Qualifizierung erworben werden kann.

Als Bebrütungstemperatur wird 25 ± 3°C empfohlen. Für thermotolerante *Aspergillen* können fallweise evtl. auch 37°C bis 50°C zusätzlich gewählt werden.

6.5.5.7 Bestimmung der Gesamt-KBE

Zur Bestimmung der Gesamt-KBE werden je nach Wachstum die Kolonien in der Regel ab dem drit-

Tab. 6.11 ■ Vor- und Nachteile der verschiedenen Verfahren zur Materialprobenuntersuchung

	Abklatsch	Klebe-Filmabriss-präparat	suspendierte Materialprobe	Mikroskopie Materialprobe	biochemische Summenparameter
Aussage bezüglich Anflugsporen und aktivem Befall	sowohl Anflugsporen als auch aktiver Befall werden detektiert, eine Unterscheidung ist nicht möglich	aktiver Befall kann von Anflugsporen unterschieden werden	sowohl Anflugsporen als auch aktiver Befall werden detektiert, eine Unterscheidung ist nicht möglich	aktiver Befall kann von Anflugsporen unterschieden werden	allgemeiner Summenparameter
Möglichkeit der Differenzierung	gegeben	nur bei charakteristischen Arten möglich	gegeben	nur bei charakteristischen Arten möglich	nicht gegeben
Möglichkeit der Erkennung von Tiefenschäden	nur möglich, wenn verschiedene Materialschnitte untersucht werden	nur möglich, wenn verschiedene Materialschnitte untersucht werden	nur möglich, wenn verschiedene Materialschnitte untersucht werden	nur möglich, wenn verschiedene Materialschnitte untersucht werden	möglich, wenn ein Materialausschnitt untersucht wird
Nachweis von nicht mehr kultivierbaren Sporen	unmöglich	möglich	unmöglich	möglich	möglich
quantitative Aussage (Biomasse)	nur sehr eingeschränkt bezogen auf die Fläche möglich	nur sehr eingeschränkt bezogen auf die Fläche möglich	auf Gewicht bezogen möglich	nur sehr eingeschränkt bezogen auf die Fläche möglich	nur sehr eingeschränkt möglich
Repräsentativität der Probe	von Fall zu Fall unterschiedlich, eher gering	von Fall zu Fall unterschiedlich, eher gering	von Fall zu Fall unterschiedlich, aber möglich	von Fall zu Fall unterschiedlich, eher gering	von Fall zu Fall unterschiedlich, aber möglich
Arbeitsaufwand der Probenahme und -aufarbeitung	gering	gering	höher, abhängig vom Material	höher, abhängig von der Fragestellung	höher, abhängig von der Fragestellung
erforderliche Fachkenntnisse und Erfahrungen	gering	höher	höher	sehr hoch	höher
Erstellung von Bezugswerten	möglich, Unterscheidung zwischen aktivem Befall und Anflug allerdings nicht	möglich	möglich, Unterscheidung zwischen aktivem Befall und Anflug allerdings nur bedingt	schwierig	möglich

(Empfehlung des Landesgesundheitsamtes Baden-Württemberg)

ten Tag täglich ausgezählt. Hier lassen sich die Kolonien oft am besten quantifizieren. Zur Bewertung kommt die Auszählung mit der höchsten Anzahl an KBE, bei der noch keine Sekundärsporen auftreten. Je nach Belastung des Objekts, den zu erwartenden Schimmelpilzen und vor allem dem gewählten Nährmedium kann die Bebrütungszeit bis zu zehn Tagen und länger dauern. Zur Bestimmung der Gesamt-KBE-Zahl wird in der Regel das Ergebnis der DG-18-Platten verwendet. Eine visuelle Zuordnung zu bestimmten Gattungen anhand kulturmorphologischer Merkmale erfolgt durch eine erste Betrachtung, je nach Ausprägung, ab dem dritten bzw. vierten Tag. Es wird empfohlen, täglich die Weiterentwicklung zu verfolgen. Indikatororganismen sind auch bei geringer Anzahl zu differenzieren und zu quantifizieren. Dazu ist es erforderlich, dass die Schimmelpilzspezies, die nicht allgemein in der Außenluft auftreten, in allen Verdünnungsstufen ausgewertet werden und in die Beurteilung mit einfließen. Dies ist in den niedrigen und hohen Verdünnungsstufen eine semiquantitative Bewertung, die allerdings zur Quellenauffindung unabdingbar erforderlich ist. Darüber hinaus werden weitere identifizierte Gattungen nach der Häufigkeit des Vorkommens gemäß Fragestellung angegeben. Die Differenzierung der Schimmelpilzspezies erfolgt aufgrund der Morphologie des makroskopischen und mikroskopischen Bildes. Dazu ist ein Stereo-Auflicht-Mikroskop für Platten und ein Mikroskop mit bis zu 1.000-facher Vergrößerung erforderlich. Eine Subkultivierung zur sicheren Differenzierung kann erforderlich sein.

Die Untersuchung von Materialproben setzt besondere Fachkenntnisse voraus (Probenahme, geeignete Bezugswerte, Unterscheidung zwischen Anflugsporen und aktivem Befall, Tiefe des Befalls usw.). Um Aussagen über die Herkunft der kultivierbaren Sporen machen zu können, also um zu unterscheiden, ob es sich z. B. um Anflugsporen oder aktiven Befall handelt, ist es angeraten, z. B. Tapeten auf ihrer Vorder- und Rückseite zu beproben. Zum Nachweis der Tiefe des Befalls kann es hilfreich sein, mehrere Materialschichten zu untersuchen.

6.5.5.8 Luftpartikelsammlung

Bei der Luftpartikelsammlung werden die partikulären Bestandteile eines definierten Luftvolumens auf einen Objektträger mit spezieller Adhäsionsbeschichtung impaktiert. Die Proben werden mit Lactophenolblaulösung angefärbt und können mikroskopisch ausgewertet werden. Mit der Luftpartikelsammlung können im Gegensatz zur Lebendkeimsammlung tote Sporen erfasst werden und solche, die auf Standardnährmedien nicht keimfähig sind (viele Basidiosporen und Ascosporen) oder eine geringe Keimfähigkeit haben. Insbesondere wird die Methode verwendet, um die Sporen von *Stachybotrys chartarum* zu erfassen, die einerseits häufig eine geringe Keimfähigkeit haben und andererseits aufgrund ihres Toxingehaltes eine besondere gesundheitliche Bedeutung besitzen. Weiterhin können neben zellulären Einheiten auch Zellfragmente, Bakterienaggregate, Pollen, Hautschuppen, Fasern, Haare sowie mineralische und organische Staubbestandteile einer Probe beurteilt werden.

Da die meisten Mykotoxin bildenden und fakultativ pathogenen Pilzarten uncharakteristische Sporen haben und nicht eindeutig identifiziert werden können, sollte die Luftpartikelmethode in Kombination mit Lebendkeimbestimmungen eingesetzt werden.

Eine besondere Bedeutung hat die Luftpartikelsammlung nach einer Sanierung von Pilzschäden, bei der Fungizide eingesetzt wurden. Nach Abtötung der Pilze im Schadensbereich können noch hohe Konzentrationen nicht mehr keimfähiger Sporen und Myzelien sowie Zellfragmente in der Luft vorhanden sein. Weiterhin können mit der Luftpartikelsammlung geringe Konzentrationen charakteristischer Pilzsporen wie z.B. *Stachybotrys chartarum* oder *Chaetomium sp.* erfasst werden. Die Erfassung auch geringer Konzentrationen dieser Pilzarten ist besonders wichtig. Einerseits werden diese Arten mit der Luftkeimsammlung aufgrund ihrer geringen Keimfähigkeit oft übersehen, an-

Hinweise oder Nachweis auf pathogene oder toxische Pilze:	
	Inakzeptabel ↓
nach Quellen suchen und sanieren:	ab 50 KBE/m³ einer Pilzart
bei einer Mischung von unterschiedlichen Pilzarten:	bis 150 KBE/m³
außenluftrelevante Pilze in Relation zur Außenluft bewerten:	max. 75% des Außenluftwertes im Innenraum
typische Außenluftbelastung:	je nach Jahreszeit von 100-20.000 KBE/m³
Hinweise oder Nachweis auf umwelttypische Schimmelpilze: (z.B. *Cladosporium* und *Penicillium*)	bis 500 KBE/m³

dererseits werden insbesondere die Sporen von *Stachybotrys chartarum* vergleichsweise schlecht an die Luft abgegeben, sodass auch bei großflächigem Materialbefall nur geringe Konzentrationen in der Luft nachgewiesen werden können. Der Einsatz von Luftpartikelsammlungen ist auch in vielen Fällen notwendig, in denen sehr hohe Pilzkonzentrationen erwartet werden. In solchen Fällen werden durch den Einsatz von Luftkeimsammlungen häufig Pilzarten bzw. -gattungen mit einer vergleichsweise geringen Sporenbildung oder einer erschwerten Sporenabgabe (wie z.B. *Chaetomium, Alternaria, Ulocladium* oder *Stachybotrys chartarum*) nicht erfasst, weil deren Entwicklung durch Pilzarten mit sehr starker Sporenbildung (wie z.B. Arten der Gattungen *Penicillium* oder *Aspergillus*) unterdrückt wird.

Weiterhin kann mit der Luftpartikelsammlung die Konzentration sehr stark sporulierender Pilzarten, die bei der Luftkeimsammlung zu einer Überfrachtung der Nährmedien führen, genauer erfasst werden. Eine weitere Stärke von Luftpartikelsammlungen ist die Erfassung von typischen Außenluftsporen, die auf Standardnährmedien nicht anwachsen oder sterile Kulturen bilden. Der Gehalt dieser Sporen in Innenraumluftproben kann als Indiz für eine Außenluftbeeinflussung genutzt werden und ist in Relation zum Gehalt in der Außenluft zu werten. Im Gegensatz zur Luftkeimsammlung ist es möglich, mit der Luftpartikelsammlung die Sporenzahl von Sporenaggregaten zu erfassen. Derartige Aggregate bestehen aus mehreren Sporen einer Art, die sich zusammen vom Sporenträger gelöst haben. Es ist davon auszugehen, dass Sporenaggregate eine höhere allergologische Wirkung haben als Einzelsporen.

Als wesentliche Schwächen der Luftpartikelsammlung sind zu nennen:

- Geringere Empfindlichkeit als bei der Kultivierung
- Pilzgattungen mit ähnlichen Sporen wie z.B. *Penicillium* und *Aspergillus* können nur als Summe eines Sporentyps angegeben werden.
- Die Auswertung kann durch Störfaktoren (z.B. viele Hautschuppen, Staub) beeinträchtigt werden.
- Hohe Arbeitsintensität; auf eine Absicherung durch Parallelmessungen muss meist verzichtet werden.
- Nur ein kleiner Anteil der Probe wird ausgewertet.

6.5.6 Indikatororganismen aus baulicher Sicht

Die Untersuchung von Materialproben ermöglicht den direkten Nachweis eines Schimmelpilzschadens. Die Untersuchung von Luft- und Staubproben dient der Überprüfung, ob mit einer Quelle im Innenraum zu rechnen ist und bei einem positiven Befund dem Nachweis der von einem sichtbaren Schaden ausgehenden Belastung. Eine quantitative Erfassung (Gesamt-KBE) der Schimmelpilze reicht dafür nicht aus. Es ist in jedem Fall notwendig, die qualitative Zusammensetzung der Pilzflora zu bestimmen. Erfahrungsgemäß stellt sich dabei oft das Problem, Belastungssituationen von normalen Hintergrundwerten abzugrenzen.

Da Schimmelpilze ubiquitär vorkommen, ist es entscheidend, für eine Interpretation der Ergebnisse insbesondere solche Pilze zu berücksichtigen, die häufig mit Feuchteschäden oder anderen spezifischen Innenraumquellen assoziiert sind. Diese Pilze werden im Folgenden als Indikatororganismen bezeichnet. Grundsätzlich setzt eine Bewertung von Luft- und Staubproben mittels Indikatororganismen eine exakte Differenzierung der Pilze voraus. Gleichwohl ist es, auch wenn diese Grundvoraussetzung gegeben ist, nicht möglich, Tabellen mit Indikatororganismen schematisch zu verwenden. Solche Listen können nur als Werkzeug verstanden werden, um im Gesamtzusammenhang zu einer Bewertung der Situation zu kommen. Zu einer sachgerechten Bewertung ist neben einer Berücksichtigung der Gesamtsituation einschließlich der bauphysikalischen Gegebenheiten die genaue Kenntnis der Probenahmebedingungen bzw. eine fachgerecht durchgeführte Probenahmeplanung und Probenahme unerlässlich.

Schimmelpilze, die im Innenraum fast ausschließlich bei Feuchteschäden nachweisbar sind, geben in der Regel schon in niedrigen Konzentrationen einen starken Hinweis auf den verursachenden Feuchteschaden. Schimmelpilze, die häufig mit Feuchteschäden assoziiert sind, aber auch aus anderen Quellen stammen können, geben, wenn sie im Vergleich zur Außenluft verstärkt im Innenraum auftreten, einen Hinweis auf spezifische Schimmelpilzquellen. Ihre Aussagekraft hinsichtlich des Nachweises einer durch einen Feuchteschaden verursachten Pilzbelastung ist aber deutlich geringer.

In der nachfolgenden Auflistung werden die nach dem jetzigen Stand des Wissens wichtigsten Pilze eingestuft, die einen starken Hinweis auf einen verursachenden Feuchteschaden geben. Weiterhin schließt die Liste nicht aus, dass das im Vergleich zur Außenluft verstärkte Auftreten von weiteren Pilzarten, die häufig mit Feuchteschäden assoziiert sind (wie z.B. *Penicillium expansum, Wallemia sebi, Ulocladium chartarum, Cladosporium sphaerospermum*), ebenfalls als Hinweis auf einen Feuchteschaden zu werten ist. Es ist deshalb darauf hinzuweisen, dass Schimmelpilze, die im Vergleich zur Außenluft verstärkt im Innenraum auftreten, in jedem Fall zu bestimmen und bei der Bewertung im Besonderen zu beachten sind. Pilze mit hoher Indikation für Feuchteschäden sind *Acremonium spp., Aspergillus penicillioides, Aspergillus restrictus, Aspergillus versicolor, Chaetomium spp., Phialophora spp., Scopulariopsis brevicaulis, Scopulariopsis fusca, Stachybotrys chartarum, Tritirachium (Engyodontium) album* und *Trichoderma spp.*

Grundsätzlich ist zu prüfen, ob die aufgelisteten Pilze auch in der Außenluft vorkommen. Wenn dies der Fall ist, sollte die Ursache dafür geklärt werden. Weiterhin sollte beachtet werden, dass die Beurteilung einer Innenraumbelastung durch Mikroorganismen nicht auf Schimmelpilze begrenzt werden darf, sondern dass auch Bakterien wie z.B. Actinomyceten einzubeziehen sind. Leider ist nur ein Teil der in Innenräumen gefundenen Pilze standardisiert testbar. Es wäre sinnvoll, auch die allergologische Relevanz häufig isolierter, aber nicht testbarer Schimmelpilze zu überprüfen und ggf. kommerziell standardisierte Allergene zur Verfügung zu stellen.

Welche Schimmelpilze müssen als besonders problematisch eingestuft werden?

- Hinsichtlich des Auftretens von Infektionen sollten alle Schimmelpilze, die in die Risikogruppe 2 und 3 nach TRBA 460 eingestuft sind, als problematisch angesehen werden. Eine große Bedeutung kommt dabei sicher dem wichtigsten Mykoseerreger *Aspergillus fumigatus* zu.
- Hinsichtlich möglicher Mykotoxinwirkung sollten Mykotoxinbildner als problematisch angesehen werden, insbesondere, wenn die Toxi-

ne cancerogen sind. Hier muss aber bedacht werden, dass die Mykotoxine nicht immer gebildet werden und dass oft hohe Keimzahlen notwendig sind, damit sich die Wirkung manifestiert. Nur bei *Stachybotrys chartarum* können evtl. schon bei geringerer Sporenbelastung der Raumluft Toxinwirkungen auftreten. Er ist deshalb als problematischer einzustufen.

- Hinsichtlich des Auftretens von Allergien müssen Schimmelpilze mit ausgeprägter Sporenbildung als problematischer angesehen werden, wobei bedacht werden muss, dass Allergene auch an den Staub abgegeben und bei Zerfall der Schimmelpilze frei werden.

Für *Stachybotrys chartarum* sowie für *Aspergillus fumigatus, Aspergillus flavus, Aspergillus parasiticus* und *Aspergillus nomius* können deshalb nur deutlich geringere Expositionen toleriert werden.

Wie aus den obigen Ausführungen hervorgeht, können Schimmelpilze adverse Gesundheitseffekte haben. Nachdem die Wirkungen der verschiedenen Stoffe auf den menschlichen Körper höchst unterschiedlich und noch nicht ausreichend erforscht sind, können keine Angaben über einen Schwellenwert, bis zu dem eine Beeinträchtigung der Gesundheit nicht zu erwarten ist, gemacht werden. Schon aus Vorsorgegründen sollte die Exposition deshalb minimiert werden.

Schimmelpilzbelastungen im Innenraum sollten – unabhängig von der Herkunftsquelle – reduziert werden. Dies ist besonders wichtig für abwehrschwache Menschen, Menschen mit chronischen Lungen- und Nasennebenhöhlenerkrankungen und Atopiker, insbesondere, wenn sie Schimmelpilzallergien haben. Optimal ist eine Reduktion auf Werte, die gegenüber der Normalbelastung nicht erhöht sind. Geringe Überschreitungen dieses Normalwertes kommen auch in der Natur im Lauf der Jahreszeiten vor, sind aber in der Regel nicht dauerhaft. Dauerhafte Mehrbelastungen wie zum Beispiel eine kontinuierliche Innenraumquelle als Folge eines erheblichen Feuchteschadens sollten vermieden werden, aber jedenfalls bei Auftreten von Beschwerden zu eingehender umweltmedizinischer und allergologischer Diagnostik und Beratung führen. Ebenso sollten höhere Belastungen mit Schimmelpilzen, die gehäuft Infektionen verursachen wie z. B. *Aspergillus fumigatus*, bei Vorhandensein von typischen Symptomen zu eingehender umweltmedizinischer und allergologischer Diagnostik führen. Auch eine erhöhte Belastung mit Schimmelpilzen, bei denen eine Cancerogenität von Toxinen auf dem Luftweg diskutiert wird, sollte vermieden werden. In jedem Fall muss in die Beurteilung einer Schimmelpilzbelastung sowohl die Gesamtkeimzahl als auch die Spezies-Zusammensetzung Eingang finden.

6.5.7 Nachweis mikrobiell flüchtiger organischer Stoffwechselprodukte (MVOC)

Neben den oben dargestellten klassischen Methoden zum Nachweis von Schimmelpilzen in Innenräumen werden neue Verfahren wie immunologische Methoden (beispielsweise Nachweis bestimmter Schimmelpilzallergene) und molekularbiologische Methoden eingesetzt. Diese Verfahren eignen sich allerdings nicht für die Routinediagnostik. Darüber hinaus befindet sich der Nachweis von MVOC (*microbial volatile organic compounds*) noch in der Entwicklungsphase, die bereits den Nachweis einzelner Schimmelpilzarten in der Raumluft auch ohne die Untersuchung von Sporen und Myzelien erlaubt. Aus diesem Grund sollen nachfolgend zunächst einmal grundsätzliche Überlegungen angestellt werden.

Viele Arten von Mikroorganismen erzeugen unter ungünstigen Bedingungen verstärkt in die Luft übertretende chemische Stoffe (wahrscheinlich zur Behauptung gegenüber Nahrungskonkurrenten), die auch für den Menschen sehr bedenkliche Wirkungen haben können. Wird unter solchen Bedingungen das Vorhandensein oder sogar aktives Wachstum bestimmter Problemkeime (beispielsweise *Streptomyces, Chaetomium, Stachybotrys*) festgestellt, so ist überdurchschnittlich oft mit gesundheitlichen Beschwerden seitens der Raumnutzer zu rechnen.

Bei der Untersuchung von Baustoff- oder Materialproben ist die Bestimmung der Biomasse (Gesamtzellzahl) wichtig und auch die Differenzierung auf Spezialnährboden, die die Lebensverhältnisse im Bauwerk oder Innenraum nachbilden, denn die ursprünglich als »Verrotter« in der freien Natur vorkommenden Pilze und Bakterien verhalten sich beispielsweise in einem Waldboden oftmals völlig anders, als unter den »harten« Bedingungen im oder unter dem Tapetenkleister oder unter dem Linoleumboden. Weiterhin muss beachtet werden, dass mikrobielle Ökosysteme, die in der freien Natur vorkommen, meistens dreidimensional aufgebaut sind. Denn, abhängig von den in dem System vorhandenen oder eindringenden Nährstoffen, findet eine Anreicherung von denjenigen Mikroorganismen statt, die am besten angepasst sind, diese Nährstoffe und deren Abbauprodukte zu verwerten. Dieser Abbau kann aerob (mit Hilfe von Sauerstoff) oder anaerob (ohne Sauerstoff) stattfinden. In Baumaterialien ist das Wachstum aber oft zweidimensional, dies bedeutet, dass die Mikroorganismen wie ein Rasen auf beispielsweise Gipskartonplatten wachsen. Außerdem besteht die Mikroflora oft aus Reinkulturen einer Art oder Mischkulturen einiger weniger Arten. Solche mikrobiellen Systeme sind nicht in der Lage, produzierte flüchtige organische Substanzen abzufangen oder abzubauen.

Diese zwei unterschiedlichen mikrobiellen Systeme erklären ein oft in Innenraum gefundenes Phänomen, dass ein mikrobiell angegriffenes Baumaterial viele MVOC abgibt, während beispielsweise Blumenerde, die weit mehr Mikroorganismen enthält, kaum MVOC abgibt.

Häufig ist ein muffiger Geruch auf die Bildung von MVOC durch Schimmelpilze oder Bakterien zurückzuführen. In der Literatur wurde folgendes Spektrum von neun Verbindungen als charakteristisch beschrieben: 3-Methylfuran, Geosmin, 1-Octen-3-ol, 3-Methyl-1-butanol, 2-Pentanol, 2-Hexanon, 2-Heptanon, 3-Octanon und Dimethyldisulfid. Die Verbindungen können mit neu entwickelten Messmethoden nachgewiesen werden. Verfahrenstechnisch werden sie zunächst aus der Raumluft adsorbiert, anschließend im Gaschromatografen/Massenspektrometersystem thermisch desorbiert und dann zur Detektion mit einem massenselektiven Detektor auf die Trennsäule eines Analysesystems aufgegeben. Aufgrund früherer Untersuchungen, bei denen *Penicillium expansum* und *Aspergillus versicolor* monokulturell bestimmt worden sind, können heute einige MVOC-Verbindungen als Indikatoren zur Identifizierung von nicht sichtbarem Schimmelpilzbefall eingesetzt werden. Eine weitere Differenzierung in Haupt- und Nebenindikatorsubstanzen kann vorgenommen werden. Dabei sind die als Hauptindikatoren bezeichneten Substanzen meist in höheren, weit über der Nachweisgrenze liegenden Konzentrationsbereichen bestimmbar, während bei den Nebenindikatoren oft nur sehr geringe Konzentrationen vorliegen. Die Bestimmung der MVOC gibt lediglich einen Hinweis, ob ein verdeckter mikrobieller Schaden vorliegt, welcher dann genauer lokalisiert werden muss. Mit der Bestimmung der MVOC lässt sich nach heutigem Kenntnisstand noch keine gesundheitliche Bewertung der Expositionsverhältnisse vornehmen.

Die Untersuchung der MVOC erweist sich deshalb in der Praxis derzeit als vor allem geeignet, um verdeckte mikrobielle Schäden zu charakterisieren und zu lokalisieren. Auch wenn erst wenige Erkenntnisse zur Koinzidenz (dem gleichzeitigen Auftreten) von mikrobiellen Geruchsstoffen und Schimmelpilzen in Innenräumen in relevanten Fachzeitschriften veröffentlicht wurden, berichten die bei der Bestimmungsmethode kompetenten Gutachter über gute Übereinstimmungen. Die fehlende Datengrundlage begründet sich darin, dass zur Feststellung einer Korrelation nicht nur beide Parameter (chemische und mikrobiologische Expositionsparameter) differenziert erfasst werden müssen, sondern auch eine große Anzahl von vergleichbaren Studien herangezogen werden muss. Neuere Publikationen zeigen eine gute Korrelation zwischen Gehalten an MVOC und mikrobiellen Schäden einerseits sowie zwischen mikrobiellen Schäden und dem Auftreten von Beeinträchtigungen der Gesundheit bei Bewohnern andererseits.

Weitere Substanzen wie niedere Alkohole, Aldehyde, Ketone, Aromaten, Terpene und CO_2 werden zwar von Schimmelpilzen als typische Stoffwechselprodukte und teilweise auch in deutlich höheren Mengen als die typischen MVOC produziert, eignen sich aber nicht für das Erkennen eines potenziell vorliegenden Schimmelpilzbefalls, da sie entweder allgegenwärtig vorhanden sind (wie beispielsweise CO_2) oder aus anderen Quellen (zum Beispiel aus Baustoffen) in der Umwelt stammen können. Beim Nachweis von 2-Methyl-1-Propanol, 2-Methyl-1-Butanol und Dimethyldisulfid in der Raumluft kann davon ausgegangen werden, dass mit hoher Wahrscheinlichkeit ein Schimmelpilzbefall vorliegt, da diese Verbindungen charakteristische Stoffwechselprodukte für ein Pilzwachstum sind. Eingehende Untersuchungen zur Emission der MVOC in Abhängigkeit von den Wachstumsphasen haben für *Penicillium expansum* und *Aspergillus versicolor* ergeben, dass in der exponentiellen und der stationären Wachstumsphase überwiegend Alkohole, Aldehyde und Ketone produziert werden, deren Konzentrationen in der Absterbephase abnehmen. Mit Beginn der Absterbephase werden hauptsächlich Methylisopentylether sowie Dimethyldisulfid und Dimethylsulfid produziert. Dies ermöglicht eine Grobeinschätzung des Befallstadiums.

Trotz der niedrigen Konzentrationen der vorgenannten Stoffe in der Raumluft und den damit verbundenen labortechnischen Schwierigkeiten bei der Quantifizierung können nach dem bisherigen Stand der Erkenntnisse die oben aufgeführten MVOC durchaus als Indikatoren zur Beurteilung für ein potenzielles Vorliegen eines Schimmelpilzwachstums dienen. Sie dürfen aber nicht für eine weitergehende Bewertung herangezogen werden, zumal in Veröffentlichungen zu MVOC-Messungen auch Fälle mit einem offen sichtbaren Schimmelpilzbefall beschrieben wurden, bei denen messtechnisch keine Haupt- und Nebenindikatoren ermittelt werden konnten.

Die oft geäußerte Vermutung, dass die mikrobiell produzierten flüchtigen organischen Substanzen eine besondere Toxizität aufweisen und deshalb in dem typischen Konzentrationsbereich von 10-1.000 ng/m^3 bereits Befindlichkeitsstörungen hervorrufen können, kann nicht abgeleitet werden. Da aber, wie oben beschrieben, die als Haupt- und Nebenindikatoren eines Schimmelpilzwachstums genannten Stoffe in der Mehrzahl sehr geruchsintensiv selbst im unteren ng/m^3-Bereich sind, werden sie oft in belasteten Räumen deutlich wahrgenommen. Daraus resultierende Reaktionen sind nicht auszuschließen und werden bei vorliegenden geruchlichen Auffälligkeiten in Wohn-, Aufenthalts- und Unterrichtsräumen auch häufig beobachtet. Eine MVOC-Analytik kann zur Ermittlung eines verdeckten Schimmelpilzbefalls beitragen. Allerdings ist im Einzelfall eine Auswertung der Messungen nur bei genauer Kenntnis des Messorts und einschlägiger umweltmedizinisch-toxikologischer Erfahrung möglich.

Einige MVOC haften sehr stark an oder in Baustoffen, Möbeln, Kleidung und anderen Gegenständen in der Wohnung (hoher Sink-Effekt), während andere MVOC nicht diese Eigenschaften haben (niedriger Sink-Effekt). Substanzen mit einem hohen Sink-Effekt können selbst lange, nachdem Mikroorganismen in einer Baukonstruktion zu wachsen aufgehört haben, in einem Raum nachgewiesen werden. Stoffe mit einem hohen Sink-Effekt verursachen wegen des aufwendigen Materialaustausches meist bedeutend höhere Sanierungskosten. Die unterschiedlichen Eigenschaften dieser Stoffe lassen sich diagnostisch nutzen: Substanzen mit einem niedrigen Sink-Effekt zeigen an, dass der versteckte Schaden noch aktiv ist. Eine Bestimmung von MVOC erleichtert die Beurteilung der Größe des Schadens, seines Wachstumsstatus und seines Alters. Wenn MVOC einen versteckten Schaden anzeigen, sollte dieser aufgespürt getrocknet, behoben und saniert werden.

Beim praktischen Einsatz von MVOC-Bestimmungen kann das Bewertungsschema der **Tabelle 6.12** zugrunde gelegt werden. Hierbei muss man berücksichtigen, dass eine Einordnung in die drei

Tab. 6.12 ■ Bewertungsschema zur Interpretation von MVOC-Messungen*

	Kein Nachweis eines Hauptindikators	0,05 bis 0,10 µg/m³ bei mindestens einem Hauptindikator	> 0,10 µg/m³ bei mindestens einem Hauptindikator
Summenkonzentration ≤ 0,5 µg/m³	Kein mikrobieller Befall	Ein lokal begrenzter mikrobieller Befall, ein raumhygienisches Problem oder ein mikrobieller Befall in angrenzenden Gebäudeteilen liegt vor.	Ein mikrobieller Befall ist wahrscheinlich.
Summenkonzentration > 0,5 bis 1,0 µg/m³	Es liegt vermutlich kein mikrobieller Befall, sondern evtl. ein raumhygienisches Problem vor.	Ein mikrobieller Befall im Gebäude ist wahrscheinlich.	Ein mikrobieller Befall ist sehr wahrscheinlich.
Summenkonzentration > 1,0 µg/m³	Da keine Hauptindikatoren nachgewiesen wurden, ist ein mikrobieller Befall im Gebäude fraglich.	Ein mikrobieller Befall im untersuchten Raum oder unmittelbar angrenzenden Räumen ist sehr wahrscheinlich.	Ein mikrobieller Befall muss vorhanden sein.

* im Neubau müssen etwa die 2-fache Menge/Werte angesetzt werden

Kategorien der Summenkonzentrationen einerseits und der Hauptindikatoren andererseits immer vor dem Hintergrund der möglichen Exaktheit bei der chemisch-analytischen Bestimmung vorgenommen werden muss.

Die Auswertung der Proben umfasst die Quantifizierung aller oben angegebenen Verbindungen. Durch Vergleich der Ergebnisse mit einer Referenzprobe aus der Außenluft oder, falls möglich, aus einem »unbelasteten« Raum kann eine Bewertung vorgenommen werden. Als die aussagekräftigsten Indikatoren für ein mikrobielles Wachstum im Innenraum werden 3-Methylfuran, Dimethyldisulfid, 1-Octen-3-ol, 3-Octanon und 3-Methyl-1-butanol angesehen. Bisher liegt keine umfassende Zusammenstellung möglicher sekundärer Quellen für MVOC vor, derartige Arbeiten werden jedoch zur Zeit in der Kommission Reinhaltung der Luft (KRdL) im VDI und DIN bearbeitet. Einige mögliche sekundäre Quellen für VOC mikrobieller Herkunft sind in **Tabelle 6.13** zusammengestellt.

Die Bewertung von MVOC in Innenräumen kann schwierig sein, weil das Vorhandensein der MVOC einerseits sowie der Mikroorganismen (Schimmelpilze) andererseits in manchen Fällen nicht in Einklang zu bringen ist. Die Gründe dafür sind vielfältig und werden teils schon im experimentellen Ansatz im Labor offenbar. Die verschiedenen Arten von Schimmelpilzen können unter geeigneten Bedingungen ein breites Spektrum von MVOC bilden, jedoch hängt dies nicht nur vom physiologischen Zustand der Mikroorganismen, sondern auch vom Substrat ab.

Viele Schimmelpilze können neben den bisher als charakteristisch angesehenen MVOC eine Vielzahl weiterer VOC bilden, die theoretisch auch im Innenraum vorkommen können. Das Spektrum der MVOC ist bei verschiedenen Isolaten gleicher Art sehr ähnlich, jedoch von Art zu Art unterschiedlich. Uneinheitliche Ergebnisse und fehlende Reproduzierbarkeit bei experimentellen Ergebnissen müssen in erster Linie auf fehlerhafte oder unzureichende taxonomische Einordnung der

Tab. 6.13 ■ Liste einiger VOC, die von mehreren Schimmelpilzarten in Reinkulturen auf synthetischen Nährmedien gebildet wurden

Verbindung	Spezies
Ether:	
Anisol (Methoxybenzol)	*Aspergillus candidus, Penicillium olsonii*
1,2-Dimethoxybenzol	*Aspergillus versicolor, Penicillium fellutanum*
Kohlenwasserstoffe:	
3-Methyl-1-hepten	*Aspergillus candidus, Penicillium roqueforti*
Terpene und Terpen-Derivate:	
2-Methyl-bornan	*Aspergillus niger, Penicillium crustosum, Penicillium polonicum*
2-Methyl-2-bornen	*Aspergillus niger, Penicillium polonicum*
γ-Cadinen	*Paecilomyces variotii, Penicillium polonicum, Penicillium fellutanum*
Camphen	*Aspergillus fumigatus, Penicillium brevicompactum*
β-Caryophyllen	*Penicillium clavigerum, Penicillium roqueforti*
Elemol	*Penicillium expansum, Penicillium glabrum*
β-Elemol	*Penicillium roqueforti, Penicillium clavigerum*
β-Fenchylalcohol	*Emericella nidulans, Penicillium roqueforti*
α-Phellandren	*Paec. variotii, Penicillium roqueforti*
α-Pinen	*Aspergillus fumigatus, Aspergillus niger, Penicillium brevicompactum*
α-Terpinen	*Paec. variotii, Penicillium clavigerum, Penicillium roqueforti*
α-Terpinolen	*E. nidulans, Penicillium brevicompactum, Penicillium roqueforti*
α-Thujon-ähnlich	*Penicillium brevicompactum, Trichoderma citrinoviride*

Schimmelpilze oder systemische Fehler im Experiment zurückgeführt werden. Derartige Unzulänglichkeiten sind eher selten dem Schrifttum zu entnehmen, treten jedoch beim persönlichen Austausch und der Kommunikation mit Untersuchern oft zutage. Es ist nicht selten, dass selbst häufige Arten wie z.B. *Penicillium chrysogenum* und *Penicillium expansum* verwechselt werden, wenn die in Experimenten verwendeten Isolate nicht durch Referenzlabore identifiziert wurden.

Von besonderer Bedeutung sind auch experimentelle Studien zur Bildung von MVOC auf Baumaterialien, wobei eine sorgfältige taxonomische Bearbeitung der zu untersuchenden Schimmelpilze die wichtigste Voraussetzung ist. Bei Expositionsstudien im Innenraum waren in der Vergangenheit fehlende oder unklare Korrelationen nicht zu vermeiden, weil in den wenigsten Studien sowohl MVOC als auch Schimmelpilze differenziert erfasst wurden. Nur eine differenzierte Expositionserfassung ist die Grundlage für gesicherte Erkenntnisse. Gerade im Hinblick auf diese Unzulänglichkeit ist eine Standardisierung der Methoden der erste Schritt zu verlässlicheren Ergebnissen. Neben den bisher beschriebenen wurden noch weitere Verbindungen als MVOC in Reinkulturen nachgewiesen, für die jedoch zu prüfen ist, ob sie auf natürlichen Substraten wie Baumaterialien gebildet werden können.

6.6 Beurteilung von Schimmelpilzen im Innenraum aus hygienischer Sicht

6.6.1 Einleitung

Zur Beurteilung, ob im Innenraum eine Schimmelpilzbelastung vorliegt, sind die Ergebnisse der durchgeführten Untersuchungen unter Beachtung der Hinweise im vorangegangen Kapitel zusammen mit den Angaben des Begehungsprotokolls und den physikalischen Daten wie z.B. relative Feuchtigkeit, feuchte Wände bzw. Material, Temperaturdifferenz und Luftaustauschrate im Gesamtzusammenhang auszuwerten. Ergibt die Beurteilung, dass eine Schimmelpilzquelle im Innenraum vorliegt, sollte entsprechend der Dringlichkeit und unter Beachtung der im nachfolgenden Kapitel gegebenen Empfehlungen eine Sanierung erfolgen. Schimmelpilzquellen im Innenraum sind aufgrund des Prinzips des vorbeugenden Gesundheitsschutzes zu beseitigen.

Die nachfolgend aufgestellten Beurteilungsschemata stellen eine Hilfe dar, um die Schwere einer Belastung aus hygienischer Sicht zu beurteilen. Wenn sich auch in den letzten Jahren typische Beschwerdebilder herauskristallisiert haben, sind die Kenntnisse über die genaue Pathogenese von Wirkungen der Schimmelpilze auf den Menschen zur Zeit noch lückenhaft, sodass wissenschaftlich abgesicherte Aussagen hierzu nur sehr eingeschränkt möglich sind. Bei der Beurteilung der Wirkung von Schimmelpilzen ist auch zu beachten, dass bei ihnen ein allgemeiner Dosis-Wirkung-Zusammenhang zwischen Messungen von lebenden Pilzen in der Raumluft und gesundheitlichen Beschwerden nur sehr schwer nachzuweisen sein wird, da auch abgestorbene Schimmelpilze und von ihnen freigesetzte Stoffe Wirkungen haben können und der Toxin- und Allergengehalt der Pilze auch innerhalb einer Spezies stark variieren kann. Das toxische und das allergene Potenzial von Schimmelpilzen ist von vielen Faktoren (Wachstumszustand, Lebensbedingungen, Stressfaktoren, spezifische Spezies) abhängig. Mit Hilfe der zurzeit allgemein anwendbaren Bestimmungsmethoden lässt sich dieses Potenzial, wenn überhaupt, nur sehr eingeschränkt nachweisen.

In der Regel sind Schimmelpilzbelastungen im Innenraum auf kontaminierte Materialien zurückzuführen. Sofern eine gezielte Entnahme von belasteten Materialproben möglich ist, sollten derartige Proben für die Beurteilung eines Schadens herangezogen werden. Nachfolgend werden drei Kategorien zur Einstufung einer Belastung von Materialproben mit Schimmelpilzen vorgeschlagen.

Kategorie 1: Normalzustand bzw. geringfügiger Schaden

Kategorie 2: Geringer bis mittlerer Schaden
Eine gesundheitliche Gefährdung ist möglich, jedenfalls nicht auszuschließen. Die Freisetzung von Pilzbestandteilen sollte unmittelbar unterbunden und die Ursache mittelfristig ermittelt und saniert werden.

Kategorie 3: Großer Schaden
Es besteht eine erhebliche gesundheitliche Gefährdung.

In der letzten Kategorie sollte die Freisetzung von Pilzbestandteilen sofort unterbunden werden. Die

Tab. 6.14 ■ Bewertung von Materialproben mit Schimmelpilzbewuchs

sichtbare und nicht sichtbare Materialschäden	**Kategorie 1**	**Kategorie 2**	**Kategorie 3**
Schadensausmaß	keine bzw. sehr geringe Biomasse (z.B. geringe Oberflächenschäden < 20 cm^2)	mittlere Biomasse; oberflächliche Ausdehnung < 0,5 m^2, tiefere Schichten sind nur lokal begrenzt betroffen	große Biomasse; große flächige Ausdehnung > 0,5 m^2, auch tiefere Schichten können betroffen sein

Wichtige Anmerkungen zu sichtbarem Schimmel an Materialien:

- Tiefenschäden: wenn bei einem Oberflächenschaden der Pilzbewuchs tief in das Mauerwerk (oder andere Materialien) geht, muss der Schaden entsprechend dem Befallsumfang ggf. höheren Kategorien zugeordnet werden.
- Es ist zwischen einem aktiven Befall und einem abgetrockneten Altschaden oder einer Sporenkontamination zu unterscheiden.
- Bei einem aktiven Befall sollte fallbezogen durch die Sachverständigen entschieden werden, ob die Kategorie um einen Wert erhöht wird, denn:
- Die Mikroorganismenpopulation kann sich relativ schnell ändern, und es können unerwartete krankheitserregende Schimmelpilzarten auftreten.
- Es können kontinuierlich und über längere Zeit hohe Mengen lebensfähiger Sporen abgegeben werden (im Gegensatz dazu nimmt bei einem Altschaden die Sporenkonzentration und deren Lebensfähigkeit mit der Zeit ab).
- Ein aktiver Schimmelpilzbefall stellt häufig die Nährstoffgrundlage für andere Organismen wie z.B. Milben dar. Nach Austrocknung eines Schadens nimmt in der Regel die Anzahl dieser Organismen schnell ab.
- Organismenzusammensetzung: Ein häufiges bis überwiegendes Auftreten von Schimmelpilzarten, denen eine besondere gesundheitliche Bedeutung zugeordnet wird (z.B. *Aspergillus fumigatus, Aspergillus flavus, Stachybotrys chartarum*), führt zu einer Verschiebung in die nächst höhere Kategorie.

(Empfehlung des Landesgesundheitsamtes Baden-Württemberg)

Ursache des Schadens ist unverzüglich zu ermitteln und zu beseitigen. Die Betroffenen sind auf geeignete Art und Weise über den Sachstand zu informieren, eine umweltmedizinische Betreuung sollte erfolgen. Nach abgeschlossener Sanierung hat eine Kontrolluntersuchung stattzufinden. Die Angaben in den nachfolgenden Tabellen können nicht als Absolutwerte herangezogen werden. Bei einer Beurteilung sind immer der Einzelfall sowie ggf. besondere Umstände zu prüfen. Für die Einstufung in die nächst höhere Bewertungsstufe reicht die Überschreitung einer Bewertung.

Die Entscheidung anhand von Luft- oder Staubproben darüber, ob eine Schimmelpilzquelle im Innenraum vorhanden ist, setzt einen hohen Sachverstand voraus. Eine schematische Herangehensweise ist problematisch. Es ist jeweils der konkrete Einzelfall unter Hinzuziehung aller vorhandenen Informationen zu beurteilen. Neben den oben bereits angeführten bauphysikalischen Daten und der mit Hilfe der Fragebögen erhobenen Daten muss bei der Beurteilung von Luft- und Staubproben der regionale und jahreszeitliche Einfluss der Außenluft auf die Spezies-Zusammensetzung und die Gesamt-KBE-Zahl bzw. die Sporenkonzentration beachtet werden. Weiterhin ist zu beachten, dass erhöhte Messwerte von Luftproben (Luftkeimsammlung, Luftpartikelsammlung, MVOC) oder Staubproben nur Indizien für eine Schimmelpilzbelastung sein können. In Einzelfällen können beispielsweise Ergebnisse von Luftkeimsammlungen negativ ausfallen, obwohl ein Schaden vorliegt. Um ein sinnvolles Sanierungskonzept aufstellen zu können, ist die Schimmelpilzquelle und deren Ursache zu ermitteln.

Zur Ermittlung des Schadens und seines Ausmaßes sollten befallene Materialien aufgespürt und untersucht werden. Für die Erfassung von Innenraumquellen kommt der Spezies-Zusammensetzung eine wesentlich größere Bedeutung zu als der Gesamtkonzentration. Die Erfassung der Spezies-Zusammensetzung einer Luftprobe oder Staubprobe ist notwendig, um das Auftreten von Pilzarten mit fakultativ krankheitserregender und toxischer Potenz zu bewerten. Das Wachstum von Schimmelpilzen, denen eine besondere gesundheitliche Bedeutung zugeordnet wird (z.B. *Aspergillus fumigatus, Aspergillus flavus, Stachybotrys chartarum*), sollten in Innenräumen nicht auftreten.

Durch die Analyse der Artenzusammensetzung kann zusätzlich festgestellt werden, ob verstärkt Pilzarten mit einer Indikation für Bauschäden auftreten. Die verschiedenen Pilzarten haben eine unterschiedliche Relevanz hinsichtlich ihrer Feuchteindikation. Während einige Pilze häufig auch in Blumentöpfen oder im Biomüll in erhöhten Konzentrationen auftreten können (z.B. *Penicillium sp.*), ist das Auftreten anderer Arten (z.B. *Stachybotrys sp.*) stärker auf Bauschäden begrenzt.

Weiterhin ist zu berücksichtigen, dass die »Flugfähigkeit« von Sporen verschiedener Pilzarten sehr unterschiedlich sein kann. Für die Beurteilung von Innenraumquellen ist es daher wichtig, die einzelnen Pilzarten nach dem Typ ihrer Sporenverbreitung zu unterscheiden. Die Erfahrung zeigt, dass Pilzarten mit so genannten trockenen, gut flugfähigen Sporen bereits bei geringen Materialschäden zu erhöhten Sporenkonzentrationen in der Luft führen können. Die oben ausgeführten Anmerkungen (stark veränderlicher Außenlufteinfluss, unterschiedliche Relevanz einzelner Arten als Feuchteindikator oder aufgrund gesundheitlicher Belastung) verdeutlichen, dass es auch in Zukunft nicht möglich sein wird, einen einzelnen Richt- oder Grenzwert für eine Pilzbelastung in Luft- oder Staubproben anzugeben. Einzelne Richtwerte können nur innerhalb einer begrenzten Untersuchung eine gewisse Aussagekraft haben, die sich jedoch nicht ohne weiteres auf andere Situationen übertragen lässt.

Als Bewertungs- und Orientierungshilfe können nach gegenwärtigem Erkenntnisstand folgende Bereiche umschrieben werden:

- ein Bereich der Hintergrundbelastung für wichtige Pilzgattungen oder -arten
- ein Übergangsbereich, innerhalb dessen erhöhte Konzentrationen der einzelnen Pilzgattungen oder -arten liegen, die bereits auf Innenraumquellen hinweisen
- ein Bereich mit Konzentrationen, die diesen Übergangsbereich überschreiten und mit hoher Wahrscheinlichkeit auf eine Innenraumquelle hinweisen.

Es kann nicht oft genug darauf hingewiesen werden, dass die Bewertung von Ergebnissen der Bestimmung von kultivierbaren Schimmelpilzen nur mit hohem Sachverstand möglich ist. Besonders in Luftproben kann die Sporenkonzentration in der Luft starken Schwankungen unterliegen. Im Innenraum wird die Sporenkonzentration sehr entscheidend von den jeweiligen Probenahmebedingungen und insbesondere von den vorhandenen Aktivitäten im Raum beeinflusst. Besonders hohe Schwankungen sind bei Kurzzeitmessungen zu erwarten, da diese Momentaufnahmen darstellen und Pilzsporen nicht gleichmäßig im Raum verteilt auftreten. Außerdem können nicht alle Problemsituationen mit den vorgeschlagenen Schemata bewertet werden.

So kann z.B. die Bewertung einer Luftprobe im Spätherbst schwierig sein, wenn der Sporengehalt der Außenluft in kurzer Zeit stark verringert wird (Oktober/November mit kalter und feuchter Witterung). In diesem Zeitraum können aus der Außenluft stammende Sporen, die über die Vegetationsperiode im Innenraum sedimentiert sind, das Ergebnis einer Luftprobe stärker beeinflussen (falls diese vor oder während einer Probenahme aufgewirbelt werden) und im Verhältnis zur Außenluft eine Belastung der Innenluft ergeben. Umgekehrt können auch ungewöhnlich belastete Außenluftproben eine Interpretation der Ergebnisse erschweren. Bei der Bewertung der Ergebnisse sollte außerdem immer berücksichtigt werden, dass meist nur Kurzzeitmessungen durchgeführt werden.

Tab. 6.15 ■ Bewertungshilfe für Luftproben (kultivierbare Schimmelpilze, die angegebenen KBE beziehen sich auf 1m³)

Innenluft	Innenraumquelle unwahrscheinlich	Innenraumquelle nicht auszuschließen[1])	Innenraumquelle wahrscheinlich[2])
Cladosporium sowie andere Pilzgattungen, die in der Außenluft erhöhte Konzentrationen erreichen können, z.B. sterile Myzelien, Hefen *Alternaria, Botrytis*	Wenn die KBE einer Gattung in der Innenluft unter dem 0,8 (+ 0,4)-fachen der Außenluft liegen $I_{typ A} \leq A_{typ A}$ x 0,8 (+0,4)	Wenn die KBE einer Gattung in der Innenluft unter dem 1,5 ± 0,5-fachen der Außenluft liegen $I_{typ A} \leq A_{typ A}$ x 1,5 (± 0,5)	Wenn die KBE einer Gattung in der Innenluft über dem 2-fachen der Außenluft liegen $I_{typ A} > A_{typ A}$ A x 2
Summe KBE der untypischen Außenluft-Spezies (S)	Wenn die Differenz der KBE-Summen Außen- zu Innenluft der untypischen Außenluft-Spezies unter 150 liegt $I_{\Sigma untyp A} \leq A_{\Sigma untyp A} + 150$	Wenn die Differenz der KBE-Summen Außen- zu Innenluft der untypischen Außenluft-Spezies unter 500 liegt $I_{\Sigma untyp A} \leq A_{\Sigma untyp A} + 500$	Wenn die Differenz der KBE-Summen Außen- zu Innenluft der untypischen Außenluft-Spezies über 500 liegt $I_{\Sigma untyp A} > A_{\Sigma untyp A} + 500$
eine Art der untypischen Außenluft-Spezies (!)	Wenn die Differenz der KBE von Außen- zu Innenluft einer untypischen Außenluft-Spezies unter 50 liegt $I_{Euntyp A} \leq A_{Euntyp A} + 50$	Wenn die Differenz der KBE von Außen- zu Innenluft einer untypischen Außenluft-Spezies unter 100 liegt $I_{Euntyp A} \leq A_{Euntyp A} + 100$	Wenn die Differenz der KBE von Außen- zu Innenluft einer untypischen Außenluft-Spezies über 100 liegt $I_{Euntyp A} > A_{Euntyp A} + 100$

1) = Indiz für Quellensuche
2) = Indiz für kurzfristige intensive Quellensuche
KBE = Koloniebildende Einheit
Typ A = Konzentration einer typischen Außenluft-Spezies bzw. Gattung (wie z. B. *Cladosporium*, sterile Myzelien, ggf. Hefen, ggf. *Alternaria*, ggf. *Botrytis*)
Σuntyp A = Summe der Konzentrationen untypischer Außenluft-Spezies
Euntyp A = eine Art der untypischen Außenluft-Spezies, insbesondere die der unter Kapitel Indikatororganismen aufgeführten Schimmelpilzespezies
S = Summe-KBE - KBE typischer Außenluft-Spezies bzw. Gattung (wie z. B. *Cladosporium*, sterile Myzelien, ggf. Hefen, ggf. *Alternaria*, ggf. *Botrytis*)
! = die angegebenen Konzentrationen gelten für Pilzarten mit gut flugfähigen Sporen. Für Pilzsporen mit geringer Flugfähigkeit gelten deutlich geringere Konzentrationen

(Empfehlung des Landesgesundheitsamtes Baden-Württemberg)

Für die Beurteilung von Keimzahlen existieren keine verbindlichen Richt- oder Grenzwerte. In der Literatur finden sich (zum Teil widersprüchliche) Empfehlungen für Richtwerte in einem Keimzahlbereich von 200 bis zu 500 KBE/m³. Eine Belastungszahl von 1.000 KBE/m³ ist unter einigen Experten umstritten, da sie zu pauschal abstrakt wirkt sowie die Kausalität fehlt. Keimzahlen im Innenbereich, die über den Außengehalten liegen, deuten auf eine intramurale Quelle hin. Wichtig ist weiterhin, ob Pilze von besonderer Relevanz wie beispielsweise Toxinbildner auftreten.

6.6.2 Bewertung von Luftproben – Gesamtsporenzahl

Neben dem Nachweis der kultivierbaren Schimmelpilze in der Luft kommt der direkten mikroskopischen Partikelauswertung, mit der die kultivierbaren und nicht kultivierbaren Schimmelpilze gemeinsam erfasst werden, eine große Bedeutung zu. Die Angaben in der **Tabelle 6.16** beziehen sich auf Luftproben, die unter normalen Bedingungen gezogen wurden (keine gezielte Staubaufwirbelung).

Tab. 6.16 ■ Bewertungshilfe von Luftproben (Partikelauswertung)

Gesamtpilzsporen Holbach Objektträger	**Innenraumquelle unwahrscheinlich**	**Innenraumquelle nicht auszuschließen[1])**	**Innenraumquelle wahrscheinlich[2])**
Die nachfolgenden Angaben beziehen sich auf Luftproben, die unter normalen Bedingungen gezogen wurden (keine gezielte Staubaufwirbelung). Angegeben sind Sporen pro Kubikmeter			
Sporentypen die in der Außenluft erhöhte Konzentrationen erreichen z.B. Typ Ascosporen Typ Alternaria/Ulocladium Typ Basidiosporen *Cladosporium* spp.	Wenn die Summe eines Sporentyps in der Innenluft unter dem 1 (+ 0,4) -fachen der Außenluft liegt $I_{typ\,A} \leq$ Atyp A x 1 (+0,4)	Wenn die Summe eines Sporentyps in der Innenluft unter dem 1,6 (± 0,4) -fachen der Außenluft liegt $I_{typ\,A} \leq A_{typ\,A}$ x 1,6 (± 0,4)	Wenn die Summe eines Sporentyps in der Innenluft über dem 2-fachen der Außenluft liegt $I_{typ\,A} > A_{typ\,A}$ x 2
Typ *Penicillium/ Aspergillus*	Wenn die Differenz Außen- zu Innenluft für den Sporentyp *Penicillium/Aspergillus* nicht über 300 liegt $I_{\Sigma P+A} \leq A_{\Sigma P+A} + 300$	Wenn die Differenz Außen- zu Innenluft für den Sporentyp *Penicillium/Aspergillus* nicht über 800 liegt $I_{\Sigma P+A} \leq A_{\Sigma P+A} + 800$	Wenn die Differenz Außen- zu Innenluft für den Sporentyp *Penicillium/ Aspergillus* über 800 liegt $I_{\Sigma P+A} > A_{\Sigma P+A} + 800$
Typ *Chaetomium spp.*	Wenn die Differenz Außen- zu Innenluft der Chaetomiumsporen ausgeglichen ist $I_{Chaetom} \leq A_{Chaetom}$	Wenn die Differenz Außen- zu Innenluft der Chaetomiumsporen nicht über 5 liegt $I_{Chaetom} \leq A_{Chaetom} + 5$	Wenn die Differenz Außen- zu Innenluft der Chaetomiumsporen 5 übersteigt $I_{Chaetom} > A_{Chaetom} +5$
Stachybotrys chartarum	Wenn die Differenz Außen- zu Innenluft der Stachybotryssporen ausgeglichen ist $I_{Stachy} \leq A_{Stachy}$	Wenn die Differenz Außen- zu Innenluft der Stachybotryssporen nicht über 2 liegt $I_{Stachy} \leq A_{Stachy} + 2$	Wenn die Differenz Außen- zu Innenluft der Stachybotryssporen 2 übersteigt $I_{Stachy} > A_{Stachy} + 2$
diverse Pilzsporen, die nicht dem Typ Basidiosporen oder Ascosporen angehören	Wenn die Differenz Außen- zu Innenluft der diversen Pilzsporen nicht über 400 liegt $I_{divers} \leq A_{divers} + 400$	Wenn die Differenz Außen- zu Innenluft der diversen Pilzsporen nicht über 800 liegt $I_{divers} \leq A_{divers} + 800$	Wenn die Differenz Außen- zu Innenluft der diversen Pilzsporen 800 übersteigt $I_{divers} > A_{divers} + 800$
Myzelstücke	Wenn die Differenz Außen- zu Innenluft der Myzelstücke nicht über 150 liegt $I_{Myzel} \leq A_{Myzel} + 150$	Wenn die Differenz Außen- zu Innenluft der Myzelstücke nicht über 300 liegt $I_{Myzel} \leq A_{Myzel} + 300$	Wenn die Differenz Außen- zu Innenluft der Myzelstücke 300 übersteigt $I_{Myzel} > A_{Myzel} + 300$

1) Indiz für Quellensuche
2) Indiz für kurzfristige intensive Quellensuche
A = Außenluft, I = Innenluft
typ A = Sporentypen, die in der Außenluft erhöhte Konzentrationen erreichen wie z.B. Ascosporen, *Alternaria/Ulocladium,* Basidiosporen oder *Cladosporium spp.*
ΣP+A = Summe der Sporen vom Typ *Penicillium* und *Aspergillus*
Chaetom = Summe der Sporen vom Typ *Chaetomium spp.*
Stachy = Summe der Sporen vom Typ *Stachybotrys chartarum*
divers = Summe div. uncharakteristischer Sporen, die nicht dem Typ Ascosporen Typ *Alternaria/Ulocladium,* Typ Basidiosporen oder *Cladosporium spp.* angehören
Myzel = Summe der Myzelstücke

Hinweis: Die angegebenen Werte sind bisher statistisch nicht abgesichert. Eine Expertengruppe am Landesgesundheitsamt Baden-Württemberg (LGA) bemüht sich in absehbarer Zeit, die entsprechenden Daten zu erheben.

6.6.3 Bewertung von Staubproben

Für die Bewertung von Pilzen, die häufig bei Feuchteschäden im Innenraum auftreten und die typischerweise nicht über die Außenluft in erhöhten Konzentrationen eingetragen werden, ist die Aufstellung von Erfahrungswerten (Hintergrundkonzentrationen) sinnvoll. Hierbei ist zu berücksichtigen, dass Pilzarten, die häufig bei Feuchteschäden auftreten, entsprechend ihrer Sporenbildung, Sporenverbreitung und Überlebensdauer ein sehr unterschiedliches Konzentrationsniveau in belasteten Staubproben haben können. Staubproben werden vor allem in den Sommermonaten durch Sporenkonzentrationen der Außenluft stark beeinflusst, da es nicht praktikabel ist, die Lüftung der zu untersuchenden Räume für einen längeren Zeitraum zu unterbinden. Die Bildung von Anteilen einzelner Gattungen/Arten an der Gesamtkonzentration hat dementsprechend nur wenig Aussagekraft, sofern der Einfluss der jahreszeitlichen Außenluft nicht berücksichtigt wird. Auch bei der Beurteilung von absoluten Konzentrationen muss die verwendete Methode und der Einfluss der Jahreszeit Berücksichtigung finden.

Im Jahreslauf sind insbesondere die Konzentrationen von Hefen sowie *Cladosporium spp.* und sterilen Kolonien relativ hohen Schwankungen unterworfen. Mögliche Hintergrundkonzentrationen dieser Gruppen müssen daher weit gespannt sein. Die Konzentrationen von *Aspergillus spp.* und *Penicillium spp.* gelten als relativ stabil im Jahresverlauf. Anzunehmende Hintergrundkonzentrationen dieser Gattungen sollten daher in einem schmaleren Bereich schwanken. Bei der Ergebnis-Beurteilung von Schimmelpilzmessungen im Staub ist auch der Einfluss der verwendeten Methode zu berücksichtigen. So werden z.B. bei Staubproben, die gesiebt werden, höhere Konzentrationen an Schimmelpilzen nachgewiesen als bei ungesiebten Proben.

Die Diskussionen um die am besten geeignete Methode zur Bestimmung von Schimmelpilzkonzentrationen im Staub sind noch nicht abgeschlossen. Das Umweltbundesamt fördert derzeit in mehreren Forschungsprojekten Methodenentwicklungen und die Erhebung von Hintergrunddaten zu Schimmelpilzen im Hausstaub. In **Tabelle 6.17** sind Erfahrungswerte für ungesiebte Staubproben von Teppichböden angegeben.

Für gesiebte Staubproben wird die Bewertungshilfe in **Tabelle 6.18** vorgeschlagen.

Tab. 6.17 ■ Bewertungshilfe von Staubproben (ungesiebt)

Staubuntersuchung Proben ungesiebt	Hintergrundbelastung Innenraumquelle unwahrscheinlich	Innenraumquelle nicht auszuschließen[1])	Innenraumquelle wahrscheinlich[2])
Konzentrationen typischer Pilzgattungen bzw. Arten im Staub KBE/m²			
Cladosporium spp. *	< 200.000	> 200.000 ≤ 400.000	> 400.000
Hefen*	< 150.000	> 150.000 ≤ 300.000	> 300.000
sterile Kolonien*	< 80.000	> 80.000 ≤ 200.000	> 200.000
Penicillium spp. *	< 40.000	> 40.000 ≤ 80.000	> 80.000
Aureobasidium spp. *	< 10.000	> 10.000 ≤ 20.000	> 20.000
Aspergillus spp. *	< 20.000	> 20.000 ≤ 40.000	> 40.000
Aspergillus fumigatus	< 3.000	> 3.000 ≤ 15.000	> 15.000
Aspergillus niger	< 3.000	> 3.000 ≤ 15.000	> 15.000
Aspergillus versicolor	< 5.000	> 5.000 ≤ 20.000	> 20.000
Alternaria spp.	< 10.000	> 10.000 ≤ 30.000	> 30.000
Eurotium spp.	< 3.000	> 3.000 ≤ 15.000	> 15.000
Feuchteindikatoren mit hohem Sporenflug	< 3.000	> 3.000 ≤ 20.000	> 20.000
Feuchteindikatoren mit geringem Sporenflug	< 1.000	> 1.000 ≤ 3.000	> 3.000

Zusammensetzung	**Allgemeine Mischpopulation**	**Konzentration an Feuchte-Indikatoren**	**Überwiegend Indikatorenkeime**
Gesamt-KBE **ohne** *Aureobasidium spp.* *Cladosporium spp.* *Penicillium spp.* Hefen sterile Kolonien	< 20 000	> 20 000 ≤ 60 000	> 60 000
Gesamt-KBE (Winter) Gesamt-KBE (Sommer)	< 50 000 < 250 000	> 50 000 ≤ 120 000 > 250 000 ≤ 600 000	> 120 000 > 600 000

1) Indiz für Quellensuche
2) Indiz für kurzfristige intensive Quellensuche
* In den Wintermonaten ist davon auszugehen, dass die nachweisbaren Konzentrationen deutlich unter denen der Sommermonate liegen.

Tab. 6.18 ■ Bewertungshilfe von Staubproben (gesiebt)

Staubuntersuchung Proben gesiebt, Korngröße < 125 µm	**Hintergrundbelastung Innenraumquelle unwahrscheinlich**	**Innenraumquelle nicht auszuschließen[1])**	**Innenraumquelle wahrscheinlich[2])**
Konzentrationen typischer Pilzgattungen bzw. Arten im Staub KBE/g			
Cladosporium spp. *	*< 500.000	> 500.000	> 2.000.000
Hefen*	< 400.000	> 400.000	> 2.000.000
sterile Kolonien*	< 170.000	> 170.000	> 1.000.000
Penicillium spp. *	< 120.000	> 120.000	> 300.000
Aureobasidium spp. *	< 70.000	> 70.000	> 300.000
Aspergillus spp. *	< 15.000	> 15.000	> 60.000
Aspergillus fumigatus	< 5.000	> 5.000	> 30.000
Aspergillus niger	< 5.000	> 5.000	> 30.000
Aspergillus versicolor	< 9.000	> 9.000	> 40.000
Alternaria spp.	< 15.000	> 15.000	> 60.000
Eurotium spp.	< 5.000	> 5.000	> 40.000
Feuchteindikatoren mit hohem Sporenflug	< 5.000	> 5.000	> 40.000
Feuchteindikatoren mit geringem Sporenflug	< 1.000	> 1.000	> 5.000

Zusammensetzung	**Allgemeine Mischpopulation**	**Konzentration an Feuchte-Indikatoren**	**Überwiegend Indikatorenkeime**
Gesamt-KBE **ohne** *Aureobasidium spp.* *Cladosporium spp.* *Penicillium spp.* Hefen sterile Kolonien	< 60.000	> 60.000	> 150.000
Gesamt-KBE	*< 500.000	> 500.000	> 2.000.000

1) Indiz für Quellensuche
2) Indiz für kurzfristige intensive Quellensuche
* In den Sommermonaten können bei hohen Cladosporiumkonzentrationen auch Werte um 1 x 10^6 KBE/g in unbelasteten Proben auftreten

6.7 Qualitätssicherung im Bereich biogener Innenraumbelastungen

Sowohl im Individualbereich als auch in epidemiologischen Studien zur Gesundheitsbeobachtung wurde bisher eine Vielzahl von Untersuchungen zur Bestimmung von Schimmelpilzen in Innenräumen durchgeführt. Im Individualbereich werden solche Messungen in der Regel durchgeführt, wenn der Verdacht besteht, dass eine Schimmelpilzbelastung in einem Gebäude oder in einer Wohnung vorliegt. Dieser Verdacht basiert meist auf einem oder auch mehreren der folgenden Indizien:

- muffig-moderiger Geruch
- allgemeine feuchte Flecken im Wand- und Eckenbereich
- farbige dunkle Flecken, meist schwarz bis dunkelbraun oder auch grün an Wänden und Decken
- ungeklärte Ursache für Krankheiten oder Allergien einzelner oder mehrerer Bewohner.

Dieser Verdacht auf Schimmelpilzbefall (oder auch andere Innenraumbelastungen) steht häufig auch im Zusammenhang damit, dass

- bauliche Mängel über einen längeren Zeitraum vorliegen
- ein akuter Wasserschaden vorliegt
- sich das Innenraumklima aufgrund einer durchgeführten Sanierungsmaßnahme (nachträgliche Wärmedämmung der Außenwand und/oder der Einbau von hochwärmedämmenden Fenstern) entscheidend verändert hat
- sich das Wohnverhalten (Lüftungs- und/oder Heizverhalten, Erhöhung des Wasserverbrauchs etc.) verändert oder dass ggf. auch ein Mieterwechsel stattgefunden hat.

Untersuchungen auf dem Gebiet »Schimmelpilze in Innenräumen« haben das Ziel, die Belastung durch innenraumspezifische Schimmelpilze und deren Stoffwechselprodukte bzw. Zellbestandteile bei Einzelpersonen sowie Personen- bzw. Bevölkerungsgruppen in Material, Staub und Luft zu ermitteln und zu beurteilen. Epidemiologische Studien im Zusammenhang mit der Problematik des Schimmelpilzbefalls haben in der Regel deshalb folgende Zielstellungen: Untersuchung des Zusammenhanges zwischen der Schimmelpilzbelastung und evtl. Atemwegserkrankungen bzw. Allergien sowie die Untersuchung der Einflüsse auf die Schimmelpilzbelastung wie beispielsweise regionale, jahreszeitliche, bauliche, ausstattungsspezifische, nutzerbezogene Bewertungs- bzw. Beurteilungskriterien.

Im Gegensatz zu vielen anderen Untersuchungsgebieten gibt es im Bereich »Schimmelpilze in Innenräumen« nur wenige allgemeinverbindliche Untersuchungsmethoden und Beurteilungskriterien. Deshalb sind die vorliegenden Ergebnisse der verschiedenen Untersuchungen und Gutachten kaum miteinander vergleichbar. Hierfür gibt es zum einen objektive Gründe, die in der Spezifik der Schimmelpilzproblematik begründet sind. Andererseits ist die Methodenabstimmung im Bereich der Bestimmung von Schimmelpilzen in Innenräumen bisher unzureichend. Gründe hierfür liegen u.a. in dem starken jahreszeitlichen Einfluss der Schimmelpilzbelastung der Umwelt, im starken Einfluss so genannter Expositionsquellen in der Umgebung (wie beispielsweise landwirtschaftliche Betriebe, Gärtnereien, Kompostier- und Wertstoffsortieranlagen, Mülltonnen etc.), in der starken Aufwirbelung der Sporen in der Luft und damit der inhomogenen Verteilung. Der Umfang und Zeitraum der Sporulation ist von vielen unbeeinflussbaren Faktoren abhängig und nicht einschätzbar. Außerdem ist die Flugfähigkeit der Sporen der verschiedenen Spezies sehr unterschiedlich.

Auch der Staub beeinflusst maßgeblich die Qualität von Untersuchungsergebnissen und Gutachten. Eine repräsentative Staubprobenahme ist deshalb schwierig, da Staub vom Fußboden (z.B. Teppich) auch sehr stark durch einen Außeneintrag beeinflusst sein kann. Im Bodenstaub befindet sich infolgedessen bzw. außerdem ein unterschiedlicher Anteil von Fremdpartikeln. Bei einem Bezug auf das Gewicht können Grobpartikel das Ergebnis verfälschen. Beim Sieben von Staubproben kann es zu einer Diskriminierung der Probe kommen. Außerdem kostet die Gewinnung einer passiven Sedimentationsstaubprobe sehr viel Zeit. Hinzu kommen die grundsätzlichen Probleme, dass sich der Nachweis eines Schimmelpilzbefalls in der Materialtiefe oft als schwierig erweist und die Unterscheidung zwischen Anflugsporen und Schimmel, der im bzw. auf Material wächst, nicht immer (eindeutig) möglich ist.

Den Angaben in den entsprechenden Gutachten kommt daher bezüglich der angewandten Nachweisverfahren, der erhaltenen bauphysikalischen Daten, der Dokumentation des vorgefundenen Zustands (Begehungsprotokoll, bildliche Darstellung), den verwendeten Beurteilungskriterien und der Interpretation und Bewertung eine besondere Bedeutung zu.

Daher sollte die untersuchende Person folgende Qualifikationskriterien beachten:

- Qualifikation und bisherige Berufserfahrung des Prüfleiters
- Qualifikation und bisherige Berufserfahrung des Verantwortlichen für die Interpretation und Bewertung
- Qualifikation der wissenschaftlichen und technischen Mitarbeiter
- Beachtung der Forderungen des § 44 ff. Infektionsschutzgesetz vom 20. Juli 2000, vormals § 19 Bundesseuchengesetz
- Fixierung des Laborbetriebes in einer Laborordnung (Qualitätsmanagement-Handbuch), in der alle organisatorischen Maßnahmen schriftlich festgehalten sind (Verfahren zur Qualitätssicherung, Dokumentation der Ergebnisse, Anforderungen bei der Probenahme, Dokumentation der Analysenmethoden, Umgang mit gefährlichen Arbeitsstoffen, Hygieneplan usw.).
- Anpassung der apparativen, technischen und räumlichen Ausstattung des Labors an die durchzuführenden Untersuchungsverfahren
- Wartung der Analysegeräte des Labors
- internes Programm zur Qualitätssicherung
- Teilnahme an Laborvergleichsuntersuchungen wie z. B. an Ringversuchen
- Information des Auftraggeber über die spezifischen Anforderungen, die sich bei dem zu bestimmenden Parameter bezüglich der Probenahme, des Probentransports und der Probenlagerung ergeben. Der Auftraggeber wird ebenfalls bei der Festlegung des zu untersuchenden Probenmaterials beraten, wobei ihm nur solche Materialien empfohlen werden, die zurzeit schon ausreichend standardisiert sind und für die es verallgemeinerungsfähige Bezugswerte gibt.
- Verwendung eines problemangepassten Kurzfragebogens (Begehungsprotokoll)
- Teilnahme an Fortbildungsveranstaltungen.

Mitteilung folgender Parameter mit dem Befund an den Auftraggeber:

- das angewandte Untersuchungsverfahren
- Wird ein spezieller Parameter bestimmt, der in dieser Abhandlung nicht aufgeführt ist, ist dieser plausibel nachvollziehbar zu beschreiben.
- Fehlerabschätzung des Analyseergebnisses
- der Arbeitsbereich oder, wenn sinnvoll, die Bestimmungsgrenze der angewandten Untersuchungsmethode (MVOC; Toxine usw.)
- Bezugswerte für die Bewertung und Angabe der Herkunft der genannten Bezugswerte (basieren die Bezugswerte auf eigenen Daten, ist ihre Validität und Plausibilität zu belegen)

Untersuchungen auf Schimmelpilze im Umweltbereich und besonders in Innenräumen gewinnen zunehmend an Bedeutung. Auch das Umweltbundesamt hält deshalb die Standardisierung von Verfahrensvorschriften, die Erarbeitung von Kriterien für die Befundbewertung sowie Ansätze zur Qualitätssicherung für erforderlich. Deshalb konstituierte sich in 2001 eine länderübergreifende Projektgruppe im Landesgesundheitsamt Baden-Württemberg und stimmte der Einrichtung einer Projektgruppe »Zertifizierung im HBM-Bereich« zu. Bei diesem Ansatz einer Abstimmung der Qualitätssicherung im Bereich der Umweltanalytik sind prognostisch auch die anderen Arbeitsbereiche der umweltmedizinischen Analytik mit einzubeziehen. Als erster Schwerpunkt werden Maßnahmen zur externen Qualitätssicherung der Bestimmung von Schimmelpilzen in Innenräumen vorgenommen. Zu gegebenem Zeitpunkt wird dann die Übertragung der verantwortlichen Trägerschaft an eine Fachgesellschaft oder an eine andere Institution erfolgen.

7 Sanierung von und Vorbeugung vor Schimmelpilzbefall

7.1 Einleitung

Bei der Schimmelpilzallergie steht wie bei allen allergischen Erkrankungen die Allergenkarenz, also die Meidung oder Ausschaltung von Allergenen, im Vordergrund. Die bekannte Zunahme von Allergien erfordert eine Intensivierung der Primärprävention. Ein zentraler Ansatzpunkt wäre deshalb, die Expositionsfaktoren aus der Umwelt zu minimieren. Ein hypoallergener, also keinerlei Allergien verursachender, Innenraum wäre erstrebenswert. Dies ist allerdings aufgrund vieler Randbedingungen und Umwelteinflüsse nicht realisierbar. Hinsichtlich der Planung von Maßnahmen, die auf eine Expositionsvermeidung bzw. -verminderung abzielen, muss zwischen der inneren und äußeren Pilzexposition unterschieden werden. Letztendlich ist eine vollständige Allergenkarenz bei Schimmelpilzallergikern wegen des ubiquären Vorkommens der Pilze nicht möglich. Menschen, die stark allergisch sind, werden deshalb um eine Hyposensibilisierung oder eine Dauermedikation mit einem entsprechenden Antihistaminikum/ Antibiotikum nicht herum kommen.

Die Ausführungen zur Sanierung von und Vorbeugung vor Schimmelpilzbefall haben keinen rechtsverbindlichen Charakter. Sie stellen lediglich Empfehlungen und Anregungen dar, die eine allgemein gute Verfahrensweise bei der Sanierung verdeutlichen sollen. Da fundierte Untersuchungen und Daten auf dem Gebiet der Schimmelpilzsanierung bisher fehlen, stellen die folgenden Ausführungen einen Versuch dar, allgemeine Forderungen auf diesem Gebiet zu fixieren. Von Fall zu Fall ist zu entscheiden, wie die Sanierung unter den konkreten Gegebenheiten vorzunehmen ist. Dabei sollte eine Grundvoraussetzung sein, dass ein Schimmelpilzbefall auf Dauer nur durch die Beseitigung der Ursachen seiner Entstehung bekämpft werden kann. Hier ist zwischen den Primärursachen wie baulichen und/oder konstruktiven Mängeln und den Sekundärursachen wie dem Lüftungs- und/oder Heizverhalten der Bewohner zu unterscheiden und zu gewichten. Wie bereits beschrieben ist dafür eine gründliche und umfassende sowie qualifizierte und fachkompetente Untersuchung entscheidend. Besondere Beachtung verdient hier neben der Analyse des sichtbaren Schimmelpilzbefalls das Aufspüren von verdeckten Schimmelpilzherden.

Das Hauptproblem in der Diagnose und Sanierung von schimmelpilzbefallenen und -belasteten Innenräumen besteht darin, dass keine Qualifikationsnachweise der ausführenden Personen oder Unternehmen vorhanden sein müssen und infolgedessen Malerfirmen, Bautenschützer und Baugeschäfte bis hin zu Angestellten von Hausverwaltungen diese komplexen bis hin zu gefährlichen Arbeiten durchführen (nur in Einzelfällen wie im Krankenhausbereich werden dafür Spezialisten eingesetzt). Wenn diese Tatsache bereits unter Fachleuten auf Kritik stößt, kann man sicherlich leicht nachvollziehen, welches Gefahrenpotenzial besteht, wenn diese Tätigkeiten dann auch noch durch Bewohner in Eigenleistung durchgeführt werden. Es ist eben nicht damit getan, einen örtlich sichtbaren Schimmelpilzbefall mit irgendwelchen Präparaten einzustreichen oder einzusprühen und anschließend eine neuen Anstrich aufzubringen.

Aufgrund der oft vorliegenden Beeinträchtigung des Immunsystems der Bewohner ist jedoch auch die Beachtung von Sicherheitsmaßnahmen bei durchzuführenden Sanierungsmaßnahmen immer wichtiger geworden. Die Beseitigung von Schimmelpilzen ist deshalb nicht ganz ungefährlich, weil jede leichte Luftbewegung in den befallenen Räumen das Ablösen großer Sporenmengen verursacht. Außerdem setzen sich die Sporen auf allen Oberflächen ab. Deshalb sind die Gardinen, Polstermöbel, Teppiche wie auch alle anderen Gegenstände mit großen Mengen von Sporen versehen. Bei der Reinigung sollten sie deshalb ebenfalls gesäubert werden. Das Bauwerk bzw. die Schadstellen müssen ausgetrocknet werden. Die mit Schimmelpilz befallenen Oberflächen müssen vorsichtig entfernt werden. Besonderer Wert ist auf die Beseitigung von Staub zu legen, da dieser oft stark mit Schimmelpilzen versetzt ist. Während dieser Arbeiten sollte eine Partikelschutzmaske getragen werden.

Darüber hinaus, und dies wird häufig vernachlässigt oder ist zu wenig bekannt, ist in den meisten Fällen auch der Erfolg der Sanierung davon abhängig, dass die bei den Sanierungsmaßnahmen nicht zu vermeidenden Staubentwicklungen (keimbelastet) und freigesetzten Pilzsporen im gesamten Objekt verteilt werden und dadurch über längere Zeit zu Belastungen führen können. Diese können dann unter Umständen zu größeren gesundheitlichen Belastungen führen als der ursprüngliche Befall vor der Sanierung. Im Sinne einer fachkompetenten und qualifizierten Sanierung, welche auch direkt nach Abschluss der Arbeiten eine weitestgehende Allergenfreiheit aufweist, sind diverse Sicherheitsmaßnahmen und spezielle Arbeitsvorschriften erforderlich. Dies betrifft dann allerdings nicht nur die Bewohner der zu sanierenden Objekte, sondern auch in besonderem Maße die ausführenden Handwerker, da diese bei der Sanierungsmaßnahme zum Teil sehr hohen Belastungen ausgesetzt sind. Es ist für die Zukunft dringend notwendig, dass im Sinne des Arbeits- und Gesundheitsschutzes bald zumindest einige grundsätzliche Sicherheitsmaßnahmen Vorschrift werden, wie dies beispielsweise bei der Asbestsanierung der Fall ist, wenn auch diese erst sehr spät erfolgte.

Bei der Auswertung der mikrobiologischen Untersuchung über die Art des Schimmelpilzbefalls sollte in Zusammenarbeit mit einem mykologischen Labor eine Gefährdungsabschätzung vorgenommen werden, aus der dann die Art und der Umfang der Sanierung abgeleitet wird:

- Sanierungsstufe 1: **geringes** zu erwartendes gesundheitliches Risiko während der Sanierung
- Sanierungsstufe 2: **überschaubares** zu erwartendes gesundheitliches Risiko während der Sanierung
- Sanierungsstufe 3: **hohes** zu erwartendes gesundheitliches Risiko während der Sanierung.

Die Eingruppierung in diese drei Sanierungsstufen setzt natürlich einen hohen Sachverstand und entsprechende Fachkompetenz voraus. Sie ist nicht unbedingt deckungsgleich mit den in Kapitel 6 angegebenen drei Einstufungskriterien zur Beurteilung eines Schimmelpilzbefalls in Innenräumen. Bei der Eingruppierung in die Sanierungsstufen ist übrigens nicht der Befall an sich zu bewerten, sondern das gesundheitliche Risiko, mit welchem bei der Sanierung für die Nutzer und/ oder Sanierungsfirmen sowie für die Umwelt zu

Tab. 7.1 ■ Eingruppierung in eine der drei Sanierungsstufen

Beurteilungskriterium	geringeres Risiko	überschaubares Risiko	hohes Risiko
Ausmaß der sichtbar befallenen Fläche	ca. < 0,2-0,4 m^2	ca. 0,5-3 m^2	ca. > 3 m^2
Tiefe des Befalls	oberflächlich	ca. < 0,5 cm	ca. > 0,5 cm
Art der Nutzung	nicht ständig genutzter Raum	Wohnung, Arbeitsräume (aktiv)	Krankenhaus, Kindergarten, Altenheim, Schule, Räume mit Lebensmitteln
Wahrscheinlichkeit, dass bei der Sanierung in großem Umfang Schimmelpilzsporen freigesetzt werden	leicht ausbaubare Einrichtungen	Reduzierung der Staubentwicklung ist möglich	mechanisches Abtragen in größerer Tiefe bei größeren Flächen wird notwendig
Gesundheitszustand der Nutzer	gut bis sehr gut	durchschnittlich	Kranke, Allergiker, Immunsupprimierte

Abb. 7.1-7.6 ■ Schimmelpilzbefall in seinen unterschiedlichen Erscheinungsformen kann nur saniert werden, wenn eine Gefährdungsabschätzung des Befalls vorgenommen und die Ursachen geklärt wurden.

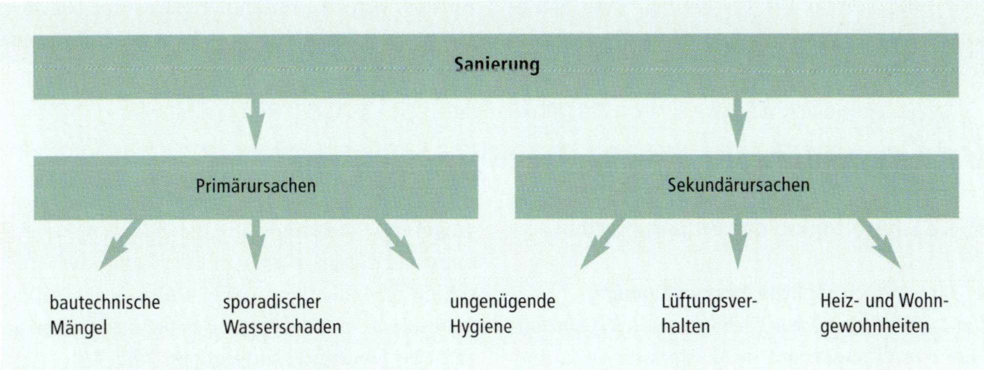

Abb. 7.7 ■ Primär- und Sekundärursachen bei Sanierungen

rechnen ist. Es sind infolgedessen Belange des Gesundheits-, des Arbeits- und des Umweltschutzes zu beachten.

In bisherigen Veröffentlichungen wurde versucht, die Sanierungsstufen in Kategorien einzuteilen, wobei dies nicht ganz unproblematisch erscheint **(Tab. 7.1)**.

Aus diesen Eingruppierungskriterien ist in Abhängigkeit von der Schimmelpilzart und -menge eine Gesamteinschätzung vorzunehmen, wobei für gewöhnlich die Gesamteinschätzungskategorie nicht mehr als um eine Stufe niedriger liegen sollte als die höchste Einzelkategorie. Ein häufiges bis überwiegendes Auftreten von Schimmelpilzarten, denen eine besondere gesundheitliche Bedeutung bezüglich ihrer allergenen, immuntoxischen bzw. infektiösen Wirkung zugeordnet wird (z.B. *Aspergillus fumigatus, Aspergillus flavus, Stachybotrys chartarum*), führt entsprechend zu einer Verschiebung in die nächst höhere Kategorie. Treten bei den Betroffenen durch einen Umweltmediziner oder Allergologen bestätigte Beschwerden auf, die auf eine Schimmelpilzbelastung zurückzuführen sind, ist abzusichern, dass sich diese Personen nicht mehr in den befallenen Räumen aufhalten.

Als Erstes müssen die Ursachen für das Schimmelpilzwachstum durch einen qualifizierten und fachkompetenten Sachverständigen oder Gutachter festgestellt werden. Mögliche Ursachen sind, wie bereits ausführlich in vorangegangenen Kapiteln beschrieben wurde, Bauschäden über einen längeren Zeitraum (wie beispielsweise eine nicht vorhandene oder funktionsfähige Horizontal- und/oder Vertikalabdichtung) oder sporadische Wasserschäden, Wärmebrücken und/oder Taupunktverschiebung im Wandbereich (beispielsweise durch falsch dimensionierte oder innen liegende Wärmedämmung) oder auch unzureichend abgetrocknete Neubaufeuchte bzw. Baufeuchte auch nach einer durchgeführten Sanierung. Deshalb werden im Folgenden die einzelnen Sanierungsmaßnahmen gegen die Primär- und Sekundärursachen kurz beschrieben.

Bei der Trockenlegung und Sanierung feuchtebelasteter Objekte muss häufig mit einem kurzzeitigem Anstieg der Sporenbelastung gerechnet werden, da Austrocknung und Nährstoffmangel die Mikroorganismen zu einer entsprechenden, vermeintlich lebenserhaltenden Reaktion zwingen. Auch dies muss bei Messungen und vor allem dem Arbeitsschutz beachtet werden.

Besonders problematisch ist die Durchfeuchtung von feinporigen Materialien (wie z.B. von Porenbeton-Bausteinen, Sandstein, Holz, Spanplatten oder Isoliermaterial). Bei ihnen wird die materialbegünstigte, hohe Feuchtigkeit lange Zeit aufrechterhalten. Bei Holz ist prinzipiell zwischen der so genannten Holzbläue (oberflächlicher Befall während der Holzverarbeitung) und dem aktiven Schimmelpilzwachstum aufgrund eines akuten Feuchteschadens mit starker Sporulation der Schimmelpilze zu unterscheiden. Bei normaler

Holzbläue besteht für gewöhnlich kein Sanierungsbedarf. Aktiv befallenes Holz hingegen ist sehr schwer zu sanieren und muss meist entsorgt werden. Nur in Ausnahmefällen kann ein oberflächlicher Befall durch Abfräsen/Abhobeln entfernt werden.

7.2 Durchführung der Sanierungsmaßnahme

7.2.1 Beseitigung der Primärursachen

7.2.1.1 Nachträgliche Wärmedämmung

Der Wärmeschutz von Gebäuden und insbesondere von Fassaden hat in den letzten 40 Jahren eine beeindruckende Entwicklung genommen. Die ersten Wärmedämmverbundsysteme wurden noch als Thermohaut oder Vollwärmeschutz bezeichnet. Ende der 70er Jahre wurde mit der ersten Wärmeschutzverordnung das Anforderungsniveau an die DIN 4108 deutlich angehoben. Nach der zweiten Energiekrise 1978 setzte die entscheidende Entwicklung der Wärmedämmverbundsysteme ein, die u.a. in die erste Standsicherheitsanforderung durch das Institut für Bautechnik mündete. Im Jahre 1981 wurde der Fachverband »Fassaden-Vollwärmeschutz« gegründet. Die zweite Wärmeschutzverordnung (1984) erhöhte die Systemanforderungen noch einmal um 25% und wurde durch die dritte Wärmeschutzverordnung (1995) sowie die neue Energieeinsparverordnung (2002) auf hohem Niveau fortgesetzt.

Nach dem heutigen Stand der Technik wird dieser Wärmeschutz im Wesentlichen durch Wärmedämmverbundsysteme erreicht, die außenseitig angebracht werden. Diese Systeme bestehen generell aus einer Wärmedämmschicht, die aus einer Wärmedämmplatte resultiert. Eingesetzt werden Polystyrol- und Mineralwolleplatten sowie in geringem Ausmaß auch natürliche Dämmstoffe aus Holz, Papier, Schafwolle, Kork oder Hanf. Eine interessante Neuentwicklung auf diesem Gebiet sind die so genannten Mineralschaumplatten oder auch Kalziumsilikatplatten, die durch ihre Offenporigkeit und sehr hohe Wasserdampfdiffusion überzeugen. Anschließend wird eine anorganische (mineralische) oder organisch gebundene Armierungsschicht aufgezogen, in die ein Gewebe eingebettet wird. Als Schlussbeschichtung werden entweder dickschichtige mineralische oder dünnschichtige kunstharz-, siliconharz- oder silikatgebundene sowie anorganisch gebundene (mineralische) Oberputze aufgezogen **(Abb. 7.9)**.

Mangelhafte Wärmedämmung der Außenteile eines Baukörpers führt zu kalten Innenwänden und Niederschlag bzw. Kondenswasser. Außenwände und Decken zu nicht geheizten Stockwerken sollten deshalb isoliert werden. Bei Altbauten ist eine nachträgliche Außendämmung einer Wärmedämmung von innen vorzuziehen. An dieser Stelle sollen einige Worte zur Innendämmung angeführt werden, da die Planung vor allem drei Aspekte berücksichtigen muss: den bauphysikalisch richtigen Aufbau der inneren Dämmschichten, die Minderung möglicher Wärmebrückeneffekte und die Anforderungen an die Luftdichtigkeit. Auf den ersten Blick besticht eine Innendämmung durch eine Reihe von Vorteilen, um beispielsweise geringere Kosten und eine einfache Montage zu nennen. Nicht zu vergessen, dass bei einer Innendämmung kein Gerüst zu stellen ist.

Diesen Vorteilen stehen allerdings eine ganze Reihe von Nachteilen gegenüber. Vor allem sind es zwei Probleme, die besondere Aufmerksamkeit verdienen. So darf die Wärmedämmschicht, die innenseitig vor die Wand gestellt wird, keinesfalls durch warme, feuchte Innenraumluft hinterströmt werden. Derartiger Feuchtigkeitstransport kann zu höheren Bauschäden führen, weil sich nach physikalischer Gesetzmäßigkeit der (nicht sichtbare) Wasserdampf der feuchten Raumluft an der kalten Wandinnenfläche als Wasser niederschlagen kann. Eine luftundurchlässige Schicht auf der warmen Raumseite ist notwendig, um dieses Eindringen von Feuchtigkeit zu verhindern. Sie kann aus der verspachtel-

Abb. 7.8 ▪ Unterschiedliche Dämmstoffe in der Darstellung...

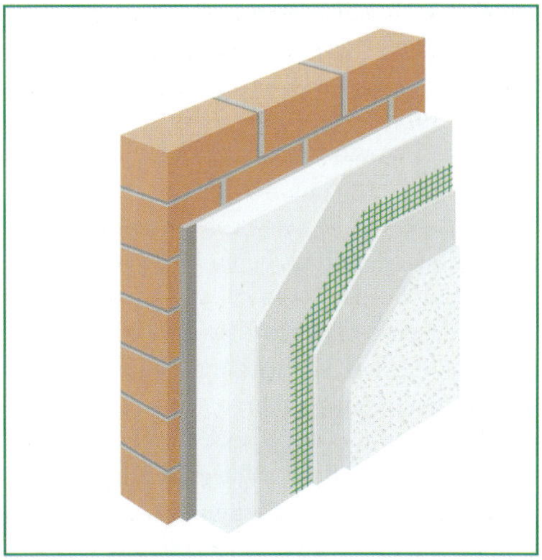

Abb. 7.9 ▪ ...und im Systemaufbau mit Armierung, Gewebe und Endbeschichtung

ten und an den Anschlüssen gut abgedichteten Gipskarton- oder Gipsfaserplatte der Innenbekleidung bestehen und/oder aus überlappenden und verklebten PE-Folien zwischen der Dämmung und Verkleidung, die zu sauberen Randabschlüssen führen und Durchdringungen abdichten.

Der zweite große Problemkreis betrifft die Wärmebrücken, denn eine Innendämmung vermag zwar einerseits Wärmebrücken zu vermeiden, doch können gerade auch durch diese neue Wärmebrücken entstehen. Dies kann beispielsweise dort passieren, wo Innenwände an die Außenwände stoßen und dadurch die Innendämmung der Außenwände unterbrochen wird oder auch bei Decken, die auf dem Außenmauerwerk aufliegen und bei denen der Gurt nach außen nicht gedämmt ist. Neben den bekannten Systemen, bestehend aus Vorsatzschalen und Verbundplatten sind seit einiger Zeit Kalziumsilikatplatten und Mineralschaumplatten auf dem Markt. Gerade Letztere stellen eine interessante Weiterentwicklung dar, da sie einen komplett mineralischen Dämmstoff beschreiben, der formstabil, wasserdampfdurchlässig, nicht brennbar und gleichzeitig faserfrei ist.

Ist der Wärmeschutz der Außenwände ungenügend und wird keine nachträgliche Wärmedämmung ausgeführt, sollten die dazugehörigen Innenseiten dieser Außenwände frei bleiben, um die Luftzirkulation nicht zu behindern. Bei Möbeln und dgl. ist ein Wandabstand von ca. 10 cm zu empfehlen, Einbauschränke und dgl. gehören überhaupt nicht an feuchtebelastete Wände. In diesem Zusammenhang ist darauf hinzuweisen, dass durchfeuchtete Bauteile in jedem Fall zu trocknen und auch trocken zu halten sind, da sonst durch den Entzug der Verdunstungswärme das Bauteil weiter auskühlt. Dies hat eine vermehrte Kondensation von Luftfeuchtigkeit an der

Oberfläche und damit eine erhöhte Durchfeuchtung zur Folge. Eine Wärmebrücke entsteht, die selbst ohne Pilzbefall durch eine Absenkung der Strahlungstemperatur das Raumklima negativ beeinflusst.

Abschließend muss deshalb darauf geachtet werden, dass die im Raum entstehende Feuchtigkeit durch vermehrtes Lüften und/oder Raumlufttrockner abgeleitet werden muss. Bei manchen sehr dichten Konstruktionen und Nutzeraktivitäten mit hoher Feuchtigkeitsabgabe muss über eine technische Lüftungsregelung nachgedacht werden, da die Feuchtigkeit durch mehrmaliges kurzzeitiges Lüften nicht ausreichend abgeleitet werden kann (z.B. Bäder mit indirekter Belüftung). Früher waren Fenster die Bauteile mit dem höchsten Wärmeaustrag und der stärksten Abkühlung (kälteste Bauteile) in der Wohnung. War die Luft im Innenraum zu feucht, machte sich dies durch Kondensation an den Fenstern bemerkbar und man wusste, dass vermehrt gelüftet werden muss. Nach dem Einbau von dichten Fenstern ist der kälteste Punkt in der Wohnung nicht mehr die Fensterscheibe, sondern eine andere Stelle im Raum (z.B. Außenwände und speziell Außenecken). Kommt es dort zu Kondensation, wird dies oft erst bemerkt, wenn sich bereits Schimmelpilze ausgebreitet haben. Wird vorschriftsmäßig nach DIN 4108 gebaut bzw. wärmegedämmt, so dürfen diese kältesten Punkte im Raum bei »normaler Raumnutzung« keine Kondensationsprobleme aufweisen. Probleme können sich jedoch aus folgenden Gründen ergeben:

- Es sind Wärmebrücken vorhanden, die die Vorgaben der DIN 4108 nicht erfüllen (Baufehler)
- Die Raumnutzung (Heizung, Lüftung, Luftfeuchtigkeit) entspricht nicht den in der DIN angenommenen Normalverhältnissen (20 °C, 50% Luftfeuchtigkeit im Raum)
- Durch dichte Möblierung an Außenwänden werden diese von der warmen Heizungsluft abgeschnitten und kühlen daher ab
- Schimmelpilzwachstum tritt nicht erst bei Kondenswasserbildung, sondern bereits bei anhaltenden ca. 70% Luftfeuchte über dem Material auf. Die Anforderungen der DIN 4108 zu Wärmebrücken müssen eingehalten werden, wenn Schimmelpilzwachstum ausgeschlossen werden soll.

7.2.1.2 Nachträgliche Horizontalabdichtung

Liegt die Ursache der Mauerwerksdurchfeuchtung in einer fehlenden oder nicht mehr funktionsfähigen Horizontalsperre, so kann diese nachträglich eingebracht werden. Hierzu werden mit den mechanischen und chemischen Verfahren zwei unterschiedliche Verfahrensarten angeboten, wenn man die elektro-physikalischen Verfahren als bisher zwar wissenschaftlich nachgewiesen, aber in der Praxis noch nicht bewährt ausklammern möchte. Auch wenn dieses Thema ein eigenes Fachbuch füllen kann, so sollen im Folgenden kurz die beiden Verfahren klassifiziert werden.

Nach Anzahl der Arbeitsschritte unterscheiden sich die mechanischen Systeme in ein- und zweistufige Verfahren. Bei dem einstufigen Verfahren stellt die Mauerwerkstrennung und die Horizontalabdichtung einen Arbeitsgang dar. Durch Einschlagen von gewellten Edelstahlplatten in die Lagerfuge eines Mauerwerkes werden gleichzeitig zwei Arbeitsschritte verrichtet. Bei dem zweistufigen Verfahren wird zunächst abschnittsweise das Mauerwerk durch Stemmen, Bohren, Schneiden oder Fräsen mechanisch getrennt, bevor dann im zweiten Arbeitsgang horizontale Sperrschichten eingelegt und der verbleibende Spalt im Mauerwerk kraftschlüssig verfüllt wird. Entscheidendes Argument für die mechanischen Verfahren ist die hohe Systemsicherheit und lange Funktion der Abdichtungsschicht – bei sach- und fachgerechter Ausführung. Wichtigstes Argument gegen diese Art der nachträglichen Horizontalabdichtung ist die komplette Durchtrennung des Mauerwerkes und damit der statische Eingriff in die Bausubstanz mit der Gefahr von Rissbildung und dgl. Außerdem können diese Verfahren nur von außen und nicht bei jeder Mauerwerkskonstruktion eingesetzt werden.

Abb. 7.10 ▪ Nachträgliche Horizontalabdichtung mittels Bohrlochinjektion (am Beispiel der Druckinjektion)

Alternativ werden Injektionsverfahren eingesetzt, die umgangssprachlich auch als Injektagen oder chemische Verfahren bezeichnet werden. Unterschieden werden die Injektionsverfahren einerseits nach der Einbringung in drucklose und Druckverfahren sowie in das Impulsverfahren. Bei den drucklosen Verfahren wurden früher Gießkannen zum Einbringen des Injektionsmittels verwendet, die heute allerdings fast ausschließlich durch Flascheninjektionen abgelöst wurden. Bei den Druckinjektionen unterscheidet man zwischen den Niederdruckinjektionen (mit 2 bis max. 10 bar) und den Druckinjektionen (über 10 bis max. 30 bar). Das Impulsverfahren beschreibt eine Kombination aus druckloser und Niederdruckinjektion, da während der Einbringphase des Injektionsmittels ein Niederdruck aufgebaut wird und während der Penetration kein Druck vorhanden ist. Dadurch kann eine bessere Durchdringung des gesamten Mauerwerksquerschnittes erreicht werden.

Des Weiteren werden Injektionen nach dem eingebrachten Injektionsmittel unterschieden. So werden lösemittelfreie und lösemittelhaltige, ein- oder mehrkomponentige Injektionsstoffe eingesetzt. In den Baustoff eingebracht reagieren diese Produkte unterschiedlich: Einige reagieren chemisch mit der Feuchtigkeit im Mauerwerk, andere wiederum nur, wenn die Feuchtigkeit einen entsprechenden Durchfeuchtungsgrad nicht übersteigt. Darüber hinaus gibt es Injektionsstoffe, die ausschließlich durch physikalische Trocknung und nicht chemisch reagieren. Im Baustoff selbst sollen die Poren durch das Einbringen der Injektionsstoffe Wasser abweisend ausgebildet werden. Dies wird über die unterschiedlichen Injektionsstoffe und ihren Wirkmechanismus sichergestellt. So werden einerseits Produkte angeboten, die im Baustoff eine Kapillarhydrophobierung, eine -verengung oder -verstopfung aufbauen, wobei auch Kombinationen eintreten können. Deshalb sind die unterschiedlichen Verfahren schwer vergleichbar, da jedes für sich andere objekt- und/oder untergrundspezifische Anwendungsgrenzen besitzt bzw. flankierende Maßnahmen notwendig werden. So müssen bei einigen Injektionsverfahren vorher das Mauerwerk beispielsweise vorgetrocknet oder vorgeheizt werden. Bei anderen Verfahren wird eine Nachinjektion alkalischer Medien oder mittels Heizpacker während oder nach der Injektion notwendig, damit sich der Wirkstoff im Mauerwerk verteilen oder das Wirkprinzip aufbauen kann.

Neben den mechanischen und Injektionsverfahren gibt es noch die so genannten elektro-physikalischen Verfahren, die auch als elektro-osmotische Verfahren bezeichnet werden. Hierbei soll ein elektrischer Stromfluss im Mauerwerk, der entgegengesetzt zur Kapillarität aufgebaut werden soll, die Mauerwerksentfeuchtung sicherstellen. Der wissenschaftliche Beweis der Elektroosmose wurde bereits vor über 100 Jahren erbracht. Die Problematik besteht vielmehr in der praktischen Anwendung, da hohlräumiges bzw. klüftiges und/oder salzbelastetes Mauerwerk sowie metallische Gegenstände im oder in der Nähe des Mauerwerkes den Stromfluss beeinflussen. Des Weiteren muss bei diesen Verfahren, im Gegensatz zu den mechanischen und Injektionsverfahren, beachtet werden, dass die Ursache kapillar aufsteigender Feuchtigkeit nicht beseitigt und keine Horizontalsperre aufgebaut wird. Fachverbände lehnen deshalb seit Jahren ab, dieses Verfahren als wirksame Maßnahme zur Mauerwerksentfeuchtung anzuerkennen.

7.2.1.3 Nachträgliche Vertikalabdichtung

Sehr häufig liegt die eigentliche Ursache der Mauerwerksdurchfeuchtung nicht in einer fehlenden oder nicht mehr funktionsfähigen Horizontalsperre, auch dann, wenn sich im Sockelbereich Feuchtigkeitsprobleme, Putz- und Anstrichschäden, Salzausblühungen und dgl. zeigen. Da sehr viele Natursteinmauerwerke nur über eine geringe oder keine Kapillarität verfügen, erfolgt die Durchfeuchtung des Mauerwerksquerschnittes hier zumeist über die vertikal offenliegenden Fugen. Eine nachträgliche Vertikalabdichtung würde somit die eigentliche Ursache beseitigen. Außerdem ist der Anteil der vertikalen Bauwerksfläche im erdberührten Bereich um Einiges größer als der Anteil der horizontalen Fläche in Form der Fundamente. Auch deshalb ist eine nachträgliche Vertikalabdichtung einer Horizontalsperre vorzuziehen.

Ausgeführt werden nachträgliche Vertikalabdichtungen im Wesentlichen von außen durch das Vorbetonieren eines WU-Beton oder durch Aufbringen eines Sperr- oder Dichtungsputzes, einer mineralischen und/oder flexiblen Dichtungsschlämme, einer ein- oder zweikomponentigen, lösemittelfreien oder lösemittelhaltigen, polystyrolgefüllten oder ungefüllten Bitumen-Dickbeschichtung oder durch Kunststoff- oder Bitumenbahnen. Die Art des Abdichtungsstoffes richtet sich nach den Untergrund- und Objektbedingungen sowie dem Lastfall. Mineralische Dichtungsschlämmen und -putze werden in der Regel bei Bodenfeuchtigkeit oder im Verbund mit Bitumen-Dickbeschichtungen eingesetzt. Bitumen-Dickbeschichtungen zeichnen sich durch ihren universellen Einsatz in Bezug auf die unterschiedlichen Untergründe aus und dadurch, dass sie sehr preiswert sind. Bahnenförmige Abdichtungen hingegen werden bei starker Feuchtigkeitsbelastung oder mechanischen Beanspruchungen eingesetzt, da sie im Gegensatz zu spachtelbaren Abdichtungsstoffen in ihrer Qualität während der Verarbeitung nicht beeinflusst werden können.

In Ausnahmen werden nachträgliche Vertikalabdichtungen von innen ausgeführt, wenn die

Abb. 7.11 ■ Nachträgliche Vertikalabdichtung erdberührter Bauteile durch eine spritzbare Bitumen-Dickbeschichtung

Außenwand beispielsweise durch Nachbarbebauung oder -überbauung nicht zugänglich ist oder in der innerstädtischen Sanierung, wenn sich die Kelleraußenwände an viel befahrenden Straßen befinden. Bei dieser Art der Vertikalabdichtung, die auch als so genannte Negativabdichtung bezeichnet wird, muss beachtet werden, dass der Wandquerschnitt feucht bleibt und damit bauphysikalische Probleme mit sich bringt. Außerdem ist infolgedessen mit einem Anstieg kapillarer Feuchtigkeit im Wandquerschnitt zu rechnen, da eine Feuchtigkeitsabgabe an den Innenwänden nicht mehr möglich ist. Häufig wird die Innenabdichtung oder Negativabdichtung aus Kostengründen angeboten, wobei eine sach- und fachgerechte Ausführung fast die gleichen Kosten verursacht wie eine Abdichtung von außen. Dies liegt daran, dass man auch bei der Innenabdichtung die Trennwände und einbindende Außenwände mit berücksichtigen muss.

In den letzten Jahren werden im Rahmen der Kellersanierung verstärkt die bereits oben erwähnten Mineralschaum- und Kalziumsilikatplatten eingesetzt, mit denen einerseits eine Sanierung feuchte- und salzbelasteter Untergründe und andererseits auch eine Verbesserung des Wärmeschutzes erzielt wird. Interessant erscheinen diese Wärmedämmplatten durch ihre hohe Porosität von 60 bis 90 Volumenprozent und die sehr hohe Wasserdampfdiffusionsfähigkeit sowie die Tatsache, dass ausschließlich mineralische (anorganische) Bestandteile verwendet werden. Es ist davon auszugehen, dass sich diese Wärmedämmstoffe in den nächsten Jahren im Rahmen der Altbausanierung weiter durchsetzen werden.

7.2.1.4 Mängel in der Abdichtung

Als Ursache von Schäden in der Vertikalabdichtung müssen darüber hinaus auch so genannte Setzungsrisse oder Risse und Fehlstellen in der Abdichtung durch mangelhafte Schutzschichten bzw. unzulässige Punktlasten beim Anfüllen der Baugrube gesehen werden. Häufig kann auch beobachtet werden, dass die Perimeterdämmung in die frische Bitumen-Dickbeschichtung eingebettet wird, ohne dass diese vorher durchgetrocknet ist. Des Weiteren darf nicht unterschätzt werden, wie oft der so genannte Lastfall, also die Einschätzung des vorhandenen Wasserangriffs in Abhängigkeit von den Bodenverhältnissen, falsch dimensioniert wird. Infolgedessen werden ungeeignete Abdichtungsprodukte für höherwertige Abdichtungen eingesetzt, die dann mit der Zeit erneut Undichtigkeiten aufweisen. Natürlich müssen auch schadhafte und sich ablösende Bitumenanstriche sowie undichte Nähte bei Bahnenabdichtungen erwähnt werden. Wird der Untergrund nicht sach- und fachgerecht vorbereitet (gereinigt, grundiert etc.) und anschließend beschichtet, so kann es zu einer unzureichenden Haftung der Abdichtungsschicht mit dem Untergrund kommen. Die Schichtdickenmessung schadhafter Bitumen-Dickbeschichtungen bringt fast ausschließlich zum Vorschein, dass die lastfallabhängige Schichtdicke und/oder Gewebeeinbettung nicht eingehalten wurde.

Eine weitere Ursache ist das Nichteinhalten von Trocknungszeiten. Beispielhaft für andere mögliche Mängel sollen hier noch abgerissene und/oder nicht mit abgedichtete Lichtschächte oder Durchdringungen genannt werden. Eine der häufigsten Schwachpunkte in Bezug auf Schäden in diesem Bereich sind die Hohlkehlen zwischen dem Fundament bzw. der Bodenplatte und den aufgehenden Wänden. Die Erfahrung zeigt, dass gerade hier oft unsauber und zum Teil ohne Ausbildung einer Hohlkehle gearbeitet wird. Alle diese Mängel in der Vertikalabdichtung führen zwangsläufig wieder zu Durchfeuchtungen der Außenwand.

7.2.2 Sporadische Wasserschäden und deren Sanierung

7.2.2.1 Einleitung

Bei jedem Wasserschaden stellt sich zunächst die Frage nach der Ursache. Dabei können die Gründe für zu hohe Feuchtigkeit in Gebäuden sehr unterschiedlich sein, und nicht jedes Problem muss auf einen Leitungswasserschaden zurückzuführen sein. Mögliche Ursachen für Wasserschäden an Gebäuden sind Nutzungsfehler, Leitungswasserschäden, Konstruktionsfehler oder Katastrophenfälle. Typische Nutzungsfehler wie beispielsweise mangelhafte Lüftung oder Konstruktionsfehler

Abb. 7.12 ■ Putze und Wandbeschichtungen sowie Fußbodenkonstruktionen hochwassergeschädigter Innenräume

FEUCHTEVERLAUF

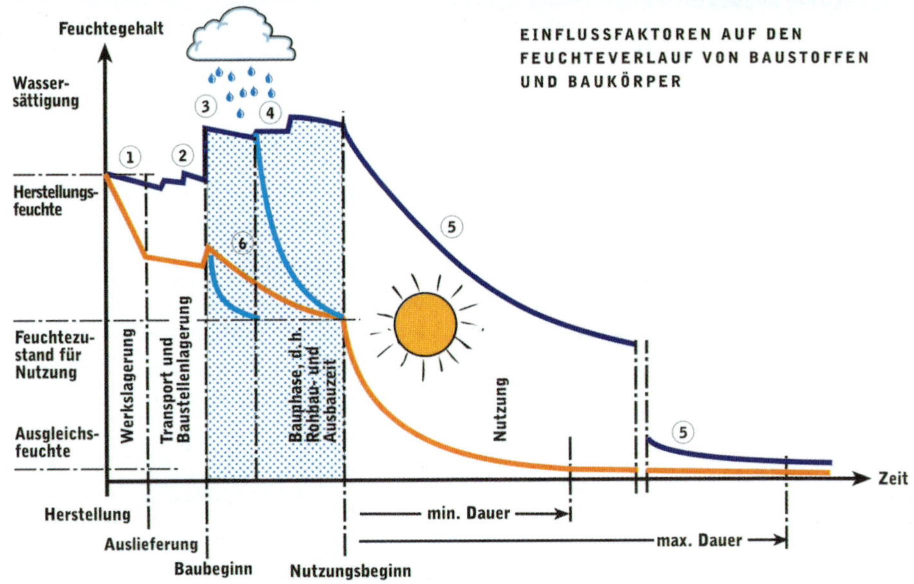

Feuchteverlauf bei Verkettungen von ungünstigen Bedingungen (①–⑤), der nur durch eine technische Trocknung kurzfristig beeinflusst werden kann bzw. diese dringend erforderlich macht.

① Bei der werkseitigen Lagerung fehlte z. B. der Wetterschutz.

② Baustoffe wurden während des Transportes und/oder der Baustellenlagerung ohne Abdeckung ungünstigen Witterungsbedingungen ausgesetzt.

③ Bei der Herstellung von Beton und Mörtel wurde zu viel Anmachwasser verwendet.

④ Unwetter während der Roh- und Ausbauphase bei ungenügender bzw. zu später Abdeckung.

⑤ Durch den ungünstigen Verlauf (①–④) ist der Feuchtigkeitsgehalt zu hoch. Folgeschäden sind vorprogrammiert.

Feuchteverlauf bei durchgehend optimalen Bedingungen, der eine technische Trocknung nur in Ausnahmesituationen erforderlich macht.

⑥ Verkürzung des natürlichen Trocknungsprozesses durch den Einsatz der technischen Trocknung von Munters:

- bei ungünstigen Witterungsbedingungen, damit der Bauzeitenplan nicht gefährdet wird und zur Vermeidung von Folgeschäden
- bei extremem Termindruck, damit die letzten Gewerke (z. B. Trockenbauer, Bodenleger, Maler) rechtzeitig beginnen können
- bei schwierigen baulichen Situationen wie mehreren unterirdischen Geschossen (z. B. Banktresor, Lagerraum, Tiefgarage), wo fehlende Luftzirkulation und/oder niedrige Temperaturen in Teilen der Gebäude den Idealverlauf der Trocknung verhindern

FEUCHTIGKEITSWERTE VON BAUSTOFFEN

	Vollziegel	Kalkstein	Schwerbeton	Schlakenbeton	Bimsbeton	Zementmörtel	Zementputz	Zementglätteputz	Kalkmörtel	Kalkputz	Kalk spritzputz	Gipsputz
Anfangsfeuchte					20–24	14–16	22–24	18–22	18–20	28–32	34–38	
Sättigungsfeuchte	20	12	5	20	45							
Neubaufeuchte	6–8	7–9	4	6–8	8–12							
Zul. Feuchte bei Anstricharbeiten	1–2	2–3	2–3	3–4	4–6	2–3	2–3	2–3	2–3	2–3	2–3	1–2
Ausgleichsfeuchte (Idealwert)	0,5	2	2	3	4	2	2	2	2	2	2	1,5

WASSERGEHALT IN MASSE-%

Abb. 7.13-7.14 ■ Die Einflussfaktoren auf den Feuchtigkeitsverlauf von Baustoffen und Baukörpern müssen bei der Planung und Ausführung bekannt sein, um darauf Einfluss nehmen oder sie berücksichtigen zu können.

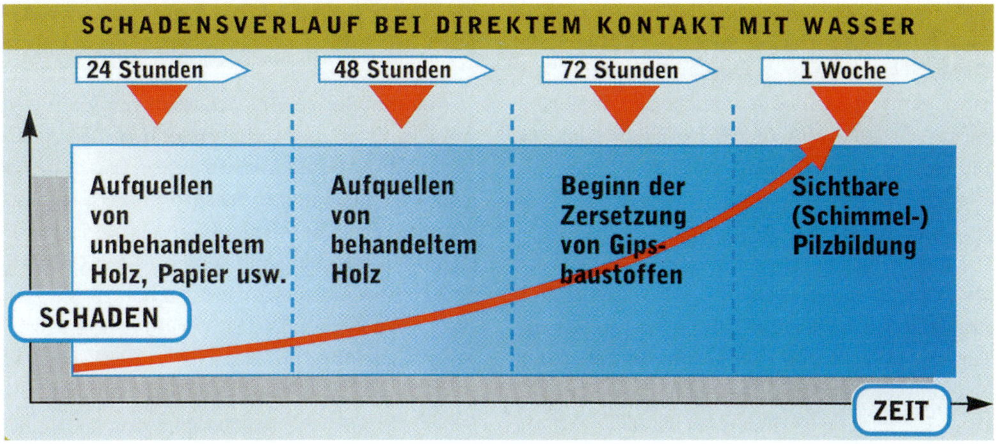

Abb. 7.15 ■ Zeitliche Abhängigkeit bei einem sporadischen Wasserschaden

wie beispielsweise Undichtigkeiten in der Bauwerksabdichtung, bei der Dachabdichtung oder mangelhafte Abdichtungen in Sanitärräumen wurden bereits ausführlich beschrieben. Darüber hinaus können Leitungswasserschäden auftreten.

In der Regel gilt es, gleich drei Wasserkreisläufe innerhalb eines Gebäudes zu betrachten: die Wasserversorgung (Kalt- und Warmwasser), das Abwasser sowie den Heizungskreislauf. Die häufigsten Ursachen sind geplatzte Schläuche sowie Rohrbrüche aufgrund von Frost, Korrosion oder Materialfehlern. Allerdings können auch Planungsfehler oder Mängel in der Bauausführung Wasserschäden an den Rohrleitungen eines Gebäudes verursachen. Neben den klassischen Leitungswasserschäden müssen zunehmend auch Naturgewalten und -katastrophen hinzugerechnet werden. Gegen Naturgewalten wie Sturm und Hochwasser ist man in der Regel machtlos. Zunehmend sind auch sintflutartige Regenfälle die Ursache dafür, dass Keller überschwemmt und binnen kürzester Zeit große Schäden angerichtet werden. Zu den Katastrophenfällen müssen natürlich auch Brandschäden gezählt werden, die gerade bei mehrstöckigen Gebäuden aufgrund des Löschwassers auch zu erheblichen Wasserschäden führen können.

Wenn Wasser erst einmal läuft, findet es immer einen Weg in porösen Materialien, Hohlräumen und Öffnungen, durch Wände, Decken und Fußböden – um sich dort auszubreiten. Ein Rohrbruch mit einem kaum sichtbaren Leckdurchmesser von beispielsweise nur 0,5 mm bedeutet bei nur 5 bar Druck, dass pro Tag bis zu 500 Liter

Wasser in die Gebäudekonstruktion eindringen können. In einigen Fällen kann es dabei einige Zeit dauern, bis die Feuchtigkeit sichtbar wird. Sind nach einem Wasserschaden die Ursachen erkannt und behoben sowie die von Wasser und Feuchtigkeit geschädigten Gebäudebereiche identifiziert, stehen kurzfristige Schadensminderungsmaßnahmen und die Erstellung eines effizienten Sanierungskonzeptes im Vordergrund. Häufig wird hierbei der Trocknungsaspekt immer noch isoliert gesehen und man konzentriert sich auf den physikalischen Schadensprozess. Auf der Basis des heutigen Wissensstandes ist das Risikopotenzial jedoch zum Teil sehr viel umfassender und erfordert eine fachlich versierte und systematische Einschätzung von unterschiedlich gelagerten Schadensprozessen, die in physikalische, chemische und biologische unterschieden werden.

7.2.2.2 Schadensprozesse

Die **physikalischen Schadensprozesse** sind auf das Quellverhalten vieler Materialien zurückzuführen und setzen in der Regel sofort ein. Das Quellen von Papier ist ein Prozess, der bereits in den ersten Stunden nach einem Wasserschaden abläuft. Bei Holz (Parkett, Schwingböden, Paneele, Türen, Möbel etc., siehe **Abb. 7.16**) sind solche Schäden besonders gravierend. Schon in den ersten Tagen nach dem Schaden können irreparable Schäden auftreten. In den Bereich der physikalischen Schadensprozesse fallen auch Materialzerstörungen, die dadurch entstehen können, dass durchfeuchtetes Material Frost ausgesetzt wird.

Je nach Material sind **chemische Schadensprozesse** sehr unterschiedlich in ihrer Entwicklung bezüglich der Zeit und hinsichtlich ihrer Konsequenzen. Stahlkorrosion nimmt ab 60% relativer Luftfeuchtigkeit exponentiell zu. Die Zersetzung von Teppichkleber, Papierkleber etc. setzt innerhalb weniger Stunden ein und verursacht irreparable Schäden. Anhydrid, Gips und gipshaltige Baustoffe dekristallisieren schon nach wenigen Tagen, wodurch sie ihre Festigkeit verlieren. Ausblühungen hingegen treten oft erst lange nach dem Schaden auf.

Abb. 7.16

Schimmelpilze und Bakterien werden oft sowohl in ihrer Ausbreitungsgeschwindigkeit als auch in ihren Konsequenzen unterschätzt. Die Folgen dieser **biologischen Schadensprozesse** reichen von optischen Beeinträchtigungen bis zur vollständigen Materialzerstörung und von Geruchsbelästigungen bis hin zu ernsthaften gesundheitlichen Problemen. Die Entwicklung von Schimmelpilzbefall beginnt zunächst unsichtbar schon nach ca. 36 bis 48 Stunden. Wärme und erhöhte Luftfeuchtigkeit können diesen Prozess erheblich beschleunigen. Nicht entdeckte bzw. beseitigte Feuchtigkeit bereitet zusätzlich den Nährboden für einen späteren Schädlingsbefall. Biologische Schadensprozesse können in Abhängigkeit von zahlreichen Faktoren wie beispielsweise Feuchtigkeit, Temperatur, pH-Wert, Nährstoffe etc. auch auf der Oberfläche von anorganischen Stoffen einsetzen. Infolgedessen ist die häufige Annahme und Aussage, dass nur organische Stoffe von Wasser- und Feuchtigkeitsschäden betroffen sein können, unzutreffend.

Abb. 7.17-7.20 ■ Sporadischer Wasserschaden und seine Folgen aufgrund eines defekten Abflussrohres

Abb. 7.21-7.24 ■ Sporadischer Wasserschaden und seine Folgen aufgrund einer defekten und ausgelaufenen Waschmaschine

Abb. 7.25-7.28 ▪ Sporadischer Wasserschaden und seine Folgen aufgrund einer übergelaufenen Badewanne

Abb. 7.29-7.32 ■ Sporadischer Wasserschaden im darüber liegenden Stockwerk, durchdringende Feuchtigkeit mit Pilz- und Schimmelpilzwachstum an der Holzbalkendecke

7.2.2.3 Ablauf einer Wasserschadensanierung

Für den Ablauf einer Wasserschadensanierung ist die Schadensmeldung von großer Bedeutung, auch wenn dieser Punkt immer wieder unterschätzt wird. Deshalb soll an dieser Stelle noch einmal darauf hingewiesen werden, denn bereits zu diesem Zeitpunkt muss fachkompetent und qualifiziert entschieden werden, welche Maßnahmen zu ergreifen sind. Hierbei stellt sich dann die Frage, ob evtl. Notmaßnahmen notwendig sind oder ob der Einsatz von Spezialisten für eine Leckortung erforderlich wird, weil die Schadensursache nicht lokalisiert werden kann. Da gerade bei einem Wasserschaden keine unnötige Zeit vergehen soll, sind also möglichst detaillierte und aussagekräftige Informationen an die Fachfirma zur Bautrocknung weiterzugeben.

Ob und in welchem Umfang evtl. Notmaßnahmen ergriffen werden müssen, hängt von verschiedenen Faktoren ab: zu klären ist beispielsweise, ob die Wasserzufuhr bereits gestoppt ist, ggf. die Stromzufuhr unterbrochen und empfindliches Inventar bereits aus dem Gefahrenbereich geborgen wurde bzw. vor einer weiteren Nässeeinwirkung geschützt wird. Bei großen Schäden mit stehendem Wasser muss, auch wenn die Feuerwehr zum Abpumpen bereits im Einsatz war, das Restwasser abgesaugt werden. Hierfür stehen bei den bekannten Firmen zur Bautrocknung in der Regel ganztägige Notrufnummern zur Verfügung.

Voraussetzung für eine erfolgreiche technische Bautrocknung ist die Beseitigung der Ursache für den Wasserschaden. Ist dieser nicht lokalisierbar, werden in der Regel Spezialisten zur Leckortung eingesetzt, die mittlerweile über zerstörungsfreie Methoden verfügen, sodass Fußböden oder Wände heutzutage nicht mehr aufgestemmt und später wieder kostenintensiv instandgesetzt werden müssen. Mit Hilfe moderner Technik auf elektro-akustischer und/oder thermographischer Basis werden dabei die verborgenen Leckstellen fast immer bis auf wenige Zentimeter genau lokalisiert, sodass anschließend eine umfassende Schadensaufnahme und -analyse durchgeführt werden kann. Bevor dann die eigentliche technische Bautrocknung beginnen kann, ist im Einzelfall zu entscheiden, ob und womit eine evtl. notwendige Desinfektion durchgeführt werden muss.

7.2.2.4 Durchführung der technischen Bautrocknung

Wenn Wände, Fußböden oder Dämmschichten sowie Einrichtungsgegenstände mit Wasser durchtränkt sind, ist zirkulierende, extrem trockene Luft das beste Mitte, um die Feuchtigkeit schonend und wirkungsvoll wieder zu entziehen. Die vorhandene feuchte Luft wird dabei von den Trocknungsgeräten angesaugt, die Feuchtigkeit entzogen und somit extrem trockene Luft erzeugt. Mit Druck und über Schlauchsysteme kann diese dann selbst in schwer zugängliche Gebäudebereiche geleitet werden.

Als Trocknungsziel gilt es, die so genannte Ausgleichsfeuchte der Materialien wieder herzustellen, wie sie sich im normalen Raumklima einstellen würde. Um dies beurteilen zu können, müssen die Mitarbeiter der Bautrocknungsfirmen über spezielles Fachwissen verfügen und bauphysikalische Zusammenhänge zwischen der normalen Sorptionsfeuchte und hygroskopischen Feuchtigkeit von Baustoffen und Materialien sowie von relativer und absoluter Luftfeuchtigkeit kennen.

Parallel zur technischen Bautrocknung werden Feuchtigkeitsmessungen durchgeführt, um die Trocknungsfortschritte zu kontrollieren und in einem Messprotokoll zu dokumentieren. So kann sichergestellt werden, dass die Trocknungsmaßnahmen genau zu dem Zeitpunkt beendet werden, wenn die Messwerte den Trocknungserfolg objektiv bestätigen.

7.2.2.5 Trocknungsarten und Installationsmethoden

Bei zu hoher Feuchtigkeit im Neubau oder als Erstmaßnahme nach einem Wasserschaden wird die **Raumtrocknung** eingesetzt. Bei dieser sehr kurzfristig zu installierenden Maßnahme werden Kälte- oder Sorptionstrockner bzw. Sorptionstrockner mit luftgekühltem Kondensator eingesetzt. Durch die kontrollierte Herabsetzung der Luftfeuchtigkeit sind ebenso schnelle wie schonende Trocknungen möglich.

Sind eingrenzbare Flächen betroffen, ist das **Luftkissenverfahren** häufig eine kostengünstige Variante der Trocknung. Die Flächen werden mit einer Folie abgeklebt, unter die trockene Luft geblasen wird. Die zwischen Folie und Oberfläche vorbeiziehende Luft entzieht dem Material die Feuchtigkeit und wird abgeleitet. Der kontinuierliche trockene Luftstrom sorgt für eine extrem schnelle Trocknung.

Um Estrich und die darunter liegende Trittschalldämmung zu trocknen, wird die zerstörungsarme **Estrichtrocknung** eingesetzt, indem trockene Luft unter Druck unter den Estrich in die Dämmschicht geführt wird. Die Luft entzieht dem Material die Feuchtigkeit und transportiert diese nach außen. In der Regel wird die trockene Luft mit einem Hochdruckverdichter in die Dämmschicht eingeblasen und entweicht über die Randfugen oder im Einzelfall über gezielt gesetzte Bohrlöcher. Alternativ wird die so genannte **Saugmethode** eingesetzt, bei der die Raumluft mittels Trocknern entfeuchtet wird. Diese wird dann mit Vakuumpumpen über die Randfugen bzw. gezielt gesetzte Bohrlöcher durch die Dämmschicht gesaugt und im befeuchteten Zustand abgeleitet. Dieses Verfahren bietet sich an, wenn die Dämmschicht lose geschüttetes Material oder Mineralfasern enthält, die beim Druckverfahren aus der Dämmschicht gewirbelt werden können, was sich beim Saugverfahren durch den Einsatz spezieller Filter verhindert werden kann.

Um trockene Luft in die Dämmschicht einzubringen, müssen heutzutage keine Bodenbeläge mehr zerstört werden. Bevor Bohrlöcher gesetzt werden müssen, können in vielen Fällen auch alternative Methoden eingesetzt werden, indem trockene Luft beispielsweise auch durch eine Randfugeninstallation, aus Nebenräumen oder auch von unten durch die Decke zugeführt werden. In speziellen Fällen können auch vorhandene Bodenfliesen zerstörungsfrei entfernt und nach Abschluss der Trocknungsmaßnahmen wieder eingesetzt werden.

In nassen Hohlräumen von Holzbalkendecken sind die Gefahren für Schimmelpilz-, Schwamm- oder sonstigen Pilz- und/oder Bakterienbefall besonders groß. Diese werden in der Regel durch das gezielte Einblasen von trockener Luft in die Balkenfelder getrocknet.

7.2.2.6 Konventionelle Trocknungsverfahren und -geräte

Bereits Ende der 50er Jahre hat der Schwede Carl Munters mit der Entwicklung der so genannten Sorptionstrocknung eine neue Ära der Entfeuchtungstechnologie begründet. Bei diesem Prinzip der **Sorptions-Luftentfeuchtung** wird die feuchte Luft durch einen so genannten Rotor geleitet, dessen wabenförmige Struktur eine außerordentlich große Oberfläche bildet. Diese Fläche ist mit einem Sorptionsmittel beschichtet, das der durchgeführten Luft temperaturunabhängig die Feuchtigkeit entzieht. Die so entfeuchtete Luft steht somit für den Trocknungsprozess zur Verfügung. Parallel durchläuft das so genannte Trockenrad einen zweiten Sektor, indem ein weiterer, erwärmter Luftstrom dem Rad die Feuchtigkeit wieder entzieht und sie aus dem Gehäuse abführt.

Nach einem grundsätzlich anderen Prinzip arbeiten die so genannten Kältetrockner, die vielmehr mit einem Kühlschrank vergleichbar wären. Bei diesen Geräten umströmt die feuchte Luft den Verdampfer und kühlt so weit ab, dass ein Teil der enthaltenen Feuchtigkeit an der Oberfläche des Verdampfers kondensiert und in Form von Wasser aufgefangen oder abgepumpt werden

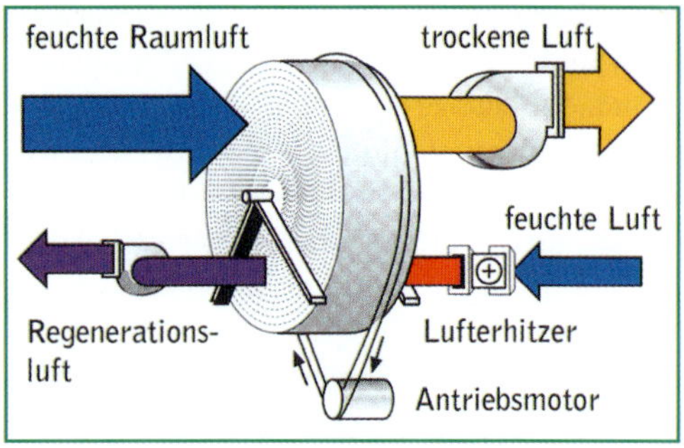

Abb. 7.33 ▪ Wirkungsweise bei der Sorptionstrocknung

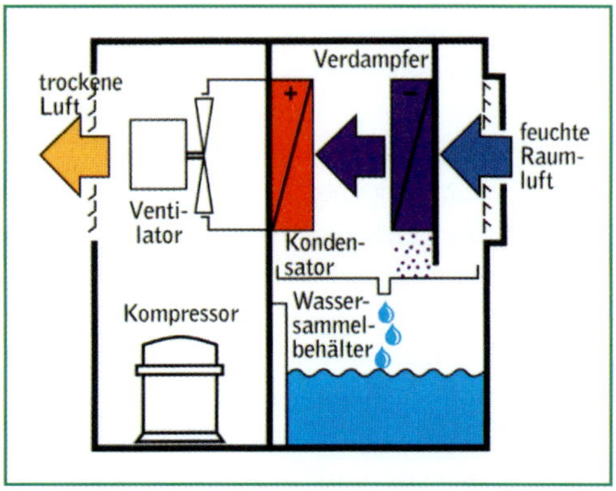

Abb. 7.34 ▪ Wirkungsweise bei der Kältetrocknung

kann. Anschließend wird die Luft am Kondensator wieder erwärmt und in den Raum zurückgeführt.

In besonderen Fällen kommen Sorptionstrockner mit nachgeschaltetem Kondensator zum Einsatz. Der Kondensator ist ein Wärmetauscher, indem der warme und feuchte Luftstrom abgekühlt wird. So wird die enthaltene Feuchtigkeit auskondensiert und abgeleitet. Die Luft steht dem Regenerationskreislauf dann wieder zur Verfügung.

Das Diagramm (siehe **Abb. 7.35, 7.36**) zeigt deutlich die Vorteile der Sorptionstrocknung. Dieses Verfahren ist bei fast allen in der Praxis vorkommenden Schadensfällen einsetzbar (gelb markiert). Unabhängig von der Lufttemperatur und der relativen Luftfeuchtigkeit wird bei der Sorptionstrocknung extrem trockene Luft produziert, die unter allen üblichen Umgebungsbedingungen gleichmäßig gute Ergebnisse erzielt.

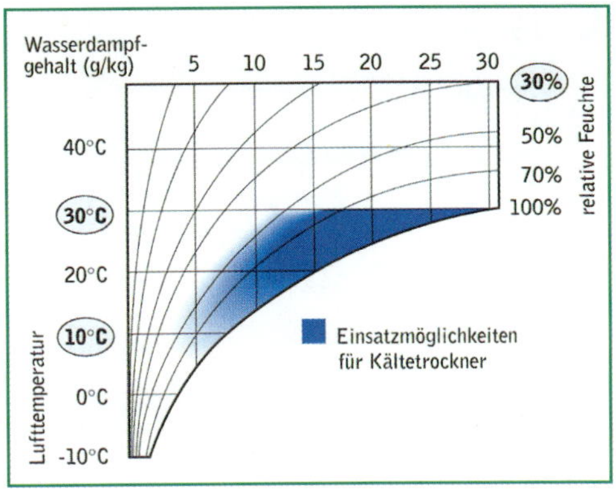

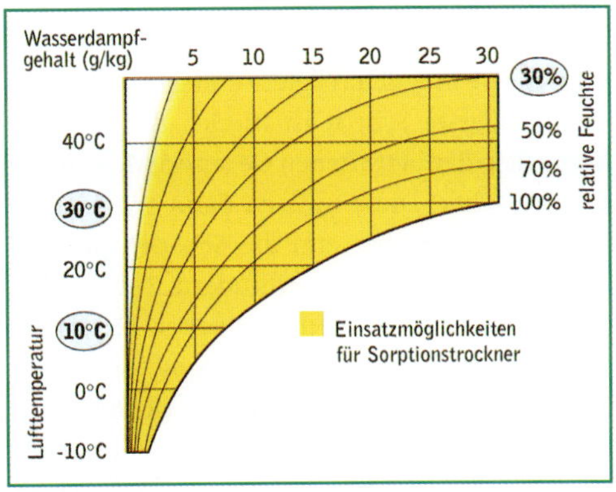

Abb. 7.35-7.36

Kältetrockner hingegen können nicht in einem so umfassenden Temperaturbereich eingesetzt werden (blau markiert), bieten jedoch unter bestimmten Bedingungen den Vorteil eines sehr wirtschaftlichen Einsatzes. Den Nachteil der geringen Entfeuchtungsleistung pro Volumeneinheit kompensieren sie durch einen höheren Luftdurchsatz. Welche Methode zur Anwendung kommt, muss im Einzelfall entschieden werden.

7.2.2.7 Mikrowellentrocknung

Neben diesen gängigen Trocknungsverfahren werden in speziellen Fällen weitere Techniken und Technologien eingesetzt. Hierzu zählen in erster Linie die so genannte Mikrowellentrocknung und die Vakuumtrocknung. Gerade die Mikrowellentrocknung wird zunehmend eingesetzt, sodass eine kurze Beschreibung sinnvoll ist.

Bei der **Mikrowellentrocknung** wird der zu entfeuchtende Bereich mit Mikrowellen bestrahlt. Die Mikrowellen entfalten ihre Wirkung durch den asymmetrischen Molekülaufbau des Wassers. Bei dipoligen Stoffen wie Wasser kommt es zu Polarisationsvorgängen, d.h. die Moleküle orientieren sich an der Richtung des elektrischen Wechselfeldes (in der Regel 2,45 GHz, dies entspricht 2,45 Milliarden Schwingungen pro Sekunde). Einfach ausgedrückt versetzen die energiereichen Mikrowellen die Wassermoleküle in Schwingungen. Diese Bewegung der Wassermoleküle erzeugt Reibungswärme, die wiederum einen hohen Dampfdruck im Materialinneren erzeugt und damit die Feuchtigkeit aktiv verdrängt. Dieser Dampf kann im Gegensatz zur kalten Feuchtigkeit aus dem zu entfeuchtenden Material entweichen. Dadurch laufen Trocknungsprozesse deutlich schneller ab als bei herkömmlicher Trocknung: was sonst in Tagen trocknet, kann mit der Mikrowellentrocknung nun in Stunden trocknen. Die Mikrowellentrocknung bietet sich deshalb für die Entfeuchtung von bestimmten Materialien in begrenzten Bereichen und insbesondere bei Zeitdruck an.

Allerdings verlangt der Einsatz einer Mikrowellentrocknung gegenüber der konventionellen technischen Bautrocknung die Einhaltung unterschiedlichster Sicherheitsvorkehrungen, die bereits im Vorfeld und während der eigentlichen Inbetriebnahme der Anlage zu treffen sind. Hierzu gehören beispielsweise die Evakuierung der Handwerker, das Einrichten und Kontrollieren von Sperrzonen, das Anbringen von so genannten Abschirmelementen an Bauteilen, um eine Schädigung der Umgebung wie Nachbargebäude oder Außenbereiche zu verhindern, sowie natürlich laufende Messungen der Strahlungsintensität. Mikrowellen verkörpern bei entsprechender Intensität ein nicht unerhebliches Gefahrenpotenzial. Sicherheitshalber sollten Baustellen während der durchgeführten Austrocknungsmaßnahmen von Handwerkern nicht unbedingt frequentiert werden.

Wichtig ist auch die Früherkennung von Problemen, die während der Austrocknungsmaßnahme beispielsweise von Metallteilen und dielektrisch empfindlichen sowie wenig hitzebeständigen Materialien ausgehen können. Gerade metallische Körper bewirken aufgrund ihrer gegenüber dem zu erwärmenden Material erheblich größeren Leitfähigkeit immer erhebliche Verzerrungen des elektromagnetischen Feldes in ihrer Umgebung. So können unmittelbar vor metallischen Kanten örtlich eng begrenzte, sehr hohe Feldstärken auftreten, was je nach deren dielektrischen Eigenschaften zu einer starken lokalen Aufheizung und/oder auch zu Spannungsüberschlägen führen kann. Infolgedessen können Gummiisolierungen um elektrische Kabel schmoren oder sich auch brennbare Materialien in der Umgebung von Metallen bei Vorliegen entsprechender Voraussetzungen entzünden. Außerdem kann Mikrowellenstrahlung an Metallkörpern reflektiert und damit in unerwünschte Richtungen gelenkt werden, was neben einem Energieverlust auch zu einer möglichen Gesundheitsgefährdung in der Nähe befindlicher Personen führen kann.

Die Vernichtung von einigen Bakterien, Schimmelpilzen und holzzerstörenden Pilzen ist bei der Mikrowellentrocknung ein positiver Nebeneffekt des Auftretens von Temperaturen von ca. 100 °C über einen längeren Zeitraum. Soll die Bekämpfung alle Schädlinge abtöten, muss dafür gesorgt werden, dass entsprechend hohe Temperaturen im gesamten Aufenthalts- und/oder Behandlungsbereich erzeugt werden. Dies ist bei einer einseitigen Mikrowellenbestrahlung nicht unbedingt sicherzustellen, sodass bei einem sporadischen Wasserschaden mit verschmutztem und/oder mikrobiell belastetem Wasser eine Desinfektion nicht eingespart werden kann.

7.2.2.8 Vakuumtrocknung

Die **Vakuumtrocknung** ist ein wirksames Verfahren, um wertvolle Bücher, Zeitungen, Zeichnungen, Dokumente und andere Erzeugnisse aus Papier und Pappe nach einem Wasserschaden zu retten. Da eine Durchfeuchtung infolge eines Wasserschadens verheerende Folgen für Papier und Papierkleber haben kann, muss im Schadensfall so schnell wie möglich reagiert und gehandelt werden. Der erste Schritt ist hierbei das sofortige Verpacken der betroffenen Gegenstände in geeignete Behälter. Diese müssen dann schnellstens eingefroren werden, um die Schadensprozesse zu stoppen bzw. sie zu verhindern. Zur eigentlichen Trocknung werden die Bücher, Zeitungen, Zeichnungen und sonstigen Dokumente dann in Vakuumschränke gepackt und im Hochvakuum das gefrorene Material langsam und kontrolliert erwärmt, wobei das enthaltene Wasser (in eisförmigem Zustand) direkt als Wasser verdampft, ohne dass es in seiner flüssigen Form Schäden anrichten kann.

Abb. 7.37 ▪ Vakuumschrank bei der so genannten Vakuumtrocknung, bei der Papier und dgl. »gefriergetrocknet« wird

7.2.2.9 Sonstiges

Die Trocknung von Neu- und Altbauten ist nicht auf das Beheben von Wasserschäden beschränkt. Mittlerweile ist die Baukörper-Klimatisierung ein fester Bestandteil von Bau- und Sanierungsmaßnahmen geworden, um ganzjährige Voraussetzungen für den Bauablauf sicherzustellen. Daneben bietet die gezielte Termintrocknung eine gute Möglichkeit, einen Neu- oder Altbau zum vertraglich festgelegten Termin an die nachfolgenden Gewerke zu übergeben. Außerdem werden Trocknungssysteme auch bei der Mauerwerkstrockenlegung und Kellersanierung als flankierende Maßnahmen empfohlen.

Natürlich hat die technische Bautrocknung auch ihre Grenzen, die abschließend kurz erwähnt werden sollen. Das Hauptproblem bei der Bautrocknung ist zunächst die Zeit. Je länger mit der durchzuführenden Austrocknungsmaßnahme gewartet wird, desto geringer sind demzufolge die Erfolgsaussichten, und auch die Sanierungskosten steigen überproportional an. Dies trifft insbesondere für vorhandene Holzkonstruktionen zu. Um irreparable Schäden an Parkettböden, Schwing- oder sonstigen Böden zu vermeiden, muss der Einsatz der technischen Bautrocknung unverzüglich nach dem Wasserschaden erfolgen. Weitere Einschränkungen ergeben sich trocknungstechnisch bei geschlossenzelligen Baustoffen, die sich nach einer längeren Feuchtigkeits- oder Wassereinwirkung unter zusätzlichem Dampfdruck und/oder hydrostatischem Druck vollgesaugt haben, sodass dieses Material anschließend nicht oder kaum mehr auszutrocknen ist. Aber auch die Materialien, die aufgrund ihrer speziellen Verlegeart eine Unterspülung und/oder Unterlüftung nicht ermöglichen, sind kaum zu trocknen. Gleiches gilt für stark wasserempfindliche Dämmungen.

Ein weiteres Gefahrenpotenzial besteht in der möglichen Übertrocknung sowie in der zu schnellen Trocknung. Sehr schnelle Trocknungsprozesse können beispielsweise bei Holz sehr leicht zu einem Schwinden über das normale Maß hinaus führen, sodass sich ggf. Verleimungen lösen und die unterschiedlichen Schwindvorgänge zu Rissbildungen bei miteinander verklebten, verschiedenen Holzarten führen können. Trocknungsrisse entstehen ebenfalls bei zu schnellem Trocknen, da die zu schnell abtrocknende Oberfläche dem Dampfdiffusionsdruck aus dem Inneren nicht mehr standhalten kann. Der gleiche Sachverhalt ist auch bei Putzen und Estrichen bekannt. Weitere Probleme ergeben sich bei der Trocknung von Holzbalkendecken und -konstruktionen, die mit Lehm, Sand oder Materialien von vulkanischem Ursprung gefüllt sind und bei denen die zu schnelle Trocknung zum Verschließen der Kapillaren führt und die Trocknungsmaßnahmen stark behindert bzw. außer Kraft setzt.

Grundsätzlich muss beim Trocknen von Dämmschichten bzw. Hohlräumen die vollständige Durchlüftung sichergestellt werden. Das große Problem besteht darin, dass rasterförmig aufgebaute Holzbalkenkonstruktionen eine unverhältnismäßig große Anzahl an Einflutstellen benötigen. Damit entstehen ein entsprechend hoher Arbeitsaufwand und damit verbundene Kosten. Es wäre deshalb zu überlegen, ob es nicht einfacher, schneller und damit auch günstiger wäre, die gesamte Konstruktion zu entfernen und letztendlich den Austrocknungsprozess zu beschleunigen und zu verbessern.

Zu lange Einwirkung von Wasser führt des Weiteren bei bestimmten Materialien zu irreparablen (Folge)Schäden. So kommt es insbesondere bei Baustoffen auf Gipsbasis (beispielsweise Gipsputzen, Gipskartonplatten, Estrichen und dgl.) zu Zersetzungserscheinungen. Außerdem muss bei Mauerwerken mit großen Wandquerschnitt und hohen Durchfeuchtungen bis hin zur Kapillarsättigung beachtet werden, dass beim Trockenluftverfahren entsprechend lange Trocknungszeiten benötigt werden.

Die Grenzen und Risiken bei der Mikrowellentechnik liegen vorrangig in der Austrocknung größerer Flächen mit hohem Feuchtigkeitsgehalt. Des Weiteren werden Trocknungszeiten von wenigen Tagen nur durch einen entsprechend hohen Energieaufwand erreicht. Einschränkungen ergeben sich insbesondere durch die relativ hohen Sicherheitsanforderungen in bewohnten und gewerblich genutzten Räumlichkeiten.

7.2.2.10 Geruchsneutralisation

Bis heute ist es der Wissenschaft nicht vollständig gelungen, den Geruchssinn des Menschen in allen Details zu erforschen oder gar zu beschreiben. Bekannt ist allerdings, dass der Mensch weit über 2.000 Gerüche unterscheiden kann und die Wahrnehmung über die Riechzellen an der Nasenrückwand, die so genannten Chemorezeptoren, erfolgt. Als einatembare Gase oder Aerosole (Luftschwebstoffe) werden Geruchsstoffe von den Chemorezeptoren nach dem Prinzip von »Schlüssel« (Geruchsstoff) und passendem »Schloss« (Chemorezeptor) erkannt. Hinzu kommt, dass die Wahrnehmung von Gerüchen immer auch individuellen und subjektiven Charakter besitzt.

Im Zusammenhang mit Wasserschäden machen sich Geruchsbelästigungen bei akuten Problemen in Rohrleitungssystemen – nach Rohrbrüchen oder Rückstauungen in fäkalienführenden Abwasserleitungen – sofort bemerkbar und sind besonders unangenehm, wenn Hohlräume und/oder poröse Materialien betroffen sind. Eine andere Geruchsproblematik kann aus unzulänglich getrockneten oder nicht entdeckten Langzeitwasserschäden entstehen – vorwiegend in Hohlräumen, in denen organische Stoffe wie beispielsweise Holz, Kork etc. sich langsam zersetzen und zunehmender Modergeruch auf Schimmelpilz- und Bakterienbefall hinweist. Eine zusätzliche Ausdünstung der feuchten Möbel, Oberbeläge, Tapeten usw. bewirkt zudem eine weitere Verschlechterung des ohnehin bereits unangenehmen Luftzustandes.

Für die dann notwendige Geruchsneutralisation werden unterschiedliche Systeme eingesetzt: Trocken- und Feuchtnebelerzeugung, Besprühung, Bedampfung, Ozonisierung und Ionisierung. Hierdurch kann eine dauerhafte Geruchsneutralisierung durch Verdünnung, Modifikation oder Zerstörung der Geruchsmoleküle erreicht werden. Die entscheidende Variante ist die Neutralisation und damit die wirkliche Beseitigung, denn eine Geruchsüberdeckung (beispielsweise mit Parfüm oder Duftstoffen) ist keine Lösung von langer Dauer. Für alle Anwendungen gilt jedoch das gleiche Prinzip: Erst muss die Geruchsquelle beseitigt und anschließend ggf. gereinigt und desinfiziert werden, bevor Maßnahmen zur Geruchsneutralisation erfolgreich eingesetzt werden können.

Bei der Methode der **Vernebelung** (siehe **Abb. 7.38**) werden desinfizierende und geruchsneutralisierende Substanzen in feinste Tröpfchen vernebelt. Je nach Zielsetzung werden Geräte zur Erzeugung von Feuchtnebel oder Trockennebel eingesetzt. Der Feuchtnebel eignet sich insbesondere zum Desinfizieren und Neutralisieren von Oberflächen, die gezielt eingesprüht werden sollen. In einer konzentrierten Form bildet sich

Abb. 7.38

ein Oberflächenfilm, der jedoch durch das Auge nicht wahrgenommen werden kann. Der Vorteil beim Trockennebel-Verfahren liegt in der außergewöhnlichen Feinheit der produzierten Tröpfchen, die bis zu 20 Stunden in der Luft schweben. Infolgedessen können sie auch in Hohlräume und dgl. eindringen und dort eingezogene Geruchsstoffe erreichen. Die Technik der hier eingesetzten Verfahren bietet aufgrund der äußerst kurzen Berührungszeit von Substanz und Heißluftstrom außerdem den Vorteil, dass selbst thermisch sehr empfindliche Substanzen ohne Wirkungsverlust vernebelt werden können.

Bei der Methode des **Besprühens** werden geruchsneutralisierende und auch zum Teil -modifizierende Substanzen eingesetzt und mittels Airlessgerät als dünner Film direkt auf der Oberfläche aufgetragen, der sich im Anschluss verflüchtigt. Durch den Einsatz der Feinsprühgeräte wird eine gezielte Flächenbekämpfung der Geruchsquelle erreicht. Die betroffenen Räume können nach der Behandlung sofort wieder genutzt werden.

Bei der so genannten **Bedampfung** werden geruchsneutralisierende Substanzen in geringen Konzentrationen über einen langen Zeitraum verdampft. Alle Räume können ohne Unterbrechung weiter genutzt werden. Die Bedampfung wird häufig zur Neutralisation von wiederkehrenden Gerüchen wie beispielsweise Zigaretten- oder Gaststättengerüchen und dgl. oder auch bei geringer einmaliger Geruchsbelastung eingesetzt.

Bei der **Ionisierung** wird vorhandene Raumluft durch eine Hochspannungsröhre geführt, in der alle größeren Moleküle und damit nahezu alle Geruchsstoffe aufgespaltet werden. Die Wirksamkeit dieser Methode beschränkt sich allerdings auf die in der Luft befindlichen Schwebstoffe, bereits abgesetzte Substanzen werden nicht erreicht. Bei der Ozonisierung wird in einer Hochspannungsröhre Luftsauerstoff in zwei Sauerstoffatome aufgespaltet. Ein Großteil wird zwar wieder zu O_2-Molekülen zurückgebildet. Ein anderer Teil bildet aber das so genannte Ozon (O_3-Moleküle) und weist eine freie Bindung auf. Deshalb sind die O_3-Moleküle nicht besonders stabil und können heftigst mit anderen Substanzen reagieren, diese verändern und somit den Geruch beseitigen. Die Ozonisierung ist eines der wirkungsvollsten Verfahren der Geruchsneutralisation, aber zugleich auch das aggressivste. Vor einem Einsatz sollten die Gefahren der Nebenwirkungen sorgfältig geprüft werden, da die intensive Reaktionsfähigkeit der O_3-Moleküle auch Schädigungen bei Inventar aus Kunststoff, Gummi und anderen Materialien zur Folge haben und die menschliche Schleimhäute reizen kann.

7.2.3 Beseitigung der Sekundärursachen

7.2.3.1 Sanierungskonzept

Wenn als primäre Grundlage die baulichen Mängel als Ursache der Durchfeuchtung beseitigt wurden, müssen anschließend die so genannten sekundären Ursachen beseitigt werden. Je nach Betrachtung und Standpunkt werden allerdings nachfolgende Maßnahmen nicht als sekundäre, sondern als primäre Sanierungsmaßnahmen angesehen. Dabei geht es in erster Linie um die Beseitigung des sichtbaren (und nicht sichtbaren) Schimmelpilzbefalls.

Aus baulicher Sicht sollte das Sanierungskonzept auch die vorgesehenen und notwendigen Abläufe enthalten. So sollen anschließend einfach beispielhaft einige Fragen aufgeführt werden, die im Rahmen der Sanierungskonzeption und der darauf aufbauenden Ausschreibung für Bauleistungen in einem Leistungsverzeichnis mit einbezogen werden müssen, da sonst unkalkulierbare Mehrkosten auftreten können. So sollte vorher geklärt werden:

- Wie und in welcher Form werden Abdeck- und/oder Abklebearbeiten notwendig?
- Was ist aufgrund der örtlichen Gegebenheiten bei stark staubenden Arbeiten zu beachten?
- Wie ist die Bauschuttentsorgung durchzuführen?
- Die möglichen Transportwege innerhalb eines Gebäudes müssen festgelegt, gesichert und gekennzeichnet bzw. für andere Arbeiten gemieden werden.
- Wie erfolgt die Gebäudereinigung - unter Absaugung, Luftreiniger und/oder der Verwendung von Baustaubsaugern mit Feinfilter?

Die Auflistung erhebt selbstverständlich keinen Anspruch auf Vollständigkeit und soll nur verdeutlichen, dass eine Schimmelpilzsanierung sehr sorgfältig geplant und konzipiert werden sollte.

In diesem Sanierungskonzept sollten weiterhin folgende Punkte beachtet werden: Wenn die Gefährdungsbeurteilung vorgenommen wurde, ist anschließend eine schriftliche Fixierung des Sanierungskonzeptes notwendig, an die sich die Festlegung der Verantwortlichkeiten und des Sanierungsbereiches anschließt.

Im weiteren Verlauf erfolgt dann die Festlegung, wann und wo eine hygienische sowie eine bauphysikalische Verlaufskontrolle erfolgen soll, einschließlich der Untersuchungsverfahren, die für die Verlaufs- sowie die Sanierungskontrolle anzuwenden sind. Soweit diese noch nicht vorhanden sind, müssen die erforderlichen Qualifikationsnachweise für die ausführenden Sanierungsfirmen definiert und die erforderlichen Maßnahmen im Bereich Arbeits-, Gesundheits- und Umweltschutz in Betriebsanweisungen, einschließlich der entsprechenden Punkte bezüglich der Baustelleneinweisung, der Unterweisung der Beschäftigten über die bei ihren Tätigkeiten auftretenden Gefahren sowie über Maßnahmen zu ihrer Vermeidung (Arbeitsschutzgesetz, Biostoffverordnung), der Schutzmaßnahmen, der Schutzausrüstung (ggf. auch des Atemschutzes), der Schutzkleidung, der erforderlichen arbeitsmedizinischen Vorsorge-Untersuchungen definiert und festgelegt werden. Abschließend erfolgt dann die Festlegung der Materialien (Lebensmittel, staubaufnehmende Gegenstände wie Polstermöbel, Raumtextilien usw.), die aus dem Sanierungsbereich zu entfernen oder in Folien komplett einzupacken sind.

Je nach Sanierungsstufe ist festzulegen, ob und wie eine Abschottung vorgenommen, ob eine Be- bzw. Entlüftung erfolgen muss und ob eine spezielle Schleuse für den Zu- bzw. Abgang erforderlich ist. Nach Umfang der vorliegenden Arten/Gattungen sowie Grad des Schimmelpilzbefalls ist festzulegen, wie befallenes Material zwischenzulagern und zu entsorgen ist, z.B. in verschließbaren Spezialbehältern oder verschlossenen reißfesten Kunststoffbeuteln.

Je nach Schimmelpilzbefall ist die Sanierung folgendermaßen zu konzipieren und durchzuführen:

- Bei Sanierungen der bereits erwähnten **Stufe 1** können die Arbeiten selbst vorgenommen werden, z.B. indem befallene Tapeten bzw. Silikonfugen entfernt, befallene getrocknete Stellen mit einem Industriestaubsauger abgesaugt sowie mit 80-prozentigem Alkohol unter Beachtung der Brand- und Explosionsgefahr sowie der Anforderungen des Arbeitschutzes (Schutzhandschuhe, Mundschutz) behandelt werden. Nach der Sanierung ist eine Feinreinigung der Umgebung der sanierten Stellen vorzunehmen. Die bei der Sanierung anfallenden, mit Schimmelpilzen belasteten Abfälle, können gut verpackt mit dem Hausmüll entsorgt werden.
- Bei Sanierungen der **Stufe 2** hingegen sollten die Arbeiten nur durch eine qualifizierte Fachfirma mit Qualifikationsnachweis vorgenommen werden. Befallene Stellen, z.B. Tapeten und ausbaubare Materialien, sind zu entfernen, wobei sie möglichst vorher mit einer Klebefolie versiegelt werden. Befallene Bereiche sollten ggf. staubdicht abgeschottet werden, bewegliches Inventar, vor allem Lebensmittel, sind aus dem Sanierungsbereich zu entfernen. Bezüglich des Arbeitsschutzes sind die unter Arbeitsschutz bei Besichtigung, mikrobiologischen Messungen (Probenahmen) und Sanierungsarbeiten angegebenen Forderungen einzuhalten.
- Bei Sanierungen der **Stufe 3** sind die Arbeiten zwingend durch eine qualifizierte Fachfirma vorzunehmen. Befallenes Material ist unter Absaugung, wie unter Stufe 2 beschrieben, zu entfernen. Der mit Schimmelpilzen befallene Bereich ist staubdicht unter Unterdruck (Abluft der Unterdruckmaschine mit HEPA-Filter) abzuschotten. Je nach Schwere des Befalls kann es notwendig werden, den Zugang mit einer Einkammerschleuse zu versehen. Bewegliches Inventar, vor allem Lebensmittel, sind aus dem Sanierungsbereich zu entfernen. Bezüglich des Arbeitsschutzes sind die unter Arbeitsschutz bei Besichtigung, mikrobiologischen Messungen (Probenahmen) und Sanierungsarbeiten angegebenen Forderungen einzuhalten. Nach der Sanierung ist eine Feinreinigung des gesamten Objektes sowie eine Sanierungsfreimessung (so werden die abschließenden Messungen bezeichnet, wenn festgestellt werden soll, ob noch eine Belastung vorliegt) vorzunehmen. Je nach Schwere des Befalls sollte nach ca. einem 1/2 Jahr eine Sanierungskontrolle (Ursachen des vormaligen Scha-

dens) durchgeführt werden. Die bei der Sanierung anfallenden, mit Schimmelpilzen belasteten Abfälle sollten in verschließbaren Spezialbehältern oder in verschlossenen, reißfesten Kunststoffbeuteln entsorgt werden.

7.2.3.2 Allgemeine Vorbereitungen und flankierende Maßnahmen

Da bei allen Sanierungsmaßnahmen von Schimmelpilzbefall erhöhte Sporenbelastungen auftreten können, müssen zunächst einmal die Abdeckmaßnahmen als ein besonders wichtiger Bestandteil der Sicherheitsmaßnahmen durchgeführt werden. Bei Allergikern sind diese Maßnahmen unbedingt durchzuführen, da ansonsten durch die Sanierung und in der Folge schwere Gesundheitsstörungen verursacht werden können. Bei allen Sanierungs- und Entfernungsarbeiten von mikrobiellem Befall sollten alle im Raum verbleibenden Möbel, wenn diese nicht ausgelagert werden können, und sonstigen Oberflächen durch Folien gut abgedeckt oder verpackt werden, um eine Belastung mit entstehenden Stäuben zu vermeiden.

Derartige Sekundärbelastungen sind abhängig von der Oberflächenbeschaffenheit (Stoffe, glatte Flächen, Bücherregale usw.) nach Abschluss der Arbeiten sonst nur sehr schwer und mit relativ hohem Aufwand zu beseitigen. Die Folien sind untereinander mit geeigneten Klebebändern gut zu verkleben. Wand-, Decken- und Bodenanschlüsse sind sauber zu verkleben. Sollte dies nicht möglich sein, sind die Folien mittels Holzlatten zu fixieren. Die Abdeckfolien sind nach Abschluss der Arbeiten sorgfältig zu entfernen, die Seiten einzuschlagen und in entsprechende Müllsäcke zu verpacken, die direkt im Anschluss zu verschließen und zu entsorgen sind. Eine Entsorgung über die Fenster oder Terrassen bzw. Balkons ist vorteilhaft und in den meisten Fällen möglich. Es sollte grundsätzlich vermieden werden, schimmelpilz- bzw. sporenbelastetes Material durch andere Wohnräume zu transportieren. An den Zugangstüren sollten, speziell bei breiteren Spalten an der Unterseite, Tücher vorgelegt werden, um auch diese Verteilungsmöglichkeit zu unterbinden. Hier herrscht oft starke Zugluft, wodurch massenhaft am Boden angelagerte belastete Stäube und Sporen in andere Räume verteilt werden.

Bei der Sanierung besonders gesundheitsgefährdender Schimmelpilze wie beispielsweise *Stachybotrys chartarum* ist der Einbau einer Schleuse zu empfehlen, um den Arbeitsbereich sauber abzugrenzen und eine Umverteilung und Sekundärbelastung zu unterbinden. Derartige Schleusen sind mit Holzlattengerüsten und stabilen Baufolien herzustellen, wobei darauf zu achten ist, dass die Zugänge auch tatsächlich dicht bleiben (zu öffnende Folien könnten beispielsweise an der unteren Seite mit Holzleisten versehen werden). Diese Schleusen sind nach Abschluss der Arbeiten zu reinigen, zu dekontaminieren und anschließend vorsichtig zu entfernen und dann zu entsorgen.

Die Beseitigung von Stäuben darf keinesfalls mit dem klassischen Staubsauger oder mit normalen Baustaubsaugern erfolgen, da infolgedessen große Mengen an Sporen in den Staubsauger gelangen und dort fast ideale Bedingungen zur weiteren Vermehrung und zum Anwachsen vorfinden. Aufgrund der Abfälle und des Staubs ist genügend organisches Material vorhanden und beim Betrieb entwickelt sich die notwendige Wärme, welche ebenfalls das Wachstum fördert. Bei jedem späteren Gebrauch werden dann die Sporen in die Raumluft geblasen und dadurch entstehen erneut Raumluftbelastungen, die oftmals dazu führen, dass die Sanierung als nicht gelungen angesehen wird, da die ursprünglichen Symptome immer wieder auftreten. Bewährt haben sich bisher Spezialstaubsauger mit so genanntem HEPA-Filter (Staubsauger mit Mikrofeinfilter und Aktivkohlefilter). Wenn allerdings normale Baustaubsauger eingesetzt werden, gibt es alternativ noch die Möglichkeit, diese mit einem langen Saugschlauch von 10 bis max. 20 Metern zu versehen und den Staubsauger im Außenbereich

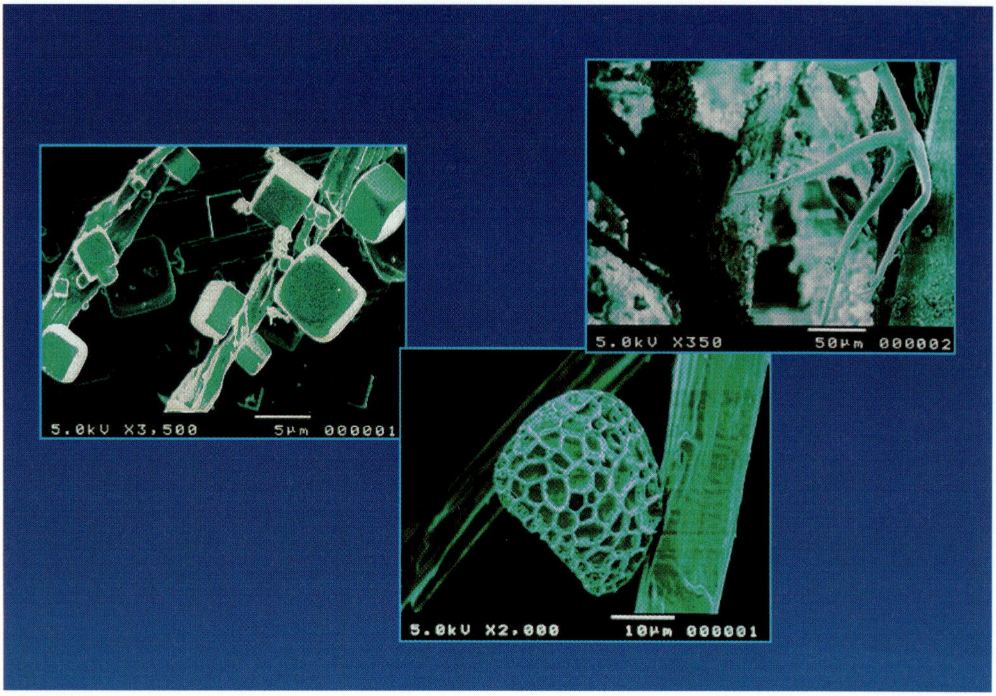

Abb. 7.39 ■ Die rasterelektronenmikroskopischen Aufnahmen verdeutlichen die Leistungsfähigkeit und die vielfältigen Einsatzmöglichkeiten von Partikelfiltern. Die linke Abbildung zeigt unterschiedlich große, zum Teil kristalline Partikel, die auf den Fasern abgeschieden wurden. Die rechte Abbildung zeigt Schimmelpilze und deren Sporen, die wirksam zurückgehalten werden.

(beispielsweise im Garten, auf der Terrasse oder dem Balkon etc.) aufzustellen. Sollten beide Möglichkeiten nicht zur Verfügung stehen, müssen Stäube immer sehr vorsichtig zusammengekehrt und/oder feucht aufgewischt werden. Putzlappen und -tücher sind grundsätzlich zu entsorgen und nicht wieder zu verwenden. Auch das Auskochen reicht in einigen Fällen nicht, da einige Schimmelpilze Temperaturen von mehr als 160 °C überstehen können.

Des Weiteren ist besonders die Luftabsaugung aus den direkten Sanierungsbereichen mittels Gebläsen empfehlenswert. Durch derartige Maßnahmen werden anfallende Stäube (auch die Feinstäube und Sporen) direkt in den Außenbereich entsorgt. An entsprechend starke Gebläse mit Luftleistungen von 5.000 bis 10.000 m³ pro Stunde können flexible Schläuche (Durchmesser 30-80 cm) und bis zu einer Länge von 25 m angeschlossen werden. Dabei ist es natürlich wichtig, auf die Windrichtung zu achten, damit die Stäube nicht wieder auf das eigene Haus oder angrenzende Gebäude bzw. geöffnete Fenster und Türen zugetrieben werden.

In vielen Fällen ist der Einsatz von so genannten Umluftfiltern (Umluft- bzw. Unterdruckgeräten mit Feinstaubvorfilter und HEPA-Filter) erforderlich (derartige Geräte werden beispielsweise auch bei der Asbestsanierung eingesetzt und haben das erforderliche Rückhaltevermögen auch bei sehr problematischen Sanierungen mit hohem Staubaufkommen und problematischen Schimmelpilzen und Bakterien). Durch den Umluftbetrieb werden keine Stäube in den Außenbereich transportiert und auch Anlieger oder darüber- bzw. darunter liegende Bereiche nicht belastet. Die erforderlichen Luftleistungen dieser Geräte liegen beispielsweise für das großflächige Abstemmen von pilzbelasteten Putzflächen ebenfalls bei 5.000 bis 10.000 m³ pro Stunde.

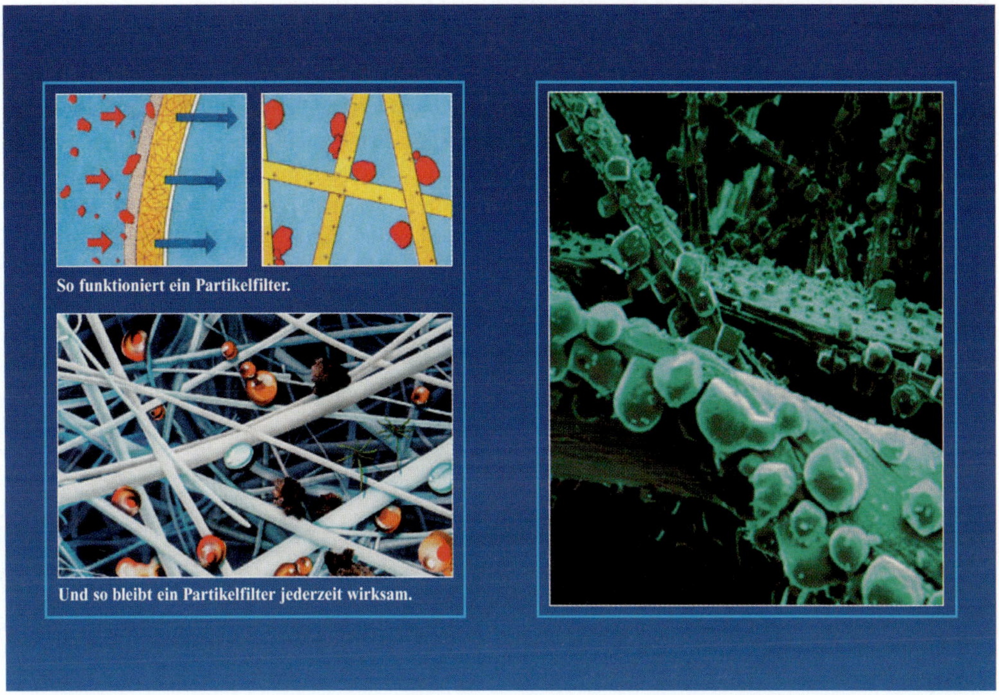

Abb. 7.40 ■ Die rasterelektronenmikroskopische Aufnahme zeigt, dass noch feinste Partikel abgeschieden werden, die wesentlich kleiner sind als die „Maschenweite". Ein vergleichbares Glasfaserfilter zeigt eine hohe Durchlässigkeit bei Partikelgrößen von 0,2 bis 0,3 µm. Partikel dieser Größe sind aber gerade die gefährlichen, lungengängigen Schadstoffe.

Während der Sanierungsmaßnahme ist es ansonsten grundsätzlich zu empfehlen, die Räume gut zu lüften, um anfallende Stäube und Sporen direkt in den Außenbereich zu entsorgen. Ist dies aufgrund von Witterungsbedingungen nicht möglich, sind Stäube möglichst direkt aufzusammeln, sofort gut zu verpacken und zu entsorgen.

Erfolgt die Trocknung durch Einblasen warmer Luft, z.B. unter bzw. zwischen Fußboden-, Deckenkonstruktionen oder Zwischenwänden, ist vorher zu kontrollieren, dass das zu trocknende Material nicht schon mit Schimmelpilzen befallen ist. Durch die erhöhte Luftzirkulation werden Schimmelpilzsporen freigesetzt, die zu einer beträchtlichen Sekundärbelastung des gesamten Gebäudes (beispielsweise Estrichen, abgehängten Decken, Ständerwänden und dgl.) führen können. Die Erwärmung durch die warme Luft kann auch dazu führen, dass im Material vorhandene Anflugsporen in dem feuchten Material mit erhöhter Geschwindigkeit zu wachsen beginnen. Daher ist bei dieser Art der Trocknung möglichst zuvor zu klären, inwieweit das zu trocknende Material mit Schimmelpilzen befallen ist. Es wird dringend empfohlen, bei dieser Art der Trocknung unter geeigneter quellennaher Absaugung zu arbeiten, wobei die Absaugung in jedem Fall stärker als die eingeblasene Trockenluft sein muss.

Besonders bei kleineren Sanierungen, bei denen kein Einsatz von Absaug- oder Filtergeräten erfolgt, ist das Befeuchten der betroffenen Flächen eine sinnvolle Maßnahme zur Reduzierung der Staubbelastung. Besonders problematische Bereiche wie beispielsweise die direkten Befallsstellen im Putzmörtel sollten vor dem Abstemmen bzw. Auskratzen der Fugen mit 5%iger Sodalösung oder einer geeigneten Dekontaminationslösung besprüht werden, um möglichst wenig Staubentwicklung zu verursachen. Dies dient allerdings nicht nur der Vermeidung von Staubverteilungen, sondern auch dem Schutz der ausführenden Handwerker.

Eine Methode, welche sich gut zur Abtötung von mikrobiellem Befall bewährt hat und seit langem bei der Sanierung von Hausschwammbefall praktiziert wird, ist das Aus- oder Abbrennen der Oberflächen. Wichtig dabei ist, dass alle belasteten Flächen mit einem entsprechenden Sicherheitsbereich von ca. 1 Meter lückenlos und langsam mit der Gasflamme bearbeitet werden. Hierbei ist zu empfehlen, dass die entsprechende Fläche in gleichmäßige Quadrate aufgeteilt, markiert und anschließend langsam bearbeitet wird. Dabei ist die Flamme mehrfach langsam über die gleichen Stellen zu führen, um auch die bis in ca. 1 cm Tiefe zur Abtötung erforderlichen Temperaturen zu erreichen.

7.2.3.3 Reinigung schimmelpilzbefallener Oberflächen

Es wäre sinnlos, die mit Schimmelpilz befallenen Oberflächen oder auch nur einzelne Stellen nach einer Reinigung einfach zu überstreichen oder neue Tapeten aufzukleben. Durch einen Renovierungsanstrich mit einer Dispersionsfarbe oder den Tapetenkleister können das Pilzmyzel und die Sporen wieder aktiviert werden, weil damit Wasser und Nährstoffe zugeführt werden. Die Folgen wären bald wieder Stockflecken auf der neuen Anstrichoberfläche und womöglich eine Ausdehnung des ursprünglichen Pilzbefalls. Deshalb muss eine entsprechende Reinigung des Untergrundes immer auch eine Dekontaminierung und Abtötung des Befalls beinhalten.

Die Reinigung schimmelpilzbelasteter Oberflächen ist nicht ganz ungefährlich und erfordert einige Kenntnisse in Bezug auf gesundheitliche Risiken und Arbeitsschutz. Oft werden befallene Wände und schimmelpilzbelastete Oberflächen (Tapeten, Untertapeten, Putze und Anstriche) von Handwerksbetrieben einfach mit Drahtbürsten (Abbürsten, Abkratzen) oder Spachteln (Abschaben) mechanisch gereinigt. Beides verursacht aber, dass noch mehr Sporen in der Luft aufgewirbelt werden und damit den Schaden vergrößern, da dies zu weiteren Gesundheitsgefahren führen kann. Sehr geeignet ist ein besonderes Sauggerät mit einer in sich drehenden Bürste, mit der die Pilzteile von den Oberflächen entfernt und gleichzeitig eingesaugt werden, sodass sie nicht in die Umgebungsluft gelangen. Das Sauggerät sollte zusätzlich mit einem besonderen Filtersystem ausgestattet sein, welches die mikroskopisch kleinen Teilchen und Sporen zurückhält.

Zum Reinigen von Flächen mit Schimmelpilzbefall gibt es spezielle Biozidlösungen. Die darin enthaltenen bioziden Wirkstoffe töten Bakterien und Schimmelpilze oder hemmen deren Wachstum. Da kein Wirkstoff alle Anforderungen gleichzeitig erfüllen kann, benötigt man ein auf das Einsatzgebiet optimal abgestimmtes Kombinationsprodukt. Die Rückseiten von Bildern und Schränken dürfen dabei nicht vergessen werden. Es empfiehlt sich zusätzlich, durch einen Schnitt mit dem Cuttermesser den Wandbelag zu öffnen und die Rückseite sowie den darunter liegenden Untergrund auf einen evtl. Befall zu überprüfen.

Bei der Auswahl des Reinigungsmittels ist grundsätzlich zu unterscheiden, ob nur geringer oberflächlicher oder seit langem vorliegender Befall vorhanden ist, welcher sich bereits tiefer in den Putz oder andere Baumaterialien verteilt hat. Eine Abtötung ist in jedem Fall zu empfehlen, auch wenn befallene Materialien wie Putz, Tapeten, Teppiche usw. danach entsorgt werden. Durch diese Maßnahme wird vermieden, dass der aktive Befall und die Sporen durch die Sanierungsmaßnahmen und damit verbundene Stemm- und Abrissarbeiten erst richtig aufgewirbelt werden und dementsprechend wieder hohe bis extreme Belastungen und Umverteilungen entstehen können.

Bei einem geringfügigen bzw. geringen oberflächlichen Befall kann der Untergrund beispielsweise mit einem 70- bis 80-prozentigen Alkohol (medizinischer Alkohol), Spiritus oder Salmiakverdünnung (Konzentration so hoch wie verträglich) erfolgen. Des Weiteren wird häufig auch die Verwendung von hochprozentigem Essig (Essigessenz) empfohlen. Hierbei muss allerdings be-

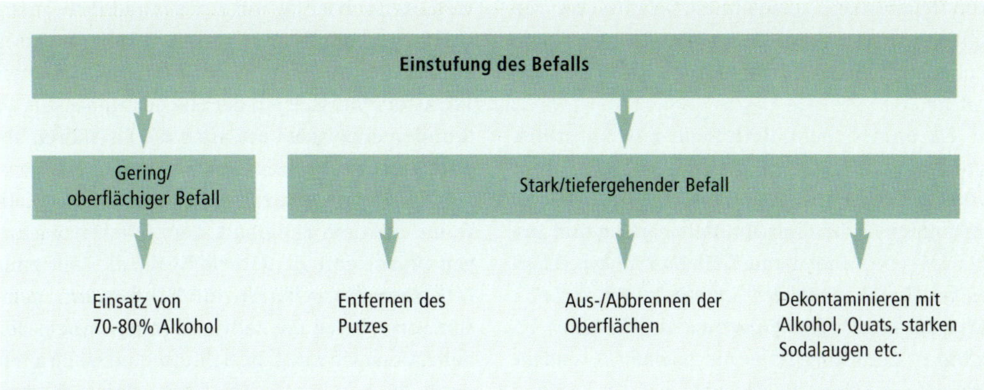

Abb. 7.41 ■ Einstufung des Befalls

achtet werden, dass viele Baustoffe und insbesondere Kalk einerseits zur Neutralisation neigen und außerdem organische Nährstoffe in oder auf das Material gelangen. Da konzentrierter Essig zudem auch noch sehr lange und intensiv riecht, wird er immer weniger empfohlen. Unabhängig davon gibt es eine Reihe von Schimmelpilzen, die auch in saurem Milieu gut weiterwachsen können. Deshalb werden in der Praxis bevorzugt starke Laugen mit einem pH-Wert von 12 bis 13 eingesetzt, da fast alle Schimmelpilze nur bis zu einem pH-Wert von 10 existieren können.

Des Weiteren sollten auch keine handelsüblichen Mittel zur Bekämpfung eingesetzt werden. Ihre fungizide (pilztötende) Substanz basiert häufig auf Chlor-, Schwefel-Stickstoff- und organischen Zinnverbindungen. So erfolgt praktisch nur der Austausch eines Giftes durch ein anderes. Hinzu kommt, dass viele dieser Produkte Chlorgas an die Raumluft abgeben oder andere problematische Stoffe wie beispielsweise Isothiazolinone enthalten können.

Um tiefersitzendes Pilzmyzel zu erreichen, wird auf die entsprechend gereinigte Oberfläche ein Untergrundbiozid gestrichen. Es hat sich bewährt, durch das Aufbringen eines Tiefgrundes allergene Pilzbestandteile oder Sporen zu binden und dadurch inhalative Exposition zu unterbinden. Augen und Schleimhäute sind zu schützen und es ist intensiv zu lüften.

Befallene Möbelstücke mit geschlossener Oberfläche (Stühle, Schränke) sind oberflächlich feucht zu reinigen, zu trocknen und soweit möglich mit 80-prozentigem Alkohol zu desinfizieren (Brand- und Explosionsgefahr beachten und Schutzhandschuhe tragen). Befallene Einrichtungsstücke mit Polsterung (Sessel, Teppiche) sind in der Regel nicht sinnvoll zu sanieren und sollten deshalb entfernt werden. Auch andere Baumaterialien, die entfernt werden können (wie beispielsweise Gipskartonplatten, Spanplatten, Dämmplatten und dgl.) sollten nicht unnötig und mit hohem Aufwand saniert, sondern besser entfernt und unter Beachtung der Sicherheitsmaßnahmen entsorgt werden. Nach der Sanierung ist eine gründliche Reinigung vorzunehmen, wobei darauf zu achten ist, dass Staub auf allen Flächen und Gegenständen möglichst feucht entfernt wird. Bei befallenen Möbelrückseiten ist der Schimmel von der Rückwand, ggf. durch den Austausch, zu entfernen. Danach sind die Möbel vorsorglich mit einem Wandabstand von mindestens 5 cm aufzustellen (Hinterlüftung).

Vorsicht ist bei Pilzgiften aus der Sprühflasche geboten. Sprühmittel auf Chlorbleichlauge-Basis (Natriumhypochlorid in wässriger Lösung mit Stabilisatoren und Hilfsmitteln) sind zur Sanierung von Schimmelpilzbefall in Innenräumen aus hygienischen Gründen und wegen möglicher Gesundheitsgefährdung, insbesondere in der Hand von Heimwerkern, abzulehnen. Gefahren von Vergiftungen oder Verätzungen bestehen vor allem bei unsachgemäßer Anwendung der Chlorbleichmittel.

Da immer mehr Betroffene zur Selbsthilfe greifen, wurden in der Juni-Ausgabe des Jahres 2000 der Zeitschrift »Öko-Test« eine Reihe von so genannten Antischimmelmitteln getestet und ausgewertet – ein Zitat daraus: *»Mit Natriumhypochlorit rücken fünf Produkte den Schimmelpilzen zu Leibe. Diese auch als »Aktiv-Chlor« auf den Etiketten bezeichnete Chemikalie ist für die Gesundheit – und die Umwelt – äußerst schädlich: wenn man den Sprühnebel der Anti-Schimmelmittel einatmet, bilden sich im Körper chlororganische Verbindungen. Sie gehören zu den reaktivsten Verbindungen überhaupt und können den Körper auf Dauer schädigen. Das gilt auch für die Ökosysteme in der Natur. Aus Natriumhypochlorit kann sich zudem reines, schleimhautreizendes Chlorgas bilden, wenn es zusammen mit säurehaltigen Reinigern eingesetzt wird.«* Des Weiteren wurde krebsverdächtiges und reizendes Formaldehyd nachgewiesen. Einige Anbieter setzen bei der Schimmelpilzbekämpfung sogar auf hochreaktive Isothiazolinonderivate, darunter auch halogenorganische Verbindungen, die als allergieauslösend bekannt sind.

Beim Aufsprühen gelangen die fungiziden (pilztötenden), giftigen Substanzen nicht nur in die Raumluft, sondern damit zwangsläufig auch in die Atemluft. Bei üblichen Renovierungsarbeiten mit Erneuerung der Tapeten und deckenden Neuanstrichen ist die Anwendung von Pilzgiften aus der Sprühdose und eine völlige Entfärbung der Schimmelflecken ohnehin überflüssig.

Die fachgerechte Schimmelpilzsanierung erfordert eine Untergrundvorbehandlung mit den bereits oben erwähnten speziellen Biozidlösungen. Fungizide Reinigungsmittel mit einem Anteil an quartären Ammoniumverbindungen/Quats (beispielsweise ein kationisches Tensid mit der Bezeichnung »Alkyldimethylbenzylammoniumchlorid«) ermöglichen eine gute Benetzung und tiefes Eindringen und haben sich deshalb in der Praxis bewährt. Sie werden mit der Bürste im Streichverfahren vorsichtig aufgetragen und nicht mehr nachgewaschen, sodass praktisch kein Abwasser anfällt. Die in dieser Biozidlösung enthaltenen Wirkstoffe müssen auf der Fläche mindestens 24 Stunden einwirken, um auch die Pilzsporen abzutöten, die sehr resistent sein können.

Die Schimmelpilzzelle besteht aus der Zellwand und dem Zellinhalt, der die lebenswichtigen Organe enthält. Nährstoffe, die die Zelle zum Leben braucht, gelangen durch Diffusion in gelöster Form durch die Zellwand in das Innere der Zelle. Genauso muss die Schimmelpilzzelle auch das gelöste Fungizid aufnehmen, damit es wirksam werden kann. Im Gegensatz zu Chlorbleichlaugen ist die Wirkung der fungiziden Reinigungsmittel visuell nicht immer direkt zu verfolgen. Insbesondere bei den Schwärzepilzen bleibt auch nach der Abtötung des Pilzmyzels die Farbe zum größten Teil erhalten, weil diese Farbstoffe chemisch und physikalisch sehr stabil sind. Eine völlige Entfärbung ist nur mit sehr starken Oxidationsmitteln wie Chlorbleichlauge möglich. Wegen der bereits oben erwähnten Gefahr von Verätzungen und lang anhaltender Geruchsbelästigung ist allerdings davon abzuraten. Außerdem hat eine vollständige Entfärbung keinen Einfluss auf die Qualität und auch nicht auf die Wirkungsdauer.

Des Weiteren werden seit einiger Zeit Desinfektions- und Reinigungsmittel auf der Basis von Wasserstoffperoxid und Silber angeboten. Die beiden Hauptbestandteile Wasserstoffperoxid (H_2O_2) als Oxidationsmittel und Silber (Ag^+) mit seiner starken oligodynamischen (in kleinsten Mengen wirksamen) und katalytischen Wirkung werden mit Stabilisatoren zu einer komplexen Lösung gebunden. So können sämtliche pathogenen (grampositiven und gramnegativen) Bakterien, Bakteriophagen, Pilze und Sporenbildner, Viren sowie sonstiger Biofilm ohne Nebenwirkungen beseitigt werden. Dieses Präparat verhindert eine Wiederverkeimung und geht mit anderen Stoffen keine chemische Verbindung ein. Laut Herstellerangaben wirkt es weder karzinogen noch mutagen und es besteht keine toxische Wirkung in dosiertem Zustand.

Generell gilt, dass schimmelpilzbefallene Stellen auf gar keinen Fall chemisch behandelt werden sollten, ohne dass die Schadensursache (beispielsweise Bauschäden) beseitigt wurde. Dies kann nur in Einzelfällen und dann nur übergangsweise sinnvoll sein.

7.2.3.4 Fungizide Anstrich- und Beschichtungssysteme

In der Regel werden die Spezialprodukte mit ausgeprägter fungizider/biozider Wirkung für den Außenbereich, also für die Fassade, angeboten und hierfür vom Hersteller mit einer zusätzlichen Biozid-Kombination ausgerüstet. Die Zugabe derartiger Wirkstoffe in Anstrich- und Beschichtungsstoffen sieht auf den ersten Blick sehr einfach aus. Man gibt dem Produkt einen Wirkstoff zu und das Problem scheint gelöst. Ganz so einfach ist die Vermeidung von Schimmelpilzen jedoch nicht, denn an die Wirkstoffe werden eine Reihe von Forderungen gestellt. So müssen fungizide/biozide Wirkstoffe eine hohe Wirksamkeit gegen alle Arten/Spezies von Pilzen haben, ausreichend wasserlöslich zur Zugabe in verschiedenen Bindemittelsystemen sein, bei der Einsatzkonzentration nicht giftig oder gefährlich für Mensch und Tier sein und dennoch eine ausreichende fungizide/biozide Wirkung gegenüber Mikroorganismen entwickeln und darüber hinaus eine einfache Lagerung, Verarbeitung, Herstellung und abschließende Entsorgung besitzen. Grundierungen und Dispersionsfarben sind so rezeptiert, dass sich in der Beschichtung auf Decken und Wänden nur so viel pilztötender (biozider) Wirkstoff in Wasser löst, um in das Innere der Schimmelpilzzelle diffundieren zu können und so das weitere Wachstum dieser Mikroorganismen zu verhindern.

Bei vorhandener Feuchtigkeitsbeanspruchung wird das Biozid trotz verminderter Wasserlöslichkeit im Laufe der Jahre nach und nach verbraucht. Deshalb muss der toxische (giftige) Wirkstoff für die angestrebte Langzeitwirkung ausreichend dosiert und so stabil gebunden sein, dass er weder verdampft, noch zu schnell ausgewaschen, abgebaut oder zersetzt wird. Die fungizide Ausrüstung muss aber nicht nur den Primärbefall direkt auf dem Anstrich, sondern möglichst auch den oft entstehenden Sekundärbefall auf nährstoffhaltigen Ablagerungen unterbinden.

Klassische Innenfarben haben diese spezielle fungizide/biozide Wirkung nicht. Im Gegenteil – die Bemühungen der letzten Jahre gehen vielmehr in die Richtung, lösemittel- und emissionsfreie Innenfarben anzubieten, um dem zunehmenden Allergienpotenzial entgegen zu wirken. Speziell für die Sanierung von schimmelpilzbefallenen Innenräumen werden deshalb primär Grundierungen mit fungizider/biozider Wirkung eingesetzt und anschließend Dispersions-, Silikat- oder Mineralfarben – mit Ausnahme von Innenräumen mit speziellen hygienischen Anforderungen (Krankenhaus, Lebensmittelindustrie etc.) – verwendet. Darüber hinaus werden spezielle Innenfarben für die Sanierung von schimmelpilzbefallenen oder -gefährdeten Flächen angeboten, die zumindest das Wachstum hemmen oder für gewisse Zeit einschränken. Es ist deshalb sinnvoll, den Auftraggeber darüber zu informieren, dass eine Innenraumsanierung mit fungizider/biozider Grundierung und anschließender Innenbeschichtung nur zeitlich begrenzt wirken kann. An dieser Stelle soll noch einmal darauf hingewiesen werden, dass eine grundierte und anschließend beschichtete Fläche einem Schimmelpilzbefall nur vorbeugen kann. Da die Ursache in der Regel in bautechnischen Mängeln oder im Lüftungs- und/oder Heizverhalten der Bewohner zu suchen sind, werden mit der anstrichtechnischen Sanierung nur die Ursachen kaschiert, aber nicht beseitigt.

Beim Abtönen fungizider Anstrichstoffe ist generell zu beachten, dass die üblichen Abtönfarben allgemein nur konserviert aber nicht als fungizider Spezialwerkstoff ausgerüstet sind. Um die Wirkstoffkonzentration im Anstrich durch das Abtönen nicht zu stark zu vermindern, sollte nicht mehr als die vom Hersteller empfohlene Menge an Abtönfarbe zugesetzt werden. Bei intensiveren Farbtönen kann es zweckmäßig sein, eine werkseitig abgetönte Schimmelschutzfarbe zu bestellen. Wandflächen, die von Kindern erreicht werden oder mit Lebensmitteln in Berührung kommen können, sollten nicht mit Schimmelschutzfarbe gestrichen werden.

Der von vielen Auftraggebern zunehmend gewünschte Verzicht auf den Einsatz von Grundier- und Anstrichstoffen mit fungiziden/bioziden Eigenschaften erschwert das Bekämpfen von Schimmelpilzen. Es ist deshalb wichtig, im Vorfeld einer Sanierung abzuklären, ob eine Gefährdung durch fungizid/biozid ausgerüstete Anstrich- und Beschichtungsstoffe zu erwarten ist bzw. wie diese zu vermeiden wäre. Man muss in diesem Zusammenhang natürlich erwähnen, dass die Gesundheitsbelastung in Wohnungen durch Schimmelpilzbefall in der Regel immer um einiges höher liegt als die, die von fungizid/biozid ausgerüsteten Anstrich- und Beschichtungsstoffen bei sach- und fachgerechter Anwendung ausgeht. Außerdem wird in der Diskussion um Biozide und Fungizide oftmals vergessen zu erwähnen, dass unser heutiger Standard in der Wohn- und Gebäudehygiene ohne ein sinnvolles Maß an Desinfektionsmitteln und anderen chemischen Präparaten undenkbar wäre und deshalb nicht immer wieder in Frage gestellt werden sollte. Bei der Entscheidung über die Verwendung dieser Produkte sollte es also nicht »ob« oder »ob nicht« heißen, sondern besser »wann«, »wie« oder auch »wie viel«.

Des Weiteren wurde bereits von einigen Produkten berichtet, die über eine entsprechende Mineralzusammensetzung das Pilzwachstum verhindern und toxikologisch unbedenklich sein sollen. Erfahrungen in der Praxis liegen noch nicht vor und die Wirksamkeit auf lange Sicht muss abgewartet werden. In diesem Zusammenhang soll abschließend erwähnt werden, dass ein hundertprozentiger Erfolg allerdings nicht garantiert werden kann. Nach Abschluss der Sanierungsarbeiten sollte die Unbedenklichkeit der Schimmelpilzsporen noch einmal in der Raumluft überprüft werden.

7.2.3.5 Fungizide Dichtstoffe

Dichtstoffe mit ausgeprägter fungizider/biozider Wirkung sind vom Hersteller mit einem besonderen Biozidwirkstoff ausgerüstet. Damit überhaupt eine nennenswerte Wirkungsdauer erreicht wird, muss der wasserlösliche Wirkstoff im Dichtstoff so stabil gebunden sein, dass er weder verdampft noch zu schnell ausgewaschen wird. Bei Feuchtigkeitsbeanspruchung wird aber der biozide Wirkstoff trotz verminderter Wasserlöslichkeit mit der Zeit ausgelaugt. Die pilzhemmende Wirkung geht dann verloren. Schimmelpilze wachsen auf Dichtstoffen, wenn außer Feuchtigkeit auch verwertbare, organische Nährstoffe vorhanden sind. Hierfür stehen neben dem organischen Polymer auch Konfektionierungsmittel (Additive) und eventuell Weichmacher zur Verfügung.

Vor allem aber dienen dem Schimmelpilzbewuchs auch bereits geringe Schmutzablagerungen und Verunreinigungen auf den Dichtstoffoberflächen als Nährstoff. Diesen Sekundärbefall soll dann der biozide Wirkstoff ebenfalls hemmen. Silikon-Dichtstoffe weisen, auch wenn sie pilzhemmend ausgerüstet sind, vor allem im Sanitärbereich oft relativ schnell dunkle Flecken auf, die vom eingewachsenen Pilzmyzel verursacht werden. Vorbeugend ist eine regelmäßige Reinigung der Verfugung und Trockenhaltung (Lüften) empfehlenswert. Dies ist aber im Sanitärbereich nur begrenzt praktizierbar. Im Anfangsstadium lassen sich die Pilzflecken noch mit Chlorbleich-Reinigungsmitteln einigermaßen erfolgreich beseitigen. Später bleibt nur noch eine Erneuerung der Dichtstofffuge.

Die richtige Ausbildung der Dichtstoffoberfläche ist ebenfalls ein wichtiger Faktor zur Verzögerung des Schimmelpilzbefalls. Die Fugentiefe soll nach DIN 18 540 etwa ein Drittel geringer sein als die Fugenbreite oder umgekehrt ausgedrückt soll die Fugentiefe also maximal $^2/_3$ der Fugenbreite betragen. Zu tiefe Fugen müssen durch Unterstopfen mit Rundschnüren auf die richtige Tiefe gebracht werden. Das verringert den Bedarf an Fugendichtstoff und verbessert die Haltbarkeit der Fuge, da deren Dehnvermögen erhöht und damit die Dauerelastizität verbessert wird. Die schädliche Dreiflankenhaftung wird so durch das Hinter-

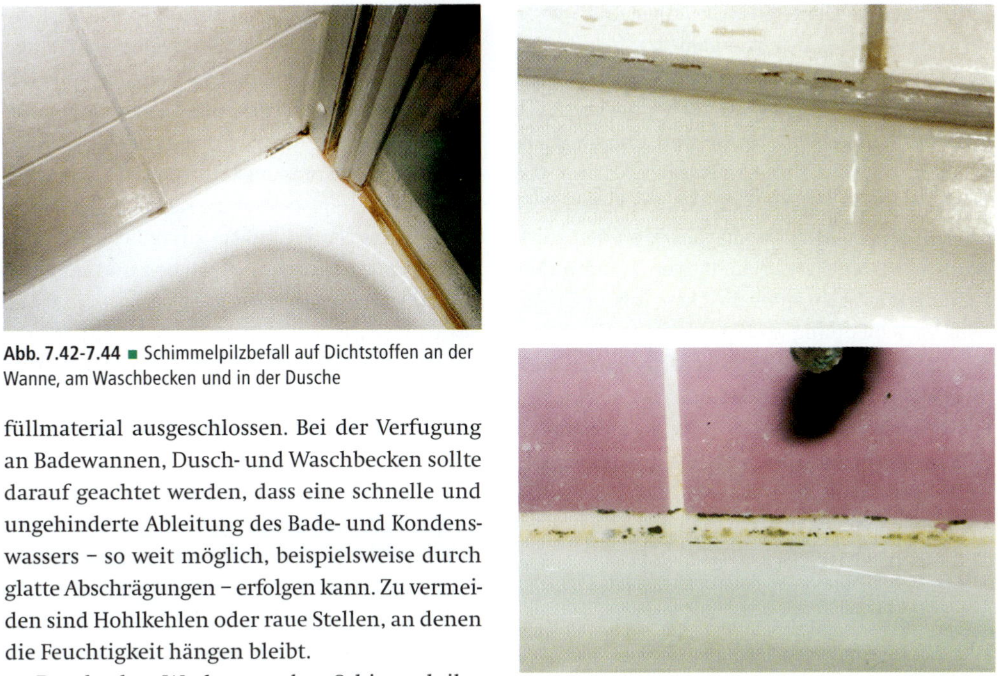

Abb. 7.42-7.44 ■ Schimmelpilzbefall auf Dichtstoffen an der Wanne, am Waschbecken und in der Dusche

füllmaterial ausgeschlossen. Bei der Verfugung an Badewannen, Dusch- und Waschbecken sollte darauf geachtet werden, dass eine schnelle und ungehinderte Ableitung des Bade- und Kondenswassers – so weit möglich, beispielsweise durch glatte Abschrägungen – erfolgen kann. Zu vermeiden sind Hohlkehlen oder raue Stellen, an denen die Feuchtigkeit hängen bleibt.

Durch das Wachstum der Schimmelpilze wird die Funktion der Fugenabdichtung praktisch nicht gestört. Die Verfärbungen auf der Dichtstoff-Fase sind zunächst nur eine ästhetische Beeinträchtigung, aber auch hygienisch bedenklich. Da die Sporen und Stoffwechselprodukte einiger Schimmelpilzarten als Krankheitserreger insbesondere für Menschen mit gestörter oder geschwächter Immunabwehr bekannt sind, andererseits aber auch die bioziden Wirkstoffe gesundheitliche Risiken in sich bergen, muss zunächst alles gegen die Feuchtigkeit als Ursache getan werden.

Was für die Fugen gilt, kann generell für die Einbauten übernommen werden. Wannen, Duschen und Waschbecken sind so einzubauen, dass anfallendes Wasser schnell abgeführt wird und nicht lange auf den Fugen oder sonstigen Öffnungen stehen bleibt. Neben diesem Gefälle der Fugen und Einbauten soll abschließend noch ein anderer Punkt erwähnt werden, der sehr häufig unterschätzt wird. Werden Dusch- und Wannenecken mit Flaschen und dgl. zugestellt bzw. nasse Waschlappen und Schwämme auf der Wanne oder in der Dusche gelagert, kann vorhandene Feuchtigkeit ebenfalls schlechter abtrocknen. Infolgedessen kann es zu tagelangen Feuchtigkeitsansammlungen kommen, die wiederum ideale Wachstumsbedingungen bieten.

7.2.3.6 Schutzmaßnahmen

Die oben genannten Ausführungen erheben keinen Anspruch auf Vollständigkeit. Sie sind lediglich eine Orientierungshilfe für das allgemeine Vorgehen bei einer Sanierung. Im konkreten Einzelfall muss unter Umständen anders vorgegangen werden.

Grundsätzlich sollten bei allen Sanierungs- und Reinigungsarbeiten Schutzhandschuhe getragen werden. Besonders wichtig ist dies, wenn Verletzungen (kleine Abschürfungen, Risse usw.) vorliegen. Auch über kleine Verletzungen können Pilze in die Blutbahn geraten und gesundheitliche Störungen verursachen, die in ihrer Wirkung weit problematischer sind als die durch Inhalation verursachten. Bei allen staubentwickelnden Arbeiten sind Staubschutzmasken zu tragen, um die

Aufnahme von belasteten Feinstäuben und Sporen über die Atmung zu vermeiden bzw. zumindest zu minimieren. Je nach Schweregrad des Schimmelpilzbefalls müssen bei der Sanierung evtl. auch zusätzlich Schutzbrille und Chemikalien-Einmalanzug mit Kapuze getragen werden. Die Arbeitskleidung ist getrennt von anderen Kleidungsstücken aufzubewahren. Die in den stark staubbelasteten Bereichen tätigen Handwerker sollten nach Arbeitsende duschen, um eine mögliche Verschleppung von Sporen in den Privatbereich zu vermeiden. Hierfür sind geeignete Sanitärcontainer mit Dusche und den erforderlichen Spinden aufzustellen. Vom Arbeitgeber ist geeignete Arbeitskleidung zur Verfügung zu stellen, die nach Arbeitsende zu wechseln und regelmäßig zu reinigen ist. Es versteht sich sicherlich, dass am Arbeitsplatz nicht gegessen, getrunken oder geraucht werden darf.

7.2.3.7 UV-Entkeimung

Während und nach der Sanierung von schimmelpilz- und/oder bakterienbelasteten Räumen kann es sinnvoll oder notwendig sein, eine zusätzliche Entkeimung (Abtöten von Bakterien, Schimmelpilzen, Viren usw.) durchzuführen, um einerseits den ausführenden Handwerker zu schützen, auch dann, wenn er mit Absauganlagen und/oder Atemschutzmasken arbeitet. Andererseits sind derartige Entkeimungen auch besonders wichtig für die späteren Nutzer der Räume, welche in den meisten Fällen allergisch auf mikrobielle Belastungen reagieren. Eingesetzt werden hierfür so genannte UV-Entkeimungsanlagen. Durch die Wirkung ultravioletter Strahlung werden in der Luft, im Wasser und auf Oberflächen befindliche Erreger ohne den Einsatz chemischer Hilfsmittel in ihrem Wachstum behindert und letztendlich abgetötet.

Während der Sanierung erfolgt der Einsatz in den Nachtstunden (wenn nicht gearbeitet wird), um mit möglichst hoher Leistung und über einen längeren Zeitraum Oberflächen und Stäube zu entkeimen. Hierbei muss beachtet werden, dass bei allen Sanierungsarbeiten Verschmutzungen und Staubablagerungen entstehen, die auch bei optimaler Reinigung in der Regel mikrobiell belastet sind. Diese Staub- und Oberflächenkeime können sich vermehren oder umverteilen, wodurch es dann zu unerwünschten Sekundärkontaminationen kommen kann. Durch die Bestrahlung über Nacht werden die Keime bei genügender Leistungsstärke und bei zusätzlichem Einsatz eines Ventilators auf Oberflächen und im Staub fast vollständig abgetötet, sodass statt einer Vermehrung eine Reduzierung oder Beseitigung der Keime erfolgt. Für die bei der Sanierung tätigen Handwerker hat dies zusätzlich den Effekt, beim morgendlichen Arbeitsbeginn in praktisch keimfreien Räumen zu arbeiten und dadurch nicht den üblichen Belastungen ausgesetzt zu werden.

Nach Abschluss der Sanierungsarbeiten und durchgeführter Endreinigung (entsprechender Staubsauger nur mit HEPA-Filter) erfolgt ebenfalls eine Entkeimung über Nacht, bevor die zum Schutz angebrachten Folien entfernt werden, da hierbei meist eine massive Belastung der Räume mit verbliebenen Keimen erfolgt. Eine weitere Entkeimung erfolgt dann nach der Entfernung der Folien, um auch noch die restlichen verbliebenen Keime abzutöten. Unabhängig davon ist natürlich die Ursachenermittlung und fachgerechte Sanierung mikrobieller Schäden erforderlich, da die UV-Entkeimung zwar an Oberflächen und aufgewirbelten Stäuben angelagerte Keime effektiv abtöten kann, aber eine Tiefenwirkung nicht realisiert. Die UV-Entkeimung gilt deshalb auch nicht als eigentliche Sanierung, sondern als flankierende Maßnahme. Nachfolgend sollen einige grundsätzliche Informationen zur Wirkung, Geschichte und Anwendung der Desinfektion bzw. Entkeimung mit UV-Strahlen gegeben werden, da diese Methode noch relativ unbekannt ist.

Von der natürlichen Strahlungsenergie, der wir täglich ausgesetzt sind, nehmen wir nur einen kleinen Teil mit unseren Sinnen u.a. als Licht oder Wärme wahr. Ein Großteil dieser elektromagnetischen Energien bleibt von uns unbemerkt. Dazu gehören beispielsweise auch die Röntgen- und die ultravioletten (UV-) Strahlen.

Tab. 7.2 ■ Erforderliche Energien zur 90-prozentigen Inaktivierung einiger Mikroorganismen

	μW • s/cm²
Schimmelpilzsporen	
Penicillium roqueforti	13.000
Penicillium expansum	13.000
Penicillium digitatum	44.000
Aspergillus flavus	60.000
Aspergillus glaucus	44.000
Aspergillus niger	132.000
Rhizopus nigricans	111.000
Mucor racemosus A	17.000
Mucor racemosus B	17.000
Hefen	
Saccharomyces ellipsoideus	6.000
Saccharomyces spores	8.000
Saccharomyces cerevisiae	6.000
Bierhefe	3.300
Bäckereihefe	3.900

Tab. 7.2 ■ Fortsetzung

	μW • s/cm²
Bakterien	
Streptomyces hemolyticus (Alpha-Typ)	2.200
Streptococcus lactis	6.100
Staphylococcus aureus	4.900
Staphylococcus albus	3.300
Pseudomonas fluorescens	3.500
Micrococcus sphaeroides	10.000
Sarcina lutea	19.800
Proteus vulgaris	2.700
Serratia marcescens	2.500
Bazillus subtilis	6.000
Escherichia coli	3.000
Protozoen	100.000
Algen	600.000
Grippeviren	3.400

Die ultraviolette Strahlung ist ein Teil des Spektrums der elektromagnetischen Wellen. Der UV-Bereich umfasst dabei lediglich 1 % des gesamten solaren Spektrums. Zum besseren Verständnis greift man allgemein auf ein Wellenlängenmodell zurück.

Alle Strahlungsenergien unterscheiden sich untereinander einzig durch ihre Wellenlänge. Während Radiowellen zu den sehr langwelligen Strahlungen zählen, gehören ultraviolette und Gammastrahlen zu den sehr kurzwelligen Energien. Längere Wellen von 400 nm (blau) bis 780 nm (rot) bilden den als Licht bezeichneten sichtbaren Teil elektromagnetischer Schwingungen, gefolgt von der ultravioletten Strahlung unterhalb von 400 nm (Nanometer). Ein Nanometer ist eine lineare Einheit zur Messung der Wellenlänge des Lichtes. Der UV-Bereich selbst wird allgemein in drei Gebiete unterteilt:

- UV A (langwellig) 400 nm bis 315 nm
- UV B (mittelwellig) 315 nm bis 280 nm
- UV C (kurzwellig) 280 nm bis 100 nm (und darunter).

Alle ultravioletten Wellenlängen sind also kürzer als der sichtbare Anteil des Lichtes und deshalb für das menschliche Auge unsichtbar.

Seit Beginn der Menschheitsgeschichte wird dem Sonnenlicht die Kraft zugeschrieben, der Ausbreitung von Infektionen entgegenzuwirken. Ohne eine Erklärung für diese Tatsache zu haben,

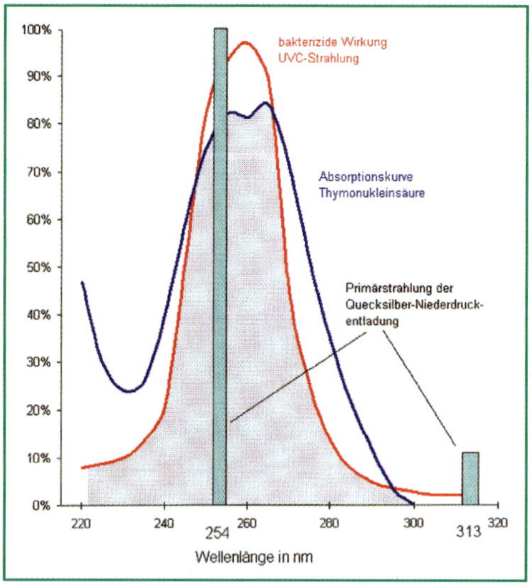

Abb. 7.45 ■ Zusammenhang zwischen der Wellenlänge der UV C-Strahlung und ihrer bakteriziden Wirkung auf Mikroorganismen

bewiesen spätere Forschungen, dass der bakterizide Effekt vom unsichtbaren Anteil der Sonnenbestrahlung unterhalb von 280 nm ausgeht. Dieser Bereich der Sonnenstrahlung wird auch als UV C-Strahlung bezeichnet und ist in der Lage, Mikroorganismen wie Hefen, Schimmelpilzsporen, Bakterien und Viren abzutöten.

Die Forscher Downes und Blunt haben bereits 1878 entdeckt, dass sich Mikroorganismen unter genügender Sonnenbestrahlung nicht weiter vermehrten. Erst später erkannte man eine spezifische Wellenlängenabhängigkeit mit einem Reaktionsmaximum für den Bereich von 250-270 nm, einem Teil der UV-Strahlung aus dem kurzwelligen C-Bereich. Diese Strahlen sind noch kurzwelliger und energiereicher als beispielsweise die UV A- oder B-Strahlen. Sie umfassen den größten Teil des gesamten UV-Bereichs und haben einen stark keimtötenden (bakteriziden) Effekt. Die Wirksamkeit einer UV-Entkeimung bei einer Inaktivierung von Mikroorganismen steht im direkten Zusammenhang mit der angewandten Dosis (= Zeit x Intensität), wobei Zeit und Strahlenintensität als weitgehend umgekehrt proportional gelten können, das heißt, hohe Intensitäten während einer kurzen Zeit oder geringe Intensitäten über einen längeren Zeitraum sind praktisch austauschbar und beinahe gleichwertig in der Desinfektionswirkung. Die Dosis als maßgebliche Bestimmungsgröße wird in $\mu W \cdot s/cm^2$ angegeben, häufig auch in J/m^2.

Während einfach strukturierte Mikroorganismen eine hohe Empfindlichkeit gegenüber UV C-Strahlen aufweisen, d.h. sie lassen sich in relativ kurzer Zeit problemlos neutralisieren, braucht es eine wesentlich größere Energie, um beispielsweise komplexe Organismen wie Pilze oder Algen abzutöten.

Die Wirksamkeit der Strahlung zur Inaktivierung von Mikroorganismen steht deshalb immer in direktem Zusammenhang mit der angewandten Dosis. Grundsätzlich lässt sich festhalten: Je raumumfassender der Wirkbereich der Strahlung (und damit auch um so langanhaltender die Exposition), desto wirkungsvoller und ökonomischer ist in der Konsequenz die Technik. Zur Inaktivierung großer Lebewesen wie beispielsweise Kakerlaken oder anderen Ungeziefers ist diese UV-Entkeimungstechnik jedoch nicht geeignet.

Die genaue Erklärung für dieses Phänomen ließ lange auf sich warten und konnte erst mit der Entdeckung der DNS in den 60er Jahren gegeben werden. Die kurzwelligen UV C-Strahlen werden in bestimmten Bereichen der Erbsubstanz (DNS) absorbiert, es kommt zu photochemischen Veränderungen in der Helixstruktur und damit zu ihrer Zerstörung. Die Zelle verliert die Fähigkeit zur Teilung und Vermehrung und der Mikroorganismus stirbt ab.

Mit der Fähigkeit zur Herstellung künstlicher Strahlenquellen seit Ende des vorletzten Jahrhunderts wird das heute als UV C-Desinfektionsmethode bekannte Verfahren zur Verbesserung der hygienischen Verhältnisse in der Luft, im Wasser und auf Oberflächen in mehreren Anwendungen genutzt. Eine wirkungsvolle Desinfektionsmethode ohne chemische Mittel oder den Einsatz von hohen Temperaturen war damit verfügbar. Obwohl bereits Pasteur Ende des vorletzten Jahrhunderts der Beweis gelang, dass der Fäulnisprozess an Produkten durch Mikroorganismen verursacht wurde, begann der eigentliche Durchbruch dieser Entkeimungsmethode erst nach dem 2. Weltkrieg.

Es gab kaum ein Gebiet, in dem nicht versucht wurde, hygienische Verbesserungen mit UV C-Strahlen zu erreichen. In vielen Anwendungen wurden UV C-Strahlen zur Raumluftdesinfektion eingesetzt. Oberflächen, Verpackungen und Waren, soweit keine gesetzlichen Einschränkungen bestanden, wurde vorwiegend direkter Bestrahlung ausgesetzt und auf diese Art keimfrei verpackt. Diese wirkungsvolle Bestrahlungsart konnte jedoch nicht angewendet werden, wenn sich Personen in den Räumen aufhielten. Erst spätere Geräteentwicklungen ermöglichten die indirekte Bestrahlung der oberen Luftschichten. Überall, wo unerwünschte mikrobiologische Verunreinigungen auftraten, kamen UV C-Strahlen zum Einsatz: in Krankenhäusern, Sanatorien, Tierfarmen, Lebensmittellager, Bäckereien, fleischverarbeitenden Betrieben etc.

UV C-Strahlen dringen allerdings nicht in die Stoffe ein und wirken nur dort, wo sie auftreffen. Normales Fensterglas, dichte Kleidung, dicke Schmutzschichten und vor allem Fettbeläge sind für die Strahlung grundsätzlich nicht zu durchdringen. Infolgedessen ist es besonders wichtig, immer auf den jeweiligen Verschmutzungsgrad der genutzten Strahlenquellen zu achten. Bakterien und Schimmelpilzsporen, die sich unter der Oberfläche eines Materials oder im Schattenbereich eines Körpers verbergen, können dementsprechend durch die Strahlung nicht erreicht werden.

UV-Strahlen – reflektiert oder in direkter Einwirkung – können zwischen den unterschiedlichen Organismen nicht differenzieren. Infolgedessen sind bei der Anwendung dieser Technik einige Schutzvorkehrungen zu treffen. In entsprechender Dosis verursachen UV C-Strahlen beim Menschen Hautrötungen (Erytheme) und insbesondere schmerzhafte Augenentzündungen (Konjunktivitis, auch als Schweißblende bekannt). Aus diesem Grund sollten Grenzwerte, wie sie die *American Medical Association* ermittelt hat, nicht überschritten werden. Diese schreibt u.a. einen Wert von 0,1 $\mu W \cdot s/cm^2$ bei einer Bestrahlung von 24 Stunden und 0,3 $\mu W \cdot s/cm^2$ bei einer Bestrahlung von 12 Stunden vor. Bei 6 Stunden darf der Wert von 0,66 $\mu W \cdot s/cm^2$ nicht überschritten werden und bei 2 Stunden liegt dieser Wert bei 1,83 $\mu W \cdot s/cm^2$. Gegensätzlich zur besonders aggressiven UV B-Strahlung konnte ein ursächlicher Zusammenhang von Hautkrebs und intensiver UV C-Strahlung bisher nicht belegt werden.

Grundsätzlich ist deshalb die direkte Bestrahlung in normalen Arbeitsräumen (Lebensmittelindustrie, Ambulanz etc.) nicht sinnvoll. In diesen Fällen greift man auf eine Technik zurück, die sich »Plafond Sanitaire« nennt. Bei dieser Methode wird eine bakterizid wirkende UV-Strahlendecke über den Köpfen anwesender Personen über 24 Stunden genutzt. Die Konvektion in den Räumen sorgt dafür, dass luftgetragene Erreger wiederholt in die Bestrahlungszone gelangen und so abgetötet werden. Wände und Decken müssen dabei eine Oberfläche mit geringer UV C-Reflexion aufweisen. Anderenfalls kommt es wiederum zu einer unerwünschten Strahlenbelastung der anwesenden Personen. Weißer Putz, einige Wasserfarben und Lacke und insbesondere Chromstahl und Blechelemente reflektieren einen erheblichen Prozentsatz an UV C-Strahlen. In diesen Fällen ist es notwendig, entsprechende Oberflächen mit geeigneten Dispersionsfarben zu überstreichen.

Um eine UV C-Strahlung technisch herzustellen, gibt es verschiedene Möglichkeiten. Heute gebräuchlich und technisch ausgereift sind Quecksilber Niederdruck- und Hochdrucklampen. Mehr als 90% der abgegebenen Energie von Niederdruckröhren liegt im bakteriziden Wirkungsbereich. Der Rest verteilt sich auf sekundäre Erscheinungen wie Lichtausbeute und Wärmeemission. Das bläuliche Glimmern einer UV-Röhre lässt folglich keinerlei Rückschlüsse auf die Leistungsfähigkeit einer Strahlenquelle zu. Die Leistung ultravioletter Strahlenquellen wird auf zwei verschiedene Arten beschrieben: Intensität und Ausstoß.

Die Anordnung der Röhren erfolgt vertikal oder horizontal zur Luftbewegung – nicht parallel! Die parallele Anordnung (UV-Schleuse) begrenzt die Einwirkzeit der UV C-Strahlen auf die Röhrenlänge. Zur Verbesserung der Wirksamkeit einer UV C-Desinfektionsanlage sollte die Bestrahlungskammer aus einem Material mit guten Reflexionseigenschaften gefertigt sein.

Neben rein bakterizid wirkenden UV C-Röhren werden zwischenzeitlich auch Röhren angeboten, die unterhalb der Wellenlänge von 250 nm ultraviolette Strahlung erzeugen. Die Strahlung der Wellenlänge 185 nm hat die Energie, Sauerstoffmoleküle zu spalten und auf diesem Weg chemisch reines Ozon O_3 zu erzeugen. Da Ozon u.a. auch in der Lage ist, Geruchsträger zu oxidieren, werden solche Röhren in speziellen Fällen zur Entkeimung bei gleichzeitiger Geruchsneutralisation eingesetzt. Allerdings muss an dieser Stelle vermerkt werden, dass Ozon in entsprechender Menge toxisch wirkt. Der regelmäßige Einsatz in Arbeitsräumen bietet sich deshalb nicht an. Diesbezüglich wird auf die Verordnung über die maximale Arbeitsplatzkonzentration (MAK-Werte) verwiesen.

Mit der Verfügbarkeit neuer Medikamente, Konservierungsstoffe, Desinfektions- und Reinigungsmittel sowie strengeren Arbeitsplatzvorschriften ließ das Interesse an der Prophylaxe durch die UV C-Bestrahlung zwischenzeitlich nach. In vielen Bereichen versprach die moderne Raumklimatisierung zudem eine komfortablere und bessere hygienische Lösung. Allerdings erfährt die Desinfektion mit UV-Entkeimungsanlagen in jüngster Zeit wieder eine Renaissance. Der Grund hierfür liegt in der intensiven und extensiven Nutzung chemischer Desinfektionsmittel, die u.a. zu großen septischen Problemen im Krankenhauswesen geführt hat. Zunehmend resistente, pathogene Keime und allgemein menschliche Unverträglichkeiten sind bekannte Folgeerscheinungen. Die Suche nach chemiefreien Desinfektionstechniken und das zunehmende ökologische Bewusstsein führt heute wieder zu einem zunehmenden Einsatz der UV C-Bestrahlung.

7.2.4 Sonstiges

7.2.4.1 Sanierungskontrollen

Nach Abschluss der Sanierung ist der Erfolg der Maßnahmen einschließlich der Reinigung (je nach Schweregrad des Befalls) zu kontrollieren.

- **leichter Befall**: visuelle Kontrolle der vormals befallenen Materialien
- **mittlerer Befall**: gezielte regelmäßige visuelle Kontrolle der vormals befallenen Materialien sowie Kontrolle, ob die zum Befall führenden Ursachen nicht mehr vorhanden sind
- **schwerer Befall**: gezielte regelmäßige visuelle Kontrolle der vormals befallenen Materialien, (Kontrolle, ob die Ursachen, die zum Befall geführt haben, nicht mehr vorhanden sind, sowie Raumluftuntersuchung – je nach Fall z.B. Luftkeim- und Partikelsammlung, MVOC)

Das Sanierungsverfahren sollte durch eine Verlaufskontrolle hinsichtlich arbeits- und umweltmedizinischer Forderungen validiert werden. Bei Sanierungen der Stufe 3 ist zu belegen, dass das angewandte Verfahren die Einhaltung entsprechender Forderungen verspricht. Direkt nach der Sanierung der Stufe 3 und zum Teil der Stufe 2 sollte nachgewiesen werden, dass keine Sekundärkontamination vorliegt. Diese Kontrolluntersuchung sollte vor Wiederaufnahme der Nutzung durchgeführt werden, das heißt auch vor Wiedereinbringen möglicherweise schimmelpilzbelasteter Gegenstände. Nach 3 bis 6 Monaten sollte kontrolliert werden, ob die Sanierung erfolgreich durchgeführt worden ist. Generell sollte kontrolliert werden, ob die Ursache für den Schimmelpilzbefall behoben ist. Dazu ist unter anderem eine Wandfeuchtemessung durchzuführen.

7.2.4.2 Arbeitsschutzbestimmungen bei mikrobiologischen Messungen (Probenahmen) und Sanierungen

Tätigkeiten, bei denen die Mitarbeiter der Sanierungsfachbetriebe gegenüber Schimmelpilzen und Aktinomyceten exponiert sind, sind als nicht gezielte Tätigkeiten mit biologischen Arbeitsstoffen der Risikogruppe 1 und 2 einzustufen. Gleichzeitig liegt eine Gefährdung durch sensibilisierende Gefahrstoffe vor. Zu berücksichtigen sind die TRBA (= Technische Regel Biologische Arbeitsstoffe) 460 (Einstufung von Pilzen in Risikogruppen), TRBA 461 (Einstufung von Bakterien in Risikogruppen), TRBA 500 (Allgemeine Hygienemaßnahmen: Mindestanforderungen), TRGS (Technische Regel Gefahrstoffe) 540 (Sensibilisierende Stoffe) und TRGS 907 (Verzeichnis sensibilisierender Stoffe) nach der schimmelpilz- und aktinomycetenhaltiger Staub als sensibilisierender Gefahrstoff eingestuft ist.

Gemäß Arbeitsschutzgesetz, Gefahrstoffverordnung und Biostoffverordnung muss der Arbeitgeber zunächst eine schriftliche Risikoanalyse durchführen und Arbeitsschutzmaßnahmen festlegen. Die Arbeitnehmer müssen vor Beginn der Tätigkeit bzw. jährlich über Gefahren und Arbeitsschutz belehrt werden. Der Inhalt der Belehrung ist schriftlich zu dokumentieren und die Belehrung von den Arbeitnehmern mit Unterschrift zu bestätigen. Den Arbeitnehmern müssen Schutzkleidung (z.B. Chemikalien-Einmalanzug mit Kapuze, Schutzbrille, Atemschutz mit Filter und Handschuhe nach DIN EN 455) zur Verfügung gestellt werden. Die Schutzkleidung muss vom Arbeitgeber gestellt, in hygienisch einwandfreiem Zustand gehalten sowie getrennt von der Privatkleidung aufbewahrt werden.

Bei Arbeiten in einer Abschottung mit Unterdruck kann es zu erhöhten Schimmelpilzbelastungen kommen. In solchen Fällen wird die Verwendung eines Air stream-Helms mit Filter empfohlen. Gepuderte Latexhandschuhe dürfen nach TRGS 540 (sensibilisierende Stoffe) nicht mehr im Arbeitsschutz verwendet werden. Geeignete Handschuhe kann man dem Merkblatt der BGW (Berufsgenossenschaft für Gesundheitsdienst und Wohlfahrtspflege) und des GUV (Gemeinde-Unfallversicherungverband) »Allergiegefahr durch Latexhandschuhe« entnehmen. Ein Hygieneplan muss erstellt werden. Die arbeitstägliche Reinigung des Arbeitsplatzes kann z.B. mit einem Industriestaubsauger erfolgen. Den Arbeitnehmern muss ein geeignetes Hautreinigungs-, Hautschutz- und Hautpflegemittel zur Verfügung gestellt werden, ggf. auch ein geeignetes Händedesinfektionsmittel. Wenn die Exposition der Arbeitnehmer gegenüber Mikroorganismen der Risikogruppe 2 im Ausmaß gezielten Tätigkeiten (z.B. Differenzierung von *Aspergillus fumigatus* im Labor) vergleichbar ist, müssen den Arbeitnehmern auf Wunsch arbeitsmedizinische Vorsorgeuntersuchungen nach der BioStoffV angeboten werden.

7.3 Gesundheitliche Aspekte der Raumlufttechnik

7.3.1 Einleitung

Die Symptome für Befindlichkeitsstörungen in Verbindung mit Raumlufttechnischen Anlagen können in zwei unterschiedliche Kategorien zusammengefasst werden: das so genannte Sick-Building-Syndrom und die Building Related Illness (beide Begriffe wurden bereits im Kapitel 5.5 beschrieben). Das Sick-Building-Syndrom umfasst dabei eine Vielzahl von unspezifischen Symptomen wie beispielsweise Kopfschmerzen, Müdigkeit, Konzentrationsstörungen, Reizung der Schleimhäute und dgl. Für alle spezifischen Erkrankungen im Zusammenhang mit Innenraumluftproblemen steht der Begriff BRI. Neben den gesundheitlichen Problemen sind vor allem auch ökonomische Aspekte in den Blickpunkt des Interesses gerückt. So belegt eine Studie der europäischen Union (EU-Report 4 »Sick Building Syndrome«), dass mit einer optimierten Klimatisierung eine Kostenreduktion um den Faktor 8 gegenüber den Kosten erreichbar ist, die durch eine 1 % häufigere krankheitsbedingte Abwesenheit von Angestellten entstehen können.

Als häufigste Ursache für Probleme der Luftqualität in Innenräumen muss heute der Einsatz von Luftbefeuchtern in Raumlufttechnischen Anlagen gesehen werden. Bestimmender Faktor hierbei ist der Belastungsgrad des genutzten Wäscherwassers. Eine mikrobiologische Kontaminierung des Wäscherwassers von 1.000 KBE/ml gilt nach den VDI-Richtlinien 3803 sowie 6022 inzwischen allgemein als Grenzwert für Sprühbefeuchter-Umlaufwässer. Gleichzeitig ist das Behandeln des Befeuchterwassers nach der DIN 1946, Teil 2 »Raumlufttechnik, gesundheitliche Anforderungen«) nur mit physikalischen oder mit auf Brauchbarkeit geprüften Stoffen zulässig. Die o.g. entsprechende VDI-Richtlinie 6022 geht in dieser Hinsicht noch einen Schritt weiter und fordert einen Nachweis der Unbedenklichkeit entsprechender Wasserzusätze.

7.3.2 Befindlichkeitsstörungen durch Raumlufttechnische Anlagen

Seit Beginn der 80er Jahre hat in Deutschland eine verstärkte Diskussion innenraumbedingter gesundheitlicher Störungen und Beeinträchtigungen stattgefunden. Der 1985 erschienene Bericht über die Gesundheits- und Befindensstörungen in klimatisierten Gebäuden hat dabei schlagartig die Konzentration auf die Klimaanlage als ein mögliches, zentral auslösendes Element von Gesundheits- und Befindlichkeitsstörungen gelenkt. Die grundlegende Arbeit von *Elixmann* über die Filter einer lufttechnischen Anlage als Ökosystem und als Verbreiter von Pilzallergenen im Jahre 1989 hat diese Gesundheitsstörungen schwerpunktmäßig als allergische Symptome und Folge der inhalativen Schimmelpilzexposition gedeutet. Beide Arbeiten haben unter den Fachleuten und Experten der Klimabranche und der technischen Gebäudeausrüstung sowie in den Medien zu einer teilweise heftigen, unsachlichen und emotional geführten Debatte geführt, die über viele Jahre eine wissenschaftlich orientierte Kooperation nahezu unmöglich gemacht hat.

Erst das interdisziplinäre Forschungsvorhaben »Pro Klima« konnte diese verhärteten Standpunkte versachlichen. Unterstützung auf dem Weg der Verständigung, der eigentlichen Problemdefinition und der Formulierung von Lösungsansätzen und daraus folgenden Richtlinien bekam das Forschungsvorhaben durch das 1987 vom Sachverständigenrat für Umweltfragen vorgelegte Sondergutachten »Luftverunreinigungen in Innenräumen« und die Ergebnisse der interministeriellen Arbeitsgruppe der Bundesregierung zur Verbesserung der Luftqualität sowie den daraus folgenden Beschluss des Bundeskabinetts im September 1992 und schließlich die intensive Beratung der interdisziplinären Innenraumlufthygienekommission des Umweltbundesamtes zur Hygiene in Raumlufttechnischen Anlagen.

Infolgedessen kam es zur Bildung einer Arbeitsgruppe zur Erarbeitung der VDI-Richtlinie 6022 »Hygienebewusste Planung, Ausführung, Betrieb und Instandhaltung Raumlufttechnischer Anlagen«, die mit Fachleuten aus den unterschiedlichen Disziplinen der Medizin, Hygiene, Technik, Konstruktion, Industrie und Ingenieurwissenschaften besetzt und im März 1997 verabschiedet wurde. Unter den in der Richtlinie definierten Anforderungen an Raumlufttechnische Anlagen soll ein »physiologisch günstiges Raumklima und eine hygienisch einwandfreie Qualität der Innenraumluft« sichergestellt werden. Hygiene wird dabei nicht nur als mikrobiologische Begrifflichkeit verstanden, sondern unter den erweiterten Gesichtspunkten der Befindlichkeit, Behaglichkeit und allgemeinen Gesundheit.

Nach dem Stand von Wissenschaft und Technik werden hierzu die physikalischen Bedingungen der Raumtemperatur, der Luftfeuchtigkeit und des durch die Raumlufttechnische Anlage erzeugten Dauerschallpegels definiert. Darüber hinaus gilt es sicherzustellen, dass eine gesundheitsbeeinträchtigende Belastung der Innenraumluft durch Stäube, Schadgase, anorganische und organische Verunreinigungen, Gerüche, Keime, biologische Inhaltsstoffe und Allergene nicht stattfindet. Die Struktur der Richtlinie ist so angelegt, dass in allen Phasen der Planung, Fertigung, Ausführung und Instandhaltung das Ziel des gesundheitlich unbedenklichen Hygienezustandes sichergestellt werden kann.

Nicht für alle Bereiche und Inhaltsstoffe liegen verlässliche und allgemein anerkannte Richt- und Grenzwerte vor. Hier werden sich die durch die Richtlinie vorzugebenden Werte dem Stand neuer wissenschaftlicher Erkenntnisse anpassen. So scheint es zunächst pauschal, wenn für Stäube, Bakterien, Pilze und biologische Inhaltsstoffe gefordert wird, dass ihr Gehalt in der Innenraumluft denjenigen der Außenluft in keiner Kategorie überschreiten darf. Die Praxis wird aber zeigen, dass mit zunehmender Gewinnung und Auswertung derartiger Daten und der Erfassung und Analyse innenraumassoziierter Beschwerden orientierende Richtwerte erarbeitet werden können, soweit sie in Teilbereichen nicht schon vorliegen.

Wie bereits auch schon an anderer Stelle in diesem Buch erwähnt, ist hierfür zunächst einmal Grundvoraussetzung, dass beispielsweise bei der differenzierten Erfassung und Bestimmung von Keimzahlen (insbesondere der Schimmelpilze) eine Einigung und Standardisierung der Probennahme-, Kultivierungs- und Analyseverfahren herbeigeführt wird. Grundsätzlich ist zur Bewertung und Quellenermittlung eine vergleichende Messung der Inhaltsstoffe der Außenluft vorzunehmen, unter Berücksichtigung saisonaler und standortbedingter Schwankungen. Im Hinblick auf die allergene Belastung muss berücksichtigt werden, dass eine Richtwertfindung einen Sicherheitsfaktor für Personen berücksichtigt, die einen erhöhten Sensibilisierungsgrad aufweisen.

Die Checkliste im Anhang der oben genannten Richtlinie gibt umfassend und detailliert Auskunft über die Intervalle von Maßnahmen und Untersuchungen im Rahmen des hygienekontrollierten Anlagenbetriebes und ermöglicht bezüglich einer zu wünschenden Langzeitevaluation der Umsetzung dieser Richtlinie den Vergleich verschiedener Anlagen, die Zeitabhängigkeit des Hygienezustandes, anlagebedingte Folgen, Risiken und die Wirksamkeit von Maßnahmen. Nach fast 15-jähriger Diskussion um die Raumlufttechnischen Anlagen (Klimaanlagen) im Zusammenhang mit Befindlichkeits- und Gesundheitsstörungen dürfte es nun durch die interdisziplinäre Zusammenarbeit zwischen Wissenschaftlern, Medizinern, Technikern und Ingenieuren als Stand der Technik gelten, dass nicht die Klimaanlage an sich, sondern der jeweilige Hygienezustand dafür verantwortlich ist, ob die Luftaufbereitung zu einer Verbesserung des Innenraumklimas und der Gesundheitserhaltung oder einer negativen Beeinträchtigung der Innenraumluft und Störungen der Befindlichkeit und der Gesundheit führt. Diese Erkenntnisse zu vertiefen, Daten zu gewinnen und die hygienebewusste Planung und Ausführung, den Betrieb und die Instandhaltung Raumlufttechnischer Anlagen zu ermöglichen und zu sichern, das ist das Ziel dieser VDI-Richtlinie 6022.

7.3.3 Desinfektion von Raumlufttechnischen Anlagen

Als Desinfektionsmittel kommen heute in der Regel Biozide zum Einsatz, deren toxikologische Unbedenklichkeit nur bedingt gesichert ist. Über den Luftstrom gelangen diese Zusatzstoffe in klimatisierte Räume, wodurch eine chronisch sensibilisierende Wirkung auf Personen nicht ausgeschlossen werden kann.

Alternativ hierzu werden seit einigen Jahren verstärkt die vorher bereits aufgeführten UV C-Entkeimungsanlagen zur Desinfektion von Befeuchterwässern eingesetzt. Diese Desinfektion hat den Vorteil, dass sie ohne chemische Stoffe mit deren möglichen Problemen der Dosierung und Verträglichkeit für die Bewohner auskommt. Gleichzeitig beugt diese Methode der Resistenzbildung bestehender Bakterienstämme vor. (Der Einsatz der UV-Entkeimungsanlage als flankierende Maßnahme bei der Sanierung schimmelpilzbefallener Flächen wurde bereits im vorherigen Abschnitt beschrieben und soll an dieser Stelle nur noch für die Anwendung in Raumlufttechnischen Anlagen erwähnt werden).

UV-Strahler wirken über die Lichtstrahlung der Wellenlänge von 100 bis 200 nm (=UV C), indem sie das Erbmaterial (DNA) von Mikroorganismen inaktivieren und infolgedessen zum Zelltod führen. Durch UV C-Bestrahlung des Wassers kann die mikrobiologische Kontamination auf einem aus hygienischer Sicht ausreichendem Niveau gehalten werden. Dies trifft sowohl für die Gesamtkeimzahl als auch auf so genannte Fäkalindikatoren wie beispielsweise *Escherichia coli*, fakultativ pathogene Bakteriengattungen wie beispielsweise *Legionella spec.* und *Pseudomonas aeruginosa* bzw. -arten und Aktiomyceten zu. (*Legionella spec.* kann zu fiebrigen Erkrankungen führen, ggf. auch zu atypischen Lungenentzündungen mit tödlichem Verlauf. *Pseudomonas aeruginosa* lösen eitrige Entzündungen von Wunden und des Mittelohrs aus. *Aktiomyceten* werden ähnlich wie *Mikromyceten* für Allergien verantwortlich gemacht).

Als Nachteil der UV-Desinfektion gegenüber Bioziden gilt die mangelnde Depotwirkung. Dies bedeutet, dass es bei einer Unterbrechung der Bestrahlung innerhalb kurzer Zeit zu einer starken Kontaminierung des Wäscherwassers kommen kann. Soweit sich bei einer hohen Kontamination des Wäscherwassers bereits starke bakterielle Wandbeläge feststellen lassen, muss die Wäscherkammer grundgereinigt werden. Bei jeder Reinigung ist der Desinfektion der Sprühdüsen besondere Aufmerksamkeit zu widmen. Wenn ohne Befeuchtung belüftet wird, ist es sinnvoll, Feuchtigkeitsnester im Wäscher zu vermeiden. Die Düsen, Versorgungsleitungen und die Pumpe sind zu demontieren und zu reinigen und erst zu Beginn der Heizungs- bzw. Befeuchtungsperiode wieder zu montieren.

Dem oben genannten Nachteil kann man beispielsweise auch durch die Anwendung technischer Überwachungseinrichtungen vorbeugen, wie sie bei der Methode der Durchlaufentkeimung zum Einsatz kommen. Diese liefert befriedigende bis gute Ergebnisse, wenn die mit je einem UV C-Strahler und zugehöriger Umwälzpumpe ausgestatteten Geräte das Wasser außerhalb der Wäscherkammer entkeimen. Die Kontamination mit Bakterien und Pilzen pendelt dann in einem akzeptablen Bereich. Allerdings sind zum Teil durch konstruktive Mängel bzw. Herstelleranweisungen wiederholt erhöhte Kontaminationen festgestellt worden. Die Zielvorstellung von ca. 1.000 KBE/ml im Wäscherwasser kann deshalb nicht immer eingehalten werden. Besser sieht es allerdings beim Einsatz von so genannten Tauchstrahlern aus. Hier liegen die Koloniezahlen meistens bei nur 1 KBE/ml und oftmals sogar an oder unter der Nachweisgrenze! Die direkte UV C-Bestrahlung im Wasserbecken der Wäscherkammer führt zu einer geringeren Keimbelastung der Oberflächen. Sie ermöglicht ein um den Faktor 3 verlängertes Wartungsintervall gegenüber den Reinigungsanforderungen, die an herkömmliche Durchlaufstrahler gestellt werden.

Zusammenfassend kann man festhalten, dass aus hygienischer Sicht Wäscherwasser bis zu 1.000 KBE/ml nach DIN 1946 und VDI-Richtlinie 6022 für die Luftbefeuchtung in Raumlufttechnischen Anlagen geeignet ist, allerdings heute auch UV-Entkeimungsanlagen angeboten werden, die weit unter diesem Wert bleiben und mit einem KBE-Wert von ca. 1 fast das Optimum der maximal möglichen Entkeimung erreichen. Darüber und bis zu 10.000 KBE/ml besteht dringender Handlungsbedarf in Form einer eingehenden Kontrolle der Desinfektionseinrichtungen. Bei Koloniezahlen über 10.000 KBE/ml sollte die Raumlufttechnische Anlage grundsätzlich außer Betrieb genommen werden.

7.3.4 Wasserentkeimung

Der Vollständigkeit wegen soll noch die Wasserentkeimung mittels UV C-Strahlung beschrieben werden. Ultraviolettstrahlung oberhalb der Wellenlänge von 200 nm führt bei Wasser auch unter sehr hohen Bestrahlungsleistungen zu keinen chemischen Veränderungen. In der Konsequenz wird weder der Geschmack noch der Geruch von Wasser beeinflusst, was gerade gegenüber den chemischen Desinfektionsverfahren einen großen Vorteil bietet. Erst Wellenlängen unterhalb von 200 nm sind photochemisch relevant und führen beispielsweise durch die Reduktion von Nitraten zu erhöhten Nitritwerten. In der Trinkwasseraufbereitung verzichtet man deshalb grundsätzlich auf Strahlenquellen etwa mit einer 185 nm Emission, wie sie, wie weiter vorne beschrieben, für die Luftentkeimung verwendet werden.

Prinzipiell werden in der Wasserentkeimung zwei Verfahrensweisen unterschieden: die Durchlaufsysteme (Photoreaktoren) und Tauchstrahler. Durchlaufsysteme sind heute ein gängiges und verbreitetes Verfahren in der Wasseraufbereitung. Die Desinfektionsleistung eines solchen Photoreaktors ist abhängig vom Aufbau des Systems, der Strahlungsleistung der integrierten Quelle, der Dosisvorgabe und der UV-Transparenz des Mediums. Als Dosisvorgabe in der Trinkwasseraufbereitung hat sich heute allgemein eine Bestrahlungsleistung von 400 J/m^2 (40.000 $\mu W \cdot s/cm^2$) durchgesetzt. Damit diese Mindestbestrahlungsleistung erreicht werden kann, sind Informationen zur UV-Absorptionskraft des Wassers notwendig.

Untersuchungen der letzten Jahre haben wiederholt ergeben, dass bei Kreislaufsystemen mit Vorratsbehälter Tauchstrahler eine wesentlich höhere Desinfektionsleistung erbringen als Durchlaufsysteme (Photoreaktoren). Die ununterbrochene Bestrahlung des Mediums erwirkt eine höchstmögliche Bestrahlungsdosis. Ein Wiederaufkeimen vorhandener Mikroorganismen wird so wirkungsvoll und kosteneffizient unterdrückt. Zusätzlich wird der Wartungs- und Reinigungsaufwand deutlich reduziert und separate Rohrleitungen werden vermieden. Die Zahl der notwendigen Tauchstrahler in einem Wassersystem errechnet sich nach dem zu bestrahlenden Wasservolumen und abermals nach der spektralen Absorptionskraft des Wassers. Für die Grobkalkulation in Luftbefeuchtungssystemen kann man ein stehendes Wasservolumen von etwa 200 bis 300 Liter je Tauchstrahler annehmen.

7.4 Allergensanierung – Allergenkarenz

7.4.1 Einleitung

Es gibt nun verschiedene Wege und Möglichkeiten, eine Allergenkarenz insbesondere in Innenräumen zu erreichen. Dies hängt einmal von den zu meidenden Allergenträgern bzw. Allergenen, von der Empfindlichkeit des Allergikers und von dem zu sanierenden Raumbereich ab. Es ist sicher auch dem Laien verständlich, dass der sehr empfindliche Allergiker praktisch gar keine Allergene in seiner Umgebung haben darf, wenn er beschwerdefrei sein soll. Andererseits kann man mit Karenzmaßnahmen etwas großzügiger sein, wenn die Sensibilisierung nicht so stark ist. Folgende Schritte der allgemeinen Allergensanierung in Innenräumen sollten durchgeführt bzw. beachtet werden:

- **Verringerung des Allergenkontaktes durch »Abschottung« oder durch Ausweichen:** Entfernen von Tierhaaren, Fellen oder Teppichen bei Tierhaarallergikern. Verhinderung von Pollen durch Schlafen bei geschlossenen Fenstern. Beseitigung und Verhinderung von Schimmelpilzbildung durch bauliche Maßnahmen (Kondenswasser, Kältebrücken, Stockflecken). Entfernung von Blumentöpfen (und vorsichtshalber auch der Hydrokulturen), in denen möglicherweise die Schimmelpilze wachsen.
- **Verminderung des Allergenanteils in der Innenraumluft durch Luftreinigungsmaßnahmen** (z.B. bei Pilzsporen-, Milben- und Pollensensibilisierungen), wenn der Allergenträger nicht vollständig beseitigt werden kann. Dies kann bereits durch regelmäßiges und kräftiges Lüften geschehen (ein halb geöffnetes, gekipptes Fenster macht noch keine hohe Frischluftwechselrate).
- **Anhaltende Beseitigung des Allergenträgers in der unmittelbaren Umgebung,** vor allem in textilen Materialien durch Eingriff in die ökologischen Bedingungen der Allergenträger, An-

tigenproduktion und -verbreitung, beispielsweise durch fungizide Maßnahmen bei Pilzsporenbefall, Einsatz von acariziden Substanzen (chemische Substanzen zum Töten von Milben und Zecken) bei Milbenvorkommen, Veränderungen der mikroklimatischen Lebensbedingungen.

- **Bei der Schadstoffbeseitigung sollte immer versucht werden, die Quelle zu beseitigen,** beispielsweise durch das Entfernen von schadstoffhaltigen Holzeinbauten, ausdünstenden Lacken, Kunststoffen, Teppichbodenklebern u.Ä. Zu Beginn der Sanierungsmaßnahmen kann es hier erforderlich sein, die Schadstoffkonzentrationen in der Luft durch geeignete Luftreinigungsmaßnahmen zu senken. Auf diese Weise lassen sich Befindlichkeitsstörungen als Folge von Geruchsbelästigung vermeiden. Besonders bewährt hat sich im Wohnbereich das tägliche mehrmalige Lüften im Durchzugsverfahren. Angekippte Fenster tragen zum Luftaustausch nur wenig bei.

Diese Schritte stellen allgemein gültige Aussagen der Allergenkarenz und -sanierung dar. Aufgrund der Bedeutung der einzelnen Maßnahmen werden im Folgenden noch einmal konkrete Hinweise in Bezug auf Hausstaub, Milben und Pilzsporen sowie einige Luftschadstoffe gegeben und auf das Wohn- und Lüftungsverhalten eingegangen.

Unter dem Begriff Hausstaub fassen die Allergologen alle potenziellen Innenraumallergene zusammen, die bisher nicht identifizierbar, andererseits aber durch diagnostische Verfahren objektivierbar sind. Gibt ein Patient beispielsweise an, ausschließlich bei Aufenthalt in der eigenen Wohnung Krankheitserscheinungen zu beobachten und ergibt die allergologische Diagnostik mit den verfügbaren definierten Allergenen kein verwertbares Ergebnis, so erfolgt die Testung mit eigenem Hausstaub. Hierfür wird der Patient aufgefordert, mit einem frischen Staubbeutel in seiner Wohnung in möglichst allen Räumen (Wohnraum, Schlafraum, Kinderzimmer, Küche, Nassräume) den Fußboden, die Wände und die verschiedenen Heimtextilien (Matratzen, Polstermöbeln, Gardinen) insgesamt mindestens eine halbe Stunde zu saugen, sodass etwa 150 bis 200 Gramm Hausstaub zusammenkommen. Von diesem eigenen Hausstaub wird nun ein Testextrakt hergestellt, der für eine einmalige Haut- und Provokationstestung anwendbar ist. Auf diese Weise kann sichergestellt werden, dass der Patient tatsächlich mit Allergenen getestet wird, die ausschließlich in seiner Wohnung vorkommen.

Hausstaub enthält als relevante Allergenträger vor allem Milben und Schimmelpilze. Karenzmaßnahmen müssen also im Wesentlichen gegen diese allergenen Komponenten gerichtet sein. Das eigentliche Milbenallergen ist im Kot der Milben enthalten. Die Kotballen werden zunächst mit einer Umhüllung ausgeschieden, zerfallen und verbreiten die Allergene als Feinstaub in die Luft. In der Regel wird nur mit den Milben der *Dermatophagoides*-Arten getestet. Eine immer wieder empfohlene Sanierungsmaßnahme ist die Anschaffung von Latex- bzw. Schaumstoffmatratzen und synthetischen Bezügen, obwohl mehrere Untersuchungen an Materialien aus natürlichen Fasern und Chemiefasern bei Matratzen, Teppichböden, Einzugdecken, Polstermöbeln etc. ein völlig identisches Milbenwachstum zeigten. Lediglich Ledergarnituren zeigen in der Regel keinen Milbenbefall, da sie praktisch staubfrei sind.

Die Hauptquelle der Milbenbelastung in Innenräumen sind Matratzen und Polstermöbel und in den seltensten Fällen die Teppichböden. Wenn Matratzen und Polstermöbel wirksam saniert werden, findet auch in den Teppichböden eine entsprechende Reduktion der Milbenzahl statt. Die immer noch pauschalisierte Empfehlung einer generellen Entfernung der Teppichböden kann unter diesen Umständen nicht aufrecht erhalten werden. Dennoch entwickelt sich regelmäßig eine intensive Diskussion über die Bedeutung der Teppichböden als »Brutplätze« von Allergenträgern, insbesondere Milben. Da in ihnen außerdem nachgesagt wird, Quelle für die Verbreitung anderer Schadstoffe zu sein, soll auf die Thematik kurz eingegangen werden.

In Teppichböden lassen sich prinzipiell zwei unterschiedliche Gruppen von Allergenen finden, unabhängig aus welchen Materialien sie hergestellt werden. Die erste Gruppe umfasst dabei Substanzen, die beim Herstellungsprozess des textilen Belages verwendet werden und somit Bestandteil des einzelnen Materials sind. Hierzu gehören chemische Substanzen (Lösemittel, Kunststoff für die Haftung des Teppichflors sowie Kunstfasern, die als Teppichflor verarbeitet werden), Naturstoffe der Trägerschicht (wie Kautschuk und -derivate) und Naturstoffe des Teppichflors (wie beispielsweise Schurwolle oder Pflanzenfasern). Alle diese Stoffe können bei intensivem Kontakt mit der Haut so genannte Kontaktekzeme auslösen, sodass hauptsächlich Personen betroffen sind, die beruflich mit diesen Materialien in Berührung kommen. Aufgrund der Problematik um Allergene in Innenräumen kommt dieser Thematik vielmehr eine untergeordnete Rolle zu.

Die zweite Gruppe von Allergenen in Teppichböden kann nicht so eindeutig umschrieben werden. Wie bereits erwähnt, kann prinzipiell jegliches abiotische und biotische Material in Teppichböden bei entsprechend disponierten Personen allergische Reaktionen hervorrufen. Wenn sich beispielsweise ein Hund oder eine Katze auf dem Teppichboden bewegt, gelangen zwangläufig Haare und Hautschuppen dieses Tieres in den Teppichboden. Bewegt sich anschließend ein Kleinkind mit einer Hunde- oder Katzenallergie auf dem Teppichboden, kommt es zur Ausbildung einer entsprechenden allergischen Reaktion. Bei besonders starker Sensibilisierung kommt es selbst dann zu einer allergischen Reaktion, wenn zwischenzeitlich der Teppichboden gereinigt wurde. Tierhaarallergene sind sehr starke Allergene, sodass bereits sehr winzige Mengen zur Auslösung der allergischen Reaktion führen.

Die Auflistung lässt sich um beliebige, weitere Allergene fortführen, angefangen von Holz- oder Mehlstäuben über Vogelkot und -federn bis hin zu den Schimmelpilzen und Hausstaubmilben. Mit Ausnahme der beiden letztgenannten Allergengruppen ist es für Allergologen in der Regel kein Problem, zwischen den aufgetretenen Beschwerden des Patienten und den möglicherweise in den Teppichboden gelangten Allergenen eindeutige Zusammenhänge nachzuweisen. Besondere Schwierigkeiten bereiten vielmehr Schimmelpilzsporen, die bereits während der Lagerung oder dem Verlegen in den Teppichboden gelangt sein können, also bevor sie überhaupt in Innenräumen verlegt wurden. Erst die individuellen mikroklimatischen Bedingungen in den einzelnen Wohnungen können dann das Wachstum dieser Schimmelpilze begünstigen, sodass eine potenzielle Allergenquelle entsteht.

Es ist nicht immer erforderlich, dass es dann in diesen Räumen unangenehm muffig riecht, da sich eine Reihe der so genannten xerophilen Schimmelpilze praktisch geruchlos und ohne große Feuchte ausbreiten können. Da die in den Innenräumen vorkommenden Schimmelpilzallergene nicht grundsätzlich im Teppichboden vorhanden sein müssen, sondern auch von Stockflecken, feuchten Tapeten, Blumentöpfen oder älteren Polstermöbeln ihren Ausgang nehmen können, halten Allergologen und Baubiologen die gesamte Wohnungssanierung nur in Ausnahmefällen für Erfolg versprechend. Die Problematik derartiger Karenzmaßnahmen liegt dann in der Ungewissheit, ob alle Schimmelpilzquellen aus den Räumen entfernt wurden.

Die Hausstaubmilben *Dermatophagoides pteronyssinus* und *Dermatophagoides farinae* leben jedoch nicht, wie vielfach angenommen wird, vom textilen Material, sondern von menschlichen Hautschuppen. Die Schimmelpilze verdauen die Fettschicht der Schuppen, sodass die Milben sie verzehren können. Durch zu niedrige und zu hohe Luftfeuchtigkeit kann das Ökosystem Hausstaub gestört werden. Ist die relative Luftfeuchte zu niedrig (< 50%) trocknen die Milbenpopulationen aus. Ist es dagegen zu feucht (> 80%) so vermehren sich Schimmelpilze in extremen Maß und vernichten die Milben. In einigen Untersuchungen wurde der Frage nachgegangen, ob die Art der Heizung einen Einfluss auf den Milbengehalt textiler Strukturen hat. Die Auswertung ergab, dass in fußbodenbeheizten Wohnungen die Milbenzahl in Matratzen, Polstermöbeln und Teppichböden gegenüber radiatorbeheizten Wohnungen erheblich vermindert ist (und dieser Effekt bis in den Sommer und damit über die Heizperiode hinaus erhalten bleibt). Unter anderem spielen zwei Mechanismen hierfür eine Rolle: Fußbodenheizungen führen zu einer deutlichen Verringerung der Umgebungsfeuchtigkeit und größerer Wärme in Bodennähe, was die Lebensbedingungen der Milben stark beeinträchtigt. Zum anderen findet praktisch eine permanente Wärmeflucht statt, was die Milben an den oberen Rand der Teppichbodenstrukturen treibt. Dann können Milben auch abgesaugt werden, was unter normalen Bedingungen kaum oder nicht möglich ist, da sich lebende Milben mit Saugnäpfen an Textilfasern festhalten können und dann für den Staubsauger nicht oder kaum erreichbar sind.

Neben der Allergenexposition ist die spezifische und unspezifische Wirkung der primär nicht allergenen Luftinhaltsstoffe von Bedeutung. Makro- und mikroklimatische Änderungen (Temperatur, Luftdruck, Luftfeuchtigkeit etc.), der individuelle Sensibilisierungsgrad des Betroffenen und seine individuelle Disposition, einschließlich der psychischen Faktoren und nicht zuletzt die individuellen Ernährungsgewohnheiten machen es oft schwierig, spezifische und unspezifische Reize voneinander trennen zu können.

7.4.2 Physikalische Behandlung gegen Milben

Milben leben bei einer optimalen Temperatur von 25 °C. Jedoch können sie selbst Temperaturen von 60 °C eine Stunde lang überleben. Bei höheren Temperaturen sinkt die Überlebensrate und -zeit stark ab. Es ist daher möglich, durch Waschen textile Objekte zu sanieren. Bei 60 °C konnten Hausstaubmilben zu 94% und Vorratsmilben zu 90% entfernt werden. Jedoch sollte man bedenken, dass 60 °C im Allgemeinen bei einer handelsüblichen Waschmaschine nicht ausreichen, da die Temperatur nur 25 Minuten lang aufrechterhalten wird. In einer Sauna könnten die in den Matratzen lebenden Milben abgetötet werden. Kälte überstehen Milben relativ gut (Gefrieren für > 48 Stunden bei > -18 °C geht, allerdings bleibt der Kot allergen!). Zur Sanierung sind Kälteverfahren also nicht geeignet.

Milben können zwar auch mechanisch durch Staubsaugen entfernt werden. Dieses Staubsaugen ist immer noch die klassische Methode der Staubgewinnung zur Milbenuntersuchung. Zur Sanierung, d.h. zur vollständigen Entfernung von Milben, ist Staubsaugen jedoch kein probates Mittel. Bei einem natürlich besiedelten Teppichboden konnten im Versuch nach 1,4 min/m² nur etwa 8% der lebenden Milben entfernt werden. Erst nach 30 Saugvorgängen von jeweils 1,4 min/m² war der größte Teil der Milben (80%) beseitigt. Selbst bei einer Saugzeit von 5 min/m² verbleiben mehr als 50% der lebenden Hausstaubmilben im Habitat. Dieser verbleibende Rest ist aber noch in der Lage, eine neue Population aufzubauen.

7.4.3 Chemische Behandlung gegen Milben

Wie bereits erwähnt, gehören Milben zu den Spinnentieren, sind also keine Insekten. Daher wirkt eine Reihe von starken Insektiziden nicht gegen diese Tiere. Gegenüber den Holzschutzmitteln DDT und Lindan sind Hausstaubmilben resistent, während Vorratsmilben und Raubmilben sensibel sind. Wichtig ist bei jeder Form der chemischen Bekämpfung, dass die Wirkstoffe keine schädigende Wirkung auf den Patienten haben. Fungizide waren die ersten Mittel, die gegen Hausstaubmilben eingesetzt wurden. Nipagin unterdrückt das Wachstum der symbiotischen Pilze, sodass die Hausstaubmilben die Hautschuppen im Hausstaub nicht verwerten können. Die Wirksamkeit ist in Laborversuchen gut. Hier kann eine Milbenpopulation durch Nipagin, aber auch durch Natamycin im Wachstum gehemmt werden.

In der Praxis sind reine Fungizide zur Bekämpfung der Hausstaubmilbe nicht geeignet. Offensichtlich ist die Nahrung im Hausstaub nicht so einseitig, dass die Milben nicht ohne ihre Symbionten leben können, oder die Pilzsymbionten sind im Körper der Milbe vor dem Fungizid geschützt.

Auch Benzylbenzoat, ein Konservierungsmittel, das sowohl in Nahrungsmitteln als auch in Arzneimitteln Verwendung findet, ist wirksam gegenüber Milben. Als Handelsprodukt wird es pulverförmig (zur Behandlung von Teppichen und Teppichböden) und schaumförmig (zur Behandlung von Matratzen und Polstermöbeln) im Handel angeboten. Das Mittel bildet einen Trockenrückstand, den auch später ausschlüpfende Tiere oder eingeschleppte Tiere aufnehmen und dadurch sterben. In einem Langzeitversuch über zwei Jahre zeigte sich, dass die Trockenrückstände sehr lange wirksam sind. Direkt nach der Behandlung von Matratzen, Polstermöbeln und Teppichen in fünf Haushalten war die Population der Hausstaubmilben zusammengebrochen und konnte sich erst nach 52 Wochen in Matratzen langsam wieder aufbauen. Ihre Ausgangsstärke erreichte sie jedoch selbst 120 Wochen nach der Behandlung nicht wieder.

Bereits 1972 diskutierte man die Möglichkeit, den Allergiker im Bett durch eine geschlossene Abdeckung um die Matratze von den Milben und ihren Allergenen zu trennen. Die Milben würden dann auch nicht in den Genuss der vom Allergiker abgegebenen Hautschuppen gelangen. In neuerer Zeit werden solche Maßnahmen zur Sanierung wieder vorgeschlagen, da gezeigt werden konnte, dass diese Abdeckungen wirksam sind. Staub, der nach entsprechender Sanierung gesammelt wurde, enthielt deutlich weniger Milben und Milbenallergene. Auch die Symptome der Patienten hatten sich gegenüber einer Kontrollgruppe deutlich gebessert.

Eine wirksame Allergensanierung im Haushalt erfordert neben der Bekämpfung der lebenden Hausstaubmilben auch die Entfernung der allergenhaltigen Exkremente. Der größte Teil der wirksamen Allergene liegt, wie in Kapitel 5 bereits ausführlich beschrieben, nämlich nicht im Milbenkörper, sondern in den Kotbällchen der Milben vor, und zwar zu mehr als 95%. Da die Allergene an sehr feinstäubige Partikel gebunden sind, können sie nur schwer mit einem Staubsauger entfernt werden. Eine Allergensanierung sollte daher im Zusammenhang mit einer Grundreinigung vorgenommen werden. Sprüh-Extraktionen haben sich hier als sehr wirkungsvoll erwiesen. Eine Kombination aus akarizider und reinigender Wirkung bietet dem Allergiker die Möglichkeit, eine wirksame Allergenkarenz einzuhalten, beispielsweise mit Mitteln, die Feinstaubpartikel in Polymerisate einschließen. Diese werden dadurch vergrößert und sind einerseits leichter für den Staubsauger erreichbar, andererseits gelangen sie nicht mehr so schnell in die Atemluft des Allergikers.

7.4.4 Grenzwerte für Milbenallergene

Ein durch klinische und ökologische Daten gestützter Grenzwert für die Zahl der im Hausstaub vorhandenen Milben wurde mit < 100 Milben/g Hausstaub festgelegt. Die Autoren legten in Anlehnung daran den Grenzwert für das Milbenallergen auf 2.000 ng/g Staub für Australien, Dänemark, Holland, Großbritannien und Neuseeland fest. Weniger als 400 ng/g wurden als sehr wenig eingestuft. Mit Hilfe des Guanintests wurde ein einfaches Verfahren entwickelt, über den Guaningehalt des Staubes den Allergengehalt festzustellen. Hier wurde der Grenzwert bei 0,6 mg/g Staub festgelegt. Daraufhin wurde vorgeschlagen, alle Ergebnisse des Acarex-Tests (Handelsform des Guanintests) der Klasse 0 und 1 (0-0,8 mg Guanin/g Staub) als maximal tolerablen Wert festzulegen.

Da das Wachstum der Milben im Hausstaub stark vom Feuchtegehalt der Innenraumluft abhängt, erscheint es sinnvoll, nicht nur Grenzwerte in Bezug auf Allergene und ihre Produzenten anzugeben, sondern auch Grenzfeuchten, unterhalb derer keine Milben leben können und so keine Allergene erzeugt werden. Um Wohnungen milbenfrei zu halten, wird eine Grenzwert von 7,0 g Wasser/kg trockener Luft angegeben, was einer Luftfeuchtigkeit von etwa 45% bei 20 bis 22°C entspricht. Wird dieser Grenzwert mindestens zwei Wintermonate unterschritten, so bleibt die Zahl der Milben unter 100/g Staub. Dieser Wert konnte in Deutschland bestätigt werden.

7.4.5 Staubsauger

In den meisten Veröffentlichungen über Schimmelpilzsporen und Milbenkarenz wird die große Bedeutung der Staubsaugerqualität vergessen oder zumindest unterschätzt. Das Erste, was in einer belasteten Wohnung ausgetauscht werden sollte, ist der Staubsauger. Sind Innenraumsanierungen vorgesehen und wird als Erstes die Gebäudeanamnese durchgeführt, so sollte der Staubsauger nicht ausgelassen werden. Beim Öffnen der Staubsauger kann in der Regel bereits ein muffiger Geruch wahrgenommen werden. Beim täglichen Staubsaugen werden Millionen von Sporen und Pilzbestandteilen in die Raumluft geblasen, wodurch eine bis zu 6-fach höhere Raumluftbelastung entstehen kann. So ergibt dann beispielsweise auch eine durchschnittliche Analyse eines Vlieses im Staubsauger (ca. 400 Gramm) folgende Zusammensetzung:

- **Pilzgattungen/-arten:** *Eurotium, Penicillium spp., Geotrichum, Mucor, Rhizopus, Scopulariops., Aspergillus niger, Aspergillus versicolor, Aspergillus ochraceus, Acremonium, Trichoderma* – bei 1,6 x 10^5 KBE/Gramm Filtermaterial.
- **Bakterien:** *Bacillus, Bacillus myc.*, Normalflora, *Streptomyces* – bei 4,2 x 10^5 KBE/Gramm Filtermaterial.

Dies bedeutet, dass sich alleine auf dem Vlies über 6 Millionen Schimmelpilze und ca. 17 Millionen Bakterien (KBE) befanden, wovon ein erheblicher Anteil bei jedem Saugen in die Raumluft geblasen wurde bzw. wird. Bei der üblichen Verschmutzung im Gehäuse und Motorraum nach jahrelangem Gebrauch muss von einer Zahl ausgegangen werden, die wahrscheinlich zwischen fünf- und zehnmal höher liegt, als die alleinige Belastung des Vlieses.

Die Hersteller von Staubsaugern haben das Problem der Staubbelastung durch das Staubsaugen erkannt und bieten staubdichte Feinstaubfilter an. Hinsichtlich der Effektivität und Rückhaltequalität gibt es praktisch keine wesentlichen Unterschiede. Wichtig ist darauf zu achten, dass die Filtertüten nicht länger als maximal 15 Tage im Staubsauger verbleiben, da ansonsten bei entsprechender Luftfeuchtigkeit die Allergenaerosole verbreitet werden. Ein weiteres Problem besteht bei einigen Geräten weiterhin in der Aufwirbelung von Staub durch die ausgeblasene Luft. Hier sollte auf einen Staubsauger mit Feinstfilterstufe geachtet werden.

Es gibt mittlerweile auch von den führenden und namhaften Herstellern preiswerte und gute Staubsauger mit HEPA-Filter, sodass deren Anschaffung nur ein Informationsdefizit entgegen steht. Durch die Entsorgung von »Staubschleudern« und der Anschaffung hochwertiger Staubsauger können extreme Verbesserungen der Gesundheitsverhältnisse oftmals schon innerhalb kürzester Zeit beobachtet werden. Bei der Beratung sollte man darauf achten, dass die Staubsauger einen HEPA-Filter besitzen. Zusätzliche Qualität kann man fordern, wenn man außerdem noch darauf achtet, ob der Staubsauger bereits den Anforderungen der neuen europäischen Norm für Filtersysteme (geprüfte Partikelabscheidung des Filtersystems und des kompletten Gerätes unter Berücksichtigung der europäischen Norm EN 18 22) erfüllt. Gerade für Allergiker ist dieser Aspekt enorm wichtig.

7.5 Vorbeugung vor Schimmelpilzbefall

7.5.1 Allgemeines zum Wohn- und Lüftungsverhalten

„…einen ferneren Grund, auf reine Luft in den Wohnungen strenge zu halten, haben wir in der Erfahrung, dass schlechtere Luft die Quelle vieler chronischen Leiden ist, und dass sie sicherlich einen großen Anteil an den Volksübeln hat…"

(M.v.Pettenkofer: Über den Luftwechsel in Wohngebäuden. Cotta, München 1858)

Die große Bedeutung einer guten Luftqualität innerhalb und außerhalb von Gebäuden für die Gesundheit des Menschen ist schon lange bekannt. Häufig wird in diesem Zusammenhang Max von Pettenkofer zitiert, der schon vor über 150 Jahren als Leitwert für die Luftqualität in Wohnungen die Kohlendioxidkonzentration vorschlug und 0,1 Vol.-% als Qualitätsgrenze für Raumluft ansah. Aufgrund der seitdem gestiegenen Kohlendioxidkonzentration der Außenluft liegen heute vergleichbare hygienische Verhältnisse bei 0,12 Vol.-% (Pettenkoferzahl) vor. Dieser CO_2-Gehalt selbst ist physiologisch unbedenklich, wenn man den MAK-Wert mit 0,5 Vol.-% als Beurteilungsgröße heranzieht. Er dient allerdings als Indikator für die Luftbelastung durch andere Stoffwechselprodukte des Menschen wie beispielsweise Wasserdampf und Geruchsstoffe. Ein hygienisch einwandfreier Luftzustand erfordert natürlich die Freiheit von Luftschadstoffen, die Begrenzung der relativen Luftfeuchtigkeit auf einen physiologisch und bauphysikalisch vertretbaren Bereich, sowie die Begrenzung der Luftbelastung mit Kohlendioxid, Staubteilchen und Mikroorganismen.

7.5.2 Notwendigkeit der Wohnungslüftung

Aus den bisherigen Ausführungen ist bereits deutlich geworden, dass die Wohnungslüftung im Wesentlichen zwei Aufgaben zu übernehmen hat. Alte und verbrauchte Luft muss durch neue und sauerstoffreiche Luft ersetzt werden. Des Weiteren muss die erhöhte Feuchtigkeit in der Raumluft nach außen abgeführt werden. Der »Lüftungs-Kreislauf« besteht – in Abhängigkeit von Jahreszeit und Zeitpunkt – somit aus:

Winter:
Außenluft herein → Aufwärmen → Wasseraufnahme → Raumluft heraus
Sommer:
Außenluft herein → Abkühlen → Wasserabgabe → Raumluft heraus

Man kann einen Raum lüften, indem man alle Fenster und Türen öffnet und so innerhalb kürzester Zeit einen völligen Austausch zwischen Raumluft und Außenluft erzielt. Diese Art wird als Stoßlüftung bezeichnet. Bei zu langem Stoßlüften allerdings kühlt der Raum nur aus, ohne eine nennenswerte Feuchteabfuhr zu bewirken. Hierzu fehlt die so genannte »Aufwärmphase«, damit die hereingeführte Außenluft die Feuchtigkeit aufnehmen kann. Bei hoher Luftfeuchtigkeit ist es deshalb wichtig, dass zwischen längeren Phasen des Stoßlüftens immer wieder Pausen zur Lufterwärmung eingelegt werden. Alternativ kann ein Fenster auch nur einen Spalt geöffnet werden, wodurch ein entsprechend langsamer Luftaustausch stattfindet. Diese Art wird folgerichtig als Spaltlüftung bezeichnet. Es ist dabei gleichgültig, ob der Spalt durch geringes Öffnen des Fensters in Dreh- oder Kippstellung entsteht, durch Öffnen einer speziellen Lüftungsklappe oder eines Lüftungsschiebers. Stoß- und Spaltlüftung unterscheiden sich durch die Lüftungsintensität und die damit üblicherweise eingehaltene Lüftungsdauer.

Man muss sich unabhängig davon bewusst werden, dass mit jedem Kubikmeter warmer Raumluft, die an die Außenluft abgeführt und durch kalte Luft ersetzt wird, Energie verloren geht.

Tab. 7.3 ■ Zusammenstellung formulierter Mindestluftwechsel*

empfohlener Luftwechsel in h^{-1}	*Bemerkung*
0,8	Mindestluftwechsel zur Vermeidung von Feuchteschäden für Wohn- und Schlafräume, Kinderzimmer, Bad und Küche
0,7 bis 1,0	Mindestluftwechsel für den gesamten Wohnbereich aus hygienischer und physiologischer Sicht
0,8	Mindestluftwechsel für den gesamten Wohnbereich aus medizinisch-hygienischer Sicht
0,3	Mindestluftwechsel für den gesamten Wohnbereich zur Einhaltung einer ausreichenden Raumluftqualität
0,3 bis 1,0	Mindestluftwechsel für den gesamten Wohnbereich zur Vermeidung von Feuchteschäden

* alle Angaben sind abhängig vom Feuchtehaushalt sowie von der allgemeinen Raumbelastung

Andererseits reduziert jeder Kubikmeter Außenluft die Feuchtigkeit der Raumluft, und zwar umso mehr, je kälter die Außenluft ist. Wichtig ist, dass sich die hereingelüftete Außenluft erwärmen kann. Dadurch sinkt ihre relative Feuchtigkeit und die Luft ist in der Lage, Feuchtigkeit aus dem Raum aufzunehmen. So wird durch stoßweisen oder stetigen Austausch mit neuer Außenluft die Feuchtigkeit aus dem Raum nach außen transportiert. Deshalb kann durch mehrmalige Stoßlüftung oder durch begrenzte Spaltlüftung der gleiche Lüftungseffekt erreicht werden. Zweckmäßig wäre es, bereits während der Feuchtigkeitsproduktion zu lüften, wie dies beispielsweise beim Kochen in der Küche häufig gemacht wird, während dies beim Baden oder Duschen im Bad die absolute Ausnahme darstellt.

Besonders Neubauten schaffen aufgrund neuer Verordnungen zum Wärmeschutz und stark abdichtender Isolierfenster durch die Erhöhung der Raumluftfeuchte optimale Lebensbedingungen für Schimmelpilze. Aber auch Altbauten werden nach Modernisierungsmaßnahmen und der Anpassung an Neubaustandards immer wieder mit dieser Problematik konfrontiert sein. Einem Schimmelpilzbefall muss allerdings mit mehreren Maßnahmen begegnet werden. Neben Anforderungen an die Baukonstruktion (Wärmebrückenproblematik, Gebäudedichtheit) und Nutzerverhalten (Raumtemperatur, Möblierung, Feuchtequellen) wird ein so genannter Mindestluftwechsel angestrebt.

Bei einem halb offenen Fenster wird die Luft pro Stunde fünf- bis zehnmal ausgetauscht. Gekennzeichnet wird die Intensität der Raumlüftung durch die Luftwechselzahl, die angibt, wie oft in einer Stunde die gesamte Raumluft durch frische Luft ersetzt wird. In einem Raum mit geschlossenen und gut schließenden Fenstern und Türen ist je nach der Qualität der Fenster infolge unvermeidlicher Undichtigkeiten ein Luftwechsel von etwa 0,1 bis 0,3 pro Stunde gegeben. Es würde also etwa drei bis zehn Stunden dauern, bis sich die Luft in einem Raum einmal erneuert hat. Dies reicht für die Nutzung eines Raumes im Allgemeinen nicht aus. Man muss also zusätzlich lüften, da der bei durchschnittlichem Wohnbetrieb erforderliche Luftwechsel bei 0,8 bis 1 pro Stunde liegt. Anhaltswerte über den zu erwartenden Luftwechsel in Abhängigkeit von der Fensterstellung gibt **Tabelle 7.3**.

Einige Informationen zum Mindestluftwechsel: Unter heutigen Wärmeschutzbedingungen und Fenstern mit umlaufender Lippendichtung wird laut mehreren Untersuchungen die Luft nur einmal alle fünf Stunden ausgetauscht. Der Luftwechsel in Aufenthaltsräumen sollte aber im Idealzustand ungefähr einmal pro Stunde erfolgen.

Abb. 7.46 ■ **Mindestluftwechsel in h^{-1} bei Ein- und Mehrfamilienhäusern zur Vermeidung von Schimmelpilzbefall**

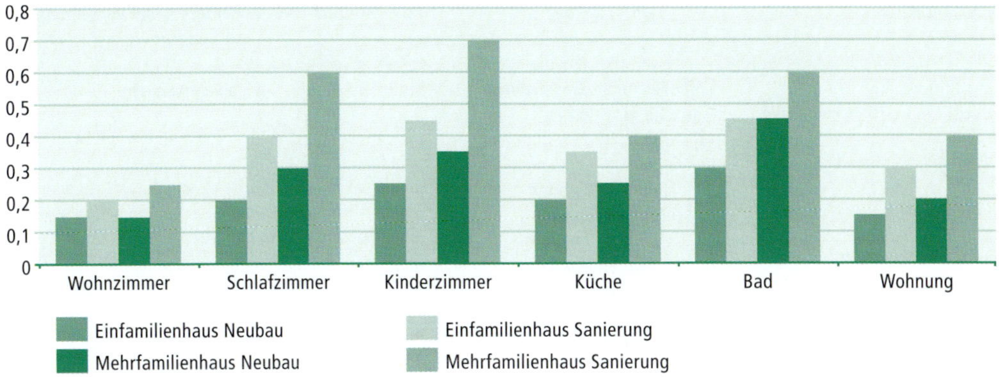

Dementsprechend sind auch die Schadstoffwerte und der Kohlendioxidgehalt fünfmal höher und der Sauerstoffgehalt entsprechend niedriger. Wenn die Möglichkeit besteht, sollte (muss) insbesondere von September bis April je nach Außenwitterung alle zwei bis drei Stunden stoßgelüftet (Drehflügel weit auf) oder quergelüftet (gegenüberliegende Fenster gleichzeitig auf) werden.

In **Abb. 7.46** sind die Mindestluftwechsel in Ein- und Mehrfamilienhäusern dargestellt. Die gegenüber den bisherigen Annahmen deutlich geringeren Werte decken sich weitestgehend mit den bisher gesammelten Erfahrungen an wärmegedämmten Gebäuden. Sämtliche Ergebnisse in Untersuchungen und Befragungen zeigen sehr deutlich, dass Schlafzimmer mit ca. 40% (und damit auch Kinderzimmer mit ca. 30%) die mit Abstand am meisten gefährdeten Räume für Schimmelpilzbildung darstellen. Es folgen das Wohnzimmer mit ca. 15% und das Bad mit knapp 10%. Den Rest teilen sich die übrigen Räume wie Flur, Toilette usw.

Offensichtlich ist das übliche Lüftungsverhalten der Mieter in Küche und Bad sowie in Aufenthaltsräumen (Wohn- oder Arbeitszimmer) zur Sicherung des Mindestluftwechsels ausreichend. Der Schimmelpilzbefall in Schlafzimmern tritt – wie rechnerisch nachweisbar – gehäuft dann auf, wenn nachts die Fenster geschlossen bleiben. Aber auch dann könnte der Schimmelpilzbildung begegnet werden, wenn in ausreichendem Maße ›nachgelüftet‹ werden würde. Als Grundregeln gelten hier:

- Wenn einmal pro Tag gelüftet wird, dann sollte abends für mindestens 90 Minuten, mittags für mindestens 60 Minuten und morgens für mindestens 45 Minuten die Fenster geöffnet werden.
- Wenn zweimal pro Tag gelüftet wird, dann sollte für mindestens 40 Minuten pro Lüftung die Fenster geöffnet werden.
- Wenn viermal pro Tag gelüftet wird, dann sollte für mindestens 35 Minuten pro Lüftung die Fenster geöffnet werden.
- Wenn sechsmal pro Tag gelüftet wird, dann sollte für mindestens 30 Minuten pro Lüftung die Fenster geöffnet werden.

Hierbei ist es natürlich für den Gesamtenergiehaushalt eines Gebäudes effizienter, wenn mehrmals für kürzere Zeit gelüftet wird als einmal für längere Zeit. Heute muss mit Verstand gelüftet werden und deutlich mehr Aspekte der Bauphysik müssen Beachtung finden. Wenn in einem bewohnten Raum Wasserdampf produziert wird, dann erhöht sich nicht nur die Luftfeuchtigkeit, sondern es steigt auch der Feuchtigkeitsgehalt der Baustoffe (wie beispielsweise Putz, Ziegelsteine etc.) und Raumoberflächen (beispielsweise

Tab. 7.4 ▪ Zu erwartende Luftwechselzahl und Luftwechseldauer bei verschiedenen Fensterstellungen

Lüftungsart	*Fensterstellung*	*Luftwechselzahl in h^{-1}*	*ungefähre Dauer der Lüftung, um einen Luftwechsel zu erzielen*
Spaltlüftung 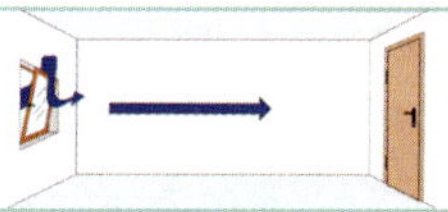	Fenster in Kippstellung Tür geschlossen	1 bis 2	30 bis 60 Minuten
	Fenster halb offen Tür geschlossen	5 bis 10	6 bis 12 Minuten
	Fenster gekippt Tür ganz offen	2 bis 4	15 bis 30 Minuten
Stoßlüftung 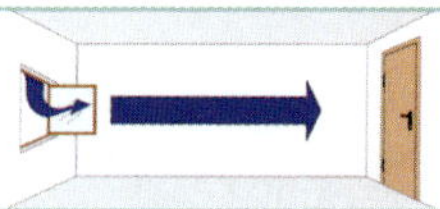	Fenster offen Tür geschlossen	15 bis 19	4 bis 8 Minuten
Querlüftung 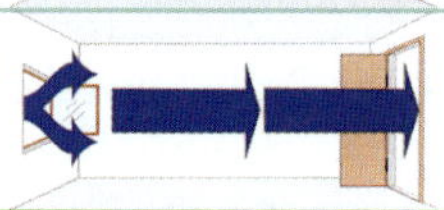	Fenster und Türen offen	ca. 40	1 bis 2 Minuten

Abb. 7.47 ▪ Durchschnittliche Verteilung der Luftfeuchtigkeit in einem geschlossenen Raum

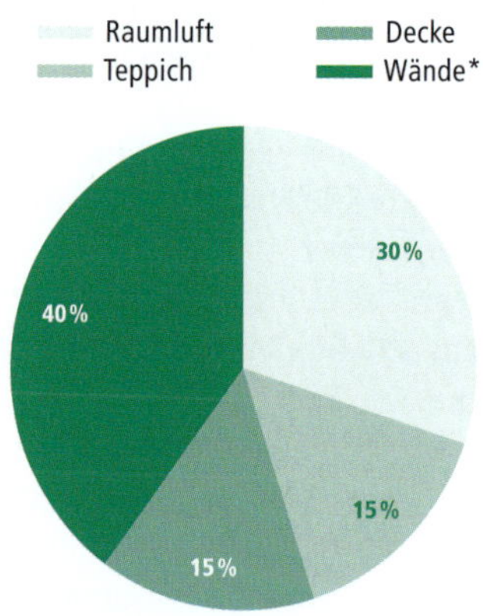

* abzüglich Fliesen und Beläge sowie Fenster

Teppiche, Gardinen, Tapeten und sonstige Gegenstände im Raum) infolge der Wasserdampf-Absorption. Aufgrund diverser Untersuchungen wurde der Anteil an Feuchtigkeit bestimmt, der sich nach längerer Feuchtebelastung im Durchschnitt in der Raumluft befindet sowie in Materialien gespeichert wird.

Man erkennt, dass die Luft nur knapp ein Drittel der Feuchtigkeit aufnimmt, der größere Rest wird in den Materialien gespeichert, wobei Teppich und Tapeten einen großen Anteil ausmachen. Nach Ende der Feuchtebelastung oder wenn infolge der Lüftung die Raumluftfeuchte abnimmt, geht auch die Material- bzw. Oberflächenfeuchte durch Wasserdampf-Desorption wieder zurück.

Während die Raumluft bei Stoßlüftung rasch mit Außenluft ausgetauscht werden kann, dauert der Desorptionsvorgang länger. Er ist von der Zeitdauer der vorangegangenen Feuchtebelastung und der Intensität des Luftaustausches abhängig. Hierfür ist eine zeitlich begrenzte Dauerlüftung (Spaltlüftung durch nur wenig geöffnete oder gekippte Fenster) von Vorteil, bei der die vorhandene Raumlufttemperatur kaum abgesenkt wird. Wenn sich die eindringende Außenluft erwärmen kann, nimmt deren relative Feuchte ab und die Luft kann wieder Feuchtigkeit aufnehmen. Durch intensives Lüften (Stoßlüftung) eingebrachte kalte Luft führt nur zu einer Auskühlung des Raumes mit einem nennenswerten Lüftungseffekt der Raumluft, aber nicht mit einer Absenkung der

Feuchtigkeit in den Baustoffen und/oder Oberflächen der Einrichtungsgegenstände und dgl.

Da im Winter in der Regel der absolute Feuchtegehalt der Außenluft niedriger als der der Innenraumluft ist, kann durch Zumischung von Außenluft beim Lüften ein erhöhter Feuchtigkeitsgehalt der Innenraumluft gesenkt werden. Kühle Innenräume – wie beispielsweise Schlafräume – müssen länger gelüftet werden als wärmere Aufenthaltsräume. In einem kühlen Innenraum erreicht die relative Luftfeuchtigkeit eher einen zu hohen Wert, da die Luft abgekühlt wird und bei gleichem absoluten Feuchtigkeitsgehalt der relative Feuchtigkeitsgehalt ansteigt. Grundsätzlich muss ein Innenraum länger gelüftet werden, wenn dort mehr Feuchtigkeit entsteht, indem sich dort ggf. mehrere Personen aufhalten, gekocht oder nass gereinigt wird bzw. sogar Wäsche trocknet. Außer der Zumischung von Außenluft mit einem geringerem absoluten Feuchtigkeitsgehalt kann die relative Luftfeuchtigkeit auch durch eine Temperaturerhöhung verringert werden.

Die relative Luftfeuchtigkeit in gedämmten, zentralbeheizten Wohnräumen liegt im Winter mit Ausnahme kurzzeitiger Überschreitungen in der Regel zwischen 30 und 50%, bezogen auf eine Temperatur von 20° bis 22° Celsius. In diesem Bereich sollten die gemessenen Werte für die relative Luftfeuchtigkeit der Innenraumluft liegen. Sollte es trotzdem zu einem Tauwasserausfall kommen, ist eine Untersuchung durch einen Bausachverständigen und -physiker in Betracht zu ziehen. Ausführungs- und Planungsfehler (z.B. Wärmebrücken in einer Außenwand) können in der Regel durch Lüften – gleichgültig in welcher Weise – nicht kompensiert werden, sondern höchstens durch zusätzliches Heizen. In der Regel ist in diesem Fall die Beseitigung der Baufehler, zum Beispiel durch eine verbesserte Wärmedämmung, anzuraten.

Das Problem der Feuchtigkeitsabfuhr aus Wohnräumen, insbesondere aus unbeheizten Schlafräumen in der kalten Jahreszeit, ist seit Längerem bekannt. Erst durch die Ausstattungen der Wohnungen mit Zentralheizungen konnte

Abb. 7.48 ▪ Typisches Erscheinungsbild in Schlafzimmern:...

Abb. 7.49 ▪ ...Kondensation bzw. Tauwasserbildung an der Fensterscheibe (besonders in den Morgenstunden).

eine erhöhte Feuchtigkeitsbelastung der Räume weitgehend vermieden werden. Durch den Anstieg der Energiekosten in den 70er Jahren war es notwendig, Heizmaterial und damit Energiekosten einzusparen. Infolgedessen wurden die Raumtemperaturen abgesenkt und die bestehenden, undichten Fenster durch neue ersetzt. Des Weiteren wurde weniger gelüftet, sodass damit allerdings wieder Probleme mit der Raumluftfeuchtigkeit auftraten. Die Bewohner klagten zum Teil über Schwitzwasser und Schimmelpilzbildung. Bauschäden infolge der Feuchtebelastung nahmen wieder zu. Diese Schäden wurden in der Regel den zu dichten Fenstern und der unzureichenden Wärmedämmung der Außenwand zugeschrieben.

Bei der Lüftung im Winter wird Energie zum Aufheizen der eingeströmten Frischluft gebraucht.

Daher ist es im Rahmen einer Energieeinsparung sinnvoll, die Lüftung auf den tatsächlich benötigten Bedarf zu beschränken. Hierbei muss allerdings berücksichtigt werden, dass der tatsächliche Bedarf natürlich sehr individuell anzusetzen und von verschiedenen Faktoren abhängig ist. Deshalb wurde durch das Institut für Fenstertechnik untersucht, welche Zuluftmengen, insbesondere unter Berücksichtigung der notwendigen Feuchtigkeitsabfuhr, erforderlich sind und wie diese den Räumen über die natürliche Lüftung zugeführt werden können. Dabei wurden allerdings unbelastete Räume als Basis herangezogen.

Der Mindestsauerstoffbedarf für den Menschen beträgt im Durchschnitt 1,8 m^3/h. Multipliziert mit der Anzahl der Person(en), kann man sich demzufolge in Abhängigkeit von der Raumgröße ausrechnen, ab wann der Sauerstoffbedarf pro Person aufgebraucht ist bzw. wäre. Der hygienisch notwendige Frischluftbedarf zur Abführung der Schad- und Geruchsstoffe wiederum beträgt 10 bis 25 m^3/h multipliziert mit der Anzahl der Person(en). Die zur Feuchtigkeitsabfuhr notwendige Luftwechselrate bzw. der erforderliche Zuluftbedarf ist von folgenden nutzungsbedingten Faktoren abhängig:

- Menge der entstehenden Feuchtigkeit
- Innenklima
- Außenklima
- Raumgröße.

Diese Zusammenhänge lassen sich auch mathematisch darstellen und zusammenfassen. Für einen Raum mit unterschiedlichen Außen- und Innenklimadaten, einer kontinuierlichen Feuchteentwicklung und Öffnung in der Außenwand gilt dann folgende Gleichung:

$$V_{ZL} \cdot f_{ZL} + M = V_R \cdot \frac{df_R}{dt} + V_{AL} \cdot f_{AL}$$

Mit

$$V_{ZL} = V_{AL} = V, \mathrm{n} = \frac{V}{V_R} \text{ und } f_{AL} = f_R$$

ergibt sich für die Lösung der Differenzialgleichung:

$$f_R(\mathrm{t}) = f_{ZL} + \frac{M}{n \cdot V_R} + (f_{RO} - f_{ZL} - M) \cdot e^{-n \cdot t}$$

V_{ZL} - Volumenstrom Zuluft in m^3/h
V_{AL} - Volumenstrom Abluft in m^3/h
f_{ZL} - absolute Feuchtigkeit der Zuluft in g/m^3
f_{AL} - absolute Feuchtigkeit der Abluft in g/m^3
M - Massenstrom der abgegebenen absoluten Feuchtigkeit in g/h
V_R - Raumvolumen in m^3
f_R - absolute Feuchtigkeit der Raumluft in g/m^3
f_{RO} - absolute Feuchtigkeit der Raumluft zum Zeitpunkt t = Null in g/m^3
n - Luftwechselzahl in 1/h
t - Zeit in h

Die zur Feuchteabfuhr erforderlichen Luftwechselzahlen sind u.a. von der kontinuierlichen Feuchtigkeitsentwicklung, der Raumgröße und den Werten von Außen- und Innenklima abhängig. Diese Zusammenhänge und Abhängigkeiten sollen kurz anhand von vier Beispielen aus der Praxis dargestellt werden. Hierzu werden Schlafräume mittlerer Größe und durch zwei Personen belegt mit unterschiedlichen Klimadaten verglichen. Zum weiteren Vergleich wird eine Kleinküche dargestellt.

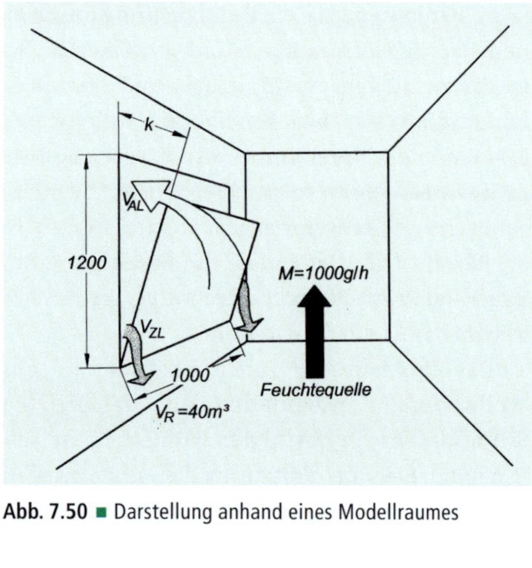

Abb. 7.50 ■ Darstellung anhand eines Modellraumes

Tab. 7.5 ▪ Klimadaten und Luftwechselzahlen in Vergleichsräumen

Beispiel	*Raum*	*M* g/h	V_R M^3	ϑ_i °C	φ_i %	f_{RO} g/m³	ϑ_a °C	φ_a %	f_{ZL} g/m³	n_1 l/h	n_2 l/h	n_3 l/h	n_4 l/h
1	Schlafzimmer	100	40	16	53	7,1	-10	80	1,6	0,1	0,5-1,2	~0,5	~0,5
2	Schlafzimmer	100	40	16	53	7,1	3	80	4,4	0,1	0,5-1,2	~0,9	~0,5
3	Schlafzimmer	100	40	16	53	7,1	8	80	6,6	0,1	0,5-1,2	~5,0	~0,6
4	Küche	1000	10	16	53	7,1	3	80	4,4	–	–	~37	–

n_1 - erforderliche Luftwechselzahl - Sauerstoffbedarf
n_2 - erforderliche Luftwechselzahl - aus hygienischen Gründen
n_3 - erforderliche Luftwechselzahl - zur Aufrechterhaltung einer konstanten Raumluftfeuchtigkeit
n_4 - erforderliche Luftwechselzahl - zur Vermeidung von Tauwasser an einer Isolierglasscheibe

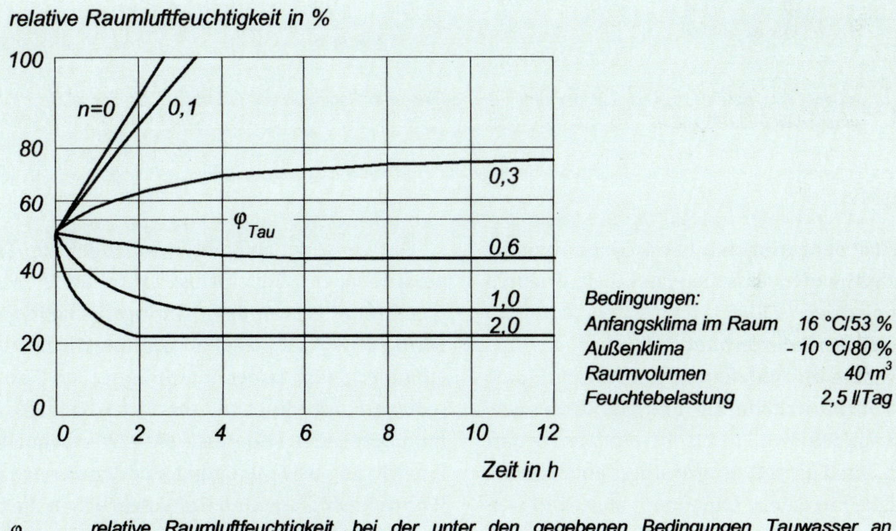

φ_{Tau} relative Raumluftfeuchtigkeit, bei der unter den gegebenen Bedingungen Tauwasser an der Isolierglaseinheit (4/12/4) auftritt.

Abb. 7.51 ▪ Entwicklung der relativen Luftfeuchtigkeit im Raum für verschiedene Luftwechselzahlen in Abhängigkeit von der Zeit (Beispiel 1)

Für die Beispiele 1 und 2 ist die Entwicklung der Raumluftfeuchtigkeit bei unterschiedlichen Luftwechselzahlen in den Graphiken in **Abb. 7.51** und **7.52** dargestellt.

Bei den durchgeführten Berechnungen zur Tauwasserbildung wurde $k = 3{,}0$ W/m² K und $\alpha_i = 8{,}0$ W/m² K angenommen. Tauwasser, besonders im unteren Bereich der Fensterscheibe, kann jedoch in der Praxis bereits wesentlich früher auftreten, als in den Beispielen ermittelt wurde. Hierfür sind folgende Ursachen maßgebend:

- Durch die Einbausituation und die Geometrie der Fensterkonstruktion bedingte ungünstigere Luftführung im unteren Fensterbereich, was einen niedrigeren Wärmeübergangskoeffizienten $\alpha_i = 5{,}0$ W/m² K zur Folge hat.

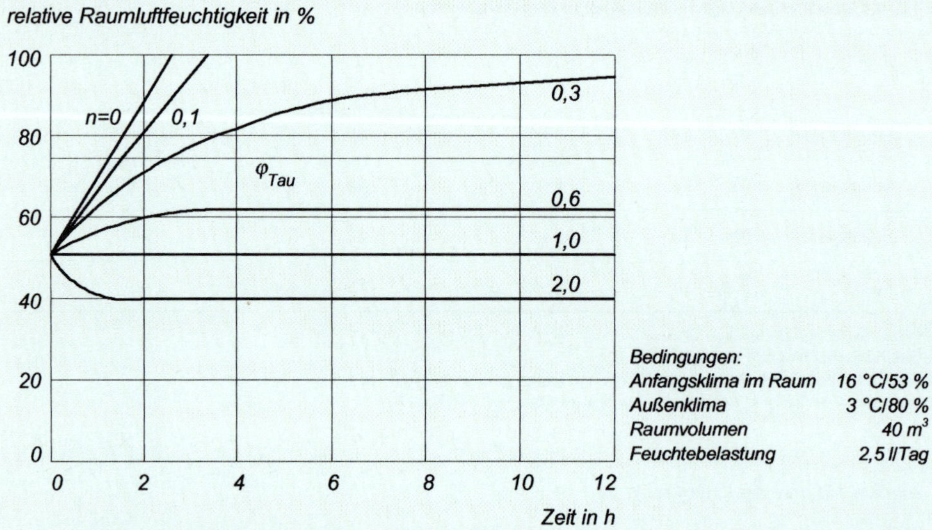

φ_{Tau} *relative Raumluftfeuchtigkeit, bei der unter den gegebenen Bedingungen Tauwasser an der Isolierglaseinheit (4/12/4) auftritt.*

Abb. 7.52 ■ Entwicklung der relativen Luftfeuchtigkeit im Raum für verschiedene Luftwechselzahlen in Abhängigkeit von der Zeit (Beispiel 2)

- Einfluss der geringeren Wärmedämmung des Randverbundes der Isolierglaseinheit, wodurch sich niedrigere Oberflächentemperaturen im Bereich des Randverbundes ergeben.

Die Beispiele im Schlafzimmer zeigen auf, dass durch kontinuierliche Zu- und Abluftmengen, die sich aus dem hygienisch notwendigen Bedarf ergeben, auch die nutzungsbedingt entstehende Feuchtigkeit in einem Schlafraum abgeführt werden kann. Ein gewisser Anstieg der Raumluftfeuchtigkeit in Beispiel 3 kann – wenn es hier nicht zu einer Kondensation an einer Isolierglasscheibe führt – akzeptiert werden. Die Feuchtigkeit sollte in diesem Fall nach der Nutzung, im Schlafzimmer also morgens, durch Stoßlüftung wieder auf das ursprüngliche Maß gesenkt werden. Andererseits zeigt Beispiel 4, dass Feuchtigkeit, die beim Kochen oder Baden entsteht, durch Stoßlüftung oder eine entsprechende Lüftungseinrichtung abgeführt werden muss. Dadurch wird ein übermäßiger Feuchtigkeitsanstieg in der Wohnung vermieden.

Die Größe der an Raumöffnungen unter Temperatur- oder Windeinfluss auftretenden Volumenströme ist von der Öffnungsfläche (Größe, Form, Lage verschiedener Öffnungsflächen zueinander), den treibenden Kräften (Druckunterschiede windbedingt und thermisch bedingt) und raumbezogenen Faktoren (Größe, Wärmequellen, Einrichtung usw.) abhängig. Für den Bereich der Wohnungslüftung sind im Wesentlichen die Öffnungsfläche und die treibenden Kräfte maßgebend. Sowohl bei wind- als auch temperaturbedingter Lüftung kann von einer vollständigen Durchmischung der Zu- und Abluftströme ausgegangen werden. Erst bei Temperaturunterschieden von unter $\Delta\delta = 5$ K kann (bei temperaturbedingter Lüftung) davon ausgegangen werden, dass die Energiezufuhr für eine Durchmischung nicht mehr ausreichend ist und eine so genannte Schichtung eintritt.

Thermisch bedingte Volumenströme am geschlossenen Fenster sind außerordentlich niedrig. Berechnungen, die unter der Annahme eines

Tab. 7.6 ■ Luftwechselzahlen n an einem geschlossenen Fenster in Abhängigkeit von der Temperaturdifferenz und der Fugendurchlässigkeit (einflügeliges Fenster 1 m x 1,20 m – V_R = 40 m³)

Δδ in K	*Luftwechselzahlen n in h^{-1} bei Fugendurchlasswerten a von*			
	0,1 m³/h m	*1 m³/h m*	*2 m³/h m*	*5 m³/h m*
8	0,00	0,02	0,04	0,09
13	0,00	0,02	0,05	0,12
26	0,00	0,03	0,06	0,17

Tab. 7.7 ■ Luftwechselzahlen n an zwei gegenüberliegenden geschlossenen Fenstern in Abhängigkeit von der Windgeschwindigkeit und der Fugendurchlässigkeit

w in m/s	*Luftwechselzahlen n in h^{-1} bei Fugendurchlasswerten a von*			
	0,1 m³/h m	*1 m³/h m*	*2 m³/h m*	*5 m³/h m*
1	0,01	0,07	0,14	0,35
5	0,04	0,35	0,70	1,75
10	0,07	0,70	1,40	3,50

sonst dichten Raumes vorgenommen wurden, ergaben in Abhängigkeit von Temperaturunterschied und Fugendurchlässigkeit die in der **Tabelle 7.6** dargestellten Luftwechselzahlen.

Auch bei Windanströmungen auf ein Fenster bei sonst dichtem Raum ergeben sich nur sehr kleine, bei weitem nicht ausreichende Luftwechselzahlen. Erst eine Durchströmung zweier gegenüberliegender Fenster führt zu teilweise größeren Luftwechselzahlen. Für zwei gegenüberliegende Fenster (beispielsweise von je 1 m x 1,20 m) ergeben sich in Abhängigkeit von der Windgeschwindigkeit und der Fugendurchlässigkeit der Fenster unter der Voraussetzung direkter freier Anströmung und bei einem Raumvolumen von 40 m³ die in der **Tabelle 7.7** aufgeführten Luftwechselzahlen.

Bei der Ermittlung der Luftwechselzahlen in den beiden o.a. Tabellen wurden Raumundichtigkeiten nicht berücksichtigt. Diese können die ermittelten Werte natürlich wesentlich verändern. Messungen durch das Institut für Fenstertechnik, die an eingebauten Fenstern vorgenommen wurden, haben dementsprechend gezeigt, dass Undichtigkeiten der Anschlüsse häufig viel größer sind als die Undichtigkeiten der Fensterfugen.

Eine ausreichende Feuchtigkeitsabfuhr bei geschlossenen Fenstern, auch wenn diese undicht sind, konnte bei den oben genannten untersuchten Wohnbauten nicht nachgewiesen werden. Dies ist nur in Ausnahmefällen bei stark dem Wind ausgesetzten Wohnungen evtl. in Verbindung mit zusätzlichen Undichtigkeiten der Bauwerkshülle denkbar. Die dabei auftretenden Lüftungswärmeverluste überschreiten dann aber jedes vertretbare Maß.

Volumenströme, die sich an einem gekippten Fensterflügel aufgrund von Temperaturdifferenzen oder aufgrund des Windeinflusses einstellen, sind in den Graphiken **Abb. 7.54** und **7.55** dargestellt.

Die Auswertung und Umrechnung der o.g. drei Beispiele aus dem Schlafzimmerbereich und aus

Abb. 7.53 ■ **Gesamtundichtigkeiten der Außenwände bezogen auf 1 m² Fensterfläche (an 17 untersuchten Wohnbauten)**

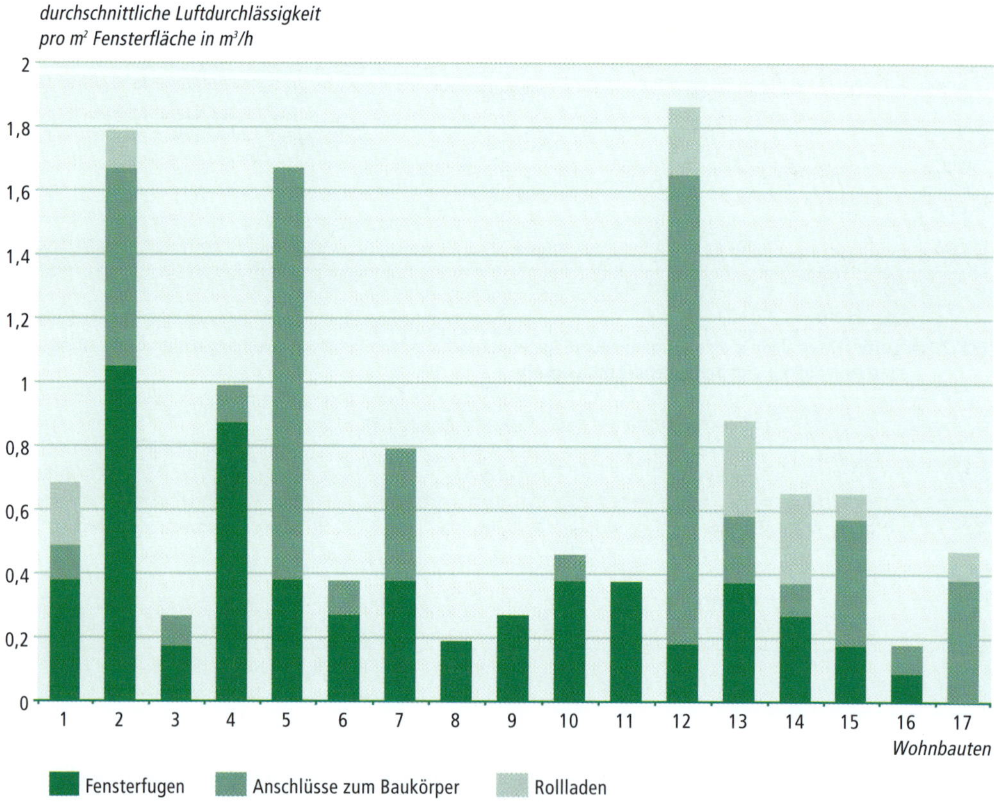

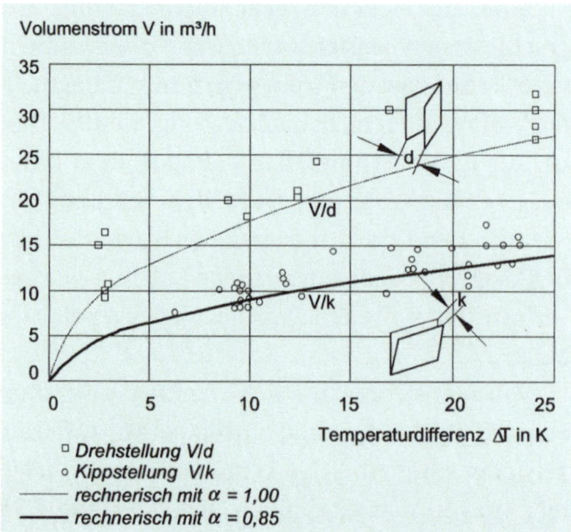

Abb. 7.54 ■ Luftdurchgang am Flügel bei Dreh- und Kippstellungen bei 1 cm Öffnungsweite in Abhängigkeit von der Temperaturdifferenz bei Windgeschwindigkeiten w < 1,5 m/s

der Küche ergibt die erforderlichen, temperaturabhängigen Öffnungsweiten in cm – dargestellt in der **Tabelle 7.8.**

Bei Kippstellung ist also bei größeren Temperaturunterschieden eine Öffnungsweite von nur wenigen cm ausreichend. Zusatzeinrichtungen zur Spaltlüftung können deshalb helfen, die erforderliche Feuchtigkeitsabfuhr ohne unnötig große Lüftungswärmeverluste zu gewährleisten. Unter Windeinfluss ergeben sich in Abhängigkeit von der Windgeschwindigkeit bei vollständig geöffnetem Kippflügel (k ~ 12 cm) die in der **Tabelle 7.9** genannten Luftwechselzahlen.

Die Anordnung eines einzelnen horizontalen Dauerlüfters ist lüftungstechnisch ungünstig. Sowohl der thermisch als auch der windbedingte

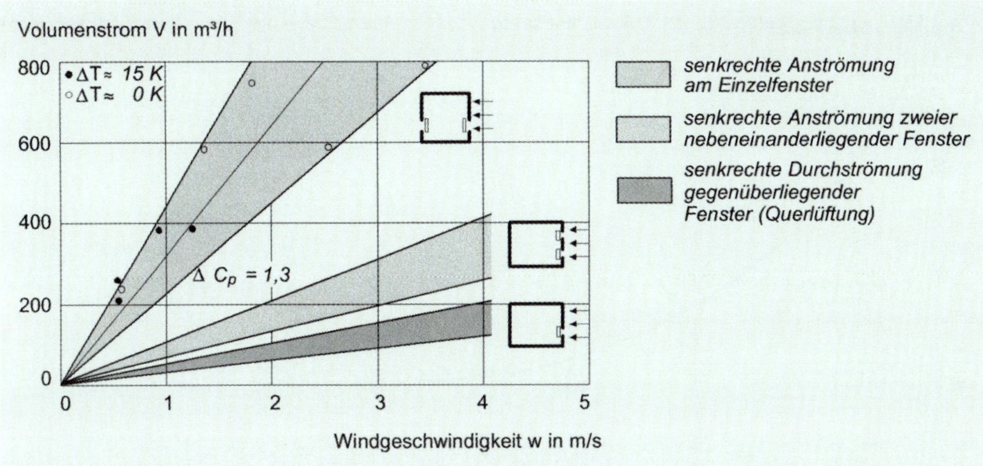

Abb. 7.55 ■ Querlüftung durch zwei gegenüberliegende Kippflügel mit jeweils k = 6 cm in Abhängigkeit von der Windgeschwindigkeit bei senkrechter Einströmung im Vergleich zu der windabhängigen Lüftung an Einzelfenstern mit k = 6 cm

Tab. 7.8 ■ **Öffnungsweiten k eines Kippflügels (1 m x 1,20 m) zur Erreichung vorgegebener Luftwechselzahlen n (V_R = 40 m³) in Abhängigkeit von der Temperaturdifferenz**

Δδ K	*Öffnungsweiten k in cm bei Luftwechselzahlen n von*			
	0,5	*1 h^{-1}*	*5 h^{-1}*	*40 h^{-1}*
8	2,4	4,7	–	–
13	1,9	3,7	–	–
26	1,3	2,6	1,3	–

Tab. 7.9 ■ **Zusammenhang zwischen Luftwechsel n (V_R = 40 m³) und Windgeschwindigkeit w bei geöffnetem Kippflügel**

Anordnungen der Öffnungen	*Luftwechselzahlen n in h^{-1}*		
	1	*5*	*40*
1 Fenster	w ~ 1 m/s	w ~ 1 m/s	
2 Fenster gegenüber	w < 1 m/s	w < 1 m/s	w ~ 1,5 m/s

Volumenstrom ist durch eine solche Einheit (bei dichtem Raum) gleich Null. Messbare Volumenströme entstehen nur im Zusammenhang mit anderen Raum-Undichtigkeiten. Für eine temperaturabhängige Lüftung ist eine senkrechte Anordnung eines Lüfters oder die Anbringung von zwei mit einem bestimmten Abstand übereinander angeordneten Lüftungseinrichtungen sinnvoll. Umgerechnet auf ein Raumvolumen von 40 m³ ergeben sich für eine Temperaturdifferenz von Δδ ~ 15 K die Luftwechselzahlen 0,2 h^{-1} bei horizontaler Einzelöffnung, 0,3 h^{-1} bei vertikaler Ein-

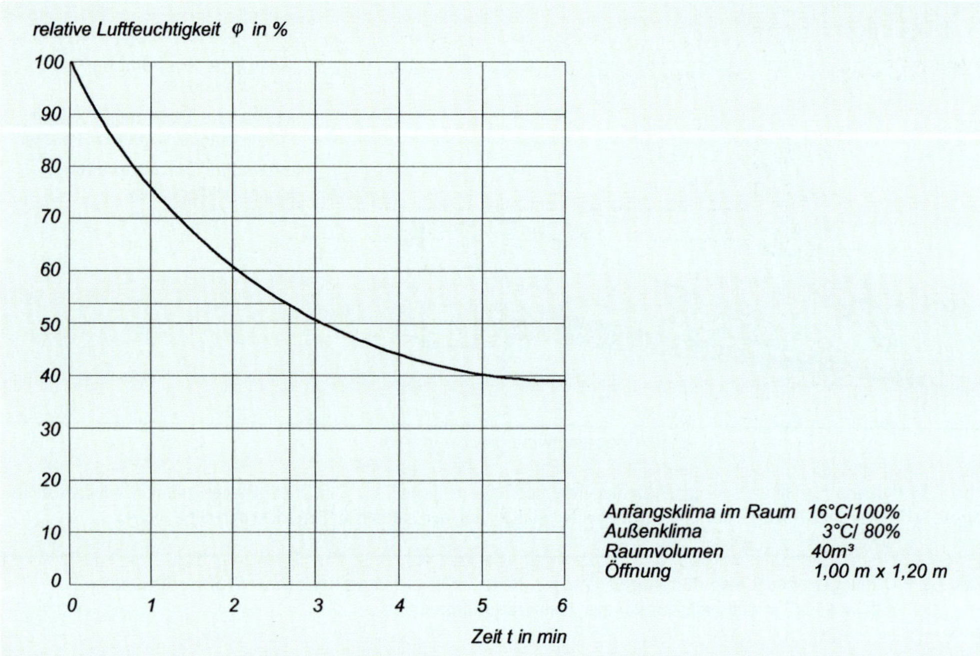

Abb. 7.56 ■ Abbau der relativen Luftfeuchtigkeit bei Stoßlüftung (Drehflügel ganz geöffnet) in Abhängigkeit von der Zeit

zelöffnung und 0,5 h^{-1} bei zwei vertikalen Öffnungen. Bei gegenüberliegenden Lüftungseinheiten werden unter Windeinfluss relativ schnell größere Luftwechselzahlen erreicht.

Während bei einer kontinuierlichen Feuchtigkeitsproduktion eine Dauerlüftung zweckmäßig ist, muss bei einer stärkeren, kurzzeitigen Belastung eine Stoßlüftung vorgenommen werden. **Abb. 7.56** zeigt, dass beispielsweise eine von ursprünglich 53% auf 100% angestiegene Luftfeuchtigkeit bei einer Temperaturdifferenz von $\Delta\delta \sim 13$ K und einer vollständig freien Öffnung (von 1 m x 1,20 m) in 2,8 min. auf den anfänglichen Wert von 53% reduziert wird. Wenn diese errechnete Zeit wegen verschiedener unberücksichtigter Randbedingungen (beispielsweise Abkühlung der Raumluft während des Lüftungsvorganges) in der Praxis auch überschritten wird, ist dennoch zu erkennen, dass eine wirksame Stoßlüftung sehr kurz bemessen werden kann.

Kurzzeitige Überlastung von Wohnräumen mit zu hoher Feuchtigkeit kann unberücksichtigt bleiben. Während die Diffusion durch die Außenwände hierbei keine Rolle spielt, ist die Bedeutung der Sorption durchaus als groß zu bezeichnen. Verputzte Wandoberflächen, Einrichtungsgegenstände usw. können relativ große Mengen an Feuchtigkeit aufnehmen und wieder abgeben. Durch mehrmals in gewissem Abstand durchgeführte Stoßlüftungen lässt sich eine überhöhte Feuchtigkeit wieder abführen. Tauwasserschäden treten deshalb nur dann auf, wenn über einen längeren Zeitraum nicht ausreichend gelüftet wird.

Der Feuchtigkeitstransport innerhalb der Wohnung darf bei den Überlegungen nicht vernachlässigt werden. Der Luft- und damit Feuchtigkeitsaustausch zwischen Räumen, in denen viel Wasserdampf entsteht, und niedriger temperierten Räumen derselben Wohnung kann bei mangelnder Lüftung (d.h. bei zu geringer Feuchtigkeitsabfuhr nach außen) sehr hoch werden. In welchem Umfang und mit welcher Geschwindigkeit ein derartiger Feuchtigkeitstransport auch bei ge-

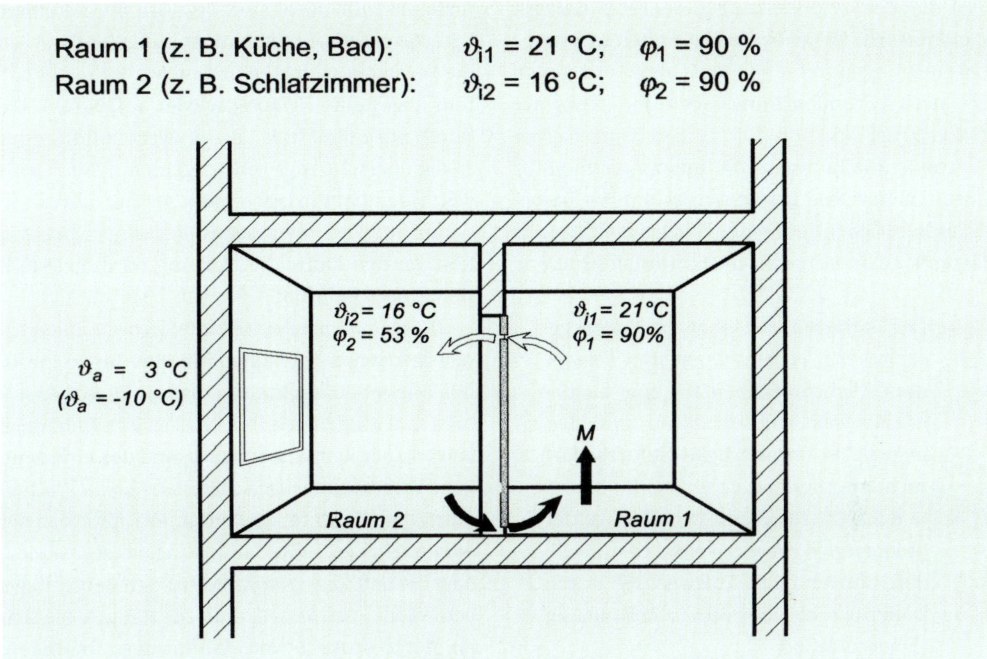

Abb. 7.57 ■ Schematische Darstellung der im Beispiel betrachteten Räume

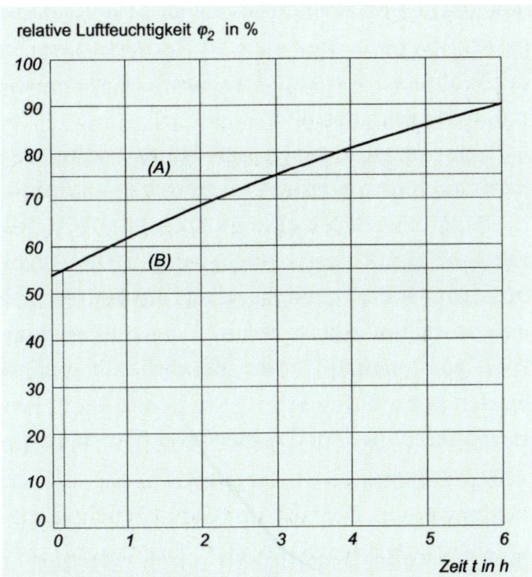

Abb. 7.58 ■ Anstieg der relativen Luftfeuchtigkeit in Raum 2 durch Zustrom von Feuchtigkeit aus Raum 1 in Abhängigkeit von der Zeit

schlossener Tür erfolgen kann, zeigt nachfolgendes Beispiel.

Wieder werden in einer Wohnung zwei Räume mit unterschiedlichen Klimadaten (Raum 1, z.B. Küche oder Bad, mit einer Raumtemperatur von 21°C und 90% relativer Luftfeuchtigkeit sowie Raum 2, z.B. Schlafzimmer, mit einer Raumtemperatur von 16°C und 90% relativer Luftfeuchtigkeit) betrachtet.

Zwischen den beiden Räumen befindet sich eine geschlossene Tür, bei der ein oberer Spalt von 3 mm und ein unterer Spalt von 8 mm angenommen wird. Aus Raum 1 wird Feuchtigkeit über die undichte Tür in Raum 2 transportiert. Es wird davon ausgegangen, dass die Raumtemperatur davon unberücksichtigt gleich bleibt.

(A) Raumluftfeuchtigkeit, bei der unter den gegebenen Bedingungen (ϑ_a = 3°C und ϑ_i = 16°C sowie k_v = 3,0 W/m² K (Isolierglas)) Tauwasser auftritt

(B) Raumluftfeuchtigkeit, bei der unter den gegebenen Bedingungen (ϑ_a = -10°C und ϑ_i = 16°C sowie k_v = 3,0 W/m² K (Isolierglas)) Tauwasser auftritt

Unter der Voraussetzung dieser Feuchtigkeitszunahme tritt an der Isolierglaseinheit in Raum 2 bei einer angenommenen Außentemperatur von 3 °C nach 3 Stunden Tauwasser auf (A). Bei einer Außentemperatur von -10 °C ist bereits nach einer ¼ Stunde mit Tauwasserbildung zu rechnen (B). Zusammenfassend lassen sich also unter besonderer Berücksichtigung der Feuchtigkeitsabfuhr folgende Grundsätze für die Lüftung festhalten:

- Der Luftaustausch über die Fugen geschlossener Fenster (auch alter Fenster ohne Dichtprofile) ist für eine ausreichende Feuchtigkeitsabfuhr und den hygienisch notwendigen Zuluftbedarf nicht ausreichend.
- Je nach Nutzung und nach Menge der produzierten Feuchtigkeit ist es sinnvoll, den notwendigen Luftwechsel durch Dauerlüftung oder durch Stoßlüftung sicherzustellen.
- Um eine ausreichende Feuchtigkeitsabfuhr unter Berücksichtigung möglichst geringen Energieverbrauches und unter Gewährleistung der Behaglichkeit der Bewohner zu ermöglichen, wäre eine bessere Regulierungsmöglichkeit der Fensteröffnung – insbesondere bei der Kippstellung – empfehlenswert.
- Ein Feuchtigkeitstransport innerhalb der Wohnung in kältere Räume sollte weitgehend vermieden werden. Ist dies nicht möglich, sollte bei der Lüftung zumindest darauf Rücksicht genommen werden.

Weitere Untersuchungen durch das Institut für Fenstertechnik haben eindeutig ergeben, dass durch die Stoßlüftung bei gleicher ausgetauschter Luftmenge Energie gespart werden kann, wenn einige Regeln beim Lüften beachtet werden. Wenn die Außenluft kühler als die Innenluft ist bzw. eine geringere Luftfeuchtigkeit als innen besitzt gilt: Bei der Stoßlüftung sollten die Fenster ca. 5 bis 10 Minuten weit geöffnet werden, sodass die im Raum vorhandene gesättigte Luft durch kühlere Luft von außen ersetzt wird. Anschließend werden die Fenster geschlossen und die während des Lüftens abgestellte Heizung wieder aufgedreht. Dadurch wird die kühle Luft erwärmt und nimmt so die überschüssige Feuchtigkeit auf. Nach 3 bis 4 Stunden hat die Luft wieder genügend Wasserdampf aufgenommen, sodass der Vorgang wiederholt werden kann: die Heizung wird abgestellt und erneut gelüftet.

Diese Vorgehensweise bietet sich vor allem bei neu bezogenen Neubauten mit überdurchschnittlich hoher Baufeuchte an. Wird auf diese Weise 3 bis 4 mal täglich gelüftet, wird sich in Abhängigkeit von der Raumausstattung und dgl. eine deutliche Verbesserung nach spätestens 3 bis 4 Wochen einstellen. Auch für Bewohner, die neue Fenster erhalten haben, sollte darauf hingewiesen werden, dass die Lüftungsgewohnheiten den neuen Gegebenheiten anzupassen sind. Die Räume, die sich an der Nordseite von Wohnungen befinden, kühlen im Winter besonders stark aus. Deshalb müssen diese Räume etwas stärker beheizt werden als die übrigen Räume. Generell sollte dafür gesorgt werden, dass sich die Temperaturen in der Wohnung von Raum zu Raum so wenig wie möglich unterscheiden.

Eine Verminderung der Kondensatbildung kann auch durch eine Änderung der Warmluftführung bzw. durch eine entsprechende Anordnung der Heizkörper erreicht werden. Der Warmluftstrom sollte möglichst dicht am Fenster entlang streichen, sodass höhere Wärmeübergangskoeffizienten möglich sind. Bei vorhandenen Einbauten kann durch Schlitze in den inneren Fensterbänken die Kondenswassergefahr herabgesetzt werden.

7.5.3 Kellerfeuchtigkeit durch falsches Lüften

Es ist immer wieder festzustellen, dass über bauphysikalische Zusammenhänge noch relativ viel Unkenntnis besteht. So verwundert es dann auch nicht, wenn gerade beim Lüftungsverhalten von

Abb. 7.59-7.61 ■ Schimmelpilzbildungen in Kellerräumen können durch Kondensation und/oder fehlenden Feuchtigkeitsschutz verursacht werden. Oftmals überlagern sich auch die Ursachen, sodass raumklimatische Messungen und Baustoffanalysen notwendig werden.

falschen Voraussetzungen ausgegangen wird. Häufig besteht die Meinung, dass an warmen Sommertagen besonders trockene Luft und an kalten Wintertagen besonders feuchte Luft vorherrscht. Vielleicht erklärt sich somit die Formulierung in den Hausordnungen, die dann an der Kellertür befestigt sind und von den Bewohnern folgendes fordern:

- Im Sommer sind die Kellerfenster ständig zu öffnen/die Keller ständig zu lüften!
- Im Winter sind die Kellerfenster unbedingt verschlossen zu halten!

Schaut man sich einen derartigen Keller an, fallen einem sofort der meist muffige Geruch und in der Regel auch sichtbare Feuchtigkeitsschäden wie Putz- und evtl. Anstrichabplatzungen, feuchte Ränder und evtl. Salzausblühungen auf dem Putz auf. Um den Zusammenhang mit der oben genannten Forderung der Hausordnung zu erklären, muss kurz auf die relative Luftfeuchtigkeit eingegangen werden.

Es wird hierzu zunächst einmal ein schöner Sommertag mit einer Außentemperatur von 25 °C bei einer relativen Luftfeuchtigkeit von 80 % angenommen. In einem Kubikmeter Luft befinden sich dann 18,5 Gramm Wasser. Wenn diese feuchte Luft durch offene Kellerfenster in den Keller transportiert wird und sich auf die dort herrschenden

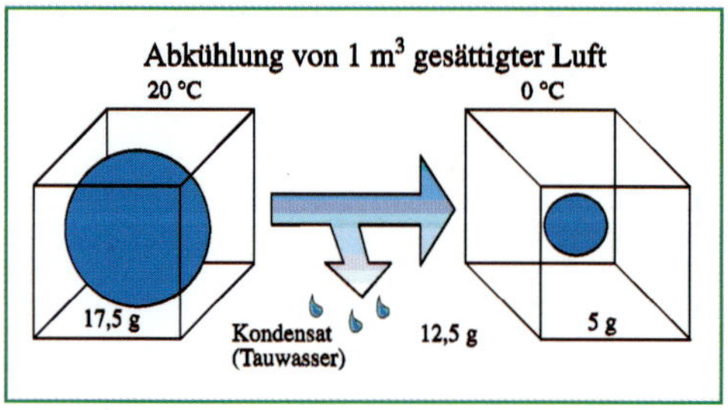

Abb. 7.62 ■ Graphische Darstellung, wie viel Feuchtigkeit bei der Abkühlung von 1 m³ gesättigter Luft anfällt

18 °C abgekühlt, kann dieser Kubikmeter Luft nur noch 15,4 Gramm Wasser aufnehmen. Damit werden über 3 Gramm Wasser freigesetzt, die sich als Kondensat auf den kühleren Oberflächen des Kellers niederschlagen. Wird weiterhin angenommen, dass der Keller ein durchschnittliches Raumvolumen von ca. 100 m³ hat und die Luft in einer Stunde etwa achtmal ausgetauscht wird, werden infolgedessen allein in einer Stunde ca. 2,5 ltr. Wasser eingebracht. Hochgerechnet auf mehrere Sommermonate kommen somit bis zu 500 ltr. Wasser zusammen! Diese Situation ist hauptsächlich auf das Klima tagsüber zurückzuführen. Wenn in der Nacht die Temperaturen tiefer liegen, dann ist auch in der Außenluft weniger Wassergehalt vorhanden.

Dem gegenüber soll jetzt ein kalter Wintertag betrachtet werden. Nach der oben genannten Hausordnung dürfte eigentlich gar nichts passieren, da die Fenster unbedingt geschlossen bleiben sollen. Somit besteht aber für die Feuchtigkeit im Keller auch keine Möglichkeit, an die Außenluft abgegeben zu werden. Was würde eigentlich passieren, wenn die Kellerfenster im Winter nun doch geöffnet werden würden? Wird wieder eine Außentemperatur diesmal von - 5 °C und eine relative Luftfeuchtigkeit von 80% angenommen, so kann der bereits oben erwähnte Kubikmeter Luft 2,6 Gramm Wasser aufnehmen. Kommt diese Außenluft in den Keller und wird auf beispielsweise 16 °C erwärmt, könnte ein Kubikmeter Luft nun sogar bis zu 13,7 Gramm Wasser aufnehmen. Dies bedeutet eine Differenz von über 11 Gramm Feuchtigkeit, die auf diesem Weg aus dem Keller an die Außenluft abgegeben werden könnten. Sichtbar wird dies an dem Wasserdampf, der entsteht, wenn die Luftfeuchtigkeit aus dem Keller an der kühleren Außenluft abkühlt und als Nebeltropfen ausgeschieden wird.

Dies bedeutet also, dass man im Winter durch Lüften Feuchtigkeit aus dem warmen Keller in die kalte Außenluft abtransportieren kann und im Gegenzug im Sommer durch Lüften Feuchtigkeit aus der warmen Außenluft in den kälteren Keller einbringt. Dies würde aber doch bedeuten, dass die Hausordnung genau umgekehrt heißen müsste? Richtig müsste es in der Hausordnung heißen: Im Sommer sind die Fenster meistens zu schließen, damit die warme Außenluft keine zusätzliche Feuchtigkeit in den Keller bringt und im Winter sind die Fenster öfters mal zu öffnen, damit die kalte trockene Außenluft vorhandene Feuchtigkeit aus dem Keller aufnehmen kann.

Eine einfache Lösung wäre der Einbau eines Ventilators mit einer Zeitschaltuhr, welche den Ventilator nur von beispielsweise 24.00 bis 6.00 Uhr laufen lässt. Bei entsprechender Einstellung der Luftwechselrate würden auch zwei bis drei Stunden ausreichen, um im Keller eine ausreichende Grundlüftung sicherzustellen. Die Einstellung kann auch im Winter beibehalten werden, um den Keller nicht zu stark auszukühlen und dennoch zu belüften. Im Winter kann aber die Einstellung auch um 12 Stunden verschoben werden, da dann (tagsüber sind die Temperaturen nicht ganz so tief wie in der Nacht) weniger kalte Luft in den Keller gelangt und dieser nicht so stark abgekühlt wird, was aber immer noch zur Entfeuchtung ausreicht.

7.5.4 Zwangslüftung

Im Wohnungsbau wurden in den letzten Jahren markante Fortschritte auf dem Gebiet der Energieeinsparung erzielt. Mit dem In-Kraft-Treten der neuen Energieeinsparverordnung (EnEV) ist ein weiterer Schritt auf diesem Weg getan und gehört das Niedrigenergiehaus und seine Bauweise zum

Standard. Der Heizenergiebedarf von Neubauten wird demnach um rund 30% gegenüber den vorherigen Anforderungen sinken. Auf der Grundlage neuer europäischer und nationaler technischer Normen wird es erstmals auch möglich, die Effizienz der Anlagentechnik in die Bewertung der energetischen Qualität von Gebäuden einzubeziehen. Dabei bleibt es den Bauherren und Planern freigestellt, mit welchen Maßnahmen die vorgegebenen Zielsetzungen erreicht werden – ob durch verstärkten Wärmeschutz, anspruchsvolle Anlagentechnik, den Einsatz erneuerbarer Energiequellen und/oder Konzepte zur Wärmerückgewinnung.

Der Heizwärmebedarf setzt sich dabei im Wesentlichen aus dem so genannten Transmissions- und Lüftungs-Wärmebedarf zusammen. Durch den geringer werdenden Transmissions-Wärmebedarf steigt dementsprechend der Anteil des Lüftungs-Wärmebedarfs am Gesamt-Wärmebedarf stark an. Deshalb werden Gebäude heute immer luftdichter ausgeführt. Der für die Gesundheit und Behaglichkeit, aber auch zur Vermeidung von Bauschäden wichtige Mindestluftwechsel ist infolgedessen oft nicht mehr gegeben.

Die neue Energieeinsparverordnung schreibt den Einsatz mechanischer Lüftungsanlagen (noch) nicht vor. Allerdings fragen sich Experten immer öfter, ob ein Gebäude seine vielfältigen Funktionen überhaupt wahrnehmen kann, wenn es nach den Anforderungen der Energieeinsparverordnung und ohne mechanische Wohnungslüftung gebaut wird? Aus Gründen der Bauschadensvorbeugung interessieren sich immer mehr Eigentümer von Mietwohnungen für eine automatische Grundlüftung, mit der ein notwendiger Abtransport anfallender Feuchtigkeit sichergestellt und Schimmelpilzbildung vermieden werden soll. Um evtl. Missverständnissen gleich vorzubeugen: Auch bei einer mechanischen Lüftungsanlage ist eine manuelle Fensterlüftung möglich und steht außerhalb der Heizperiode die Lüftungsmethode zur Wahl. Lüftungsanlagen sollen entsprechend der Energieeinsparverordnung einen aus Gründen der Lufthygiene notwendigen Mindestluftwechsel sicherstellen, der es zusätzlich erlaubt, während der Heizperiode auf eine Fensterlüftung weitgehend zu verzichten.

Lüftungs-Heizsysteme wurden für Niedrigenergie-Häuser und Modernisierungsmaßnahmen entwickelt. Die Funktionsprinzipien von Lüftungsanlagen und deren Bewertung in der Energieeinsparverordnung sollen an zwei Typen von mechanischen Wohnungslüftungsanlagen kurz erläutert werden. Beide Anlagen funktionieren nach dem Querlüftungsprinzip: verbrauchte Luft wird aus den Ablufträumen wie beispielsweise Küche, Bad und WC und ggf. dem Hauswirtschaftsraum über ein Kanalsystem abgesaugt. Frischluft wird in die Zulufträume wie beispielsweise Wohn-, Schlaf- und Kinderzimmer etc. eingebracht. Somit ergibt sich eine kontinuierliche Durchlüftung der Wohnung von den Zulufträumen über die Überströmzone wie Flure, Essbereich etc. hin zu den Ablufträumen. Durch diese gerichtete Luftführung wird schon bei einem geringen Luftwechsel eine höhere Lüftungseffizienz erreicht und im Vergleich zu einer raumweisen Lüftung der Luftdurchsatz um etwa 30% reduziert.

Die den Ablufträumen entnommene Luftmenge ist durch die Förderleistung des Ventilators festgelegt. Wo die Frischluft nachströmt, hängt in großem Maße von der Dichtheit der Gebäudehülle ab. Bei einem dichten Gebäude strömt sie vorwiegend über die Außenluftdurchlässe in den Zulufträumen nach, wodurch eine sehr gute Belüftung erreicht wird. Bestehen aber beispielsweise an der Wohnungseingangstür Undichtigkeiten, so strömt an dieser Stelle ein beachtlicher Teil der Frischluft nach, der dann für die Belüftung der Zulufträume fehlt.

Im Gegensatz zu der reinen Abluftanlage wird bei der Zu-/Abluftanlage mit Wärmerückgewinnung Außenluft an einer zentralen Stelle angesaugt, anschließend in einem so genannten Plattenwärmetauscher berührungsfrei durch die Abluft vorgewärmt und über das Zuluftkanalsystem in die Wohnräume verteilt. Um Wärmetauscher und Zuluftkanäle vor Verschmutzung zu schützen, sollte die Außenluft in der Nähe der Ansaugstelle gefiltert werden.

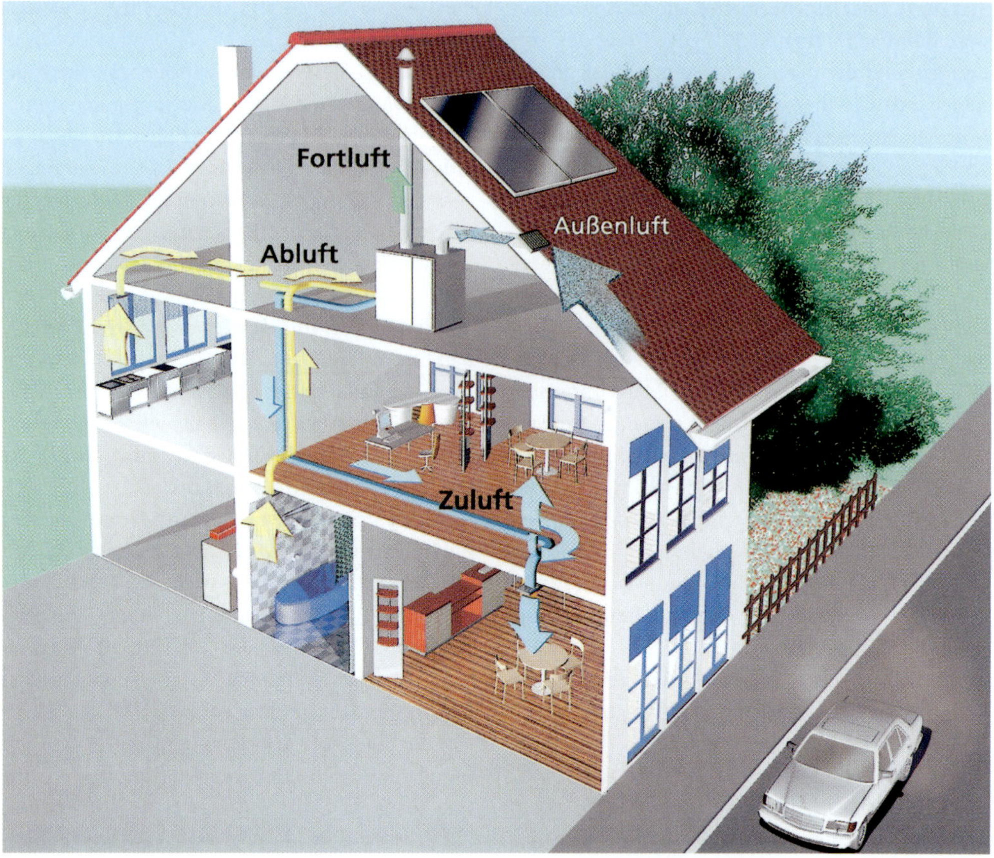

Abb. 7.63 ■ Schematische Darstellung eines Wohnungslüftungssystems mit Wärmerückgewinnung und Luftvorerwärmung

Um mit Wärmerückgewinnungsanlagen tatsächlich Energie sparen zu können, müssen einige Bedingungen erfüllt sein:

- Die Gebäudehülle muss dicht sein. Bei einer undichten Gebäudehülle kommt zum Luftwechsel über die Lüftungsanlage, auf den die Wärmerückgewinnung wirkt, noch ein beträchtlicher Luftwechsel über Undichtigkeiten hinzu, auf den keine Wärmerückgewinnung wirkt. Diese zusätzlich ausgetauschte Luft muss vollständig vom Heizungssystem erwärmt werden.
- Das Lüftungszentralgerät sollte über einen möglichst hohen Wärmebereitstellungsgrad bei geringem Stromverbrauch verfügen. Als Richtwert gilt ein Wärmebereitstellungsgrad > 75% und eine luftmengenspezifische elektrische Leistungsaufnahme kleiner als 0,5 W/(m^3/h). Das ergibt beispielsweise bei einem Luftvolumenstrom von 150 m^3/h eine elektrische Leistungsaufnahme von 75 W.
- Warme Kanäle (Abluft und Zuluft), die im Kalten verlaufen und kalte Kanäle (Außen- und Fortluft), die im Warmen verlaufen, müssen entsprechend wärmegedämmt werden.
- Die Lüftungsanlage muss so funktionieren, dass die Bewohner während der Heizperiode auf Fensterlüftung verzichten können. Dies bedeutet, dass sie sorgfältig geplant, ausgeführt und einreguliert werden muss.

Lüftungswärmerückgewinnung oder eine regelungstechnisch verminderte Luftwechselrate dür-

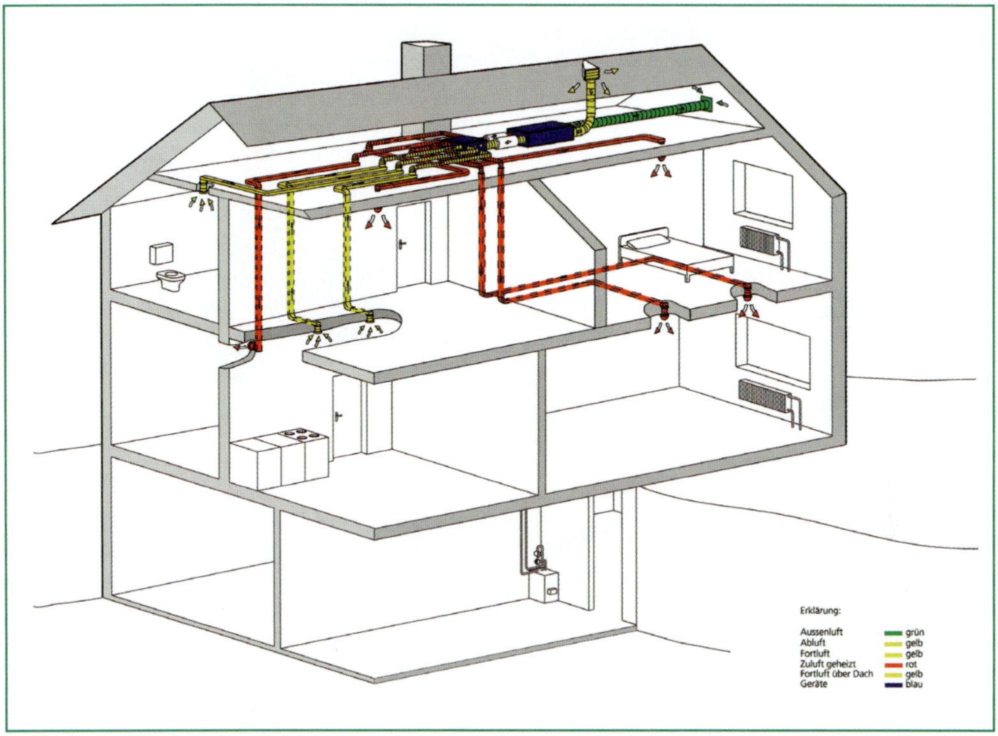

Abb. 7.64 ■ Schematische Darstellung zur kontrollierten Wohnungslüftung mit Wärmerückgewinnung (einfache Ausführung) und in Kombination mit dem Brennwert-Warmlufterzeuger und dem Luftleitungskanalsystem

fen im öffentlich rechtlichen Nachweis nach Energieeinsparverordnung nur berücksichtigt werden, wenn folgende Punkte gegeben sind:

- messtechnischer Nachweis der Gebäudedichtheit nach DIN EN 13 829 (2001-1) mit dem Grenzwert von $n50 \leq 1{,}5/h$
- keine Kühlung der Zuluft mit elektrischer oder aus fossilen Brennstoffen gewonnener Energie
- Der mit Hilfe der Lüftungsanlage erreichte Luftwechsel stellt den zum Zwecke der Gesundheit erforderlichen Mindestluftwechsel sicher.
- Die Kennwerte zur Wärmerückgewinnung werden nach den anerkannten Regeln der Technik bestimmt oder den bauaufsichtlichen Zulassungen entnommen.
- Die rückgewonnene Wärme wird vorrangig vor der Heizwärmeversorgung genutzt.
- Die Volumenströme jeder Nutzeinheit können durch den Nutzer beeinflusst werden.

Sind diese Punkte erfüllt, erfolgt eine energetische Bewertung der Lüftungsanlage nach der DIN 4701, Teil 10. Sie berücksichtigt neben der Wärmerückgewinnung des Zentralgerätes auch so genannte Hilfsenergien für Ventilatoren, die Regelung und Entfrostung sowie den Verlauf der Lüftungskanäle im Warmen oder Kalten. Dies bedeutet, dass die energetische Bewertung einer Lüftungsanlage mit dem gleichen Lüftungsgerät je nach Planung der Anlage völlig anders ausfallen kann. Dies ist sinnvoll und deckt sich mit der Erfahrung, dass auch mit sehr guten Wärmerückgewinnungsgeräten nur dann in nennenswertem Umfang Wärme zurückgewonnen werden kann, wenn die Lüftungsanlagen richtig geplant, ausgeführt und einreguliert worden sind.

Beim Einsatz von effizienten Wärmerückgewinnungsanlagen reduziert sich der Primärenergiekennwert im öffentlich-rechtlichen Nachweis

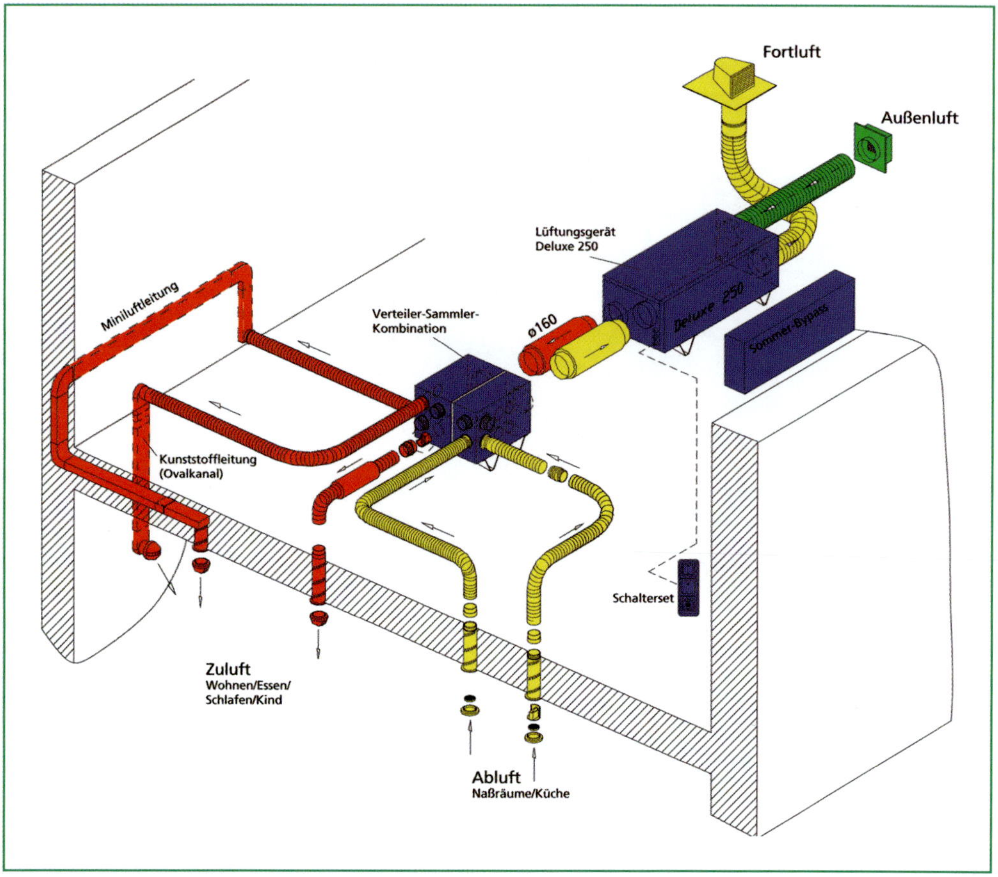

Abb. 7.65 ■ Detaildarstellung der Zu- und Abluftkanäle

um etwa 10%. Auch effiziente Abluftanlagen mit stromsparenden Lüfterboxen führen zu einer geringfügigen Reduktion des Primärenergiekennwertes. Abluftanlagen sind die kostengünstigste Variante, ein auch lüftungstechnisch komfortabel funktionierendes Gebäude zu erhalten. Schon in der Konzeption des Gebäudes entscheidet sich, ob eine Lüftungsanlage kostengünstig oder teuer wird. Der Schlüssel liegt in der Grundrissgestaltung. Durch die kompakte Anordnung von Ablufträumen lässt sich ein kurzes Abluftkanalnetz realisieren, das sehr einfach konzipiert und geplant werden kann. Dann reicht auch ein kleiner Ventilator mit geringer elektrischer Leistungsaufnahme aus.

Zusammenfassend kann festgehalten werden, dass es derzeit prinzipiell vier Lüftungssysteme für die Wohnung gibt:

- Die **zentrale Lüftung** für alle, die nichts anderes wollen als nur frische Luft in allen Räumen. Die dann eingesetzten zentralen Lüftungssysteme belüften Wohnungen oder ganze Häuser. Verbrauchte Raumluft wird kontinuierlich über Zu- und Abluftventile unter der Decke oder an der Wand ausgetauscht. Sie sind über ein Rohrleitungssystem mit dem zentralen Lüftungsgerät verbunden. Der darin enthaltene Wärmetauscher entzieht der verbrauchten Luft die enthaltene Wärme. Der Luftfilter im Gerät sorgt für saubere und fast pollen-

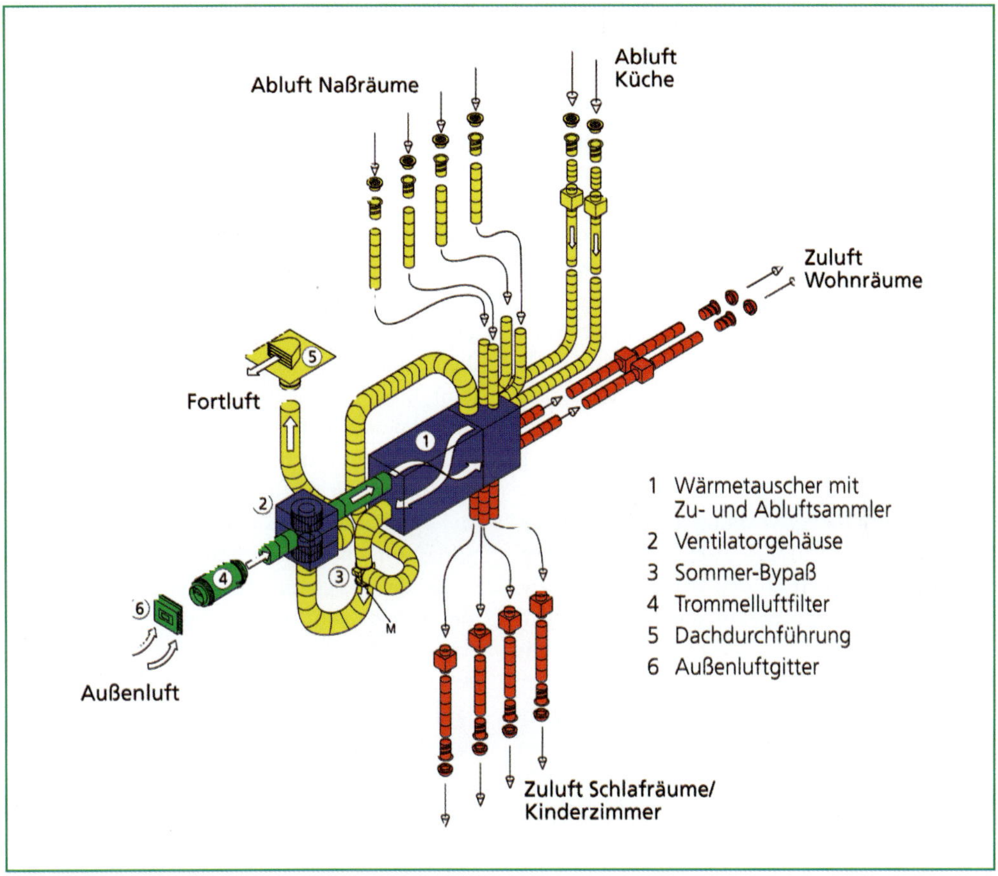

Abb. 7.66 ■ Detaildarstellung der Zu- und Abluftkanäle

freie Atemluft. Die gleichmäßige Belüftung entfeuchtet Wohnungen – Schäden an der Bausubstanz durch Feuchtigkeit und/oder Schimmelpilzbildung werden vermieden.

- Bei der **zentralen Hauslüftung mit Warmwasserbereitung** sorgt ein Lüftungszentralgerät für eine gute Luftqualität und warmes Wasser. Diese Geräte realisieren die Be- und Entlüftung von Wohnungen und Einfamilienhäusern ebenso wie die zentrale Warmwasserversorgung. Über ein Rohrsystem werden Räume wie Küche, Bad und WC mechanisch entlüftet. Das Gerät entzieht der Abluft die Wärme und nutzt sie zur Warmwasserbereitung. Über dezentrale Zuluftventile in den Außenwänden strömt frische, gefilterte Außenluft nach innen und verteilt sich in den übrigen Wohnräumen. So ist immer eine gleichmäßige Temperatur und Luftfeuchtigkeit im Haus.
- Die **Wohnungslüftung, Heizung und Warmwasserbereitung mit dezentraler Luftzuführung** vereint drei Funktionen der Haustechnik: Lüftung mit Wärmerückgewinnung, Heizung und Warmwasseraufbereitung. Sie nutzt die Abluft aus Küche, Bad und Toilette, um daraus mittels einer in das Gerät integrierten Abluft-Wärmepumpe Energie für die Warmwasserbereitung und Heizung des Hauses zu gewinnen. Die dezentrale Luftzuführung bedeutet hierbei, dass über Außenwandventile permanent und völlig

zugfrei frische Außenluft nachströmt und ersetzt die der Wärmepumpe zugeführte, verbrauchte Luft.

- Die **Wohnungslüftung, Heizung und Warmwasserbereitung mit zentraler Luftzuführung** wird über ein so genanntes Integralgerät erreicht, das erst seit kurzem auf dem Markt ist. Dieses System verbindet ebenfalls drei Funktionen der Haustechnik in einem Gerät. Der Platzbedarf dieses Gerätes entspricht in etwa dem Volumen von zwei übereinander gestellten Kühlschränken. Das Integralsystem nutzt die Abluft aus Küche, Bad und Toilette, um daraus mittels einer in das Gerät integrierten Wärmepumpe Energie für die Warmwasserbereitung und Grundheizung des Hauses zu gewinnen. Die Wärmerückgewinnung soll bis zu 90% erreichen. Dabei führen zwei Rohrleitungssysteme frische Luft zu den Wohnräumen bzw. entsorgen verbrauchte Luft aus der Küche, dem Bad und der Toilette. Somit wird das Haus mit frischer und sauberer sowie wohltemperierter Luft versorgt und gleichzeitig die Luftfeuchtigkeit reduziert. Das Besondere an diesem System besteht darin, dass durch die Luft/Wasser-Wärmepumpe für Heizung und Warmwasserbereitung nicht nur Restwärme, sondern auch Außenluft genutzt wird. Sollte das einmal nicht ausreichen, springt ein integrierter Elektroheizkessel unterstützend ein.

Für die notwendige Luftdichtheit der Gebäudehülle ist, wenn kein Fachplaner hinzugezogen wird, der Architekt zuständig. Die in der Energieeinsparverordnung geforderte Dichtheit kann nur erreicht werden, wenn schon in der Planungsphase festgelegt wird, wo im Gebäude die luftdichtende Ebene verläuft und wie die Anschlüsse dieser Ebene an Bauteile wie beispielsweise Fenster, Dach etc. ausgeführt werden sollen. Durchdringungen durch die luftdichtende Ebene sind weitestgehend zu vermeiden. Wo Durchdringungen unumgänglich sind, muss die Luftdichtheit sichergestellt werden.

7.5.5 Fensterlose Badezimmer mit Schachtlüftung

In Etagenwohnungen und Hotels wurden nach dem Zweiten Weltkrieg vielfach innenliegende Badezimmer und Toiletten ohne Fenster gebaut. Der Luftwechsel zur Feuchtigkeitsabgabe erfolgt bei diesen Räumen über Schachtlüftungen. Mit ihrem natürlichen Auftrieb ist die Wirkung dieser Schachtlüftungen jedoch wetterabhängig. Zumindest muss die Luft innen wärmer sein als draußen, damit überhaupt ein spürbarer Luftwechsel abläuft. Lässt man die feuchtwarme Luft nach dem Duschen oder Baden durch die geöffnete Tür abziehen, ist der Feuchtigkeitsniederschlag und damit die Gefahr der Schimmelpilzansiedlung in anderen Räumen, insbesondere in unbeheizten Schlafräumen, vorprogrammiert.

Bei der so genannten Kölner Lüftung kommt die Zuluft von draußen über aufsteigende Schächte durch ein Lüftungssieb in Bodennähe herein. Aus dem Abluftsieb in Deckennähe zieht dann die feuchtwarme Raumluft über Schächte zum Dach ins Freie. Bei der so genannten Hamburger oder Berliner Lüftung kommt die Zuluft durch Lüftungsschlitze am unteren Teil der Tür aus dem angrenzenden Flur. Für die Abluft über den Schacht zum Dach ist hier nur das Lüftungssieb in Deckennähe vorhanden. Generell muss man bei Badezimmern mit Schachtlüftung beachten und einkalkulieren, dass eine mikrobielle Belastung durch eine mögliche Kondensatbildung sowie eine höhere Staubbildung möglich ist.

Schacht-Lüftungsanlagen mit zentraler oder einzelner Ventilatorabsaugung sind temperaturunabhängig wirksam. Gegebenenfalls ist es zur rascheren Geruchs- und Feuchtigkeitsableitung bei Systemen mit natürlichem Auftrieb empfehlenswert, die Möglichkeit des nachträglichen Einbaus eines elektrischen Ventilators zu nutzen. Damit ist der Nebel nach dem Duschen in relativ kurzer Zeit verschwunden und der beschlagene Spiegel bald wieder frei. Das Abtrocknen der zumeist unsichtbar kondensierten Feuchtigkeit auf matt gestrichenen Decken und Wänden sowie des

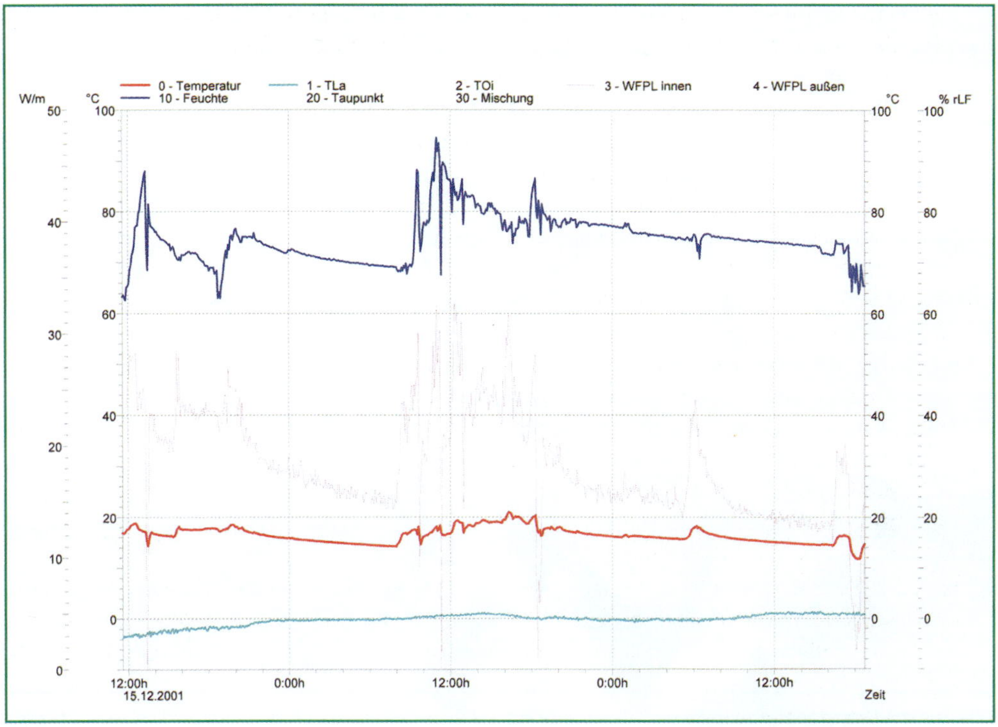

Abb. 7.67

Kondenswassers auf Kachelwänden, Türen, Fußböden, Armaturen und Wannenrändern dauert aber doch noch recht lange. Für die Wannenanschlussfugen sind notfalls pilzhemmende Dichtstoffe oder leichter zu reinigende Kunststoffprofile anzuraten.

7.5.6 Praktische Beispiele von Klimaaufzeichnungen

Ein immer wieder anzutreffendes Problem in der Praxis eines Gutachters ist der Nachweis über das Lüftungsverhalten von Bewohnern – oder besser gesagt die Wohngewohnheiten, denn sehr häufig wird Schimmelpilzbefall durch jahrelange falsche Gewohnheiten verursacht. Wie bereits beschrieben, gibt es in Wohnungen zwei wesentliche Lüftungsgewohnheiten, die immer wieder zu Problemen führen: das »Mitheizen« des Schlafzimmers über die Restwärme der Wohnung und das einmalige Heizen pro Tag und damit das unzureichende Abführen der vorhandenen zu hohen Luftfeuchtigkeit. Drei Beispiele aus der Praxis sollen dies verdeutlichen.

Zunächst einmal wurde das Raumklima in einem Schlafzimmer analysiert, in dem starker Schimmelpilzbefall vorhanden war und eine hohe relative Luftfeuchtigkeit von teilweise über 90% gemessen wurde. Die Graphik in **Abb. 7.67** zeigt die Klimaaufzeichnungen über ein Wochenende und den anschließenden Montag. Hintergrund war nicht nur, dass im Schlafzimmer zu wenig gelüftet wurde, sondern dass auch noch in der daneben befindlichen Küche gekocht und der »Küchendunst« über das Schlafzimmer abgeführt wurde. Das Thermostat im Schlafzimmer wurde nicht angestellt und darüber hinaus wenig bis gar nicht gelüftet. So kam es zwangsläufig und regelmäßig zu einem Anstieg der Luftfeuchtigkeit durch die warme und feuchte Luft aus der Küche.

Abb. 7.68-7.69

Das nächste Beispiel zeigt ein Schlafzimmer, in dem Schimmelpilzbefall auf einer Raufasertapete hinter einem Wandschrank festgestellt wurde. Die Situation in diesem Fall war das »Mitheizen« des Schlafzimmers über die Wärme der anderen Räume in der Wohnung und dass gleichzeitig nur einmal täglich gelüftet wurde (deutlich außerdem zu erkennen, dass am 13. April gegen 21.00 Uhr gegen die täglichen Gewohnheiten zusätzlich geheizt wurde und Temperatur und die Luftfeuchtigkeit entsprechend abnahm).

Letztes Beispiel zeigt die Messwerte in einem Wohnzimmer, in dem Schimmelpilzbefall in einer Außenwandecke festgestellt wurde **(siehe Abb. 7.70, 7.71)**. Die Wohngewohnheiten in diesem Fall bestanden darin, dass im Schlafzimmer nicht geheizt und die Temperatur konstant auf nur 13 bis 14 °C gehalten wurde. Neben dem natürlich bedingten Anstieg der Luftfeuchtigkeit während der Nachtruhe kam hinzu, dass das Schlafzimmer in unregelmäßigen Abständen gleichzeitig auch als Arbeitszimmer genutzt wurde, sodass es zusätzlich zu einem Anstieg der Luftfeuchtigkeit kommen musste. Das Problem der Schimmelpilzbildung bestand nun darin, dass die einmalig durchgeführte Querlüftung nicht ausreichte, um die hohe Luftfeuchtigkeit abzuführen. Dies kann in

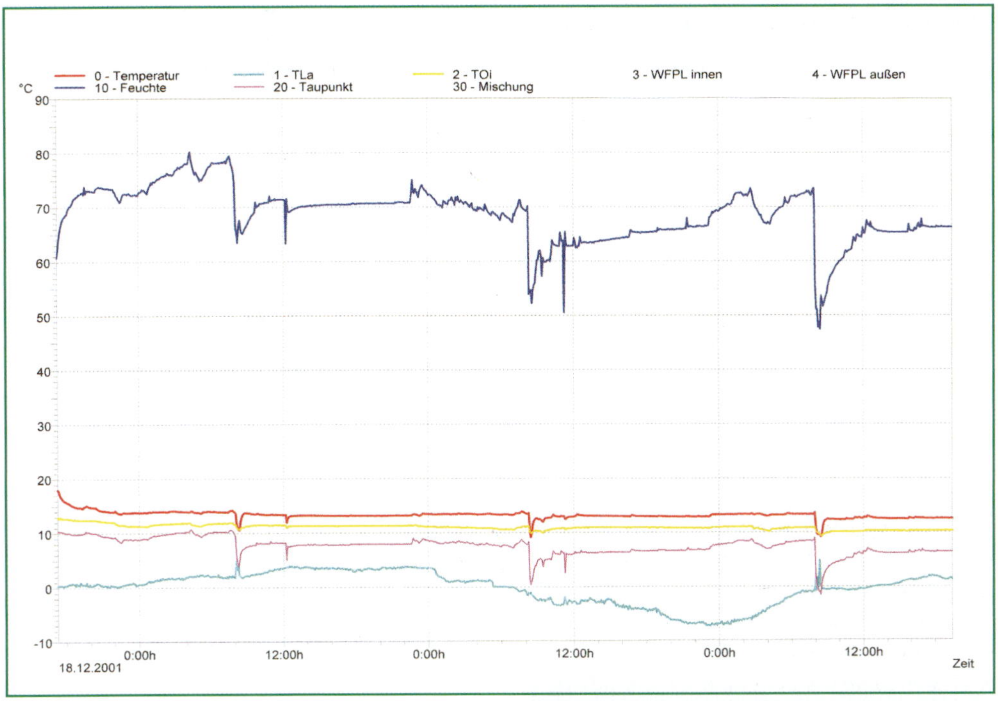

Abb. 7.70-7.71

fast 90% der begutachteten Fälle zusammengefasst werden: Wenn Räume zweckentfremdet genutzt werden und/oder eine zu hohe Luftfeuchtigkeit besitzen, dann fehlt in der Regel auch noch die Bereitschaft oder die Kenntnis über das notwendige Lüftungsverhalten, das dann meistens in einem 3 bis 4-mal durchgeführten Querlüften bestehen würde. Häufig wird aber nur einmal gelüftet, und wie die Raumklimaaufzeichnungen aufzeigen und belegen, ist dies eindeutig zu wenig.

Nachfolgend sollen zum besseren Verständnis drei verschiedene Bauarten und unterschiedlicher Schimmelpilzbefall betrachtet werden: ein Neubau mit Fensterlüftung, ein Altbau nach der Renovierung und eine kontrollierte Lüftung im Passivhaus.

Das erste Beispiel zeigt eine Raumklimaaufzeichnung der Fensterlüftung in einem Schlafzimmer in einem fünf Jahre alten Neubau über den Zeitraum von knapp einer Woche im Monat Februar.

Aus den Aufzeichnungen ist die Fensterlüftung durch die rapide Zunahme der Luftfeuchtigkeit eindeutig zu erkennen. Für ein entsprechendes Gutachten wäre in erster Linie die absolute Feuchtigkeit maßgebend. Allerdings ist die relative Feuchte allgemein geläufiger, sodass dieses Beispiel in relativer Feuchte dargestellt wird.

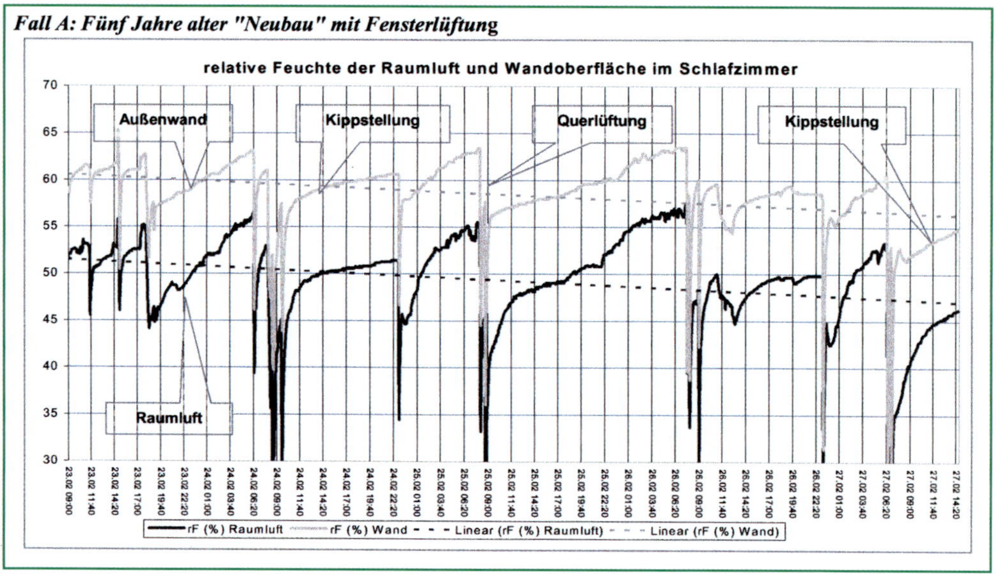

Abb. 7.72 ■ Raumklimaaufzeichnung Fensterlüftung im Neubau

Weiterhin ist in der Raumklimaaufzeichnung zu erkennen, dass die Bewohner richtig lüften, indem die Lüftung mit der so genannten Querlüftung durchgeführt wird.

Trotz des Luftaustausches steigt die Luftfeuchtigkeit nach dem Schließen der Fenster innerhalb kurzer Zeit wieder an, obwohl sich bei dem oben genannten Praxisbeispiel nach dem Lüften am Morgen niemand mehr in den Schlafzimmerräumen aufgehalten hat und damit keine nutzungsbedingte Feuchtigkeitsquelle vorlag. Diesen Zusammenhang konnte eine parallel durchgeführte Kohlendioxid-Messung herstellen. Verzögert wird dieser Anstieg nur, wenn ein Fenster gekippt wird. Zu erklären ist dies unter Umständen durch die Anreicherung der Oberflächen mit Feuchtigkeit und den bereits beschriebenen Desorptionsvorgang. Dies bedeutet, dass die vorhandene Feuchtigkeit in einem Raum nicht nur die Luftfeuchtigkeit erhöht, sondern auch den Feuchtigkeitsgehalt an Oberflächen von Einrichtungsgegenständen und in Baustoffen beeinflusst. Die Feuchtigkeitsabgabe auf diesem Weg dauert deutlich länger und damit auch noch bis nach dem eigentlichen Lüftungsprozess.

Die Berechnung des gleitenden Durchschnitts der relativen Feuchte zeigt, dass sich der Feuchtigkeitsgehalt des Schlafzimmers durch die einmalige Fensterlüftung nicht nennenswert beeinflussen lässt. Dies bedeutet weiterhin, dass der Feuchtigkeitsgehalt an Wand- und Deckenflächen sowie auf der Oberfläche von Einrichtungsgegenständen höher ist, als Feuchtigkeit durch das einmalige Lüften abgegeben werden kann. Daran wird deutlich, dass Schlafzimmer (oder andere Räume mit hoher Luftfeuchtigkeit) unbedingt mehrmals (mindestens 3 bis 4-mal) pro Tag gelüftet werden sollten. Weiterhin zeigt o.g. Beispiel, dass die Feuchtemenge an der Wandoberfläche nicht ausreicht, um ein Schimmelpilzwachstum zu ermöglichen.

Das zweite Beispiel zeigt eine einwöchige Raumklimaaufzeichnung im Februar in einem Schlafzimmer eines Altbaus, der renoviert wurde und in dem Schimmelpilzbefall sichtbar ist.

Die Raumklimaaufzeichnung dokumentiert eines ganz deutlich: Das Lüftungsverhalten der Bewohner entspricht dem, was bei Berufstätigen möglich ist und in der Regel durchgeführt wird. Sie lüften morgens und abends mittels Querlüf-

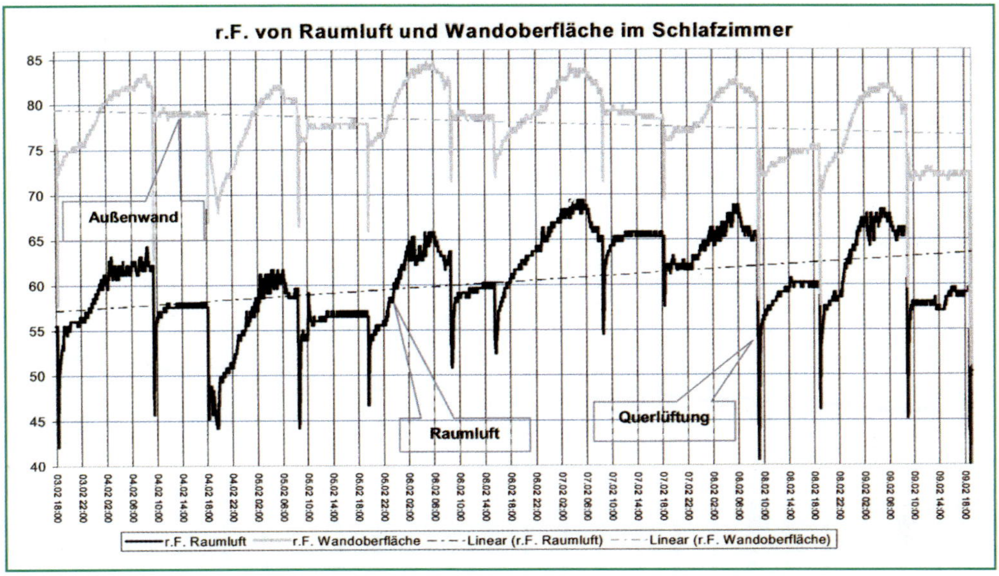

Abb. 7.73 ■ Raumklimaaufzeichnung Altbau

tung. Die Aufzeichnung der relativen Feuchtigkeit an der Wandoberfläche bringt den bauphysikalischen Beweis für den sichtbaren Schimmelpilzbefall. Charakteristisch für Raumklimaaufzeichnungen mit Fensterlüftung ist, dass nach dem Lüftungsvorgang die Feuchtigkeit wieder auf die für das Gebäude typische Ausgleichsfeuchte ansteigt. Die Ursache hierfür liegt in der niedrigen Wandtemperatur. Durch die Fensterlüftung allein kann keine ausreichende Verringerung der relativen Luftfeuchtigkeit an der Wandoberfläche erreicht werden, sodass nach wie vor ausreichend Feuchtigkeit für Schimmelpilzwachstum vorhanden ist. Daran wird auch ersichtlich, wie wichtig die Erfassung der Feuchtigkeit auf den Wandoberflächen ist, denn allein aus der Messung der Luftfeuchtigkeit können keine eindeutigen Rückschlüsse auf die Ursache für den Schimmelpilzbefall getroffen werden.

Das dritte Beispiel soll eine Raumklimaaufzeichnung einer kontrollierten Lüftung im Wohn- und Schlafzimmer eines Passivhauses in einer Woche von Ende Februar bis Anfang März im Vergleich zur entsprechenden Außenluft aufzeigen.

Die für einen Wohnraum mit Fensterlüftung charakteristischen Tag- und Nachtspitzen eines Feuchtigkeitsprofils können bei der kontrollierten Lüftung mit Wärmerückgewinnung nicht mehr festgestellt und dokumentiert werden. Die Differenz der relativen Feuchtigkeit zwischen Schlafzimmer und Wohnzimmer wird durch die geringere Temperatur im Schlafzimmer verursacht. Es kann sehr deutlich beobachtet werden, dass die typischen Schwankungen der Feuchtigkeit in der Außenluft keinen nennenswerten Einfluss auf das Raumklima haben.

Weiterhin ist bemerkenswert, dass die Luftfeuchtigkeit im oben genannten Beispiel (Passivhaus aus Kalksandstein mit Wärmedämmverbundsystem) bereits sechs Monate nach Bezug deutlich geringer ist als bei vergleichbaren Altbauten. Dieser Effekt lässt sich durch den stetigen Luftaustausch erklären, der bei der Fensterlüftung so nicht vorliegt. Dabei ist der in diesem Beispiel vorliegende Luftwechsel mit 0,4/h unterhalb des normalerweise geforderten und notwendigen hygienischen Luftwechsels. Dies bestätigt auch eine parallel durchgeführte Kohlendioxid-Messung im Schlafzimmer, die morgens maximale

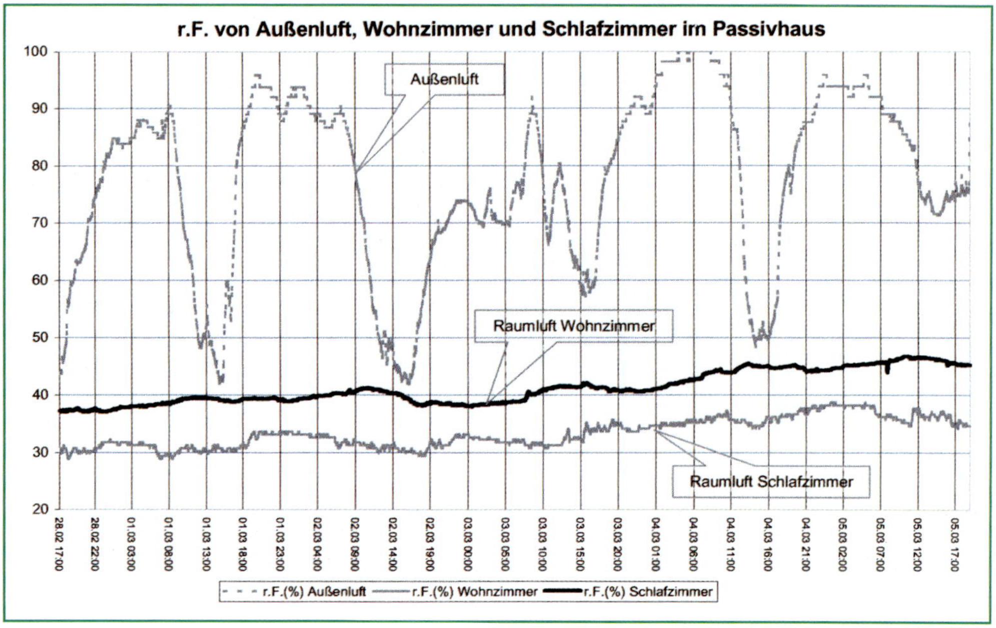

Abb. 7.74 ■ Raumklimaaufzeichnung Passivhaus

Abb. 7.75 ■ **Zusammenhang zwischen der Kohlendioxid-Konzentration und allgemeinen Gesundheits- und Befindensstörungen**

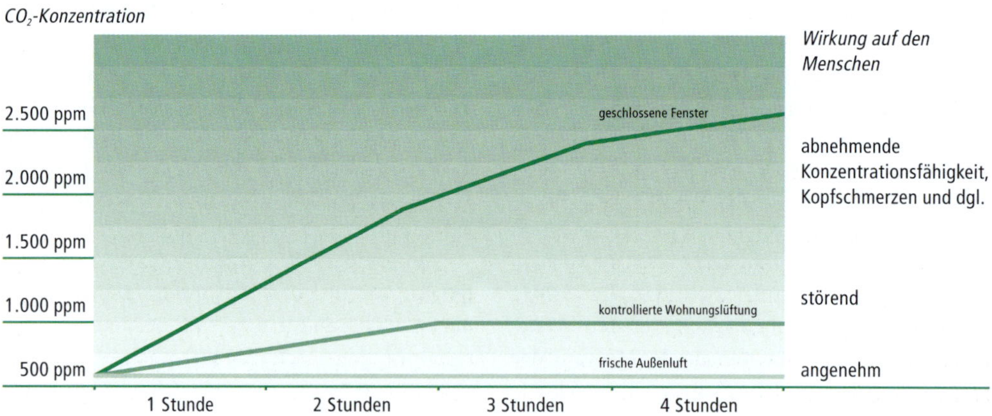

Werte von ca. 1.000 ppm aufweist. Die Grafik in **Abb. 7.75** zeigt den Zusammenhang zwischen der Kohlendioxid-Konzentration und allgemeinen Gesundheits- und Befindensstörungen wie beispielsweise Kopfschmerzen, Konzentrationsstörungen und dgl.

Der moderne Wohnungsbau wird zukünftig durch die neue Energieeinsparverordnung bestimmt, die den Energieverbrauch um etwa 25 bis 30% reduzieren soll. Konkret bedeutet dies eine Niedrigenergiebauweise, ähnlich wie sie in den skandinavischen Ländern seit Jahren praktiziert

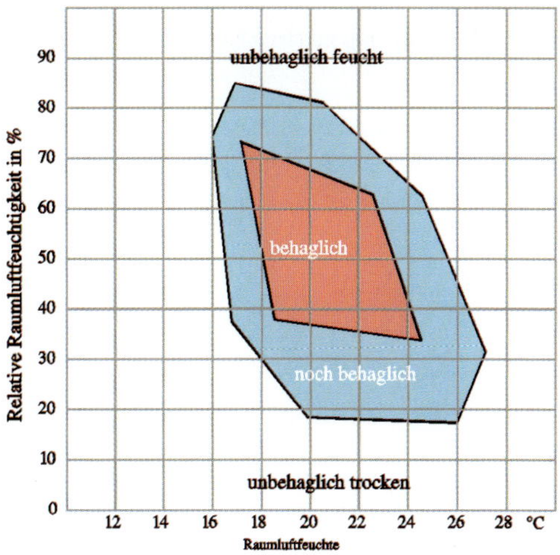

Abb. 7.76

wird. Durch eine hochwirksame Wärmedämmung und eine dichte Gebäudehülle werden Energie und Kosten gespart. Der notwendige Luftaustausch auf herkömmliche Weise, also durch Fensterlüftung oder undichte Stellen im Gebäude, würde die erreichte Energieeinsparung zunichte machen. Die kontrollierte Wohnungslüftung hingegen vermeidet Lüftungswärmeverluste und spart Energie. Sie sorgt für den aus hygienischen und bauphysikalischen Gründen erforderlichen Luftwechsel und schafft ein angenehmes und behagliches Wohnklima im ganzen Haus **(siehe Abb. 7.76)**. Mit der kontrollierten Wohnungslüftung strömt permanent frische Luft ein, sodass etwa alle zwei Stunden die Luft im gesamten Haus ausgetauscht ist. Dabei wird natürlich auch überschüssige Luftfeuchtigkeit abgeführt und so Schimmelpilzbildung verhindert. Filter in den Zuluftventilen reinigen die Frischluft zuverlässig von Partikeln wie Pollen und/oder Staub. Wenn die Lüftungsanlage durch ein Wärmerückgewinnungssystem ergänzt wird, kann sogar die in der Abluft enthaltene Wärme genutzt werden, indem die Zuluft oder die Heizung sowie Warmwasseraufbereitung damit erwärmt wird.

7.5.7 Anforderungen an die Wohnungslüftung

Ein gesundes Raumklima ist nur durch geeignete Lüftung zu erreichen, die sowohl die Luftfeuchtigkeit als auch den Schadstoffgehalt der Luft reguliert. Unter Lüftung versteht man also den Austausch von angereicherter »verbrauchter« Raumluft gegen »frische« Außenluft (Luftwechsel). Speziell an die Wohnungslüftung werden dabei die nachfolgenden Anforderungen gestellt, die nur dann erfüllt werden können, wenn die Raumluft in definierten Zeitabständen gegen die Außenluft ausgetauscht oder gewechselt wird. Für diesen Luftwechsel schreiben die Regeln der (Bau) Technik Durchschnittswerte vor, auch wenn dies offensichtlich in der Praxis kaum bekannt ist. Damit können in normal belasteten Wohnungen die Anforderungen bei minimalem Energieverbrauch problemlos erfüllt werden. Bedingung hierfür ist allerdings, dass die dafür erforderlichen Außenluftraten im Jahresdurchschnitt nicht wesentlich über- oder unterschritten werden. Die in Deutschland empfohlenen Durchschnittswerte für den Luftvolumenstrom sind in der DIN-Norm 18 017 Teil 3 und der DIN-Norm 1946 Teil 6 geregelt.

Die in der Tabelle angegebenen planmäßigen Außenluftvolumenströme entsprechen in der Spalte ›freie Lüftung‹ der so genannten ständigen Grundlüftung und in der Spalte ›maschinelle Lüftung‹ der zeitweiligen Bedarfslüftung. Nach der DIN 1946 Teil 6 sind die erforderlichen Mindest-Außenluftvolumenströme von Wohnungsgröße, Schadstoff- und Feuchtelast und von der Belegung abhängig. In großen, gering belegten Wohnungen wird im Allgemeinen die Grundlüftung als ständige Lüftung ausreichen. In dichter belegten und kleineren Wohnungen wird die Grundlüftung während der Belegungszeit auf einen größeren Wert erhöht werden müssen, um die vorgenannten Anforderungen erfüllen zu können.

Bei unzureichender Lüftung kann – vorzugsweise in nicht oder unterbeheizten Räumen – die Raumluftfeuchtigkeit bis auf Werte ansteigen, die in der Heizperiode zur Kondensation an weniger gut gedämmten inneren Oberflächen und damit

Tab. 7.10 ■ **Planmäßige Außenluftvolumenströme und Luftwechsel für die Wohnungsgruppen ohne Berücksichtigung fensterloser Räume nach DIN-Norm 1946 Teil 3**

Wohnungsgruppe/ Wohnungsgröße1)	geplante Belegung	planmäßige Außenluftvolumenströme mit zugehörigem Luftwechsel[2] (1/h)			
		freie Lüftung		maschinelle Lüftung	
m²	*Personen*	*m³/h*	*l/h*	*m³/h*	*l/h*
≤ 50	bis 2	60	≥ 0,45	60	≥ 0,45
80 ≤ 80	bis 4	90	≤ 0,7 > 0,45	120	≤ 0,9 > 0,6
> 80	bis 6	120	≤ 0,6	180	≤ 0,85

[1] Wohnfläche innerhalb der Gebäudehülle
[2] aus den Volumenströmen und der Wohnungsgröße für 2,5 bis 2,6 m Raumhöhe überschlagen

zu Feuchtigkeitserscheinungen mit Schimmelpilzbildung bis hin zu Schäden an der Baukonstruktion führen. Um dies zu vermeiden, muss durch einen ausreichend großen Luftwechsel außer den Schadstoffen (z.B. Kohlendioxid) die durch den Aufenthalt der Menschen durch Kochen, Waschen usw. entstandene erhöhte Feuchtigkeit abgeführt werden.

Während der Heizperiode vom 1. Oktober bis 30. April bzw. heute in der Regel vom 15. September bis 15. Mai ist der Vermieter zum Heizen verpflichtet. Heute wird eine Temperatur zwischen 20 bis 22°C in der Zeit von 6.00 bis 23.00 Uhr als ausreichend angesehen. Jeder Raum sollte seiner Nutzung entsprechend ausreichend beheizt werden. Parallel zum Lüften muss auch der Mieter dafür sorgen, dass durch ordnungsgemäße, zumutbare Beheizung die Raumwände nicht zu kalt werden. Insbesondere für Mieter, die Heizkosten sparen möchten, gibt es einige Mindestanforderungen, die erfüllt werden müssen.

In Wohnräumen ist die Gefahr von Feuchtigkeitsschäden geringer als in anderen Räumen, da sie einerseits in der Regel gut warm gehalten werden und andererseits dort auch nicht so viel Feuchtigkeit entsteht wie etwa im Bad, im Schlafzimmer oder in der Küche. Deshalb braucht der Mieter in den Wohnräumen auch nur im Rahmen des allgemein Üblichen (ca. 18 bis 20°C) zu heizen. Das Schlafzimmer nachts zu beheizen, ist für den Mieter nicht verpflichtend. Der Vermieter kann aber verlangen, dass die Mindesttemperatur im Schlafzimmer 15°C nicht unterschreitet.

Art und Anordnung der Heizkörper, aber auch die Möblierung haben Einfluss auf die Luftumwälzung und damit auf die Erwärmung der Wände. Deshalb kann in Außenecken oder -wänden, die durch einen Schrank zugestellt sind, leicht Schimmelpilzbefall auftreten. Die Wärmeabgabe von Heizkörpern sollte auch nicht durch lange Vorhänge behindert werden. Der Standort des Heizkörpers hat ebenfalls erheblichen Einfluss auf das Raumklima. Ist der Heizkörper nicht unter dem Fenster angebracht, sondern an einer Innenwand des Raumes, so sind Zugerscheinungen unvermeidbar. Dachgeschosswohnungen und Wohnungen mit vielen Außenwänden benötigen grundsätzlich mehr Heizenergie als wärmetechnisch günstiger gelegene ›Innenwohnungen‹. Dies allein ist aber noch kein Mangel. Dem Mieter steht auch kein Mietminderungsanspruch zu, wenn ihn der Vermieter bei Abschluss des Mietvertrages auf die außerordentlich hohen Heizkosten hingewiesen hat.

Ausreichendes Heizen und Lüften ist die wichtigste Voraussetzung für gesundes hygienisches

Tab. 7.11 ■ Zweckmäßige Raumlufttemperatur und Raumlage für Wohnungen

Raum	*Raumlufttemperatur*		*Orientierung nach der Himmelsrichtung*
	empfohlen	*möglicher Bereich*	
Wohnraum (mit und ohne Essplatz)	20°C	19 bis 21°C	SO bis SW
Essdiele	19°C	18 bis 20°C	beliebig
Arbeitsraum, Büro	20°C	18 bis 21°C	SW bis W
Schlafraum	17°C	16 bis 20°C	O bis S
Kinderraum	20°C	19 bis 21°C	SO bis SW
Altenwohnung (Wohnraum)	22°C	20 bis 24°C	O bis S
Altenwohnung (Schlafraum)	19°C	18 bis 21°C	O bis S
Küche mit Essplatz	19°C	18 bis 20°C	O bis W
Arbeitsküche	18°C	17 bis 19°C	O, N oder W
Hausarbeitsraum	16°C	14 bis 18°C	N
Abstellräume in der Wohnung	14°C		N
Bad (auch mit WC)	22°C	20 bis 24°C	beliebig
WC (allein)	18°C	16 bis 20°C	
Diele, Innenflur	17°C	15 bis 19°C	
Eingang/ Windfang	14°C	12 bis 16°C	O bis N
Treppenhaus	14°C	10 bis 15°C	O bis N

Wohnen. Mangelndes Heizen und Lüften führt selbst in gut gedämmten Häusern zu Schimmelpilzbildung. Wärmedämmung und neue Fenster sind allerdings kein Rezept gegen falsches Lüften. Kurzes kräftiges Stoßlüften zwei- bis dreimal am Tag reicht in den meisten Wohnungen aus, damit die erzeugte Feuchtigkeit abtransportiert wird. Positiver Nebeneffekt dieser Lüftungsweise ist, dass die Schwachstellen der Heizsysteme kompensiert werden, die Luft mal wieder in alle Ecken und Winkel gelangt, Luftfeuchtigkeit und Schadstoffe abtransportiert und Heizkosten gespart, Bauschäden und Schimmelpilze vermieden werden.

Aus den Zusammenhängen zwischen Heizen, Temperaturverhältnissen, Luft- und Materialfeuchtigkeit ergibt sich folgerichtig, was unter richtigem Heizen und Lüften zu verstehen und zu beachten ist, um Feuchtigkeitsschäden in Wohnungen zu vermeiden. Sehr vereinfacht könnte man ausdrücken, dass der Schimmelpilz keine Frischluft verträgt. Er ist ein ›Stubenhocker‹, dem das geöffnete Fenster ein Gräuel ist und der alte, verbrauchte Luft zu seinem Wohlbefinden braucht. In Wirklichkeit ist es natürlich so, dass durch vernünftiges Lüften der Räume die Luftfeuchtigkeit reguliert wird, sich an Wärmebrücken bildendes Kondenswasser auflöst und verdunstet.

Vorbeugung von Schimmelpilzbefall:

- Die Mindestwärmeschutzanforderungen an nicht gedämmten Außenbauteilen müssen erhöht bzw. umgesetzt werden
- Der Mindestluftwechsel in Wohnungen muss durch geplante, bauliche, ggf. automatisch geregelte lüftungstechnische Maßnahmen sichergestellt werden.
- Konkrete Konsequenzen sind: ein erheblich über den Mindestanforderungen liegender Wärmeschutz besonders der Außenbauteile sollte grundsätzlich angestrebt werden.
- Alle potenziellen Wärmebrücken an Detailpunkten wie Sockeln, Deckenauflagern, Fensteranschlüssen und Stürzen, Balkonauflagern sowie Durchdringungen müssen auf das Sorgfältigste bei der Planung und Ausführung berücksichtigt und vermieden werden.
- Bei der Grundrissgestaltung und der Möblierung müssen die dargestellten bauphysikalischen Zusammenhänge beachtet werden.
- Die Lüftung ist zu planen. Die absolute Dichtigkeit ist bei Fenstern kein positives Qualitätskriterium.
- Auf den Einbau neuer, dichter Fenster in Altbauten sollte verzichtet werden, wenn die Wärmeschutzeigenschaften der Bausubstanz (vor allem an den Detailpunkten) an den unteren Grenzen der zulässigen Werte liegen und nicht verbessert werden können. Lüftungsmöglichkeiten und Wärmeschutzsituation müssen als Einheit gesehen werden.
- Die Aufklärung der Nutzer über richtiges Heizen und Lüften (insbesondere nach dem Austausch von Fenstern) muss in objektiver und verständlicher Form erfolgen.

Abschließend sollen schlagwortartig noch einige Hinweise gegeben werden, mit denen die Gefahr der Schimmelpilzbildung reduziert werden kann, und die der Fachmann einfach an den Laien weitergeben kann.

Hinweise zum Lüftungsverhalten

- Jeder Raum sollte seiner Nutzung entsprechend ausreichend belüftet werden. Parallel zum Heizen muss auch der Mieter dafür sorgen, dass durch ordnungsgemäße, zumutbare Belüftung die Luftfeuchtigkeit nach draußen abgeleitet wird und Frischluft von draußen in die Räume kommt.
- Die relative Luftfeuchtigkeit sollte in Wohngebäuden zwischen 35 und 65% liegen. Ein behagliches Wohnklima liegt bei 45 bis 65%. Steigt die relative Luftfeuchtigkeit über 70%, ist es höchste Zeit, die Räume zu lüften, denn die Gefahr des Feuchtigkeitsniederschlags an kälteren Außenwänden – mit der Folge von Feuchteschäden und Schimmelpilzbefall – steigt ebenfalls an.
- Zwei- bis viermal täglich Stoßlüften, also Fenster für einige Minuten ganz öffnen (3 bis 15 Minuten je nach Stärke des Durchzugs und dem Unterschied zwischen Innen- und Außenlufttemperatur). Dadurch kann die feuchte Innenraumluft optimal durch Frischluft ausgetauscht werden, wodurch sich die relative Luftfeuchtigkeit verändert. Bei Abwesenheit am Tage genügt es, morgens und abends in den Wohn- und Schlafräumen einen kompletten Luftwechsel durch Stoßlüften vorzunehmen. Die Kippstellung ist relativ wirkungslos und führt bei dauerhaft gekipptem Fenster zur Energieverschwendung. Die Räume genügend heizen (ca. 20° C), da die relative Luftfeuchtigkeit bei gleichem Feuchtegehalt aber höherer Temperatur niedriger ist.
- Kurzes, intensives Lüften ist zu empfehlen. Durch weites Öffnen aller Fenster und Türen – am besten mit Durchzug -, entsteht die heute so genannte ›Stoßlüftung‹ oder ›Querlüftung‹. Je nach Außentemperatur und Windverhält-

Tab. 7.12 ■ Ausgewählte Feuchte- und Temperaturwerte für Räume

Art des Raumes	*relative Feuchte*	*Temperatur*
Bibliotheken	40 bis 50 %	bei 22°C
Museen	45 bis 50 %	bei 18 bis 22°C
Antiquitäten (Lagerung und Reparatur)	45 bis 50 %	bei 20 bis 24°C
Furniere (Lagerung)	50 bis 60 %	bei 15 bis 18°C
Möbel (Herstellung)	40 bis 50 %	bei 18 bis 22°C
Möbel (Lagerung)	50 bis 55 %	bei 12 bis 18°C
Spanplatten (Herstellung und Lagerung)	50 bis 55 %	bei 12 bis 20°C
Papier (Schneiden, Binden und Leimen)	60 %	bei 20°C
Pappe (Lagern und Verarbeiten)	55 bis 60 %	bei 20°C
Teppiche (Herstellung)	65 bis 70 %	bei 20 bis 26°C
Schweinezucht	70 bis 80 %	bei 20 bis 25°C
Treibhäuser	40 bis 90 %	bei 20 bis 30°C

nissen sowie relativer Luftfeuchtigkeit genügen schon wenige Minuten, auch nach dem Kochen oder Duschen.

- Langes Lüften, vor allem im Winter, kühlt auch die Wände unnötig ab und ist durch den Heizenergieverlust unwirtschaftlich. Es wäre aber falsch, die kalte Außenluft zu fürchten. Nach dem Schließen der Fenster und Außentüren ist infolge der in allen Raumteilen und Gegenständen aufgespeicherten Wärme in relativ kurzer Zeit die frühere Temperatur wieder hergestellt.
- Ständiges Offenhalten von kleinen Lüftungsklappen ist für den gewünschten Lüftungserfolg allein unzureichend. Auch vorübergehendes Schrägstellen der Fenster (›Kipplüftung‹) genügt zumeist nicht, denn dabei findet kein ausreichender Luftaustausch statt. Die Frischluft gelangt dann nicht bis in alle Ecken des Raumes und insbesondere werden an der Wand stehende Möbelstücke nicht ausreichend hinterlüftet.
- Brauchbare und wirksame Lüftungsmöglichkeiten sind gerade im Mietwohnungsbau nicht in jedem Fall gegeben. Ungünstige Raumgrundrisse und Fensteranordnungen oder sehr große Fensterflügel machen es den Mietern nicht immer leicht, die zahlreichen und gut gemeinten Lüftungsratschläge auch praktisch zu befolgen.
- Bad nach dem Duschen oder Baden sofort lüften. Während des Duschens die Tür geschlossen halten, damit sich der Wasserdampf nicht in der ganzen Wohnung verteilt. Wenn man das Spritzwasser auf den Fliesen im Bad nach dem Duschen mit einem Schwammtuch aufnimmt, muss dieses Wasser nicht per Lüftung abgeführt werden. Selbstverständlich darf dann das Schwammtuch nicht im Bad zum Lüften/Austrocknen aufgehängt werden. Küchentür beim Kochen geschlossen halten und Wasserdampf möglichst sofort nach draußen leiten oder Dunstabzug einsetzen. Räume, die zum Trocknen der Wäsche genutzt werden, öfters

lüften und die Tür geschlossen halten. Auch nach dem Bügeln lüften.

- Bei Bezug eines Neubaus unbedingt darauf achten, dass die Durchfeuchtung des Mauerwerks nicht zu hoch ist. Gegebenenfalls Bautrocknung durchführen lassen. Allgemein kann es bis zu zwei Jahre dauern, bis ein Bau ›ausgetrocknet‹ ist, daher sollte in der ersten Zeit häufiger gelüftet und genügend geheizt werden.
- Nach dem Einbau neuer, besonders dichter Isolierglasfenster muss häufiger gelüftet werden als vorher.
- Bei geringem Raumluftvolumen pro Person (z.B. Sammelunterkünfte) unbedingt Wasseraufnahmefähigkeit der Oberflächen erhöhen und sehr häufig lüften und genügend heizen. Jede Person trägt durch Atem und Transpiration zur Raumluftfeuchte bei.

Immer häufiger werden bei der Lagerung verschiedener Güter (z.B. Agrarprodukte, Gewürze, elektronische Geräte, Stahl, Papierprodukte und vieles mehr) spezifische Anforderungen an die relative Luftfeuchtigkeit gestellt.

Hinweise zum Wohnverhalten

- Große Schränke dürfen nicht zu dicht (2 bis 5 cm) an die Wände gerückt werden. Bei Außenwänden muss mehr Abstand gewählt werden, besonders wenn diese nördlich liegen oder schlecht wärmegedämmt sind. Hinter Schränken, Kacheln, Holzverkleidungen usw. können sich Stockflecken bilden.
- Die Wärmeabgabe von Heizungen darf nicht durch Möbel oder Vorhänge behindert werden. Jeder Raum sollte entsprechend den gewünschten Temperaturen beheizt werden. Ein Temperieren eines Raumes durch Öffnen der Tür zu einem beheizten Raum sollte unterbleiben (z.B. das »Überschlagen« des Schlafraumes durch Öffnung zum warmen Wohnzimmer).
- In Feucht- bzw. Nassräumen sollte prinzipiell auf Holzverschalungen und zellulosehaltige Tapeten verzichtet werden. Die Dusche sollte eine gut schließende Duschtür enthalten. Werden Duschvorgänge benutzt, müssen diese öfters gereinigt werden.
- Nach Möglichkeit auf Luftbefeuchter verzichten. Einerseits erhöhen diese die relative Luftfeuchtigkeit, andererseits bilden besonders Luftbefeuchter an Heizkörpern Tummelplätze für Bakterien und Pilze.
- Innentüren zwischen unterschiedlich beheizten Räumen geschlossen halten. Ansonsten wird feuchte Luft in den kühleren Raum transportiert und erhöht dort die relative Luftfeuchtigkeit. Der Temperaturunterschied zwischen offenen Räumen sollte nicht mehr als 4°C betragen.
- Klimaanlagen regelmäßig warten lassen, da diese ansonsten zur Quelle starker Raumluftbelastung werden. Da auch der regelmäßige Wechsel der Filter bei ungünstiger Konstellation nicht immer genügt, sollten Schimmelpilzallergiker längere Aufenthalte in klimatisierten Räumen möglichst meiden. Gegebenenfalls Luftreiniger, der Allergene aus der Raumluft filtert, einsetzen.
- Weiterhin sollten Staubsauger mit Feinstaubfilter (HEPA-Filter) eingesetzt werden. Unter Umständen hilft auch ein Luftreinigungsgerät mit geprüftem hohen Wirkungsgrad auch bei kleinsten Sporen und Keimen.
- Wasseraufnahmefähigkeit der Räume durch offenporige, dampfdiffusionsfähige Oberflächen erhöhen, z.B. durch spezielle Anstriche der Wände, besonders im Bad empfehlenswert. Keine Kunststofftapeten oder Dispersions- oder Latexfarben verarbeiten, da diese dampfsperrend wirken und somit die Raumluftfeuchte erhöhen. Auf kritische Wandbereiche möglichst keine Tapeten kleben, da diese einen Nährboden für Schimmelpilze darstellen. Wenn Tapeten unumgänglich sind, dünne Papiertapeten ohne Kunststoffzusätze verwenden. Alkalische Dispersionsfarben oder Silikatfarben sind den Latexfarben vorzuziehen, da diese durch den alkalischen pH-Wert wachstumsmindernd wirken und ein für Schimmelpilze schlechteres Nährstoffverhältnis als La-

texfarben haben. Keine Kaseinfarbe benutzen, da dem zwar wachstumsmindernden sehr hohen alkalischen pH-Wert das Kasein als sehr gute Nährstoffquelle entgegensteht. Zudem wird das alkalische Milieu durch saure Pilzausscheidungen rasch neutralisiert.

- Wohnräume dürfen nicht zu Gewächshäusern werden. Auch in trockenen Räumen ist Blumenerde ein geeigneter und natürlicher Standort für Schimmelpilze. Bei immunschwachen Personen oder bei einer nachgewiesenen Allergie gegen Schimmelpilze sollte auf Pflanzen in Schlaf- und Kinderzimmern ganz und in Wohnräumen weitgehend verzichtet werden. Dasselbe gilt für die Haltung von Vögeln, da Vogelkot große Mengen von Sporen enthalten kann. Auch auf Teppiche und Bodenbeläge sowie offene Staubfänger wie beispielsweise offene Bücherregale und lange Vorhänge sollte im Schlafzimmerbereich verzichtet werden. Bettwäsche sollte möglichst heiß bei 95 °C gewaschen werden.
- Biomüll ist ein beliebter Tummelplatz für Schimmelpilze und darf deshalb nie in der Wohnung gelagert werden. Selbst die Lagerung in der Biomülltonne ist zwischenzeitlich umstritten. Beim Öffnen der Biomülltonne können bis zu 5 Mio. Schimmelpilzsporen pro m^3 Luft gemessen werden. (Angesichts dieser Tatsache dürfen Zweifel an der hygienischen Richtigkeit unseres »Biomüllkonzeptes« angemeldet werden)
- Verschimmelte Blumenerde muss ausgetauscht und Blumenerde generell nicht zu feucht gehalten werden. Besser geeignet sind Tongranulate und dgl.
- Auffanggefäße von selbstabtauenden Kühlschränken und sonstigen Gefriergeräten häufig entleeren und reinigen. Undichte Kühl- und Tiefkühlschränke können ideale Bedingungen für Schimmelpilze bieten. Deshalb sollte auf intakte Gummidichtungen an den Türen geachtet werden.
- Keine Lebensmittel im Wohn- oder Schlafzimmer aufbewahren. Obst und Gemüse sollte grundsätzlich im Kühlschrank aufbewahrt werden. Küchenabfälle sollten immer sofort entsorgt und angeschimmelte Lebensmittel weggeworfen werden. Der Müllbehälter sollte regelmäßig (einmal täglich!) geleert und gründlich gereinigt werden. Müllbehälter mit organischem Material gehören auch nicht auf den Balkon oder die Terrasse. Kein Brennholz im Wohnbereich lagern.
- Im Dunstabzug sollte ein so genannter Kondensatkiller eingebaut werden, da sich sonst durch das aus der warmen Abluft (Baden, Kochen) im Lüftungsrohr anfallende Kondensat sehr gute Wachstumsbedingungen für mikrobiellen Befall bilden. Wenn dann der Ventilator nicht läuft, können bei Wind die mikrobiellen Schadstoffe und Sporen in die Räume gedrückt werden.
- Bei akuter Schimmelpilzallergie Gartenarbeit (Rasen mähen, Laub rechen) und insbesondere Komposthaufen meiden. Den Komposthaufen immer so weit wie möglich vom Haus platzieren.
- Nach Wasserschaden, Überschwemmung etc. ausführende Firmen auf die Problematik eines möglichen Schimmelpilzbefalls der durchfeuchteten Stellen ansprechen. Im Zweifelsfall und/oder bei Verdacht sollte man Messungen durchführen lassen.
- In Gegenden mit hoher Luftfeuchtigkeit sollte darauf geachtet werden, dass Schuhe, Handschuhe, Koffer und Kleider nicht mit Schimmelpilz befallen werden. Der Kleiderschrank muss warm und trocken gehalten werden. Im Einzelfall muss eine zusätzliche Belüftung durch Schlitze und dgl. oder einfach durch offene Schranktüren sichergestellt werden.
- Keller und Souterrain dürfen/sollten nicht als Wohnraum genutzt werden.
- Bei Häusern und Wohnungen, die nicht regelmäßig benutzt werden und über längere Zeit leer stehen (beruflich bedingte Abwesenheit, Zweit- oder Ferienwohnung etc.) sollte ein Belüftungssystem eingebaut werden, und damit über eine Zeitschaltuhr zumindest täglich

eine Grundlüftung erfolgt. Für Sommer und Winter sind zwei bis drei Belüftungsintervalle von 30 bis 60 Minuten je nach Leistung der Ventilatoren einzustellen.

- Bei Kindern bzw. in Kinderzimmern auch an den geliebten Teddy denken; in Plüschtieren fühlen sich Milben besonders wohl.

8 Innenraumbelastungen und deren gesundheitliche Folgen – eine rechtliche Betrachtung

8.1 Einleitung

Nachdem in den vorangegangenen Kapiteln die biologischen, chemischen, bauphysikalischen, medizinischen und diagnostischen Grundlagen vermittelt und Möglichkeiten der Sanierung und Prävention aufgezeigt wurden, sollen im letzten Kapitel einige rechtliche Aspekte beleuchtet werden. Dabei geht es nicht nur um eine rechtliche Betrachtung im Mietverhältnis zwischen Mieter und Vermieter bzw. Eigentümer in Bezug auf Schimmelpilze. Da einige Themen nicht ausgegrenzt werden können, sollen im Folgenden die rechtlichen Zusammenhänge der gesamten Thematik der Innenraumbelastung dargestellt werden, soweit sie für das Gesamtverständnis dieses Problems sowie für das Thema dieses Buches nützlich sein können.

Seit den 80er Jahren ist das Mietrecht zunehmend von Umweltproblemen betroffen. Bei Vorliegen eines Mangels, der die Tauglichkeit einer Mietsache aufhebt oder mindert, kann der Mieter die Herstellung eines fehlerfreien Zustandes, Mietzinsminderung oder auch Schadenersatz verlangen. So haben mietrechtliche Auseinandersetzungen, die sich mit der Luftqualität im Innenraum und möglichen negativen gesundheitlichen Auswirkungen von Schadstoffeinwirkungen in die Innenraumluft beschäftigen, in den letzten Jahren zugenommen – wobei Juristen und Sachverständige von einer weiteren deutlichen Zunahme in den nächsten Jahren ausgehen. Mieter, Vermieter und Eigentümer, Verwalter und selbst die als Sachverständige hinzugezogenen Gutachter werden häufig gleichermaßen vor die schwierige Aufgabe gestellt, die subjektiv wahrgenommenen und/oder objektiv manifest ermittelten Krankheitssymptome bei den Bewohnern bestimmten Schadstoffquellen in der Wohnung oder im direkten Umfeld zuordnen zu können. In der letzten Zeit häufen sich deshalb beim Bundesgesundheitsamt Anfragen durch Juristen und Sachverständige, die Miet- und Vermietparteien in gerichtlichen Auseinandersetzungen in einem gewichtigen Thema der Wohnungshygiene vertreten. Hierbei geht es einerseits um generelle Innenraumbelastungen durch Holzschutzmittel und andere Biozide, aber auch zunehmend um das Phänomen der so genannten »schwarzen Wohnungen«, in denen innerhalb von wenigen Stunden oder über mehrere Wochen entweder nur ein Raum oder aber auch eine ganze Wohnung leicht oder sehr stark von schwarzen, rußähnlichen Staubablagerungen gekennzeichnet ist. Eine eindeutige und auf jeden Fall übertragbare Ursache für dieses so genannte Fogging-Phänomen gibt es bis heute noch nicht. Und nicht zuletzt sind die Gerichte in letzter Zeit wieder verstärkt beim Thema der Schimmelpilze aktiv, da Ende der 90er Jahre wieder eine verstärkte Zunahme der Schimmelpilzbildung festgestellt wurde. Obwohl sich auch die Richter an geltenden Grenzwertverordnungen orientieren müssen, wird die Mietsache nicht erst dann als mangelhaft bezeichnet, wenn der Mieter den erlittenen Schaden bereits nachweisen kann. Die Mietsache ist bereits dann in ihrem Wert gemindert, wenn die Befürchtung der Gefahrverwirklichung vorliegt. Aufgrund der Komplexität der Problematik ist es im Interesse der Mieter und Vermieter, dass die Rechtsprechung weiterentwickelt wird und sich vor allem die wissenschaftlich-technische Einschätzung der Ursache-Wirkungszusammenhänge bei Innenraumbelastungen besser darstellen lässt.

8.2 Zur rechtlichen Einstufung von Innenraumbelastungen – grundsätzliche Aspekte

Nach dem zweiten Weltkrieg eroberten Produkte aus Kunststoff und Synthetikfasern den Markt und sind heute aus der modernen Welt nicht mehr wegzudenken. Die Anwendung verschiedener Schädlingsbekämpfungsmittel schnellte in den 60er und 70er Jahren in die Höhe und sie wurden neben anderen Innenraumgiften überall eingesetzt, beispielsweise als Holzschutzmittel für Holzböden, Holzdecken, Fenster und Möbel. Verwendung fanden vor allem Lindan, Pentachlorphenol (PCP), Formaldehyd und Dichlorfluanid. Alle diese Stoffe haben eines gemeinsam – sie sind giftig.

Ob und in welchem Umfang der Mieter Schadstoffbelastungen der Innenraumluft hinnehmen muss, ist eine Frage des Gewährleistungsrechtes im Mietrecht. Bei Vorliegen eines Mangels, der die Tauglichkeit einer Mietsache zu dem vertragsgemäßen Gebrauch aufhebt oder mindert, kann der Mieter insbesondere die Herstellung eines fehlerfreien Zustandes verlangen, den Mietzins mindern oder Schadenersatz geltend machen. Ein Fehler lässt sich hierbei als eine Abweichung der Ist- von der Soll-Beschaffenheit definieren, oder anders ausgedrückt, dass der aktuelle und tatsächliche Zustand der Wohnung nicht vom vertraglich vereinbarten Zustand abweichen darf. In diesem Punkt beginnen für die Praxis aber schon die Probleme, da eine solche Abweichung nicht immer so einfach zu definieren ist. Im Gegensatz zu sichtbaren Bauschäden sind Innenraumbelastungen eben nicht so einfach festzustellen, zu untersuchen und zu diagnostizieren. Neben sehr zeit- und kostenaufwändigen Untersuchungsmethoden sind viele Messverfahren und -methoden in der Innenraumdiagnostik umstritten und werden in der Interpretation der vorgefundenen Messergebnisse auch noch unterschiedlich ausgelegt.

Ausgangsbasis für die Beantwortung der Frage, wann ein Fehler bzw. Mangel vorliegt, ist in diesem Zusammenhang u.a. eine Entscheidung des Oberlandesgerichts Hamm aus dem Jahre 1987. Der damalige Fall beschäftigte sich mit der Frage, ob ein Mangel bzw. ein Fehler bereits dann vorliegt, wenn sich das Mietobjekt auf durch vergiftete Chemikalien verseuchtem Untergrund befindet, wobei die Frage der Gesundheitsgefährdung für den Mieter nicht geklärt werden konnte. Das Urteil des Oberlandesgerichtes folgte der Auffassung, dass eine Mietsache mit Beziehung zu einer Gefahrenquelle nicht erst dann mangelhaft wäre, wenn der Mieter wirklich zum Schaden gekommen ist, sondern schon dann, wenn die Mietsache nur in der Befürchtung der Gefahrverwirklichung benutzt werden könnte. Denn auch eine bloße latente Gefahr kann die Wertschätzung und den ungestörten Gebrauch der Sache beeinträchtigen. Hierbei spielt es keine Rolle für den Fehlerbegriff und für die Gewährleistungsansprüche des Mieters, ob der Vermieter die Schadstoff- bzw. Innenraumbelastungen verschuldet oder gar von ihnen bei der Vermietung gewusst hat.

Wann nun genau ein Baustoff oder -material umweltschädlich und zugleich mangelhaft ist, konnte bisher noch nicht eindeutig und grundlegend definiert werden, da hierzu ergangene Urteile zum Teil recht widersprüchlich sind und unterschiedlich interpretiert werden. Es bleibt festzuhalten, dass das Gesetz zwar eine vertragsindividuelle Fehlerdefinition fordert, die Gerichte bei der Ausfüllung des Begriffes »umweltschädlich« aber auf offizielle und objektive Richtwerte und Definitionen angewiesen sind. Die Fragestellung, ob und wann jemand für eine umweltschädliche Sache zivilrechtlich haften muss, wird infolgedessen in Zukunft mehr von legislativen und exekutiven Normgebern beantwortet und entsprechend abhängen. Es handelt sich deshalb um einen diffizilen rechtlichen Gesamtkomplex, der den Geschädigten verschiedenartigste Ersatzansprüche zur Verfügung stellt. Im Folgenden werden hierzu einige wichtige Aspekte aus verschiedenen Rechtsbereichen für den privaten Bereich sowie für die Problematik des Auftretens von

Innenraumbelastungen am Arbeitsplatz, herausgestellt.

8.2.1 Gewährleistung und Produkthaftung

Gewährleistungsrecht des Bauherrn

Zunächst kommen für den Bauherrn Ansprüche aus dem Gewährleistungsrecht gemäß §§ 633 ff. BGB in Betracht. Zu den Hauptpflichten des Bauunternehmers zählen demnach die vertragsgemäße, mangelfreie und rechtzeitige Herstellung des Werkes (§§ 631, 633 BGB). Der Unternehmer hat dafür einzustehen, dass er die anerkannten Regeln der Baukunst einhält und sich über die technischen Neuentwicklungen in seinem Arbeitsbereich informiert. Er hat das Werk so zu erstellen, dass es nicht mit Fehlern behaftet ist, die den Wert oder die Gebrauchsfähigkeit herabsetzen, auch dann, wenn sich dies erst aus wissenschaftlichen Erkenntnissen nach der Abnahme ergibt. Auf ein Verschulden des Unternehmers kommt es nicht an. Eine solche Beeinträchtigung der Gebrauchsfähigkeit ist anzunehmen, wenn Baustoffe verwendet wurden, die geeignet sind, Gesundheitsschädigungen hervorzurufen.

Sicherlich liegt ein solcher Mangel vor, wenn eine Gesundheitsschädigung schon eingetreten ist oder gegen DIN-Normen oder VDE-Bestimmungen verstoßen worden ist. Es kann schon genügen, dass aufgrund festgestellter Messwerte ein ernsthaftes Gesundheitsrisiko besteht. Ob die Verwendung von Chemikalien einen Mangel hervorgerufen oder sogar Personenschäden verursacht hat, wird in der Regel nur durch einen Bausachverständigen zu klären sein.

Der Bauherr kann gemäß § 633 II BGB Mängelbeseitigung geltend machen, d.h. eine komplette Sanierung des kontaminierten Gebäudes. Gemäß § 634 BGB kann der Bauherr auch verlangen, den Vertrag rückgängig zu machen. Daneben kann der Bauherr Schadensersatz für die durch die Mangelhaftigkeit verursachten Schäden verlangen. Solche Schadenspositionen können u.a. sein:

- Kosten einer zeitweiligen Mietwohnung
- Ersatz unbrauchbar gewordener Gegenstände des Bauherren (beispielsweise Teppich, Möbel, Kleidungsstücke oder dgl.)
- Nicht erstattete Arztkosten
- Finanzielle Nachteile infolge von Arbeitsausfall usw.

Zusätzlich ist Schmerzensgeld gemäß § 847 BGB möglich.

Im Gewährleistungsrecht sind die kurzen Verjährungsfristen zu beachten, die lt. § 638 BGB für Bauwerke bei fünf Jahren liegen. Gemäß Sonderbestimmungen der VOB (Verdingungsordnung für Bauleistungen) können die Gewährleistungsrechte des Bauherren eingeschränkt oder gar ausgeschlossen werden. In der VOB/B beträgt die Verjährungsfrist nach § 13 Nr. 4 für Bauwerke zwei Jahre.

Weitere Probleme können auf den Bauherren zukommen, wenn er später das Gebäude vermietet hat. In diesem Fall sieht er sich seinerseits Ansprüchen der Mieter (Mietminderung, Schadensersatz) ausgesetzt, da es auch hier auf ein Verschulden des Vermieters nicht ankommt. Soweit der Bauherr seinem Mieter ersatzpflichtig wird, stellen diese Ersatzleistungen eine weitere durchsetzbare Schadensersatzposition gegen den Unternehmer dar – sofern nicht Verjährung eingetreten ist.

Produkthaftungsgesetz

Eine Haftung für toxische Bauteile und -stoffe kommt nach dem Produkthaftungsgesetz gegen den Hersteller eines fehlerhaften Produktes in Betracht. Problematisch ist allerdings, dass gemäß Produkthaftungsgesetz die Haftung des Herstellers ausgeschlossen ist, wenn der Fehler nach dem Stand der Wissenschaft zu dem Zeitpunkt, in dem der Hersteller es in den Verkehr brachte, nicht erkannt werden konnte. Auf diesen Punkt wird noch separat und ausführlich eingegangen.

Schmerzensgeld, Deliktsrecht

Weder das Gewährleistungsrecht im Werkvertragsrecht gemäß §§ 633 ff. BGB, noch das Produkthaftungsgesetz geben dem Geschädigten einen Anspruch auf Schmerzensgeld für erlittene Beeinträchtigungen seiner Gesundheit. Einen solchen Anspruch gewährt stattdessen das Deliktsrecht. Gemäß § 847 BGB hat im Fall der schuldhaften Verletzung des Körpers oder der Gesundheit der Geschädigte einen Anspruch auf Schmerzensgeld. Anders als im Gewährleistungsrecht genügt hier der Nachweis eines ernsthaften Gesundheitsrisikos nicht. Der Geschädigte muss nachweisen, dass kontaminierte Baustoffe die Gesundheitsbeeinträchtigungen verursacht haben. Der Kausalitätsnachweis lässt Beweiserleichterungen, Indizienbeweis und Anscheinsbeweis zu. Der Anscheinsbeweis ist nach gefestigter Rechtsprechung in der Regel schon dann geführt, wenn bei mehreren Personen zeitlich zusammenfallende gleichartige Schäden auftreten, für die jeweils dieselben Ursachen in Frage kommen (so genanntes »auffälliges Zusammentreffen«).

Neben Schmerzensgeld hat der Betroffene nach den oben genannten Grundsätzen auch einen Anspruch gemäß § 823 BGB auf Ersatz seiner übrigen Schäden.

8.2.2 Ansprüche des Mieters

Der Mieter hat Ansprüche gegen den Vermieter, wenn die Wohnung mit gesundheitsgefährdeten Stoffen kontaminiert ist. Gemäß § 535 BGB hat der Vermieter die Pflicht, dem Mieter die Mietsache zum vertraglich bestimmten Gebrauch zu überlassen. Gemäß § 537 BGB haftet der Vermieter, wenn das Mietobjekt mit Fehlern behaftet ist. Einen Fehler im Sinne dieser Vorschrift stellt auch der Austritt von Innenraumgiften dar *(LG Hannover NJW-RR 90, 972)*. Der Mieter hat dann Anspruch auf Mietminderung, Rückzahlung des Mietzinses für die Vergangenheit und Schadensersatz. Einen Schmerzensgeldanspruch gewährt wiederum § 847 BGB. Sofern der Mieter eine ernsthafte Gesundheitsbeeinträchtigung durch Innenraumbelastungen nachweisen kann, kommt eine Mietzinsreduzierung auf Null in Betracht, da dann von einer Unbewohnbarkeit des Gebäudes auszugehen ist und die Mietzahlungen rechtsgrundlos erfolgen.

8.2.3 Haftung des Arztes

In Umwelthaftungsprozessen ist in der Regel über Sachfragen zu entscheiden, die Juristen und Gerichte nicht ohne Hinzuziehung von Sachverständigen lösen können. Dabei hat der behandelnde Arzt beim Einstieg in die Problematik eine ganz entscheidende Schlüsselstellung: Es geht darum, den Zusammenhang zwischen bestimmten Krankheitssyndromen und dafür in Frage kommenden schädlichen Umwelteinflüssen bzw. konkret humantoxischen Innenraumbelastungen zunächst einmal überhaupt festzustellen, den Patienten darüber zu informieren und diese Zusammenhänge so weit wie möglich zu verifizieren. Wird dieser Zusammenhang zu spät, d.h. nach Ablauf einer gesetzlichen oder vertraglichen Verjährungsfrist, entdeckt und führt dies zum Verlust von Ansprüchen, so kommt eine Haftung des Arztes in Betracht. Eine Regresshaftung ist dem Arzt zumindest in den Fällen sicher, in denen der Patient bereits konkrete Verdachtsmomente für eine Schädigung durch Innenraumbelastungen äußert oder sogar den Arzt deshalb aufsucht.

Daneben können Haftungsansprüche des Patienten gegen den Arzt wegen fehlerhafter Diagnose und dadurch entstandener oder verfestigter Gesundheitsschäden entstehen. Eine voreilige und in der jüngsten Vergangenheit zunehmende Diagnose »psychischer Ursachen« kann deshalb Ersatzpflichten des Arztes auslösen.

8.2.4 Arbeitsrecht

Der Arbeitnehmer hat gemäß § 618 Abs. 1 BGB, § 62 Abs. 1 HGB einen Anspruch auf Schadstoff-Freiheit an seinem Arbeitsplatz, soweit die Natur des Arbeitsverhältnisses dies gestattet. Neben dieser privatrechtlichen Pflicht bestehen zahlreiche öffentlich-rechtliche Arbeitsschutzvorschriften, die hierzu nähere Regelungen treffen – die Gefahrstoffverordnung soll beispielgebend erwähnt werden. Bei Verletzung dieser Pflichten hat der Arbeitnehmer zunächst einen Erfüllungsanspruch, d.h. dass er beispielsweise die Sanierung seines Arbeitsplatzes oder eine Versetzung an einen anderen Arbeitsplatz verlangen kann. Des Weiteren hat der Arbeitnehmer auch ein Leistungsverweigerungsrecht unter Beibehaltung seines Vergütungsanspruches – also auf Lohn ohne Arbeit.

Ein Anspruch auf Schadensersatz beruht auf positiver Vertragsverletzung und wird im § 618 Abs. 3 BGB – der diesen Anspruch voraussetzt – dem Umfang nach näher geregelt. Dieser Schadensersatzanspruch setzt den Ursachennachweis zwischen Verletzungshandlung (d.h. dem schadstoffbelasteten Arbeitsplatz) und Schaden (d.h. der Gesundheitsbelastung sowie ein Verschulden des Arbeitgebers) voraus.

Die Rechtsposition des Arbeitgebers entspricht der des Bauherren.

8.2.5 Verwaltungsrecht

Die Problematik der Innenraumgifte und -belastungen bezieht sich in erster Linie auf kontaminierte (Dienst-)Räume in Schulen, Kindergärten, kirchlichen Gebäuden und dgl. und ist in der jüngsten Vergangenheit verstärkt aufgetreten bzw. hat in Prozesse gemündet.

Wohnt ein Beamter beispielsweise in einer kontaminierten Dienstwohnung, kann er eine Minderung der Dienstwohnungsvergütung (aufgrund teilweiser Nutzungsbeeinträchtigung) bzw. Rückzahlung verlangen. Anspruchsgrundlage ist der so genannte öffentlich-rechtliche Erstattungsanspruch.

Bezüglich der Voraussetzungen des Umfangs der Haftung des Dienstherrn (Arbeitgebers) sind die §§ 535 ff. BGB heranzuziehen. Der Beamte hat demnach neben dem Anspruch auf Minderung/Rückzahlung der Dienstwohnungsvergütung auch Anspruch auf Ersatz seiner weiteren Schäden einschließlich der evtl. Schäden seiner Angehörigen.

Hat der Beamte in kontaminierten Pflichträumen gearbeitet, so steht ihm ein Ausgleichsanspruch für erlittene Schäden aus der Fürsorgepflicht des Dienstherrn (Arbeitgebers) gegenüber seinem Beamten zu. Es ist diesbezüglich anzunehmen, dass die Gerichte zur näheren Konkretisierung dieses Anspruches auf die arbeitsrechtlichen Regelungen wie beispielsweise § 618 BGB zurückgreifen werden. Dies bedeutet insbesondere, dass hier – im Unterschied zu mietrechtlichen Regelungen – ein Verschulden des Dienstherrn (Arbeitgebers) nachgewiesen werden muss. Ein solches Verschulden kann auch in einer fahrlässigen Untätigkeit zu sehen sein, wenn der Dienstherr (Arbeitgeber) beispielsweise aufgrund von Hinweisen aus der Belegschaft die Pflicht gehabt hätte, die Diensträume untersuchen bzw. sanieren zu lassen.

8.2.6 Sozialversicherungsrecht

Bei einer ärztlichen Behandlung wegen schädlicher Umwelteinflüsse bzw. konkret humantoxischer Innenraumallergene entstehen im Krankenversicherungsrecht besondere Probleme. Wer sich durch Schadstoffe in der Wohnung und/oder an seinem Arbeitsplatz beeinträchtigt fühlt, wird einen auf diesem Gebiet spezialisierten Arzt (Umweltmediziner und dgl.), ein toxikologisches Institut oder auch in einigen Fällen einen Baubiologen aufsuchen wollen. Häufig werden jedoch die Krankenkassen eine »Umwelterkrankung« nicht anerkennen wollen und deshalb eine Untersuchung oder Behandlung bei einem Spezialisten ablehnen. Deshalb ist es notwendig, dass erst der Hausarzt andere Ursachen ausschließt und dann eine Überweisung zu einem Arzt für Umweltmedizin, Umwelterkrankungen, Innenraumbelastungen und dgl. ausstellt. Aber selbst dann ist nicht sicher, ob und in welcher Höhe die Krankenkasse die Kosten für den Facharzt übernimmt. So muss der Nachweis erbracht werden, denn eine einschlägige und fundierte ärztliche Diagnose ist die unbedingte Voraussetzung für die Anerkennung einer Berufs- und Arbeitsunfähigkeit.

Es sind bereits Fälle bekannt, bei denen Betroffene von Innenraumbelastungen zumindest eine (teilweise) Schwerbehinderten-Anerkennung erreicht haben, wenn sich spezialisierte Anwälte in das Verfahren eingeschaltet haben.

8.2.7 Strafrecht

Das Vorhandensein gesundheitsgefährdender Chemikalien in Gebäuden kann auch strafrechtliche Relevanz besitzen. In Betracht kommt eine Strafbarkeit wegen fahrlässiger Körperverletzung nach § 230 StGB. Dieser Vorwurf kann sich sowohl gegen den Hersteller gesundheitsschädigender Produkte richten, als auch gegen den Arbeitgeber wegen Verletzung seiner Fürsorgepflichten bis hin zu Behördenleitern, die Vorsorgemaßnahmen unterlassen haben, die sich ihnen hätten aufdrängen müssen.

Bei den Herstellern gesundheitsschädigender Produkte kommt zunächst eine Strafbarkeit durch aktives Handeln in Betracht. Dies wäre dann der Fall, wenn das Produkt Chemikalien enthält, die aufgrund ihrer humantoxischen Eigenschaften verboten sind oder zum Zeitpunkt der Herstellung in Verdacht standen, gesundheitsschädigend zu sein. Dagegen ist eine Strafbarkeit durch Unterlassen anzunehmen, wenn der Hersteller aufgrund späterer wissenschaftlicher Erkenntnisse die Pflicht gehabt hätte, sein Produkt zurückzurufen oder zumindest mit deutlichen Warnhinweisen zu versehen.

Eine Strafbarkeit des Dienstherrn (Arbeitgebers) kommt dann in Betracht, wenn dieser es schuldhaft unterlassen hat, rechtzeitig Maßnahmen zu ergreifen, um eine weitere Gesundheitsbeeinträchtigung der Beschäftigten zu vermeiden.

Die Einschaltung der Staatsanwaltschaft kann im Einzelfall günstig sein, da die von den Ermittlungsbehörden gewonnenen Sachverhalte in einem möglichen späteren zivilrechtlichen Schadensersatzprozess herangezogen und verwertet werden können. Dies kann unter Umständen die Finanzierung kostenintensiver Sachverständigengutachten ersparen.

8.3 Produkthaftung für Innenraumbelastungen

8.3.1 Einleitung

Neben bereits vorhandenen Belastungen durch Schimmelpilze und andere Pilzarten wie beispielsweise den Hausschwamm mit seinen unterschiedlichsten Ausprägungen ist seit Jahren eine zunehmende Belastung der Innenraumluft mit Holzschutzmittelbestandteilen und sonstigen Bioziden, mit kanzerogenen Asbestfasern und mit Formaldehyd festzustellen. Werden durch die Sozialversicherungsträger die durch humantoxische Produkte verursachten Kranken- und Rentenkosten sowie Schadenspotenziale gesamtwirtschaftlich quantifiziert, wird erstmalig deutlich, dass umweltschädigendes Wirtschaften gesamtgesellschaftlich gesehen deutlich teurer wird, als dies bei umweltverträglichem Handeln der Fall wäre. Gerade die Gesamtbetrachtung der Innenraumbelastungen und der daraus abzuleitenden gesundheitlichen, finanziellen und damit wirtschaftlichen Belastungen für die Gesellschaft zeigt einmal mehr, dass bewusster Umweltschutz nicht nur Kosten verursacht, sondern helfen kann, Kosten zu reduzieren. So stellt sich der Eindruck ein, dass den kurzfristigen Gewinnen aus der Herstellung und Vermarktung risikoträchtiger humantoxischer Produkte der Bauchemie mittel- und langfristige Schäden gegenüberstehen, die sich nicht nur auf Schäden am privaten Eigentum wie beispielsweise der Nutzung von Immobilien beschränken lassen, sondern auch auf den Menschen und seine ihn umgebende Natur. Selbst Experten auf diesem Gebiet sind heute nicht in der Lage, die genauen Folgen dieser Entwicklung abzuschätzen.

Allerdings ist in dem gleichen Zeitraum der Zunahme von Innenraumbelastungen auch zu erkennen, dass sich in den seltensten Fällen die

Betroffenen ihr Recht auf dem legalen Weg über die Gerichte erstreiten. So beklagt der Immobilienbesitzer die hohen Kosten seiner Sanierung und Betroffene beklagen gegenüber Ärzten und Krankenkassen ihre individuellen Gesundheitsbelastungen. Dabei fällt auf, dass die Forderungen nicht auf diejenigen zurückgewälzt werden, die als Produzenten von bauchemischen Produkten diese Risiken und Schadensursachen von Innenraumbelastungen und ihren gesundheitlichen Folgen zu verantworten haben. So wird nach einer Untersuchung des Bundesjustizministeriums selbst auf Inanspruchnahme der zivilrechtlichen Produkt- und Umwelthaftungsklage in den rund 40% ausmachenden Schadensfällen verzichtet, in denen Kostenrisiken von Rechtschutzversicherungen zu tragen sind.

Besonderes Augenmerk soll dabei auf die Tatsache gerichtet werden, dass dies selbst dann eintritt, wenn eine rechtliche Überprüfung der Erfolgsaussichten einer derartigen Klage etwa auf Erstattung von Gebäudesanierungskosten positiv beschieden wird. So wird durch die Mehrheit der Gesellschaft darauf verzichtet, über eine zivilrechtliche Klage dem Produzenten, und damit dem Verursacher der Innenraumbelastung und ihrer gesundheitlichen und finanziellen Folgen, die Kosten der Gebäudesanierung und Krankenbehandlung anzuhängen. Sicherlich werden sich viele Betroffene von dem Grundgedanken tragen lassen, dass derartige Rechtsstreitigkeiten langwierig und aussichtslos sind und zusätzlich ihre finanzielle Situation verschlechtern. Dieser Standpunkt kann sicherlich in vielen Fällen nachvollzogen werden, erst recht, wenn Betroffene einen seit Jahren aussichtslosen Kampf um Besserung ihrer individuellen Situation führen. Er muss aber auch unter dem Gesichtspunkt gesehen werden, dass somit der bauchemischen Industrie das unermessliche Privileg zuteil wird, ihre betriebswirtschaftliche Kosten-Nutzen-Analyse durchführen zu dürfen, ohne das betriebswirtschaftliche Risiko von Folgekosten unvertretbar gefahrträchtiger Produktlinien aus dem Betriebsgewinn bestreiten zu müssen.

Eine unglückliche Rolle bietet das Versagen der Sozialversicherungsträger, die als Sammelbecken der Gesellschaft den Großteil der finanziellen Konsequenzen produkt- und umweltbedingter Krankheiten, Berufsunfähigkeit und Frühberentung zu tragen haben. Ausgerechnet sie sind es, die diese Schadensfolgen über ihre Beitragsgestaltung vergesellschaften, und dies klaglos im Rechtssinne. Denn damit verzichten sie auf die Geltendmachung des Regresses gegen den individuellen Verursacher produkt- und umweltbedingter Erkrankungen und tragen dazu bei, dass das Problem der Innenraumbelastung und ihrer gesundheitlichen Folgen mit der Zeit legitimiert wird. Auch das Bild der Berufsgenossenschaften bringt wenig Glanz zum Vorschein, wenn Berufsunfähigkeit und Frühberentung auf die jahrelange Exposition von Lösemitteln oder anderen Allergenen am Arbeitsplatz zurückgeführt werden kann und dann allerdings die Behandlungs- und Frühberentungskosten nicht vom ehemaligen Arbeitgeber eingetrieben werden (eine im Übrigen recht gute Erfolgsaussicht, zumal der sozialrechtliche Haftungsausschluss des § 636 RVO nur Schadensersatzansprüche gegen den Arbeitgeber ausschließt, nicht aber solche gegen den produkthaftungsrechtlich verantwortlichen Zulieferer der schadensursächlichen Chemikalie).

Dieses Versagen der Sozialversicherungsträger ist vor allem deshalb so dramatisch, weil es nicht gesetzeskonform ist und einem systematischen Rechtsbruch gleichkommt. Sie verletzen damit nämlich die gesetzliche Pflicht eines jeden Trägers der gesetzlichen Sozialversicherung, im Wege des Regresses vom außenstehenden Verursacher die der Versicherung entstehenden Kosten immer dann einzutreiben, wenn der Versuch Erfolg verspricht (§ 76 SGB IV i.V.m. § 116 SGB X: Dass die Geltendmachung solcher Regressansprüche gegen externe Schadensverursacher möglich und praktikabel ist, zeigt die Eintreibung von Regressansprüchen gegen schuldige Verkehrsunfallgegner für den verletzten Versicherten, wie sie von den Sozialversicherungsträgern seit jeher konsequent und erfolgreich praktiziert wird).

Dramatisch ist der systematische Rechtsbruch der Sozialversicherungsträger ebenso wie das fehlende Anspruchsdenken der privaten Produktgeschädigten und der Klageverzicht der von den Sanierungskosten betroffenen öffentlichen Immobilienträger vor allem deshalb, weil der gesellschaftliche Anspruchsverzicht zugleich einen umweltpolitisch verheerenden Verzicht auf eines der effizientesten und wirkungsvollsten Instrumente marktwirtschaftlicher Schadensprävention bedeutet. Würde sich nämlich der Produzent chemischer Erzeugnisse der Gefahr ausgesetzt sehen, auch nur einen Teil der Folgekosten auf dem Wege des Schadensersatzes übernehmen zu müssen, wäre der betriebswirtschaftliche Zwang zur Schadensminimierung dorthin zurückgewälzt, wo der Schaden seine Ursache hat und vor allem wo er am effektivsten vermieden werden kann.

Schadensprävention würde bei zunehmender Geltendmachung zivilrechtlicher Produkt- und Umwelthaftungsansprüche mehr als bislang von denjenigen geleistet werden müssen, die über die entsprechende Kompetenz verfügen. Denn zweifelsfrei ist die Fähigkeit zur Beurteilung und Vermeidung von Produktrisiken in den Forschungsabteilungen der großen Chemiekonzerne derjenigen in den Krankenkassen, Gesundheitsämtern und staatlichen Kontrollbehörden um ein Vielfaches überlegen. Die Formel der ökonomischen Analyse des Rechts besagt, dass der risikoneutrale industrielle Produzent betriebswirtschaftlich vernünftig handelt, wenn er so viel in die Produktsicherheit und die eigene Schadensvermeidungsforschung investiert, wie dem Faktor von Schadenshöhe und der Wahrscheinlichkeit des Schadenseintritts entspricht. Den Schaden selbst finanzieren zu müssen würde zwangsläufig ein Umdenken in der Industrie verursachen, sofern die Sozialversicherungsträger die Kosten für die Behandlung und Frühberentung von chemikalien- und anderen produktbedingten Schäden permanent überprüfen und bei Erfolgsaussicht gegen den Verursacher durchsetzen würden.

Die Genügsamkeit der Betroffenen/Geschädigten wäre in drei Fällen nachvollziehbar: Zum einen wenn die notwendige Kraft oder, sofern keine eintrittspflichtige Rechtsschutzversicherung besteht, das Geld zum oftmals jahrelangen justizförmigen Konflikt fehlt. Plausibel wäre der Verzicht auf die Entwicklung realistischer Strategien von Produkt- und Umwelthaftungsklagen zum anderen, wenn die von der Bauchemie freigesetzten Schadenspotenziale tatsächlich so gering wären, dass keine nennenswerte Gesundheitsbelastung verursacht wird. Des Weiteren könnte von Produkt- und Umwelthaftungsklagen abgesehen werden, wenn nach sorgfältiger und seriöser Prüfung die Erfolgsaussichten in keinem vernünftigen und vertretbaren Verhältnis zu der Mühe und dem Aufwand des Prozessierens stehen würden. In solchen Situationen der Aussichtslosigkeit pflegt nämlich nur derjenige zu klagen, dem die Kompetenz zu realitätsnaher juristischer Prognose fehlt oder derjenige, der die Niederlage vor Gericht schätzt, weil sie ihm die Entlarvung des Unrechtssystems ermöglicht. Dabei wird dann allerdings übersehen, dass Niederlagen in der Regel nicht stärker machen und die Betroffenen noch mutloser werden und sich mit ihrem Schicksal abfinden.

An den finanziellen Mitteln für den gerichtlichen Konflikt fehlt es oft nicht oder dürfte es aufgrund der Möglichkeit der Prozesskostenfinanzierung nicht fehlen. In der grundlegenden Einschätzung toxikologischer Risikopotenziale und der Exposition von Lösemitteln und anderen Allergenen sowie der daraus resultierenden produkt- und umweltbedingten Erkrankungen und der Notwendigkeit ihrer Vermeidung gibt es mittlerweile ausreichende Anhaltspunkte und nachgewiesene Krankheitsfälle, sodass auch dieser Punkt ausgeschlossen werden kann. Bleibt nur noch die Annahme, dass auf Produkt- und Umwelthaftungsklagen deshalb verzichtet wird, da es juristisch realisierbare Ansprüche auf Ersatz der durch Risikochemikalien verursachten Gebäudesanierungskosten, auf Ersatz von Heilungs- und Frühberentungskosten sowie auf Schmerzensgeld nach dem Rechtssystem nicht gibt.

8.3.2 Zur Haftung durch produktverursachte Gesundheitsschäden

Die Größe der Erfolgsaussichten von Produkt- und Umwelthaftungsklagen im Bereich der Wohngifte und Innenraumallergene hängt u.a. von der Zielsetzung ab, die der Geschädigte mit seiner Klage verfolgt. Soweit der Geschädigte als Kläger Schadensersatz für erlittene Gesundheitsschäden verlangt, beispielsweise in Form von Schmerzensgeld oder als Ersatz für Behandlungskosten oder seinen Verdienstausfall, sind die Erfolgsaussichten nach aktueller Rechtslage in der Regel gering. Das Hauptproblem liegt im Nachweis eines Ursachenzusammenhanges zwischen toxischer Exposition und gesundheitlichen Auswirkungen angesichts der Dominanz und marktbeherrschenden Stellung von Industrietoxikologen auf dem Marktsegment der Gutachter.

Richtet sich allerdings die Produkthaftungsklage auf Erstattung der Sanierungskosten, d.h. der Kosten für die Entfernung der durch humantoxische Produkte eingebrachten Schadstoffbelastungen einer Immobilie, steigen die Erfolgsaussichten. Erforderlich ist jetzt nicht mehr der Nachweis, dass die toxische Gesundheitsbelastung den Kläger krank gemacht hat, da der Nachweis reicht, dass dessen Rechte als Eigentümer beeinträchtigt sind. Dies kann unter den gegebenen Umständen deutlich leichter nachgewiesen werden.

Auch wenn es schwierig ist, pauschale Empfehlungen und Aussagen ohne konkreten Bezug auf einen Rechtsfall vorzunehmen: Ein guter Produkthaftungsanwalt muss in erster Linie ein phantasiebegabter und ein psychologisch einfühlsamer Bürokrat sein. Der Schwerpunkt liegt aber eindeutig darin, dass er ein Bürokrat sein muss. Denn eine Produkt- und Umwelthaftungsklage steigt in ihrer Erfolgsaussicht, wenn der Produkthaftungsanwalt wie ein Richter denkt, der die Klageforderung einem fest gefügten Prüfungsschema unterwirft. Dies bedeutet in erster Linie, dass der Erfolg der Klage vom Bestehen einer Mehrzahl formallogisch aufeinander aufbauender diffiziler Einzelprüfungen abhängig ist. Die Phantasiebegabung bezieht sich in erster Linie auf das Gespür zu erkennen, wenn die juristische Logik kleinere Spielräume zulässt, die dann argumentativ ausgenutzt werden müssen, also wenn die juristische Denkweise nicht ganz schlüssig ist und sich in einer so genannten Grauzone befindet. Psychologisch einfühlsam muss der »gute« Produkthaftungsanwalt im Richter den Familienmenschen wecken, der sich dann der Frage ausgesetzt fühlt, ob er einen seiner Angehörigen in einem im Niedrigbereich humantoxisch belasteten Haus aufwachsen lassen würde (dann wird der Richter vermutlich eher geneigt sein, eine Sanierung für nötig und einen Anspruch auf Erstattung von Sanierungskosten wegen Verletzung des Rechtsgutes »Eigentum« gemäß § 823 Abs. 1 BGB für gegeben zu erachten).

Bei der Beurteilung der Kundenrechte muss erst einmal prinzipiell zwischen Gewährleistung und Produkthaftung unterschieden werden. Die Gewährleistung befasst sich mit Ansprüchen dergestalt, ob der Kunde von seinem Vertragspartner für gutes Geld schlechte Ware oder Dienstleistung erhalten hat. Das Gewährleistungsrecht gewährt ihm die Rechte, die das Äquivalent zwischen Leistung und Gegenleistung wieder herstellen sollen: das Recht zur Minderung seiner Zahlungen oder die Befugnis, sich vom Vertrag ganz zu lösen und sich einen anderen Vertragspartner zu suchen. Des Weiteren befasst sich das Gewährleistungsrecht mit der Frage der Wiederherstellung des Gleichgewichtes zwischen Kaufpreis und Warenwert. Folgeschäden fehlerhafter Produkte sind jedoch die Domäne des Produkthaftungsgesetztes.

Das Produkthaftungsgesetz*, wie es die höchsten deutschen Richter seit Jahrzehnten in recht freier Auslegung entwickelt haben, gilt im Verhältnis des Kunden gegenüber dem in- und ausländischen Hersteller von Produkten jeder Art. Es gewährt dort, wo es greift, dem Kunden und jedem, der von den Auswirkungen eines Produktes betroffen wird, auch dem, der es selbst nicht gekauft hat, Ansprüche auf Ersatz aller Folgeschäden – beispielsweise der Sanierungs- und/oder Behandlungs- und Genesungskosten oder auf Schmerzensgeld gegen denjenigen Hersteller, der seine ihm als Produzent obliegenden Sorgfaltspflichten durch Vermarktung allzu risikoträchtiger Produkte verletzt und dadurch individuelle Rechtsgüter des Verwenders beeinträchtigt hat, ihn oder seine Verwandten und/oder seine Bekannten etwa krank gemacht oder z.B. die Nutzbarkeit seiner Immobilie durch humantoxische Allergene beeinträchtigt hat.

*Einerseits gilt das Produkthaftungsgesetz nur für Produkte, die nach dem 01.01.1990 in Verkehr gelangt sind (§ 16 und 19 ProdhaftG) und andererseits weist es etliche Regelungslücken auf (beispielsweise gewährt es lt. § 1 Abs. 1 kein Schmerzensgeld, und Schadensersatz gibt es lt. § 11 nur jenseits der Selbstbeteiligungsschwelle von 500 EUR. Die in ihm geregelten Ansprüche erlöschen bereits 10 Jahre nach Inverkehrgabe des Produktes, so dass Latenzschäden oft ausgeschlossen sind, § 13 ProdhaftG) Bei Groß- und Serienschäden versagt es im Bereich von Gesundheitsverletzungen wegen der lt. § 10 aufgeführten Haftungshöchstgrenze von nur 85 Mio. EUR.

8.3.3 Voraussetzungen einer Produkthaftungsklage

Auch wenn als Rechtsgrundlage der Produkthaftungsklage immer wieder das seit 01.01.1990 in Kraft getretene Produkthaftungsgesetz angeführt wird und sich wesentliche Teile durch die Schuldrechtsmodernisierung zum 01.01.2002 geändert haben, so wird für den Produkthaftungsprozess in der Regel eine Vorschrift aus dem vergangenen Jahrhundert herangezogen, diejenige des § 823 Abs. 1 BGB, die folgendermaßen lautet:

„Wer vorsätzlich oder fahrlässig das Leben, den Körper, die Gesundheit, die Freiheit, das Eigentum oder ein sonstiges Recht eines anderen widerrechtlich verletzt, ist dem anderen zum Ersatz des daraus entstehenden Schadens verpflichtet.“

Aus diesem Paragraphen hat die Rechtsprechung im Wege der Gesetzesauslegung das klassische Produkthaftungsrecht erstellt, einen durch Auslegung dieses einen Paragraphen gewonnenen Normkomplex, so genanntes Richterrecht. Die aus jenem alten § 823 Abs. 1 BGB extrahierten Prüfungsschritte bzw. Voraussetzungen stellen sich in ihrer Grobfassung wie folgt dar:

1. Ist eines der in § 823 Abs. 1 BGB genannten individuellen Rechtsgüter, insbesondere seine Gesundheit oder das Eigentumsrecht des Klägers, verletzt?
2. Hat der beklagte Produzent rechtwidrig und schuldhaft gehandelt bzw. hat er einen von der Rechtsprechung in freier Auslegung gewonnenen äußerst differenzierten Pflichtenkatalog verletzt und infolgedessen ein fehlerhaftes, d.h. unvertretbar gefährliches Produkt vermarktet?
3. Besteht ein Ursachenzusammenhang zwischen den beiden erstgenannten Punkten, d.h. zwischen dem fehlerhaften Produkt des jeweils beklagten Herstellers und der Gesundheits- oder Eigentumsverletzung des Klägers?
4. Hat dies alles zu einem erstattungsfähigen Schaden des Klägers geführt, zu Schmerzen und Leiden, zu Verdienstausfällen oder sogar Berufsunfähigkeit und dgl. bzw. zur Wertminderung der Immobilie und/oder Sanierungskosten?

Vom Bestehen eines jeden einzelnen dieser bürokratisch aufeinander aufbauenden Prüfungsschritte hängen Erfolg und Misserfolg der Produkthaftungsklage ab.

Erste Voraussetzung einer Produkthaftungsklage

Primäre Voraussetzung eines jeden Produkthaftungsanspruches ist, dass der Geschädigte die Verletzung eigener, ihm gehöriger Rechtsgüter zu beklagen hat, wobei hier in erster Linie die Rechtsgüter Gesundheit und Eigentum interessieren. In dieser ersten Phase scheidet der Jurist die Klagen wegen Schädigung all jener Umweltgüter aus, die niemandem direkt gehören. Er markiert damit zugleich eine strikte Anwendungsgrenze des individualrechtlich orientierten Produkthaftungsrechtes. Eine Verletzung des Rechtsgutes Gesundheit wird im Produkthaftungsprozess einfach festzustellen sein, da sie bei jeder Erkrankung und streng genommen bereits bei ernsthaftem Unwohlsein oder der Einnahme potenziell schädlicher Stoffe vorliegt. Eine Verletzung des Rechtsgutes Eigentum liegt offenkundig bei optisch deutlichen Substanzbeschädigungen vor.

Die Frage nach dem Vorliegen einer Eigentumsverletzung im Sinne des § 823 Abs. 1 BGB ist zugleich Kernthema derjenigen Produkthaftungsklage, die auf Erstattung der Kosten für die Entfernung humantoxischer Substanzen ausgerichtet ist. Denn deren Erfolgsaussichten bemessen sich danach, ob die Belastung mit dem Schadstoff von der Art und dem Ausmaß ist, dass sie das in § 823 Abs. 1 BGB genannte Eigentum des Klägers beeinträchtigt, oder ob sie unterhalb der Schwelle einer Eigentumsverletzung liegt.

Zivilgerichte haben sich in der Vergangenheit nur selten mit der Bestimmung des eigentumsrechtlichen Grenzwertes befasst, allerdings mittlerweile verstärkt und durchaus in einem dem Umwelt-, Gesundheits- und damit Verbraucherschutz nicht abträglichen Sinne. Beispielhaft sollen im Folgenden einige höchstrichterliche Entscheidungen kurz zusammengefasst werden.

Das Bundesverfassungsgericht betont seit Beginn seiner mietrechtlichen Eigenbedarfsrechtsprechung mehr als je zuvor, dass das Kernelement des verfassungsrechtlich geschützten Eigentums an Wohnimmobilien die unantastbare Befugnis des Eigentümers ist, seine private Lebensgestaltung nach seinen subjektiven Maßstäben auszurichten. Urteile des Bundesverfassungsgerichtes und damit der höchsten deutschen Instanz haben den Charakter verbindlicher Rechtsnormen. Diese Maßstäbe dürfen im Zivilprozess nicht durch eigene Bewertungsmaßstäbe des Gerichtes ersetzt, sondern nur dann korrigiert werden, wenn sie regelrecht unvernünftig und sachlich nicht nachvollziehbar sind *(BverfGE 85, 214, 218)*.

Für den Produkthaftungsprozess muss dies infolgedessen heißen, dass das Eigentumsrecht des Inhabers von Wohnimmobilien die Befugnis einschließt, nach seinen subjektiven Präventionsmaßnahmen zu leben und sich dann, wenn wissenschaftliche Meinungsverschiedenheiten über die Gefahrträchtigkeit einer toxischen Belastung existieren, im Zweifel auf die sichere Seite zu schlagen und damit derartige Belastungen zu vermeiden, die auch nur von einem nicht zu vernachlässigenden Teil der toxikologischen Wissenschaft für vermeidenswert erachtet werden. Die Konsequenz daraus ist, dass im Sanierungskosten-Produkthaftungsprozess die erste Voraussetzung (das Vorliegen einer das Eigentum verletzenden toxischen Belastung) bereits vorliegt, wenn Belastungen nach den subjektiven Präventionsmaßstäben des Klägers vermieden werden sollten.

Der Bundesgerichtshof tendiert in seiner Rechtsprechung genau zu dieser Auffassung, da er die dem Grundeigentum innewohnende Selbstbestimmungsbefugnis des Eigentümers allein durch die Einbringung von beispielsweise Perchlorethylen an sich als verletzt ansieht, ohne dass er auf den Nachweis konkreter Gesundheitsschädlichkeit besteht *(BGH NJW 1996, 845)*. Auch die Rechtsprechung der Instanzgerichte sieht das Eigentum an Immobilien bereits als verletzt an, wenn die subjektiv bestimmte Nutzungsabsicht des Klägers durch Emissionen beeinträchtigt wurde, mag der Präventionswunsch des Klägers auch toxikologisch-wissenschaftlich umstritten sein *(LG Münster NJW 1986, DWW 1988, in der Berufungsinstanz durch OLG Hamm bestätigt)*. Ganz deutlich am präventiven Gesundheitsschutz orientiert sich die neueste Rechtsprechung des Bundesarbeitsgerichtes. Bei Prüfung der Rechtsfrage, ob ein mit PCP und Formaldehyd belasteter Arbeitsraum mit einem dem Arbeitnehmer unzumutbaren Gesundheitsrisiko belastet ist, verweist das höchste deutsche Arbeitsgericht nicht auf die Grenzwert- und Schwellenwertdiskussion des Umweltverwaltungsrechts, sondern übertritt diesen Standpunkt und sieht die Grenze der zivilrechtlich zumutbaren Raumluftbelastung dort, wo das Maß des Ubiquitären (die allgemeine Hintergrundbelastung) überschritten ist *(BAG vom 8.5.1996 - 5 Az. 315/95)*.

Zweite Voraussetzung einer Produkthaftungsklage

Die aus § 823 BGB entwickelte und im Produkthaftungsrecht getroffene Differenzierung der Produktfehler-Kategorien soll zum besseren Verständnis im Folgenden kurz erwähnt werden.

Ein Produkt weist einen **Konstruktionsfehler** auf, wenn es seiner grundlegenden konstruktiven Beschaffenheit nach mit Risiken für Mensch, Tier und Sache verbunden ist, die bei wertender, letztlich vom Gericht vorzunehmender Betrachtung vermeidbar sind und hätten vermieden werden sollen. Ist dieses Risiko dem Produkt nicht konstruktiv immanent, sondern nur dadurch verursacht, dass Produktionsfehler bei einzelnen Chargen oder Einzelprodukten unterlaufen sind, spricht der Jurist vom **Fabrikationsfehler**. Unterlässt der Hersteller einen nötig gewesenen Warnhinweis, um dem Benutzer einen eigenverantwortlichen und risikovermeidenden Umgang mit dem Erzeugnis zu ermöglichen, so kommt eine Haftung aufgrund eines **Instruktionsfehlers** in Betracht.

Konstruktions- oder in Ausnahmefällen Fabrikationsfehler liegen beispielsweise dann vor, wenn ein bauchemisches Produkt die Gesundheit von Mensch oder Haus- und Nutztier geschädigt oder eine Schadstoffsanierung erforderlich gemacht hat. Ein Instruktionsfehler liegt beispielsweise vor, wenn ein Hersteller eines von der Mehrzahl der Toxikologen für unbedenklich erachteten Produktes unterlassen hat, den Verbraucher auf toxikologisch vertretbare, aber nicht unumstrittene Risikopotenziale hinzuweisen. Denn die Möglichkeit einer selbstbestimmenden Risikoentscheidung des Verbrauchers bzw. Eigentümers besteht nur bei deutlicher Aufklärung über toxikologische Mindermeinungen im Rahmen einer noch nicht abgeschlossenen wissenschaftlichen Erörterung, sodass das Unterlassen einer derartigen Belehrung haftungsbegründend sein kann (*BGH NJE 1996*), wobei auch über geringe Risikowahrscheinlichkeiten aufzuklären ist (*BGHZ 126, BGH NJW 1995*).

Dritte Voraussetzung einer Produkthaftungsklage

Das Bestehen auf die Einhaltung der Sorgfaltspflichten industrieller Produzenten im Interesse des Gesundheits- und Verbraucherschutzes ist Kernelement im Produkthaftungsprozess auf der Seite der Geschädigten. Nachdem die Aufzählung der Einzelpflichten zu umfangreich wäre, soll die Strenge der Rechtsprechung des Bundesgerichtshofes symbolisch und beispielhaft wiedergegeben werden:

Den industriellen Produzenten trifft eine vom BGH als Produktbeobachtungspflicht bezeichnete Risikoerforschungspflicht. Spezialfirmen haben sich hierbei nicht auf das Studium der externen wissenschaftlichen Literatur zu beschränken, vielmehr verletzen sie ihre Risikoerforschungspflicht, wenn sie ihre eigenen Spezialkenntnisse nicht zur eigenverantwortlichen Risikoerforschung nutzen (*BGH NJW 1995, 1286*). Maßgeblich sind im Produkthaftungsprozess nicht die branchenüblichen Sorgfaltsvorkehrungen, sondern diejenigen darüber hinausgehenden, deren Erforderlichkeit der Hersteller bei eigener Risikobetrachtung hätte erkennen können (*BGH in VersR 1989, 1307*). Scheinbar revolutionär ist die Aussage, dass eine staatliche Risikoüberprüfung und Produktgenehmigung eine eigene Haftung des Herstellers keineswegs ausschließen, weil sie das Forschungsrisiko nicht vom Hersteller auf staatliche Kontrollorgane verlagern, sondern es dort belassen, wo Risikoerforschung optimal betrieben werden kann (*BGH in BGHZ 99, 167/ BGH in NJW 1992, 2016*). Nicht einmal die Einhaltung staatlicher Emissionsstandards befreit den industriellen Produzenten von seiner Pflicht, eigenverantwortlich solche Risiken zu prüfen, die der staatliche Normgeber bei Verabschiedung von Grenzwerten übersehen haben mag (*BGH in NJW 1997, 2748*). Bleibt unklar, ob das Produktrisiko im maßgeblichen Zeitraum erkennbar ist oder nicht, dann geht dies zu Lasten der Hersteller, denn dieser hat darzulegen und ggf. zu beweisen, dass die Verwendungsrisiken nicht bekannt waren und auch bei Anstrengung der gebotenen Risikoerforschung nicht hätten erkannt werden können (*BGH in NJW 1995, 1286*).

Vierte Voraussetzung einer Produkthaftungsklage
Die vierte Voraussetzung einer Produkthaftungsklage stellt das eigentliche Problem für Geschädigte dar, die toxisch bedingte Gesundheitsschäden geltend machen wollen: der Ursachenzusammenhang zwischen Produktfehler und individueller Rechtsgutverletzung. Der Kläger ist für den Zusammenhang der Ursachen beweispflichtig. Allerdings reicht der Beweis der Mit-Ursächlichkeit aus, und die Diskussion um Kausalitäts-Beweiserleichterungen im Produkthaftungsprozess ist bei weitem nicht abgeschlossen, beispielsweise wenn der Bundesgerichtshof an eine Überschreitung von verwaltungsrechtlichen, gesundheitsschützenden Grenzwerten eine Umkehr der Beweislast dahingehend knüpft, dass derjenige, der Grenzwerte überschritten hat, deren Nicht-Ursächlichkeit für den Gesundheitszustand nachzuweisen hat *(BGH in NJW 1997, 2748)*, oder wenn das Bundesarbeitsgericht an eine Überschreitung von Raumluft-Hintergrundbelastungen im Arbeitsrecht die Konsequenz knüpft, dass der beklagte Arbeitgeber den fehlenden Ursachenzusammenhang zwischen Überschreitung und Erkrankung seines Mitarbeiters zu beweisen hat *(BAG vom 8.5.1996 - 5 Az 315/95)*.

8.4 Gesetzliche Grundlagen bei der Schädlingsbekämpfung und im Holz- und Bautenschutz

Das Chemikaliengesetz und die Gefahrstoff-Verordnung tragen durch strikte Vorschriften im Umgang mit Bekämpfungsmitteln der von nicht sachgemäßer Schädlingsbekämpfung ausgehenden potenziellen Gefährdung Rechnung. Alle Maßnahmen sind so durchzuführen, dass Mensch und Umwelt nicht gefährdet werden. Hier die wichtigsten Fakten aus der Gefahrstoff-Verordnung (§ 15e und Anhang V, Nr. 6):

- **Schädlingsbekämpfungsmittel**
  In dieser Regelung sind alle als gesundheitsschädlich, giftig und sehr giftig eingestuften Stoffe und Lösungen bzw. Zubereitungen erfasst, die dazu bestimmt sind, Schadorganismen oder lästige Organismen unschädlich zu machen oder zu vernichten, und zwar unabhängig von der Konzentration. Dazu gehören u.a. auch solche Mittel, die zur Bekämpfung im Holzschutz (Insekten, Schwamm) oder auch im Bautenschutz (Algen, Schimmelpilz an Mauern) verwendet werden.
- **Qualifikation**
  Die Gefahrstoff-Verordnung verlangt ausdrücklich, dass vor Ort nur IHK-geprüfte Schädlingsbekämpfer (oder gleichwertige behördlich anerkannte Qualifikation) als Techniker eingesetzt werden. Hilfskräfte ohne diese Sachkunde dürfen ausschließlich unter der ständigen unmittelbaren Aufsicht von Sachkundigen arbeiten (Sichtkontakt). Im Übrigen hat jeder Betrieb, der solche Maßnahmen ausführen will, das vor Aufnahme der Tätigkeit der zuständigen Behörde anzuzeigen. In dieser Anzeige haben die Betriebe die ausreichende personelle, räumliche und sicherheitstechnische Ausstattung nachzuweisen und auch die Mittelverwendung und Dokumentation darzulegen. Dies gilt auch für so genannte Hausmeistertätigkeiten im eigenen Betrieb. Des Weiteren ist jede Schädlingsbekämpfungsmaßnahme zu dokumentieren: Die Dokumentation ist so anzulegen, dass die zu bekämpfenden Organismen, die Mittelverwendung hinsichtlich Art, Menge, Konzentration, Dosierung, Ausbringungsverfahren, ggf. Dekontamination und Vorsichtsmaßnahmen sowie Ort und Zeit der Anwendung festgehalten wird. Diese Dokumentationsunterlagen sind mindestens zwei Jahre aufzubewahren und auf Verlangen der zuständigen Behörde vorzulegen.
- **Gemeinschaftseinrichtungen**
  Die Anwendung von Schädlingsbekämpfungs-

mitteln in Gemeinschaftseinrichtungen, insbesondere Schulen, Kindertagesstätten und Krankenhäusern, ist der zuständigen Behörde schriftlich vor der Ausführung dieser Tätigkeit unter Angabe des Umfanges, der Anwendung, des Mitteleinsatzes, des Ausbringungsverfahrens und der Schutzmaßnahmen mitzuteilen.

- **Weitere Schutzregeln**
  Im Übrigen gelten noch die Bestimmungen des Bundesseuchenrechts, des Pflanzenschutzgesetzes und der Berufsgenossenschaft sowie für Holzschutz die DIN 68800, Teile 3 und 4.

Der Kunde sollte nur solche Fachbetriebe mit Holz- und Bautenschutz- sowie Schädlingsbekämpfungsmaßnahmen beauftragen, die über die oben genannten Qualifikationen verfügen und diese nachweisen können. Auf diese Weise ist sichergestellt, dass die beauftragten Fachleute wissen, was sie tun und im Zweifelsfall auch dafür haften.

8.5 Juristische Aspekte beim Fogging-Effekt

Der wesentliche Schritt zur Entstehung eines Fogging-Effektes ist der Eintrag von schwerflüchtigen organischen Verbindungen (SVOC) in die Raumluft bei Neubauten oder nach erfolgten Renovierungsarbeiten. Ohne diese Emission aus bestimmten Produkten kommt es in der Regel nicht zum Fogging-Effekt. Hinsichtlich der Produkte gibt es aber für den privaten oder öffentlichen Bauherrn, Besitzer oder Eigentümer bzw. den privaten oder gewerblichen Verbraucher kaum Möglichkeiten, über die Produktbeschreibung und -beschriftung, Kennzeichnung und Auslobung sowie evtl. vorhandene Prüfzeugnisse und Gutachten Hinweise auf eine mögliche Fogging-Aktivität oder ein Potenzial zu erlangen. Auch die Produkthersteller und -anbieter sind (mit Ausnahme der Farben- und Lackindustrie) in der Regel nicht in der Lage, Garantieaussagen hinsichtlich des Fogging-Verhaltens ihrer Produkte abzugeben, zumal es praktisch keine vollständig emissionsfreien Bauprodukte für den Innenbereich gibt.

Aufgrund der im fachlichen Teil beschriebenen Einflussfaktoren wie Hausstaub-Konditionierung, raumphysikalische Bedingungen, ineinander greifende Emissionsquellen verschiedener Produkte und Gegenstände im Innenraum und dgl. muss eine sehr komplexe Ursachenkette aufeinander treffen, damit es zum Fogging-Effekt kommt.

In einem der ersten veröffentlichten Fogging-Urteile hat das Amtsgericht Hamburg-Wandsbek im Jahre 2000 in einem Streit zwischen Vermieter und Mieter dahingehend entschieden, dass nach einem Sachverständigengutachten der Mieter aufgrund eines vorhandenen PVC-Bodenbelages und einer Textiltapete bei Auftreten eines Fogging-Falls berechtigt war, die Miete um 40% zu mindern. Der mieterseitige Verursacheranteil wurde auf 60% geschätzt. Somit wurde eine Quotelung vorgenommen, da der Mieter in der Wohnung eigenmächtig einen Korkbelag verklebt hatte. Solche Quotelungen sind allerdings in vielen Fogging-Fällen aufgrund ihrer komplizierten Kausalketten und Ursachenfindung nicht oder nur sehr schwer möglich. Den berühmten »schwarzen Peter« behält in diesen Fällen dann der verschuldungsunabhängig für die Gebrauchstauglichkeit der Mietsache einstandspflichtige Vermieter, obwohl dieser genauso wenig wie der Mieter (sowie der Handwerker und/oder Baustoffhändler seinerseits) die in Kombination mit diversen anderen Einflussfaktoren von bestimmten Bauprodukten ausgehende Schadensauslösung einschätzen kann.

Andere Gerichtsentscheidungen weisen bisher darauf hin, dass die Gerichte in vielen Fällen aufgrund der komplexen Kausalkette, der schwierigen Nachweisführung über Ursachen und Abhängigkeiten sowie widersprüchlicher Aussagen in der Fachliteratur beim Fogging-Effekt zum Vergleich raten. Abseits der Realität sind in diesem Zusammenhang allerdings in einigen Rechtsstreitigkeiten zum Thema »schwarze Wohnungen« gegebene Empfehlungen von Vermietern an Mieter, gleichzeitig kräftig zu lüften und zu heizen. Der Praxis nicht angemessen sind weiterhin derartige Empfehlungen, dass die Mieter in der kalten Jahreszeit auf das Abbrennen von Kerzen verzichten sollten und sich damit das Problem gelöst hätte. Zwar kann die Verwendung von offenem Kaminfeuer, Kerzenlicht und Öllampen etc. in der Weihnachtszeit im Einzelfall durchaus zum Phänomen der »schwarzen Wohnungen« beitragen. Das Abbrennen von Kerzen allein führt aber nicht zu einer Verrußung der gesamten Wohnung. Allein eine chemische Analyse der Schwarzstaubablagerungen würde eine derartige Empfehlung aushebeln. An solchen Beispielen wird aber deutlich, wie mit der allgemeinen Verunsicherung und Ratlosigkeit auf Seiten der Mieter und Vermieter sowie der Wissensdefizite bei Sachverständigen und Gutachtern umgegangen wird.

Das Gleiche gilt auch für andere Parameter und Einflussfaktoren. Ein PVC-Belag, textile Boden- oder Wandbeläge, eine Wandfarbe oder andere Innenraumprodukte beispielsweise, die in vielen anderen Anwendungsfällen, in denen die gleichen Produkte eingesetzt wurden, zu keinen schwarzen Ablagerungen oder Verschmutzungen geführt haben, können bei einem ungünstigen Aufeinandertreffen mit anderen Faktoren zum Phänomen der schwarzen Wohnungen bzw. zum Fogging-Effekt beitragen. In einigen Fällen mussten Wand- und Bodenbeläge komplett entfernt werden, damit die Ablagerungen nicht mehr oder nicht wieder auftreten. Gerade, wenn diese Vorgehensweise größere Sanierungs- oder gegebenenfalls sogar Umbaumaßnahmen erforderlich machen, lassen bei Betroffenen natürlich sehr schnell und zu Recht die Frage aufkommen, wer rechtlich die Verantwortung zu übernehmen und dementsprechend für die Kosten aufzukommen hat.

Genau bei dieser Frage fängt aber das Problem – zumindest juristisch gesehen – an. In der Regel sind Mietwohnungen betroffen, die nach klassischem Mietvertrag bei Ein- oder Auszug renoviert werden müssen. Da diese Renovierung zum Erhalt der Nutzungsfähigkeit notwendig ist, kann man in einer rechtlichen Auseinandersetzung den Parteien (Mieter, Vermieter) kaum einen Vorwurf daraus machen, dass die Wohnung einige Wochen oder Monate vor dem Entstehen der schwarzen Ablagerungen renoviert wurde. Aber auch die ausführenden Handwerksbetriebe (oder bei Arbeiten in Eigenleistung den Mieter) kann niemand regresspflichtig machen bzw. ihnen ein Verschulden vorgeworfen werden, die mit RAL- oder TÜV-geprüften oder mit dem »Blauen Engel« versehenen Produkten die Renovierung durchgeführt haben. Die Hersteller dieser Produkte können in der Regel auch nicht in die Haftung genommen werden, da es bisher kein Produkt gibt, welches nachweislich zu dem Phänomen der »schwarzen Wohnungen« führt. Den Farben- und Lackherstellern ist dieses Problem seit einiger Zeit bekannt, sodass sie derzeit untersuchen, welche Rolle die in einigen Farben und Lacken enthaltenen Weichmacherverbindungen beim Entstehen des Fogging-Phänomens spielen. Aufgrund der allerdings sehr komplexen Ursachenkette gelingt es bislang aber noch nicht, nur durch das simulierte Ausbringen weichmacherhaltiger Farben, Lacke, Klebstoffe etc. die beschriebenen schwarzen Ablagerungen zu erzeugen.

Als Verbraucher und Anwender besteht ohnehin kaum eine Möglichkeit zu überblicken, welche Produkte Weichmacher und andere schwerflüchtige organische Verbindungen (SVOC) enthalten bzw. emittieren und welche nicht, sodass eine gezielte Auswahl bei der Produktwahl unter diesem Gesichtspunkt nicht oder kaum möglich ist. Selbst das vom Umweltbundesamt verliehene Umweltzeichen (»Blauer Engel«) hilft nicht weiter, da auch Produkte mit dieser Kennzeichnung durchaus Weichmacher enthalten können.

So wird von Fällen berichtet, in denen das beschriebene Phänomen auftrat, als in Wohnungen handelsübliche Teppiche oder in anderen Fällen handelsübliche Farben, Putze oder Tapeten verlegt oder appliziert wurden. Alle Bemühungen zur Beseitigung des Problems waren erfolglos, sodass sich die Mieter/Vermieter dann entschieden, den neuen Teppichboden bzw. die neuen Beschichtungen wieder zu entfernen. Nachdem anschließend das Fogging-Phänomen nicht wieder auftrat, könnte man annehmen, dass der neue Teppich oder in anderen Fällen Beschichtungsstoffe wie Putz, Farbe, Tapete und dgl. als Ursache zu sehen sind und dementsprechend der Hersteller der oben genannten Produkte für den finanziellen Aufwand aufzukommen hat. In zwei von drei Fällen werden dann auch gerichtliche Auseinandersetzungen so entscheiden. Allerdings verweisen die Hersteller dieser Produkte in anderen Fällen zu Recht darauf, dass gleiche Produkte mit gleichen Inhaltsstoffen oftmals um den Faktor einiger tausend Stück oder Quadratmeter Fläche bereits anderweitig verkauft und angewendet wurden bzw. im Einsatz sind, ohne dass ein derartiges Phänomen auftrat.

In Einzelfällen wurde durch Baubiologen und Experten für Innenraumluftqualität nachgewiesen, dass in solchen Fällen oftmals nur »das Fass zum Überlaufen« gebracht wurde, d.h. dass die Innenraumbelastung auch vor dem Verlegen des Teppichs oder der Beschichtung mit einer Farbe, dem Verputz oder der Applikation einer Tapete oder eines anderen Wandbelages vorhanden gewesen ist. Um bildlich zu sprechen: die Innenraumbelastung wird durch einzelne Einflussfaktoren bestimmt, die jeder für sich das Problem nicht verursacht, die aber in der Summe das Fogging-Phänomen verursachen können, ähnlich einem Puzzleteil, dass einzeln betrachtet kein Bild ergibt, wohl aber in der Summe aller zusammengesetzten Einzelteile. So kann in den oben genannten Fällen der Eintrag an innenraumbelastenden Stoffen bereits schon so hoch gewesen sein, dass durch die Renovierungsmaßnahmen noch zusätzliche Emissionen entstanden sind, die zur Schwarzablagerung in den Wohnung geführt haben, jedes Produkt für sich allein betrachtet aber dazu nicht ausgereicht hätte.

Damit ergibt sich das nächste Problem. Wird nachgewiesen, dass bereits vor der Renovierung entsprechende Einflussfaktoren für die Innenraumbelastung vorgelegen haben, können diese entweder im Verantwortungsbereich des Hauseigentümers durch evtl. bauliche Mängel oder auch in der Verantwortung und im Verhalten der Bewohner liegen, beispielsweise wenn unzureichendes Lüftungsverhalten nachgewiesen werden kann oder SVOC durch andere Quellen bzw. übermäßiger Ruß in der Wohnung durch Kerzen, Öllampen oder einen offenen Kamin verursacht werden. Auch an dieser Stelle soll aber noch einmal betont werden, dass diese Einflussfaktoren für sich betrachtet wahrscheinlich nie das Problem allein verursacht hätten. Der oft von Seiten der Vermieter erhobene Vorwurf an den Mieter, das Problem durch unzureichendes Lüften selbst verschuldet zu haben, ist so nicht haltbar, wissenschaftlich nicht nachgewiesen und damit nicht objektiv zu begründen. Es ist bisher kein einziger Fall (bzw. veröffentlichter Fall) bekannt, in dem allein durch das Lüftungsverhalten des Mieters das Fogging-Phänomen verursacht wurde. Im Zusammenspiel mit anderen Einflussfaktoren aber (und offenbar nur dann!) können diese Einzelfaktoren nach heutigem Erkenntnisstand jedoch sehr wohl zum Entstehen des Phänomens der »schwarzen Wohnungen« im Einzelfall beitragen. Kausal belegbar dürfte das dennoch in den meisten Fällen kaum sein.

In anderen Fällen wurde die Verantwortung für die Beseitigung der gesamten durch die schwarzen Ablagerungen entstandenen Schäden dem Vermieter bzw. Eigentümer angelastet, weil durch einen Bausachverständigen nachweislich bauliche Mängel wie beispielsweise Wärmebrücken, Feuchtigkeitsbelastung durch Risse im Fassadenbereich oder durch kapillar aufsteigende Feuchtigkeit im erdberührten Bereich vorlagen. Gerade in diesem Punkt gehen die Meinungen der Experten, Bausachverständigen und Juristen allerdings auseinander, da diese Schuldzuweisung in der Regel nicht gerechtfertigt ist. Bauliche Mängel müssen, und das steht sicherlich außer Frage, beseitigt werden. Im Zusammenhang mit dem Fogging-Phänomen können bauliche Mängel das Erscheinungsbild der Ablagerungen zwar verstärken, denn nur dort treten die Staubablagerungen verstärkt auf, allerdings stellen sie nicht die Ursache für das Problem dar. Und eine rechtliche und damit auch finanzielle Verantwortung für die Schwarzablagerungen muss nur übernehmen, wer auch der Verursacher gewesen ist.

Selbst die immer wieder erwähnten Kerzen fallen unter diese Betrachtung. Werden in der Wohnung in Maßen Kerzen abgebrannt, kann evtl. auch hier nur das Erscheinungsbild der Ablagerungen verstärkt werden. In der Regel werden die Kerzen für sich aber nicht die Ursache für massiv auftretende Schwarzablagerungen bis hin zu großflächigen Schwarzfärbungen, unter Umständen sogar in der gesamten Wohnung, sein. Kritischer ist die Sache zu sehen, wenn tatsächlich nur einzelne schwarze Rußflecken an manchen Stellen auftreten. Aber auch dann kann eine chemische Analyse der Zusammensetzung des Rußes Aufschluss über die Inhaltsstoffe geben. Sie haben in der Regel nichts mit den großflächigen Schwarzablagerungen zu tun, die unter dem Begriff »Fogging«, »Magic Dust« oder »Schwarze Wohnungen« zusammengefasst werden.

Es gibt schließlich weitere Einflussfaktoren, die zum Phänomen beitragen, im Einzelfall sogar der auslösende Faktor sein können. Vom Umweltbundesamt wurden bereits Witterungseinflüsse und dabei entstehende schnelle Wechsel im elektrostatistischen Potenzial der Luft als weitere mögliche Einflussfaktoren gesehen, die zum Entstehen des Phänomens beitragen können. Zu geringe Luftfeuchtigkeit der Raumluft unterstützt diese Theorie, da zu trockene Luft zu einer Erhöhung des elektrostatischen Potenzials führt, die wiederum die Bildung geladener Staubteilchen fördert. Geladene Teilchen setzen sich besser ab als ungeladene Teilchen. Zu trockene Luft fördert physikalisch wahrscheinlich auch die Anlagerung von SVOC an vorhandene Schwebstaubpartikel. Die Luftfeuchtigkeit wird deshalb an dieser Stelle erwähnt, weil nachweislich die Erhöhung der relativen Luftfeuchtigkeit von zuvor unter 20% auf später 40 bis 50% das Wiederentstehen der Ablagerungen in einigen Fällen verhindert hat. Allerdings gibt es aus hygienischer Sicht eine Grenze, nach der die relative Luftfeuchtigkeit durch Luftbefeuchter oder dgl. im Raum auf etwa 40-60% erhöht werden sollte. Weitere Erhöhungen können dann wiederum zur Schimmelpilzbildung in der Wohnung führen.

Sofern zur Beweissicherung bei gerichtlichen Auseinandersetzungen (Bau)Sachverständige und Gutachter bzw. eventuell Baubiologen eingeschaltet werden, sollte Folgendes unbedingt beachtet werden: Die Bauexperten sollten mit der Thematik der »schwarzen Wohnungen«, dem Fogging-Phänomen vertraut sein. Es bringt nichts, wenn die eingeschalteten Experten und Fachleute zwar bauliche Mängel erkennen können, aber über keinerlei Kenntnisse und Erfahrungen in raumlufthygienischen Fragen verfügen. Das Gleiche gilt, wenn baubiologische Analyse- und Umweltlabors entsprechende Innenraumluftmessungen und Schadstoffanalysen durchführen, ohne das beschriebene Phänomen zu kennen und damit ggf. eine Vielzahl von Substanzen in der Wohnung, nicht jedoch die in diesem Zusammenhang maßgeblichen Verbindungen und Substanzen analysieren, oder evtl. aus Unkenntnis andere Schlussfolgerungen getroffen werden. Von einigen Messlabors werden darüber hinaus die Randbedingungen während der Messungen oft nur unzureichend berücksichtigt.

Leider sind falsch durchgeführte Probenahmen und Analysen gerade bei Innenraumluftuntersuchungen und -schadstoffanalysen nicht selten. Hinzu kommt, dass die Interpretation der Messergebnisse oft sehr oberflächlich und teilweise auch in Unkenntnis erfolgt. Es gibt genügend (auch veröffentlichte) Beispiele dafür, dass nicht selten Dinge als Ursache erwähnt werden, die nachweislich nichts mit dem Fogging-Phänomen zu tun haben, oder aber es wird relativ undifferenziert eine einzige Emissionsquelle in der Wohnung als alleinige Ursache genannt, ohne dass dies belegt oder über eine Messreihe verschiedener Daten bestätigt werden kann. Die Folge sind dann oft Gegendarstellungen und Gegengutachten der anderen Parteien, Schiedsgutachten durch neutrale Institutionen und zunehmende Anfragen an Krankenkassen, Behörden bis hin zum Umweltbundesamt etc.

Aus diesen Beschreibungen wird sicherlich deutlich, wie kompliziert und komplex in vielen Fällen die kausalen Zusammenhänge beim Entstehen des Fogging-Phänomens sind. Erschwerend kommt hinzu, dass es keine eindeutigen und unabhängigen Prüfkriterien für die Begutachtung und Messung von Innenraumbelastungen gibt und dass viele so genannte Experten diese Dienstleistung anbieten, ohne über die berufliche Qualifikation und labortechnische Ausrüstung zu verfügen.

Hierzu der redaktionelle Leitsatz des Amtsgerichts Hamburg-Wandsbek:

> *»Das Phänomen so genannter schwarzer Wohnungen lässt sich aus einem Zusammenspiel verschiedener wohnungsinterner Faktoren (hier: PVC-Boden mit übergeklebtem Korkbelag, Textiltapete, Kohleabrieb aus unsauber laufendem Staubsaugermotor, starker Kerzenabbrand) erklären. Können die einzelnen Faktoren den Verantwortungsbereichen des Vermieters und des Mieters zugewiesen werden, so braucht das erkennende Gericht, wenn eine sachverständig gestützte Schätzung der Verursachungsanteile möglich ist, schon im Kosteninteresse beider Parteien keine weitere Aufklärung zu veranlassen.«*
> AG Hamburg-Wandsbek, Urt. vom 29.05.2000 - 712D C 27/99

Einerseits liegt in der Begründung sicherlich eine nachvollziehbare und korrekte Aussage, dass einige Einflussfaktoren im Verantwortungsbereich von Vermieter und Mieter liegen. Zum Entstehen der Ablagerungen tragen aber nicht nur entweder im Verantwortungsbereich des Vermieters oder des Mieters liegende Faktoren bei, sondern in der Regel mehrere Faktoren in beiden Verantwortungsbereichen und außerdem Faktoren in der Verantwortung Dritter (beispielsweise Produkthersteller) sowie solche Faktoren, die wie beispielsweise Witterungseinflüsse niemandem direkt angelastet werden können. Welche der parallelen und sich teilweise gegenseitig unterstützenden Faktoren im Einzelfall ausschlaggebend waren oder sein können, kann in den meisten Fällen dann nicht mehr nachvollzogen werden. Analysen der Ablagerungen in den Wohnungen auf Rußbestandteile, Weichmacherwanderungen und dgl. erfolgen in der Regel erst dann, wenn das Phänomen bereits entstanden ist. Eine qualifizierte und repräsentative Aussage wäre aber nur möglich, wenn vor und während des Entstehungsprozesses entsprechende Messungen durchgeführt worden sind. Dann wäre ein Vergleich der Messergebnisse vorher und nachher möglich, um eine analytisch gesicherte Aussage darüber zu erhalten, was sich konkret im Moment des Entstehens der Schwarzstaubablagerungen in der Wohnung verändert hat.

Aus der Sicht von Bauexperten und Wissenschaftlern bedeutet dies, dass das Zuordnen von rechtlichen Verantwortungen im Zusammenhang mit dem Fogging-Phänomen und Schwarzstaubablagerungen in Innenräumen, wie der Richter es seiner Urteilsfindung zu Grunde zu legen hat, oft überflüssige Mühe sein dürfte und man es besser erst gar nicht zu rechtlichen Auseinandersetzungen kommen lassen sollte. In der Tat weisen einige Gerichtsurteile jüngerer Zeit darauf hin, dass die Gerichte in vielen Fällen zum Vergleich raten, da es in der Regel keine verantwortlich zuzuordnenden Faktoren gibt, die als auslösender Faktor eine Rolle gespielt haben. Ausnahmen bestätigen – natürlich auch in diesem Fall – die Regel.

8.6 Juristische Aspekte bei der Schimmelpilzbildung

8.6.1 Einleitung

Wenn in Wohnungen Schimmelpilze auftreten, ist die Sache meist ganz klar, jedenfalls für die Betroffenen – Mieter auf der einen und Vermieter auf der anderen Seite. Je nachdem, wer gefragt wird, lauten die Antworten, dass der Mieter nicht richtig oder unzureichend lüftet oder dass der Vermieter Schuld ist, da ein Baumangel vorliegt. Oft endet dieser Streit in einer gerichtlichen Auseinandersetzung. Dabei sollten vor Einschaltung eines Rechtsanwaltes Folgendes bedacht werden: Der Mieter ist verpflichtet, »situationsgerecht« zu Heizen und zu Lüften. Entsteht ein Mangel (z.B. Schimmel), sollte eine Mietmängelanzeige beim Vermieter gemacht und eine Frist zur Beseitigung des Schadens gesetzt werden. Gleichzeit kann man ankündigen, dass eine Mietminderung geltend gemacht werden wird. Nach erfolgloser Abmahnung kann in schwerwiegenden Fällen auch fristlos gekündigt werden.

Der Mieter muss allerdings damit rechnen, dass ihm nicht situationsgerechtes Heizen und Lüften vorgeworfen wird. Damit verbunden kann eine Aufforderung sein, den Mangel selbst durch vertragsgemäßes Verhalten zu beseitigen. Schlimmstenfalls kommt es zur Androhung oder Durchsetzung einer Kündigung wegen fortgesetztem falschen Wohnverhalten. Es kann dann sein, dass der Mieter in einem Prozess das Gegenteil beweisen muss und dass die Art der Nutzung der Wohnung (falsche Möblierung, Aquarium, Hydrokulturen, ungenügende Lüftung, falsche Lüftung, zu wenig Lüften, zu viel Lüftung in der kalten Jahreszeit, nachträgliches Anbringen von wasserdampfundurchlässigen Tapeten, Beschichtungen, Farben) sich nicht nachteilig auf die Wohnung ausgewirkt haben.

Der Vermieter ist verpflichtet, die Wohnung (Mietsache) in einwandfreiem – also auch nicht gesundheitsgefährdenden – Zustand zu überlassen. Die Mieter können schon bei Vertragsbeginn durch ein Merkblatt aufgeklärt werden, in dem z.B. Problemzonen in der Wohnung (ungenügende Wanddicken, fehlende Isolierung) klar schriftlich niedergelegt werden. Der Mieter sollte insbesondere auf die aus Problemzonen notwendigen entstehenden Heiz- und Lüftungsgewohnheiten hingewiesen werden. Mietmängelanzeigen von Mietern sollte der Vermieter unverzüglich nachgehen. Ist eine derartige Anzeige unbegründet und auf nutzungsbedingte Mängel des Mieters zurückzuführen, kann der Vermieter die angekündigte Mietminderung zurückweisen und den Mieter zur Behebung des Mangels auffordern. Gleichzeitig kann eine Vertragskündigung bei Fortsetzen des vertragswidrigen Verhaltens angedroht werden.

In einem Prozess müssen beide Seiten beweisen, dass der Mangel von ihnen nicht zu vertreten ist. Die Frage wird dann meist durch Gutachter geklärt. Dabei können Gutachter auch unterschiedliche Auffassungen vertreten. Prozesse oder gerichtliche Beweissicherungsverfahren dauern oft lang und sind häufig stressig und finanziell aufwendig. Auch der Ausgang ist oft unklar. Abgekürzt werden kann ein Verfahren durch Einschaltung eines Sachverständigen, dessen Schiedsspruch man sich unterwirft (Schiedsgutachten). Hierzu gibt es klare rechtliche Regelungen. Beratungen dazu führen öffentlich bestellte und vereidigte Sachverständige durch. Die Adressen erhält man bei der zuständigen IHK.

Ob bzw. wann eine Erkrankung durch Schimmelpilze in Wohnungen verursacht wurde, ist sicherlich die häufigste, aber nicht die einzige Frage, die zwischen Mieter und Vermieter bedeutsam sein kann. Schon allein die Feststellung, dass Schimmelpilze in/an den Wänden und/oder dem Fußboden vorhanden sind, kann – auch ohne Nachweis der Kausalität für eine Erkrankung – juristische Bedeutung haben. Das Vorhandensein von Schimmelpilzen in/an den Wänden und/oder dem Fußboden einer Wohnung widerspricht der WHO-Definition von Gesundheit, insbesondere auch dem Aufwachsen von Kindern lt. Auffassung der WHO. Denn es stellt ein Erkrankungsrisiko dar und mindert die Tauglichkeit einer Wohnung zum vertragsgemäßen Gebrauch. Der Vermieter muss den Schimmelpilz beseitigen, auch dann, wenn die Mieter nicht schimmelpilzallergisch sind.

8.6.2 Mietrechtliche Grundlagen

Den Vermieter einer Wohnung trifft gemäß §§ 535, 536 BGB eine weitreichende Gebrauchsgewährungspflicht. Die Wohnung muss für den mietvertraglich vorausgesetzten Nutzungszweck zu jeder Zeit uneingeschränkt gebrauchstauglich sein. Der Vermieter muss die Mietsache in diesem Zustand auch erhalten. Weist die Mietsache einen Mangel auf, dann tritt gemäß § 537 BGB automatisch eine Mietzinsminderung ein.

Die gesamte Rechtsprechung sieht in einem Schimmelpilzbefall einen solchen tauglichkeitsmindernden Fehler einer Mietsache, und zwar unabhängig davon, ob die zum Zeitpunkt der Gebäudeeinrichtung geltenden (anerkannten) Regeln der (Bau)Technik eingehalten worden sind, beispielsweise die DIN 4108 (OLG Celle 1985). Unter den Voraussetzungen des § 538 BGB hat der Vermieter Schadensersatz zu leisten. Bewirkt der Pilzbefall zudem eine erhebliche Gesundheitsgefährdung, muss der Vermieter gemäß § 544 BGB mit einer fristlosen Kündigung des Mieters rechnen. Der Vermieter kann sich im Prinzip – ohne dass hier auf detaillierte weitere Rechtsfragen einzugehen wäre – letztlich nur auf zwei Argumente berufen. Entweder muss er versuchen nachzuweisen, dass der Mieter bereits zum Zeitpunkt der Anmietung Kenntnis von dem Mangel hatte (§ 539 BGB) oder aber er kann nachweisen, dass der Mieter den Schimmelpilzbefall selbst verursacht bzw. vorsätzlich oder fahrlässig verschuldet hat.

Was der Mieter nicht zu vertreten hat, ergibt sich aus § 548 BGB, nämlich Veränderungen oder Verschlechterungen der gemieteten Sache, die durch den vertragsgemäßen Gebrauch herbeigeführt werden. Mit denjenigen Kriterien und Inhalten, die den vertragsgemäßen Gebrauch ausmachen, ist der entscheidende juristische Beurteilungsmaßstab aufgezeigt. Nach diesem, durch einen unbestimmten, d.h. ausfüllungsbedürftigen, Rechtsbegriff markierten Maßstab richten sich alle Möglichkeiten und Grenzen zulässiger Wohnnutzung durch den Mieter. Bedeutung hat der Rahmen des vertragsgemäßen Gebrauchs im vorliegenden Zusammenhang insbesondere für die Belegungsrate in der Wohnung, Verhaltensweisen mit Bezug auf Beheizung und Belüftung der Räume, Möblierung und Dekoration der Räume, Aufstellung technischer Haushaltsgeräte, Pflanzenhaltung und die Produktion von nutzungsbedingter Wohnungsfeuchte.

Grundsätzlich wird der Rahmen zulässigen Mietgebrauchs weit gesteckt, soweit der Mietvertrag in zulässiger Weise einschränkende Gebrauchsregelungen enthält (beispielsweise wenn das Aufstellen eines Wäschetrockners verboten ist). Die Rechtsprechung hat bislang aber davon Abstand genommen, hierzu allzu starre Kriterien festzulegen. Stattdessen stellen die Gerichte primär auf die Umstände des Einzelfalles und juristische Zumutbarkeitserwägungen unter Berücksichtigung ggf. verwandelter Verkehrsanschauungen über angemessene Wohnerfordernisse ab. Auch hierbei kommt den Aussagen eines fachkompetenten und qualifizierten Sachverständigen mit Bezug auf eine konkrete Erhebung der tatsächlichen Beurteilungsgrundlagen für die gerichtliche Entscheidung besondere Bedeutung zu.

Folgende Beispielurteile sollen die bis heute in Detailfragen teilweise kontroverse Rechtsprechung zu diesem Thema verdeutlichen:

> *»...Bei Auftreten von Feuchtigkeitsschäden in einer Mietwohnung ist es für das Vorliegen eines Sachmangels im Sinne des § 537 BGB unerheblich, ob die zur Zeit der Gebäudeerrichtung geltenden Vorschriften der DIN 4108 – Wärmeschutz im Hochbau – eingehalten worden sind...«*
>
> Landgericht Lübeck, Urteil vom 20.11.1981 / 6 S 336/ 81 (BIGBW 1982, 153)

»...Liegt der vom Sachverständigen ermittelte Wärmedurchlasswiderstand der Außenwände bereits unter dem im Zeitpunkt der Gebäudeerrichtung geforderten Mindestwert der DIN 4108, liegt ein eindeutiger Baumangel vor. Lässt sich zudem anhand der Heizkostenabrechnung ein überdurchschnittlicher Heizverbrauch des Mieters belegen, kommt es auf die Frage, ob sich der Vermieter auch die Nichteinhaltung der heute gültigen Mindestdämmwerte der DIN 4108 zurechnen lassen müsste, nicht mehr an...«
Amtsgericht Bremerhaven, Urteil vom 10.06.1998 / 53 C 2533/ 96 (WuM 1999, 363)

»...Die Ursache für die Kondensat- und Pilzbildung sieht das Gericht in einer den heutigen Anforderungen nicht mehr genügenden Wärmedämmung der Wände, an deren kältesten und am wenigsten belüfteten Stellen sich hier in besonderem Maße Tauwasser niederschlägt. Zwar lässt sich kein Baumangel im eigenen Sinne feststellen, denn nach den zuverlässigen Ermittlungen des Sachverständigen sind die Außenwände entsprechend den 1964/65 geltenden DIN-Vorschriften ausreichend wärmegedämmt... Jedoch sind nach zutreffender Auffassung Fehler der Mietsache nicht nur solche Mängel, mit denen die Mietsache selbst behaftet ist, sondern auch tatsächliche Zustände und Verhältnisse, die mit ihr zusammenhängen und die sie in ihrer Tauglichkeit zum vertragsgemäßen Gebrauch unmittelbar beeinträchtigen. Im vorliegenden Fall haben sich an den zur Nordwestseite gelegenen Räumen solche Verhältnisse herausgebildet, wenn – bei an sich noch normgerechter Wärmedämmung – insbesondere in der kälteren Jahreszeit beim normalen Wohngebrauch so hohe Temperaturunterschiede auftreten, dass übermäßig entstehendes Tauwasser zu Pilzkulturen dieses Ausmaßes führt...«
Amtsgericht Hannover, Urteil vom 24.08.1981 / 5 C 14/ 80 (insoweit bestätigt vom LG Hannover WuM 1982, 183)

»...Für die Frage, ob bautechnische Mängel vorhanden sind, kommt es auf die Erkenntnisse im Zeitpunkt der letzten mündlichen Verhandlung an, nicht auf die im Zeitpunkt der Errichtung des Baus geltenden DIN-Vorschriften. Diese sind lediglich für die Frage von Bedeutung, ob eine Mietminderung berechtigt ist, nicht jedoch für die Frage, ob eine Mietminderung eingetreten ist, weil diese unabhängig vom Verschulden des Vermieters eintritt... Der Sachverständige hebt hervor, dass hinsichtlich der mangelnden Wärmedämmung aus den zwischenzeitlich gewonnenen Erkenntnissen die Gefahr besteht, dass auch bei einem normalen Bewohnen, insbesondere in den Raumecken und Raumwinkeln sowie hinter den an Außenwänden stehenden Möbelstücken, bei niedrigen Außentemperaturen in den Wintermonaten die Tauwasserbildung auf den Wandoberflächen nicht ausgeschlossen werden kann...«
Amtsgericht Hannover, Urteil vom 26.03.1982 / 28 C 100/ 80

»...Mieträume müssen bauphysikalisch so beschaffen sein, dass bei einem Wandabstand der Möbel von nur wenigen Zentimetern, wie er allgemein bereits durch das Vorhandensein einer Scheuerleiste gewährleistet ist, sich Feuchtigkeitsschäden durch Tauwasserniederschlag bei normaler Beheizung und Belüftung nicht bilden können. Wird die Wohnung mit neuen dichten Fenstern ausgestattet und wird dadurch nachteilig in die raumklimatischen Verhältnisse einer nur schwach wärmegedämmten Erdgeschosswohnung eingegriffen, liegt ein Mangel vor, der zur Mietzinsminderung berechtigt.

Lassen sich Feuchteerscheinungen in einer Wohnung (Spak- und Schimmelpilzbefall) nicht durch übliches Wohnverhalten, sondern allein durch übersteigertes Heizen und Lüften vermeiden, liegt auch insoweit ein zur Minderung gemäß § 537 BGB berechtigter Mangel vor. Es kommt nicht darauf an, ob ein bauphysikalischer Sachverständiger die Wohnung mit gezielten Maßnahmen schadensfrei halten könnte. Einem Mieter kann nicht angesonnen werden, über den Tag verteilt mehrfach gründlich zu lüften, nur um einen Mangel der Bausubstanz auszugleichen...«
Landgericht Hamburg, Urteil vom 26.09.1997 / 311 S 88/ 96

»...Es gehört grundsätzlich zum vertragsgemäßen Mietgebrauch, wenn der Mieter den Aufwand an Heizenergie an seinem persönlichen Wärmebedarf ausrichtet. Der Mieter ist nicht verpflichtet, durch verstärkten Heizaufwand Baumängel zu verhindern...«
Landgericht Marburg, Urteil vom 02.12.1981 / 5 S 166/ 81

In der gerichtlichen Praxis haben bei der Bewältigung von Feuchteschäden auch Beweislastfragen eine erhebliche Bedeutung. Dies gilt insbesondere dann, wenn sich die Schadensursachen durch Sachverständigengutachten nicht oder nur teilweise aufklären bzw. zuweisen lassen. Der Bundesgerichtshof hat hierzu erst kürzlich grundsätzlich Stellung bezogen:

»...Die Darlegungs- und Beweislast für einen Mangel der Mietsache ist nach Verantwortungsbereichen verteilt: der Vermieter muss darlegen und beweisen, dass die Ursache des Mangels nicht aus seinem Pflichten- und Verantwortungsbereich stammt, sondern aus dem Herrschafts- und Obhutsbereich des Mieters. Hat er diesen Beweis geführt, muss der Mieter nachweisen, dass er den Mangel nicht zu vertreten hat. Behauptet der Mieter, die Mietsache sei nach Reparaturversuchen des Vermieters immer noch mangelhaft, so trägt der Vermieter die Beweislast für den Erfolg seiner Mangelbeseitigungsmaßnahmen...«
Urteil des Bundesgerichtshofes vom 01.03.2000 / XII ZR 272 / 97 (NJW 2000, 2344 = NZM 2000, 549)

Diese Beweislastverteilung wirkt sich in der Praxis durchweg zum Nachteil des Vermieters aus. Der Vermieter ist nämlich beweispflichtig dafür, dass keine bauseitigen Schadensfaktoren vorliegen. Sind solche Schadenseinflüsse gegeben oder jedenfalls zur ausreichenden Überzeugung des Gerichts nicht hinlänglich auszuschließen, dann dringt der Mieter regelmäßig mit seinem (verschuldensunabhängigen) Mangelbehebungsanspruch und der Mietminderung durch. Erwogen wird allerdings im Bereich der Mietminderung eine Quotelung aus dem Rechtsgedanken des § 254 BGB, wenn der Mieter durch zurechenbare Nutzungsfehler eine Mitursache gesetzt hat.

8.6.3 „Nachrüstpflicht" des Vermieters?

Sind die Schimmelpilzschäden auf einen baulichen Mangel zurückzuführen, hat der Vermieter diesen Mangel zu beseitigen (Anspruch aus §§ 535, 536 BGB). Die Frage, wie die Mangelbeseitigung zu erfolgen hat, wirft bei festgestellten wärmeschutztechnischen Mängeln der Wohnung (beispielsweise aus heutiger Sicht übermäßigen Wärmebrückenwirkungen) u.a. die juristische Frage auf, ob den Vermieter eine »Nachrüstpflicht« in dem Sinne trifft, dass er die Wohnung oder das gesamte Gebäude dem heutigen Wärmedämmstandard anpassen muss. Die gleiche Frage tritt auf, ohne dass es derzeit zu nachweisbaren und sichtbaren Schäden gekommen sein muss, wenn technisch-wissenschaftliche Standards (beispielsweise Grenzwerte und Mindestanforderungen in technischen Regelwerken oder gesetzlichen Bestimmungen) nachträglich, beispielsweise aufgrund inzwischen gewachsener Erkenntnisse, geändert, d.h. verschärft worden sind.

Die Gerichte haben bislang eine Pflicht des Vermieters, die Mietsache an geänderte technisch-wissenschaftliche Standards anzupassen, durchweg verneint, wenngleich immer wieder gerade auch im vorliegenden Kontext Entscheidungen ergangen sind, die jedenfalls in der praktischen Konsequenz darauf hinausgelaufen sind, dass der Vermieter letztlich nur durch verbesserten Wärmeschutz eine ordnungsgemäße Mangelbehebung bewerkstelligen konnte. Ausgangspunkt der bisherigen Argumentationen war durchweg § 541b BGB. Danach wird eine Anpassung der Mietsache an heute übliche Standards nicht als Mangelbeseitigung, sondern als eine zur Mieterhöhung nach § 3 MHG berechtigende Modernisierung bewertet. Eine Ausnahme davon bilden neue oder geänderte gesetzliche Bestimmungen und Vorschriften, die ab ihrem Inkrafttreten für die Zukunft direkt auf das Mietverhältnis einwirken. In diesem Zusammenhang wirkt sich somit entscheidend aus, dass insbesondere technische Regelwerke (DIN-Normen, VDI-Richtlinien etc.) eben keine Rechtsnormqualität haben, sondern grundsätzlich alleine dem außerrechtlichen Bereich angehören, es sei denn, auf sie wird in Rechtsnormen mit bindender Wirkung verwiesen oder sie werden dort inkorporiert.

Inzwischen hat die Diskussion über eine vor allem wirtschaftlich für die Vermieter erheblich folgenreiche Nachrüstpflicht durch die beiden folgenden gerichtlichen Grundsatzentscheidungen eine besondere Bedeutung erlangt:

> *»...Es handelt sich um Rechtsfragen mit grundsätzlicher Bedeutung, ob bei einer Verschärfung der zum Schutz vor Gesundheitsschäden einschlägigen wissenschaftlich-technischen Standards der Mangel einer gesundheitsgefährdenden Schadstoffbelastung der Mietsache erstens für die Zeit danach nach den Standards im Zeitpunkt der gerichtlichen Entscheidung zu beurteilen ist. Es spricht vieles dafür, das Fehlen der gesundheitlichen Unbedenklichkeit als Mangel zu verstehen und einen solchen nicht nur in der Abweichung von Standards zu sehen, die nach heutigem Erkenntnisstand verfehlt sind...«*
>
> BVerfG Beschluss vom 04.08.1998 - 1 BvR 1711/ 94 (ZMR 1998, 687 = WuM 1998, 657 = GE 1998, 1208)

> *»...Wird bei der Beurteilung der Frage, ob eine bestimmte Schadstoffbelastung als solche einen Mangel der Mietwohnung darstellt, auf wissenschaftlich-technische Standards zum Schutz vor Gesundheitsschäden abgestellt, so sind grundsätzlich diejenigen (ggf. verschärften) Standards maßgeblich, die in dem Zeitpunkt gegolten haben oder gelten, die für die jeweilige Rechtsfolge (hier: Mietminderung wegen nicht vertragsgemäßer Gebrauchstauglichkeit) maßgeblich ist. Der Vermieter hat dann ab dem Zeitpunkt der geänderten Grenzwerte die Beschaffenheit der Mietsache herbeizuführen, die als Vorsorge gegen Gefahren für die Gesundheit der Bewohner der Mietsache nach dem aktuellen Stand erforderlich ist...«*
>
> Rechtsentscheid des Bayerischen Oberlandesgerichtes vom 04.08.1999 / RE-Miet 6/ 98 (NJW-RR 1999, 1533)

Dieser Rechtsentscheid ist bindend, solange der Bundesgerichtshof nicht auf Anruf eines anderen Obergerichtes zu einer abweichenden Auffassung gelangt bzw. einen anderen Beschluss trifft. Er begründet ganz eindeutig eine »Nachrüstpflicht« des Vermieters, wenn es um Verschärfungen von technischen Standards geht, die sich zumindest mittelbar auch als gesundheitsbezogene Vorsorgewerte darstellen können. Die Instanzgerichte haben jetzt diese neue Rechtslage umzusetzen, wobei dann vermutlich Entscheidungen wie die folgende, die noch kurze Zeit vor dem Rechtsentscheid des Bayerischen Oberlandesgerichtes ergangen ist, so nicht mehr möglich sein dürften:

> »...*Eine Wohnung wird grundsätzlich nicht dadurch mangelhaft, dass nur die bei der Errichtung gültigen DIN-Normen (hier: zum Schallschutz 1964) eingehalten werden, nicht aber die heutigen Anforderungen. Die Verschärfung der technischen Normen ist nur dann zu berücksichtigen, wenn diese die sonst drohende Gesundheitsgefährdung der Bewohner verhindern sollen...*«
> Urteil des Landgerichtes Berlin vom 18.06.1999 / 64 S 63/ 99 (ZMR 2000, 532)

Anmerkung: Diese Entscheidung ist offensichtlich unzutreffend bzw. angreifbar, da mit der Bemerkung, es gehe hier bei der schallschutztechnischen Frage nicht um Gesundheitsschutz, sondern um Schutz vor den Aktivitäten der anderen Mieter, das Gericht eine wesentliche Zweckrichtung des baulichen Schallschutzes verkennt. Schallschutz ist Gesundheitsschutz, und wenn später Schalldämmwerte verschärft worden sind, ist dies nicht nur unter dem Gesichtspunkt des Komforts erfolgt.

Das folgende, nach Erlass des oben genannten Rechtsentscheides ergangene Urteil soll zeigen, welche Umsetzungsprobleme in der nächsten Zeit zu erwarten sind:

> »...*Den Vermieter trifft keine allgemeine Nachrüstpflicht dahin, das Mietobjekt an DIN-Normen, die zur Zeit der Gebäudeerrichtung noch nicht galten, anzupassen. Nur in eng begrenzten Ausnahmefällen kann ein Anspruch auf Verbesserung des Schallschutzes (hier: Trittschallschutz der Wohnungsdecke) bestehen. Wird eine Altbauwohnung angemietet, ist diese baualtersgemäß hellhöriger als eine Neubauwohnung - dies stellt keinen Mangel dar...*«
> Urteil des Amtsgericht Hamburg vom 26.01.2000 / 41b C 206/ 99 (HmbGE 2000, 110)

Nach dem Rechtsentscheid des Bayerischen Oberlandesgerichtes wird in der Zukunft sehr präzise zu differenzieren und herauszuarbeiten sein, welche Zweckrichtung (geänderte) technisch-wissenschaftliche Standards verfolgen. Hierbei kommt Sachverständigen eine besondere Bedeutung im Sinne von Aufklärungsarbeit zu, da die Juristen darüber im Detail kaum ausreichende Kenntnisse haben (können). In die Betrachtung sind dabei Festlegungen im Sinne der DIN EN 45 020 einzubeziehen, die Handlungsanweisungen oder unbedingte Mindestanforderungen betreffen. Bei solchen technischen Festlegungen muss infolgedessen danach unterschieden werden, ob die betrachteten Standards beispielsweise den neuzeitlichen Wohnkomfort, die Verbesserung von Funktionsabläufen des Wohnens einschließlich der Versorgung mit Energie und sonstige technische Wohnungs- und Gebäudeausstattung betreffen oder zumindest auch einen Gesundheitsschutz der Bewohner bezwecken. Letztere Mindeststandards sind nach dem Rechtsentscheid des Bayerischen Oberlandesgerichtes für die Nachrüstpflicht des Vermieters relevant. Ob dies auch für sonstige nachträglich verschärfte sicherheitstechnische Festlegungen wie beispielsweise Brandschutzvorschriften gemäß DIN 4102 zutrifft, die ebenfalls im Sinne der Vermeidung von Personenschäden Vorsorgecharakter haben, jedoch öffentlich-rechtlich aus Bestandsschutzgründen ggf. gegenüber dem Vermieter/Grundeigentümer nicht ohne weiteres durchgesetzt werden können, ist derzeit noch unklar.

Für den im vorliegenden Untersuchungszusammenhang bedeutsamen Wärmeschutz ist allerdings Folgendes zu beachten: Einschlägiges Regelwerk ist insoweit alleine die DIN 4108 – Wärmeschutz im Hochbau – in Verbindung mit den inzwischen vorliegenden europäischen bzw. internationalen Normen, insbesondere solche zu Berechnungsverfahren. Die Energieeinsparverordnung ist in diesem Zusammenhang ohne Bedeutung, da diese wie die alte Wärmeschutzverordnung nicht die Gesundheitsvorsorge, sondern die Verringerung des Energieverbrauchs mittels baulicher Maßnahmen bezweckt.

Aus der DIN 4108 aus dem Jahre 1981 lassen sich die Zwecksetzungen der Wärmeschutznorm, insbesondere der hier relevanten Teile 2 und 3 eindeutig entnehmen. So heißt es in der DIN 4108 Teil 2 – Wärmedämmung und Wärmespeicherung: Anforderungen und Hinweise für die Planung und Ausführung: »*Der Wärmeschutz hat bei Gebäuden Bedeutung für die Gesundheit der Bewohner durch ein hygienisches Raumklima, Bedeutung für den Schutz der Baukonstruktion vor klimabedingten Feuchteeinwirkungen und deren Folgeschäden, einen geringen Energieverbrauch bei der Heizung und Kühlung sowie letztendlich damit für die gesamten Herstellungs- und Bewirtungskosten. Durch die Mindestanforderungen an den Wärmeschutz der Bauteile im Winter nach Abschnitt 5 in Verbindung mit der DIN 4108 Teil 3 soll ein hygienisches Raumklima sowie ein dauerhafter Schutz von klimabedingten Feuchteeinwirkungen gesichert werden. Hierbei wird vorausgesetzt, dass die Räume entsprechend ihrer Nutzung ausreichend beheizt und belüftet werden.*«

In der DIN 4108 aus dem Jahre 1969 findet sich folgende Aussage: »*Der Wärmeschutz hat bei Bauten, die zum dauernden Aufenthalt von Menschen dienen, Bedeutung für die Gesundheit der Bewohner – ausreichender Wärmeschutz ist Voraussetzung für gesunde und behagliche Räume.*« Bereits die vorangegangenen Ausgaben vom Mai 1960 und Juli 1952 enthalten diese Aussagen fast wortgleich. Angesichts dieser Zwecksetzungen in der Entstehungsgeschichte der DIN 4108 kann nicht angezweifelt werden, dass die Norm schon immer Gesundheitsvorsorge als eines der primären Schutzziele betrachtet hat. Es ist deshalb wenig nachvollziehbar, wenn die neue Energieeinsparverordnung unverständlicherweise auf eindeutige Angaben zum Normzweck verzichtet und einige Kernaussagen zum Schutz- und Regelungszweck in einem Vorwort versteckt.

Als Fazit bleibt, dass die Vermeidung von Tauwasserschäden mit Schimmelpilzbefall in Wohnungen in der Tat unmittelbarer Gesundheitsschutz ist. Dies den Gerichten zu vermitteln wird eine der elementaren Schwerpunktaufgaben der befragten Bausachverständigen und eingesetzten Gutachter in der nächsten Zeit sein. Denn ein Feuchtigkeitsschaden und Schimmelpilzbefall kann einerseits nicht eine erhebliche Gesundheitsgefährdung im Sinne des § 544 BGB darstellen, und damit sogar eine fristlose Kündigung des Mieters rechtfertigen, und andererseits einem einschlägigen technischen Regelwerk, das gerade durch Vermeidung solcher Schäden Gesundheitsschutz bewirken soll, keine Bedeutung bei der Umsetzung des Rechtsentscheides des Bayerischen Oberlandesgerichtes zubilligen. Infolgedessen muss in naher Zukunft von den Gerichten darüber entschieden werden, ob neue bauphysikalische Erkenntnisse zur technischen Erfassung und Beherrschung der gesamten und komplexen Thematik von Tauwasserschäden und Schimmelpilzbefall sowie die dazu erfolgten neuen Regelungen im Rahmen der DIN 4108 im Ergebnis zu einer Nachrüstpflicht des Vermieters älterer Wohnungen mit geringem Wärmestandard werden führen müssen.

8.6.4 Wer hat nun Schuld? Mieter, Vermieter oder beide?

Um die Schuld-Frage zu beantworten, soll ein Zitat aus einem Ratgeber der Verbraucherzentralen hinzugezogen werden:

»*So vielfältig die aufgezeigten Schadensbilder sind, so erbittert wird häufig zwischen Vermieter und Mieter darum gestritten, wer nun Schuld an der Feuchtebildung in der Mietwohnung hat. Der Streit beginnt häufig damit, dass der Mieter dem Vermieter eine schriftliche Anzeige macht, wozu er auch verpflichtet ist, will er seine Rechte nicht verlieren. Mit dem Argument, er habe Anspruch auf eine mangelfreie Wohnung, wird der Mieter verlangen, dass die aufgetretenen Schäden binnen einer Frist von zum Beispiel drei bis vier Wochen behoben werden. Gleichzeitig kann er eine Mietminderung ankündigen. Denn der Wert seiner Wohnung ist entsprechend dem Umfang der Feuchteschäden herabgesetzt. So kann es zu Mietmin-*

derungssätzen zwischen 5 und 60% kommen. Wenn der Vermieter trotz schriftlicher Abmahnung durch den Mieter nicht bereit ist, den Schaden zu beheben, kann der Mieter auf Mängelbeseitigung klagen. Schließlich kommt auch eine fristlose Kündigung in Betracht, wenn die Wohnung gesundheitsgefährdende Feuchtigkeitsschäden aufweist, ohne dass der Vermieter Abhilfe schafft. Dies kann für den Vermieter teuer werden, denn mit der fristlosen Kündigung kann ein Anspruch des Mieters zum Beispiel auf Ersatz der Umzugskosten oder auf Ausgleich der Aufwendungen für feuchtigkeitsgeschädigte Möbel einhergehen.

Die Rechte des Mieters sind nebeneinander anwendbar. Alle genannten Rechte kann es natürlich nur geben, wenn der Mieter die aufgetretene Feuchte nicht selbst zu vertreten hat. Gerade dies wird ihm aber sehr häufig vom Vermieter vorgeworfen mit dem Hinweis, der Mieter habe falsch geheizt und gelüftet. Mit dieser Behauptung kann der Vermieter die angekündigte Mietminderung zurückweisen und vom Mieter selbst die Beseitigung der Schimmelpilzbildung fordern. Gleichzeitig kann er dem Mieter auch androhen, den Mietvertrag zu kündigen, wenn dieser das (vom Vermieter behauptete) vertragswidrige Verhalten fortsetzt.

Oftmals wird durch die Einschaltung eines Sachverständigen zu klären versucht, worauf denn nun wirklich die Feuchtigkeitsschäden beruhen. Aufgrund der gegensätzlichen Behauptungen der Vermieter- und Mieterseite kommt es nicht selten zu gerichtlichen Beweissicherungsverfahren, in denen ein vom Gericht bestellter Sachverständiger der Schadensursache auf den Grund gehen soll. Kommt es zu einem Prozess, wird das Gutachten als Beweismittel verwertet. Da aber auch die Gutachten häufig angreifbar sind, bedarf es nicht selten der Einschaltung eines zweiten oder gar dritten Gutachters. Die Prozesse werden in aller Regel sehr teuer, enden aber oft unbefriedigend, weil Vermieter und Mieter mit ansehen müssen, wie es unter Umständen zu einem »Glaubenskrieg« unter den Gutachtern kommt.

Diese Erkenntnis hat mancherorts dazu geführt, dass Schlichtungsstellen eingerichtet wurden, um Vermieter und Mieter zusammenzubringen und nach vernünftigen Lösungsmöglichkeiten zu suchen. Denn sicherlich können die Gutachter die einzelnen Faktoren eines Feuchtigkeitsschadens auflisten. Wenn sowohl falsches Lüftungsverhalten des Mieters als auch schlechte Wärmedämmung des Gebäudes zusammentreffen, ist damit aber oft die für den Richter entscheidende Frage, welcher von beiden Faktoren nun den Ausschlag gibt, noch nicht geklärt. Dies lässt dem Gericht reichlich Spielraum, das Verschulden zu verteilen. Im Endeffekt wird ein großer Aufwand getrieben und doch nur wenig Eindeutiges ermittelt. Besonders schwierig erscheint die Bewältigung der Beweislastprobleme. Es empfiehlt sich folgende Vorgehensweise, die eine herrschende Meinung in der Rechtsprechung entwickelt hat:

- *Das Vorliegen des Mangels und die Beeinträchtigung der Mietsache zum vertragsgemäßen Gebrauch muss der Mieter beweisen (meist unproblematisch, da Feuchtigkeit und Schimmel vorhanden sind).*
- *Der Vermieter muss beweisen, dass der Schaden nicht wegen der Beschaffenheit der Mietsache (zu dünne Außenwände) oder andere Außeneinflüsse (schadhafte Fassade) entstanden ist, sondern durch den Mietgebrauch.*
- *Wenn feststeht, dass die Wohnung frei ist von Baumängeln und der Zustand der Fenster, Türen und der Heizung keinen Einfluss auf die Feuchtigkeitserscheinungen ausübt, muss sich der Mieter entlasten. Er hat vorzutragen, wie oft und wie lange er täglich gelüftet hat. Außerdem muss er Angaben zum Heizverhalten machen und darlegen, dass sich die Möblierung der Wohnung nicht nachteilig auf die Mängel auswirkt (zum Beispiel durch zu nahes Heranrücken der Möbel an die Außenwand).«*

Die Schimmelpilzbildung ist vom Mieter selbst zu vertreten, wenn er sein Wohnverhalten nicht in zumutbarem Umfang auf den Zustand der Mietsache abstellt und durch ausreichendes Heizen und Lüften dafür sorgt, das der Mangel vermieden wird. Zunächst muss der Vermieter beweisen, dass die Wohnung frei von bautechnischen Mängeln ist und der Schimmelbefall auch nicht sonst wie aus seinem Verantwortungs- und Pflichtenkreis herrührt. Hat er das, liegt die Ursache für den

Mangel im Gefahrenkreis des Mieters, d.h. in einem Bereich, der dessen unmittelbarem Einfluss unterliegt. Dann ist der Mieter gefordert, sich hinsichtlich der aus seinem Gefahrenkreis stammenden Ursache umfassend zu entlasten.

Der Mieter muss seine Wohnung nicht heizen. Kein Vermieter darf es dem Mieter verbieten, kalt zu schlafen. Allerdings muss der Mieter dafür sorgen, dass keine Schäden an der Wohnung durch die niedrigen Temperaturen auftreten. Der Mieter muss also sowohl aufpassen, dass die Heizung und die Wasserleitungen nicht einfrieren, als auch mindestens so viel heizen und lüften, dass keine Schimmel- und Feuchtigkeitsschäden auftreten.

8.6.5 Die fristlose Kündigung – wann ist sie möglich?

Beide Vertragsparteien können grundsätzlich dann fristlos kündigen, wenn der jeweils andere den Mietvertrag schwerwiegend verletzt hat. Die Vertragsverletzung muss so grob sein, dass dem anderen die Fortsetzung des Mietverhältnisses nicht mehr zuzumuten ist. Der Mieter kann fristlos kündigen, wenn die Benutzung der Wohnung seine Gesundheit erheblich gefährdet (§ 544 BGB). Dieses Problem tritt häufig bei schimmelbefallenen Altbauten auf. Von einer voreiligen Kündigung ist jedoch abzuraten. Es sollte jedenfalls festgestellt werden, ob nicht durch richtiges Lüftungsverhalten der Schimmel evtl. in den Griff zu bekommen ist. Der Vermieter kann fristlos kündigen, wenn der Mieter die Wohnung vertragswidrig gebraucht und so die Rechte des Vermieters erheblich verletzt werden, und der Mieter trotz Abmahnung sein Verhalten fortsetzt (§ 553 BGB). Oder wenn der Mieter die Miete mindert (ungerechtfertigt, wie sich u.U. später herausstellt) und somit mit der Zahlung der Miete erheblich in Verzug gerät (§ 554 BGB). Das ist eben auch dann der Fall, wenn der Mieter mit Teilen von Mietraten in Verzug ist und der geschuldete Betrag insgesamt zwei Monatsmieten erreicht.

8.6.6 Was tun im Schadensfall? Wie sollen sich Mieter und Vermieter verhalten?

Wenn ein Mangel aufgetreten ist, sollten die Parteien – um Streit zu vermeiden oder im Streitfall zu ihrem Recht zu kommen – Folgendes beachten:

- Der Mieter sollte den Vermieter umgehend über den Mangel informieren.
- Der Mieter sollte zugleich die Beseitigung des Mangels verlangen und ankündigen, dass die Miete künftig unter Vorbehalt der Minderung gezahlt werde.
- Der Vermieter sollte sich von dem Umfang des Schadens schnellstmöglich informieren und der Mieter sollte ihm dazu Gelegenheit geben.
- Die Parteien sollten sich über die Behebung des Mangels einigen (wann sollen die Arbeiten ausgeführt werden und durch wen?).
- Die Parteien können sich über die Höhe einer Mietminderung einigen.

Für den Fall, dass eine gütliche Einigung nicht zu erwarten ist, sollten die Parteien bedenken: Kann für den Mangel und seine Ursache Beweis geführt werden? Kann der gegenwärtige Zustand dokumentiert werden (Fotos, Zeugen)? Soll das selbstständige Beweisverfahren eingeleitet werden?

Der Bundestag hat im Jahre 1999 einstimmig ein Gesetz zur Förderung der außergerichtlichen Streitbeilegung beschlossen, das zum 01.01.2000 in Kraft getreten ist. Danach können die Länder Streitschlichtungsgesetze erlassen. (Nicht alle Länder haben dies bereits getan.) Was bedeutet dieses neue Gesetz für die Mieterinnen und Mieter? Sofern zwischen Mietern und Vermietern über Ansprüche bis zu einem Betrag von 750,- EUR Streit besteht, muss eine Schlichtung durchgeführt werden, bevor Klage beim Amtsgericht erhoben werden kann. Früher war es einfach möglich, sofern sich die Parteien nicht geeinigt haben, beim Amtsgericht Klage zu erheben, nunmehr ist ein weiterer Schritt erforderlich. Entschlossen hat man sich zu der Möglichkeit, eine obligatorische Schlichtung in diesen Fällen einzuführen, um den Gedanken der außergerichtlichen Streitbeilegung neben der Konfliktlösung durch die Gerichte zu stärken. Natürlich hatte der Gesetzgeber auch im Hinterkopf, die Gerichte zu entlasten.

8.6.7 Gerichtsurteile

Bedauerlicherweise kommt es im Zusammenhang mit Schimmelpilzbildung und daraus resultierenden Bauschäden sehr häufig zu strittigen Auseinandersetzungen, in der Regel zwischen Mieter und Vermieter. Die nachfolgend aufgeführten Gerichtsentscheidungen sollen dafür Beleg sein und Anhaltspunkte für die Bewertung liefern. Allerdings sind die Urteile für andere Gerichte nicht rechtsverbindlich und haben deshalb zunächst einmal nur beispielhaften Charakter. Im Einzelfall ist eine genaue Analyse des Sachverhaltes notwendig, sodass ein auf den ersten Blick ähnlich gelagerter Fall in einer möglichen rechtlichen Auseinandersetzung anders entschieden werden könnte. Dies wird besonders an den unterschiedlichen Beurteilungen ähnlicher Fälle deutlich. Gemäß den Landgerichten Köln (WM 90, 547) und Berlin (MM 89, 154 und MM 82, 290) schließt die Einhaltung der DIN-Vorschriften nicht immer aus, dass Feuchtigkeitsschäden auf Baumängeln beruhen; im Gegensatz hierzu die Ansicht des LG München (WM 88, 352). Weiterhin bestehen teilweise widersprüchliche Aussagen und Abweichungen zwischen Rechtsprechung und Gerichtsurteilen und erwiesenen bauphysikalischen Erkenntnissen und Gesetzmäßigkeiten.

Abschließend sollen einige Gerichtsurteile zur Thematik der Schimmelpilzbildung in chronologischer Reihenfolge aufgeführt werden:

Die Haftung des Mieters für Feuchtigkeitsschäden wegen mangelhafter Belüftung der Wohnung setzt voraus, dass der Mieter die Notwendigkeit einer verstärkten Belüftung erkennen konnte. Hieran kann es fehlen, wenn der Schaden nicht nur auf mangelnde Belüftung, sondern auch auf andere Einflüsse zurückzuführen ist (hier: übermäßige Feuchtigkeitsdiffusion infolge eines extremen Temperaturabfalls im Januar 1979)
LG Mannheim, Urteil vom 11.11.1981;
4 S 103/80

Ein Mangel der den DIN-Normen entsprechenden Mietsache ist auch dann gegeben, wenn Feuchtigkeitsschäden durch das Wohnverhalten des Mieters entscheidend mit beeinflusst werden.
LG Hannover, Urteil vom 27.01.1982;
Az: 11 S 322/81

Lässt sich nicht mit Sicherheit feststellen, ob Feuchtigkeitsschäden in der Wohnung auf deren Beschaffenheit oder auf das Verhalten des Mieters zurückzuführen sind, ist der Vermieter den Beweis schuldig geblieben, dass der Mieter den Mietzins zu Unrecht minderte.
LG Augsburg, Urteil vom 17.03.1982;
7 S 467/81

Ist die Erst- und Hauptursache der Wohnungsfeuchtigkeit die mangelhafte Bauweise des Hauses, kann vom Mieter nicht verlangt werden, dass er ständig die Fenster weit geöffnet hält, um Minderung geltend machen zu können.
LG München, I. Urteil vom 20.10.1982;
15 S 8971/82

Der Beweis des ersten Anscheins bei Feuchtigkeitsschäden in einer Mietwohnung spricht dafür, dass diese ihre Ursache in der mangelhaften Bausubstanz der vermieteten Wohnung haben und daher von dem Vermieter zu vertreten sind.
AG Melsungen, Urteil vom 11.01.1983;
1 C 64/82

Lassen sich Feuchtigkeitsschäden in der Wohnung nur dadurch verhindern, dass der Mieter die Räume auf 22°C beheizt, ist ein Mangel der Mietsache gegeben. Mangels vertraglicher Vereinbarung ist der Mieter nur zur Beheizung im Rahmen des allgemeinen Üblichen verpflichtet (ca. 18-20°C).
LG Braunschweig, Urteil vom 11.01.1983;
6 S 241/81

Der Vermieter trägt die Beweislast dafür, dass der Mieter nach Einbau von Doppelfenstern auftretende Feuchtigkeitsschäden verursacht hat.
AG Bremerhaven, Urteil vom 09.02.1983;
53 C 208/82

Ein Mitverschulden des Mieters für Feuchtigkeitsschäden in der Wohnung ist nicht bewiesen, wenn der Mieter nur durch unzumutbares Verhalten das Entstehen des Mangels hätte lindern können.
AG Bochum, Urteil vom 24.03.1983;
63 C 265/82

Ist die Hauptursache für Feuchtigkeitsschäden in der Beschaffenheit des Bauwerks zu finden, trifft den Mieter ein Mitverschulden nur dann, wenn ihm mitgeteilt wurde, dass er sein Wohnverhalten nach den baulichen Verhältnissen des Hauses richten müsste.
LG Stade, Urteil vom 21.06.1983;
3 S 22/83

Ein dem Mieter nach dem Einbau von Isolierfenstern zumutbares verstärktes Heizen und Lüften setzt voraus, dass der Vermieter sicherstellt, dass sich eine mangelnde Wärmeisolierung des Hauses nicht bereits nachteilig auswirkt.
LG Köln, Urteil vom 14.07.1983; 6 S 471/82

Der Vermieter ist dafür beweispflichtig, dass in Wohnräumen auftretende Feuchtigkeit auf schuldhafte Vertragsverletzung des Mieters zurückzuführen ist.
AG Köln, Urteil vom 19.09.1983;
213 C 184/81

Treten nach dem Einbau von Isolierverglasungen in einem Gebäude neueren Baujahrs Feuchtigkeitsschäden in der Wohnung auf, muss sich der Mieter dahin entlasten, dass er ausreichend geheizt und gelüftet hat. Auf die Notwendigkeit geänderten Verhaltens muss ihn der Vermieter hinweisen.
AG Hannover Urteil vom 09.11.1983;
11 S 292/83

Hat der Mieter einen Wohnungsmangel bewiesen oder ist ein solcher unstreitig, muss der Vermieter beweisen, dass der Mangel vom Mieter verschuldet ist, so dass eine Minderung ausgeschlossen wäre.
LG Darmstadt, Urteil vom 04.04.1984;
7 S 397/83

Zur Gebrauchstauglichkeit eines Wohnraumes zählt, dass er in üblicher Art und mit handelsüblichen Möbeln eingerichtet werden kann (ließe sich die Schimmelpilzbildung nur vermeiden, indem die Beklagte den Schrank entweder gar nicht an die Außenwand oder stets erheblich abgerückt hiervon aufstellt, so wäre das Zimmer nicht uneingeschränkt gebrauchstauglich).
LG Hamburg, Urteil vom 10.04.1984;
16 S 211/83

Der Mieter macht sich schadenersatzpflichtig, wenn er die ihm mietvertraglich obliegende Obhutspflicht dadurch verletzt hat, dass sich in

seiner Wohnung Feuchtigkeitsschäden (Schimmelpilzbefall) gebildet haben, die durch ausreichendes Lüften hätten verhindert werden können, und die Notwendigkeit zu lüften auch für den nicht sachverständigen Nutzer der Räume spürbar war (hier: stickige, verbrauchte Raumluft).
LG Berlin, 61. Zivilkammer vom 08.11.1984; Az: 61 S 19/84

Es reicht nicht aus, wenn der Vermieter darauf hinweist, dass das Haus nach den seinerzeit gültigen DIN-Normen errichtet und wärmegedämmt worden und damit mängelfrei ist und dass damit der Mieter die Schuld trägt und zu wenig lüftet oder in der Wohnung Wäsche wäscht, zu viel Pflanzen unterhält oder Tiere hält.
OLG Celle RE WM 85, 9
LG Hannover WM 82, 130
LG Köln WM 90, 547

Der Mieter muss ausreichend lüften und dabei Besonderheiten der Wohnung beachten. Bei alten Fenstern, die ohnehin nicht dicht schließen, muss der Mieter beispielsweise weniger lüften, als bei neuen Doppelfenstern mit Gummidichtung oder dgl., die einen fast hermetischen Außenabschluss bilden.
LG Hannover WM 85, 22

Ein erster Anschein für die Verantwortlichkeit des Mieters ist ebenfalls gegeben, wenn in einer vormals mangelfreien Wohnung Feuchtigkeitsschäden erstmalig auftreten, nachdem der betreffende Mieter die Wohnung bezogen hat.
LG Lüneburg ZMR 1985, 127

Es ist grundsätzlich Sache des Vermieters, beim Einbau neuer Fenster die nötigen Vorkehrungen gegen Feuchtigkeit zu treffen.
AG Dortmund WM 85, 24

Es gehört zu dem Risikobereich des Vermieters, wenn beim Auswechseln alter gegen neue Fenster der Taupunkt in den schlecht isolierten Außenwandbereich verlagert wird.
LG Oldenburg 1 S 959/85
AG Neuss WM 87, 214

Eine Fleckenbildung mit Schimmelbefall als Folge sich niederschlagender Luftfeuchtigkeit in der Mietwohnung ist ein Fehler der Mietsache. Der Vermieter trägt die Beweislast dafür, dass der Mieter den Mangel der Mietwohnung – hier: Feuchtigkeitsschäden – zu vertreten hat. Nur dann, wenn nach den gesamten Umständen des Falles allein das Wohnverhalten des Mieters als Ursache der Feuchtigkeitsschäden in Betracht kommt (und damit nach dem Schadensverlauf jede dem Vermieter oder einem Dritten zuzurechnende Ursache von vornherein ausscheidet), stellt sich die Frage, ob der Mieter die Möglichkeit der Verhinderung der Feuchtigkeitsschäden durch häufiges Lüften, entsprechendes Einrichten und verstärktes Heizen hatte und diese Möglichkeiten auch genutzt hat. Diese Frage stellt sich aber erst, wenn der Vermieter bewiesen hat, dass weder Eindringen von Regen bzw. Erdfeuchte von außen, noch so genannte Neubaufeuchte, noch ein bereits schon rechnerisch nicht ausreichender Wärmedurchlasswiderstand bzw. eine Herabsetzung dieses rechnerischen Widerstandes infolge Kernkondensats bzw. infolge partieller äußerer Durchfeuchtung der Außenwände ursächlich für das Entstehen von Oberflächenkondensat gewesen ist. Steht eine mangelhafte Isolierung der Bausubstanz fest, so spricht der Beweis des ersten An-

scheins für eine Verursachung der Feuchtigkeit durch die mangelhafte Isolierung, es sei denn, der Vermieter kann nachweisen, dass derselbe Mangel infolge eines vertragswidrigen Wohnverhaltens des Mieters auch dann eingetreten wäre, wenn das Gebäude ordnungsgemäß isoliert gewesen wäre.
LG Kassel vom 04.02.1988; Az: 1 S 229/87

Mietzinsminderung um 20% wegen erheblichem Schimmelpilzbefall in Wohn- und Schlafzimmer.
LG Osnabrück vom 11. Zivilkammer vom 02.12.1988; Az: 11 S 277/88

Das Auftreten von Schimmel ist die typische Folge von Kondenswasserbildung und daher aufgrund bauphysikalischer Gesetze der erste Anschein dafür, dass ein fehlerhaftes Heizungs- und Lüftungsverhalten ursächlich ist.
LG München, WM 1988, 352

Es ist dem Mieter nicht zuzumuten, auf das Aufstellen von Möbeln an Außenwänden zu verzichten, wenn er einen Wandabstand von wenigen Zentimetern einhält.
LG Berlin GE 88, 1111

Ist die Mietwohnung mit Thermotapeten ausgestattet und bilden sich bei gewöhnlichen Heiz- und Lüftungsgewohnheiten des Mieters Feuchtigkeitsschäden, so ist die Mängelursache bauwerksbedingt.
AG Düren, Urteil vom 01.03.1990;
3 C 450/89
LG Aachen, Urteil vom 12.07.1990;
2 S 114/90

Bei vergleichsweise niedrigen Temperaturen kann es notwendig sein, die erhöhte Luftfeuchtigkeit durch verstärktes Lüften auszugleichen.
LG Hamburg WM 90, 290

Bauseits bedingt erhöhte Formaldehydkonzentrationen der Raumluft und Schimmelpilzbefall der Wohnung berechtigen den Mieter zur fristlosen Kündigung des Mietvertrages. (Die Kammer hält daran fest, dass der Mieter berechtigt ist, die gemieteten Räume ausschließlich nach seinem Geschmack und Ermessen zu möblieren, solange die vom Mieter gewählten Standorte nicht als völlig unüblich angesehen werden müssen. Insbesondere unter dem Gesichtspunkt des Lüftungsverhaltens und des Luftaustausches lassen sich Einschränkungen der genannten Mieterbefugnisse nicht rechtfertigen. Der Mieter ist insbesondere nicht verpflichtet, bauphysikalische Flächen der angemieteten Räume durch Abstriche von der allgemein üblichen Möblierung auszugleichen).
LG München, I. Urteil vom 26.09.1990;
31 S 20 071/89

Wenn die Hauptursache ein Baumangel ist, verringert das Fehlverhalten des Mieters den Anspruch auf Mietminderung nur dann, wenn der Vermieter ihn korrekt darauf hingewiesen hat, dass er sein Wohnverhalten umstellen muss. Der Vermieter ist verpflichtet, den Mieter darauf hinzuweisen, dass er sein Lüftungsverhalten ändern muss, wenn neue Fenster eingebaut wurden. Es gehört weiterhin zum Risikobereich des Vermieters, wenn Feuchtigkeitsschäden auftreten, weil die alten Bauteile (geringere Wärmedämmung) und die neuen Bauteile (dichte Fenster) nicht mehr zusammenpassen.
LG Lübeck WM 90, 202

Oft liegt eine Kombination von Baumängeln und eines Fehlverhaltens des Mieters vor. Dann verringert das Fehlverhalten des Mieters seinen Anspruch auf Mietminderung.
LG Lübeck WM 90, 202
LG Stade WM 85, 23
BayOLG WM 89, 657

Der Vermieter kann sich bei Auftreten von Feuchtigkeitsschäden nicht darauf berufen, dass alle Normen eingehalten worden sind, wenn durch Isoliermängel Wärmebrücken vorhanden sind.
LG Flensburg WM 91, 582 und WM 88, 354

Feuchtigkeitsschäden können nach einigen Gerichten auch durch die falsche Tapete hervorgerufen bzw. begünstigt werden, beispielsweise Raufasertapete im Bad.
LG Hamburg WM 91, 29
oder beispielsweise Thermotapeten in der ganzen Wohnung,
LG Aachen WM 91, 89

Ist der Aufenthalt in Küche, Wohn- und Schlafzimmer nahezu unmöglich, weil diese Räume ständig durchfeuchtet, modrig und von Schimmelpilz befallen sind, und verbleibt zum dauernden Aufenthalt lediglich ein kleines Zimmer als untergeordneter Teil der Wohnung, ist eine Minderung des Mietzinses um 80% gerechtfertigt.
LG Berlin, 65. Zivilkammer vom 08.01.1991; 65 S 205/89

Feuchtigkeitsschäden nach Fenstermodernisierungen im Altbau berechtigen den Mieter zur fristlosen Kündigung und zur Beanspruchung von Ersatz des Kündigungsschadens. (Es kann dem Mieter nicht zugemutet werden, täglich mehrmals Stoßlüftungen durchzuführen und in sämtlichen Räumen, also auch in den Schlafzimmern, die Raumtemperatur nicht unter 19°C absinken zu lassen).
LG Düsseldorf, Urteil vom 08.10.1991; 24 S 82/91

Treten in einem Bad Feuchtigkeitsschäden auf, und können die Ursachen nicht im fehlerhaften Lüftungsverhalten des Mieters liegen, weil das Bad lediglich über eine Innenlüftung bzw. Zwangslüftung verfügt, liegt ein Mangel vor. Der Vermieter muss das Bad so herrichten, dass der Mieter duschen kann, ohne dass sich Schimmelpilz an den Wänden bildet.
LG Bochum WM 92, 431

Der Mieter ist nicht verpflichtet, nachts das Schlafzimmer zu heizen.
LG Düsseldorf DWW 92, 243

Ein schimmelgeplagter Mieter hatte seine Miete gemindert, woraufhin der Vermieter ihn verklagte. Streitpunkte waren neben der Bausubstanz des Gebäudes insbesondere das Lüftverhalten der Bewohner sowie die Frage, ob Schränke in der Wohnung an der Außenwand stehen dürften oder nicht. Das LG Düsseldorf stellte sich, im Einklang mit zahlreichen Entscheidungen anderer Gerichte, klar auf die Seite des Mieters: Bei Feuchtigkeit oder Schimmel in der Wohnung ist eine Minderung der Miete gerechtfertigt.
LG Düsseldorf, 24 S 242/94
Als schadensauslösend wurde der Einbau neuer isolierverglaster Fenster bewertet, obwohl dies bereits einige Jahre zurücklag. Dadurch sei in einer Weise in die raumklimatischen Verhältnisse eingegriffen worden, welche die schwache

Wärmedämmung des Gebäudes habe deutlich werden lassen. Wenn eine Schimmelbildung in der Wohnung nur zu vermeiden sei, indem Schränke überhaupt nicht an der Außenwand oder nur erheblich davon abgerückt stehen würden, seien die Zimmer nicht mehr uneingeschränkt gebrauchstauglich, so das LG Hamburg in einem ähnlichen Fall. Dies sei auch deshalb ein Mangel, weil die Wohnfläche dadurch verringert werde. Mieträume müssten so beschaffen sein, dass sich bei einem Wandabstand der Möbel von nur wenigen Zentimetern Feuchtigkeitsschäden durch Tauwasserniederschlag nicht bilden könnten. Was das Lüften beträfe, könne es dem Mieter im Übrigen nicht auferlegt werden, über den Tag verteilt mehrfach gründlich zu lüften, nur um einen Mangel in der Bausubstanz auszugleichen.
so auch LG Berlin, Beschluss vom 19.05.89

Nach einer Fenstermodernisierung muss der Vermieter den Mieter sachgerecht auf das Wohnverhalten unter geänderten Raumklima hinweisen.
AG Neuss, Urteil vom 18.03.1994;
36 C 593/93

Der Vermieter muss konkret beweisen, dass kein Baumangel vorhanden ist, dass der Zustand von Fenstern, Türen und Heizung ohne Einfluss auf die Mängel ist. Gelingt ihm dieser Beweis, kann sich der Mieter entlasten, indem er beweist, dass er die Feuchtigkeitsschäden nicht zu vertreten hat. Hierbei muss der Mieter darlegen, wie er geheizt und gelüftet hat und dass die vorhandene Möblierung keinen Einfluss auf die Mängel hat.
LG Berlin GE 95, 761

Eine fristlose Kündigung ist immer dann möglich, wenn die Wohnung so beschaffen ist, dass die Benutzung zu einer erheblichen Gefährdung der Gesundheit führen kann. Schimmelpilze, die sich in erheblichem Umfang an den Wänden befinden, berechtigen den Mieter zur fristlosen Kündigung.
AG Flensburg, Urteil vom 02.02.1996; 63 C 246/95

Der Mieter einer neu errichteten Wohnung hat Kenntnis von der Neubaufeuchtigkeit. Ihm ist Belüftung und Beheizung im erhöhten Umfang zuzumuten.
AG Steinfurt vom 09.05.1996; 4 C 23/96

Laut einem Urteil des Amtsgerichts Berlin-Wedding genügt der Nachweis von MVOC in der Raumluft, um von einem Schimmelbefall auszugehen. Ein Sachverständiger hatte in einer Mietwohnung diese Substanzen nachgewiesen und schloss daraus auf eine gesundheitliche Gefährdung. Das Amtsgericht hielt das Analyseergebnis für einen ausreichenden Nachweis der Gesundheitsgefährdung und sprach dem Mieter das Recht auf fristlose Kündigung des Mietvertrags zu. Es wies die Klage des Vermieters ab. Das Urteil wurde vom Berliner Landgericht bestätigt.
Amtsgericht Berlin-Wedding 67 S 87/97

Baumängel müssen nicht durch übermäßiges Lüften ausgeglichen werden.
LG Braunschweig WM 98, 250

Eine Mietvertragskündigung wegen einer Gesundheitsgefährdung setzt voraus, dass eine Gesundheitsgefährdung objektiv festgestellt werden kann. Auf die Befindlichkeit des einzelnen

Mieters kommt es nicht an. Im vorliegenden Fall hatte der Mieter eine Schimmelpilzallergie. Dies reicht nicht aus, um einen Mietvertrag wegen einer Gesundheitsgefährdung zu kündigen. Vielmehr muss objektiv nachweisbar sein, dass eine wirkliche Gesundheitsgefährdung im Mietobjekt vorliegt.
Amtsgericht Chemnitz, 19 C 3707/98

Eine fristlose Kündigung nach BGB § 544 wegen Schimmelpilzbefalls der Wohnung setzt voraus, dass eine Gesundheitsgefährdung nach objektiven Maßstäben nachgewiesen wird.
LG Berlin, 62. Zivilkammer vom
11. Juni 1998; 62 S 10/98
AG Flensburg vom 02. Februar 1996;
63 C 246/95

Führen Mängel an der Feuchtigkeitsabdichtung in einer Eigentumswohnung zu einem ungewöhnlich feuchten Raumklima, kann die Nutzung der Wohnung so stark eingeschränkt sein, dass der Wohnungskäufer den Kaufvertrag rückgängig machen kann.
OLG Frankfurt/Main vom 24. Juni 1998;
17 U 1/96

Feuchte Wände und Schimmelpilze in der Wohnung geben den Mietern das Recht, die Miete um 20% zu kürzen.
AG Köln 99, 222 C 371

Ein Mieter hat gegen den Vermieter keinen Anspruch auf Beseitigung von Schimmelpilz im Duschbereich, wenn sich die Schimmelbildung als Folge des besonderen Nutzungsverhaltens des Mieters darstellt, weil dieser nach dem Duschen die regelmäßig mit Spritzwasser benetzten Fliesen nicht trocken wischt. Die Beseitigung von Spritzwasser ist nicht überobligationsmäßig, sondern jedenfalls in innenliegenden Bädern von jedem Mieter zu erwarten.
LG Berlin, 61. Zivilkammer vom
9. August 1999; 61 S 510/98

Ist der Mieter nachweislich gegen Hausstaubmilben allergisch, deren Vermehrung durch Feuchtigkeit begünstigt wird, muss von einer erheblichen Gesundheitsgefährdung i.S.d. BGB § 544 ausgegangen werden, wenn bei Erstbezug der Wohnung noch erhebliche Restfeuchtigkeit aus der Bauphase vorhanden ist. Eine Fristsetzung zur Behebung der Gesundheitsgefährdung ist nicht erforderlich, wenn die Gefährdung nicht leicht behebbar ist. Von dem Mieter können Kenntnisse über verstärktes Heizen und Lüften zur Bekämpfung von Restfeuchtigkeit und Schimmelpilzbildung nicht ohne weiteres erwartet werden.
LG Oldenburg, 9. Zivilkammer vom
7. Oktober 1999; 9 S 731/99

In Büroräumen, für die »gehobene Preise« bezahlt werden (im vorliegenden Fall 30,- DM pro Quadratmeter) wird eine durchschnittliche Raumtemperatur von 20 °C geschuldet. Mieter, die frieren, können von vornherein eine höhere Mindesttemperatur vereinbaren. Versäumen Sie dies, können sie nachträglich keine Mietpreissenkung durchsetzen.
Oberlandesgericht München, 5 U 2889/00

Erfordert der Einbau neuer Isolierglasfenster ein geändertes Lüftungsverhalten und kommt es in der Mietwohnung zur Schimmelbildung, weil der Mieter den Anforderungen an eine sachgerechte Lüftung nicht gerecht wird, dann stammt der Mangel dennoch aus dem Gefahrenbereich des Vermieters, wenn dieser den

Mieter nicht präzise über die nach dem Fenstereinbau aufgrund des veränderten Raumklimas notwendigen zusätzlichen Lüftungsmaßnahme aufgeklärt hat.
LG Gießen, 1. Zivilkammer vom 12. April 2000; 1 S 63/00

Schimmel gefährdet die Gesundheit und beeinträchtigt somit die Brauchbarkeit der Wohnung. Wenn der Mieter selbst zu dem Schimmelpilzbefall beigetragen habe, weil er nicht ausreichend heize oder lüfte, könne er die Miete allerdings nicht herabsetzen. Im konkreten Fall könnten die Mieter jedoch nichts dafür, denn in beiden Räumen gebe es keine Heizmöglichkeit. Ständig zu lüften, sei für den Mieter unzumutbar. Nach Auskunft des Sachverständigen sei bei normalen Lebensgewohnheiten ohne Heizung in Bad und Schlafzimmer Schimmel nicht zu vermeiden. Der Vermieter sei verpflichtet, im Bad Maßnahmen gegen den Schimmel zu ergreifen. Erst, wenn dieser Mangel beseitigt sei, könne er wieder die volle Miete verlangen. Das Schlafzimmer müssten die Mieter dagegen künftig anders nutzen. Da ihnen nun bekannt sei, dass sich der Raum ohne Heizung nicht als Schlafzimmer eigne, müssten sie sich darauf einstellen. Denn sie hätten ihn ohne Heizung gemietet und auch nicht ausdrücklich als Schlafzimmer.
Urteil des Landgericht Lüneburg; 6 S 70/00

Die Gerichte sind unabhängig und ihre Entscheidungen sind für andere Gerichte in der Regel nicht verbindlich (eine Ausnahme machen die Rechtsentscheide der Oberlandesgerichte und des BGH, von denen die anderen Gerichte nicht ohne weiteres abweichen dürfen). Das bedeutet: Es besteht keine Garantie dafür, dass das im konkreten Einzelfall angerufene Gericht den Fall ebenso entscheiden wird wie das Gericht, dessen Entscheidung hier aufgeführt ist.

Auffallend in den Gerichtsentscheidungen sind neben den widersprüchlichen Begründungen auch der hohe Stellenwert der Hinweispflicht der Vermieter, wenn Sanierungen und Renovierungen und der damit beispielsweise verbundene Einbau neuer Fenster durchgeführt werden, und daraus resultierende Veränderungen in den klimatischen Bedingungen zu erwarten sind.

Des Weiteren wird bei allen Gerichtsentscheidungen und -urteilen die Diskrepanz zwischen den Parteien deutlich. Hierbei dreht sich in der Regel immer alles um die Kernfrage: Liegt hier ein Baumangel vor oder ist ein Nutzer- und Nutzungsfehlverhalten anzunehmen. Kompliziert wird der Sachverhalt, wenn keine eindeutige Ursache nachgewiesen werden kann oder ggf. beide Parteien an den Ursachen anteilig beteiligt sind.

Anhang

Anhang 1: Verwendete und weiterführende bauphysikalische, mykologische, allergene und umweltmedizinische Fach- und Sachbegriffe

Abklingmethode. Die Abklingmethode ist eine schnelle und zugleich grundlegende Methode zur Messung des Luftwechsels. Sie liefert nach relativ kurzer Zeit sehr verlässliche Werte der so genannten Luftwechselzahl. Hierzu wird eine kleine Menge Spurengas gleichmäßig im Raum verteilt. Anschließend wird die Gaszufuhr gestoppt und und das Abklingen der Spurengaskonzentration im Raum über eine gewisse Zeit gemessen. Um sicherzustellen, dass die Spurengaskonzentration in allen Punkten im Raum zu jedem Zeitpunkt gleich ist, läuft während der Messung im Raum ein großer Ventilator. Sofern während der Messperiode kein Spurengas in den Raum geführt wird, und der Luftstrom durch den Raum konstant ist, wird die Spurengaskonzentration exponentiell abnehmen. Wird der natürliche Logarithmus der Spurengaskonzentration über der Zeit aufgetragen, so entsteht eine Gerade. Die Steigung dieser Geraden wird als Luftwechselzahl im Raum bezeichnet.
→ Luftwechselvolumen, → Luftwechselzahl

Absidia.
→ Mucoraceae

Absolute Luftfeuchtigkeit. Unter der absoluten Luftfeuchtigkeit versteht man den Feuchtegehalt in g/m^3, der bei gegebenen Bedingungen herrscht. Die absolute Luftfeuchtigkeit ist im Gegensatz zur relativen Luftfeuchtigkeit temperaturunabhängig, wobei für das Mauerwerk von Bedeutung ist, dass der sich jeweilig einstellende Feuchtegehalt im Mauerwerk von der herrschenden Luftfeuchtigkeit abhängt. Außerdem beeinflusst natürlich der Gehalt an Wasserdampf in der Luft, also die absolute Luftfeuchtigkeit, auch die Trocknungsbedingungen, die für ein Mauerwerk herrschen.

Absorption. Die Absorption ist ein besonders in den Naturwissenschaften und in der Technik häufig verwendeter Begriff für die Aufnahme von elektromagnetischen Strahlen oder radioaktiver Strahlung bzw. die Aufnahme von Gasen in Flüssigkeiten oder Festkörpern. Der Begriff Absorption darf nicht mit dem Begriff Adsorption verwechselt werden. Bei der Absorption elektromagnetischer Strahlen wird ein Teil der Strahlung in Wärmeenergie umgewandelt; nicht absorbierte Strahlen werden reflektiert und haben dann veränderte Eigenschaften. Beispielsweise werden nur bestimmte Wellenlängen des Sonnenlichtes, das auf einen Körper fällt, absorbiert. So erscheint ein Körper weiß, wenn die gesamte auf ihn fallende Strahlung bzw. der größte Teil davon reflektiert wird. Einen Körper, der jegliche auftreffende Strahlung absorbiert, nennt man Schwarzer Körper.

In der Chemie bedeutet Absorption die Aufnahme eines Stoffes durch einen anderen. So kann beispielsweise Sauerstoff in Wasser absorbiert werden.
→ Adsorption

Abundanz. Unter Abundanz wird die Häufigkeit und Anzahl von Organismen bzw. bei Pilzen auch von Fruchtkörpern auf einer definierten Fläche, in einer Region, in einem Biotop, einem definierten Vegetationstyp usw. verstanden. Bei pilzökologischen Arbeiten wird die Abundanz beispielsweise durch Untersuchung der Keimzahl von Schimmelpilzen, durch Auszählen von Fruchtkörpern, durch Biomassebestimmung und ähnliche Methoden erfasst.

Acetaldehyd. Acetaldehyd ist ein in der Innenraumluft vorkommendes, als gesundheitsschädlich eingestuftes Gas und entsteht bei unvollständiger Verbrennung sowie als Produkt des menschlichen Stoffwechsels, das sich in der Ausatemluft befindet. Durch den sehr intensiven Geruch ergibt sich ein Richtwert für geruchliche Innenraumbelastungen von maximal 200 µg/m³. Es konnten folgende Wirkungen im Tierversuch festgestellt werden: Reizungen der Schleimhäute der Luftwege, Respirationsstörungen, Augentränen, Nasensekretion und Speichelsekretion.

Aceton. Aceton findet als Lösemittel in Lacken, Farben, Klebern sowie in Lackentfernern und Nagelreinigern Verwendung. Typische Symptome bei erhöhten Werten in der Innenraumluft sind Schleimhautreizungen im Nasen- und Augenbereich.

Acidophile. Unter den acidophilen, also saure Medien bevorzugenden, Mikroorganismen sind häufiger Pilze als Bakterien zu finden. Aber auch Algen, Flagellaten, Ciliaten und Amöben wurden in sauren Medien gefunden. Acidophile Prokaryoten werden nach ihrer Thermotoleranz in Mesophile, moderat Thermophile und Thermophile eingeteilt. Unter den acidophilen Bakterien und Archaea finden sich viele Schwefel und Eisen oxidierende Spezies. Neben chemolithotrophen werden auch eine Reihe heterotropher Organismen beschrieben. Natürlich saure Habitate sind auch Zitrusfrüchte, Essig oder Milchprodukte. Teile des Intestinaltrakts des menschlichen Körpers bieten ebenfalls ein stark saures Habitat.

Acrasin.
→ Schleimpilze

Acrasiomyceten.
→ Schleimpilze

Acremonium spp. Der Pilz *Acremonium* kann allergisierend sein und ein Trichothecene-Toxin produzieren, welches giftig ist, wenn es im Körper aufgenommen wird. In Einzelfällen ist er die primäre Ursache für Übelkeit und Durchfall von Bewohnern von befallenen/belasteten Häusern.

Acrolein. Acrolein ist eine chemische Verbindung, bei der im Bereich der Geruchsschwelle (ca. 460 µg/m³) bereits Einschränkungen der Leistungsfähigkeit oder gar Gesundheitsgefährdungen anzunehmen sind. Der Richtwert für geruchliche Innenraumbelastungen liegt bei maximal 200 µg/m³. Es konnten folgende Wirkungen im Tierversuch festgestellt werden: Reizungen der Schleimhäute der Luftwege, Respirationsstörungen, Augentränen, Nasensekretion und Speichelsekretion.
→ Aldehyde

Adenosin.
→ Nukleoid

Adjuvanseffekt. Unterstützender Effekt

Adsorption. Mit Adsorption wird die Aufnahme von Atomen, Ionen oder Molekülen eines Gases oder einer Flüssigkeit (Adsorbat) durch die Oberfläche eines Feststoffes oder einer Flüssigkeit (Adsorbens) beschrieben. Das Adsorbat wird dabei aufgrund von Adhäsionskräften (also keine chemische Bindung) auf der Oberfläche des Adsorbens festgehalten. Poröse oder fein verteilte Feststoffe können mehr Adsorbat aufnehmen, da sie eine relativ große Oberfläche haben. Auf ähnliche Weise kann die adsorbierende Oberfläche einer Flüssigkeit vergrößert werden, wenn die Flüssigkeit z.B. in Form von feinen Tröpfchen vorliegt. Die Adsorption spielt auch bei der Katalyse und bei anderen chemischen Vorgängen eine wichtige Rolle. Im Gegensatz dazu versteht man unter Absorption das Eindringen von Gasen (Absorbat) in Flüssigkeiten oder Festkörper (Absorbens). Im Zusammenhang mit elektromagnetischer oder radioaktiver Strahlung bezeichnet der Begriff Absorption die Schwächung der Lichtintensität beim Durchgang durch ein Medium bzw. das Ein- und Durchdringen von Materie.
→ Absorption

Aeroallergen. Allergene, die über die Luft mit dem Menschen in Kontakt kommen, werden als Aeroallergene oder auch als Inhalationsallergene bezeichnet.

Aerob (anaerob). Biologische Prozesse, die in Anwesenheit (bzw. in Abwesenheit) von Sauerstoff stattfinden, werden als aerob bzw. anaerob bezeichnet.

Aerobacter. Gattung von gram-negativen, zum Teil kapselbildenden, weit verbreiteten Bakterien.

aerogen. Über die Luft, auch die Raumluft, einwirkend.

Aeroplankton. Gesamtheit der im Luftraum schwebenden Kleinlebewesen wie beispielsweise Bakterien, Sporen, Protozoen und dgl.

Aerosol. In Luft oder Gasen schwebende, feinstverteilte Stoffe, kolloidale Dispersionen von festen Stoffen oder Flüssigkeiten in Luft oder Gasen (beispielsweise von Bakteriziden zur Anwendung in Form von Sprühnebeln, von Arzneimitteln zur Inhalation und dgl.)

Aethalium. Fruchtkörper, die aus der Verschmelzung von Einzelfruchtkörpern hervorgegangen sind.

Ätiologie. Ursache bzw. Vorgeschichte einer Erkrankung

Äquivalenter Wärmedurchgangskoeffizient. Dies ist ein speziell für Fenster geeigneter, erweiterter Wärmedurchgangskoeffizient. Durch die Einarbeitung der Wärmegewinne über die Sonneneinstrahlung können verglaste Flächen gemäß ihrem hohen Stellenwert bei der Gebäudeplanung berücksichtigt werden. Diese solaren Wärmegewinne sind abhängig von der Ausrichtung nach der Himmelsrichtung und dem Durchlassvermögen der Verglasung, dem Gesamtenergiedurchlassgrad.

Affektion. Befall durch eine Krankheit

Aflatoxicose. Mit Aflatoxicose wird die Pilzvergiftung durch Aflatoxine definiert. Die durch verdorbene Lebensmittel in den menschlichen Körper gelangten Gifte verursachen Blutungen, Leberschäden und vor allem Krebs. Besonders Aflatoxin B1 und Aflatoxin M1 sind stark kanzerogene Substanzen.
→ Aflatoxin

Aflatoxin. Neben den Stoffwechselwegen, die zur Energiegewinnung und zur Bildung neuer Zellmasse benötigt werden (Primärstoffwechsel), zeichnen sich viele Pilze durch ein großes Spektrum an metabolischen Kapazitäten aus. Diese biochemischen Leistungen werden als Sekundärstoffwechsel bezeichnet. Zu den Endprodukten dieser Stoffwechselwege gehören auch die von vielen Schimmelpilzen gebildeten Aflatoxine (vor allem von Aflatoxin flavus), die kanzerogene Eigenschaften besitzen. Das Aflatoxin greift jeweils die schwächsten oder für Krankheiten anfälligsten Organe des menschlichen Körpers an.
→ Aspergillus, → Mykotoxine, → Pilze

Agar. Agar ist ein gelbildendes, kolloidales Kohlenhydrat mit vielfältigen Anwendungsbereichen in Forschung und Industrie. Agar kommt in der Zellwand mehrerer Rotalgenarten vor, insbesondere bei fernöstlichen Arten der Gattung *Gelidium*. Er dient zur Verfestigung von Süßigkeiten, Cremes und Lotionen und wird auch Konserven mit Fisch und Fleisch zugesetzt. Bei der Herstellung von Speiseeis und Eisdessert verwendet man Agar zur Verbesserung der Konsistenz. Während der Weinherstellung sowie (in manchen Ländern) beim Bierbrauen entfernt man mit Agar Trübungen. Die Textilindustrie setzt diesen Stoff als Bindemittel ein. Außerdem ist die Substanz im Labor ein hervorragender Nährboden zur Zucht von Bakterien, weil Agar von Salzen nicht angegriffen wird und weil die meisten Mikroorganismen ihn nicht als Nahrung verwerten können. Agar wird aus Seetang gewonnen: Der Tang wird gekocht, abgekühlt und getrocknet, und das Produkt wird in Stück- oder Pulverform verkauft. Der ursprüngliche Name Agar-Agar ist das malaiische Wort für eine südostasiatische Art des Seetanges. Früher wurde Agar ausschließlich in Fernost hergestellt, heute gewinnt man ihn aber auch in anderen Küstengegenden am Pazifik, z.B. in Kalifornien und Australien.

Agaricales.
→ Pilze

Agaricus.
→ Pilze

Agens. Biologisch wirksamer Stoff

akut. Plötzlich auftretend, schnell, heftig verlaufend – im Gegensatz zu chronisch

Aldehyde. Aldehyde bezeichnen eine Klasse organischer Verbindungen, die beispielsweise für die Herstellung von Kunststoffen, Farbstoffen, Lebensmittelzusatzstoffen und anderen chemischen Verbindungen von Bedeutung sind. Aldehyde haben die allgemeine Formel:

$$\mathrm{R{-}\underset{\underset{\displaystyle H}{|}}{C}{=}O_2}$$

Wobei R entweder ein Wasserstoffatom ist, wie im Fall von Formaldehyd (Methanal), oder für eine aliphatische bzw. eine aromatische Kohlenwasserstoffgruppe steht. Nach der Definition gehört der einfachste Vertreter dieser Substanzgruppe (Formaldehyd) im Gegensatz zu den höheren Aldehyden wegen seines Siedepunktes von nur ca. 20 °C auch nicht zur Gruppe der → VOC. Von den geradkettigen Aldehyden wird vor allem n-Hexanal in der Innenraumluft nachgewiesen. Wesentliche Quellen sind Alkydfarben und -lacke. Im Laufe der Trocknung, der Vernetzung, aber auch des oxidativen Abbaus der ölhaltigen Bindemittel werden die Aldehyde abgespalten und freigesetzt. Da Linoleum ebenfalls ölhaltige Bindemittel aufweist, können aus dieser Quelle auch Aldehyde an die Umgebung abgegeben werden. Ein ungesättigter Aldehyd mit einem besonders stechenden Geruch ist das Propanal (→ Acrolein), das u.a. bei der thermischen Zersetzung von Fetten auftritt wie beispielsweise bei Küchendunst.

Aliphate. Aliphate sind linear kettenförmige Verbindungen, die als organische Lösemittel aus dem Rohstoff Erdöl gewonnen werden. Je nach organischer Struktur werden aliphatische, aromatische Lösemittel und Glykole, Alkohole und Ester unterschieden. Typische Vertreter der Aliphate sind z.B. Testbenzin oder Terpentin.

Alimentäre Toxische Aleurie (ATA). Unter einer alimentären toxischen Aleurie versteht man eine Mykotoxikose, die durch Trichothecene besonders der *Fusarium*-Arten verursacht wird. Nachdem diese Gifte in den menschlichen Körper gelangt sind, beginnt die alimentäre toxische Aleurie mit Hautnekrosen (= Absterben von Gewebszellen), Blutungen, Entzündungen und zeigt im Endstadium eine Schrumpfung des Knochenmarks sowie Abnahme der weißen und roten Blutkörperchen.

Aliphatische Kohlenwasserstoffe. Aliphatische Kohlenwasserstoffe (z.B. Hexan, Oktan, Dekan, Dodekan) sind häufig verwendete Lösemittel, die z.B. in Terpentinersatz, Petroleum, Klebern, Lacken, Farben sowie Kunststoffmaterialien (PVC) enthalten sind und aus diesen Stoffen ausgasen können.

Aliphatische Verbindungen. Sammelbezeichnung für organische Verbindungen, deren Moleküle hauptsächlich aus geraden oder verzweigten Ketten von Kohlenstoffatomen bestehen. Im Gegensatz zu den Aliphaten stehen die isocyclischen Verbindungen, bei denen die Kohlenstoffatome zu Ringen zusammengeschlossen sind. Zu den aliphatischen Verbindungen gehören Alkane, Alkene und Alkine sowie deren Abkömmlinge mit funktionellen Gruppen (z.B. Alkohole und Carbonsäuren).

Alkalisch/Alkalität. Alle Substanzen, die in wässriger Lösung einen pH-Wert > 7 haben, werden als alkalisch bezeichnet. Mineralische Baustoffe und Baustoffmischungen sind in der Regel als mehr oder weniger stark alkalisch einzustufen. Bei einigen Baustoffen spielt die Alkalität für die Beständigkeit eine große Rolle.

Alkalisierung. Durch phototrophe Prozesse (CO_2-Bindung) und vereinzelt auch durch heterotrophe Umsetzung von Stickstoffverbindungen sowie Natriumsalzen organischer Säuren (Freisetzung von Ammonium bzw. Natriumkarbonat durch Mycobakterien) kann es auch zu einer biogenen Alkalisierung des Untergrundes und zur Anlösung von Quarzpartikeln (pH-Wert > 9) kommen.

Alkaloide. Unter dem Begriff Alkaloide fasst man eine Gruppe von leicht alkalischen stickstoffhaltigen Verbindungen zusammen. Sie sind meist pflanzlichen Ursprungs, haben einen relativ einfachen Molekülaufbau und unterschiedliche physiologische Auswirkungen auf den Körper. Fast 3.000 Alkaloide wurden beschrieben. Das erste, das man 1886 synthetisch herstellte, ist eines der einfachsten. Es heißt Coniin bzw. 2-Propyl-Piperidin, $C_5H_{10}NC_3H_7$. Es ist hochgiftig, bereits 0,2 Gramm sind tödlich. Mit diesem aus dem Samen des Schierlings gewonnenen Gift wurde lt. Literaturangaben Sokrates getötet. Etwa 30 der bekannten Alkaloide werden in der Medizin verwendet. Atropin beispielsweise verursacht eine Weitung der Pupillen, Morphin stillt Schmerzen, Chinin wird zur Behandlung von Malaria verwendet; Nikotin ist ein wirksames Insektizid und Reserpin ist ein Beruhigungsmittel. In ihrem chemischen Aufbau zeigen einzelne Vertreter erhebliche Unterschiede. Über die biochemischen Funktionen ist derzeit wenig bekannt. Im menschlichen Organismus zeigen sie meist intensive physiologische Wirkungen. Je nach Art bzw. eingesetzter Dosis sind Alkaloide Rausch-, Heil- oder Genussmittel (beispielsweise Cocain, Morphin, Chinin, Codein, Nikotin). Manche Alkaloide stellen bereits in kleinen Mengen aufgenommen tödliche Gifte dar (beispielsweise Strychnin, Atropin).

alkalophil/alkaliphil.
→ basophil

alkalophytisch.
→ basiphil

allantoid. Einzellige, schmale, schwach gekrümmte Sporen mit abgerundeten Enden werden als allantoid bezeichnet. Diese Bezeichnung, die auch für würstchen-, nieren- oder bohnenförmige Sporen verwendet wird, wird hauptsächlich für Konidien und Ascosporen angewendet.

Allethrin.
→ Pyrethroide

Allergen. Die Stoffe, die das menschliche Immunsystem reizen und eine Allergie auslösen, werden als Allergene (oder auch als Antigen oder Fremdstoff) bezeichnet. Allergene sind teilweise Proteine (Eiweißstoffe), beispielsweise in Nahrungsmitteln, aber auch in Pollen, Tierhaaren usw. Die bekanntesten Allergene sind Blütenpollen, Tierhaare, Hausstaubmilben und Lebensmittel. Teilweise können Allergene aber auch kleinmolekulare chemische Stoffe ohne Proteincharakter sein, beispielsweise Metalle wie Nickel, Kobalt u.a. Jeder Allergiker reagiert auf andere Stoffe. Deshalb ist eine der wichtigsten Voraussetzungen für eine sinnvolle Behandlung (Therapie), das individuelle Allergen herauszufinden. Inzwischen sind ca. 20.000 verschiedene allergene Substanzen bekannt.
→ Antigen

Allergie
Das Wort Allergie stammt aus dem Griechischen und bedeutet ursprünglich »anders reagieren«. Heute wird dieser Begriff im Sinne von »überempfindlich reagieren« verwendet. Unter der Krankheit Allergie wird ein Fehlverhalten des Immunsystems verstanden, da es überempfindlich auf ansonsten harmlose Stoffe reagiert, die bei ande-

ren Menschen keine Beschwerden oder dgl. auslösen. Allergie ist demzufolge ein Zustand, in dem der Organismus auf Allergene mit einer allergischen Reaktion antwortet. Sie wird durch das Einwirken eines Allergens, das im Immunsystem bestimmte Vorgänge induziert, erworben. Zur allergischen Reaktion kommt es erst bei einer erneuten Einwirkung. Allergische (Überempfindlichkeits-) Reaktionen können in vier verschiedene Formen eingeteilt werden (→ Kap. 5.3.2).

AllergoCell-Methode. Allergie-Gewebe-Diagnostik im Reagenzglas

Allergischer Formenkreis. Umfasst Allergie, Pseudoallergie und umweltbedingte Erkrankungen.

Allylamin-Antimycotica. Hierbei handelt es sich um fungistatisch oder fungizid gegen Dermatomykosen und Onychomykosen einsetzbare Antimycotica. Sie wirken teilweise durch frühes Eingreifen in die Ergosterolsynthese der Pilzzelle oder durch direkte Schädigung der Zellmembran. Eingesetzte Verbindungen sind beispielsweise Naftifin, Terbinafin und Tolnaftat.

Alternaria. Unter *Alternaria* wird eine etwa 50 Arten umfassende, weltweit verbreitete Anamorph-Gattung der Hyphomycetes mit dunklen, muriform septierten Konidien zusammengefasst, die aus Poren der conidiogenen Hyphen aussprossen. Mehrere Arten sind wirtschaftlich bedeutungsvolle Phytoparasiten. Die von manchen *Alternaria*-Arten gebildeten Mykotoxine wirken antibiotisch und cytotoxisch.
→ Alternaria-Toxine

Alternaria-Toxine. *Alternaria*-Toxine sind Mykotoxine, die von *Alternaria*-Arten gebildet werden. Alle *Alternaria*-Toxine enthalten eine Dibenzopyron-Einheit und sind antibiotisch, cytotoxisch und teratogen. Ein Beispiel ist das Alternariol, das als Antibiotikum auch Cytotoxizität gegen Tumorzellen besitzt.

Alternariose. Unter Alternariose versteht man eine durch *Alternaria*-Arten hervorgerufene Mykose. Beim Menschen ist der Befall auf Haut und Nägel der Extremitäten beschränkt. Am häufigsten wird *Alternaria tenuis* als Erreger isoliert.

Alveole. Lungenbläschen; dort findet der Gasaustausch statt: Sauerstoffaufnahme – Kohlendioxidabgabe

Alveolitis, exogen-allergische. Entzündliche Reaktion der Lungenbläschen auf unterschiedliche Noxen, meist durch Inhalation von organischen Stäuben verursacht. Diese enthalten auslösende Mikroorganismen wie Aktinomyceten, Schimmelpilze (»Farmerlunge«) oder Kotproteine von Ziervögeln oder Tauben (»Taubenzüchterlunge«).

Amanita.
→ Pilze

Ammoniakoxidanten. Ammoniakoxidanten sind Bakterien, die Ammoniak zu Nitrit oxidieren. Dabei wird Energie für den Stoffwechsel gewonnen. Sie gehören zur Gruppe der Nitrifikanten mit den dort beschriebenen Schadensmechanismen.
→ nitrifizierende Bakterien

Amylase.
→ Pilze

Amine. Amine sind Verbindungen, die sich häufig bei der Zersetzung organischen Materials bilden. Im Prinzip lassen sich Amine als Produkte des Ammoniaks auffassen, bei dem ein oder mehrere Wasserstoffatome durch organische Gruppen ersetzt sind. Die Zahl der am Stickstoff gebundenen organischen Gruppen bestimmt, ob das Molekül als primäres, sekundäres oder tertiäres Amin bezeichnet wird.

Aminosäuren. Wichtige Klasse organischer Verbindungen, die die Aminogruppe und die Carboxylgruppe enthalten. Von den Aminosäuren gehören 20 zu den Bausteinen der Proteine. Bei den Aminosäuren sind Amino- und Carboxylgruppe an das gleiche Kohlenstoffatom gebunden. Zu ihnen zählen Alanin, Arginin, Asparagin, Cystein, Glutaminsäure, Glutamin, Glycin, Histidin, Isoleucin, Leucin, Lysin, Methionin, Phenylalanin, Prolin, Serin, Threonin, Tryptophan, Tyrosin und Valin. Für diese Säuren gilt die allgemeine Formel:

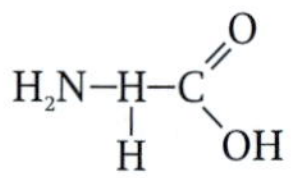

Wie aus der Formel hervorgeht, hängt an dem C-Atom eine weitere Gruppe, die meist mit einem R abgekürzt wird. Nur in dieser Gruppe unterscheiden sich die genannten 20 Aminosäuren. Bei der einfachsten Aminosäure Glycin steht das R für ein einziges Wasserstoffatom. Die anderen Aminosäuren haben größere, kompliziertere organische Reste, die u.a. Kohlenstoff- und Wasserstoffatome, aber auch zusätzlich noch Sauerstoff-, Stickstoff- oder Schwefelatome enthalten können. Wenn in einer lebenden Zelle ein Protein gebildet wird, reagiert die Carboxylgruppe einer Aminosäure mit der Aminogruppe einer anderen Aminosäure, wobei eine so genannte Peptidbindung entsteht. Die Carboxylgruppe der zweiten Aminosäure reagiert entsprechend mit der Aminogruppe einer dritten Säure usw., bis eine lange Kette vorliegt. Dieses kettenähnliche Molekül kann zwischen 50 und einige hundert Untereinheiten aus je einer Aminosäure enthalten; man spricht hier von einem Polypeptid. Ein Protein kann aus einer einzelnen oder aus mehreren Polypeptidketten bestehen. In einem Organismus werden Proteine nach einer bestimmten Vorschrift gebildet, die in den Nucleinsäuren, also im genetischen Material einer Zelle, enthalten ist. Diese Vorschriften legen fest, in welcher Reihenfolge die jeweiligen Aminosäuren für das entsprechende Protein zu verknüpfen sind. Die R-Gruppen der Aminosäure-Untereinheiten bestimmen die Gestalt des Proteinmoleküls und seine chemischen Eigenschaften.

Aus den nur 20 Aminosäuren kann eine außerordentlich große Vielfalt von Proteinen hervorgehen. In den Zellen werden aus den jeweiligen Aminosäuren auch andere Produkte gebildet, darunter Hormone und Pigmente. Außerdem wirken einige der 20 genannten Aminosäuren als notwendige Vermittler beim Stoffwechsel in den Zellen. Die meisten Pflanzen und Mikroorganismen können die für ihr Wachstum erforderlichen Aminosäuren aus anorganischen Verbindungen bilden. Dagegen müssen Tiere und auch der Mensch einige dieser Aminosäuren mit der Nahrung aufnehmen. Diese nennt man essentielle Aminosäuren. Beim Menschen sind dies Lysin, Tryptophan, Valin, Histidin, Leucin, Isoleucin, Phenylalanin, Threonin, Methionin und Arginin. Sie sind in ausreichenden Mengen in proteinreichen tierischen Nahrungsmitteln vorhanden, aber auch in bestimmten Kombinationen pflanzlicher Proteine. Außer den Aminosäuren, aus denen Proteine hervorgehen, kommen in der Natur mehr als 150 andere Aminosäuren vor, darunter einige, bei denen Amino- und Carboxylgruppen an verschiedene Kohlenstoffatome gebunden sind. Man findet solche eher ungewöhnlichen Aminosäuren in Pilzen und in höheren Pflanzen.

Ampicillin.
→ Penicillin

Anaerobier. Anaerobier sind Lebewesen, die ohne Sauerstoff leben können. Der Stoffwechsel der Anaerobier ermöglicht es ihnen, Energie aus sauerstofffreien Nährstoffen zu gewinnen. Meist geschieht das durch Gärung, aber in manchen Fällen sind dafür chemische Reaktionen mit anorganischen Verbindungen verantwortlich. Alle Anaerobier sind einfach gebaute Lebewesen, z.B. Hefen oder Bakterien. Arten, die in Gegenwart von Sauerstoff absterben, nennt man obligate Anaerobier; die übrigen heißen fakultative Anaerobier.

Analyse. Unter Analyse werden im Bauwesen allgemein Untersuchungen verstanden, die das Zusammenspiel und die Abhängigkeit (Ursache-Wirkung) zwischen der Art, dem Ort und dem

Ausmaß von Bauschäden bzw. der Funktionsbeeinträchtigung eines Bauteils erklären sollen. Des Weiteren ist es Aufgabe der Analyse, die Ursachen des Ist-Zustandes zu ermitteln und (so weit wie möglich) zu dokumentieren. Aufgrund der Komplexität von Bauschäden einerseits sowie der zunehmenden Nutzung der naturwissenschaftlichen Diagnose andererseits hat sich in den letzten Jahren der Begriff der Bauzustandsanalyse oder der Bauwerksdiagnostik etabliert.

Anamnese. Mit Anamnese wird die Dokumentation und Sammlung von Informationen, Daten und Angaben zur Geschichte und Nutzung eines Bauwerkes oder der Vorgeschichte des/der Kranken bezeichnet. Des Weiteren lässt sich durch eine Anamnese die Ursache und Herkunft von Bauschäden bzw. Gesundheitsbelastungen und Krankheiten besser eingrenzen.

Anamorphe. Die Anamorphe beschreibt den Entwicklungszustand eines Pilzes ohne Meiosporenbildung, meistens eine Mitosporenform, also ein imperfekter Pilz oder ein imperfektes Stadium (= eine Nebenfruchtform). Pleomorphe Pilze können neben der Telemorphe (= Meiosporenform) eine oder mehrere Anamorphe bilden. Bei einer relativen Selbstständigkeit der Anamorphe werden diese mit Anamorph-Namen belegt und systematisch zur Anamorph-Klasse *Deuteromycetes* bzw. zur Anamorph-Unterabteilung *Deuteromycotina* zusammengefasst. Der Name einer Anamorphe gilt nur für dieses Stadium und darf nicht für die zugehörige Telemorphe benutzt werden. Bekannte Anamorph-Gattungen sind beispielsweise *Aspergillus* und *Penicillium*.
→ Meiosporen

Anaphylaxie. Immunglobulin E-vermittelte akute Allergie vom Soforttyp; bezeichnet in der deutschsprachigen Allergologie oft eine extrem ausgeprägte Allergie mit der Folge eines anaphylaktischen Schocks.

Anaphylaktisch/anaphylaktoid. Durch Antikörper der Klasse IgE vermittelte Überempfindlichkeitsreaktion; »anaphylaktoid« wird nicht einheitlich verwandt und bezeichnet zum Teil ausschließlich so genannte pseudoallergische Reaktionen.

Anfärben. Das Anfärben ist eine Nachweismethode, bei der Mikroorganismen mit Farbstoffen versetzt werden, um sie sichtbar zu machen. Auf die gleiche Weise können bestimmte Ausscheidungsprodukte (wie beispielsweise Polysaccharide, Fette oder andere Stoffwechselprodukte) durch Farbstoffe angefärbt werden. Durch bestimmte Färbetechniken können infolgedessen die Mikroorganismen bzw. deren Stoffwechselprodukte nachgewiesen werden. Damit können Mikroorganismen nicht nur sichtbar gemacht, sondern auch taxonomisch eingeordnet werden. In einigen Ausnahmen und speziellen Fällen kann die Menge des gebildeten Farbstoffes als Maß für die Menge der Stoffwechselprodukte genutzt werden.

Anomalie. Abweichung vom Normalen; Unregelmäßigkeit, auch Missbildung.

Anrechenbares Luftvolumen. Das anrechenbare Luftvolumen der Gebäude wird nach der Wärmeschutzverordnung aus dem beheizten Bauwerksvolumen als beheiztes Netto-Bauwerksvolumen ermittelt.

Anthrocophile Pilze. Anthrocophile Pilze sind vorzugsweise oder ausschließlich auf Brandstellen wachsende Pilze, die häufig typische Pilzgesellschaften (= Mycocoenose) bilden und oft nach Brandschadensanierungen nachgewiesen werden.

Antiallergikum. So genannte Antiallergika sind jene Medikamente, die zur Bekämpfung einer Allergie angewendet werden. Diese werden nach ihren Wirkstoffen in vier Gruppen eingeteilt.

Antibiotika. Seit den späten 40er Jahren wurden Antibiotika in zunehmendem Maße zur gezielten Therapie von Infektionskrankheiten eingesetzt.

Das erste Antibiotikum, das gereinigt und in größeren Mengen hergestellt werden konnte, war das 1929 von Alexander von Fleming entdeckte Penicillin. Heute ist die Herstellung einer der wirtschaftlich bedeutendsten Zweige der Biotechnologie. Dabei unterscheidet man, je nach Herstellungsverfahren, verschiedene Arten von Antibiotika (z.B. natürliches, biosynthetisches, halbsynthetisches oder synthetisches Antibiotikum).

Verschiedene Mikroorganismen, darunter bestimmte Pilze und einige Bakterien, bilden chemische Stoffe, die auf spezifische Bakterien toxisch wirken. Solche Substanzen, z.B. Penicillin und Streptomycin, nennt man Antibiotika. Sie töten Bakterien entweder ab oder verhindern ihre Vermehrung. In den letzten Jahr(zehnt)en spielen Antibiotika eine zunehmend wichtige Rolle bei der Bekämpfung bakterieller Erkrankungen und werden inzwischen meist synthetisch hergestellt.

Antigen. Unter einem Antigen wird ein Stoff definiert, der nach Einwirkung im Körper vom Immunsystem als »fremd« erkannt wird und die Fähigkeit hat, spezifische Antikörper zu induzieren, also Antikörper hervorruft und mit ihnen reagiert. Das Antigen kann eine chemische Substanz, ein von einer Mikrobe produzierter Stoff oder die Mikrobe selbst sein. Antigene sind in der Regel Eiweißkörper, können aber auch Lipoide oder Kohlenhydrate sein. Sie schädigen den Organismus, der daraufhin mit der Bildung von Antikörpern reagiert, die in der Lage sind, die Antigene unschädlich zu machen. Jede nach überstandener Krankheit erworbene oder durch eine Schutzimpfung künstlich erzeugte Immunität beruht auf dem ausreichenden Vorhandensein von Antikörpern.
→ Antikörper, → Immunität

Antihistaminika. Medikamente, welche die Wirkung des → Histamins hemmen, weil sie die Histaminrezeptoren blockieren, werden als Antihistaminika bezeichnet. Das wichtigste Anwendungsgebiet für Antihistaminika ist die Behandlung allergischer Reaktionen. Sie sind, wie der Name schon sagt, gegen das Histamin gerichtet, das bei einer allergischen Reaktion eine große Rolle spielt. Sie können die Wirkung des Histamins abschwächen oder sogar aufheben und sind bei allen Allergieformen geeignet. Antihistaminika vermindern die Schleimsekretion in der Nase und das Niesen, und in geringerem Umfang lindern sie auch Bindehautentzündung und Atembeschwerden. Außerdem wirken sie bei Lebensmittelallergien gegen Juckreiz und Ausschlag.

Zu den Antihistaminika gehören Wirkstoffe aus mehreren chemischen Verbindungsklassen. Wem eines der Präparate keine Linderung verschafft, dem hilft also möglicherweise ein anderes. Als Nebenwirkungen können Benommenheit, Konzentrationsstörungen und Schwindelgefühl auftreten. Wer Antihistaminika einnimmt und Tätigkeiten ausführen muss, die hohe Aufmerksamkeit erfordern (z.B. Autofahren), sollte keinerlei Alkohol zu sich nehmen. Antihistaminika sind in vielen rezeptfreien Medikamenten gegen Erkältungskrankheiten enthalten, aber ob sie in solchen Präparaten nützlich sind, ist umstritten. Möglicherweise lindern sie zwar die Symptome einer Allergie, die manchmal mit einer Erkältung einhergehen, oder sie haben eine anticholinerge Wirkung, die zu einer geringeren Schleimabsonderung führt, aber die Virusinfektion, welche die Ursache von Erkältungskrankheiten ist, beeinflussen sie nicht. Außerdem kann der Trocknungseffekt nachteilig sein, insbesondere für Personen mit Atemwegsinfektionen, Glaukom oder Erkrankungen der Harnwege.

Antihistaminika gibt es schon lange. Die älteren Wirkstoffe wie Dimetinden, Clemastin oder Doxylaminsuccinat verursachen Müdigkeit. Die neueren Antihistaminika wie Cetirizin, Loratadin oder Terfenadin verursachen dagegen keine oder nur geringe Müdigkeit. Cetirizin und Loratadin haben darüber hinaus noch den Effekt, dass sie bei regelmäßiger Einnahme einen Wechsel der Allergie von der Haut (Neurodermitis) zu den Atemwegen (Asthma) verhindern können. Der Wirkstoff Ketotifen hat den Nachteil, dass er zu unerwünschter Appetitsteigerung führt. Der Wirkstoff Tritoqualin hat einen etwas anderen Wirkmechanismus: Er hemmt die Produktion von Histamin im Körper und kann mit den Histamin-neutralen Substanzen bei Bedarf kombiniert werden.

Antihypertensiva. Zur Senkung eines pathologisch erhöhten Blutdrucks eingesetzte Arzneimittel.

Antiinfektiva. Krankheiten, die durch Infektionserreger entstehen, bekämpft man mit Arzneimitteln, die als Antiinfektiva bezeichnet werden. Infektionserreger sind in der Regel Mikroorganismen, die beim Menschen ein Krankheitsgeschehen auslösen können. Krankheitserreger werden in unterschiedliche Gruppen eingeteilt und mit jeweils für diese Gruppen spezifischen Antiinfektiva bekämpft. Die verschiedenen Gruppen von Krankheitserregern und die jeweils dazu gehörigen Antiinfektiva sind folgende: Bakterien, gegen die Antibiotika eingesetzt werden, Tuberkuloseerreger, die mit Tuberkulosemitteln bekämpft werden, Viren, gegen die es antiviral wirkende Mittel, also Virusmittel gibt, Pilze, die mit Pilzmitteln, auch Antimykotika genannt, bekämpft werden, Protozoen; die wichtigsten Protozoen sind die Malariaerreger, gegen die es Malariamittel gibt, Parasiten, wie z.B. Würmer werden mit antiparasitären Mitteln bekämpft. Die Begriffe Antibiotika und Antiinfektiva werden häufig gleichgesetzt. Dieses ist fehlerhaft, und kann zu Verwirrungen führen. Mit einigen wenigen Ausnahmen werden die Antibiotika nur zur Bekämpfung von Bakterien eingesetzt.

Antikörper. Antikörper sind im Organismus vorkommende Proteinmoleküle, von denen es viele Millionen verschiedene Typen gibt. Antikörper werden von Lymphozyten (bestimmten weißen Blutzellen) gebildet und haben vor allem die Aufgabe, den Körper gegen eingedrungene Fremdsubstanzen zu verteidigen. Sie sind also ein wichtiger Bestandteil des Immunsystems. Antikörper kommen bei allen Wirbeltieren vor, und zwar in dem Teil des Blutes, den man Gammaglobulin nennt. Die Synthese von Antikörpern wird ausgelöst, wenn eine Fremdsubstanz, das Antigen, in den Organismus gelangt. Geschieht dies, reagieren die Lymphozyten mit der Bildung solcher Antikörper, deren Molekülstruktur zur Oberflächengestalt des Antigens passt, sodass der Antikörper sich mit diesem verbinden kann. Häufig handelt es sich bei den Antigenen um Proteinbestandteile von Bakterien und Viren. Diese Antigene gelangen bei einer Infektion in den Organismus oder werden bei einer Impfung absichtlich verabreicht, weil man die Antikörperproduktion anregen will. Durch die Bindung der Antikörper an die Oberfläche von Bakterien, Viren oder Toxinen werden diese gefährlichen Substanzen beseitigt oder neutralisiert. Dazu gibt es drei Mechanismen, die einzeln oder gemeinsam ablaufen können: (1) die unmittelbare Inaktivierung; (2) die Aufnahme und Zerstörung durch andere Blutzellen, die das Antigen mit dem gebundenen Antikörper erkennen; (3) die Zersetzung der Oberfläche von Krankheitserregern, die dann von anderen Blutproteinen (zusammenfassend als Komplementsystem bezeichnet) zerstört werden.

Tiere und Menschen besitzen keine Antikörper gegen Substanzen, mit denen sie noch nie in Berührung gekommen sind. Sie können aber so viele verschiedene Antikörper bilden, dass mindestens einer davon zu jeder nur denkbaren Molekülstruktur einer Fremdsubstanz passt. Bei Krankheiten wie der multiplen Sklerose und dem systemischen Lupus erythematodes produziert der Organismus fälschlicherweise Antikörper gegen Bestandteile seines eigenen Gewebes. Auch manche Viren können die Mechanismen der Immunreaktion durcheinander bringen. Es gibt fünf Klassen von Antikörpermolekülen, die man mit den Buchstaben M, G, E, A und D bezeichnet; man stellt jeweils die Abkürzung Ig für Immunglobulin voran – das ist eine andere Bezeichnung für Antikörper. IgM ist der erste Antikörpertyp, den Neugeborene produzieren, und er wird auch bei einer Infektion als erster gebildet. Im Blutserum von Erwachsenen ist IgG der vorherrschende Typ. Er entsteht beim zweiten Kontakt mit einem Antigen. IgE kommt im Zusammenhang mit Allergien vor. IgA findet sich im Speichel und in der Muttermilch. Die Bedeutung von IgD ist nicht geklärt.

Eine besonders hohe Antikörperkonzentration findet man im Blut von Patienten mit einer besonderen Krebserkrankung, dem multiplen Myelom. In den siebziger Jahren entwickelte man eine Methode, um diese Myelomzellen mit Lymphozyten zu verschmelzen, die man zuvor mit einem Antigen in Kontakt gebracht hatte. Aus jeder derartigen Hybridzelle (Hybridom) können viele Nachkommen (ein Klon) hervorgehen, die identische Antikörper mit einer bestimmten Struktur produzieren. Solche Antikörper nennt man monoklonal. Nun braucht man nur noch das richtige Hybridom auszuwählen, um sich Antikörper zu verschaffen, die mit einer bestimmten Fremdsubstanz reagieren. Monoklonale Antikörper sind in Biologie und Medizin zu einem äußerst nützlichen Hilfsmittel geworden, weil man mit solchen reinen Molekülen viele Bestandteile von Zellen und Geweben markieren und identifizieren kann. Derzeit entwickelt man die Anwendung monoklonaler Antikörper zur Immunisierung, zur Gewebetypisierung bei Transplantationen (die in gewisser Hinsicht der Blutgruppenuntersuchung bei Transfusionen ähnelt) und zu dem Zweck, Medikamente im Körper an ganz bestimmte Stellen zu dirigieren.
→ Lymphozyten

Antikodon.
→ Translation

Antimycotica. Antimycotica sind Antibiotika, die ausschließlich oder hauptsächlich gegen Pilze wirksam sind und diese selektiv schädigen. Der Begriff wird für Substanzen genutzt, die in der Humanmedizin zur Behandlung von Mykosen eingesetzt werden können.

Antioxydantien. Leicht oxidierbare Stoffe, die andere Stoffe (in Lebensmitteln) vor unerwünschter Oxidation schützen, z. B. Vitamin C; können die Entstehung freier Radikale verhindern

Antiseptikum. Physikalisches oder chemisches Agens (Wirkstoff), das Mikroorganismen hemmt oder abtötet und so Fäulnis, Infektionen und andere mikrobielle Prozesse in Lebensmitteln und lebendem Gewebe verhindert. Lebensmittel konserviert man schon seit dem Altertum durch antiseptische Behandlung, beispielsweise durch Hitze beim Kochen, durch Salz und Essig beim Einlegen und Einpökeln oder durch Holzrauch beim Räuchern von Fleisch (Holzrauch enthält Kreosot, eine Verbindung, die chemisch dem Phenol ähnelt). In neuerer Zeit bedient man sich zum Konservieren von Lebensmitteln vor allem der Wärme und der Kälte: Die entsprechenden Verfahren sind Konservenherstellung, Pasteurisieren und Einfrieren; eine weitere Methode ist die Bestrahlung.

Zur Versorgung und Behandlung von Wunden setzte der englische Chirurg Joseph Lister 1868 als erster Antiseptika ein. Seine Arbeiten gründeten sich auf die Befunde des deutschen Physiologen Theodor Schwann und des französischen Biochemikers Louis Pasteur. Lister desinfizierte chirurgische Instrumente und Unfallverletzungen mit einer Lösung von Phenol (damals Karbolsäure genannt) und senkte damit die Sterblichkeit nach größeren Amputationen innerhalb von fünf Jahren von 45 auf 12 Prozent. Seit jener Zeit sind viele weitere Antiseptika in Gebrauch gekommen; zu den wichtigsten gehören Quecksilberbichlorid, Iod, Borsäure, Alkohol, Hypochlorit, Mercurochrom und Merthiolat. Um Wasser – insbesondere bei der öffentlichen Trinkwasserversorgung und in Schwimmbecken – keimfrei zu machen, verwendet man häufig Chlor oder Ozon.

Antitoxin. Im Blutserum enthaltene Antikörper, deren Wirkung gegen bestimmte Toxine gerichtet ist (vor allem gegen Bakteriengifte).
→ Antikörper, → Toxine

apathogen. Keine Krankheiten hervorrufend, beispielsweise im Organismus lebende Bakterien

Aphthen. Weiße Schleimhautflecken bzw. Stellen oberflächlicher Entzündungen der Schleimhäute durch Infektionen mit Bakterien, Viren oder Pilzen

Apoptose. Mit Apoptose wird der programmierte Zelltod beschrieben, der sich als physiologische Form des Zelluntergangs in Auslösung und Ablauf vom Zelltod durch Nekrose unterscheidet.

Apothecien.
→ Pilze

Archaebakterien. Einfach gebaute Lebewesen, die in mancherlei Hinsicht den Bakterien ähneln: Wie diese besitzen sie keinen abgegrenzten Zellkern, und deshalb kann man sie in der Klassifikation der Lebewesen als Prokaryonten bezeichnen. In biochemischer Hinsicht unterscheiden sie sich aber in wichtigen Punkten von den Bakterien; deshalb gelten sie heute in der biologischen Systematik als eigenes Organismenreich. Manchen Theorien zufolge sind die Archaebakterien die Vorläufer der eukaryontischen Zellen, die einen abgegrenzten Zellkern besitzen. Die gewöhnlichen Bakterien sind dagegen, wie man heute weiß, mit den Vorfahren der Mitochondrien und Chloroplasten verwandt, die man in den Eukaryontenzellen findet.
→ Bakterien

Aromaten. Aromaten sind ringförmige Verbindungen mit konjungierten Doppelbindungen, die als organisches Lösemittel aus dem Rohstoff Erdöl gewonnen werden. Je nach organischer Struktur werden aliphatische, aromatische Lösemittel und Glykole, Alkohole und Ester unterschieden. Typische Vertreter der Aromaten sind z.B. Benzol, Toluol, Xylol oder Nitroverdünnung. Als typisch für Aromaten ist ein intensiv-fruchtiger Geruch.

Arsen. Arsen tritt als Spurenelement in der Erdkruste auf, so z. B. in Steinkohle und im Meerwasser. In folgenden Industriezweigen ist Arsen zu finden: Arzneimittelherstellung, Bergbau/Hüttenwesen, Druckereitechnik, Lederwarenherstellung, Sprengstoffindustrie. Außerdem ist Arsen Bestandteil von Klärschlämmen und Schädlingsbekämpfungsmitteln. Die Toxizität von Arsen und seinen Verbindungen ist unterschiedlich. Metallisches Arsen und schwer lösliche Sulfide sind fast ungiftig, während 3-wertiges Arsen hoch giftig ist. Beim Einatmen von Arsendämpfen werden Schleimhautreizungen, Lungenödeme, Störungen der Nieren- und Leberfunktionen verursacht. Eine Vergiftung äußert sich in Hautreizungen, Kopfschmerzen oder sogar in Tumorbildung.

Asbest. Der Name Asbest kommt aus dem Griechischen und bedeutet »unauslöschlich, ewig«. Dies ist ein Hinweis auf die Langlebigkeit, die Asbest hat. Asbest ist die Sammelbezeichnung für eine Gruppe in der Natur vorkommender, mineralischer Silikatfasern mit feinsandiger Struktur und hervorragenden physikalischen und chemischen Eigenschaften. Einige dieser Eigenschaften sind zum Beispiel Nichtbrennbarkeit, Beständigkeit gegen Fäulnis und Korrosion, geringe elektrische Leitfähigkeit, geringe Wärmeleitfähigkeit, große Elastizität und Zugfestigkeit, hohe Adsorptions- und Isolierfähigkeit. Asbest wurde aufgrund dieser Eigenschaften seit der Jahrhundertwende in ca. 3.500 verschiedenen Anwendungsbereichen technisch genutzt. Die Asbestfaser kann sich in immer kleinere Fasern aufspalten bis hin zu monokristallinen Fasern, die so leicht und klein sind, dass sie als schwebender Staub eingeatmet werden können.

Bei den verschiedenen Asbestarten wird zwischen Amphibolasbesten und Serpentinasbesten unterschieden. Zu den Amphibolasbestarten gehört zum Beispiel der so genannte »Blauasbest« (Krokydolithasbest) und der »Braunasbest« (Amositasbest). Der einzige Vertreter der Serpentinasbeste ist der so genannte »Weißasbest« (Chrysotilasbest). Die Fasern der Amphibolasbeste sind spröde und brüchig. Amphibolasbeste, insbesondere der Blauasbest, zeigen eine besonders auffällige Längsspaltbarkeit in sehr feine Fasern mit Durchmessern von weniger als 3/1.000 Millimeter. Die Menge und Feinheit der dünnen Asbestfasern nimmt mit der Beanspruchung und der Verwitterung des Asbestproduktes zu. Grundsätzlich geht von Asbestfeinstaub in Innenräumen eine Gesundheitsgefährdung aus, insbesondere dann, wenn hohe Spitzenkonzentrationen von Asbestfasern möglich sind. Asbest kann Krebs der Atmungsorgane, des Brust- und Bauchraumes und eine sonst sehr seltene Krebsform des Rippen- und Bauchfells, das Mesotheliom, hervorrufen.

Von der Exposition bis zum Ausbruch der Krankheit vergehen in der Rege mehrere Jahrzehnte. Das Risiko steigt mit der Dauer der Belastung und mit deren Intensität. Wegen der langen Lebenserwartung sind daher besonders Kinder und Jugendliche gefährdet. Aus Gründen der Gesundheitsvorsorge muss die Faserabgabe in die Raumluft daher unterbunden und die Belastungskonzentration minimiert werden. Durch Einatmen von asbeststaubbelasteter Luft gelangen feinste Asbestfasern tief in die Lungen und bleiben dort an den Lungenbläschen haften. Diese Asbestfasern durchstoßen und reizen das Lungengewebe, so dass es schon nach kurzer Einwirkungszeit zu Reaktionen des Lungengewebes kommen kann.

Bei der Asbestose, auch Asbeststaublunge genannt, wird aktives Lungengewebe zerstört, dieses vernarbt im Laufe der Zeit. Es kommt zu vermehrtem Bindegewebswachstum. Folge für die Betroffenen ist eine Verhärtung der Lunge und damit eine zunehmende Einschränkung des Atemvolumens. Asbestose kann Ausgangspunkt für die Entstehung von Lungenkrebs sein. Für die Asbestose sind langfristige hohe Expositionen erforderlich. Diese Erkrankung tritt daher überwiegend in der asbestver- und bearbeitenden Industrie auf. Eine andere Krankheitsform ist das Mesotheliom des Rippen- und Bauchfells. Dies sind meist bösartige Tumore, hervorgerufen durch Asbestfasern, die das Lungengewebe durchstoßen haben. Das empfindliche Gewebe des Rippen- und Bauchfells kann nach einer Latenzzeit von 15-40 Jahren mit Krebsgeschwülsten reagieren. Eine Dosis-Wirkungs-Beziehung kann für Asbest nicht angeleitet werden, d.h. es gibt keinen Schwellenwert für unbedenkliche Konzentrationen.

Ascomycota/Ascomycete. Die *Ascomycota* sind einzellige oder fädige Organismen, die in flüssigen Habitaten (Nektar) und im Boden in großer Zahl vorkommen. Während der sexuellen Vermehrung bilden sie in schlauchartigen Zellen (Ascus) Sporen aus. Daneben sind asexuelle Vermehrungsformen weit verbreitet.
→ Pilze

Ascosporen. Ascosporen werden in zylindrischen bis ovalen Strukturen (Asci) gebildet. Hier ist eine vorherige Gametopathie (Zusammenfassende Bezeichnung für Keimschäden, die während der Zeit zwischen Reifung und Befruchtung auftreten) schwer erkennbar, da sie recht früh in der Entwicklung und im Innern eines im Aufbau befindlichen Fruchtkörpers geschieht. In der Folge sind fertile und sterile Hyphen an der Anzahl der in ihnen liegenden Kerne zu unterscheiden. Der Plasmogamie schließt sich nicht unmittelbar eine Karyogamie an, weshalb alle sterilen Hyphen bis hin zur Ascusbildung zweikernig sind, während die sterilen Hyphen (Paraphysen) einkernig sind. Karyogamie und direkt anschließende Reduktionsteilung und eine weitere Mitose lassen im Ascus acht Sporen entstehen, die bei Reife auf unterschiedliche Weise freigesetzt werden.
→ Pilze, → Sporenbildung

Aspergillom. Ein Aspergillom beschreibt einen Typ eines Mycetoms, bei dem Myzelmassen von *Aspergillus*-Arten im Bereich der menschlichen Lunge Hohlräume besiedeln, die durch pathologische Prozesse entstanden sind. Das Aspergillom ist ein pathogenetischer Sonderfall der Aspergillose.
→ Aspergillose

Aspergillose. Mit der Aspergillose wird eine Mykose definiert, die durch Pilze der Gattung *Aspergillus* verursacht wird. Je nach Art des Organbefalls kommt es zu verschiedenen Krankheitsbildern. Bei Menschen und Säugetieren werden am häufigsten Bronchien und Lungengewebe befallen. Infektionen der Nasennebenhöhlen, des Mittelohrbereiches und des Gehörganges sind dabei nicht selten. Auch oberflächliche Wundbesiedlung durch *Aspergillus*-Arten kommt vor, allerdings ohne eine Invasion tieferliegender Muskelgewebsbereiche. Als so genannte opportunistische Infektionen treten Aspergillosen gehäuft bei Patienten mit schweren Grunderkrankungen (wie Krebs, AIDS und anderen Immundefekten) auf. Nach reichlicher Inhalation von *Aspergillus*-Konidien kann es zur intrabronchialen Pilzbesiedelung kommen, die zu einer allergischen bronchopulmonalen Aspergillose führt und sich klinisch als Asthma bronchiale und in der Ausbildung entzündlicher Lungeninfiltrate (Alveolitis) zeigt.

Befinden sich im Lungenbereich zudem Kavernen bzw. Hohlräume und dgl., kann sich eine so genannte Pneumonie entwickeln, bei der die Hyphen aggressiv in das Lungengewebe vordringen. Dann treten Symptome wie trockener, blutiger Husten, Fieber, zunehmende Ateminsuffizienz und gelegentlich starker Gewichtsverlust auf. In 90% dieser Fälle wurde *Aspergillus fumigatus* als Erreger von Aspergillose bestimmt. Eine geringere Bedeutung dagegen haben *Aspergillus flavus, Aspergillus niger, Aspergillus nidulans, Aspergillus ornatus, Aspergillus terreus* und *Aspergillus ustus*. Je nach Ausbildung der Aspergillose erfolgt die Therapie mittels Antimycotina (beispielsweise durch Inhalation einer Nystatin-Suspension bei intrabronchialem Pilzwachstum oder durch systemische Antimycotina bei einer *Aspergillus*-Pneumonie. Aspergillome werden operativ entfernt.
→ Aspergillus

Aspergillose, allergische bronchopulmonale. Aspergillose der Bronchien und der Lunge, wird durch eine Immunglobulin E-/Immunglobulin G-vermittelte Allergie verursacht
→ Aspergillus

Aspergillus. Bei Aspergillen (Einzahl *Aspergillus*) handelt es sich um eine ubiquitär (= annähernd überall) vorkommende, anspruchslose Gruppe von Fadenpilzen. Zu der Gattung dieses Schimmelpilzes gehören viele Arten, die als gemeinsames Merkmal den Abbau von abgestorbener organischer Substanz (beispielsweise Zellulose) besitzen. Die Pilze kommen sehr häufig in der Innenraumluft von Wohnungen, Industrie- und Lagerräumen vor. Da die Art des Pilzes häufig sehr schwer festzustellen ist, da die Analyse spezielle Substrate fordert und auch sehr zeitaufwendig ist, wird häufig nur der Name der Gattung angegeben. *Aspergillus spp.* bedeutet in dem Fall, dass mehrere Aspergillusarten, die nicht näher bestimmt werden können, in der Probe gefunden wurden. Für den Menschen sind der *Aspergillus fumigatus, Aspergillus niger, Aspergillus flavus* und *Aspergillus nidulans* von Bedeutung. Auf Spezialnährboden gelingt die Anzucht von dunkelgrünen (*Aspergillus fumigatus*) oder schwarzen (*Aspergillus niger*) Kolonien. Sie bilden in der Kultur ein vegetatives und ein Luftmyzel aus. *Aspergillus niger* wird in großem Maßstab zur Produktion von Zitronensäure gezüchtet.

In der Kultur bildet das Luftmyzel ausgehend von einer Fußzelle Konidiophoren. Die Fußzelle besitzt einen seitlichen Stiel. Dieser trägt eine Ausstülpung, die Vesikel genannt wird. Darauf sitzen in ein oder zwei Reihen Sterigmata. An diesen setzen die perlschnurartig aufgereihten Konidien an. Die Hyphen selbst zeigen eine Y-artige Verzweigung.

Im Vordergrund hinsichtlich ihrer gesundheitlichen Bedeutung steht ihr Potenzial, allergische Erkrankungen auslösen zu können. Die *Aspergillus*-Arten gelten als eine der wichtigsten Verursacher von Schimmelpilzallergien. Einige Arten dieser Gattung produzieren so genannte Mykotoxine, die mit Krankheiten bei Mensch und Tier assoziiert werden. Die Toxinproduktion ist von der Art und dem Nährboden des Pilzes abhängig. Bei einigen dieser Toxine wurde eine Krebs erregende Wirkung bei Tieren festgestellt. Mehrere Gifte werden als potenzielle menschliche Karzinogene betrachtet.

Auch bei der Aspergillose spielt eine mangelnde Immunkompetenz des Organismus eine wichtige Rolle für die Erkrankung. Es gibt je nach befallenem Organ verschiedene Erkrankungstypen. Besonders häufig ist die Infektion der Lunge. Durch Inhalation gelangen die Pilze in die Lunge. Es bildet sich eine nekrotisierende Pneumonie aus. Es bilden sich Hohlräume, die mit einem Pilzmyzel ausgekleidet sind, so genannte Aspergillome, Myzetome oder »fungus balls«. Eine allergische Reaktion auf den Pilz als Antigen ist die allergische Bronchopneumopathie, die zu Asthma bronchiale führt. Es sind ferner Infektionen des Ohres, der Haut und der Nasennebenhöhlen möglich. Über das Blut kann sich die Infektion auf den ganzen Körper ausbreiten, was zu einer Blutvergiftung (Sepsis) führt. Die Pilze breiten sich dann auch auf innere Organe wie Hirn, Herz und Nieren aus. Dieses Stadium der Erkrankung endet meist tödlich.

Eines Sonderstellung nimmt *Aspergillus flavus* ein. Er produziert ein Toxin, Aflatoxin B1. Dieses Gift ist ein Abkömmling von Difuran und Cumarin. Beide gelten als starke Kanzerogene. Eine chronische Belastung mit Aflatoxin soll bei der Entstehung des hepatozellulären Karzinoms eine Rolle spielen.
→ Aflatoxin, → Karzinogene, → Mykotoxine, → Pilze

Aspergillussäure. Die Aspergillussäure ist ein Mykotoxin, das vom Pilz *Aspergillus flavus* gebildet wird, für Warmblüter toxisch ist und antibiotische Eigenschaften gegen gram-positive und gram-negative Bakterien besitzt.

Aspergillus-Toxine. Unter *Aspergillus*-Toxine werden Mykotoxine zusammengefasst, die von *Aspergillus*-Arten gebildet werden. Sie sind in ihrer chemischen Struktur sehr verschieden. Zu den *Aspergillus*-Toxinen gehören beispielsweise Chinone, Benzopyrane, Pyrazinone, Terpenoide und Naphthochinonlactone. Des Weiteren gehören hierzu auch die so genannten Ochratoxine, die gefährliche Vergiftungen verursachen.

Aspergillus versicolor. Der *Aspergillus versicolor* ist ein Mikropilz, der u.a. im Getreide vorkommt, wo er als Erzeuger mehrerer Schimmelgifte bekannt ist. Dieser Schimmelpilz kommt darüber hinaus auch in mikrobiell belasteten bzw. geschädigten Gebäuden vor. Probleme mit Schimmelgiften sind bisher aber noch nicht bekannt bzw. nicht veröffentlicht. Er gilt in einigen Ländern als Indikator so genannter »ungesunder Häuser«.

Asthma bronchiale. (= Bronchialasthma) Anfälle von Atemnot mit besonders erschwerter Ausatmung, herbeigeführt durch eine Schwellung der Bronchialschleimhaut, die Absonderung eines zähen Schleims aus den Bronchialdrüsen, eine krampfartige Verengung der tiefen Atemwege.

Atmende Wände/Atmungsfähigkeit. Der Begriff der Atmung oder Atmungsfähigkeit von Außenwänden ist eine Wortschöpfung, denn Bauteile, Beschichtungen oder Fassadenelemente können nicht atmen, sondern lediglich eine Wasserdampfdiffusionsfähigkeit besitzen. Diese wird durch den Wasserdampfdiffusionswiderstand und dgl. ausgedrückt. Ihr wird in vielen Fällen eine übergroßen Bedeutung beigemessen. Gerade im Bereich der Fassadendämmung und -beschichtung wird häufig das Argument vorgetragen, die Außenwände können anschließend nicht mehr atmen. Die »atmende Außenwand« ist ein umgangssprachliches Instrument, mit der ein Gemisch von Wasserdampfdiffusion und Luftdurchgang durch massive Bauteile unterstellt wird. Eine nachträgliche Außendämmung würde die Diffusion negativ beeinflussen und Tauwasserschäden in der Wand hervorrufen, weil die Wand »zu dicht« wird.

Bei genauer Betrachtung des Berechnungsverfahren in der DIN 4108 wird deutlich, dass diese Argumente häufig aus der Luft gegriffen sind. Durch die nachträgliche Wärmedämmung kann (rechnerisch) vorhandenes Tauwasser in der Wand auf Null zurückgeführt werden. Wie bei der Kondensation auf Oberflächen kommt es auf die Temperatur innerhalb der Wand an. Im ursprünglichen Zustand kühlt sich der durch die Wand wandernde Wasserdampf so stark ab, dass Tauwasser auftritt. Dies ist häufig nicht bekannt: Gerade in ungedämmten Wänden entsteht unter ungünstigen Temperaturbedingungen Tauwasserausfall. Infolge der nachträglichen Wärmedämmung wird das Temperaturprofil innerhalb der Wandkonstruktion positiv beeinflusst bzw. verändert. Wird die Dämmschicht in der Schichtdicke ausreichend ausgeführt und ein dampfbremsender Dämmstoff eingesetzt, wird die Taupunkttemperatur im Kapillarsystem des Wandquerschnittes nicht mehr unterschritten und bestehender Tauwasserausfall auf Null zurückgeführt.

Die Größenordnung, der infolge von Wasserdampfdiffusion abgeführten Wassermengen durch Bauteile ist derart gering, da zwischen innen und außen die Wasserdampfteildruckunterschiede verschwindend klein sind. Während der Dämmstoff Polystyrol die Wasserdampfdiffusionsmengen nur unerheblich reduziert, bleiben die Verhältnisse bei der Verwendung von Mineralwolle gegenüber der ungedämmten Wand sogar gleich. Rechenbeispiele verdeutlichen es: Während anfallende Luftfeuchtigkeit im Innenbereich (z.B. im Bad oder der Küche) nur über den Feuchtetransport der Wasserdampfdiffusion mehrere Wochen benötigen würde, können durch richtiges Lüftungsverhalten innerhalb von Minuten ausgeglichene Feuchteverhältnisse geschaffen werden. Ob die Wand mit Polystyrol oder Mineralwolle gedämmt ist oder nicht, ist also unerheblich.
→ Diffusion

Atopie. Begriff aus dem Griechischen, bedeutet »das Ungewöhnliche«, das zugehörige Adjektiv ist »atopisch«; wurde 1923 von dem amerikanischen Allergologen *Coca* geprägt und bezeichnet die Veranlagung zu bestimmten Krankheitsbildern: Heuschnupfen, allergische Rhinitis, allergisches Asthma bronchiale, atopisches Ekzem (Neurodermitis). Viele dieser Krankheitsbilder beruhen auf einer Vererbung einer Überempfindlichkeit gegenüber bestimmten Stoffen. Allergische Erkrankungen, die auf Blütenstaub, Tierhaaren oder Schimmelpilzen beruhen, sind oftmals atopische Reaktionen. Diese Reaktionen sind der Grund für die häufigsten Allergien.

Ausgleichsfeuchte. Mit Ausgleichsfeuchte wird die stoffspezifische Feuchte eines porösen Baustoffes beschrieben, die sich in einem hygroskopischen Stoff in Abhängigkeit von und im Gleichgewicht mit der relativen Luftfeuchtigkeit einstellt. Deshalb wird die Ausgleichsfeuchte auch als Gleichgewichtsfeuchte bezeichnet.

Autoimmunerkrankung. Eine Krankheit, die durch spezifische Reaktionen des Immunsystems gegen körpereigenes Gewebe oder Antigene ausgelöst wird, bezeichnet man auch als Autoimmunerkrankung.

Autotroph. Autotrophe Organismen gewinnen ihre Energie aus dem Abbau von anorganischen Stoffen und/oder der Nutzung von Lichtenergie, und ihr Material für den Aufbau von Zellsubstanzen aus der Fixierung von Kohlendioxid sowie aus dem Abbau anorganischer Verbindungen. Zu den autotrophen Organismen gehören Bakterien, Algen und Pflanzen. Die andere große Stoffwechselgruppe der Organismen wird als heterotroph bezeichnet.
→ Heterotroph

Auxanographie. Auxanographie ist die Bezeichnung für eine Methode zur Untersuchung der Wachstumsförderung bei Mikroorganismen. Bei der Bestimmung von Hefen wird die Auxanographie beispielsweise zur Ermittlung der potenziellen Nutzung von Kohlenstoff- und Stickstoffverbindungen angewendet. Es werden verflüssigte Nährböden mit den Testorganismen gemischt. Nach dem Erstarren in Petrischalen werden die Testsubstanzen aufgetragen. Bei positivem Ergebnis entstehen Wachstumszonen, deren Größe als Maß für die wachstumsfördernde Wirkung genutzt wird.

A/V-Verhältnis. Verhältnis der wärmeübertragenden Umfassungsfläche zum hiervon eingeschlossenen Bauwerksvolumen. Nach dem A/V-Verhältnis richten sich die maximalen Werte des auf das beheizte Bauwerksvolumen oder die Gebäudenutzungsfläche bezogenen Jahres-Heizwärmebedarfs bei zu errichtenden Gebäuden mit normalen Innentemperaturen.

a-Wert.
→ Fugendurchlasskoeffizient

aw-Wert. Wasseraktivität, Maß für das zur Verfügung stehende Wasser

Azotobacter. Alle organischen, synthetisch hergestellten Verbindungen, bei denen zwei organische Moleküle durch eine Azogruppe verbunden sind. Diese Azogruppe besteht aus zwei Stickstoffatomen mit Doppelbindung. Besonders bei aromatischen Azoverbindungen sind die Doppelbindungen konjugiert. Die Verbindungen sind dadurch auf verschiedene Weise gefärbt. Sie finden als Farbstoffe oder zur Herstellung von Farbstoffen Verwendung (Azo-Farbstoffe).

Bakterien (griechisch bakterion = Stäbchen). Bakterien beschreiben eine große Gruppe mikroskopisch kleiner, einzelliger Organismen ohne echten, klar umrissenen Zellkern, die sich im Allgemeinen durch Zellteilung vermehren. Bakterien sind winzig, zwischen einem und zehn Mikrometern (Tausendstel Millimeter) groß, und versorgen sich auf unterschiedlichste Art mit Energie und Nährstoffen. Sie finden sich in nahezu jeder Umwelt: in Luft, Boden, Wasser, Eis und heißen Quellen. Sogar hydrothermische Öffnungen im Meeresboden der Tiefsee beherbergen Bakterien, die Schwefel für ihren Stoffwechsel nutzen. Manche Bakterienarten kommen in fast allen Lebensmitteln vor. Bakterien gehen auch in unterschiedlicher Weise Symbiosen mit den meisten Pflanzen und Tieren sowie anderen Lebensformen ein.

In der derzeit angewandten biologischen Systematik bilden Bakterien das Reich der Prokaryoten: Organismen, in deren Zellen das Kernmaterial nicht von einer Membran umgeben ist. Etwa 1.600 Arten sind bekannt. Im Allgemeinen werden Bakterien aufgrund bestimmter Eigenschaften systematisch zugeordnet, z.B. nach ihrer Form als Kokken (kugelförmig), Bazillen (stäbchenförmig) oder Spirochäten (spiralförmig); nach ihrer Zellwandstruktur; nach unterschiedlicher Färbbarkeit; nach der Fähigkeit, in An- oder Abwesenheit von Luft zu leben und zu wachsen (aerob bzw. anaerob); nach der Fähigkeit, unter ungünstigen Bedingungen Sporen zu bilden; nach serologischer Bestimmung ihrer Oberflächenbestandteile sowie nach ihrer Nukleinsäureverwandtschaft. In einer gängigen Klassifizierung werden Bakterien aufgrund ihrer Zellwandeigenschaften vier Hauptgruppen zugeordnet. Zur Hauptgruppe der *Gracilicutes* zählen Bakterien mit dünnen, gram-negativen Zellwänden. *Firmicutes* besitzen dicke, grampositive Zellwände. *Tenericutes* verfügen über keine Zellwände, und bei den *Mendosicutes* sind sie aus einem anderen Material als dem für Bakterien typischen Peptidoglycan aufgebaut. Zu den *Menosicutes* zählen die Archaebakterien, eine Gruppe ungewöhnlicher Organismen wie die methanbildenden Bakterien, die völlig anaerob leben und aus Kohlendioxid und Wasserstoff Methan bilden. Weitere Beispiele für Archaebakterien sind Halobakterien, die bei hohem Salzgehalt gedeihen, und die Thermoacidophilen, die schwefelabhängig und äußerst wärmeliebend sind. Es besteht die Ansicht, dass die Archaebakterien als eigenes Reich klassifiziert werden sollten, da sie sich, wie jüngste biochemische Untersuchungen ergaben, von den übrigen Bakterien grundsätzlich unterscheiden: Sie sind Eukaryonten, d.h. ihr Zellkern ist von einer Membran umgeben.

Die vier Hauptgruppen werden weiter in 30 nummerierte Gruppen unterteilt. Einige davon werden wiederum in Ordnungen, Familien und Gattungen klassifiziert. Als Gruppe 1 sind z.B. die Spirochäten angeführt, lange, spiralförmige Bakterien mit gramnegativer Zellwand und zwischen Zellwand und Zellmembran liegenden, faserigen Flagellen (Geißeln), die eine Fortbewegung ermöglichen. Der Syphillis-Erreger *Treponema pallidum* ist eine Spirochäte der Ordnung *Spirochaetales* und der Familie *Spirochaetaceae.*

Nicht alle Bakterien können sich bewegen, doch die mobilen unter ihnen sind im Allgemeinen mit schraubenartigen Fortsätzen versehen, den Flagellen. Diese können rund um die Zelle verteilt, an einem oder zwei Enden, einzeln oder in Büscheln auftreten. Je nachdem, in welche Richtung die Flagellen schlagen, bewegen sich Bakterien entweder vorwärts oder drehen sich auf der Stelle. Ob sich das Bakterium fortbewegt oder dreht, hängt von Rezeptoren in der Membran ab. Mit Hilfe dieser unterschiedlichen Bewegungsarten können sich Bakterien z.B. auf Nahrungsquellen zu bewegen und von ungünstigen Umweltbedingungen entfernen. Bei einigen im Wasser lebenden Bakterien, die eisenreiche Partikel enthalten, wurde festgestellt, dass ihre Bewegung am Magnetfeld der Erde orientiert ist.

Das Erbmaterial der Bakterienzelle liegt in Form eines kreisförmigen DNA-Doppelstranges vor. Viele Bakterien besitzen auch kleinere kreisrunde DNA-Abschnitte, so genannte Plasmide, die ebenfalls Erbinformation enthalten, welche allerdings für die Fortpflanzung nicht wesentlich ist. Plasmide können durch so genannte Konjugation, einen Mechanismus zum Genaustausch, auf andere Bakterien übertragen werden. Weitere Methoden des Genaustauschs sind die Transduktion, bei der Bakterienviren DNA übertragen, und Transformation, wobei DNA direkt aus der Umgebung in die Bakterienzelle übernommen wird. Bakterienzellen vermehren sich durch Zellteilung. Dabei verdoppelt sich das genetische Material, das Bakterium dehnt sich aus, schnürt sich etwa in der Mitte ab und teilt sich vollständig. Es entstehen zwei Tochterzellen, die im Wesentlichen mit der Mutterzelle identisch sind. Einige Bakterien teilen sich alle 20 bis 40 Minuten. Unter günstigen Bedingungen, bei einer Zellteilung alle 30 Minuten, kann nach 15 Stunden aus einer einzigen Zelle eine Nachkommenschaft von etwa einer Milliarde entstehen. Eine solche Kolonie ist mit bloßem Auge wahrzunehmen. Unter ungünstigen Bedingungen können einige Bakterien eine veränderte Zellteilung durchlaufen und Dauersporen bilden. Dabei handelt es sich um ruhende Zellen, die extreme Temperaturen, Trockenheit oder Feuchtigkeit ertragen.

Bakterien lassen sich hinsichtlich ihrer Lebensweise in zwei Hauptgruppen unterscheiden: Saprophyten, die auf totem tierischen oder pflanzlichen Material leben, und Symbionten, die lebende Organismen besiedeln. Saprophyten sind für die Zersetzung toter Tiere und Pflanzen wesentlich und führen damit dem Boden wieder Nährstoffe zu. Symbiontische Bakterien kommen in vielen menschlichen Gewebearten vor, z.B. im gesamten Verdauungstrakt und in der Haut. Dort sind sie für einige physiologische Prozesse unerlässlich. Eine solche Beziehung wird als mutualistisch bezeichnet, d.h. sie beruht auf Gegenseitigkeit. Andere Symbionten versorgen sich bei ihren lebenden Wirten mit Nährstoffen, ohne ernsten Schaden anzurichten. Diese Form des Zusammenlebens wird Kommensalismus genannt. Eine dritte Art, die Parasiten, können die Pflanzen oder Tiere, die sie besiedeln, zerstören.

Bakterien verursachen das Verderben von Fleisch, Wein, Gemüse, Milch und Milchprodukten. Sie verändern die Zusammensetzung solcher Lebensmittel, sodass diese ungenießbar werden. Bakterienwachstum in Nahrungsmitteln kann auch zu Lebensmittelvergiftung führen, wie sie beispielsweise von den Erregern *Staphylococcus aureus* oder *Clostridium botulinum* verursacht wird. Andererseits sind Bakterien in manchen Industriezweigen von großer Bedeutung. Die Fähigkeit einiger Arten zur Fermentation wird für die Herstellung von Käse, Joghurt, Sauerkraut und anderem sauer eingelegten Gemüse genutzt. Bakterien sind auch für die Produktion von gegerbtem Leder, Tabak, Silofutter Textilien, Pharmazeutika, verschiedenen Enzymen, Polysacchariden und Waschmitteln von Bedeutung.

Bakterien befinden sich in nahezu jeder Umgebung und tragen dort zu den unterschiedlichsten biologischen Abläufen bei. Beispielsweise können sie Licht erzeugen, wie bei der Chemolumineszenz toter Fische. Sie sind auch in der Lage, ausreichende Temperaturen für eine spontane Entzündung in Heuschobern oder Hopfenspeichern zu verursachen. Durch die Zersetzung von Zellulose bilden einige anaerobe Bakterien in Stillgewässern

Sumpfgas. Andere tragen durch Oxidierungsprozesse zur Bildung von eisen- und manganhaltigem Sumpferz und Ockerablagerungen bei.

Bakterien haben immensen Einfluss auf Art und Zusammensetzung des Bodens. Mit ihrer Hilfe werden organische pflanzliche und tierische Überreste sowie anorganische Gesteinspartikel vollständig zersetzt. Dadurch werden ungeheure Mengen an Pflanzennährstoffen gewonnen. Außerdem reichern Hülsenfrüchte mit Hilfe von *Rhizobium radicicola* und anderen Bakterien den Boden mit Stickstoff an. Diese Bakterien besiedeln die Pflanzenwurzeln und sorgen für das Wachstum Stickstoff bindender Knötchen. Es gilt als gesichert, dass die Photosynthese, auf der das Pflanzenleben basiert, ursprünglich von Bakterien entwickelt wurde. Die kürzliche Entdeckung eines ungewöhnlichen, Photosynthese betreibenden Bakteriums, des *Heliobacterium chlorum*, wird möglicherweise zum Verständnis dieser grundlegenden Entwicklung in der Geschichte des Lebens beitragen.

In Innenräumen sind Bakterien normalerweise in niedrigen Konzentrationen vorhanden. Es treten typischerweise solche Bakterien auf, die die menschliche Haut besiedeln und von dort in die Luft abgegeben werden (z.B. *Staphylococcus epidermidis*). Für Bakterien ist die Luft ein ungünstiger Lebensraum, und sie überleben dort, in Abhängigkeit von der Luftfeuchtigkeit, meist nur für kurze Zeit. Nur Bakterien, die in der Lage sind, Sporen zu bilden (z.B. *Bacillus species*, *Thermoactinomyces*), können für längere Zeit in der Luft oder im trockenen Hausstaub überleben. Bakterien wachsen, mehr noch als Pilze, nur bei sehr feuchten Bedingungen in Innenräumen, beispielsweise nach einem Wasserschaden. Eine weitere Quelle sind Luftbefeuchter, in deren wasserführenden Teilen sich bestimmte Bakterien (z.B. *Pseudomonas aeruginosa*) besonders gut vermehren können. Beim Betrieb einer Klimaanlage (mit Luftbefeuchter) bzw. eines frei stehenden Luftbefeuchters sollten Bakterien als mögliche Ursache von allergischen/toxischen Symptomen berücksichtigt werden.

Bakteriologie. Bakteriologie ist die Wissenschaft von den Bakterien, ihrer systematischen Einteilung sowie der Behandlung und Verhütung der Krankheiten, die durch Bakterieninfektionen entstehen. Die Themen der Bakteriologie überschneiden sich in weiten Bereichen mit Teilgebieten der Chemie, Genetik, Pathologie, Immunologie und Medizin.

Der erste Naturforscher, der Bakterien beobachtete, war der Holländer Antoni van Leeuwenhoek: Er benutzte dazu ein einfaches Mikroskop, das er selbst konstruiert hatte. Im Jahr 1683 berichtete er vor der Royal Society in London über seine Entdeckung, aber die Wissenschaft der Bakteriologie wurde erst Mitte des 19. Jahrhunderts allgemein anerkannt. Fast 200 Jahre lang glaubte man, Bakterien entstünden durch »Spontanzeugung«. Die Bemühungen mehrerer Generationen von Chemikern und Biologen waren notwendig, um nachzuweisen, dass Bakterien – wie alle Lebewesen – nur aus gleichartigen Organismen hervorgehen können. Endgültig bestätigt wurde diese grundlegende Tatsache 1860 von dem französischen Wissenschaftler Louis Pasteur. Dieser entdeckte auch, dass Bakterien für manche Arten der Gärung und viele Infektionskrankheiten verantwortlich sind. Die erste systematische Einteilung von Bakterien wurde 1872 von dem deutschen Biologen Ferdinand J. Cohn veröffentlicht; er ordnete sie dem Pflanzenreich zu. Heute gelten sie allgemein als eigenes Organismenreich, das man Monera nennt. 1876 entdeckte Robert Koch, der eine Methode zur Bakterienzucht auf Nährböden entwickelt hatte, dass Bakterien die Erreger des Milzbrandes (Anthrax) sind, einer schweren und oft tödlich verlaufenden Krankheit.

Seit 1880 beschäftigt sich die Wissenschaft systematisch mit der körpereigenen Abwehr gegen Bakterieninfektionen. Pasteur entdeckte in diesem Jahr durch Zufall, dass Bakterien der Art *Bacillus anthracis*, die man bei 42 bis 43 °C züchtet, nach einigen Generationen ihre krankheitserzeugende Wirkung verlieren. Wie sich später herausstellte, werden Tiere, die man mit diesen abgeschwächten Bakterien impft, immun gegen die Erreger. Das war ein wichtiger Fortschritt der Krankheitsbehandlung durch Immunisierung, die heute eine der bedeutendsten medizinischen Behandlungsmethoden darstellt. Weitere große Fortschritte machte die Bakteriologie mit der Entdeckung der Erreger von Rotz (1862), Rückfallfieber (1868), Typhus (1880), Tetanus (1885), Tuberkulose (1890), Pest (1894), Bakterienruhr (1898), Syphilis (1905) und Tularämie (1912).

Bakterienkultur. Eine grundlegende Methode zur Untersuchung von Bakterien ist die Zucht (Kultur) in Flüssigmedien oder auf festen Nährböden, wobei Agar die Grundlage bildet. Die Medien und Nährböden enthalten Nährstoffe für die Bakterien – von einfachen Zuckern bis hin zu komplexen Stoffmischungen wie Fleischbrühe. Um eine einzelne Bakterienart aus einem Gemisch verschiedener Arten zu isolieren, verwendet man im Allgemeinen feste Nährböden. Einzelne Bakterienzellen, die sich auf deren Oberfläche vermehren, können sich – anders als in einer Flüssigkeit – nicht voneinander wegbewegen: Nach vielen Verdoppelungen entsteht eine mit bloßem Auge erkennbare Bakterienkolonie. Eine solche Kolonie setzt sich aus vielen Millionen Zellen zusammen, die alle durch Zellteilung aus einer einzigen Zelle hervorgegangen sind. Eine kleine Menge einer solchen Kolonie, die man anschließend in ein Flüssigmedium bringt, wächst dort als Reinkultur weiter. Eine solche Kultur enthält ausschließlich die Bakterienart, die in der Kolonie vorhanden war.

Viele Bakterienarten sehen einander äußerlich so ähnlich, dass man sie im Mikroskop nicht unterscheiden kann. Zur Identifizierung der verschiedenen Arten hat man deshalb eine ganze Reihe von Kulturmethoden entwickelt. Manche Zuchtmedien enthalten z.B. Verbindungen, welche die Vermehrung vieler Bakterienarten hemmen, das Wachstum der erwünschten Art aber nicht behindern. In anderen Medien sind Zuckerverbindungen vorhanden, die nur ganz bestimmte Bakterienarten als Nährstoff verwerten können. Manchen Medien setzt man Indikatorverbindungen zu, die bei einem bestimmten pH-Wert die Farbe ändern: Auf diese Weise kann man feststellen, ob ein Bestandteil des Mediums zu einem sauren Endprodukt vergoren wurde. Entsteht dagegen bei einem solchen Gärungsvorgang ein Gas, bringt man den festen Nährboden für die Bakterien nicht auf eine Kulturschale, sondern in ein Glasröhrchen. Das Gas bildet dann Blasen im Agar, die man leicht erkennen kann.

Wieder andere Medien erlauben aufgrund ihrer Zusammensetzung den Nachweis von Bakterien, die bestimmte Enzyme produzieren und damit Bestandteile des Mediums abbauen. Ein Beispiel sind die Blutagar-Platten: Mit ihnen lässt sich feststellen, ob die Bakterien ein Enzym ausscheiden, das rote Blutzellen lysiert (auflöst). Die verschiedenen Kulturmedien und Bakterienzuchtmethoden sind unentbehrliche Hilfsmittel in den Krankenhauslabors, deren Aufgabe es ist, die Ursachen verschiedener Infektionskrankheiten festzustellen. Viele Bakterienarten lassen sich durch Trocknen oder Einfrieren abtöten, andere werden durch eine solche Behandlung inaktiv. Wärme (insbesondere in Form von Heißdampf) tötet alle Bakterien ab. Die Keimfreiheit zu gewährleisten – vor allem in Krankenhäusern und dort besonders im Operationssaal – ist ein wichtiges Betätigungsfeld der Bakteriologie.

Eines der wichtigsten Hilfsmittel zur Untersuchung von Bakterien ist das Mikroskop. Wichtige Methoden zum Anfärben von Bakterienproben und -kulturen wurden 1871 von dem deutschen Pathologen Karl Weigert eingeführt. Sie waren ein großer Fortschritt für die Beobachtung und Identifizierung von Bakterien im Mikroskop. Zunächst bringt man die Bakterienprobe auf einen Objektträger. Wenn sie getrocknet ist, färbt man sie, damit die Bakterien besser zu sehen sind. Außerdem regen die Farbstoffe bei manchen Bakterienarten auch bestimmte chemische Reaktionen an. Tuberkelbazillen (die Erreger der Tuberkulose) erkennt man z.B. anhand ihrer Reaktionen mit bestimmten Farbstoffen wie dem Gram-Farbstoff. Einen weiteren großen Fortschritt brachte das Elektronenmikroskop, das eine weit stärkere Vergrößerung ermöglicht als das herkömmliche Lichtmikroskop.

In den letzten Jahren hat die Bakteriologie sich weit über ihr herkömmliches Tätigkeitsfeld der Untersuchung von Krankheitserregern hinaus ausgedehnt. Nachdem man entdeckt hatte, dass Bakterien in den Wurzelknöllchen der Leguminosen für die Stickstoffixierung verantwortlich sind, versuchte man, sie auch auf den Wurzeln anderer Pflanzen anzusiedeln und so die Fruchtbarkeit des Bodens sowie die Pflanzenerträge zu steigern, was aber bisher nicht gelungen ist. Manche Bakterien können Erdöl und andere Kohlenwasserstoffe abbauen, oder sie nehmen Phosphat auf. Solche Bakterien untersucht man eingehend, weil man sie als Hilfsmittel bei Ölunfällen oder zur Entfernung des Phosphats aus dem Abwasser einsetzen möchte. Andere Arten produzieren möglicherweise Alkohol noch effizienter als Hefe, und deshalb untersucht man sie als potenzielle Energielieferanten.

Das Bakterium *Escherichia coli*, ein normaler Bewohner des menschlichen Darmes, ist das bestuntersuchte Lebewesen überhaupt. Die Erforschung des genetischen Austauschs und der biologischen Mechanismen der Plasmide (die Erbanlagen enthalten) und Bakteriophagen von *Escherichia coli* hat entscheidend zu den heutigen Kenntnissen über DNA-Verdoppelung und die Ausprägung der genetischen Information beigetragen. Aufgrund dieser Kenntnisse kann man heute DNA aus ganz anderen Lebewesen in Plasmide und Bakteriophagen von *Escherichia coli* einbauen. Diese DNA vermehrt sich dann in den Bakterien, und unter Umständen wird auch die in dieser DNA enthaltene genetische Information von den Bakterien ausgeprägt. So konnte man aus Bakterien lebende Fabriken für kostbare biologische Produkte machen, z.B. für menschliches Insulin, Interferon und Wachstumshormone – dieses Verfahren nennt man Gentechnik.

Bakteriophagen. Bakteriophagen nennt man Viren, deren Wirte Bakterien sind. Bei der biologischen Evolution der Bakterien ermöglichen die Bakteriophagen u.a. den normalen Austausch von Erbmaterial zwischen verschiedenen Bakterien, was für den natürlichen Selektionsdruck von großer biologischer Bedeutung ist. Außerdem eignen sich Bakteriophagen besonders gut zur klassischen Klassifikation und Charakterisierung von Bakterien (Lysotypie). Vereinfacht werden unter Bakteriophagen Viren verstanden, die Bakterien vernichten.

→ Bakterienkultur, → Pilze

Bakterizide. Bakterizide beschreiben Stoffe, die aufgrund ihrer chemischen Struktur gezielt Bakterien innerhalb oder außerhalb des Organismus abtöten. Man unterscheidet dabei Antiseptika (äußerlich anwendbare Stoffe, die Bakterien in Wunden oder auf der Haut vernichten), Antibiotika und Sulfonamide (sie töten Krankheitserreger innerhalb des Organismus oder hemmen sie in ihrem Wachstum) und schließlich Desinfektionsmittel (künstlich hergestellte und nur äußerlich anwendbare Stoffe). Aber auch Hitze, Sonne sowie ultraviolette und andere elektromagnetische Strahlen wirken keimabtötend.

→ Biozide

Bakteroide. Gram-negative Bakterien beispielsweise der Gattungen *Rhizobium, Sinohizobium, Bradyrhizobium* und *Azorhizobium* binden molekularen Stickstoff in Symbiose mit Pflanzen aus der Familie der Leguminosen. Die Bakterien induzieren an den Leguminosen Wurzelknöllchen und besiedeln dieses Organ. Die bakteriellen Zellen werden während der Symbiose irreversibel zu Bakteroiden umgewandelt. Diese spezialisierten Zellen leben innerhalb der pflanzlichen Zelle als intrazelluläre Endosymbionten. Der von den Bakteroiden gebundene Stickstoff wird der Pflanze zur Verfügung gestellt, im Gegenzug versorgt diese die Bakteroide mit Nährstoffen.

Bacillus. Bacillusarten bilden Sporen, die einen charakteristischen »muffigen« Geruch aufweisen. Sie können durch ihre Fähigkeit, Sporen zu bilden, auch in trockener Umgebung überleben und bei einer Wiederbefeuchtung zu wachsen beginnen. Sie kommen oft in mikrobiell befallener Mineralwolle vor. Bacillusarten sind alkaliphil, d.h. dass sie in der Lage sind, auch bei pH-Werten von 10 oder 11 noch zu überleben. Außerdem sind diese Bakterien auch sehr hitzeresistent und durch Kochen oder dgl. kaum abzutöten.

Basidie.
→ Pilze

Basidiomycota/Basidiomyceten. Im Gegensatz zu den Ascomyceten, bei denen eine Fruchtkörperbildung schon vor der Plasmogamie einsetzt, findet bei Basidiomyceten die Plasmogamie zweier Hyphen im ganz frühen Stadium des Entwicklungsgangs statt. Es werden auch keine Strukturen mehr gebildet, die den Status von Geschlechtsorganen hätten. Die Besonderheit bei Basidiomyceten ist, dass die Sporen außen an so genannten Basidien gebildet werden. Die Sporen werden in Vier- oder Achtzahl abgeschnürt. In vielen Fällen werden die Sporen aktiv abgeschleudert. Die Basidiomycota wachsen meist als Pilzfäden und erhielten den Namen von der sexuellen Vermehrungsstruktur der Basidie, einem Ständer, auf dem vier meiotische Sporen gebildet werden. Neben der sexuellen Vermehrung sind einige dieser Pilze auch zu einer asexuellen Reproduktion befähigt.
→ Pilze

Basidiosporen. Während bei den Ascomyceten die Sporen in einem Schlauch (dem Ascus) gebildet werden, entstehen die Sporen bei den Basidiomyceten als Ausstülpung einer Zelle (der Basidie). Diese Struktur hat der Klasse der Basidiomyceten, zu der mehr als 13.000 Arten gezählt werden, den Namen gegeben. Die Basidie ist eine spezielle Zelle, in welcher der diploide Zellkern eine Meiose durchführt. An der Spitze der Basidie kommt es dann zu vier Ausstülpungen, auf denen schließlich je eine Basidiospore gebildet wird, in die jeweils ein haploider Zellkern (mit einfachem Chromosomensatz) einwandert. Die Basidien sind meistens zu vielen Tausenden in einer Fruchtschicht (dem Hymenium) angeordnet. Das Hymenium ist bei verschiedenen Pilzen unterschiedlich angeordnet und ein wichtiges Bestimmungsmerkmal.
→ Pilze

basophil (basiphil, alkalophil, alkaliphil). Mit basophil werden die Eigenschaften von Organismen beschrieben, auf Substraten mit einer niedrigen Wasserstoffionenkonzentration (d.h. bei pH-Werten über 7,5) optimal leben zu können.

Baubiologische Diagnostik. Unter baubiologischer Diagnostik wird die Analyse des Vorkommens von Mikroorganismen an und in Bauwerken verstanden. Meistens wird die Analyse von möglichen Gesundheitsbelastungen in einem Bauwerk oder ausgehend von einem Bauteil oder Innenräumen als baubiologische Diagnostik bezeichnet. Diese beinhaltet Untersuchungen von Bakterien und Pilzen sowie die Analyse von chemischen Schadstoffen und sonstigen Innenraumbelastungen in der Raumluft. Sie kann aber auch die Analyse von Organismen, die biogene Schäden an Bauwerken verursachen, beinhalten. Hierbei werden die Mengen und die Gruppen von Organismen untersucht, die eine so genannte Biokorrosion verursachen.
→ Biokorrosion

Baubiologische Prüfverfahren. Baubiologische Prüfverfahren haben im Wesentlichen zwei Aufgaben zu erfüllen. Sie sollen sowohl die Wirksamkeit von Produkten gegen mikrobielle Befälle als auch deren Umweltverträglichkeit und ökologische Unbedenklichkeit dokumentieren. Im Sinne der baubiologischen Diagnostik werden darunter auch Prüfverfahren definiert, die eine potenzielle gesundheitliche Gefährdung des Menschen durch Produkte zum einen, sowie durch Mikroorganismen zum anderen, ermitteln.

Bauökologie. Unter Bauökologie versteht man die Berücksichtigung ökologischer Aspekte beim Bauen, sodass durch die Bautätigkeit und die verwendeten Materialien möglichst geringe Eingriffe in die Naturkreisläufe vorgenommen werden, d.h. Luft, Wasser und Boden möglichst wenig beeinträchtigt werden. Wichtige Kriterien der Bauökologie sind deshalb die Schonung der Ressourcen, geringe oder keine Schadstoffbelastung und möglichst geringer Energieverbrauch bei der Herstellung, Transport und Nutzung der verwendeten Materialien sowie die Wiederverwendbarkeit bzw. das Recycling der Rohstoffe und Materialien nach ihrer Nutzung. Die Bauökologie strebt an, alle Umweltbelastungen möglichst gering zu halten und für die Nutzungsphase eine lange Dauerhaftigkeit der Materialien zu gewährleisten, ein hohes Niveau des Wohlbefindens für den Nutzer zu erreichen sowie eine Wiederverwertung der Materialien zu ermöglichen. Ökologisches Bauen berücksichtigt schon bei der Planung einen möglichst geringen Eingriff in die Umwelt. Grundsätzlich nicht verwendet werden für Umwelt und Gesundheit belastende Stoffe. Darüber hinaus sollen durch die Art der Konstruktion und der verwendeten Materialien ein gesundes Raumklima geschaffen und schädliche Ausgasungen während der Nutzungsphase vermieden werden. Dies erfordert eine interdisziplinäre Zusammenarbeit auf den Gebieten der Medizin, Hygiene, Toxikologie, Chemie, Verfahrens- und Haustechnik, Bau- und Werkstoffkunde und der Energieberatung.

Bauschaden. Der Begriff des Bauschadens wird unterschiedlich definiert. So werden im 3. Bauschadensbericht der Bundesregierung darunter alle negativen Veränderungen der Bauteileigenschaften (Durchfeuchtungen, Schimmelpilzbildungen, Zugerscheinungen, Risse, Abplatzungen, Versprödungen etc.) verstanden, unabhängig davon, ob die Schäden durch Planungs- oder Ausführungsfehler, Materialmängel, Alterungsvorgänge, unterlassene Instandhaltung oder Einwirkung durch Dritte entstanden sind. Bauschäden erkennt man in der Regel durch physikalische Effekte: Bildung von Rissen, Zerbrechen oder Zerbröseln von Bausteinen und Mörteln, Versetzungen und Bewegungen von Bauwerksteilen etc. Unterschieden werden die Bauschäden nach physikalischen und chemischen Ursachen. Chemische Einflüsse rufen z.B. Mineralreaktionen im Mauerwerk hervor. Das Reaktionsmedium tritt mit den festen Phasen (Mineralien) in Wechselwirkung, wobei auch die chemischen Komponenten beteiligt werden. Bauschäden werden überwiegend durch Einwirkung von Feuchtigkeit bewirkt: Frostschäden, Auswaschungen, Treiberscheinungen, Salzausblühungen, Wärmeverlust, Quellen und Schwinden, biozider Bewuchs, Frost-Tausalzschäden und Verschmutzung.

Bauteiltemperaturen. Die Temperaturverhältnisse auf und in Bauteilen lassen sich über die Wärmestromdichte berechnen.
→ Wärmestromdichte

Bauteilverfahren. Das Bauteilverfahren diente schon in der Wärmeschutzverordnung von 1982/1984 zum einfachen Nachweis einer energiesparenden Bauweise. Es werden hier die jeweils einzeln einzuhaltenden, maximalen Wärmedurchgangskoeffizienten für die wärmeabgebenden Flächen eines Gebäudes angegeben. Für den Wärmeschutz genügt dann die Ermittlung des k-Wertes und nachfolgend ein Vergleich mit den Anforderungen der Verordnung. Weitere Berechnungen wie Flächenberechnungen oder dgl. können dann entfallen. Dieses vereinfachte Nachweisverfahren ist lediglich anzuwenden auf Wohngebäude mit bis zu zwei Wohngeschossen und nicht mehr als drei Wohneinheiten.

Bauwerksdiagnostik. Die Bauwerksdiagnostik kann als eine Teildisziplin der Bauphysik bezeichnet werden, die sich zur Aufgabe gemacht hat, den zeitlich aktuellen Qualitätszustand von Bauteilfunktionen und Materialparametern mit Hilfe von Sinneswahrnehmungen, instrumentellen Mess- und Prüfverfahren und einer nachfolgenden komplexen Bewertung zu kennzeichnen, zu bewerten und zu klassifizieren. Aus diesem Grund hat sich in den letzten Jahren die Bauwerksdiagnostik als wesentlicher Bestandteil bei der Altbausanierung etabliert. Als Bestandteil der Bauwerksdiagnostik werden hier Untersuchungen über den Mauerwerksaufbau (Dimensionen, Materialien, konstruktive Gegebenheiten und Besonderheiten), den Mauerwerkszustand (Feuchtegehalte, Feuchteverteilung, Durchfeuchtungsursachen, Gehalte an bauschädigenden Salzen und deren Verteilung, Eigen- und Verbundfestigkeiten von Baustoffen) durchgeführt.

Die Porengrößenverteilung, die Porenform und die Materialeigenschaften bedingen die hygrischen Eigenschaften von porösen Baustoffen. Die speziellen Mechanismen des Transports und der Speicherung von Feuchte und anderen Stoffen führen zu Quellen und Schwinden, Druck- und Zugbelastungen, und zu chemischen und biologischen Prozessen, die letztlich die Porenstruktur verändern und den Baustoff destabilisieren, sodass Bauschäden ermöglicht werden. Ein weiterer Bestandteil der Bauwerksdiagnostik besteht darin, die bisherige und zukünftige Nutzung des Gebäudes sowie die Nutzungsbedingungen zu analysieren und im Sanierungskonzept zu berücksichtigen. Die drei Arbeitsstufen der Bauwerksdiagnostik können mit der visuellen Analyse nach äußeren Merkmalen (visuelle Diagnostik), der instrumentellen Messung/Prüfung mit Diagnosegeräten (instrumentelle Diagnostik) und der Analyse der Summe diagnostischer Ergebnisse und deren Bewertung (bewertende Diagnostik) beschrieben werden.

Bazillen. Bazillen sind stäbchenförmige Bakterien, die Sporen bilden.
→ Bakterien

Befall. Unter Befall wird die Besiedlung durch Schadorganismen (Mikroorganismen, Insekten oder Holzschädlinge) und die nachfolgende Einwirkung der Organismen auf das Holz, auf Holzprodukte oder auf organisch chemische Materialien in Form von Verfärbungen oder einem Abbau der Holzkomponenten verstanden. Man unterscheidet den aktiven, den nicht aktiven (z.B. in Trockenstarre befindlicher Pilzbefall) und den abgestorbenen Befall.

Beheiztes Bauwerksvolumen. Das beheizte Bauwerksvolumen ist das Volumen, das von der wärmeübertragenden Umfassungsfläche eines Gebäudes umschlossen wird.

Benzaldehyd. Benzaldehyd findet man in Parfümerie- und Toilettenprodukten sowie in Autoabgasen. Typische Symptome bei erhöhten Werten in der Innenraumluft sind Schleimhautreizungen im Nasen- und Augenbereich.

Beta-HCH. Beta-HCH (Hexachlorcyclohexan) besitzt eine relativ geringe akute, jedoch eine hohe chronische Toxizität, und diese Verbindung kann sich im menschlichen Organismus anlagern. Technisch hergestelltes Hexachlorcyclohexan enthält ca. 65-70% Alpha-HCH, 6-8% Beta-HCH, 12-15% Gamma-HCH (Lindan) und 2-5% Delta-HCH. Während die Alpha- und Delta-Isomere eine vergleichsweise geringe Toxizität aufweisen, zeigt Lindan eine relativ hohe akute Toxizität.

Bioaerosole.
→ Aerosol

Bioallethrin. Bioallethrin zählt zum Pyrethroidtyp I (ohne alpha-cyano Gruppe) und ruft Symptome wie Muskelzittern, Übererregbarkeit, Störungen der Bewegungskoordination, Krämpfe und Kontakt-Dermatitis hervor. Die Symptome ähneln einer DDT-Vergiftung.
→ Pyrethroide

Biochemie. Die Wissenschaft von den chemischen Bestandteilen der Lebewesen und den Reaktionen, die den Lebensvorgängen zu Grunde liegen. Die Biochemie ist sowohl Teilgebiet der Chemie als auch der Biologie. Die Vorsilbe Bio- ist von bios abgeleitet, dem griechischen Wort für Leben. Biochemie hat vor allem das Ziel, den Aufbau und das Verhalten biologischer Moleküle aufzuklären. Dies sind kohlenstoffhaltige Verbindungen, aus denen sich die verschiedenen Teile lebender Zellen zusammensetzen. Zudem führen biologische Moleküle die chemischen Reaktionen aus, mit deren Hilfe Zellen wachsen, sich fortpflanzen und Energie umsetzen.

In jeder Zelle gibt es eine gewaltige Vielfalt an Molekülen. Ihre Struktur bestimmt darüber, an welchen chemischen Reaktionen sie teilnehmen können und welche Funktion sie somit für die Lebensvorgänge der Zelle erfüllen. Die wichtigsten Klassen biologischer Moleküle sind Nukleinsäuren, Proteine, Kohlenhydrate und Lipide. Nukleinsäuren dienen zum Speichern und Umsetzen genetischer Informationen. Ihre riesigen Moleküle sind lange Ketten aus Untereinheiten, den Nukleotiden, die in genau festgelegter Reihenfolge (Sequenz) angeordnet sind. Sie werden von anderen Zellbestandteilen abgelesen und steuern die Herstellung der Proteine. Proteine sind große Moleküle, die ebenfalls aus Einzelbausteinen bestehen, den Aminosäuren. Aus nur 20 verschiedenen Aminosäuren stellt die Zelle viele tausend unterschiedliche Proteine her, von denen jedes in der Zelle eine höchst spezialisierte Aufgabe erfüllt.

Die interessantesten Proteine sind für den Biochemiker die Enzyme – gewissermaßen die »Arbeitspferde« der Zelle. Enzyme wirken als Katalysatoren, d.h. sie beschleunigen chemische Reaktionen. Kohlenhydrate sind die wichtigsten Energielieferanten; sie enthalten Kohlenstoff, Wasserstoff und Sauerstoff. Die grünen Pflanzen und manche Bakterien stellen durch Photosynthese einfache Kohlenhydrate (Zucker) aus Kohlendioxid und Wasser her, wobei das Sonnenlicht die Energie liefert. Tiere nehmen Kohlenhydrate mit der Nahrung auf. Die Zellen bauen die Kohlenhydrate ab und gewinnen daraus Energie oder sie verwenden die Moleküle als Rohmaterial und setzen sie zu anderen Verbindungen um. Lipide sind fettartige Verbindungen, die in der Zelle unterschiedliche Aufgaben erfüllen. Manche werden als energiereiche Nährstoffe gespeichert, andere dagegen sind lebenswichtige Bausteine für die Zellmembran.

Daneben findet man in den Zellen noch zahlreiche andere Moleküle mit vielfältigen Funktionen: Sie transportieren z.B. Energie durch die Zelle, fangen Sonnenenergie ein und machen sie für chemische Reaktionen nutzbar; außerdem dienen sie als Hilfsmoleküle (Cofaktoren) für die Enzymtätigkeit. Alle diese Moleküle und damit auch die ganze Zelle sind in ständigem Wandel begriffen. Eine Zelle bleibt nur dann gesund, wenn sie ununterbrochen Proteine, Kohlenhydrate und Lipide auf- und abbaut, beschädigte Nukleinsäuren repariert und Energie erzeugt und speichert. Diese aktiven, mit Energieumsatz verbundenen Vorgänge bezeichnet man in ihrer Gesamtheit als Stoffwechsel. Ein Hauptanliegen der Biochemie besteht darin, den Stoffwechsel so weit aufzuklären, dass man Veränderungen in den Zellen vorhersagen und beeinflussen kann. Zu den praktischen Anwendungen der biochemischen Forschung gehören Behandlungsmethoden für viele Stoffwechselkrankheiten, Antibiotika zur Bekämpfung von Bakterien, und Methoden zur Produktionssteigerung in Industrie und Landwirtschaft. Diese Fortschritte wurden in den letzten Jahren durch die Gentechnik intensiviert.

Biofilm. Der Biofilm ist eine Kolonieform von Mikroorganismen, in der eine gelartige bis schleimige Schicht aus Kohlenhydraten, Lipiden, Nukleinsäuren und Proteinen zusammengehalten werden und Grundlage für das so genannte Biofouling ist. Er kann maßgeblich die Materialeigenschaften beeinflussen. Infolge von Temperatur- und Feuchteschwankungen übt der kolloidale Biofilm mechanische Belastungen im porösen Werkstoffgefüge aus und erhöht die Rauigkeit und Absorptionsfähigkeit von Materialoberflächen. Aufgrund der wasserbindenden Eigenschaften der biogenen Gel-Matrix verhalten sich ursprünglich hydrophobe Oberflächen vermehrt hydrophil, und die Klebrigkeit des gelartigen Filmes führt zu Partikeladsorptionen aus der Luft. Mit dichter werdendem Belag ändern sich die Diffusionseigenschaften des Baustoffes und somit der Feuchtehaushalt und die thermischen Eigenschaften der Bausubstanz.

Die Folgen der Biofilmbildung an exponierten Baustoffen sind durch eine erhöhte Adsorption von Schadstoffen und Partikeln, die verstärkte

Ausbildung von Gradienten anorganischer Korrosionsfaktoren sowie durch die messbare Veränderung im Feuchtehaushalt und thermischen Verhalten des betreffenden Baustoffes gekennzeichnet. Kohlenwasserstoffe werden häufig als anthropogene Einträge auf Gebäudeoberflächen nachgewiesen und werden dort von chemoorganotrophen Mikroorganismen abgebaut. Im Rahmen dieser biogenen Zersetzung kann es zusätzlich zu einer Veränderung der Oberflächenspannung auf dem Naturstein bzw. den Anstrichen kommen, da die Mikroorganismen so genannte Emulgatoren bilden müssen, um die hydrophoben Nährstoffe aufnehmen zu können. Durch diese biogenen Tenside verändern Mikroorganismen auch das physikochemische Verhalten der Baustoffoberfläche und erschweren unter Umständen Oberflächenbehandlungen und -sanierungen. Damit bildet die mikrobielle Schadenswirkung die Grundlage für die häufig an Naturstein- und Betonoberflächen zu beobachtende Krustenbildung.

Biofouling. Das Biofouling ist eine unerwünschte und übermäßige Vermehrung von Mikroorganismen, welche in so genannten Biofilmen organisiert auf Oberflächen leben. Das Biofouling kann phänomenologisch als ein Stadium übel riechender, schleimiger Belagbildung identifiziert werden und gilt allgemein nicht als materialschädigend, allerdings als Vorstufe zur so genannten Biokorrosion.
→ Biofilm, → Biokorrosion

Biogene Amine. Abkömmlinge des Ammoniaks; biogene Amine sind eine Klasse von Stoffen, die durch den Abbau von Aminosäuren entstehen. Zu den biogenen Aminen gehört auch das bei allergischen Reaktionen wichtige Histamin.

Biokorrosion. Wird eine Bauteiloberfläche bewachsen, so können die Folgen für den Baustoff bzw. für die Materialien in zwei Kategorien bzw. nach ihren Schädigungsweisen in biochemische und biophysikalische Mechanismen unterteilt werden, die fachlich als Biokorrosion und als Biofouling bezeichnet werden. Die Biokorrosion ist chemisch geprägt und verursacht u.a. Änderungen an Struktur und Stabilität des Baustoffes durch ästhetisch beeinträchtigende Verfärbungen biogener Pigmente. Dabei sind die Ausscheidungen oder der Stoffwechselprozess der Mikroorganismen direkt korrosiv wirkend durch organische und anorganische Säuren, durch die biogene Oxidation strukturbildender Kationen bis hin zum enzymatischen Abbau der betreffenden Materialien. Die biogene Zerstörung mineralischer Werkstoffe wie beispielsweise Naturstein, Beton oder Glas geht überwiegend auf die Bildung von Säuren und dem daraus resultierenden chemischen Angriff auf Kristallstruktur und Bindemittel der Baustoffe zurück. Das Wirken der Biokorrosion ist an Beton- und Natursteinbauten mehrfach nachgewiesen worden. Die biogene Schädigung von Gläsern konnte sowohl an historischen Glasmalereien wie auch an feuchteexponierten optischen Geräten gezeigt werden.

Organische Bau- und Dämmstoffe, wie Holz, Papier oder Kork, aber auch polymere Kunststoffe und Schäume unterliegen überwiegend einem direkten enzymatischen Angriff. Dabei kommt es im Wesentlichen durch Pilze zu nachhaltigen Strukturveränderungen, die auch an speziellen Werkstoffen wie Verbundmaterialien, Dichtungs- und Isoliermassen, Korrosionsinhibitoren und Beschichtungen beobachtet wurden. Ein weiteres Beispiel für eine durch Mikroorganismen verursachte Korrosion ist der biologische Abbau des Bindemittels eines Gemäldes. Hierbei verwerten die Mikroorganismen das Bindemittel, um Energie und Zellsubstanz aufbauen zu können. Eine biologisch beeinflusste Korrosion wird u.a. durch Nitrifikanten verursacht. Hierbei scheidet der Organismus eine Säure oder andere schädigende Substanzen aus, die eine chemische Korrosion am Baustoff hervorrufen.

Da an anorganischen Baustoffen und -materialien nur eine verursachende Biokorrosion auftritt, ist es in der Regel schwierig, den prozentualen Anteil der Biokorrosion an der allgemeinen Korrosion zu bestimmen. Nach bisherigen For-

schungsberichten und sonstigen Veröffentlichungen gehen Experten von einem 30-prozentigen Anteil aus.
→ Biofouling, → Mikroorganismen, → Nitrifikanten

Biologischer Abbau. Unter biologischem Abbau wird die enzymatische Zersetzung organischer Substanz (z.B. Holz) oder organisch-chemischer Substanz (z.B. Kunststoff) durch Mikroorganismen verstanden. Der biologische Abbau ist im Stoffkreislauf der Natur erwünscht, bei genutzten Materialien dagegen nicht.

Biopsie. Entnahme und mikroskopische Untersuchung von Gewebe eines lebenden Organismus zum Zwecke der Krankheitsdiagnose. Die Biopsie eignet sich besonders zur Früherkennung von Krebs. In fortgeschrittenen Stadien wird mit Hilfe der Biopsie die Bösartigkeit eines Tumors und die Wirkung der Behandlung festgestellt. Darüber hinaus dient sie zur Diagnose von anderen Krankheiten, beispielsweise Neuropathien (Nervenkrankheiten, etwa Bleivergiftung) und Myopathien (Muskelerkrankungen, beispielsweise Muskeldystrophie) sowie zur Bestimmung der Ursachen für chronische Infektionen.

Biosynthese. Unter Biosynthese wird einerseits der Aufbau chemischer Verbindungen in den Zellen des lebenden Organismus im Rahmen der physiologischen Prozesse sowie andererseits die Herstellung organischer Substanzen mit Hilfe von Mikroorganismen (beispielsweise Penicillin aus niederen Pilzen) verstanden.

Biotechnologie. Die Biotechnologie ist sicherlich einer der Zukunftsmärkte mit gewaltigem Wachstumspotenzial. Sie beschreibt die Gesamtheit der Prozesse der Nutzung lebender Materie in technischen Verfahren. Pilze sind neben Bakterien die wichtigsten Organismen der Biotechnologie.

Biotransformation. Unter der Biotransformation versteht man die enzymatisch erfolgende Umwandlung (Metabolisierung) von Fremdstoffen im Organismus.

Biozid. Oberbegriff für alle Arten von Konservierungsmitteln (Film- und Lagerkonservierung). Chemische Verbindungen oder Kombinationen, die Mikroorganismen, welche für den Befall und den Abbau organischer Materialien verantwortlich sind, unwirksam machen können, wie beispielsweise Bakterien, Hefen, Pilze und Algen. Zu den Bioziden gehören Algizide, Bakterizide, Fungizide, Herbizide, Insektizide u.a., deren Einsatzmengen im Allgemeinen nur sehr gering sind und zwischen 0,1 und 0,5%, bezogen auf den fertigen Beschichtungsstoff, liegen.

Wörtlich übersetzt heißt biozid ›das Leben abtöten‹. Wenn ein Putz oder eine Farbe biozid eingestellt oder ausgerüstet ist, wird damit ausgedrückt, dass eine hohe Resistenz gegenüber mikrobiologischen Einwirkungen erzielt bzw. gewünscht wird. Biozid ist der Oberbegriff für eine algizide, fungizide und/oder bakterizide Einstellung. Des Weiteren werden auch einige Konservierungsmittel und holzschützende Wirkstoffe als biozide Wirkstoffe bezeichnet. Die Biozid-Richtlinie definiert derartige Produkte als Wirkstoffe und Zubereitungen, die einen oder mehrere Wirkstoffe enthalten, die dazu bestimmt sind, auf chemischem oder biologischem Weg Schadorganismen zu zerstören, abzuschrecken oder unschädlich zu machen, Schäden durch sie zu verhindern oder sie in anderer Weise zu bekämpfen. Hierzu zählen neben den oben genannten Möglichkeiten in erster Linie Holzschutzmittel.
→ Fungizide

Blättlinge.
→ Holzzerstörende Pilze

Bläuepilze.
→ Holzverfärbende Pilze

Blastomyces. *Blastomyces* sind eine Anamorph-Gattung, die im Wesentlichen auf der als *Blastomyces dermatitides* beschriebenen Anamorphe von *Ajellomyces dermatitides* beruht.

Blastomycetes. Die *Blastomycetes* umschreibt eine Anamorph-Klasse der so genannten *Deuteromycotina* und umfasst die Anamorphen von Hefen (imperfekte Hefen) und wird gewöhnlich in die *Cryptococcales* ohne Ballistosporen und mit Beziehungen zu ascogenen Hefen zu den Basidiomyceten gegliedert.

Blastomyces dermatitidis. Es handelt sich hierbei um einen dimorphen Hefepilz. Er lässt sich auf Spezialnährböden anzüchten und bildet dort Schimmel. Der Keim ist ein dimorpher Pilz. Er wächst im Gewebe als Hefe und in der Kultur als Schimmel. Er bildet also Hyphen aus. Die Vermehrung im Gewebe erfolgt durch Sprossung. Die zugeordnete Pilzerkrankung heißt Blastomykose. Man unterscheidet weiter in die nordamerikanische und die südamerikanische Blastomykose. Synonym werden die Bezeichnungen Gilchrist-Rixford Krankheit und Zymonematose genannt. Nach der Inhalation eines pilzhaltigen Staubes gelangt der Erreger in die Lunge. Dort führt er zu einer Lungenentzündung (Pneumonie). Diese hat einen langsamen, schleichenden Verlauf. Es treten auch weitere Symptome auf: unregelmäßiges Fieber, eitriger blutdurchzogener Auswurf, Abmagerung. Die Erkrankung kann auf dieses Organ beschränkt bleiben. Andernfalls gelangt der Pilz über das Blut auch in andere Organe (Leber, Milz, Knochen, Niere, Prostata und Gehirn). Man spricht dann von einer systemischen Blastomykose. Wird auf diesem Wege die Haut infiziert, so entstehen eitrige Granulome (Knoten). Sie weisen zahlreiche randständige Abszesse auf. Durch eine bakterielle Superinfektion entsteht ein Geschwür. Diese Prozesse heilen langsam ab. Es entseht eine zentral atrophe Narbe. Unbehandelt verläuft die Krankheit meist tödlich. Der Pilz lebt in der Erde und wird durch Staub verbreitet und von Mensch und Tier inhaliert. Eine Übertragung von Infizierten auf Gesunde gibt es nicht.

Blastomykose. Unter Blastomykose werden schwere Erkrankungen der Haut und Schleimhaut durch Sprosspilze zusammengefasst, die nur sehr schwer heilbar sind.
→ Blastomyces dermatitidis, → Fungus

Blättling. Blättlinge sind Basidiomyceten, deren Fruchtkörper ein lamellenförmiges Hymenophor (Hymenienträger) ausbilden. Der Begriff wurde in Anlehnung an den Begriff Porling geschaffen und beschreibt im weitesten Sinne Blätterpilze.

Blauschimmel. Der Begriff Blauschimmel wird für zwei Sachverhalte verwendet: zum einen wird damit ein bläulich-grauer, mehlartiger Belag an der Unterseite der Blätter von Tabakpflanzen beschrieben, der durch so genannte Sporocystenträger und Cystokonidien hervorgerufen wird. Diese Krankheit wurde 1959 erstmals in Europa beobachtet. Zum anderen wird der Begriff Blauschimmel für den bei der Käseherstellung für Blauschimmelkäse benutzten Pilz *Penicillium rouqueforti* verwendet.

Blei. In der Erdkruste kommt Blei in reiner Form nur zu einem sehr geringen Prozentanteil vor. Abgebaut werden leicht reduzierbare Bleiverbindungen wie beispielsweise Bleiglanz (dies ist das wichtigste Bleierz). Neben der Hüttenindustrie findet Blei in der Batterieherstellung, elektronischen Industrie, Farbherstellung, Glas- und Kunststoffindustrie sowie in Schädlingsbekämpfungsmitteln Verwendung. Das in den Städten vorkommende Blei stammt zumeist aus den dem Benzin zugesetzten Antiklopfmitteln. Blei als Metall und alle seine Verbindungen wirken toxisch, wobei organische Bleiverbindungen giftiger als anorganische sind. Das Blei lagert sich u.a. in der Knochensubstanz ab. Akute Bleivergiftungen (diese zeigen sich durch Erbrechen und Koliken und können zum Tod führen) treten nur bei Aufnahme sehr hoher Dosen, also äußerst selten, auf. Ständige Bleiaufnahme führt zu chronischen Erkrankungen. Das können Störungen des Blutkreislaufsystems, der Psyche, der Fortpflanzungsorgane und des Darmes sein.

Blower-Door-Verfahren/Prüfung. Die Blower-Door-Methode dient zur Vor-Ort-Messung der Luftdurchlässigkeit/Luftdichtigkeit der Gebäudehülle. Hierzu wird ein leistungsstarkes Gebläse in eine Außentür oder ein Fenster eingebaut und eine definierte Druckdifferenz an der Gebäudehülle erzeugt. Dabei entstehen an undichten Stellen in der Hülle (Leckagen) Luftströmungen, deren Summe am Ventilator als Luftvolumenstrom gemessen wird. Neben dieser quantitativen Erfassung der ein- bzw. ausströmenden Luftmengen ermöglicht die Blower-Door-Prüfung die Lage der Leckagen zu orten und ihre jeweilige Stärke einzeln qualitativ einzuordnen.

Borsalze. Borsalze sind in toxikologischer Hinsicht relativ harmlos. Ihre Giftwirkung auf Warmblüter ist äußerst gering. Die Toxizität ist vergleichbar mit der von Kochsalz. Als Symptome einer übermäßigen Einnahme können Leibschmerzen, Erbrechen, Durchfall, Kopfschmerzen, Verwirrungszustände, Muskelzittern, Nervenentzündungen, Krämpfe und Schleimhautblutungen auftreten. Bor ist als wichtigen Spurenelement für höhere Pflanzen in Düngemitteln enthalten. Der Mensch nimmt täglich 10-20 mg Bor auf, hauptsächlich aus Obst und Gemüse. Gleichwohl werden Borsäure und Borax in die Wassergefährdungsklasse 1 (schwach wassergefährdend) eingestuft; es ist eine schädliche Wirkung auf das Grundwasser möglich.

Botulismus. Eine bakterielle Lebensmittelvergiftung, die als schwere Erkrankung zum Tode führen kann, wird als Botulismus bezeichnet. Erreger ist das *Clostridium botulinum*, das die Giftstoffe bildet. In schlecht konservierten und nicht sachgerecht gelagerten Nahrungsmitteln, insbesondere Fleisch- und Gemüsekonserven, ist der Erreger nachzuweisen. Als Frühsymptome fallen vor allem Bauchschmerzen, Erbrechen, Doppelsehen und andere Sehstörungen auf, die darauf hinweisen, dass das zentrale Nervensystem angegriffen ist.

Boletales.
→ Pilze

Braunfäule. Der durch zelluloseverwertende Pilze hervorgerufene Abbau des Holzes wird als Braunfäule (oder auch als Destruktionsfäule) bezeichnet. Die verbleibende Holzsubstanz wird würfelbrüchig und braun verfärbt. Pilze, die am Holz eine Braunfäule hervorrufen, werden als Braunfäuleerreger bezeichnet.
→ Holzzerstörende Pilze

Bronchialer Provokationstest. Der bronchiale Provokationstest besteht aus einer Prüfung der Bronchialreaktion nach dem Einatmen asthmaauslösender Substanzen.

Bronchiallavage. Diagnostische oder therapeutische Spülung der Bronchien mit physiologischer Kochsalzlösung.

Bronchospasmus. Der Krampf der Bronchialmuskulatur bei Asthma bronchiale.

Brutschrank. Ein Brutschrank ist ein beheizbarer, isolierter Metallschrank, dessen Innentemperatur durch ein Regelsystem (Thermostat) eingestellt und konstant gehalten werden kann. Der Brutschrank dient der Kultivierung (dem »Bebrüten«) von Mikroorganismen. In Pilzkulturensammlungen beispielsweise werden Brutschränke eingesetzt, um das Anwachsen der Pilze in frisch beimpften Kulturröhrchen zu beschleunigen.

Butylacetat. Butylacetat findet als Lösemittel in Klebern, Lacken, Farben sowie in Hilfsstoffen zur Lederverarbeitung (Lederlacke, Lederimprägniermittel) Verwendung. Typische Symptome bei erhöhten Werten in der Innenraumluft sind Schleimhautreizungen im Nasen- und Augenbereich. Butylacetat kann schon ab einer Konzentration von 20-30 µg/m³ wahrgenommen werden.

Cadmium. Cadmium ist ein seltenes Metall, zumeist ist es in Zinkblende und Zinkspat enthalten, und ist somit ein Nebenprodukt in der Zinkverhüttung. Es ist überall auf der Erde zu finden. Cadmiumvorkommen auf dem Festland resultieren hauptsächlich aus Emissionen von Zinkhütten, Eisen- und Stahlwerken, Braunkohlekraftwerken und Müllverbrennungsanlagen, außerdem ist es produktionsspezifisch in der Batterieherstellung (Cadmium-Nickel-Batterien), Farb- und Lackindustrie, Kunststoffindustrie und in der Schädlingsbekämpfungsmittelherstellung. Cadmium gelangt über Nahrungsaufnahme und Zigarettenrauch in den menschlichen Körper und reichert sich in Leber und Niere an. Durch dauerhafte Inhalation von Cadmium-Staub wird eine Atmungsstörung bewirkt, die Anlagerung von Cadmium in der Niere kann sich in Nierenfunktionsstörungen äußern, außerdem verdrängt Cadmium das in der Knochensubstanz enthaltene Calcium. Für Pflanzen und Mikroorganismen sind schon geringe Mengen an Cadmium tödlich.

Calocera.
→ Pilze

cancer/cancerogene.
→ Karzinogene

Candida. Bei der Gattung *Candida*, die sich aus mehreren Untergruppen zusammensetzt, handelt es sich um Sprosspilze bzw. Hefen. Medizinisch besonders bedeutsam ist *Candida albicans*, benannt nach den weißlichen Kolonien, die Pilze auf Nährböden bilden. Die Zellen von *Candida albicans* sind rundlich, eiförmig oder länglich mit einer Größe von 4-8 nm. Die Vermehrung erfolgt durch Sprossung. Das bedeutet, dass aus der Mutterzelle eine kleine Tochterzelle herauswächst. Unter bestimmten Bedingungen können sich diese Sprosszellen in die Länge ziehen und werden dann als Pseudomyzel bezeichnet. Hefepilze finden sich auf der Haut und Schleimhaut auch gesunder Patienten als Teil der normalen Flora als Kommensalen (»Tischgenossen«).
→ Hefepilze

Candidosen. Durch *Candida spp.* (am häufigsten durch *Candida albicans*) verursachte Mykosen mit sehr unterschiedlichen Symptomen werden als Candidosen bezeichnet. Alle inneren Organe einschließlich Blutkreislauf können befallen werden, häufig sind auch nur Schleimhäute und mitunter auch die Haut betroffen.

Canditox-Test.
→ Hefepilze

Capillitium. Faden- oder Röhrensystem in Inneren der Fruchtkörper

Carotene. Carotene sind Verbindungen mit vielen Doppelbindungen, die als Pigmente in der Natur auftreten. Als so genannte akzessorische Pigmente der Photosynthese fungieren sie, wenn sie in grünen Pflanzenteilen vorkommen. In nichtgrünen Pflanzenteilen tragen sie zu deren orangefarbenem Aussehen bei.

Carry-over. Übergang von Schadstoffen aus Tierfutter in Lebensmittel tierischer Herkunft

Cellobiase.
→ Pilze

Celluloseabbau. Beim Celluloseabbau wird die Cellulose in Spaltprodukte bzw. Ausgangsstoffe umgewandelt. In vielen Ökosystemen ist der Celluloseabbau einer der wichtigsten Mineralisierungsprozesse. Pilze haben unter aeroben Bedingungen einen wesentlichen Anteil, beispielsweise *Fusarium*- und *Chaetomium*-Arten. Auch in der Biotechnologie spielt der Celluloseabbau durch Pilze bzw. durch so genannte Cellulasen aus Pilzen eine Rolle.

Cephalosporine. Ursprünglich aus dem Pilz *Cephalosporium* gewonnene Antibiotika, mit den Penicillinen chemisch verwandt, aber mit einem breiteren Wirkungsspektrum; haben eine Kreuzallergie zu den Penicillinen, diese ist bei den neueren Cephalosporinen jedoch nur schwach ausgeprägt.

Chemische Sensibilität.
→ MCS-Syndrom

Chemikalienunverträglichkeit.
→ MCS-Syndrom

Chemoorganotrophe Mikroorganismen. Die größte Anzahl der Mikroorganismen gehört in die Gruppe der chemoorganotrophen Mikroorganismen. Sie zeichnen sich dadurch aus, dass sie ihre Energie und ihren Zellkohlenstoff aus dem Abbau organischer Verbindungen gewinnen. Als Stoffwechsel(end)produkte bilden chemoorganotrophe Organismen in der Regel organische Säuren, die zu Schäden an Baustoffen führen können. Nahrungsquellen an Bauwerken für diese Organismen sind organische Verbindungen in der Luft aus Auto- und sonstigen Abgasen sowie der Industrie. In Einzelfällen wurde auch nachgewiesen, dass selbst chemische Behandlungen der Baustoffe wie eine Oberflächenverfestigung und/oder Hydrophobierung oder Anstrich- und Beschichtungssysteme, die organische Verbindungen enthalten, zur Energiegewinnung herangezogen werden. Chemoorganotrophe Mikroorganismen werden oft fälschlich als heterotroph bezeichnet.
→ Heterotroph

Chitin. Pflanzen, Pilze und einzellige Mikroorganismen besitzen Zellwände in unterschiedlichen Formen und Variationen, tierische Zellen sind nicht von Zellwänden umgeben. Die Zellwand der meisten Pflanzen besteht zu einem großen Teil aus Cellulose, die der Pilze aus Chitin.

Chlamydien. Gattung von Bakterien, die stets innerhalb anderer Zellen leben. Zwei Arten, nämlich *Chlamydia trachomatis* und *Chlamydia psittaci*, können beim Menschen Krankheiten auslösen. Infektionen mit *Chlamydia psittaci*, dem Erreger der Psittakose (Papageienkrankheit), sind relativ selten. *Chlamydia trachomatis* ruft eine Infektion der Harn- und Geschlechtsorgane hervor, die man als *Lymphogranuloma inguinale* bezeichnet. Die Auswirkungen einer Infektion mit *Chlamydia trachomatis* werden häufig durch die ähnlichen, aber stärkeren Symptome überdeckt, die vielfach gleichzeitig auftreten. Die Erkrankung ist mit Antibiotika leicht zu beheben, aber unbehandelt kann sie zu einer ernsten Gefahr werden. Sie kann zu schweren Unterleibsentzündungen führen und bei Frauen eine Bauchhöhlenschwangerschaft auslösen. Sogar Unfruchtbarkeit kann bei Männern und Frauen die Folge sein. Kinder, deren Mutter infiziert ist, bekommen oft kurz nach der Geburt eine Bindehaut- und Lungenentzündung. Ein Stamm von *Chlamydia trachomatis*, der von Fliegen übertragen wird, verursacht das Trachom, eine schwere Augenerkrankung, die unter Umständen zur Erblindung führt.

Chlamydomonas. Gattung einzelliger, früher als Protozoen, heute als Grünalgen klassifizierte Lebewesen. Diese unterschiedliche Sicht der Systematik stammt daher, dass der Organismus sich einerseits wie ein primitiver tierischer Einzeller und andererseits wie eine primitive Pflanze verhält. *Chlamydomonas* ist von runder Form, hat eine äußere Membran aus Cellulose, einen Augenfleck, zwei Geißeln und einen Chloroplasten (er enthält das zur Photosynthese benötigte Pigment Chlorophyll). Deshalb kann *Chlamydomonas* (wie andere Pflanzen) die Energie des Lichtes in Nahrung umwandeln, auch wenn es Nährstoffe direkt über die Zellmembran aufnehmen kann. *Chlamydomonas* kann sich asexuell (mit Hilfe von Zoosporen) oder sexuell (durch Gameten) fortpflanzen. *Chlamydomonas* lebt im Boden, in Gräben und in stehenden Gewässern, wo es das Wasser grün färbt. Die Gattung *Chlamydomonas* gehört zur Ordnung *Volvocales*.

Chlorierte Kohlenwasserstoffe. Chlorierte Kohlenwasserstoffe (z.B. Trichlorethen, 1,1,1-Trichlorethan, Tetrachlorethylen = Perchlorethylen (PER)) werden u.a. zur chemischen Reinigung, zum Entfetten und Abbeizen oder in Büromaterialien wie Korrekturflüssigkeiten eingesetzt. 1,1,1-Trichlorethan und Trichlorethen werden vorwiegend als Lösungsmittel in Klebstoffen verwandt. Weiterhin ist 1,1,1-Trichlorethan in Fußbodenpflegemitteln, Teppichreinigern sowie in Möbelpolitur zu finden. Perchlorethylen (PER) gehört zur Gruppe der chlorierten Kohlenwasserstoffe (CKW). Die Symptome bei Langzeitexposition äußern sich meist durch Beeinträchtigungen des Kurzzeitgedächtnisses, Schlafstörungen, Desorientierung, Reizbarkeit und Ataxie (Unordnung, Verwirrung). Tetrachlorethen (PER) wird in der chemischen Reinigung, als Imprägnierungsspray für Textilien und als Lösungsmittel für Öle, Fette, Harze und Wachse eingesetzt.

Chlornaphthaline.
→ SVOC

Chloroform. Chloroform (Trichlormethan) ist in der MAK-Werte-Liste in der Gruppe III B eingestuft, d.h. es besteht ein begründeter Verdacht auf ein Krebs erzeugendes Potenzial. Die akute Toxizität umfasst ZNS-Störungen und Magen-Darm-Trakt-Störungen. Erhöhte Luftkonzentrationen können in kurzer Zeit zu Unwohlsein und Schwindel führen.

Chlorpyrifos.
→ Phosphorsäureester

Chlorthalonil. Chlorthalonil wurde bereits 1969 im ersten Holzschutzmittelverzeichnis als wirksames Fungizid genannt, jedoch zu keiner Zeit im Holzschutz in größerem Umfang eingesetzt. Das Bundesgesundheitsamt führt Chlorthalonil nicht auf der Liste der für Holzschutzmittel empfohlenen Wirkstoffe auf. Die Wirkstoffkonzentrationen in den Produkten liegt um 0,5%. Obwohl es bereits 1987 in den USA als Stoff mit besonderem Krebs erzeugenden Risiko eingestuft wurde, gab es in Deutschland bis 1991 weder einen MAK-Wert, noch Giftklasseneinstufung oder Höchstmengenbegrenzungen für Lebensmittel. 1992 wurde Chlorthalonil erstmals in die MAK-Liste Gruppe III B aufgenommen, d.h. bei den Stoffen mit besonderem Verdacht auf Krebs erzeugendes Potenzial. Außerdem wurde Chlothalonil mit einem »S« für sensibilisierend (allergen) gekennzeichnet. Die orale Toxizität war bei Tierversuchen gering, bei Aufnahme über die Atemwege erwies sich Chlorthalonil jedoch als giftiger. Darüber hinaus finden sich wenig Angaben zur Toxikologie von Chlorthalonil. Im Tierversuch wurden Durchfall, Atembeschwerden, Blutharne und Haut- und Augenreizungen nachgewiesen, über chronische Giftwirkung ist praktisch nichts bekannt. Der technische Wirkstoff gilt als hautreizend und ist biologisch schwer abbaubar.

Chrom. Chrom ist ein sehr hartes und widerstandsfähiges Metall, das in der Natur nur in Verbindungen vorkommt. Da Chrom unlöslich ist, ist metallisches Chrom nicht schädlich. Lösliche Verbindungen in höheren Dosen können aber durchaus toxische Wirkungen hervorrufen, 6-wertige Chromverbindungen (CrVI) sind ca. 100-mal giftiger als 3-wertige. Lösliche Chromverbindungen können als starke Oxidationsmittel ätzend auf Haut und Schleimhäute wirken und Magen-Darm-Entzündungen oder Leber- und Nierenschäden verursachen. Die Inhalation von Chrom-Stäuben kann Lungenkrebs zur Folge haben.

Chromoblastomykose.
→ Cladisporium

Chromomykose.
→ Cladisporium

Chromosomen. In allen Zellen muss die DNA sehr kompakt zusammengefaltet werden, da sie ansonsten zu viel Platz beanspruchen würde. Exponentiell wachsende *Escheria-coli*-Zellen mit jeweils einem Volumen von ca. 1 μm^3 beherbergen

zwei bis vier identische Chromosomen, von denen jedes mit 1,6 mm Länge die 1.000-fache Länge einer gesamten Zelle aufweist. Die DNA eines menschlichen Chromosoms ist zwischen 14.000 und 75.000 µm lang. In einem einzelnen menschlichen Nukleus enthalten alle 46 Chromosomen DNA mit einer Gesamtlänge von ungefähr 2 Metern. Dieses genetische Material, zusammen mit seinen assoziierten Proteinen, ist in einem Nukleus enthalten, der in der Regel einen Durchmesser von etwa 5 µm hat. Die zelluläre DNA der Prokaryoten wird ebenfalls als Chromosom bezeichnet. Bakterielle Chromosomen sind mit viel weniger Proteinen assoziiert und bilden nicht die für eukaryotische Chromosomen typische Struktur. Trotzdem ist die prokaryotische DNA ähnlich dicht gepackt wie die DNA der Eukaryoten.
→ Nukleus

chronisch. langsame Entwicklung, langsamer Verlauf – Gegensatz zu akut

Chytridiomyceten/Chytridiomycota. Bei den Chytridiomycota handelt es sich meist um einzellige Organismen, die sich sexuell durch die Bildung beweglicher Gameten fortpflanzen und Zoosporen für die asexuelle Verbreitung produzieren. Sie leben in feuchten Medien und führen meist eine saprophile Lebensweise. Viele Arten zeichnen sich durch die Produktion von Exoenzymen aus und tragen zur Verwertung von Cellulose und Chitin bei.
→ Pilze

Citreovirdin. Citreovirdin ist ein Mykotoxin, das zuerst aus dem Pilz *Penicillium citreoviride* isoliert wurde und Paralyse (= Lähmung der Gliedmaßen einer Körperseite) verursacht. Citreovirdin ist Ursache der Mykotoxikose Cardiac Beriberi (Beriberi-Krankheit), die um 1900 bei der Reis essenden Bevölkerung Südostasiens epidemisch auftrat und in kardiovaskulären Störungen, Atembeschwerden bis Atemstillstand zum Ausdruck kommt. Bei *Aspergillus terreus* kann Citreovirdin bis zu 2% der trockenen Myzel-Biomasse ausmachen.

Citrinin. Citrinin ist ein Mykotoxin (eine Benzopyrancarbonsäure), das von *Penicillium-* und *Aspergillus*-Arten gebildet wird. Citrinin wirkt antibiotisch gegen Bakterien, ist aber toxisch für die Nieren.
→ Mykotoxine

CKW (Chlorkohlenwasserstoffe). CKW finden in chemischen Reinigungen (Tri- und Tetrachlorethen), im Druckgewerbe, in der Farbherstellung, Kunststoffindustrie (Vinylchlorid), in der Metallverarbeitung und als Kühl-, Isolier- und Wärmeübertragungsmittel Verwendung. Chlorkohlenwasserstoffe sind auf der ganzen Welt zu finden und sind wegen der stark toxischen Wirkungen in ihrer Herstellung und Verwendung minimiert worden.

Cladisporium carrionii. Es handelt sich hierbei um einen schwarzen Schimmelpilz. *Cladisporium carrionii* ist ein Schimmelpilz der Gattung *Dematiaceae*. Wegen seines Aussehens wir er auch als Schwärzepilz bezeichnet. Er gehört zu den Fungi imperfecti. Die Vermehrung erfolgt durch ampullenförmige Sporenbehälter.

Cladosporium. Der *Cladosporium* ist eine in Holz und in der Luft sehr häufig vorkommende Mikropilzgattung, auf die viele Allergiker reagieren. Er ist darüber hinaus die am häufigsten im Außenbereich identifizierte Pilzgattung, die im Sommer häufiger als im Winter auftritt. Der *Cladosporium* ist ein häufiges und allgemein das wichtigste Allergen und kann Mykosen verursachen. Viele Pflanzen sind Nahrungsquelle für diesen Schimmelpilz. Er wird auf abgestorbenen Pflanzen, Essen, Stroh, Erde und Textilien nachgewiesen.
→ Pilze

Clavaria.
→ Pilze

Claviceps.
→ Mutterkornpilze

Cleistothecien.
→ Pilze

CM-Verfahren/Methode. CM steht für Carbid-Methode. Es handelt sich hierbei um ein Verfahren zur Messung des Feuchtegehaltes von Baustoffproben an der Baustelle. Die Baustoffproben werden entnommen, zerkleinert, eingewogen und in ein metallisches Druckgefäß gefüllt. Man gibt Stahlkugeln und eine Glasampulle mit Calciumcarbid dazu. Das Gefäß wird mit einem Manometer verschlossen und geschüttelt. Die Eisenkugeln zerstören die Glasampulle, sodass das Calciumcarbid mit der feuchten Baustoffprobe in Berührung kommt und in Acetylen umgesetzt wird. Das entstehende Acetylengas verursacht einen Druck, der am Manometer gemessen wird. Aus einer Eichkurve kann dann direkt der Feuchtegehalt der Baustoffprobe entnommen werden. Die gemessenen Werte liegen in der Regel etwas unter den tatsächlichen, wobei die Abweichungen relativ gering sind. Das Verfahren ist gut geeignet, um an der Baustelle eine Kontrollmessung durchzuführen. Weniger gut ist es geeignet, um Reihenuntersuchungen (z.B. bei Bauzustandsanalysen) vorzunehmen.

Coccidioidose. Die Coccidioidose ist eine Mykose des Menschen, die durch den Pilz *Coccidioides immitis* verursacht wird. Nach der Inhalation von Arthrosporen kann sich die Krankheit symptomlos oder akut manifestieren. Es ist eine relativ gutartig verlaufende Lungenerkrankung. Eine generalisierte Coccidioidose ist durch sehr schwere Krankheitssymptome gekennzeichnet. Die Inkubationszeit beträgt zwischen 7 und 28 Tagen und ähnelt grippalen Infekten. Bei 80% der Betroffenen sind in der Lunge röntgenologische Veränderungen in Form flüchtiger oder massiver Infiltrate zu erkennen. In den Organen bildet der Erreger eine typische Gewebsform aus, die Endosporen enthält. Diese können über Blut- und Lymphbahnen in andere Organe streuen, wo sie zu neuen Sphaerulen auswachsen.

Coelomycetes. Unter *Coelomycetes* wird eine Anamorph-Klasse der Deuteromycotina zusammengefasst, deren Konidien im Inneren von zunächst geschlossenen Conidiomata entstehen. Diese sind durch eine deutliche Linie aus Pilzzellen oder aus Pilz- und Wirtspflanzenzellen begrenzt.

Columella. Fortsetzung des Stiels oder kugelige Erhebung im Inneren der Fruchtkörper, von wo das Capillitium ausgeht – kolbenförmiges Ende des Sporangienträger.

Conidie (Conidium, Conidia, Conidien, Konidie). Unter Conidie versteht man die Mitospore von Pilzen, die unmittelbar nach dem Reifeprozess freigesetzt wird. Conidien entstehen endo- oder exogen, sind primär einzellig, können aber sekundär mehrzellig werden. Aufgrund von Merkmalen der so genannten Conidiogenese, der Bildungsmuster und des Wachstumsverhaltens der conidiogenen Zellen unterscheidet man verschiedene Conidien-Typen. Die hierfür in der Literatur verwendeten Begriffe werden nicht einheitlich definiert und angewendet, einige sind auch als Sammelbegriff aufzufassen.
→ Conidiogenese

Conidiogenese. Die Conidiogenese beschreibt den Prozess der Bildung von Conidien an oder in der conidiogenen Zelle (bildet endo- oder exogen eine oder mehrere Conidien). Unterschieden wird die thallische und blastische Conidiogenese.

Conidiophor. Conidiophor, umgangssprachlich auch als Konidienträger bezeichnet, beschreibt conidientragende Hyphen, die sich deutlich vom vegetativen Myzel unterscheiden. Conidiophor sind entweder conidiogene Zellen, die sich direkt an vegetativen Hyphen bilden oder conidiogene Zellen einschließlich deren Trägerhyphen, wenn diese von vegetativen Myzel unterscheidbar sind.

Coniophoraceae.
→ Echter Hausschwamm

Cortex. Außenhülle eines Aethaliums

Cryptococcose. Eine Cryptococcose ist eine durch die Anamorphe *Cryptococcus neoformans* verursachte Mykose, die auch als Europäische Blastomykose bezeichnet wird und die zu den gefährlichsten Endomykosen des Menschen gehört. Sie endet unbehandelt meistens tödlich. Nach inhalativer Aufnahme der Pilzzellen kommt es zu deren Manifestation in der Lunge, später können Meningitis folgen und infolge der Erregerstreuung auch weitere Organe befallen werden.

Cryptococcus neoformans. Dieser Pilz ist eine Hefe. Er lässt sich auf einem Spezialnährboden züchten. Dort bildet er schleimige, kremig aussehende Kolonien. Dieser Pilz bildet keine Hyphen aus. Die Hefezellen besitzen als Besonderheit eine Kapsel. Diese besteht aus Polysacchariden (Zucker). Die Erkrankung heißt Kryptokokkose, europäische Blastomykose, Busse-Buscke-Krankheit oder Torulose. Die Erreger werden über den Atmungstrakt aufgenommen. In der Lunge vermehren sie sich teilweise ohne äußere Krankheitszeichen. Ausgehend von diesem primären Herd gelangen sie über das Blut auch ins Gehirn, in die Leber, die Haut und andere Organe. Besonders gefährlich die Entzündung des Hirns und seiner Hirnhäute (Meningoenzephalitis), zu der diese Pilze eine besondere Affinität haben. In den befallenen Organen bilden sich besondere Knötchen, die Granulome. Im Falle der Kryptokokkose werden diese Granulome auch als Torulome bezeichnet. Die Erreger finden sich überall im Erdboden und in organischem Material. Besonders groß ist die Konzentration in Vogel-, v. a. Taubenmist. Die Infektion erfolgt über die Inhalation von erregerhaltigem Staub. Patienten mit Tumorerkrankungen, konsumierenden Erkrankungen, Transplantationspatienten und Neugeborene sind besonders gefährdet.

Cumarin.
→ Aspergillus

Cyanide. Cyanide sind Salze der Blausäure (Cyanwasserstoffsäure), die das giftige Cyanid-Anion enthalten. Cyanide sind industriell im Bergbau/Hüttenwesen, in der Metallverarbeitung und Galvanik, in Schädlingsbekämpfungsmitteln, in Farben und Lacken sowie in Erdöl und Kohle zu finden. In diesen Betrieben sind die Cyanide besonders in den Abwässern eine Problemsubstanz. Cyanide wirken toxisch, wenn Blausäure durch Hydrolyse freigesetzt wird, der entstandene Cyanwasserstoff wirkt durch Lähmung des Atemzentrums sofort tödlich.

Cyanobakterien. Früher auch blaugrüne Algen oder Blaualgen genannt; Gruppe einzelliger, photosynthetisch aktiver Lebewesen, die weder einen abgegrenzten Zellkern noch andere spezialisierte Zellstrukturen besitzen und deshalb wie alle Bakterien zu den Prokaryonten gerechnet werden, den am einfachsten gebauten Zellen. Cyanobakterien enthalten den gleichen Typ von Chlorophyll wie Pflanzen, aber bei den Cyanobakterien befindet es sich nicht in Chloroplasten, sondern es ist über die ganze Zelle verteilt. Bei vielen Arten überdecken andere Pigmente die grüne Farbe des Chlorophylls, sodass sie bläulich oder manchmal auch rötlich aussehen. Manche Arten leben als Einzelzellen, aber die meisten lagern sich zu Kolonien oder langen Ketten zusammen. Die Fortpflanzung erfolgt durch einfache Zellteilung oder durch Aufteilung der Zellketten.

Cyanobakterien sind auf der ganzen Welt in den verschiedensten Lebensräumen zu Hause. Besonders zahlreich sind sie auf Baumrinden, Steinen und feuchten Böden, wo sie Stickstoff fixieren. Manche Arten leben auch in symbiotischer Verbindung mit Pilzen als Flechten. Bei warmem Wetter verursachen manche Cyanobakterienarten in Binnen- und Küstengewässern umfangreiche und manchmal giftige so genannte »Algenblüten«. In flachen tropischen Gewässern wachsen sie in übereinander liegenden Matten, Stromatolithen genannt. Versteinerte Stromatolithen kennt man aus Gesteinsschichten, die vor über drei Milliarden Jahren im Präkambrium entstanden sind.

Dies lässt vermuten, dass die Cyanobakterien dazu beigetragen haben, die kohlendioxidreiche Uratmosphäre mit Sauerstoff anzureichern und ihr die heutige Zusammensetzung zu verleihen. Cyanobakterien bilden den Stamm *Cyanophyta* im Organismenreich der Monera.

Cyanophyta.
→ Cyanobakterien

Cyclische Verbindungen. In der organischen Chemie sind dies alle Verbindungen, deren Atome einen geschlossenen Ring bilden. Besteht der Ring nur aus Atomen des Kohlenstoffes, so nennt man die Verbindung auch alicyclisch. Hierzu gehören u.a. die aromatischen Kohlenwasserstoffe wie beispielsweise Benzol. Zu den nichtaromatischen Ringsystemen zählt man z.B. Cycloalkane (nur Einfachbindungen im Ring), Cycloalkene (mit einer Doppelbindung im Ring) und Cycloalkine (mit einer Dreifachbindung im Ring). Cyclische Verbindungen, deren Ring auch Atome anderer Elemente enthält, nennt man heterocyclisch. Ringsysteme mit sechs Atomen (wie im Benzol) kommen in der Natur häufig vor. Es sind aber im Prinzip fast beliebig viele Ringatome möglich.

Cyclochlorotin. Unter Cyclochlorotin wird ein Mykotoxin bzw. hochtoxisches Peptid beschrieben, das von dem Pilz *Penicillium islandicum* gebildet wird. Cyclochlorotin stört den Glykogenstoffwechsel in der Leber und bewirkt Leberzirrhose.

Cyclohexan. Cyclohexan wird als Lösungsmittel in Lacken und Anstrichmitteln eingesetzt. Weiterhin ist der Stoff in Bodenbelägen, Dichtungsmassen, Dämmstoffen, Tapeten und in Reinigungslösungen enthalten.

Cyclohexanon. Cyclohexanon ist eine Verbindung mit penetrantem Geruch und kann z.B. als Lösemittel für PVC dienen, aber auch zu Herstellung von epsilon-Caprolactam und dies wiederum zur Herstellung von Polyamid.

Cypermethrin. Cypermethrin wird vorwiegend als Langzeitinsektizid im Holzschutz eingesetzt. Cypermethrin zählt zum Pyrethroidtyp II (mit alphacyano Gruppe) und ruft Symptome wie Muskelzuckungen und Überschussbewegungen (CS-Syndrom) hervor. Die Symptome ähneln einer Lindan-Vergiftung.

Cyste. Manche Bakterienarten können als Reaktion auf ungünstige Umweltbedingungen vegetative Zellen zu Dauerzellen differenzieren. Werden die Umweltbedingungen wieder günstiger, kann eine solche Spore oder Cyste wieder zu einer vegetativen Zelle auskeimen. Manche Bakterien können als ruhende Dauerzellen Cysten bilden, die resistent gegen Austrocknung sind. Im Unterschied zu Endosporen wird bei der Cystenbildung die gesamte Zelle in eine Dauerform umgebildet. Während der Cystenbildung verliert die Zelle ihre Flagellen und es wird eine komplexe Cystenwand, die Alginat, Protein und Lipide enthält, angelegt.

Cytase.
→ Pilze

Cytochalasane.
→ Mykotoxine

Cytomykose. Unter der Cytomykose wird eine Mykose verstanden, bei der sich die Erregerzellen intrazellulär im Wirtsgewebe vermehren.

Cytologie. Die Cytologie ist die Zellenlehre und damit eine Teildisziplin der Biologie, die sich mit dem Bau organismischer Zellen beschäftigt. In der Mykologie hat die Mycocytologie (Pilzcytologie) einen hohen Stellenwert für viele theoretische und angewandte Bereiche, insbesondere für die Systematik, da im Zellbau viele systemträchtige Merkmale liegen und für die so genannte Pilzgenetik, da viele cytologische Strukturen und Vorgänge von denen der Pflanzen und Tiere abweichen.

Cytosin.
→ Nukleoid

Dacrymycetales.
→ Pilze

dacryoid. Bezeichnung für tränen-, birnen- oder tropfenförmige abgerundete, einseitig zugespitzte Strukturen wie bei einigen Basidiosporen.

Dampfbremse. Dampfbremsen bestehen aus dünnen Schichten eines Materials mit besonders hohem Widerstand gegen die Wasserdampfdiffusion. Im Allgemeinen gilt eine Schicht als Dampfbremse, wenn ihre wasserdampfdiffusionsäquivalente Luftschichtdicke > 10 m beträgt. Thermisch bedingt findet eine Dampfdiffusion durch das Bauteil immer ausgehend von der warmen zur kalten Seite statt. Dabei kann es dann zur Tauwasserbildung (Kondensation) an der kalten Stelle des Bauteils kommen. Der Einbau von Dampfbremsen verhindert das Eindringen von Luftfeuchtigkeit in Bauteile und damit deren Durchfeuchtung bzw. damit verbundene mögliche Feuchtigkeitsschäden (beispielsweise bei Dächern). Sie sind in der Regel auf der Seite zum Innenraum anzuordnen, müssen dicht verlegt und dürfen nicht beschädigt werden.

Die wasserdampfdiffusionsäquivalente Luftschichtdicke einer Dampfbremse wird aus dem Produkt ihrer Schichtdicke und ihrer Wasserdampfdiffusionswiderstandszahl des Baustoffes berechnet. In der DIN 4108 ist geregelt, wie groß der Dampfwiderstand der Dampfbremse sein muss. Die ideale Dampfbremse schützt die Konstruktion vor Feuchtigkeit infolge Diffusion und bietet gleichzeitig ein hohes Austrocknungsvermögen der Konstruktion in der Sommerperiode. Dies ist besonders bei einer außergewöhnlich hohen Feuchtebelastung der Konstruktion wichtig. Neuartige Dampfbremsen, so genannte feuchteadaptive Dampfbremsen variieren ihren Dampfdiffusionswiderstand in Abhängigkeit von den Umgebungsbedingungen. Im Sommer haben diese Dampfbremsen einen niedrigen sd-Wert, sodass in der Verdunstungsperiode die Austrocknung nach innen erfolgen kann. Im Winter dagegen haben sie einen hohen sd-Wert.
→ Tauwasser, → Wasserdampfdiffusion, → Wasserdampfdiffusionsäquivalente Luftschichtdicke, → sd-Wert

Dampfdiffusion.
→ Wasserdampfdiffusion

Dampfdiffusionswiderstand.
→ Wasserdampfdiffusionwiderstand

Dampfdruck. Der Dampfdruck ist eine spezielle Stoffeigenschaft, die physikalisch-chemisch eine große Bedeutung hat: Der Dampfdruck eines Lösemittels z.B. ist derjenige Druck seiner gasförmigen Phase, den diese im thermodynamischen Gleichgewicht mit der flüssigen Phase bei gegebener Temperatur ausübt. Das bedeutet, dass die Verdunstung bzw. die Verdunstungsgeschwindigkeit eines Lösemittels weitgehend von dessen Dampfdruck und der Verdampfungswärme abhängig sind: Bei jeweils gleichem Druck muss zur Verdunstung unterhalb der Siedetemperatur eine bestimmte Wärmemenge, die so genannte Verdampfungs- oder Verdunstungswärme, aufgewendet werden. Beide Energien sind feststehende physikalische Größen des betreffenden Lösemittels.

Dampfleitzahl.
→ Wärmeleitzahl

Dampfsperre. Wasserdampf diffundiert (wandert) in und durch Bauteile und durch Beschichtungen. Dabei ist die Bewegung immer in Richtung auf die geringere Konzentration gerichtet; es findet also ein Ausgleich verschiedener Konzentrationen statt, in der Regel von »warm« (= hoher Wasserdampfpartialdruck) nach »kalt« (= niedriger Wasserdampfpartialdruck) bzw. von »feucht« (= hohe relative Luftfeuchtigkeit) nach »trocken« (= geringe relative Feuchtigkeit). Wasserdampfdiffusion kann aber auch innerhalb von (porösen) Baustoffen stattfinden als Ausgleich zwischen Stellen höherer und geringerer Wasserdampfkonzentration. Wird dieser Konzentrationsausgleich ganz oder weitgehend behindert, z.B. durch eine dampfdichte Beschichtung, eine Folie oder ein anderes geeignetes Mittel, so bezeichnet man diese Maßnahme als Dampfsperre. In der DIN 4108 Teil 3 wird eine Schicht mit einem sd-Wert von mehr als 100 m als Dampfsperrschicht bezeichnet. Materialien mit einem hohen sd-Wert behindern aber auch die Austrocknung nach innen.

In Fällen, in denen beispielsweise eine diffusionshemmende Außenbeschichtung kontruktiv nicht hinterlüftet werden kann, muss warmseitig der Konstruktion eine Dampfsperre eingebaut werden. Die Dampfsperre ist im Gegensatz zur Dampfbremse eine in Wänden, Decken oder Dächern eingelegte wasserdampfdichte Folie, um die Wärmedämmung vor einer Durchfeuchtung aus dem Hausinneren infolge der Wasserdampfdiffusion zu schützen. Das an der Dampfsperre kondensierende Wasser wird durch eine geeignete Konstruktion an der Wärmedämmung vorbei nach außen geleitet bzw. muss nach außen hin durch eine entsprechende Lüftung abtrocknen können. Als Dampfsperren sind beispielsweise Kunststofffolien, Bitumendachpappen oder Aluminiumkaschierungen auf dem Dämmmaterial geeignet.
→ Dampfbremse, → Tauwasser, → Wasserdampfdiffusion, → Wasserdampfdiffusionsäquivalente Luftschichtdicke

Dampftopf. Der Dampftopf ist ein Gerät zur Sterilisation von Nährböden, Geräten etc. für mikrobiologische Arbeiten. Um auch Sporen abzutöten, wird im Dampftopf ca. 30 Minuten bei 100 °C an drei aufeinander folgenden Tagen sterilisiert. Die Zwischenzeiten dienen dem Auskeimen der Sporen.

Darmbakterien (Enterobakterien). Die Darmbakterien bilden die Standortflora des Darms und haben dort physiologische Funktionen. Sie werden erst dann Krankheitsauslöser, wenn eine Bakterienart in der Mehrzahl ist, also das empfindliche Gleichgewicht gestört ist, oder wenn die Keime an andere Stellen des Körpers gelangen. Von den sehr vielen verschiedenenen Gattungen von Darmbakterien hier an dieser Stelle nur die wichtigsten: *Escherichia coli, Shigella dysenteriae, Shigella flexneri, Shigella sonnei, Salmonella typhi, Salmonella paratyphi, Salmonella enteritidis, Enterobacter aerogenes, Enterobacter cloacae, Enterobacter agglomerans, Serratia marcescens, Serratia liquefaciens, Serratia rubidaea, Proteus mirabilis, Proteus vulgaris, Yersinia pestis, Yersinia enterocolitica.*

Von Darmbakterien ausgelöste Krankheiten sind: starke Durchfälle, Lungenentzündungen die schwer zu behandeln sind, Nierenbeckenentzündungen, Blasenentzündungen, Harnröhrenentzündungen, Blutvergiftungen (Sepsis), Nahrungsmittelvergiftungen durch Toxine.

Darr-Methode. Die Darr-Methode stellt das wohl genaueste Messverfahren für den Feuchtegehalt an Baustoffen dar. Wie das Wort darren = trocknen besagt, wird die entnommene Baustoffprobe gewogen und bei 105 °C bis zur Gewichtskonstanz getrocknet. Der Gewichtsverlust stellt den Wassergehalt der Probe dar. Der einzige Nachteil der Darr-Methode liegt darin, dass es sich nicht um eine zerstörungsfreie Methode handelt. Trotzdem wird dieses Verfahren bei Mauerwerksuntersuchungen zur Bestimmung des tatsächlichen Feuchtegehaltes generell angewandt.

Dauerkulturen. Für die Aufbewahrung von Mikroorganismen werden Dauerkulturen angelegt. Dafür kann man entweder frische Kulturen von hoher Zelldichte mit einem Gefrierschutz wie Glycerin bei Temperaturen unter -70 °C tiefgefrieren oder Zellmaterial gefriertrocknen. Zellen in derartigen Dauerkulturen sind bei geeigneter Aufbewahrung noch nach Jahren lebensfähig.

DDT. DDT ist ein Schädlingsbekämpfungsmittel, das in Deutschland seit einigen Jahren zwar verboten ist, aber über die Einlagerung in Pflanzen und Tieren noch immer über die Nahrungskette gegenwärtig ist. Dichlordiphenyltrichlorethan (DDT) ist der Hauptvertreter der chlorierten cyclischen Kohlenwasserstoffe. Zu den weiteren wichtigsten chlorierten cyclischen Kohlenwasserstoffen gehört neben DDT auch Methoxychlor, Aldrin, Dieldrin, Endosulfan und Lindan. DDT, ein chlororganisches Insektizid, ist gut fett-, aber nur minimal wasserlöslich. Es wird in einigen Ländern in der Landwirtschaft großflächig als verstäubtes Trockenpulver (z.B. Verstäubung aus dem Flugzeug), als wässrige Verdünnung mit Emulgatoren oder in organischer Lösung als Spray eingesetzt. Über die Rückstände in den Lebensmitteln gelangen entsprechende Mengen in die Fettdepots.

DDT ist sehr beständig, es widersteht weitgehend sowohl meteorologischen als auch metabolischen Einflüssen. Der globale Abbau von DDT ist noch nicht sicher bekannt. Es wird von einer wahrscheinlichen Halbwertzeit von 10 Jahren und mehr ausgegangen. Hierdurch wird einerseits die Beständigkeit einer nachhaltigen pestiziden Wirkung garantiert. Andererseits reichert sich das DDT in der Umwelt an. Obwohl DDT nur sehr gering wasserlöslich ist, gelangt der Stoff zum Beispiel bei einem Plantageneinsatz in den Boden und mit den Oberflächengewässern in Seen und Meere. Der in den Meeren vorhandene Plankton, welcher das Hauptnahrungsmittel einiger Meerestiere ist, nimmt das DDT hauptsächlich auf und es gelangt somit in die Nahrungskette. Der Gebrauch von DDT ist in einigen Ländern, wegen der Unsicherheit der Halbwertzeit, gesetzlich eingeschränkt worden. Hier in Deutschland ist der Gebrauch gänzlich verboten. In Nahrungsmitteln darf der Rückstandsgehalt nicht größer als 1 mg/kg sein. Ist das DDT in einem gelösten Zustand, so wird es sehr schnell und komplett entweder enteral (über den Darm) oder dermal (über die Haut) aufgenommen und lagert sich im Fettgewebe ab. Der Abbau aus diesen Fettdepots geschieht nur sehr langsam. Es hat eine sehr lange Halbwertzeit von ca. einem Jahr und kann durch die Verabreichung von Paraffinöl wesentlich verringert werden. In Tierversuchen an Mäusen ist beobachtet worden, dass DDT eine Krebs erzeugende Wirkung besitzt.

Resorbiertes DDT verteilt sich überwiegend in die Fettdepots, aus denen es nur sehr langsam mobilisiert wird. Die Eliminationscharakteristik ist kompliziert und erklärt sich aus dem Metabolismus: aus DDT kann enzymatisch HCl abgespalten werden, einmal unter der Bildung des Dichlorethylenderivats (DDE), zum anderen reduktiv unter Bildung des Ethan-analogen (DDD), welches in mehreren Schritten relativ rasch zur entsprechenden Essigsäure (DDA) oxidativ dechloriert wird. Dieser Metabolit sowie phenolische Oxidationsprodukte sind leicht nierengängig. Im Fett wird neben DDT das schlecht abbaubare DDE gespeichert. Es kann aber auch eine reine Dechlorierung der HCl-Abspaltung vorausgehen; das gebildete DDMU ist dem Vinylchlorid vergleichbar und wird wie dieses in ein reaktives Epoxid umgewandelt, das für die an Mäusen beobachtete Krebs erzeugende Wirkung von DDT verantwortlich sein könnte. Solange die Fettdepots nicht abgebaut werden, ist das DDT meist wirkungslos. Bauen sich aber die Fettdepots zum Beispiel durch Diäten, Hunger oder bei zehrenden Krankheiten wie beispielsweise Krebs sehr schnell ab, dann können die Konzentrationen in allen Geweben und im zentralen Nervensystem stark ansteigen.

DDT ist ein Nervengift. In geringen Konzentrationen erzeugt es Übererregbarkeit. Liegen höhere Konzentrationen vor, so kann es zu Lähmungen kommen. Eine Akute Vergiftung liegt vor, wenn ca. $^{1}/_{2}$ bis 1 Stunde nach der Einnahme von größeren DDT-Mengen eine Zungentaubheit auftritt. Weiterhin folgen Parästhesien an Extremitäten und Rumpf, Reizbarkeit, Unruhe, Schwindel. Manchmal kommt noch Übelkeit hinzu. Erbrechen kommt nur selten vor. Anfangend mit Tremor und Terismus setzen tonisch-klonische Krämpfe ein. Motorische und sensible Lähmungen können unter Umständen als Spätfolgen zurückbleiben. Ebenfalls bekannt sind dermale Veränderungen durch DDT.

→ Pyrethroide

DEHP. DEHP wird als Weichmacher in Kunststoffen (auch Einrichtungsgegenständen) eingesetzt.

Beschrieben sind Leber- und Nierenveränderungen sowie Übelkeit und allgemeines Krankheitsgefühl.

Dekamethrin.
→ Pyrethroide

Deletion.
→ Mutationen

Dermatophyten. Haut- und Haarpilze werden auch als Dermatophyten bezeichnet.

Dermatomykose. Die Dermatomykose ist eine Erkrankung der Haut und ihrer Anhangsgebilde, die durch den Befall mit pathogenen Pilzen hervorgerufen wird. Das Erregerspektrum ist sehr umfangreich. Ebenso variabel sind die klinischen Erscheinungen. Die Dermatomykose kann durch so genannte Dermatophyten, Sprosspilze, durch *Aspergillus*- und *Alternaria*-Arten verursacht werden.

Dermatophytose. Die Dermatophytose ist eine Erkrankung der Haut und ihrer Anhangsgebilde (in seltenen Fällen auch subkutaner Gewebe), die durch so genannte Dermatophyten hervorgerufen wird. Abhängig von der Art des Erregers werden Haut, Haare oder Nägel einzeln oder kombiniert befallen. Klinisch werden Dermatophytosen nach der Lokalisation und der Art der Erreger klassifiziert. Hierbei werden zahlreiche Spezialbegriffe wie beispielsweise Tinea, Favus oder auch Mikrosporie benutzt. Dermatophytosen sind weit verbreitet. Man schätzt, dass in Mitteleuropa etwa 40% der männlichen und ca. 30% der weiblichen Bevölkerung an Dermatophytosen im Fußbereich erkrankt sind. Dermatophytosen sind entsprechend der Virulenz der Erreger mehr oder weniger ansteckend. Die Übertragung von Wirt zu Wirt erfolgt direkt oder indirekt.

Desensibilisierung. Die Desensibilisierung beschreibt einen Vorgang, um gegen etwas unempfindlich zu machen. Der Ausdruck bezieht sich meistens auf eine Behandlungsmethode, mit der man die Überempfindlichkeit eines Patienten gegenüber manchen Stoffen herabzusetzen sucht, gegen die er in hohem Maße allergisch ist.
→ Allergie

Desinfektion. Das Ziel der Desinfektion ist das gezielte Abtöten oder Inaktivieren der pathogenen Mikroorganismen. Desinfektionsverfahren können mit verschiedenen physikalischen und chemischen Methoden durchgeführt werden, dazu gehören Hitzeverfahren, Filtration, UV-Strahlen und der Einsatz verschiedener chemischer Desinfektionsmittel (beispielsweise Alkohole, Aldehyde, Phenole, Oxidationsmittel oder Halogene).
→ Desinfektionsmittel

Desinfektionsmittel. Desinfektionsmittel werden zum Abtöten von krankheitserregenden Mikroorganismen und Viren eingesetzt. Chemische Desinfektionsmittel umfassen Verbindungen wie Phenolverbindungen, Chlorkalk, Formaldehyd oder Ethylalkohol. Starke Oxydationsmittel wie Wasserstoffperoxid oder Kaliumpermanganat zählen ebenfalls zu den gebräuchlichsten Desinfektionsmitteln. Physikalische Methoden zur Desinfektion beschreiben Verfahren mit trockener oder feuchter Hitze oder alternativ solche, die auf dem Einsatz von ultravioletter Strahlung basieren.

Desorption.
→ Sorption

Destruenten. Die Tatsache, dass die Erde nicht über und über mit toter Vegetation, Ausscheidungsprodukten und Tierleichen bedeckt ist, verdankt sie den Prozessen von Fäulnis und Verwesung. Unter Fäulnis versteht man eine Zersetzung unter Sauerstoffmangel (anaerob), Verwesung ist Zersetzung bei Anwesenheit von Sauerstoff (aerob). Bei der Zersetzung werden Nährstoffe, die ursprünglich von Pflanzen zu organischen Verbindungen umgewandelt wurden (Primärproduktion) und die Nahrungsketten durchlaufen haben, zuletzt wieder der Biosphäre zugeführt, die in einem mehr oder weniger stabilen Zustand gehalten wird. Dieser als Mineralisation bekannte Teil des Kreislaufs der Materie wird fast ausschließlich durch Mikroorganismen bewirkt, allerdings kann auch Feuer in geringem Umfang dazu beitragen. Diesen Kreislauf durchlaufen alle biologisch relevanten Elemente der Biosphäre.

Zersetzung wird überwiegend durch Bakterien und Pilze bewirkt. Man fasst sie unter dem Oberbegriff Destruenten zusammen. Sie verarbeiten organische tierische und pflanzliche Stoffe sowie die Ausscheidungsprodukte von Tieren. Organismen, die auf totem Material gedeihen, werden Saprophyten genannt. Lebende Organismen können sich vor Zersetzung schützen. Insofern hängt der Stoffkreislauf mit der Lebensdauer der pflanzlichen oder tierischen Lebewesen zusammen. Überwiegend auf dem Wege der Zersetzung durch Mikroorganismen wird das Kohlendioxid, das ursprünglich im Zuge der Photosynthese von Pflanzen aufgenommen wurde, wieder in die Atmosphäre zurückgeführt. Der Abbau durch Mikroben ist auch für die Klärung der Abwässer wesentlich – ein Vorgang, der für die Gesundheit aller Menschen zentral ist. Es gibt die verschiedensten Saprophyten; die Wandlungsfähigkeit ihres Stoffwechsels spiegelt die Fähigkeit der verschiedenen Saprophytenformen wieder, jeweils spezifische organische Stoffe zu zersetzen. Jede in der Natur vorkommende organische Verbindung kann zersetzt werden – entweder durch einen einzelnen Mikroorganismus oder durch mehrere zusammenwirkende Arten. Manche organischen Pflanzenbestandteile werden langsamer als andere zersetzt und sammeln sich in der Umwelt an. Diese als Humus bekannte pflanzliche Materie ist der organische Hauptbestandteil des Bodens und spielt für die Fruchtbarkeit des Bodens eine wichtige Rolle, indem sie dessen Entwässerung und Aufnahmefähigkeit für Sauerstoff beeinflusst.

Organisches Material wird in der Regel zuerst von Pilzen besiedelt, da ihr Stoffwechsel in der Lage ist, Zellwände aufzuspalten und den leichter zersetzbaren Zellinhalt freizusetzen. Auch spezielle Einzeller können die Cellulose in den Zellwänden der Pflanzen aufspalten. Diese Einzeller leben in den Eingeweiden von Pflanzenfressern; sie allein sind für die Zersetzung der Cellulose im Pansen vieler wichtiger Nutztiere verantwortlich. Die Zersetzung von Holz kann durch die Aktivität holzfressender Insekten, beispielsweise Termiten, beschleunigt werden, die darauf angewiesen sind, dass spezialisierte Mikroorganismen in ihren Eingeweiden die Nährstoffe im Holz für sie aufschließen.

Im Boden und im Wasser kommen Mikroorganismen in sehr großer Zahl vor. Ein Teelöffel nicht verschmutzten natürlichen Wassers enthält rund eine Million Bakterien, die oberen 15 Zentimeter eines gut gedüngten Bodens können sogar über fünf Tonnen Bakterien und Pilze pro Hektar enthalten. Die Zersetzung organischer Stoffe stellt den Mikroorganismen Energie für ihr Wachstum und ihre Vermehrung zur Verfügung. Diese großen Populationen von Mikroorganismen dienen Protozoen als Nahrung, durch deren Stoffwechselprozesse die Nährstoffe, welche die Bakterien aufgenommen haben, sofort aufgespaltet werden. Dieser Vorgang schließt die übliche Nahrungskette kurz. Hierbei handelt es sich um einen wichtigen Kreislaufprozess in der Oberfläche von Gewässern. Die Abweidung durch Protozoen trägt wesentlich zur Beschränkung der Zahl der Bakterien bei, da die Nachkommenschaft eines Bakteriums, das sich alle 20 Minuten teilt, in wenig mehr als drei Stunden bereits über 1.000 Exemplare betragen würde.

Der Zerfall geht am schnellsten in Anwesenheit von Sauerstoff vor sich. Wenn die Sauerstoffzufuhr beschränkt ist, beispielsweise in den Sedimenten nährstoffreicher Seen oder mit Wasser vollgesogenen Böden, verlangsamt sich der Prozess der Zersetzung. Es gibt auch Mikroorganismen, die unter Abwesenheit von Sauerstoff aktiv sind (Anaerobier) und – falls organische Materie vorhanden ist – zum Prozess der Zersetzung beitragen können. Nitrat abbauende (Denitrifizierer), Sulfat abbauende und Methan bildende (methanogene) Bakterien nutzen Nitrat beziehungsweise Sulfat oder Kohlendioxid zur Energiegewinnung, ganz ähnlich, wie aerobe Mikroben Sauerstoff nutzen. Andere anaerobe Bakterien (Bakterien mit Gärungsstoffwechsel) gewinnen die Energie für ihren Stoffwechselprozess durch die Umwandlung organischer Verbindungen. Unter bestimmten Bedingungen kann bei dauernd niedriger Sauerstoffzufuhr der Prozess der Zersetzung so langsam verlaufen, dass sich organische Stoffe in großem Ausmaß ansammeln.

Wenn gefrorene Nahrungsmittel aufgetaut, getrocknete Nahrungsmittel gewässert oder konservierte Nahrungsmittel der Luft ausgesetzt werden, können sie leicht verderben, da Saprophyten, die sich in der Luft finden, die Nahrungsmittel zu kontaminieren beginnen. Die Geschwindigkeit der Mikrobenaktivität hängt von der Umgebungstemperatur ab. Je geringer die Temperatur ist, desto geringer ist ihre Aktivität – jedoch verdirbt auf lange Sicht auch Tiefkühlkost, wenn auch langsam. Nur die chemische Hemmung der Mikrobenaktivität kann die Nahrung noch schützen, wenn sie erst einmal der Luft ausgesetzt ist. Aber es gibt auch Mikroorganismen, besonders Pilze, die auch unter hohen Salz- oder Zuckerkonzentrationen noch wachsen. Allerdings kann man das in der Regel deutlich sehen, etwa den Schimmel auf der Marmelade.

Zersetzung kann sich auch auf viele andere Lebensbereiche auswirken. Baumaterialien aus Holz müssen trocken gehalten oder mit Holzschutzmitteln behandelt werden, damit sie nicht faulen. Aus Öltanks muss regelmäßig das Wasser entfernt werden, da andernfalls die Kohlenwasserstoff-Bestandteile selektiv abgebaut werden. Auch Bestandteile von Kunststoffen oder Farben können zersetzt werden und dadurch bestimmte Eigenschaften oder ihre Färbung verlieren. Eisenrohre können durch Säuren korrodieren, die beim Stoffwechsel der Mikroben entstehen, Stein- und Betongebäude können durch diese Säuren beeinträchtigt werden. Der Mensch hat sich die zersetzenden Kräfte der Mikroben in vieler Hinsicht dienstbar gemacht. Die Klärung von Abwässern ist ein wichtiges Beispiel, weiter dienen Mikroorganismen auch der Verringerung der Umweltverschmutzung nach Ölunfällen, der Entgiftung von Schwermetallen und der Zersetzung auf Mülldeponien.

Destruktion. Die Destruktion beschreibt die Zerstörung beispielsweise von Organen oder Gewebe.

Destruktionsfäule.
→ Holzzerstörende Pilze

Deuteromycota/Deuteromycetes. Sammelbezeichnung für etwa 15.000 Arten, die einen sehr uneinheitlichen Stamm von Pilzen bilden. Eine andere Bezeichnung für die *Deuteromycetes* ist *Fungi imperfecti*. Es handelt sich um eine künstlich zusammengefasste Gruppe von Pilzen, die man konventionell als Stamm bezeichnet. Die *Fungi imperfecti* kommen in unterschiedlichen Lebensräumen vor. Viele Arten leben als Parasiten an Pflanzen oder Tieren, und bei höheren Tieren sind sie die Erreger der meisten Pilzerkrankungen, z.B. des Soores. Die *Deuteromycetes* bilden den Stamm *Deuteromycota*.
→ Pilze

Dextrinase.
→ Pilze

Diagnose. Medizin: Die Diagnose ist das Urteil oder die Einschätzung des Arztes darüber, welche Krankheit den Patienten befallen hat. Die Diagnostik, die Erkennung von Krankheiten, ist eine der wichtigsten Aufgaben der Medizin. Durch die Differentialdiagnostik wird zu ermitteln versucht, welche von mehreren Krankheiten, auf die die erkannten Symptome gleichermaßen zutreffen, hier vorliegt. Der Arzt beginnt die Diagnostik oder Diagnosestellung, in dem er die Krankengeschichte (Anamnese) erfragt. Er untersucht den Patienten, beobachtet verschiedene Krankheitsanzeichen, wägt diese gegeneinander ab und deutet die Ergebnisse von Röntgen- und Laboruntersuchungen. Die elektronischen und mechanischen Instrumente und die manchmal verwirrenden Methoden dienen dabei lediglich der Schärfung der fünf Sinne, auf die der Arzt früher angewiesen war und mit denen er das Aussehen, den Geruch, den Geschmack, die Geräusche und zuletzt das Gefühl (Temperatur, Hautzustand) der Krankheit prüfte. So ermöglichen heute Röntgenstrahlen und Tomographie, Veränderungen im Inneren des Körpers zu sehen. Optische Geräte wie Blasen- und Augenspiegel (Zytoskop, Ophthalmoskop), die Darm- oder die Magenspiegelung und die Endoskopie gewähren Einblicke, die mit dem bloßen Auge nicht möglich wären. Mit dem Stethoskop hört der Arzt die Geräusche des Herzens, die er mit dem Elektrokardiogramm (EKG) sichtbar macht. Mit dem Elektroenzephalogramm (EEG) registriert der Arzt auch noch schwächste elektrische Phänomene im Gehirn. Die Ähnlichkeit der Symptome bei ganz unterschiedlichen Krankheiten erschweren oft die Diagnose, sodass die Therapie unter Umständen korrigiert werden muss, wenn sich neue Erkenntnisse ergeben.

Bauwerk: Unter einer Diagnose im Sinne der Bauwerkserhaltung und -instandsetzung wird das bewertete Ergebnis aller bauwerksdiagnostischen Untersuchungen verstanden, auf dessen Basis eine bauwerksspezifische Instandsetzungsplanung oder auch Fachplanung mit geeigneten Verfahren und Materialien vorbereitet werden kann. Der allgemein gebräuchliche Umgang mit diesem Begriff führt oft zur Verwechslung von der eigentlichen Diagnose und der so genannten (Bauwerks)Diagnostik. Das visuelle, instrumentelle und das bewertende Diagnostizieren am Bauwerk ist eine Voraussetzung und die Grundlage für die Formulierung einer Diagnose.

Diazinon. Diazinon gehört zu der Gruppe der organischen Phosphorsäureester und besitzt eine hohe Toxizität für Mensch und Tier. Diazinon wird als Schädlingsbekämpfungsmittel eingesetzt. Die Giftwirkung beruht, vereinfacht dargestellt, darauf, dass lebenswichtige Fermente des Nervensystems blockiert werden und dadurch ihre Wirkung unterbunden wird. Leichte Vergiftungen äußern sich durch Kopfschmerzen, Sehstörungen, Schwächegefühl, Schwitzen, leichte Brustschmerzen, Übelkeit und Erbrechen.

Dibutylphthalat. Dibutylphthalat findet Verwendung in der Zellstoffherstellung und in Lacken. Bei der Einatmung ist es stärker toxisch als bei oraler Aufnahme. Weitere Eigenschaften: gut fettlöslich, Schädigung des Immunsystems, hautresorptiv, in hoher Dosis vermutlich mutagen, bei Ratten und Mäusen in hoher Dosis carzinogen.

Dichlofluanid. Dichlofluanid ist der am meisten verwendete Wirkstoffe gegen Bläuepilze, er wird auch häufig als Konservierungsmittel in Dispersionsfarben und wasserlöslichen Lacken und Lasuren eingesetzt. Die Anwendungskonzentrationen im chemischen Holzschutz liegen bei ca. 0,5%. Zur Toxizität von Dichlofluanid liegen nur wenig Erkenntnisse vor. In Tierversuchen traten Augenreizungen und Sensibilisierungen auf, bei hohen Dosen unspezifische Symptome. Beim Menschen wurden ebenfalls Sensibilisierungen beobachtet. Auffallend ist eine im Tierversuch hohe inhalative Toxizität gegenüber einer eher geringen oralen Toxizität. In der Gefahrstoffverordnung ist Dichlofluanid als reizend und umweltgefährlich eingestuft, obwohl es nach der inhalativen Toxizität als sehr giftig gelten müsste. Neueren Untersuchungen zufolge gibt es einige Hinweise auf ein mutagenes und Krebs erzeugendes Potenzial von Dichlofluanid. Chronische Schäden bei Einwirkungen von kleinsten Dosen sind bislang nicht untersucht worden. Zu befürchten sind jedoch sensibilisierende Wirkungen und Einfluss auf die Fruchtbarkeit.

Dichlordiphenyltrichlorethan.
→ DDT

Dichlormethan. Dichlormethan ist ein Entfettungsmittel für Metalloberflächen. Im Körper wird Dichlormethan zu CO und CO_2 abgebaut. Im Blut steigt das mit CO gebundene Hämoglobin erheblich an (verminderter Sauerstofftransport!). Todesfälle sind beschrieben.

Dieldrin. Dieldrin (DDT-verwandt) ist bei Tierversuchen etwa fünffach stärker wirksam als DDT. Im Tierversuch wurde eine Krebs erzeugende Wirkung nachgewiesen.

Difuran.
→ Aspergillus

Differentialdiagnose. Die Diagnose, die vor der endgültigen Diagnosestellung zusätzlich zu berücksichtigen ist und eine Unterscheidung ähnlicher Krankheiten möglich macht, wird als Differentialdiagnose bezeichnet.
→ Diagnose

Diffusion. Die Diffusion (lat.= ausbreiten) ist eine Bezeichnung aus der Physik, die sinngemäß den Vorgang des Vermischens bzw. durch Konzentrationsunterschiede hervorgerufene, gegenseitige Durchdringung zweier oder mehrerer Gase, Flüssigkeiten oder auch Lösungen beschreibt. Sie bezeichnet deshalb die Bewegung einzelner, sehr kleiner Teilchen (Atome, Ionen, Moleküle), die durch die thermische Eigenbeweglichkeit dieser Teilchen unter dem Einfluss eines Konzentrationsgefälles (Dampfdruckgefälle) ermöglicht wird. Im Bauwesen versteht man unter Diffusion die Wanderung von Gasen, wie z.B. Wasserdampf, Kohlendioxid, Schwefeldioxid usw., durch Baustoffe und Bauteile. Hervorgerufen wird diese Wanderung durch eine unterschiedliche Konzentration der einzelnen Gase infolge des Konzentrationsausgleiches. Dies bedeutet, dass die bevorzugte Diffusionsrichtung immer von der höheren Konzentration zur niedrigen Konzentration stattfindet. Derartige Vorgänge können zwischen unterschiedlich beheizten Räumen auftreten und sind insbesondere zwischen der Raumluft und der Außenluft vorzufinden.

Diffusionsäquivalente Luftschichtdicke. Die diffusionsäquivalente Luftschichtdicke (sd) beschreibt den Widerstand einer Stoffschicht. Der sd- Wert gibt an, wie viel Meter Luftschicht dieser Stoffschicht gleichgesetzt werden muss, um aus diffusionstechnischer Sicht gleiche Verhältnisse zu erhalten.

Diffusionsgleichwertige Luftschichtdicke.
→ Diffusionsäquivalente Luftschichtdicke

Diffusionsstromdichte. Die Diffusionsstromdichte gibt die Wasserdampfmenge an, die pro Zeit- und Flächeneinheit in senkrechter Richtung zur Fläche eines Baustoffes diffundiert. Die durch Diffusion transportierten Feuchtemengen sind dabei natürlich sehr gering. Nutzungsbedingte Feuchtigkeit (Kondensation) kann durch Diffusion nicht abgeführt werden. Dazu übersteigt die sporadisch anfallende Feuchtigkeit die Menge, die allein durch Diffusion abgegeben wird.

Diffusionswiderstandsfaktor.
→ Diffusionswiderstandszahl

Diffusionswiderstandszahl. Die Diffusionswiderstandszahl, oft auch als Diffusionswiderstandsfaktor bezeichnet, ist eine dimensionslose Zahl, die angibt, um wie viel größer der Widerstand eines Baustoffes gegenüber diffundierendem Wasserdampf ist, verglichen mit dem Widerstand einer gleich dicken Luftschicht von gleicher Temperatur. Dabei kann die Variationsbreite zwischen $\mu = 1$ und $\mu = \infty$ liegen. Mit der Diffusionswiderstandszahl wird ein Baustoff als solcher charakterisiert, ohne Berücksichtigung der jeweiligen Schichtdicke. Beispiel: Der μ-Wert für Mineralwolle beträgt 1, entspricht also genau dem Diffusionswiderstand von ruhender Luft. Die μ-Werte gängiger Baustoffe sind in DIN 4108, Teil 4 angegeben.

Dimorpher Pilz. Als dimorph wird ein Pilz bezeichnet, wenn er zwei morphologisch verschiedene Erscheinungsformen besitzt. Dieser Begriff wird meistens für Pilze verwendet, die als Sprosspilz oder als Hyphenpilz auftreten können. Bei manchen humanpathogenen Pilzen lebt beispielsweise die filamentöse Form saprophytisch und bildet nach der Infektion eine Hefeform im menschlichen Körper.

Dimorphismus. Einige Pilze können sowohl als einzellige Hefe als auch in einer Hyphen- oder hyphenähnlichen Form wachsen. Das Phänomen des Wechsels zwischen verschiedenen Wuchsformen wird Dimorphismus genannt.

Diploidie. Vorhandensein eines doppelten (d.h. vollständigen) Chromosomensatzes im Zellkern

Dissemination. Ausbreitung beispielsweise von Krankheitserregern

Durchfeuchtung. Der Begriff der Durchfeuchtung wird in Bezug auf Neu- und Altbauten sowie im Rahmen der Bauwerkserhaltung sehr vielfältig benutzt. Im Wesentlichen wird damit der Anstieg der Material- bzw. Oberflächenfeuchtigkeit im Inneren von Gebäuden beschrieben. Als Ursache für eine Durchfeuchtung können verschiedene Feuchtigkeitsmechanismen herangezogen werden. Über Hang-, Spritz- und Sickerwasser, kapillar aufsteigende Feuchtigkeit, hygroskopische Feuchtigkeit, Kondensation und Kapillarkondensation können erdberührte Bauteile und/oder Fassaden durchfeuchtet werden.

Dyskrasie. Fehlerhafte Mischung der Körpersäfte, beispielsweise und insbesondere des Blutes

EAST-Test.
→ RAST-Test

Echter Hausschwamm.
→ Holzzerstörende Pilze

Effektor.
→ Genregulation

Eipilze.
→ Oomyceten

Ekzem. Entzündung der Haut mit Rötung, Bläschen, Knötchen, in der Rückbildungsphase auch Schuppung, subjektiv Juckreiz; allergische und nichtallergische Ursache etwa gleich häufig.

Elateren. Frei im Inneren liegende röhrenförmige Fäden

Elimination. Die Elimination ist eine toxikokinetische Größe, mit der die Summe aus Ausscheidung und Metabolismus, die zum Verschwinden eines Stoffes aus dem Organismus führt, definiert wird.

ELISA-Test.
→ Enzyme-linked Immuno Sorbent Assay

Emission. Ist die allgemeine Bezeichnung für feste, flüssige oder gasförmige Stoffe, die in die Atmosphäre entweichen. Hierzu gehören z.B. Stäube aus Industrieanlagen oder Rußpartikel aus Dieselmotoren, Lösemitteldämpfe aus Beschichtungsstoffen und CO_2- und NO_x-haltige Abgase aus Kraftfahrzeugen und Feuerungsanlagen. Die Verursacher von Emissionen werden global Emittenten genannt. Auch Geräusche, Erschütterungen, Strahlung, Licht, Wärme und andere Umwelteinwirkungen zählen nach dem Bundesimmissionsschutzgesetz zu den Emissionen.

Emissionsarme Beschichtung. Zu den Emissionen zählen alle an die Umwelt – Luft, Wasser, Boden – abgegebenen Stoffe, in fester, flüssiger oder gasförmiger Form, unverändert oder durch Reaktionen verändert. Neben dieser sehr weit gefassten Bezeichnung beschränkt sich der Begriff »Emission« bei Beschichtungsstoffen im Allgemeinen auf die Abgabe flüchtiger gasförmiger bzw. dampfförmiger Anteile aus den flüssigen Materialien bei der Lagerung und während oder noch einige Zeit nach erfolgter Filmbildung. Hierunter fallen in erster Linie Lösemittel, die in wässrigen Beschichtungsstoffen häufig als Verfilmungshilfen eingesetzt werden, aber auch z.B. Ammoniak, Weichmacher und die in jeder Dispersion vorhandenen, bei ihrer Polymerisation nicht vollständig umgesetzten Anteile an deren Ausgangsmonomeren, die so genannten »Restmonomeren« (die im Übrigen auch für den jeweils charakteristischen Geruch der verschiedenen Dispersionstypen verantwortlich sind).

Emissionsarme Beschichtungen, die zunehmende Bedeutung für Innenanwendungen erlangen, können durch Reduzierung der flüchtigen Bestandteile formuliert werden, wobei entsprechend veränderten Bindemitteln die Hauptaufgabe zufällt. Niedrigere MFT (Mindestfilmbildetemperatur, erreichbar durch Änderung der Monomer-Verhältnisse) erfordert weniger oder gar keine äußeren zusätzlichen Filmbildehilfsmittel mehr, und durch nachträgliches »Strippen« im Anschluss an die Polymerisation kann der Anteil an Restmonomeren bis auf wenige ppm reduziert werden. Ammoniak kann durch geruchlose Natron- oder Kalilauge ersetzt werden, und anstatt der Zugabe äußerer Weichmacher wird die gewünschte Elastizität durch den Einsatz innerlich weich gemachter Bindemittel erreicht. Völlig emissionsfreie Beschichtungsstoffe sind praktisch nicht machbar; letztendlich ist auch das bei der Trocknung wässriger Produkte an die Atmosphäre abgegebene Wasser streng genommen eine Emission.

Emodin. Emodin ist ein Toxin (Hydroxymethylanthrachinon), das von verschiedenen Pilzen der *Anamorph*-Gattungen, beispielsweise der *Penicillium*-, *Aspergillus*- und *Cladosporium*-Arten, gebildet wird.

Endemie. Vorkommen von erworbenen Krankheiten in Bevölkerungsgruppen ohne zeitliche Begrenzung
→ Epidemie

Endocytose. Unter der Endocytose wird die Aufnahme von partikulärem (Phagocytose) oder gelöstem Material (Pinocytose) in die Zelle verstanden. Relativ einfache Formen der Endocytose findet man bei Einzellern, die ausschließlich der Nahrungsaufnahme dienen. Bei höheren, vielzelligen Organismen erfüllen spezialisierte Zellen diese Aufgabe, die meist nicht der Nahrungsaufnahme, sondern der Aufnahme körpereigener oder körperfremder Zellen oder Makromoleküle dient. Beim Menschen und höheren Tieren kommen endocytierende Zellen überall im Organismus vor. So genannte Makrophagen spielen im Lymphsystem sowie der Leber und Milz bei der Eliminierung von Bakterien und anderen Fremdsubstanzen eine wichtige Rolle. Granulocyten, eine Untergruppe der weißen Blutzellen, stellen ebenfalls einen wichtigen Anteil bei der Infektabwehr, vor allem von Entzündungen. Durch chemische Substanzen, welche die eingedrungenen Bakterien abgeben, werden die Granulocyten mobilisiert und gelangen zu den entzündeten Stellen. Normalerweise heften sich Proteine aus dem Blut an körperfremde Substanzen, die auf diese Weise als solche markiert sind und von Zellen des Immunsystems eliminiert werden können. Zu diesen Proteinen zählen auch Antikörper, die mit den eingedrungenen Fremdkörpern so genannte Antigen-Antikörper-Komplexe bilden und dann von Makrophagen abgebaut werden.

endogen. Im Organismus entstanden, nicht von außen zugeführt, im Gegensatz zu exogen.

Endomycetes. Endomycetes gehört zur Klasse der Eumycota, zu der Sprosspilze und filamentöse Pilze mit regulären Sprossstadien gehören. Sie sind als basale Gruppierung zu verstehen, in der ursprüngliche Merkmale sowohl der Basidiomycetes als auch der Ascomycetes gehäuft vorkommen.

Endomykose.
→ Systemmykose

Endophyt. Unter einem Endophyt wird ein pflanzlicher oder pilzlicher Organismus verstanden, der im Inneren (meist im Plasma) eines anderen Organismus lebt. Es handelt sich infolgedessen um einen intrazellulären Parasiten oder Symbionten. Symbiontische, endophytische Pilze haben zum Teil für den Wirtsorganismus eine Abwehrfunktion.

Endosporen. Endosporen kommen bei einigen gram-positiven Bakterien vor. Zu den Sporenbildnern gehören die Krankheitserreger *Clostridium botulinum* (Botulismus), *Clostridium perfringens* (Gasbrand), *Clostridium tatani* (Tetanus) und *Bacillus anthracis* (Milzbrand). Da pro Zelle meist nur eine Endospore gebildet wird, dienen diese Dauerformen nicht der Vermehrung. Endosporen sind sehr widerstandfähig gegen Hitze, Austrocknung, extreme pH-Werte und sogar Strahlung. Die mehrschichtige Hülle macht ca. 50% der Trockenmasse der reifen Endospore aus. Sie haben einen sehr geringen Wassergehalt und weisen hohe Konzentrationen an Calciumdipicolinat auf. Die Hitzestabilität wird durch den hohen Gehalt an Dipicolinsäure verursacht. Die DNA der Endospore wird durch spezifische Proteine geschützt.

Endosulfan. Endosulfan hat als Insektengift im Holzschutz seine Bedeutung. Die Konzentration im Schutzmittel liegt üblicherweise um 0,1% selten auch um 0,5 bis 1%. Endosulfan zählt zu den organischen Schwefelverbindungen und wird bei der Herstellung in 90 bis 95-prozentiger Reinheit erhalten, die Art der meisten Begleitsubstanzen ist unbekannt. Das schweizerische Bundesamt für Gesundheitswesen hat in praxisnahen Versuchsräumen festgestellt, dass durch die Raumluftbelastung, nach Anwendung von endosulfanhaltigen Holzschutzmitteln über lange Zeit mehr als das Dreifache der vertretbaren täglichen Menge des Giftes inhaliert werden kann, da die Substanz langsam aus dem Holz ausgast. In den ersten Wochen nach dem Imprägnieren ist die Belastung noch wesentlich größer. Die Literaturangaben über die tödliche Dosis beim Verschlucken reichen von 18 bis 80 Milligramm pro Kilogramm Körpergewicht. In jedem Fall ist die Substanz aber stark toxisch, was noch durch die Tatsache unterstrichen wird, dass die Giftigkeit bei Inhalation gegenüber der bei oraler Aufnahme 30 bis 70-mal größer ist. Endosulfan ist als stark Wasser gefährdender Stoff eingestuft, darüber hinaus ein starkes Bienengift und äußerst Fischtoxisch. Das Umweltverhalten ist höchst kritisch, was in der Schweiz bereits dazu geführt hat, dass keine neuen Holzschutzmittel mit Endosulfan mehr zugelassen werden. Langfristige Auswirkungen einer chronischen Belastung mit Kleinstmengen sind noch nicht bekannt.

Endotherm. Wärme bindend, Wärme aufnehmend oder absorbierend (von chemischen oder physikalischen Prozessen, bei denen von außen Wärme zugeführt werden muss)

Endotoxin. An die Leibessubstanz von Bakterien gebundenes und erst nach deren Auflösung frei werdendes Gift (im Gegensatz dazu Exotoxin)

Endpunkttitration. Die Bestimmung der Infektiosität von Viren, die kein Plaques bilden, kann durch die Endpunkttitration erfolgen. Aus einer Verdünnungsreihe wird jede Verdünnungsstufe in mehrere Kulturen inokuliert (eingepflanzt). Nach einer bestimmten Inkubationszeit wird die Anzahl der infizierten und gesunden Versuchsansätze bestimmt. Kulturen, die mit der geringsten Verdünnung infiziert wurden, sollten alle Anzeichen einer Infektion zeigen, während Kulturen, denen die höchste Virusverdünnung inokuliert wurde, gesund sein sollten. Für das Ergebnis des Versuches ist diejenige Verdünnung von Bedeutung, die groß genug war, um 50% der Wirtszellen zu infizieren. Diese Verdünnung wird als Letale Dosis (LD_{50}) oder Infektiöse Dosis (ID_{50}) bezeichnet. Der Nachteil dieses Infektionstests ist, dass man eine große Anzahl an Testkulturen bzw. Organismen benötigt.
→ Plaque-Test

Energiebilanz. Unter der Energiebilanz ist die Gegenüberstellung der zeitlichen Änderung des Energieinhaltes eines Systems (Gebäude, Atmosphäre etc.) und der Faktoren, die diese Änderungen verursachen, zu verstehen. Dies können Transportvorgänge (äußere Faktoren) sein, mit denen Energie in das System gelangt, oder Produktion bzw. Vernichtung im System selbst (innere Faktoren). Energiebilanzen können für die Gesamtenergie und auch für jede Energieart einzeln aufgestellt werden.

Energiebilanzverfahren. Dieses Verfahren wurde erstmals in der Wärmeschutzverordnung von 1995 eingeführt und dient zum ausführlichen Nachweis einer energiesparenden Bauweise. Durch die Berücksichtigung von Wärmegewinn-

faktoren hat eine wärmetechnisch intelligente Planung großen Einfluss auf die Ergebnisse des Nachweisverfahrens. Die entscheidende Größe dieses Verfahrens ist nun nicht mehr wie bisher der k-Wert, sondern der Jahres-Heizwärmebedarf bezogen auf die Gebäudenutzfläche (Wohnfläche) in kWh pro m^2 und Jahr. An diesen Wert werden die von der Grundrissform abhängigen Anforderungen gestellt. Die Grundrissform oder auch die unterschiedlichen Gebäudetypen bewirken dabei eine Änderung des A/V-Verhältnisses.
→ A/V-Verhältnis

Enterobakterien. Eine sehr große Gruppe von fakultativen gram-negativen Stäbchen sind die Enterobakterien, die aus der phylogenetischen Linie der Purpurbakterien stammen. Während diese bei ausreichendem Sauerstoffangebot auf zuckerhaltigen Medien aerob wachsen, können die Mitglieder der Enterobakterien ihren Stoffwechsel auf anaerob umschalten, wenn Sauerstoff limitierend wird (fakultativ). Viele der Enterobakterien gehören zur menschlichen und tierischen Normalflora des Darmes, andere hingegen sind pathogen. Zur Unterscheidung von Enterobakterien-Arten verwendet man Tests, mit denen arttypische Reaktionen nachgewiesen werden können. Ein Hauptkriterium ist dabei die Unterscheidung nach Fermentationsprodukten aus Glucose.

Enterohämorrhagische Escherichia coli. Enterohämorrhagische *Escherichia coli* sind zu den Kolibakterien gehörende Krankheitserreger, die zu Durchfällen und in Einzelfällen bei Kleinkindern und älteren Menschen zum teils tödlich verlaufenden hämolytisch urämischen Syndrom führen können.

Enterotoxin. Bakteriengift, das zu schweren Vergiftungserscheinungen mit Brechdurchfällen und Kollaps führt.

Entomophthorales.
→ Pilze

Entwicklungszyklus. Unter einem Entwicklungszyklus wird die genetisch bedingte, gesetzmäßige Individualentwicklung im Hinblick auf deren ständige Wiederholung verstanden. Dieser Vorgang wird auch als so genannter ontogenetischer Zyklus bezeichnet. Der Entwicklungszyklus bei Pilzen ist mit einer, zwei oder drei Kernphasen und oft mit einem Generationswechsel verbunden. Bei Pilzen werden unterschieden: Zyklen mit Mitosen in nur einer einzigen Kernphase (haplontischer Zyklus, diplontischer Zyklus und der dikaryontischer Zyklus), Zyklen mit Mitosen in zwei Kernphasen (haplo-diplontischer Zyklus und haplo-dikaryontischer Zyklus).

Enzyme. Enzyme sind spezialisierte organische Substanzen, meist Polymere aus Aminosäuren, die als Biokatalysatoren wirken und im Stoffwechsel der Lebewesen fast alle chemischen Reaktionen steuern bzw. an fast allen Stoffumsetzungen in einer Zelle beteiligt sind. Der Begriff Enzym wurde 1867 von dem deutschen Physiologen Wilhelm Kühne (1837-1900) geprägt; er leitet sich von dem griechischen Ausdruck en zym (»in der Hefe«) ab. Heute kennt man viele tausend Enzyme. Nach den jeweils katalysierten chemischen Reaktionen kann man mehrere große Gruppen von Enzymen unterscheiden, z.B. hydrolytische, oxidierende und reduzierende Enzyme. Hydrolytische Enzyme beschleunigen Reaktionen, bei denen Moleküle unter Wasseranlagerung in einfachere Grundbausteine zerlegt werden. Die oxidierenden Enzyme, auch Oxidasen genannt, setzen Oxidationsreaktionen in Gang, und reduzierende Enzyme sorgen für Reduktionsreaktionen, bei denen Sauerstoff abgespalten wird.

Daneben kennt man viele Enzyme, die andere Reaktionen katalysieren. Die Namen von Enzymen erkennt man an der Endung -ase, die an die Bezeichnung für das Substrat oder die katalysierte Reaktion angefügt wird. Urease ist z.B. das Enzym, das für den Abbau von Harnstoff (lateinisch urea) sorgt, und Enzyme, die Proteine hydrolysieren, bezeichnet man als Proteasen. Manche Enzyme, beispielsweise die Proteasen Trypsin und

Chymotrypsin, haben jedoch die Namen behalten, die man ihnen vor der Einführung dieser einheitlichen Nomenklatur gegeben hatte.

Wie der schwedische Chemiker Jöns Jakob von Berzelius schon 1823 erkannte, sind Enzyme typische Katalysatoren: Sie beschleunigen chemische Reaktionen, ohne dass sie selbst dabei verbraucht werden. Manche Enzyme, beispielsweise Pepsin und Trypsin, die der Verdauung von Fleisch dienen, katalysieren viele verschiedene Reaktionen; andere, so die Urease, sind höchst wählerisch und setzen nur eine einzige Reaktion in Gang. Wieder andere setzen Energie frei, die das Herz schlagen lässt und auch den anderen Muskeln die Kontraktion ermöglicht. Viele Enzyme setzen Zucker und weitere Nährstoffe zu den Verbindungen um, die der Organismus braucht, um Gewebe aufzubauen, verbrauchte Blutzellen zu ersetzen und viele andere Tätigkeiten auszuführen. Pepsin, Trypsin und einige andere Enzyme besitzen zusätzlich die seltsame Eigenschaft der Autokatalyse, d.h. sie sorgen für ihre eigene Produktion aus einer inaktiven Vorstufe, dem Zymogen. Deshalb können sich diese Enzyme auch im Reagenzglas neu bilden.

Enzyme arbeiten höchst effizient. Eine winzige Enzymmenge bringt bei Körpertemperatur chemische Reaktionen zuwege, die man mit den üblichen Mitteln der Chemie nur durch Einsatz aggressiver Chemikalien und bei hohen Temperaturen in Gang setzen könnte. Etwa 30 Gramm reines, kristallines Pepsin würden beispielsweise ausreichen, um innerhalb weniger Stunden mehr als zwei Tonnen Hühnereiweiß abzubauen. Enzymreaktionen laufen nach einer etwas anderen Kinetik ab als die einfachen Umsetzungen der anorganischen Chemie. Die meisten Enzyme suchen sich sehr gezielt die Substanzen aus, die sie umsetzen, und entfalten ihre maximale Aktivität bei einer ganz bestimmten Temperatur. Ein Temperaturanstieg kann die Reaktion zwar beschleunigen, aber Enzyme werden instabil, wenn man sie erhitzt. Die Katalysatoraktivität eines Enzyms wird von der Aminosäuresequenz und der in ihr festgelegten Tertiärstruktur bestimmt, d.h. von der räumlichen Faltung der Molekülkette.

Viele Enzyme brauchen für ihre Tätigkeit einen Cofaktor, der entweder ein Ion oder ein kleines Molekül sein kann. Die körpereigenen Zellen werden in der Regel nicht von den Enzymen angegriffen. Abgestorbene Zellen dagegen werden schnell von proteinabbauenden Enzymen beseitigt. Solange die Zelle lebt, ist ihre Membran nämlich für manche Enzyme undurchlässig. Sobald sie aber stirbt, wird die Membran undicht, so dass die Abbauenzyme eindringen können. Manche Zellen enthalten auch Hemmstoffe, welche die Tätigkeit bestimmter Enzyme verhindern. Die alkoholische Gärung und andere industriell wichtige Vorgänge basieren auf der Tätigkeit von Enzymen, die von Hefe- oder Bakterienzellen produziert werden. Eine ganze Reihe von Enzymen wird auch zu medizinischen Zwecken eingesetzt, so z.B. bei der Behandlung örtlicher Entzündungen; Trypsin dient zur Entfernung von Fremdstoffen und abgestorbenem Gewebe aus Wunden.

Die älteste bekannte Enzymreaktion ist zweifellos die alkoholische Gärung. Man hielt sie aber ebenso wie andere, ähnliche Vorgänge für Reaktionen, die von selbst ablaufen; erst 1857 wies der französische Chemiker Louis Pasteur nach, dass Gärung in Gegenwart lebender Zellen abläuft. Der deutsche Chemiker Eduard Buchner entdeckte 1897, dass auch ein zellfreier Hefeextrakt alkoholische Gärung in Gang setzt. Damit war ein altes Rätsel gelöst: Die Hefe produziert ein Enzym, das dann für die Gärung sorgt. Schon 1783 hatte der italienische Biologe Lazzaro Spallanzani beobachtet, dass Fleisch von Magensaft, den er aus Falken gewonnen hatte, verdaut wird. In diesem Experiment vollzog er wahrscheinlich zum ersten Mal eine biochemische Reaktion außerhalb eines Lebewesens nach. Nach Buchners Entdeckung setzte sich allgemein die Ansicht durch, dass die Gärung und auch sämtliche anderen biochemischen Reaktionen von Enzymen verursacht werden, aber alle Versuche, diese Substanzen zu isolieren und ihren chemischen Aufbau zu ermitteln, schlugen zunächst fehl. Erst 1926 gelang es dem amerikanischen Biochemiker James B. Sumner, die Urease zu isolieren und in kristalliner Form darzustellen.

Vier Jahre später reinigte und kristallisierte John H. Northrop, ein weiterer Biochemiker aus den USA, Pepsin und Trypsin.

Nun stellte sich heraus, dass es sich bei den Enzymen um Proteine handelt, und Northrop wies nach, dass das Protein tatsächlich das Enzym und nicht nur Träger für eine andere Verbindung ist. In jüngster Zeit haben wissenschaftliche Untersuchungen der Enzyme neue Aufschlüsse über einige Grundfunktionen des Lebens geliefert. Die Ribonuclease, ein Enzym mit einfacher Raumstruktur, das 1938 von dem amerikanischen Bakteriologen René Dubos entdeckt und 1946 von seinem Landsmann, dem Chemiker Moses Kunitz gereinigt wurde, stellten amerikanische Forscher 1969 erstmals künstlich her. Bei der Synthese fügten sie 124 Molekülbausteine in genau festgelegter Reihenfolge zu einem Makromolekül zusammen. Da es gleichzeitig gelang, in dem Molekül diejenigen Teile zu identifizieren, die für die chemische Funktion verantwortlich sind, eröffnete sich nun auch die Möglichkeit, gezielt in der Natur nicht vorkommende Enzyme mit besonderen Eigenschaften herzustellen. Durch gentechnische Veränderungen können Enzyme mit bestimmten Reaktionen hergestellt werden, sodass Zellen mit bestimmten Stoffwechselleistungen gezüchtet werden können. Diese Aussichten haben sich in jüngster Zeit durch die Methoden der Gentechnologie weiter verbessert, denn jetzt kann man manche Enzyme in großen Mengen herstellen.

Enzyme-linked Immuno Sorbent Assay (ELISA). Diese immunologische Untersuchungsmethode eignet sich sowohl zum Nachweis von Antigenen als auch von Antikörpern. Wie auch der Radioimmunoassay (RIA) ist die Methode sehr empfindlich und spezifisch. Der Vorteil der Methode besteht außerdem darin, dass kein radioaktiver Abfall anfällt. Sowohl Antigene als auch Antikörper, die zur Diagnostik eingesetzt werden, können mit einem Enzym gekoppelt werden. Durch diese Kopplung werden die Eigenschaften der beiden Kopplungspartner nicht beeinträchtigt. Die Menge des jeweils gebundenen Reaktionspartners kann am Ende des Versuches dadurch nachgewiesen werden, dass der Probe eine bestimmte Menge Substrat zugefügt wird. Unter Substrat versteht man den Stoff, der durch ein Enzym umgewandelt wird. Die Menge des umgesetzten Enzymsubstrates kann dann quantitativ photometrisch über eine sichtbare Farbreaktion nachgewiesen werden.

Es existieren verschiedene abgewandelte Methoden. In der Praxis werden für viele Bereiche der Routinediagnostik industriell hergestellte Kits verwendet. Die Methode kann außerdem automatisiert werden. Zum Antigennachweis werden spezifische Antikörper, z.B. vom Schaf, an die Oberfläche der Vertiefungen der Untersuchungsplatte (Mikrotiterplatte) adsorbiert. Dann wird die Untersuchungsprobe mit dem zu bestimmenden Antigen zugegeben. Antigen und adsorbierter Antikörper binden aneinander. Dann wird das nicht gebundene Antigen der Untersuchungsprobe aus der Mikrotiterplatte ausgewaschen. Schließlich wird der enzymatisch markierte Antikörper zugegeben und erneut gewaschen. Der Nachweis des gebundenen Antikörpers geschieht durch die Zugabe von spezifischem Substrat. Der Substratumsatz wird photometrisch gemessen. Er ist ein Maß für die gebundene Antikörpermenge. Daraus lässt sich quantitativ die Antigenkonzentration bestimmen.

Eosinophilie. Vermehrung der Eosinophilen im Blut; oft bei parasitären Erkrankungen, insbesondere bei Trichinose oder auch bei anderen Wurmerkrankungen; Gewebseosinophilie (Schleimhäute, Haut) und Sekreteosinophilie (Nasen- oder Bronchialschleimhaut) typisch für allergische Reaktionen.

Epidemie. Unter einer Epidemie (auch als Seuche bezeichnet) wird das örtlich und zeitlich stark gehäufte Auftreten einer Infektionskrankheit zusammengefasst. Mit diesem Terminus werden einige spezielle Anwendungen verbunden. So gibt es die in Ausbreitung begriffene, rasch voranschreitende Epidemie (progressive Epidemie), die lokal begrenzte Epidemie (Endemie), die überall verbreitete, mehrere Kontinente umfassende Epidemie (Pandemie), die ohne erkennbare Quelle und plötzlich auftretende Epidemie (spontane Epidemie) und die in einem Gebiet regelmäßig wiederkehrende Epidemie (zyklische Epidemie). Das epidemische Auftreten pathogener Parasiten liegt oft an Störungen im ökologischen Gleichgewicht.

Epidemiologie. Unter der Epidemiologie wird die medizinisch-phytopathologische Disziplin verstanden, die sich den Problemen der Epidemien widmet. Anders oder einfach ausgedrückt ist die Epidemiologie die Lehre von der Häufigkeit und Verbreitung von Krankheiten in der Bevölkerung.

Epiderma. Bezogen auf die äußerste Hautschicht (Epidermis, Oberhaut); besteht aus mehrschichtigem verhornten Plattenepithel

Epidermophytosis. Pilzkrankheit der Haut (auch Epidermophytia, Epidermophytie)

Epikutantest. Der Epikutantest ist eine Hauttestmethode (auch als Läppchentest bezeichnet), mit der eine Allergie vom verzögerten Typ erfasst wird. Hierbei werden in Vaseline eingearbeitete chemische Allergene mit Hilfe von Testpflastern auf die Haut (in der Regel auf den Rücken) gebracht und die Reaktion nach dem 1., 2. und 3. Tag überprüft. Der Epikutantest ist damit eine übliche Testmethode bei Verdacht auf Kontaktallergie. Es kommen öfter falsch positive Ergebnisse vor, das heißt die Haut reagiert mit einer Rötung, obwohl gar keine Allergie gegen eine Substanz besteht. Im Falle einer positiven Reaktion besteht Juckreiz über mehrere Tage und in dieser Zeit darf nicht geduscht und/oder gebadet werden.

Epithel. Deckgewebe, das äußere Körperoberflächen z.B. der Haut bedeckt oder Hohlorgane wie z.B. die Bronchien oder den Darm auskleidet.

Epitop. Antigenbereich, an dem das Antigen von seinem spezifischen Antikörper gebunden wird.

Epoxytrichothecene. Epoxytrichothecene sind Mykotoxine der so genannten Trichothecen-Gruppe. Zu den Epoxytrichothecene gehört das T2-Toxin, das von *Fusarium*- und von *Trichoderma*-Arten gebildet wird. Es ist für Warmblüter hochtoxisch, verursacht die alimentäre toxische Aleurie (ATA) und hemmt die Proteinsynthese.

Ergochrome.
→ Mykotoxine

Ergot-Alkaloide.
→ Mykotoxine

Ergotamin. Ergotamin ist eine Substanz, die im Mutterkorn vorkommt, einem Pilz, der Getreide (besonders Roggen) befällt. Im menschlichen Organismus bewirkt Ergotamin eine Kontraktion der Gefäßmuskulatur und der Gebärmutter.
→ Mutterkornpilze

Ergotismus. Auch als Kriebelkrankheit, Heiliges Feuer oder Antoniusfeuer bezeichnet, wird unter dem Ergotismus eine Mykotoxikose beschrieben, die durch *Claviceps purpurea* (dem Mutterkornpilz) verursacht wird. Die in den Sclerotien des Pilzes enthaltenen Mutterkornalkaloide führen beim Menschen zu Durchfall, Erbrechen, Gefäßkrämpfen, Benommenheit bis hin zum Absterben von Geweben und Extremitäten, was Verstümmelungen zur Folge hat. Ergotismus kommt gegenwärtig nur noch sehr selten vor. Im Mittelalter gehörten diese Vergiftungen neben den Infektionskrankheiten (Pest und Pocken) zu den größten Gefahren der Bevölkerung in den Regionen, in denen durch Mutterkörner verunreinigtes Roggenmehl zur Brotbäckerei benutzt wurde.

Erkältungskrankheiten. Bei Erkältungskrankheiten handelt es sich um Infektionen der oberen Atemwege, die häufig nach einer Kälteeinwirkung auftreten. Typische Symptome sind Husten, Schnupfen und Heiserkeit. Da die übliche Erkältung durch verschiedene Virustypen ausgelöst werden kann, gibt es bis heute kein Mittel, das eine Erkältung der Ursache nach direkt angreift. Eine mögliche Komplikation wäre eine zusätzliche bakterielle Infektion. Die Folge davon können u.a. sein: Mittelohr- oder Nasennebenhöhlenentzündung, die dann in der Regel mit Antibiotika behandelt werden müssen. Unter Erkältungskrankheiten bzw. grippalen Infekten versteht man im Allgemeinen durch Viren ausgelöste, akute Infektionen der oberen Atemwege, die vermutlich mit einer Schwächung des Immunsystems in Zusammenhang stehen (etwa durch Stress oder Einwirkung von Kälte) und nicht mit der Grippe verwechselt werden dürfen.

Zahlreiche Virustypen können Erkältungskrankheiten auslösen. Nach zwei Tagen kann diese Viruserkrankung durch zusätzliche Infektion mit Bakterien, die auch als Mischinfektion bezeichnet wird, in eine bakterielle Erkrankung übergehen. Bei diesen Bakterien handelt es sich meist um Streptokokken oder Staphylokokken. Zu Beginn oder im Verlauf der Erkältung kommt es häufig zu Allgemeinsymptomen wie Frösteln, erhöhter Temperatur, Abgeschlagenheit, Krankheitsgefühl sowie Kopf- und Gliederschmerzen. Vor allem bei Kindern kann gelegentlich auch Fieber auftreten. Durch eine zusätzliche bakterielle Infektion (=Superinfektion) können die oben angeführten Symptome verschlimmert werden. Typisches Zeichen ist die eitrige, d.h. gelblich-grünliche Sekretion der entzündeten Schleimhaut. Auch Fieber ist bei einer bakteriellen Infektion häufiger. Die Ausbreitung der Bakterien kann zu folgenden weiteren Erkrankungen führen: Mittelohrentzündung (akute Otitis media), Nasennebenhöhlenentzündung (akute Sinusitis), Rachenmandelentzündung (Angina tonsillaris, akute Tonsillitis), Lungenentzündung (Pneumonie). Die Behandlung der Erkältung erfolgt symptomatisch, das heißt sie ist nur gegen die Beschwerden und nicht gegen die Ursache, nämlich die Viren, gerichtet.

Erythem. Unter Erythem wird meist eine entzündungsbedingte Rötung der Haut oder der Schleimhäute verstanden, die durch die mit Entzündungen, auch allergischen Entzündungen, verbundene verstärkte Durchblutung hervorgerufen wird. Verschiedene Ursachen können ein krankhaftes Erythem auslösen, beispielsweise Infektionen, Allergien, bestimmte Medikamente, der Kontakt mit bestimmten Toxinen und sogar eine Reizung durch Röntgenstrahlen.

Escheria-coli.
→ Bakterien

Ester. Ester sind häufig eingesetzte Lösemittel: Ethylacetat, Butyl- und Isobutylacetat können insbesondere nach Umbau- und Renovierungsarbeiten in der Innenraumluft auftreten. In zunehmenden Maße kommen Gemische von Estern und Alkoholen auf den Markt. Farben auf Wasserbasis können derartige Gemische enthalten und die entsprechenden Verbindungen an die Innenraumluft abgeben.

Ethylacetat. Ethylacetat kommt in Klebstoffen, Nagellackentferner, Isocyanatlacken, Nitrocelluloselacken und Acetylcelluloselacken vor. Ethylacetat wirkt narkotisch.

Ethylenoxid. Ethylenoxid führt bei Inhalation zu Übelkeit, Magenbeschwerden, Erbrechen und Diarrhoe (Durchfall). Bei lokaler Einwirkung können Blasen und Nekrosen mit schlechter Heilungstendenz zum Teil noch nach Stunden auftreten. Ethylenoxid ist stark reizend für Augen und Schleimhäute.

Eukrasie. Regelrechte, normale Zusammensetzung der Körpersäfte.

Eukaryoten. Eukaryoten sind Organismen, die einen von einer Membran umgebenen Zellkern und Organellen besitzen. Die DNA liegt in Form einer oder mehrerer Chromosomen vor. Es kommen verschiedene Organellen vor. Pflanzen, Tiere, Algen und Pilze zählen zu den Eukaryoten. Im Unterschied zu den Prokaryoten sind Eukaryoten meist mehrzellig im Zellverband und können auch ohne Mikroskop beobachtet werden. Eine

sexuelle Reproduktion ist auf Eukaryoten beschränkt.
→ Prokaryoten

Eukaryotisch/Eukarya.
→ Bakterien

Eumycota. Unter der Eumycota wird die Abteilung von Organismen mit unklarer Abstammung zusammengefasst. So werden in vielen Zusammenfassungen die Klassen *Zygomycetes, Trichomycetes, Ascomycetes* und *Basidiomycetes* als *Eumycota* angesehen. Unstrittig ist auch die Protozoenverwandtschaft der Schleimpilze. Wichtige Merkmale für die Zusammengehörigkeit der *Eumycota* sind der Chemismus der Zellwand und die unvollständige oder fehlende Septierung in vegetativen Myzelien.

Eurotiales.
→ Pilze

Exanthem. Hautausschlag, auf größere Hautpartien mehr oder weniger gleichmäßig ausgebreitet; typisch für bestimmte Infektionskrankheiten wie z.B. Masern, Röteln, Windpocken; auch häufiges Symptom allergischer Arzneimittelreaktionen (»Arzneimittelexanthem«).

Exfiltration.
→ Luftwechsel

Exosporen (exogene Sporen). Sporen, die außerhalb einer Zelle entstehen, werden als Exosporen oder auch als exogene Sporen bezeichnet. Der Begriff ist schwer fassbar, da viele Sporentypen endogen angelegt werden und allenfalls außerhalb der Sporen bildenden Zelle reifen. Man bezeichnet deshalb im Allgemeinen solche Sporen als Exosporen, die bei der Reife nicht in eine Zelle eingeschlossen sind, also alle Konidien und Basidiosporen. Bei den Konidien haben sich auf der Basis detaillierter Kenntnisse über die Conidiogenese andere Bezeichnungen durchgesetzt.
→ Basidiosporen, → Conidiogenese, → Konidien

exotherm. Wärme abgebend (von chemischen oder physikalischen Prozessen, bei denen Wärme freigesetzt wird bzw. nach außen abgegeben wird).

Exotoxin. Bezeichnung für solche von lebenden Bakterien gebildete und nach außen abgegebene Stoffwechselprodukte, die im Körper von Mensch und Tier als Giftstoffe wirken.

Exposition. (von lat. exponere, expositum = herausstellen, aussetzen) Grad der Gefährdung für einen Organismus, der sich aus der Häufigkeit und Intensität aller äußeren Krankheitsbedingungen ergibt, denen der Organismus ausgesetzt ist.

extrazellulär. Außerhalb der Zelle befindlich bzw. gelegen.

Fäule. In der Phytopathologie wird unter der Fäule eine mikrobielle Destruktion pflanzlicher Gewebe einschließlich pilzlicher Plectenchyme (dichtes Geflecht von Pilzfäden) verstanden. Fäulen werden vor allem von Bakterien und Pilzen induziert und enzymatisch gesteuert. Sie können lebendes und totes Gewebe betreffen. Nach dem physiologisch-biochemischen Ablauf und dem morphologisch-anatomischen Erscheinungsbild der Fäulnisprozesse werden die Nassfäule (auch Weichfäule genannt) und die Trockenfäule (auch Hartfäule genannt) unterschieden. Besondere Fäulen sind von der Holzzerstörung oder von der so genannten Edelfäule bekannt.

Fäulnis. Im Gegensatz zur Fäule wird unter Fäulnis die Zersetzung organischer Substanzen durch Mikroorganismen (einschließlich der Pilze) verstanden. Allgemein und umgangssprachlich werden Fäulnis, Verwesung, Vermoderung nach Geschwindigkeit der Destruktion und den freiwerdenden Stoffen unterschieden. Allerdings ist eine klare Trennung nicht immer gegeben. Bei Fäulnis herrschen sauerstoffarme Verhältnisse, wodurch übelriechende Stoffe wie Ammoniak und Schwefelwasserstoff freigesetzt werden.

Im Bautenschutz und in der Bausanierung wird unter Fäulnis im Allgemeinen eine von Pilzen oder Mikroorganismen verursachte Zerstörung des Holzes oder der Abbau der Holzsubstanz verstanden. Die gefährlichsten Vertreter für verbautes Holz sind die Zellulose abbauenden Braunfäuleerreger (z.B. der Echte Hausschwamm, der Weiße Porenschwamm, der Braune Kellerschwamm oder Blättlinge) sowie für lagernde Laub- und Nadelhölzer die Lignin und Zellulose abbauenden Weißfäuleerreger sowie die Moderfäuleerreger.

fakultativ pathogen. Gelegentlich krankheitserregend – im Gegensatz zu obligat pathogen.

Favus. Unter Favus wird eine chronisch verlaufende, ansteckende Pilzkrankheit der Haut mit auffallender Borkenbildung verstanden.
→ Pilze

Fenitrothion. Der Phosphorsäureester Fenitrothion (Thio-Phosphorsäureester) ist ein wirksames Allzweck-Insektizid, das ähnlich geeignet ist wie Malathion. Es ist in mehreren Formulierungen zur Behandlung der baulichen Teile von Anlagen und leeren Behältnissen und zur Bekämpfung von Kakerlaken und Ameisen erhältlich. Die Anwendung von Malathionzubereitungen auf Flächen, auf denen Lebensmittel zubereitet werden, ist nicht zugelassen. Akute Vergiftungen: Schweißausbrüche, Blässe, Zyanose, Herzstörungen, Bluthochdruck, psychische Störungen, Angst, Übelkeit, vermehrte Schleimbildung, Atemstörungen, Krämpfe, Durchfall, spontaner Urin- und Stuhlabgang, Lungenödem, Atem- und Herzstillstand. Chronische Vergiftungen können symptomlos verlaufen. Eine Anreicherung im Körper ist möglich, bis Symptome einer akuten Vergiftung ausgelöst werden. Zusätzlich: Neurologische Spätsymptome wie jahrelange Lähmungen der Arme und Beine, Psychosen, Depressionen, Gedächtnis- und Konzentrationsstörungen.

Fenvalerate.
→ Pyrethroide

Fermentation. Unter Fermentation wird die Stoffumwandlung mit Hilfe von Mikroorganismen und in vielen Fällen von Pilzen verstanden. Das Impfmaterial für die großtechnische Fermentation wird in Reinzuchtanlagen vermehrt (Antibiotika).

Fermente.
→ Enzyme

Feststoff-Fermentation. Die Feststoff-Fermentation beschreibt ein mikrobiologisches Verfahren, bei dem die Mikroben (z.B. Pilze) auf festen Substraten wie Getreide, Holz, Stroh etc. kultiviert werden.

Feuchteabsorptionsvermögen. Fähigkeit von Bauteiloberflächen, Feuchtigkeit zu absorbieren, ohne dass bei einer vorübergehenden Wasserdampfkondensation Wassertropfen sichtbar werden.

Feuchtebilanz. Die Feuchtebilanz wird im Rahmen der Bauzustandsanalyse durchgeführt. Man bestimmt Sättigungsfeuchte, Feuchtegehalt und hygroskopische Feuchtigkeitsaufnahme und errechnet daraus den Durchfeuchtungsgrad und den hygroskopischen Durchfeuchtungsgrad. Außerdem sind für eine aussagekräftige Feuchtigkeitsbilanz noch Kenntnisse über evtl. vorhandenes Sickerwasser und über Kondensatbildungen notwendig.

Feuchtemechanismen. Die Feuchtigkeit als Verursacher und Katalysator vieler bauschädigender Prozesse kann nach wie vor als Hauptursache von bauphysikalisch bedingten Bauschäden angesehen werden. Da in den meisten Fällen mehrere Durchfeuchtungsursachen und -mechanismen an einem Bauwerk anzutreffen sind, wird deutlich, dass für den Fassadenschutz und die Sanierung u.a. Grundkenntnisse über physikalisch und chemisch bedingte Feuchtetransportmechanismen in kapillar porösen Baustoffen und Baukonstruktionen unerlässlich sind. Außerdem wird durch das Zusammenspiel von verschiedenen Durchfeuchtungsmechanismen deutlich, dass es in vielen Fällen nicht ausreicht, einen Putz oder

Anstrich zu erneuern, eine Mauerwerkstrockenlegung durchzuführen oder ein Wärmedämmverbundsystem aufzubringen. Diese Komplexität erfordert ein Sanierungspaket mit allen objektbezogenen Komponenten, die auf das jeweilige Bauwerk und den dazu gehörigen Schadenskatalog abgestimmt sein müssen. In vielen Fällen wird versucht, dem Bauwerk eine ›Standard‹-Systemlösung aufzudrücken, ohne den objektspezifischen Schadensfall zu kennen und dementsprechend zu berücksichtigen.

Feuchtemessung. Für die Feuchtemessung in Baumaterialien und in Räumen gibt es eine Reihe von Messverfahren. Die Messgenauigkeit der verschiedenen Verfahren kann von diversen Parametern wesentlich beeinflusst werden. Einige Verfahren zeichnen sich durch geringen Geräteaufwand, andere durch eine hohe Messgenauigkeit aus. Für Baustoffe ist die einfachste und genaueste Methode zur Bestimmung des Wassergehaltes das völlige Herauslösen des Wassers aus dem Probekörper. In vielen Fällen kann jedoch an einem Bauteil keine Probe zur Bestimmung des Wassergehaltes entnommen werden. Die Bestimmung des Wassergehaltes erfolgt dann durch indirekte Messmethoden, jedoch mit Einschränkungen: Bei der Bestimmung des Wassergehaltes durch Messung des elektrischen Widerstandes sinkt dieser, wenn Natrium- und Chloridionen als Ladungsträger den Strom leiten, Feuchtigkeit ist nie gleichmäßig im Baustoff verteilt, sondern über die Oberfläche wie auch im Inneren unterschiedlich. Es besteht immer ein Feuchtigkeitsunterschied und ein Feuchtigkeitsgefälle. Die Stromstärke bei Widerstandsmessungen hängt von der Zahl der vorhandenen Ionen und von ihrer Geschwindigkeit ab.

Neben den direkten bzw. zerstörenden Feuchtemessverfahren wie beispielsweise dem Calcium-Carbid-Verfahren (CM-Methode) oder auch dem gravimetrischen Verfahren (Darr-Methode) gibt es noch eine Reihe von zerstörungsfreien und -armen Messverfahren, zu denen hauptsächlich Handmessgeräte gehören. Darunter fallen beispielsweise elektrische Widerstandsmessgeräte und Geräte zur Messung der Dielektrizitätskonstanten. Die elektrische Leitfähigkeit des Baustoffes ist durch die Leitfähigkeit der Minerale und die im Porenraum des Materials enthaltenen Elektrolyte bestimmt. Der größte Teil der Minerale ist im trockenen Zustand ein Nichtleiter, bei einer Durchfeuchtung werden diese zu einem Halbleiter. Die elektrische Leitfähigkeit ist bei trockenen Baustoffen bei normalen Temperaturen so gering, dass sie meist gegen die elektrolytische Leitfähigkeit der Porenwässer vernachlässigt werden kann, was vor allem für Baustoffe mit großer Porosität gilt. Die Feuchtemessung über den Umweg der Dielektrizitätskonstanten lässt sich vereinfacht wie folgt beschreiben: Bringt man zwischen zwei Kondensatorplatten ein nicht leitendes Material (so genanntes Dielektrikum), dann erhöht sich die Kapazität des Kondensators um einen bestimmten Faktor, der als Dielektrizitätskonstante bezeichnet wird. Kapillarporöse Feststoffe beispielsweise haben eine sehr geringe Dielektrizitätskonstante und Wasser hingegen ist durch einen hohen Wert charakterisiert. Beide Messverfahren werden durch einen hohen Salzgehalt im Baustoff (hygroskopische Feuchtigkeit) stark beeinflusst.
→ CM-Methode, → gravimetrische Methode, → Protimeter

Feuchtesensor. Das Wort Sensor als ein Synonym für die Begriffe Fühler, Detektor oder Messwertaufnehmer bezeichnet in Verbindung mit dem Begriff Feuchtigkeit einen Feuchtemessfühler. Diese werden entsprechend ihren Einsatzgebieten in Material- und Luft(gas)feuchtemessfühler unterteilt. Nicht alle physikalischen Effekte, die sich auf eine Feuchteänderung zurückführen lassen, sind für eine technische Umsetzung geeignet. In der Regel sind gleichzeitig noch andere Einflussgrößen wirksam, sodass der Feuchtesensor so zu konstruieren ist, dass er möglichst ausschließlich auf die Feuchteveränderung reagiert. Während zur Messung der Luftfeuchtigkeit eine Vielzahl von Sensorprinzipien für praktische Anwendungsfälle existieren, besteht auf dem Gebiet

der Materialfeuchtemessung, insbesondere im Bereich der Baustoffe, noch ein erheblicher Nachholbedarf. Deutlich sichtbar wird dies an der Tatsache, dass im Rahmen der Bauwerksuntersuchung und Labordiagnostik weiterhin Bohrkern- und Bohrmehlproben in Verbindung mit thermographischen Auswertungen benötigt werden, obwohl bereits durch die Bohrkern- und Bohrmehlentnahme größere Fehler möglich sind. Darüber hinaus kann der zeitabhängige Verlauf der Bauwerksdurchfeuchtung nur mit relativ hohem Aufwand und mit einer Beeinträchtigung des Messobjektes erfasst werden.
→ Feuchtemessung

Feuchtespeicherfunktion. Unter baupraktischen Bedingungen sind bei der Feuchtespeicherung in Baustoffen zwei Bereiche zu unterscheiden. Der erste Bereich kennzeichnet die so genannte hygroskopische Ausgleichsfeuchte. Daran schließt sich bei kapillaraktiven Stoffen die so genannte Kapillarfeuchtigkeit mit einem möglichen Feuchtigkeitsgehalt bis hin zur freien Sättigung an. Die Speicherfunktion für den hygroskopischen Feuchtebereich wird durch die Sorptionsisotherme charakterisiert. Die relativ einfache und zugleich zeitintensive gravimetrische Bestimmung der Sorptionsisotherme ist bis zu einer oberen Grenze von ca. 95% relative Feuchte durchführbar. Da die Sorptionsisotherme der meisten Baustoffe bei höheren relativen Luftfeuchten einen extrem steilen Verlauf besitzt, ist eine eindeutige Sorptionsmessung und Zuordnung der Wassergehalte zur Luftfeuchte oberhalb dieses Wertes nicht mehr möglich. Die Feuchtespeicherfunktion des hier anschließenden Kapillarwasserbereiches muss deshalb auf einem anderen Weg bestimmt werden. Hierzu wird eine so genannte Saugspannungsmessanlage eingesetzt. Die Sorptionsisotherme und die Saugspannungskurve geben den Wassergehalt jeweils in Abhängigkeit von echten, stoffunabhängigen Potenzialgrößen an: der relativen Luftfeuchtigkeit und dem Kapillardruck. Über die thermodynamische Gleichgewichtsbedingung nach Kelvin sind beide Größen miteinander verbunden. Damit lassen sich die Sorptionsisotherme und die Saugspannungskurve zu einer im gesamten Bereich stetigen Feuchtespeicherfunktion verknüpfen, die alle für die Praxis wesentlichen Feuchtespeichereigenschaften eines porösen Baustoffes bis hin zur freien Wassersättigung enthält.

Feuchte-Tomogramm. Um den Feuchte- bzw. Durchfeuchtungszustand eines Mauerwerkes beschreiben zu können, werden repräsentative Messachsen ausgewählt, die senkrecht übereinander liegen. Für ein Mauerwerk lassen sich hinter einer derartigen Messachse Mauerwerksschnitte in der Tiefe anlegen. Die Schnittfläche kann als Feuchte- bzw. Durchfeuchtungs-Tomogramm bezeichnet werden, wenn jedem Punkt in der Tiefe ein konkreter Feuchtigkeitsgehalt bzw. Durchfeuchtungsgrad zugeordnet wird. Die Messwerte der Feuchte können entweder konventionell durch Bohrkernentnahme und anschließende Laboranalyse oder aber auch auf elektrische Weise durch Bestimmungen des scheinbaren spezifischen elektrischen Widerstandes gewonnen werden.
→ Feuchtemessung

Fimbrien. Fimbrien erreichen einen Durchmesser von 0,1 bis 0,5 μm und eine Länge von 2 bis 10 μm. Viele Bakterien tragen Fimbrien, manche über die gesamte Zelle verteilt, manche nur polar. Viele Fimbrientypen dienen der Adhäsion an Oberflächen oder an anderen Zellen. Für pathogene Arten kann diese Funktion besonders wichtig sein, da durch die Fimbrien die Anheftung an bestimmte Gewebe ermöglich wird. Durch den hohen Anteil an hydrophoben Aminosäuren können Fimbrien der Bakterienzelle eine hydrophobe Oberfläche verschaffen.

Firmicutes.
→ Bakterien

Flagellaten. Flagellaten sind Protozoen. Sie tragen eine typische Geißel, die ihnen auch den Namen gab. Die Geißeln bestehen aus so genannten

Mikrotubuli, also mikroskopisch kleinen Röhrchen. Diese sind jeweils zu neun Paaren um ein zentrales Mikrotubuli-Paar herum angeordnet. Die Geißeln dienen den Parasiten als Instrument der Fortbewegung. Die Familie der *Trypanosmatidae* umfasst die Gattungen *Trypanosoma* und *Leishmania*. Diese weit verbreiteten Parasiten werden zum größten Teil vom Tier auf den Menschen übertragen. Man spricht daher auch von Zoonosen. Die Trypanosomatidae zeichnen sich durch eine Geißel und einen Kinetoplasten aus. Ein Kinetoplast ist ein Organell, welches DNA enthält und in ein anderes Organell, nämlich ein Mitochondrium eingebettet ist. Die verschiedenen Entwicklungsstadien der *Trypanosomatidae* können dadurch unterschieden werden, dass ihre Organellen in einem besonderen räumlichen Verhältnis zueinander stehen.

1. amastigote Form: Die typische in der Wirtszelle liegende Form der Trypanosomatidae ist von runder oder ovaler Gestalt. Der Zellkern und der Kinetoblast liegen nahe beieinander. Eine Geißel kann man im Lichtmikroskop nicht erkennen.

2. promastigote Form: Der Leib des Parasiten hat eine spindelförmige, begeißelte Gestalt. An der Spitze der Zelle liegt der Kinetoblast. Diese Parasitenform findet sich im Überträger (Wirt) und in einer Blutkultur.

3. epimastigote Form: Diese Gestalt der Zelle findet sich ebenfalls im Überträger (Wirt) oder in der Blutkultur. Der Zellleib ist spindelförmig und trägt eine lange Geißel. Der Kinetoblast und der Zellkern liegen nahe beieinander. Gelegentlich wird eine sich wellenförmig bewegende Membran (Undultion) beobachtet.

4. trypomastigote Form: Die spindelförmige Zelle findet sich im peripheren Blut oder im Liquor. Der Kinetoblast findet sich am hinteren Ende der Zelle. Eine lange Geißel ist ganz oder teilweise mit der Zellwand verbunden. Sie nimmt diese bei ihren wellenförmigen Bewegungen mit (Undulation).

Flagellen.
→ Geißeln, → Pilze

Flechten. Flechten sind Lebensgemeinschaften zwischen Pilzen (Mykobiont) und Algen oder Cyanobakterien (Phykobiont). Obwohl die Mehrzahl der Flechten von *Ascomyceten* gebildet wird, gibt es auch einige Vertreter, die einen Basidiomycetenpartner besitzen. Gegenüber der enormen Vielfalt der Pilzpartner sind bisher nur einige Grünalgengattungen in der Literatur beschrieben worden, die in der Symbiose leben. Die Cyanobakterien beschränken sich auch auf wenige Gattungen.

Während die photosynthetisch aktiven Partner Assimilate zur Verfügung stellen, trägt der Pilz zur Mineralienversorgung der Algen bei. In Form der symbiotischen Lebensweise wird es den Algen außerdem ermöglicht, sehr trockene Biotope wie Felswände zu besiedeln, die sie ohne den Pilzpartner nicht erobern könnten. Ein wesentliches Charakteristikum der echten Symbiosen ist die morphologische Einzigartigkeit des neu gebildeten Organismus. Die Flechten ähneln oft weder dem Pilz, noch der Alge. Die morphologische Vielseitigkeit reicht von durch das Pilzmyzel locker umwobenen Algenzellen über krustenartig Erde und Stein überwachsende Körper (Krustenflechten), bis zu blatt- oder strauchförmig differenzierten Thalli (Blatt- und Strauchflechten).

Die enge Lebensgemeinschaft erfordert, dass die Vermehrung der beiden Partner koordiniert wird. Viele Flechtenarten haben Mechanismen entwickelt, mit denen eine gleichzeitige, vegetative Reproduktion gewährleistet wird. Es werden kleine Pakete von Algen mit Pilzhyphen umwoben und durch Wind oder Wasser verbreitet (Soredien), oder es werden kleine Fortsätze gebildet, die ebenfalls beide Partner enthalten und leicht abbrechen und dadurch verbreitet werden (Insidien). Neben dieser asexuellen Vermehrung beider Organismen, verbreitet sich der Pilz sehr oft noch durch sexuell gebildete Sporen, die in für den Pilz typischen Fruchtkörpern gebildet werden. Wenn diese Sporen verbreitet werden, müssen sie erst einen neuen Lebenspartner finden, damit sie wieder eine Flechte bilden können. Diese Form der Lebensgemeinschaft ist sehr verbreitet, hat aber keine wirtschaftliche Bedeutung.

Flechtenpilze.
→ Pilze

Flüchtige Bestandteile. Flüchtige Bestandteile eines Beschichtungsstoffes sind diejenigen Anteile, die unter definierten Bedingungen (Temperatur, Druck, Zeit) verdunsten bzw. verdampfen. Hierunter fallen nicht nur Lösemittel, sondern auch der Wasseranteil wässriger Beschichtungsstoffe sowie evtl. flüchtige Reaktionsprodukte, die im Verlaufe des Trocknungs- bzw. Härtungsvorganges entstehen können. Auch die so genannten Restmonomeren aus Dispersions-Bindemitteln gehören hierzu. Im Allgemeinen beschränkt sich der Begriff jedoch meist auf die organischen Bestandteile von Beschichtungsstoffen. Die Flüchtigkeit von Löse- und Verschnittmitteln spielt eine entscheidende Rolle nicht nur hinsichtlich des Löse- bzw. Quellvermögens für das zugrunde liegende Bindemittel, sondern auch für Eigenschaften wie offene Zeit, Verlauf, Glanz, Trocknung u. a. Bei Filmbildehilfsmitteln für Polymerdispersionen beeinflussen diese außer der Filmbildetemperatur (MFT) auch die Zeitdauer der oberflächlichen Antrocknung, die Geschwindigkeit der Durchtrocknung, Scheuerwerte, evtl. Rissbildung, ebenfalls den Verlauf und andere Eigenschaften.

Flüchtige organische Verbindungen/Stoffe. Flüchtige organische Verbindungen/Stoffe (engl. VOC = volatile organic compounds) sind aufgrund ihrer vielfältigen Einsatzbereiche praktisch immer in der Raumluft zu finden. Insbesondere nach Renovierungsarbeiten gelangen kurzzeitig in verstärktem Maße VOC in die Raumluft. Erhöhte Konzentrationen können durch die Auswahl von geeigneten Bauprodukten und -materialien sowie durch intensives Lüften während und nach Beendigung der Arbeiten vermindert werden. Ein mikrobiell bedingter VOC-Eintrag in die Raumluft wird am besten durch Einstellen eines optimalen Raumklimas (Lufttemperatur, -feuchtigkeit und -wechsel) bzw. durch bauliche Maßnahmen, die einem Schimmelpilzbefall vorbeugen, vermieden. Wegen der Vielzahl der unterschiedlichen VOC ist es bei dieser Substanzgruppe besonders schwierig, eine umfassende gesundheitliche Bewertung vorzunehmen. Die in der Literatur beschriebenen toxischen Eigenschaften beziehen sich in der Regel auf Einzelstoffe und auf Konzentrationen, wie sie zumeist an Arbeitsplätzen anzutreffen sind. Im Bereich der auch in Wohnräumen anzutreffenden Konzentrationen werden dagegen häufig unspezifische Beschwerden und Symptome mit Expositionen gegenüber VOC in Verbindung gebracht, wie Reizungen der Haut, Augen und Schleimhäute, der Atemwege sowie erhebliche geruchliche Beeinträchtigungen, aber auch Kopfschmerzen, Müdigkeit, Konzentrationsschwäche und ähnliche Symptome werden als mögliche Wirkungen genannt.

Fluoreszenz. Manche Stoffe haben die Fähigkeit, in bestimmten Spektralgebieten das auf sie fallende Licht zu absorbieren und anschließend andersfarbiges Licht auszusenden. Verschwindet die Ausstrahlung nach dem Abschalten der Lichtquelle sofort (innerhalb von ca. 8-10 Sek.) so wird der Begriff der Fluoreszenz verwendet. Leuchtet der Körper noch längere Zeit danach, dann ist der Begriff der Phosphoreszenz üblich. Diese Lichtemission ist keine Temperaturstrahlung. Die Zusammensetzung der Fluoreszenzstrahlung ist für die betreffende Substanz charakteristisch. Mit normalem Licht, das langwelliger ist als das Fluoreszenzlicht, ist es nicht möglich, Fluoreszenz anzuregen. Im Allgemeinen ist daher die Fluoreszenzstrahlung langwelliger als die erregende Strahlung. So gelingt es beispielsweise auch nicht, mit Infrarotstrahlung sichtbares Fluoreszenzlicht zu erzeugen, um sie auf diese Weise sichtbar zu machen. Die Fluoreszenz darf nicht mit der gewöhnlichen Lichtstreuung in einem trüben Medium verwechselt werden, bei der das Licht ohne Änderung der Wellenlänge an beliebigen kleinen Teilchen gestreut wird. Bei der Fluoreszenz dagegen wird Strahlungsenergie absorbiert und in den Molekülen gespeichert. Infolgedessen werden diese Moleküle zur Ausstrahlung von andersfarbigem Licht veranlasst.

Fluovalinate.
→ Pyrethroide

Fogging. Seit Mitte der 90er Jahre wird vermehrt über plötzlich auftretende, rußähnliche Schwarzablagerungen in Wohnungen berichtet. Die Ablagerungen treten dabei teilweise nur leicht oder sehr massiv, entweder nur in einem Raum oder der gesamten Wohnung auf, zum Teil nur in Neubauten oder in anderen Fällen nur nach Renovierungsarbeiten. In vielen Fällen kann keine eindeutige Ursache nachgewiesen werden, die auch noch auf andere Fälle übertragbar wäre. In einer umfassenden Befragung durch das Umweltbundesamt stellte sich heraus, dass etwa 90% aller Fälle während der Heizperiode auftraten. Die Wohnungen waren zuvor renoviert oder als Neubau bezogen worden. In fast allen Fällen wurden die Ablagerungen als schwarz-grau und ölig-schmierig bezeichnet. Die Ablagerungen setzten sich vor allem an Wänden oberhalb von Wandheizkörpern, an Außenwänden, Decken, Vorhängen und allen kunststoffhaltigen Oberflächen (Kunststofffenster, Steckdosen, Lichtschalter, Küchen- und Badmöbel, teilweise sogar im Kühlschrank) ab. Sie waren meistens nur sehr schwer, unter Zusatz von Tensiden oder anderen Reinigungsmitteln zu entfernen. Die Ablagerungen traten in etwa der Hälfte der Fälle nach einiger Zeit wieder auf, und dementsprechend konnten in etwa der Hälfte der Fälle die Schwarzstaubablagerungen beseitigt werden. Bei der Untersuchung und anschließenden Analyse der Bestandteile auf Inhaltsstoffe ergaben sich in fast allen Fällen keine Hinweise auf vermehrte Verbrennungsrückstände, wie Ruß- und polyzyklische aromatische Kohlenwasserstoffe (PAK). Dafür fand man vielfach schwerflüchtige (d.h. höhersiedende) organische Verbindungen wie beispielsweise Weichmacher, langkettige Alkane, Alkohole und Carbonsäuren in den Staubablagerungen. Während das Vorkommen von Ruß und PAK wegen der möglichen Krebs erzeugenden Wirkung dieser Stoffgruppen auch gesundheitlich bedeutsam ist, besteht beim Nachweis von Weichmacherverbindungen in den Ablagerungen auf Grund der bisher vorliegenden Analysenergebnisse keine, zumindest keine nach gegenwärtigem Wissenstand, erkennbare Gesundheitsgefahr.
→ Polycyclische aromatische Kohlenwasserstoffe

Formaldehyd. Formaldehyd ist eine stechend riechende Verbindung aus Kohlenstoff, Wasserstoff und Sauerstoff mit der Formel HCHO oder CH_2O und wurde 1867 von dem deutschen Chemiker August Wilhelm von Hofmann entdeckt. Es ist der einfachste Vertreter der Aldehyde. Bei Raumtemperatur (20 °C) liegt es als Gas mit durchdringend stechendem Geruch vor. Es ist giftig und außerdem Krebs erregend, wie jüngste Untersuchungen gezeigt haben. Formaldehyd kann durch Kompression in eine Flüssigkeit überführt werden, die bei -21 °C siedet. In der Technik wird es auf verschiedene Weisen hergestellt. In einem Verfahren erhitzt man trockene Luft und Methylalkoholdampf in Gegenwart eines Katalysators (meist Kupfer oder Silber). Reiner Formaldehyd ist sehr reaktionsfreudig, polymerisiert leicht und denaturiert Eiweißkörper. Formaldehyd besitzt innerhalb der Gruppe der Aldehyde eine Sonderstellung, da die Verbindung weit mehr als andere Aldehyde in Innenraumbereichen eingesetzt wurde und wird. Es ist ein Reizgas für Schleimhäute (Nase, Augenbindehaut, Bronchien) und spielt daher in der Umweltmedizin eine Rolle. Allergen ist Formaldehyd in der Weise, dass es bei Hautkontakt ein allergisches Kontaktekzem verursachen kann.

Üblicherweise wird Formaldehyd im Körper zu Ameisensäure oxydiert. Bei einem Teil der Formaldehydgeschädigten ist diese Reaktion offensichtlich blockiert. Bei ihnen wird das Formaldehyd in Methanol umgewandelt, sodass eine Methanolvergiftung entsteht, ohne dass die Betroffenen gegenüber Methanol exponiert waren. Dieser Umstand ist für die Diagnose wichtig, da für den Nachweis einer Formaldehydbelastung sowohl Ameisensäure als auch Methanol zu untersuchen sind.

Formaldehyd ist einer der Bestandteile von Leimen in Holzwerkstoffplatten, vor allem in Holzspanplatten. Als Leime werden unter anderem Harnstoff-Formaldehydharzleime, Melaminformaldehydleime und Aminoplastmischharzleime eingesetzt. Nach großflächiger Anwendung und Einbau derartiger Holzwerkstoffe kommt es zu erhöhten Einträgen von Formaldehyd in die Raumluft. In Deutschland sind seit etwa Mitte der 80er Jahre die Formaldehydemissionen geregelt. Die Chemikalien-Verbotsordnung schreibt vor, dass nur solche Holzwerkstoffplatten in den Handel gebracht werden dürfen, die nachgewiesenermaßen eine Ausgleichskonzentration von 0,1 ppm unter Prüfbedingungen nicht überschreiten. Seitdem sind auch formaldehydfreie Holzwerkstoffprodukte, die mit Polyurethanharzen verklebt sind, im Handel. Die Höhe der Formaldehydabgabe von Holzwerkstoffprodukten wird ganz wesentlich durch die raumklimatischen Bedingungen mit beeinflusst. Höhere Raumlufttemperaturen und höhere Luftfeuchtigkeiten erhöhen entsprechend die Emissionsraten. Die Innenraumlufthygiene-Kommission des Bundesgesundheitsamtes wies bereits 1993 daraufhin, dass der Formaldehyd-Richtwert grundsätzlich unabhängig von den in der Praxis vorliegenden Raumlufttemperaturen und Luftfeuchtigkeiten gilt. Im Einzelfall muss bei Überschreiten des Wertes von 0,1 ppm entschieden werden, ob die Formaldehydquellen im Raum zu beseitigen sind, ob Beschichtungen bzw. formaldehydbindende Anstriche vorgenommen werden oder ob lediglich flankierende Maßnahmen zur Verbesserung des Raumklimas ergriffen werden.

Fruchtkörper. Der Fruchtkörper stellt das Endprodukt eines Pilzgewächses dar. Dabei können die im Innenbereich festgestellten (Schimmel)Pilze unterschiedliches Aussehen annehmen: von einem filzigen, flächigen Belag mit einer grünlichen, bläulichen, rötlichen oder grauen bis braunen Farbschattierung, teilweise auch in Kombination.

Fugendurchlässigkeit. Die Fugendurchlässigkeit ist ein Kennwert für die Fugendichtheit von Fenstern. Sie kennzeichnet den über die Fugen zwischen Flügel und Blendrahmen in der Zeit stattfindenden Luftaustausch als Folge einer am Fenster vorhandenen Luftdruckdifferenz.

Fugendurchlasskoeffizient. Der Fugendurchlasskoeffizient (a-Wert) bei Fenstern und Türen gibt an, wie viel Kubikmeter Luft auf einen Meter Rahmenfuge in einer Stunde bei einem Druckunterschied von 10 Pascal ausgetauscht werden. Grundsätzlich gilt deshalb: je kleiner der so genannte a-Wert ist, umso dichter ist ein Fenster bzw. eine Tür.

Fumigallin. Fumigallin ist ein Mykotoxin (eine terpenoide Verbindung), das von verschiedenen *Aspergillus*-Arten gebildet wird. Fumigallin besitzt antimikrobielle Eigenschaften und wird gegen Parasiten eingesetzt.

fungicol. Pilzbewohnend, auf einem pilzlichen Fruchtkörper wohnend.

fungicole Pilze. Pilzbewohnende Pilze werden als fungicole Pilze bezeichnet. Diese Bezeichnung wird sowohl für Saprophyten pilzlicher Substrate als auch für pilzliche Pilzparasiten verwendet.

Fungi imperfecti. Bei den *Deuteromycota* oder *Fungi imperfecti* (lateinisch fungus: Pilz, imperfectus: unvollkommen, unvollständig), auch unvollkommene Pilze genannt, handelt es sich um keine einheitliche Verwandtschaftsgruppe, sondern um eine künstliche Einteilung, die alle Pilze umfasst, von denen man (bisher) nur die vegetative Vermehrungsform kennt. Eine sichere Zuordnung der einzelnen Arten kann daher nur selten erfolgen, da für die Einteilung der Pilzgruppen die geschlechtlichen Merkmale entscheidend sind. Aufgrund vegetativer Kennzeichen ist es jedoch sehr wahrscheinlich, dass es sich bei der Mehrzahl der Unvollkommenen Pilze eigentlich um Ascomyceten handelt, seltener auch um Zygomyceten oder Basidiomyceten.

Wirtschaftlich und medizinisch ist diese Pilzgruppe jedoch äußerst wichtig, da sie viele Krankheitserreger an Pflanzen und Tieren enthält. Zu ihr gehören so bekannte Formen wie die Gattungen *Aspergillus*, der Gießkannenschimmel, der Atemwegskrankheiten verursacht und hochgiftige Stoffe wie die Aflatoxine ausscheidet, die zu gefürchteten Lebensmittelvergiftungen führen; *Penicillium*, aus dem man das Antibiotikum Penicillin gewinnt; *Verticillium*, der Erreger der Verticillium-Welke an Kulturpflanzen; *Alternaria*, der Verursacher der Alternaria-Blattfleckenkrankheit; *Fusarium*, Erreger der Fusarium-Fäule an verschiedenen Nutz- und Zierpflanzen, sowie *Botrytis cinerea*, der den Grauschimmel an zahlreichen Obst- und Gemüsepflanzen auslöst. Auch die Gattung *Candida* aus der Gruppe der Imperfekten Hefen, deren Vertreter *Candida albicans* am Menschen die Schleimhautkrankheit Soor auslöst, gehört zu diesen Pilzen.

Fungistatica. Fungistatica sind pilzhemmende Stoffe und hemmen das Wachstum oder nur spezielle Entwicklungsphasen. Viele Fungizide haben in geringen Konzentrationen die Eigenschaften der Fungistatica. Die so genannten Antimycotica wirken ebenfalls fungizid oder fungistatisch.

Fungizide. (von lateinisch fungus = Pilz und caedere = töten, vernichten) gehören zur Gruppe der Biozide. Es sind Substanzen unterschiedlicher chemischer Zusammensetzung, die zur Bekämpfung und Abtötung von Pilzen und deren Sporen eingesetzt werden. Da Pilze sowohl flüssige Beschichtungsstoffe als auch Beschichtungen auf den verschiedensten Substraten befallen können, muss die Auswahl von Fungiziden jeweils nach ihrem Einsatzgebiet getroffen werden: Für die Wirksamkeit als Gebindekonservierung (Topfkonservierung) ist gute Wasserlöslichkeit Voraussetzung, bei Verwendung für die Filmkonservierung ist dagegen eine nur geringe Wasserlöslichkeit Bedingung, da der Wirkstoff sonst in kurzer Zeit aus Fassadenfarben und außen angebrachten Kunstharzputzen wieder ausgewaschen werden würde.
→ Biozide

Fungologie (fungology). Die Fungologie beschreibt die Pilzkunde, ein Synonym für Mykologie, das im 19. Jahrhundert meist in der englischen Version benutzt wurde, sich aber gegen den Terminus Mykologie nicht durchsetzen konnte.

Fungus. Mehrzahl Fungi; Pilz - niederes pflanzliches Lebewesen. Viel verbreiteter als die Pilze, die man sehen oder essen kann, sind jene Pilze, die nur unter dem Mikroskop zu erkennen sind. Auch der Schimmel(pilz) auf Brot und Marmelade und der Schlamm auf einem Tümpel sind Pilzgewächse, die sich zu Kolonien zusammengefunden haben. Die zum Backen verwendete Hefe und die Schimmelpinselchen, aus denen Penicillin (*Penicillium notatum*) gewonnen wird, gehören zu den Pilzen. Manche Pilze sind aber auch Krankheitserreger und können langwierige und zum Teil lebensbedrohliche Infektionen hervorrufen. Sie werden in mehrere Klassen unterteilt: beispielsweise in Candida, Blastomyceten oder Trichophyten. Allgemein kann festgehalten werden, dass alle Pilze am besten in dunkler, warmer und feuchter Umgebung gedeihen. Einen wesentlichen Fortschritt bei der oft schwierigen Behandlung von Pilzinfektionen und -erkrankungen brachte die Entwicklung von hoch wirksamen Medikamenten, die geschluckt werden können, wie beispielsweise das Griseofulvin.
→ Blastomyceten, → Pilze, → Schimmelpilze

Furfural. Furfural ist ein Aldehyd mit ringförmigem (cyclischem) Molekülaufbau, der bei der Verwendung von Presskorkprodukten (beispielsweise als Fußbodenplatten) in die Raumluft gelangen kann.
→ Aldehyd

Gangrän. Eine fortschreitende Zersetzung von abgestorbenem Gewebe durch bakterielle Einwirkung von außen wird auch als Gangrän bezeichnet.

Gameten. Geschlechtszellen
→ Parasexualität

Gammaglobulin. Eiweißbestandteil des Blutplasmas (therapeutisch für Immunisierungen verwendet)
→ Antikörper, → Immunisierung

Gaschromatograph. Die Gaschromatographie dient dem Nachweis und der Gehaltsbestimmung von flüchtigen organischen Verbindungen. Dabei werden die organischen Gemische aufgetrennt und anschließend über die Retentionszeit identifiziert bzw. nachgewiesen. Bei unbekannten Stoffen wird das Massenspektrometer zusätzlich eingesetzt, um aussagekräftige Analysen zu erzielen.

Geastrales.
→ Pilze

gastrointestinal. Magen und Darm betreffend

Gebäudeklima. Die klimatischen Verhältnisse innerhalb von Gebäuden in ihrer Abhängigkeit von und in Wechselwirkung mit dem umgebenden Klima wird als Gebäudeklima umschrieben. Auf das Gebäudeklima wirken u.a. Lufttemperatur, Strahlung, Wind (Windlast), Feuchte und Niederschlag (Schlagregen) ein. Die Auswirkungen auf das (und im) Gebäudeinnere(n) können durch bauphysikalische Maßnahmen wie beispielsweise Wärmedämmung und -speicherung, Lüftung, Schutz gegen Einstrahlung und Regen sowie durch Klimatisierung und dgl. beeinflusst werden. Das Gebäudeklima kann dabei so für die verschiedenen Funktionen der Nutzung (Wohnen, Arbeiten, Erholung) gestaltet werden, dass jeweils Behaglichkeit erreicht wird. Gebäude können andererseits das Klima der unmittelbaren Umgebung durch die Art der Hausfassade, durch Gebäudeform, Lage und Ausrichtung des Gebäudes und durch Abwärme und Luftbeimengungen wesentlich beeinflussen.

Gebäudeklimatologie. Die Gebäudeklimatologie ist die Lehre vom Klima in Gebäuden und von der Wechselwirkung mit dem Klima der unmittelbaren Umgebung. Ziel der Gebäudeklimatologie ist es, die natürlichen und technischen Möglichkeiten aufzuzeigen, um für ein »klimaorientiertes« Bauen, ein gesundes und behagliches Wohnen (Kryptoklima) die gegenseitige Beeinflussung von Klima und Gebäuden zu nutzen sowie ungünstige oder bauschädigende Einwirkungen zu korrigieren.

Geißeln. Viele Prokaryoten können sich in flüssigen Medien aktiv bewegen. Häufig beruht diese Beweglichkeit auf dem Besitz einer oder mehrerer Flagellen. Diese prokaryotischen Flagellen, auch als Geißeln bezeichnet, sind völlig anders aufgebaut, als die Flagellen eukaryotischer Zellen. Abhängig von der Art können Bakterienzellen eine einzige oder mehrere Flagellen besitzen und werden dann dementsprechend als monotrich oder polytrich begeißelt bezeichnet. Polytrich begeißelte Bakterien lassen sich anhand der Lokalisation der Geißeln an der Zelle weiter unterscheiden. Zellen ohne Flagellen werden atrich genannt.

Genetik. Vererbungslehre; ein wichtiger Teil ist die Pilzgenetik

Gentoxizität. Schädigende Wirkung auf das Genom

Geometrische Wärmebrücken. Geometrische Wärmebrücken entstehen, wenn die Wärme aufnehmende Oberfläche und die Wärme abgebende Bauteiloberfläche unterschiedlich groß sind. Zu den geometrischen Wärmebrücken zählen linienförmige geometrische Wärmebrücken der Außenwandkanten. Werden die Wärmestromlinien wie beispielsweise in Außenecken oder bei Kragarmen in alle drei Raumrichtungen verzerrt, so handelt es sich um eine punktförmige Wärmebrücke.
→ Wärmebrücken

Geotrichose. Mit Geotrichose wird eine durch Geotrichum-Arten hervorgerufene Mykose des Menschen bezeichnet, in der Regel durch *Geotrichum candidum* oder *Geotrichum capitatum*. Die Erreger können auch als Saprophyten die Schleimhäute besiedeln. Das fakultativ parasitische *Geotrichum candidum* kommt häufig in milchsäurehaltigen Lebensmitteln vor und ist im Darminhalt von 30% aller gesunden Personen nachgewiesen. Die Geotrichose tritt häufig als Sekundärinfektion bei Menschen auf, die durch Grunderkrankungen belastet sind.

Geotrichum. Geotrichum beschreibt eine mehr als 20 Arten umfassende Anamorph-Gattung der Hyphomycetes mit thallischer Conidiogenese. Als fakulativ pathogen sind *Geotrichum candidum* (Milchschimmel) und *Geotrichum capitatum* bekannt – sie erregen die so genannten Geotrichosen.
→ Geotrichose

Gesamtenergiedurchlassgrad eines Fensters. Der Gesamtenergiedurchlassgrad gibt an, wie viel Prozent der Energie der Sonneneinstrahlung von außen an das Innere eines Raumes abgestrahlt werden. Der Gesamtenergiedurchlassgrad setzt sich aus der direkten Sonnenenergietransmission und der sekundären Wärmeabgabe nach innen infolge langwelliger Strahlung und Konvektion zusammen. Mit zunehmender Fensterfläche tritt der Einfluss der Wärmespeicherfähigkeit von Bauteilen auf die Raumlufttemperatur immer mehr zurück. Die dominierenden Einflussgrößen sind dann die durch das Fenster gelangende Wärmeenergie und der Wechsel der Raumluft. Der Gesamtenergiedurchlassgrad eines Fensters ergibt sich aus dem Gesamtenergiedurchlassgrad der Verglasung und dem Abminderungsfaktor von Sonnenschutzvorrichtungen.

Gesamt-Wärmedurchlasswiderstand. Bauteile setzen sich in der Regel aus mehreren Schichten verschiedener Werkstoffe zusammen, die unterschiedliche Dicken und Wärmeleitzahlen aufweisen. Für solche Bauteile muss ein Gesamt-Wärmedurchlasswiderstand ermittelt werden, der sich aus der Summe aller Einzel-Wärmedurchlasswiderstände ergibt.

Giemen. Atemgeräusch von pfeifendem Charakter, entsteht in krampfartig verengten feinen Bronchialästen mit einem zähen Schleim; bei Asthma bronchiale, spastischer Bronchitis.

Gießkannenschimmel. Volkstümliche und/oder umgangssprachliche Bezeichnung für die Anamorph-Gattung *Aspergillus*
→ Aspergillus, → Pilze

Giftklassen. Als giftig werden Stoffe oder Zubereitungen bezeichnet, die infolge von Einatmen (Dämpfe; Gase), Verschlucken (Flüssigkeiten; Pulver) oder bei einer Aufnahme durch die Haut akute oder chronische Gesundheitsschäden bewirken können. Dabei wird in Abhängigkeit von ihrem Gefährlichkeitsgrad nach Gruppen unterschieden in sehr giftige, giftige und minder giftige Mittel. Der Grad der Giftwirkung wird als so genannter MLD-Wert (= kleinste tödliche Dosis) in mg/kg Körpergewicht bestimmt. Es können aber auch, entsprechend dem Schweizerischen Giftgesetz, die LD_{50}-Werte (= letale Dosis, die innerhalb eines bestimmten Zeitraumes bei 50% der betreffenden Organismen den Tod verursacht) für die Klassifizierung von giftigen Substanzen herangezogen werden. Gifte können sowohl einzelne Elemente (z.B. Quecksilber, Blei) als auch Verbindungen anorganischer (z.B. Salzsäure, Natronlauge) wie organischer Natur (z.B. Methanol, Oxalsäure) sein. Grundsätzlich gilt: Die Giftwirkung ist in hohem Maße von der jeweiligen Konzentration und Dosis abhängig. So können toxische Substanzen, die z.B. in geringsten Dosen in der Medizin eingesetzt werden, sogar heilsam wirken.

Gleichgewichtsfeuchte.
→ Sorptionsfeuchte

Gliotoxin. Gliotoxin ist ein Mykotoxin der Gruppe Epipolythiopiperazindione aus *Penicillium-*, *Aspergillus-* und *Gliocladium*-Arten. Gliotoxin ist wirksam und toxisch gegen Bakterien, Pilze und Viren.

Globulin(e). Protein – mit dem Albumin verwandte kugelförmige Eiweißkörper in Zellen und Körperflüssigkeiten (in diese Gruppe gehören auch die Immunglobuline). Im Blut kommen verschiedene Globulinarten vor. Aufgrund ihrer elektrischen Eigenschaften lassen sich die verschiedenen Globuline voneinander trennen. Dieser Trennungsvorgang wird Elektrophorese genannt. Die einzelnen Globulinarten werden mit griechischen Buchstaben näher bezeichnet (Alpha-, Beta- oder Gammaglobuline). Das am besten bekannte Gammaglobulin enthält Abwehrstoffe (Antikörper) gegen bestimmte Krankheiten, sodass bei einer Injektion eines Globulines zeitweise Immunität und Schutz gegen gewisse Krankheiten erzielt werden kann. Bei allen in Frage kommenden Krankheiten wird das gleiche Gammaglobulin verwendet.
→ Antikörper

Glukokortikoide. Natürliche und synthetische Nebennierenrinden-Hormone, die den Kohlehydrat- und Eiweißstoffwechsel steuern; wirken außerdem antientzündlich, antiallergisch und immunsuppressiv und werden in dieser Weise therapeutisch eingesetzt.

Glykokalix. An der Oberfläche von Bakterien gibt es Anhänge, die deutlich kleiner als Geißeln sind. Sie dienen dem Bakterium dazu, sich auf der Unterlage festzuheften. Der Oberbegriff solcher Strukturen ist Glykokalix. Sie bestehen aus fädigen Proteinen, die mit den Glykoproteinen der Wirtszelle Bindungen eingehen. Sie bedecken in Form von Fimbrien (Fransen) oder Pili (Haare) die Oberfläche des Bakteriums. Eine besondere Form sind Konjugationspili. Bei Enterobakterien gelingt über diese röhrenförmigen Proteine der Austausch von Erbmaterial zwischen zwei Zellen. Dieser Vorgang heißt Konjugation.

Glykolyse. Biochemische Reaktionsfolge, in deren Verlauf Glucose unter Freisetzung von Energie zu der einfacheren Verbindung Milchsäure abgebaut wird.

Gonokokken.
→ Penicillin

Gracilicutes.
→ Bakterien

Gramfärbung. Die Gramfärbung, die von dem dänischen Bakteriologen Christian Gram 1884 erstmals entwickelt wurde, ist die am häufigsten verwendete Färbung in der diagnostischen Mikrobiologie. Sie ermöglicht die Unterteilung der Bakterien in zwei Gruppen, in die gram-positiven Bakterien, die nach der Färbung blau sind, und die gram-negativen Bakterien, die nach der Färbung rot aussehen. Die unterschiedliche Anfärbung beruht auf Unterschieden der Zellwandstruktur. Die Zellen werden anfangs alle mit Kristallviolett gefärbt, das mit Jod an die Zellwand gebunden wird. Das Kristallviolett wird dann mit Alkohol wieder ausgewaschen. Bakterien mit mehrschichtiger Zellwand werden durch den Alkohol nur schwach dehydratisiert und halten daher den Farbstoff zurück. Sie bleiben infolgedessen blau gefärbt. Dagegen werden einschichtige Zellwände mit umgebender äußerer Membran durch den Alkohol stark dehydratisiert und halten den Farbstoff in der Zelle nicht zurück. Zellen, die so entfärbt wurden, werden durch eine Gegenfärbung beispielsweise mit Safranin rot gefärbt und so sichtbar gemacht. Bei der mikroskopischen Analyse können dann oft auch schon morphologische Merkmale der Mikroorganismen wie Zellform (Kokken, Stäbchen, Spirillen, Verzweigung), Beweglichkeit oder Sporenbildung bestimmt werden.

gram-negativ.
→ Gramfärbung

gram-positiv.
→ Gramfärbung

Granula. Körnchenartige Gebilde in Zellen, z.B. in Leukozyten (weißen Blutkörperchen) mit neutrophilen, basophilen oder eosinophilen Granula.

Granulozyten. Zu den Leukozyten (weiße Blutkörperchen) gehörende Blutzellen – ca. 60 bis 70% der Blutleukozyten

Graufäule. Mit Graufäule wird eine Fäule an verschiedenen Pflanzenteilen bezeichnet, die als Frucht-, Blatt-, Stengel- oder Wurzelfäule in Erscheinung tritt und durch *Botrytis*-Arten (vorwiegend durch *Botrytis cinerea*, einen fakultativen Schwächeparasiten mit sehr breitem Wirtsspektrum) hervorgerufen wird. Die grauen Rasen von Myzel und Konidiophoren, die sich auf der Oberfläche bilden, werden auch als Grauschimmel bezeichnet.

Grauschimmel.
→ Graufäule

Gravimetrische Feuchtemessung. Die gravimetrischen Methoden stellen die klassischen, zerstörenden Verfahren zur Materialfeuchtebestimmung dar. Dem zu untersuchenden Bauteil wird ein Bohrkern von 40 bis 100 mm Durchmesser (manchmal auch das Bohrmehl von Bohrungen) entnommen, der im Labor gewogen, getrocknet und wieder gewogen wird. Die festgestellte Gleichgewichtsdifferenz stellt den Wassergehalt der Probe dar. Die Trocknung der Probe erfolgt meist durch Erwärmung der Bohrprobe im Trockenschrank. Getrocknet wird bei einer Temperatur, bei der chemisch gebundenes Wasser nicht freigesetzt wird. Für die meisten Baustoffe beträgt die Trockentemperatur 105°C, bei einigen ist sie niedriger (z.B. 40°C bei Gips). Durch das Auftrennen des Bohrkerns in Scheiben bzw. die schrittweise Entnahme von Bohrmehl beim Bohren ist eine stufenweise Feuchtebestimmung in Abhängigkeit von der Bauteiltiefe möglich.

Griseofulvin. Griseofulvin ist ein fungistatisch wirkendes Antimykotikum, das bereits 1838/39 aus Kulturen von *Penicillium griseofulvum* isoliert wurde. Der als Tabletten einzunehmende Wirkstoff lagert sich in hoher Konzentration in das Keratin der Epidermis ein und bildet eine Barriere gegen die Pilzhyphen. Pilzbefallenes Keratin wird so durch nachgewachsenes, Griseofulvin enthaltendes Keratin ersetzt. Griseofulvin wird von den meisten Patienten gut vertragen, Resistenzen von Dermatophyten gegen Griseofulvin sind selten.

Guanin.
→ Nukleoid

Gymnomycota.
→ Schleimpilze

g-Wert.
→ Gesamtenergiedurchlassgrad

Halluzinogene. Stoffe, durch die Halluzinationen durch spezifische Wirkungen auf das zentrale Nervensystem hervorgerufen werden, bezeichnet man als Halluzinogene. Die Wirkungen sind von der Dosierung abhängig und reichen von angenehmen Rauschzuständen bis zu schweren Störungen und Vergiftungserscheinungen. Deshalb fallen halluzinogene Pilze teilweise unter die Bestimmungen der Betäubungsmittel-Gesetzgebung. Manche dieser Stoffe werden pharmazeutisch genutzt und einige auf biotechnologischem Weg hergestellt.

Halobakterien.
→ Bakterien

Halogene. (griechisch hals: Salz; und gennan: erzeugen), die fünf chemisch einander sehr ähnlichen Elemente Fluor, Chlor, Brom, Jod und Astat, die die Gruppe 17 (bzw. VIIa) des Periodensystems bilden. Die Bezeichnung Halogene (Salzbildner) bezieht sich auf ihre Eigenschaft, mit metallischen Elementen (wie z.B. Natrium) Verbindungen mit Salzcharakter einzugehen. Die Salzeigenschaften entsprechen denen des Kochsalzes (Natriumchlorid). Die Halogene haben in diesen Verbindungen häufig die Wertigkeit -1. Sie bilden außer Salzen auch Komplexionen mit Metallen und Nichtmetallen.

Hämagglutinationshemmtest (HHT). Bestimmte Viren (z.B. Rötelvirus) besitzen spezifische Strukturen an ihrer Oberfläche (Hämagglutinine), die rote Blutkörperchen verklumpen (Agglutination) können. Der Körper bildet nach dem Kontakt mit dem Antigen Antikörper aus, die sich gegen die bestimmten Oberflächenstrukturen (Hämagglutinine) des Antigens richten. Der Serumprobe des Patienten werden Hämagglutinine zugegeben. Wenn die Probe des Patienten nach einer durchgemachten Infektion Antikörper gegen diese Agglutinine enthält, so werden diese gebunden. Danach werden dem Gemisch Testerythrozyten zugegeben. Diese verklumpen (agglutinieren) nur, wenn die Probe keine Antikörper gegen die Hämagglutinine enthält.

Hämoglobin. Hämoglobin ist das wichtigste Pigment für den Sauerstofftransport im Blut und kommt im Blut des Menschen und aller außer den einfachsten Tierarten vor. Es transportiert den Sauerstoff von den Lungen oder Kiemen, wo er ins Blut gelangt, zu den Körperzellen. Das sauerstoffbeladene Hämoglobin nennt man Oxyhämoglobin. Wenn es den Sauerstoff im Gewebe abgegeben hat, übernimmt es die umgekehrte Funktion: Es bindet Kohlendioxid, das wichtigste Produkt der Zellatmung, und transportiert es zur Lunge, wo es ausgeatmet wird. In dieser Form bezeichnet man es als Carboxyhämoglobin. Hämoglobin ist ein Protein; es befindet sich in den roten Blutzellen und macht ungefähr 35 Prozent ihres Gewichts aus.

Damit die roten Blutzellen den Sauerstoff aufnehmen können, müssen sie genügend Hämoglobin enthalten, und das wiederum ist nur möglich, wenn im Organismus ausreichend Eisen vorhanden ist. Seinen Eisenbedarf deckt der Körper aus der Nahrung. Die Vorräte an Eisen werden geschont und großteils wieder verwertet. Ein Hämoglobinmangel, der auf unzureichende Eisenzufuhr zurückgeht, führt zur Anämie. Mit Kohlenmonoxid geht Hämoglobin eine so feste Bindung ein, dass es keinen Sauerstoff mehr aufnehmen kann; das führt zum inneren Ersticken. Die roten Blutzellen leben etwa 120 Tage und werden dann in der Milz abgebaut, oder ihr Hämoglobin wird im Kreislauf in seine Bestandteile zerlegt; dabei frei werdendes Eisen wird im Knochenmark in neu gebildete Blutzellen aufgenommen.

Bei einer Verletzung der Blutgefäße gelangen die roten Blutzellen ins Gewebe und werden dort abgebaut. Dabei wird das Hämoglobin in Gallenfarbstoffe umgewandelt, jene Substanzen, die den Blutergüssen ihre charakteristische Färbung verleihen. Veränderungen in der Struktur des Hämoglobins können zu lebensbedrohlichen Krankheiten führen. Eine bekannte Störung dieser Art ist die Sichelzellenanämie, die durch eine erbliche Veränderung eines einzigen Aminosäurebausteines im Hämoglobinmolekül entsteht. Ähnliche Ursachen haben auch die genetisch bedingten Krankheiten, die man unter dem Oberbegriff Thalassämie zusammenfasst.

Hämolysine.
→ Plasmide

hämorrhagisch. Zu Blutungen führend, mit ihnen zusammenhängend (hämorrhagische Diathese = abnorme Bereitschaft des Körpers zu Blutungen, u.a. als Folge einer krankhaften Gefäßwanddurchlässigkeit, hämorrhagisches Fieber = durch verschiedene Viren hervorgerufene Erkrankung mit Fieber und diffusen Blutungen).

haploid. Nur mit einem einfachen Chromosomensatz ausgestattet (von Zellkernen, Zellen, Individuen etc.), bei denen der diploide Chromosomensatz durch Reduktionsteilung halbiert ist.

Hapten. Niedermolekulare chemische Verbindung mit Antigencharakter; kann Antikörper binden, aber als so genanntes Halbantigen keine Immunantwort hervorrufen; letzteres ist erst nach einer Bindung des Haptens an Eiweißkörper möglich.

Hausfäule.
→ Holzzerstörende Pilze

Hausschwamm. Mit Hausschwamm wird allgemein der so genannte *Serpula lacrymans* bezeichnet, ein Basidiomycetes der Ordnung *Poriales* und weit verbreiteter und gefürchteter Holzbewohner, der an verbautem Holz eine schnell voranschreitende Braunfäule hervorruft. Der Pilz bildet bis zu 5cm dicke Myzelstränge aus, die sogar Mauerwerk durchdringen können. Sie erschließen dem Pilz, von feuchtem Substrat ausgehend, auch trockenes Holz. Die Bekämpfung des Hausschwammes ist problematisch, in vielen Fällen ist die Auswechselung des befallenes Holzes oder der Gebäudeabriss unumgänglich. Alternativ werden Holzschutzmittel oder auch so genannte Heißluftverfahren eingesetzt, um die Sporen des Hausschwammes zu töten. Der Aufenthalt in Räumen mit fruktifizierenden Hausschwämmen kann gesundheitsschädigend sein. Die reichlichen Basidiosporen können Allergien hervorrufen und/ oder die Stoffwechselprodukte können Unwohlsein auslösen.
→ Holzzerstörende Pilze

Hausstaubmilben. Hausstaub, diese graue, amorphe Masse, lebt. Hausstaub besteht je nach Wohnraumverhältnissen aus den unterschiedlichsten Substanzen wie z.B. Pollen, Schimmelpilzsporen, Epithelien von Mensch und Tier, Nahrungsresten und anderem. In dieser Biomasse wohnen Kleinstlebewesen wie z.B. Schaben, Silberfische, Staubläuse, Milben und Schimmelpilze zusammen. Milben (Acari) gehören zu den Spinnentieren. Erwachsene Milben besitzen acht gegliederte Beine, die Larven sind mit nur sechs Beinen ausgerüstet. Die Tiere sind selten über 1 mm groß und mit dem bloßen Auge kaum zu erkennen.

Im Hausstaub-Ökosystem spielen besonders Arten der Gattung Dermatophagoides sp. eine bedeutende Rolle bei der Produktion des Hausstauballergens. Weitere Allergene werden außerdem von anderen Milben, die im Hausstaub leben können, beispielsweise Glycyphagus sp., Cheyletus sp. und Tarsonemus sp., produziert. Die hauptsächlichen Allergenquellen im Haus sind Orte, an denen Milben günstige Lebensbedingungen vorfinden. Dieses sind in erster Linie Matratzen und Bettmaterialien, aber auch Polstermöbel und Teppiche bzw. Teppichböden. Nahezu 10% der Allergiker in Mitteleuropa leiden an einer Allergie gegenüber Hausstaub bzw. Hausstaubmilben. Symptome dieser Erkrankung sind allergisches Asthma, Heufieber, atopische Dermatitis, Rhinitis und Konjunktivitis. Eine Allergenkarenz bietet für den Milbenallergiker eine Möglichkeit, ohne weitere Medikamente symptomfrei zu leben.

Die im Hausstaub lebenden Vorratsmilben gehören hauptsächlich zu den Familien Glycyphagidae und Acaridae. Zu den Glycyphagidae gehören die Heumilben (Glycyphagus sp.), Gohieria fusca und Blomia tropicalis. Sie machen etwa 2 bis 9% der Milben im Hausstaub aus. Glycyphagus sp. kommt vor allem im Heu von Bauernhöfen vor. Zu den Acaridae gehören die Mehlmilben (Acarus siro L.) und die Modermilben (Tyrophagus putrescentiae). Acaridae machen 1% der im Hausstaub lebenden Milben aus. Acarus siro ist vor allem auf Mehlprodukten zu finden, während Tyrophagus putrescentiae vor allem von Pilzen lebt. Die Raubmilben bilden eine eigene Familie, die Cheyletidae (2 bis 20% der Milben). Die häufigsten Arten sind Cheyletus eruditus. Die Raubmilben sind etwas größer als die Hausstaubmilben und fressen Hausstaubmilben sowie Vorratsmilben.

Milben sind in starkem Maße von der relativen Luftfeuchtigkeit der sie umgebenden Luft abhängig. Dermatophagoides pteronyssinus und D. farinae können bereits bei einer relativen Feuchte von 55 bis 65% und einer Temperatur von 25°C überleben. Eine Vermehrung findet jedoch erst ab 60% relativer Luftfeuchtigkeit statt. Acarus siro und Glycyphagus destructor und auch die Raubmilben benötigen eine höhere relative Feuchte von mindestens 70%. Menschliche Hautschuppen sind die wesentlichen Nahrungsquellen der im Staub von Matratzen lebenden Milben. Die Milben können diese aber nicht direkt verwerten. Xerophile, d. h. die Trockenheit liebende *Aspergillus*-Arten sind für die Vorverdauung der fetthaltigen Hautschuppen notwendig. Die Pilze (*Aspergillus repens*) können bereits bei einer Luftfeuchtigkeit von 60% wachsen. Sie leben in einer Symbiose mit den Milben. Die Pilze verdauen die fetthaltigen Hautschuppen, bilden dabei Vitamine, und die Milben nehmen die Pilze in ihren Darm auf, wo sie geschützt und im feuchteren Milieu weiter wachsen können.

Hauttest. Bei einem Hauttest wird eine Injektion einer kleinen Dosis eines bestimmten Antigens in die Haut durchgeführt, um mit der Auslösung einer lokalen Immunantwort den Nachweis einer allergischen Reaktion zu erbringen.

Hefeextrakt. Der Hefeextrakt ist ein durch wässrigen Auszug von autolysierter Bierhefe und anschließender Eindampfung gewonnenes Pulver, das in der Mikrobiologie häufig in komplexen Nährmedien verwendet wird. Ein Hefeextrakt ist reich an niedermolekularen Eiweißkörpern, Aminosäuren und Vitaminen, insbesondere der Vitamin B-Gruppe.

Hefepilze. Die Zahl der Patienten, die unter Pilzerkrankungen leiden, steigt stetig an. Pilze können die inneren und äußeren Körperoberflächen (Haut und Schleimhäute) besiedeln. Im Verdauungskanal sind dies hauptsächlich Hefepilze. Manchmal werden sie immer noch als harmlose Bestandteile der physiologischen Darmflora angesehen. Damit wird ihr krankmachendes Potenzial weit unterschätzt. Krankmachende Hefen und Schimmelpilze sind die Ursache sehr ernst zu nehmender Erkrankungen (Mykosen), die bis zu tödlich verlaufenden Organmykosen führen können. Hefen, die eine Mykose verursachen, sind hauptsächlich Vertreter der Gattung *Candida* und vor allem *Candida albicans*. Dabei beruht die krankmachende Wirkung der Hefepilze auf ihrer Invasionsfähigkeit durch die Bildung gewebeschädigender Enzyme und der Bildung von toxischen Stoffwechselprodukten.

Die Stuhluntersuchung stellt einen wichtigen Bestandteil bei der Beurteilung einer Pilzerkrankung im Rahmen der Differentialdiagnostik dar. Ergänzend zur Stuhluntersuchung wird zur Abklärung einer *Candida*-Belastung der hochsignifikante *Candida*-Immunkomplex (CIK) bestimmt sowie eine umfangreiche *Candida*-Serologie durchgeführt. Die *Candida*-Immunkomplexe enthalten IgG-*Candida*-Antikörper, *Candida*-Antigen und Komplementfaktoren. Deutlich erhöhte *Candida*-Immunkomplexe haben eine 95-prozentige Korrelation mit klinischen Symptomen einer *Candida*-Belastung.
→ Candidose, → Mykosen, → Pilze

Heliobakterien. Heliobakterien bilden eine eigene Gruppe so genannter phototropher Bakterien. Sie leben strikt anaerob und phototroph. Bisher konnte kein autotrophes Wachstum nachgewiesen werden. Heliobakterien weisen sich durch ein besonderes Bacteriochlorophyll im Reaktionszentrum ihres Photosystems aus. Im Gegensatz zu allen anderen anoxygenen phototrophen Bakterien haben sie gram-positiven Charakter und einige Vertreter bilden Endosporen.
→ Bakterien

Hepatitis. Entzündung der Leber, meist hervorgerufen durch eine akute Virusinfektion dieses Organs. Es gibt drei Formen der Hepatitis. Eine Erkrankung führt zu lebenslanger Immunität, aber da die Krankheitsformen von verschiedenen Viren ausgelöst werden, schützt die Immunität gegen einen Typ nicht vor den beiden anderen.
Hepatitis A: Diese Krankheit, früher infektiöse Hepatitis genannt, wird durch verunreinigte Lebensmittel oder andere in den Mund gesteckte Gegenstände übertragen; in seltenen Fällen kommt es auch durch unzureichend sterilisierte Injektionsnadeln zur Ansteckung. Epidemien gibt es gelegentlich in Armeelagern und in Heimen, in denen viele Kinder auf engem Raum zusammenleben.
Hepatitis B: Die Hepatitis B, früher Serumhepatitis genannt, kennt man erst seit dem Zweiten Weltkrieg. Sie wird nur durch Sexualkontakte oder von der Mutter auf den Fetus oder das Neugeborene übertragen. Ein weiterer Ansteckungsweg verläuft über virenverseuchtes Blutserum,

insbesondere bei Bluttransfusionen und durch verunreinigte Injektionsspritzen. Weltweit gehen jedes Jahr über 250.000 Todesfälle auf das Konto der Hepatitis B, die meisten davon in Afrika, Südostasien, China und im südamerikanischen Amazonasgebiet. Wenn man sich versehentlich mit einer Kanüle gestochen hat, die mit dem Virus verseucht ist, lässt sich das Erkrankungsrisiko stark vermindern, indem man Gammaglobulin mit Antikörpern gegen den Erreger injiziert.

Der amerikanische Arzt Baruch Blumberg entdeckte 1965 das so genannte *Australia*-Antigen, einen Bestandteil des Virus, der verrät, ob der Erreger in einer Blutprobe enthalten ist. Heute wird Blut, das für Transfusionen verwendet werden soll, stets auf dieses Antigen getestet. Dies führte zu einem starken Rückgang der transfusionsbedingten Hepatitis. Blumberg erhielt für seine Arbeiten 1976 den Nobelpreis. Der italienische Arzt Mario Rizzetto wies 1977 das Delta-Hepatitisvirus nach, das sich nicht allein vermehren kann und nur in Gegenwart des Hepatitis-B-Virus übertragen wird. Das Delta-Virus ist weltweit verbreitet und hat größere Epidemien ausgelöst. Diese Form der Krankheit, die manchmal auch Hepatitis D genannt wird, kann chronisch werden.

Non-A-Non-B: Man kennt noch zwei weitere Formen der Hepatitis. Die Hepatitis C wird durch Blut und Körperflüssigkeiten übertragen. Das Virus, das inzwischen kloniert wurde, ist der häufigste Erreger der transfusionsbedingten Hepatitis. Die Ansteckung mit Hepatitis E geschieht durch verunreinigtes Trinkwasser. Ihr Erreger kann eine epidemische Form der Non-A-Non-B-Hepatitis hervorrufen.

Alle Formen der Hepatitis beginnen mit Fieber; später kommen in der Regel Schwächegefühl, Appetitlosigkeit, Verdauungsstörungen und Gliederschmerzen hinzu. Der Oberbauch schmerzt und ist druckempfindlich. Nach und nach entwickelt sich eine Gelbsucht, die nach zwei Wochen ihren Höhepunkt erreicht. Die Genesung kann bis zu sechs Monate dauern. In etwa fünf Prozent der Fälle nimmt die Krankheit einen chronischen Verlauf. Die Sterblichkeit liegt für alle Formen der Hepatitis zusammen bei etwa einem Prozent. Bei Hepatitis B dürfte sie etwas höher sein, insbesondere wenn gleichzeitig eine Infektion mit dem Delta-Virus vorliegt. Seit 1982 gibt es einen Impfstoff, der die Hepatitis B wirksam verhindert; er wird aber wegen der hohen Kosten nur in begrenztem Umfang eingesetzt. Im Jahre 1986 kam ein gentechnisch hergestellter Impfstoff auf den Markt. Seine Verwendung empfiehlt sich vor allem bei Ärzten und Pflegepersonal, die unter Umständen mit virenverseuchtem Blut in Kontakt kommen. Gentechnisch hergestelltes Alpha-Interferon, eine natürliche virentötende Substanz, die heute als Medikament erhältlich ist, hat sich bei vielen Patienten mit chronischer Hepatitis C und auch in manchen Fällen der chronischen Hepatitis B als wirksam erwiesen. Für die akute Virushepatitis gibt es keine Behandlungsmethode.

hereditär. (aus lat. hereditarius = erblich, erbschaftlich, zu lat. heres = Erbe) ererbt, erblich, geerbt – besonders in Bezug auf Krankheiten, Bezeichnung für die Eigenschaft von Merkmalen und Verhaltensweisen eines Individuums, auf dessen Nachkommen übertragen werden können, Verebbarkeit von Krankheiten oder Krankheitsanlagen über mehrere Generationen.

heterocyclisch.
→ Cyclische Verbindungen

heterotroph. Heterotrophe Organismen gewinnen ihre Energie und ihr Material für den Aufbau von Zellsubstanzen aus dem Abbau von organischen Stoffen. Zu den heterotrophen Organismen zählen die Bakterien, Pilze und Tiere. Die andere große Stoffwechselgruppe wird als autotroph bezeichnet.
→ autotroph

Hexan. Hexan ist ein weit verbreitetes Lösemittel, welches in vielen Farben, Lacken und Klebern vorkommt und ein erhebliches Suchtpotenzial besitzt. Es ist ein beliebtes Schnüffel-Lösemittel. Toxizität von Hexan: Kopfschmerzen; Übelkeit; Reizung der Augen und Schleimhäute; nach Wochen und Monaten sensible Reizphänomene; Lähmungen der körperstammnahen Muskelgruppen (Oberarme, Schultern, Oberschenkel) bis zur Lähmung aller vier Gliedmaßen; Lähmungen der Hände, Füße, sensible Polyneuropathie, Katergefühl noch nach Monaten; Cyanose der Haut (Blauverfärbung/Atemstörungen). Hexan metabolisiert im Körper zu 2,5-Hexandion und wird über den Urin ausgeschieden. Das 2,5-Hexandion ist wesentlich toxischer als das n-Hexan selbst und führt zu Nervenschädigungen.

Hexanal. Hexanal wird als Komponente in Anstrichmitteln (Lacke und Farben) eingesetzt. Daneben ist dieser Stoff in Linoleum und Autoabgasen zu finden. Durch den sehr intensiven Geruch ergibt sich ein Richtwert für geruchliche Innenraumbelastungen von maximal 50 $\mu g/m^3$. Hexanal kann schon ab einer Konzentration von 2-3 $\mu g/m^3$ wahrgenommen werden.

HF-Feuchtemessverfahren.
→ Mikrowellenmessverfahren

Histamin. Biogenes Amin, als Gewebshormon in zahlreichen Organen und Körperflüssigkeiten des Menschen vorhanden, weiter in Blutbasopilen und Mastzellen, hier an Heparin gebunden; wird aus Mastzellen bei allergischen Reaktionen (so genannter Typ I) freigesetzt und bewirkt über Histaminrezeptoren vom H1-Typ eine Verengung der Bronchien, des Darms, eine Erweiterung kleiner Blutgefäße mit Serumaustritt, über Nervenendigungen Juckreiz; über H2-Rezeptoren eine verstärkte Magensaftsekretion, eine beschleunigte Herztätigkeit.

Histoplasmose. Eine Histoplasmose ist eine durch Pilze der Gattung Histoplasma erregte Mykose. Bei der klassischen erregten Form kommt es durch Einatmen der hochinfektiösen Konidien bei 5 bis 10% der exponierten Personen zum Lungenbefall, wobei der Erreger vielfach in die Zellen eindringt. Eine Ausheilung der Lungenherde erfolgt meistens durch Fibrose und nachfolgende Verkalkung. Generalisierung einer Histoplasmose mit multiplem Organbefall wird zwar lebensbedrohlich, kommt aber selten vor.

Holobasidiomycetidae.
→ Basidiomycota

holomorph.
→ Meiosporen

Holzparasiten. Organismen, deren Lebensgrundlage das Holz lebender Gehölze ist, werden als Holzparasiten bezeichnet. Unter den Pilzen gibt es vor allem holzbewohnende Ascomyceten, die beträchtliche Schäden verursachen können. Von den holzabbauenden Basidiomyceten sind einige Arten auch in der Lage, lebende Bäume zu besiedeln.

Holzschädlinge.
→ Holzzerstörung

Holzschutz. Alle Maßnahmen zur Verlängerung der Haltbarkeit von Holzgegenständen und Holzbauteilen werden unter dem Begriff Holzschutz zusammengefasst, insbesondere Maßnahmen gegen eine Zerstörung und/oder Verfärbung des Holzes durch Organismen. Hierzu wird in den vorbeugenden, baulichen (konstruktiven) Holzschutz gemäß DIN 68 800 und in den chemischen (bekämpfenden) Schutz des Holzes oder von Holzwerkstoffen gegen Befall durch Schadorganismen unterschieden.

Holzschutzmittel. Holzschutzmittel beinhalten Wirkstoffe, mit denen holzzerstörende oder holzentwertende/holzverfärbende Organismen (Pilze, Insekten etc.) davon abgehalten werden sollen, Holz oder Holzwerkstoffe zu befallen, oder sie werden eingesetzt, um einen eingetretenen Befall durch diese Organismen zu bekämpfen. Im Sinne dieser Definition schließt der Begriff Holzschutzmittel auch Wirkstoffe und Präparate ein, die nicht direkt am Holz oder an Holzwerkstoffen angewendet werden. Diese werden auf oder in das Mauerwerk oder die Gründungen von Bauwerken gebracht mit der Zielsetzung, mit ihnen in Verbindung stehende Hölzer oder Holzwerkstoffe vor einem Befall durch holzzerstörende Organismen (z.B. den Echten Hausschwamm oder Termiten) zu schützen.

Holzschutzverfahren. Mit Holzschutzverfahren werden Hölzer vorbeugend gegen holzzerstörende oder holzverfärbende Organismen geschützt oder ein Befall durch diese Organismen bekämpft. Die unterschiedlichen Einbringverfahren werden entweder vorbeugend oder bekämpfend eingesetzt. Darüberhinaus sind nach DIN 68 800 noch das Begasungs- und das Heißluftverfahren zugelassen.

Holzverfärbende Pilze. Die holzverfärbenden Pilze zählen zu der Gruppe der Schlauchpilze (Ascomyceten), der viele der üblichen Schimmelpilze angehören. Der am häufigsten anzutreffende holzverfärbende Pilz ist die Blaufäule, die allerdings keine Auswirkung auf die Festigkeit des Holzes hat, denn die Zellwände werden nicht abgebaut. Genau genommen liegt auch keine Fäulnis, sondern nur eine Verfärbung vor, sodass der Name Blaufäule etwas irreführend und unzutreffend ist. In Fachkreisen wird deshalb zunehmend die Bezeichnung Bläuepilz (franz.= champignons du bläuissement) verwendet.

Heute kennt man über 100 verschiedene Pilzarten, die als »Bläuepilz« bezeichnet werden. Entsprechend den Unterschieden in der Lebensweise und Sporenausbreitung werden drei Bläuetypen unterschieden. Die **Stammholzbläue** (engl. logblueing) oder auch primäre Bläue wird durch Insekten wie Borkenkäfer und Holzwespen verbreitet und tritt schon am stehenden Stamm, meistens aber erst am Lagerplatz des geschlagenen Nadelholzes auf, wenn der Feuchtigkeitsgehalt auf ein bestimmtes Mindestmaß gesunken ist. Befallen wird vor allem die Kiefer. Als Verursacher der Stammholzbläue kommen in erster Linie *Ceratocystis*-Arten mit ihren Nebenformen *Graphium* und *Leptographium* neben einigen weiteren Arten vor. Das Kernholz bleibt dabei ursprünglich, das Splintholz wird blau gefärbt.

Dagegen wird die **Oberflächenbläue**, auch Schnittholzbläue oder sekundäre Bläue genannt, durch nachlässige Lagerung von nicht ausgetrockneter, aufgeschnittener Holzware verursacht. Unter der Voraussetzung, dass frisch eingeschnittene Bretter und Bohlen genügend feucht sind, werden sie von den luftverbreiteten Sporen von imperfekten Pilzen infiziert. Es sind vor allem die Arten *Cladosporium herbarum, Cladosporium cladosporioides* und *Allantophoma nematospora*, welche für die Verbläuung des frisch geschnittenes Holzes verantwortlich sind.

Darüber hinaus muss noch die **Anstrichbläue** genannt werden, die auch als tertiäre Bläue bezeichnet wird. Diese Gruppe von Pilzen hat sich darauf spezialisiert, Holz zu befallen, das zuvor schon einmal getrocknet worden sein muss, danach wieder Feuchtigkeit aufgenommen hat und anstrichtechnisch mit Öl-, Lack- oder Farbbeschichtungen behandelt worden ist. Ist der Anstrich nicht sorgfältig ausgeführt worden oder kam es danach durch Witterungseinflüsse zu winzigen Rissen im Anstrich, dringt Feuchtigkeit ein und schafft mit bis zu 80% Holzfeuchtigkeit die idealen Voraussetzungen für die Infektion und Entwicklung der imperfekten Pilze *Pullularia pullulans* oder *Sclerophoma pityophila*, die das Holz mit blaugrauen oder schwarzen Flecken oder Streifen überziehen oder mit ihren Fruchtkörpern pustelartig durch den Anstrichfilm durchbrechen. Vor allem bei Türen, Fenstern und dgl. kann nach dem Anstrich durch erneute Feuchtigkeitsaufnahme hinter dem deckenden Anstrich der Bläuepilz tätig werden.

Bläuepilze befallen das Splintholz und bewirken eine Verfärbung, die nachträglich nicht mehr beseitigt werden kann. Es ist praktisch unmöglich, eine bereits vorhandene Bläue, vor allem im fortgeschrittenen Stadium, auszubleichen. Infolgedessen wird das Pilzmyzel zerstört, was mit einer erheblichen Beeinträchtigung des Holzes verbunden ist. Es gibt einige holzbewohnende Schimmelpilze, die eine wirtschaftliche Bedeutung erlangen können. Zu diesen zählt z.B. der Grüne Holzschimmel. Im Gegensatz zum Bläuepilz beschränken sich die holzbewohnenden Schimmelpilze auf die Holzoberfläche, evtl. verfärbte Zonen des Holzes können durch Abhobeln einfach entfernt werden.

Holzzerstörung. Unter der Holzzerstörung wird der mikrobielle Holzabbau insbesondere durch holzbewohnende Pilze und Bakterien verstanden. Hierbei werden verschiedene Typen unterschieden: Braunfäule (auch Rotfäule oder Destruktionsfäule genannt), Weißfäule (auch Korrosionsfäule genannt), Waben- oder Lochfäule und die Moderfäule.
→ Pilze

Hormone. Körpereigene Wirkstoffe, die in endokrinen Drüsen gebildet werden oder in bestimmten Zellarten oder Geweben entstehen (Gewebshormone) und die in spezifischer Weise Stoffwechselvorgänge steuern.

humoral. Die Körperflüssigkeiten betreffend

hyalin. Durchscheinend, glasig

Hybridzelle/Hybridom.
→ Antikörper

Hydrolyse. Chemischer Reaktionstyp, bei dem ein Molekül Wasser (Formel HOH) mit einem Molekül der Substanz AB reagiert, wobei A und B entweder Atome oder Atomgruppen sind. Im Prinzip wird bei der Hydrolyse eine Verbindung durch die Einwirkung von Wasser gespalten. Bei der Reaktion vereinigen sich die Bestandteile des Wassermoleküls, H^+ und OH^-, mit den Bestandteilen des Moleküls AB, A^+ und B^-, zu den Endprodukten AOH und HB.

Hydrophil. Baustoffe oder Baustoffflächen, die sich mit Wasser leicht benetzen lassen, werden als hydrophil bezeichnet. Hydrophile Baustoffe mit einer feinporigen oder offenporigen Porengeometrie werden auch als hygroskopisch bezeichnet, da die Wasseraufnahme an den inneren Oberflächen zu einem messbaren Wassergehalt führt. Hydrophile Baustoffe können durch die Behandlung mit hydrophobierenden Präparaten/Produkten Wasser abweisend ausgerüstet werden.

Hydrophob. Baustoffe oder Baustoffflächen, die sich mit Wasser nicht oder nur sehr schwer benetzen lassen, werden als hydrophob bezeichnet. Hydrophob bedeutet übersetzt »Wasser abweisend« oder »Wasser abstoßend«. Gewöhnlich verhalten sich Baustoffoberflächen zum Wasser hydrophil. Die Flüssigkeit wird kapillar aufgesaugt, d.h. wegen des Randwinkels unterhalb von 90° liegt ein Benetzungsverhalten vor und die Haftspannung erreicht positive Werte. Dieses Verhalten ist beeinflussbar, wenn hydrophobe Substanzen in das kapillare Gefüge eingebracht werden. Das Benetzungsverhalten wird aufgehoben. Die Haftspannung wird negativ, ein Randwinkel von mehr als 90° wird erreicht.

Hygrograf.
→ Luftfeuchtemessverfahren

Hygrologger.
→ Luftfeuchtemessverfahren

Hygrometer. Der Hygrometer ist ein Gerät zur Messung der Luftfeuchtigkeit. Das weit verbreitete Haarhygrometer macht sich die Veränderung der Länge eines menschlichen Haares durch die Aufnahme von Luftfeuchtigkeit zunutze. Die Längenänderung wird über einen Mechanismus und einen Zeiger auf eine Skala übertragen, auf der die relative Luftfeuchtigkeit in Prozent abzulesen ist. Ein Hygrometer, das exakte Messungen der relativen Luftfeuchtigkeit erlaubt, ist das Psychrometer. Zwei gleiche Thermometer sind nebeneinander befestigt: ein trockenes und ein in befeuchtetes Material gehülltes, das die Verdunstungskälte anzeigt – je trockener die Luft ist, desto schneller verdunstet das Wasser und umso mehr wird das Thermometer abgekühlt. Aus der Differenz der Temperaturen ergibt sich die relative

Luftfeuchtigkeit. Weitere Messgeräte sind Taupunkt-, Absorptions- und elektrische Widerstandshygrometer.
→ Luftfeuchtemessverfahren

Hygrometrie.
→ Luftfeuchtemessverfahren

hygroskopisch/Hygroskopizität. Als hygroskopisch werden poröse Baustoffe und Salze bezeichnet, die Wasser aus der Umgebung aufnehmen und binden (absorbieren) können. Hydrophile Baustoffe mit einer feinporigen oder offenporigen Porengeometrie werden auch als hygroskopisch bezeichnet, da die Wasseraufnahme an den inneren Oberflächen zu einem messbaren Wassergehalt führt. Hauptsächlich spielt Hygroskopizität aber eine Rolle bei salzbelasteten Baustoffen oder mit Salz angereicherten Bauteilen.

Hygroskopische Feuchtigkeitsaufnahme. Eine hygroskopische Feuchtigkeitsbelastung tritt auf, wenn im Mauerwerk oder an dessen Oberfläche größere Mengen von Salzen angereichert sind. Bei den Salzen handelt es sich meistens um Sulfate, Carbonate, Chloride und Nitrate, oft in komplexer Zusammensetzung. Der Feuchtigkeitsgehalt eines Baustoffes hängt immer von der herrschenden Luftfeuchtigkeit ab. Man spricht deshalb von der so genannten Ausgleichs- oder Gleichgewichtsfeuchte. Durch eingelagerte wasserlösliche Salze kann diese Ausgleichsfeuchte sehr stark erhöht werden. Die Erhöhung hängt von der hygroskopischen, sprich der wasserbindenen Eigenschaft der Salze ab. Die größte Hygroskopizität besitzen die besonders leicht wasserlöslichen Nitratverbindungen. Ihnen folgen von den üblichen bauschädigenden Salzen die Chloridverbindungen. Die geringsten hygroskopischen Eigenschaften zeigen die Sulfatverbindungen. Starke Versalzungen und damit entsprechende hygroskopische Feuchtebelastungen können an einem Mauerwerk eine so genannte kapillar aufsteigende Feuchtigkeit vortäuschen. Deshalb ist durch eine Feuchtebilanz im Sinne der Bauzustandsanalyse die hygroskopische Durchfeuchtung und der hygroskopische Durchfeuchtungsgrad zu bestimmen, um die entsprechenden Instandsetzungsschritte planen zu können. Das Erkennen von hygroskopischen Feuchteschäden per Augenschein ist problematisch. Ein Indiz für das Vorliegen einer solchen Belastung sind Feuchtigkeitskränze mit Salzausblühungen an der Bauteiloberfläche.

Hymenium.
→ Basidiosporen

Hyphen. (aus dem griech. = das Gewebte) meistens verwendet für fadenförmige Pilzzellen.
→ Pilze

Hyphenkompartimente. Die Pilzfäden (Hyphen) sind in vielen Pilzen durch Querwände (so genannte Septen) unterteilt. Der Aufbau der Septen ist unterschiedlich und wird als systematisches Merkmal verwendet. Während Zygomyceten kaum Septen besitzen, sind sie in Ascomyceten vorhanden und meistens relativ einfach gebaut. Die Septen sind nicht völlig geschlossen, sondern lassen einen zentralen Porus frei, der durch einen Pfropfen zumindest zeitweilig verschlossen werden kann. Doch trotz dieses Verschlusses sind die Poren relativ durchlässig. In vielen Pilzen können sogar Organellen wie die Zellkerne die Barriere der Septen überwinden. Die Septen sind also nicht mit echten Zellwänden vergleichbar. Deshalb werden die Zellen, die in einer Hyphe durch die Septen abgegrenzt werden als Hyphenkompartimente bezeichnet.

Hyposensibilisierung. Die einzige Möglichkeit, Allergien ursächlich zu behandeln, ist die so genannte Hyposensibilisierung. Darunter versteht man eine schrittweise Gewöhnung des Körpers an das Allergen. Auf diese Weise kann die Empfindlichkeit gegen bestimmte Allergene gesenkt und unter Umständen sogar eine Heilung erreicht werden. Nach einem Behandlungsplan werden dem Körper in gewissen Abständen definierte, kleine Mengen des betreffenden Allergens zugeführt und je nach Verträglichkeit ständig weiter gesteigert. Sinnvoll ist eine Hyposensibilisierung auch bei Allergenen, die sich so gut wie nicht vermeiden lassen, weil sie überall vorkommen. Bei Pollenallergien beträgt die Rate der Besserung immerhin ca. 80%, während bei Milben und Schimmelpilzen nur zwischen 50 und 70% der Patienten erfolgreich behandelt werden können. Die Behandlung sollte in einer Zeit stattfinden, in der keine zusätzliche Allergenbelastung vorliegt. Aus diesem Grund sollte vor einer Hyposensibilisierung mit Milben oder Schimmelpilzen die Wohnung saniert, also möglichst allergenfrei, sein. Wenn eine Allergie gegen mehrere Substanzen besteht, sollten nicht zu viele Allergene gleichzeitig verabreicht werden. Eine Mischung von ganzjährigen Allergenen (z.B. Milben oder Schimmelpilzen) mit saisonalen Allergenen (wie Pollen) ist ungünstig.

Hypothallus. Haut unter dem Fruchtkörper (Reste des Plasmodiums)

IBM. Das Imperial Bureau of Mycology (kurz IBM) wurde 1920 gegründet, von 1930 bis 1947 als Imperial Mycological Institute und dann als CMI (Commonwealth Mycological Institute in Kew/England) und als IMI (International Mycological Institute in Kew bzw. später in Egham, Surrey/England) fortgesetzt.

idiopathisch. Ohne erkennbare Ursache entstanden bzw. Ursache nicht nachgewiesen

Idiosynkrasie. Idiosynkrasie ist ein sehr alter Begriff aus der Medizinschule der Hippokratiker (um 400 v. Chr.) und bedeutete eine besondere »Mischung der Körpersäfte«, die bei bestimmten Belastungen zu Krankheitserscheinungen führen kann. Der Begriff wird heute noch verwandt und kann mit »Konstitution« übersetzt werden. Er bedeutet damit eine anlagebedingte Überempfindlichkeit auf eine Substanz, wobei diese Überempfindlichkeit nicht den bekannten toxischen, allergischen oder pseudoallergischen Reaktionen zugeordnet werden kann. Eine von manchen Experten enger gefasste Definition beschreibt eine von der Norm abweichende Reaktion aufgrund von Enzymdefekten oder Stoffwechselstörungen.

IgA-,IgD-,IgE-,IgG-,IgM-Antikörper. Die Darmschleimhaut ist für die Antigen-Makromoleküle in den Nahrungsmitteln mehr oder weniger durchlässig. Unter besonderen Bedingungen (Entzündungen, Infektionen, Allergien und dgl.) kann es zu einer beträchtlichen Antigenaufnahme kommen. So können die normalerweise vorhandenen IgA-Antikörper überwältigt und eine Immunreaktion mit Auftreten von IgG-Antikörpern im Serum ausgelöst werden. Ist die vermehrte Antigenresorption von kurzer Dauer, werden die IgG-Immunkomplexe schnell aus der Blutbahn eliminiert und die Gesundheit wieder hergestellt. Bleiben die erhöhte Schleimhautpermeabilität und die Antigenexposition bestehen, wird die Fähigkeit des Körpers, die Immunkomplexe abzubauen, schließlich unterdrückt und die Komplexe beginnen über längere Zeit im Kreislauf zu überstehen. Dadurch erhöht sich das Risiko einer immunologischen Schädigung der Gefäße und einiger Organe. Wenn der Organismus IgG-Antikörper gebildet hat, sind diese die dominierenden spezifischen Antikörper. Die dominierenden IgG-Antikörper behindern die Bestimmung gleichzeitig vorhandener IgE-Antikörper mit gleicher Spezifität durch kompetitive Hemmung. IgG-Antikörper haben beispielsweise eine Halbwertzeit von drei Wochen. Die Erfassung der spezifischen Antikörper der IgG-Klasse hat vor allem eine wichtige Bedeutung in der Diagnostik und Voraussage der Erkrankungen vom Typ III der immunologischen Reaktionen. Auch bei chronischen Hauterkrankungen ist die Immunglobulindiagnostik ein wichtiges Untersuchungskriterium.
→ Antikörper, → Immunglobuline

im. intramuskulär, in den Muskel hinein

IMC. Unter der Abkürzung IMC (International Mycological Congress) versteckt sich eine Veranstaltungsreihe, die von der International Mycological Association seit 1971 organisiert wird. Dieser Kongress, der bisher erst sechsmal stattgefunden hat, darf nicht mit der Kongressreihe »International Congress for Human and Animal Mycology« verwechselt werden, die seit 1958 von der International Society for Human and Animal Mycology organisiert wird.

IMI.
→ siehe IBM

Immunassay. Nachweismethode für Immunreaktionen in vitro (im Reagenzglas)

Immunfluoreszenz. Dieses Verfahren kann Antikörper aus dem Patientenserum nachweisen. Dazu wird eine empfindliche Zellkultur mit dem zu untersuchenden Virus infiziert. Dann gibt man der Kultur Patientenserum zu. Enthält dieses Antikörper, so binden sie sich an die Viren (Antigen) in der Testkultur. Es entsteht ein Antigen-Antikörperkomplex. Durch Waschen werden alle freien und nicht gebundenen Reaktionspartner abgetrennt. Anschließend werden dem Testsystem tierische Antikörper gegen menschliche Antikörper zugesetzt. Diese Antikörper sind mit einem Farbstoff markiert, der unter der Beleuchtung mit ultraviolettem Licht in charakteristischer Farbe leuchtet. Die tierischen Antikörper binden sich an die menschlichen Antikörper. Durch Waschen werden wieder alle nicht gebundenen Reaktionspartner entfernt. Unter dem Fluoreszenzmikroskop mit Ultraviolettlicht leuchten dann die markieren Antikörper-Antikörper-Komplexe auf (Fluoreszenz). Enthielt das Patientenserum keine Antikörper, lässt sich dagegen keine Fluoreszenz nachweisen.

Immunglobuline. Eiweißkörper, die in Zellen des Immunsystems gebildet werden und die spezifisch mit Fremdstoffen (Antigenen, Allergenen) reagieren. Immunglobulinklassen: IgA in Schleimhäuten zur Infektabwehr, IgM zur frühen schnellen Abwehr besonders von Virusinfektionen, IgG zur allgemeinen Abwehr, IgE für allergische Reaktionen und wahrscheinlich auch zur Bekämpfung von Parasiteninfektionen, IgD mit nicht näher eingrenzbarer Abwehrfunktion
→ Antikörper

Immunität. Die Immunität beschreibt die erworbene, spezifische Unempfindlichkeit gegenüber bestimmten Krankheiten oder anders ausgedrückt den Zustand der Unempfindlichkeit bzw. einer deutlich verringerten Empfindlichkeit gegenüber Antigenen (Bakterien, Viren). Man unterscheidet eine relative und eine absolute Immunität. Viele Infektionskrankheiten, besonders Kinderkrankheiten, verleihen einen hohen Grad an Immunität. Es ist unwahrscheinlich, dass jemand, der eine so genannte Kinderkrankheit hatte, diese noch einmal bekommt (wobei es für diesen Grundsatz keine Garantie gibt!). Viele andere Infektionskrankheiten verleihen kaum oder nur für eine kurze Zeit Immunität. Die Immunität ist ein Bestandteil der Resistenz gegenüber bestimmten Mikroben. Es war ein großer Trumpf der modernen Medizin, die künstliche Immunität gegen eine große Anzahl von Krankheiten schaffen zu können. Der erste praktische Erfolg bei der Schaffung der künstlichen Immunität gegen eine Krankheit war die Schutzimpfung gegen Pocken, die durch Edward Jenner im Jahre 1798 in England eingeführt wurde.

Des Weiteren wird zwischen der natürlichen, der erworbenen sowie der aktiven und der passiven Immunität unterschieden. Die natürliche Immunität bedeutet nur, dass bestimmte Lebewesen von bestimmten Infektionen nicht befallen werden. Die erworbene Immunität kann auf verschiedene Weise erreicht werden: durch eine frühe Erkrankung, im Mutterleib oder durch künstliche Immunisierung (wie beispielsweise Schutzimpfungen). Immunität bedeutet, dass bestimmte Körperzellen die Fähigkeit erwerben, krankmachende Faktoren zu bekämpfen, wenn sie ihnen irgendwann einmal in irgendeiner Form ausgesetzt sind bzw. werden. Dieser Vorgang wird hervorgerufen durch im Serum zirkulierende spezifische Antikörper (humorale Immunitiät) oder durch spezifisch sensibilisierte T-Lymphozyten (zellvermittelte Immunität). Die Blut bildenen Organe und die weißen Blutkörperchen sind in erster Linie an diesem Kampf beteiligt.

Antikörper sind chemische Substanzen, die vom lebenden Organismus als Antwort auf ein Bakterium gebildet werden, das sich schon früher einmal im Körper befunden hat. Der Stoff, der diese Antikörperbildung in Gang setzt, wird Antigen genannt. Die chemische Struktur der Antikörper ist bisher noch nicht genau bekannt. Aber ihre Gegenwart im Körper wird durch entsprechende Tests mit Antigenen genau festgestellt und gemessen. Die Antikörper befinden sich im Serum und nicht in den Blutzellen und gehören damit zur Gammaglobulinfraktion des Blutes. Ein Mensch, der nicht genügend Gammaglobulin enthält, besitzt ein höheres Risiko, an Infektionen zu erkranken.

Die passive Immunität wird durch Übertragung von schon fertigen menschlichen oder tierischen Antikörpern erreicht. Ein Beispiel hierfür ist die Immunität des Neugeborenen durch die mütterlichen Antikörper. Die direkte Injektion von Gammaglobulin oder menschlichem Serum kann gegenüber manchen Krankheiten ebenfalls eine passive Immunität liefern. Da die von außen zugeführten Antikörper schnell verbraucht sind, hält die passive Immunität nur eine kurze Zeit an (Stunden bis Monate). Eine aktive Immunität wird erreicht, wenn die Körperzellen dazu angeregt werden, selber gegen bestimmte Antigene Antikörper zu bilden. Aktive Immunität wird durch Erkrankungen hervorgerufen. Sie kann auch künstlich durch Verabreichung eines geeigneten Antigens bewirkt werden. Aktive Immunität entwickelt sich langsam (eine Woche, ein Monat oder länger) und hält länger an als die passive Immunität.
→ Antikörper

immunogen/Immunogenität. Immunität bewirkend (auf Antigene bezogen), Fähigkeit eines Antigens, Immunität zu bewirken.

Immunologie. Die Immunologie ist die Lehre und Wissenschaft von der Immunität des menschlichen Organismus und den damit zusammenhängenden immunbiologischen Reaktionen, also den biologischen Abwehrreaktionen des Organismus.

Immunophatie. Sammelbezeichnung für alle durch Immunreaktionen verursachten Krankheitserscheinungen

immunosuppressiv.
→ Immunsuppressiva

Immunozytolyse. Die Immunozytolyse ist die durch eine Immunreaktion bedingte Auflösung von Zellen.

Immunparalyse. Die Immunparalyse ist das durch ein Antigen verursachte Unvermögen des Organismus, auf einen antigenen Angriff zu reagieren.

immunpathogen. Die Immunpathogese betreffend – Entstehung und Entwicklung einer Krankheit in Bezug auf immunologische Reaktionen.

Immunreaktion. Bildung von Antikörpern gegen individualspezifische, als Antigene wirkende Einweißkörper.

Immunserum. Serum, das Immunkörper gegen pathogene Mikroorganismen enthält.

Immunsuppressiva. Medikamentenwirkstoffe, die die natürliche Abwehrreaktion des menschlichen Körpers und damit eine Immunreaktion unterdrücken oder abschwächen.

Imperfekte Pilze. Imperfekte Pilze werden auch als asporogene Hefe bezeichnet und stellen einen sprossenden einzelligen oder sprossmyzelbildenden Pilz ohne die dazugehörige Teleomorphe dar. Es sind Anamorphen von ascogenen Hefen oder solche, die gar keine Teleomorphen mehr bilden.

Impfung. Bei der Impfung, die auch als Inoculation bezeichnet wird, werden Mikroorganismen oder Teile von ihnen auf ein Substrat (beispielsweise ein Nährmedium) übertragen. In der Medizin und davon abgeleitet in der Phytopathologie benutzt man den Begriff der Impfung auch für die Übertragung auf lebende Organismen im Sinne einer künstlichen Infektion.

inapparent. (von lat. apparere = zum Vorschein kommend) klinisch stumm oder unsichtbar, übertragen auf Krankheiten wird der Begriff inapparent als symptomlos eingesetzt.

Index of fungi. Der so genannte Index of fungi ist eine Zusammenstellung von Pilznamen (seit 1971 werden Flechten mit einbezogen). Der Index of fungi wurde nach dem Vorbild des Index Kewensis (einem Index der Blütenpflanzen) geschaffen und 1940 von S.P. Wiltshire (Direktor des Commonwealth Mycological Institute in Kew/ England) eingeführt. Der Index of fungi bildet zusammen mit der Namensliste von Petrak und dem »Sylloge fungorum...« von Saccardo eine Einheit, in dem er diese Sammlung von Pilznamen fortsetzt. Die so genannte Petrak-Liste enthält die Namen der Pilz-Systematik, die zwischen 1920 und 1935 publiziert wurden. Inklusive dem Nachtrag von 1950 wurde diese Liste als Index of fungi veröffentlicht. Mit den Werken von Saccardo und Petrak (inklusive sämtlicher Nachträge) stellt der Index of fungi eine vollständige Namensliste der Pilze seit Einführung der binären Nomenklatur dar.

Infektion. Unter einer Infektion versteht man das Eindringen eines Mikroorganismus in einen größeren Wirtsorganismus (Makroorganismus), eine Einleitung der parasitischen Lebensweise von Mikroorganismen, den Befall des Wirtsorganismus oder den Beginn einer so genannten Parasitose, die häufig der erste und einleitende Schritt einer Pathogenese ist. Der Zeitabschnitt zwischen Beginn und Abschluss des Eindringens eines Mikroorganismus in den Wirt, d.h. bis zur Einstellung stabiler parasitischer Verhältnisse, ist die so genannte Infektionszeit. Der Infektion folgt in der Regel eine Inkubationszeit, bevor die ersten Symptome der Parasitose auftreten. Parasitische Pilze vollziehen die Infektion durch keimende Sporen, keimende Zygoten oder vegetative Hyphen, Sprosszellen und dgl. Die Bezeichnungen der Primär- und Sekundärinfektion werden in verschiedener Bedeutung benutzt: im Hinblick auf den Wirt für Erst- und Zweitinfektion mit dem gleichen Parasiten, im Hinblick auf den Entwicklungszyklus des Parasiten für Infektionen oder durch verschiedene infektiöse Stadien.

Der Begriff der Infektion wird in der Medizin und in der Phytopathologie auch für die Infektionskrankheit im Sinne von »infiziert sein« benutzt. Das Partizip »infiziert« wird nicht nur im Sinne des parasitischen Verhältnisses (von einem Parasiten befallen) angewendet, sondern auch für das Vorkommen potenziell infektiöser Organismen. Diese Begriffsanwendung (Infektion oder Infekt für Infektionskrankheit, infiziert für verseucht/mit infektiösen Keimen durchsetzt, Desinfizieren für Keimfreimachen und dgl.) ist sowohl in der Fachsprache wie auch in der Allgemeinsprache üblich.

Infektionskrankheiten. Unter Infektionskrankheiten versteht man vereinfacht das Eindringen, das Vorhandensein sowie die Vermehrung von Krankheitserregern, (Viren, Bakterien, Pilzen, Protozoen oder Parasiten) im menschlichen Körper, sofern die Immunabwehr dagegen nicht ausreichend ist. Viele Infektionserkrankungen heilen von selber aus, eine Reihe ist zurzeit immer noch nicht heilbar und viele benötigen neben der Gabe von Medikamenten ein gewisses Maß an systematischer Unterstützung wie z.B. Bettruhe, Vitamine oder viel Flüssigkeit. Andere Infektionskrankheiten dagegen bedürfen oft einer intensiven und langandauernden Behandlung, wie z.B. Aids, Hepatitis, Tuberkulose, Malaria oder eine Lungenentzündung.

Infektiöse Dosis.
→ Endpunkttitration

Infiltration.
→ Luftwechsel

Infrarotanalyse. Die Infrarotanalyse ist besonders zum Nachweis organischer Verbindungen geeignet, die mit dem so genannten Röntgendiffraktometer nicht nachgewiesen werden können. Das Messprinzip basiert darauf, dass chemische Verbindungen die Infrarotstrahlung (bei einem Wellenlängenbereich von 1 bis 35 nm) auf charakteristische Art und Weise absorbieren. Bei diesem Verfahren können alle Substanzen analysiert werden.

Infrarot-Feuchtemessverfahren. Der Einfluss des Feuchtegehaltes auf die Wärmeleitfähigkeit wirkt sich auf die Oberflächentemperaturen von Bauteilen und damit auf die von diesen ausgesandte langwellige Wärmestrahlung (die elektromagnetische Strahlung im infraroten Spektralbereich) aus. Diese zu untersuchende Strahlung wird in einem so genannten Thermogramm aufgezeichnet. Mit Hilfe der Infrarotthermographie ist es daher grundsätzlich möglich, unterschiedliche Durchfeuchtungsgrade eines Bauteils zu erkennen. Allerdings hängt die Intensität der emittierten Strahlung nicht nur von der Feuchte, sondern auch von zahlreichen weiteren Faktoren ab. Insbesondere sind Veränderungen im Aufbau eines Bauteils (beispielsweise Wärmebrückenbereiche) von Bedeutung. Deshalb lassen sich mit Hilfe der Infrarotthermographie nur orientierende und qualitative Aussagen bezüglich des Durchfeuchtungsgrades einer Wand bzw. eines Bauteils machen. Neben der Messung der thermischen Eigenstrahlung lassen sich auch so genannte Reflexionsmessungen durchführen. Eine Trennung der emittierten Strahlung des Messobjektes von der Umgebungsstrahlung ist messtechnisch möglich. Das Messverfahren liefert qualitative Aussagen bezüglich der Oberflächenfeuchte eines Bauteils, wobei eine quantitative Bestimmung dieser Oberflächenfeuchte nur beschränkt möglich ist. Des Weiteren ist dieses Verfahren nicht dazu geeignet, Feuchtigkeit im Inneren des Bauteils zu erfassen und zu quantifizieren.

Infrarotspektrometer. Mit Hilfe des Infrarot(IR)-Spektrometers werden funktionelle Gruppen in allen Stoffen und Verbindungen nachgewiesen, soweit diese infrarot-aktiv sind. Im Analytiklabor wird der Einsatz weitestgehend auf organische Verbindungen beschränkt. So wird mit Hilfe des IR-Spektrometers der chemische Aufbau z.B. von organischen Bindemitteln, Lösemitteln, Füllstoffen, Harzen, Härtern usw. bestimmt. Der Nachteil im Einsatz eines IR-Spektrometers liegt darin, dass nur reine Substanzen analytisch nachgewiesen werden können und diese vorab präparativ aufgetrennt werden müssen.

Infrarotspektroskopie. Jede Verbindung und vor allem jede organische Verbindung zeigt bei Anregung mit Infrarotlicht ein spezifisches Molekülschwingungsverhalten. Dieses Verhalten erzeugt materialcharakteristisch typische Spektren und kann daher zur Bestimmung der einzelnen Stoffkomponenten und Materialzusammensetzungen verwendet werden. Infrarotspektren zeigen im langwelligen Bereich so genannte Molekülfingerabdrücke, die beispielsweise zur Identifizierung von Anstrich- und Beschichtungsstoffen sowie deren Bindemitteltypen verwendet werden können. Zur Stoffbestimmung ist es allerdings sinnvoll, die erhaltenen Spektren mit den Infrarotspektren des Originals zu vergleichen.

Infrarotthermographie.
→ Thermographie

Ingestion. (von lat. ingerere, ingestum = hineingießen) beinhaltet die Gesamtheit der in den Körper aufgenommenen flüssigen und festen Nahrung.

Ingestionsallergen. Über den Magen-Darm-Trakt einwirkendes Allergen.

Inhalation. Einatmung von Medikamenten zur Behandlung oder auch von Narkosemitteln. Aber auch das unbeabsichtigte Einatmen von Giftgasen oder anderen Schadstoffen wird als Inhalation bezeichnet.

Inhalationsallergen. Mit der Atemluft aufgenommenes Allergen.

Inhalationsmykose. Wie der Name bereits verrät, handelt es sich bei der Inhalationsmykose um eine Mykose nach inhalativer Aufnahme der infektiösen Pilzelemente, meistens Sporen. Typische Beispiele für Inhalationsmykosen sind Aspergillosen, Mucormykosen und Histoplasmose. Sie bleiben entweder auf die Atemwege beschränkt oder es kommt zusätzlich zur invasiven Erregerstreuung in andere Organe.

Inkubation. Die so genannte Inkubation wird als symptomlose Phase umschrieben. In der Parasitologie ist hiermit die Phase zwischen der Infektion (Ansteckung) und dem Auftreten erster Symptome als Reaktion des Wirtes auf den Befall durch den Parasiten gemeint.

Inkubationszeit. Die Inkubationszeit ist die Zeit zwischen Ansteckung und Ausbruch einer Infektionskrankheit. Während dieser Zeit können die Erreger im Körper Fuß fassen und sich vermehren. Die Länge der Inkubationszeit ist je nach Erregerart unterschiedlich und kann zwischen wenigen Tagen bis einige Jahre betragen. In einigen Fällen kann ein »inkubierter« Mensch seinerseits schon anstecken, bevor die Krankheit bei ihm selbst richtig zum Ausbruch kommt.

Initiationsstelle.
→ Replikation

Innendämmung. Bei der Innendämmung wird die Dämmschicht auf der Innenseite der Außenwand mit raumseitiger Dampfsperre angebracht. Die Innendämmung eignet sich dann besonders, wenn an die Außenfassade bestimmte baurechtliche Bestimmungen (beispielsweise Denkmalschutz) geknüpft sind und/oder optische Ansprüche (beispielsweise Klinker- oder Natursteinmauerwerk) gestellt werden. Sie bewirkt einen geringen sommerlichen Wärmeschutz, da die Wärmespeicherfähigkeit der meist massiven Wandschale und -konstruktion thermisch eliminiert wird. Allerdings muss man bei der Innendämmung berücksichtigen, dass Wärmebrücken an Decken- und Wandanschlüssen nicht vollständig auszuschließen sind. Ist die Dampfsperre dann nicht optimal ausgelegt, besteht die Gefahr von Tauwasserbildung bzw. daraus resultierenden Bauschäden und Schimmelpilzbefall.

Innenraumluftqualität. Für nicht gewerbliche Innenräume, private Wohn- und Arbeitsräume existieren keine Grenz- oder Richtwerte, anhand derer definitiv ungesunde Konzentrationen von Innenraumschadstoffen fest gemacht werden können. Weder sind die für den gewerblichen Bereich geltenden MAK-Werte zur Orientierung geeignet, noch die von der VDI-Kommission zur Reinhaltung der Luft festgelegten MIK-Werte. Die vom Bundesgesundheitsamt für einige Holzschutzmittel-Wirkstoffe festgelegten MRK-Werte (Maximale Raumluftkonzentration) wären vom Anspruch geeignet, aber in den Größenordnungen selbst nach Aussagen des Bundesgesundheitsamtes völlig unangemessen. Zur Orientierung sind wohl die Luftgüteleitlinien der Weltgesundheitsorganisation WHO zur Bewertung der Innenraumluftqualität am besten geeignet.

Da die Innenraumluftqualität nicht von der Außenluftqualität isoliert werden kann, soll noch kurz auf das neue Gesetz der Bundesregierung zur Verbesserung der Luftqualität eingegangen werden. Mit dem neuen Gesetz und der Novelle der 22. BImSchV werden die neuen Luftqualitätsrichtlinien der Europäischen Union in deutsches Recht umgesetzt. So werden strengere Immissionsgrenzwerte für Schadstoffe wie Schwefeldioxid, Stickstoffdioxid, Feinstaub, Blei, Benzol und Kohlenmonoxid festgelegt, die nach den Übergangsfristen (01.01.2005 bzw. 01.01.2010) nicht mehr überschritten werden dürfen. Zur Einhaltung der Grenzwerte, vor allem von Feinstaub und Stickstoffdioxid, sind nicht nur Emissionsminderungen in Anlagen, sondern auch in anderen Bereichen notwendig.
→ MAK-Wert, → MIK-Wert

Inoculation.
→ Impfung

Insuffizienz. Ungenügende Leistung eines Organs.

Interleukine. Interleukine sind Botenstoffe, die von immunkompetenten Zellen gebildet werden und auf andere Immunzellen wirken.

Interne Wärmegewinne. Als interne Wärmegewinne im Sinne der Wärmeschutzverordnung werden nutzbare Wärmegewinne bezeichnet, die bei bestimmungsgemäßer Nutzung innerhalb des Gebäudes auftreten. Infolgedessen verringert sich der Heizwärmebedarf.

Intoxikation. Allgemeine Bezeichnung für eine Vergiftung, wobei über die Ursache noch nichts ausgesagt ist.

Intrakutantest. Der Intrakutantest ist eine Testmethode, bei der die Allergenlösung bzw. bestimmte Allergenextrakte mit einer Spezialnadel direkt unter die Haut eingespritzt werden. Nach einer Wartezeit von 15-20 Minuten erscheinen Rötungen und Schwellungen, wenn die Reaktion positiv ist. Der Intrakutantest dient damit zur Erfassung einer allergischen Reaktion vom Soforttyp und gilt als relativ sicher und geeignet für Schimmelpilz- und Nahrungsmittelallergie, die sonst nicht so einfach nachzuweisen sind.

intrazellulär. Innerhalb einer Zelle gelegen bzw. befindlich.

Invertase.
→ Pilze

in vitro. Im Reagenzglas; z.B. eine In-vitro-Allergietestung, d.h. eine entsprechende Untersuchung nicht an der Haut oder an betroffenen Organen, sondern mittels einer Labormethode.

Inzidenz. Zahl der Neuerkrankungen pro Zeitperiode.

Irritation. Reizung oder Zustand des Gereiztseins; oft in der Form des Adjektivs »irritativ« = eine Reizung verursachend verwendet. Beispiel: irritative Dermatitis im Gegensatz zu einer allergischen Dermatitis (Entzündung der Haut).

Isidien.
→ Flechten

Isoaliphate. Isoaliphate werden heute noch größtenteils aus Erdöl hergestellt, in der Zukunft ist aber eine Produktion aus natürlichen Rohstoffen möglich. Eine universelle Verdünnung aus Isoaliphaten benötigt aber zur Verbesserung der Lösekraft einen 5-prozentigen Zusatz von natürlichem Citrus-Terpentin. Aliphatische Verbindung ist die Sammelbezeichnung für organische Verbindungen, deren C-Atome in geraden oder verzweigten Ketten angeordnet sind, im Gegensatz zu den isocyclischen Verbindungen, bei denen die C-Atome Ringe bilden (Benzol-Ringe). Damit werden die aliphatische Verbindungen den acyclischen Verbindungen gleichgesetzt, deren Untergruppen die Alkane, Alkene u. Alkine sind, z.B. Alkohole (Ethanol), Carbonsäure (Essigsäure), Fette, Seifen, Wachse u.v.a. sind. Aldehyde, Ketone, Ester (z.B. Ethanol, Ethylacetat, Butylacetat, Hexanal, Aceton) dienen u.a. als Verdünner, Glanzverbesserer und Reinigungsmittel. Sie sind u.a. Bestandteile in Lacken, Klebern und Druckfarben.

Isocyanate. Isocyanate sind Ester der Isocyansäure und Ausgangsprodukte u.a. für Polyurethan-Kunststoffe, für die Atemwege schleimhautreizend und selten auch allergen.

Jahres-Heizwärmebedarf. Der Jahres-Heizwärmebedarf im Sinne der Wärmeschutzverordnung ist diejenige Wärme, die ein Heizsystem jährlich für die Gesamtheit der beheizten Räume eines Gebäudes bereitzustellen hat. Als beheizte Räume gelten die Räume, die aufgrund ihrer bestimmungsgemäßen Nutzung direkt oder durch Raumverbund beheizt werden. Der Jahres-Heizwärmebedarf für ein Gebäude setzt sich zusammen aus dem Transmissionsbedarf und dem Lüftungswärmebedarf abzüglich der internen Wärmegewinne und der solaren Wärmegewinne.

Jochpilze. Jochpilze ist die deutsche Bezeichnung für die Zygomycetes.
→ Zygomyceten

Kältebrücken.
→ Wärmebrücken

Kahmhaut. Unter Kahmhaut versteht man ein von Mikroorganismen, Bakterien und Pilzen auf nährstoffreichen Flüssigkeiten gebildetes Oberflächenhäutchen. Diese Bezeichnung wird in der Regel für verderbende Flüssigkeiten im Haushalt benutzt.

Kahmhefen. Kahmhefen sind – im Gegensatz zur allgemeinen Bezeichnung Kahmhaut – Hefen, die auf nährstoffreichen Flüssigkeiten ein Häutchen bilden bzw. an dieser Beteiligung beteiligt sind. Die Kahmhefen gären nicht oder nur sehr schwach. Das bekannteste Beispiel für eine Kahmhefe ist *Candida vini*.

Kaltsterilisation. Unter der Kaltsterilisation wird die Sterilisation bei Raumtemperatur beispielsweise durch Sterilfiltration, Bestrahlung mit ultraviolettem Licht oder auch durch Behandlung mit keimtötenden Substanzen verstanden. Die Kaltsterilisation ist beispielsweise in mikrobiologischen Labors bei hitzeempfindlichen Substanzen erforderlich.

Kanzerogenität. Mit der Kanzerogenität wird die Eigenschaft von Stoffen und Substanzen beschrieben, Krebs zu verursachen. In vielen Fällen ist für die Krebsbildung die additive Wirkung mehrerer Schadstoffe notwendig.

Kapillar aufsteigende Feuchtigkeit.
→ Kapillarität

Kapillarität. Unter der Kapillarität versteht man die Saugfähigkeit eines (Bau)Stoffes gegenüber Wasser und anderen Flüssigkeiten. Die kapillare Leitfähigkeit hängt im Wesentlichen von der Größe der Kapillaren ab. Ist der Kapillarradius relativ klein und liegt er unter 10^{-7} m, spricht man von Mikroporen oder Gelporen (10^{-9} bis 10^{-8} m), in denen ein kapillarer Wassertransport nicht mehr stattfinden kann. Diese Poren füllen sich mit Wasser nur noch durch den Wasseraufnahmemechanismus der Kapillarkondensation. Im Porengrößenbereich über 10^{-4} m findet ebenfalls ein kapillarer Wassertransport nicht mehr statt. Diese Poren besitzen kapillarbrechende Wirkung und werden häufig auch als Makro- oder Luftporen bezeichnet. Sie werden in einige Baustoffmischungen gezielt eingebracht, beispielsweise in Sanierputze oder Spezialbeton. Die Luftporen können nur noch unter Druck gefüllt werden. Im Porengrößenbereich zwischen 10^{-4} und 10^{-7} m ist die Kapillarität am besten ausgeprägt. Diese Poren werden deshalb auch als Kapillarporen bezeichnet.

Kapillarkondensation. An den Wandoberflächen tritt erst beim Unterschreiten der von der relativen Luftfeuchtigkeit abhängigen Taupunkttemperatur Tauwasserbildung auf. Dabei kann sich in den Kapillaren schon bei niedrigeren Werten der Luftfeuchte Tauwasser einstellen. Diese Tauwasserbildung innerhalb des Kapillarsystems wird auch als Kapillarkondensation bezeichnet und durch den Porenradius der Baustoffe beeinflusst.

Karzinogene. Chemische oder biologische Substanzen oder physikalische Faktoren, die Krebs erregend wirken können, werden als Karzinogene bezeichnet. Der Begriff wird häufig für Chemikalien verwendet, die durch Aktivitäten des Menschen in die Umwelt gelangen. Ein Stoff wird als karzinogen bezeichnet, wenn er bei einer Population von Organismen, die bisher mit diesem Stoff nicht in Berührung gekommen waren, einen statistisch auffälligen Anstieg an Neoplasmen oder anomalem Zellwachstum hervorruft. Über die Mechanismen, die Krebs auslösen, ist bisher allerdings nur wenig bekannt, sodass die Bemühungen, das karzinogene Potenzial verschiedener Substanzen zu ermitteln, heftige Kontroversen entfacht haben. Besonders die Frage nach dem Sinn von Tierversuchen zur Bewertung des Risikos für den Menschen ist schwer zu beantworten. Inzwischen sind jedoch Tests mit Zellkulturen von Mikroorganismen entwickelt worden, die rasch durchgeführt werden können. Dies wird als bedeutender Fortschritt in der Krebsforschung beurteilt. In den letzten Jahrzehnten wurde u.a. bei folgenden Stoffen eine karzinogene Wirkung festgestellt: bei den Pestiziden DDT, Kepon und EDB, dem künstlich hergestellten Hormon DES (Diethylstilbestrol), dem künstlichen Süßstoff Cyclamat, Asbest sowie vielen anderen Substanzen aus Industrie und Umwelt. Die im Tabak enthaltenen Karzinogene sind immer noch die bei weitem wichtigste Krebsursache. Die Krebs erregende Wirkung verschiedener Lebensmittel wird derzeit noch erforscht.

Karzinome. Mit Karzinom wird das krebsartige Wachstum neuen Gewebes infolge fortschreitender Wucherung abnormer Zellen bezeichnet, welche die Fähigkeit besitzen, in anderes Gewebe einzudringen und es zu zerstören. Krebs kann aus jeder Zellart und in jedem Körpergewebe entstehen. Es handelt sich dabei nicht um eine einzelne Krankheit, sondern um eine Vielzahl von Erkrankungen, die nach Gewebe- und Zellart, in der sie ihren Ursprung nehmen, klassifiziert werden. Es bestehen mehrere hundert solcher Krebsklassen, die sich in drei Hauptgruppen einordnen lassen: Sarkome entstehen in Binde-, Stütz- und Nervengeweben, wie Knochen, Knorpeln, Nerven, Blutgefäßen, Muskeln und Fett. Karzinome, zu denen die häufigsten menschlichen Krebserkrankungen zählen, haben ihren Ursprung in Epithelgeweben wie der Haut und der Auskleidung von Körperhöhlen und Organen sowie dem Drüsengewebe von Brust und Prostata (Vorsteherdrüse). Karzinome, die eine hautähnliche Struktur haben, werden als squamös bezeichnet. Solche, die in Drüsen bildendem Gewebe entstehen, nennt man Adenokarzinome. Leukämien und Lymphome sind Krebserkrankungen, die Blut bildende Organe befallen. Kennzeichnend für diese Krebsformen sind vergrößerte Lymphknoten, der Befall von Milz und Knochenmark sowie eine Überproduktion unreifer weißer Blutkörperchen.

Man schätzt, dass etwa 80 Prozent aller Krebserkrankungen durch Umwelteinflüsse verursacht werden. Die am besten erforschte umweltbedingte Ursache ist aktiv oder passiv eingeatmeter Tabakrauch, der für ungefähr 30 Prozent aller Krebstodesfälle verantwortlich ist. Ernährungsbedingte Ursachen sind möglicherweise für etwa 40 Prozent verantwortlich, doch der ursächliche Zusammenhang ist hier nicht so deutlich, und die verantwortlichen Nahrungsbestandteile sind nicht genau bestimmt. Fettleibigkeit ist ein Risikofaktor für eine Reihe von Krebserkrankungen, besonders für Brust-, Dickdarm-, Gebärmutter- und Prostatakrebs. Fettreiche und ballaststoffarme Ernährung wird mit der hohen Häufigkeit von Dickdarmkrebs in Zusammenhang gebracht. Fettreiche Ernährung und Fettleibigkeit wirken offenbar wie Alkohol krebsfördernd.

Karyogamie.
→ Parasexualität

KBE. Bei der Bestimmung der Lebendzellzahl gilt eine Gesamtkonzentration der Schimmelpilze von mehr als 100 KBE pro m^3 Luft über der in der Außenluft bestimmten Konzentration als Hinweis auf eine Schimmelpilzbelastung im Innenraum (KBE = Kolonie-Bildende Einheiten, entspricht der Anzahl lebender Pilze, die auf einen bestimmten Nährsubstrat wachsen können). Eine differenzierte Betrachtung ist möglich, wenn die einzelnen Schimmelpilzgruppen bestimmt werden. Das National Health and Welfare Institute in Kanada hat beispielsweise 1993 bereits folgende Empfehlung herausgegeben: Pathogene oder toxische Pilze (z.B. *Aspergillus fumigatus, Stachybotrys chartarum*) dürfen in Innenräumen nicht vorkommen, bis zu 50 KBE/m^3 **einer einzigen** Pilzart in der Raumluft sind akzeptabel, bis zu 150 KBE/m^3 sind akzeptabel, wenn eine ausgewogene **gemischte** Pilzflora vorhanden ist und bis zu 500 KBE/m^3 sind akzeptabel, wenn es sich hauptsächlich um Cladosporien oder andere pflanzenassoziierte Pilze handelt.

Keim. In der Mikrobiologie wird unter Keim eine Fortpflanzungseinheit zusammengefasst, die zu einem neuen Organismus oder einer Kolonie von Einzelzellen heranwachsen kann wie beispielsweise alle Formen bzw. Typen von Sporen, Sprosszellen und dgl.

Keimzahlbestimmung. Die Keimzahlbestimmung ist eine mikrobiologische Methode, bei der in Proben von Wasser, Luft, Boden usw. die Anzahl der vorhandenen Mikrobenkeime pro Volumen-Einheit bestimmt wird. Dies geschieht durch definierte Probenahmen, die auf Nährböden für Mikroorganismen gebracht werden. Für Luftproben werden spezielle Keimsammelgeräte verwendet, bei denen die angesaugte Luft direkt über den Nährboden geführt wird.

Keimzelle. In der Mikrobiologie wird unter Keimzelle eine einzelne Zelle verstanden, die einen neuen Organismus oder eine Kolonie aus Einzelzellen bilden kann. Keimzellen können nach mitotischer Teilung (als Konidien) oder nach meiotischer Teilung (Basidiosporen) entstehen. Sie sind ohne Sexualakt (alle Sporenformen) oder nach einem Sexualakt (Gameten oder Spermatien) entwicklungsfähig.

Kellerschwamm.
→ Holzzerstörende Pilze

Kernpilze. Deutsche Bezeichnung für die Ascomyceten
→ Ascomyceten

Ketone. Eine Klasse organischer Verbindungen. Das einfachste Keton ist das Aceton, das den wissenschaftlichen Namen Propanon trägt. Aceton entsteht beim Fettstoffwechsel, wird aber unter normalen Bedingungen schnell zu Wasser und Kohlendioxid weiteroxidiert. Bei der Krankheit Diabetes mellitus bleiben gewisse Mengen an Aceton im Körper erhalten und können im Urin nachgewiesen werden. Zu den Ketonen gehören auch Campher und viele Steroide, ferner einige Duftstoffe und manche Zucker. Ketone sind relativ reaktionsfähige organische Verbindungen und haben daher große Bedeutung für die Synthese anderer Substanzen. Außerdem sind sie wichtige Zwischenstufen beim Stoffwechsel in der Zelle.

Kinetoplast.
→ Flagellaten

Kleistothecien.
→ Sporenbildung

Klima. Der allgemein gebräuchliche Begriff Klima wird je nach Verwendung unterschiedlich definiert. In der Regel wird darunter das Spektrum aller meteorologischen Erscheinungen zur Charakterisierung des Zustandes der Atmosphäre an der Erdoberfläche oder die Summe der durchschnittlichen Witterungserscheinungen während eines bestimmten Jahres- oder Jahrhundertabschnittes verstanden. Was die Klimaeinwirkung auf den Menschen betrifft, soll eine Formulierung von Alexander von Humboldt herangezogen werden, die auch heute noch höchste Aktualität besitzt. Demnach bezeichnet der Ausdruck Klima in seinem allgemeinen Sinne alle Veränderungen in der Atmosphäre, die unsere Organe merklich reizen: die Temperatur, Feuchtigkeit, Veränderung des barometrischen Druckes, den ruhigen Luftzustand oder die Wirkungen ungleicharmiger Winde, die Größe der elektrischen Spannung, die Reinheit der Atmosphäre oder die Vermengung mit mehr schädigenden gasförmigen Exhalationen, also Reize von Schall- und Luftfremdstoffen.

Für Untersuchungen in der Bauwerksdiagnostik spielen sowohl die außenklimatischen Belastungen der Bauwerkshülle wie Schlagregen, Sonneneinstrahlung, langwellige Abstrahlung, Temperatur, Luftfeuchte und Wind, als auch natürlich die innenraumrelevanten Klimaparameter eine Rolle. Alle Messverfahren zur Bestimmung thermophysikalischer Kennwerte erfordern ein so ge-

nanntes Differenzklima. Dies bedeutet, dass auf den Oberflächen des Prüfkörpers zumindest teilweise unterschiedliche klimatische Randbedingungen vorliegen bzw. auf dessen Begrenzungsflächen verschiedene Klimate einwirken müssen. Ohne eine Angabe dieser klimatischen Randbedingungen ist eine Berechnung von Temperatur- und Feuchtigkeitsprofilen in Bauteilen und Baustoffen nicht möglich.
→ Raumklima

Klimadaten. Unter Klimadaten werden alle Arten von Informationen zusammengefasst, die das Klima bzw. die Klimaveränderung an einem Ort und in einem bestimmten Zeitraum beschreiben. Dabei beschreiben die Klimadaten immer den mittleren Zustand der Atmosphäre an einem bestimmten Ort, repräsentiert durch statistische Gesamteigenschaften (Mittelwerte, Jahressummen, Häufigkeit extremer Erscheinungen und dgl.). Darin unterscheiden sich Klimadaten von den Wetterdaten, die den augenblicklichen (aktuellen) meteorologischen Zustand an einem Ort widerspiegeln.

Die messtechnische Erfassung dieser meteorologischen und lufthygienischen Parameter werden unter dem Begriff Klimamessungen zusammengefasst. Hierzu gehören Lufttemperaturen, Luftfeuchte, Boden- bzw. Oberflächentemperaturen, Luftdruck, Niederschlag, Verdunstung, Strahlungsparameter wie Einstrahlung, Ausstrahlung usw. Klimatische Messungen sollten stets über einen für die Problemstellung auseichend langen Zeitraum erfolgen und homogene Datenreihen erzeugen. Zur Erfassung der lokalklimatischen Situation sind in der Regel Messungen an einem Standort über einen Zeitraum von 1-2 Jahren notwendig.
→ Klima

Klimamessungen.
→ Klimadaten

Klimaplatten. So genannte Klimaplatten bestehen aus zellstoffverstärktem Calciumsilikat. Feinste Kristalle bilden ein Gerüst, dass Millionen von Mikroporen schafft. Diese Poren sind untereinander und mit der Außenluft verbunden. Aufgrund des geringen Anteils an Zellstoff sind die Klimaplatten nichtbrennbar nach DIN 4102 und sorgen durch das kristalline Grundgerüst für eine hohe Druckfestigkeit. Sowohl die geringe Wärmeleitfähigkeit als auch die hohe Kapillarität sind auf die sehr feinen offenen Poren zurückzuführen, die ca. 90% ausmachen. An der großen inneren Oberfläche kann sich Wasser adsorptiv binden. Calciumsilikat ist schwach alkalisch (pH-Wert ~10). Wärmedämmende Klimaplatten werden als Innendämmung montiert, wenn eine Außendämmung nicht möglich ist oder Probleme durch Kondensationsfeuchte auftreten können. Vielfach werden Klimaplatten auch zum Innenausbau in Kellerräumen etc. eingesetzt.

Kodon.
→ Translation

Köpfchenschimmel. Volkstümliche Bezeichnung für *Mucor*-Arten und verwandte Zygomyceten; beruht auf den großen runden Sporocysten.
→ Pilze

Kokanzerogene. Kokanzerogene sind Stoffe, die den Effekt von Kanzerogenen verstärken, ohne selbst kanzerogen zu sein.
→ Kanzerogene

Kokken.
→ Bakterien

Kolbenschimmel.
→ Aspergillus, → Pilze

Kolloid. Suspension mikroskopisch kleiner Teilchen einer Substanz in einem Dispersionsmedium. Mit Suspension bezeichnet man die Aufschwemmung von festen Stoffen in einer Flüssigkeit (Medium), wobei die Teilchen in dem Medium feinstverteilt sind. Bei einem Kolloid nennt man die Suspension auch disperse Phase. Das Medium bildet die so genannte kontinuierliche

Phase. Beide erwähnten Phasen können fest, flüssig oder gasförmig sein. Allerdings bezeichnet man die Verteilung eines Gases in einem anderen Gas nicht als Kolloid. Unter einem Aerosol versteht man eine kolloidale Verteilung von festen oder flüssigen Stoffen in einem Gas (wie beim Strahl aus einer Sprühdose). Als Emulsion bezeichnet man eine kolloidale Verteilung feinster Flüssigkeitstropfen in einer Flüssigkeit. Beispielsweise ist eine Hautcreme im Prinzip nichts anderes als eine Suspension feinster Fetttröpfchen in Wasser.

Eine kolloidale Verteilung fester Teilchen in einer Flüssigkeit nennt man Sol. Beispiele für Sole sind Anstrichfarben, bei denen kleinste Pigmentteilchen in einer meist öligen Flüssigkeit suspendiert sind. Gele zählt man zu den Spezialfällen der Sole: Bei ihnen bilden jeweils viele dispergierte Teilchen ein lockeres, aber wohldefiniertes räumliches Gebilde. Dadurch erhält die Mischung einen gewissen Halt und bleibt trotzdem elastisch; ein Beispiel hierfür ist Gelatine in Wasser. Die Teilchen in einem echten Kolloid sind so klein, dass sie infolge der ständigen Zusammenstöße mit den Molekülen des Dispersionsmediums nicht zu Boden sinken. Diese ungeordnete Bewegung der Teilchen unter dem Einfluss der Molekülstöße wird Brownsche Molekularbewegung genannt. Wenn aber die auf die Teilchen in Richtung zum Gefäßboden wirkende Kraft sehr stark erhöht wird, lässt sich eine Suspension auftrennen. Dies gelingt z.B. mit einer Ultrazentrifuge (Hochgeschwindigkeitszentrifuge).

Zur industriellen Herstellung kolloidaler Dispersionen in Flüssigkeiten wird der betreffende Feststoff zunächst extrem fein gemahlen. Beim Herstellen von Emulsionen werden die beiden Flüssigkeiten gemischt und dann in einer Emulgiermaschine intensiv geschüttelt oder gerührt. Die Benetzung der zu suspendierenden Teilchen wird zuweilen durch Zugabe eines Stabilisators oder Emulgators unterstützt. Bei der Elektrophorese trennt man kolloidale Teilchen mit Hilfe eines elektrischen Feldes. Ein auf ihr beruhendes Trennverfahren wurde 1937 von dem schwedischen Biochemiker Arne Tiselius entwickelt. Es dient zur Untersuchung von Proteinen sowie zur Diagnose von Krankheiten, die Veränderungen im Blutserum auslösen. Kolloidale Dispersionen lassen sich nicht durch Filtrieren auftrennen, weil die Teilchen hierfür zu klein sind. Andererseits können kolloidale Teilchen die extrem feinen Poren von so genannten semipermeablen (halbdurchlässigen) Membranen nicht passieren. Daher lassen sich manche Kolloide mit Hilfe der Osmose reinigen: Man füllt das Kolloid in ein Gefäß, das durch eine semipermeable Membran von beispielsweise reinem Wasser getrennt ist. Eventuell vorhandene gelöste Verunreinigungen diffundieren dann allmählich durch die Membran in das Wasser, während die gewünschten Teilchen in der Kolloidlösung verbleiben.

Dieses Prinzip wendet man bei der Dialyse an. Nach vollständigem Ablauf einer Dialyse kommt es häufig vor, dass das Kolloid zusammenbricht, d.h. sich die Teilchen am Boden absetzen. Die Ursache hierfür ist folgende: Die Stabilität vieler Kolloide hängt von den elektrischen Ladungen seiner einzelnen Teilchen ab. Diese Ladungen hängen ihrerseits vom Vorhandensein gelöster Elektrolyte ab. Die einzelnen kolloidalen Teilchen sind so winzig, dass sie im gewöhnlichen Lichtmikroskop nicht zu erkennen sind. Wenn ein Lichtstrahl von der Seite durch eine kolloidale Dispersion geführt wird, so ist der Strahlverlauf infolge der Lichtstreuung durch die Kolloidteilchen sichtbar. Aus einem ähnlichen Grund kann man in einem relativ dunklen Zimmer einen Lichtstrahl im Staub oder im Zigarettenrauch sehen.

Kolonie. Unter Kolonie wird in der Mikrobiologie die aus einem Keim (beispielsweise einer Zelle oder einer Spore) durch Wachstum oder Vermehrung hervorgegangene, makroskopisch sichtbare, organismische Einheit (beispielsweise eine Anhäufung von Sprosszellen oder ein Myzel auf einem festen Nährboden) verstanden. Form, Farbe und Konsistenz der Kolonie können unter Umständen für die Bestimmung wichtig sein.

Kommensalismus.
→ Bakterien

Komplementsystem.
→ Antikörper

komplexe Viren. Zur Gruppe der komplexen Viren zählen die Pockenviren und Bakteriophagen (Viren, die ausschließlich Bakterien infizieren).
→ Bakteriophagen, → Viren

Kondensation. von lateinisch condensare = verdichten bedeutet in der physikalischen Chemie den Übergang von Dämpfen oder Gasen in Flüssigkeiten oder feste Stoffe durch Abkühlung, eventuell zusätzlich unter Druck. Ein im Bauwesen wichtiger Vorgang ist hierbei die Kondensation von Wasserdampf, z.B. an Wänden und Decken von Gebäuden. In der Physik stellt die Kondensation einen Vorgang dar, bei dem Materie in eine dichtere Form übergeht – z.B. der Übergang eines Gases in eine Flüssigkeit oder einer Flüssigkeit in einen Feststoff. Im alltäglichen Sprachgebrauch versteht man unter Kondensation meist die Verflüssigung von Dampf oder Wasserdampf.

Die Kondensation setzt bei dem Abfall der Temperatur unter einen bestimmten Punkt (Kondensationspunkt) ein. Dabei wird so genannte Kondensations- oder Umwandlungswärme an die Umgebung abgegeben. (Diese Wärme oder Enthalpie wird umgekehrt bei der Verdampfung aufgenommen.) Die aus dem Gas bzw. Dampf kondensierte Flüssigkeit nennt man Kondensat. Nach der kinetischen Gastheorie führt die Abnahme der Energie dazu, dass das Gas oder der Dampf beim Abkühlen schließlich in den flüssigen Zustand übergeht. Die Kondensation spielt eine entscheidende Rolle bei der Destillation und beispielsweise auch bei Dampfmaschinen, in denen der Wasserdampf im so genannten Kondensator zu flüssigem Wasser kondensiert wird. Ein Beispiel für Kondensation ist in der Meteorologie der Niederschlag (Tau, Regen oder Schnee). In der Chemie versteht man unter Kondensation das Zusammentreten mehrerer Moleküle zu einem größeren Molekül bei gleichzeitigem Austritt von einfachen Molekülen, meist Wasser, Alkohol oder Kohlendioxid.
→ Wärmebrücken

Kondenswasser. Ständige Kondenswasserbildung an Außenwänden ist ein Zeichen für eine ungenügende Wärmedämmeigenschaft der Wand. Verstärkt wird die Durchfeuchtung unter Umständen durch eine Erhöhung der Luftfeuchtigkeit infolge der Raumnutzung (z.B. Waschküche, Sauna etc.) Plötzlich auftretende Kondenswasserschäden besonders in Ecken, Nischen und Fensterleibungen sind meist auf Veränderungen der Luftzirkulation – beispielsweise durch den Einbau neuer Fenster oder einer Heizungsanlage – zurückzuführen. Falsches Lüftungsverhalten kann hier eine zusätzliche Rolle spielen. Kondenswasser tritt dann auf, wenn die relative Luftfeuchtigkeit 100% erreicht, also die so genannte Taupunktlinie überschreitet. Der überschüssige Wasserdampfgehalt der Luft wird dann an den Baustoffoberflächen abgeschieden. Infolgedessen kann es zu gravierenden Durchfeuchtungsschäden kommen. Durch Kondenswasserbildung werden häufig die Feuchtigkeitsbilanzen von Bauwerken wesentlich beeinflusst, denn eine relativ hohe Luftfeuchtigkeit zum Beispiel wird die Trocknungstendenz eines Bauteils verändern.

Konidie.
→ Conidie, → Pilze, → Sporenbildung

Konidienträger.
→ Pilze

Konidiogenese.
→ Conidiogenese, → Meiosporen

Konidiophoren.
→ Conidiosporen, → Pilze, → Sporenbildung

Konidiosporen.
→ Meiosporen, → Pilze

Konjunktivitis. Augenbindehautentzündung; oft – keineswegs immer – allergisch verursacht, z.B. bei einer Pollen- oder Tierhaarallergie.

Konstitution. Körperliche und seelische Verfassung, Widerstandskraft eines Lebewesens, anlagebedingte »Gesamtverfassung«.

Kontaktallergie. Durch direkten Kontakt mit der Haut (selten Schleimhaut) hervorgerufene Allergie, meist vom zellvermittelten Typ und dann ein allergisches Kontaktekzem verursachend; seltener vom Soforttyp und dann Ursache einer allergischen Kontakturtikaria.

Kontamination. Verunreinigung, Verschmutzung, Verseuchung mit Schadstoffen; z.B. von Räumen, Gegenständen, Nahrungsmitteln oder auch der Umwelt.

Kontraindikation. Umstand, der die (weitere) Anwendung einer diagnostischen oder therapeutischen Maßnahme verbietet. Beispiel: Penicillinallergie = Kontraindikation für eine weitere Penicillinbehandlung.

Konvektion. Die Konvektion ist eine Form der Wärmeübertragung, bei der Wärmeenergie zwischen einem gasförmigen oder flüssigen Medium und einem festen Stoff ausgetauscht wird. Im Bauwesen tritt Konvektion an der Oberfläche von Wänden und Decken mit der sie umgebenden Luft auf. Dabei bewegt sich Luft entlang der Oberflächen der Bauteile und überträgt einen Teil ihrer Wärmeenergie an das Bauteil, sofern die Temperatur der Luft höher als die des Bauteils ist, und kühlt sich dabei ab. Ist dagegen die Oberflächentemperatur des Bauteils höher, wird der Luft Wärmeenergie zugeführt, die Luft erwärmt sich. Unangenehm macht sich die Konvektion bemerkbar, wenn sich in einem Raum eine schlecht wärmegedämmte Fläche (beispielsweise ein Fenster mit Einfachverglasung) gegenüber einer Heizquelle befindet. Die warme Luft über der Heizquelle steigt an die Decke, kühlt sich an der kalten Fensterfläche ab und sinkt dabei nach unten. Dieser Luftkreislauf vermittelt das Gefühl von Kälte und Zugerscheinungen.

Konvektive Wärmebrücken. Konvektive Wärmebrücken entstehen durch Undichtigkeiten oder Durchführungen von Versorgungsleitungen, über die durch konvektive Mitführung von Luft, Gasen oder Flüssigkeiten Wärmeenergie vom Warmen ins Kalte transportiert wird. Beispiele hierfür sind ungedämmte Wasserleitungen durch Außenbauteile, die Fugendurchlässigkeit der Fensterflügel oder auch nicht winddichte Konstruktionsfugen. → Wärmebrücken

Konvulsion. Schüttelkrampf

koprophile Pilze. Diejenigen Pilze, die auf Dung vorkommen, so genannte koprophile Pilze, zeichnen sich zumeist durch eine große Spezifität aus. Sie produzieren in der Regel eine relativ geringe Anzahl von Sporen, die meist dunkel gefärbt sind und eine schleimige Oberfläche besitzen. Die meisten koprophilen Pilze gehören zu den Ascomyceten. Die Sporenverbreitung funktioniert im Prinzip wie bei jedem anderen Ascomyceten. Infolge der hohen Habitatspezifität (Besonderheit eines Standortes, an dem eine Tier- oder Pflanzenart regelmäßig vorkommt) der koprophilen Ascomyceten ist es für die Sporenkeimung unerlässlich, dass die Spore erneut auf einem Dunghaufen landet. Dies wird dadurch bewerkstelligt, indem die Spore aufgrund ihrer Wandbeschaffenheit auf Pflanzenmaterial überdauert, nun von einem grasenden Tier samt Pflanze gefressen wird, unbeschadet den Magen passiert und schließlich im Intestinaltrakt zu keimen beginnt. Ein anderer Weg ist vielmehr zufällig und besteht darin, dass die Spore zufällig mit einem Dunghaufen in Berührung kommt. Eine weitere Methode besteht in der Verbreitung mit Hilfe so genannter koprophiler Insekten. Einige Gattungen koprophiler Pilze sind *Trichodelitschia, Thelelobus, Podospora, Preussia, Triangularia, Cercophora, Sordaria* und *Coprinus*.

Korrelation. (von lat. relatio = das Zusammentragen, Beziehung, Verhältnis) beschreibt die Wechselbeziehung funktioneller Art zwischen verschiedenen Organen bzw. Organteilen des Körpers oder auch den statistischen Zusammenhang zwischen zwei untersuchten Merkmalen.

Kreuzallergie. Allergie, bei der die spezifischen Antikörper bzw. Lymphozyten nicht nur mit ihrem spezifischen Allergen, sondern auch mit immunologisch identischen oder ähnlichen Regionen anderer Allergene reagieren und eine allergische Reaktion auslösen können. Bekanntes Beispiel: Kreuzallergie Birkenpollen – Kernobst.

„kriechende" Pilze.
→ Plasmodien/Plasmodium

Kryptoklima. (griech. kryptos = verborgen) Das künstlich modifizierte Klima von Innenräumen für Menschen wie eine Wohnung mit oder ohne Klimaanlage, aber auch für Tiere im Stall oder Pflanzen im Gewächshaus wird unter Kryptoklima zusammengefasst. Es unterscheidet sich im Wesentlichen vom Außenklima durch höhere Konstanten in den Werten Lufttemperatur und -feuchtigkeit, geringere zeitliche Veränderungen und vor allem in der Regel durch oftmals höhere Konzentrationen an sonstigen Luftschadstoffen. Es kann stark durch Raumlufttechnische Anlagen und/oder Lüftung verändert werden.

Kryptokokkose.
→ Cryptococcus neoformans

Kultivierungsmethoden. Die Kultivierung von Mikroorganismen in künstlichen Systemen kann auf sehr unterschiedliche Art erfolgen. Will man beispielsweise einen bestimmten Mikroorganismus aus einer Bodenprobe oder aus Patientenmaterial anzüchten, muss man ihn zunächst durch geeignete Maßnahmen von konkurrierenden Organismen trennen. Dabei erleichtern genaue Kenntnisse über die Wachstumsansprüche des Zielorganismus die Schaffung möglichst gut definierter und damit reproduzierbarer Kulturbedingungen.

Für die Kultivierung von aeroben Mikroorganismen muss eine ausreichende Sauerstoffversorgung gesichert sein. Aerobe Mikroorganismen werden deshalb entweder in Oberflächenkultur, Deckenkultur oder Submerskultur vermehrt. Oberflächenkulturen werden beispielsweise auf der Oberfläche von Festmedien in Petrischalen oder auf Schrägagar in Reagenzgläsern angelegt. Deckenkulturen eignen sich für kleine, schwer benetzbare Partikel wie Pilzsporen, die auf der Wasseroberfläche schwimmen. Wird das Gefäß nicht geschüttelt, entwickelt sich auch das Myzel zu einer bis mehrere Millimetern dicken Decke auf der Wasseroberfläche und wird dort durch die Oberflächenspannung gehalten. Bei der Submerskultur sind die Mikroorganismen homogen in der Nährstofflösung verteilt.

Anaerobe Mikroorganismen müssen, abhängig von ihrer Sauerstoffsensibilität, unter niedrigem Sauerstoffpartialdruck oder sogar unter Sauerstoffausschluss kultiviert werden. Fakultativ anaerobe und aerotolerante Bakterien können wie aerobe Bakterien überimpft und bearbeitet werden. Bei obligat anaeroben Organismen muss das Überimpfen unter einer sauerstofffreien Gasphase oder in einer Anaerobenkammer erfolgen. Die Kultivierung erfolgt unter Ausschluss von Sauerstoff und unter Zusatz eines Reduktionsmittels, um die Entwicklung freien Sauerstoffes zu verhindern.

Zur Kultivierung von Mikroorganismen im Labor zu Forschungszwecken oder für die routinemäßige Identifizierung werden in der Regel nur kleinere Mengen Medium verwendet. Die Kultivierung in größeren Mengen oder zur kommerziellen Anwendung erfolgt in der Regel als Submerskultur in so genannten Bioreaktoren. Fermenter ist die klassische Bezeichnung für einen Bioreaktor, der zur Kultivierung von Mikroorganismen bzw. zur Gewinnung der von ihnen gebildeten Produkte dient.

Kupfer. Kupfer ist vorrangig als Mineral in der Erde zu finden. Zu den wichtigsten behandelten

Erzen gehören: Kupferkies und Kupferglanz. Als Spurenelement ist es in allen Tieren, Pflanzen und Böden vorhanden. Kupfer kann in saurer Umgebung Spuren von löslichen Salzen abgeben, die auf niedere Pflanzen schon in geringen Mengen toxisch wirken. Von tierischen Organismen wird Kupfer in größeren Mengen vertragen; das Einatmen von Dämpfen oder Rauch kann jedoch zu dem so genannten »Metallfieber« führen. Es wird vermutet, dass Kupfer mutagenes und karcinogenes Potenzial birgt.

k-Wert. Der Wärmedurchgangskoeffizient (kurz k-Wert) ist der Kehrwert des Wärmedurchgangswiderstandes und wird benutzt, um die energetische Qualität eines Bauteiles oder Werkstoffes zu beschreiben und zu bewerten. Kleine k-Werte stehen dabei für eine hohe und große k-Werte für eine schlechte Energiebilanz. Der Wärmedurchgangskoeffizient gibt diejenige Wärmemenge an, die in einer Stunde durch $1 m^2$ einer Wand von der Dicke d bei Beheizung hindurchgeht, wenn die Temperaturdifferenz der angrenzenden Luftschicht 1K beträgt. Dies bedeutet, dass ein stationärer Zustand vorliegt, also ein gleichmäßiger Wärmefluss stattfindet.

Läppchentest.
→ Epikutantest

Lagerfäule.
→ Holzzerstörende Pilze

Laktalbumin. Milcheiweißkörper, zusammen mit Laktoglobulin und Kasein ein Hauptallergen der Kuhmilch.

Laktase.
→ Pilze

Laktoglobulin. Eiweiß der Milch; eines der Allergene der Kuhmilch.

Laktose. Ein Zucker mit der chemischen Formel $C_{12}H_{22}O_{11}$, auch als Milchzucker bezeichnet. Er kommt in der Milch vor, aus der er in Form harter, körniger Kristalle der Zusammensetzung $C_{12}H_{22}O_{11} \cdot H_2O$ isoliert werden kann. Dies gelingt durch Eindampfen der Molke, dem flüssigen Rückstand der Milch, der nach dem Entfernen des Fettes und dem Ausfällen des Kaseins anfällt. Lactosekristalle verlieren ihr Kristallwasser, wenn sie auf 140 °C erwärmt werden. Bei 202 °C schmelzen sie unter Zersetzung. Durch saure oder enzymatische Hydrolyse von Laktose erhält man Glucose und Galactose. Bei der Joghurt- und Sauermilchherstellung wandelt sich die Laktose in Gegenwart geeigneter Bakterienstämme in Milchsäure um. Laktose schmeckt weniger süß als Saccharose, die in Rohr- und Rübenzucker enthalten ist. Sie dreht die Ebene des polarisierten Lichtes nach rechts, ist also rechtsdrehend. In Wasser löst sich Laktose schlechter als Saccharose oder Glucose. Laktose ist ein wichtiger Bestandteil der Ernährung junger Säugetiere und wird oft der Babynahrung beigegeben. Sie wird außerdem auch für Konditoreiwaren und pharmazeutische Tabletten verwendet.

Lavage.
→ Bronchiallavage

LC_{50}. Konzentration des Agens in einem Medium (Luft, Wasser), die für 50% der Testorganismen tödlich ist, LC = letale (tödliche) Konzentration.

LD_{50}. Dosis eines Agens, bei der nach der Applikation 50% der Testorganismen sterben.

Letale Dosis.
→ Endpunkttitration

Leukomycin. Antibiotikum aus einer bestimmten Pilzart mit sehr breitem Wirkungsspektrum.

Leukotriene. Körpereigene Substanzen, die u.a. in Mastzellen gebildet werden und als Botenstoffe (Mediatoren) bei entzündlichen und allergischen Reaktionen wirken; steigern u.a. die Gefäßdurchlässigkeit (Ödembildung), verengen die Bronchien und spielen so beim Asthma bronchiale eine Rolle; Leukotrienantagonisten werden beim Bronchialasthma therapeutisch eingesetzt.

Leukozyten.
→ Lymphozyten

LHKW (Leichtflüchtige Halogenierte Kohlenwasserstoffe). Als Halogenkohlenwasserstoffe werden Kohlenwasserstoffe bezeichnet, bei denen die Wasserstoffatome durch Halogene ersetzt sind. Die Halogene sind Elemente wie Fluor, Chlor und Brom, die mit Metallen Salze bilden. Der bekannteste halogenierte Kohlenwasserstoff ist das FCKW; der Anteil anthropogen ausgebrachten FCKW als den Treibhauseffekt mitverursachender Stoff beträgt 17%, zudem ist FCKW der Hauptverursacher des Ozonlochs.

Lignicole Pilze. Unter lignicolen Pilzen, die auch als xylophage Pilze bezeichnet werden, werden holzbewohnende (holzzerstörende) Pilze zusammengefasst, die das Holz als Nahrungsquelle nutzen. Mitunter wird auch der Begriff epixyl für aufsitzende Arten benutzt.

Lignin. Lignin ist neben Cellulose und Hemicellulose einer der Hauptbestandteile der Zellwand höherer Pflanzen. Mengenmäßig handelt es sich bei diesem Polymer nach der Cellulose um die in der Natur am häufigsten vorkommende organische Verbindung. Lignin ist aus Phenylpropanresten aufgebaut, die durch Ether- und Kohlenstoff-Kohlenstoffverbindungen in vielfältiger Weise miteinander verknüpft sind. Die komplexe Vernetzung ist für die außerordentliche Resistenz des Lignins gegenüber enzymatischen Abbau verantwortlich. Lignin wird deshalb nur extrem langsam depolymerisiert. Nur sehr wenige Mikroorganismen (möglicherweise nur Pilze) sind in der Lage, Lignin anzugreifen und abzubauen. Am besten untersucht ist der Ligninabbau bei holzzerstörenden Weißfäulepilzen.

Lindan. Lindan, chemisch gamma-Hexachlorcyclohexan, ist ein chlorierter Kohlenwasserstoff. Seit Anfang der 50er Jahre fand Lindan breite Anwendung auch in Haushaltsartikeln. Bis 1985 enthielten ca. 45% der amtlich zugelassenen Holzschutzmittel diesen Wirkstoff in Konzentrationen zwischen 0,4% und 15%. Produktionsbedingt kann auch Lindan Dioxine enthalten, jedoch in geringeren Konzentrationen als PCP. Inzwischen ist Lindan weitgehend durch Pyrethroide ersetzt worden, obwohl es heute noch keine Anwendungsbeschränkung für Lindan als Holzschutzmittelzusatz gibt. Bei Lindan wurde im Gegensatz zu den meisten Holzschutzmittel die stärkste Anlagerung auf Schurwolle festgestellt. Dies erklärt sich durch das besondere Anreicherungsvermögen von Lindan in fetthaltigen Substanzen.

Lindan ist gut fett-, aber nur minimal wasserlöslich. Es wird sowohl über den Verdauungstrakt als auch über die Haut rasch und komplett aufgenommen und über das Blut vor allem in fettreiche Körperpartien befördert: Fettgewebe, Knochenmark und Nervensystem/Gehirn. Lindan wurde weiterhin in der Muttermilch nachgewiesen. Ein Teil wird abgebaut und über Kot und Urin wieder ausgeschieden. Durch die Anreicherung im Körper ist es schwierig, für Lindan genaue Verweilzeiten zu ermitteln, es werden Wochen diskutiert. Lindan ist ein Nervengift. Es erzeugt an den Nervenmembranen in geringen Konzentrationen Übererregbarkeit, wobei vor allem die motorischen, in geringerem Maße auch die sensorischen Nerven betroffen sind. Dabei entstehen Tremor (Zittern) und Muskelkrämpfe. Als Spätfolgen können motorische und sensible Störungen zurückbleiben.
→ SVOC

Lipasen. Lipasen sind Enzyme, die Fette in Fettsäuren und Glyzerin spalten, und industriell mit Hilfe von *Aspergillus niger* und *Rhizopus*-Arten hergestellt werden.

Lipide. Heterogene Klasse organischer Verbindungen, die in allen Lebewesen vorkommen. Im Unterschied zu anderen organischen Verbindungen lösen Lipide sich nicht in Wasser, wohl aber in Alkohol, Ether und anderen organischen Lösungsmitteln. Zu den wichtigsten Lipidtypen gehören die Phospholipide, die den Hauptbestandteil der Zellmembran bilden. Sie schränken den Transport von Wasser und wasserlöslichen Verbindungen durch die Membran ein, sodass der Zellinhalt von der Umgebung abgeschirmt wird. Fette, auch Triglyceride genannt, sind in den Zellen von Tieren und Pflanzen Reservestoffe bzw. Energiespeicher. Die Bausteine der Fette sind geradzahlige Fettsäuren, die mit dem Glycerin, einer Alkoholkomponente, verknüpft (verestert) sind. Überschüssige Energie aus der Photosynthese oder der aufgenommenen Nahrung wird in Form von Triglyceriden gespeichert. Beim Fettabbau liefern diese Verbindungen dem Organismus bei Bedarf Energie. Aufgrund des hohen Brennwertes von Fetten im Vergleich zu Kohlenhydraten oder Proteinen stellen sie einen hoch konzentrierten Energiespeicher dar. Weitere wichtige Gruppen der Lipide sind Steroide, zu denen das Vitamin D und einige wichtige Hormone gehören.

lipophil. Fettlöslich, Bezeichnung für fettliebende Stoffe

Lithotrophe Mikroorganismen. Lithotrophe Mikroorganismen gewinnen ihre Energie aus der Oxidation anorganischer Verbindungen. Sie bilden häufig anorganische Säuren wie beispielsweise Schwefel- oder Salpetersäure, die zu Schäden an Baustoffen führen können. Zu den lithotrophen Mikroorganismen zählt nur die Gruppe der Bakterien. An Bauwerken kommen diese Mikroorganismen als lithotrophe Nitrifikanten und Schwefeloxidanten (Schwefelbakterien) als Schadensquelle vor.

Lösemittel. Zur Reinigung, Hydrophobierung, Festigung und Beschichtung von Baustoffen werden neben Wasser auch zahlreiche organische Lösemittel eingesetzt. Ein Lösemittel sollte vor allem restlos verdunsten, um die Trocknung oder Aushärtung zu ermöglichen. Als Lösemittel werden Wasser, natürliche Öle, Kohlenwasserstoffe, Alkohole, Ketone, Ester oder Ether eingesetzt.

Wasser: Lösemittel für traditionell angewandte Leim-, Kasein- oder Wasserglasfarben sowie seit einigen Jahren zunehmend in wasserlöslichen Lacken, Dispersionsfarben sowie seit Jahrzehnten für alle Putzbindemittelarten.

Natürliche Öle: In zahlreichen Farben und Hilfsstoffen werden beispielsweise Terpentinöl (durch Destillation von Harz hergestellt) oder Leinöl (aus Leinsamen) eingesetzt. Kohlenwasserstoffe: Diese werden vielfach als Lösungsmittel in Unterwasseranstrichen und Korrosionsschutzlacken eingesetzt, wie beispielsweise Benzinkohlenwasserstoffe (Lackbenzin, Testbenzin), Benzolkohlenwasserstoffe (Toluol, Xylol), hydrierte Kohlenwasserstoffe (Decalin, Tetralin), chlorierte Kohlenwasserstoffe.

Alkohole, Ketone, Ester, Ether: Diese dienen vor allem als Lösemittel für schnell trocknende Lacke sowie für Siliconharze und Silane in Hydrophobierungsmitteln.

Lüften. Beim Lüften wird unterschieden in die Stoßlüftung, Spaltlüftung und Zwangslüftung, wobei immer auch ein Energieverlust entsteht, da warme Innenraumluft durch kalte Außenluft ersetzt wird.

Stoßlüften erfolgt durch kurzzeitiges weites Öffnen der Fenster oder Türen. Innerhalb weniger Minuten wird die verbrauchte, warme und feuchte Raumluft durch frische und kühle Außenluft ersetzt. Die Lüftungszeit kann durch Öffnen gegenüberliegender Fenster (Durchzugslüftung) noch verkürzt werden. Hierbei wird versucht, energieoptimiert zu lüften indem eine kurzzeitige Temperaturabsenkung im Raum erfolgt. Eine schnelle Aufheizung ist aber nach Abschluss des Lüftens möglich, da die wärmespeichernden Oberflächen ihre noch vorhandene Energie an die Raumluft abgeben können.

Spaltlüften erfolgt durch langzeitiges spaltweises Öffnen der Fenster oder Türen, bei Fenstern vorzugsweise durch Kippstellung. Die verbrauchte Raumluft wird langsam durch frische Außenluft ersetzt. Diese Lüftungsart hat zur Folge, dass viel Energie verloren geht und sich auch die Raumoberflächen abkühlen, sodass diese nicht zur Erwärmung der Raumluft beitragen können und selbst erst wieder erwärmt werden müssen.

Zwangslüftung erfolgt oft über Klimaanlagen. Seit der Wärmeschutzverordnung 1995 wird aber oft auch eine Wärmerückgewinnungsanlage eingebaut, um verbrauchte Luft zu ersetzen. Die bei der Zwangsbelüftung von Gebäuden eingesetzten Anlagen verfügen über einen Wärmetauscher, der dem Entlüftungsstrom Wärme entzieht und dem Zuluftstrom Wärme zuführt. Der Luftaustausch wird durch eine mechanische Be- und Entlüftungsanlage bei geschlossenen Fenstern gewährleistet. Diese Methode ist die energiesparendste Lüftungsart, da ein Teil der Energie im Abluftstrom zurückgewonnen werden kann. Beim Einsatz von Wärmerückgewinnungsanlagen ist darauf zu achten, dass der Stromverbrauch niedrig ist, um den Energiegewinn des Wärmetauschers nicht zu kompensieren.

Lüftungswärmebedarf. Der Wärmebedarf zum Ausgleich der Lüftungswärmeverluste wird als Lüftungswärmebedarf bezeichnet, wobei zwischen dem Lüftungswärmebedarf ohne und mit mechanisch betriebenen Lüftungsanlagen unterschieden wird.

Lüftungswärmeverlust. Lüftungswärmeverluste sind Wärmeverluste durch Luftaustausch über Fugen und Öffnungen. Sie werden durch die Luftwechselzahl, das anrechenbare Luftvolumen, die spezifische Wärmekapazität und die Dichte der Luft sowie der mittleren Heizgradtagzahl beeinflusst.

Luftdichtheit. Unter Luftdichtheit wird die Anforderung verstanden, die an die Dichtheit von Gebäudehüllen, Fenstern, Türen und sonstige Fugen gestellt wird. Die Luftdichtheit ist Grundvoraussetzung jeder wärmegedämmten Gebäudehülle. Nur mit einer luftdichten und winddichten Konstruktion kann verhindert werden, dass warme und feuchte Luft in die Konstruktion gelangt und dort in einer kälteren Zone kondensiert. Die luftdichte Ausführung der Außenhülle ist nach DIN 4108 und in der Wärmeschutzverordnung vorgeschrieben und kann am besten mit dem so genannten Blower-Door-Verfahren überprüft werden.
→ Blower-Door-Verfahren

Luftfeuchtemessverfahren. Die Luftfeuchtemessverfahren als Synonym für die Hygrometrie stellen den übergeordneten Begriff für die Bestimmung des Wasserdampfanteils der Luft für die wichtigen Messgrößen absolute, relative und spezifische Feuchte, Dampfdruck, Sättigungsdampfdruck, Sättigungsdefizit, Taupunkt, Mischungsverhältnis und Sättigungsmischungsverhältnis dar. Die Geräte für die Luftfeuchtemessung heißen Hygrometer sowie ihre selbstständig registrierenden Ausführungen Hygrografen mit sofort sichtbarem Bild bzw. Hydrologger mit der graphischen Darstellung auf dem PC. Die verschiedenen Messmethoden beruhen auf der Ausnutzung unterschiedlicher physikalischer Vorgänge und Eigenschaften: auf der durch Feuchteeinwirkung hervorgerufenen Längenänderung menschlicher oder tierischer Haare (Haarhygrometer), auf der durch Verdunstung von Wasser verursachten Abkühlung (Psychrometer), auf der kapazitiven Änderung der Dielektrizität in Abhängigkeit von der Feuchte der Umgebungsluft (kapazitive Feuchtefühler), auf der hygroskopischen Eigenschaft von Materialien (Absorptionshygrometer, Lithiumhygrometer), auf der Bestimmung der Luftfeuchte aus der Taupunkttemperatur (Kondensationshygrometer, Taupunkthygrometer) sowie auf der Änderung der elektrischen Leitfähigkeit infolge der Absorption von Wasserdampf (Elektrolythygrometer). Weite Verbreitung haben in den letzten Jahren die kapazitiven Messfühler gefunden. Deren Ausgangssignal ist in der Regel linear zur relativen Feuchte von 0 bis 100% relative Feuchte kalibriert. Mittels Umrechnung entsprechend der physikalischen Zusammenhänge zwischen den einzelnen Feuchtemaßen lassen sich zumindest bei gleichzeitig bekannter Lufttemperatur und evtl. Luftdruck alle anderen Feuchtigkeitsgrößen berechnen.

Luftfeuchtemessung. Im Unterschied zur Materialfeuchtemessung existieren für die messtechnische Bestimmung der Luftfeuchtigkeit eine Reihe von physikalischen Messmethoden. Als Kalibriermethode gelten Messungen mit dem Psychrometer, bei dem mittels Messung der Trocken- und Feuchtetemperatur (Verdunstungskühlung) zweier Thermometer und dem Luftdruck die relative Luftfeuchte mit einer fast 100-prozentigen Genauigkeit angegeben werden kann. Das so genannte Taupunktspiegelprinzip nutzt das veränderte Reflexionsverhalten am Taupunkt einer abgekühlten Spiegelfläche und wird heute mit hochwertiger Messtechnik kombiniert.

Luftfeuchtigkeit. In der Umgebungsluft ist stets ein gewisser Anteil an Wasser in dampfförmigem Zustand enthalten. Die Aufnahmefähigkeit wird durch den Partialdruck des Wasserdampfes beschränkt. Entspricht dieser bei der herrschenden Lufttemperatur dem Dampfdruck, so ist das Luft-Wasserdampf-Gemisch gesättigt. Dies bedeutet, dass der Wasserhöchstgehalt erreicht wird, der dampfförmig aufgenommen werden kann. Das diesen Wasserdampfhöchstgehalt überschreitende Wasservolumen wird von der Luft in Nebelform ausgeschieden. Das Verhältnis des jeweils vorliegenden zum höchstmöglichen Wasserdampfgehalt wird als relative Luftfeuchtigkeit bezeichnet. → Absolute Luftfeuchte, → Relative Luftfeuchte

Luftgeschwindigkeit. Unter Luftgeschwindigkeit wird die Bewegung der Umgebungsluft in der Aufenthaltszone verstanden. Für die Luftbewegung in raumlufttechnisch behandelten Räumen sind regellose örtliche und zeitliche Schwankungen der Luftgeschwindigkeiten nach Richtung und Größe hin kennzeichnend. Diese werden nicht nur durch die maschinelle Luftzuführung und die hiermit verbundene Raumluftinduktion bewirkt, sondern auch durch Konvektionsströmungen, die von Personen, Wärmequellen (Heizkörper, Beleuchtung und dgl.) sowie Abkühlungsflächen (Fenster, Wände etc.) ausgelöst werden. Unbehaglich zu kalt empfundene Raumluftzustände werden in klimatisierten Räumen meist durch Zugluft, d.h. durch zu hohe Luftgeschwindigkeiten verursacht. Hierbei wird durch eine zu starke, oft örtlich begrenzte Abkühlung der Körperoberfläche (unter 34 °C) das metabolische Gleichgewicht beim Menschen gestört. Der hierzu notwendige zu hohe konvektive Wärmeübergang von der Hautoberfläche zur Umgebungsluft kann sowohl durch eine zu hohe Absenkung der Lufttemperatur als auch eine erhöhte Luftbewegung (Anstieg des Wärmeübergangskoeffizienten) verursacht werden.

Luftschichtdicke.
→ wasserdampfdiffusionsäquivalente Luftschichtdicke

Lufttemperatur. Als thermodynamische Zustandsgröße beschreibt die Lufttemperatur wie der Name bereits besagt den Wärmezustand der Luft. Im Zusammenhang mit der Bauklimatik und Gebäudeklimatologie spielen die Außenluft-, die Raumluft und die Lufttemperatur in Hohl- und Zwischenräumen der Gebäudehülle und -konstruktion eine entscheidende Rolle. Die Außenlufttemperatur wird hierbei durch die einfallende Sonnenstrahlung, die Absorptionskoeffizienten und Wärmeübergangskoeffizienten der von ihr erfassten Flächen sowie durch die Windströmungen und die Höhe und Lage des Standortes bestimmt. Infolge des täglichen und jährlichen Sonnenganges und der Bevölkerungsverhältnisse unterliegt die Außenlufttemperatur großen zeitlichen und örtlichen Schwankungen. Die Raumlufttemperatur wiederum bestimmt weitgehend den Wärmeverlust beheizter Gebäude sowie den Energieverbrauch gekühlter Bereiche und bestimmt in Verbindung mit der inneren Oberflächentemperatur etwa zu gleichen Anteilen die empfundene thermische Behaglichkeit des Raumes. Nach DIN soll die Norm-Innentemperatur im Aufenthaltsbereich (einen Meter von den Außenwänden entfernt und

in 1,8 Meter über dem Fußboden) etwa 20 °C betragen, wobei allerdings beim Vorhandensein Raumlufttechnischer Anlagen aufgrund der höheren Luftgeschwindigkeiten 22 °C festgelegt sind.
→ Raumklima

Luftwechsel. Unter dem Luftwechsel (auch Lüftung) wird die auf natürliche Art oder mit mechanischen Hilfsmitteln stattfindende Zu- und Abfuhr von Luft in einem Raum oder einem Gebäude beschrieben. Die natürliche Lüftung umschließt sowohl den unkontrollierten Luftein- und -austritt durch Ritzen und Spalten (Infiltration und Exfiltration) als auch den gezielten Luftein- und -austritt über dazu vorgesehene bauliche Elemente wie geöffnete Türen und Fenster oder auch Lüftungsschächte. Die oben genannte Infiltration und Exfiltration wird vom Wetter (z.B. Winddruck und/oder temperaturbedingte Druckunterschiede zwischen Innen und Außen) bewirkt. Bei der mechanischen und damit erzwungenen Lüftung hingegen wird der Luftaustausch durch elektrisch betriebene Ventilatoren oder Gebläse vorgenommen. Oft sind diese Ventilatoren Teil einer Klimaanlage und sorgen für das Zuführen von Außenluft oder das Absaugen der verbrauchten Luft bzw. in Kombination für beides.

Luftwechselrate.
→ Luftwechselzahl

Luftwechselvolumen. Das Luftwechselvolumen ist die Luftmenge, die in einer Stunde zu- oder abgeführt werden muss. Es kennzeichnet also die Lüftungsleistung, die von einem Lüftungselement (Fenster, Schacht, Ventilator o. Ä..) geleistet werden muss, damit der angestrebte Luftwechsel erreicht wird.

Luftwechselzahl. Die Luftwechselzahl kennzeichnet die Intensität der Raumlüftung und gibt an, wie oft während einer Stunde das Luftvolumen eines Raumes gegen Außenluft ausgetauscht wird (bei einer Luftwechselzahl von beispielsweise 1 h^{-1} bzw. $^1/_h$ wird folglich die Raumluft während einer Stunde einmal durch die Außenluft erneuert). Die Angaben für die Luftwechselrate oder Luftwechselzahl sind Erfahrungswerte, die in der Fachliteratur teilweise erheblich voneinander abweichen. Der Mindestluftwechsel von Wohnräumen richtet sich nach dem Frischluftbedarf des Menschen. Dieser variiert je nach Mensch und Qualität der Außenluft zwischen 15 und 30 m^2 pro Stunde und Person. Für normale Wohnräume sollte die Luft mindestens alle 2 Stunden einmal ausgewechselt werden. Das entspricht einem 0,5-fachen Luftwechsel. Die Mindestlüftung von Räumen richtet sich nicht nur nach der zulässigen Konzentration an CO_2 oder Geruchs- und Schadstoffen, sondern ist auch erforderlich, um Bauschäden infolge hoher Luftfeuchtigkeit zu vermeiden.

Lymphome.
→ Karzinome

Lymphozyten. Lymphozyten gehören zur Gruppe der weißen Blutkörperchen (Leukozyten) und sind beteiligt an entzündlichen Reaktionen, auch Immunreaktionen und allergischen Reaktionen. Aufgrund ihrer Oberflächenstruktur werden zwei Lymphozyten-Typen unterschieden: T-Lymphozyten, die über von ihnen produzierte so genannte Lymphokine eine Hauptrolle bei zellvermittelten Immunreaktionen bzw. allergischen Reaktionen spielen; B-Lymphozyten, die nach Aktivierung Immunglobuline produzieren und diese nach ihrer Reifung zu Plasmazellen absondern.

Lyophilisierung. Die Lyophilisierung beschreibt die Gefriertrocknung bzw. das Trocknen einer (tief)gefrorenen Probe im (Hoch-)Vakuum. Sie kann zur Konservierung von Mikroorganismen eingesetzt werden.

Maduramykose. Die Maduramykose steht außerhalb der hier nach Erregern sortierten Übersicht, weil zahlreiche Erreger in Betracht kommen. Die Erreger der Maduramykose können sowohl Pilze als auch Bakterien sein. Bakterien: *Nocardia madurae, Actinomadura madurae, Streptomyces soma-*

liensis; Pilze: *Aspergillus nidulans, Allescheria boydii, Madurella grisea, Madurella mycetomi*.
Die Erreger dringen meist durch die verletzte Haut, z.B. beim Barfußlaufen, ein. Am Ort der Infektion tritt ein Knoten (Granulom) auf. Dieser heißt Myzetom und ist ein Pseudotumor. Es entstehen Erregerkolonien oder Drusen. Diese entleeren sich über Fistelgänge nach außen. Mit der Zeit kommt es zur Zerstörung des betroffenen Körperteils. Besonders häufig ist der Madurafuß. Das Knie, der Rücken, die Hand oder der Dickdarm sind dagegen seltener betroffen. Die Erkrankung ist in den Subtropen und Tropen verbreitet.

Magic Dust.
→ Fogging

Makrophagen. Makrophagen sind Fresszellen, die zur Phagozytose und Elimination so genannter großer Partikel (Mikroorganismen, Fremdkörper, Zelltrümmer und dgl.) befähigt sind. Hierbei handelt es sich um Zellen des Immunsystems mit zentraler Bedeutung für die zellvermittelte Immunität.

MAK-Wert. Oder die Maximale Arbeitsplatz-Konzentration ist die höchstzulässige Konzentration eines Arbeitsstoffes als Gas, Dampf oder Schwebstoff (Staub) in der Luft an einem Arbeitsplatz, die nach dem jeweils gegenwärtigen Kenntnisstand auch bei wiederholter und langfristiger Exposition die Gesundheit eines dort Beschäftigten nicht beeinträchtigt. In der Regel ist der MAK-Wert für einen bestimmten Stoff, z.B. ein Lösemittel, ein Durchschnittswert über einen Zeitraum von täglich 8 Stunden bzw. eine Wochenarbeitszeit von 40 Stunden. Die Angabe erfolgt in ppm/m^3 oder in mg/m^3. Die MAK-Werte-Liste enthält mehr als 400 Stoffe und erscheint, regelmäßig überprüft und ggf. korrigiert, jährlich neu. Sie ist gesetzlich verbindlich und verpflichtet als Gefahrstoffverordnung die Arbeitgeber, für die Einhaltung der betreffenden MAK-Werte an den Arbeitsplätzen der Arbeitnehmer zu sorgen.

Maltase.
→ Pilze

Malz-Agar. Zur mikrobiologischen Kultivierung von sehr vielen Pilzen wird das Malz-Agar eingesetzt, da es ein sehr gutes Nährmedium mit 4% Malzextrakt (oder käuflichem Biomalz), 0,5% Pepton und 2% Agar darstellt. Der pH-Wert liegt zwischen 5,5 und 6.

Mastzelle. Es gibt in allen Bindegeweben des Organismus einen Zelltyp (so genannte Mastzellen), der sowohl auf den Schleimhäuten (Augenbindehaut, Nasen-, Bronchial- und Darmschleimhaut) als auch in der Haut vorkommt und für die allergische Reaktion im Körper verantwortlich ist. Verschiedene Inhaltsstoffe der Mastzelle spielen eine wichtige Rolle bei Entzündungen, auch allergischen Entzündungen. Die Membranoberfläche der Mastzellen bindet IgE-Antikörper, an der Mastzelloberfläche läuft nach Bindung eines Allergens an IgE-Antikörper die allergische Sofortreaktion ab mit der Freisetzung von Entzündungsstoffen (Mediatoren). Die im Bindegewebe vorhandenen Mastzellen werden auch »Gewebsmastzellen« genannt; der Begriff »Blutmastzelle« bezeichnet basophile Granulozyten des Blutes und ist weniger gebräuchlich.

Mastzell-Mediatoren. Inhaltsstoffe in der Mastzelle, mit biologischen Wirkungen; u.a. Histamin, Leukotriene, Proteasen (eiweißspaltende Enzyme), Heparin, verschiedene Zytokine.

MCS-Syndrom. Die klinische Ökologie nennt die Chemikalienunverträglichkeit bzw. chemische Sensibilität (Multiple Chemical Sensitivity = MCS) auch Neuroallergie, weil der Körper ähnliche Wirkungen zeigt wie bei einer Allergie. Im Unterschied zur Allergie spricht nach derzeitigem Kenntnisstand allerdings nicht das Immunsystem auf die Umweltstoffe an, sondern das Nervensystem. Hinzu kommt, dass eine Allergie eine eindeutig festgelegte Antwort des Körpers darstellt, hingegen die Reaktionen des menschlichen Körpers auf Chemikalien noch undefiniert sind und vielfältig sein können.

Da man die genaue Ursache der Krankheit bisher noch nicht klären konnte, kann man sie immer nur von den Symptomen ausgehend bestimmen. Mehrere chemisch nicht verwandte Stoffe können sie auslösen, wobei sie ihre Wirkung in Mengen entfalten, die einem gesunden Menschen nichts ausmachen oder zumindest bisher als unschädlich galten. Charakteristisch ist auch, dass die Zahl der unverträglichen Stoffe im Laufe der Krankheitsgeschichte zunimmt. Die Krankheitssymptome können sich auf verschiedene Organsysteme erstrecken: Hals-Rachenraum, Herz-Kreislaufsystem, Lunge, Gelenke und Magen-Darm-Trakt. Fast immer ist auch das Zentralnervensystem betroffen. Schwere Nervenerkrankungen, Entzündungen des Gehirns und anderer Organe können die Folge von MCS sein, wissenschaftliche Beweise dafür gibt es allerdings noch nicht.

In jedem Fall mindert MCS die Lebensqualität Betroffener erheblich. Oft werden die beiden Begriffe der umweltbedingten Erkrankungen und der chemischen Sensibilität sowohl von Patienten und Therapeuten verwechselt. Dies ist im Wesentlichen in der unzureichenden diagnostischen Methode begründet. Allgemein gilt, dass Patienten mit der Chemikalienunverträglichkeit bzw. chemischer Sensibilität eine (bisher noch) nicht erklärbare Überempfindlichkeit für geringste Konzentrationen unterschiedlichster Chemikalien aufweisen, die in Nahrungsmitteln, Konservierungsmitteln, Insektiziden, Pestiziden, Lösungsmitteln, Farben, Reinigungsstoffen, Duftstoffen bis hin zu Kosmetika und Kleidung enthalten sein können. Das Hauptproblem liegt deshalb darin, dass der Begriff MCS im medizinischen Sinne noch nicht ausreichend wissenschaftlich erörtert ist und alle relativ selten auftretenden Krankheitsfälle derzeit darunter zusammengefasst werden, die mit umweltbedingten Symptomen im Zusammenhang stehen.

Mediatoren.
→ Leukotriene

Meiose.
→ Mitose

Meiosporen. Schimmelpilze sind ausschließlich unter den Asco-, Basidio- und Zygomyceten zu finden. Beinahe alle Schimmelpilzarten sind aber nicht unmittelbar in eine dieser Gruppen einzuordnen, viele auch da sie (als Schimmelpilz) keine Meiosporen bilden oder weil ihnen keine meiosporenbildende Stadien nachgewiesen werden können. Diese Gruppe wird als *Fungi imperfecti* bezeichnet. Ihre Methode, sich fortzupflanzen, gründet auf der Bildung von Mitosporen, den so genannte Konidiosporen. Die Lebensphasen, die ausschließlich Konidien bilden, werden Anamorphe genannt, jene, die Meiosporen ausbilden, werden Teleomorphe genannt. Die Synthese beider Stadien heißt Holomorph. Die bisherige Systematik gründet auf der Klassifizierung der Teleomorphe. Diese Methode erlaubt es, Anamorphe als eigene Arten anzusehen. Aus diesem Grund haben bekannte (Schimmel-)Pilze zum Teil zwei Namen. So ist z.B. *Aspergillus repens* das Anamorph von *Eurotium repens*. Weiter ist es nicht besonders einfach, Anamorphe eindeutig zu Ascomyceten oder Basidiomyceten zuzuordnen, da die Konidiogenese z.T. gleich aussieht. Zusehens wird aber durch das Finden der zu den Anamorphen passenden Teleomorphen das Taxon der *Fungi imperfecti* ausgedünnt. Die meisten vermeidlichen Deuteromyceten wandern zu den Ascomyceten ab, die mit Abstand die meisten Schimmelpilze stellen.
→ Zelle

Melanin. Melanin ist ein dunkler Pigmentstoff, der u.a. bei Bakterien und Pilzen vorkommt. Melanin ist eine hochmolekulare Verbindung, die von Indolchinon abgeleitet wird. Schwarze Verfärbungen an Gebäuden können ihren Ursprung in Melanin aus Bakterien oder Pilzen haben. Es wird beim Absterben der Mikroorganismen gebildet. Ebenso können schwarze melaninpigmentierte Mikroorganismen auf Oberflächen zu Verfärbungen führen.

Mendosicutes.
→ Bakterien

Meningokokken. Meningokokken kommen ausschließlich beim Menschen vor. Bei gesunden Personen besiedeln sie die Schleimhaut des Nasenrachenraumes und den Genitalbereich, ohne dort Krankheitssymptome auszulösen. Meningokokkeninfektionen sind weltweit verbreitet und treten besonders häufig im so genannten »Meningokokken-Gürtel« auf, der sich in Afrika von Obervolta über Nigeria, Tschad bis nach Äthiopien erstreckt. Auch in Brasilien sind Infektionen häufig. Meningokokken werden durch Tröpfchen übertragen und können leichtes Fieber und Gelenkschmerzen verursachen, am meisten gefürchtet ist allerdings die Hirnhautentzündung durch Meningokokken, die oftmals tödlich verläuft.
→ Penicillin

mesophil. Mesophil ist die Eigenschaft von Mikroorganismen bezüglich Feuchtigkeit oder Temperatur, in einem mittleren Bereich optimal leben zu können. Man benutzt diesen Begriff in der Reihefolge hygrophil – mesophil – xerophil (feucht bis trocken) und thermophil – mesophil – psychophil (warm bis kalt).

Messenger-Ribonukleinsäure (mRNA).
→ Transkription

Metabolie/metabolisieren. Stoffwechsel, Gesamtheit aller Vorgänge, die die Aufnahme und den Einbau der Nahrungsstoffe in den Organismus sowie den Abbau, die Verbrennung oder die Ausscheidung dieser Substanzen betreffen.

Metaphase. Mittlere oder zweite Phase der Kernteilung.

Metastasen.
→ Karzinome

Methicillin.
→ Penicillin

Methylbromid. Methylbromid (Brommethan) ist ein Stoff, der sowohl gegen Pflanzen als auch gegen Insekten eingesetzt wird und bei dem der begründete Verdacht auf Krebs erzeugendes Potenzial (Stoffklasse IIIB der MAK-Liste) vorliegt. Die Dämpfe reizen stark Augen, Atemwege, Lunge und Haut. Der Stoff schädigt die Nieren und das Zentralnervensystem des Menschen. Es besteht ein gewisser Verdacht, dass der Stoff Krebs auslösen kann.

Metulae.
→ Sporenbildung

Mikrobe. Eine Mikrobe ist ein Mikroorganismus oder Kleinstlebewesen, das sich durch Zellteilung vermehrt.
→ Bakterien, → Mikroorganismen

Mikrobiologie. Die Wissenschaft von mikroskopisch kleinen Lebewesen wie Bakterien, Protozoen, Viren sowie bestimmten Algen und Pilzen.

Mikrobiologische Sterilisation. Unter der mikrobiologischen Sterilisation versteht man die Abtötung bzw. Inaktivierung aller vorhandenen Mikroorganismen und ihrer Dauerformen. Sterilisation ist ein »Alles-oder-Nichts«-Prozess, da es keine Abstufungen oder Grade der Sterilität gibt. Sterilisationsmethoden sind die Anwendung von trockener oder feuchter Hitze, die Sterilfiltration, die Bestrahlung mit Röntgen- oder Gammastrahlen oder der Zusatz bestimmter Chemikalien. Die Hitzesterilisation durch trockene Hitze wird bei 180 °C für 30 Minuten durchgeführt. Sie lässt sich nur für sehr hitzestabile Materialien anwenden. Feuchte Hitze wird üblicherweise bei einem Druck von 2 atm (entspricht 203 kPa), bei dem Wasserdampf eine Temperatur von 121 °C erreicht, für 20 Minuten in einem Autoklaven angewendet. Eine Teilentkeimung stellt das nach Pasteur benannte Pasteurisieren dar, ein Verfahren, mit dem eine Probe durch eine zehnminütige Erhitzung auf ca. 180 °C behandelt wird. Das Kurzzeiterhitzen von empfindlichen Lebensmitteln wie beispielsweise Milch

wird heute bei wesentlich höheren Temperaturen für einige Sekunden durchgeführt, um möglichst den Geschmack nicht zu beeinträchtigen.
→ Desinfektion

Mikroembolien. Unter der Bezeichnung Mikroembolien wird der Verschluss kleinster Blutgefäße durch meist zahlreich im Blut zirkulierende kleine Teilchen (Blutgerinnsel oder auch Mikroorganismen und dgl.) verstanden.

Mikroorganismen. Mit diesem Sammelbegriff wird die Gruppe der Kleinstlebewesen bezeichnet, zu denen Bakterien, Pilze, einzellige Algen und andere niedere Organismen gehören. Insbesondere Bakterien, Hefen und Pilze können flüssige Beschichtungsstoffe auf wässriger Basis in Gebinden befallen und schädigen, wenn keine oder eine nicht ausreichende Konservierung (Topfkonservierung) vorhanden ist. Mikroorganismen befallen aber auch eine getrocknete Beschichtung, wenn diese nicht mit einem langfristig wirksamen Filmkonservierungsmittel ausgerüstet ist. Zur Vermeidung einer Schädigung sowohl des flüssigen Beschichtungsstoffes als auch der daraus gebildeten Beschichtung müssen Mikroorganismen deshalb immer mit einem geeigneten Mikrobiozid in der entsprechenden Dosierung bekämpft werden. Die Hersteller von Konservierungsmitteln können dafür eine ganze Reihe von gezielt wirksamen Spezialprodukten und Kombinationen anbieten, die auch die heutigen strengen Anforderungen hinsichtlich geringer Toxizität und guter Umweltverträglichkeit erfüllen. Im allgemeinen Sprachgebrauch werden auch Hefen, Algen der verschiedensten Art, Moose und Flechten zu den Mikroorganismen gezählt, obwohl sie streng genommen nicht mehr dazugehören, weil sie (mit Ausnahme der Hefen) bereits mit bloßem Auge sichtbar sind.
→ Pilze, → Pilzbefall

Mikromyceten. Pilze ohne oder mit kleinen Fruchtkörpern werden auch als Mikromyceten bezeichnet, wobei der Begriff konträr zu Makromyceten verwendet wird.

Mikrotubuli.
→ Flagellaten

Mikrowellenmessverfahren. Die Wirkung von Mikrowellenmessgeräten zur Feuchtigkeitsbestimmung beruht darauf, dass viele flüssige Stoffe ihr Maximum an Absorption durch Resonanz im Bereich dieser Wellen zeigen. Dieses Mitschwingen ist mit einem Energieverlust verbunden, der nun wiederum messbar ist. Um auch bei diesem Feuchtemessverfahren alle möglichen Störungen durch andere Faktoren ausschließen zu können, muss mit sehr hohen Frequenzen und mit einem relativ hohem Energieeinsatz gearbeitet werden, weshalb wiederum einem praktikablen Baustelleneinsatz seine Grenzen gesetzt sind.

Der Hintergrund besteht darin, dass im Frequenzbereich von 100 MHz bis ca. 1 GHz durch eine Messung zweier Parameter auf den Feuchtegehalt eines Baustoffes geschlossen werden kann. Eine Messung zweier Parameter ist deshalb notwendig, da in diesem Frequenzbereich beide Anteile der komplexen Dielektrizitätszahl (auch Dielektrizitätskonstante genannt) noch vom Gehalt gelöster Salze abhängig sind. Der Einfluss des Salzes ist im Falle der Messung beider Parameter vom Einfluss der Feuchte trennbar, was bei Frequenzen unter 100 MHz nicht der Fall ist (niederfrequente dielektrische Messverfahren). Oberhalb von 1 GHz wird der Realteil der Dielektrizitätszahl zunehmend abhängig vom Einfluss gelöster Salze. Dies bedeutet, dass hier durch die Messung nur eines Parameters eine salzunabhängige Feuchtemessung realisiert werden kann. Im Mikrowellenbereich ist eine solche Feuchtemessung bis zum Frequenzbereich der so genannten Dipolrelaxation möglich (dielektrisches Verhalten von Baustoffen), der für freies Wasser bei ungefähr 16 GHz und für Wasser im Baustoff niedriger liegt.

Probleme bei der Anwendung der Mikrowellenfeuchtemessung ergeben sich nach heutigem Stand hinsichtlich der Kalibrierung. Eine Vielzahl an mineralischen Baustoffen zeigt einen gleichen Zusammenhang zwischen Realteil der Dielektrizitätszahl und dem Volumenanteil der

Baustofffeuchte, d.h. eine weitgehend materialunabhängige Kalibrierung ist bezüglich des volumenbezogenen Feuchtegehaltes möglich. Zur Ermittlung des massenbezogenen Feuchtegehaltes ist jedoch die Kenntnis der Rohdichte des Materials notwendig. Weitere Probleme bestehen bei Inhomogenitäten im zu untersuchenden Bauteil, da die Mikrowellen gestreut werden können und infolgedessen eine Verfälschung des Empfangssignals nicht auszuschließen ist. Im Bereich der Messung von Feuchteprofilen sind jedoch Ansätze erkennbar, um dieses Problem zu minimieren bzw. zukünftig abzustellen.
→ Feuchtemessung

MIK-Wert. Oder die Maximale Immissionskonzentration, worunter man nach VDI-Definition diejenigen Konzentrationen von festen, flüssigen und gasförmigen Luftverunreinigungen versteht, die nach heutigem Wissensstand im Allgemeinen für Mensch, Pflanze, Tier und Sachgüter bei Einwirkung von bestimmter Dauer als unbedenklich gelten. Ein Individualschutz durch die MIK-Werte wird jedoch ausdrücklich ausgeschlossen. Die von der VDI-Kommission für eine Reihe von Einzelschadstoffen erarbeiteten MIK-Werte sind als Richtwerte im Gegensatz zu den MAK-Werten ohne rechtliche Bedeutung. Unterschieden werden Maximale Immissionskonzentration mit dauernder Belastung (MIKD-Wert) und mit kurzfristiger Belastung (MIKK-Wert). Zentrale Bedeutung bei den MIK-Werten genießt die Definition der nachteiligen Wirkungen, worunter letztlich nur Wirkungen von Schadstoffen verstanden werden, die zu Krankheiten oder Leistungsbeeinträchtigungen führen können.
→ MAK-Wert

Milben. Milben sind kleinste Tierchen und gehören zu den Spinnen. Allergologisch wichtig sind Staubmilben (Hausstaubmilbe/*Dermatophagoides pteronyssinus*), die in Matratzen, Betten, Polstermöbeln, auf Teppichen, Haustieren usw. leben können. Milben können IgE-vermittelte Allergien hervorrufen und so eine allergische Rhinitis und vor allem ein allergisches Asthma bronchiale verursachen. Zu den Staubmilben gehört auch *Dermatophagoides farinae* (früher missverständlich »Mehlmilbe« genannt) und *Dermatophagoides microceras*. Weiter existieren verschiedene Vorratsmilben, die eine Allergie induzieren können: *Acarus siro, Lepidoglyphus destructor, Tyrophagus putrescentiae, Glycophagus domesticus, Euroglyphus maynei*.
→ Hausstaubmilben

Milchsäurebakterien. Milchsäurebakterien sind eine morphologisch heterogene Gruppe von unbeweglichen, gram-positiven Bakterien, deren gemeinsames Merkmal die anaerobe Produktion von Milchsäure aus Zuckern ist. Da ihnen wichtige Komponenten der Atmungskette fehlen, sind sie nur zu fermentativem Wachstum (Gärung) in der Lage. Trotzdem tolerieren sie die Anwesenheit von Luftsauerstoff. Nach der Menge der produzierten Milchsäure werden zwei Gruppen von Milchsäurebakterien unterschieden: die homofermentativen Milchsäurebakterien vergären Zucker ausschließlich zu Milchsäure, während die heterofermentativen neben Milchsäure noch bestimmte Mengen an Ethanol und Sauerstoff bilden. Dieser Unterschied kommt durch das Fehlen eines Schlüsselenzyms der Glykolyse (der Aldolase) in den heterofermentativen Milchsäurebakterien zu Stande. Sie oxidieren Glucose infolgedessen nicht über die Glykolyse, sondern über den alternativen Phosphoketolase-Weg.

Milchschimmel.
→ Geotrichum

Mindestwärmeschutz. Der Mindestwärmeschutz wird durch verbindlich festgelegte Mindestwerte für Decken, Wände, Dächer usw. und Räume zum dauerhaften Aufenthalt von Menschen definiert und ist in der DIN 4108 verankert.

Mineralisation.
→ Destruenten

Mitochondrium.
→ Flagellaten

Mitose. Zellen können sich auf zweierlei Weise teilen – durch Mitose (Reifeteilung, die Teilung der erwachsenen Zelle) und durch Meiose (Reduktionsteilung, eine Teilung, die nur bis zur Befruchtung wichtig ist). Beide Teilungen beginnen zwar ähnlich, verlaufen jedoch auf unterschiedliche Art. In beiden Fällen wird die Erbinformation, die in Form von DNA-Sequenzen auf den Chromosomen im Kern einer Zelle gespeichert ist, auf die beiden Tochterzellen verteilt. Bei der Mitose handelt es sich im Grunde genommen um eine Zellverdoppelung, denn dabei entstehen aus einer Zelle zwei neue, die beide die gleiche Zahl an Chromosomen besitzt. Nur aufgrund dieser Zellteilung kann ein Organismus wachsen und seine Zellen erneuern.
→ Zelle

Mittlerer Wärmedurchgangskoeffizient. Werden Berechnungen zum Wärmedurchgangswiderstand und Wärmedurchgangskoeffizienten durchgeführt, beruhen diese in der Regel auf der Annahme, dass das Bauteil aus einer oder mehreren Schichten in der gesamten Ebene (beispielsweise innen und außen verputztes Mauerwerk) besteht. Bei Bauteilen, die aus unterschiedlichen nebeneinander liegenden Bereichen bestehen (beispielsweise bei Fachwerkkonstruktionen) ergeben sich auch andere wärmetechnische Eigenschaften. Bei der Berechnung des mittleren Wärmedurchgangskoeffizienten für Bauteile aus verschiedenen Materialien und Bereichen wird dies berücksichtigt. Die unterschiedlichen Flächenanteile an der Gesamtkonstruktion müssen berücksichtigt werden. Dies hat zur Folge, dass der Wärmedurchlasswiderstand bzw. der Wärmedurchgangskoeffizient der gesamten Konstruktion nicht mehr nur durch einen Wert quantifiziert werden kann.

Moderfäule. Die Moderfäule beschreibt eine durch Schlauchpilze (Ascomyceten, Fungi imperfecti) verursachte, der Braunfäule gleichende, langsame Zerstörung bzw. einen Abbau von feuchtem und nassem Holz, wobei in der Regel Erdkontakt vorliegt. Die verbleibende Holzsubstanz wird dabei modrig grau und fein würfelbrüchig. Charakteristisch ist ein kurzfaseriges Brechen der verbleibenden Holzsubstanz.

Monilias.
→ Soor

Moniliasis. Die Candidosen wurden von einigen Autoren in der Vergangenheit aufgrund der Synonymie (inhaltliche Übereinstimmung von verschiedenen Wörtern in derselben Sprache) Candida = Monilia auch als Moniliasis bezeichnet.

Moniliformin.
→ Mykotoxine

Morphologie/morphologisch. Lehre von der Gestalt und dem Bau der Organismen und ihrer Organe.

Mycetologie (Mycitologie). Die Mycetologie war ein im 18. Jahrhundert geprägter Begriff für die Pilzkunde, der besonders in der englischen Version (mycitology) vielfach verwendet wurde, sich aber gegen die bereits früher geschaffene Bezeichnung Mykologie (mycology) nicht durchsetzen konnte.

Mycetom. Ein Mycetom ist eine durch parasitische oder symbiotische Pilze (oder durch Pilze in Gemeinschaft mit Bakterien) verursachte, lokal begrenzte, strukturelle Veränderung von Geweben. In der Medizin wird mit einem Mycetom eine in Muskeln, Knochen oder besonders in der Lunge lokal begrenzte Mykose bezeichnet, wohingegen in der Phytopathologie unter einem Mycetom eine tumorartige Wucherung verstanden wird, die durch Pilze verursacht wird.

Mucoraceae. *Mucoraceae* sind Schimmelpilze. Sie lassen sie auf Nährböden für Pilze leicht anzüchten. Sie bilden ein hohes, wolliges Myzel. Die Farbe der Kolonien schwankt zwischen braun und weißgrau. Das Luftmyzel der Schimmelpilze bildet große runde Sporangien aus. Diese sind mit Sporangiosporen gefüllt. Charakteristisch ist, dass das Sporangium auf einer fast rechtwinkligen Verzweigung der Hyphe sitzt.

Für Erkrankungen des Menschen sind die Gattungen *Mucor*, *Absidia* und *Rhizopus* von Bedeutung. Die Erreger gelangen mit dem Staub in den Organismus. Eintrittspforte ist der Atemtrakt oder verletzte Haut. Zum Angehen einer Infektion ist eine Schädigung des Immunsystems Voraussetzung. Die rhinozerebrale Mucormykose greift vom Nasen-Rachen-Raum auf die Nasennebenhöhlen über. Sie können die teilweise sehr zarten Knochenlamellen, die diesen Raum vom Gehirn trennen, überwinden und das Gehirn infizieren. Gefährdet sind besonders Diabetiker. Bei der pulmonalen Mucormykose gelangen die Erreger in die Lungenbläschen (Alveolen). Dort dringen sie in die Gefäße ein, wo sie sich vermehren. Es kommt zur Thrombose der Gefäße und anschließenden Lungeninfarkten. Eine Leukämie als Grunderkrankung begünstigt die pulmonalen Muormykosen. Durch Verschlucken der Erreger können seltene gastrointestinale Mucormykosen entstehen. Auch dort siedeln die Pilze in den Gefäßen und führen zu Infarkten. Die kutane Mucormykose entsteht auf der verletzten Haut bei Verbrennungen. Über das Blut können sich die Pilze im gesamten Organismus verbreiten und zu einer Blutvergiftung (Sepsis) führen. Die Prognose ist schlecht. Diese Erreger kommen überall in der Umwelt vor. Besonders häufig finden sie sich auf verrottendem pflanzlichen Material. Eine spezifische Prophylaxe existiert nicht.

Mucor.
→ Mucoraceae

Mucormykose. Mucormykosen sind durch Pilze der Ordnung Mucorales verursachte Infektionskrankheiten. Die Erreger gehören den Gattungen *Absidia*, *Mucor*, *Rhizomucor* und *Rhizopus* an. Mehr als zwölf Arten werden als fakultativ parasitisch und pathogen eingestuft.
→ Mucorales, → Mucoraceae

Mutagene. Mutationen treten normalerweise spontan auf. Es gibt aber bestimmte äußere Faktoren, die eine Mutation auslösen oder diese begünstigen können. Die Mutagene genannten Faktoren können direkt mit der Erbsubstanz reagieren oder indirekt durch zellinterne Reaktionsprodukte Mutationen auslösen. Als Mutagene kommen ultraviolettes Licht bei einer maximalen Empfindlichkeit der DNA bei 260 nm oder ionisierende Strahlen, wobei Alphastrahlung stärker als Beta- und Gamma-Strahlung mutagen wirkt, in Frage. Auch fremdes Erbgut, Stoffwechselprodukte von Parasiten, Viren und zahlreiche Chemikalien oder auch Chemotherapeutika gegen Krebs kommen als Mutagene in Betracht.

Mutationen. Durch äußere Einflüsse oder auch spontan können sich Teile des Erbgutes der DNA verändern und der betroffenen Zelle neue Eigenschaften verleihen. Diese Mutationen laufen ungerichtet. Ob die betreffenden Zelle mit einer Mutation eine neue Eigenschaft erworben hat, die ein besseres Überleben ermöglicht, wird durch die Selektion entschieden. Durch Mutationen neu erworbene Eigenschaften, die einen Vorteil darstellen, wird die Überlebensfähigkeit des Bakteriums verbessert und verschafft ihm einen Selektionsvorteil.
Deletion: Hierbei kommt es zum Verlust von zwei bis hin zu tausenden Nukleotiden.
Punktmutation: Die Veränderungen betreffen nur ein Nukleotid. Entweder fällt eines weg, es kommt eines hinzu oder ein Nukleotid wird durch ein anderes ersetzt. Im Gegensatz zur Deletion kann der Vorgang auch reversibel sein.
Einschrittmutation: Bei diesem Typ kann bereits eine einzige Mutation an einer Stelle des Gens zu einer neuen Eigenschaft führen, die der betroffenen Zelle einen Selektionsvorteil eröffnet.
Vielschrittmutation: Hierbei ereignen sich Mutationen in aufeinander folgenden Generationen. Erst alle Mutationen zusammengenommen verleihen eine neue Eigenschaft.
Für die Medizin spielen Mutationsvorgänge bei Bakterien eine besondere Rolle, weil so Bakterien

entstehen, deren durch eine Mutation erworbene neue Eigenschaften ihnen beispielsweise die Resistenz gegenüber einem Chemotherapeutikum verleihen. Allerdings sind Mutationen seltene Ereignisse. Neben der Mutation des Bakteriennukleoids können Mutationen auch in Plasmiden auftreten. Im Extremfall kann es sogar zu gänzlichen Verlust aller Plasmiden kommen. Diese Eigenschaft kann wie jede andere Mutation auch weitervererbt werden. Ein Selektionsvorteil für die Zelle kann darin bestehen, dass sich Zellen ohne Plasmide schneller vermehren, da die Energie, welche für die Vermehrung der Plasmide notwendig ist, eingespart werden kann.

mutualistisch.
→ Bakterien

Mutterkorn.
→ Mutterkornpilze

Mutterkornpilze. Pilze, die Pflanzenkrankheiten, u.a. am Roggen, verursachen. Das der Verbreitung des Pilzes dienende Sklerotium (kompakte, harte Pilzfäden) wird Mutterkorn genannt. Es enthält Giftstoffe, die auch als Heilmittel von Bedeutung sind. Mutterkornpilze sind Schlauchpilze, die Getreide und wilde Gräser befallen. Das filamentöse Myzel (Pilzfäden) dieser Pilze verbreitet sich im Gewebe der Blüte und greift den Fruchtknoten an, der sich zuerst verformt, dann vergrößert und schließlich verkümmert. Das tiefer im Fruchtknoten gelegene Myzel wird dicht und hart und bildet das Sklerotium.

Das als Medikament verwendete, getrocknete Sklerotium enthält die kristallinen Alkaloide Ergotamin, $C_{33}H_{35}N_{505}$, und Ergotinin, $C_{35}H_{39}N_{505}$, und das nicht kristalline Ergotoxin, $C_{35}H_{39}N_{505}$. Spuren von Histaminen sind ebenfalls vorhanden. In kleinen Dosen erhöht Ergotamin den Tonus der glatten Muskulatur, z.B. an den terminalen Arteriolen (kleinen Arterien). Es wird daher benutzt, um Blutungen zu kontrollieren und um die Kontraktionen der Gebärmutter während der Geburt zu fördern. Außerdem findet es in der Migränebehandlung Verwendung. In zu großen Dosen beeinträchtigt das Medikament die Enden motorischer Nerven des sympathischen Nervensystems.

Ergotismus, eine Krankheit von Mensch und Tier, wird durch die Aufnahme zu großer Mengen des Mutterkornpilzes ausgelöst: Bei Menschen geschieht dies entweder durch die Einnahme von medizinischen Überdosen oder durch Brot, das mit infiziertem Mehl zubereitet wurde. Rinder erkranken, wenn sie infiziertes Getreide oder Gras fressen. Akuter und chronischer Ergotismus sind durch geistige Verwirrtheit, Muskelkrämpfe und Gangrän an den Extremitäten gekennzeichnet. Die psychoaktive Droge LSD ist chemisch mit den Alkaloiden des Mutterkornpilzes verwandt. Mutterkornpilze gehören zur Gattung *Claviceps* aus der Familie *Clavicipitaceae*.

MVOC. Bei Auftreten von Schimmelpilzen infolge von Feuchtigkeitsschäden oder bei sonstigem länger andauernden mikrobiellen Befall von Räumen können Stoffwechselprodukte von Mikroorganismen, beispielsweise verschiedene Alkohol-, Aldehyd- und Ketonverbindungen, in die Raumluft gelangen. Einige dieser MVOC (microbial volatile organic compounds) sind mikrobenspezifisch und können deshalb als Indikatoren für das Auftreten dieser Mikroorganismen dienen. Einzelne MVOC können zu Geruchsbelästigungen führen.

Mycocoenose (Mycosynözie). Die Mycocoenose, auch Pilzgesellschaft oder Pilzassoziation genannt, ist eine Vergesellschaftung von Pilzen auf einem Substrat bzw. einem Wirt oder einem Symbionten.

Mycophagen.
→ Pilzviren

Mycoviren.
→ Pilzviren

Mykoallergie. Allergische Erkrankung durch Einatmen/Inhalieren von Pilzsporen.

Mykobakterie. Mykobakterien gehören zur Gattung gram-positiver, unbeweglicher Bakterien, die der Actinomyceten-Gruppe zugeordnet werden. Das charakteristische Merkmal der Mykobakterien ist ihre Zellwand, die spezielle, bei anderen Bakterien nicht vorhandene, Lipide enthält. Diese besondere Zusammensetzung verleiht der Zellwand die Eigenschaft der Säure- bzw. Alkoholfestigkeit. Die meisten Mykobakterien wachsen im Vergleich zu vielen anderen Bakterien äußerst langsam. Zu den Mykobakterien gehören die Tuberkulose-Erreger *Mycobacterium tuberculosis* und *Mycobacterium bovis* sowie der Erreger der Lepra, der allerdings bis jetzt noch nicht außerhalb des menschlichen Organismus kultiviert werden konnte.

Mykobiont.
→ Flechten

mykogen. Durch niedere Pilze hervorgerufene Krankheiten.

Mykologie/mykologisch. Die Mykologie ist als Pilzkunde ein Wissenschaftszweig der Biologie, bei dem die Pilze im Mittelpunkt der Untersuchungen stehen. Darüber hinaus werden zahlreiche Randbereiche anderer Wissenschaftszweige und viele Bereiche der Praxis, bei denen Pilze eine Rolle spielen, unter dem Begriff Mykologie subsummiert. Einige Experten grenzen den Begriff der Mykologie noch stärker ein und definieren damit nur die Lehre von den niederen (pathogenen) Pilzen und den auf Pilzbefall beruhenden Krankheiten.
→ Pilze

Mykoplasmen. Mykoplasmen sind sehr kleine Bakterien, die phylogenetisch den gram-positiven Bakterien zugerechnet werden, obwohl sie keine Zellwand (Peptidoglykan) besitzen. Auf Agarmedien wachsen sie als typische Kolonien. Im Gegensatz zu künstlich erzeugten Protoplasten der Bakterien, die normalerweise von einer Zellwand umgeben sind, zeigen Mykoplasmen eine höhere Stabilität gegenüber osmotischen Schwankungen der Umgebung. Der Grund hierfür liegt in ihrer stabileren Cytoplasmamembran, die bei einigen Arten sogar Sterole enthält, die sonst nur in eukaryotischen Membranen vorhanden sind.

Mykorrhiza. Eine sehr erfolgreiche Symbiose zwischen Pilzen und Pflanzen ist die *Mykorrhiza*. Der eigentliche Kontakt der beiden Partner findet im Boden an den Wurzeln statt. Die Pflanzen versorgen die Pilze mit organischen Verbindungen, während die Pilze mit ihren feinen Pilzhyphen den Boden durchwachsen und dadurch den Pflanzen Mineralien zugänglich machen. Die Pilze stellen eine enorme Vergrößerung des Wurzelsystems dar und sind vor allem an der Aufnahme von Phosphaten und Stickstoffverbindungen sowie Spurenelementen beteiligt. So können beispielsweise pro Meter Wurzel etwa ein Kilometer Pilzhyphen vorliegen. Neben der Nährstoffversorgung der Pflanze tragen die Pilze auch zu einer gestärkten Abwehr der Pflanzen gegenüber pathogenen Mikroorganismen bei.
→ Pilze

Mykorrhizapilze.
→ Pilze

Mykose. Nur wenige Schimmelpilze sind direkt gesundheitsschädlich. Von etwa 100 Arten weiß man jedoch, dass sie nach einer Infektion im Körper so genannte Mykosen hervorrufen können. Gefährdet sind u.a. Menschen, die ein geschwächtes Immunsystem haben und/oder an einer schweren Grunderkrankung leiden. Eine Mykose, als allgemeine Bezeichnung für eine durch niedere Pilze hervorgerufene Krankheit, kann beispielsweise durch Fadenpilze, Hefen, Schimmelpilze und dgl. ausgelöst werden.

mykotisch. auf einer Mykose beruhend, mit Mykose verbunden (von Krankheiten).

Mykotoxikosen. Vergiftungskrankheiten, die durch Schimmelpilze auftreten.

Mykotoxine. Von etwa 200 Schimmelpilzarten ist bekannt, dass sie so genannte Mykotoxine bilden. Hierbei handelt es sich um für den Menschen zum Teil hochgiftige Stoffwechselprodukte mit unterschiedlicher chemischer Struktur, die von einigen niederen Pilzen produziert werden. Mykotoxine wirken teilweise auch gegen andere Mikroorganismen, sodass die Abgrenzung zu den Antibiotika nicht immer eindeutig ist. Mykotoxine-Produzenten sind u.a. *Aspergillus-*, *Penicillium-*, *Fusarium-*, *Claviceps-* und *Rhizopus-*Arten. Bekannte Mykotoxine sind Aflatoxine (die stärksten oral wirkenden natürlichen Karzinogene), Citrin, Byssochlamsäure, Patulin, Ochratoxin, Sterigmatocystin, Monoliformin, Ergot-Alkaloide, Ergochrome, Cytochalasane, Penicillinsäure, Zearalenon, Rubratoxine, Trichothecene u.a.

Hauptsächlich gelangen Mykotoxine mit kontaminierter Nahrung in den menschlichen Körper. Pilzsporen können ebenfalls Mykotoxine enthalten, so dass diese Sporen aufgrund ihrer geringen Größe auch eingeatmet werden können. Es muss infolgedessen zunehmend die inhalative Auf- bzw. Einnahme dieser Toxine in Betracht gezogen werden. Da Mykotoxine vorwiegend auf pflanzlichen Nahrungs- und Futtermitteln gebildet werden, sind sie häufig Ursache von Lebensmittelvergiftungen. Zu den am stärksten befallenen Lebensmitteln gehören Getreideerzeugnisse, Nüsse, Käse, Reis, Malz, Fruchtsäfte.
→ Mutterkornpilze, → Pilze

Myxoamoeben.
→ Pilze

Myxomyceten. Die Myxomycetes sind die artenreichste Klasse der Myxomycota und die Schleimpilze im engeren Sinne. Sie umfassen etwa 1.000 Arten. Für die Systematik der Myxomycetes sind in erster Linie die Merkmale der sporulierenden Stadien, aber auch die der Plasmodien ausschlaggebend.
→ Schleimpilze

Myxomycota. Unter *Myxomycota* werden die Schleimpilze, eine Abteilung von Organismen zusammengefasst, die verwandtschaftliche Beziehungen zu den *Protozoa* (Urtierchen), speziell zu den *Amoebina* (Amöben) hat.
→ Schleimpilze

Myzel. Das Myzel (auch Mycelium oder im Plural Mycelien genannt) ist ein Pilzgeflecht und beschreibt die Gesamtheit eines aus verzweigten und meist auch vernetzten Hyphen bestehenden pilzlichen Vegetationskörpers. Der gesamte Organismus filamentöser (hyphenbildender) Pilze besteht entweder nur aus Myzel oder aus Myzel und den von diesem aufgebauten Strukturen wie Fruchtkörper, Sklerotien, Rhizomorphen usw. Myzel ist als Anpassung an den Lebensraum filamentöser Pilze zu verstehen. Die so genannte heterotrophe und osmotrophe Nahrungsaufnahme in Ökosystemen führte zur Strategie des weitflächigen Durchwachsens nahrungsspendender Substrate. Pilze, die Myzel bilden, bezeichnet man im Gegensatz zu Hefen als filamentös.

Myzetismus. Vergiftung durch Pilze

Myzetome.
→ Aspergillus

μ-Wert. Wasserdampf diffundiert durch nahezu alle Baustoffe (mit Ausnahme von Glas, Metall oder so genannten Dampfsperren). Der Widerstand, der dem Diffusionsstrom entgegen wirkt, wird mit Hilfe der Wasserdampfdiffusionswiderstandszahl beschrieben, auch als μ-Wert bezeichnet. Er beschreibt bei gleichen Bedingungen den Faktor, wieviel mal der Diffusionsstrom durch eine Materialschicht kleiner ist als durch eine gleich dicke Luftschicht. Demzufolge ist der μ-Wert eine dimensionslose Größe, da mit ihr nur ein Verhältnis ausgedrückt wird.

Nährmedien. In der Mikrobiologie werden unter den Nährmedien Kultursubstrate für Mikroorganismen verstanden. Die Nährmedien enthalten alle lebenswichtigen Nährstoffe in verwertbarer Form. Lässt sich ein Nährmedium aus definierten chemischen Verbindungen zusammensetzen, spricht man von definierten oder synthetischen Nährmedien. Für viele Pilze sind die Nährstoffbedürfnisse noch nicht genügend bekannt. In diesen Fällen (und für zahlreiche technische Fermentationen) setzt man komplexe Nährmedien ein, die beispielsweise Hefeextrakt, Malzextrakt, Maisquellwasser, Möhrensaft, Kartoffeln usw. enthalten. Nährmedien sind flüssig (Nährlösung) oder fest (Nährboden). Die Verfestigung erfolgt mit Agar oder in Ausnahmefällen mit Gelatine.

Nassfäule. Die Nassfäule wird durch eine Gruppe in Gebäuden vorkommender Pilze hervorgerufen, die für ihre Zerstörung eine hohe Holzfeuchte benötigt. In der Regel handelt es sich hierbei um Holzfäule durch Braunfäuleereger. Ausgeschlossen aus dieser Gruppe ist der Echte Holzschwamm, der mit einer Holzfeuchte um den Fasersättigungsbereich auskommt.

Nekrose. Zelltod – geht einher mit definierten morphologischen Veränderungen und ist nicht identisch mit der Apoptose.

Neoplasmen.
→ Karzinogene, → Karzinome

Neosolaninol. Neosolaninol ist ein Mykotoxin der so genannten Trichothecen-Gruppe mit der chemischen Struktur eines Epoxytrichothecens, das von *Fusarium*-Arten gebildet wird.
→ Trichothecene

Neuroallergie.
→ MCS-Syndrom

Neurotoxin. Nervengift

Neutralisationstest. Hierbei wird die Tatsache ausgenutzt, dass der Körper gegen ein eingedrungenes Antigen (z.B. Virus) einen spezifischen Antikörper entwickelt. Dieser befindet sich im Serum. Man gibt den Proben eine definierte Menge des zu untersuchenden Virus zu. Enthält das Serum spezifische Antikörper gegen dieses Virus, so wird dieses inaktiviert. Mit dem Gemisch wird ein empfindliches Tier oder eine Zellkultur geimpft. Waren im Testserum neutralisierende Antikörper, so bleibt eine Infektion der Zellkultur oder des Versuchstiers aus.

Niedere Pilze. Niedere Pilze sind Hyphenpilze mit einem einfachen Geflecht, die in der Regel auf feuchten Oberflächen anzutreffen sind.
→ Pilze

Nitrifikanten.
→ Nitrifizierende Bakterien

Nitrifizierende Bakterien. Bakterien, die ihre Energie aus der Oxidation reduzierter Stickstoffverbindungen gewinnen, werden als nitrifizierende Bakterien bezeichnet. Dabei unterscheidet man zwei Gruppen: die Ammoniakoxidierer, die Ammoniumionen bis auf die Stufe des Nitrits oxidieren, und die Nitritoxidierer, die das Nitrit dann zum Nitrat weiter oxidieren. Die nitrifizierenden Bakterien sind von großer Bedeutung im Stickstoffkreislauf, da sie das aus Fäulnisprozessen und durch denitrifizierende bzw. stickstofffixierende Bakterien freigesetzte Ammoniak wieder zu Nitrat oxidieren und so für die Assimilation durch Pflanzen, Pilze und Bakterien zugänglich machen. Diese Organismen kommen hauptsächlich in Böden vor, wo sie entscheidend in den so genannten Stickstoffkreislauf eingreifen.

Hauptschadensmechanismen von nitrifizierenden Bakterien ist die Bildung von Nitrat, das bei entsprechender Feuchtigkeit in Salpetersäure umgewandelt wird. Ausgangssubstanz (d.h. Substrat/Nahrung) für diese Bakterien ist Ammoniak aus der Luft. Dieses entsteht zu 95% aus der intensiven Tierhaltung. Bisher geht man davon aus, dass die größte Menge an Nitratsalzen an Bauwerken durch nitrifizierende Bakterien gebildet wurde, entweder im Boden mit anschließenden Transport durch kapillar aufsteigende Feuchtigkeit in

das Mauerwerk eingebracht oder direkt durch im Baustoff lebenden Nitrifikanten.
Morphologisch sind die beiden Gruppen der nitrifizierenden Bakterien uneinheitlich und manche Arten besitzen interne Membransysteme. Phylogenetisch gehören beide Gruppen der nitrifizierenden Bakterien zur Entwicklungslinie der Purpurbakterien, die Gattung Nitrospira stellt eine eigene Entwicklungslinie dar.

Nitritoxidanten.
→ Nitrifizierende Bakterien

Nivalenol. Nivalenol ist ein Mykotoxin der so genannten Trichothecen-Gruppe mit der chemischen Struktur der Ketotrichothecens, das von *Fusarium nivale* gebildet wird. Nivalenol wirkt cytotoxisch und ist als Hemmstoff der Protein- und DNA-Synthese bekannt.
→ Trichothecene

Normklima. Das Normklima ist eine im Normenausschuss getroffene Vereinbarung für eine Klimasituation, die den diversen Berechnungen zugrunde liegt. Diese ist abgeleitet aus empirischen Untersuchungen und wurde mit Sicherheitstoleranzen beaufschlagt. In Sonderfällen wie beispielsweise Schwimmbädern, klimatisierten Räumen oder auch anderen klimatischen Bedingungen als in Mitteleuropa sind die oben genannten vereinfachenden Randbedingungen nicht mehr zulässig. In solchen Fällen kann das dampfdiffusionstechnische Verhalten einer Konstruktion unter Zugrundelegung der tatsächlich vorhandenen Klimawerte abgeschätzt werden. Alternativ werden zwölf getrennte Glaser-Diagramme für jeden Monat ermittelt und die Summe des anfallenden Tauwassers mit der maximal möglichen Verdunstungsmenge verglichen.

Noxe. Schädigende Einwirkung, Schädlichkeit, krankheitserregende Ursache.

Nukleinsäure. Jedes Lebewesen besitzt zwei Arten von Nukleinsäuren, DNA und RNA. Dabei fungiert in der Regel die DNA als Träger der genetischen Information (Ausnahme sind RNA-Viren), während verschiedene RNA-Arten die Aufgabe haben, diese Information zu transportieren und bei ihrer Umsetzung in Proteine mitzuwirken.

Nukleinsäurehybridisierung. Ein sehr spezifisches Nachweisverfahren beruht auf der Identifikation von viralen Genen in der zu untersuchenden Probe. Hierzu wird die doppelsträngige DNA der infizierten Wirtszelle chemisch oder durch Wärmeeinwirkung in Einzelstränge zerlegt. Dieser Vorgang heißt Denaturierung. Die Probe wird anschließend z.B. auf Nitrozellulosefiltern gebunden. Anschließend wird radioaktiv markierte Nukleinsäure des in der Probe nachzuweisenden Virus hinzugeben. Diese Testnukleinsäure wurde jedoch zuvor zur späteren Identifizierung radioaktiv markiert. Die zueinander kompatiblen (homologen) Teile von Nukleinsäuresträngen aus der Probe und der Testnukleinsäure lagern sich zu einem passenden Doppelstrang zusammen. Dieser Vorgang heißt Hybridisierung. Durch Zugabe des Enzyms DNAse werden die nicht hybridisierten DNA-Stücke in der Probe zerlegt. Die hybridisierten Nukleinsäuren werden dann anhand ihrer radioaktiven Markierung durch Auflegen auf einen fotografischen Film (Autoradiographie) nachgewiesen. Die radioaktiv markierten Nukleinsäurestücke hinterlassen auf der Fotoplatte eine Schwärzung, wodurch die Auswertung der Hybridisierung stattfindet.

Die Spezifität des Test hängt von der Qualität der Testnukleinsäurefragmente ab. Diese Fragmente nennt man »gene probes« oder Gensonden. Die Gensonden können z.B. durch Klonierungsverfahren in bakteriellen Plasmiden, das sind kleine DNA-Ringe, die autonom replizieren können, hergestellt werden. Sie werden anschließend durch kontrollierte bakterielle Multiplikation vervielfältigt. Dabei entsteht eine große Menge identischer Kopien der gewünschten Nukleinsäure-Fragmente (Gensonden), die man durch einfache Verfahren reinigen und entweder radioaktiv oder durch andere nicht-radioaktive Stoffe markieren kann.

Nukleoid. Die Erbsubstanz liegt in funktioneller Hinsicht dem Zellkern der Eukaryonten vergleichbar als Kernäquivalent, das auch Nukleoid genannt wird, frei in der Zelle. Das Erbgut des Bakteriums, die DNA, hat das Aussehen einer Strickleiter. Diese liegt in Form einer mehrfach gewundenen und verknäulten Schraube (Helix) in der Zelle. Durch diese Faltung passt die DNA, die entfaltet etwa 500 mal länger als das Bakterium selbst ist, überhaupt erst in den Zellleib hinein. Das DNA-Molekül besteht aus zwei zueinander komplementären Strängen, die aus kleineren Untereinheiten, den Nukleotiden, zusammengesetzt sind. Die Grundstruktur eines Nukleotids besteht aus Desoxyribose (Zuckermolekül), Orthophosphat und einer organischen Base. Es existieren insgesamt vier organische Basen, nämlich Thymidin (T), Adenin (A), Cytosin (C) und Guanin (G). Zur Vereinfachung werden in Publikationen, die den genetischen Code eines Lebewesens beschreiben, nur die Abkürzungen der Nukleotidbasen als T, A, C, und G verwendet. Die Proteine (also Eiweiße) werden durch die spezifische Abfolge dieser vier verschiedenen Nukleotide kodiert. Dieses Prinzip der Informationskodierung ist bei den Zellen aller Lebewesen einschließlich des Menschen gleich. Es ist also ein universeller Kode. Durch Wasserstoffbrückenbindungen können sich die Nukleotide Adenin und Thymidin einerseits und Cytosin und Guanin andererseits zusammenlagern. So entsteht die typische Strickleiterstruktur der DNA. Der Quotient aus der Anzahl der Basenpaare Adenin und Thymidin sowie Guanin und Cytosin ist bei einer Bakterienart konstant. Daher kann dieser Quotient benutzt werden, um eine Systematik der Bakterien aufzustellen, weil es sich um ein spezifisches Merkmal handelt.

Nukleotide.
→ Biochemie, → Nukleoid

Nukleus. Eukaryoten besitzen einen echten Zellkern, den Nukleus, der etwa 10% des Zellvolumens einnimmt und die gesamte DNA der Zelle mit Ausnahme der in den Organellen vorhandenen enthält. Er wird von der Kernhülle umgeben, die aus zwei Einheitsmembranen besteht. Die äußere Membran ist dem Cytoplasma zugewandt und mit dem Endoplasma verbunden. Die innere Membran umgibt das Nukleoplasma. Die beiden Membranen verschmelzen an bestimmten Stellen zu Kernsporen von etwa 9 Nanometer Durchmesser, durch die ein selektiver und aktiver Transport von Makromolekülen zwischen Nukleoplasma und Cytoplasma stattfindet. Innerhalb des Nukleus liegt eine amorphe Struktur, der Nukleolus.

Oberflächentauwasser.
→ Tauwasser

Ochratoxin. Ochratoxine sind Mykotoxine aus einigen Stämmen von *Aspergillus ochraceus* und *Penicillium viridicatum*. Chemisch gesehen sind die Ochratoxine aus einer Methylisocumarin- und zum Teil einer Phenylalanineinheit zusammengesetzt. Die Methyl- und Ethylester des Ochratoxin A sind die giftigsten Vertreter der Ochratoxine. Sie verursachen Leber- und Nierenschäden.
→ Mykotoxine

Ödem. Ansammlung aus den Blut- oder Lymphgefäßen ausgetretener seröser Flüssigkeit im Gewebe; Sie kann zahlreiche unterschiedliche Ursachen haben, z.B. eine Venenstauung, Herzinsuffizienz, Nierenerkrankung; Entzündungen unterschiedlicher Ursache, auch allergische Entzündungen.

Oomyceten/Oomycota.
→ Pilze

Onkogene.
→ Karzinome

Oosporein. Oosporein ist ein Mykotoxin (Benzochinon) aus *Penicillium-*, *Chaetomium-*, *Acremonium-* und *Beauveria*-Arten und wirkt phytotoxisch.

Oosporen.
→ Pilze

Oidien.
→ Pilze

Operon.
→ Genregulation

Organische Lösemittel. Organische Lösemittel sind flüchtige Verbindungen, die andere Stoffe (z.B. Farben, Kleber) lösen oder verdünnen, ohne sie chemisch zu verändern. Meist handelt es sich dabei um Stoffgemische und nicht um Einzelsubstanzen. Die Gemische setzen sich in der Regel aus den Substanzklassen der Aldehyde, Ketone, der aliphatischen und aromatischen Kohlenwasserstoffe, Alkohole und Ester zusammen. Während und nach der Verwendung von Mitteln (z.B. beim Kleben, Streichen, Lackieren) entweichen diese Stoffe in die Raumluft und werden überwiegend über die Atmung vom menschlichen Organismus aufgenommen. Aromatische Kohlenwasserstoffe (z.B. Toluol, Ethylbenzol, Xylol) kommen z.B. in Treibstoffen, Klebern, (Nitro-) Lacken, Verdünnern und vielen anderen Produkten vor. Sie können auch in der Außenluft vorkommen. Aliphatische Kohlenwasserstoffe (z.B. Hexan, Oktan, Dekan, Dodekan) sind häufig verwendete Lösemittel, die z.B. in Terpentinersatz, Petroleum, Klebern, Lacken, Farben sowie Kunststoffmaterialien (PVC) enthalten sind und aus diesen Stoffen ausgasen können.

Osmophile Pilze.
→ Osmotolerante Pilze

Osmotolerante Pilze. Osmotolerante (osmophile) Pilze sind Pilze, die in konzentrierten Zuckerlösungen mit hohen osmotischen Werten (Honig, Sirup, Konfitüre etc.) leben können. Neben Hefen können auch filamentöse Pilze (wie beispielsweise einige *Aspergillus*- und *Penicillium*-Arten) diese Substrate besiedeln.

Otomykosen. Unter Otomykosen werden Mykosen im Bereich der Ohren verstanden, die den äußeren Gehörgang oder das Mittelohr und angrenzende Bereiche betreffen. Erreger der Otomykosen sind *Candida*-Arten, häufiger aber filamentöse Pilze der Anamorph-Gattung *Aspergillus*. Am häufigsten werden *Aspergillus fumigatus, Aspergillus flavus, Aspergillus ornatus, Aspergillus terreus* und *Aspergillus niger* nachgewiesen. Selten wurden auch *Mucor*- und *Alternaria*-Arten isoliert. An Otomykosen im Mittelohrbereich sind darüber hinaus häufig Bakterien beteiligt und sie sind oft die Folge starker Verschmutzungen, wobei sich die Erreger zunächst als Saprophyten ansiedeln können. Das Wachstum der Pilze kann so stark sein, dass auf Haut- oder Schleimhautbereichen sogar sporulierende Pilzrasen entstehen können.

Oxalose. Die Oxalose ist ein Krankheitsbild, bei dem als Folge einer so genannten Aspergillose Ablagerungen von Oxalsäure-Kristallen im befallenen Gewebe des Wirtes auftreten. Zu ausgeprägter Oxalsäure-Ausscheidung ist beispielsweise der *Aspergillus niger* befähigt.

Oxychlordan. Oxychlordan gehört zu den so genannten Cyclodienpestiziden und besteht aus einer ganzen Reihe von Verbindungen, die aus Hexachlorcyclopentadien hergestellt werden. Das Insektizid Chlordan ist zwar in Deutschland als solches nicht zugelassen, findet jedoch in vielen anderen Ländern seit 1949 breite Anwendung. Dementsprechend lässt sich nicht sagen, in welchen Nahrungsmitteln Chlordan enthalten ist. Die biologische Halbwertszeit beträgt 3 Monate und die Verweildauer in der Umwelt kann bis zu 20 Jahren betragen. Die Einstufung in die Krebs erzeugende Gruppe III B bedeutet: Stoff mit begründetem Verdacht auf Krebs erzeugendes Potenzial. Der MAK-Wert (maximale Arbeitsplatz Konzentration) liegt bei 0,5 mg/kg im Staub.

Oxidasen.
→ Enzyme

PAK.
→ Polycyclische aromatische Kohlenwasserstoffe

Pandemie.
→ Epidemie

Parasexualität. Tierische Zellen mischen ihr Erbgut nach einer Reduktionsteilung (Meiose) und neuer Kombination (Karyogamie) im Rahmen sexueller Vorgänge. Bakterien vermehren sich dagegen durch Querteilung, Gameten (Geschlechtszellen) kommen nicht vor. Dennoch gibt es Mechanismen, die den Austausch von Erbmaterial zwischen den Zellen auf ungeschlechtlichem Wege innerhalb der Zellen einer Generation ermöglichen.

Parasexueller Zyklus. Mit dem parasexuellen Zyklus wird der Entwicklungsgang einiger Pilze (besonders einiger Anamorphen wie beispielsweise *Aspergillus niger*) umschrieben, bei dem ohne Sexualität und Meiosen genetische Variabilität im Verlauf der vegetativen Phase entsteht. Infolgedessen können sich auch diese Arten an veränderte Umweltbedingungen anpassen. Während des parasexuellen Zyklus sind die drei Prozesse der spontanen Diploidisierung, mitotisches Crossing-over und die spontane Haploidisierung beteiligt.

Parasiten. Organismen, die auf oder in anderen Lebewesen leben und ihre Nährstoffe ganz oder teilweise vom Wirt beziehen, werden als Parasiten bezeichnet. In den meisten Fällen verursachen Parasiten beim Wirt Schäden oder Krankheiten. Parasiten, die wie Läuse auf der Oberfläche des Wirtes leben, nennt man Ektoparasiten. Nisten sie sich dagegen wie Bandwürmer im Körperinneren ein, spricht man von Endoparasiten. Stationäre oder permanente Parasiten bleiben fast während ihres gesamten Lebenszyklus im Wirt, temporäre oder periodische Parasiten dagegen leben nur eine Zeit lang im oder auf dem Wirt und sind in der übrigen Zeit selbstständig. Nach der Notwendigkeit der parasitären Nahrungsgewinnung unterscheidet man obligatorische Parasiten, die zeitlebens auf den Wirt angewiesen sind, von fakultativen Parasiten, die sowohl vom Wirt als auch von anderem Material Nahrung beziehen. Bandwürmer sind in ihrem Lebenszyklus durch einen Wirtswechsel gekennzeichnet, d.h. sie entwickeln sich mit verschiedenen Lebensstadien auf unterschiedlichen Wirtsorganismen. Andere dagegen, beispielsweise der Hakenwurm des Menschen, vollziehen ihre Entwicklung in einem einzigen Wirt.

Zu den Parasiten des Menschen gehören Viren, Rickettsien, Bakterien, Pilze, Protozoen und Würmer. Viren und Rickettsien zählen nicht zu den Lebewesen, da sie nicht zu einer eigenständigen Vermehrung in der Lage sind, verbreiten sich jedoch von einem Wirt zum anderen und erhalten von ihm auch ihre gesamten Nährstoffe. Bakterien und Pilze rufen beim Menschen die meisten bekannten Infektionskrankheiten hervor. Protozoen sind ebenfalls wichtige Krankheitserreger. Die Schlafkrankheit beispielsweise, die oftmals tödlich endet, wird von einzelligen Geißeltierchen der Gattung *Trypanosoma* hervorgerufen. Arten der Gattung *Plasmodium* verursachen Malaria, eine der häufigsten Tropenkrankheiten. Die Schistosomiasis (auch Leishmaniose genannt), eine schwere Tropenkrankheit, wird von Leberparasiten hervorgerufen. Verschiedene andere Würmer sind ebenfalls Parasiten des Menschen.

Alle pflanzlichen Parasiten leben auf anderen Pflanzen. Es kann sich entweder um Halbparasiten handeln, die nur einen Teil ihrer Nährstoffe vom Wirt erhalten, oder aber um Vollparasiten, die mit ihrer Ernährung völlig auf den Wirt angewiesen sind. Halbparasiten besitzen grüne Blätter und können durch Photosynthese eigene Kohlenhydrate, Proteine und Fette synthetisieren, so dass sie nur Wasser, Stickstoff und Mineralsalze dem Wirt entziehen. Die Mistel ist ein Beispiel für einen Halbparasiten. Sie bildet selbst keine Wurzeln aus; ihre Samen werden von Vögeln verbreitet und bilden auf Ästen Haustorien, mit denen sie in die Wirtspflanze und deren Nährstoffleitsystem eindringen.

Vollparasiten haben verkümmerte Blätter ohne Chlorophyll und bilden niemals Wurzeln aus. Der Teufelszwirn, eine Gattung der Windengewächse, umschlingt mit seinen langen, oberirdischen Trieben Kräuter, Sträucher oder Bäume und entzieht ihnen Nährstoffe. Am stärksten ausgeprägt ist die parasitische Lebensweise bei den *Rafflesiaceae*, einer in den Tropen und Subtropen beheimateten Pflanzenfamilie, die weder Stängel noch Blätter besitzen. Sie bestehen nur aus Zellfäden, die Stämme und Wurzeln verschiedener Blütenpflanzen durchziehen. Sie bilden Blüten, die aus fünf riesigen, dicken Kelchblättern bestehen und an die Bestäubung durch Aasfliegen angepasst sind. Der Geruch nach verfaulendem Fleisch lockt Insekten an, die den Pollen des Parasiten von einer Blüte zur nächsten tragen.

Pasteur-Effekt. Nach Pasteur wurde ein Effekt der Gärungshemmung durch Sauerstoff benannt. Unter aeroben Bedingungen schaltet Hefe von Gärung auf Atmung um, wobei für den gleichen Energiegewinn viel weniger Glukose als bei der Gärung verbraucht wird und ein besseres Wachstum stattfindet.

Pasteurisierung. Die Pasteurisierung ist eine nach dem großen französischen Chemiker und Bakteriologen Louis Pasteur (1822-1895) benannte Konservierungsmethode für flüssige Nahrungsmittel. Durch Kurzzeiterhitzung (ein bis zwei Minuten bei 85°C) gelingt es, die in den Nahrungsmitteln enthaltenen Keime ohne unangenehme Geschmacksveränderungen weitgehend abzutöten und eine längere Haltbarkeit zu erreichen. Die Pasteurisierung hat sich als wesentliche Verbesserung der Gesundheits- und Hygienesituation erwiesen. Viele Krankheiten, die früher mit der Kuhmilch vor allem auf Säuglinge und Kleinkinder übertragen wurden, und bestimmte Vergiftungen durch Stoffwechselprodukte von Bakterien konnten auf diese Weise eingedämmt oder praktisch zum Verschwinden gebracht werden.

Pathogene. Pathogene sind Krankheitserreger (beispielsweise Viren), die durch parasitische Lebensweise Krankheiten verursachen. Parasiten sind häufig, aber nicht zwangsläufig, Pathogene. Umgangssprachlich wird alles, was eine Krankheit auslösen kann, als pathogen bezeichnet.

Pathogene Bakterien. Ungefähr 200 Bakterienarten sind pathogen (krankheitserregend) für den Menschen. Die Pathogenität der einzelnen Arten ist sehr unterschiedlich und hängt sowohl von der Virulenz (der schädlichen Aktivität) der einzelnen Art als auch vom Zustand des Wirtsorganismus ab. Zu den virulenteren Bakterien zählen beispielsweise die Erreger von Cholera, Tetanus, Gasbrand, Lepra, Pest, Ruhr, Tuberkulose, Syphilis, Typhus, Diphtherie, Brucellose und einigen Formen der Lungenentzündung. Bis zur Entdeckung der Viren hielt man Bakterien für die Erreger aller Infektionskrankheiten.

Die pathogenen Wirkungen von Bakterien auf Körpergewebe lassen sich in vier Klassen einteilen: (1) Direkte örtliche Wirkung auf das betroffene Gewebe, wie bei Gasbrand, hervorgerufen durch *Clostridium perfringens*; (2) Mechanische Wirkung, beispielsweise wenn eine Vielzahl von Bakterien ein Blutgefäß blockiert und somit einen infektiösen Embolus (Gefäßpfropf) bildet; (3) Wirkungen durch eine Körperreaktion aufgrund der bakteriellen Infektion von Körpergeweben, z.B. Hohlraumbildung in der Lunge bei Tuberkulose oder Gewebszerstörung am Herzen durch Antikörper bei rheumatischem Fieber; (4) Wirkungen bakterieller Toxine: chemischer Stoffe, die für manche Gewebe giftig sind. Toxine sind im Allgemeinen artspezifisch. So unterscheidet sich beispielsweise das Diphtherie verursachende Toxin von dem, das Cholera hervorruft.

Pathogene Pilze. Unter pathogenen Pilzen werden krankheitserregende Pilze zusammengefasst, die als fakultative oder obligate Parasiten an oder in Wirtsorganismen leben und bei Menschen Mykosen und an Pflanzen und Pilzen einige Pilzerkrankungen verursachen.

Pathogenese. Die Entstehung und Entwicklung einer Krankheit wird unter dem Begriff Pathogenese zusammengefasst. Sie beschreibt, auf welche Art eine Krankheit den Körper befällt – bei einer Infektionskrankheit beispielsweise, wo ein Erreger in den Körper eindringt (Nase, Mund,

Haut etc.), welche Wege er innerhalb des Körpers nimmt (Blut, Nerven etc.), wo er sich festsetzt (Lunge, Leber, Niere, Gehirn etc.) und welchen Schaden er dem Körper zufügt (Fieber, Atembeschwerden, Lähmungen etc.).

Pathogenität. Eigenschaft bzw. Fähigkeit bestimmter Substanzen und Organismen, krankhafte Veränderungen im Organismus hervorzurufen.

Pathologie. Lehre und Wissenschaft von den Krankheiten, insbesondere ihrer Entstehung und den durch sie hervorgerufenen organisch-anatomischen Veränderungen.

Patulin. Patulin ist ein Mykotoxin, genauer ein Hydroxypyrofuran aus *Penicillium*- und *Aspergillus*-Arten, und wirkt gegen einige Viren, Protozoen, Pilze, Pflanzen und Säugetiere. Es erwies sich als Kernteilungs-Hemmstoff und ist kanzerogen.
→ Mykotoxine

PCB (Polychlorierte Biphenyle). Die chemischen Bestandteile von PCB sind Chlor, Wasserstoff und Kohlenstoff; sie gehören zu den aromatischen halogenierten Kohlenwasserstoffen. Der Begriff »polychloriert« besagt, dass die Wasserstoffatome überwiegend durch Chloratome ersetzt sind. Die PCB sind in Wasser kaum, in den meisten organischen Lösungsmitteln dagegen sehr gut löslich. Durch ihre Eigenschaften (neben genannter Fettlöslichkeit weisen sie hohe Viskosität und Chemikalienresistenz auf) werden sie als Kühl- und Isolierflüssigkeiten in Transformatoren, als Weichmacher für Lacke und Klebstoffe verwendet, außerdem sind sie Bestandteile von Textilhilfsmitteln und Pestiziden. PCB gehören neben DDT, Quecksilber und Blei zu den Stoffen, die im Körper angereichert werden, weil sie weder oxidiert noch ausgeschieden werden können. PCB werden physiologisch noch langsamer als DDT abgebaut. PCB sind außerordentlich stabil, sowohl gegen biologischen Abbau als auch gegen Umwelteinflüsse. Einmal in die Umwelt gebracht verbleiben sie dort für sehr lange Zeit. Sie verteilen sich sowohl mit der Luft als auch mit dem Wasser und sind mittlerweile global verbreitet.

PCB reichern sich stark in pflanzlichen und in tierischen Fetten und somit in der Nahrungskette an. Vor allem Fisch und Milchprodukte enthalten oft nennenswerte Mengen der Chemikalie. Für die meisten Menschen ist die Aufnahme mit der Nahrung die Hauptbelastungsquelle. Auch der Mensch scheidet PCB nicht einfach aus, sondern akkumuliert die Stoffe im körpereigenen Fett, was bei Frauen dazu führt, dass sich die Muttermilch erheblich mit polychlorierten Biphenylen anreichert. Im internationalen Vergleich sind die PCB-Umweltkonzentrationen in Deutschland besonders hoch. Die Kinder haben hierzulande bereits höhere PCB-Konzentrationen im Fettgewebe als Erwachsene in zahlreichen anderen hoch entwickelten Industriestaaten. Je höher die Belastung der Mutter gewesen ist, desto schlechter schnitten die Kinder mit 6-12 Monaten im psychomotorischen Test ab. Zwischen der Gruppe mit der niedrigsten Exposition und der mit der höchsten bestand ein Unterschied von 7 bzw. 8 Punkten in einer Indexskala nach Art von Standard-Intelligenz-Quotienten. Das entspricht zwar noch keinem klinischen Befund, da PCB aber sehr weit verbreitet und viele Babys betroffen sind, ist auch eine geringe Beeinträchtigung der durchschnittlichen psychomotorischen Entwicklung von großer Bedeutung.

In die Umwelt gelangen PCB durch Abluft, Abwasser und direktes Verdampfen oder Verflüchtigen. Die Aufnahme der PCB erfolgt meistens über die Haut, wobei die akute Toxizität gering ist. Zum Erscheinungsbild von PCB-Vergiftungen gehören u.a. Chlorakne, Schäden an Leber und Nervensystem. Die Herstellung wurde in Deutschland 1983 eingestellt.
→ SVOC

PCP.
→ Pentachlorphenol, → SVOC

Pektinasen. Pektinasen sind pektinspaltende Enzyme und werden industriell mit Hilfe von *Asper-*

gillus niger, *Aspergillus oryzae* und anderen Pilzen gewonnen.

Penicillin. Antibiotikum, das vom Schimmelpilz *Penicillium notatum* erzeugt wird. Die Wirkung dieses Antibiotikums wurde erstmals 1928 von dem britischen Bakteriologen Alexander Fleming beobachtet. Doch vergingen zehn Jahre, bis Penicillin in isolierter Form von dem britischen Biochemiker Ernst Chain, dem britischen Pathologen Howard Florey sowie anderen Wissenschaftlern untersucht werden konnte. Penicillin wirkt in zweifacher Weise: Es tötet Bakterien und hemmt bakterielles Wachstum. Penicillin zerstört keine Organismen, die sich im Ruhestadium befinden, sondern nur solche, die wachsen und sich vermehren. Es ist gegen eine breite Palette von Krankheitserregern wirksam, u.a. gegen Pneumokokken, Streptokokken, Gonokokken, Meningokokken, gegen das Tetanusbakterium *Clostridium tetani* und die Syphilisspirochäte. Dieses Arzneimittel wird erfolgreich zur Behandlung so tödlicher Krankheiten wie bakterieller Endokarditis, Septikämie, Gasgangrän, Gonorrhö und Scharlach eingesetzt. Toxische Nebenwirkungen des Penicillins beschränken sich weitgehend auf allergische Reaktionen, die vor Verabreichung des Medikaments mit verschiedenen Testverfahren ausgeschlossen werden können.

Penicillin erwies sich zwar als äußerst wirksam in der Bekämpfung etlicher Krankheiten, jedoch können Infektionen, die durch bestimmte Staphylokokkenstämme verursacht wurden, damit nicht geheilt werden: Diese Bakterien erzeugen ein bestimmtes Enzym, das Penicillin zerstört, und daher Penicillinase genannt wird. Außerdem stellte man fest, dass auch Enterokokken sowie viele andere gram-negative Bakterien, die Atem- und Harnwegsinfektionen verursachen, gegen Penicillin resistent sind. Eine geeignete chemische Behandlung einer biologischen Vorläufersubstanz des Penicillins führte zur Entwicklung einer Reihe von halbsynthetischen Penicillinen. Die wichtigsten darunter sind Methicillin und Ampicillin. Methicillin ist außerordentlich wirksam gegen penicillinasebildende Staphylokokken. Ampicillin wirkt gegen alle Bakterien, die normalerweise auch auf Penicillin reagieren, außerdem hemmt es Enterokokken und die meisten gramnegativen Bakterien.

Penicillin-Allergie. Häufigste Arzneimittelallergie; dabei oft vom IgE-vermittelten Soforttyp, mit unter Umständen schwerer Reaktion bis hin zum allergischen Schock.

Penicillinsäure. Die Penicillinsäure ist ein Mykotoxin der Gruppe toxischer Lactone aus *Penicillium*- und *Aspergillus*-Arten und ist gegen viele grampositive Bakterien und Viren toxisch. Das Molekül der Penicillinsäure enthält eine Furanstruktur.

Penicilliom. Ein Penicilliom ist ein selten vorkommendes, durch *Penicillium*-Arten verursachtes Mycetom in der Lunge und gleicht in der Pathogenese der des Aspergilloms.

Penicillinase.
→ Penicillin

Penicillium spp. Pilze dieser Gattung sind in der Natur und in der unmittelbaren Umgebung des Menschen weit verbreitet. Sie können bei Menschen mit geschädigtem oder geschwächtem Immunsystem so genannte Mykosen (Penizilliose) hervorrufen. Im Vordergrund hinsichtlich ihrer gesundheitlichen Bedeutung steht jedoch ihr Potenzial, allergische Erkrankungen auszulösen. *Penicillium* gilt als einer der wichtigsten Ursachen für Schimmelpilzallergien. Einige Arten der Penicilliumgattung sind zudem Mykotoxinbildner. Zu der Gattung *Penicillium* gehören viele verschiedene Spezies. Die Identifizierung der einzelnen Spezies ist sehr schwierig, weshalb häufig mit der Bezeichnung *Penicillium spp.* ausgedrückt wird, dass mehrere Arten in einer Probe gefunden wurden. *Penicillium* wird in Luftproben, in der Erde, in und auf Lebensmitteln, auf Körnern, in Zellstoff, auf und in Gemälden, Teppichen und Tapeten sowie im Kompost gefunden.

Penicillium kann allergische Alveolitis bei anfälligen Personen verursachen. Es wurde bereits veröffentlicht, dass es auch allergische Reaktionen auf der Haut gegeben hat. Einige Spezies können so genannte Mykotoxine produzieren. *Penicillium* ist häufige Ursache von Asthma. Akute Symptome schließen Ödem und Bronchospasmen ein, chronische Fälle können Lungenemphysen entwickeln.
→ Mykotoxine, → Pilze

Penizilliose.
→ Penicillium spp.

Pentachlorphenol. Pentachlorphenol (PCP) gehört zur Gruppe der chlorierten Kohlenwasserstoffe und wird im Holzschutz eingesetzt, um Hölzer gegen Pilzbefall zu schützen. Bis 1977 enthielten etwa 93% der verwendeten Holzschutzmittel zu ca. 5-6% PCP und ca. 0,5-1,5% Lindan. Als Holzschutzmittelzusatz war PCP seit 1977 stark rückläufig, seit mehreren Jahren ist PCP vom Heimwerkermarkt gänzlich verschwunden. Aufgrund seiner Langlebigkeit ist dieser Stoff vielfach anzutreffen. So ist diese Umweltchemikalie oft im Blut und Urin beim Menschen nachzuweisen. Pentachlorphenol lagert sich über die Raumluft auch an andere Materialien in entsprechend kontaminierten Räumen an. Je größer die spezifische Oberfläche eines Materials ist, desto stärker ist in der Regel die Anreicherung. Baumwolltextilien haben beispielsweise eine besonders große Oberfläche, daher reichern sie stärker PCP an als andere Stoffe. Außerdem kann auch die chemische Beschaffenheit der Oberfläche die Anlagerung beeinflussen. Problematisch ist dies insbesondere bei Textilien, da PCP gut über die Haut aufgenommen wird und daher kontaminierte Kleidungsstücke zu einer wesentlichen Aufnahmequelle werden können. Im Falle von Holzschutzmittelbelastungen sollte auch das Problem von Kontaminationen von Baustoffen oder Einrichtungsgegenständen im Auge behalten werden und gegebenenfalls bei einer Sanierung berücksichtigt werden.

Die Aufnahme von PCP erfolgt in der Regel über die Atemwege, daneben kann es durch belastete Textilien (Anreicherung von PCP über kontaminierte Luft) leicht über die Haut aufgenommen werden. Bei Verzehr (auch belasteter Staub) wird PCP durch den Magen-Darm-Trakt aufgenommen. PCP besitzt als chlororganische Verbindung ein hohes lebertoxisches Potenzial und führt zu einer Aktivierung der Leberenzyme. In höheren Konzentrationen kommt es zu einer Entkopplung der Energiegewinnung in den Zellen, dadurch zu einem Anstieg der Körpertemperatur und des Blutzuckerspiegels. Die Beschwerden, die sich unter der Belastung von PCP einstellen können, sind häufig unspezifisch und deuten nicht auf ein bestimmtes Gift hin. Das Beschwerdebild stellt sich oft vorwiegend als chronisches Erschöpfungs- und Ermüdungssyndrom dar.
→ SVOC

Pentan. Pentan ist ein Lösemittel aus der Gruppe der aliphatischen Kohlenwasserstoffe. Diese Lösemittel sind chemisch sehr reaktionsträge und somit sehr beständig.

Pepsin. Eiweißspaltendes Enzym des Magensaftes

Peptide. Eine der Gruppen organischer Verbindungen, die in den meisten lebenden Geweben vorkommen und vielfältige biologische Funktionen erfüllen. Verglichen mit den großen Molmassen der Proteine bestehen die Peptide aus relativ kleinen Einheiten, die sich wiederum aus Aminosäuren zusammensetzen. Die Aminosäuren sind über so genannte Peptidbindungen zwischen ihren Carboxyl- und Alpha-Aminogruppen miteinander verknüpft. Die Peptide, die weniger als zehn Aminosäuren im Molekül enthalten, nennt man Oligopeptide. Bei einer größeren Anzahl von Aminosäuren spricht man bereits von Polypeptiden. Zu letzteren gehören die Hormone ACTH und Vasopressin.
→ Proteine

perennial. Ganzjährig

Peridie. Außenhülle der Fruchtkörper

Perithecien.
→ Pilze

Permethrin.
→ Pyrethroide

persistierend/persistent. (von lat. persistere = stehen bleiben, verharren) anhaltend, dauernd; Fortbestehen eines Zustandes.

Pestizide. (von lat. pestis = ansteckende Krankheit, Seuche und lat. caedere, cidere = niederhauen, töten) allgemeine Sammelbezeichnung für chemische Mittel zur Bekämpfung und Vernichtung von schädlichen Tieren (Insektizide) und Pflanzen (Herbizide). Pestizide werden gegen Tiere als Atem-, Fraß- und Kontaktgifte eingesetzt. Die massive Anwendung ist allerdings wegen der Vergiftungsgefahr für den Menschen und die Kontamination von Boden, Grundwasser und Nahrungsmittelkette sehr bedenklich.

Die Anwendung von Pestiziden ist gegenüber physikalischen oder biologischen Methoden am wirkungsvollsten. Chemisch gesehen sind Pestizide chlorierte Kohlenwasserstoffe. Kohlenwasserstoffe sind organische Verbindungen, die nur aus Kohlen- und Wasserstoff bestehen, Chlorierung bedeutet, dass Wasserstoffatome durch Chloratome ersetzt sind. Pestizide werden nach ihren Zielgruppen eingeteilt: Pflanzen → Herbizide, Bakterien → Bakterizide, Insekten → Insektizide, Entlaubung → Defoliantien, Nagetiere → Rodentizide, Schnecken → Molluskizide, Milben → Akarizide. Als Beispiele seien das Insektizid Hexachlorcyclohexan (HCH, Lindan), das Fungizid Hexachlorbenzol (HCB), das Bakterizid Hexachlorophen (HCP) in ihrer Wirkung kurz beschrieben: HCH wirkt als Atemgift und kann über Pyrolyse zu Trichloracetat abgebaut werden, wobei das hochgiftige Seveso-Dioxin (TCDD) anfällt.
Folgen einer solchen Vergiftung sind Hautschäden, Krebs oder Erbschäden; HCB ist Ausgangsstoff für das Holzschutzmittel Pentachlorphenol, das durch ständige Ausdünstung an die Umgebung Atemstörungen und Kopfschmerz oder sogar lang anhaltende Schäden hervorrufen kann, es muss als Inhaltstoff von Holzschutzmitteln auf der Packung angegeben sein; HCP ist in Desinfektionsmitteln enthalten, wirkt in großen Mengen hautreizend und wurde für Kinderkosmetik verboten. Bekannt ist auch das Insektizid DDT (Dichlordiphenyltriclorethan). Da es weltweit in hohen Mengen eingesetzt wurde, kann es in allen Lebewesen nachgewiesen werden; es wirkt mutagen als Atem- und Kontaktgift, reichert sich in den Nahrungsketten, da es weder oxidiert noch ausgeschieden werden kann, an und wurde deshalb verboten.

Petrischale. Eine Petrischale ist eine nach dem deutschen Bakteriologen R. J. Petri (1852-1921) benannte Glasschale mit übergreifendem Deckel für mikrobiologische Kulturen. Petrischalen haben einen Durchmesser von 8 bis 15 cm und werden heute zunehmend aus Kunststoff verwendet, die dann nach Gebrauch entsorgt werden können.
→ Bakterienkulturen

Phagocytose.
→ Endocytose

Phagozyt. Ein Phagozyt ist eine Fresszelle (eine spezialisierte Körperzelle), die Gewebetrümmer, Fremdkörper und Bakterien und dgl. aufnehmen und verdauen kann, beispielsweise die weißen Blutkörperchen. Phagozyten sind damit sozusagen die Bakterienjäger im menschlichen Körper.

Phallales.
→ Pilze

Phenole. Der Stoff Phenol (Carbolsäure) kommt natürlich z.B. in Kiefern und im Steinkohlenteer vor. Als Nebenprodukt fällt es in Kokereien und Braunkohleschwelereien an, es ist ein luftverunreinigender Stoff und wirkt kancerogen auf die Haut und die Atemorgane, chronische Vergiftungen zeigen sich durch Nierenschäden. Phenol ist der Grundstoff für die Phenole. Diese aromatischen Hydroxylverbindungen sind im pflanzlichen, tierischen und menschlichen Körper enthalten. In der Industrie sind sie vorrangig im Altöl, in Farben und Lacken, in Gießereien, in der Holzverarbeitung, in der Kunststoffherstellung und in Schädlingsbekämpfungsmitteln zu finden. Typische Beispiele sind Nitrophenole, Chlorphenole und PCP. Die drei Nitrophenole (2-Nitrophenol, 3-N. und 4-N.) sind giftig, wenn sie durch Einatmung oder Hautkontakt in den Organismus gelangen. Chlorphenole sind in ihrer kanzerogenen Wirkung nicht so stark wie Phenol; sie sind schwer in Wasser und leicht in Alkohol löslich. Die biologische Abbaubarkeit ist sehr schlecht. Chlorphenol entsteht beispielsweise als Zwischenprodukt bei der Arzneimittelherstellung. PCP (Pentachlorphenol) wirkt auf Mikroorganismen, Pflanzen, Insekten, Weichtiere und Fische stark toxisch, für Säugetiere ist es ein weniger starkes Gift. Auswirkungen auf den menschlichen Organismus konnten bisher noch nicht genau nachgewiesen werden. Industrielle Verwendung findet das PCP u.a. in der Papierindustrie und in Schädlingsbekämpfungsmitteln.

Phialiden.
→ Sporenbildung

Phosphorsäureester. Organische Phosphorsäureverbindungen (Phosphorsäureester) wie z.B. Chlorpyrifos werden als Fraß-, Kontakt- und Atemgifte bei der Insektenvernichtung eingesetzt. Sie wirken außerdem systemisch, indem sie schnell von der Pflanze aufgenommen werden und in das Gefäßsystem gelangen. Phosphorsäureester werden auch im Vorratsschutz (gegen Kornkäfer und Mehlmotten) und im Wohnbereich (gegen Wanzen, Schaben, Flöhe, Silberfischchen, und Fliegen) angewendet. Phosphorsäureester sind kaum wasserlöslich, aber gut fettlöslich. Je nach Zusammensetzung wurden sie außerdem als Flammschutzmittel und Weichmacher eingesetzt. Alle Phosphorsäureester sind warmblütertoxisch, vor allem die erste Generation dieser Mittel. Durch Hemmung des Enzyms Acetylcholinesterase kommt es zu einer Anhäufung von Acetylcholin im Organismus, wobei der Parasympathicus übererregt wird. Acetylcholin ist ein so genannter Transmitter und überträgt Nervenimpulse auf die Muskeln. Da ein Abbau nicht stattfindet, ermüdet der Muskel rasch und über Krämpfe kann der Tod eintreten. Als Gegenmittel bei akuten Vergiftungen wird Atropin und Toxogonin eingesetzt.

Schon 1971 berichteten Arbeitsmediziner von neurologischen Störungen nach akuten Phosphorsäureester-Vergiftungen. Neuropsychiatrische, pneumokardinale und gastrointestinale Symptome können noch lange nach einer Exposition von Organophosphat-Pestiziden anhalten. Leichte Vergiftungen oder chronische Aufnahme geringer Mengen äußern sich durch Kopfschmerzen, Sehstörungen, Schwächegefühle, Schwitzen, leichte Brustschmerzen, Übelkeit und Erbrechen. Phosphorsäureester sind auch als Nervengase zur Vernichtung von Menschen eingesetzt worden (Sarin, Soman, Tabun). Parathion (E 605) wird als sehr giftig beim Einatmen, Verschlucken und der Berührung mit der Haut eingestuft. Bereits 0,24 mg/kg Körpergewicht wirken beim Menschen tödlich, wie aus Suizidalversuchen dokumentiert ist. Parathion ist eine gelbbraune, schwach nach Knoblauch riechende Flüssigkeit. Dichlorphos gilt als giftig beim Einatmen, Verschlucken und Berühren mit der Haut.

Photopatch-Test. Der Photopatch-Test ist ein Epikutantest, bei dem die Teststelle 24 Stunden nach Auflage des Allergens auf die Haut mit ultraviolettem Licht bestrahlt wird. Anschließend erfolgt die Beurteilung der Testreaktion in den folgenden Tagen und dient zur Austestung einer so genannten Photoallergie, bei der die auslösende Substanz erst durch UV-Einwirkung zu einem Allergen wird.

Photosynthese. Die Photosynthese ist eine Stoffwechselreaktion chlorophyllhaltiger Organismen (grüne Pflanzen und einige Bakterien), bei der organische Verbindungen aus anorganischen Molekülen durch Umwandlung von Lichtenergie in chemische Energie synthetisiert werden. Die Photosynthese ist einer der wichtigsten physiologischen Prozesse überhaupt, da durch sie organische, energiereiche Verbindungen und Sauerstoff erzeugt werden und damit die Existenz von Lebewesen in der Biosphäre überhaupt erst möglich wird. Photosynthese ist also allgemein ein Vorgang, bei dem die Pflanze Sonnenenergie in chemische Energie umwandelt. Mit Hilfe der Energie des Sonnenlichts werden bei der Photosynthese aus Kohlendioxid und Wasser energiereiche Zuckerverbindungen aufgebaut, in denen die für die Pflanzen verfügbare Energie gespeichert ist.

Phototrophe Bakterien. Phototrophe Bakterien gewinnen ihre Energie mit Hilfe des Sonnenlichts durch einen Prozess, der als Photosynthese bezeichnet wird. Dabei lassen sich zwei Gruppen von Bakterien unterscheiden: Purpur-, Grüne und Heliobakterien einerseits sowie die Cyanobakterien andererseits. Während die erstgenannte Gruppe nur ein Photosystem und spezielle Bakteriochlorophylle als Photopigmente besitzt, findet man bei den Cyanobakterien Chlorophyll a und zwei Photosysteme.

Phragmobasidiomycetidae.
→ Basidiomycota

Phthalate. Phthalate gehören zu den so genannten Weichmachern. Man findet sie in Spielsachen, Regenkleidung oder Materialien für die Wohnungseinrichtung sowie in Farben und Klebern. Der Mensch nimmt diese über die Haut, Mund und Atmung auf. Es ist zu befürchten, dass Phthalate die männlichen Fortpflanzungsorgane beeinträchtigen können. Für Säuglinge und Kleinkinder kann die Gesamtbelastung bei intensivem Kontakt mit Spielzeug, Kinderartikeln oder einer PVC-reichen Wohnungseinrichtung gesundheitsschädlich werden.

Phthalsäureanhydrid. Phthalsäureanhydrid (PSA) ist eine Reizsubstanz. Es besteht das Risiko einer sensibilisierten Reaktion (so genanntes »Anhydrid-Asthma«). Phthalsäureanhydrid ist nicht als kanzerogen eingestuft und in manchen Oberflächenbeschichtungen wie z.B. Parkettversiegelungen, furnierten Paneelen, Laminatbodenbelägen, Kunststoffbodenbelägen sowie in Alkydharzlacken und Klarlacken enthalten. Durch den hohen Siedepunkt (285 °C) ist eine Verwendung in wasserlöslichen Lacken ohne weitere Deklaration möglich. Es existiert ein MAK-Wert (maximal Arbeitsplatzkonzentration) für Arbeitsplätze von 1 mg/m^3.

pH-Wert. Mit dieser Maßzahl wird die Stärke einer Säure oder Lauge bezeichnet, d.h. der pH-Wert sagt aus, wie sauer bzw. alkalisch (basisch) eine Probe reagiert. Dabei nimmt die saure bzw. basische Wirkung pro pH-Einheit jeweils um den Faktor 10 zu. Wissenschaftlich spricht man vom negativen Logarithmus der Wasserstoffionen-Konzentration, ausgedrückt in mol/Liter. Die Abkürzung pH stammt entweder von der Abkürzung für *potentia hydrogenii* (Stärke/Konzentration) oder von dem französischen Ausdruck pouvoir hydrogène (»Wasserstoffkraft«). Der Begriff wurde 1909 in die Chemie eingeführt und erlaubt sehr schnell die Charakterisierung einer (wässrigen) Lösung. Reines Wasser hat einen pH-Wert von 7, d.h. es reagiert weder sauer noch alkalisch, sondern neutral. pH = 7 bezeichnet also den Neutralpunkt der pH-Wert-Skala, die von 0 bis 14 reicht. pH-Werte von 0-7 beziehen sich dabei auf eine saure Reaktion, pH-Werte von 7-14 decken den alkalischen Bereich ab.

Die Stärke einer Säure ist umso größer, je niedriger der gemessene pH-Wert ist, die Alkalität liegt umso höher, je weiter entfernt vom Neutralpunkt deren Messwert ist. Beispiele für sauer reagierende Flüssigkeiten sind alle Säuren, wie Salzsäure, Schwefelsäure, Essigsäure, Zitronensaft, während alle Laugen wie Natronlauge, Kalilauge, aber auch Kaliwasserglas und waschmittelhaltiges Wasser alkalisch reagieren. Gemessen werden kann ein pH-Wert am schnellsten und genauesten auf elektrischem Wege mit einem pH-Messgerät. Aber auch unter Zuhilfenahme von Indikatoren, die durch einen Farbumschlag einen bestimmten pH-Wert anzeigen, oder mit so genanntem Indikator-Papier, dessen Farbumschlag nach dem Befeuchten mit einer Farbskala verglichen wird, sind in der Praxis ausreichend genaue pH-Wert-Bestimmungen möglich. Der pH-Wert spielt in der Chemie und verwandten Gebieten wie Biologie, Medizin und Technik eine außerordentlich große Rolle: Beispiele sind der »saure Regen«, der »Säuremantel« der Haut, übersäuerter Waldboden, Abwasser-Aufbereitung, Färbevorgänge und viele andere Begriffe. Der pH-Wert gibt an, ob ein Baustoff saure oder alkalische Eigenschaften besitzt oder sich im neutralen Zustand befindet.

Phykobiont.
→ Flechten

Phykomykose. Alte Bezeichnung für die Algenpilzklasse der Phykomyzeten

Phylogenese/Phylogenie. von Stamm, Geschlecht, Entstehung – Stammesgeschichte der Lebewesen

Phytotoxine.
→ Toxine

Pilzallergene. Pilzallergene sind Verbindungen bzw. Stoffe, die in Pilzen vorkommen und als Antigen oder Hapten wirken. Sie sind in ihrer chemischen Zusammensetzung in der Regel unbekannt. Durch wiederholte Einwirkung der Pilzallergene auf den Menschen (beispielsweise durch das Einatmen der Konidien) kann es zur Überempfindlichkeitsreaktion (Allergie) kommen.

Pilzbefall. Schimmelpilzbefall kann dort entstehen, wo Pilznährstoffe (Proteine bzw. Eiweiß, Zellulose) vorhanden sind und/oder Feuchtigkeit auftritt. Häufig sind davon Stellen betroffen, die von der Heizungsluft kaum erwärmt werden. Ist die Luft im Raum zu feucht, schlägt sie sich auf den kältesten Wand- und Deckenteilen nieder. Dort wird die Stärke und Zellulose aus Dispersionsfarben, Kunstharzputzen, Tapeten, Tapetenleim oder Fugenmassen herausgelöst, die wiederum einen idealen Nährstoff für Pilze darstellen. Der Pilzbefall kann nach dem Austrocknen der betroffenen Flächen mechanisch (z.B. durch sehr gründliches Abbürsten, Abkratzen etc.) entfernt werden, wobei dabei beachtet werden muss, dass sich dadurch unzählige Pilzsporen freisetzen und die Atemluft belasten. Sinnlos ist es, von Schimmel und Pilzen befallene Stellen nach der mechanischen Reinigung einfach zu überstreichen, überzuputzen oder zu überkleben. Wässrige Beschichtungen aktivieren das Pilzmycel und die Sporen, weil wieder Feuchtigkeit und Nährstoffe zugeführt werden. Stockflecken und voraussichtliche Haftungsprobleme werden sich einstellen. Hat sich ein Pilzmycel erst einmal ausgebreitet, entwickleln sich in der nächsten Stufe Fruchtkörper, die wiederum Sporen an die Raumluft abgeben. Sporen lösen in vielen Fällen Allergien aus und stehen bei einigen Arten im Verdacht, Krebs erregend zu sein.

Pilze. Pilze sind chlorophyllfreie Organismen mit heterotropher Ernährungsweise (Ernährung durch Aufnahme organischer Nahrung), die sich durch Sporen verbreiten und vermehren. Alle Pilze weisen einen echten Zellkern auf und zählen daher zu den Eukaryoten. Die Ernährung geschieht meist durch Ausscheidung von Enzymen, die die organischen Substanzen in der Umgebung der Pilzfäden zersetzen, sodass die Nahrung in flüssiger Form durch die dünnen Zellwände aufgenommen werden kann. Innerhalb des Pilzkörpers wird sie durch einfache Zirkulation oder Protoplasmabewegung verteilt, ohne dass eigene Leitungsbahnen wie etwa bei den Pflanzen existieren. Gemeinsam mit Bakterien sind Pilze für den Zerfall und die Zersetzung abgestorbener organischer Materie verantwortlich, die sie in Humus verwandeln. Da sie in der Ernährung auf organische Substanzen angewiesen sind, kommen Pilze überall dort vor, wo auch andere Lebewesen existieren. Zahlreiche Arten leben in Symbiose mit höheren Pflanzen oder Algen, andere als Parasiten auf Insekten und anderen Tieren. Verschiedene Pilze sind gefürchtete Erreger von Krankheiten, so genannten Mykosen (Pilzinfektionen) bei Pflanzen wie auch bei Mensch und Tier. Die Erforschung der Pilze wird Mykologie genannt. Pilze wurden lange Zeit üblicherweise den Pflanzen zugeordnet, denen sie in mehrerlei Hinsicht ähneln, so etwa durch den Besitz von Zellwänden, die Art des Wachstums oder die Morphologie (Erscheinungsbild). Man nahm an, sie hätten im Lauf der Entwicklungsgeschichte das Pigment Chlorophyll verloren, das Pflanzen normalerweise für die Photosynthese benötigen, und wären daher zur direkten Nahrungsaufnahme durch Verdauung anderer Organismen oder Verwertung abgestorbener, organischer Reste übergegangen. Andererseits unterscheiden sie sich durch den Besitz von Chitin in den Zellwänden und das – fast völlige – Fehlen von Cellulose deutlich von Pflanzen. Heute betrachten die meisten Wissenschaftler die Pilze daher als eine völlig eigenständige Gruppe, die das Reich der Fungi (lateinisch: Pilze) bildet. Zumindest gilt dies für die Höheren Pilze, von denen Fossilien bereits im Erdaltertum nachgewiesen sind und die eine geschlossene Gruppe mit einheitlichen Vorfahren darstellen.

Pilze benötigen zum Leben Sauerstoff sowie große Mengen Wasser und Kohlenhydrate oder andere Kohlenstoffquellen. Zucker wie Glucose und Fructose können von den meisten Pilzen verwertet werden. Die Verwendung anderer Kohlenstoffquellen als Nahrung hängt davon ab, ob der Pilz die jeweils zu deren Abbau notwendigen Enzyme bilden kann. Einige Mykorrhizapilze können vermutlich Stickstoff aus der Luft binden, alle anderen sind jedoch auf Nitrate, Ammoniumsalze oder andere anorganische bzw. organische Stickstoffverbindungen angewiesen. Auch die Elemente Kalium, Phosphor, Magnesium und Schwefel sind für das Wachstum von Pilzen erforderlich sowie Spuren von Eisen, Mangan, Kupfer, Molybdän, Zink, Gallium und anderen Wachstumsstoffen. Viele Arten können jedoch auf einen oder auch mehrere dieser Wachstumsstoffe zumindest teilweise verzichten.

Mit ihren Enzymen können Pilze zahlreiche organische, auch komplexe Verbindungen umwandeln und zersetzen; sie sind daher beim Abbau toter pflanzlicher und tierischer Substanz maßgeblich beteiligt und stellen ein äußerst wichtiges Element vieler Ökosysteme dar. Zur Aufrechterhaltung vieler Nährstoffkreisläufe sind Pilze unbedingt notwendig. Zu den fast nur von Pilzen abbaubaren Stoffen zählt das schwer zersetzbare Lignin, ein wichtiger Holzbestandteil; andere Enzyme wie Protopectinase, Pectase und Pectinase bewirken die Hydrolyse (Spaltung mit Hilfe von Wasser) von Stoffen, die in den mittleren Schichten pflanzlicher Zellwände enthalten sind, sodass durch ihre Wirkung der Zellinhalt frei und für andere, abbauende Organismen zugänglich wird. Andere wichtige, von Pilzen gebildete Enzyme sind Amylase, Cellobiase, Cytase, Dextrinase, Invertase, Lactase, Maltase, Protease und Tannase.

Von medizinischer und wirtschaftlicher Bedeutung sind die Arten der Ordnung *Eurotiales*, zu denen viele Schimmelpilze gehören. Wichtige Gattungen sind *Penicillium* und *Aspergillus* (streng genommen bezeichnet man so nur die sich vegetativ vermehrende Form der jeweiligen Pilze). Aus ihnen gewinnt man verschiedene Antibiotika sowie organische Säuren und andere Stoffe. Andererseits richten sie durch das Verderben von Lebensmitteln Schaden an. Die *Erysiphales* sind eine Gruppe wichtiger Pflanzenparasiten, zu denen der Echte Mehltau gehört. Weitere bekannte Ascomyceten sind die Morcheln und Lorcheln (sie gehören zur Ordnung der *Helvellales*) und die Trüffel (Ordnung *Tuberales*), die zu den begehrtesten Speisepilzen zählen. Zu erwähnen sind außerdem die Gattung *Neurospora* (der Rote Brotschimmel), der für genetische Untersuchungen verwendet wird, sowie der Mutterkornpilz (*Claviceps purpurea*, Ordnung *Clavicipetales*).

Pinocytose.
→ Endocytose

Pinselschimmel. Pinselschimmel ist die volkstümliche oder umgangssprachliche Bezeichnung für die Anamorph-Gattung *Penicillium*, die auf der Form der Konidiophore beruht.
→ Pilze

Plaque-Test. Der Plaque-Test ist ein Infektiositätstest und wurde ursprünglich für Bakteriophagen entwickelt. Dieser Test ist einfach, sehr genau und von hoher Reproduzierbarkeit. Die phagenhaltige Probe wird mit einer flüssigen Bakterienkultur und geschmolzenem Agar gemischt und auf einer Kulturschale mit entsprechendem Nähragar ausgesät. Die Bakteriophagen diffundieren durch den Agar, treffen auf ein Bakterium und infizieren es. Das Bakterium lysiert (Zellen medikamentös auflösen) nach einiger Zeit und setzt zahlreiche reife Phagen frei, die wiederum neue Bakterien in unmittelbarer Nachbarschaft infizieren. Nicht infizierte Bakterien wachsen zu einem dichten Zellrasen aus. Nach einer Inkubationszeit von einem Tag erscheinen die lysierten Bereiche als transparente Plaques und heben sich vom trüben Untergrund ab. Das Ergebnis dieses Tests wird in »plaquebildenden Einheiten« angegeben. Dieser Test kann auch mit tierpathogenen Viren durchgeführt werden, wobei die Bakterien durch Zellkulturen ersetzt werden.

Plasma. In der Medizin Blutplasma; nach Entfernen der Blutkörperchen verbleibender flüssiger Anteil des Blutes; enthält im Gegensatz zum Serum noch die Gerinnungsfaktoren.

Plasmide. Bei manchen Bakterien gibt es außer dem Chromosom, welches das eigentliche Erbgut des Bakteriums darstellt, ein oder mehrere weitere DNA-Moleküle in der Zelle. Es handelt sich um die Plasmide. Sie kommen entweder einzeln oder in Form zahlreicher Kopien vor. Sie sind vom Chromosom des Bakteriums in jeder Hinsicht völlig unabhängig. Für die Funktion und Reproduktion der Zelle sind sie nicht zwingend notwendig. Für die Medizin haben sie aber eine besondere Bedeutung. Man unterscheidet Pathogenitätsplasmide, Resistenzplasmide und metabolische Plasmide. Allerdings gibt es auch Plasmide, welche mehrere oder alle Eigenschaften der vorgenannten Gruppen in sich vereinen. Die Pathogenitätsplasmide enthalten denjenigen genetischen Kode, der für die krankmachenden Eigenschaften eines Bakteriums verantwortlich ist. Dazu gehören z. B. Gifte (Toxine), Substanzen, die rote Blutkörperchen schädigen (Hämolysine) oder besondere Kapseln, die den Bakterien eine erhöhte Widerstandskraft gegenüber Chemotherapeutika verleihen. Manche Bakterien erwerben eine Resistenz gegenüber Chemotherapeutika. Diese Resistenzen werden überwiegend nicht durch das Bakteriennukleoid, sondern durch Resistenzplasmide kodiert. Es gibt auch Bakterien, die gegenüber mehreren Substanzen resistent sind. Folglich spricht man von Mehrfachresistenzplasmiden. Metabolische Plasmide können Eigenschaften kodieren, die den Stoffwechsel des Bakteriums beeinflussen.

Plasmodien/Plasmodium. Obwohl Schleimpilze heute nicht mehr zum Reich der Pilze gezählt werden, haben sie in der Mykologie eine lange Tradition und sind in der Natur oft mit echten Pilzen vergesellschaftet. Pilze sind in der Regel sessile Organismen, die sich durch verschiedene Sporenarten verbreiten können. Die Schleimpilze zeichnen sich nun durch die Besonderheit aus, dass sie aktiv »kriechen« können. Die wandernde Form besteht bei einigen Schleimpilzen aus einer einzigen riesigen Zelle, die viele tausend Zellkerne enthält. Diese Wachstumsform wird als Plasmodium bezeichnet. Das Plasmodium bewegt sich amöbenartig über das Substrat und nimmt dabei Bakterien, Hefezellen oder andere kleine Organismen als Nahrung auf. Der Organismus ist in diesem Stadium von schleimiger Konsistenz und kann sehr große Dimensionen erreichen. Er ist sehr austrocknungsgefährdet und kommt deshalb häufig auf totem Holz in feuchtem Habitaten vor. Als Anpassung an widrige Umweltbedingungen, vor allem einer möglichen Austrocknung, können Plasmodien in Sklerotien umgewandelt werden. Wenn die Nahrung ausgeht, differenzieren sich viele Schleimpilze und bilden Sporenträger, in denen nach einer Meiose einzellige Sporen gebildet werden. Die Sporen werden durch Wind und Wasser verbreitet. Unter günstigen Bedingungen schlüpfen aus den Sporen Schwärmzellen, die sich

durch Geißeln bewegen können. Sie vermehren sich durch Zweiteilung und können sich miteinander paaren. Die gebildete Zygote wandelt sich in das Plasmodium um, das durch Wachstum, aber auch durch Fusion mit anderen Plasmodien, immer voluminöser wird.
→ Parasiten, → Schleimpilze

Plasmodiocarpien. Fruchtkörper, die eine gewundene, langgestreckte oder netzartige Form des ursprünglichen Plasmodiums wiedergeben.

Plectenchym. Mit Plectenchym wird ein durch Hyphenwachstum entstehendes Flechtgewebe bezeichnet. Bei den Pilzen gibt es keine zwei- oder dreidimensionalen, zellulären, durch Zellteilung von Scheitelzellen entstehenden Gewebe, deren Zellen primär miteinander verbunden sind. Alle pilzlichen vielzelligen Strukturen wie Fruchtkörper, Sklerotien usw. lassen sich auf Spitzen- oder interkalares Wachstum von Hyphen zurückführen.

Pneumokokken.
→ Penicillin

Pneumonie. Lungenentzündung
→ Aspergillus, → Blastomyces

Pollinose/Pollinosis. Heuschnupfenerkrankung = allergische Erkrankung, die durch eine Allergie gegen verschiedene Pollenarten verursacht wird: Pollen von Gräsern, Getreide, bestimmten Bäumen und Kräutern; führt während des Pollenflugs derartiger Pflanzen zu allergischen Entzündungen der Nase, der Augenbindehaut, z.T. auch der Bronchien.

Polybromierte Diphenylether. Polybromierte Diphenylether (Verwendung als schwerflüchtiges Flammschutzmittel) können z.B. aus Wandanstrichen, Glasfasertapeten, Bodenbelägen, Kunststoffteilen und Deckenvertäfelungen stammen. Über Polybromierte Diphenylether [PBDE] sind bisher keine toxikologischen Daten bekannt. Vergleichbar sind chronische Vergiftungen u.U. mit der Substanzklasse der PCB und Dioxine.

Polychlorierte Biphenyle.
→ SVOC

Polypeptid.
→ Aminosäuren, → Peptide

Polyporaceae.
→ Pilze

Polyporiales.
→ Pilze

Polycyclische aromatische Kohlenwasserstoffe. Polycyclische aromatische Kohlenwasserstoffe (PAK oder engl. PAH) entstehen bei der unvollständigen Verbrennung fossiler Brennstoffe oder sonstiger organischer Materialien. In der Außenluft, insbesondere in Ballungsgebieten, findet man mehr als 200 dieser Verbindungen, die sich chemisch alle vom ringförmigen Grundmolekül Benzol ableiten. In Innenräumen können PAK beispielsweise aus Tabakrauch, aus undichten Abgasführungen oder auch durch den Betrieb von schlecht funktionierenden Kaminen in die Raumluft gelangen. Auch Teer und Teerprodukte enthalten PAK. Bis in die 50er und 60er Jahre wurden teerhaltige Klebermaterialien (oder Gemische aus Teer und Bitumen) bei der Verlegung von Parkett, in Einzelfällen auch von Linoleumbelägen, eingesetzt. Ende 1997 wurde man darauf aufmerksam, dass insbesondere bei schadhaft gewordenen Parkettböden teerhaltiges Klebermaterial teilweise an die Oberfläche gelangte und PAK nicht nur im Kleber, sondern auch im Staub der betroffenen Räume nachgewiesen werden konnten.

Für den Kleber- und Hausstaubgehalt hat eine Expertenkommission beim Umweltbundesamt im Frühjahr 1998 Empfehlungswerte für BaP-Konzentrationen herausgegeben, die nicht überschritten werden sollten. Bei Konzentrationen von mehr als 10 mg/kg BaP im Kleber sollten danach in Abhängigkeit von den dann zu messenden Hausstaubkonzentrationen Minimierungsmaßnahmen ergriffen werden. Innerhalb der Substanzgruppe der PAK gelten einige Verbindungen seit Jahren als Krebs erzeugend, beispielsweise das Benzo(a) pyren (BaP) und die Benz- und Dibenzanthracene.

Polymerase.
→ Transkription

Poriaceae.
→ Pilze

Prädisposition. Zustand, der eine Krankheit begünstigt.

Prävalenz. Die Prävalenz beschreibt die Zahl der Erkrankten zu einem bestimmten Zeitpunkt (Stichtag) und ist ein epidemiologisches Maß zur Charakterisierung des Krankheitsgeschehens in einer bestimmten Population.

Prävention. Vorbeugung, vorbeugende Maßnahme

Präzipitat. (von lat. praecipitare, praecipitatum = herabstürzen) Niederschlag, Produkt einer Ausfällung oder Ausflockung (Koagulation) vor allem von Eiweißkörpern aus dem Blutserum.

Präzipitine. Präzipitierende Antikörper (und speziell spezifische IgG-Antikörper gegen die exogen-allergische Alveolitis auslösenden Antigene) werden auch als Präzipitine bezeichnet.

Praktischer Wassergehalt.
→ Ausgleichsfeuchte

Pricktest (Stichtest). Die drei Möglichkeiten, den Allergieauslösern auf die Spur zu kommen, sind verschiedene Hauttests, ein Bluttest (RAST) und so genannte Provokationstests. Üblicherweise stellt man mit einem Hauttest erst einmal die hauptsächliche Allergenart fest, also ob es sich beispielsweise um Pollen, Schimmelpilze oder dgl. handelt, bevor dann in weiteren Tests versucht wird, das genaue Allergen herauszufinden.

Der so genannte Pricktest ist eine Hauttestmethode, bei der die Haut durch einen Tropfen der zu testenden Allergenlösung hindurch oberflächlich angestochen wird. In der Regel werden auf die Unterseite des Unterarms 10 bis 20 verschieden Lösungen aufgetropft, die jede ein anderes Allergen enthalten. Durch die Tropfen hindurch wird mit einer kleinen Lanzette in die Hautoberfläche gestochen, sodass die Flüssigkeit in die Haut eindringen kann. Nach einer Testreaktion nach ca. 15-20 Minuten kann das Ergebnis abgelesen und bewertet werden. Um einige der Einstichstellen sind jetzt kleine Rötungen (Erythem) und Quaddeln entstanden. Sie bedeuten eine positive, also allergische Reaktion. Der Pricktest dient zur Erfassung einer Sensibilisierung vom Soforttyp und ist bei Pollen, Tierhaaren, Hausstaubmilben und Insektengift sehr zuverlässig, bei Schimmelpilzen und Nahrungsmitteln hingegen weniger geeignet. Beim Pricktest werden, wie auch bei allen anderen Hauttests, Kontrolllösungen mit aufgetragen, die eine Beurteilung des Ergebnisses ermöglichen. Die so genannte Negativkontrolle enthält nur einfache Kochsalzlösungen und darf keine Reizung hervorrufen. Die so genannte Positivkontrolle enthält Histamin, also den Stoff, der auch bei einer allergischen Reaktion ausgeschüttet wird.

Produktionsstamm. Unter einem Produktionsstamm werden industriell genutzte Stämme von Mikroorganismen definiert, die durch Auslese oder genetische Manipulation zu hoher Produktbildung befähigt sind. Beispielhaft soll aufgeführt werden, dass die ursprünglichen Stämme von *Penicillium chrysogenum* etwa 60 mg/ltr. Penicillin bilden, hingegen leistungsfähige Produktionsstämme dieser Art derzeit bis zu 500 mg/ltr. bilden können.

Prokaryoten/prokaryotisch. Die Prokaryoten gliedern sich in zwei große Urreiche, die Bacteria und die Archaea. Diese beiden Domänen lassen sich in zahlreiche phylogenetische Linien aufteilen.

Für die Praxis hat es sich als sinnvoll erwiesen, die Mikroorganismen anhand von Ähnlichkeitsmerkmalen, die sich an morphologischen oder physiologischen Eigenschaften orientieren, in verschiedene Hauptgruppen einzuordnen. Die Zugehörigkeit dieser taxonomischen Gruppen zu den phylogenetischen (stammesgeschichtlichen) Linien erlaubt Rückschlüsse auf die Entwicklung spezieller Mechanismen der Energiegewinnung oder bestimmter Biosynthesewege.
→ Bakterien

prophylaktisch/Prophylaxe. Prophylaxe ist die zusammenfassende Bezeichnung für die medizinischen und sozialhygienischen Maßnahmen, die der Vorbeugung und Verhütung von Krankheiten dienen.

Prostaglandine. Gruppe von Substanzen, die erstmals in der Samenflüssigkeit und später auch in anderen Organen nachgewiesen wurden, insbesondere auch in Mastzellen. Sie steuern als »Gewebshormone« Stoffwechselvorgänge, Entzündungsreaktionen, auch allergische Reaktionen.

Protease.
→ Pilze

Protein. (von griech. = erster, vorderster, wichtigster) übliche Bezeichnung für einfache Eiweißkörper, die nur aus Aminosäuren aufgebaut sind. Proteine spielen eine Schlüsselrolle in allen biologischen Systemen. Dabei unterscheidet man zwei unterschiedliche Klassen von Proteinen. Enzyme sind katalytische Proteine, die für den Ablauf aller Stoffwechselprozesse notwendig sind. Strukturproteine sind dagegen Bestandteile von Zellstrukturen. Proteine sind Polypeptide aus Aminosäuren, die über eine Peptidbindung zwischen der Carboxylgruppe einer Aminosäure und der Aminogruppe der benachbarten Aminosäure kovalent verbunden sind. Je nach der Anzahl der miteinander verknüpften Aminosäuren entstehen Proteine von unterschiedlicher Länge.
→ Globulin

Proteolyse/proteolytisch. (vom griech. = lösen, auflösen) Eiweißverdauung, durch Enzyme oder Bakterien bewirkte Zerlegung der Eiweißkörper (auch des Gewebseiweißes) in Aminosäuren.

Prothrin.
→ Pyrethroide

Protimeter. Der Protimeter ist ein Messgerät für Feuchtemessungen und trendhafte Salzbestimmungen und wird vielfach zur einfachen Feuchtigkeitsbestimmung vor Ort eingesetzt. In der Regel wird mit den beiden im Gerätekopf eingebauten Einstechelektroden gemessen. Als Zusatz zum Messgerät sind Tiefensonden erhältlich, mit denen eine Feuchtemessung über Bohrungen von 6 mm bis 25 cm Tiefe möglich ist. Der Protimeter ist zur Messung von Holz- und Baustofffeuchte geeignet. Während für Holz echte Prozentualwerte abgelesen werden können, handelt es sich bei den mineralischen Baustoffen bei den abgelesenen Werten nur um ein Holz/Feuchteäquivalent als Vergleichswert, das weder am Feuchtemessgerät noch nach der Gebrauchsanweisung einen direkten und absoluten Wert liefert. Über eine Farbskala wird nur eine ungefähre Einschätzung der Feuchtigkeitssituation geliefert.

Protista/Protisten. Etwa seit Mitte des 18. Jahrhunderts war der bis dahin vorherrschenden Überzeugung, die Entstehung der Arten sei auf Urzeugung oder direkte göttliche Erschaffung zurückzuführen, eine völlig andere Theorie gegenübergestellt worden, nach der eine allmähliche Entwicklung der komplexen modernen Arten aus primitiven Vorfahren stattgefunden hat (Evolution). Ein früher Verfechter dieser Abstammungslehre war der französische Naturforscher Lamarck. Doch erst die Arbeiten des britischen Forschers Charles Darwin brachten den Durchbruch. Er stellte im Gegensatz zu Lamarck die Theorie auf, dass die Veränderungen (Mutationen) nicht gezielt, sondern zufällig stattfanden und sich erst durch die natürliche Selektion die am besten angepassten Organismen durchsetzen.

Durch Vergleiche der Ähnlichkeit von homologischen Organen versuchte man, den Grad der phylogenetischen (stammesgeschichtlichen) Verwandtschaft von Organismen zu bestimmen. Anhand dieser Vergleiche von phänotypischen Eigenschaften wurden Stammbäume erstellt, die die Entwicklung der heutigen Lebewesen aus urzeitlichen Formen darstellen sollten. Mit besonderem Interesse wandten sich die Forscher auch der Frage zu, wie sich die Entstehung von mehrzelligen Eukaryoten aus einzelligen prokaryotischen Vorfahren abgespielt haben könnte. Im Zusammenhang mit diesem Entwicklungsprozess wurden die eukaryotischen einzelligen Mikroorganismen als mögliche Zwischenstufen intensiv untersucht. Diese Mikroorganismen wie Algen, Protozoen und Hefen besitzen sowohl Eigenschaften der Eukaryoten (beispielsweise echter Zellkern, Nukleolus, Mitochondrien) als auch solche von Prokaryonten (beispielsweise geringe Größe, einzellig, einfache Zellstruktur, keine Gewebeausbildung). Um diese Zwischenstellung zu berücksichtigen, wurde das Modell des »Fünf-Reiche-Systems« entwickelt, in dem die eukaryotischen Mikroorganismen als Protisten ein eigenes Reich bilden, denen die Reiche der Prokaryonten, der Pilze, der Pflanzen und der Tiere gegenüberstehen.

Protozoen. Protozoen ist die Sammelbezeichnung für tierartige Einzeller, von denen manche Arten auch Kolonien bilden. Nach der zoologischen Klassifikation in der Enzyklopädie gehören die Protozoen zusammen mit anderen Einzellern, die ebenfalls einen membranumhüllten Zellkern besitzen, in das Reich der Protista. Protozoen sind kaum oder gar nicht zu Gewebesystemen differenziert. Im Allgemeinen unterscheidet man mehrere Stämme: Dazu gehören die mit Flagellen ausgestatteten Zoomastigina, von denen viele Arten als Parasiten in Pflanzen und Tieren leben. Die amöbenartigen *Sarcodina*, zu denen die Foraminiferen und Radiolarien gehören, sind wichtige Bestandteile des Planktons. Die mit Cilien besetzten *Ciliophora*, viele davon mit spezialisierten Strukturen, erinnern an Mund und After der höheren Lebewesen. Die *Cnidosporidia* sind Parasiten bei wirbellosen Tieren, Fischen sowie einigen Reptilien und Amphibien. Und viele Arten der *Sporozoa* sind ebenfalls Parasiten bei Tieren und beim Menschen. Insgesamt kennt man über 20.000 Protozoenarten, darunter so bekannte Vertreter wie das Pantoffeltierchen und die Amöbe. Die meisten Protozoen sind Wasserbewohner und leben in Meeren, Seen, Flüssen und Teichen. Ihre Länge schwankt zwischen zwei und 70 Mikrometer (Tausendstel Millimeter). Sie ernähren sich von Bakterien, Abfallstoffen anderer Lebewesen, Algen und anderen Protozoen. Die meisten Arten können sich fortbewegen: mit den peitschenartigen Flagellen, den haarähnlichen Cilien oder der fließenden amöboiden Bewegung, bei der sie Pseudopodien (Scheinfüßchen) ausbilden.

Provokation/Provokationstest. Als Provokation wird in der Medizin das Auslösen von Krankheitssymptomen aus diagnostischen Gründen genannt. In der Allergologie üblich sind beispielsweise der nasale oder bronchiale Provokationstest, dies bedeutet, dass das entsprechende Allergen direkt am betroffenen Organ (z.B. Nase oder Bronchien) nachgewiesen wird. Durch Sprühen in die Nase, durch Einatmen in die Bronchien (oder auch durch Schlucken bei Nahrungsmittelallergie oder durch einen Stich bei Insektenallergie) wird das betroffene Organ direkt mit einer Lösung des Allergens in Kontakt gebracht. Die Reaktion auf diese »Provokation« wie beispielsweise Anschwellen der Schleimhaut, Niesen usw. wird im ärztlichen Beisein abgewartet. Diese Art Test ist allerdings nicht ganz ungefährlich, da auch Asthmaanfälle und andere heftige körperliche Reaktionen ausgelöst werden können. Der Provokationstest ist die derzeit sicherste und zuverlässigste allergologische Testmethode. Bei unklarer Allergie bedeutet ein negativer Provokationstest, dass das getestete Allergen für die derzeitigen Beschwerden nicht verantwortlich ist. Der Provokationstest ist unbedingt vor einer Hyposensibilisierung erforderlich, um bei der Bestimmung des Allergens sicherzugehen. Der wesentliche Vorteil besteht darin, dass eine eindeutige Aussage auch bei negativem Ergebnis vorliegt. Allerdings sollte dieser Test keinesfalls durchgeführt werden, wenn schwere allergische Reaktionen aus der Vergangenheit bekannt sind.

Pseudoaethalium. Dichtgepackte Fruchtkörper, die ein Aethalium vortäuschen.

Pseudoallergie. Manchmal treten auch schon beim ersten Kontakt mit bestimmten Substanzen Beschwerden auf, die einer allergischen Reaktion zum Verwechseln ähnlich sind. Man bezeichnet diese infolgedessen als Pseudoallergie. In der deutschsprachigen Allergologie ist die Pseudoallergie die gängige Bezeichnung für Krankheitserscheinungen, die nicht als Folge immunologisch-allergischer Reaktionen entstehen, die aber weitgehend solchen mit allergischer Ursache ähneln. Sie werden oft durch die direkte Freisetzung von Mediatoren (Botenstoffen) ausgelöst, ohne vorgeschaltete allergische Reaktion. In der Regel handelt es sich um Unverträglichkeitsreaktionen gegen Medikamentenwirkstoffe wie z.B. Acetylsalicylsäure und gleichartig wirkende Schmerz- und Rheumamittel, Röntgen-Kontrastmittel, Narkosewirkstoffe, bestimmte Nahrungsmittelzusatzstoffe wie Farb- und Konservierungsstoffe, biogene Amine wie Histamin, Tyramin oder sonstige chemische Substanzen. Sie alle können Mastzellen zum Platzen bringen und Histamin freisetzen, ohne dass IgE mit im Spiel ist.

Pulverdiffraktometer. Das Pulverdiffraktometer (XRD) ermöglicht die Identifizierung und den Nachweis kristalliner Substanzen. Im Analytiklabor beschränkt sich der Einsatz weitestgehend auf den Nachweis anorganischer, kristalliner Substanzen. Mit dem Pulverdiffraktometer können Füllstoffe, Zuschläge, anorganische Bindemittel auch in Gemischen und Verbindungen bestimmt werden.

Pyrethroide. Pyrethroide sind künstlich hergestellte (synthetische) chemische Verbindungen, die von dem natürlich vorkommenden Pyrethrum abgeleitet sind und diesem in Struktur und Wirkungsweise ähneln. Pyrethroide besitzen insektenabtötende (insektizide) Wirkung, die auf einer Beeinflussung der Natriumkanäle in den Nervenbahnen der Tiere beruht. Das natürlich vorkommende Pyrethrum wird aus den Blütenköpfen verschiedener Chrysanthemenarten durch Extraktion gewonnen. Hauptwirkstoffe des Pyrethrums sind sechs Substanzen, die in jeweils zwei verschiedenen Formen vorkommen: das Pyrethrin I und II, das Cinerin I und II sowie das Jasmolin I und II. Sie wirken als Kontaktgifte und gelangen nach Berührung ins Nervensystem des Insekts. Pyrethrum ist jedoch lichtempfindlich und daher instabil, darüber hinaus in seiner Herstellung teuer. Deshalb wird es auch nur im Hygienebereich beispielsweise gegen Hausungeziefer eingesetzt.

Die synthetischen Pyrethroide dagegen bleiben auch im Freien teilweise über mehrere Wochen stabil und sind wesentlich billiger herzustellen. Sie kommen deshalb in größerem Ausmaß im landwirtschaftlichen Pflanzenschutz zum Einsatz. Das erste sehr wirksame Pyrethroid war Allethrin, das strukturell dem Cinerin I sehr ähnlich ist. Tetramethrin, Prothrin und Resmethrin sind in ihrer Wirkung dem Naturprodukt schon vielfach überlegen. Eine drastische Wirkungssteigerung wurde mit den Präparaten Permethrin, Cypermethrin und Dekamethrin erreicht. Dekamethrin ist mit einer 1.000-fachen Wirkungssteigerung eines der wirksamsten Insektizide überhaupt. Weitere wichtige Abwandlungen (chemisch: Derivate) des Pyrethrums sind die Fenvalerate und Fluovalinate, die keinen Cyclopropanring mehr besitzen und trotzdem noch insektizide Wirkung zeigen.

Die Pyrethroide können gegen fast alle Insekten verwendet werden und sind für Warmblüter bei Anwendung nach Vorschrift im Prinzip ungiftig. Da sie rasch und effektiv wirkende Fraß- und Kontaktgifte darstellen, benötigt man sie in nur relativ geringen Mengen. So genügen bereits 50 bis 200 Gramm pro Hektar im Gegensatz zu anderen Insektenvernichtungsmitteln, wie z.B. den chlorierten Kohlenwasserstoffen, die in Mengen bis zu einem Kilogramm pro Hektar eingesetzt werden müssen. Dies führt gleichzeitig zu einer deutlichen Senkung der Umweltbelastung.

Quecksilber. Quecksilber ist ein seltenes Metall in der Erdkruste und das einzige, das bei Zimmertemperatur flüssig ist. Das technisch wichtigste Mineral ist Zinnober (HgS). Produktionstechnisch tritt Quecksilber in der Arzneimittelherstellung, Batterieherstellung, bei der Erz- und Mineralienaufarbeitung, Kohle- und Erdölindustrie, bei der Farbherstellung, Glas- und Kunststoffindustrie und bei der Herstellung von Schädlingsbekämpfungsmitteln auf. Neben diesen anthropogenen Quellen gibt es natürliche Spurenmengen in der Natur, die aus Vulkanismus und Verwitterung sowie gasförmigem Entweichen aus Meeren, Flüssen, Gletschern entstehen. Aus Batterien, Thermometern und Fungiziden erreicht das Quecksilber über die Nahrungsketten die Stoffkreisläufe.

Alle Quecksilberverbindungen sind giftig, Quecksilber-Dämpfe zeigen im Gegensatz zum flüssigen Quecksilber stark toxische Wirkung. Die zweiwertigen Verbindungen des Quecksilber sind giftiger als die einwertigen. Durch Einatmung von Quecksilber-Dämpfen oder Quecksilber-enthaltendem Staub, durch Aufnahme größerer Mengen durch die Nahrung oder durch direkten Kontakt mit der Haut (beispielsweise Salben) treten akute Vergiftungen auf, die sich in Magen- und Darmkoliken, Schleimhautverätzungen und eventuellem Nierenversagen äußern können. Die metallorganische Verbindung Methylquecksilber zeigt eine sehr hohe Toxizität, bei Kindern können Anreicherungen im Gehirn zu geistigen Störungen und Entwicklungshemmungen führen.

„Räuberische" Pilze. Viele Pilze zeichnen sich durch ein enormes Substratspektrum aus. Auf Grund ihrer sessilen Lebensweise sind sie in ihrer Substratwahl eingeschränkt und können ihre Beute nicht aktiv verfolgen. Allerdings haben sich einige Pilze darauf spezialisiert, zumeist erdbewohnende Kleintiere (wie z.B. Regenwürmer oder Nematoden) zu fangen, indem sie das »Fallen stellen« gelernt haben. Der Pilz der Gattung *Dactylaria* formt mit sterilen Strukturen im Hymenium, so genannten Cystiden, Schlaufen oder Netze, die als Falle fungieren. In vielerlei Hinsicht erinnern diese Fallen an die bekannte Venus-Fliegen-Falle. Wie bei ihr werden auch beim Pilz die Mechanismen durch physischen Kontakt ausgelöst. Kriecht ein Wurm durch eine Pilzschlaufe, so zieht sich diese zu und hält den Wurm fest. Wenn dieser seine Gegenwehr aufgegeben hat, wachsen Hyphen in ihn ein. Der Pilz dringt also in den Wurm ein und verdaut das tierische Material von innen. Eine andere Gruppe räuberischer Pilze befällt das Opfer durch auskeimende Sporen, die zuvor von ihm mit der Nahrung aufgenommen wurden. Schließlich gibt es noch die Gruppe, die infolge des physischen Kontakts eines Lebewesens mit dem Pilz eine Ladung Sporen in das Gewebe des Opfers, z.B. eines Wurms, abgibt.
→ Pilze

RAST-(Radio-Allergo-Sorbens-Test). Der Radio-Allergo-Sorbens-Test ist eine Labormethode zum Nachweis spezifischer IgE-Antikörper gegen atopische Allergene im Serum. Hierbei erfolgt eine Blutabnahme für eine Testung im Labor und nach etwa zwei Wochen liegen die Ergebnisse vor. Gegen jedes Allergen bildet der Körper so genannte spezifische IgE- oder IgG-Antikörper, die über einen aufwendigen Labortest im Blut nachgewiesen werden können. Man untersucht dabei gezielt bestimmte Allergene, die bereits im Verdacht stehen, die Allergie auszulösen. Der RAS-Test wird auch eingesetzt, wenn aus bestimmten Gründen ein anderer Test nicht möglich oder zu gefährlich ist. Das Ergebnis wird in RAST-Klassen oder in U/ml angegeben. Je höher dabei der Wert ist, umso stärker ist die Sensibilisierung gegen dieses Allergen. Bei niedrigen RAST-Klassen besteht gelegentlich die Gefahr von fälschlich positivem Befund. Im Gegensatz zu allen anderen Tests kann der RAS-Test auch durchgeführt werden, wenn akute Beschwerden oder Infekte vorliegen oder Medikamente eingenommen werden.

Als Nachteil muss erwähnt werden, dass der RAS-Test teuer ist und deshalb häufig nur zur Ergänzung eingesetzt wird. Außerdem müssen längere Wartezeiten einkalkuliert werden, bis ein Ergebnis vorliegt. Inzwischen wurde diese Testmethode meist durch entsprechende enzymatische Methoden, z.B. EAST=Enzym-Allergo-Sorbens-Test, auch ähnliche Verfahren auf der Basis von ELISA-Tests (Enzyme-Linked-Immuno-Sorbent-Assay), ersetzt.

Rasterelektronenmikroskop. Das Rasterelektronenmikoskop (REM) dient zur Gefügeuntersuchung und -vermessung von allen hochvakuumbeständigen Materialien bis zu max. 3.000-facher Vergrößerung in quasi dreidimensionaler Darstellung. Die Bildinformation liegt in schwarzweiß vor und kann auf verschiedenen Medien (Dia, Papierbild, Videoprint, Bit-Map) dokumentiert werden. In vielen Fällen und je nach Anforderung wird das Rasterelektronenmikroskop mit dem EDX (Energiedispersiver Mikrobereichsanalyse) gekoppelt. Damit wird die Möglichkeit geschaffen, an den Proben im Rasterelektronenmikroskop chemische Analysen punktgenau (µm-große Partikel) oder im Querschnitt durchzuführen.

Raumklima. Als Raumklima bezeichnet man das Mikroklima in einem Raum eines Gebäudes, das durch eine Vielzahl von Faktoren beeinflusst wird.
Temperatur: Wichtig für das Wohlbefinden ist nicht nur die eigentliche Lufttemperatur, sondern insbesondere der Anteil der Wärmestrahlung (Infrarotstrahlung). Mit einem hohen Anteil von Wärmestrahlung wird ein Raum als angenehm empfunden, selbst bei niedriger Temperatur. Ein hoher Wärmestrahlungsanteil resultiert aus einer hohen Oberflächentemperatur und kann durch eine gute Außenwärmedämmung, Wärmeschutzverglasung, mit Niedertemperaturheizsystemen mit großflächigen Heizkörpern sowie einer Wandheizung und Fußbodenheizung erzielt werden.
Luftfeuchtigkeit: Als angenehm empfunden wird eine Luftfeuchtigkeit zwischen 35 und 65%. Je höher die Luftfeuchte ist, desto niedriger ist die Temperatur, die noch als angenehm empfunden wird. Eine zu geringe Luftfeuchte in der Heizperiode führt zu Reizungen der Schleimhäute. Zu hohe Luftfeuchtigkeit kann demgegenüber bei konstruktiven Baufehlern zu Kondensation und Tauwasserausfall an kühleren Bauteilen führen, womit die Gefahr von Schimmelpilzbefall steigt.
Luftbewegung: Insbesondere in Räumen mit Klimaanlagen, großen, kalten Fensterflächen oder undichten Fensterrahmen kann es zu unangenehmem, kühlem Luftzug kommen.
Gehalt an Schadstoffen: Durch die Verwendung vieler Chemikalien im Haushalt (Lacke, Sprays usw.) bzw. durch Baumaterialien ist der Gehalt an Schadstoffen in der Raumluft oft um ein Mehrfaches höher als in der Außenluft. Auch bei energiesparendem Heizen sollte deshalb regelmäßig gelüftet werden. Weitere Schadstoffquellen können Möbel aus Spanplatten (Formaldehyd), mit Holzschutzmitteln behandeltes Holz und Ausdünstungen von Elektrogeräten, Polstermöbeln, Teppichen und Tapeten sein. Richtwerte für zulässige Höchstkonzentrationen von Schadstoffen in Innenräumen existieren nur in Ausnahmefällen und nur für gewerblich genutzte Räume.
Diffusionsverhalten der Baustoffe: Die Diffusionsfähigkeit der verwendeten Baustoffe (»atmende Wände«) hat ebenfalls Einfluss auf das Raumklima, auch wenn nur zwischen 1 und maximal 3% der anfallenden Wasserdampfdiffusion durch die Außenbauteile und -konstruktion geht. Der wesentliche Anteil des Luftaustausches findet über die Lüftung statt.
Licht: Eine nicht zu unterschätzende Wirkung auf das Raumklima hat das Licht, wobei noch so gutes künstliches Licht nie das natürliche Tageslicht ersetzen kann. Da auf Kunstlicht aber nicht verzichtet werden kann, sollte bei der Wahl der Lichtquellen auf geeignete Glühbirnen, Energiespar- und Halogenlampen, Leuchtstoffröhren etc. geachtet werden.
Hausstaub: Insbesondere durch die Vielzahl der verschiedenen Allergene, die im Hausstaub vertreten sein können, wird die Staubkonzentration in Innenräumen heute nicht mehr nur unter

Reinheitskriterien betrachtet. Als die häufigsten Allergene im Hausstaub werden Schimmelpilze und Hausstaubmilben angesehen. An der Oberfläche der Staubpartikel lagern sich eine Vielzahl von Schadstoffen an. Hierbei handelt es sich insbesondere um schwerflüchtige Verbindungen wie beispielsweise Wirkstofffe in Holzschutzmitteln, Pestizide oder Polycyclische Aromatische Kohlenwasserstoffe (PAK) und dgl.

Das Raumklima spielt darüber hinaus für den Feuchtegehalt eines Mauerwerkes oder einer Beschichtung eine große Rolle, da die bestehende Feuchtigkeit im Mauerwerk oder einer Beschichtung immer von der bestehenden relativen Luftfeuchtigkeit im Sinne der Sorptionsisothermen abhängt. Deshalb ist bei einer durchzuführenden Bauzustandsanalyse das vorhandene Raumklima in ein Instandsetzungskonzept oder in die Schadensanalyse mit einzubeziehen.
→ Lüften, → Schadstoffe

Raumluftfeuchte. Mit der Raumluftfeuchte wird die Luftfeuchtigkeit in Innenräumen beschrieben, die durch anfallenden Wasserdampf, der durch Atemluft der anwesenden Personen, durch Duschen, Kochen, Baden, aber auch durch Pflanzen oder offene Wasserstellen (beispielsweise Aquarien) produziert wird. Um eine zu hohe Raumluftfeuchtigkeit zu vermeiden, wird in der Regel durch Lüften ein Teil der warmen, feuchten und normalerweise verbrauchten Raumluft durch frische, kühle Außenluft ersetzt.

Reagine/Reagins. Historische Bezeichnung für Antikörper der IgE-Klasse.

Reinkultur. Eine Reinkultur ist eine Population aus der Nachkommenschaft einer einzelnen Zelle. Die Methoden für das Anlegen einer Reinkultur sind unterschiedlich, je nachdem, ob man ein Fest- oder Flüssigmedium benutzt. Beim Anlegen einer Reinkultur auf Festmedium nutzt man den Umstand, dass bei vielen Mikroorganismen (Hefen, viele Pilze, die meisten Bakterien und einzellige Algen) aus einem einzelnen Organismus durch zahlreiche Teilungen eine sichtbare Kolonie aus vielen Organismen entsteht.

Rekombination.
→ Transformation

Relative Luftfeuchtigkeit. Unter der relativen Luftfeuchtigkeit versteht man das Verhältnis des bestehenden Feuchtegehaltes in der Luft zur möglichen Sättigungsfeuchte. Da die Sättigungsfeuchte der Luft in Abhängigkeit zur Temperatur steht, ist auch die relative Luftfeuchtigkeit temperaturabhängig. Die relative Luftfeuchtigkeit ist für die Bewertung der Mauerfeuchtigkeit besonders wichtig, da alle Sorptionsvorgänge und hygroskopischen Feuchtigkeitsaufnahmemechanismen direkt von der herrschenden relativen Luftfeuchtigkeit abhängig sind. Luft besitzt bei einer bestimmten Temperatur einen bestimmten Luftdruck. Ebenso übt der Anteil des Wasserdampfes in der Luft einen Druck aus, der je nach Temperatur zwischen 0,5 und 4% des Gesamtdruckes liegen kann. Dieser Druck des Wasserdampfes in der Luft wird Wasserdampfpartialdruck genannt. Erreicht der Wasserdampf bei einer bestimmten Temperatur seinen maximal möglichen Anteil in der Luft, so wird der damit ausgeübte Druck in der Luft als Wasserdampfsättigungsdruck bezeichnet. Die absolute Luftfeuchtigkeit entspricht dem Wasserdampfpartialdruck und die maximale Luftfeuchtigkeit dem Wasserdampfsättigungsdruck. Die relative Luftfeuchtigkeit kann infolgedessen auch mit den Dampfdrücken angegeben werden.

Replikation. Die Vermehrung eines Bakteriums durch Zellteilung erfordert auch eine Vermehrung seiner Erbsubstanz. Der dazu notwendige Vorgang heißt Replikation. Zu diesem Zwecke entspiralisiert sich die schraubenförmige DNA und die beiden Stränge weichen, wie bei den Teilen eines Reißverschlusses, auseinander. Der Punkt, an dem sich die DNA öffnet, heißt Initiationsstelle. Durch ein zelluläres Enzym, die DNA-Polymerase werden an jeder Hälfte des Stranges komplementäre Nukleotide angefügt. So entstehen zwei DNA.

Repressor.
→ Genregulation

Resistenz. (von lat. resistere = sich widersetzen) mit der Resistenz wird die Widerstandsfähigkeit des körpereigenen Immunsystems gegen bestimmte Krankheiten bzw. Krankheitserreger oder auch die relative Unempfindlichkeit beispielsweise von Mikroorganismen, Krankheitserregern und Schädlingen gegen die eingesetzten Bekämpfungsmittel beschrieben. Auch Krankheitskeime können gegen Medikamente, oder Insekten gegen Insektizide resistent werden. So bauen Antibiotika beispielsweise, die in zu geringer Dosis und nicht der ärztlichen Anordnung entsprechend genommen werden, eine Resistenz der Bakterien auf, die dann beim nächsten Mal nicht mehr hinreichend bekämpft werden können. Die Organismen sind oder werden dagegen resistent, d.h. die betreffenden Substanzen wirken nicht mehr. Man unterscheidet zwischen vorhandener und erworbener Resistenz: bei vorhandener Resistenz wirkt eine bestimmte Substanz überhaupt nicht, bei erworbener Resistenz verringert sich die ursprüngliche Wirksamkeit immer mehr, die Dosis muss erhöht werden, bis evtl. auch hier eine totale Resistenz erreicht ist.

Alkaliresistenz bezeichnet die Widerstandsfähigkeit z.B. eines Bindemittels gegenüber der Einwirkung von Alkalien, Säureresistenz gegenüber Säuren. Kreidungsresistenz ist die Widerstandsfähigkeit einer Beschichtung gegenüber der Einwirkung atmosphärischer Angriffe, die zum oberflächlichen Bindemittel-Abbau und dadurch zur Kreidung führen; Verschmutzungsresistenz beschreibt die relative Unempfindlichkeit gegen Schmutzaufnahme.

Resmethrin.
→ Pyrethroide

Resorption. Unter der Resorption wird die Aufnahme von Stoffen durch die so genannten Resorptionsorgane des Körpers vor allem in den Blutkreislauf verstanden.

Rezidiv. Rückfall, Wiederauftreten einer Krankheit

Rezipient.
→ Transduktion

Rhinitis. Entzündung der Nasenschleimhaut, Schnupfen; mit unterschiedlichen Ursachen; Rhinitis allergica: saisonal als Heuschnupfen, perennial (ganzjährig) z.B. durch Hausstaubmilben oder Tierepithelien.

Rhinokonjunktivitis. Kombination einer Rhinitis mit einer Konjunktivitis (Augenbindehautentzündung), oft allergischer Natur, häufigstes Symptom einer Pollenallergie.

Rhinomanometrie. Die Rhinomanometrie ist die Messung des Luftdurchflusses in der Nase, in der Allergologie angewandt beim nasalen Provokationstest, bei dem die Reaktion der Nasenschleimhaut auf eine in die Nase eingebrachte Allergenlösung gemessen wird.

Rhizoide. Wurzelartige Ausformung von Pilzhyphen
→ Schimmelpilze

Rhizopus.
→ Mucoraceae, → Pilze

Ribosom.
→ Transkription, → Translation

Rickettsien. Rickettsien sind kleine, gram-negative Bakterien, die intrazellulär in ihren Wirtsorganismen leben. Eine Kultivierung außerhalb der Wirtszelle ist bis heute nicht gelungen. Rickettsien werden durch Blut saugende Insekten (Zecken, Flöhe, Läuse) übertragen und verursachen ver-

schiedene Erkrankungen mit starken Fieberanfällen. Einige Bausteine für den Aufbau ihrer Zellsubstanz synthetisieren sie selbst, andere entnehmen sie der Wirtszelle. Einen interessanten Aspekt liefert die phylogenetische Abstammung der Rickettsien. Innerhalb der Entwicklungslinie der Purpurbakterien zeigen Sequenzanalysen eine enge Verwandtschaft der Rickettsien mit dem pflanzenpathogenen Bakterium *Agrobacterium tumefaciens*. Dieses Bakterium infiziert die Pflanze über eine Verletzung und schleust dabei DNA ein. Die Integration dieser DNA in das Genom der eukaryotischen Wirtszelle induziert bei den betroffenen Pflanzen die Bildung eines Tumors. Möglicherweise haben sich die Rickettsien aus ursprünglich pflanzenpathogenen Vorläufern entwickelt.
→ Parasiten

RIST-(Radio-Immuno-Sorbens-Test). Methode zur Bestimmung des Gesamt-IgE im Serum; weitere Ausführungen siehe RAST.

RLT. Abkürzung für Raumlufttechnische Anlagen

Roquefortine. Unter Roquefortine wird eine Gruppe von etwa zehn Mykotoxinen beschrieben, die von *Aspergillus*- und *Penicillium*-Arten gebildet werden. Alle enthalten in ihrem Molekül eine so genannte Indoleinheit. *Penicillium roqueforti* bildet auf verschiedenen Substraten eine Reihe von Mykotoxinen, unter anderem die Roquefortine A und Roquefortine B.

Roux-Flasche. Eine Roux-Flasche ist ein nach dem französischen Chirurgen Ph. J. Roux benanntes Glasgefäß zur Massenkultivierung von Mikroorganismen.

Rubratoxine. Rubratoxine sind Mykotoxine, die von *Penicillium rubrum* und *Penicillium purpurogenum* gebildet werden und die Leber- und Nierenzellen schädigen.
→ Mykotoxine

Rugulosin. Rugulosin ist ein Mykotoxin, das u.a. von *Penicillium*-Arten gebildet wird. Es verursacht Leberschäden und wirkt antibiotisch gegen Bakterien, Protozoen und Tumorzellen.

Russulales.
→ Pilze

Sabouraud-Agar. Das Sabouraud-Agar ist ein nach R. Sabouraud benannter Nährboden zur Kultivierung von Pilzen mit u.a. 2% Glukose, 0,5% Kaseinpepton, 0,5% Fleischpepton und 2% Agar.

Sättigungsdampfmenge.
→ Taupunkttemperatur

Salpeter. Mit (Mauer)salpeter werden umgangssprachlich Salzausblühungen und Salzschäden an Bauwerken und Bauteilen bezeichnet. Hierbei handelt es sich allerdings nur um die technischen Salze der Salpetersäure (z.B. Ammonsalpeter, Ammoniumnitrat oder Kalisalpeter, Kaliumnitrat).

Saprophyten. (von griech. = faul, verfault) Kleinlebewesen, die ihre Nährstoffe nicht oder nicht ausreichend durch Photosynthese herstellen können, sondern aus verwesendem Tier- oder Pflanzenmaterial aufnehmen, also in abgestorbenen organischen Substanzen leben und beim Menschen Krankheitserscheinungen hervorrufen können. Hierzu werden Enzyme hergestellt, um organisches Material zu verwertbaren Nährstoffen abzubauen. Die am weitesten verbreiteten Saprophyten sind die verschiedenen Pilzarten. Saprophytisch lebende Organismen verschaffen sich ihre Nährstoffe meist in Verbindung mit symbiontischen Pilzen, die an ihren Wurzeln leben und die das verwesende Material zu Nährstoffen umsetzen.
→ Bakterien, → Destruenten, → Pilze, → Photosynthese

Schadorganismen. Unter Schadorganismen versteht die Biozid-Richtlinie alle Organismen, die für den Menschen, seine Tätigkeiten oder für Produkte, die er herstellt oder verwendet, oder für Tiere bzw. für die Umwelt unerwünscht oder schädlich sind. Im Holzschutz sind dies holzzerstörende Käfer bzw. deren Larven sowie holzzerstörende und holzverfärbende Pilze.

„Schießende" Pilze. Ein wesentliches Charakteristikum vieler Pilze ist ihre Fähigkeit, Sporen zu bilden. Während die Sporen vieler Pilze durch den Wind verbreitet werden, haben die Dungpilze der Gattung *Pilobolus* einen Schleudermechanismus entwickelt, um sporenenthaltende Sporangien aktiv vom Substrat »wegzuschießen«. Sie bleiben an Pflanzenteilen kleben und werden so von Pflanzenfressern aufgenommen. Im Darm werden die Sporen freigesetzt und zusammen mit den Exkrementen ausgeschieden. Sie können so den Dung sehr schnell besiedeln und haben damit einen Vorteil gegenüber anderen Pilzen, deren Sporen erst durch den Wind zufällig auf das Substrat gelangen müssen.

Schimmelpilze. Schimmelpilze begegnen uns am häufigsten im Zusammenhang mit dem Befall von Brot, Obst, Käse und anderen Lebensmitteln und alltäglichen Dingen im Haushalt. Grundsätzlich sind Schimmelpilze in der Lage, auf fast allen organischen Substraten tierischen oder pflanzlichen Ursprungs zu wachsen. Hierbei bleibt der Befall mit pilzlichen Hyphen meist auf die Oberfläche beschränkt. Um einen Schimmepilz zu identifizieren ist es notwendig, sich zum einen seine äußere Erscheinungsform anzuschauen und zum anderen strukturelle Elemente des Myzeliums zu betrachten und zu unterscheiden. Unter Schimmelpilzen werden verschiedene Pilzarten zusammengefasst, die auf organischem Material einen dichten Rasen aus zahllosen winzigen Hyphen (den Zellfäden der Pilze) bilden, der als watteartiger Überzug – Schimmel – sichtbar wird.

Schimmelpilze bilden keine systematische Gruppe, sondern stellen eine umgangssprachliche Bezeichnung für gut sichtbaren Pilzbefall mit oben beschriebenem Aussehen dar. Meist verwendet man den Begriff jedoch nur für diejenigen Pilze, die auf Lebensmitteln wachsen. In der Regel hat der Schimmel eine weiße oder blaue Farbe, es gibt aber auch schwarze, grüne und rote Schimmelformen. Der Schwarzschimmel, *Aspergillus niger*, eine der bekanntesten Schimmelpilzarten, beginnt seinen Lebenszyklus als mikroskopisch kleine Spore, die in der Luft treibt und, sobald sie auf eine feuchte Oberfläche abgestorbenen organischen Materials gelangt, zu keimen beginnt. Der zunächst mikroskopisch kleine Pilz wächst rasch heran und bildet ein mit bloßem Auge erkennbares Myzel (Pilzkörper), das aus einem feinen Netzwerk von Hyphen besteht. Dieses Myzel erzeugt weitere Gruppen wurzelartiger Hyphen, die man als Rhizoide bezeichnet; sie dringen in das organische Material ein, sondern dort spaltende Enzyme ab und nehmen aus der sich aufgrund der Tätigkeit der Enzyme allmählich auflösenden Umgebung Wasser, Zucker und Stärke auf, die sie zum Wachstum benötigen. Andere Anhäufungen von Hyphen, die man Sporangienträger nennt, wachsen nach oben und bilden rundliche Sporangien (Sporenbehälter) in der charakteristischen Farbe der jeweiligen Schimmelpilzart. Hier findet die ungeschlechtliche Sporenbildung statt. Nach der Reife platzen die Sporenbehälter auf, die unzähligen Sporen werden vom Wind verfrachtet und können, sobald sie auf einem geeigneten Substrat landen, erneut zu einem Pilzkörper austreiben.

Manche Schimmelarten pflanzen sich auch geschlechtlich durch Verschmelzung zweier Keimzellen oder zweier spezieller Hyphen bzw. deren Kerne fort. Die daraus hervorgehende befruchtete Eizelle (oder Zygote) reift zu einer Dauerspore (Zygospore) heran, die nach einer Ruheperiode auskeimt.

Schimmelpilze gedeihen auf einer großen Vielzahl organischer Substanzen, und können bei entsprechender Feuchtigkeit sogar Holz, Papier und Leder abbauen. Von wirtschaftlicher Bedeutung sind sie durch den Verderb zahlreicher Lebensmittel wie Brot, Früchte und Gemüse. Einige Arten rufen gefährliche Mykosen (Pilzinfektionen) beim Menschen hervor, etwa manche Gießkannenschimmel (*Aspergillus*-Arten), die bestimmte

Atemwegserkrankungen (Aspergillose) verursachen. Schimmelpilze wirken jedoch nicht nur zerstörerisch, sondern dienen auch in der Industrie zahlreichen nützlichen Zwecken, etwa der Herstellung von bestimmten organischen Säuren, Enzymen und Antibiotika und sind vor allem bei der Produktion vieler Weichkäse-Sorten unerlässlich. Dabei handelt es sich um so genannten Edelschimmel, der eine Reifung des Käses bewirkt. Neben Hefen, die an der Käsereifung beteiligt sind, wirken hierbei vorwiegend Arten der Gattung *Penicillium* (Pinselschimmel) mit. Um die typische Konsistenz und den entsprechenden Geschmack zu erzielen, die einen Camembert auszeichnen, wird bei der Käseherstellung *Penicillium camemberti* zugesetzt, zur Bildung von Roquefort und ähnlicher Blauschimmel-Käsesorten verwendet man *Penicillium roqueforti*.

Allergene (Schimmel-)Pilze, die in Innenräumen nachgewiesen werden, müssen dort nicht gewachsen, sondern können auch von außen eingetragen worden sein. Daher ist es wichtig, bei einer Schimmelpilzbestimmung in der Innenraumluft immer parallel eine Messung in der Außenluft durchzuführen. Im Innenraum vorkommende Schimmelpilze sind beispielsweise *Alternaria, Cladosporium* und *Fusarium* (von außen eingetragen) sowie *Penicillium, Aspergillus* und *Mucor* (auch in Innenräumen wachsend). So unterschiedlich die verschiedenen Schimmelpilzarten sind, so unterschiedlich sind auch ihre Ansprüche an optimale Wachstumsbedingungen. Gemeinsam ist ihnen allen jedoch, dass sie in Innenräumen bevorzugt an feuchten Stellen mit niedrigem Luftwechsel und einer Temperatur um ca. 20 °C vorkommen. Schimmelpilze können, wie bereits oben beschrieben, auch auf »totem« organischem Material wachsen, das sich in Innenräumen in Form von Holz, Tapeten, Teppichen, Wandfarbe, Kleber u. Ä.. immer in ausreichendem Maße befindet, und bilden dort die typischen Schimmelpilzflecken. Schimmelpilze produzieren als Überdauerungs- und Verbreitungsstadien asexuelle Sporen und Konidien, die allgemein unter dem Begriff Sporen zusammengefasst werden. Pilzsporen sind sehr unterschiedlich in Form und Größe (3-200 µm). Die für die Auslösung von Allergien besonders verantwortlichen Pilzsporen haben eine Größe von 3-10 µm.
→ Pilze

Schlagregenschutz bei Wänden. In der DIN 4108 wird die Art und Weise beschrieben, in der das Außenklima die Außenbauteile eines Bauwerkes beansprucht. Es werden Maßnahmen erörtert, bei deren Anwendung Feuchteschäden verhindert werden können. Die Wärmedämmung der Außenbauteile wird durch Wasseraufnahme vermindert. Bei Regenwasser kann Wasser in die Außenbauteile infolge Kapillarwirkung eindringen. Bei starkem Wind kann außerdem das Regenwasser unter dem Einfluss des Staudruckes durch Spalten, Risse und Fehlstellen in die Bauteile geleitet werden. Die Begrenzung der kapillaren Wasseraufnahme von Außenbauteilen kann auf verschiedene Weise erreicht werden: Regen an der Außenoberfläche des wärmedämmenden Bauteils abhalten durch eine wasserdichte Schicht oder durch eine mit Luftabstand vorgesetzte Schicht (Vorhangfassade), Wasseraufnahme vermindern durch Wasser abweisenden oder wasserhemmenden Putz an der Außenoberfläche oder durch eine Wasser abweisende Schicht im Inneren der Konstruktion, Wasseraufnahme auf einen bestimten Bereich beschränken und Niederschlagswasser schnell und sicher wieder ableiten. Bei diesen Maßnahmen darf die Wasserabgabe (Verdunstung) nicht unzulässig beeinträchtigt werden. Die Zuordnung der genormten Wandbauarten und Beanspruchungsgruppen erfolgt nach der DIN 4108 Teil 3.

Schlauchpilze.
→ Pilze

Schleimhaut. Mit der Schleimhaut (Mukosa) wird die Auskleidung des so genannten Respirationstraktes und anderer Organe mit Epithelzellen bezeichnet, die u.a. Schleim (Mukus) produzieren. Unsere Atemwege sind mit einer Schleimhaut bedeckt. Die Oberfläche dieser Schleimhaut besteht aus Schleimdrüsen, Flimmerzellen und -härchen. Die Schleimhaut sondert ständig einen dünnflüssigen Schleim ab, der als Schutzschicht die gesamten Atemwege auskleidet. Die Flimmerhärchen sorgen dafür, dass Schadstoffpartikel, Viren und Bakterien aufgefangen und abtransportiert werden. Sie bewegen sich ständig hin und her. Die Vorgänge an der Atemwegsschleimhaut werden auch als biologischer Selbstreinigungs-Mechanismus der Atemwege bezeichnet. Die Schleimhaut der oberen und unteren Atemwege ist identisch aufgebaut.

Schleimpilze. Schleimpilze sind vielzellige Organismen, die sehr kleine, unterschiedlich geformte Fruchtkörper ausbilden, in denen Sporen produziert werden. Es gibt zwei Untergruppen: die Echten Schleimpilze oder Myxomyceten, und die Zellulären Schleimpilze oder Acrasiomyceten. Es gibt eine Diskussion darüber, ob man Schleimpilze zum Tierreich oder zum Pflanzenreich zählen soll, da sie von beiden charakteristische Merkmale aufweisen. Meist werden sie den Pilzen geordnet, hauptsächlich, weil sie zuerst von Mykologen (Pilzkundlern) entdeckt wurden.

Schmarotzer.
→ Parasiten

Schmetterlingsporling.
→ Holzzerstörende Pilze

Schock. Kreislaufversagen, aus verschiedener Ursache: Flüssigkeitsverlust z.B. bei Blutungen; Herzversagen, Sepsis (Blutvergiftung), schwere allergische Allgemeinreaktion (Anaphylaxie); letztere fast immer IgE-vermittelt = allergische Sofortreaktion.

Schwämme.
→ Holzzerstörende Pilze

Schwärmzellen.
→ Plasmodien/Plasmodium

Schwärze. Mit der Bezeichnung Schwärze werden umgangssprachlich pilzliche Pflanzenkrankheiten beschrieben, die durch Myzel, Konidiophore oder Konidien schwarze Überzüge verursachen oder zu schwarzen Verfärbungen befallener Gewebe führen.

„Schwarze Wohnungen".
→ Fogging

Schwarzpilze/Schwarzschimmel.
→ Schimmelpilze

Schwefelreduzierende Bakterien.
→ Sulfatreduzierende Bakterien

Schwerflüchtige organische Verbindungen.
→ SVOC

Sclerotien.
→ Pilze

Scratchtest. Der Scratchtest ist eine Hauttestmethode, bei der die Haut mit einer Testlanzette etwa 0,5 cm lang oberflächlich angeritzt und anschließend die Allergenlösung oder natives Testmaterial wie Tierhaare, Nahrungsmittel und dgl. an der geritzten Stelle aufgetragen wird. Nach ca. 15-20 Minuten zeigt sich bei einer positiven Reaktion eine Hautrötung, die dann entsprechend beurteilt werden kann. Damit dient der Scratchtest zur Erfassung einer Allergie vom Soforttyp und ist schnell und einfach durchzuführen.

Screening. Mikroorganismen, die industriell genutzt werden, gehören in der Regel zu den Bakterien oder den Pilzen. Die Stämme werden in umfangreichen Versuchsreihen (Screenings) auf ihre Eignung als Produktionsstämme für die Gewinnung neuer Produkte oder als so genannte Starterkulturen für die Lebensmittelherstellung gestestet.

sd-Wert. Der sd-Wert wird auch als diffusionsäquivalente Luftschichtdicke bezeichnet und ist das Produkt aus der Wasserdampfdiffusionswiderstandszahl μ und der Schichtdicke s eines Bauteiles. Der sd-Wert gibt an, wie dick eine ruhende Luftschicht sein müsste, um den gleichen Diffusionswiderstand zu haben, wie der entsprechende Baustoff bzw. die Baustoffschicht.

Sekretion. Absonderung von Stoffen wie Enzymen, Hormonen oder z.B. auch der Tränenflüssigkeit durch Drüsen.

Selektivnährboden. Ein Selektivnährboden ist ein Substrat, das für spezielle Mikroorganismen bessere Wachstumsbedingungen aufweist als für andere. Er wird beispielsweise in der medizinischen Diagnostik bei der Keimzahlbestimmung oder für so genannte Anreicherungskulturen eingesetzt. Nährböden zur Isolation von Pilzen können mit Antibiotika gegen Bakterien versetzt werden.

Sensibilisierung. Induktion einer Immunantwort des Organismus durch ein Antigen, mit der Bildung von Antikörpern bzw. immunologisch aktiven Lymphozyten; z.B. durch Infektionserreger, Impfungen, Allergene.

Sepsis. Blutvergiftung

Septum (Septe). Ein Septum oder Septe ist eine Scheidewand in mehrzelligen Ascosporen oder Konidien. In mehrzelligen Sporen unterscheidet man entsprechend der Orientierung zur Längsachse so genannte longitudinale und transversale Septen (Längs- und Querwände). Die Hyphen der Eumycota sind teils coenocytisch oder durch Pseudosepten gegliedert. Meistens werden jedoch nach Kernteilungen, von der Hyphenwand ausgehend, von außen nach innen fortschreitend echte Septen als Bestandteile der Hyphenwand aufgebaut, wobei ein zentraler Septenporus (zentraler Porus in den Querwänden von Hyphen) frei bleibt.
→ Hyphenkompartimente

Serodiagnostik. Ausgangsmaterial für die Serodiagnostik ist das Patientenserum. Serum nennt man das Blutwasser, also die wässrigen, klaren, leicht gelblichen Bestandteile, die zurückbleiben, wenn Blut durch Zentrifugation und Gerinnung von den zellulären und gerinnenden Bestandteilen abgetrennt wird. Im Serum befinden sich unter anderem die Antikörper, die der Körper gegen ein eingedrungenes Antigen (z.B. Virus) gebildet hat. Diese lassen sich durch verschieden Verfahren nachweisen.

Serpula. *Serpula* ist eine weltweit verbreitete und etwa 15 Arten umfassende Gattung der *Basidiomycetes* der Ordnung *Poriales*. Bekanntester Vertreter dieser Gattung ist sicherlich der *Serpula lacrymans*, besser bekannt unter dem Namen Echter Hausschwamm, der an verbautem Holz erhebliche Schäden anrichten kann.

Serpula lacrymans.
→ Echter Hausschwamm

sessil. (von lat. sessilis = zum Sitzen geeignet, fest aufstehend) festsitzend, unbeweglich (beispielsweise von Bakterien und Zellen)

Simultanfäule.
→ Holzzerstörende Pilze

Sklerotien.
→ Plasmodien/Plasmodium

Sklerotium.
→ Mutterkornpilze

Solare Wärmegewinne. Bei Sonneneinstrahlung durch außen liegende Fenster, Fenster- und Außentüren wird ein Zugewinn an Wärme erzielt, der in die Berechnung des Jahres-Heizwärmebedarfs einbezogen werden muss. Nach der Wärmeschutzverordnung müssen folgende Forderungen beachtet werden: Bei Fensteranteilen von mehr als $^2/_3$ der Wandfläche darf der solare Gewinn nur bis zu dieser Größe berücksichtigt werden. Des Weiteren muss der Glasanteil des Bauteils mehr als 60% betragen. Bei der Berechnung der solaren Wärmegewinne kann entweder der k-Wert des Fensters um den Energiezugewinn korrigiert oder der Energiezugewinn als eigene Größe erfasst werden.

Sommerlicher Wärmeschutz. Durch den sommerlichen Wärmeschutz soll sichergestellt werden, dass in den Sommermonaten die optimale Lufttemperatur für ein behagliches Raumklima, die etwa bei 20 °C liegt, eingehalten oder zumindest nicht wesentlich überschritten wird. Diese Forderung kann im Wohnungsbau durch bauliche Maßnahmen und eine entsprechende Gestaltung des Bauwerks erreicht werden, ohne dass dazu beispielsweise eine Klimaanlage erforderlich ist. Entscheidende Faktoren beim sommerlichen Wärmeschutz sind die Außenwände und Fenster. Die bauliche Gestaltung und die Festlegung der Außenwandkonstruktionen sind bauplanerische Aufgaben.

Soor. Unter Soor oder Candidose versteht man eine Pilzinfektion mit *Candida albicans*, einem häufig auch auf gesunder Haut oder der Schleimhaut angesiedelten Hefepilz. Unter bestimmten Bedingungen wie bei Diabetes mellitus, bei Abwehrschwäche, in der Schwangerschaft und nach Einnahme von Antibiotika oder Kortison kann es zu massiver Vermehrung der Pilze kommen und eine Entzündung entstehen. Sie beginnt im Mund und beschränkt sich gewöhnlich auf diesen Bereich, wo sie auf Lippen, Zunge und Gaumen einen festhaftenden, grauweißen, fleckigen Belag (Aphthen, Schwämmchen) bildet. Gewöhnlich tritt der Infekt bei Fieber und Magen-Darm-Beschwerden auf. Soor kann auch Harnröhre, Blase und Scheide befallen. Von der Mundschleimhaut kann die Pilzinfektion entweder auf die Speiseröhre übergreifen oder auch verschleppt werden, beispielsweise in Gehirn oder Niere. Eine generalisierte Soorerkrankung nennt man Monilias. Weder bei Kindern noch Erwachsenen darf diese Erkrankung unterschätzt werden. Ärztliche Diagnose und Behandlung sind unbedingt erforderlich.

Soredien.
→ Flechten

Sorption. Sorption ist der übergeordnete Begriff für den Stoffaustausch zwischen zwei Stoffen, bestehend aus Absorption = Aufnahme (von lat. absorbere = verschlucken) und Desorption = Abgabe. Erfolgt die Bindung eines flüssigen oder gasförmigen Stoffes lediglich an der Oberfläche eines Feststoffes, so spricht man hier von Adsorption. Da alle Baustoffe hygroskopisch sind, nehmen sie Luftfeuchtigkeit auf = Absorption oder geben sie ab = Desorption, je nach dem Gehalt an Wasserdampf in ihrer Umgebung. Dieser Vorgang entspricht dem Bestreben, einen Gleichgewichtszustand herzustellen. Fälschlicherweise wird hier häufig der unzutreffende Begriff »Atmungsfähigkeit« für das Mauerwerk, den Putz oder die betreffende Beschichtung gebraucht, was jedoch eine aktive Betätigung voraussetzt, die bei unbelebter Materie aber nicht gegeben ist.

Sorptionsfeuchte. Der Feuchtegehalt eines Baustoffes hängt immer von der jeweils vorhandenen Luftfeuchtigkeit ab. Jeder Baustoff hat bei jeder Luftfeuchte einen baustofftypischen Feuchtegehalt. Der Wassergehalt des Baustoffes ist im Gleichgewicht mit der Luftfeuchte = baustofftypische Ausgleichsfeuchte.

Der so genannte Sanierungsspielraum feuchter Baustoffe geht maximal bis zur Obergrenze der Ausgleichsfeuchte. Darüber hinaus ist eine Mauerwerksentfeuchtung nicht möglich. Salze sind häufig hygroskopisch und können den Feuchtegehalt in Baustoffen stark verändern. Die Sorptionsisothermen verändern sich, die Sorptionsfeuchte erhöht sich.
→ Sorptionsisotherme

Sorptionsisotherme. Sorptionsisothermen sind baustoffcharakteristische Kurven, mit denen die Materialfeuchtigkeit in Abhängigkeit von der relativen Feuchte dargestellt werden können und die abhängig von der Zusammensetzung des Baustoffes, von dessen Porengrößenverteilung oder von anderen Parametern wie beispielsweise der relativen Luftfeuchtigkeit aufgebaut werden können. Entspricht der tatsächliche Feuchtegehalt dem Wert der Sorptionsisothermen, ist der Baustoff bauphysikalisch im Gleichgewichtszustand. Liegt der Feuchtigkeitsgehalt über diesem Wert, so liegt Baustofffeuchtigkeit vor. Verschiedene Baustoffe können unterschiedliche Mengen an Feuchtigkeit aus der Luft aufnehmen. Hier spielt u.a. die so genannte Hygroskopizität oder auch hygroskopische Feuchtigkeit eine wesentliche Rolle. Salze im Baustoff sind häufig hygroskopisch und können infolgedessen den Feuchtegehalt des Baustoffes stark beeinflussen.

Spaltlüften.
→ Lüften

Spaltpilz. Spaltpilze war die frühere Bezeichnung für Bakterien (*Schizomycetes*). Man hatte nach der Entdeckung der Bakterien zunächst die fundamentalen Unterschiede zu den eukaryotischen Lebewesen nicht erkannt und diese prokaryotischen Organismen als Pilzverwandte angesehen. Aufgrund ihrer Vermehrung durch Zellteilung wurden sie als Spaltpilze bezeichnet.

Species (Spezies). Die Species wird auch als Art bezeichnet und ist die wichtigste Basiskategorie der Systematik. Die Organismen einer Species sind als eine Abstammungsgemeinschaft zu verstehen. Sie stimmen in allen wesentlichen Merkmalen, die ihre Verwandtschaft widerspiegeln, sowohl untereinander als auch mit ihren Vorfahren und Nachkommen überein. Der Name einer Species ist binär – er setzt sich aus dem Namen des Genus (der Gattung) und aus einem spezifischen Epitheton zusammen. Die Artnamen sind eines der wichtigsten Verständigungsmittel nicht nur in der Systematik, sondern für alle Wissensbereiche, in denen mit den Organismen gearbeitet wird. Da die Bewertung der Merkmale und die Methodik der Untersuchungen vielfältig sind, kommt es bei der systematischen Arbeit mit Pilzen oft zu unterschiedlichen Artkonzepten. Der Artbegriff ist deshalb, wie alle systematischen Kategorien, abstrakt.

Spektralphotometer. Mit einem Spektralphotometer misst man die Intensität eines besonderen Spektrums und vergleicht diese mit der Lichtintensität einer Standardstrahlungsquelle. Durch diesen Vergleich kann die Konzentration der Substanz ermittelt werden, die das Spektrum aussendet oder absorbiert. Spektralphotometer sind auch zur Untersuchung von Spektren im nichtsichtbaren Bereich geeignet. So genannte Bolometer sind besonders für Untersuchungen im Infrarotbereich geeignet. Für den ultravioletten Bereich verwendet man Photometer, in denen Photozellen als Sensoren dienen.

Spezifische Wärmekapazität. Wärmemenge, die benötigt wird, um die Temperatur einer einheitlichen Masse einer Substanz um ein Grad zu erhöhen. Im Internationalen Einheitensystem wird die spezifische Wärmekapazität in Joule pro Gramm und Kelvin ausgedrückt (in älterer Literatur wird sie manchmal auch in Kalorien pro Gramm und Grad Celsius angegeben). Die spezifische Wärmekapazität von Wasser (bei 14,5 °C) beträgt 4,187 Joule pro Gramm und Grad, d.h. bei 14,5 °C müssen 4,187 Joule einem Gramm Wasser zugeführt werden, um seine Temperatur um 1 °C zu erhöhen.

Spirillen. Spirillen sind gram-negative, spiralförmig gekrümmte Bakterien mit polarer Begeißelung, die phylogenetisch zu den Purpurbakterien gehören. Die physiologischen Fähigkeiten der Arten in dieser Gruppe sind vielfältig, einige wachsen aerob, andere fakultativ und auch phototrophe Arten sind vertreten. Ebenfalls zur Gruppe der Spirillen gehören die so genannten assoziativen Stickstofffixierer. Ein ungewöhnliches Bakterium dieser Gruppe ist der Bakterienparasit *Bdellovibrio*. Ähnlich wie bei einer Virusinfektion heftet sich *Bdellovibrio* zunächst an die bakterielle Wirtszelle und dringt dann in den periplasmatischen Raum ein. Anschließend verlän-

gert sich die *Bdellovibrio*-Zelle stark und zerstört dabei das Cytoplasma des Wirts.
→ Bakterien

Sporangien.
→ Schimmelpilze

Sporangiosporen.
→ Pilze

Sporen. (von griech. = das Säen, die Saat, der Samen) Sporen beschreiben einerseits eine gegenüber thermischen, chemischen und anderen Einwirkungen besonders widerstandsfähige Dauerform von Bakterien sowie andererseits die Samen bzw. Keimzelle (Vermehrungsform) von (Schimmel-)Pilzen, auch kleinste Mikroorganismen, die sich wie Staubteilchen in unserer Atemluft befinden. Mit dem bloßem Auge sind die Sporen nicht sichtbar.

Sporenausbreitung. Unter Sporenausbreitung wird, wie der Begriff vermuten lässt, die durch verschiedene Mechanismen erzielte Verteilung von Sporen beschrieben. Da die Sporen die wichtigsten Ausbreitungseinheiten der Pilze sind, ist die Sporenausbreitung für die Verbreitung der Pilze ein wichtiger Faktor.

Sporenbildner. Eine große Anzahl von Bakterien besitzt spezielle morphologische Strukturen oder Fähigkeiten, die für die Klassifizierung von Bedeutung sind. Verschiedene gram-positive Bakterien bilden unter ungünstigen Umweltverhältnissen Dauerstadien aus, die als Sporen bezeichnet werden. Da diese Sporen gegen Austrocknung, Hitze und Kälte außerordentlich resistent sind, können Sporen bildende Bakterien solche extremen Bedingungen überleben. Zu den Sporenbildnern gehören sowohl aerobe als auch anaerobe Arten. Für die Identifizierung von Sporenbildnern spielen die Form (rund oder oval) und die Lage der Spore innerhalb der Zelle eine wichtige Rolle. Bestimmte Sporenbildner verursachen Krankheiten bei Menschen und/oder Tieren. Einige *Bacillus*-Arten produzieren Insektizide, die zur biologischen Insektenbekämpfung eingesetzt werden.

Sporenbildung. Da Pilze unbewegliche, heterotrophe Organismen sind, haben sie Strategien entwickelt, um nach dem Verbrauch einer Nahrungsquelle neue Habitate zu besiedeln oder eine nahrungslose Zeit zu überdauern. Beide Überlebensstrategien sind bei den Pilzen durch die Bildung von Sporen verwirklicht. Die Sporen können mitotisch (asexuell) oder meiotisch (sexuell) gebildet werden. Oft ist ein Pilz sogar in der Lage, beide Sporenarten zu bilden. Ein anschauliches Beispiel hierfür ist der Schimmelpilz *Aspergillus nidulans*. Das Myzel dieses Pilzes wächst saprotroph im Boden und setzt organisches Material um. Durch das Hyphenwachstum kann sich der Pilz im Boden verbreiten. Gelangt das Myzel aber an die Bodenoberfläche, setzt ein Entwicklungsprogramm ein, an dessen Endprodukt asexuelle Sporen an speziellen morphologischen Strukturen (den Konidiophoren) gebildet werden. Zunächst wächst aus einem Hyphenkompartiment ein Stielchen aus, das sich senkrecht zum Substrat in den Luftraum erhebt, terminal anschwillt und an der Vesikeloberfläche eine Lage von Zellen (Metulae) bildet. Diese produzieren die Phialiden, die die eigentlichen Sporen bildenden Zellen darstellen. Es werden schließlich lange Ketten von Sporen (Konidien genannt) produziert, wobei die älteste Spore jeweils an der Spitze einer Kette zu finden ist. Die Konidien sind grün pigmentiert und verleihen den Schimmelpilzen das typische, grüne Aussehen. Das oben genannte Entwicklungsprogramm erfolgt durch Licht und durch Exposition an einer Wasser-Luft-Grenzfläche. Dies stellt sicher, dass die Sporen dem Wind ausgesetzt sind und leicht verbreitet werden können.

Der bereits oben genannte Schimmelpilz *Aspergillus nidulans* kann neben dieser asexuellen Entwicklung auch einen sexuellen Entwicklungszyklus durchlaufen. Das kann nach einer erfolgten Kreuzung verschiedener Stämme durch Hyphenfusion oder auch durch Selbstbefruchtung in einem Stamm geschehen. Es werden spezielle morphologische Strukturen (Kleistothecien) gebildet, in denen die Zellkerne zur diploiden Phase verschmelzen und anschließend meiotische Ascosporen entstehen. Dieser Entwicklungszyklus wird eingeleitet, wenn die Nahrungsquellen versiegen. Aufgrund der sexuellen Fruchtform wird die Pilzgattung mit *Emericella* bezeichnet. Gebräuchlicher sind aber heute sowohl für die asexuelle als auch für die sexuelle Form der Name *Aspergillus*.

Sporidien. Sporidien sind Sprosszellen, die als Sporen oder Geschlechtszellen fungieren. Der Begriff wird für die aus den Basidien aussprossenden Basidiosporen der *Ustilaginales* angewendet.

Sporocarpien. Gestielte oder ungestielte Einzelfruktifikationen

Spread.
→ Taupunktspiegelprinzip

Sprosspilze. Zu den Sprosspilzen werden die durch Sprosszellenbildung charakterisierte Arten der *Eumycota* gezählt. Im morphologischen Sinne wird der Begriff für alle im Sprossstadium befindlichen Pilze verwendet. Dies ist u.a. beispielsweise bei der Diagnostik von Mykosen üblich.

Squamös.
→ Karzinome

Stammfäule.
→ Holzzerstörende Pilze

Staphylokokken/Staphylococcen. Staphylokokken beschreibt eine Gruppe von Bakterien, die ballförmig und in kleinen Haufen wie eine Weintraube angeordnet sind. Staphylokokken sind häufig mit Streptokokken vergesellschaftete Eitererreger.

Statismospore. Eine Statismospore ist eine passiv frei werdende und damit nicht aktiv abgeschleuderte Spore. Der Begriff ist besonders für Basidiosporen und Konidien im Gebrauch, wenn in einem Verwandtschaftskreis der Mechanismus der Sporenabschleuderung vorkommt, aber teilweise rückgebildet oder nicht ausgebildet ist.

Sterigmatocystine. Mit Sterigmatocystine wird eine Gruppe von Mykotoxinen beschrieben, die von *Aspergillus*- und *Bipolaris*-Arten gebildet werden. Sie enthalten in ihrer chemischen Struktur einen Dihydrodifuranring und sind den Aflatoxinen sehr ähnlich. Die wichtigsten Verbindungen sind das so genannte Sterigmatocystin, welches akute Nieren- und Leberschäden verursacht sowie das Aspertoxin.
→ Mykotoxine

Sterilisation. In der Mikrobiologie wird unter Sterilisation die Vernichtung oder Abtrennung von Mikroorganismen und Keimzellen verstanden. Vielfach wird die Sterilisation auch nur mit dem Begriff Keimfreimachung übersetzt. Diese Abtrennung wird durch Filtration über Fritten, Kieselgur, Glaswolle, Aktivkohle etc. erreicht. Die Abtötung hingegen wird durch thermische oder chemische Verfahren und in Ausnahmen auch durch Bestrahlung erreicht. Die Verfahren sind von der Beschaffenheit der zu sterilisierenden Räume, Gegenstände oder Substanzen abhängig. Bakteriendichte Filter können zur Sterilisation von Luft und Flüssigkeiten eingesetzt werden. Glas- und Metallgeräte werden durch Heißluft (beispielsweise zwei Stunden bei 160 °C oder eine Stunde bei 180 °C im Trockenschrank oder Heißluftsterilisator) sterilisiert. Durch Schädigung von Keimzellen mit Chemikalien (wie beispielsweise Formaldehyd, Ethanol und dgl.) wird meist keine vollständige Sterilisation erreicht. Ähnliches gilt für die Bestrahlung von Räumen mit UV- oder Röntgenstrahlung.
→ mikrobiologische Sterilisation

Stickstoff- und schwefelhaltige organische Verbindungen. Viele Amine, Aniline und andere basische organische Verbindungen werden als Produkthilfsmittel eingesetzt. Sie sind in der Innenraumluft nachweisbar und oft geruchlich auffällig. Dimethylformamid kann in geringen Mengen von Acrylgewebe in die Raumluft abgegeben werden, ebenso unter Umständen aus geformten kaschierten Kunststoffteilen.

Stoffbedingte Wärmebrücken. Stoffbedingte Wärmebrücken entstehen durch einen Wechsel der Wärmeleitfähigkeiten innerhalb einer oder mehrerer Bauteilschichten. Typische Wärmebrücken dieser Klasse sind Träger in Dächern, Stege, Halter bzw. sonstige Verbindungen in Schichtbauteilen, beispielsweise in Beton-Sandwich-Konstruktionen oder Stützen in Außenwänden.

Stoßlüften.
→ Lüften

Strahlenpilze. So genannte Strahlenpilze sind Bakterien, die fädige und als Myzel bezeichnete Strukturen bilden. Die Strahlenpilze gehören als prokaryotische Organismen nicht zu den Pilzen.

Streptokokken. Streptokokken sind ein Bakterienstamm, der an vielen Erkrankungen beteiligt ist (beispielsweise bei der Angina oder auch beim Rheumatischen Fieber). Streptokokken liegen meistens kettenförmig aneinander und sind oft mit Staphylokokken vergesellschaftet.
→ Penicillin

Streptomyces. *Streptomyces* ist eine Bakterie, die zur Ordnung *Actinomycetales* gehört. Sie bildet bei Zuwachs ein Netzwerk (Myzel) und ist in dieser Hinsicht den Mikropilzen ähnlich. Durch Sporenbildung (sehr überlebensfähige Ruhestadien) kann *Streptomyces* auch längere Trockenzeiten und andere negative physikalische Faktoren überleben. Es wurde festgestellt, dass eine Austrocknungszeit von über einem Jahr nötig wäre, um eine *Streptomyces*-Population gänzlich abzutöten. Diese Bakterie führt, wenn sie in Baukonstruktionen vorkommt, meistens zu Gesundheitsproblemen und erzeugt u.a. den Stoff Geosmin, der an seinem typischen Schimmelgeruch oder „feuchten Kellergeruch“ zu erkennen ist. Dieser Stoff haftet hartnäckig an verschiedenen Materialien, wie beispielsweise an Textilien, ist aber in der Regel durch eine chemische Reinigung wieder zu entfernen. Einige *Streptomyces*-Arten wachsen auf Nährmedien sehr langsam und werden erst nach mehreren Wochen sichtbar.

Streptomycin. Streptomycin ist ein Antibiotikum, das aus dem Strahlenpilz *Streptomyces griseus* (einem Fadenbakterium) gewonnen wird. Es wurde erstmals 1944 von dem amerikanischen Wissenschaftler Dr. Selman Waksman isoliert und war eines der ersten Mittel, mit dem man wirksam die Tuberkelbakterien bekämpfen konnte. Außerdem wirkt es gegen zahlreiche gram-negative Bakterien, die vom Penicillin nur ungenügend angegriffen werden. Leider werden die Bakterienstämme schnell gegen Streptomycin resistent, was man jedoch durch sorgfältige Dosierung und die Zugabe von Paraaminosalizylsäure und Isonazid weitgehend vermeiden oder aufschieben kann. Bei manchen Patienten treten unangenehme Nebenwirkungen (beispielsweise Schwindelanfälle) auf, da das Präparat den achten Hirnnerven schädigen kann, der das Gleichgewichtsorgan reguliert.
→ Antibiotika

Strömungspotenzial. In den Kapillaren feinporöser Baustoffe kommt es in der Grenzfläche zwischen der Flüssigkeit und dem festen Körper zur Trennung von Ionen mit unterschiedlicher Ladung. An der Oberfläche der Kapillare werden Ionen einer Polarität adsorbiert, sodass es zu einer Negativladung an der Oberfläche kommt. Diese Negativionen ziehen positiv geladene Ionen aus der Porenflüssigkeit an, während die Ionen mit gleicher Ladung abgestoßen werden. Die thermische Bewegung der Ionen in der Flüssigkeit wirkt dieser Ladungstrennung entgegen. Bewegt sich Wasser durch eine Kapillare infolge der kapillaren Leitfähigkeit, werden positiv geladene Ionen mittransportiert und damit in Richtung des Wassertransportes ein positives Potenzial aufgebaut. Das dabei entstehende elektrische Potenzial wird auch als Strömungspotenzial bezeichnet.

Stromatolithen.
→ Cyanobakterien

Subkultur. In der Mikrobiologie wird mit Subkultur die Abimpfung von einer bereits vorhandenen Kultur bezeichnet.

Submerskultur (Submersverfahren). Das Submersverfahren beschreibt eine mikrobiologische Methode oder ein biotechnologisches Verfahren, bei dem die Organismen in der Nährlösung (submers) kultiviert werden. Durch Schütteln, Rühren oder Be-lüften erreicht man eine gleichmäßige Durchmischung. Bei der biotechnologischen Fermentation haben sich Submersverfahren weitestgehend durchgesetzt.

Substrat. In der Mykologie wird unter Substrat die von einem Pilz besiedelte, seiner Ernährung dienende Substanz bezeichnet und hauptsächlich bei saprophytischer Lebensweise benutzt. Für mikrobiologische Kulturen hergestellte Substrate werden als Nährmedien, Nährlösungen oder auch als Nährböden bezeichnet.
→ Nährmedium

Sulfatreduzierende Bakterien. Es gibt eine große Gruppe von Bakterien, die in der Lage sind, die Reduktion von Sulfat oder Schwefel zur Energiegewinnung zu nutzen. Sie koppeln die Reduktion von Sulfat oder Schwefel zu Schwefelwasserstoff mit der Oxidation von Wasserstoff oder organischen Substraten. Diese Reaktion wird als dissimilatorische Sulfatreduktion oder als Schwefelreduktion bezeichnet. Im Gegensatz zu den so genannten Schwefeloxidierern sind diese Bakterien jedoch strikt anaerob. Der natürliche Lebensraum dieser Bakterien sind anaerobe Bereiche, die ausreichende Mengen an Schwefel oder Sulfat sowie organische Substanzen enthalten. Wenn diese Standorte außerdem eisenhaltig sind, ist die Anwesenheit von Sulfatreduzierern am schwarzen Eisensulfidniederschlag gut zu erkennen. Die starke Anreicherung an toxischem Schwefelwasserstoff durch das Wachstum der Bakterien kann unter Umständen auch zu Problemen führen. Phylogenetisch gehören die meisten Schwefel- und Sulfatreduzierer zu den Purpurbakterien, die Sporen bildende Gattung Desulfotomacalum gehört zu den gram-positiven Bakterien und die thermophile Gattung Thermodesulfobacterium stellt eine eigene Entwicklungslinie dar.

SVOC. Die Gruppe der schwerflüchtigen organischen Verbindungen (gebräuchlich ist häufig die Abkürzung SVOC aus dem Englischen für Semi-Volatile Organic Compounds) umfasst eine Reihe von Substanzen und Substanzgruppen, deren Siedebereich über dem der VOC liegt. Ein nicht unerheblicher Teil der SVOC lagert sich als Schwebstaubpartikel an oder wird adsorptiv an Oberflächen im Raum gebunden.

Symbionten/Symbiose. (griechisch symbioun: »zusammenleben«), Vergesellschaftung zweier artverschiedener Organismen, die für beide Individuen einen Vorteil bietet; auch als Mutualismus bezeichnet. Dies steht im Gegensatz zum Parasitismus, bei dem die Beziehung nur für eine Art von Nutzen und zum Schaden der anderen ist. Man unterscheidet verschiedene Arten der Symbiose. Lebt der Symbiont außerhalb des Wirtskörpers, bezeichnet man sie als Ektosymbiose, lebt er im Inneren als Endosymbiose. Eine weitere Form der Symbiose ist der Kommensalismus, bei der meist die kleinere Art von der Nahrung der anderen profitiert, ohne die andere zu schädigen. Eine solche Beziehung ist für beide Beteiligten unschädlich und in vielen Fällen sogar von gegenseitigem Nutzen. Viele kommensalische Arten sind nicht voneinander abhängig und können sich auch ohne weiteres trennen. Andere treten aber in eine so enge Beziehung, dass sie ohne den Partner nicht lebensfähig sind.
→ Bakterien, → Pilze

Symptom. Symptome sind einfach ausgedrückt Erkennungszeichen. In der Medizin und Biologie sind Symptome die Merkmale von Erkrankungen. Sie können beispielsweise morphologische Veränderungen oder physiologische Störungen sein. Sind mehrere Symptome für einen Krankheitsverlauf charakteristisch, wird dies als Symptomkomplex oder auch als Syndrom bezeichnet.

Symptomenscore. Score = Punktzahl, aus der sich eine Bewertung ergibt; in diesem Fall die zusammenfassende Bewertung einzelner Symptome.

Syndrom.
→ Symptom

Synergismus. Zusammenwirken verschiedener Stoffe oder Ereignisse mit überhöhter Wirkung

Systematik. Der allgemeine Begriff der Systematik beschreibt in der Biologie die Bestimmung und Benennung der Lebewesen und ihre Zuordnung zu einem formalen System. Nur wenn die unglaublich vielen Lebensformen der Erde benannt und nach einer bestimmten Einteilung geordnet sind, wissen Biologen (vor allem auf internationaler Ebene) eindeutig, um welches Lebewesen es jeweils bei Forschungsarbeiten oder in Veröffentlichungen geht. Anhand wichtiger Eigenschaften der einzelnen Organismen legt man Gruppen fest, deren Mitglieder übereinstimmende Merkmale aufweisen, während sie sich von anderen Gruppen stärker unterscheiden.

In der modernen Systematik gilt es insbesondere, Artengruppen so abzugrenzen, dass die Einteilung entwicklungsgeschichtliche Abläufe widerspiegelt, die zur Entstehung der einzelnen Lebensformen geführt haben (zu Zeiten Carl von Linnés wurden Arten lediglich auf der Basis leicht zu erkennender äußerer Merkmale eingeordnet). Die Gruppen bilden eine Art Pyramide oder Hierarchie, deren einzelne Ebenen dem unterschiedlichen Grad der entwicklungsgeschichtlichen Verwandtschaft entsprechen. Am unteren Ende der Hierarchie stehen mehrere Millionen Arten, die jeweils aus einzelnen, nahe verwandten Lebewesen bestehen. Das obere Ende der Hierarchie bilden die Organismenreiche, die sehr viele, teilweise nur weitläufig verwandte Arten umfassen.

Um ein System zu schaffen, das die Verhältnisse in der Natur so gut wie möglich wiedergibt, untersucht und vergleicht man Anatomie, Physiologie, Genetik, Verhalten, Ökologie und Fossilfunde sehr vieler Lebewesen. Heute sind über 1,5 Millionen Arten bekannt und zumindest teilweise beschrieben, aber weitaus mehr gilt es noch zu entdecken. Zu diesen Untersuchungen tragen alle Fachgebiete der Biologie bei. Die Disziplinen, die sich unmittelbar mit Fragen der Einordnung von Arten beschäftigen, heißen Taxonomie und Systematik. Die beiden Gebiete überschneiden sich erheblich, aber in der Taxonomie geht es mehr um die Benennung (Nomenklatur) und den Aufbau hierarchischer Systeme, während die Systematik sich eher mit der Aufklärung entwicklungsgeschichtlicher Verwandtschaftsverhältnisse befasst.

systemisch. Ein Organsystem oder mehrere Organe gleichermaßen betreffend

Systemischer Befall. Der systemische Befall wird auch als systemische Infektion, systemische Infektionskrankheit, systematischer Befall oder auch als systematische Infektion bezeichnet und beschreibt eine durch einen Parasiten verursachte Krankheit, die nicht lokal begrenzt ist, sondern den gesamten Wirtsorganismus oder zumindest mehrere Organe betrifft.
→ Systemmykose

Systemmykose. Pilzerkrankungen, bei denen die Erreger Lympfknoten, Tonsillen, Milz usw. befallen, werden auch als Systemmykosen bezeichnet. Ausgangspunkte der Erregerstreuung sind beispielsweise Befallsherde in Lunge, Haut oder Schleimhäuten. Systemmykosen sind selten und betreffen besonders abwehrgeschwächte Organismen. Auch der Pilzbefall mehrerer Organe wird mitunter als Systemmykose bezeichnet, wobei der Begriff der Endomykose besser geeignet ist.
→ Mykose

Taunase.
→ Pilze

Taupunkt. (Synonym für Taupunkttemperatur) Die Taupunktlinie oder der Taupunkt entspricht der Sättigungsfeuchte in der Luft bei gegebener Temperatur. Beim Taupunkt sind also 100% relative Luftfeuchtigkeit vorhanden. Es kommt dann bei weiterer Zufuhr von Wasserdampf zur Kondensation des überschüssigen Wassers und damit zur Betauung der Oberflächen.

Taupunktdiagramm. Bei den früher üblichen Fenstern mit Einfachverglasung wurde es als selbstverständlich hingenommen, dass bei kühler Witterung die Scheiben auf der Innenseite beschlugen und sich im Winter die berühmten Eisblumen bildeten. Die Erklärung dafür ist relativ einfach: Die relativ feuchte Raumluft kondensiert an der kalten Scheibenfläche. Durch den Einsatz von Mehrscheiben-Isoliergläsern und Wärmeschutzgläsern konnte der Taupunkt an den raumseitigen Scheibenoberflächen so weit nach unten verschoben werden, dass unter normalen klimatischen Voraussetzungen diese Erscheinungen nicht mehr auftreten. Dennoch kann es bei den Mehrscheiben-Isoliergläsern bei bestimmten Klimabedingungen sowohl auf der Raum- als auch auf der Außenseite zur Kondensatbildung kommen. Tauwasserbildung auf der raumseitigen Scheibenoberfläche kann unter folgenden Bedingungen auftreten: Warmluft kühlt plötzlich an den kälteren Scheibeninnenoberflächen ab (warme Luft kann mehr Wasserdampf aufnehmen als kalte Luft); Relativ kalte Luft wird mit Feuchtigkeit angereichert beispielsweise in Küchen, Nassräumen und Schlafzimmern und kondensiert an den kalten Scheibenoberflächen. Die Kondensationsneigung kann durch den Einsatz von Wärmeschutzgläsern erheblich gemindert werden, da durch den verbesserten k-Wert die Temperatur der raumseitigen Scheibenoberfläche erhöht wird. In Einzelfällen kann es auch zur Tauwasserbildung auf der außenseitigen Scheibenoberfläche kommen, meist am frühen Morgen bei hohem Feuchtigkeitsgehalt der Außenluft.

Taupunktdifferenz.
→ Taupunktspiegelprinzip

Taupunktspiegelprinzip. Wie der Name schon vermuten lässt, wird bei diesem Verfahren eine spiegelnde Fläche so lange abgekühlt, bis die Kondensation eintritt. In diesem Augenblick ist der Taupunkt erreicht und der Wasserdampf der Luft schlägt sich auf der Spiegelfläche nieder. Der Beginn der Kondensation wird photoelektrisch festgestellt. Die Temperatur der Spiegelfläche zum Zeitpunkt der Kondensation entspricht dabei der Taupunkttemperatur. Diese wird mittels Thermoelement oder Widerstandsthermometer gemessen. Die Differenz zwischen Taupunkt und Lufttemperatur (Taupunktdifferenz, engl. spread) ist ein Maß für den Feuchtigkeitsgehalt der Luft.
→ Luftfeuchte-Messung

Taupunkttemperatur. Als Taupunkttemperatur wird die Temperatur bezeichnet, bei der die vorhandene Wasserdampfmenge zur Sättigungsdampfmenge wird oder bei der die Abkühlung feuchter Luft zur Kondenswasserbildung (Tauwasser) führt. Die Taupunkttemperatur ist also dadurch gekennzeichnet, dass bei ihrer »Unterschreitung« Wasserdampfkondensation eintritt. Da die Taupunkttemperatur allerdings nicht unterschritten werden kann, ist der Begriff etwas irreführend, weil die relative Luftfeuchte den Wert von 100% nicht überschreiten kann. Luft kann auch mit Wasserdampf übersättigt sein. Das bedeutet, dass die lösliche Menge Wasserdampf überschritten wurde. Der Überschuss ist nicht mehr in der Luft als Wasserdampf gelöst, sondern bildet feine Tröpfchen, welche als Nebel oder Wolken in Erscheinung treten. Eine »Taupunktunterschreitung« tritt insbesondere über Flächen auf, deren Temperatur unter der Taupunkttemperatur der umgebenden Luft liegt. Häufige Ursache hierfür sind Wärmebrücken an schlecht gedämmten Stellen eines Bauwerkes.

Taupunktunterschreitung.
→ Taupunkttemperatur

Tauwasser. Tauwasser fällt an bzw. aus, wenn die Temperatur an einer entsprechenden Stelle des Bauwerks unter den Taupunkt der umgebenden Luft sinkt. Oberflächentauwasser liegt dann vor, wenn dieses Tauwasser auf den Bauteil- oder Baustoffoberflächen anfällt. In normalen Wohn-, Geschäfts- und Aufenthaltsräumen darf es nicht auftreten. Demgegenüber tritt Oberflächentauwasser kurzfristig in Bädern oder Duschen sowie an den Fensterscheiben im Schlafzimmer auf. Tauwasser wird umgangssprachlich auch als Kondenswasser bezeichnet. Wenn Tauwasser über längere Zeit auf Bauteile einwirken und nicht durch natürliche Trocknung oder Beheizung beseitigt werden kann, ist ein Mangel vorhanden. Die Wärmedämmung von Bauteilen muss so ausgelegt sein, dass es bei ordnungsgemäßer Nutzung und üblichen Klimaverhältnissen nicht zu Tauwasserbildung kommt. Die grundsätzliche Vermeidung von Tauwasseranfall zu jeder Zeit und unter allen Bedingungen ist nicht möglich.

Tauwasserbildung auf Bauteiloberflächen. Tauwasser auf der Oberfläche von Bauteilen tritt auf, wenn die Oberflächentemperatur der Bauteile (Wände, Decken, Fenster) unter der Taupunkttemperatur der umgebenden Luft liegt. Tauwasser an der Oberfläche von Bauteilen kann bei wärmetechnisch ungenügend bemessenen Außenbauteilen im Dauerzustand der Beheizung, beim Anheizen von Räumen, deren Wände zwar wärmetechnisch ausreichend bemessen sind, aber sich nicht genügend schnell erwärmen, bei hoher relativer Luftfeuchtigkeit in den Räumen oder bei behinderter Luftbewegung an der Wandoberfläche auftreten. Wenn Tauwasser über einen längeren Zeitraum auf Bauteile einwirkt, können folgende Schäden bzw. Beeinträchtigungen auftreten: Erhöhung der Wärmeleitfähigkeit (= Verschlechterung der Wärmedämmung), Pilzbefall und/oder Korrosion. Kriterium für die Tauwasserbildung ist die Unterschreitung der Taupunkttemperatur der Raumluft. Die anfallende Tauwassermenge auf Oberflächen, deren Temperatur unter dem Taupunkt der Raumluft liegt, ist umso größer, je höher die relative Luftfeuchte im Raum und je niedriger die Temperatur der betreffenden Oberfläche ist.

Tauwassermenge. Die an Bauteilen anfallenden Tauwassermengen hängen mit der Oberflächentemperatur der Bauteile, der Lufttemperatur und der relativen Luftfeuchte zusammen. Eine Wasserdampfkondensation in einem Bauteil ist so lange unschädlich, wie die Standsicherheit des Bauwerkes beispielsweise durch Korrosion nicht gefährdet ist und der Wärmeschutz der Bau- und Dämmstoffe nicht unzulässig verringert wird. Außerdem darf durch den Tauwasserausfall kein Pilzbefall an oder in den Baustoffen auftreten. Eine noch zulässige Kondensatmenge liegt dann vor, wenn folgende Bedingungen erfüllt sind: Das ausgefallene Tauwasser im Bauwerk muss während der Verdunstungsperiode wieder an die Umgebung abgeführt werden können. Bei Holz darf die Erhöhung des massebezogenen Feuchtegehaltes nicht mehr als 5%, bei Holzwerkstoffen nicht mehr als 3% überschreiten. An der Berührungsfläche zwischen einer nicht wasseraufnahmefähigen Schicht und einer Luftschicht oder einer wasserdurchlässigen Schicht darf während der Tauperiode die flächenbezogene Tauwassermenge 0,5 kg/m^2 nicht überschreiten. Allgemein darf bei Wand- und Dachkonstruktionen die Tauwassermenge insgesamt 1,0 kg/m^2 nicht überschreiten.

Taxonomie. Ebenso wie in den klassischen Bereichen der Biologie, Zoologie und Botanik, ergab sich auch in der Mikrobiologie die Notwendigkeit, die nach den ersten Anfängen in immer größerer Anzahl entdeckten Mikroorganismen in einem allgemein gültigen und anerkannten sowie übersichtlichen System zu ordnen. Ausgehend von der für höhere Organismen bereits entwickelten Systematik versuchte man, auch für die Mikroorganismen ein hierarchisches Ordnungsgefüge zu erstellen. Die Einordnung eines Mikroorganismus erfolgt dabei aufgrund bestimmter phänotypischer Eigenschaften. Die Wissenschaft dieser biologischen Klassifizierung von Lebewesen bezeichnet man als Taxonomie. Der Aufbau einer derartigen Systematik gliedert sich wie in der klassischen Biologie in hierarchisch gestaffelten Parametern: Art, Gattung, Familie, Ordnung, Klasse, Abteilung und Reich. Die Zuordnungskriterien sind dabei auf der Stufe der Art sehr spezifisch und werden mit ansteigender Hierarchie immer unspezifischer. Für die Allgemeingültigkeit einer so erstellten Systematik ist eine verbindliche Nomenklatur notwendig, nach der neu entdeckte Organismen benannt werden. Für Mikroorganismen wird ebenso wie in der klassischen Biologie die binomische Nomenklatur nach Carl v. Linné verwendet, die jedem Organismus einen Gattungs- und einen Artnamen zuordnet.

Bei den Methoden der Bakterientaxonomie unterscheidet man zwischen konventionellen Methoden, die sich auf morphologische und physiologische Kriterien beziehen, und molekularen Methoden, bei denen Antigene oder Nukleinsäuren der Bakterien untersucht werden. Dabei werden noch vorwiegend konventionelle Methoden angewendet, um Bakterien in ein taxonomisches System einzuordnen und zu identifizieren. In der Praxis wird ein vorgegebener Katalog von morphologischen und physiologischen Fragestellungen untersucht, dessen Gesamtergebnis zur Identifizierung des Bakteriums führt.
→ Systematik

Teleomorphe. Das Entwicklungsstadium von Pilzen, in dem die so genannte Karyogamie und Meiose vollzogen wird, wird auch als Teleomorphe bezeichnet. Der Entwicklungszyklus so genannter pleomorpher Pilze kann sowohl aus Teleomorphen und Anamorphe(n) bestehen.
→ Meiosporen

Temperatur. Die Temperatur ist eine der Kenngrößen für den Wärmeinhalt eines Körpers und ist abhängig von dessen Masse, Form und/oder Zusammensetzung. Sie wird üblicherweise indirekt über die thermische Ausdehnung von Flüssigkeiten oder Gasen infolge der temperaturabhängigen Änderung des elektrischen Widerstandes, eines Spannungspotenzials zwischen Elementen oder optisch über die nicht sichtbare Wärmestrahlung im IR-Bereich, gemessen. Als Maßzahlen dienen willkürliche Einheiten, wie beispielsweise die Celsius- oder Fahrenheit-Skala oder die auf den absoluten Nullpunkt bezogene Kelvin-Skala.

Temperaturleitfähigkeit. Bei Erwärmung einer Außenwandoberfläche durch Sonnenbestrahlung setzt sich diese Temperaturveränderung im Wandquerschnitt fort. Das Maß für die Geschwindigkeit dieses Prozesses ist die Temperaturleitfähigkeit, die sich aus der Wärmeleitfähigkeit, der spezifischen Wärmekapazität und der Rohdichte des Baustoffes ergibt.

Temperaturverteilung. Durch unterschiedliche Temperaturen an beiden Seiten eines Bauteils und dem daraus resultierenden Wärmestrom stellt sich in dem Bauteil ein Temperaturverlauf ein. Er ist abhängig von der Temperaturdifferenz der Luft zu beiden Seiten des Bauteils, dem Wärmedurchgangskoeffizienten des Bauteils, den Wärmeübergangskoeffizienten zu beiden Seiten des Bauteils, der Größe der Wärmedurchlasswiderstände der Einzelschichten sowie der Anordnung der Einzelschichten. Bauteile gleicher Wärmedurchgangskoeffizienten mit unterschiedlicher Anordnung der einzelnen Bauteilschichten besitzen gleiche Oberflächentemperaturen, aber unterschiedliche Temperaturverteilung. Der Temperaturverlauf hat wesentliche Auswirkungen auf die Temperaturverformung, das Kondensationsverhalten durch Wasserdampfdiffusion und das Wärmespeicherverhalten des Bauteils.

Tenericutes.
→ Bakterien

Tetramethrin.
→ Pyrethroide

Thermoacidophile.
→ Bakterien

Thermoanalyse. Mit der Thermoanalyse wird die Masseänderung und Wärmetönung eines Materials in Abhängigkeit von der Temperatur, der Umgebungsatmosphäre und des umgebenden Atmosphärendruckes bestimmt. Hierbei können organische Anteile unterschieden werden, wenn sie bei unterschiedlichen Temperaturen verbrennen. So lässt sich der Gehalt an Gips, Calcit und anderen Stoffen ermitteln.

Thermographie. Für die Instandsetzungsplanung bei der Sanierung und Modernisierung älterer Bausubstanz sind bauphysikalische Kenndaten unumgänglich. Die Temperatur spielt hierbei eine wichtige, und oftmals unterschätzte, Rolle. In sehr vielen Fällen ist die Temperatur auslösender Faktor bzw. Ergebnis von bauphysikalischen und bauchemischen Vorgängen. Dies gilt einerseits für die Kondensfeuchtigkeit, aber auch bei der Umwandlung von Salzen. Des Weiteren ergeben sich aufgrund von Durchfeuchtungen Wärmebrücken und veränderte Wärmeleitfähigkeiten oder anders ausgedrückt Temperaturveränderungen an der Bauwerkoberfläche. Jeder Körper befindet sich im Energieaustausch mit seiner Umgebung. Dieser Energieaustausch erfolgt durch Wärmeleitung, durch Konvektion oder durch Strahlung. Infolgedessen wird die Temperaturmessung überhaupt erst möglich. Zur Ermittlung von Oberflächentemperaturen wird immer häufiger die Thermographie eingesetzt, die zerstörungsfrei arbeitet und eine bildliche Darstellung der Oberflächentemperaturen ermöglicht. Neben der thermographischen Durchleuchtung eines Gebäudes wird die Thermographie des Weiteren zur Ortung von Leitungssystemen, zur Überprüfung von Wärmedämm-Maßnahmen, zur Feststellung von Feuchtigkeit und deren Ursache, zur Baustoffprüfung und zur Ortung von Fachwerkkonstruktionen eingesetzt.

thermophil. Die Eigenschaften von Organismen, bei relativ hohen Temperaturen optimale Lebensbedingungen vorzufinden, wird als thermophil bezeichnet. In der Ökologie sind thermophile Pilze solche Arten, die ausschließlich oder bevorzugt in relativ warmen Biotopen wachsen. Aus physiologischer Sicht werden Mikroorganismen mit einem Temperaturoptimum von über 40 °C als thermophil bezeichnet.

Thermostat. Gerät zur automatischen Regelung der Temperatur eines Systems. Thermostate werden häufig in Industrieöfen, Heizanlagen und in technischen Anlagen (Technik) eingesetzt, bei denen Prozesse unter kontrollierten Temperaturbedingungen ablaufen müssen. Bei den meisten Thermostaten nutzt man das Ausdehnungsverhalten eines Stoffes entsprechend dem Anstieg der Temperatur. Der Wasserthermostat enthält beispielsweise eine Reihe von flachen, scheibenförmigen Elementen, die entweder mit einem Gas oder teilweise mit einer speziellen Flüssigkeit gefüllt sind. Die Flüssigkeit siedet in einem bestimmten Temperaturbereich. Bei Erwärmung erhöht sich der anfängliche Innendruck, wobei die elastisch und thermisch verformbaren Elemente ausgedehnt werden. Die resultierende mechanische Bewegung betätigt anschließend beispielsweise die Regelventile oder Relais eines Heizsystems oder einer Klimaanlage. Eine Abnahme der Temperatur bewirkt ein Zusammenziehen der Elemente und eine Bewegung in die andere Richtung. Ebenfalls weit verbreitet ist eine Form des Thermostats, das aus zwei zusammengefügten Metallstreifen (Bimetallstreifen genannt) besteht, welche sich bei Erwärmung unterschiedlich stark ausdehnen. Ist ein Ende des Bimetallstreifens fixiert, verursacht eine Erwärmung bei einem der Metalle eine stärkere Ausdehnung als beim anderen, wodurch sich der Streifen biegt. Diese Bewegung nutzt man dann, um beispielsweise einen elektrischen Kontakt herzustellen oder ein Relais zu betätigen. Manchmal müssen die äußerst kleinen Bewegungen und geringen Kräfte, die ein Thermostat erzeugt, mechanisch durch ein Wellrohr oder elektrisch über Relaisschalter verstärkt werden. Ein bei Wohnungsheizungssystemen gebräuchlicher Bimetallthermostat, der im Prinzip wie eine Uhrfeder funktioniert, betätigt einen besonderen Kontaktschalter. Durch diesen Vorgang wird dann die Steuerung der Heizung angesprochen und betätigt. Andere thermoelektrische Geräte wie Thermoelemente und Widerstandsthermometer (Thermometer) können ebenfalls als Temperaturfühler in Thermostaten eingesetzt werden.

Thiobacillen.
→ Bakterien

Thylakoide.
→ Photosynthese

Thymidin.
→ Nukleoid

Tinea. Tinea ist ein medizinischer Begriff, der mit nachgestelltem Epitheton (Wort, das als attributive Hinzufügung ein Substantiv näher erläutert) zur klinischen Bezeichnung von Dermatophytosen (Mykose der Haut und ihrer Anhangsgebilde) dient. Durch den Begriff Tinea werden Dermatomykosen, die nicht von Dermatophyten verursacht werden, ausgeschlossen. Durch weitere Epitheta wie superficialis (oberflächlich), profundae (tief eindringend) etc. erfolgen weitere differenzierende Beschreibungen. Unabhängig davon existieren weitere klinische Spezialbezeichnungen wie beispielsweise Favus für eine Form der Tinea capitis (Kopfhaut und Haare).

Besonders häufig findet man die **Tinea pedis**, den Fußpilz. Im feuchtwarmen Mikroklima der Zehenzwischenräume siedeln die Pilze besonders gern. Die Haut schuppt, die Hornschicht ist weißlich aufgequollen, die Haut gerötet. Nach gewisser Zeit bilden sich Schrunden. Es besteht erheblicher Juckreiz. Die Tinea pedis wird mit Farbstofflösungen wie z.B. Pyoktanin, Brilliantgrün oder Salben, die das Pilzwachstum hemmen (z.B. Clotrimazol), behandelt. Um eine erneute Infektion zu vermeiden, müssen Schuhe, Kleidungsstücke und Fußböden desinfiziert werden. Luftiges Schuhwerk und Hautpflege entziehen einer Reinfektion den Boden. **Tinea corporis:** Unter heftigen Juckreiz breitet sich auf der Haut nach allen Seiten eine Rötung aus. Der Rand ist girlandenförmig begrenzt und schuppt leicht. Im Zentrum verblasst die Rötung allmählich, währen der Rand noch hochrot ist. Die Behandlung gleicht der der Tinea pedis. Besonders auf vorgeschädigten Nägeln, bei Diabetikern oder engem Schuhwerk kann sich ein Nagelpilz ausbreiten. Dieser ist oft von keinerlei Beschwerden begleitet. Die Nagelplatte verfärbt sich, am freien Ende beginnend, gelblich. Außerdem verdickt sich die Nagelplatte und wird bröckelig. Das Nagelbett ist mitinfiziert. Die Behandlung ist langwierig, zieht sich über Monate bis Jahre und erfordert meist die Einnahme von Tabletten (z.B. Griseofulvin).

T-O-P (Tissue-Oxigenation-Provocation). Untersuchungsmethode für Allergien und Pseudoallergien; erfolgt im Labor an stecknadelkopfgroßen, vom Arzt aus der Schleimhaut entnommenen Gewebeproben.

Torulose.
→ Cryptococcus

Toxämie/Toxikämie. Mit Toxämie (auch Toxikämie) werden zwei Begriffe zusammengefasst: einerseits die durch Toxine verursachten Blutbildveränderungen und andererseits eine Blutvergiftung (Toxinämie).

toxigen/toxisch/toxogen. Beispielsweise durch Bakterien erzeugte Giftstoffe, durch eine Vergiftung verursacht
→ Toxizität

Toxikokinetik. Zeitverlauf von Aufnahme, Verteilung, Metabolisierung und Ausscheidung eines Schadstoffes

Toxikologie. Die Toxikologie ist die Lehre und Wissenschaft, die sich mit der Erforschung von Giften und Gegengiften bzw. den Vergiftungen des Organismus beschäftigt. Toxische Wirkungen können praktisch in allen Organen auftreten. Vor allem Leber, Nieren, Nervensystem, Haut und Schleimhäute sind betroffen. Bei Krebs erregenden und Erbgut verändernden Substanzen beispielsweise können bereits geringe Mengen bei Mensch und Tier zu Schäden führen. Die Toxikologie setzt sich also mit den schädlichen Wirkungen chemischer Substanzen auf lebende Organismen auseinander. Chemische Substanzen können über die Haut und/oder die Schleimhäute aufgenommen werden. Damit hat die Toxikologie die Aufgabe, die möglichen Schäden zu erfassen, zu beschreiben und einzustufen. Man unterscheidet akute, subakute, chronische und subchronische Wirkungen. Seit einiger Zeit gehören auch die Untersuchungen von den immer häufiger auftretenden Allergie auslösenden Stoffen zu einem wichtigen Teilbereich der Toxikologie.

Toxine. Toxine ist die allgemeine Bezeichnung für Giftstoffe, die von Bakterien, Pflanzen oder Tieren ausgeschieden werden oder beim Zerfall von Bakterien entstehen. Toxine sind also organische Substanzen, die im Stoffwechsel von Lebewesen (z.B. Bakterien, Pflanzen, Pilzen und Tieren) gebildet werden und eine schädliche oder tödliche Wirkung auf die Zellen anderer Organismen haben. Toxine von Bakterien werden im Wirtsorganismus von diesen ausgeschieden oder mit Nahrungsmitteln aufgenommen. Pflanzengifte bezeichnet man als Phytotoxine und Tiergifte als Zootoxine. Von besonderer Bedeutung sind jene Toxine, die beim Menschen Infektionskrankheiten wie Botulismus, Ruhr, Tetanus und Diphtherie hervorrufen. Da sie sehr empfindlich gegenüber chemischen und physikalischen Einflüssen sind, lassen sie sich nur schwer isolieren. Die Kenntnisse über sie hat man vorwiegend aus den Wirkungen abgeleitet, die sie bei einer Injektion in einen Organismus hervorrufen.

Toxine wirken sehr spezifisch und besitzen unterschiedliche immunologische Eigenschaften. Der chemische Aufbau vieler Toxine ist im Einzelnen noch nicht bekannt, doch handelt es sich meist um Proteine oder Lipopolyscaccharide. Man unterscheidet Endotoxine, die in der Regel erst bei der Zerstörung der Zelle freigesetzt werden, von Exotoxinen, die von der Bakterienzelle abgegeben werden. Sie bestehen aus einer Gruppe, die für die spezifische Bindung des Toxins an eine Zelle verantwortlich ist, sowie einer toxophoren Gruppe, die für die Giftwirkung verantwortlich ist. Toxine sind spezifisch synthetisierte Substanzen und lösen die Bildung von Antikörpern (natürlichen, körpereigenen Abwehrstoffen) aus. Toxoide sind entgiftete Toxine, denen man durch eine geeignete Behandlung die Giftwirkung genommen hat. Sie lösen aber nach Injektion in den Organismus dennoch die Produktion von Antikörpern aus.
→ Toxoide

Toxizität. Mit Toxizität wird die Giftigkeit eines Stoffes bzw. die Wirkungsstärke eines Giftes beschrieben. Unterschieden wird zwischen akuter, subchronischer sowie chronischer Toxizität. Die Giftwirkung hängt von der aufgenommenen Menge eines Stoffes ab. Selbst jedes Medikament kann daher unter bestimmten Umständen und Voraussetzungen zu einem Gift werden.

Toxoide. Die durch eine Behandlung mit Formaldehyd oder durch Wärmeeinwirkung entgifteten Toxine, die zur Immunisierung gegen bestimmte Krankheiten verwendet werden können, werden als Toxoide bezeichnet.

Toxoplasmose. Toxoplasmose ist eine Infektion mit dem Parasiten *Toxoplasma gondii*. Beim erkrankten Erwachsenen können sich uncharakteristische angina- oder grippeartige Erscheinungen zeigen. Darum wird das Vorliegen einer Toxoplasmose oft nicht erkannt. Der Nachweis der Erkrankung ist durch spezifische Untersuchungsmethoden möglich.

Transduktion. Bakterienphagen sind auf Bakterien spezialisierte Viren. Normalerweise infizieren sie die Bakterienzelle und bauen ihre eigene DNA in die DNA ihres Wirtes ein. Wird die Wirts-DNA vermehrt, wird auch die DNA des Phagen mitvermehrt. Die Zelle produziert die Bestandteile der Phagen mit. Sind aus den Einzelteilen neue Phagen entstanden, lösen (lysieren) sie die Zellwand, werden freigesetzt und befallen neue Bakterien. Durch Fehler innerhalb dieser Prozesse können Teile der Bakterien-DNA (Donor) oder Bakterien-Plasmide in den Phagen miteingebaut werden. Die Fähigkeit zur Zellwandlyse geht dabei verloren, nicht aber die Fähigkeit zur Bakterieninfektion. Nach der Infektion eines neuen Bakteriums (Rezipient) wird das DNA Fragment aus den Phagen nach der Rekombination in die Bakterien DNA eingebaut. Dadurch hat das Bakterium eine neue Eigenschaft erhalten. Wird über den Phagen ein Plasmid in die Zelle eingebracht, ist eine Rekombination nicht notwendig. Man spricht auch von der generalisierten Transduktion. Bei der spezialisierten Transduktion wird statt eines Phagenchromosoms ein Bakterienchromosom eingebaut. Auch diese Phagen verlieren die Fähigkeit zur Bakterienlyse, nicht aber ihre Infektiösität.

Transformation. Manche Bakterien können DNA eines anderen Bakteriums in die Zelle aufnehmen. Dort wird ein Teil dieser DNA in einen DNA-Strang der aufnehmenden Bakterienzelle eingebaut (Rekombination). Das so veränderte Genom des Bakteriums wird nach der Reduplikation (Vermehrung der DNA) im Rahmen der Querteilung weitergegeben. Dementsprechend besitzen dann alle Bakterien die neuen, durch die aufgenommene DNA bestimmten Eigenschaften. Dieser Mechanismus wird auch in der Gentechnologie benutzt. Dort werden Bakterienplasmide als »Boten« benutzt.

Transkription. Die Synthese, also der Aufbau eines Peptides, eines speziellen Eiweißes, in der Zelle erfordert eine Reihe von Zwischenschritten. Der Produktionsort der Eiweiße ist das Ribosom, welches Aminosäuren in der richtigen Reihenfolge zu einem Peptid zusammensetzt. Der »Bauplan« für das Eiweiß ist ein Abschnitt auf der DNA, der seinerseits aus einer Reihe von in spezifischer Weise angeordneten Nukleotiden besteht. Dieser DNA-Bereich, der den Bauplan eines Eiweißes enthält, wird auch als Gen bezeichnet. Das Ribosom kann mit der DNA selbst nichts anfangen. Es benötigt vielmehr eine »Abschrift« des Genes, welches für die Kodierung dieses Eiweißes auf der DNA verantwortlich ist. Diese Abschrift heißt Messenger-Ribonukleinsäure (mRNA). Die mRNA wird nach Vorlage der DNA durch das Enzym DNA-abhängige RNA-Polymerase erzeugt. Die RNA-Polymerase startet ihre Abschrift an einer bestimmten Stelle der DNA, dem Promotor. Dieser Vorgang der Herstellung der mRNA heißt Transkription.

Translation. Jeweils drei Nukleotide auf der DNA kodieren eine Aminosäure. Diese drei Nukleotide werden als Triplet oder Kodon bezeichnet. Eine Aminosäure ist ihrerseits der kleinste Baustein, aus dem ein Eiweiß zusammengesetzt ist. Die Reihenfolge der Aminosäuren innerhalb des Eiweißes bestimmen seine späteren Eigenschaften. Die kompletten Eiweißmoleküle werden in den Ribosomen aus einzelnen Aminosäuren zusammengesetzt. Die Vorschrift zum Zusammensetzen eines Eiweißes liefert die mRNA, die zuvor von der DNA »abgeschrieben« wurde. Dieser Vorgang heißt Translation. Zur Translation wird außerdem die Transfer-RNA (tRNA) benötigt. Sie trägt auf einer Seite das zum Kodon der mRNA komplementäre Antikodon. Auf der anderen Seite ist die tRNA mit der durch das Kodon kodierten Aminosäure beladen. Im Ribosom bindet die tRNA an die Aminosäurestelle der mRNA. Durch das Ribosom vermittelt, wird dann die Peptidbindung zur vorausgegangenen Aminosäure geknüpft. So entsteht aus der Kette der Aminosäuren das fertige Eiweißmolekül.

Transmissionswärme. Transmissionswärme ist der Wärmedurchgang durch Konstruktionsteile eines Gebäudes.

Transmissionswärmebedarf. Wärmebedarf zum Ausgleich der Transmissionswärmeverluste

Transmissionswärmeverluste. Transmissionswärmeverluste sind Wärmeverluste durch den Transport (Transmission) von Wärmeenergie durch Bauteile (beispielsweise Fenster, Wände, Decken etc.). Sie werden beeinflusst durch die Wärmedurchgangskoeffizienten (k-Werte) der Bauteile, die Flächen der Bauteile, die linien- und punktförmigen Wärmebrücken (ausgedrückt durch Wärmebrückenverlustwert oder Wärmebrückenverlustkoeffizient) und durch die Temperaturdifferenzen zwischen innen und außen. Nicht beheizte »Pufferzonen« wie beispielsweise Dachräume, Keller, Glasvorbauten, Treppenhäuser etc. verringern den Wärmetransport. Dies wird mit Reduktionsfaktoren zwischen 0,5 und 0,8 berücksichtigt.

Tremmellales.
→ Pilze

Tremorgene. Tremorgene sind Mykotoxine, die hauptsächlich von Pilzen der Anamorphgattungen *Aspergillus* und *Penicillium* gebildet werden. Sie besitzen in ihrer chemischen Struktur eine Indoleinheit und wirken auf das zentrale Nervensystem, wobei es zu Muskelzittern (Tremor) kommt. Man gliedert die Tremorgene in vier große Gruppen, die Penitreme, die Fumitremorgine, die Paspalitreme und die Tryptoquivaline. Die Penitreme beispielsweise werden von den *Penicillium*-Arten gebildet.

Treponemen. Mit Treponemen wird eine Gruppe von Bakterien mit gewundener Form, ähnlich der eines Korkenziehers, beschrieben. Dazu gehört *Treponema palladum*, der Erreger der Syphilis.

Trichoderma.
→ Pilze

Trichomonaden. Der Begriff Trichomonaden beschreibt eine Gruppe von Parasiten, die zu den Protozoen gehören. Sie haben die Form einer Birne und besitzen drei Geißeln, die der Fortbewegung dienen. Beim Menschen können Trichomonaden Mund, Eingeweide, Lunge, Geschlechtsorgane, Blase und Harnröhre besiedeln. Sie rufen nicht in jedem Fall Krankheitserscheinungen hervor. Mit einer Reihe neuer Medikamente lässt sich die Krankheit leicht beheben. Ärztliche Behandlung ist aber unbedingt notwendig.
→ Parasiten

Trichothecene.
→ Mykotoxine

Trichothecin. Trichothecin ist ein Mykotoxin der Trichothecen-Gruppe, ein so genanntes Ketotrichothecen, das von *Fusarium roseum* gebildet wird und ein Proteinsynthese-Hemmstoff ist.

Triplet.
→ Translation

Trockenfäule. Zerfall von reifem Holz, der durch Infizierung mit verschiedenen Pilzen ausgelöst wird. Eine der bekanntesten Trockenfäule auslösenden Arten ist der Echte Hausschwamm (*Serpula lacrimans*). Die Pilzfäden durchwachsen das Holz und ernähren sich von der Cellulose der Holzfasern. Das Holz wird dabei zersetzt und porös, auch wenn es oberflächlich gesund erscheint. Der Name »Trockenfäule« stammt von der pulvrigen Konsistenz des zerfallenden Holzes. Er ist jedoch irreführend, weil der Pilz zum Überleben auch Wasser benötigt. Völlig trockenes Holz kann nur befallen werden, wenn sich in der Umgebung genügend Feuchtigkeit findet, etwa wenn ungeschützte Holzschichten an den Außenseiten von Häusern bis zur an sich trockenen Innenseite reichen. Die sicherste Methode, eine Holzkonstruktion vor der Trockenfäule zu schützen, besteht daher darin, das Eindringen von Feuchtigkeit zu vermeiden. Ist dies nicht zu bewerkstelligen, etwa bei Holzbauten im Freien, dann kann ein Schutz durch die Behandlung der Hölzer mit Holzschutzmitteln gewährleistet werden.
→ Holzzerstörende Pilze

Trockennährböden. Trockennährböden sind pulverige oder granulierte wasserlösliche Substanzen, die durch Auflösen in destilliertem Wasser und anschließender Sterilisation als Nährboden für Mikroorganismen verwendet werden. Für Pilze werden u.a. Malzextrakt- und Sabouraud-Nährböden als Trockennährböden verwendet.

Trockenstarre. Der durch Austrocknung erzielte Zustand von holzzerstörenden Pilzen (Basidiomyceten) wird als Trockenstarre bezeichnet und kann mehrere Monate oder sogar Jahre dauern. Das Außergewöhnliche daran ist, dass die Pilze bei günstigen Feuchtigkeits- und Temperaturbedingungen wieder aktiviert werden und dann ihre Zerstörungstätigkeit fortführen können.

Trophophase. Vegetative Entwicklung

T2-Toxin.
→ Epoxytrichothecene

ubiquitär. (von lat. ubique = wo es nur immer sei, überall). Überall verbreitet bzw. vorkommend, beispielsweise bei Bakterien oder Krankheiten

umweltbedingte Erkrankungen.
→ MCS-Syndrom

Umweltmedizin. Die Umweltmedizin ist ein Teilgebiet der Medizin, das sich mit dem Einfluss der Umwelt auf die Gesundheit befasst und in den nächsten Jahren aufgrund der Umwelt- und Innenraumbelastung deutlich an Bedeutung gewinnen wird.

Umweltverträglichkeitsprüfung (UVP). Formaler Prozess zur Prüfung der Umweltfolgen einer Planung, Entscheidung oder eines Entwicklungsprojekts der öffentlichen Hand, mit dem Ziel, diese Maßnahmen möglichst umweltschonend durchzuführen. Je nachdem für welches öffentliche Projekt eine UVP durchgeführt wird (dies kann von kleineren Bauvorhaben bis zur Errichtung eines neuen Flughafens oder dem Bau einer Autobahntrasse reichen), hat die Prüfung einen sehr unterschiedlichen Umfang. In den Vereinigten Staaten wurde die UVP – dort wird sie Environmental Impact Assessment (EIA) genannt – zum ersten Mal 1969 als eine Forderung der nationalen Umweltgesetzgebung (National Environmental Policy Act – NEPA) eingeführt. Seither hat eine wachsende Zahl von Ländern die UVP übernommen, eine diesbezügliche Gesetzgebung geschaffen und Behörden gegründet, die für die Einhaltung der Gesetze verantwortlich sind.

Die UVP wurde in erster Linie auf Einzelprojekte angewendet und hat in manchen Ländern ähnliche Prüfungen in anderen Bereichen angeregt, etwa im Gesundheitswesen (health impact assessment) oder im Sozialwesen (social impact assessment). Neuere Entwicklungen umfassen die Prüfung kumulativer Effekte und die Prüfung von Umweltstrategien – Letztere im Zusammenhang mit politischen Programmen und Planungen. Der Begriff UVP dient oft auch als Oberbegriff für diese verschiedenen Prüfungen. In manchen Fällen werden die soziale und wirtschaftliche Verträglichkeit als Teil eines Prozesses bewertet, in anderen werden sie gesondert einer eigenen Verträglichkeitsprüfung unterzogen.

Die UVP besteht gewöhnlich aus einer Folge von Schritten, wobei der Umfang der Einzelschritte je nach UVP sehr verschieden ist und gesetzlichen Regelungen unterliegt: (1) das Screening (Prüfung), um zu entscheiden, ob und bis in welche Einzelheiten ein Projekt einer Prüfung bedarf; (2) die vorläufige Prüfung, um die Hauptrisiken zu ermitteln sowie ihren Umfang, ihre möglichen Konsequenzen und ihre Bedeutung; (3) die Anwendungsbereichsanalyse, um die Berücksichtigung von UVP-Anliegen in Schlüsselfragen sicherzustellen und um festzustellen, wo noch detailliertere Information nötig ist; (4) die UVP-Studie selbst. Dies sind detaillierte Untersuchungen, um Unverträglichkeiten vorherzusagen und/oder zu verhindern. Der Prozess der UVP enthält zum einen die Prüfung von Optionen – etwa der Erörterung der Vor- und Nachteile verschiedener Trassenvarianten im Straßenbau – zum anderen Vorschläge für schadensbegrenzende Maßnahmen – z.B. die Errichtung eines Lärmschutzwalles oder die Planung so genannter Ausgleichs- und Ersatzmaßnahmen, im Zuge derer gefährdete oder beim Bau zerstörte Biotope umgesiedelt oder neu angelegt werden – schließlich die Erstellung eines detaillierten Berichts sowie verschiedene weitere Beobachtungen und Auswertungen. Nach dem Abschluss eines Projekts wird manchmal eine Nachanhörung durchgeführt, die ermitteln soll, wie nah die Vorhersagen der UVP den tatsächlichen Gegebenheiten gekommen sind.

Undulation/Undultion.
→ Flagellaten

Unvollkommende Pilze.
→ Fungi imperfecti

Uredinales.
→ Pilze

Urtikaria. Es gibt zwei Formen dieser Erkrankung der Haut und/oder Schleimhaut, die durch Allergene hervorgerufen werden und sich durch Entstehung und Dauer unterscheiden. Die auf allergischen Reaktionen basierende Urtikaria dauert einige Stunden bis zu mehreren Wochen an. Eine chronische Urtikaria, deren Dauer sich auch über mehrere Monate hinziehen kann, wird meistens durch äußere Einflüsse begünstigt und hat nur in den seltensten Fällen ihre Ursache in einer allergischen Reaktion.

Ustilaginales.
→ Pilze

UV-Entkeimung. Während und nach der Sanierung von schimmelpilz- und/oder bakterienbelasteten Räumen kann es sinnvoll oder notwendig sein, eine zusätzliche Entkeimung (Abtöten von Bakterien, Schimmelpilzen, Viren usw.) durchzuführen, um den ausführenden Handwerker zu schützen, auch dann, wenn er mit Absauganlagen und/oder Atemschutzmasken arbeitet. Selbstverständlich sind derartige Entkeimungen auch besonders wichtig für die späteren Nutzer der Räume, welche in den meisten Fällen allergisch auf mikrobielle Belastungen reagieren. Eingesetzt werden so genannte UV-Entkeimungsanlagen. Die Forscher Downes und Blunt haben bereits 1878 entdeckt, dass sich Mikroorganismen unter genügender Sonnenbestrahlung nicht weiter vermehrten. Erst später erkannte man eine spezifische Wellenlängenabhängigkeit mit einem Reaktionsmaximum für den Bereich von 250-270 nm, einem Teil der UV-Strahlung aus dem kurzwelligen C-Bereich (UV C). Diese Strahlen sind noch kurzwelliger und energiereicher als beispielsweise die UV A- oder B-Strahlen. Sie umfassen den größten Teil des gesamten UV-Bereichs und haben einen stark keimtötenden (bakteriziden) Effekt. Während einfach strukturierte Mikroorganismen eine hohe Empfindlichkeit gegenüber UV C-Strahlen aufweisen, d.h. dass sie sich in relativ kurzer Zeit problemlos neutralisieren lassen, braucht es eine wesentlich größere Energie, um komplexe Organismen wie Pilze oder Algen abzutöten.

U-Wert.
→ Wärmedurchgangskoeffizient

Validität. Mit der Validität, die ein Gütekriterium für Testverfahren darstellt, wird beschrieben, wie geeignet ein Test zur Abbildung des zu messenden Sachverhaltes ist.

Verdünnungsausstrich. In der Mikrobiologie wird mit dem so genannten Verdünnungsausstrich die gezielte Führung des Impfgerätes bei der Beimpfung fester Nährmedien beschrieben, die zur Ausdünnung der Mikroorganismen in Bezug auf die beimpfte Fläche führt. Der Verdünnungsausstrich führt zur Vereinzelung der Keime und dient zur Gewinnung von Reinkulturen.

Versicolorine. Unter Versicolorine werden Mykotoxine umschrieben, die von *Aspergillus*-Arten und hier insbesondere von *Aspergillus nidulans, Aspergillus flavus, Aspergillus parasiticus* und *As-*

pergillus versicolor gebildet werden. Die Versicolorine können durch pilzbefallene Lebensmittel in den Organismus gelangen und unter bestimmten Bedingungen toxisch wirken.

Vibrionen. Vibrionen sind gram-negative, teilweise gekrümmte Stäbchen, die polar begeißelt sind. Sie haben morphologisch große Ähnlichkeit mit den Enterobakterien und den Pseudomonaden, von denen sie anhand bestimmter physiologischer Eigenschaften unterschieden werden können. Ebenfalls zur Gruppe der Vibrionen gehören die so genannten Leuchtbakterien, die ein sauerstoffabhängiges Enzym (Luciferase) besitzen, deren Aktivität für die Lichtemission notwendig ist. Die Mitglieder der Vibrionen-Gruppe gehören phylogenetisch zur Linie der Purpurbakterien.

Viren. Viren (Einzahl = Virus) beschreiben Kleinstlebewesen, die innerhalb der von ihnen befallenen Zellen leben, sich vermehren und Viruserkrankungen verursachen. Viren sind die kleinsten bekannten Mikroben und wurden 1892 von dem russischen Arzt Dr. Iwanowsky entdeckt. Er filtrierte ein Bakteriengemisch und konnte feststellen, dass infektiöse Stoffe den Filter passierten, der die Bakterien jedoch zurückhielt. Seither wurden zahllose Viren entdeckt, die als Parasiten in den Zellen von Mensch, Tier oder Pflanze leben oder als so genannte Bakteriophagen sogar in Bakterien. Nahe Verwandte der Viren sind die Rickettsien, Mikroben, die ebenfalls als Parasiten in Zellen leben. Die Lebensweise der Viren ist noch nicht restlos erforscht. Sie gehören ins Grenzgebiet zwischen Lebewesen und toter Materie. Ihr Kern besteht aus Nukleinsäure und Nukleoproteiden.

Viren sind sehr klein – eines der größten hat ca. $^1/_{20}$ des Umfangs eines roten Blutkörperchens. Größe und Form der Viren wurden erst durch das Elektronenmikroskop sichtbar gemacht. Sie kommen als Kugeln, Bälle, Ovale, Kuben, Rhomboide, Kommas und Stäbchen vor. Virusinfektionen erzeugen meist eine Immunität von verschiedener Stärke und Dauer gegen die gleiche Erreger-Art. Einige Viren regen die Bildung von Antikörpern gegen verwandte Arten an. Die Übertragung von Viren ist vielfältig möglich. So können Erreger einerseits über Tröpfcheninfektion, direkt oder auch über Insekten übertragen werden. Eine Verbreitung durch Wasser ist selten, dagegen können Milch und Nahrungsmittel oft Viren enthalten. Die Behandlung von Viruserkrankungen kann sehr schwierig sein, da die Erreger auf Medikamente und Antibiotika nicht reagieren. Wirksam ist die aktive Immunisierung, d.h. die Schutzimpfung, die den Körper zur Bildung von Abwehrstoffen veranlasst. Eine wichtige Maßnahme zur Verhinderung von Viruserkrankungen ist die Bekämpfung von Insekten und die Beseitigung anderer Infektionsquellen. Nach neuesten Forschungsergebnissen gilt als absolut sicher, dass Viren auch die Ursache mindestens einiger Krebsarten sind. → Antibiotika, → Antikörper, → Bakterien, → Bakteriophagen, → Immunität, → Mikroben, → Parasiten

Viroide. Als Viroide werden kurze Nukleinsäuren bezeichnet, die sich außerdem durch ein niedriges Molekulargewicht auszeichnen. Sie sind von stäbchenförmiger Gestalt und bestehen aus einer ringförmigen Ribonukleinsäure (RNA). Viroide sind unbelebt. Sie besitzen keinen Stoffwechsel und können sich nicht fortpflanzen. Außerdem fehlt Ihnen im Gegensatz zu Viren eine Hülle. Es handelt sich sozusagen um einen »nackten« Bauplan für ein Eiweiß. Genaueres über Ihre Vermehrung in der infizierten Zelle ist nicht bekannt. Soweit bekannt ist, spielen sie bei infektiösen Pflanzenkrankheiten eine Rolle. Durch Viroide verursachte Erkrankungen beim Menschen sind bisher nicht bekannt.

Virulenz. Die Virulenz ist die Fähigkeit eines Pathogens, den Wirt zu befallen und entsprechende Schäden zuzufügen. Vereinfacht kann man den Begriff der Virulenz auch mit der parasitischen Leistungsfähigkeit (von Virus = Gift, Virulenz = Giftigkeit) beschreiben. Sie beruht auf den so genannten Virulenzgenen, die den Resistenzgenen des Wirtes gegenüberstehen. Hierauf beruht auch die Resistenzzüchtung in der Phytopathologie. Virulenz und Resistenz können durch Umweltbedingungen modifiziert werden. Die Virulenz kann u.a. über die Intensität der Erkrankung, die Vermehrungsrate des Pathogens und die Dauer der Inkubationszeit gemessen werden.

Virusgenetik. Für die Infektiosität und Ausbreitung von Viren über verschiede Wirte spielen erbliche Veränderungen des genetischen Materials eines Virus eine große Rolle. Dabei handelt es sich um Mutationen. Diese können spontan auftreten oder durch verschieden Chemikalien (Mutagene) oder ultraviolettes Licht ausgelöst werden. Mutationen wirken sich dabei auf alle Eigenschaften eines Virus und auf sein äußeres Erscheinungsbild aus. Bestimmte Eigenschaften können für die Vermehrung von Vorteil sein oder sie auch verhindern. Die Aussonderung überlebensfähiger Stämme wird als Selektion bezeichnet. Bei einer Virusinfektion durch zwei verwandte aber genetisch verschiedene Arten kann es zu einem Austausch von Erbmaterial zwischen den Nukleinsäuren der Viren kommen. Durch diese genetische Rekombination entstehen neue Nukleinsäuren, die den Viren neue Eigenschaften und u. U. auch ein verändertes Aussehen verleihen können. Bei gleichen Viren mit segmentiertem Genom kann ein Austausch von Gen-Segmenten besonders leicht auftreten.

Bei Influenzaviren entstehen dadurch laufend neue Stämme mit unterschiedlichen Antigeneigenschaften. Daher muss für jede Impfsaison jeweils ein neuer Impfstoff entwickelt werden. Dieser besondere Rekombinationsmechanismus heißt Reassortement. Wenn verwandte, aber genetisch verschiedene Viren gleichzeitig eine Wirtszelle infizieren, können Nukleinsäuren in die Kapside oder Virushüllen des jeweils anderen Virus eingebaut werden. Daraus ergibt sich dann im Hinblick auf die eingeschlossene Nukleinsäure ein anderes Wirtsspektrum. Die Nachkommen dieser phänotypisch gemischten Viren stammen aber wieder von einer Nukleinsäure ab. Daher ist diese Veränderung nicht erblich und infolgedessen nur vorübergehend.

Es gibt allerdings auch nicht-genetische Wechselwirkungen. Bei der Interferenz kommt es zu einer Infektion einer Zelle mit verschiedenen Viren. Hierbei kann es zu einer Störung der Virusvermehrung kommen. Ursache sind dabei u.a. die Interferonproduktion oder Veränderungen des Zellstoffwechsels. Bei der Komplementierung weisen bestimmte Virenstämme Defekte ihres genetischen Materials auf, welches eine Virusreproduktion in der Zelle verhindert. Erst die Infektion mit einem weiteren Virus, dem die fehlenden Eigenschaften zueigen sind, kann dann die Vermehrung in Gang setzen. Ein anderer Effekt ist der Antigendrift. Dabei ändern sich immer wieder ganz bestimmte Teile der Erbsubstanz, die z.B. bestimmte antigene Eigenschaften kodieren. Dadurch wird das Immunsystem des Wirtes unterlaufen, weil beispielsweise die zuvor gebildeten Antikörper gegen ein bestimmtes Virus auf eine neue Zelloberfläche treffen, an die sie nicht mehr nach dem Schlüssel-Schloss-Prinzip binden können. Ein Beispiel dafür ist das Grippevirus.

Virusinfektionen. Virusinfektionen können unterschieden werden in asymptomatische Infektionen, die unerkannt bleiben, und symptomatische Infektionen, die Krankheitssymptome unterschiedlicher Stärke zeigen. Es gibt im Allgemeinen zwei Möglichkeiten, wie Menschen, Tiere und Pflanzen auf eine Virusinfektion reagieren. Zum einen kann das Virus auf ein bestimmtes System innerhalb des Organismus lokalisiert bleiben bzw. sich nur in unmittelbarer Nähe der Eintrittsstelle im Wirtsorganismus vermehren. Zum anderen kann sich der Virus auf den ganzen Körper ausbreiten und zu einer generalisierten bzw. systemischen Infektion führen.
→ Viren

Virussystematik. Ähnlich der Tier- und Pflanzenwelt wurde auch versucht, die Viren zu klassifizieren. Entsprechend der technischen Entwicklung wurden dabei nacheinander verschiedenste Merkmale herangezogen. Heute spielen nur noch physikalisch-chemische Gesichtspunkte eine Rolle.

Die Aufdeckung der äußeren Virusgestalt durch die Röntgenstrukturanalyse und die Entschlüsselung des genetischen Kodes eines Virus waren besondere Marksteine in der Entwicklung. Sehr grob kann man die Viren in solche unterteilen, bei denen Desoxyribonukleinsäure (DNA) oder Ribonukleinsäure (RNA) Träger der Erbinformation sind.

Vitamine. Ähnlich wie die essentiellen Aminosäuren stellen Vitamine Wachstumsfaktoren für Mensch und Tier dar und werden als Medikament oder zur Nahrungsergänzung eingesetzt. Obwohl die Mehrzahl der Vitamine auf chemischen Weg synthetisiert wird, werden einige, insbesondere Vitamine der B-Gruppe, auch mit Hilfe der Mikroorganismen hergestellt, da ihre komplizierte Struktur die chemische Synthese unwirtschaftlich macht. Vitamin B12 beispielsweise wird in der Natur ausschließlich von Mikroorganismen synthetisiert, so zum Beispiel durch die menschliche Darmflora.

VOC (Volatile organic compound). Flüchtige organische Verbindung). Mit diesem Begriff werden alle organischen Verbindungen charakterisiert, die sich bei jeweils herrschenden Umgebungsbedingungen (Temperatur und Druck) von selbst verflüchtigen. Dabei kann es sich also sowohl um die Lösemittel eines Beschichtungsstoffes als auch um Anteile so genannter »Restmonomeren« handeln, die z.B. jede Polymerdispersion noch im ppm-Bereich enthält. Der VOC-Gehalt (=VOCC; volatile organic compound content) wird als die Masse an flüchtigen organischen Verbindungen in einem Beschichtungsstoff definiert, die unter festgelegten Bedingungen ermittelt wurde.

Vomitoxin. Vomitoxin ist ein Mykotoxin der so genannten Trichothecen-Gruppe (ein Ketotrichothecen), das von *Fusarium*-Arten gebildet wird. Es gelangt durch pilzbefallene Nahrungsmittel in den Menschen und wirkt toxisch.

Wachstum. In der Mikrobiologie bedeutet Wachstum eine irreversible Zunahme der lebenden Substanz von Organismen. Der Begriff wird auch verwendet, wenn durch Vermehrung von Einzellern die Zahl und Masse an Zellen zunimmt. Bei Bakterien in flüssigen Medien beispielsweise lassen sich typische Wachstumskurven unterscheiden mit Anlaufphase (lag-Phase), exponentieller Phase mit nahezu freiem Wachstum (log-Phase) sowie verlangsamten Wachstum, stationärer Phase und Absterbephase. Auch das Wachstum einiger Fruchtkörper kann derart charakterisiert und graphisch dargestellt werden.

Wärme. Wird von Wärme gesprochen, sind meistens angenehme Temperaturverhältnisse gemeint, die natürlich je nach Situation und subjektivem Empfinden variieren. Doch genau genommen bezeichnet Wärme eine Energieform, die auf der Bewegungsenergie der Atome oder Moleküle basiert. Je schneller diese Bewegung, umso größer ist der Wärmeinhalt eines Festkörpers, einer Flüssigkeit oder eines Gases. Diese Wärmemenge Q wird in Wattsekunden oder in Joule angegeben und ist immer größer als Null. Nur beim (praktisch unerreichten) absoluten Temperaturnullpunkt von -273,15 °C würde die Bewegung der Teilchen »einfrieren«, der Wärmeinhalt wäre damit Null. Wärme ist also eine Energieform, die aus mechanischer Energie erzeugt oder in solche umgewandelt wird. Nach dem Grundsatz der Erhaltung von Energie kann Wärme weder entstehen noch verloren gehen, ohne dass eine gleich große Menge anderer Energie gleichzeitig entsteht oder verschwindet. Wärme kann niemals von selbst von einem Körper niedriger Temperatur auf einen Körper höherer Temperatur übergehen.

Wärmeausbreitung.
→ Wärmeübertragung

Wärmebrücken. Wärmebrücken (auch als Kältebrücken bezeichnet) sind Stellen in der Gebäudehülle, in denen örtlich begrenzt ein größerer Wärmefluss als im übrigen Bereich einer Wand oder Decke auftritt. Diese Stellen können durch die Geometrie des Bauteils bedingt sein (beispielsweise bei Außenecken einer Wand, Heizkörpernischen oder Beton-Kragplatten für Balkone). Materialbedingte Wärmebrücken entstehen durch Baustoffe hoher Wärmeleitfähigkeit, die parallel zum Wärmefluss in einem Bauteil aus einem Material mit einer niedrigen Wärmeleitfähigkeit liegen. Dazu gehören Betonstützen oder Stahlanker in einer Außenwand. Wärmebrücken lassen sich durch konstruktive Maßnahmen zwar nicht immer vermeiden, aber stark abschwächen.

Infolgedessen können Wärmedämm-Maßnahmen durch Abflussmöglichkeiten für Wärme aus dem Gebäudeinnern über ein Bauteil in die (kältere) Umgebung teilweise wieder unwirksam gemacht werden. So beispielsweise, wenn an ein mit einem WDV-System versehenes Gebäude eine nicht isolierte Garage anschließt oder ein auskragender Balkon, oder metallische Träger in eine isolierte Dachkonstruktion münden, durch Fensterstürze usw. In vielen Fällen zeichnen sich derartige Wärmebrücken nach einiger Zeit durch erhöhte Schmutzaufnahme oder Rissbildung im Außenbereich, Korrosionserscheinungen oder partielle Kondensation von Luftfeuchtigkeit mit nachfolgender Schimmelbildung im Innenbereich deutlich sichtbar ab. Die negativen Auswirkungen von Wärmebrücken liegen deshalb nicht so sehr in dem dadurch verursachten Verlust an Wärmeenergie, sondern den dadurch verursachten Bauschäden. Wärmebrücken sind z.B. im Wärmebrückenkatalog oder im Wärmebrückenatlas für Mauerwerk berechnet.
→ stoffbedingte Wärmebrücken, → geometrische W., → konvektive W.

Wärmedämmung. Die Wärmedämmung ist der Oberbegriff für bautechnische Maßnahmen an Gebäuden und die wichtigste Maßnahme zur Energieeinsparung für Heiz- und Kühlzwecke und zur Verminderung von Emissionen, insbesondere von CO_2 aus Hausfeuerungsanlagen. Zu beachten sind dabei die DIN 4108 »Wärmeschutz im Hochbau« und die jeweils gültige Ausgabe der Wärmeschutzverordnung bzw. heute der Energieeinsparverordnung. Anforderungen an den Wärmeschutz, die erfüllt werden sollen, sind vor allem Schutz der Baukonstruktion vor klimabedingten Feuchteeinwirkungen und Folgeschäden, reduzierter Energieverbrauch bei Heizung und Kühlung im Vergleich mit einem ungedämmten Bauwerk gleicher Bauweise, in den Wintermonaten Schaffung eines behaglichen und angenehmen Raumklimas bei einem möglichst geringen Verbrauch an Heizenergie, und in den Sommermonaten Vermeidung einer übermäßigen Erwärmung der Räume.

Ein optimal wirksamer Wärmeschutz wird fast ausschließlich über die Außenwände erreicht, wobei es generell fünf Möglichkeiten für eine Wärmedämmung gibt: einschaliges Mauerwerk mit wärmedämmenden Mauersteinen (porosierte Ziegel, Porenbeton, Leichtbeton u.a.), zweischaliges Mauerwerk mit Kerndämmung (Wärmedämmung zwischen innerer Tragschale und äußerer Vormauerschale), Leichtbauweise mit durchgehender Wärmedämmung (Fertighausbau), außenseitige Wärmedämmung durch Wärmedämm-Verbundsysteme, Wärmedämmsysteme mit hinterlüfteter Fassade oder Wärmedämmputzsysteme, innenseitige Dämmung (meist nur bei zeitweise bewohnten bzw. beheizten Räumlichkeiten bzw. da, wo dies im Außenbereich aus konstruktiven oder ästhetischen Gründen nicht möglich ist).

Die ersten drei Varianten eignen sich praktisch nur für Neubauten, während die beiden anderen Wärmedämm-Maßnahmen auch bei der Renovierung von Altbauten angewendet werden können, wobei die außenseitigen Wärmedämm-Verbundsysteme auf Basis unterschiedlicher Dämmstoffe hier die dominierende Rolle spielen. Da jeder Baustoff eine spezifische Wärmeleitfähigkeit aufweist, fließen innerhalb einer Wandkonstruktion unterschiedliche Wärmemengen: Je größer die Wärmeleitfähigkeit, desto schlechter die Dämmwirkung eines Materials. Diese Eigenschaft eines Werkstoffes wird durch seine Struktur und Dichte bestimmt: Leichte, porige oder mit Luft gefüllte Materialien haben eine geringe Wärmeleitfähigkeit und dämmen deshalb besser als dichte Baustoffe. (Beispiele: Polystyrol-Hartschaum, Porenbeton, Bimshohlblock, Poroton-Ziegel, Mineralwolle, Glaswolle, Blähton, Perlite, Vermiculite, Kieselgur, Kork), während dichte, schwere Baustoffe gute Wärmeleiter sind, schnell abkühlen und daher für eine Dämmung nur selten infrage kommen (Beton, Klinker, Metalle).

Wärmedämmstoffe. Wärmedämmstoffe sind Baustoffe organischer oder anorganischer Basis zur Isolation des Gebäudes gegen austretende Wärme. Demzufolge werden Maßnahmen zur Fassadendämmung beispielsweise in der Schweiz auch als Isolation bezeichnet, wohingegen in Deutschland und Österreich jahrelang der Begriff Vollwärmeschutz verwendet wurde. Heute setzt sich zunehmend der Begriff der Fassadendämmung oder der Wärmedämmverbundsysteme durch.

Die wichtigste Eigenschaft eines Wärmedämmstoffes ist im Begriff bereits verankert und liegt in der Eindämmung von Wärme, um Heizenergie einsparen zu können. Dazu muss eine geringe Wärmeleitfähigkeit und eine gute Kostenbilanz des Dämmstoffes vorliegen. An Wärmedämmstoffe werden deshalb hohe Anforderungen bezüglich ihrer Qualität und Produkteigenschaften gestellt. Für alle Dämmstoffe ist aus diesem Grund eine Güteüberwachung vorgeschrieben. Dies gilt selbstverständlich nicht nur für die genormten, sondern auch für die immer stärker auf den Markt drängenden alternativen Wärmedämmstoffe. Hierbei handelt es sich in erster Linie um organische Produkte aus pflanzlicher (beispielsweise Baumwolle) oder tierischer (beispielsweise Schafwolle) Herkunft. Sie sind folglich grundsätzlich brennbar und unterliegen ohne zusätzliche Wirkstoffe normalerweise einer schnellen Alterung. Um die im Bauwesen vorgeschriebene Baustoffklasse B 2 (normal entflammbar) zu erreichen, benötigen sie meist einen Borsalzzusatz. Dieses Salz bewirkt auch eine Schutzwirkung gegen Pilzbefall und macht den Wärmedämmstoff für tierische Schädlinge ungenießbar.
Die Anforderungen an Wärmedämmstoffe liegen in der geringen Wärmeleitfähigkeit, mindestens der Baustoffklasse B 2, der Resistenz gegen tierische und pflanzliche Schädlinge, Alterungsbeständigkeit, leichten Verarbeitung und einer guten Kostenbilanz. Des Weiteren spielt die Recyclingfähigkeit von Wärmedämmstoffen eine zunehmend wichtigere Rolle in der Ökobilanz von Wärmedämm-Maßnahmen. Wärmedämmstoffe werden in unterschiedliche Wärmeleitfähigkeitsgruppen (WLG) eingeteilt. Der Wert der angegebenen Wärmeleitfähigkeitsgruppe ist maßgebend für die Ermittlung des k-Wertes.

Wärmedurchgang. Der Wärmedurchgang bezeichnet den Wärmeübergang von der Luft an die eine Seite eines festen Stoffes (beispielsweise die Wandoberfläche), der Leitung durch den Stoff und schließlich wieder den Wärmeübergang von der anderen Oberfläche an die Luft.

Wärmedurchgangskoeffizient (k-Wert/U-Wert). Der Wärmedurchgangskoeffizient ist der Kehrwert des Wärmedurchgangswiderstandes und wird benutzt, um die energetische Qualität eines Bauteiles oder Werkstoffes zu beschreiben und zu bewerten. Kleine k-Werte stehen dabei für eine hohe und große k-Werte für eine schlechte Energiebilanz.

Wärmedurchgangswiderstand. Durch die Summe von Wärmedurchlasswiderstand und der Wärmeübergangswiderstände wird der Wärmedurchgangswiderstand beschrieben.

Wärmedurchlasswiderstand. Um eine Aussage über die Wärmedämmung einer Wand machen zu können, ist die Wärmeleitfähigkeit allein nicht ausreichend, da sie nur eine baustoffspezifische Größe darstellt. Es muss ebenfalls die jeweilige Schichtdicke für jedes Bauteil berücksichtigt werden. Berechnet wird der Wärmedurchlasswiderstand infolgedessen aus der Schichtdicke eines Bauteils im Verhältnis zu dessen Wärmeleitfähigkeit. Durch den Wärmedurchlasswiderstand wird deshalb angegeben, welchen Widerstand ein Bauteil dem Wärmestrom entgegensetzen muss. Ist der Wärmedurchlasswiderstand groß, verkleinert sich bei gleicher Temperaturdifferenz der Wärmestrom oder anders ausgedrückt: je geringer der Wärmeverlust eines Bauteils sein soll, umso größer muss der Wärmedurchlasswiderstand des Bauteils sein.

Wärmeeindringkoeffizient. Ein Körper erhöht durch Wärmezufuhr seine Oberflächentemperatur. Das Temperaturgefälle zwischen dem Inneren des Körpers und seiner Oberfläche erzeugt einen Wärmestrom. Im Gegensatz zum stationären Wärmestrom verringert sich jedoch mit fortschreitendem Eindringen von Wärmeenergie das Temperaturgefälle. Der Wärmeeindringkoeffizient ist ein Maß für die Eindringgeschwindigkeit, d.h. die Wärmeaufnahme oder -abgabe eines Baustoffes. Er ist abhängig von der Wärmeleitfähigkeit, der spezifischen Wärmekapazität sowie der Dichte des Baustoffes. Je kleiner der Wärmeeindringkoeffizient ist, umso schneller dringt die Wärme in den Baustoff ein. Dies bedeutet, dass sich ein Raum umso schneller aufheizen lässt, je kleiner die Wärmeeindringzahlen der Raumbegrenzungsflächen sind.

Wärmefluss. Der Wärmefluss, auch Wärmestrom genannt, beschreibt die Wärmemenge, die durch turbulenten Austausch oder durch Wärmeleitung pro Sekunde durch eine Kontrollfläche von beispielsweise einem Quadratmeter hindurchfließt. Seine Stärke ist sowohl vom Temperaturgefälle als auch von der Art und Stärke des turbulenten Austausches, im Fall der Wärmeleitung auch von der Wärmeleitfähigkeit des betreffenden Stoffes abhängig. Die Wärmeleitung innerhalb fester, flüssiger oder gasförmiger Stoffe wird dabei durch die Molekularbewegung verursacht. Die Wärmeleitfähigkeit hängt allein von der Struktur der Substanz ab, ist also eine spezifische Eigenschaft der Stoffe. Sie spielt in der Atmosphäre wegen der sehr niedrigen Wärmeleitfähigkeit der Luft nur eine untergeordnete Rolle. Sie ist aber ausschlaggebend für das Eindringen von Wärme in einen Baukörper.

Wärmeflussmessung. Die physikalische Größe Wärmestrom (heat flow rate) wird häufig mit dem deutschen Begriff Wärmefluss belegt. Direkt gemessen werden kann die Dichte des Wärmestroms mit so genannten Wärmeflussplatten, manchmal auch als Folienwärmestrommesser bezeichnet. Die Wärmestromdichte ist erfahrungsgemäß gleich dem Produkt aus Wärmeleitfähigkeit und Temperaturgradient, d.h. bei dünnen Schichten erhält man die Stromdichte aus dem Verhältnis der über einer Schicht abfallenden Temperaturdifferenz und dem Wärmedurchlasswiderstand dieser Schicht.

Wärmekapazität. Wird einem Körper mit der Masse m und der Temperatur t eine Wärmeenergie zugeführt, so erhöht sich dessen Temperatur proportional zur aufgenommenen Energie, wenn keine Phasenumwandlung stattfindet. Als spezifische Wärmekapazität wird die auf die Masse bezogene Wärmekapazität bezeichnet. Sie gibt an, welche Wärmemenge für die Erwärmung der Masse eines Stoffes von 1 kg um 1 K erforderlich ist. Die messtechnische Bestimmung der spezifischen Wärmekapazität erfolgt über die Kalorimetrie in Anwendung des Energieerhaltungssatzes beim Wärmeenergieaustausch zwischen dem so genannten Kalorimeterzubehör, dem Kaloriemeterinhalt und dem Prüfkörper. Die Wärmekapazität der Bauteile bestimmt weitestgehend das Trägheitsverhalten eines Bauwerkes gegenüber Temperaturveränderungen, wobei eine geringere Masse teilweise durch höhere spezifische Wärmekapazitäten kompensiert werden kann.

Wärmeleitfähigkeit. Durch die Wärmeleitfähigkeit wird angegeben, wie viel Wärme in Watt bei 1 K Temperaturdifferenz durch 1 m^2 eines 1 m dicken Stoffes transportiert wird. Um einheitliche Rechenwerte für entsprechende Berechnungen heranziehen zu können, wurden in der DIN 4108 Teil 4 die Werte der Wärmeleitfähigkeit angegeben.

Wärmeleitkoeffizient. In der Praxis wird der Wärmeleitkoeffizient oder auch die Wärmeleitzahl häufig für den Zahlenwert der Wärmeleitfähigkeit gebraucht.

Wärmeleitung. Bei Baukörpern mit unterschiedlicher Temperatur erfolgt der Energietransport immer vom höheren zum niedrigeren Temperaturniveau. Dies bedeutet, dass die Wärmeenergie innerhalb eines Baukörpers bzw. zwischen benachbarten Molekülen weitergeleitet wird. Hierbei erfolgt die Wärmeübertragung in festen Stoffen hauptsächlich durch Wärmeleitung. Die Wärmeleitung hängt von der Wärmeleitfähigkeit des Stoffes ab, wobei die stofflichen Eigenschaften des Materials (Art des Materials, Dichte, Feuchtigkeit) eine entscheidende Rolle spielen.

Wärmeleitzahl.
→ Wärmeleitkoeffizient

Wärmemenge. Als eine Form der Energie ist die Wärmemenge ein auf die Bezugstemperatur bezogener Energieinhalt eines Stoffes und in seiner Masse sowie der spezifischen Wärmekapazität proportional. Sie ist die Menge an Energie, die von einem Ort mit höherer Temperatur zu einem Ort mit niedriger Temperatur transportiert wird.

Wärmeschutz. Der Wärmeschutz beschreibt Maßnahmen zur Erhaltung bestimmter klimatischer Verhältnisse innerhalb von Gebäuden, vor allem zur Vermeidung unhygienischer Wohnverhältnisse und Wärmeverluste. Die Struktur und Bedeutung des Wärmeschutzes kann wie in der unten abgebildeten Tabelle dargestellt werden.

Wärmespeicherung. Die Wärmespeicherung von Bauteilen wird durch die eigene Masse erheblich beeinflusst. Mit der Zunahme der Bauteilmasse nimmt auch die Wärmespeicherung des Bauteils zu. Die hohe Wärmespeicherfähigkeit von Bauteilen wirkt sich durch eine langsame Raumerwärmung beim Aufheizen, durch eine geringe Abkühlung beim Stilllegen der Heizung und durch eine geringe Erwärmung der Räume an heißen Tagen aus.

Wärmestrahlung. In Abhängigkeit von der Temperatur und der Oberflächenbeschaffenheit strahlen Körper elektromagnetische Wellen aus, deren Wärmestrahlung nicht an Materie gebunden ist und praktisch auch im Vakuum möglich ist. Die von einem Körper abgegebene Wärmestrahlung wird, je nach Absorptions-/Reflexionsverhalten des anderen Körpers, entweder absorbiert oder zum Teil reflektiert. Das Absorptions- oder Reflektionsverhalten entscheidet dabei, ob und wie stark sich der andere Körper erwärmt. Der Anteil der Wärmestrahlung, die absorbiert wird, ist stark von der Farbe abhängig. So erwärmen sich dunkle Oberflächen bei Sonneneinstrahlung viel stärker als helle Oberflächen des gleichen Materials. Des Weiteren hängt der Anteil der Wärmestrahlung auch von der Beschaffenheit der Oberflächen ab (beispielsweise werfen spiegelblanke Metalloberflä-

Wärmeschutz

Ziele des Wärmeschutzes	Sicherung eines hygienischen und behaglichen Klimas	Energieeinsparung aus ökolog. und ökonom. Gründen	Verringerung des CO_2-Ausstoßes	Verhinderung von Bauschäden
Vorschriften	Anforderungen und Nachweise nach gültiger Wärmeschutzverordnung und DIN 4108			
Nachweise	Begrenzung der Wärmeverluste und des Jahresheizwärmebedarfes	Feuchteschutz	Sommerlicher Wärmeschutz	

chen auftreffende Wärmestrahlen zurück, was unter Reflexion zu verstehen ist und bautechnisch z.B. bei Reflexionsfolien für Heizkörper, in Absorbern für Sonnenenergieanlagen oder bei wärmedämmenden Isolierglasscheiben genutzt wird).

Wärmestrom.
→ Wärmefluss

Wärmestromdichte. Für das Beheizen von Räumen ist es wichtig zu wissen, welche Wärmemenge durch die umschließenden Bauteile hindurchgeht. Es interessiert also schwerpunktmäßig nicht der Wärmedämmwert der Bauteile, sondern vor allem auch der Wärmedurchgang bei diesen Bauteilen.

Wärmeströmung.
→ Konvektion

Wärmetransport. Erkaltet ein Körper, dann gibt er einen Teil seiner Wärmeenergie ab und zwar solange, bis die Temperaturdifferenz zur Umgebung ausgeglichen ist. Dieser Vorgang findet auch innerhalb einzelner Körper mit verschiedenen Temperaturbereichen statt. Wärmetransporte reduzieren also die Temperaturunterschiede in Systemen und sorgen für die größtmögliche Angleichung thermischer Zustände. Grundsätzlich fließt die Wärmeenergie vom wärmeren zum kälteren Teil, während die Transportmechanismen unterschiedlich sein können.
→ Wärmeübertragung

Wärmeübergangskoeffizient.
→ Wärmeübergangszahl

Wärmeübergangswiderstand. Der Wärmeübergangswiderstand beschreibt den Widerstand, der während des Übergangs von Wärme aus der Luft auf einen festen Stoff und umgekehrt auftritt. Hierbei handelt es sich um keine Konstante, sondern um eine Größe, die durch die Strömungsgeschwindigkeit der Luft und der Richtung des Wärmestromes beeinflusst wird. Die DIN 4108 gibt in ihrem Teil 4 Werte an, die sich an praxisgerechten Fällen orientieren.

Wärmeübergangszahl. Die Wärmeübergangszahl ist die Kenngröße für den Wärmeübergang von der Luft an einen festen Stoff bzw. von einem festen Stoff an die Luft. Der Reziprokwert der Wärmeübergangszahl ist der Wärmeübergangswiderstand.

Wärmeübertragung. Unter Wärmeübertragung oder Wärmetransport wird der Austausch von Wärmeenergie zwischen Körpern oder Medien mit unterschiedlichen Temperaturen verstanden. Dabei fließt ein Wärmestrom solange vom Körper mit der höheren Temperatur zum Körper mit der niedrigeren Temperatur, bis beide Körper die Ausgleichstemperatur erreicht haben. Der Austausch von Wärmeenergie kann auf drei verschiedene Arten erfolgen: Wärmestrahlung, Wärmeströmung (Konvektion) und Wärmeleitung. Diese drei Übertragungsarten unterliegen unterschiedlichen physikalischen Gesetzen. Im Bauwesen können allerdings die meisten wärmetechnischen Vorgänge als stationär, d.h. von der Zeit unabhängig, betrachtet werden. Eine stationäre Wärmeübertragung liegt dann vor, wenn der Wärmestrom über eine längere Zeit konstant ist. Dies kann beispielsweise im Winter der Fall sein, wenn ein Raum konstant beheizt wird und sich die Außentemperatur nur gering ändert. Im Bauwesen findet ein Wärmetransport durch Bauteile immer dann statt, wenn zwischen Raumluft und Außenluft eine Temperaturdifferenz besteht. Da es sich bei Bauteilen fast ausschließlich um ebene, plattenförmige Gebilde (Wänden, Decken, Türen, Fenster etc.) handelt, reicht es bei wärmeschutztechnischen Berechnungen im Allgemeinen aus, die einfachen Formeln für den Wärmedurchgang durch ebene Platten anzuwenden.
→ Wärmestrahlung, → Wärmeströmung (Konvektion), → Wärmeleitung

Wärmeverluste. Unter Wärmeverluste wird die Summe infolge Wärmetransport (Transmissionswärmeverluste) über Flächen und Wärmebrücken und Luftaustausch (Lüftungswärmeverluste), über Fugen und Öffnungen verstanden.

Wasseraufnahmekoeffizient. Poröse, anorganische Stoffe nehmen infolge der zwischen Wasser und Stoffoberfläche wirkenden Kräfte Wasser auf. Die Wasseraufnahmekoeffizienten sind charakteristisch für den jeweiligen Baustoff. Sie können abhängig von der Porenstruktur und der Benetzbarkeit (Kapillarwirkung) des Stoffes sehr unterschiedlich sein. Soll der Wasseraufnahmekoeffizient eines Baustoffes ermittelt werden, wird die entsprechende Oberfläche der Baustoffprobe einige Millimeter tief in Wasser getaucht. Danach wird die Wasseraufnahme in Abhängigkeit von der Zeit durch regelmäßiges Wiegen ermittelt. Der Wasseraufnahmekoeffizient wird dabei aus der Steigung der Tangente bestimmt und klassifiziert Baustoffe nach ihrem Wasseraufnahmevermögen.

Am Bauwerk findet eine Wasserbeanspruchung der Außenbauteile im Wesentlichen durch Niederschlagswasser (Regen, Schnee) statt. Die Baustoffe werden also nicht permanent beansprucht, sondern periodisch bzw. spontan. Stoffe oder besser Stoffschichten, bei denen der Wasseraufnahmekoeffizient = 2 $kg/m^2 \cdot h^{0,5}$ und die wasserdampfdiffusionsäquivalente Luftschichtdicke = 2 m ist, bezeichnet man als wasserhemmend. Obwohl die Wasseraufnahme durch eine wasserhemmende Schicht sehr stark herabgesetzt wird, verbleibt eine gewisse Restfeuchte. Es muss deshalb sichergestellt sein, dass diese wenn auch geringe Feuchtigkeit in den Pausen zwischen der Beanspruchung austrocknen kann.

Als Wasser abweisend werden solche Stoffe und Stoffschichten bezeichnet, bei denen der Wasseraufnahmekoeffizient = 0,5 $kg/m^2 \cdot h^{0,5}$ und die wasserdampfdiffusionsäquivalente Luftschichtdicke = 4 m ist sowie das Produkt dieser beiden Kenngrößen 0,3 $kg/m^2 \cdot h^{0,5}$ nicht übersteigt. Bei einem Wasseraufnahmekoeffizienten = 0,001 $kg/m^2 \cdot h^{0,5}$ kann man die betreffende Schicht als wasserdicht bezeichnen. Die Wasseraufnahme ist in dem Fall so gering, dass auf eine Begrenzung der wasserdampfdiffusionsäquivalenten Luftschichtdicke verzichtet werden kann. Kapillar nicht wasseraufnahmefähig sind Baustoffe, die entweder überhaupt nicht kapillar porös sind oder die nicht benetzbar (Kapillarwirkung) sind.

Wasserdampf. Wasser im Dampfzustand, wie es bei der Erzeugung elektrischer Energie und bei vielen verschiedenen industriellen Prozessen verwendet wird. Die Verfahren für Erzeugung und Anwendung des Wasserdampfes spielen in der Technik eine große Rolle. Wasserdampf für Elektrizitätswerke gewinnt man mit Hilfe der Wärme, die beim Verbrennen von Kohle bzw. Gas oder bei der Spaltung der Uran-Atomkerne entsteht. Wasserdampf wird auch heute noch häufig für die Heizung verwendet und um Schiffe anzutreiben. Der Siedepunkt des Wassers beim normalen Atmosphärendruck auf Meereshöhe, also bei 101,3 Kilopascal (kPa), liegt bei 100 °C. Bei dieser Temperatur ist die Zufuhr einer Wärmemenge von über 2.000 Kilojoule nötig, um einen Liter Wasser zu verdampfen. Bei Druckerhöhung steigt der Siedepunkt des Wassers an, z.B. auf 374,15 °C bei einem Druck von 222,1 Kilopascal. Diese Temperatur entspricht derjenigen am kritischen Punkt. Bei höheren Temperaturen kann Wasser nicht als Flüssigkeit vorliegen. Am kritischen Punkt selbst werden Gas- und Flüssigkeitsphase ununterscheidbar.

Wasserdampfabsorption. In kapillarporösen Baustoffen wird die Einlagerung von Wassermolekülen infolge der Adsorption und Kapillarkondensation als Wasserdampfabsorption bezeichnet. Infolgedessen nimmt der Wassergehalt mit Zunahme der relativen Luftfeuchtigkeit zu und wird durch Sorptionsisotherme beschrieben. Dies sind baustoffcharakteristische Kurven, die den Zusammenhang zwischen der Wasseraufnahme des jeweiligen Baustoffes (auch abhängig von der Porengrößenverteilung) und der jeweils vorhandenen relativen Luftfeuchtigkeit darstellen.
→ Sorptionsisotherme

Wasserdampfdiffusion. Das Innenraumklima eines Gebäudes unterscheidet sich vom Außenklima in der Regel in der Temperatur und der Luftfeuchtigkeit. Liegt unterschiedlicher Wasserdampfdruck im Innen- und Außenbereich vor, so besteht das Bestreben nach einem Wasserdampf-Druckausgleich. Der Wasserdampf wandert von der Bauteilseite mit hohem Dampfdruck zur Bauteilseite mit niedrigem Dampfdruck, also in der Regel von Innen nach Außen. Dieser Vorgang wird als Wasserdampfdiffusion bezeichnet. Wasserdampfdiffusion ist also die Wanderung von Wasserdampf, im Regelfall von »warm« nach »kalt« unter dem Einfluss eines Temperaturgefälles, aber auch von »feucht« nach »trocken« unter dem Einfluss eines Dampfdruckgefälles. Der gleiche Vorgang kann im Übrigen auch innerhalb der Baustoffe stattfinden, da die Wasserdampfmoleküle nur eine Größe von 0,3 nm haben. Durch Wasserdampfdiffusion kann nur bis zu 2-5% der im Raum vorhandenen Feuchtigkeit nach außen transportiert werden. Der überwiegende Feuchtegehalt in der Raumluft muss durch Lüften abgeführt werden. Der Wasserdampfdiffusion setzen die Bauteile einen unterschiedlichen Widerstand entgegen. Je höher der Widerstand ist, umso weniger Wasserdampf kann durch das Bauteil diffundieren. Die Diffusionswiderstandszahl μ gibt an, um wieviel größer der der Diffusion entgegengesetzte Widerstand eines Baustoffes ist als der Widerstand einer gleich dicken Luftschicht gleicher Temperatur. Mit dieser dimensionslosen Zahl wird also die Dichtigkeit eines Stoffes gegenüber diffundierendem Wasserdampf angegeben.

Wasserdampfdiffusionsäquivalente Luftschichtdicke. Die wasserdampfdiffusionsäquivalente Luftschichtdicke (sd) ist die Dicke einer Luftschicht in m, die die gleiche Wasserdampfdurchlässigkeit aufweist wie eine Stoffschicht von der Dicke s in m und der Wasserdampf-Diffusionswiderstandszahl μ und ist entscheidend für den Tauwassernachweis nach DIN 4108.

Wasserdampfdiffusionswiderstandszahl. Wasserdampf diffundiert durch nahezu alle Baustoffe mit Ausnahme von Glas, Metall oder so genannten Dampfsperren. Der Widerstand, der dem Diffusionsstrom entgegen wirkt, wird mit Hilfe der Wasserdampfdiffusionswiderstandszahl μ beschrieben. Sie beschreibt bei gleichen Bedingungen den Faktor, wie oft der Diffusionsstrom durch eine Materialschicht kleiner ist als durch eine gleich dicke Luftschicht. Demzufolge ist der μ-Wert eine dimensionslose Größe, da mit ihr nur das Verhältnis ausgedrückt wird. Generell gilt: je dichter das Gefüge eines Stoffes ist, umso größer ist der Widerstand gegen die Wasserdampfdiffusion.

Wasserdampfgehalt der Luft. Die uns umgebende (Außen-, Innen-, Umgebungs-)Luft enthält immer einen bestimmten Anteil an Wasserdampf. Die Aufnahmefähigkeit der Luft für Wasserdampf ist allerdings begrenzt und hängt von der Temperatur ab. Warme Luft kann mehr Wasser aufnehmen als kalte Luft. Im Bauwesen spielt die Fähigkeit der Luft, Wasserdampf aufzunehmen oder als Kondenswasser auszuscheiden, eine wichtige Rolle. Solange Wasser als Wasserdampf in den Baustoffen enthalten ist, verursacht es keinen Schaden. Tritt jedoch in einem Bauteil Wasserdampfkondensation auf, dann erhöht sich generell seine Wärmeleitfähigkeit. Außerdem ist Kondenswasser Ursache für eine Reihe von Bauschäden wie Pilzbefall und Korrosion.

Wasserdampfkonzentration.
→ Luftfeuchte, absolute

Weichmacher. Weichmacher werden Kunststoffen beigemischt, damit diese eine vielseitige Verwendbarkeit bekommen und einfach zu bearbeiten sind. Sie wirken wie ein Schmiermittel zwischen den Kunststoffmolekülen und machen die Materialien je nach Bedarf unterschiedlich elastisch. Durch den Zusatz von Weichmachern hat insbesondere auch PVC eine enorme Bedeutung erlangt. Der Anteil an Weichmachern kann bis zu

70% betragen. Einsatzgebiete für mit Weichmacher versetztem »Weich-PVC« sind u.a. Bodenbeläge, Kabel, Folien, Beschichtungen und Profile für den Bau von Fenstern und Türen sowie unter Umständen Blutschlauchsysteme. Die am häufigsten eingesetzten Weichmacher (ca. 60%) stammen aus der Stoffgruppe der Phthalsäureester, der Phthalate. Sie sind vergleichsweise billig und vielseitig einsetzbar. Meistens handelt es sich um Di-2-(ethylhexyl)-phthalat (DEHP), Di-n-Butylphthalat (DBP), Butylbenzylphthalat (BBP) und Diethylphthalat. Für PVC-Produkte wird üblicherweise DEHP eingesetzt, eine relativ gut erforschte Substanz.

Neben allen aus technischer Sicht wertvollen Eigenschaften haben Weichmacher den Nachteil, dass sie langsam wieder ausgasen. In Wohnungen treffen wir zwangsläufig auf DEHP, denn sehr häufig werden dort aus »Weich-PVC« Bodenbeläge, Profile in Fenstern und Möbeln, Decken- und Wandelemente, Beschichtungen und in zunehmendem Maße auch Tapeten eingesetzt. Wie auch bei anderen Schadstoffen in der Innenraumluft liegen über Phtalate vergleichsweise wenig wissenschaftliche Daten über die Schadstoffaufnahme und über toxikologische Wirkungen vor. Auch wenn die eigentliche Hauptaufnahme über Lebensmittel (besonders fetthaltige) zu erwarten ist, spielt die Belastung in der Raumluft, im Staub und in kontaminierten Materialien sicher eine wichtige Rolle. Die Phthalate werden mit dem Blut verteilt und lagern sich insbesondere in Leber, Niere und Fettgewebe ab. Bei langfristiger Belastung über die Raumluft bzw. den Staub sind als Folgewirkung insbesondere allergische Reaktionen (Sensibilisierung), Immunschwäche und zentralnervöse Effekte zu erwarten.

Weißer Porenschwamm.
→ Holzzerstörende Pilze

Weißfäule. Der durch lignin- und zelluloseverwertende Pilze hervorgerufene Abbau des Holzes, bei dem die verbleibende Holzsubstanz eine weiße Färbung annimmt, wird als Weißfäule bezeichnet. Pilze, die am Holz eine Weißfäule hervorrufen, werden dementsprechend als Weißfäuleereger bezeichnet.
→ Holzzerstörende Pilze

WHO. Abkürzung für World Health Organization, die Weltgesundheitsorganisation – 1946 in New York gegründet und seit 1948 als größte Organisation der UNO tätig. Die WHO hat ca. 170 Mitgliedsstaaten und ihren Hauptsitz in Genf sowie Zweigstellen in allen Kontinenten. Die Zweigstelle für Europa befindet sich in Kopenhagen. Die Hauptaufgabe der WHO liegt in der technischen und finanziellen Unterstützung von gesundheitlichen Maßnahmen in der ganzen Welt mit Fokus auf die so genannten Entwicklungsländer sowie in der Sammlung und Auswertung von weltumfassenden Statistiken und Studien. Außerdem entwickelt sie internationale Standardmedikamente und gibt wissenschaftliche Veröffentlichungen von großer Bedeutung heraus.

Wirt. Wirt wird in der Mikrobiologie und Parasitologie ein Organismus genannt, der einen Parasiten beherbergt. Der Parasit ist hierbei ernährungsphysiologisch vom Wirt abhängig und wirkt meist pathogen. Der Begriff Wirt dient auch für andere Verhältnisse, wenn kleine Organismen mit größeren zusammenleben.

xerophil. Die Eigenschaft von Organismen, unter relativ trockenen Verhältnissen optimal leben zu können, wird als xerophil bezeichnet. Oft, aber nicht zwangsläufig, ist der Begriff der Xerophilie mit der Thermophilie verbunden.

Xerotoleranz. Verträglichkeit gegenüber einem geringem Wasserangebot

Zearalenon. Zearalenon ist ein Mykotoxin aus *Fusarium*-Arten und besitzt estrogene Wirkung.
→ Mykotoxine

Zerstörende (Feuchte-)Messverfahren. Die direkten Feuchtemessverfahren zeichnen sich durch eine hohe Selektivität aus und werden als Bezugsgröße

(Kalibrierung) für indirekte Feuchtemessverfahren verwendet. Die wichtigsten direkten bzw. zerstörenden Messerfahren sind das Darr-, Calziumcarbid- (CM-), Destillations-, Karl-Fischer-Verfahren, die Gaschromatographie und zuletzt die Massenspektroskopie. Obwohl alle diese Verfahren eingesetzt werden, besitzen in der praktischen Baustoffanalytik und Bauwerksdiagnostik nur die beiden erstgenannten Verfahren eine marktrelevante Bedeutung.
→ CM-Verfahren, → Darr-Methode

Zoonosen.
→ Flagellaten

Zoopagales.
→ Pilze

Zoosporen.
→ Oomycota

Zwangslüftung.
→ Lüften

Zygomycota/Zygomyceten. Die Zygomycota wachsen überwiegend als fädige Organismen, wobei die Pilzhyphen größtenteils nicht septiert sind. Sie können sich asexuell durch die Bildung von unbeweglichen Sporen in Sporangien und sexuell durch die Ausbildung einer Zygospore vermehren. Die Zygospore wird nach der Fusion von zwei speziellen Hyphen (Gametangien) gebildet. Hierbei wachsen zwei determinierte Hyphen aufeinander zu und verschmelzen schließlich zu einer jochähnlichen Struktur. Die Annäherung der Hyphen erfolgt chemotaktisch. Zwei unterschiedlich determinierte Hyphen (+ und -) produzieren beide das Hormon Trisporsäure, jedoch auf zwei verschiedenen Biosynthesewegen, die einander bedingen. Die Vorstufen des Hormons werden abgegeben und von dem jeweiligen Antagonisten aufgenommen und verwertet. Das Zusammenspiel dieser kooperativen Biosynthese und spezifischer Zellwand-Agglutinine bedingt ein gerichtetes Aufeinanderzuwachsen und schließlich die Plasmogamie. In Folge dieser Plasmogamie kommt es zur Karyogamie und anschließend zur Reduktionsteilung. Eine große Anzahl von anschließenden Mitosen lässt die Zygospore vielkernig werden. Besonderheit bei den Zygomyceten ist, dass die Hyphen nicht septiert sind.
→ Pilze

Zygosporen.
→ Pilze

Zygote.
→ Schimmelpilze

Zysten. Zysten sind Stadien von Zellen mit verdickter Wandstruktur, die vom Organismus selbst gebildet werden, um ungünstige Umweltbedingungen zu überdauern bzw. eine Spezialfunktion (Vermehrung) auszuüben.

Zytokine. Oberbegriff für Botenstoffe, die in verschiedenen Zellen des Immunsystems und auch in anderen Zellen gebildet und aus diesen freigesetzt werden; steuern Entzündungsreaktionen und besonders Immunreaktionen.

Zytologie. Lehre von der Zelle
→ Zelle

Zytoplasma. Die einzelnen Organellen der Bakterienzelle befinden sich in einer wässrigen Grundsubstanz in der Zelle. Diese macht 75-95% der Zellmasse aus und heißt Zytoplasma. Sie enthält zahlreiche hoch- und niedermolekulare Stoffe. Dazu gehören gelöste Lipide (Fette), Eiweiße, Spurenelemente und Mineralsalze. Außerdem finden sich im Zytoplasma noch verschieden Einschlüsse. Es handelt sich um Granula und Vesikel. Vesikel sind kleine flüssigkeitgefüllte Bläschen, die Stoffe einschließen, die beispielsweise aus der Zelle herausgeschleust werden sollen. Granula sind winzige Körnchen, die ebenfalls bestimmte Stoffe enthalten.

Zytoplasmamembran. Das Zytoplasma wird durch eine Membran eingeschlossen. Sie heißt Zytoplasmamembran. Diese besteht aus einer doppelten Schicht von Phospholipiden. Dabei ist der Phosphatanteil Wasser liebend (hydrophil), der Lipidanteil dagegen Wasser abstoßend (hydrophob). Die hydrophoben Anteile der Doppelschicht liegen außen. Die Zytoplasmamembran hat eine wichtige Barrierefunktion. In der Membran sind zahlreiche Polypeptidmoleküle eingebettet, die unter bestimmten Bedingungen einen kontrollierten Stoffaustausch zwischen Innen und Außen gestatten. So können Stoffe durch aktiven Transport in die Zelle hinein gelangen oder Proteine nach außen geschleust werden. Ferner finden sich in der Membran Enzyme der Atmungskette und solche, die für den Aufbau der Zellwand notwendig sind.

Zytotoxizität. Eigenschaft von Substanzen, schädigend auf Zellen einzuwirken bzw. sie abzutöten

Anhang 2: Untersuchungs- und Sanierungskosten

Eine verbindliche Übersicht über zu erwartende Untersuchungs- und Sanierungskosten kann nicht gegeben werden, da jeder Schimmelpilzbefall sowie sonstige innenraumrelevante Belastungen im Einzelfall betrachtet, analysiert und bewertet werden müssen. Die Höhe der Untersuchungs- und Sanierungskosten hängt darüber hinaus von der Aufgabenstellung und der Zielsetzung ab, die immer im Einzelfall festgelegt werden muss und auch aufgrund von unterschiedlichen Objektparametern und Schimmelpilzexpositionen nicht auf andere Objekte übertragen bzw. pauschalisiert werden kann. Es sollte deshalb im Vorfeld mit dem Auftraggeber eindeutig festgelegt und definiert werden, was und in welchem Umfang untersucht werden soll und welche Fragestellung mit den Untersuchungen beantwortet werden soll. Hinzu kommt, dass es im Bereich der Diagnose und Bestimmung von Schimmelpilzbefall und deren Konsequenzen keine einheitlichen Parameter gibt, sodass auch ein Vergleich unterschiedlicher Angebote häufig sehr schwierig ist. Diese Bemerkungen vorangestellt soll dennoch im Folgenden versucht werden, eine unverbindliche Richtpreiskalkulation bzw. eine Übersicht über die zu erwartenden Untersuchungs- und Sanierungskosten zu geben. Ein genaues Preisangebot muss in jedem Fall durch ein beauftragtes Institut bzw. Labor sowie die auszuführende Fachfirma nach entsprechender Objektbesichtigung eingeholt werden.
(Die Preise verstehen sich pro Probe und nur als Größenordnung zur Orientierung).

Stundensätze	
▪ Stundensatz Architekt	75 bis 100 Euro
▪ Stundensatz Bauingenieur	75 bis 100 Euro
▪ Stundensatz Sachverständiger	60 bis 80 Euro
▪ Stundensatz Messtechniker	50 bis 75 Euro
Preise Baustoffanalytik	
▪ qualitative Salzbestimmung	20 bis 30 Euro

Preise Baustoffanalytik	
▪ quantitative Salzbestimmung	100 Euro
▪ allgemeine Feuchteanalytik (Bestimmung des Wassergehaltes, der Sättigungsfeuchte, der hygroskopischen Gleichgewichtsfeuchte, des Durchfeuchtungsgrades etc.)	~ 30 Euro
▪ Allgemeine Erfassung von Verwitterungs-, Erosions- und Korrosionserscheinungen, Substanzverluste, Hohlstellen, Verfärbungen, Salzausblühungen und Kartierung etc.	zum Stundenaufwand
▪ Bestimmung und Analyse von Krusten und Ausblühungen, Laboruntersuchungen	
- Infrarotspektroskopische Untersuchung	~ 30 Euro
- Mikroskopische Untersuchung	~ 40 Euro
- REM/EDX	~ 150 Euro
▪ Bestimmung der Bindemittelart (Röntgenspektralanalyse)	~ 40 Euro
▪ Bestimmung des Wasseraufnahmekoeffizienten	~ 5 Euro
▪ Bestimmung der Wasserdampfdurchlässigkeit (μ-Wert)	100 bis 150 Euro

Preise Raumluftanalysen	
▪ Screening VOC[1]	~ 200 Euro
▪ MVOC	~ 200 Euro
▪ Orientierende Bestimmung des Formaldehydgehaltes in der Raumluft	25 bis 30 Euro
▪ Screening Formaldehyd und höhere Aldehyde	120 bis 150 Euro
▪ Raumluftprobenahme und Analyse auf Aldehyde und Ketone	400 bis 450 Euro
▪ Glykolverbindungen in der Raumluft	~ 400 Euro
▪ Übersichtsanalyse leichtflüchtiger Kohlenwasserstoffe	270 bis 300 Euro
▪ Analyse auf 45 nichtchlorierte Kohlenwasserstoffe	450 bis 470 Euro
▪ Analyse chlorierter Kohlenwasserstoffe	150 bis 175 Euro
▪ Mikrobielle Analyse	~ 120 Euro
▪ Holzschutzmittel	~ 300 Euro

[1] Aliphate, Aromate, Ester, Ketone, Alkohole, Ether, chlorierte Lösemittel, Glykole, Terpene, Monomere

Preise Staubanalysen	
▪ schwerflüchtige organische Verbindungen[2] (quantitativ)	230 bis 260 Euro
▪ spezielle PAK-Prüfungen (Aktivprobenahme ca. 70 m^3 über 24 h)	300 bis 350 Euro
▪ Analyse auf EPA-PAK	130 bis 150 Euro

Preise Staubanalysen	
▪ Probenahme (Material- der Wischprobe) und Analyse auf EPA-PAK	300 bis 350 Euro
▪ PCB-Luftprobenahme (aktiv)	300 bis 350 Euro
▪ Analyse von Wischproben auf Dioxine und Furane	1.200 bis 1.300 Euro
▪ Screening der häufigsten Pyrethroide (6 Substanzen)	200 bis 225 Euro
▪ Screening von seltenen Pyrethroiden (22 Substanzen)	~ 250 Euro
▪ Screening Pyrethroid-Synergisten	~ 180 Euro
▪ Analyse auf 45 nichtchlorierte Kohlenwasserstoffe	450 bis 470 Euro
▪ Flammschutzmittel im Hausstaub	~ 250 Euro
▪ Asbest und Mineralfasern (allgemein)	120 Euro
▪ Probenahme und Analyse auf Asbest (Videoprint)	100 bis 150 Euro
▪ Raumluftprobenahme nach VDI 3492 (erster Messpunkt)	450 bis 500 Euro
▪ dto., aber jeder weitere Messpunkt	100 bis 150 Euro
▪ Analyse nach VDI 3492 (Bericht mit Videoprints)	300 bis 320 Euro

[2] polycyclische aromatische Kohlenwasserstoffe (PAK), polychlorierte Biphenyle (PCB), Holzschutzmittel und Insektizide, Pyrethroide, Flammschutzmittel, Weichmacher, Phenole

Sonstiges	
▪ Schwermetalle im Staub je Substanz/Einzelelement	40 bis 50 Euro
▪ Gesamtuntersuchungsprogramm auf 30 Elemente	~ 300 Euro
▪ Orientierende Bestimmung der Radon-Konzentration in der Luft	75 bis 100 Euro
▪ Bestimmung der Radon-Konzentration mittels Festkörperspurdetektor	~ 200 Euro
▪ Material- oder Staubanalyse auf organische Zinnverbindungen	~ 300 Euro
▪ Material- oder Staubanalyse auf Parkettkleber (PAK, PCB)	~ 150 Euro
▪ Material- oder Staubanalyse auf Holzschutzmittel	150 bis 200 Euro
▪ Screening Pestizide	200 bis 250 Euro
▪ Toxizitätsermittlung des Hausstaubs mittels Leuchtbakterientest	150 bis 175 Euro
▪ Material- oder Staubanalyse auf Isocyanate (TDI, MDI, HDI)	~ 150 Euro
▪ Fogging-Analyse (Wischprobe)	300 bis 350 Euro

Sonstiges	
▪ TOC-Analyse im Hausstaub (Korrelation zu Fogging-Syndrom-polare Stoffen)	~ 150 Euro
▪ Trinkwasseranalyse auf Blei, Kupfer, Zink, Eisen, Nitrat, pH-Wert etc.	100 bis 150 Euro
▪ Raumklimamessungen (zum Stundenaufwand)	~ 400 Euro
▪ Raumklimatische Untersuchungen im Einzelfall	700 bis 1.000 Euro
▪ Thermographische Untersuchungen (Einsatz der Infrarotkamera zum Erkennen von Wärmebrücken, Fugen, Fachwerkständern, Hohlräumen etc.)	25 bis 40 Euro pro Aufnahme
▪ Fotogrammetrie pro Fassade	bis zu 1.500 Euro
▪ Ultraschalluntersuchungen pro Bauwerk	bis zu 3.000 Euro
▪ Nachweis von Schwammbefall (Mikroskopie)	75 bis 100 Euro
▪ Durchführung von Eignungsversuchen mit Holzschutz- und Schwammbekämpfungsmitteln	Nach Stundenaufwand
Preise Materialanalysen	
▪ schwerflüchtige organische Verbindungen	230 Euro
▪ Formaldehydgehalt in Materialien (WKI-Methode)	100 bis 150 Euro
▪ Probenaufbereitung und vollquantitative Bestimmung eines Pyrethroids	150 bis 175 Euro
▪ Holzschutzmittel	270 Euro
▪ Quantitative mikrobielle Analyse (Schimmelpilze und Bakterien)	160 bis 170 Euro
▪ Qualitative mikrobielle Analyse (Artenbestimmung)	70 bis 80 Euro
Preise Schimmelpilzermittlungen	
▪ Aktive Luftprobe zur Schimmelpilzermittlung (mesophiler Arten)	250 bis 300 Euro
▪ dto., aber Bestimmung mesophiler und thermotoleranter Arten	300 bis 320 Euro
▪ jeder weitere Messpunkt mesophiler oder thermotoleranter Arten	~ 85 Euro
▪ jeder weitere Messpunkt mesophiler und thermotoleranter Arten	~ 100 Euro
▪ Materialprobe und Kultivierung von Schimmelpilzen aus einer Probe	100 bis 150 Euro
▪ Kontaktprobe auf Schimmelpilze (Abklatschen, Bebrütung etc.)	100 bis 150 Euro
▪ Staubprobe auf Schimmelpilze (Bebrütung und Differenzierung etc.)	150 bis 200 Euro
▪ Staubprobe auf Schimmelpilze (Abklatschen, Bebrütung, Differenzierung etc.)	150 bis 200 Euro
▪ Materialprobe, Aufbereitung, Bebrütung und Differenzierung von Bakterien	150 bis 200 Euro

Preise Schimmelpilzermittlungen	
▪ Kontaktprobe auf Bakterien (Abklatschen, Bebrütung, Differenzierung etc.)	150 bis 200 Euro
▪ Qualitative/quantitative Hausstaubmilbenbestimmung (inkl. Allergengradbestimmung)	~ 100 Euro

Anhang 3: Verwendete und weiterführende Literatur

Adams/Wieser/Yu:
Asexual sporulation in Aspergillus nidulans;
Microbiological review 62(1998)

Adan:
On the fungal defacement of interior finishes;
Eindhoven: Technical University 1994 PhD-Thesis

Ad-hoc-Arbeitsgruppe aus IRK/AGLMB:
Richtwerte für die Innenraumluft: Basisschema;
Bundesgesundheitsblatt 39 (1996)

Ad-hoc-Arbeitsgruppe aus IRK/AGLMB:
Richtwerte für die Innenraumluft: Kohlenmonoxid;
Bundesgesundheitsblatt 11 (1997)

Ad-hoc-Arbeitsgruppe aus IRK/AGLMB:
Richtwerte für die Innenraumluft: Stickstoffdioxid;
Bundesgesundheitsblatt 11 (1997)

Air Quality Guidelines for Europe;
WHO Regional Publication, European Series No. 23, Kopenhagen (1987)

Al-Doory/Domson:
Mould Allergy;
Philadelphia: Lea and Febiger 1984

Alexopoulos/Mims/Blackwell:
Introductory Mycology;
New York: John Wiley 1996

Allsopp:
Introduction to Biodeterioration;
London: Edward Arnold Public. 1986

Amdur/ Doull/ Klaasen:
Cassarett and Doull's Toxicology – the Basis Science of Poisons; 4th ed.
New York: Pergamon Press 1991

American Academy of Pediatrics:
Toxic Effects of indoor Molds;
Pediatrics(1998)

Andersson/Nikulin/Köljalg/Rainey/Reijula/Hintikka/Salkinoja-Salonen:
Bacteria, molds and toxins in waterdamaged building materials;
Applied and Environmental Microbiology 63 (1997)

Annentia/Tapias/Barber/Martin/de la Fuente/Sanchez/Salcedo/Carreira:
Sensitization to the storage mite Lepidoglyphus destructor in wheat flour respiratory allergy;
Annals of Allergy 68(1992)

Bewertung von Abbrandprodukten bei der medizinischen Laseranwendung.
In Handbuchreihe Laser in der Materialbearbeitung. Sonderband;
Düsseldorf: VDI-Technologiezentrum

Heizenergie im Gebäudebestand;
Frankfurt/M.: VWEW Energieverlag 2001

Feldzug der Moralisten – Vom Umweltschutz zum Ökowahn: Umwelthysterie und Aktionismus;
Der Spiegel 39(1995)

Appel/Michalak:
Zur Toxikologie der Pyrethroide.
In: Arbeitsgemeinschaft Ökologischer Forschungsinstitute (Veranst.): Gebäudestandard 2000: Energie & Luftqualität. Tagungsband des 4. Fachkongresses der AGÖF;
Düsseldorf: VDI-Verlag 1994; (VDI-Berichte; 1122)

Arbeitsgemeinschaft Wohnberatung e.V. -AGW-, Bonn (Hrsg.); Arbeitsgemeinschaft der Verbraucherverbände e.V. -AgV-, Bonn (Hrsg.); Habermann, Jan; Winkler, Joachim:
Feuchtigkeit und Schimmelbildung in Wohnräumen;
Bonn: Selbstverlag 1989

Arendt/Seele:
Feuchte und Salze in Gebäuden;
Stuttgart: Verlagsanstalt Alexander Koch 2000

Armitage DM The effect of aeration on the development of mite population in rapeseed;
Journal of Stored Products Research 16(1980)

Eastern New York Occupational and Environmental Health Center (Hrsg.); Johanning, (Hrsg.); Auger:
Chronic toxic encephalopathies apparently related to exposure to exposure to toxigenic fungi. Bioaerosols, Fungi and Mycotoxins Health Effects, Assessment, Prevention and Control;
Selbstverlag: 1999

Auger/Gourdeau/Miller:
Clinical experience with patients suffering from chronic fatigue-like syndrome and repeated upper respiratory infections in relation to airborne moulds;
American Journal of Industrial Medicine 25(1994)

Auger:
Mycotoxins and neurotoxicity.
In: Johanning, E.; Yang, C.S. (ed.): Fungi and bacteria in indoor environments. Health effects, detection and remediation (Proceedings).
New York: Saratoga Springs 1995

Averdieck/Deininger/Engelhart/Missel/Philipp/Riege/Schicht/Simon:
Bestimmung der Konzentration biologischer Arbeitsstoffe in der Luft am Arbeitsplatz (Erster Ringversuch „Schimmelpilze");
Gefahrstoffe – Reinhaltung der Luft 57(1997)

Balows/Dworkin/Harder/Schleifer/Trüper:
The Prokaryotes; 2nd ed.;
Heidelberg: Springer Verlag 1992

Baltes/Göpel/Hesse:
Sensors Update. Vol. 7;
Weinheim: Wiley-VCH Verlag 2000

Banuett:
Ustilago maydis, the delightful blight;
Trends in Genetics 8(1992)

Barker:
Control of a mite, Lepidoglyphus destructor, including hypopi in wheat with carbon disulfide;
Journal of Economic Entomology 75(1982)

Barker:
Bionomics of Lepidoglyphus destructor (Acarina: Glycyphagidae). A pest of stored cereals;
Canadian Journal of Zoology 61(1983)

Barker:
Bionomics of Glycyphagus domesticus (Acarina: Glycyphagidae). A pest of stored grain;
Canadian Journal of Zoology 46(1968)

Barnett:
Illustrated Genera of Imperfect Fungi;
APS Press (1998)

Baudisch/Beyer:
Berliner Ärztekammer und Kassenärztliche Vereinigung Berlin (Hrsg.):
Qualitätssicherung in der Umweltmedizin
Berlin (1997)

Baur/Richter/Pethran/Czuppon/Schwaiblmair:
Increased prevalence of IgG-induced sensitization and hypersensitivity pneumonitis (humidifierung) in non-smokers exposed to aerosols of a contaminated air conditioner;
Respiration 59(2002)

Bauphysik der Außenwände.
Schlussbericht. DFG-Forschungsschwerpunktprogramm;
Stuttgart: Fraunhofer IRB-Verlag (2000)

Bayern, Staatsministerium für Landesentwicklung und Umweltfragen (Hrsg.):
Merkblätter „Allergie und Umwelt", „Chemikalien in der Umwelt" und „Luftschadstoffe";
München: Selbstverlag

Beaumont/Kauffmann/van der Mark:
Volumetric aerobiological survey of conidial fungi in the north-est Netherlands;
I. Seasonal patterns and the influence of meteorological variables;
Allergy 40(1997)

Beaumont/Kauffmann/Sluiter/de Vries:
Sequential sampling of fungal air spores inside and outside the homes of mould-sensitive, asthmatic patients: a search for a relationship to obstructive reactions;
Annals of Allergy 55(1985), S.740-746

Becker:
Verhütung von Schimmelbildung in Gebäuden. Tl. 1: Bauphysikalische Zusammenhänge bei der Tauwasserbildung;
Bauphysik 9(1987)

Becker/Putermann:
Verhütung von Schimmelbildung in Gebäuden. Tl. 2: Einfluss von Oberflächenmaterialien;
Bauphysik 9(1987)

Behrens:
Schimmelpilze – ein Thema ohne Ende;
Bauzentrum (1988), Nr.5

Benbough/Bennett/Parks:
Determination of the collection efficiency of a microbial Air Sampler;
Journal of applied Bacteriology 74(1993)

Berndt:
Landluft macht krank;
Spiegel 39(1999)

Betina:
Mycotoxins. Chemical, biological and environmental Aspects;
Bioactive molecules. Vol. 9,
Amsterdam: Elsevier 1989

Bewertungsvorschläge der Arbeitsgruppe.
In: Tagungsband Schimmelpilztagung; des VBD, Düren 2000

Bieberstein:
Schimmelpilze in Wohnräumen – was ist zu tun?;
Stuttgart: Alpha und Omega Verlag 1995

Bieberstein/Klett:
Feuchtigkeit und Schimmelbildung, zitiert nach Schmidt: Sinnvolle Wohnraumsanierungsempfehlungen bei Hausstaubmilben, Tier- und Schimmelpilzallergie;
Allergo Journal 7(1998)

Bischoff/Fischer/Vetter:
Untersuchungen zur Ökologie der Hausstaubmilben;
Allergologie 9(1986)

Bischoff:
Sick Building Syndrome – Dokumentation;
Karlsruhe: Verlag C.F. Müller 1993

Bittighofer/Grüner/Pfaff/Roller/Freerksen/Backe/ Bünger/Koch/Goldberg:
Belastung und Beanspruchung von Wertstoffsortierern und Deponiearbeitern;
Studie der Bundesanstalt für Arbeitsschutz und Arbeitsmedizin (in Vorbereitung)

Bitton/Harvey:
Environmental Microbiology. Transport of Pathogens through Soils and Aquifers;
New York: Wiley-Liss 1992

Björnsson/Norbäck/Janson et al.:
Asthmatic Symptoms and indoor levels of microorganisms and house dust mites;
Clin. Exp. Allergy 25(1996)

Blackley:
Experimental Researches on the Causes and Nature of Catarrhus Aestivus.
Faksimiledruck. (Originalausgabe: Bailliere/Tindall: Cox Hay-fever or hay-asthma. London:1873); Dawson's of Pall Mall: 1959

Blaich/Raschle:
Algen auf Fassaden;
Der schweizerische Hauseigentümer 24(1991)

Bradford-Hill:
The environment and disease - Association or causation?;
Royal Society of Medicine. Journal 58(1965)

Böck:
Sensorische Wirkungen von flüchtigen Metaboliten (MVOC) in verschimmelten Innenräumen;
Umweltmed. Forsch. Praxis 6 (2001)

Böge:
Mikrobieller Befall in Wohnungen;
Journal für Umweltmedizin (1996), Nr.1

Börjesson/Stoellmann/Schnürer:
Volatile Metabolites and Other Indicators of Penicillium aurantiogriseum Growth on Different Substrates;
Applied and Environmental Microbiology 58(1990)

Bonfante/Perotto:
Strategies of arbuscular mycorrhizal fungi when infecting host plants;
New Phytologist 130(1995)

Bollaertss/Breny:
Les acariens nuisibles aux matieres entreposees;
Rev Agric Brux (1951)

Bornehag/Blomquist/Gyntelberg/Järvholm/ Malmberg/Nordvall/Nielsen/Petershagen/Sundell:
Dampness in buildings and health;
Indoor Air 11 (2001)

Borsch-Laaks:
Tauwasserrisiken durch Dampf-Konvektion im Steildach.
In: Arbeitsgemeinschaft Ökologischer Forschungsinstitute e.V. -AGÖF-, Springe-Eldagsen; (Hrsg.); Analyse und Bewertung von Umweltschadstoffen -AnBUS- e.V., Fürth; (Veranst.): Ökologisches Bauen: Energiesparend, emissionsarm und zukunftsfähig?! Ergebnisse des 5. Fachkongresses der Arbeitsgemeinschaft Ökologischer Forschungsinstitute -AGÖF- vom 23. und 25. September 1999 in Bremen;
Springe-Eldagsen: Selbstverlag 1999

Brakhage:
Molecular regulation of β-lactam biosynthesis in filamentous fungi;
Microbiological review 62(1998)

Brandis/Eggers/Köhler/Pulverer:
Lehrbuch der Medizinischen Mikrobiologie;
7.Aufl., Stuttgart: Gustav Fischer Verlag 1994

Braun/Gentine/Conraux:
Epidemiological and clinical Profile of nasosinus Polyposis cases in the context of an rhinology out-patient clinic during a 10 year period;
Revue Francaise d'Allergologie et Immunologie 34(1994)

van Bronswijk:
House dust biology;
Zeist: NIB Publishers 1981

van Bronswijk/Jorde:
Mites and allergenic activity in house-dust on Helgoland;
Acta Allergol. 30(1975)

Antibody Assay Laboratories (Hrsg.); Broughton:
The Diagnosis and Effective Treatment of Candida Qvergrowth;
Selbstverlag: 1997

Broughton/Lanson:
Increased Intestinal Permeability and Reduced Leucocyte Phagocytosis in Patients with Chronic Unresponsive Candida Qvergrowth;
Journal of Advancement in Medicine 10(1997)

Bruckmann:
Mietmängel von A - Z; 2. Aufl.,
Bonn: Deutscher Anwaltverlag

Bünger/Möller/Hallier:
Tumorerkrankungsrisiken durch Mikroorganismen am Arbeitsplatz;
Bremerhaven (Deutschland, Bundesrepublik): Wirtschaftsverlag NW; (Schriftenreihe der Bundesanstalt für Arbeitsschutz und Arbeitsmedizin, Forschung; Fb 900)

Bullinger:
Befindlichkeitsstörungen;
Wichmann: Handbuch der Umweltmedizin, Landsberg: Ecomed Verlag 1992

Technische Regeln für biologische Arbeitsstoffe (TRBA 430);
Bundesarbeitsblatt (1997), Nr. 10

Bundesgesundheitsamt -BGA-, Institut für Wasser-, Boden- und Lufthygiene (Hrsg.):
Umweltmedizinischer Informationsdienst;
Berlin 3/98

Bundesgesundheitsamt:
Schreiben des Bundesgesundheitsamtes (Schäffer) an das Amt für Gesundheit der Freien und Hansestadt Hamburg
vom 29.9.1992

Bundesgesundheitsamt:
Schreiben zum Orientierungswert des Bundesgesundheitsamtes (Lingk) zur Belastung des Haustaubes mit pyrethroiden Wirkstoffen
vom 29.9.1993

Bundesministerium für Umwelt, Naturschutz und Reaktorsicherheit (Hrsg.):
Konzeption der Bundesregierung zur Verbesserung der Luftqualität in Innenräumen;
Bonn: Selbstverlag 1992

American Society for Testing and Materials; Morey, Phillip R.; Feeley, James C. sen.; Otten, James A. (Hrsg.); Burge:
The Fungi, Biological Contaminants in Indoor Environments;
Philadelphia: Selbstverlag 1990, (ASTM STP; 1071)

Cairns, – et al:
Outbreak of coccidioidomycosis in Washington state sesidents returning from Mexico;
Clinical Infectious Diseases 30(2000)

Call:
Juristische Aspekte des Schimmelbefalls in Wohnbauten;
1. Internationales Symposium Innsbruck

Carli/Convert/Scheinmann/Paupe:
Epidemiology of asthma in infants and children in the Reunion;
Revue Francaise d'Allergologie et Immunologie 34(1994)

Carlile/Watkinson:
The Fungi;
London: Academic Press 1994

Casselton/Olesnicky:
Molecular genetics of mating recognition in basidiomycete fungi;
Microbiological review 62(1998)

Chu/DeRisi/Eisen/Mulholland/Botstein/Brown/Herskowitz:
The transcriptional program of sporulation in budding yeast;
Science 282(1998)

Coombs/Gell:
Classification of allergic reactions responsible for clinical hypersensitivity and disease.
In: Clinical aspects for immunology; Blackwell Sc. Publ., Oxford (1975)

Cole/Cox:
Handbook of Toxic Fungal Metabolites;
New York: Academic Press 1981

Croft/Jarvis/Yatawara:
Airborne outbreak of trichothecene toxicosis;
Atmos Environ 20(1986)

Crow/Ahearn/Noble/Moyenuddin/Price:
Microbial ecology of buildings: Effects of fungi on indoor air quality.
American Environmental Laboratory (1994)

Cullen:
Low level environmental exposures;
Rosenstock/Cullen: Textbook of Clinical Occupational and Environmental Medicine;
Philadelphia: Saunders 1994

Dallwitzer/Bieler:
Untersuchung zum Schimmelpilzwachstum und dessen Bekämpfungsmöglichkeiten auf Fugendichtstoffen,
ARCONIS (1998), Nr.3 und 4

California Research Bureau, California State Library (Hrsg.); Davis:
Molds, Toxic Molds, and Indoor Air Quality,
Selbstverlag, (CRB Note)

Deacon:
Modern Mycology;
Oxford: Blackwell Science 1997

Debelic:
In-vitro-Test, Radio-Immuno-Assay, Enzym-Immuno-Assay.
In: Fuchs/Schulz: Manuale Allergologicum. Ein Lehr- und Nachschlagewerk im Dustri-Ringbuch. IV; Oberhaching: Dustri-Verlag 1998

Degen/Gerber/Obrecht-Pflumio/Dirheimer:
Induction of micronuclei with ochratoxin A in ovine seminal vesicle cell cultures.;
Arch. Toxicol. 71(1997)

Deger:
Aflatoxin-Human Colon Cancerogenesis?;
Annals of Internal Medicine 85

Deininger:
Untersuchungen zur mikrobiellen Luftbelastung in 32 Werkstoffsortieranlagen;
Gefahrstoffe – Reinhaltung der Luft 58(1998)

Delitsch:
Systematik der Schimmelpilze, Ergebnisse der theoretischen und angewandten Mikrobiologie. Bd. 1;
Neudamm: Neumann 1943

Deutsche Forschungsgemeinschaft:
MAK- und BAK-Werte-Liste;
Kommission zur Prüfung gesundheitsschädlicher Arbeitsstoffe, Bonn: Selbstverlag 1997

Deutsche Gesellschaft für Ernährung:
Schimmelpilze in und auf Lebensmitteln;
DGE – Ernährungsbericht (1996)

Deutsche Gesellschaft für Holzforschung e.V. -DGfH-, München (Hrsg.):
Vorträge der 22. Internationalen Holzschutz-Tagung;
München: Selbstverlag

Deutscher Bundestag; TA-Projekt
„Umwelt und Gesundheit";
Vorstudie März 1997 vom Büro für Technikfolgen-Abschätzung beim Deutschen Bundestag

Deutscher Mieterbund (Hrsg.):
Wohnungsmängel und Mietminderung;
Planegg: WRS Verlag Wirtschaft, Recht und Steuern GmbH 1999

Dewey/Sagunski/Palmgren/Wildeboer:
Mikrobielle flüchtige organische Verbindungen in der Raumluft: Ein neuer diagnostischer Ansatz bei feuchten und verschimmelte Wohnräumen?;
Zentralblatt für Hygiene und Umweltmedizin (1995)

Bundesgesundheitsamt, Institut für Wasser-, Boden- und Lufthygiene (Hrsg.); Diehl/Hofmann:
Literaturstudie zu Hygieneproblemen von Kompostierungsanlagen unter Berücksichtigung der möglichen Gesundheitsgefahren in der Nähe lebender Einwohner.;
Berlin: Selbstverlag

Diel:
Innenraumbelastungen: Erkennen, Bewerten, Sanieren;
Beiträge der Arbeitsgemeinschaft ökologischer Forschungsinstitute, Wiesbaden: Bauverlag 1993

Diel/Feist/Krieg/Lindner:
Ökologisches Bauen und Sanieren;
Heidelberg: C.F. Müller Verlag

Dill/Trautmann/Szewzyk:
Massenentwicklung von Stachybotrys chartarum auf kompostierbaren Pflanzentöpfen aus Altpapier;
Mycoses 40(1997)

Dill:
Schimmelpilze in Innenräumen – Leistungsfähigkeit der Nachweismethoden;
Gebäudestandard 2000: Energie und Raumluftqualität, Ergebnisse des 4. Fachkongresses der Arbeitsgemeinschaft ökologischer Forschungsinstitute am 25. und 26.09.1998 in Nürnberg

Dill/Niggemann:
Domestic fungal viable propagules and sensitisation in children with IgE mediated allergic diseases;
Pediatr Allergy Immunol 7(1996), S. 151-155

Dilling/Mombour/Schmidt:
Internationale Klassifikation psychischer Störungen. ICD 10;
Bern: Huber Verlag 1991

DIN 4074-1,
Ausgabe:1989-09 Sortierung von Nadelholz nach der Tragfähigkeit; Nadelschnittholz

DIN 4074-2,
Ausgabe:1958-12 Bauholz für Holzbauteile; Gütebedingungen für Baurundholz (Nadelholz)

DIN 4074-3,
Ausgabe:1989-09 Sortierung von Nadelholz nach der Tragfähigkeit; Sortiermaschinen; Anforderungen und Prüfung

DIN 4074-4,
Ausgabe:1989-09 Sortierung von Nadelholz nach der Tragfähigkeit; Nachweis der Eignung zur maschinellen Schnittholzsortierung

DIN 4108-1,
Ausgabe:1981-08 Wärmeschutz im Hochbau; Größen und Einheiten

DIN 4108-3,
Ausgabe:2001-07 Wärmeschutz und Energie-Einsparung in Gebäuden – Teil 3: Klimabedingter Feuchteschutz; Anforderungen, Berechnungsverfahren und Hinweise für Planung und Ausführung

DIN 4108-7,
Ausgabe:2001-08 Wärmeschutz und Energie-Einsparung in Gebäuden – Teil 7: Luftdichtheit von Gebäuden, Anforderungen, Planungs- und Ausführungsempfehlungen sowie -beispiele

DIN EN ISO 10 211-1,
Ausgabe:1995-11 Wärmebrücken im Hochbau – Wärmeströme und Oberflächentemperaturen – Teil 1: Allgemeine Berechnungsverfahren (ISO 10 211-1:1995); Deutsche Fassung EN ISO 10 211-1:1995

DIN 1052-1,
Ausgabe:1988-04 Holzbauwerke; Berechnung und Ausführung

DIN 1052-1/A1,
Ausgabe:1996-10 Holzbauwerke – Teil 1: Berechnung und Ausführung; Änderung 1

DIN 1052-2,
Ausgabe:1988-04 Holzbauwerke; Mechanische Verbindungen

DIN 1052-2/A1,
Ausgabe:1996-10 Holzbauwerke – Teil 2: Mechanische Verbindungen; Änderung 1

DIN 1052-3,
Ausgabe:1988-04 Holzbauwerke; Holzhäuser in Tafelbauart; Berechnung und Ausführung

DIN 1052-3/A1,
Ausgabe:1996-10 Holzbauwerke – Teil 3: Holzhäuser in Tafelbauart – Berechnung und Ausführung; Änderung 1

DIN 18 355,
Ausgabe:2000-12 VOB Verdingungsordnung für Bauleistungen – Teil C: Allgemeine Technische Vertragsbedingungen für Bauleistungen (ATV); Tischlerarbeiten

DIN 68 365,
Ausgabe:1957-11 Bauholz für Zimmerarbeiten; Gütebedingungen

DIN 68 800-1,
Ausgabe:1974-05 Holzschutz im Hochbau – Allgemeines

DIN 68 800-2,
Ausgabe:1996-05 Holzschutz – Teil 2: Vorbeugende bauliche Maßnahmen im Hochbau

DIN 68 800-3,
Ausgabe:1990-04 Holzschutz; Vorbeugender chemischer Holzschutz

DIN 68 800-4,
Ausgabe:1992-11 Holzschutz; Bekämpfungsmaßnahmen gegen holzzerstörende Pilze und Insekten

DIN 68 800-5,
Ausgabe:1978-05 Holzschutz im Hochbau; Vorbeugender chemischer Schutz von Holzwerkstoffen

DIN 1946,
Teil 2: Raumlufttechnik; Gesundheitliche Anforderungen (VDI-Lüftungsregeln); Normenausschuss Heiz- und Raumlufttechnik im DIN Deutsches Institut für Normung (1993)

Dodge:
The effect of indoor pollution on Arizona children;
Archives Environmental Health 37(1982)

Dommes/Großer:
Welchen Stellenwert haben umweltmedizinische Belastungen?;
Deutsches Ärzteblatt 94(1994)

Domsch:
Compendium of soil fungi,
Vol. I + II. Reprint der Ausgabe von 1980;
Eching: IHW-Verlag (1993)

Downs/Mitakakis/Marks/Car/Belousova/Leüppi/Xuan/Downie/Tobias/Peat:
Clinical Importance of Alternaria Exposure in Children;
Am. J. Respir. Crit. Care Med. 164

Dürr:
Schimmelpilzbefall in Innenräumen als Folge von Baumängeln.
In: Jorde/Schata (Hrsg.): Schimmelpilze. Möchengladbacher Allergie-Seminare Bd. 2;
München-Deisenhofen: Dustri-Verlag (1989)

Diverse:
Kongressbericht – Krank durch Innenraumstoffe?;
Allergo Journal Bd. 8 (1997)

Eckhardt:
Microbial diversity and airborne contamination;
Microbial Influenced Corrosion of Materials,
Berlin: Springer Verlag 1996

Elixmann:
Schimmelpilze und Milben in Innenräumen – Biologische Aspekte der Verbreitung;
In: Diel, Friedhelm (Hrsg.): Innenraumbelastungen: Erkennen, Bewerten, Sanieren,
Berlin: Bauverlag Wiesbaden 1993

Elixmann:
Filter einer lufttechnischen Anlage als Ökosystem und als Verbreiter von Pilzallergien;
München-Deisenhofen: Dustri-Verlag 1989

Elixmann/Bischoff/Jorde/Linskens:
Einmalige Acarosan-Applikation zur Sanierung von Wohntextilien in Haushalten von Patienten mit Milbenallergie;
Allergologie 11(1988)

Elixmann/Jorde/Linskens:
Changes of fungal growth under different climatic conditions in air-conditioning-filters.
In: XIV International Botanical Congress in Berlin vom 1.7. - 24.8.1987

Elixmann/Linskens/Schata/Jorde:
Can airborne fungal allergens pass through an air-conditioning plant?;
Environmental International 15(1989)

Erhorn:
Schäden durch Schimmelpilzbildung im modernisierten Mietwohnungsbau;
Bauphysik 10(1988)

Erhorn:
Schimmelbefall in Wohnbauten: Ursachen, Folgen, Gegenmaßnahmen. Bauphysikalische Ursache,
Universität Innsbruck, 1. Internationales Symposium, Innsbruck: 1990

Erhorn:
Bauphysikalische Einflussfaktoren auf das Schimmelpilzwachstum in Wohnungen.
In: Aachener Bausachverständigentage 1992;
Wiesbaden: Bauverlag 1992

Erhorn:
Schimmelpilzanfälligkeit von Baumaterialien;
IBP-Mitteilung 17(1990)

Erhorn/Gertis:
Mindestwärmeschutz und/oder Mindestluftwechsel?;
Gesundheitsingenieur 107(1986)

Fain/Guerin/Hart:
Mites and Allergic Disease.;
Allerbio/ Varennes en Argonne (1990)

Falbe/Reglitz:
Römpp Chemie Lexikon,
9. Auflage; Stuttgart/ New York: Thieme Verlag 1995

Fanger:
Introduction of the olf- and the decipol-unit to quantify air pollution perceived by humans indoors and outdoors;
Energy and Buildings 12(1988)

Fanger:
The new comfort equation for indoor air quality;
ASHRAE Journal (1989)

Faser/Tsa/Orenstein:
Legionaire's disease: Description of an epidemic of pneumonia;
New engl. Med. (1977), Nr. 297

Fernandez-Caldas:
New species of allergologic importance in Europe;
Allergy 52(1997)

Fernandez-Caldas/Müsken/Maranon/Franz/Masuch/Bergmann:
Sensibilisierung durch die Milbengattung Blomia in Deutschland und Untersuchungen zur Kreuzallergenität (Abstract);
Allergo 5(1996)

Feuerstein/Lorenzana/Beasley:
Effects of Trichothecenes mycotoxins on the nervous system.
In: Beasley, Richard (Hrsg.): Trichothecene Mycotoxicosis: Pathophysiologic effects; Boca Raton: CRC Press

Fiedler:
Alles über gesundes Bauen – Wohnmedizin im Alltag;
München: Verlag C.H. Beck 1997

Fiedler/Hoyer:
Logistische Regressionsanalysen zum Einfluss von Wohnumwelt, Wohnhygiene und -lebensweise auf die Häufigkeit und Dauer akuter respiratorischer Erkrankungen bei Kleinkindern;
Zentralblatt für Hygiene und Umweltmedizin 198 (1996)

Fiedler/Hoyer/Winkler/Geißler:
Zum Einfluss von Wohnhygiene und -lebensweise und Kindereinrichtung auf die Morbidität an akuten respiratorischen Erkrankungen bei Kleinkindern – Ergebnisse der Jenaer Studie zu Wohnumwelt und Gesundheit. Dritte Mitteilung;
Forum Städte-Hygiene 46(1995)

Fields/Knipe:
Fundamental Virology. 3. Aufl.;
New York: Raven Press 1995

Finnegan/Pickering:
Prevalence of symptoms of the sick building in buildings without expressed dissatisfaction.
In: Institut für Wasser-, Boden- und lufthygiene; Seifert, B. et al. (Hrsg.): Proceedings Indoor Air '87, vol. 2; Berlin: Selbstverlag 1987

Fischer/Schwalbe/Möller/Ostrowski/Dott:
Species-specific production of microbial volatile organic compounds (MVOC) by airborne fungi from a compost facility;
Chemosphere 39(1999), No. 5

Fischer/Müller/Schwalbe/Ostrowski/Dott:
Exposure to air-borne fungi and their secondary metabolites in biowaste-handling facilities;
Proceedings of the 8th Conference on Indoor Air Quality and Climate, Vol.1, 1999

RWTH Aachen, interdisziplinären Umwelt-Forum (Hrsg.); Fischer:
Comparison of microbiological and chemical methods for assessing the exposure to air-borne fungi in composting plants.
Dissertation, Aachen: Selbstverlag 2000; (Akademische Edition Umweltforschung; Bd. 10)

Fischer/Müller/Schwalbe/Ostrowski/Dott:
Exposure to air-borne fungi, MVOC and mycotoxins in biowaste-handling facilities;
Int. J. Hyg. Environ. Health (2000), Nr. 203

Fischer/Müller/Schwalbe/Ostrowski/Dott:
Species-specific profiles of mycotoxins produced in cultures and associated with conidia of airborne fungi derived from biowaste;
Int. J. Hyg. Environ. Health (2000), Nr. 203

Fischer/Müller/Schwalbe/Ostrowski/Dott:
Airborne fungi and their secondary metabolites on working places in a compost facility;
Mycoses 41(1998)

Fischer/Müller/Schwalbe/Ostrowski/Dott:
Mycotoxins of Aspergillus fumigatus in pure culture and in native bioaerosols from compost facilities;
Chemosphere 38(1999)

Verein Deutscher Ingenieure -VDI-, Kommission Reinhaltung der Luft, Düsseldorf (Hrsg.); Deutsches Institut für Normung e.V. -DIN-, Kommission Reinhaltung der Luft, Berlin (Hrsg.); Fischer/Müller/Schwalbe/Ostrowski/Dott:
Mykotoxine als Expositionsparameter in Bioaerosolen von Kompostierungsanlagen, Stand von Wissenschaft, Forschung und Technik zu siedlungshygienischen Aspekten der Abfallentsorgung und -verwertung;
Düsseldorf: Selbstverlag (Schriftenreihe – VDI-Kommission Reinhaltung der Luft; Bd. 30)

Fischer/Timberlake:
Aspergillus nidulans adsA (Anucleate primary sterigmata) encodes a coiled-coil protein required for nuclear Positioning and completion of asexual development;
The Journal of Cell Biology 128(1995)

Fischer:
Nuclear movement in filamentous fungi;
FEMS. Microbiology Reviews 23(1999)

Flannigan/Miller:
Health implications of fungi in indoor environments – an overview.
In: Samson/Flannigan/Gravesen (Hrsg.): Health Implications of Fungi in Indoor Environments; Amsterdam: Elsevier 1994

Flannigan/McCabe/McGary:
Allergenic and toxigenic micro-organisms in houses;
J. Appl. Bacteriol. 70 (1991)

Flemming/Schaule:
Biofouling;
Werkstoffe und Korrosion (1994)

Fleurat-Lassard:
Influence of humidity on the development of mites in stored oil seed and grain;
Bull OEPP (Organ Eur Mediterr Prot Plant) 6(1977)

Flück:
Welcher Pilz ist das?;
Stuttgart: Frankh-Kosmos-Verlag 1995

Franz/Masuch/Müsken/Bergmann:
Untersuchungen zur Vorratsmilbenfauna in unterschiedlichen Regionen in Nordrhein-Westfalen,
Laufendes Projekt (unveröffentlicht)

Franz/Klinkhammer/Masuch/Müsken/Bergmann:
Untersuchungen zur Milbenfauna im rein städtischen Wohnmilieu – Pilotstudie;
Allergo Journal (1996)

Franz/Masuch/Müsken/Bergmann:
Entwicklung und Entwicklungsstadien der Vorratsmilbe Lepidoglyphus destructor: Rasterelektronenmikroskopische Untersuchungen;
Allergo Journal (1993)

Franz/Masuch/Müsken/Bergmann:
Entwicklung und Entwicklungsstadien der Vorratsmilbe Blomia tjibodas Rasterelektronenmikroskopische Untersuchungen;
Allergo Journal (1996)

Franz/Masuch/Müsken/Bergmann:
Erweiterte Untersuchungen zur Domestic-Mite-Fauna im rein städtischen Wohnmilieu;
Allergo Journal (1997)

Franz/Masuch/Müsken/Bergmann:
Pheromone – die Sprache der Milben;
Allergo Journal (1998)

Frishman/Mironov/Gelfand:
Starts of bacterial genes: estimating the reliability of computer predictions;
Gene (1999), Nr. 234

Frishman/Hentze:
Conservation of aconitase residues revealed by multiple sequence analysis. Implications for structure/function relationships;
European Journal of Biochemistry (1996)

Frishman/Mewes:
Genome Based Structural Biology;
Progress in Biophysics & Molecular Biology 72(1999)

Frishman/Berman/Kiselev:
G-proteins have a sequence similar to the ganglioside-binding site of influenza virus hemagglutinins;
Molecular Biology 24(1990)

Frishman/Mewes:
Protein structural classes in five complete genomes;
Nature Struct. Biol. 4(1997)

Frisvad/Thrane:
Standardized high-performance liquid chromatography of 182 mycotoxins and other fungal metabolites based on alkylphenone indices and UV-vis spectra;
Journal of Chromatography (1987), Nr. 404

Fritsche:
Mikrobiologie. 2.Aufl.;
Heidelberg: Spektrum Akademischer Verlag 1999

Frössel, Frank:
Mauerwerkstrockenlegung und Kellersanierung. Wenn das Haus nasse Füße hat;
Stuttgart: Fraunhofer IRB-Verlag 2001

Frössel, Frank:
Schimmelpilze in Innenräumen – Tl. 1 bis 5;
Modernisierungs-Magazin 14(2002)

Fung/Clark/Williams:
Stachybotrys, a mycotoxin-producing fungus of increasing toxicologic importance;
J. Clin. Toxicol 36(1998)

Galperin/Frishman:
Toward automated prediction of protein function from microbial genomic sequences;
Methods in Microbiology 28(1998)

Gareis/Rosner/Ehrhardt:
Blood Serum Levels of Ochratoxin A and Natrition Habrits;
Archiv für Lebensmittelhygiene 51(2000)

Gautrin/Vandenplas/de Witte/L'Archveque/Leblanc/ Trudeau/Paulin/Arnoud/Morand/Comtois:
Allergenic exposure, IgE-mediated sensitization and related symptoms in lawn cutters;
Journal of Allergy and Clinical Immunology 93

Gaylarde/Morton:
Deteriogenic Biofilms in Buildings and theit Ccontrol. A Review;
Biofouling 14(1999)

Geißler/Hauser:
Leckageortung an Gebäuden. Abschlussbericht HMUEJFG-Forschungsvorhaben;
Fachgebiet Bauphysik der Universität Kassel (2000)

Geißler/Hauser/Hall:
Quantifizierung einzelner Leckagen und Leckagewege bei Gebäuden in Holzbauweise;
Abschlussbericht AiF-Forschungsvorhaben 11402N Teil 1, Fachgebiet Bauphysik der Universität Kassel (2000)

Geißler/Hauser/Hall:
Handbuch zur Durchführung von Blower-Door-Messungen – erweiterte Messmethoden;
Abschlussbericht AiF-Forschungsvorhaben 11402N Teil 2, Fachgebiet Bauphysik der Universität Kassel (2000)

Geißler/Hall:
Blower-Door-Messtechnik – Der Leckageverteilung auf der Spur;
Wksb 46 (2000)

Geißler/Hall:
Grundlagen der Thermographie;
Fachgebiet Bauphysik der Universität Kassel (2000)

Geißler/Hauser:
Handbuch zur Durchführung von Blower-Door-Messungen – erweiterte Messmethoden;
Abschlussbericht AiF-Forschungsvorhaben 11402N Teil 2, Fachgebiet Bauphysik der Universität Kassel (2000)

Geißler/Maas/Hauser:
Leitfaden für die Vor-Ort-Beratung bei Sanierungsvorhaben – Hilfestellung zur Beurteilung baulicher Aspekte;
Abschlussbericht BBR-Forschungsvorhaben, Fachgebiet Bauphysik der Universität Kassel (2001)

Geißler/Hauser:
Messung und Kennzeichnung der Luftdichtheit in Gebäuden;
Bauzeitung 51 (1997)

Gemeinhardt:
Endomykosen: Schleimhaut, Organ- und Systemmykosen;
Jena: VEB Gustav Fischer Verlag 1989

Gertis:
Grundlagen der Wohnungslüftung;
Sonnenenergie & Wärmepumpe 8(1983)

Gertis:
Tauwasserbildung in Außenwandecken;
Deutsches Architektenblatt 15(1983)

Gertis:
Stand und Perspektiven der Bauforschung: ein Plädoyer für den Dialog zwischen Bauphysik und Medizin.
In: Allergenarm bauen – gesünder wohnen (Forumgespräch); Stuttgart: Deutsche Verlagsanstalt 1994

Gertis/Erhorn/Reiß:
Klimawirkungen und Schimmelpilzbildung bei sanierten Gebäuden.
In: Tagungsband des Bauphysik-Kongresses in Berlin, 1997

Ghio/Roggli:
Mycotoxins and interstitial lung disease;
Chest 108

Göller/Handro/Landgraf:
A new microwave method for moisture measurement in building materials.
In: Proc. 3rd Workshop on Electromagnetic Wave Interaction with Water; Georgia/USA: US-DARS Athens 1999

Göller/Handro/Heinrich/Landgraf/Schnieber/Wagner:
Leckageortung und Detektion von Feuchteverteilungen mit Moist-Geräten.
In: Proc. DGZfP-Fachtagung »Bauwerksdiagnose« München 1999

Göller/Handro/Heinrich/Landgraf/Schnieber/Wagner:
Handheld-Mikrowellen-Feuchtemeßgeräte der Moist-Serie – ein neues Konzept der Materialfeuchtemessung.
In: Proc. DGZfP-Fachtagung »Bauwerksdiagnose« München 1999

Gordon/Masoti/Waddell:
Tremorgenic encephalopathy: a role of mycotoxins in the production of CNS disease in humans?;
Canadian Journal of Neurological Science 20(1993)

Gow/Gadd:
The Growing Fungus;
London/New York: Chapman & Hall 1994

Granoff/Webster:
Encyclopedia of Virology plus;
New York: Academic Press 1996

Gravesen:
Fungi as a cause of allergie disease;
Allerg. 34 (1979)

Graveson:
Microfungal contamination of damp buildings – examples of risk constructions and risk materials;
Environmental Health Perspective 107(1999)

Graveson/Frisvad/Samson:
Microfungi;
Kobenhaven: Munksgaard Verlag (1994)

Griffin:
Fungal Physiology;
New York: Wiley-Liss 1994

Gröer:
Allergosen des Kindesalters.
In: Handbuch der Kinderkrankheiten Bd. 111; Berlin: Springer Verlag 1959

Gronemeyer:
Über Schimmelpilzallergie;
Therapiewoche 27(1977)

Gross/Faull/Ketteridge/Springham:
Introductory Microbiology;
London & New York: Chapman & Hall 1995

Gross:
Medizinische Diagnostik – Grundlagen und Praxis;
Berlin: Springer-Verlag 1969

Grosser:
Pflanzliche und tierische Bau- und Werkholzschädlinge;
Leinfelden/Echterdingen: DRW-Verlag

Grüner/Bittighofer/Roller/Pfaff/Freerksen/Backe/ Bünger/Goldberg:
Gesundheitliche Belastung, Beanspruchung und Beschwerden bei Wertstoffsortierern und Deponiebeschäftigten durch Mikroorganismen.;
In: Verhandlungen der Deutschen Gesellschaft für Arbeits- und Umweltmedizin e.V., 38. Jahrestagung in Wiesbaden

Gustin/Albertyn/Alexander/Davenport:
MAP kinase pathways in the yeast Saccharomycetes cerevisiae;
Microbiological review 62(1998)

Guzek/Lange:
Pilze im Körper – krank ohne Grund?;
München: Südwestverlag GmbH 1994

van Hage-Hamsten/Scheynius/Harfast/Wiren/ Johannson:
SGO. Localization of allergens in the domestic mite Lepidoglyphus destructor;
Clinical and Experimental Allergy 22(1992)

Hahn/Falke/Kaufmann/Ullmann:
Medizinische Mikrobiologie und Infektiologie;
Berlin/Heidelberg: Springer-Verlag 1999

Hahn/Falke/Klein:
Medizinische Mikrobiologie;
Berlin/Heidelberg: Springer-Verlag 1994

Hanalt/Gareis/Kollarczik:
Cytotoxicity of mycotoxins evaluated by the MTT-cell culture assey;
Mycopathologia 128(1994)

Hartung/Frishman/Hinnen/Woelfl:
Single-read sequence tags of a limited number of genomic DNA fragments provide an inexpensive tool for comparative genome analysis;
Yeast 14(1998)

Hassauer/Kalberlah/Oltmanns/Schneider:
Basisdaten Toxikologie für umweltrelevante Stoffe zur Gefahrenbeurteilung bei Altlasten;
In: Umweltbundesamt (Hrsg.) Berichte 4/93, Erich Schmidt Verlag Berlin (1993)

Hauser/Schulze/Wolfseher:
Wärmebrücken im Holzbau;
Bauphysik 5(1983)

Hauser/Schulze/Wolfseher:
Wärmebrücken im Holzbau;
Schweizerische Schreinerzeitung 98(1987)

Hauser/Stiegel:
Wärmebrücken-Atlas für den Mauerwerksbau;
Wiesbaden: Bauverlag 1993

Hauser/Stiegel:
Wärmebrücken-Atlas für den Holzbau;
Wiesbaden: Bauverlag 1992

Hauser, Gerd; Schulze, Horst; Stiegel, Horst:
Anschlussdetails von Niedrigenergiehäusern. Wärmetechnische Optimierung – Standardlösungen;
Stuttgart: Fraunhofer IRB-Verlag 1996

Hauser/Stiegel/Haupt:
Wärmebrückenkatalog auf CD-ROM;
Baunatal: Ingenieurbüro Hauser 1998

Hauser:
Wärmebrücken.
In: Bauphysikkalender 2001; Berlin: Ernst & Sohn Verlag 2001

Hayes/Van Nieuwenhuize/Raatgever/ten Kate:
Aflatoxin exposures in the industrial setting: an epidemiological study of mortality;
Fd. Chem. Toxic.

Heinzow/Mohr/Mohr-Kriegshammer/Janz:
Organische Schadstoffe in der Innenraumluft von Schulen und Kindergärten;
VDI-Berichte 1122

Heinzow:
Organische Verbindungen/Pentachlorphenol.;
In: Handbuch der Umweltmedizin; Ecomed-Verlag Landsberg/Lech (1992)

Heitz/Sand: DECHEMA-Tagung:
Werkstoffzerstörung durch Mikroorganismen – eine vernachlässigte Schadensursache. Werkstoffe und Korrosion

Helbling/Reese/Horner/Lehrer:
Aktuelles zur Pilzsporen-Allergie;
Schweizerische Medizinische Wochenschrift 124(1994)

Hendry/Cole:
A Review of mycotoxins in indoor air;
Journal of Toxicology and Environmental Health 38(1993)

Henssen/Jahns:
Lichenes;
Stuttgart: Thieme-Verlag 1974

Heppt/Renz/Röcken:
Allergologie;
Berlin/Heidelberg: Springer Verlag 1998

Herr/Harpel:
MVOC – ein relevantes gesundheitliches Problem für die Bevölkerung;
Umweltmed. Forsch. Praxis 6 (2001)

Herr/Bittighofer/Bünger/Idel/Seidel/Palmgren:
Wirkung von mikrobiellen Aerosolen auf den Menschen.
Statuspapier der Arbeitsgruppe KRdL 3/7/05. In: Bundesgesundheitsamt -BGA-, Institut für Wasser-, Boden- und Lufthygiene; Eikmann, Hofmann (Hrsg.): Stand von Wissenschaft, Forschung und Technik zu siedlungshygienischen Aspekten der Abfallentsorgung und -verwertung, Berlin: Selbstverlag, (Schriftenreihe des Vereins für Wasser-, Boden- und Lufthygiene 104)

Fraunhofer-Institut für Bauphysik (Hrsg.); Herbak:
Experimentelle Untersuchung des Schimmelpilzwachstum auf Bauteiloberflächen;
Stuttgart: Selbstverlag 1989

Hering:
Air Sampling Instruments for the Evaluation of Atmospheric Contaminants;
7th edition. In: American Conference of Governmental Industrial Hygienist, Cincinnati, Ohio, 1989

Heringa/Frishman/Argos:
Computational methods relating protein sequences and structure;
In: »Proteins: a comprehensive treatise«, Principles of Protein Structure, JAI Press 1(1997)

Hermes:
Einfluss der relativen Feuchte der Umgebungsluft auf das Schimmelpilzwachstum verschiedener Innenwandoberflächen.
Diplomarbeit, Fachhochschule Stuttgart, Hochschule für Technik 1989

Herm/Warscheid:
Freibewitterung von Anstrichen auf Gotland-Sandstein – Untersuchungen zu Wasserhaushalt und Mikrobiologie.
In: Verbundforschungsprojekt Steinzerfall und Steinkonservierung (Auftraggeber); Bundesministerium für Forschung und Technologie -BMFT-, Bonn (Förderer); Deutsches Zentrum für Handwerk und Denkmalpflege, Propstei Johannesberg, Fulda e.V. (Ausführende Stelle)

Snethlage, Rolf (Herausgeber):
Jahresberichte aus dem Forschungsprogramm Steinzerfall – Steinkonservierung 1991;
Berlin: Ernst und Sohn 1993

Heumann/Harris/Kaps/Liebl/Maierl/Pfeiffer/Mewes:
An Integrated services approach to biological sequence databases;
Bioinformatics: From Nucleic Acids and proteins to cell metabolism; Braunschweig: GBF 1995

Institut Wohnen und Umwelt (Hrsg.); Hinz:
Wärmedämmung von Außenwänden mit der Innendämmung;
Darmstadt: Selbstverlag 1997

Hintikka:
Human Stachybotryotoxicosis.
In: Wyllie, T.D.; Morehouse, L.G. (Ed.): Mycotoxic fungi, Mycotoxins, mycotoxicosis;
New York: Dekker

Institut für Fenstertechnik (Hrsg.); Hirsch/Schmid/Sieberath:
Abschätzung der Änderung der Undichtheiten an Fenstern durch den Einfluss der Zeit und durch Nutzung. Forschungsbericht;
Rosenheim: Selbstverlag 1983

Hodgson:
Building-Associated Pulmonary Disease from Exposure to Stachybotrys chartarum and Aspergillus versicolor;
JOEM 40(1998)

Hoek:
Herstellung von Schimmelpilzextrakten.
In: Jorde (Hrsg.) Schimmelpilzallergie; München-Deisenhofen: Dustri-Verlag 2000

Höll:
Schimmel in Wohnbereichen;
Der Sachverständige (2001), Nr.3

Hoffmann:
Schadwirkungen durch tierische Gesundheitsschädlinge, Insektizide, Akarizide;
Bundesgesundheitsblatt (1992), Nr.26

Hofmeister:
Bauschäden an Holzbalkendecken / Bd. 9;
Fraunhofer IRB Verlag Stuttgart (

Holmberg:
Indoor mould exposure and health effects;
Indoor air 1(1987)

Holt:
Bergey's Manual of Determinative Bacteriology. 9. Aufl.;
Baltimore: Wiliams & Wilkens 1994

Holt:
Bergey's Manual of Systematic Bacteriology Vol. I, II, III, IV;
Baltimore: Wiliams & Wilkens 1989

Horner/Helbing/Salvaggio/Lehrer:
Fungal allergens;
Clinical Microbiological Reviews 8(1995), S.161-179

Hübschmann:
Handbuch der GC/MS, Grundlagen und Anwendungen;
Weinheim: VCH-Verlag 1996

Husman:
Health effects of indoor-air-microorganism;
Scandinavian Journal of Work Environment and Health

IRK – Innenraumlufthygiene – Kommission des Umweltbundesamtes:
Biologische Innenraumluftverunreinigungen;
Bundesgesundheitsblatt 38 (1995)

Jennings:
Fungal Biology;
BIOS Scientific (1996)

Jenisch, Richard:
Tauwasserschäden;
Stuttgart: Fraunhofer IRB-Verlag 1996; (Schadenfreies Bauen; Bd. 16)

Jenisch, Richard:
Stellungnahme zur Beurteilung des Wachstums von Schimmelpilzen auf Bauteilen in Wohngebäuden;
ARCONIS (1999), Nr. 2

Johanning/Biagini/Hull/Morey/Jarvis/Landsbergis:
Health and immunology study following exposure to toxigenic fungi (Stachybotrys chartarum) in a water-damaged office environment;
International Archives of Occupational Environmental Health 68(1996)

Johanning:
Clinical findings related to indoor fungal exposure – review of clinical data of a specialty clinic Bioaerosols, Fungi and Mycotoxins.
In: Johanning (Hrsg.) Health Effects, Assessment, Prevention and Control; Fungal Research Group: 1999

Johanning/Landsbergis/Gareis/Yang/Olmstedt:
Clinical experience and results of a and sentinel health event investigation related to indoor fungal exposure;
Environmental Health Perspectives 107(1999)

Joki/Sanno/Reponen/Nevalainen:
Effekt of indoor microbial metabolites on ciliary function in respiratory airways; Proc. Indoor Air 93(1993)

Jorde:
Schimmelpilzallergie – eine Übersicht;
Allergologie 22(1999)

Jorde:
Ökologische Hinweise zur Diagnostik von Schimmelpilzallergien;
Allergologie 2(1979)

Jorde/Linskens:
Pollen als Allergenträger;
Allergologie 1(1978)

Jorde/Schata:
Is „hay-fever" a correct description of diseases caused by allergic reactions to pollen?;
Acta Botanica Neerlandica 35(1986)

Jorde/Schata:
Allergens in the Indoor Environment.
In: Proc. 4th Int. Conf. Indoor Air Quality and Climate, Berlin vom 17. - 21.8.1987

Jorde/Schata:
Zum Problemfeld der Schimmelpilzallergie;
Sozial päd. Praxis und Klinik 10(1988)

Jorde/Schata/Elixmann/Kröling:
Die Wertigkeit von Kleingeräten zur Luftverbesserung.
In: Bericht der Arbeitsmedizinischen Tagung Deutscher Betriebs- und Werksärzte '88; Stuttgart: Gentner Verlag 1988

Jorde/Schata:
Zur Wirksamkeit von Luftreinigungsgeräten bei Krankheiten mit inhalativer Allergeninvasion. Atemwegs-Lungenkrankheiten;
Allergologie 14(1988)

Jorde/Schata:
Zum Problemfeld der Schimmelpilzallergie;
Sozial päd. Praxis und Klinik 10(1988)

Jorde/Schata/Elixmann/Linskens:
Gesundheitsrisiken durch Schimmelpilze in Gebäuden;
Wissenschaft und Umwelt 2(1988)

Jorde/Linskens:
Das Klima und die Ökologie der Allergene;
Allergie 6(1983)

Jorde:
Widersprüchliches bei Testungen mit Schimmel-pilzallergenen am Beispiel des Pilzes Phoma betae.
In: Jorde, - (Hrsg.): Schimmelpilzallergie; München-Deisenhofen: Dustri-Verlag 2000

Jorde:
Allergene in Innenräumen.
In: Diel/Feist/Krieg/Linden (Hrsg.): Ökologisches Bauen und Sanieren; Heidelberg: C. F. Müller 1998

Kahmann/Basse/Feldbrugge:
Fungal-plant signalling in the Ustilago maydis-maize pathosystem;
Current Opinion Microbiology 2(1999)

Kamphausen:
Feuchteschäden in Wohnungen – Schimmelpilz durch „moderne" Lüftungsprobleme?;
Baugewerbe 7(1982)

Kamphausen:
Planungsfehler des Architekten beim Wärmeschutz von Außenwandecken eines Wohngebäudes Entscheidungsanmerkung zu OLG Hamm;
Baurecht (1983)

Kamphausen:
Risikoanalyse bei Feuchtigkeitsschäden in Wohngebäuden;
Der öffentlich bestellte und vereidigte Sachverständige 10(1983), Nr.4, S.86-95

Kamphausen:
Nochmals: Tauwasserbildung in Außenwandecken – ein bislang ungelöstes Regelsetzungsproblem;
Deutsches Architektenblatt 1(1984)

Kamphausen:
Möglichkeiten und Grenzen zulässiger Wohnnutzung durch Mieter – das Sonderproblem „Heizen und Lüften";
Blätter für Grundstücks-, Bau- und Wohnungsrecht 4(1984)

Kamphausen/Reim:
Nochmals: Wärmebrücken – neue Architektenpflichten?;
Baurecht 4(1985)

Kamphausen:
Praktische Fragen der Wohnungsfeuchtigkeit;
Zeitschrift für das gesamte Sachverständigenwesen 5(1989)

Karahadian:
Volatile Compounds from Penicillium sp. Contributing Musty-Earth Notes to Brie and Camenbert Cheese Flavor;
Journal of Agricutural and Food Chemistry (1985)

Karos/Fischer:
HymA (hyphalike metulae), a new development mutant of Aspergillus nidulans;
Microbiology 142(1996)

Kautzmann:
Krieg in unserem Körper;
München: Zabert Sandmann Verlag 1998

Medizinische Univ. Lübeck, Institut für Medizinische Mikrobiologie und Hygiene (Hrsg.); Keller:
Biogene Luftschadstoffe in Wohn- und Aufenthaltsräumen;
Lübeck: Selbstverlag 1997; (Schriftenreihe des Instituts für Medizinische Mikrobiologie und Hygiene der Medizinischen Universität Lübeck; Bd. 1 und 2)

Keller/Groh:
Nachweis und quantitative Bestimmung von MVOC's in pilzbelasteten und unbelasteten Innenräumen.
In: Medizinische Univ. Lübeck, Institut für Medizinische Mikrobiologie und Hygiene (Hrsg.): Biogene Luftschadstoffe in Wohn- und Aufenthaltsräumen. Vorträge der Fortbildungsveranstaltung im Februar 1997; Lübeck: Selbstverlag 1997

Keller/Sönnichsen:
Nachweis von mikrobiologisch produzierten Kohlenwasserstoffen;
VDI-Bericht 1257(1996)

Kerner-Gang:
Beständigkeit von Abdichtungsmaterialien auf elastomerer Grundlage gegenüber Mikroorganismen;
Material & Organismen (1973)

Kleinig/Sitte:
Zellbiologie. 4. Aufl.;
Heidelberg: Spektrum Akademischer Verlag 1999

Klimek/Riechelmann/Saloga/Mann/Knop:
Allergologie und Umweltmedizin;
Stuttgart: Schattauer Verlag 1997

Knippers:
Molekulare Genetik.
6. Aufl.; Stuttgart: Thieme-Verlag 1995

Knobbe:
Gesundheitsgefährdung durch Schimmelpilze am Arbeitsplatz – Erkennung und Vorsorge.
In: Tagung Schimmel. Gefahr für Mensch und Kulturgut durch Mikroorganismen (Mutec), München, 21.-24. 6. 2001

Knülle/Wharton:
Equilibrium humidities in arthropods and their ecological significance;
Acarologia 6(1964)

Knülle:
Genetic Variability and Ecological Adaptability of Hypopus Formation in a Stored Product Mite;
Experimenta and Applied Acarology 3(1987)

Knülle:
Life-cycle strategies in unpredictably varying environments – genetics adaption in a colonizing mite.
In: Schuster/Murphy (ed): The Acari;
London: Chapmann & Hall 1991

Köneke, Michael:
Schimmel im Haus erkennen – vermeiden – bekämpfen;
Stuttgart: Fraunhofer IRB-Verlag 2002

Kommission Innenraumlufthygiene des Umweltbundesamtes:
Hygienische Anforderungen an Raumlufttechnische Anlagen in Gebäuden;
Bundesgesundheitsblatt 7(1995)

Korczak, Dieter:
Lebensqualität-Atlas. Umwelt, Kultur, Wohlstand, Versorgung, Sicherheit und Gesundheit in Deutschland;
Wiesbaden: Westdeutscher Verlag

Kothe:
Tetrapolar fungal mating types: Sexes by the thousands;
FEMS Microbiological Reviews 18(1996)

Kothe/Kothe:
Kleine Pilzgeschichten;
Berlin/Heidelberg: Springer-Verlag 1997

Kraus/Anders/Weber/Hermer/Zschiesche:
Zur Häufigkeit umweltbezogener Somatisierungsstörungen;
Arbeitsmedizinische sozialmedizinische Umweltmedizin 30(1995)

Krause:
Umwelt-Survey Band III a: Wohn-Innenraum – Spurenelementgehalte im Hausstaub;
WaBoLu-Hefte 2 (1991)

Krause:
Umwelt-Survey Band III c: Wohn-Innenraum – Raumluft;
WaBoLu-Hefte 4 (1991)

Kreja/Seidel:
Toxikologische Untersuchungen einiger nachgewiesener flüchtiger organischer Metabolite der Schimmelpilze (MVOC);
Umweltmed. Forsch. Praxis 6 (2001)

Krempl-Lamprecht:
Bedeutung saisonal auftretender Schimmelpilze als Allergene:
Allergologie 8 (1985)

Kröling:
Zur Problematik des sick building-Syndroms;
Allergologie 12(1989)

Kröling:
Gesundheits- und Befindlichkeitsstörungen in klimatisierten Gebäuden;
München: Zuckerschwerdt Verlag 1985

Kruppa/Veer/Rüden:
Experimentelle Untersuchungen zur Frage der aerogenen Übertragung von Luftmikroorganismen bei hybriden Heizsystemen;
gi-Gesundheitsingenieur 114(1993)

Kruse:
Toxikologie der MVOCs.
In: Medizinische Univ. Lübeck, Institut für Medizinische Mikrobiologie und Hygiene (Hrsg.): Fortbildungsveranstaltung »Gesundheitliche Gefahren durch biogene Luftschadstoffe«; Lübeck: Selbstverlag 1998; (Schriftenreihe des Instituts für Medizinische Mikrobiologie und Hygiene der Medizinischen Universität Lübeck; 2)

Küchenhoff:
Umwelt-Psychosomatik.
In: Beyer/Eis (Hrsg.): Praktische Umweltmedizin; Berlin/Heidelberg: Springer-Verlag 1994

Künzel:
Richtiges Heizen und Lüften in Wohnungen;
ARCONIS (1998)

Fraunhofer Institut für Bauphysik (Hrsg.); Künzel:
Raumluftfeuchteverhältnis in Wohnräumen;
IBP-Mitteilung 314 (1997)

Künzel:
Verfahren zur ein- und zweidimensionalen Berechnung des gekoppelten Wärme- und Feuchtetransports in Bauteilen mit einfachen Kennwerten;
Dissertation, Stuttgart: 1994

Kupfer:
Materialfeuchtemessung;
Renningen: Expert-Verlag 1997

Kuwahara:
Pheromone studies on astigmatid mites – alarm, aggregation and sex;
Dusbabek und Bukva: Modern Acarology; The Hague: SPB Academic Publishing 1991

Lacey/Crook:
Fungal and actinomycete spores as pollutants of the workplace and occupational allergens.
In: Local Enforcement Agency Advisory (Hrsg.): Aspergillus, Aspergillosis and Composting operations in California; (Annals of Occupational Hygiene; 32)

Land/Rask-Andersen/Lundström/Werner/Bardage:
Tremorgenic mycotoxins in conidia of aspergillus fumigatus;
In: Samson/Flannigan/Verhoeff/Adan/Hoekstra/Elsevier; Health implications of fungi in indoor environments, Air Quality Monographs (1994)

Landesgesundheitsamt Stuttgart (Hrsg.):
Analytische Qualitätssicherung im Bereich der Innenraumluftmessung biologischer Schadstoffe;
Stuttgart; Selbstverlag 2000

Langendorf:
Holzschutz;
Handbuch für Baufachleute (1988)

Lanson:
Immun Complexes to Candida Mannan: An Objective Marker of Candida Qvergrowth;
Journal of Advancement in Medicine 10(1997)

Larsen/Frisvad:
Chemosystematics of Penicillium based on profiles of volatile metabolites;
Mycological Research 99(1995)

Larsen/Frisvad:
Production of volantiles and presence of mycotoxins in conidia of common indoor Penicillia and Aspergillii. Health implications of fungi in indoor environments;
Amsterdam: Elsevier Biomedical Press 1994

Leitfaden Umweltmedizin;
Stuttgart: Gustav Fischer Verlag (1998)

Lewin:
Molekularbiologie der Gene;
Heidelberg: Spektrum Akademischer Verlag (1998)

Licorish/Novey/Kozak/Fairshter/Wilson:
Role of Alternaria and Penicillium spores on the pathogenesis of asthma;
J. Allergy Clin. Immunol. 8

Liebl/Kaschube/Kerscher/Roscher/Schmied/Schwegler:
Beurteilung von Holzschutzmittelbelastungen in Innenräumen;
Gesundheitswesen 57 (1995)

Lindner/Biehler/Stohre:
Wirksamkeit verschiedener Bekämpfungsmethoden gegen Schimmelpilze – Laboruntersuchungen;
ARCONIS 2(1997)

Linskens/Jorde:
Umwelt – Ökologie: politisierte Begriffe?;
In: Allergologen Fortbildung. Bd.2, Medizin und Umwelt Verlag 1987

Lorenz:
MVOC-Bestimmungen zur Erkennung mikrobieller Schäden in Gebäuden.
In: Morsike/Turowski (Hrsg.): Handbuch für Bioklima und Lufthygiene; Landsberg am Lech: ecomed Verlag 2001

Lorenz:
Bewertung von MVOC-Messungen im praktischen Einsatz;
Zeitschrift für Umweltmedizin (2001), Nr. 1

Lorenz:
Dem Schimmel auf der Spur;
Zeitschrift für Umweltmedizin (2001)

London/Evans/McGlynn/Buetow/Gao/Lustbader/Ross/Chen/Shen:
Viral, host and environmental risk factors for hepatocellular carcinoma: A prospective study in Haimen City;
China. Intervirology 38

Lukassowitz:
PCB in der Innenraumluft;
Bundesgesundheitsblatt 11 (1990)

Lustgraaf/Jorde:
Pyroglyphid mites, xerophillic fungi and allergenic activity in dust from hospital mattresses;
Acta Allergol. 32(1977)

Lutz/Jenisch/Klopfer/Freymuth/Krampf/Petzold:
Lehrbuch der Bauphysik. 4. Aufl.;
Stuttgart: Teubner Verlag 1997

MacCarteney:
Phillips: Logic in medicine;
London: BMJ Publishing company 1995

Madigan/Martinko/Parker:
Mikrobiologie;
Heidelberg/Berlin: Spektrum Akademischer Verlag 2000

Malling:
Diagnosis and immunotherapy of mould allergy;
Allergy 41

Malmberg/Rask-Andersen/Rosenhall:
Exposure to microorganisms associated with allergic alveolitis and febrile reactions to mold dust in farmers;
Chest 103

Malling/Weebke:
Position paper. Immunotherapie;
Allergy 48(1993)

Manville:
Poor drainage leads to fungal infestation, Adverse health effects;
Indoor Air Quality Update 3(1996)

Marasas/Nelson:
Mycotoxicology – Introduction to the Mycology, Plant Pathology, Chemistry, Toxicology and Pathology of Naturally Occurring Mycotoxicoses in Animals and Man;
Pennsylvania State University Press 1987

Marchisio/Sulotto/Botta/Chiesa/Airaudi/Anastasi:
Aerobiological analysis in a salami factory: a possible case of extrinsic allergic alveolitis by Penicillium camembertii.;
Medical Mycology 37(1999)

Marinkovich:
Coexisting IgG and IgE;
California/USA: Mast Immunosystems 1987

Marquardt/Schäfer:
Lehrbuch der Toxikologie;
BI – Wissenschaftsverlag
Mannheim/Leipzig/Wien/Zürich (1994)

Melia/Florey/Altmann/Swan:
Association between gas cooking and respiratory disease in children;
British Medical Journal 2(1977)

Mendgen/Deising:
Infection structures of fungal plant pathogens – a cytological and physiological evaluation;
Phytologistik 124(1993)

Mewes/Heumann:
Genome analysis: pattern search in biological macromolecules;
Combinatorial Pattern Matching; Berlin/Heidelberg: Springer Verlag 1995

Mewes/Doelz/George:
Sequence databases: an indespensible source for biotechnological research;
Journal of Biotechnology 35(1994)

Mewes/Sgouros:
Erste Sequenzierung eines kompletten Chromosoms;
Spektrum Der Wissenschaften (1992)

Mewes:
Databanks on biological macromolecules;
Genome Analysis: From Sequence to Function;
Heidelberg: Hüthig 1991

Mewes/Heumann/Kaps/Mayer/Pfeiffer/Stocker/Frishman:
MIPS: a database for genomes and protein sequences;
Nucleic Acids Research 27(1999)

Mewes/Frishman/Zollner/Heumann:
The bioinformatics of the yeast genome;
Meth. Microbiol. 26(1998)

Mewes/Albermann/Bahr/Frishman/Gleissner/Hani/Heumann/Kleine/Maierl/Oliver/Pfeiffer/Zollner:
Chromosome: maps;
Nature 387(1997)

Mewes/Albermann/Bahr/Frishman/Gleissner/Hani/eumann/Kleine/Maierl/Oliver/Pfeiffer/Zollner:
Chart of duplications;
Nature 387(1997)

Materialforschungs- und Prüfungsanstalt für das Bauwesen Leipzig e.V. (Hrsg.):
9. Feuchtetag;
Weimar: Selbstverlag 1997

Miller/Laflammbe/Sobol/Lafontaine:
Fungi and Fungal Products in some Canadian Houses;
International Biodetrioation 24(1988)

Millner/Olenchok/Epstein/Rylander/Haines/Ooi/Horne/Maritito:
Bioaerosols associated with composting facilities;
Compost Science Utilization 2

Millner/Bassett/Marsh:
Dispersal of Aspergillus fumigatus from sewage sludge compost piles subjected to mechanical agitation in open air;
Applied Environmental Microbiology 39

Mironov/Frishman/Gelfand:
Computer analysis of regulatory signals in complete bacterial genomes. Ribosome binding sites;
Molecular Biology 33(1999)

Mönck:
Schäden an Holzkonstruktionen;
Verlag für Bauwesen (1995)

Mølhave/Bach/Petersen:
Human reactions to low concentrations of volatile organic compounds;
Environment International 12(1986)

Moriske/Turowski:
Handbuch für Bioklima und Lufthygiene;
Landsberg: Ecomed-Verlag 2000

Moriske, Heinz:
Auftreten von plötzlichen Staubimmissionen in Wohnungen.
In: Handbuch für Bioklima und Lufthygiene;
Landsberg: Ecomed-Verlag 2000

Umweltbundesamt – Institut für Wasser-, Boden- und Lufthygiene (Hrsg.); Moriske:
Zum Phänomen der „schwarzen Wohnungen";
Umweltmedizinischer Informationsdienst 2000

Moriske, Heinz:
Rätselhafte schwarze Ablagerungen in Wohnungen – das Fogging-Phänomen;
ARCONIS 5(2000), Nr.3, S.34-35

Moriske, Heinz:
Das Phänomen „schwarzer Wohnungen" – ein hygienisches und juristisches Problem;
Neue Zeitschrift Miet- und Wohnungsrecht (2000)

Moriske, Heinz:
Zum Auftreten von plötzlichen Staubimmissionen in Wohnungen – das Phänomen der schwarzen Wohnungen;
Schornsteinfegerhandwerk 54(2000)

Moriske/Rudolphi/Salthammer/Wensing:
Zum Phänomen der „schwarzen" Wohnungen – aktueller Sachstandsbericht;
gi Gesundheits-Ingenieur 121(2000), Nr.6, S.305-311

Morschhäuser/Köhler/Hacker:
Gibt es Pathogenitätsfaktoren bei Pilzen?;
Mycoses 39 (1995)

Mücke/Lemmen:
Schimmelpilze – Vorkommen, Gesundheitsgefahren und Schutzmaßnahmen;
Landsberg: Ecomed-Verlag 1999

Müller:
Hygiene;
Berlin/München: Urban & Schwarzenberg 1994

Univ. München, Psychologisches Institut (Hrsg.); Müller:
Psychodiagnostische und psychogenetische Aspekte umweltbezogener funktioneller Syndrome. Diplomarbeit;
München: Selbstverlag 1996

Müller/Herbarth:
Toxic effects of extracts from spores of moulds;
Umweltmedizin in Forschung und Praxis 4 (1999)

Müller/Loeffler:
Mykologie;
Stuttgart: Thieme Verlag 1992

Müller-Mohnssen:
Vortrag am 15.10.1994 auf der Pyrethroid-Tagung der Interdisziplinären Gesellschaft für Umweltmedizin in Fulda

Müsken/Kniest/Hinze/Bergmann:
Vorratsmilbenvorkommen in Arbeits- und Wohnstätten von deutschen Landwirten und ihre medizinische Bedeutung;
Pneumologie 46(1992)

Müller-Wenig:
Klinik der exogen-allergischen Alveolitis;
Allergologie 13 (1990)

Munk:
Grundstudium Mikrobiologie;
Stuttgart: Spektrum Verlag

National Academy Press:
Protection against trichothecene mycotoxins. Chapter 6: Responses of biological systems (biological effects in humans);
Washington/D.C.: National Academy Press 1983

Committee on the Assessment of Asthma and Indoor Air, Division of Health Promotion and Disease prevention (Hrsg.):
Clearing the air. Asthma and indoor air exposures;
New York: National Academic Press 2000; (Institute of Medicine, National Academies News report online)

Neubrandt:
Schimmelpilze in Gebäuden: Gesundheitliche Aspekte.
In: Deutsche Gesellschaft für Holzforschung e.V. -DGfH-, München (Herausgeber, Veranstalter): 22. Holzschutz-Tagung – Maßnahmen zum Schutz des Holzes, Bad Kissingen 17./18. Oktober 2000 - Vorträge, München: Selbstverlag 2000

Neuhause/Schata:
Gesundheitsvorsorge in Archiven. Zur Gefährdung durch Schimmelpilz-Kontamination im Umgang mit Archivgut;
Der Archivar 47(1994)

Nielsen/Hansen:
Indoor Air Guideline Values for Organic Acids, Phenols and Glycol Ethers;
Indoor Air Supplement 5 Kopenhagen (1998)

Nikulin/Pasanen/Hintikka:
Stachybotrys chartarum growth and toxin production in some building materials and fodder under different relative humidities;
Applied Environmental Microbiology 60

Nivolic/Rouvel:
Vergleich des Wärmebedarfs bei unterschiedlicher Nutzung; Statusbericht „Lüftung im Wohnungsbau";
München: TÜV-Verlag 1984

Nolting/Guzek/Hauss:
Mykosen des Verdauungstraktes;
Hamburg: Medi-Verlag 1994

Nordvall/Eriksson/Rylander/Strömquist:
Fungal Allergy in children;
Pediatr Allergy Immunol 1(1990), S. 68-73

Noris:
Observations on the controll of mite infestation in stored wheat be Cheyleius spp.;
Annals of Applied Biology 46(1958)

Ohgke/Senkpiel:
Gesundheitliche Schädigungen durch Inhalation von Schimmelpilz- und Thermoactino-myceten-Sporen in der Raumluft.
In: Verein Deutscher Ingenieure, Kommission Reinhaltung der Luft, Düsseldorf (Hrsg.): Luftverunreinigung in Innenräumen; Düsseldorf: VDI-Verlag 1994, (VDI-Berichte; 1122)

Ohgke/Geers/Beckert:
Fungal load of indoor air in historical and newly constructed buildings used by public services;
Proceedings of indoor Air `87 Berlin (1987)

Ohgke:
Aerogene Ausbreitung von Infektionen. Gesundheitliche Gefahren durch biogene Luftschadstoffe.
In: Medizinische Univ. Lübeck, Institut für Medizinische Mikrobiologie und Hygiene (Hrsg.): 2. Fachtagung für Umwelthygiene; Lübeck: Selbstverlag 1998

Ostrowski:
Exposure assessment of moulds in indoor environments in relation to chronic respiratory diseases;
Akademische Edition Umweltforschung (Hrsg.) Dott, Publikationsreihe des interdisziplinären Umweltforums der RWTH Aachen (1999)

Aachener Institut für Bauschadensforschung und Angewandte Bauphysik gGmbH -AIBau- (Hrsg.):
Aachener Bausachverständigentage 1994. Neubauprobleme – Feuchtigkeit und Wärmeschutz. Rechtsfragen für Baupraktiker;
Wiesbaden: Bauverlag 1994

Oswald:
Baufeuchte – Einflussgrößen und praktische Konsequenzen.
In: AIBau – Aachener Institut für Bauschadensforschung und Angewandte Bauphysik (Hrsg.): Aachener Bausachverständigentage 1994. Neubauprobleme – Feuchtigkeit und Wärmeschutz. Rechtsfragen für Baupraktiker; Wiesbaden: Bauverlag 1994

Paasanen:
Recent Studies on Fungal Growth on Building Materials.
In: Abstract des Internationalen Workshops „Health Implications of Fungi in Indoor Environments" vom 9. - 13. November 1992 in Baarn

Pasanen/Nikulin/Tuomainen/Berg/Parikka/Hintikka:
Laboratory experiments an membrane filter sampling of airborne mycotoxins produced by stachybotrys arta Corda;
Atmospheric Environment 27a (1993)

FH Stuttgart, Hochschule für Technik (Hrsg.); Pannach:
Entwicklung eines Konzepts zur Vermeidung bzw. Reduktion von Allergenen in Innenräumen.
Diplomarbeit, Stuttgart: Selbstverlag 1994

Percival/Walker:
Potable Water and Biofilms: a Review of Public Health Implications;
Biofouling 14(1999)

Pestalozzi:
Febrile Gruppenerkrankung in einer Modellschreinerei durch Inhalation von mit Schimmelpilzen kontaminierten Befeuchterwasser („Befeuchterfieber");
Schweizerische Medizinische Wochenzeitschrift 6(1959)

von Plehwe-Leisen/Warscheid/Leisen:
Studies of longtherm behaviour of conservation agents and of microbiological contamination on twenty years exposed treaded sandstone cubes.
In: Staatliche Museen zu Berlin, Rathgen-Forschungslabor (Hrsg.): Proceedings of the 8th international congress on deterioration and conservation of stone; Berlin: Selbstverlag 1996

Peat/Dickerson/Lee:
Effects of damp and mould in the home and respiratory health: a review of the literature;
Allergy 53(1998)

Peraica/Radic/Lucic/Pavlovic:
Toxic effects of mytotoxins in humans;
Bulletin of the World Health Organization 77(1999)

Prahl:
Reduction of indoor airborne mould spores;
Allergy 47(1992), S. 362 - 365

Pult:
Krankheiten durch Schimmelpilze.
In: Aachener Institut für Bauschadensforschung und Angewandte Bauphysik gGmbH -AIBau- (Hrsg.): Aachener Bausachverständigentage 1994. Neubauprobleme - Feuchtigkeit und Wärmeschutz. Rechtsfragen für Baupraktiker; Wiesbaden: Bauverlag 1992

Pult/Jorde :
Schimmelpilzsensibilisierungen bei Rhinoallergien;
Arch. Ohren-Nasen-Kehlkopf-Krankheiten (1981), Nr. 231

Rachel:
Fine structure of S-layers;
FEMS Microbiology Reviews 20 (1997)

Ramazzini:
Untersuchungen von denen Krankheiten der Künstler und Handwerker;
Deutsche Ausgabe des lat. Originals – de morbis artificum diatriba – 1700, Leipzig: Weidmann

Randolph:
Human Ecology and susceptibility to the chemical environment;
Springfield 1962

Stiftung Warentest (Hrsg.):
Ratgeber Umwelt: Wohnen ohne Gift.
In: Ratgeber Gesundheit: Allergien; Berlin: Selbstverlag

Rao/Bürge/Chang:
Review of Quantitative Standards and Guidelines for Fungi in Indoor Air;
J. Air & Waste Manage. Assoc. (1996)

Recent Studies on Fungal Growth on Building Materials;
Abstracts des Internationalen Workshops »Health Implications of Fungi in Indoor Environments« 9.-13. November; Baarn 1992

Reed:
Measurement of airborne antigens;
Journal of Allergy Clinical Immunology 70(1982)

Reidat:
Klimadaten für Bauwesen und Technik (Lufttemperatur).
In: Deutscher Wetterdienst (Hrsg.): Berichte des Deutschen Wetterdienstes Nr. 64, Bd. 9, Offenbach: Selbstverlag 1960

Reinthaler/Haas/Feierl/Schlacher/Pichler-Semmelrock/Köck/Wüst/Feenstra/Marth:
Vergleichende Untersuchungen über luftgetragene, kultivierbare Mikroorganismen an ausgewählten Standorten in der Abfallwirtschaft und im Anwohnerbereich;
Zentralblatt für Hygiene und Umweltmedizin 202(1999)

Reiß:
Schimmelpilze. Lebensweise, Nutzen, Schaden, Bekämpfung;
Berlin/Heidelberg: Springer Verlag 1998

Remmer:
Die Umwelt als Ursache für Erkrankungen;
Deutsches Ärzteblatt 91(1994)

Reynolds/Streifel/McJulton:
Elevated airborne concentrations of fungi in residential and office environments;
Am. Ind. Hyg. Assos. J. 51 (1990)

Rhomberg:
Chemikalienunverträglichkeit;
Wohnung und Gesundheit Bd. 12 (1998)

Richard/Plattner/May/Liska:
The occurance of ochratoxin A in dust collected from a problem household;
Mycopathologia 146(1999)

Richardson:
Schimmelpilze in Innenräumen – Bestandsaufnahme und Probenahme bei verstecktem Schimmel und neue Bewertungsansätze;
Energie und Raumluftqualität, Ergebnisse des 4. Fachkongresses der Arbeitsgemeinschaft Ökologischer Forschungsinstitute (AGÖF) am 25. und 26. September 1998 in Nürnberg

Robert-Koch-Institut, Berlin (Hrsg.):
Pressemeldung 19/1995 des Robert-Koch-Institutes mit der Empfehlung, Schimmelpilz-Streuquellen im Haushalt zu vermeiden;
Berlin: Selbstverlag 1995

Institut für Baubiologie, Rosenheim (Hrsg.); Rose:
1000 Tips zum gesunden Wohnen;
München: Knaur Verlag 1989

Roth/Frank/Kormann:
Giftpilze – Pilzgifte / Schimmelpilze – Mykotoxine; Vorkommen, Inhaltsstoffe, Pilzallergien, Nahrungsmittelvergiftungen;
Ecomed Verlag Landsberg/Lech (1990)

Runow:
Klinische Ökologie;
Stuttgart: Hippokrates Verlag 1994

Ruotsalainen/Jaakkola:
Dampness and molds in day-care centers as an occupational problem;
Archives of Occupational and Environmental Health 66(1995)

Rylander/Etzel:
Introduction and Summary: Workshop on Childrens Health and Indoor Mold Exposure;
Environmental Health Perspective 107(1999)

Rylander:
Effects after mold exposure – which are the causative agents? Bioaerosols, Fungi and Mycotoxins Health Effects, Assessment, Prevention and Control.
In: Johanning (Hrsg.): Eastern New York Occupational and Environmental Health Center 1999

Rylander:
Indoor Air-related Effects and Airborne;
Environ Health Perspect 107(1999)

Sachverständigenrat für Umweltfragen:
Luftverunreinigung in Innenräumen;
Sondergutachten Mai 1987;
Stuttgart/München: Kohlhammer Verlag (1987)

Sagunski:
Biogene Verunreinigungen in der Innen- und Außenluft: Ansätze zur Risikoabschätzung am Beispiel Schimmelpilze, Biogene Luftschadstoffe in Wohn- und Aufenthaltsräumen.
In: Medizinische Univ. Lübeck, Institut für Medizinische Mikrobiologie und Hygiene (Hrsg.): Vorträge der Fortbildungsveranstaltung im Februar 1997; Lübeck: Selbstverlag 1997, (Schriftenreihe des Instituts für Medizinische Mikrobiologie und Hygiene der Medizinischen Universität Lübeck; 2)

Sagunski:
Mikrobielle flüchtige organische Verbindungen;
Umweltmed Forsch Prax 2(1997)

Samson/Hoekstra/Frisvad/Filtenborg:
Introduction of food-borne fungi Centraalbureau voor Schimmelcultures;
Baarn: 1995

Samson/Flannigan/Verhoeff/Adan:
Health implications of fungi in indoor environments. Recommendations;
O.C.G. & Hoekstra, Amsterdam: E.S. Elsevier 1994; (Air Quality Monographs; Vol. 2)

Salvaggio/Burge/Chapman:
Emerging concepts in mild allergy: What is the role of immunotherapy?
Allergy and Clinical Immunology News 92(1993); S. 217 - 222

Sara/Sleytr:
S-Layer Proteins;
Journal of Bacteriology 182(2000)

Schadewaldt:
Geschichte der Allergie;
München-Deisenhofen: Dustri-Verlag 2000

Schata/Schumacher:
Schimmelpilze – Relevante Innenraum-Allergene;
Allergologie 18(1995)

Schata/Jorde/Elixmann:
Evidence of heating systems on controlling house-dust-mites and moulds in the indoor environment.
In: 5th Int. Indoor Air Conference July 29th-August 3rd 1990, Toronto

Schata/Jorde:
Allergische Erkrankungen durch Schimmelpilze;
München: Dustri Verlag 1989

Schata:
Allergene und mikrobielle Belastungen in Innenräumen.
In: Gesellschaft Deutscher Chemiker -GDCh-, Frankfurt/Main; Verein Deutscher Ingenieure -VDI-, Kommission Reinhaltung der Luft, Düsseldorf ; Deutsches Institut für Normung e.V. -DIN-, Kommission Reinhaltung der Luft, Berlin (Hrsg., Veranst.): Schadstoffbelastung von Innenräumen. Tagung, Düsseldorf : Selbstverlag 1992; (Schriftenreihe – VDI-Kommission Reinhaltung der Luft; 19)

Schata/Jorde/Hartenstein:
Ergebnisse epidemiologischer Untersuchungen allergischer Erkrankungen;
Schweizerische Rundschau für Medizin 77(1988)

Schata/Jorde/Elixmann/Linskens:
Allergies to moulds caused by fungal spores in air conditioning equipment;
Environment International 15(1989)

Schata/Jorde/Elixmann/Linskens:
Allergies to moulds caused by fungal spores in air conditioning plants.
In: Proc. 4th Int. Conf. Indoor Air Quality and Climate Berlin, 1987

Schata/Jorde/Elixmann/Linskens:
Pilzallergene in klimatisierten Räumen.
In: Mönchengladbacher Allergieseminar; Bd. 2, München-Deisenhofen: Dustri Verlag 1989

Schied:
Pilzbefall in Innenräumen, Biozide in Baubeschichtungen;
Renningen: Expert Verlag 2000; (Kontakt & Studium; Bd. 545)

Schimmelpilze in Gebäuden, Gefahr für die Gesundheit;
Wohnmedizin, Mitteilungsblatt für Wohn- und Baumedizin (1988)

Schlegel:
Allgemeine Mikrobiologie. 7. Aufl.;
Stuttgart: Georg Thieme Verlag 1992

Schmidt:
Basiswissen – Exogen-allergische Alveolitis;
(1995)

Schober:
Schimmelpilze in Innenräumen.
In: Jorde (Hrsg.): Schimmelpilzallergie; München-Deisenhofen: Dustri-Verlag 2000

Schoenherr:
Schimmelpilze. Hysterie oder gesundheitliche Bedeutung?
Vortrag 3. Pilztagung des Berufsverbandes deutscher Baubiologen, Fulda, 4./5.6.1999

Landesgewerbeanstalt Baden-Württemberg (Hrsg.); Schoenherr:
Schimmelpilze in Innenräumen. Allergien und weitere gesundheitliche Beeinträchtigungen;
Stuttgart: Selbstverlag 2000; (Schriftenreihe LGA Stuttgart; Nr. 3)

Schoenherr:
Medizinische Indikatororganismen. Überlegungen zur medizinischen Indikatorfunktion von Schimmelpilzen.
Vortrag 5. Pilztagung des Berufsverbandes deutscher Baubiologen in Stuttgart am 9.6.2001

Scholz:
Vorkommen ausgewählter VOC in Innenräumen und deren Bewertung;
In: Gebäudestandard 2000; Energie & Raumluftqualität, AGÖF (1998)

Scholz:
Vorkommen von Formaldehyd in Innenräumen;
In: Gebäudestandard 2000; Energie & Raumluftqualität, AGÖF (1998)

Schorrmüller (Hrsg.):
Handbuch der Lebensmittelchemie (2. Bd.),
Springer Verlag Berlin (1967)

Schreiner/Wetzel/Kirbach:
Innenraumbelastungen deutscher Kindergärten mit flüchtigen organischen Verbindungen (VOC);
Umweltmed. Forsch. Prax. 6 (2001)

Schrodt:
Schimmelpilzbefall in Wohnungen.
In: BDB-Bausachverständigenhandbuch 1988/89; 1989

Schultze-Werninghaus/Levy/Bergmann/Kappos/Meier-Sydow:
Klinische Bedeutung von Sensibilisierungen gegen Alternaria tenuis bei Asthma bronchiale: Vergleich von Anamnese, Haut- und Provokationsproben mit Sporenhäufigkeit im Aeroplankton. Eine retrospektive Analyse;
Allergologie 9

Schultze-Werninghaus:
Atem- und Lungenkrankheiten durch Schimmelpilz.
1. Internationales Symposium, Innsbruck

Schumann:
Biologie bakterieller Plasmide;
Braunschweig: Vieweg 1990

Seifert:
Das sick building syndrom;
Das Öffentliche Gesundheitswesen 53(1991)

Seifert:
Regulating Indoor Air.;
In: Indoor Air 1990 Toronto Vol. 5

Seeliger/Heymer:
Diagnostik pathogener Pilze des Menschen und seiner Umwelt;
Georg Thieme Verlag Stuttgart/New York (1981)

Senkpiel:
Die Bewertung von feuchte- und schimmelpilzbelasteten Innenräumen anhand von Orientierungswerten, Leitlinien und Empfehlungen.
In: Arbeitsgemeinschaft Ökologischer Forschungsinstitute e.V. (Hrsg.): Ökologisches Bauen: Energiesparend, emissionsarm und zukunftsfähig; Springe-Eldagsen: Selbstverlag 1999

Senkpiel/Böll/Ohgke/Beckert:
Analyse einer Schimmelpilzbelastung im Innenraum mittels mikrobiologischer und physikalischer Untersuchungsmethoden;
gi Gesundheits-Ingenieur 112(1991)

Senkpiel/Ohgke/Beckert:
Kinetik der Auskeimung von Schimmelpilzsporen auf Baustoffen in Abhängigkeit von deren Gleichgewichts-, Material-, und Oberflächenfeuchte;
gi Gesundheits-Ingenieur 115(1994)

Senkpiel/Ohgke:
Beurteilung der Schimmelpilzsporenkonzentration in der Innenraumluft und ihre gesundheitlichen Auswirkungen;
gi Gesundheits-Ingenieur 113(1992)

Senkpiel/Ohgke:
Gesundheitliche Schädigungen durch Inhalation von Schimmelpilz- und Thermoactinomyceten-Sporen in der Raumluft;
Düsseldorf: VDI-Verlag 1994; (VDI-Berichte; 1122),

Senkpiel/Ohgke/Becker:
Kinetik der Auskeimung von Schimmelpilzsporen auf Baustoffen in Abhängigkeit von deren Gleichgewichts-, Material- und Oberflächenfeuchte;
gi-Gesundheitsingenieur 115(1994)

Senkpiel/Soon/Ohgke:
Untersuchungen zur mikrobiziden Wirkung von ausgewählten kommerziell erhältlichen Antischimmelpräparaten für den häuslichen Gebrauch;
Ges.-Ing. 117 (1996)

Senkpiel:
Nachweis und Bewertung von mikrobiellen Belastungen in Gebäuden;
Wohnmedizin 39 (2001)

Senkpiel/Draak/Sassenberg/Höppner/Keller/Ohgke:
Bestimmung des Mykotoxin-Gehaltes von Konidiosporen aus Wildstamm-Reinisolaten schimmelpilzbelasteter Wohnungen;
Ges.-Ing. 121 (2000)

Senkpiel/Kienast/Herbst/Ohgke:
Bestimmung von luftgetragenen Mikroorganismen – Vergleich und Bewertung der Abscheideleistungen eines Schlitzimpaktors anhand des cut-off-(d50)-Wertes;
Gefahrenstoffe – Reinhaltung der Luft 58 (1998)

Senkpiel/Ohgke:
Wohnhygienische Bewertung der mikrobiellen Belastung in feuchten Gebäuden,
In: Handbuch für Bioklima und Lufthygiene (Hrsg.) Moriske und Turowski;
Ecomed Verlag Landsberg/Lech (2001)

Sennekamp:
Exogen-allergische Alveolitis;
München: Dustri-Verlag

Sennekamp:
Differentialdiagnose Organic Dust Toxic Syndrome (ODTS) – exogen-allergische Alveolitis;
Allergologie 19(1996)

Seyffert/Gassen/Hess/Jäckle/Fischbach:
Lehrbuch der Genetik;
Heidelberg: Spektrum Akademischer Verlag 1998

Sharma/Salunkhe:
Mycotoxins and phytoalexins;
CRC Press 1991

Sjöstrand/Rylander:
Pulmonary cell infiltration after chronic exposure to cigarette smoke;
Inflammation Research 3(1997), Nr. 46

Siegert:
Prüfung der antimikrobiellen Ausrüstung von Putzen;
Farbe & Lack (1985)

Sierk:
Schimmelpilzbelastungen in Innenräumen;
Fachtagung in Fulda Mai 1997

Simrock:
PAK-Konzentrationen im Hausstaub von Privathaushalten;
In: Gebäudestandard 2000, Energie & Raumluftqualität AGÖF (1998)

Sitte/Ziegler/Ehrendorfer/Bresinsky:
Strasburger's Lehrbuch der Botanik. 34. Aufl.,
Heidelberg: Spektrum Akademischer Verlag 1998

Sleytr:
Basic and applied S-layer research;
an overview; FEMS Microbiology Review 20(2000)

Smith/Moss:
Mycotoxins. Formation, Analysis and Significance;
Chichester: John Wiley & Sons 1985

Smith/Anderson/Lewis/Murad:
Cytotoxic fungal spores in the indoor atmosphere of the damp domestic environment,
FEMS Microbiology Letters 100(1992)

Sondergutachten des Rates der Sachverständigen für Umweltfragen – Luftmessungsregeln in Innenräumen;
Stuttgart: W. Kohlhammer Verlag 1987

Sonnenshein/Hoch/Losik:
Bacillus subtilis and other gram-positive bacteria. Biochemistry, physiology, and molecular genetics;
ASM Press Washington D.C. (1993)

Sorenson:
Fungal Spores : Hazardous of Health?;
Environmental Health Perspectives 107(1999)

Sorenson/Fraser/Jarvis/Simpson/Robinson:
Trichothecene mycotoxins in aerosolized conidia of Stachybotrys atra;
Applied and Environmental Microbiology 53

Sönnichsen/Keller:
Methodische Grundlagen zur Identifizierung der flüchtigen organischen Stoffwechselprodukte von Schimmelpilzen mittels GC-MSD und Thermodesorption;
Biogene Luftschadstoffe in Wohn- und Aufenthaltsräumen (1997)

Sönnichsen/Keller:
Methodische Grundlagen zur Identifizierung der flüchtigen organischen Stoffwechselprodukte von Schimmelpilzen mittels GC-MSD und Thermodesorption;
Vorträge der Fortbildungsveranstaltung im Februar 1997; Lübeck: Selbstverlag 1997; (Schriftenreihe des Instituts für Medizinische Mikrobiologie und Hygiene der Medizinischen Universität zu Lübeck)

Sotillos/Cumona/Picon:
Late athma caused by inhalation of Lepidoglyphus destructor;
Arm Allergy 67(1991)

Speizer/Ferris/Bishop/Sprengler:
Respiratory disease rates and pulmonary function in children associated with NO_2-exposure;
Americans Rev. Respirat. Disease 121(1980)

Staib:
Vorschläge zur Bekämpfung aerogener tiefer Mykosen bei immungeschwächten Personen. Ein Beitrag zur Epidemiologie der Aspergillose, Mucormykose und Cryptococcose;
Bundesgesundheitsblatt 28(1985)

Stix/Grosse-Brauckmann:
Der Pollen- und Sporengehalt der Luft und seine tages- und jahreszeitlichen Schwankungen unter mitteleuropäischen Verhältnissen;
Flora B 159 (1980)

Stolz/Krooß:
Vorkommen pyrethroidhaltiger Pestizide in Innenräumen;
Forum-Städte-Hygiene 44(1993)

Bundesgesundheitsamt -BGA-, Institut für Wasser-, Boden- und Lufthygiene (Hrsg.); Stolz:
Analytik und Vorkommen Pyrethroiden in Innenräumen – Stabilität von Pyrethroiden in 2 bis 3 Jahre alten Staubproben.
Vortrag zur Informationsveranstaltung »Hausstaub-Pyrethroide« im Rahmen des Umwelt-Survey am 14.12.1993

Stolz/Meierhenrich/Krooß:
Dekontaminations- und Abbaumöglichkeiten für Pyrethroide in Innenräumen;
Staub-Reinhaltung der Luft 54(1994)

Stolz/Krooß/Meierhenrich:
Ermittlung der Belastung von Innenräumen mit pyrethroidhaltigen Wirkstoffrückständen nach Schädlingsbekämpfungsmaßnahmen;
Düsseldorf: VDI-Verlag 1994, (VDI-Berichte)

Stolz/Weis/Köhler/Krieg/Plieninger/Santl:
Zur Nomenklatur der Glykolverbindung;
In: Dietz (Hrsg.) Ökologisch Bauen und Sanieren, C.F. Müller Verlag Heidelberg (1998)

Storm van Leeuwen:
Schimmelpilzallergene als Krankheitsursache;
Klinische Wochenschrift 6(1927)

Strachan:
Damp housing and childhood asthma: validation of reporting of Symptoms;
BMJ (2988), Nr.297

Strachan/Elton:
Relationship between respiratory morbidity in children and the home environment;
Familiy Practice 3(1986)

Strasburger:
Lehrbuch der Botanik. 31. Aufl.;
Stuttgart: Fischer-Verlag 1978

Stratil/Knülle:
Ökologische Untersuchungen zur Oberflächenvermilbung;
Zeitschrift für Angewandte Entomologie 92(1981)

Stratil/Knülle:
Die Induktion des Hypopusstagiums bei der im Lagergetreide vorkommenden Milbe Glycyphagus destructor;
Zeitschrift für Angewandte Entomology 99(1985)

Ström/Palmgren/Wessén/Hellsröm/Kumlin:
The Sick building syndrome – an effect of microbial growth in building constructions?
In: Walkinshaw, D.S. (Hrsg.): Indoor Air '90, Vol.1; Ottawa: CMHC 1990

Ström/West/Wessén/Palmgren:
Quantitative analysis of microbial volatiles in damp Swedish houses.
In: Samson, R.A.; Flannigan, B.; Flannigan, B.M.; Verhoeff, A.P.; Adan, O.C.G.; Hoekstra, E.S. (ed.): Health implications of fungi in indoor environments. Air quality monographs, vol. 2; Amsterdam: Elsevier Science B.V., p.291-305

Sung/Chan/Tam/Cheng/Murray:
Epidemiology and aetiology of acute bronchiolitis in Hong Kong infants;
Epidemiology and Infection. 108 (1992)

Tanner:
Die Messung von Luftundichtigkeiten in der Gebäudehülle;
Aachener Bausachverständigentage; AIBau – Aachener Institut für Bauschadensforschung und angewandte Bauphysik (1993)

Technische Regel für Gefahrstoff 907, 1997-12, Änderung 2000-02:
Verzeichnis sensibilisierender Stoffe;
Bundesarbeitsblatt (1997), Nr.12, S.65-67 und (2000), Nr.12, S.90

Tiefenbrunner/Unterhuber/Tomaschek:
Das Vorkommen von Pilzen in Saunaanlagen vor und nach Reinigungs- bzw. Desinfektionsmaßnahmen;
Forum Städte-Hygiene (1981)

Bundesgesundheitsamt -BGA-, Institut für Wasser-, Boden- und Lufthygiene (Hrsg.); Tilkes/Dott/Fischer/Grün/Harpel/Hartung/Keller/Koch /Linsel/Manns/Martens/Palmgren/Seidel:
Mikrobielle Luftverunreinigungen – Verfahren zur Erfassung und Diagnose von Endotoxinen, Mykotoxinen und MVOC.
In: Eikmann, Th., Hofmann, R. (Hrsg.): Stand von Wissenschaft, Forschung und Technik zu siedlungshygienischen Aspekten der Abfallentsorgung und -verwertung; Berlin: Selbstverlag; (Schriftenreihe des Vereins für Wasser-, Boden- und Lufthygiene; 104)

Trautmann:
Messung, Bewertung und Sanierung von Schimmelpilzbefall in Wohnräumen;
In: Raumklimatische und hygienische Anforderungen für Wohlbefinden und gesundes Wohnen und Arbeiten; IBK-Baufachtagung 264 am 22.02.2001 in Berlin

Tretter:
Umweltbezogene funktionelle Syndrome;
Internistische Praxis 36(1996)

Tretter:
Umweltmedizin und Wissenschaftstheorie;
Deutsches Ärzteblatt 93(1996)

Türk:
Verein Deutscher Ingenieure -VDI-, Kommission Reinhaltung der Luft;
Deutsches Institut für Normung e.V. -DIN-, Kommission Reinhaltung der Luft (Hrsg.): Konzept der Bundesregierung zur Verbesserung der Luftqualität in Innenräumen;
Düsseldorf: VDI-Verlag 1994; (VDI-Berichte; 1122)

Umweltbundesamt (Hrsg.):
Leitfaden für die Innenraumlufthygiene in Schulgebäuden;
Berlin: Selbstverlag

Umweltbundesamt, Institut für Wasser-, Boden- und Lufthygiene (Hrsg.); Moriske:
(Plötzliches) Auftreten von Staubimmissionen in Wohnungen;
Umweltmedizinischer Informationsdienst 1996/1997

Umweltbundesamt, Institut für Wasser-, Boden- und Lufthygiene (Hrsg.); Moriske:
Plötzliche Staubimmissionen in Wohnungen: Neue Aspekte, Fragebogenaktion;
Umweltmedizinischer Informationsdienst 1996/1997

Umweltbundesamt: Presse-Information vom 29.04.1998:
Empfehlungen zu polyzyklischen aromatischen Kohlenwasserstoffen (PAK) in Wohnungen mit Parkettböden;
Ergebnisse des zweiten Expertengespräches am 28.04.1998 im Umweltbundesamt

Unterhuber/Tiefenbrunner:
Mykologische Untersuchungen in Bädern;
Zentralblatt für Bakteriologie, Mikrobiologie und Hygiene (1977)

Ventas/Carreira/Polo:
Identification of IgE binding protein from Lepidoglyphus destructor and production of monoclonal antibodies to a major allergen;
Immunology Letters 29(1991)

Ventas/Carreira/Polo:
Purification and characterization of Lep d I, a major allergen from the mite Lepidoglyphus destructor;
Clinical Experimental Allergy 22(1992)

Venzmer u.a.:
Praxishandbuch Mauerwerkssanierung von A - Z;
Berlin: Bauwesen Verlag 2001

Verbraucher-Zentrale:
Feuchtigkeit und Schimmelbildung in Wohnräumen;
Eurokaribe Druck und Verlag GmbH (1997)

Verhoeff/van Wijnen/Boleij/Brunekreef/van Reenen-Hoekstra/Samson:
Enumeration and identification of airborne viable mould propagules in houses;
Allergy 45(1990), S. 275 - 284

Verein Deutscher Ingenieure -VDI-, Düsseldorf (Hrsg.); Verein Deutscher Ingenieure -VDI-Gesellschaft Verfahrenstechnik und Chemieingenieurwesen, Düsseldorf (Hrsg.):
VDI-Wärmeatlas. Berechnungsblätter für den Wärmeübergang. Grundwerk.
4. ,neubearb. u. erw. Aufl.;
Düsseldorf: VDI-Verlag 1984

Verein Deutscher Ingenieure -VDI-, Düsseldorf (Hrsg.):
VDI 6022, Blatt 1, Entwurf, März 1997 – Hygienebewusste Planung, Ausführung, Betrieb und Instandhaltung raumlufttechnischer Anlagen;
Berlin: Beuth Verlag

Vogel/Stein:
Sick Building syndrom in Archiven und Bibliotheken;
Der Archivar (1994)

Vogelmeier/Mazur/Pethran/Beinert/Buhl/Becker:
Immunpathogenese der exogen-allergischen Alveolitis;
Infekt. 23 (1995)

Vill, Ernst:
Lüftungsleitfaden. Richtiges Lüften im Sommer und Winter. Ein Beitrag zur Energieeinsparung;
Weiler/Allgäu: Lier-Verlag 1996

Wärmebrücken im Neubau;
Frankfurt/M.: VWEW Energieverlag 1997

Wahn/Seger:
Pädiatrische Allergologie und Immunologie;
München/Jena: Urban und Fischer Verlag 1999

Wainwright, Dr.:
Biotechnologie mit Pilzen;
Berlin: Springer-Verlag 1995

Walker/Hostrup/Hoffmann/Butte:
Biozide im Hausstaub;
In: Gefahrstoffe – Reinhaltung der Luft 59 (1999)

Wallhäußer:
Praxis der Sterilisation – Desinfektion – Konservierung;
Stuttgart: Georg Thieme Verlag 1985

Wanner:
Biologische Verunreinigungen in der Raumluft;
Allergologie 17(1994)

Wanner/Verhoeff/Colombi/Flannigan/Gravesen/ Mouillesaux/Nevalainen/Papadakis/Seidel:
Biological particles in indoor environments;
European Collaborative Action; Indoor Air Quality and its Impact on Man (EUR 14988 EN) Report No. 12 (1993)

Bundesministerium für Forschung und Technologie - BMFT-, Bonn (Hrsg.); Univ. Oldenburg, Fachbereich 7 Biologie; Warscheid, Thomas:
Untersuchungen zur Biodeterioration von Sandsteinen unter besonderer Berücksichtigung der chemoorganotrophen Bakterien. Dissertation;
Stuttgart: Fraunhofer IRB-Verlag 1990, (Technische Dissertation)

Warscheid, Thomas:
Schimmelpilze und Bakterien – in und an Gebäuden.
In: Topthema Schimmelpilze: VBN-Info, Stuttgart: Fraunhofer IRB-Verlag 2001

Warscheid:
Impacts of microbial biofilms in the deterioration of inorganic building materials and their relevance for the conservation practice;
Internationale Zeitschrift für Bauinstandsetzen (1996)

Deutsche Gesellschaft für Chemisches Apparatewesen, Chemische Technik und Biotechnologie e.V. -DECHEMA-, Frankfurt/Main (Hrsg.); Warscheid:
Biodeterioration of Stones: Analysis, Quantification and Evaluation;
Proceedings of the 10th International Biodegradation Symposium; Frankfurt: Selbstverlag 1996

Warscheid:
Die Materialzerstörer – neue Aspekte für die Bewertung von Schädigungen;
Bautenschutz & Bausanierung 4(1999)

Warscheid:
Mikrobieller Befall und Schädigung von Baustoffen, Biozide in Beschichtungsstoffen;
Renningen: Expert Verlag 2000; (Kontakt & Studium; Bd. 545)

Warscheid:
Nachweis und Bewertung von mikrobiell bedingten Schäden an mineralischen Baustoffen, Mikrobielle Schadwirkungen auf Mensch und Material in Gebäuden – Vorträge der Fortbildungsveranstaltungen im September 2000;
(Schriftenreihe des Instituts für Medizinische Mikrobiologie und Hygiene der Medizinischen Unibersität zu Lübeck)

Warscheid/Oelting/Krumbein:
Physico-chemical aspects of biodeterioration processes on rocks with special regard to organic pollution;
International Biodeterioration 28(1991)

Warscheid/Krumbein:
Biodeteriorationsprozesse an anorganischen Werkstoffen und mögliche Gegenmaßnahmen;
Werkstoffe und Korrosion 45(1994)

Waubke/Kusterle: Schimmelbefall in Wohnbauten:
Ursachen, Folgen, Gegenmaßnahmen. Einfluß des Nutzerverhaltens auf den Schimmelbefall in Wohnungen, Universität Innsbruck;
Innsbruck: 1. Internationales Symposium 1990

Deutsche Forschungsgemeinschaft -DFG-, Bonn (Hrsg.); Waubke:
Pilzbefall kunststoffgebundener Putze und Spachtelmassen des Bauwesens;
Bonn: Selbstverlag 1981

Waubke:
Schimmelbefall in Wohnungen – Hygienische und stoffliche Aspekte;
Bauphysik (1987)

Weber:
Allgemeine Mykologie;
Heidelberg: Spektrum Akademischer Verlag 1993

Wegmann:
Medizinische Mykologie – ein praktischer Leitfaden. 4. Aufl.;
Basel: Editiones Roche 1988

Wensing/Bauhof:
Luftverunreinigungen in PKW-Innenräumen;
Handbuch für Bioklima und Lufthygiene;
Landsberg: Ecomed-Verlag 2000

Wensing/Moriske/Salthammer:
Das Phänomen der „schwarzen Wohnungen";
Gefahrstoffe – Reinhaltung der Luft 58(1998)

Wessén/Schoeps:
Microbial Volatile Organic Compounds – What substances can be found in Sick Buildings?;
Analyst (1996)

Wessén:
Directed non-destructive MVOC-sampling; a method for source location of indoor pollutants;
INDOOR AIR (1999)

Wessén/Ström/Palmgren:
Microbial problem buildings: Analysis and verification;
INDOOR AIR (1999)

Wessén/Schoeps:
Location of emitting sources in building with IAQ problems;
Proceedings of Healthy Buildings 2000

Wessén/Nilsson/Sisell:
Odour problems in buildings caused by MVOC and biocides;
Proceedings of Healthy Buildings 2000

Wichmann/Wyst/Heinrich:
Innenraumbelastungen, Asthma, Allergien;
Allergologie 18(1995)

Wicklow/Shotwell:
Intrafungal distribution of aflatoxins among conidia and sclerotia of Aspergillus flavus and Aspergillus parasiticus;
Canadian Journal of Microbiology 29 (1983)

Wild:
Lexikon des Feuchte- und Wärmeschutzes;
Augsburg: WEKA-Verlag GmbH 1998

Wildeboer:
Belastung der Umweltmedien Belastungspfade – Gebrauchsgegenstände: Pestizide in Teppichwaren;
In: Praktische Umweltmedizin Teil 8 (Hrsg.) Beyer/Eis; Springer Verlag Berlin (1996)

Foundation for Allergy Research in Europe; Wilken-Jensen/Gravesen (ed.):
Atlas of Moulds in Europe causing respiratory Allergy;
ASK Publishing: 1984

Winter, Stefan:
Schimmelschäden – ein Praxisbericht.
In: Deutsche Gesellschaft für Holzforschung e.V. -DGfH-, München (Hrsg., Veranst.): 22. Holzschutz-Tagung – Maßnahmen zum Schutz des Holzes, Bad Kissingen 17./18. Oktober 2000 – Vorträge; München: Selbstverlag 2000

Wittchen/Sass/Koehler/Zaudig:
Diagnostisches und statistisches Manual psychischer Störungen;
Weinheim: Beltz-Verlag 1988

Witthauer/Hörn/Bischoff:
Raumluftqualität. Belastung, Bewertung, Beeinflussung;
Karlsruhe: Verlag C.F. Müller 1993

World Health Organization »Indoor Air Quality«:
Biological Contaminants;
Report on a WHO Meeting Rautavaara

Wuttke/Eichhorn:
Bedeutung der neuen Biostoffverordnung vom 1.4.99 für die Beseitigung von Schimmelpilzen bei Instandsetzung in bewohnten Räumen – Fallbeispiele;
In: Raumklimatische und hygienische Anforderungen für Wohlbefinden und gesundes Wohnen und Arbeiten; IBK-Baufachtagung 264 am 22.02.2001 in Berlin

WTA – Wissenschaftlich-Technische Arbeitsgemeinschaft für Bauwerkserhaltung und Denkmalpflege e.V. (Hrsg.):
WTA-Merkblatt 1-3-91. Baulicher Holzschutz an historischen Gebäuden. Tl.1. Grundlagen für die natürliche Erhaltung des Holzes in der Denkmalpflege und Altbausanierung;
Bautenschutz Bausanierung 15(1992), Nr. 8

Wüthrich:
Neurodermitis atopica (atopische Dermatitis);
In: Fuchs/Schulz, Manuelle Allergologicum V

Wüthrich:
Epidemiology of the Allergic Diseases: Are they really on the Increase?;
International Archives Allergy and Applied Immunology 90(1989)

Drägerwerke (Hrsg.); Wulske/Polzius/Mahn/Manns:
Innenraumallergenen und Schimmelpilzsporen auf der Spur;
Lübeck, Selbstverlag 1999; (Drägerheft; 370)

Wyllie:
Mycotoxic fungi, mycotoxins, mycotocicosis;
Encyclopedic Handbook. Vol. 1;
New York: Marcel Dekker Inc. (1977)

Yike/Allan/Sorenson/Dearborn:
Highly sensitive protein translation assay for trichothecene toxicity in airborne particulates: Comparison with cytotoxicity assays;
Applied and Environmental Microbiology 65

Zdarkova:
Application of the bio-praparation „Cheyletin" in empty stores;
Dusbabek/Bubva: Modern Acarology;
The Hague: SPB Academic Publishing 1991

Anhang 4: Bildnachweis

Blower Door, Springe-Eldagsen
6.26, 6.27, 6.28, 6.29, 6.30, 6.31, 6.32, 6.33, 6.34

DGFM Deutsche Gesellschaft für Mykologie e.V., München
1.17, 1.18, 1.19, 1.20, 1.21, 1.22, 1.28, 1.29, 1.30, 1.31, 2.14, 2.15, 2.23, 2.24, 2.25, 2.26, 2.27

DHBV – Deutscher Holz- und Bautenschutzverband e.V., Köln
2.18, 2.19, 2.20

Dipl.-Ing. Dieter Schmalfuß, Potsdam
1.1, 1.2, 1.3, 1.4, 1.5, 1.7, 1.8, 1.9, 1.32, 1.33, 1.34, 1.35, 2.1, 2.2, 2.3, 2.28, 3.19, 3.21, 3.22, 3.23, 3.29, 3.30, 3.42, 3.43, 3.44, 3.45, 3.46, 3.47, 3.48, 6.19, 6.20, 7.48, 7.49,

Dr. Jörg-Thomas Franz, Paderborn
5.5, 5.6, 5.7, 5.8, 5.9, 5.10, 5.11

Dr. Pech, Wien
6.23

3M Medica, Neuss
7.39, 7.40

Fachverband für Energie-Marketing, Frankfurt/M.
3.24, 3.25, 3.26, 3.31, 3.32, 6.24, 6.25, 6.35, 6.36, 6.37

Fa. HAGOS eG, Stuttgart
7.64, 7.65, 7.66

Fa. Munters, Hamburg
7.13, 7.14, 7.15, 7.16, 7.17, 7.18, 7.19, 7.20, 7.21, 7.22, 7.23, 7.24, 7.25, 7.26, 7.27, 7.28, 7.29, 7.30, 7.31, 7.32, 7.33, 7.34, 7.35, 7.36, 7.37, 7.38

Frank Frössel, Waldshut-Tiengen
1.6, 1.23, 1.24, 2.52, 3.41, 3.56, 3.57, 3.58, 3.65, 7.10, 7.11, 7.42, 7.43, 7.59, 7.60, 7.61,

IBK, Darmstadt
3.37, 3.38, 3.39, 3.40

IFT Institut für Fenstertechnik, Rosenheim
7.50, 7.51, 7.52, 7.53, 7.54, 7.55, 7.56, 7.57, 7.58

ISOTEC Franchise-Systeme GmbH, Bergisch Gladbach
1.10, 7.62, 7.76

Jürgen Weber, Leipzig
7.67, 7.68, 7.69, 7.70, 7.71

Karl Lassl, BBI, Krefeld
1.38, 2.4, 2.5, 2.8, 2.9, 2.10, 2.11, 2.12, 2.13, 2.29, 2.30, 2.31, 2.32, 2.33, 2.34, 2.35, 2.36, 2.37, 2.38, 2.39, 2.40, 2.41, 2.42, 2.43, 2.44, 2.45, 2.46, 2.47, 2.48, 2.50, 2.51, 2.52, 2.53, 2.54, 2.55, 2.56, 2.57, 2.58, 2.65, 2.66, 2.67, 3.4, 3.5, 3.7, 3.8, 3.11, 3.12, 3.14, 3.15, 3.16, 3.17, 3.18, 3.63, 6.1, 6.2, 6.3, 6.4, 6.5, 6.6, 6.7, 6.47, 7.1, 7.2, 7.3, 7.4, 7.5, 7.6, 7.44

Klaus Arend, Schliersee
3.52, 3.53, 3.54

Lömpel-Bautenschutz GmbH & Co. KG, Arnstein
4.5, 4.6, 4.9, 4.10, 4.11

Mikrobiologisches Labor Umweltmykologie GbR, Dr. Ingrid Dill oder Dr. Christoph Trautmann, Berlin
6.48, 6.49

Merkel Messtechnik, Maintal und Form und Test in Riedlingen
6.8, 6.9, 6.10, 6.16, 6.18, 6.21, 6.22

Munk
1.25, 1.26, 1.27, 1.36

Oxley, T.A.: »Feuchtigkeit in Gebäuden« 2.Aufl. 1992, Verlag Rudolf Müller, Köln
3.1, 3.2, 3.3, 6.11

Pegasus-Labor GmbH, Düsseldorf
6.40, 6.41, 6.42, 6.43, 6.44

Pentol AG, Grellingen (CH)
4.15,

Prof. Helmut Weber, Ebersberg
3.50, 3.51

Steril Air, Schweiz
7.45, 7.46, 7.47

Sto AG, Stühlingen
2.59, 2.60, 2.61, 2.62, 2.63, 2.64, 2.68, 2.69, 3.9, 3.10, 3.34, 3.35, 3.49, 3.59, 3.60, 3.61, 3.62, 7.8, 7.9, 7.12

Umweltanalytik Holbach GmbH, Wadern
6.15, 6.45, 6.46

Uni Hamburg
1.12, 4.1, 4.2, 4.3, 4.7, 4.8, 4.14

VBN Verband der Bausachverständigen Norddeutschlands, Bremerhaven: VBN-Info Topthema Schimmelpilz
3.13, 3.20, 3.27, 3.33, 6.17, 7.72, 7.73, 7.74

Viessmann Werke GmbH & Co KG, Allendorf
7.63

WTA, Wissenschaftlich Technische Arbeitsgemeinschaft für Altbausanierung und Denkmalpflege, München
4.4, 4.12, 4.13

Anhang 5: Stichwortverzeichnis

A-D

F-I

K-M

O-S

T-Z